日本食品添加剂法规标准指南

邹志飞 吴宏中 编 译

中国质检出版社
中国标准出版社
北 京

图书在版编目(CIP)数据

日本食品添加剂法规标准指南/邹志飞等编译. —北京:中国标准出版社, 2016.6
ISBN 978-7-5066-7119-4

Ⅰ.①日…　Ⅱ.①邹…　Ⅲ.①食品添加剂—食品标准—日本—指南　Ⅳ.①TS202.3-65

中国版本图书馆 CIP 数据核字(2013)第 035200 号

中国质检出版社
中国标准出版社 出版发行
北京市朝阳区和平里西街甲 2 号(100029)
北京市西城区三里河北街 16 号(100045)
网址:www.spc.net.cn
总编室:(010)68533533　发行中心:(010)51780238
读者服务部:(010)68523946
中国标准出版社秦皇岛印刷厂印刷
各地新华书店经销

*

开本 787×1092　1/16　印张 54.25　字数 1311 千字
2016 年 6 月第一版　2016 年 6 月第一次印刷

*

定价: 149.00 元

编委会名单

主　编　邹志飞　吴宏中

副主编　李　荀　卢　丽　徐　娟　郭　平　陈永红

编　委　（按姓名拼音字母顺序排列）

白　静　白庆华　陈文锐　陈亚平　丛林晔
代汉慧　董　洁　桂家祥　韩　毅　江　鑫
焦　阳　金会会　李　宏　李　敏　李　蓉
李　燕　李海燕　李建军　李小林　李志勇
林海丹　刘　青　刘二龙　刘慧智　刘晓松
马中春　潘　芳　潘丙珍　庞世琦　蒲　民
孙良娟　唐丹舟　陶雨风　王　东　王　岚
王金花　王力清　韦晓群　魏远隆　温巧玲
翁文川　吴赤蓬　奚星林　席　静　谢建军
谢守新　谢文琴　徐丽艳　许龙岩　姚　红
易　蓉　殷居易　袁慕云　占春瑞　张　旺
赵怡芳　周　婕　周洪斌　周思旭　朱　蕾
祝建新　邹思思

前　言

食品添加剂是继医药、农用化学品及饲料添加剂之后的第四类备受关注的精细化工产品。食品添加剂是现代食品工业技术进步和科技创新的重要动力，也是在食品工业领域研发最为活跃，发展、提高最快的产业。日本是亚洲较大的食品添加剂消费国和国际上重要的食品添加剂市场，也是我国农食产品和食品添加剂出口量较大的贸易国。了解和掌握日本的食品添加剂法规标准，对促进我国对日进出口农食产品贸易、加强进出口农食产品和食品添加剂的管理、保障我国食品安全和质量具有重要作用。日本每年多次修订指定食品添加剂的品种和使用标准。食品添加剂使用标准的频繁修订给我国食品安全管理部门、食品添加剂生产和使用企业掌握日本食品添加剂法规标准带来了许多困扰。基于各行业对日本食品添加剂法规标准方面参考书籍的迫切需要，我们从我国进出口食品贸易、食品添加剂生产使用、监督检验的实际需求出发，组织编写了《日本食品添加剂法规标准指南》。

本书以日本从事食品安全管理的政府职能部门（如厚生劳动省、农林水产省、消费者局等）、日本食品化学研究基金会、日本外贸组织等的官方网站公布的最新资料为依据，集合专家们多年对日本食品添加剂法规标准的跟踪与研究成果，系统介绍了日本的食品安全管理机构、食品安全的法规和政策等；以日本最新公布的指定添加剂、现有食品添加剂、来源于动植物的天然调味料物质、通常作为食品和食品添加剂的物质名单为基础，编译了日本最新的食品添加剂品种目录；以日本厚生劳动省2015年9月18日公布的《食品添加剂使用标准》英文版为依据翻译了《食品添加剂使用标准》；以2007年日本厚生劳动省发行的第八版《日本食品添加物公定书》（简称JSFA－VII）为依据，编译了日本食品添加剂的质量技术规格及食品添加剂通用检测方法等。

本书是一本了解和掌握日本食品添加剂法规标准的重要工具书，既适用于食品、卫生、化工、医药、商业、外贸等部门技术人员及管理、营销人员，也适于食品和食品添加剂研发、生产、应用和教学领域，还可以为我国食品添加剂品种标准制定、食品安全监督检验人员提供参考。本书本着“指南”的原则，力求使读者在阅读过程中通过本书所提供的相关信息能进一步查询获取更新、更全面的信息与资料。

由于本书编写的周期长、工作量大，加上水平有限，全书内容难免有陈旧和错漏之处，恳请广大读者批评指正。食品添加剂法规、标准是食品安全执法的重要依据，对某些日本食品添加剂法规标准的重要条款和内容还需要读者结合原文深入理解。如第五章所列的现有食品添加剂、来源于动植物的天然调味料物质、通常作为食品也可以作为食品添加剂的物质都是从英文翻译的，有些物质名称在现有中文资料中就存在大相径庭的多种译法，故需要读者对照英文和查找日文原文进一步理解。同时，由于日本食品添加剂法规标准的不断修订更新，希望读者经常访问相关网站，掌握日本食品添加剂法规标准修订的最新信息。

原计划准备用几年时间将欧盟、日本、美国、CAC等的食品添加剂法规标准编译成系列指南丛书出版，但由于多种原因，我们决定就此搁笔，希望有兴趣的同仁能继续该系列丛书的编写，为保障食品安全和促进我国进出口食品贸易做出贡献。

编译者

2016年4月8日于广州

缩略语对照表

AC(Anticaking agent):抗结剂

ADI(Acceptable Daily Intakes):每日允许摄入量,以人体每千克体重可摄入的毫克数(mg/kg)表示。

AO(Antioxidant):抗氧化剂

AR(Acidity regulator):酸度调节剂

BA(Binding agent):黏合剂

BE(Bitterness enhancer):苦味增强剂

BP(British Pharmacopoeia):英国药典

C. I.(Colour Index):染料索引号

CAC(Codex Alimentarius Commission):国际食品法典委员会

CAS(Chemical Abstracts Service Number):(美国)化学文摘服务社编号

CB(Chewing gum bases):咀嚼胶基

CCFA(Codex Committee on Food Additive):国际法典食品添加剂委员会

CCFL(Codex Committee on Food Labeling):国际法典食品标签委员会

CCNFSDU(Codex Committee on Nutrition and Foods for Special Dietary Uses):国际食品法典营养与特殊用途食品委员会

CCRVDF(Codex Committee on Residues of Veterinary Drugs in Food):国际食品法典兽药残留委员会

CE 或 COE(Council of Europe):欧洲理事会

CFAA(China food additive production and application industry association):中国食品添加剂生产应用工业协会

CFR(Code of federal regulation):(美国)联邦法规

CFSAN(Center for Food Safety and Applied Nutrition):(美国 FDA)食品安全和应用营养中心

CIAA(Confederation of Food and Drink Industries of the EU):欧盟食品饮料工业联合会

CNS(Chinese Number System):中国食品添加剂编码系统

COA(Coagulant for TOFU,soybean curd):豆腐凝固剂

CoE - EFS(Council of Europe & Experts on Flavoring Substances):欧洲理事会及香料物质专家委员会

COL(Color):着色剂

CD[Color developer (Color fixative)]:固色剂

CR(Color Retention Agent):护色剂

CSL(Central Science Laboratory):(英国)中心科学实验室

CXAS(Codex Advisory Specifications):CAC 认可的质量指标

DS(Dietary supplement):膳食补充剂

E(Enzyme):酶
EBC(European Brewery Convention):欧洲啤酒酿造协会
EC(Enzyme Commission of IUB——International Union of Biochemistry):国际生物化学联合会酶学委员会
EC(European Community):欧洲共同体
EEC(European Economic Community):欧洲经济共同体
EFFA(European Flavour & Fragrance Association):欧洲香料香精协会
EFSA(European Food Safety Authority):欧盟食品安全管理局
EM(Emulsifier):乳化剂
EOA(The Essential Oil Association of USA):美国精油协会
EPA(Environmental Protection Agency):(美国)环境保护署
FA(Food acid):食用酸
FA(Food allergy):食物过敏
FAO(Food and Agriculture Organization of the United Nations):联合国粮食与农业组织(联合国粮农组织)
FCC(Food Chemical Codex):(美国)食品化学法典
FD&C(Food,Drug and Cosmetic):(美国)食品、药品和化妆品(编号)
FDA(Food and Drug Administration):(美国)食品和药品管理局
FE(Fermentation aid):发酵助剂
FEMA(Flavour and Extract Manufacturers Association):(美国)香料和萃取物制造者协会(香料生产者协会)
FFDCA(Federal Food,Drug,and Cosmetic Act):(美国) 联邦食品、药品及化妆品法案
FI(Food intolerance):食物不耐受
FNP(FAO Food and Nutrition Paper):FAO 食品和营养报告
FSIS (Food Safety and Inspection Service):(美国农业部)食品安全检验局
FT[Flavor/taste enhancer (chomiryou)]:香气/味增强剂
GLP(Good Laboratory Practice):良好实验室规范
GMP(Good Manufacturing Practice):良好生产规范;良好操作规范
GRAS(Generally Recognized as Safe):一般认为安全
GSCT(the General Standard for Contaminants and Toxins):(食品)污染物与毒素法典通用标准
GSFA(General Codex Standard for Food Additives):食品添加剂通用法典标准
HACSG(Hyperalive Children's Support Group of EEC):欧共体儿童保护集团
HU(Humectant):保湿剂
IU(International Unit):国际单位
IARC(International Agency for Research on Cancer):国际癌症研究中心
IFEAT(The International Federation of Essential Oils and Aroma Trades):国际精油和香料贸易联合会
IFRA(International Fragrance Association):国际日用香料香精协会
INS(International Numbering System):国际(食品添加剂)编码系统

IOFI(International Organization of the Flavour Industry):国际香料工业组织

ISO(International Standards Organization):国际标准化组织

JECFA(Joint FAO/WHO Expert Committee on Food Additives):粮农组织/世界卫生组织食品添加剂联合专家委员会

JFAA(Japan Food Additives Association):日本食品添加剂协会

JFFMA(Japan Flavor & Fragrance Materials Association):日本香精香料协会

JSFA(Japanese Standard of Food Additives):日本食品添加剂标准

JSSFA(Japan's Specifications and Standards for Food Additives):日本食品添加剂公定书

KA(Kansui,alkaline agent for the preparation of Chinese noodles):碱水,用于制作中国面条的碱剂

KFDA(Korea Food and Drug Administration):韩国食品药品管理局

LD(Lethal Dose):致死剂量

LD_{50}(Median Lethal Doses):半数致死量(亦称致死中量)

LOAEL(Lowest Observed Adverse Effect Level):最低观察到的有害效应水平

LOEL(Lowest Observed Effect Level):最低观察到的效应水平(与 LOAEL 相同)

MAFF(Ministry of Agriculture,Forestry and Fisheries of Japan):日本农林水产省

MEL(Minimal Effect Level):最小有作用水平

MNEL(Maximal No - Effect Level):最大无作用水平(与 NOAEL 相同)

MRL(Maximum Residue Limit):最大残留限量

MTDI(Maximum Tolerable Daily Intake):每日最大耐受摄入量

NOAEL(No Observed Adverse Effect Level):未观察到有害效应水平

NOEL(No Observed Effect Level):未观察到的作用水平(与 NOAEL 相同)

OECD(Organisation for Economic Co - operation and Development):经济合作与发展组织

PA(Processing aid):助剂

PC(Plasticizer for chewing gum):胶基成形剂

QI(Quality improver):品质改进剂

RA[Raising agent (baking powder)]:膨松剂(烘焙粉)

RIFM(Research Institute for Fragrance Materials):芳香物质研究所

SW(Sweetner):甜味剂

TH(Thickener):增稠剂

USP30 (U. S. Pharmacopeia 30):美国药典 30

YN(Yeast nutrient):酵母营养剂

目　录

第一章 绪 论

日本食品添加剂行业起步较早，随着日本食品工业的迅速发展，日本的食品添加剂行业已发展到相当高的水平，成为亚洲较大的食品配料及食品添加剂的消费国和重要的食品配料市场，是世界第三大食品添加剂的应用国。日本政府在大力发展食品添加剂的同时，十分重视食品添加剂产品的质量安全和使用安全，对食品添加剂的生产、经营和使用严格监督管理。日本是我国的主要农产品贸易国，也是我国食品添加剂、食品配料进出口较大的市场。及时了解掌握日本的食品添加剂的立法动向及标准的更新与变化，对完善我国食品添加剂的管理以及与国际相关标准接轨，促进我国进出口食品贸易健康发展具有重要意义。

第一节 概 述

一、食品添加剂的概念

根据日本《食品卫生法》第4条的定义，食品添加剂是一种在食品生产加工过程中，以食品加工或保存为目的，在食品中添加、混合、渗入或者以其他方法使用的物质。天然香料是指从动物、植物或其混合物中提取的，以食品调味为目的使用的物质。日本将食品营养强化剂、香料纳入食品添加剂范围。如在第七章“食品添加剂使用标准”中列出的钙、铁、锌、铜盐等物质的使用规定；第五章第一节指定食品添加剂中有对使用标准不作规定的添加剂，如维生素C、A、D_3、D_2、叶酸、维生素B_1、B_2、B_6、泛酸钠以及若干种氨基酸和矿物盐；第五章第二节的“现有食品添加剂”允许在各类食品中使用，如维生素B_{12}、维生素K_2等。

日本《食品卫生法》第二章对食品添加剂监管作了较详尽的规定。日本在添加剂监管方面最大的特点是坚持两个原则。第一是安全原则，即确保食品添加剂不存在任何危害消费者身体健康的有毒有害成分，包括潜在的危险成分。第二是有效原则，即食品添加剂的使用必须有利于消费者身体健康。这包含：①保持食品的营养质量；②为特殊膳食人群的加工食品提供必要的原料或成分，但食品添加剂不旨在提供医疗作用，例如预防或者治疗特定的疾病；③为了提高或者保持食品的质量和稳定性或者用以改善食品的感官特性；但是，这种改善不能改变食品的本质、成分或者特性以达到欺骗消费者的目的；④在食品的生产、加工、制备、处理、包装、运输、储存过程中作为助剂。然而，如果目标食品的生产加工过程能够通过较低的代价得到改善，并且这种改善可以通过不使用食品添加剂来实现，在这种情况下即使能够满足上述目的也被认为是不合理的。因此，按照日本《食品卫生法》的规定，即使添加剂是安全的，如果对人体没有益处也不允许添加。

二、食品添加剂分类

(一)按食品添加剂的功能分类

根据日本2011年11月27日公布的《食品添加剂使用标准》,按照食品添加剂的使用功能清点分为32类,包括酸味剂、抗结剂、消泡剂、防霉剂、抗氧化剂、防黏着剂、漂白剂、胶母糖基础剂、发色剂、助色剂、膳食补充剂、乳化剂、被膜剂、香料、面粉处理剂、食用色素、保湿剂、杀虫剂、非营养甜味剂、防腐剂、品质保持剂、膨松剂、调味剂、溶解或抽提剂、杀菌剂、增稠剂或稳定剂、吸收剂、酿造剂、发酵调节剂、助滤剂、处理剂、品质改良剂。

(二)按食品添加剂的使用和管理分类

日本食品添加剂的法律规定是在长期实践中不断发展而来的,管理已经系统化。按照日本对食品添加剂的使用习惯和管理要求,将食品添加剂分为指定食品添加剂、现有食品添加剂(既存添加剂)、从植物或动物中提取的天然调味料、通常作为食品也可以作为食品添加剂使用的物质四类,详见第五章。

三、日本食品添加剂的有关品种

世界各国对食品添加剂规定的范围各不相同,如欧盟对营养强化剂、胶基、食品用香料、酶制剂、加工助剂就没有纳入食品添加剂的范畴,而这几类物质在中国都列入GB 2760《食品安全国家标准　食品添加剂使用标准》,按照食品添加剂进行管理。日本对这几类物质也是纳入食品添加剂范畴进行管理。

(一)膳食补充剂

日本的膳食补充剂(Dietary supplements)相当于我国的营养强化剂,在日本的《食品添加剂使用标准》中专门有一类“膳食补充剂”。标准中列出了批准使用的矿物质类、维生素类及氨基酸等。

(二)胶母糖基础剂

日本《食品添加剂公定书》对部分咀嚼胶基(Chewing gum bases)及其配料的定义、描述、鉴定和纯度等通用要求做出了规定。日本生产胶基用的物质主要分布在制定指定食品添加剂和现有食品添加剂中。由于指定食品添加剂分为有使用标准的及无使用标准的两类,同样用于胶基生产的物质也有两类。如日本在《食品添加剂使用标准》中就规定酯胶(松香甘油酯)、聚丁烯、聚异丁烯、聚醋酸乙烯酯(还可作为被膜剂)仅作为口香糖基础剂;指定食品添加剂中还列出用于胶基使用的脂肪酸甘油酯、脂肪酸丙二醇酯、山梨糖醇酐脂肪酸酯和蔗糖脂肪酸酯等。同时,在现有食品添加剂中也列出了天然树胶和蜡类物质,如石蜡、巴西棕榈蜡、小烛树蜡、节路顿胶、糖胶树胶、卡斯德拉胶、解聚天然橡胶等。由于这些物质分散在指定食品添加剂和现有食品添加剂中,很难完整列出,但生产者可以按照规定选择使用。

(三)食用香料

日本对天然香料采用否定表的形式加以管理,对合成香料采取肯定列表列出名单,并规定质量规格。合成香料位于指定食品添加剂中,其中以类别名列出了18类,3414种物质,见第五章。在《食品添加剂使用标准》专门列有食品用香料类(Flavoring agents),列出了乙醛、苯乙酮、高级脂族醇(高毒性者除外)、高级脂族醛(高毒性者除外)、高级脂族烃(高毒性者除外)、环已基丙酸烯丙酯、己酸烯丙酯等物质。而天然香料是从动物类或植物类或从两类的混合物获得。天然香料一般不受日本《食品卫生法》和主动列表系统约束,也没有对天然香料设置规格要求。

日本已倾向接受IOFI和JECFA的规定,其食品香料法规已逐步国际化。日本香料协会负责日本香料行业的自律管理。由于世界各国食用香料的法规并不完全一致,FAO/WHO食品添加剂联合专家委员会(简称JECFA)负责对食品添加剂的安全进行客观的评价,其评价的结果具有世界最高权威。但是,由于食用香料自身的特点,对食品香料的安全评价采用与其他大宗食品添加剂不同的评价方法(JECFA的有关文件)。又由于食用香料品种太多,从人力物力上来说不可能胡子眉毛一把抓地对每种食用香料加以评价,只能根据用量和从分子结构上可能预见的毒性等来确定优先评价的次序。

(四)酶制剂

日本的食品用酶制剂由日本厚生劳动省按食品添加剂进行管理。不在食品添加剂名单的酶制剂必须经批准后方可生产销售。在365种现有食品添加剂中就有近70种酶,分别是:琼脂水解酶、酰酶、抗坏血酸氧化酶、α-乙酰乳酸脱羧酶、胺肽酶、α-淀粉酶、β-淀粉酶、藻酸盐裂解酶、花色素酶、异淀粉酶、异麦芽糖葡聚糖酶、菊粉酶、转化酶、脲酶、胞外麦芽四糖水解酶、酯酶、过氧化氢酶、α-半乳糖苷酶、β-半乳糖苷酶(乳糖酶)、羧肽酶、木聚糖酶、壳多糖酶、壳聚糖酶、葡聚糖酶、葡糖淀粉酶、α-葡萄糖苷酶、β-葡萄糖苷酶、α-葡糖基转移酶、α-葡糖基转移酶处理的甜叶菊、葡萄糖异构酶、葡萄糖氧化酶、谷氨酰胺酶、L-谷氨酸酶、酸性磷酸酶、环状糊精葡聚糖转移酶、纤维素酶、鞣酸酶、6′-脱氨(基)酶、葡聚糖酶、转葡糖苷酶、谷氨酰胺转移酶、胰蛋白酶、海藻糖磷酸化酶、柚苷酶、过氧物酶、木瓜蛋白酶、胰酶、无花果蛋白酶、肌醇六磷酸酶、果糖基转移酶、聚麦蚜三糖酶、蛋白酶、菠萝蛋白酶、(脱配糖键的)果胶酶、橙皮苷酶、胃蛋白酶、肽酶、半纤维素酶、磷酸二脂酶、磷脂酶、多酚氧化酶、麦芽磷酸化酶、麦芽三糖形成酶(麦芽三糖水解酶)、溶菌酶、乳过氧物酶、溶菌酶、脂肪酶、脂肪氧化酶(脂肪加氧酶)、凝乳酶。

2012年7月19日,日本厚生劳动省就公布了批准的6类15种转基因改造的酶,见第四章表4-1。这些酶属于指定食品添加剂范畴。

(五)加工助剂

在日本的管理法规中,加工助剂(Prosessing agent)是指在食品的加工过程中加入的物质,需要满足下列条件之一:①在食品加工完成前从食品中去除;②源自食品原料成为食品配料,但不会明显增加配料的量;③以明显水平出现在终产品中,但不会对食品的配料起任何技术或功能作用。日本加工助剂中部分由使用规定主要在《食品添加剂使用标准》中,分为溶剂和抽提溶剂、吸附剂、酿造剂、助滤剂等类别,对于每种具体的加工助剂物质,标准中规定了用途类别、名称、目标食品(使用范围)、最大限量、使用限制等内容。如丙酮、丙三醇、已烷作为溶剂或萃取剂使用;离子交换树脂、活性炭、二氧化硅、氢氧化钠等用于过滤、吸附等。

第二节 食品添加剂的编号与代码

一、国际识别码系统

1989 年 7 月,在国际食品法典委员会(CAC)第 18 次会议上通过了以欧盟的 E－number 为基础建立的食品添加剂国际编码系统(International Numbering System,简称为 INS),并给出了物质的一系列的技术用途。INS 于 1989 年被食品法典委员会(Codex Committee on Food Additives, CCFA)采纳,并被美国、日本等国普遍引用,用以标注和识别各种食品添加剂,并沿用至今。

目前,INS 识别码通常包括 3 或 4 位数字,INS 号已有编号是从 100 号至 1521 号。例如:姜黄素为 100,在后面再分别加(i)、(ii)、(iii)标示该类下属具有不同的亚类,见表 1－1;在识别码数字后加字母标注,例如焦糖色素,以区别产品的各个小类,见表 1－2;在数码和字母后面再加(i)、(ii)、(iii) 可对该小类物质再细分,如番茄红素,见表 1－3。

表 1－1 国际编码数字后面加罗马数字细分为亚类

识别编码	食品添加剂名称	技术用途
100	姜黄素类	着色剂
100 (i)	姜黄素	着色剂
100 (ii)	姜黄根	着色剂

表 1－2 国际编码数字后面加字母将大类区别小类

识别编码	食品添加剂名称	技术用途
150a	焦糖色Ⅰ——普通法	着色剂
150b	焦糖色Ⅱ——苛性亚硫酸盐法	着色剂
150c	焦糖色Ⅲ——氨法	着色剂
150d	焦糖色Ⅳ——亚硫酸铵法	着色剂

表 1－3 国际编码数字后面加字母再加罗马数字对小类再细分

识别编码	食品添加剂名称	技术用途
160d	番茄红素	着色剂
160d(i)	番茄红素(合成的)	着色剂
160d(ii)	番茄红素(番茄)	着色剂
160d(iii)	番茄红素(三孢布拉氏霉菌)	着色剂

有 INS 识别码的物质并不表示 CCFA 批准其作为食品添加剂使用。只有经过食品添加

剂通用法典标准(Codex General Standard for Food Additives,简称GSFA)公布的食品添加剂才是正式批准作为食品添加剂使用的物质。INS的编制与收取原则:

(1)包括了至少一个CAC成员国正式允许使用的添加剂名单,无论该食品添加剂是否已由被FAO/WHO食品添加剂联合专家委员会(JECFA)作过安全评价。故有INS的物质与GSFA正式批准作为食品添加剂使用的名单并不协调。

(2)凡有E-number者,INS编号绝大部分均与E-number相同,但对E编号中未细分的同类物作了补充。在某些情况下此类编码尚未确定的则在表中就不予列明。

(3)INS对某些没有E-number的作了规定,如氮(INS 941)、氧化亚氮(INS 942)。

(4)由于E-number中不包括香料和营养强化剂,故INS也不包括具有JECFA识别码的香料、胶基糖及膳食营养添加剂。

(5)将功能可作为食品添加剂的酶制剂列入1100系列;将变性淀粉类补充列入1400系列。

(6)在编制INS数字顺序时,通常把相似用途的食品添加剂归为一组。但是,由于列表的扩充性和系统本身的开放性,大多数三位数已经被分配。因此,食品添加剂在列表中的位置不再完全作为指示用途。

(7)列表的开放性,由于国际编码系统主要用途是识别各种食品添加剂,因此它是一个开放的系统。国际食品添加剂法典委员会会根据进展对INS识别码进行修订与补充,允许添加新的食品添加剂项目,或删去原有的项目。

二、欧盟食品添加剂编码

欧盟采用的E-number编号系统(European Union Inventory Number,简称E-number亦称为e-code,E No.)是食品添加剂领域最早采用的编号系统。欧盟的分类从E100至E999,采用三位数字。由于容量有限,对同类物有时会用E×××a~等形式表示(即在编号的右方以a、b、c、d等括注加以区别)。对改性淀粉单独采用四位的"E14××"编号,而对食用香料、营养强化剂没有收编。根据欧盟商标法规定,在使用食品添加剂的产品上可以只写出E-number,而不需标示具体名称。故要更改似亦有一定难度。具有E-number并不意味该食品添加剂可以使用到任何产品,也不能说明该添加剂在所有场合应用都安全和表明某些特殊添加剂的明确来源(如天然或人造的)。目前,E-number收编的添加剂约有296种,其中合成色素约有25种。欧盟的这一编码体系已经被CAC采用,凡是有E-number的食品添加剂大部分与INS相同。

三、美国化学文摘检索号

美国化学文摘服务社为化学物质登录提供了检索服务号(Chemical Abstract Service No.,简称CAS No.)。该检索号由三组数字构成,其中第二组是两位数,第三组是个位数。以便通过编号克服各种因名称不统一所导致的误解,并为进一步查阅有关资料提供线索。由于检索号是检索化学物质有关信息资料最常用的编号,又有CA的大量技术信息作为后盾,目前在各国使用均已十分普及。因此,不少著作中包括联合国1992年公布的《食品添加剂规范汇编》、美国食品化学法典(FCC)均收入了CAS NO.。

四、染料索引编号

染料索引编号(Colour Index Number,简称 C. I. No)也叫色素索引编号。英国里兹大学(University of Leeds)的染料化学教授 F. M. 洛是第一位将已发现的色素加以分类归纳,说明其应用性能,编辑成《染料索引》,并于 1921 年出版。1924 年英国染色师与配色师协会(The Society of Dyers and Colourists,简称 SDC)承办编辑、出版和发行《染料索引》,并以此为第一版。1956~1958 年间英国染色师和配色师协会与美国纺织化学师与配色师协会(American Association of Textile Chemists and Colorists,简称 AATCC)组成染料索引编辑委员会,将所有的色素加以统一编辑,收编了 3 600 种染料和颜料,分列《染料结构分类》和《应用性能分类》,开始系统性的统一编号。每一种染料分别编入《C. I. 结构分类》和《C. I. 应用性能分类》。每一单纯色素(Homogeneous dyes)都同时编列有染料结构编号和染料应用编号。而混合二种以上的染料则没有结构及应用编号。在化学结构分类上,因有机色素的分子都有不饱和的共轭体系,可以按照色素的共轭体系的结构特征加以分类,将色素化学分为 25 大类。并以《色素索引 00000》五位元数字进行编号。每一组编号,代表某一特定化学结构。色素应用分类以《染料索引-应用性能-色调-000》进行编号。该类编码虽然不是为食品添加剂编制的,但包括了食用焦油色素。如柠檬黄的结构分类号为 C. I. 19140,而应用性能分类号为 C. I. 食品黄 4(C. I. Food Yellow 4)。

五、日本的色素代号

某些国家或地区对焦油色素有自己的名称和编号,同一种色素在不同的国家或地区可能用不同的名称和编号,具体见表 1-4。例如柠檬黄,又叫酒石黄,台湾叫食用黄色 4 号,美国叫黄色 5 号,日本叫黄色 4 号,英国叫黄色 17 号,而欧盟叫 E102。

表 1-4 各国(地区)允许使用的食用焦油色素编码与代号

中文名	其他中文名	英文名	化学类型	INS	EEC	CAS	C. I.	部分国家(地区)的代号				
								英国	美国	日本	中国台湾	韩国
柠檬黄	酒石黄	Tartrazine	单偶氮类	102	E102	1934-21-0	19140	黄 17	黄 5	黄 4	黄 4	黄 4
喹啉黄	酸性黄 3 号	Quinoline Yellow	氧杂蒽类	104	E104	8004-92-0	47005	黄 13	黄 10			
黄色 2G		Yellow 2G	单偶氮类	107		25739-65-5	18965	黄 5				
日落黄	晚霞黄	Sunset Yellow FCF	单偶氮类	110	E110	2783-94-0	15985	黄 22	黄 6	黄 5	黄 5	黄 5
橘红 2 号		Citrus Red No. 2	单偶氮类	121		6358-53-8	12156					
偶氮玉红	淡红	Carmoisine	单偶氮类	122	E122	3567-69-9	14720	红 3				

续表

中文名	其他中文名	英文名	化学类型	INS	EEC	CAS	C. I.	部分国家（地区）的代号				
								英国	美国	日本	中国台湾	韩国
苋菜红	蓝光酸性红	Amaranth	单偶氮类	123	E123	915–67–3	16185	红4	红2	红2		红2
胭脂红	丽春红4R	Ponceau 4R	单偶氮类	124	E124	2611–82–7	16255	红2		红102	红6	
丽春红SX		Ponceau SX	单偶氮类	125		4548–53–2	14700		红4			
赤藓红	樱桃红	Erythrosine	氧杂蒽类	127	E127	16423–68–0	45430	红6	红3	红3	红7	红3
诱惑红	阿洛拉红	Allura Red AC	单偶氮类	129	E129	25956–17–6	16035	红17	红40	红40	红40	红40
专利蓝V	酸性蓝3	Patent Blue V	三苯基甲烷类	131	E131	3536–49–0	42051	蓝5				
靛蓝		Indigotine	靛系染料	132	E132	860–22–0	73015	蓝24	蓝2	蓝2	蓝2	蓝2
亮蓝		Brillant Blue FCF	三苯基甲烷类	133	E133	2650–18–2	42090	蓝4	蓝1	蓝1	蓝1	蓝1
绿色S	亮绿BS	Green S	三苯基甲烷类	142	E142	3087–16–9	44090	绿4				绿3
坚牢绿		Fast Green FCF	三苯基甲烷类	143	E143	2353–43–9	42053	绿3	绿3	绿3	绿3	
亮黑PN		Brillant Black PN	双偶氮类	151	E151	2519–30–4	28440	黑1				
棕色FK		Brown FK	单双三偶氮物	154	E154	8062–14–4	–					
棕色HT		Chocolate Brown HT	双偶氮类	155	E155	4553–89–3	20285	棕3				
立索玉红		Litholrubine BK	单偶氮类	180	E180	1236082	15850					
酸性红	酸性红52	Acidrose Red B	单偶氮类			3520–42–1	45100			红106		

续表

中文名	其他中文名	英文名	化学类型	INS	EEC	CAS	C. I.	部分国家（地区）的代号				
								英国	美国	日本	中国台湾	韩国
荧光桃红		Phloxine B	荧光酮类			18472－87－2	45410		红 28	红 104		
孟加拉玫瑰红		Rose Bengale	荧光酮类			632－68－8	45440			红 105		
橙色 B		Orange B	单偶氮类			15139－76－1						
新红		New Red	单偶氮类			3734－67－6	18050					

六、美国香料和萃取物制造者协会的 FEMA

美国香料和香精制造者协会（Flavor and Extract Manufactures' Association of the United States，简称 FEMA）自 1960～2007 年 5 月陆续 23 次公布了批准的一般认为安全（Generally Recognized as safe，简称 GRAS）的香料物质 2 429 种，每一个香料物质对应一个 FEMA 编号（FEMA No.）。FEMA 每次公布的物质按字母顺排列编号，发表于《Food Technology》。目前，已有 10 种物质后来被撤销了 GRAS。FEMA 公布的物质要取得美国 FDA 的批准，作为法定编号。目前，FEMA 在国际上通用。我国允许使用的香料名单中，绝大部分都有“FEMA”编号，但也有一小部分香料是没有“FEMA”编号的。

此外，欧洲理事会及香料物质专家委员会（Council of Europe & Experts on Flavoring Substances，简称 COE）是欧洲区域性香料组织。该委员会认可的食用香料在欧洲有权威性，在国际上也有指导作用。COE 也制定了安全的食品香料的编码。

第二章　日本食品安全管理机构

2001 年 1 月 6 日日本政府对所有政府部门和机构进行了重组，主要由厚生劳动省、农林水产省负责食品安全监管。由于无法很好地处理诸多食品领域的问题，为了打破各部门条块分割，加强政府对食品安全问题的统一协调和管理，2003 年 6 月，日本出台了《食品安全基本法》，基于新的食品安全监管理念，风险评价和风险管理明确分开，有关食品安全的政府部门职能分工格局随着食品安全委员会的诞生也发生了重大变化。日本政府主管食品安全的部门为食品安全委员会（FSC）、厚生劳动省（MHLW）、农林水产省以（MAFF）及消费者厅（CAA）。新成立的食品安全委员会成为日本专业和独立的食品风险评估机构。这四个部门形成了日本中央政府监管食品安全机构的骨架。日本国内的食品安全主要依靠都、道、府、县地方行政管理部门监管，厚生劳动省在地方设有地方厚生局以及检疫所。农林水产省在地方设有地方农政局。

第一节　食品安全委员会

一、成立背景

2001 年 9 月，日本本土暴发疯牛病（BES）事件，由此造成牛肉销量的迅速下滑。与此同时，消费者、生产者基于各自利益的考虑而强烈要求政府改革现有的食品安全管理模式，并要求通过立法禁止肉骨粉的进口，同时实行牛的全头检查制度。2002 年 4 月，日本发布了《BSE 问题调查检讨委员会报告书》，首次提出了设立食品安全委员会的提案，并将其作为执行食品安全风险评估职能的全新部门，与改革后的厚生劳动省、农林水产省一起构成新的日本食品安全行政机关。随后，在食品安全行政阁僚会议上，委员们专门针对食品安全委员会的设置提案进行了多次研讨，主要是从食品安全委员会的重要性和独立性角度出发，将食品安全委员会的性质定为《国家行政组织法》中的“八条机关”，并确立了食品安全委员会的组织构成和具体职能。2003 年 7 月 1 日，依据《食品安全基本法》，日本将风险评估职能从厚生劳动省和农林水产省中独立出来，成立了全新的、独立的风险评估部门——食品安全委员会（Food Safety Commission，简称 FSC），其直接隶属于内阁管辖。这是由内阁设立的统一负责食品安全事务管理和食品安全风险评估的机构，负责风险分析和劝告，提出应对重大食品事件的措施。该机构是一个建立在科学检验的基础之上，对食品的安全性以及食品安全行政管理机关的管理措施进行客观、公正的风险评估的独立机构，它的设立对确保日本食品安全具有里程碑式的意义。

二、食品安全委员会的组织机构

食品安全委员会的组织构成简单，组成人员较少。食品安全委员会是由委员长和委员共同组成,并下设专门的调查会和事务局。事务局则是由局长、次长、总务科、评估科、劝告公报科、信息和紧急时应对科、风险交流官等构成。

(一)委员长

委员会设委员长一名,由委员从4名专职委员中选举确定。委员长的职责主要是管理委员会各项事务,并对外代表委员会参加或出席各项联席会议,签署各项指导文件。当委员长发生事故时,由委员长预先指定的专职委员代理其职务。委员会在委员长和3名以上委员出席时方可召开会议,并经出席者半数同意时,其决定才能正式生效。

(二)委员

《食品安全基本法》规定,食品安全委员会隶属于内阁府,委员由7名科学家构成,其中4名委员为全职,3名委员为兼职。外延专家有200多名,常设办公人员54名。其中包括化学物质、毒性学、微生物学、有机化学、公众卫生学、食品生产流通学、消费者学、信息管理学科的专家,所有委员须从优秀的具有食品安全知识的人士中选出,并经国会两院同意,由内阁总理大臣任命。在国会闭会期间或者众议院解散期间,如果出现委员任期届满或人员不足情况时,内阁总理大臣可直接从具备食品安全专业知识的后备人选中直接任命委员。但在此种情形下,新任命的委员须获得重新召开的国会两院的事后承认。如果不能得到两院的事后承认,内阁总理大臣应立即免去该委员的资格。委员任期为3年,可以连任,候补委员的任期为前任委员的剩余任期。任期届满后,新委员上任之前,委员应当继续履行其职责至新委员上任为止。内阁总理大臣认为委员存在身心障碍而无法执行职务,或者委员违反职务上的义务以及存在其他委员不应从事的不良行为时,经两院同意,可予以罢免。委员在任职期间有保密义务、奉行政治中立,常务委员不许从事盈利和报酬的商业活动。这些规定有利于委员能从专业角度履行职务,而不受任何党派或企业的利益干扰,保证其决定的中立性、独立性和可靠性。

委员会会议须有包括委员长在内的4人以上委员出席才有效,其议题也要过半数的人通过才能作出决议。委员不得泄露因职务而得知的商业秘密,并在退职后的一定期限内也应保守该秘密。在任期间,委员不得在任何政党以及其他政治团体任职或者兼职,不得从事与本业务无关的政治活动。除经内阁总理大臣许可外,专职委员在任期间不得从事取得报酬的其他兼职职务,不得经营营利性企业,不得从事其他以金钱利益为目的的业务。另外,为了调查或审议专门事项,委员会可根据需要而设置专门委员。专门委员是由内阁总理大臣从富有学识的经验者中直接任命,目前,日本专门调查委员会的人员共有240人左右。

(三)专门调查会

专门调查会由共计300名专门委员(含兼职)构成,全部为民间专家,任期3年。专门委员为常务,但对于专项事项调查成立的专门调查会在调查结束后随之解任。专门调查会负责专项案件的检查评估。专门调查会由规划专门调查会、风险交流专门调查会和紧急时应对专门调查会组成。同时,根据不同的危险系数而设置了13个具体的专门调查会和一系列的风险评估组。这些专门调查委员会根据功能可以将其分为3大类:①化学物质类评估组,包括添加物专门调查会、农药专门调查会、动物用医药品专门调查会、器具容器包装专门调查会、化学物质专门调查会在内的5个专门调查会,负责评估食品添加剂、农药、动物用医药品、器具及容器包装、化学物质、污染物质等;②生物类评估组,包括污染物质专门调查会、微生物专门调查会、病毒专门调查会、朊病毒专门调查会和有毒模具专门调查会等,负责评估微生物、病毒、霉菌及自然毒素等;③新食品类评估组,包括转基因食品专门调查会、新开发食品专门调查会、肥料饲料专门调查会,负责对转基因食品、饲料肥料、新开发食品等的风险实施检查评估。

(四)事务局

食品安全委员会内部设置事务局,处理委员会的日常事务。事务局中除事务局局长之外,还配备一定数量的职员。编制79名,包括54名正式职员和25名外聘技术顾问。正式职员中有40人从风险管理部门借调,其中农水省25人、厚生省15人。事务局的内部组织结构是依照《食品安全委员会令》而设定。目前,事务局是由总务科、评估科、劝告公报科、信息和紧急事态应对科、风险交流官共同构成。

三、食品安全委员会的主要职能

食品安全委员会既是食品安全风险的监测部门,又是农林水产省和厚生劳动省的协调部门,它统一了3个各有分工的部门,同时又不使其失去工作的独立性。它们组成了日本食品管理机构既独立分工又相互合作的体系。食品安全委员会从中立和科学视角评估食品对人身健康的影响并进行危害性分析,然后将评估结果转交风险管理机构,提出对策建议和措施劝告,风险管理机构将会按照该会的评价结果和对策建议制定相关管理措施,对食品业者等进行监管。食品安全委员会还具有评价风险管理机关政策效果的职能,与政府、业者、消费者建立了信息交流和协调机制,负责在国民中普及食品安全知识,并力求评价过程和结果的公开和透明,确保风险评估工作在全社会的监督下展开。食品安全委员会的级别高于厚生省和农林水产省。2009年,日本国会还讨论赋予该会直接向首相报告或通过首相发号施令的权力,具备处理重大食品安全事件的职权。

根据《食品安全基本法》的规定,食品安全委员会的具体管理事务包括:①向内阁总理大臣陈述意见;②主动进行食品影响健康的评价;③根据食品影响健康的评价结果劝告相关各大臣所应采取的食品安全政策;④调查审议食品安全规制政策中的重要事项,在认为有必要时,可向相关各行政机关的长官陈述意见;⑤进行必要的科学调查研究;⑥策划、实施与相关联系人之间的信息和意见的交换;⑦根据相关人员之间的信息和意见的交换结果进行事务调整等。相关各行政大臣根据《食品卫生法》的规定制定食品安全标准和规格时,应听取食品安全委员会的专业评估意见。食品安全委员会为了确保上述各项事务的落实,除需要与各相关大臣进行通力合作之外,还需要试验研究机构提供科学而准确的分析和调查报告。按照《食品安全基本法》的规定,日本食品安全委员会具有以下3个重要的基本职能。

(一)风险评估职能

风险评估(食品影响健康评价)是日本食品安全委员会的首要核心职能,为了确保该职能作用的充分发挥,日本政府将以往的风险评估与风险管理合一的评估机关分离成立了新型的风险评估机关——食品安全委员会,并由其独立承担风险评估的工作。风险评估是指以科学检验为基础,对食物中所含有的有害健康的成分,进行客观、中立而公正的评价。风险评估就是要对食物中所含的有害物质或化学物质分别进行生物学、化学以及物理学的检查和评估,从而能科学的得出其对人体健康侵害的程度和概率,以便制定及时而恰当的规制措施。食品安全委员会所采用的风险评估方式通常有申请评估和自主评估两种。申请评估是指食品安全委员会根据厚生劳动省和农林水产省的申请进行评估,而自主评估是食品安全委员会根据自身判断进行的自我评估。自主评估主要是以从国内外相关机构和宣传报道中得到的食品安全信息为基础,以国民意见为参考,形成需要风险评估的候选对象,而后由企业专门调查会从这些候选对象中筛选出最需要评估的对象,最后由食品安全委员会对最终对象进行食品安全评估。风险评估的结果要报告内阁总理大臣,并通知各相关大臣,同时形成书面的劝告意见。

食品安全委员会的风险评估关系到各食品安全行政机关在食品安全监管中所采取的各项具体措施的合理性和科学性。食品安全委员会在对食品进行安全评价的同时,也是在监督和确保厚生劳动省和农林水产省等相关食品安全行政机关的行政措施的合法性。故食品安全委员的风险评估职能在日本食品安全制度中极为重要。

(二)风险交流职能

风险交流主要是指在风险分析过程中,食品安全委员会与厚生劳动省、农林水产省等风险管理机关,以及消费者、相关食品企业者、研究者之间所进行的信息和意见的交换。主要表现为食品安全委员会根据风险评估的结果,对各相关大臣进行劝告,并监督其食品安全行政措施的实施和改正的情况;同时通过对相关其他重要事项的调查审议,将风险评估的内容,以各种形式告知与消费者和相关食品从业者,并听取其反馈意见。这种风险交流的方式还包含着对风险评估结果以及风险管理事项的具体说明。为了更好地听取国民意见,全国各都道府县都设立了意见交流会议,并在相关食品从业者中定期召开食品安全座谈会,形成食品安全信息的双向交流渠道。食品安全委员会从 2006 年 6 月开始发行食品安全电子杂志周刊,并于 2007 年 7 月开始公开发行《食品安全》季刊杂志。通过以上这些渠道,使食品安全信息及时公之于众,并能有效地征集到国民的反馈意见,确保风险交流职能的顺利实施。

(三)紧急事态应急职能

2004 年 4 月 1 日,国会两院通过的《食品安全相关省府紧急应对基本纲要》将紧急事态定义为因通过摄取食物给国民健康造成重大损害,或者可能发生重大损害时,为了确保食品的安全性而需要采取的紧急应对事态。具体表现为:①当食品安全事件大规模或者大范围爆发,而且在食品安全委员会和风险管理部门之间有必要采取紧急应对调整的事态;②由于科学认识不足所导致的食品安全事件,或者可能导致食品安全事件发生的事态;③由于社会反映强烈,有必要采取紧急应对措施的事态。2004 年 4 月 15 日,食品安全委员会制定了《食品安全委员会紧急应对基本指针》,从而确定了紧急应对的基本方针,完善了信息联络体制,确立了应对之策和收集信息的基本原则,以及食品影响健康评价、风险沟通、提供信息的基本机制。当食品安全紧急事态发生时，最为重要的是保护国民的健康。在对日常收集的食品安全信息进行整理和分析的基础上，通过食品安全委员会与厚生劳动省、农林水产省之间的通力合作，实现政府一体化的应对措施，迅速将对国民健康造成恶劣影响的食品安全事件扼杀于萌芽之中。日本政府的一体化应对机制是《食品安全相关省府紧急应对基本纲要》和《食品安全委员会紧急应对基本指针》中提出的食品安全紧急应对的核心机制。其根本要求是食品安全委员会和风险管理部门在发生紧急事态时，作为一个整体性的政府部门能迅速执行紧急应对措施，以避免各相关安全机构各自为政情况的发生。

四、食品安全委员会与风险管理机构的关系

日本食品安全规制改革摒弃传统意义上的食品监管方法，确立预防性风险分析、责任共担、信息公开透明、信息交流、依靠流程进行系统管理，形成了覆盖从生产到消费全过程的科学系统的食品监管体系。食品安全委员会和风险管理机关之间的关系如下。

(1)从行政级别看，食品安全委员会与厚生劳动省、农林水产省、消费者厅同属内阁直接管辖，相互之间没有隶属关系。食品安全委员会有协调职能，对食品安全的执法治理状况进行评价、监督以及劝告，但没有直接采取奖惩措施的权力。有权对厚生劳动省、农林水产省等风险管理部门进行政策指导，要求采取相关政策，监督有关省的措施是否得力。

(2)从职能分工来看，食品安全委员会承担风险评估的职能，厚生劳动省和农林水产省负责具体的风险管理职能，消费者厅承担部分风险评估和食品标签的职能。通过明确相互之间的职责而使其在实践中能各司其职，不会产生相互推诿的现象。厚生劳动省、农林水产省等风险管理机构可以委托食品风险评估机构进行风险分析和评估，评估机构将评估结果反馈风险管理机构，提出劝告和监管建议。

(3)从作用分担来看，食品安全委员会主要是采用最先进的科学技术进行检测鉴定手段，对食品的安全性进行科学评价，为立法提案提供科学依据。而厚生劳动省和农林水产省则是对食品的有效性和必要性进行审查。食品安全委员会对食品安全性与危险性的评估报告提交农林水产省和厚生劳动省，两省根据评估报告发布省令和通知，对家禽饲养者和食品制造商进行监督。对于在暴发类似疯牛病等国内重大食品安全危机事件时，食品安全委员会可以作出临时紧急处理对策。

(4)从风险交流的过程来看，食品安全委员会、厚生劳动省和农林水产省不仅承担着各自组织内部的信息收集和交流职能，同时还承担着相互之间以及与消费者、食品相关企业之间的信息交换。食品安全委员负责风险信息沟通与公开，还会负责与外国国家机关之间的食品安全信息交流。所以，在整个食品安全规制的过程中，食品安全委员会、厚生劳动省、农林水产省是一个各负其责而又密不可分的一体化的合作关系，参见图 2－1。

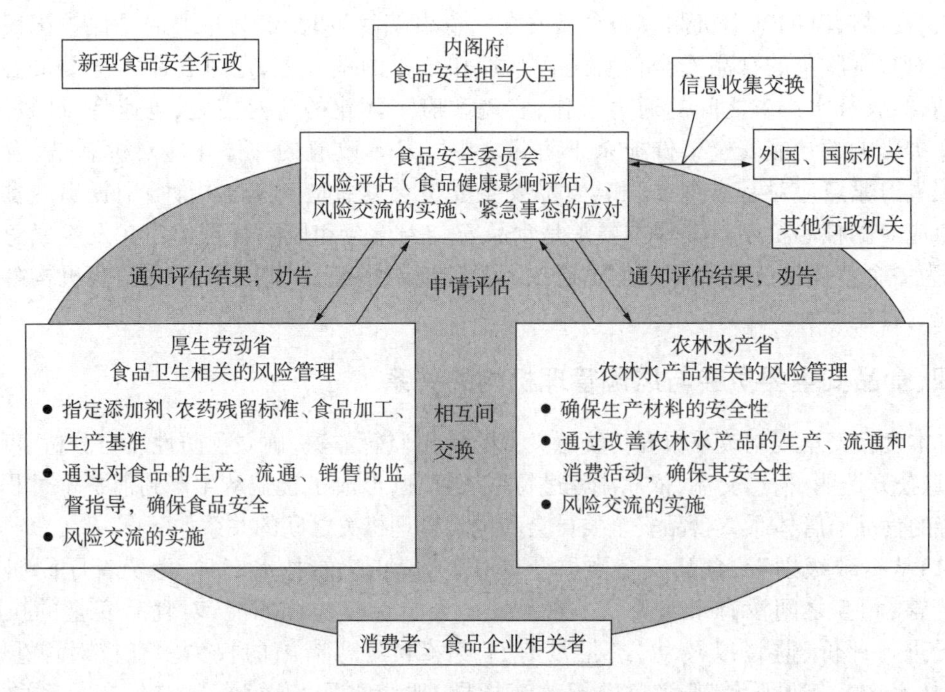

图 2－1 日本的食品安全行政机构及相互关系

第二节 厚生劳动省

厚生劳动省是直属于中央省厅的行政部门，是负责医疗卫生和社会保障的核心部门，同时也是执行食品安全规制管理的重要组织之一。在具体的实践中主要是承担食品的风险管理和保障食品的卫生安全的职责。

一、机构设置

2001 年 1 月 6 日，根据《厚生劳动省设置法》的规定，日本将健康和福利部与劳动部合并重组为健康、劳动和福利部（Ministry of Health，Labour and Welfare，简称 MHLW），即厚生劳动省，隶属于内阁。厚生劳动省内设部长秘书处、统计和信息部、医政局、健康服务局、医药与食品安全局、劳动标准局、就业安全局、人力资源开发局、平等就业与儿童和家庭局、社会福利与战争受害者的救济局、老年卫生福利局、健康保险局、养老金局、政策规划与评估总指导。其下设有地方厚生劳动局、研究机构和审议机构以及检疫所。厚生劳动省的附属机构包括 6 个研究机构（包括国立健康科学研究所、国家公共卫生研究院、国立人口与社会保障研究院、国家卫生服务管理研究院、国立人员传染病培训研究院）、218 个国家医院（包括 76 所国立医院、138 所国立疗养院、国立癌症中心、国立心血管中心、国立神经病学与精神病学中心、日本国际医疗中心）、31 个检疫站、3 个社会福利部门（2 所国立青少年培训和教育之家、国立残疾者康复中心）。厚生劳动省所设理事会包括社会保障理事会、卫生科学理事会、劳工政策理事会、医学伦理理事会、药事和食品卫生理事会、独立行政机构评审委员会、中央最低工资理事会、劳动保险申诉理事会、中央社会保险医疗理事会、社会保险审查理事会、疾病和残疾鉴定调查委员会、救济救助调查委员会。厚生劳动省设有 8 个区域卫生福利局、47 个县劳工局。厚生劳动省外设局包括社会保险署和中央劳动关系委员会。厚生劳动省内部机构设置及与地方政府之间的关系见图 2－2。

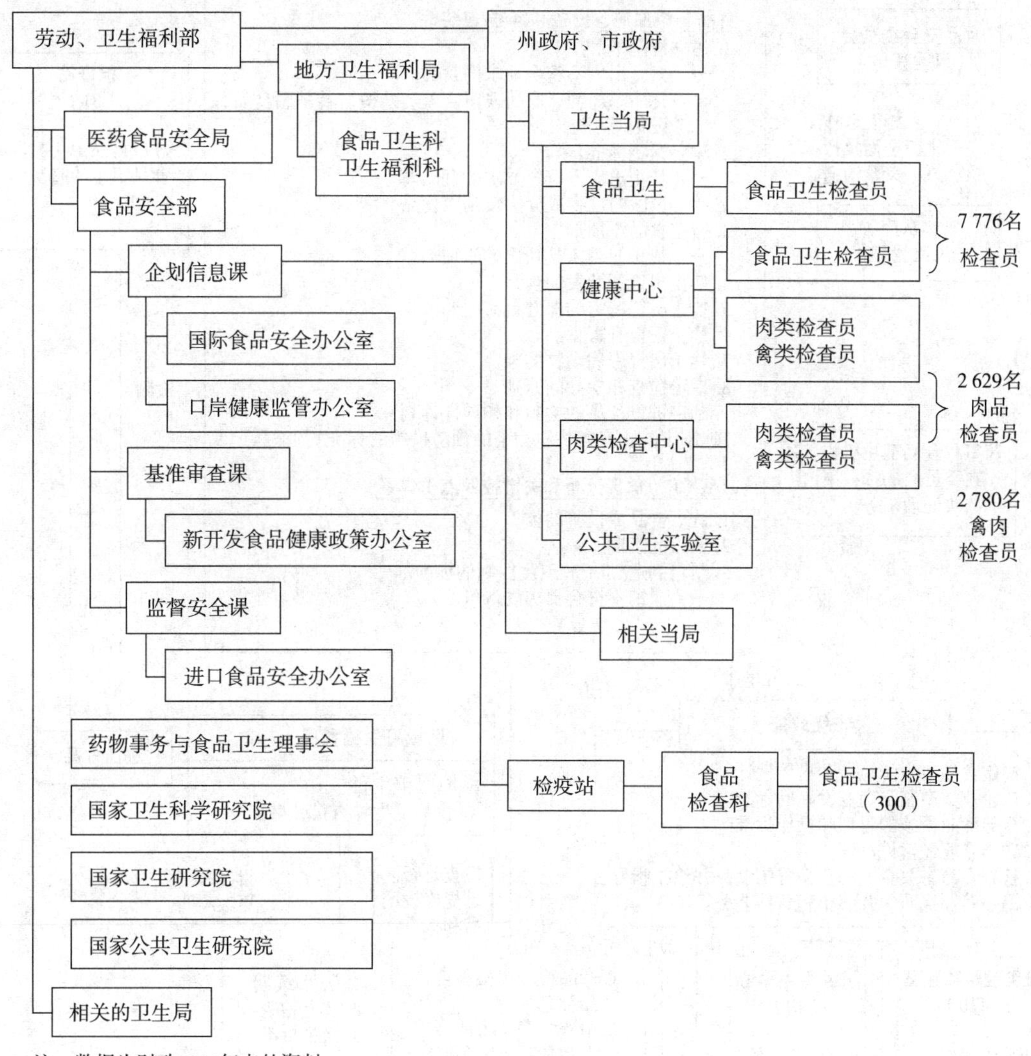

注：数据为财政2003年末的资料。

图 2－2　厚生劳动省内部机构设置及与地方政府之间的关系

厚生劳动省拥有社会保障、养老保险、医疗卫生、就业、青少年管理、食品卫生等管理职能。在食品安全管理方面的职能主要是实施风险管理，负责稳定的食品分配和食品安全。

（一）食品安全部

厚生劳动省将原医药局改组为医药与食品安全局（Pharmaceutical and Food Safety Bureau）；将下辖的食品保健部改组为食品安全部（Department of Food Safety）。食品安全部主要负责食品和健康食品等的安全事务，同时管辖全国的食品检疫所。食品安全部由部长、规划信息科、基准审查科和安全监督科构成。日本食品安全管理框架见图 2－3。

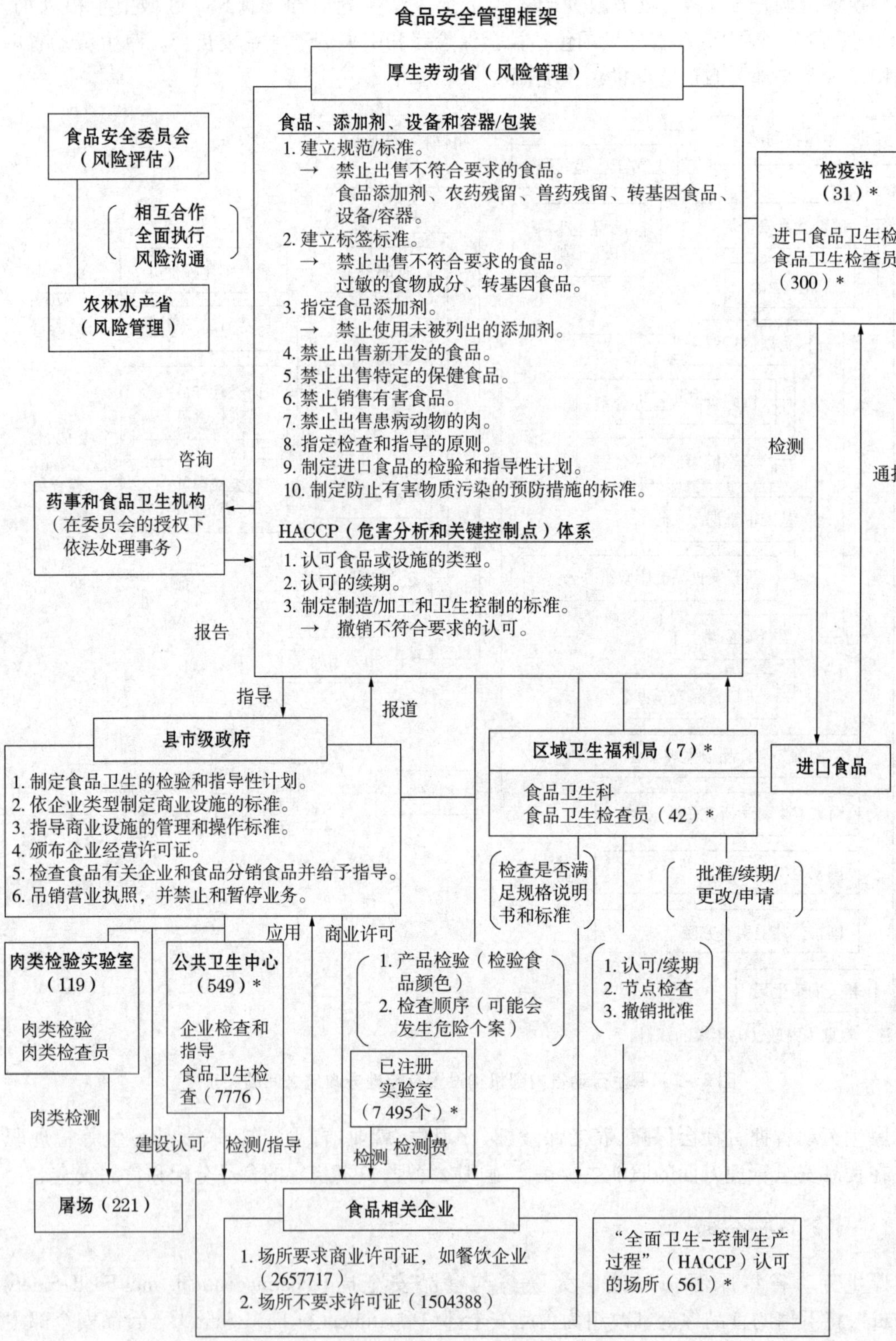

食品安全管理框架

厚生劳动省（风险管理）

食品、添加剂、设备和容器/包装

1. 建立规范/标准。
   → 禁止出售不符合要求的食品。
   食品添加剂、农药残留、兽药残留、转基因食品、设备/容器。
2. 建立标签标准。
   → 禁止出售不符合要求的食品。
   过敏的食物成分、转基因食品。
3. 指定食品添加剂。
   → 禁止使用未被列出的添加剂。
4. 禁止出售新开发的食品。
5. 禁止出售特定的保健食品。
6. 禁止销售有害食品。
7. 禁止出售患病动物的肉。
8. 指定检查和指导的原则。
9. 制定进口食品的检验和指导性计划。
10. 制定防止有害物质污染的预防措施的标准。

HACCP（危害分析和关键控制点）体系

1. 认可食品或设施的类型。
2. 认可的续期。
3. 制定制造/加工和卫生控制的标准。
   → 撤销不符合要求的认可。

食品安全委员会（风险评估）

相互合作 全面执行 风险沟通

农林水产省（风险管理）

咨询

药事和食品卫生机构（在委员会的授权下依法处理事务）

报告

检疫站（31）*

进口食品卫生检验 食品卫生检查员（300）*

检测

通报

进口食品

指导

报道

县市级政府

1. 制定食品卫生的检验和指导性计划。
2. 依企业类型制定商业设施的标准。
3. 指导商业设施的管理和操作标准。
4. 颁布企业经营许可证。
5. 检查食品有关企业和食品分销食品并给予指导。
6. 吊销营业执照，并禁止和暂停业务。

区域卫生福利局（7）*

食品卫生科 食品卫生检查员（42）*

检查是否满足规格说明书和标准

批准/续期/更改/申请

1. 认可/续期
2. 节点检查
3. 撤销批准

应用

商业许可

1. 产品检验（检验食品颜色）
2. 检查顺序（可能会发生危险个案）

肉类检验实验室（119）

肉类检验 肉类检查员

公共卫生中心（549）*

企业检查和指导 食品卫生检查（7776）

已注册实验室（7 495个）*

肉类检测

建设认可

检测/指导

检测

检测费

屠场（221）

食品相关企业

1. 场所要求商业许可证，如餐饮企业（2657717）
2. 场所不要求许可证（1504388）

“全面卫生–控制生产过程”（HACCP）认可的场所（561）*

图 2－3 日本食品安全管理框架

政策规划信息科(Policy Planning and Communication Division):负责食品安全监管职能总体协调、风险交流等事宜。该科下设的口岸健康监管室(负责处理所有检疫事务及进口食物监督检查)和国际食品安全室(总协调该部的管辖范围的国际事务)。

标准审查科(Standards and Evaluation Division):负责食品、食品添加剂、农药残留、兽药残留、食品容器和食品标签的规格和标准的制定。防止因食品中含有农药而发生健康危害,同时还监督出口食品、添加剂的卫生检查标准以及食品等健康标识的标准等。该科下设的新开发食品保健对策室(负责指定用途标签、营养标签标准、保健食品、膳食补充剂和转基因食品的安全评估工作)。

安全监督科(Inspection and Safety Division):负责执行食品检查、健康风险管理[如食物中毒措施,家禽和牲畜肉的安全措施,推广和完善 HACCP 体系,良好实验室规范(GLP),环境污染监控措施,加工工厂卫生控制]。其下设进口食品安全室,负责确保进口食品的安全。

食品安全部作为日本食品安全风险管理部门,按照《食品卫生法》的宗旨,确保食品安全和国民健康。该部会以最新科学知识和食品安全委员会进行的风险评价为基础,制定食品生产制造者应当遵循的食品、添加剂、农药残留的规格和基准,并通过各地方公共团体和检疫所,监视指导食品生产设施的卫生管理和流通安全。另外,食品安全部在制定、实施各种规制政策时,应当听取国民的意见以及促进相关主体之间的信息和意见的交流。

(二)食品卫生监督员

食品卫生监督员对进行日常的食品安全监督指导,具有重要的作用。根据《食品卫生法实施令》的规定,食品卫生监督员应当符合以下四项规定之一:一是在厚生劳动大臣登记的食品卫生监督员培训机构中,进行必要的研修和学习,通过规定课程考试者;二是医师、牙科医师、药剂师或兽医;三是在根据《学校教育法》所建的大学、高校等专门学校、根据旧《大学令》所建的大学或根据旧《专门学校令》所建的专门学校中学习了医学、牙医学、药学、兽医学、畜产学、水产学或农艺化学课程毕业者;四是具有营养师身份并从事两年以上食品卫生行政相关事务的经验者。

日本的食品卫生监督员可分为国家食品卫生监督员和地方食品卫生监督员两种。国家食品卫生监督员由厚生劳动大臣从厚生劳动省职员中任命,属于国家公务员,执行日常的机场和港口的检疫所工作,负责进口食品的卫生监督和负责对地方厚生局的综合卫生管理制造过程等业务。地方食品卫生监督员由都道府县知事、保健所所在市的市长、特别区区长从其职员中任命,属于地方公务员,平时是在保健所、保健福祉中心、食品监督中心、食品卫生检查所等部门工作,负责监督指导所辖地区内的营业设施。

日本全国分布着 8 201 名食品卫生监督员,其主要职能包括:当食品安全委员会劝告相关各行政机关之后,负责报告其实施改正的结果;对食品相关企业进行卫生监督指导并收集食品安全信息;报告针对食品安全行政措施的反馈意见;在发生食物中毒或食品索赔事件时,负责调查事故原因,并采取必要的行政处理措施以及监督指导防止此类事件的再次发生;受理集体用餐的申报并对其进行卫生监督指导;为消费者提供食品卫生的教育指导。

(三)食品卫生分会

2001 年,中央省厅整编之际,厚生劳动省内部成立了药事·食品卫生审议会,并下设药事分会和食品卫生分会。食品卫生分会的设立是为了取代原有的食品卫生调查会,并专门负责药事·食品卫生审议会中的涉及食品安全方面的事务。食品卫生分会按照职能讲是一个咨询性机构,主要负责接收各行政机关对于食品安全性问题的咨询,以确保食品安全行政措施的科学性与严谨性。

食品卫生分会由会长、委员以及9个部和8个调查会组成。在调查审议特别事项时,如有必要,可设置临时委员;在调查专门事项时,也可以根据需要而设置专门委员。委员、临时委员、专门委员都由厚生劳动大臣指定。食品卫生分会设会长一人,由所属分会的委员选举产生,负责分会的日常事务。分会长发生事故时,有分会长预先指定的食品卫生分会委员或临时委员代理其职务。食品卫生分会只有在委员和与所议之事相关的临时委员过半数出席时,才能召开会议。决议须经过半数的出席会议的委员和相关委员通过时,方能生效。另外,食品卫生分会根据具体调查对象的不同还分为8个调查分会,分别为:生物工艺学部会、食物中毒部会、乳肉水产食品部会、毒性部会、添加物部会、器具包装部会、标识部会、食品规格部会等。这些调查分会各负其责,确保各项调查结果具有很强的专业性和可信性。根据《食品卫生法》的规定,食品卫生分会具体承担以下6项职责:

1. 在厚生劳动大臣禁止食品销售或者取消禁止之前提供专业的咨询意见

其常见的四种情形包括:首先,某种食品是由一种新物质构成,或者其组成成分中含有该新物质,但又无法证实该新物质会对人体健康产生损害的情况。其次,以一种新工艺制作的食品,并且未证实其具有损害人身健康可能的情况。再次,以人体受损害的结果判断,从而怀疑某类食品中含有一种可能产生该不良影响的未知物质的情况。最后,根据厚生劳动省省令的规定,厚生劳动大臣在做出禁止销售的决定后,可根据利害关系人的申请,或在必要时认为被禁止的物品或食品没有发生食品卫生危害的情况。当出现上述四种情况中的任何一种时,为了避免食品安全事件的发生,厚生劳动大臣在听取药事·食品卫生审议会(主要是其下设的食品卫生分会)的意见后,可以禁止销售该类食品。

2. 在厚生劳动大臣禁止销售特定食品、添加剂或取消禁止之前提供咨询意见

根据《食品卫生法》的规定,对于在特定国家、地区,或者由特定主体所采集、加工、调理或者储藏的特定食品和添加剂,厚生劳动大臣可以依法进行检查,如发现有一定数量的变质、有毒、被污染以及其他不符合法定规格、标准的食品或添加剂,并同时从生产地的食品卫生管理状况判断其仍没有可以改观的趋势,在听取药事·食品卫生审议会的意见后,可做出禁止销售或者禁止为了销售而采集、加工、调理、储藏和进口该特定食品或添加剂。厚生劳动大臣在做出禁止销售的决定后,依利害关系人的申请,并判断被禁止的特定食品或添加剂已无发生食品卫生上的危害时,并在听取药事·食品卫生审议会的意见后,可以解除或部分解除该禁止决定。

3. 在厚生劳动大臣禁止销售特定器具、容器包装或者取消禁止之前提供咨询意见

根据《食品卫生法》的规定,对于在特定国家、地区制造的,或由特定主体制造的特定器具或容器包装,厚生劳动大臣在依法进行检查时,发现其具有一定数量的能损害人身健康或者不符合法定规格标准,并从其制造地的食品卫生管理状况和政策上判断其并没有改变的可能时,在听取药事·食品卫生审议会的意见后,可禁止该特定器具和容器包装的销售、为了销售而制造、进口或在营业中使用。而在取消禁止决定之前,厚生劳动大臣也同样要听取药事·食品卫生审议会的意见。

4. 在厚生劳动大臣确定添加剂无害时提供咨询意见

根据《食品卫生法》的规定,只有在药事·食品卫生审议会确定添加剂无损害人身健康时,厚生劳动大臣才会允许销售或者为了销售而制造、加工、储藏、进口以及陈列添加剂和含有添加剂的制剂、食品。

5. 在厚生劳动大臣制定食品、添加剂的规格和标准时提供咨询意见

出于公共卫生安全的考虑,并在药事·食品卫生审议会评估之后,厚生劳动大臣可就制造、加工、调理和储藏有待销售的食品、添加剂的方法制定标准,同时还要确定有待销售的食品、添加剂的成分规格。在制定了上述标准和规格之后,禁止出现一切不按规格和标准而进行的食品生产和销售。此外,针对食品中农药等化学合成物质的成分和残留的量大小,厚生劳动大臣在听取药事·食品卫生审议会的意见后,制定相应的规格要求。如果其成分和残留量超出了该规格要求,就不得为了销售而制造、加工、调理、储藏、进口此类食品。

6. 在厚生大臣指定食品标识标准时提供咨询意见

对于供销售使用的食品、添加剂或者已经制定规格或标准的器具、容器包装,为了公共卫生的需要,厚生劳动大臣可在听取药事·食品卫生审议会的意见后,就其标识内容而制定相应的标准。食品、添加剂、容器包装和器具一经指定了标识标准,就必须在营业中予以恪守。

二、厚生劳动省的职能

厚生劳动省作为保障日本食品安全的风险管理部门之一,其与农林水产省和各都道府县通过密切的合作,共同制定各种食品规格及基准,并监督国内流通食品和进口食品的卫生状况,防止由于饮食而引起的卫生上的危害事件的发生。2009 年 8 月 26 日,厚生劳动省发布通告,食品标识业务于 2009 年 9 月 1 日起由消费者厅全面接管。根据《食品安全基本法》和《食品卫生法》的规定,厚生劳动省的职能如下:

(一)监督指导职能

厚生劳动省的监督指导职能主要体现在两个方面。一是制定监督指导总体方针。《食品卫生法》第 22 条规定,厚生劳动大臣应当就国家和都道府县等实施的食品卫生监督、指导措施制定总体方针。该方针规定的具体事项应包括:监督指导的基本方向、有关应给予重点监督指导项目的事项、有关监督指导实施体制的事项、实施监督指导的其他相关重要事项。厚生劳动大臣在制定或变更方针后应当立即公布,不得迟延。根据该条规定,2003 年 8 月 29 日,厚生劳动省第 301 号告示公布了《关于食品卫生监督指导实施方针的规定》。其主要内容是:一是指出该方针规定的是行政部门、食品相关从业者、消费者之间的责任分担,以及与监督指导有关的厚生劳动省、都道府县等的责任分担的基本想法。二是对进口食品进行监督指导。对于当年度和第二年度的进口的食品、添加剂、器具和包装容器,厚生劳动大臣应当基于该方针,制定国家实施监督指导的计划。其中包括鉴于生产地的情况以及其他情况应给予重点监督指导的项目和指导进口营业者自主实施卫生管理的有关事项,以及其他实施监督指导的必要事项。同时厚生劳动大臣还应当公布进口食品监督指导计划的实施状况,方便国民的查询。

（二）推进研究开发职能

为了确保食品安全，推进对食品危害成分的研究，厚生劳动省于2002年改组了以往的医药品试验机关，成立新的国立医药品食品卫生研究所。主要负责收集、分析国内外食品安全相关信息，向相关事业者提供食品安全信息，确立食品中残留农药、动物用医药品、过敏物质、食品添加剂等的分析数据，对新开发的食品、食品器具、包装容器等进行化学检验，调查研究食物中的毒细菌、微生物产生的毒素等可能危害健康的各种毒素，并提供相关数据报告。厚生劳动省在这些专业的检验分析数据的基础上，制定相关的食品安全规制措施。

（三）风险交流职能

2003年修改后的《食品卫生法》明确了厚生劳动省的两项风险交流职能。一是厚生劳动大臣在制定食品规格标准时，必须向公众公布必要的标准事项。二是厚生劳动大臣要公布与食品卫生有关政策的实施情况，并就该政策广泛听取国民的反馈意见。厚生劳动省、农林水产省、食品安全委员会以及地方公共团体要相互合作，对于每一项可能产生的食品危害因素都要召开意见交流会议。特别是"残留农药基准的肯定列表制度"之后，按照要求，其必须要在全国各地召开多项针对此项制度的意见交流会议。另外，除了"残留农药基准会议"之外，"美国牛肉进口问题意见交流会""食品安全确保和HACCP意见交流会"等各项会议也在全国各地纷纷召开，以此促进了食品风险信息的交流，充分发挥厚生劳动省在规制食品安全方面的作用。

（四）紧急事态应急职能

厚生劳动省的紧急事态应急体制主要侧重于对健康危机的管理。其主要表现为：完善食品安全应急反应机制，建立实施食品安全快速反应联动机制；加强应急指挥决策体系，应急监测、报告和预警体系，应急检测技术支撑系统，应急队伍和物资保障体系，以及培训演练基地、现场处置能力建设，提升政府应急处置能力；全面加大食品安全重大事故的督查督办力度，健全食品安全事故查处机制，建立食品安全重大事故回访督查制度和食品安全重大事故责任追究制度。

厚生劳动省负责紧急事态应急处理的机构主要有医药食品安全部和劳动标准局安全卫生部，以及为了迅速进行健康管理、调整相关事务而专门设置的健康危机管理调整会议。一旦发生或可能发生食品安全事故时，厚生劳动大臣立即整合厚生劳动省所有内部资源，召开紧急会议，整理危机损害信息，对相关科室的范围、状况、应对支援体制等做出全局化、整体化的配置。并对通过信息收集窗口收集到的药品和食物中毒、传染病等危害国民健康的信息进行分析，及时向相关各省厅、国外机构、消费者发布准确消息。对于厚生劳动省做出的危机处理决定，危机管理机构应适时召开相关审议会，听取各方意见，采取必要的调整对策。

三、厚生劳动省与农林水产省等食品安全机构的关系

农林水产省和厚生劳动省是日本食品安全管理主体，共同承担提供安全食品的责任。这两个省根据有关法规单独管理食物。厚生劳动省和农林水产省分别根据《食品卫生法》和《农林产品标准化和适当标示法》开展食品质量安全管理工作。农产品质量安全管理工作由

二者共同负责，按照生产、加工、销售等不同环节分别确定各自管理的职责，直接面向农产品的生产者、加工者、销售者和消费者。两者在职能上既有分工，又有合作，各有侧重。厚生劳动省的职能是保障稳定的食品分配和食品安全。主要负责加工和流通环节食品安全的监督管理，包括国内食品加工企业的经营许可、进口食品的安全检查、食物中毒事件的调查处理、流通环节食品（畜、水产品等）的经营许可和对食品问题进行监督执法以及发布食品安全情况等；还负责生鲜农产品及其粗加工产品以外其他食品及进口食品的安全性，侧重在这些食品的进口和流通阶段。农林水产省的职能是食品的生产和质量保证，主要负责生鲜农产品及其粗加工产品的安全性，侧重在这些农产品的生产和加工阶段。两者有完善的农产品质量安全检测监督体系，全国有48个道府（县）、市，共设有58个食品质量检测机构，负责农产品和食品的监测、鉴定和评估，以及各政府委托的市场准入和市场监督检验。农药、兽药残留限量标准则由两个部门共同制定。日本食品安全机构的分工与职能见图2-4。

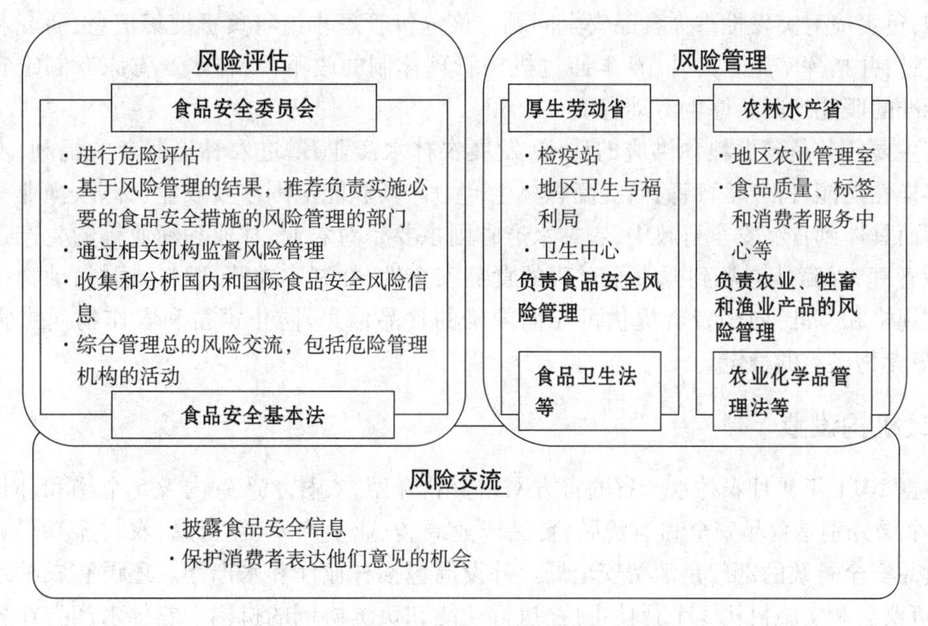

图2-4 日本食品安全机构的分工与职能

第三节 农林水产省

日本是实行地方自治，政府机构分中央政府和地方政府。在地方政府中，又分都、道、府、县和市、町、村两个层次，它们都是自治体，没有上下级关系。中央政府设农林水产省（のうりんすいさんしょう；The Ministry of Agriculture，Forestry and Fisheries，MAFF），简称农水省，隶属日本中央省厅，相当于我国的农业部。其与厚生劳动省一样，也是日本食品安全行政中的风险管理机关，但其主要是承担保障农产品、水产品的卫生安全的职能。农林水产省也设立“食品安全危机管理小组”，建立内部联络体制，负责应对突发性重大食品安全问题。

一、概况

农林水产省的前身是成立于1881年的农商务省。1925年农商务省又被分为农林省和商工省。1943 年农林省也负责商工省的事务,成了农商省。另外,同时设立军需省。1945 年 8 月,农商省变成农林省(のうりんしょう)。军需省变成商工省(即今的经济产业省)。自 1978 年 7 月 5 日,200 海里水域问题成为重要水产行政问题后,才被改名为农林水产省。农林水产省根据经济发展的变化,不断调整机构,转变职能。鉴于日本越来越依赖进口食物,食物自给自足的比率也不断下降,为确保日本食物供应稳定,有效实施《食料、农业、农村基本法》(Basic Law on Food Agriculture and Rural Areas),2001 年 1 月,根据《农林水产省设置法》对农林水产省进行架构重组,将原隶属生产局的食品安全管理职能分离,单独成立食品安全消费事务局。农林水产省负责食品的生产和质量保证。随着风险评估职能的剥离,在食品安全方面的职能转变为实施风险管理。根据《食品安全基本法》规定,农林水产省对内部有关部局进行调整,2003 年 7 月,设立消费安全局,负责食品安全残留农药检验监督和食品标签等工作。2003 年 9 月 1 日,农林水产省设立了"食品安全危机管理小组",建立内部联络体制,负责应对突发性重大食品安全问题。该危机管理小组将负责搜集信息,研究和制定应对方针,并指挥实施。另外,日本通过机构管理体制的改革,农林水产省原有制定农兽药残留标准的职能划归给厚生劳动省。

其主要任务是确保粮食供应的稳定,发展农林水产业,增进农林渔业者的福利,发挥农业的多样性功能,持续培育森林,提高森林生产力。其职能范围涉及农业、林业、渔业等多个行业。而具体到食品安全行政中,农林水产省则主要是对农业、林业和渔业等的生产过程进行风险管理,保障从农场到餐桌全过程的食品安全性,并制定农药、肥料、饲料、动物用医药品等的规格和基准,向消费者提供可靠而准确的食品信息,防止家畜和农作物病虫害的蔓延,保障食物供给的稳定。

二、机构设置

根据 2011 年 9 月农林水产省的官方网站资料介绍,农林水产省内设 5 个局和部长秘书处。5 个局分别是食品安全和消费局、食品产业局、农业生产局、经营局、农村振兴局。其中主管食品安全行政的部门是消费安全局。外设局包括林业厅和水产厅。还设有农林水产研究会、审议会和实施机构 3 个行使主持、执行功能和负责协调的机构。农林水产省在各地有各种派出机构。

2001 年,农林水产省将原隶属农业生产局的食品安全管理职能分离,新组建了负责食品安全管理的"食品安全和消费局"。该局是农林水产省中唯一执行确保食品安全的风险管理的主要机构,基于接受消费者的观点和保护人民健康最为重要的概念,该局负责保证食品安全和食物供应安全、使消费者对"食品"信赖。主要是负责农场阶段的食品安全和卫生。食品安全和消费局下设总务科、消费者安全政策科、标识规格科(内设食品标签和规格监督室、稻谷流通监督室)、植物产品安全科(内设农药办公室)、动物畜水产品安全管理科(内设水产安全室)、植物防疫科(内设植物检疫办公室)、动物卫生科(内设国际动物健康办公室)共 7 个部,另外还配有消费者信息官员。其中,消费者安全政策科主管食品安全政策的制定,从总体方针和制度上明确消费者的权利与义务,为消费者提供各种制度保障。食品安全和消费局在引入国际标准化规格基准的基础上,负责建立一个科学而又严谨的、中立而又公正的食品安全标准化保障体制。

地方政府中,都、道、府、县一级设有农林水产部,市、町、村一级根据所在地的经济类型,或单设农林水产课,或和工商管理合设产业课。此外,中央和地方的农林水产机构都有一些外围组织,如特殊法人、认可法人等。

实施机构包括植物检疫所、那霸植物检疫所、动物检疫所、国家兽医检查实验室、农林水产研修所、农林水产政策研究所。日本植物检疫的法律依据是《植物防疫法》。具体工作由植物检疫所负责。日本在横滨、名古屋、神户、门司、那霸设有植物防疫所,在成田机场和东京设有支所,在18个城市有派出机构。日本动物检疫的法律依据是《家畜传染病预防法》以及依据国际兽疫局(OIE)等有关国际机构发表的世界动物疫情通报制订的实施细则,即禁止进口的动物及其产地名录。具体工作由农林水产省下属的动物检疫所负责。动物检疫所总部设在横滨。除横滨外,在中部机场、成田机场、关西机场、神户、门司和冲绳设有支所。

三、职能

(一)从生产到运输的风险管理职能

农林水产省作为食品安全的风险管理部门,为了贯彻食品安全行政的基本方针,与厚生劳动省制定了《农林水产省及厚生劳动省食品安全性风险管理标准程序书》,规定了生产、制造、流通过程中,确保食品安全的标准作业程序。农林水产省在从农场到餐桌的全过程的管理职能主要体现为:①在生产阶段确保生产材料和产地的品质安全。②在制造阶段强调对食品相关企业的监督指导和自主的卫生管理方针,同时对食物添加剂、健康食品的安全也做出了具体规制,在肉类和水产品加工厂、食品制造业中引入HACCP体系。③在流通阶段,要保证市场的高质量、高品质管理的同时,也要对农药残留标准制度执行严格的检查。在进口管理中,强调完备的动物检疫系统和肯定列表制度。另外还要强化家畜预防体制和确保动物诊疗兽医的培养以及转基因农作物的安全检测。农林水产省为了能在各个阶段确保食品安全,引入了危害分析和关键控制点(HACCP)制度、良好农业规范(GAP)和食品追溯制度,并建立了肯定列表制度,希望通过这些科学管理体系打造全新的食品安全环境。

(二)应急保障职能

为了更好地应对食品安全紧急事件,农林水产省制定了《食品安全紧急应对基本指针》,明确了自身的职责和危机管理体制,以提高自身应对紧急事件的能力。该方针规定了农林水产省的紧急事件保障机制的3个主要流程。①制定紧急事件应对基本思路,根据紧急事件类型制定实施指南,从总体上把握紧急事件的应对处理方法。其基本思路是当因摄入食品而对民众造成或可能造成重大损害时,为了确保食品安全而需要进行的紧急应对。农林水产省还根据紧急事件的类型分别制定了实施指南。具体包括:制造、加工、流通、销售阶段的食品安全紧急应对实施指南,产生于农林渔业生产资料的食品安全紧急应对实施指南,产生于农林渔业生产环境的食品安全紧急应对实施指南等。②重视信息的收集与分析,基于保护国民健康尤为重要的理念,与相关行政部门合作,共同防止或控制对国民健康造成严重影响的食品安全事件发生。农林水产省的消费安全局作为处理紧急事态的行政机构,平时就应明确紧急事件发生时的责任和应对顺序,并要广泛收集、分析由于食物而引起的危害国民健康的各种信息。通过信息联络点与各海外关系和学会保持信息往来,不仅要收集信息还要积极交换意见。日常还要举行紧急应对措施的训练,认真记录好每一次训练的详细情况,为以后的改善对策留有充分的基础资料。③实施紧急应对措施,从根本上消除紧急事件发生的原因,积极防止和控制食品安全紧急事件对国民健康造成或可能造成的严重影响。农林水产省应对食品安全紧急事件的措施主要有 3 种:防止出现有问题食品、及时停止已向消费者等提供的问题食品、查明问题食品的发生原因和发生经过。

四、与厚生劳动省的关系

日本进行的食品安全规制改革,确立了从农场到餐桌的全过程化保障体制,以确保食品在生产、制造、运输、销售、消费的各个环节的安全。农林水产省在这个全过程的保障体系中的职能主要是从生产到运输过程中的风险管理,以及与其他各相关省厅的信息交流和应急保障。厚生劳动省中的食品安全部和农林水产省的消费安全局是日本食品安全行政的最为重要主管部门,二者在确保食品从农场到餐桌的生产、销售全过程的安全中起到至关重要的作用。农林水产省的消费安全局主要是负责农场阶段的食品安全和卫生,而厚生劳动省的食品安全部则主要负责处理加工阶段及其销售阶段的食品安全与卫生。以家畜为例,其在农场阶段的健康、卫生以及饲料安全均由农林水产省的消费安全局负责,而宰杀家畜以及零售阶段的肉质的卫生与安全则由厚生劳动省的食品安全部负责。两者在日本食品安全管理中的分工见图 2 –5。

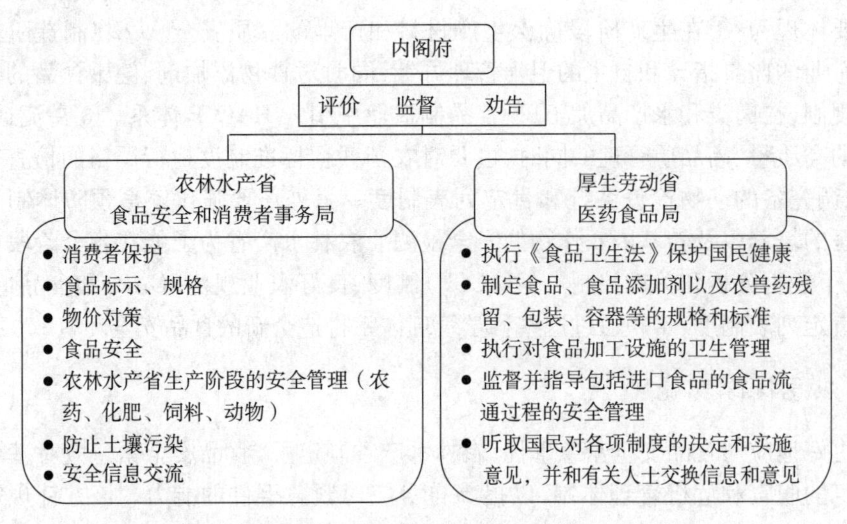

图 2 –5 厚生劳动省和农林水产省在食品安全管理中的分工

第四节 消费者厅与消费者委员会

一、设立背景

随着日本国民日益关注食品安全,尤其“问题大米”事件代表的食品造假频发,消费者对食品安全事件频繁投诉。为了应对消费者的诉求,统一管理消费者行政事务,将食品安全政策与消费者直接挂钩,实现“推进跨部门的消费者行政一元化”目标,日本政府 2008 年向国会提交了设立消费者厅的有关法案。2009 年 5 月,日本议会于通过《设立消费者厅和消费者委员会法》(2009 年第 48 号),并于同年 9 月 1 日消费者厅(Consumer Affairs Agency,简称 CAA)正式成立。消费者厅作为政府监控食品行政的一个统一的窗口,独立于风险评估机构和监管机构,从国民和消费者的视角对食品安全风险机构和监管机构进行监控。消费者厅的主任大臣由内阁总理担任。在内阁中又常设消费者政策担当内阁府特命全权大臣。

与消费者厅同时设立的还有"消费者委员会(the Consumer Commission)。两者都是涉及消费者权益保护的机构,它们直属于内阁府的外设机构与独立机构。CAA 负责食品安全行政,并承担部分风险分析工作。CAA 是日本自 1971 年设立环境厅以来时隔 38 年再次设立新的直属于中央省厅的行政部门。消费者厅负责统一承担原先由各相关省厅分别管辖的有关消费者权益保护的各种行政事务,包括产品事故的原因调查以及防止同样问题再次发生等。负责实施消费者权益的保护,以及消费市场的管理与监督。

二、消费者厅的机构设置

消费者厅下设 9 个课,共有 270 名工作人员,内部配备秘书长、副秘书长、总干事 2 名(1 名负责规划与协调,解决消费者有关问题的政策规划与协调功能;另 1 名负责执法,负责授权 CAA 职责/管辖的管理工作)、顾问(2 名)。消费者厅的内部机构设置综合科、政策协调科、政策规划与国际事务科、消费者信息科、地方协调科、消费者安全科、商业和价格监管科、陈述科、食品标签科。各自的职能如下:

综合科(General Affairs Division):与人事、会计、票据筛选、饮食有关的事项,综合事务。

政策协调科(Policy Coordination Division):与有关部委和机构的政策的协调。要求有关部长和机构根据消费者安全法采取行动。

政策规划与国际事务科(Policy Planning & International Affairs Division):①策划/推广消费基本计划,如包括消费者教育等;按照消费者基本法、消费者合同法对所属职权范围进行管辖;②根据食品安全基本法、消费者安全法等制定基本政策;③根据保护举报人法案,保护个人信息法案对所属职权范围进行管辖。

消费者信息科(Consumer Information Division):①收集和分析消费者信息,并向公众公布;②向消费者提供警示;③强化本地消费中心,公共关系的功能。

地方协调科(Local Cooperation Division):①策划和协助本地消费的管理;②国家版权局监督。

消费者安全科(Consumer Safety Division):①根据《消费者安全法》调整/应对"特殊问题";②根据《消费者产品安全法》报告严重的产品事故;③根据《食品安全的基本法》协调风险交流;④根据《家庭用品质量标签法》对所属职权范围进行管辖。

商业和价格监管科(Commercial Business and Price Regulation Division):①根据特别商业交易法规和特别商品存放和特权控制合同法对所属职权范围进行管辖;②在不动产交易法、旅行业法、分期付款售卖法、资金借贷控制法的指定领域对所属职权范围进行管辖;③根据国家对生活和价格稳定紧急措施法进行价格监管。

陈述科(Representation Division):所属管辖范围的陈述进行管辖,如《反对不合理附加费用和误导性陈述法》《房屋质量保证法》《指定电子邮件传送规则法》。

食品标签科(Food Labeling Division):对所属职权范围食品标签的管辖,如《日本农业标准法(JAS)》《食品卫生法》《健康增进法》,对所属职权范围进行管辖。

三、法律依据

20 世纪 60 年代,由于消费者权益保护问题的凸显,日本政府于 1968 年制定了《消费者保护基本法》,为消费者保护行政体系的构建奠定了基础。该法于 2004 年修订为《消费者基本法》,对消费者权益保护以及对企业和相关行政机关的责任做出了相关的规定。《消费者基本法》第二条规定消费者局的职能是行使保护消费者的权利和支持消费者在消费者需要的安全社会中的独立性的国家职能。目前,由消费者厅管理的法律有 30 项。其中包括:规定物价监管等物价行政措施的《物价统制令和赠品表示法》等 14 项法律将由消费者厅全部接管;《食品卫生法》《健康促进法》《日本农林标准法(JAS 法)》等 9 项法律为部分接管;《贷款业法》《宅建业法》《旅行业法》《出资法》等 7 项法律为该厅与其他省厅合管。与消费者行政相关的 75 项法律中,消费者厅管理约 4 成。

四、消费者厅的职责

1985 年以后,日本各省厅先后成立了负责消费者政策的部门,不同的省厅分别管理着不同行业的产品和服务,从而形成了管理上的"纵向分割",加之各省厅的工作重点放在生产者即厂家方面,因而忽略了消费者的利益保护。设立消费者厅在于纠正"纵向分割"管理的偏差,将各省厅有关保护消费者权益的法律和权限统一移交给消费者厅,使之成为保护消费者权益行政工作一元化领导的"指挥部"。消费者厅统辖商品、金融交易和食品、产品安全、标识等消费者关心的安全问题,一方面作为一个统一的咨询窗口,同时也可进行企划立案、执法,并有权责令监督部门采取整改措施。

消费者厅主要职能是:根据国民和消费者的投诉和建议以及调查分析结果,向相关部委(即食品安全风险机构和管理机构)提出政策劝告,并负责食品标签标识标准的提案和制修订等工作,实现了食品安全监控的一元化管理。这个机构在三角形的上方,既可以承上也可以启下,承上是因为它直接属于内阁总理大臣管理,规格高于上述三部门,可以监视风险评估机构和食品行政政策;启下是指可以将消费者的意见转化为食品行政政策,间接使消费者成为食品政策决策的主体。消费者厅的任务是:①保护和促进消费者的利益和权益;②保证自愿和理性选择产品和服务;③确保与消费者生活密切相关的产品标签公正。

在食品标识管理方面,食品标识不仅复杂,而且标识标准也存有重复甚至冲突的现象,容易造成消费者和食品相关从业者对食品标识理解的困难,使食品标识失去了其本应有的作用。2002 年 12 月,厚生劳动省和农林水产省联合召开了食品标识共同会议,推进食品标识制度的通俗化和简易化。厚生劳动省的药事・食品卫生审议会中的食品卫生分会的标识部的食品标识调查会和农林水产省的农林物质规格调查会(JAS 调查会)整合了食品标识标准,并将食品标识职能以法律的形式固定下来,统一由厚生劳动省执行。同时,食品标识共同会议所做出的决定也对《食品卫生法》和《JAS 法》产生了一定的影响,部分统一了二者相互矛盾或分歧的地方。根据部门职能分工,厚生劳动省 2009 年 8 月 26 日发布通告,食品标识业务于 2009 年 9 月 1 日起由消费者厅全面接管。2009 年修订的《食品卫生法》最重要的变化是将有关食品标签的权限转移给接受卫生、劳动与福利部(与《食品卫生法》与《健康增进法》相关内容)和农林渔业部(与《JAS法》相关内容)有关职能的消费者厅。CAA依据《食品卫生法》《JAS法》和《健康增进法》的规定管理食品标示。与消费者厅有关食品标签的工作包括:

——全面负责标签法规方面管理事务;

——制定关于食品标签标准等政策措施;

——与相关政府机构(如厚生劳动省、农林水产省等)的协调合作;

——负责法典有关标签的工作。

随着食品标签管辖权限的转移,新的消费者厅发布了"基于食品卫生法实施条例的食品标签指南"和"基于部长令的有关奶和奶制品成分的综合标准等(基于食品卫生法的新标签,2009年9月17日消费者厅食品标签部第8号通告)。这些文件提供了综合性的食品、食品添加剂、乳/乳制品和玩具的应用信息。

有关添加剂的标签,在权限移交CAA后,以前"基于食品卫生法的标签"(卫生部环境卫生局通告1996年5月23日第56号公告)的通告被已有某些变化的新通告(消费者厅2010年第377号的标签通告)替代。

五、消费者厅在食品标签方面开展的工作

CAA通过对食品标签管理而对食品安全的管理。CAA提出的对标签和安全倡议时间表政策如下。

2009年9月1日~2010年3月31日,CAA进一步讨论保健食品标签,建立调查委员会,并完成通用标签问题的审查。CAA将直接向消费者事务委员会(由各部委推荐的专家组成的独立机构)。

2010年4月1日~2011年3月31日,CAA审查目前的食品标签和食品安全事故报告和信息披露系统(公告)的法律框架。CAA审议并建立必要的法律框架,以处理在分析当前系统中所发现的问题。

2011年4月1日~2012年8月31日,CAA执行基于该项研究结果的措施。

2012年4月,日本消费者厅整合《食品卫生法》《健康增进法》和《JAS法》,制定新食品标签法规,统一食品标签管理。

2012年以来,消费者厅已陆续在其官方网站发布了食品标签的通知、食品标签集中的信息、原料产地标签的信息等。在食品标签的通知栏目,已发布了各类食品质量标签标准,并对新的标签规定与《食品卫生法》《健康增进法》和《JAS法》有关标签规定进行了比较,便于食品生产者正确使用。

六、消费者委员会

消费者委员会(Consumer Council)主要职责是监督以消费者厅为首的各中央机构在保护消费者权益方面的行政工作。在日本各地还设有"消费生活中心",可接受消费者投诉、进行消费行为指导等工作。在消费者厅成立以后,日本政府还开通了一条消费者热线。该热线可直接连接到各地方的消费生活中心。此外,还有一些像"日本消费者联盟"这样的民间组织也会通过调查研究向一般消费者提供相关统计信息、向相关政府部门进言献策以及监督企业的侵犯消费者权益的行为。这一委员会是由民间人士组成的消费者厅的监督机构,设

在内阁府内，负责独立调查审议与消费者权益保护有关的各种事务，有权对首相和相关大臣提出建议。

第五节　地方政府机构

一、地方政府所设机构

日本政府主管食品安全的部门为食品安全委员会、厚生劳动省、农林水产省以及消费者厅。日本国内的食品安全主要依靠都、道、府、县地方行政管理部门监管，地方政府设立有517个保健所。厚生劳动省在地方设有地方厚生局以及检疫所，进口食品主要依靠厚生劳动省监管。农林水产省在地方设有地方农政局。日本厚生劳动省目前有31所食品检疫站，其中6所具有执行指令性检验的能力和检验设备。同时，日本还有2个具有执行指令性检验能力的针对进口食品的检验中心。此外，日本厚生省指定了大约40个实验室，代其行使监督检验职能。

日本的卫生检疫分为4个层面，首先是中央部门所属检测机构可以检测。通常地方都、道、府、县保健所也可以实施检测并对食品安全进行监控。一般来说，进口食品的检验检疫由厚生劳动省负责，日本也允许经过政府注册的民间检测机构进行检测。事实上形成了国家、地方保健所、民间机构和企业4个层面的卫生检测机制，为确保食品安全夯实了检查基础。按照《食品安全基本法》规定，厚生劳动省负责制定每个财政年的监督检验计划并在港口对进口食品进行抽样检查。取样检查根据国际食品法典委员会推荐的方法进行。所有的检查和实验室检测费用由日本厚生省承担。

进口食品主要依靠厚生劳动省监管。在进口的动植物及农产品中，有相当部分是作为食品或食品原料进口的，这些货物在接受动植物检疫之后，还要接受日本厚生省主管的卫生防疫部门的食品卫生检查。其中农林水产省的动物和植物检疫所主要针对危害动植物健康的病虫害，而厚生劳动省则负责从人体健康的角度出发的卫生防疫，见表2-1。

表2-1　日本进口食品安全检疫分类

种类	检疫对象	建议主体	检疫部门
植物检疫	瓜果、蔬菜、小麦、大豆	植物病虫害	农林水产省植物检疫所
动物检疫	肉类、水产品	动物传染病	农林水产省动物检疫所
食品卫生	食品	对人类饮食带来危害的物质	厚生劳动省检疫所

二、地方政府主要负责的工作

根据《食品卫生法》，地方政府主要负责三方面工作。一是制定本辖区的食品卫生检验和指导计划；二是对本辖区内与食品相关的商业设施进行安全卫生检查，并对其提供有关的指导性建议；三是颁发或撤销与食品相关的经营许可证。地方政府也进行食品检验，但主要是由当地的保健所或肉品检查所等食品检验机构对其相应权限范围内的产品进行检验。

都、道、府、县等地方主管部门负责制定地方层面的食品监控指导计划。地方政府所属保健所拥有经营许可的审批权、现场监管指导和对食物中毒的调查、抽样检查、实施召回、实施命令检查、投诉处理、普及食品卫生知识等权利和义务。而HACCP设施的批准和换证以及进口食品的监管或注册检查机构的批准则由地方厚生劳动局负责,类似于我国国内的认证认可机构。在日本除国家的检测机构可以检测食品外,经国家注册的民间检测机构也可以实施检测,形成了国家和民间机构共检的食品检测格局。日本对食品相关从业者的要求是遵守食品卫生法,掌握和提高食品生产加工等的技术,实施自主检查。消费者则被要求学习掌握食品安全知识。形成了中央政府、地方政府、业者、消费者"四位一体"共同管理、责任共担的管理机制。

日本政府中央食品安全部门负责加强与地方部门的合作与交流,实现各项政策的系统快速实施,负责监管进口食品、促进国际合作、中央部门对地方自治体进行技术援助,包括促进信息交流,教育和普及相关知识,主要负责制定国家层面的食品监控指导计划。地方政府需通报信息、提高研究和检测技术能力,培养人才以及提升其资质和监管水平。

第三章 日本食品安全法律法规

第一节 概 述

一、食品安全法律法规建立与变迁

太平洋战争结束后，日本粮食短缺，流通管理混乱，大批不符合卫生条件的食品上市，这些质劣食品导致多次发生食品中毒事件。如何防止食物中毒成为日本政府食品监管的第一要务。1947年日本出台了《食品卫生法》，1950年日本又出台了《农林产品标准化法》（简称《JAS法》）。长期以来，日本主要是由《食品卫生法》和《JAS法》管理食品安全和质量，是日本控制食品质量安全与卫生的重要法典。日本根据这些法制定了许多具体的实施规则，包括《食品卫生法实施规则》、《食品卫生法实施令》和《JAS法实施令》等。仅针对不同的饮食品种就相继制定了许多相关法规，如《饮食业营业取缔法》《牛奶营业取缔规则》《清凉饮料水取缔规则》《饮食物防腐剂、漂白剂取缔规则》《饮食物添加剂取缔规则》和《饮食物器具取缔规则》等。

2001年以来，日本国内相继发生了雪印牛乳事件、肠出血性大肠杆菌O157中毒事件，疯牛病（BSE）和禽流感食品安全事件，引发了消费者对食品安全监管的信任危机，对日本重组当时的司法和管理系统起了决定性的作用。日本重新思考其侧重于防止食物中毒的食品管理理念。随着国际上食品安全管理理念的不断创新，日本感到以往的立法宗旨已不能适应新时代国民对食品安全的要求。日本决定通过制定《食品安全基本法》，确立新的食品管理理念，风险分析作为该法的基本原则，并引入了食品安全追溯系统。设立了食品安全局、食品卫生协会、卫生保健所等管理和监督机构，为保障国民的健康发挥了重要的作用。基于"从农场到餐桌"的原则，法律对与农业和畜牧业相关的物质和材料，如农药、饲料、兽药进行了修订。但日本在立法中并没有就预防原则提出明确的意见。

二、日本食品安全法律体系特点

日本的食品安全监管的法律体系可分为三个层次。一是针对食物链各环节的一系列法律，如《食品卫生法》《JAS法》等，这些法律效力最高；二是根据法律制定并由内阁批准通过的令，如《食品安全委员会令》《JAS法实施令》等；三是根据法律和政令，由日本各省制定的法律性文件，如《食品卫生法实施规则》《关于乳和乳制品的成分标准省令》等。整个法律体系覆盖了农产品生产环节、农产品流通环节、食品生产环节和食品流通环节。涉及食品质量卫生、农产品质量、投入品（农药、兽药、饲料添加剂等）质量、动物防疫、植物保护等多个方面。日本政府于2003年5月出台了《食品安全基本法》，规定了食品从"农场到餐桌"的全过程管理，明确了风险分析方法在食品安全管理体系中的应用，并授权内阁府下属的食品安全委员会进行风险评估。

日本保障食品安全的法律法规体系由基本法律和一系列专业、专门法律组成。这些法律以国民健康为第一先决条件,明确规定了国家和地方政府在食品安全方面应负的责任,通过相互配合、补充,为食品安全提供了强有力的保证。在疯牛病被发现以后,日本制定了《食品安全基本法》,并全面修订《食品卫生法》,强调《食品卫生法》的目的要从确保食品卫生改为确保食品安全,所有食品要设立安全标准,这些标准十分苛刻,要求日渐严格,尤其是对农药残留标准进行了修改,调严了限量。日本为了完善食品安全监管法律法规体系,以《食品安全基本法》《食品卫生法》作为基础,制定了许多具体的专项法律。日本对食品卫生的监控从源头抓起,首先通过对化学物质生产和进口的控制,防止其对人类健康产生危害。针对日本福冈发生食用油中混入多氯联苯(PCB)而致人中毒的"油症事件"(1968 年),1973 年制定了管理化学物质审查和制造的法律《化学物质审查规制法》(简称《化审法》)以及二噁英类对策特别措施法、毒物以及剧毒物取缔法等相关法律。为了规范农药、肥料和饲料的使用,农林水产省制定了《农药取缔法》《肥料取缔法》《饲料安全法》等,用以监督特定用途的化学物质,规范农业化学品的生产、流通、使用。为了预防和控制发生家畜传染病及其蔓延,制定了《家畜传染病与方法》。同时,《农畜产业振兴机构法案》《渔业法》《水产资源保护法》《食品循环资源再生利用促进法》等为畜牧产业、渔业等制定了基本规则。此外,与农产品质量安全密切相关的法律还有《自来水法》《水质污染防止法》《植物检疫法》《保健所法》《营养改善法》《营养师法》《厨师法》《糕点卫生师法》《生活消费用品安全法》《家庭用品品质标示法》《关于限制含有有害物质的家庭用品的法律》《计量法》《牧场法》《水道法》《土壤污染防止法》《农林产品品质规格和正确标识法》《植物防疫法》《农药管理法》《持续农业法》《改正肥料取缔法》《饲料添加剂安全管理法》《转基因食品标识法》和《包装容器法》等。

三、日本重要的法律法规概要

(一)《食品安全基本法(the Food Safety Basic Law)》

见本章第二节。

(二)《食品卫生法(The Food Sanitation Act)》

见本章第三节。

(三)《农林产品标准化和适当标示法》

见本章第四节。

(四)《农药管理法(Agricultural Chemicals Regulation Law)》

由农林水产省负责,其主要规定:一是所有农药(包括进口的)在日本使用或销售前,必须依据该法进行登记注册,农林水产省负责农药的登记注册;二是在农药注册之前,农林水产省应就农药的理化和作用等进行充分研究,以确保登记注册的合理;三是环境省负责研究注册农药使用后对环境的影响。

（五）《农药取缔法》

1948年公布，规定了农药的活性成分，并对农药的使用以及允许使用农药的农作物进行了规范。只有登记过的农药才能出售和使用，禁止销售未经日本农林水产省登记的农药，生产、进口、使用未经登记的农药的行为为非法行为。目的是在设置农药登记制度的同时，通过限制出售和使用，正确制定农药的质量和安全性以及使用量，并以此来保障农业生产的稳定和国民健康。该法的主要事项由农林水产省管辖，但有关消费者健康的农产品农药残留安全标准在厚生劳动省所管的《食品卫生法》中制定。

（六）《家畜传染病预防法(The Law for the Prevention of Infectious Disease in Domestic Animals)》

该法是日本动物检疫的指导原则，依据国际兽疫事务局(OIE)等有关国际机构发布的全球动物疫情通报制定实施细则。适用于进口动物检疫，农林水产省管辖的动物检疫站为其执行机构。进口动物检疫的对象包括动物活体和加工产品(如肉、内脏、火腿、肉肠等)。法律规定进口动物活体时，除需在进口口岸实施临船检查，还要由指定的检查站对进口动物进行临床检查、血清反应检查等；进口畜产加工品，一般采取书面审查和抽样检查的方法，但若商品来自于家畜传染病污染区域，则在提交检查申请书之前，必须经过消毒措施。《家畜传染病防治法》将向日本出口偶蹄动物及其产品的国家分为四类。中国属一类国家，即不允许中国向日本出口偶蹄类动物的内脏、肉、火腿与烤肉，除非这些产品在日本农林水产省注册的工厂中生产。

（七）《屠宰场法(Abattoir Law)》

为确保国民身体健康和维护公众卫生，也为了维持屠宰场的卫生和规范经营，日本在1953年制定了《屠宰场法》。适用于屠宰场的运作以及食用牲畜的加工。法律要求：屠宰(含牲畜褪毛等加工)场的建立，必须获得都道府县知事或市长的批准；任何人不得在未获许可的屠宰场屠宰拟作食用的牲畜或为这类牲畜去脏；所有牲畜在屠宰或去脏前，必须经过肉类检查员的检查；屠宰检验分为屠宰前、屠宰后和去脏后3个阶段的检验；未通过检验前，牲畜的任何部分(包括肉、内脏、血、骨及皮)不可运送出屠宰场；如发现任何患病或其他不符合食用条件的牲畜，都道府县知事或市长可禁止牲畜屠宰和加工。

（八）《家禽屠宰商业控制和家禽检查法(Poultry Slaughtering Business Control and Poultry Inspection Law)》

该法规定只有取得地方政府的准许，方可宰杀家禽以及去除其屠体的羽毛及内脏。该法还规定了家禽的检查制度，其与《屠宰场法》规定的牲畜检查制度类似。

（九）《植物防疫法(Plant Quarantine Law)》

该法适用于进口植物检疫，农林水产省管辖的植物防疫站为其执行机构。该法规定凡属日本国内没有的病虫害，来自或经过其发生国家的植物和土壤均严禁进口。日本还依据有关国际机构或学术界的有关报告，通过了解世界植物病虫害分布情况，制定了《植物防疫法实施细则》,详细规定了禁止进口植物的具体区域和种类,以及进口植物的具体要求等。

(十)《植物保护法(Plant Protection Law)》

该法适用于对植物的检验检疫,包括蔬菜、水果、谷物、豆类、花卉、种子等,农林水产省所管的植物防疫所为其执行机构。

第二节　食品安全基本法

《食品安全基本法》(Food Safety Basic Law)于2003年经日本国会提出,于2003年5月23日以法律第48号文的形式公布,并于同年7月1日起施行,以后又经过了多次修订和完善。

一、出台背景

第二次世界大战战后初期,日本食品管理理念侧重于防止食物中毒,但随着国际上食品安全管理理念的不断创新,日本感到以往的立法宗旨已不能适应新时代国民对食品安全的要求。但日本以前并非没有专门性的食品安全法律,而是已存在《食品卫生法》《取缔饮食业营业法》《取缔农药法》《应对疯牛病特别措施法》《应对二噁英特别措施法》等诸多单行法律。日本工业化的发展,食品安全问题也日益突出,在经历了2001年暴发的疯牛病影响,以及后来数量众多的食品错误标签问题和食品安全事件之后,日本政府为了恢复国民对食品安全的信心,决定进一步完善食品安全的法制建设。日本政府决定进一步完善食品安全法律和管理体制,先后对《食品卫生法》进行了10多次修改。食品安全是一个系统的过程,不是卫生行业或者生产、经营等个别环节的问题,也不是可以依靠《食品卫生法》等法律单兵作战可以解决的问题。日本政府的农林水产省、厚生劳动省联合在"关于BSE问题的调查研讨委员会"上提出了引进风险分析、设立风险评估机关的建议,在接受这个建议的"食品安全行政阁僚会议"上,决定制定包括风险评估内容在内的《食品安全基本法》。

其立法宗旨是确保食品安全与维护国民身体健康,确立了通过风险分析判断食品是否安全的食品安全监管理念,强调对食品安全的风险预测能力,然后根据科学分析和分险预测结果采取必要的管理措施,对食品风险管理机构提出政策建议,并授权内阁府下属的食品安全委员会进行风险评估。

二、体现的基本理念

《食品安全基本法》是一部确保食品安全的基础性和综合性法律,确立了保护国民健康至关重要、"从农场到餐桌"全过程确保食品安全的理念,规定了中央、地方公共团体、生产者、运输者、销售者、经营者和消费者各自的责任,建立了食品影响人体健康的评价制度,设立了下辖于内阁的食品安全委员会专门组织。该法为日本确保食品安全提供了可靠的法律保障。随着这部法律的颁布,日本在食品安全管理中开始引入了风险分析的方法。

《食品安全基本法》确立了三条基本理念。第一,保护国民健康至关重要。该法第三条还明确规定:"要在这一基本认识下,采取必要的措施确保食品安全。"第二,在食品供给过程中保障食品安全。鉴于从生产农、林、水产品到贩卖食品等一系列国内外食品供给过程中的一切要素均可影响到食品的安全,要确保食品安全,就应该在食品供给过程的各个阶段适当地采取必要措施。第三,要确保食品的安全,应充分考虑食品安全的国际动向和国民意见,根据科学认知采取必要措施,防止摄取食品对国民健康构成不良影响。

《食品安全基本法》确立新的食品管理理念,强调了食品安全事故之后的风险管理和食品安全对健康影响的预测能力。该法为日本的食品安全行政制度提供了基本的原则和要素,又是以保护消费者为根本、确保食品安全为目的的一部法律,既是食品安全基本法,又对与食品安全相关的法律进行必要的修订。

该法施行的同年7月,日本正式成立"食品安全委员会",以便对涉及食品安全的事务进行管理,并"公正地对食品安全做出科学评估"。国家和地方公共团体应根据食品安全的基本理念,综合制定、实施食品安全政策。企业在从事生产、运输、贩卖以及其他商业活动中,应根据基本理念,认识到将确保食品安全是其第一位的责任,有责任在食品供给过程的各个阶段适当地采取必要措施确保食品安全。《食品安全基本法》还敦促食品关联企业努力提供其商业活动中与食品等相关的正确、适当的信息,以便协助国家和地方公共团体制定、实施与其企业活动相关的食品安全政策。《食品安全基本法》对消费者也提出了要求,要求他们在深刻理解食品安全知识的同时,对食品安全政策表达自己的意见,发挥其确保食品安全的积极作用。

三、核心内容

《食品安全基本法》将《食品卫生法》的目的从确保食品卫生改为确保食品安全,同时明确了国家和地方政府在食品安全方面应负的责任。为日本的食品安全行政制度提供了基本的原则和要素,其核心内容主要包括以下四个方面。

(一)风险评估

《食品安全基本法》要求,在制定食品安全政策时,应对食品本身含有或加入到食品中影响人身健康的生物学、化学、物理上的因素和状态,进行影响人身健康的风险评估。需紧急防止、抑制对人身健康产生不良影响而不能事前进行食品影响健康评价的,也应在事后及时进行食品影响健康评估,不得延误。

(二)风险管理

为了防止、抑制摄取食品对人身健康产生不良影响,应考虑国民饮食生活状况等因素,并根据风险评估的结果,制定食品安全政策。应以国民健康保护至上为原则,以科学的风险评估为基础,预防为主,对从农场到餐桌食品供应链的各环节进行监管(可溯性),确保食品安全。规定了国家、地方、与食品相关联的机构、消费者等在确保食品安全方面的作用。食品行业机构对确保食品安全负首要责任、消费者应接受食品安全方面的教育并参与政策的制定过程。

(三)风险信息沟通

为了反映国民对制定政策的意见,并确保其制定过程的公正性和透明性,政府在制定食品安全政策时,应采取必要措施,向国民提供相关政策信息,为其提供陈述意见的机会,并促进相关单位、人员相互之间交换信息和意见。风险评估方与风险管理者要协同行动，促进风险信息的广泛交流，理顺应对重大食品事故等紧急事态的体制。

（四）建立食品安全委员会

《食品安全基本法》规定所设立的食品安全委员会（FSC）下辖于内阁，并直接向首相报告。但FSC并不是要取代农林水产省和厚生劳动省的职权，其职责主要是独立进行食品安全风险评估、实施必要的科学调查研究、对风险管理部门（厚生劳动省、农林水产省等）进行政策指导、监督和提供科学建议，促进相关行政机关之间交流信息和意见。

另外，《食品安全基本法》还规定，要完善应对食品安全紧急事态的体制；确保标识制度的适当运用；强调相关行政机关之间的密切合作；整备试验研究体制，推进研究开发，普及研究成果，培养研究人员；加大对消费食品安全知识的广播，增强国民对食品安全知识的理解，从多个角度依靠多元主体的综合努力，共同打造安全放心的食品消费环境。

四、有关食品添加剂的规定

《食品安全基本法》第七条第1款规定：凡从事肥料、农药、饲料添加剂、动物用医药制品及其有可能影响到食品安全性的农林渔业的生产资材；食品（包括使用原料、材料的农林水产品）或添加剂、器具（指同条第4项中规定的器具）或包装容器（指同条第5项中规定的容器、包装）的生产、引进或销售；其他从事相关事业活动的企业（以下称之为"食品相关企业"）在从事经营、生产时，作为第一责任人，依据基本理念，为确保食品的安全；在食品流通的各个阶段有义务采取相应的措施，保障食品在各流通环节的安全性。

第二十四条11款规定：各有关大臣在要删除或撤销按《食品卫生法及营养改善法的局部修订法案》（Act No. 101 of 1995）附则第2条之二第1项规定的添加剂时，必须听取委员会的意见。但在认为符合委员会制定的第11条第1项第1号的条件时或各有关大臣认为已经符合同项第3号时，不在此限之内。

第三节 食品卫生法

一、颁布与修订

在第二次世界大战以后，多年来日本是由两部主要的法律管理食品安全与食品质量。这两部法律分别是《食品卫生法》和《农林物质标准化及质量标志管理法》。《食品卫生法（Food Sanitation Act）》是日本国会1947年12月24日以233号颁布的。《食品卫生法》覆盖了全部类型的食品、食品容器和包装材料以及有关人类健康的玩具。《食品卫生法》是为了防止日本饮食产生的危害所产生的法律，是一部全面的食品法，对所有食品都有极为详细的规定。从法律层面制定了食品相关业者应遵循的规则，规定了国家风险管理部门应采取的具体管理措施。

日本以该法为基础，制定了一系列的法律法规。如1948年颁布的《食品卫生法实施规则》，1953年颁布的《食品卫生法实施令》。为了适应社会经济的发展和日益发展变化的饮食结构，充分保证食品安全，日本政府在经历了多次食品安全事件后，先后对《食品卫生法》进行了多次的修订和完善。如1952年增加了禁止销售可能含有有害物质的食品和禁止在市场投放新奇食品;1995年批准了HACCP;2000年引入了致敏原标示,还规定了转基因食品在投放市场以前的批准和标示;2003年引入了农药的肯定列表系统。

2001年以来,日本相继发生了雪印事件、O157中毒事件、疯牛病、禽流感及进口蔬菜残留农药等食品安全事件后,消费者对食品安全的关心日益增强,迫切要求政府加强行政措施,确保食品安全,保护消费者利益。为此,日本政府决定进一步完善食品安全法律法规和管理体制,对《食品卫生法》多次进行了重大修订。现行《食品卫生法》为2009年6月5日以49号颁布的修订版本。

2002年7月31日日本参议院通过《食品卫生法》修正案,并于同年9月实施。重要修改包括三个内容:①在进口检验检疫中发现超标可能性大并会危及健康的情况下,厚生劳动大臣认为有必要时,可以对特定国家、地区或者制造者的农产品或食品采取全面的禁止进口和销售的措施。②经考察认定出口方采取了充分的防止措施后,可以解除禁令;③强化对违反食品卫生法的处罚措施,即新法实施后如再发生违反食品进口规定的进口商,将被处以6个月以下有期徒刑或30万日元以下的罚款。

2003年5月30日本公布《食品卫生法》及相关法律修订案。日本于2006年5月29日起实施《食品残留农业化学品(农药、兽药及饲料添加剂等)肯定列表制度》,并执行新的残留限量标准。即禁止含有未设定最大残留限量标准的农业化学品且其含量超过统一标准的食品的流通。2003年11月,厚生劳动省发布通报,对《食品卫生法》的强制性规则做出补充,要求对带疫病畜禽肉类实施禁令,其主要内容是:①将《动物传染性疾病控制法》中所列的疾病补充到《食品卫生法》所防范的疾病中,总共有57种传染病。它们包括国际兽医局(OIE)关于牛、羊、猪、马、禽的B类疫病,而且还包括牛中山病、赤羽病等16种其他新增疫病。②禁止携带以上疫病的牲畜和家禽肉进口并作为食品销售。③禁止一切以销售带病牲畜和家禽肉为目的的买卖、加工、使用、存储和展览活动。所谓B类疫病是指那些传染性相对较弱,对动物健康的影响也相对较小,其中有些传染病经无害化处理后对人体不构成危害,患有这类传染病的动物肉经处理后可以供人类食用,或作为动物饲料、工业原料使用。

日本厚生劳动省根据修改后的《食品卫生法》,准备在3年内逐步引入食品中残留农药、兽药及饲料添加剂"肯定列表"制度。这种"肯定列表"制度就是禁止含有未设定最大残留限量标准的农业化学品且其含量超过统一标准的食品的流通。以后,日本于2003年10月和2004年8月两次公布了该制度的草案内容,并公开征求了意见,并通过日本药事和食品卫生审议会的审议后,于2005年6月公布了《食品卫生法》中《食品中残留农业化学品肯定列表制度》(简称《肯定列表》)的最终方案。在征求各贸易伙伴和利害关系人的意见后,于2006年5月29日正式实施。

2006年5月29日,日本将《食品卫生法》做了进一步修改,添加了"肯定列表"制度的内容,"肯定列表制度"设定了进口食品、农产品中可能出现的799种农药、兽药和饲料添加剂的5万多个暂定限量标准,对涉及264种产品种类同时规定了15种不准使用的农业化学品。对于列表外的所有其他农业化学品或其他农产品,则制定了一个统一限量标准,即0.01mg/kg(即100t农产品化学品残留量不得超过0.1g)。

2009年9月1日日本消费者厅成立,《食品卫生法》中与消费职能有关的部分地进行了修订。同时,《食品卫生法实施规则》中与消费者厅职能有关的条款也进行了相应修订。

二、管理范围

《食品卫生法》大致可分为两部分。一是有关食品、食品添加剂、食品加工设备、容器/包装物、食品业的经营及管理、食品标签等方面的规格、标准的制定;二是有关食品卫生监管方面的规定。《食品卫生法》的管理范围包括:食品和食品添加剂规格标准、乳和乳制品标准、指定食品添加剂、食品添加剂标签、农药、饲料添加剂和兽药残留标准、检查和检验、进口通报与检验、HACCP 的批准、GMOs 的批准与标示含有致敏原食品的标示、与食品相关事务的批准。20 世纪 80 年代后,日本在对该法的修订过程中,这些规则受到了美国、欧盟国家以及 CAC 所进行的国际一致性努力和 WTO 的影响。因此,许多日本法规与美国、欧盟相应的法规相似,当然也有一些是日本特有的。虽然《食品卫生法》可以制定对酒精饮料的管理,但该法并没有对任何酒精饮料进行管理。实际上是由《酒税法》管理酒精饮料产品和标签。

三、主要内容

(1)涉及众多对象。《食品卫生法》宗旨是防止人因消费食物而受到健康危害,提高公共卫生水平。该法不仅涉及食物和饮料,还涉及包括天然调味剂在内的添加剂和用于处理、制造、加工或输送食物的设备和容器/包装。设备和容器/包装局限于与食物直接接触的产品。还涉及开展与食物有关的企业活动,如食品制造和食品进口的人员。

《食品卫生法》明确规定禁止销售腐烂、变质或未熟的食品;含有或附着有毒、有害物质,疑为有害物质的食品;病原微生物污染或凝为污染而可能危及人体健康的食品;混入或加入异物、杂质或其他原因而危及人体健康的食品;病死畜禽肉;未附有出口国政府签发兽医证的畜禽肉、内脏及制品(火腿、腊肠、腊肉);未经证实以作为食品添加剂为目的的化学合成品及含有此成分的制剂、食品;有毒器具;新开发的尚未证实对人体无害的食品并制定了处罚措施。《食品卫生法》规定了食品、添加剂、食品加工设备、食品容器及包装必须符合的标准。《食品卫生法》禁止生产、进口或销售不卫生的食品,或不符合现有的生产和配料贮藏标准的食品,以及不符合该法规定的规格及标准的设备及包装容器。该法规还要求食品等货物的进口商向检疫机构提交进口申报。禁止出售含有毒、有害物质的食品。

(2)授权厚生劳动省。《食品卫生法》的解释权和执法管理归属厚生劳动省。厚生劳动省大臣负责食品卫生的管理,有权指定执法机关,认可执法机关的执法人员、执法工作流程和检查内容。具体实施以劳动厚生省令的形式颁布的食品卫生法实施细则、管理办法和成分标准。执法机关不得随意更改、停止《食品卫生法》规定的执法活动。在食品、食品添加剂、农药残留的管理办法、成分标准和管理办法的制定时,由劳动厚生省大臣听取药政、食品卫生审议会和农林水产省大臣的意见后制定。

这项授权使厚生劳动省能够平衡而迅速地对上述事项采取法律行动。如果没有这项授权,厚生劳动省必须修改法律才能使其行动具有法律效力,或者对违法者适用刑事条例,而法律的修改必然耗费时间。但该法授权厚生劳动省无需修改法律本身,即可根据需要制定必要的标准和规范。例如,该法规定从公共健康的角度出发,厚生劳动省可为供出售的食物或添加剂制定标准和规范。在转基因食品也成为该法管理对象时,厚生劳动省无需修改法律就可通过制定标准来管理转基因食品。

(3)赋予地方政府管理食物的重要作用,厚生劳动省与地方政府共同承担责任。该法的宗旨侧重预防食物中毒,因此管理了与食物有关的众多企业。该类企业的数量在全国范围内大约有400万,其中大约260万需要得到厚生劳动省的营业执照。该法授权各地方政府在其管辖范围内对当地的企业采取必要的措施,这些措施包括为企业制定必要的标准、发放或吊销执照、给予指导以及中断或终止营业活动。另外,日本还有专家负责地区健康和卫生的另一种行政组织。这些称作保健中心的组织在保证有关地区的食品安全方面正在发挥重要作用。

(4)日本使用以危害分析和关键控制点(Hazard Analysis Critical Control Point,简称HACCP)为基础的全面卫生控制系统。这是日本1995年修订《食品卫生法》时建立起的系统。系统内容由厚生劳动省进行检查,如果确认这些食品的卫生得到适当控制,按照食物分类批准各个制造或加工设施。首先,由制造商或加工商根据危害分析和临界控制点系统确定对象食物的制造或加工方法及卫生控制方法。然后,厚生劳动省确认这些所确定的方法是否符合审批标准。得到批准的制造或加工方法被认为符合该法规定的制造或加工标准,这意味着该系统使人们能够对食品生产采用众多的方法而需遵循统一的标准。目前,有6类食物成为该系统的控制对象,包括牛奶、乳制品、肉类产品、鱼酱产品、非酒饮料和食品。这些食物用容器或包装袋包装,经过高压消毒,如罐头食品和杀菌包装食物。

第四节 农林产品标准化和适当标示法

一、颁布与修订

1950年5月,日本政府以175号发布了《农林产品标准化法(Law Concerning Standardization of Agricultural and Forestry Products)》,简称《JAS法》,多年来经历了多次修订,2000年全面推广实施。日本开始用标准管理标示的法律就起始于1950的《JAS法》。《JAS法》继承了与包括政府采购和配给系统在内的供需调节政策相联系的《农林产品政府检查法》下的食品标准。在第二次世界大战以前,日本政府就要求向政府销售用于消费者食品平衡供应的某些重大食品的供应商应承担这样的义务。到了战争末期,销售给政府的产品数量增加。在战争结束后,在严重的食物短缺的情况下,政府采购业务架构下的检查系统持续了几年。政府在控制配给系统中食品的分配中需要包括标示要求在内的标准。就是在这样的背景下,产生了《JAS法》。制定《JAS法》的最初目的是希望通过建立包括各种食品标签在内的通用标准,防止劣质食品在市场销售。生产者应遵守该法。在改善食品等的质量和帮助消费者选择食品方面发挥着作用。

JAS标准多年来在方便生产商和销售商的交易中发挥着重要作用。JAS标准主要是针对容易腐烂的产品,由辖区和政府地方办公室制定。但已认识到对加工食品标准的需要,因为在食品消耗中加工食品的份额已与20世纪50年代后期的家庭收入增加呈直线相关。1960年,当时牛肉在日本非常宝贵,日本发生了用马肉或鲸肉生产假牛肉罐头的事件。该事件说明在日本社会质量与标签已成为非常重要的事情。政府着手研究建立适当措施应对这些社会事件。故在1962年,《反不正当补贴与误导表述法》和《家庭用品质量标示法》发布。《JAS法》在同年也进行修订。该法引入了生产商认证系统。随着日本消费者活动增强,导致日本1968年《消费者保护法》的诞生。《JAS法》的目标转移到保护消费者,标签规则成为

《JAS 法》的重要目的。

1970 年,根据消费者保护基本法的内容加以充实,对《农林产品标准化法》作了较大的修订,将通过提供适当的产品标示方便消费者选择产品增加到该法中,导入了质量标示方法及其标准,扩大了产品品种,并沿着充实 JAS 法的质量标示标准的方向,不断修改完善。该法的名称也改为《农林产品标准化和适当标示法(Law Concerning Standardization and Proper Labelling of Agricultural and Forestry Products)》。修订后的法律对制造业和销售业应遵守的品质标示标准,尤其是对需要特别识别的食品标志进行了规定。具有很浓的消费者保护法的特征。标志着日本农业标准化步入成熟阶段。此后,该法虽经多次修订,但其基本框架并未改变。1983 年就向外国开放市场对 JAS 进行修改。根据 1983 年法律第 57 号,就关于帮助国外工厂和投资者顺利取得型式认证的要求,修改了 JAS 认可和认定工厂制度,将其向国外厂商开放,并规定经过注册的分级判定机构,可灵活采纳农林水产大臣指定的外国检察机关的检查数据。

为了适应消费者需要和促进生产商的创新意识,1992 年 6 月又就两个方面对 JAS 进行重大修改。一个是引入了新的 JAS 规格(特定 JAS 规格)制度。针对原来的 JAS 规格对品质整体的性状、成分、使用的原材料、内容量等的规定,修改后着眼于特定的生产方式和使用有特色原材料的工艺。另一个是质量标示标准。对其品种作了明确规定,对不耐保存的食品、从其特性来看制订 JAS 规格有困难的农林产品(生产方法有特色;比该产品有更高价值的农林产品除外)、消费者采购时对质量识别有明显困难的产品,都指定作为质量标示标准的品种。1999 年 7 月通过修订《JAS 法》,将有机产品作为 JAS 标准的一个类,并规定 JAS 标准必须每 5 年修订一次。《JAS 法》发生了另一个重要变化是有机产品在法律上已由 2000 年发布的 JAS 标准中替代 1992 年指南的标准管理。当时,已建立了有关这类产品的几个系统。然而,尽管政府对诸如在一些欧洲国家的地理标示(包括名称管理)和标签汇理的法律体系做过许多研究,但并没有引入法律系统。在日本,按照生产或销售程序的法规(流程规定的产品)生产的质量认证产品已逐渐流行。这些产品被认为能满足消费者各种需求,如食品安全、传统的高质量食品、指定区域食品和代表了环境保护和可持续农业的食品。2005 年,《JAS 法》提供了一个新的特定 JAS 标准类型。以特别方法销售和其价值由于销售方式而增加的产品可以定级为销售 JAS 的产品,销售 JAS 属于是特殊 JAS 标准之一。销售 JAS 的目的是利于可追溯性。针对在食品和饮料销售中发生的食品和饮料的原产地恶意假冒案件,对发生虚假的原产地采取措施,2009 年第 31 号法令对《JAS 法》修订。

二、JAS 法的目标

《JAS 法》源于日本政府为保障国民健康、农产品安全性要求、环境之保护与生态之平衡,是以农林物质的标准化为目的的法律。并根据《JAS 法》制定通过了《JAS 法实施令》。《JAS 法》包括"农林物质标准化"和"质量标示标准化"两大内容。《JAS 法》在第一条对立法目的进行了阐述,希望通过制定恰当、合理的农林产品规格并加以普及,在改善农林物资质量、促进生产合理化、交易简便和公正以及农林产品使用和消费合理化的同时,通过对有关农林产品质量强制性恰当标识,帮助普通消费者进行选择,从而促进公共福利的提高。概括起来,1950 年的《JAS 法》的目标就是改善食品质量,使生产、使用和消费合理化,通过标准建立达到公平贸易,通过适当的质量标签使消费者合理选择食品。显然,该法有两个目的。一个是通过标准化产品交易,促进包括农业在内的食品工业化;另一个是消费者保护。该法的最初目标是通过建立生产者应遵守的包括各种食品标示在内的通用标准,预防劣质食品在市场销售,促进农业和食品工业健康发展。但由于食品工业中的技术进步和生产、销售复杂性增加,消费者和生产者之间的信息差距加大,消费者保护的目的逐渐被强化。

三、农业标准化管理制度

《JAS 法》的"农林物质标准化"和"质量标示标准化"构成了日本农业标准化管理制度(JAS 制度)的两个重要基石。日本农业标准化管理制度的基石之一是 JAS 标准制度。即农林水产品自愿接受日本农林水产省监管部门的检查,若符合 JAS 标准,则允许粘贴 JAS 标志的管理制度。另一个重要基石是标准化的质量标示制度。该制度要求所有生产商、加工商和经销商应按照日本农林水产省制定的质量标识标准为其产品标注正确的标签,以便消费者容易识别、放心地选购食品。任何在日本市场上销售的农林产品及其加工品(包括食品)都必须接受 JAS 制度的监管,遵守 JAS 制度的管理规定。因此,JAS 制度成为日本农业标准化最重要的管理制度。

四、JAS 标准

(一)概念

JAS 标准化制度是指根据 JAS 进行达标检查,在合格产品上使用 JAS 标志的制度,为任意制度。按照《JAS 法》,以进行农林物资的质量改善、生产的合理化、交易的简单化、公正化、使用或消费的合理化为目的,对通过 JAS、检查合格的制品贴付 JAS 标志的制度。也就是农林水产品自愿接受日本农林水产省监管部门的检查,若符合 JAS 标准,则允许粘贴 JAS 标志的管理制度。

(二)JAS 标准范围

JAS 标准是指日本农林水产省制定的日本农业标准(Japanese Agricultural Standards,简称 JAS)。《JAS 法》规定,除了日本属于《药事法》规定的酒、药品、准药品和化妆品以外,农、林产品应建立 JAS 标准。包括农产品、林产品、畜产品和水产品,以及用这些产品作为原料或成分生产或加工的制品。JAS 标准是自愿性标准,生产商和制造商可以自己决定是否参加认证活动。没有 JAS 标志的产品仍可以在市场上销售,不过,日本的消费者更信赖和喜欢经过合格评定的产品,而经过认证的企业也更具有市场竞争力。

(三)四类 JAS 标准

JAS 标准由 4 大类组成。第一类为有关等级、性能、成分、添加剂和其他与产品质量相关物质的 JAS 标准;第二类是 1993 年修订时引入的有关生产过程或产品销售 JAS 标准;特定 JAS 标准的产品分类为所定义的加工;第三类是有机 JAS 标准;第四类是生产信息披露 JAS。

JAS 标准的第二类被称为"特定 JAS 标准"。熟成火腿和 Zidoriniku 的 JAS 标准属于特定 JAS 标准之一。在制定特定 JAS 标准时,该法提供了一个系统。由于属于特定 JAS 标准的产品,认证的农场主(生产过程的管理者)可以对自己的产品进行分级,并在产品上贴上标签,认证了的细分产品可以贴上细分产品的标签。此外,经过认证了销售 JAS 标准的产品销售商可以对他的产品进行分级和贴上标签。这是在 2005 年的《JAS 法》修订的。

(四)标准的内容

JAS标准包括质量标准(例如等级、成分)和生产技术操作规程。主要关于生产技术方法的JAS标准一般被称为“特定JAS标准”。一项JAS质量标准有四个内容:标准的适用范围、所用术语定义、标准本体(包括质量标准和标签标准)、检测方法。质量标准亦称质量要求,包括外观特性等感官指标,以及所含成分的理化指标、净重/容积、包装条件、准予使用的原配料等。标签标准即标签上应当含有的内容,产品名称、成分、净重/容积、生产日期、有效期、贮存说明、进口商名称、地址、原产国等,至于字体大小、印刷颜色、何处断开另起一行等,标准都作了明确规定。此外,标签标准还规定了某些不得列入的内容,以免给消费者造成误解和混乱。

五、食品质量标示标准

为给日本国民提供充分的商品选购的信息,日本农林水产省建立了食品质量标示标准(Labelling Standards for Food Quality under the JAS Law),要求制造商和销售商对生产和流通的商品标注正确的质量标签。基于JAS法,日本建立对易腐食品、加工食品、转基因食品共三大类产品制定了通用食品质量标示标准。

(一)加工食品的质量标示标准

质量标识标准要求包装容器中的加工食品都要标注食品的名称、配料、含量、最佳食用期、保存方法、制造商名称和地址等。2001年4月1日后针对制造、加工或进口食品的标签标准已经执行。无论产品是否粘贴有JAS标志都要求有质量标签。为便于日本的消费者容易辨识选购,进口食品的标签必须用日语表示。标签要求粘贴在容器或包装的醒目地方。对特别加工食品已有51个质量标示标准。

(二)易腐食品的质量标示标准

易腐食品的质量标示标准。易腐食品分农产品、动物产品和水产品三大类产品,各类产品的标签要求各不相同。对各种易腐烂食品的质量标示标准,如糙米和白米的质量标示标准、水产品的质量标示标准、中国蘑菇质量标示标准。

(三)转基因食品的标签标准

转基因大豆(包括青豆和豆苗)、玉米、马铃薯、油菜籽和棉籽以及以其为原料的加工食品,必须遵照转基因食品的标签要求标注质量标签。转基因农产品及其加工食品的标签管理基于JAS修正案,始于2001年4月。其对大豆、玉米、马铃薯、油菜籽和棉籽5类产品及30组以其为原料生产、且能被检测出改良DNA或表达蛋白的加工食品的标签作出规定。

第五节 健康促进法

1952年日本颁布《营养改进法(Nutrition Improvement Law)》。由于第二次世界大战后的食物短缺,日本国民的健康水平非常差,制定该法就是为了改善日本国民的营养水平。

20 世纪 80 年代后期,随着生活水平改善,膳食习惯改变,消费者对营养和健康的关注增加,日本市场开始出现各种健康食品。

1991 年,日本修改通过了《营养改善法》,在特定营养食品中的第二大类第四小类中,将功能性食品正式定名为"特定保健食品"。日本厚生劳动省发布的"卫新第 72 号文件"将特定保健食品定义为"凡符合特殊标志说明属于特殊用途的食品,在饮食生活中为达到某种特定保健目的而摄取,并有望达到一定保健目的的食品"。

为了预防对健康食品的错误标示,1991 年制定了对官方批准进行健康功能声称的特定健康用途食品(FOSHU)的规则。随着美国 1990 年的《营养标签与教育法》管理营养标签系统和欧共体以《90/496/EEC 指令》规定自愿营养标示,日本 1995 年在《营养改进法》中引入营养自愿标示规则。2001 年建立了由 FOSHU 和营养功能食品(有营养功能声称的食品)构成了食品健康声称系统。这些规则是基于国际食品法典委员会的《营养与健康声称应用指南法典》草案制定的,国际法典使国际间的营养标示与营养宣称得到很好的协调,日本的规则与美国和欧共体的非常相似,但与欧盟和美国的健康声称也有一定差别。

2002 年,日本以《健康促进法(Health Promotion Law)》替代《营养改进法》,该法规定了营养标签、营养宣称和健康宣称。2003 年 5 月 1 日实施。《健康促进法》与《食品卫生法》的法律范围划分见表 3-1。《食品卫生法》《JAS 法》和《健康促进法》之间的关系见图 3-1。

表 3-1 《健康促进法》与《食品卫生法》的法律范围划分

健康促进法	食品卫生法
特别用途的食品	
食品健康声称 特殊健康用途食品 申请中所提出的条款 要标示的条款	食品健康声称 特别健康用途的食品 标示标准 检查程序
营养功能食品 标示的条款	营养功能食品 标示标准
营养标签规则	

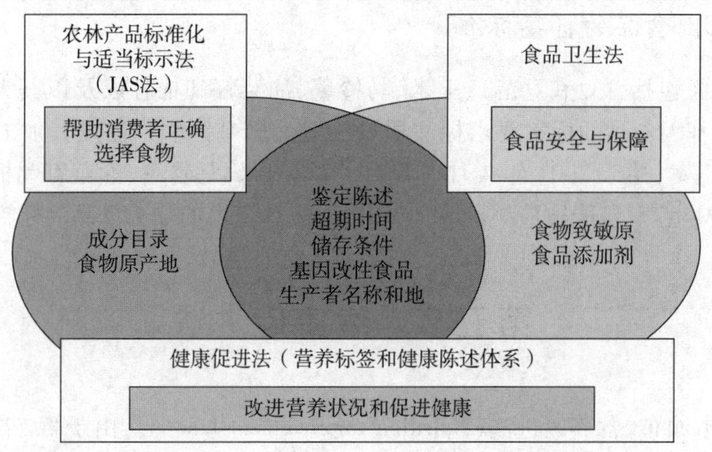

图 3-1 《JAS 法》《食品卫生法》和《健康促进法》之间的关系

第四章　日本食品添加剂标准发展历史沿革

日本于1947年由厚生省公布食品卫生法，并对食品中所用化学物有了认定制度。但是日本的添加剂法规到1957年才真正公布和实施。

第一节　日本批准使用食品添加剂品种调整

日本的食品添加剂允许使用品种的管理是动态的，近年来，不断修订《食品卫生法执行条例》及《食品和食品添加剂标准规范》，及时撤销和增补某些品种。仅从2004年以来，日本就频繁地修订添加剂的使用品种。

2004年3月12日日本厚生劳动省发出通报，将38种非合成食品添加剂从现有食品添加剂的名单中撤销。拟批准日期不迟于2005年2月，拟生效日期不迟于2005年8月。这些物质包括：消色肽酶（Achromopeptidase）、产气单孢菌胶（Aeromonas gum）、巴拉塔树胶（Balata）、大麦壳提取物（Barley busk extract）、甜菜皂苷（Beet saponin）、槟榔子提取物（Betel nut extract）、青牛胆提取物（Borapet）、柑橘子提取物（Citrus seed extract）、食用美人蕉提取物（Edible canna extract）、麦芽六糖内切水解酶（Endomaltohexaohydrolase）、麦芽五糖内切水解酶（Endomaltopentaohydrolase）、槐树皂角苷（Enju saponin）、肠杆菌胶（Eenterobacter gum）、鸭肠菌胶（Eenterobacter simanus gum）、欧文氏菌胶（Erwinia mitsuensis gum）、无花果叶提取物（Fig leaf extract）、冷杉香脂（Fir balsam）、金钟花提取物（Forsythia extract）、古塔胶（Gutta katiau）、淡竹提取物（Hachiku extract）、贝壳杉胶（Kauri gum）、曲酸（Kojic acid）、海州常山色素（Kusagi colour）、L－海藻糖（L－fucose）、苦竹提取物（Mada－ke extract）、厚朴提取物（Magnolia obvata extract）、神秘果提取物（Miracle fruit extract）、应乐果甜蛋白（Monellin）、唾液酸苷酶（Neuraminidase）、腈水解酶（Nitrilase）、去甲二氢愈创木酸（Nordihydroguaiaretic acid）、油料种子蜡（Oil stuff seed wax）、花生皮红（Peanut colour）、鲸蜡（Spermaceti wax）、覆盆子叶提取物（Tenryocha extract）、巴西棕榈树叶提取物（Urucurywax）、野生黄（单孢）杆菌属蛋白［Xanthomonas campestris protein（Ice nucleation）］、酮戊二酸（提取物）［α－Ketoglutaric acid（extract）］。

2004年7月22日，厚生劳动省通报，因发现着色剂茜草染料对鼠肾产生基因毒素及致癌作用，决定将其从现有食品添加剂名单中删除，并禁止生产、销售和进口作为食品添加剂的茜草染料及含该物质的食品。

2006年11月16日，批准将羟丙基甲基纤维素（Hydroxypropyl methylcellulose）作为食品添加剂使用。

2006年12月18日，批准*R*，*R*，*R*－α－醋酸生育酚（*R*，*R*，*R*－α－Tocopheryl acetate）和all－*rac*－α－醋酸生育酚（all－*rac*－α－Tocopheryl acetate）为食品添加剂使用，并制定了这

些物质的标准和规范。

2006 年 12 月 18 日，日本厚生劳动省宣布修改食品及食品添加剂的标准和规范，制定非合成食品添加剂的规范，修订现有的标准和规范，如检测方式。宣布对现有食品添加剂标准目录中所列、日本已经不再销售使用的 42 种非合成食品添加剂禁用，实施日期不迟于 2007 年 9 月。这些添加剂为：蜀葵花提取物（Hollyhock flower extract, gossypetin）、土曲霉提取物（Aspergillus terreus extract）、固氮菌胶（Azotobacter vinelandii gum）、苦扁桃胶（Alomond gum, cedo gum）、多聚果糖[Polyfructan（inulin type）]、土当归提取物（Udo extract）、虾青素（Shrimp colour）、弹性蛋白酶（Elastase）、愈伤草树脂（Opopanax resin）、云支菌提取物（Kawaratake extract）、银胶菊（Guayule）、仙茅甜蛋白（Curculin）、桑站提取物（Mulberry bark extract）、酶改性大豆皂角苷（Enzymatically modified soybean saponin）、古巴香脂（苦配巴香膏）（Copaiba balsam）、紫草着色剂（Shikon colour, lithospermum root colour）、苏木色（Sappan colour）、超氧化物歧化酶（Superoxide dismutase）、芝麻林酚素（Sesamolin）、芝麻酚（Sesamol）、六瓣合叶子提取物（Dropwort extract）、烤大豆提取物（Soybean ash extract）、蓼抽取物（Water pepper extract）、天培提取物（Tempeh extract）、铜（Copper）、胆固醇（Cholesterol）、紫玉米着色剂（Corn colour）、番茄糖脂（Tomato glucolipid）、三刺胶（Triacanthos gum）、菜籽油提取物（Rape seed oil extract）、天然大豆提取物（Soybean extract）、乳香树脂（Olibanum）、果糖基转移酶（Fructosyl-transferase）、越橘叶提取物（Blueberry leaf extract）、果肉粉（Powdered pulp）、笔筒树和银杏树叶提取物（Hego - ginko leaf extract）、安息香胶（Benzoin gum）、薰香精油（Myrrh）、胞壁质酶（*N* - 乙酰胞壁质聚糖水解酶）（Muramidase）、茶树精油（Melaleuca oil）、稻壳提取物（Rice hull extract）、当归提取（龙胆根提取物）（Gentian root extract）。

2007 年 12 月 10 日，修订了次氯酸水的成分标准。

2007 年日本新批准的食品添加剂包括：全消旋 - α - 维生素 E 醋酸酯（*all* - *rac* - α - tocopherol acetate）、D - α - 维生素 E 醋酸酯（D - α - tocopherol acetate）、异丁醛（Isobutylaldehyde）、2 - 甲基丁醇（2 - Methlybutanol）、丁醛（Butyraldehyde）、纽甜（Neotame）。

2008 年 3 月 13 日，禁止曲酸作为食品添加剂；并修订了甲基橘皮苷含量要求。

2008 年 4 月 30 日，对二氧化硅的使用标准增加了补充说明，修改纽甜的纯度检测（2）、（3）、（4）、（6）及定量法中所列的内容。

2008 年日本新批准的食品添加剂包括：L - 抗坏血酸钙（Calcium - L - ascorbate）、硅酸钙（Calcium silicate）、聚山梨酸酯 20（Polysorbate 20）、聚山梨酸酯 60（Polysorbate 60）、聚山梨酸酯 65（Polysorbate 65）、聚山梨酸酯 80（Polysorbate 80）、氢氧化镁（Magnesium hydroxide）、乙酰化己二酸双淀粉（Acetylated distarch adipate）、乙酰化二淀粉磷酸酯（Acetylated distarch phosphate）、乙酰氧淀粉（Acetylated oxidized starch）、辛烯基琥珀酸淀粉钠（Starch sodium octenyl succinate）、醋酸淀粉（Starch acetate）、氧化淀粉（Oxidized starch）、羟丙基淀粉（Hydroxypropyl starch）、羟丙基二淀粉磷酸酯（Hydroxypropyl distarch phosphate）、磷酸化二淀粉磷酸酯（Phosphated distarch phosphate）、单淀粉磷酸酯（Monostrach phosphate）、二淀粉磷酸酯（Distarch phosphate）。

2009 年，牛磺酸（Taurine）被列入对人类健康没有潜在危害的物质目录。

2009 年批准了 5 种香料：异戊醛（Isovaleraldehyde）、正戊醛（Valeraldehyde）、2,3 - 二甲基吡嗪（2,3 - Dimethylpirazine）、2,5 - 二甲基吡嗪（2,5 - Dimethylpirazine）、2,6 - 二甲基吡

嗪(2,6 - Dimethylpirazine);1 种防腐剂:乳酸链球菌素(Nisin)。

2010 年,撤销指定食品添加剂磷酸淀粉钠(Sodium starch phosphate)。

2010 年批准了 14 种香料:异戊胺(Isopentylamine)、2 - 乙基吡嗪(2 - Ethylpyrazine)、2 - 乙基 - 5 - 甲基吡嗪(2 - Ethyl - 5 - methylpyrazin)、5,6,7,8 - 四氢喹恶啉(5,6,7,8 - Tetrahydroquinoxalin)、哌啶(Piperidine)、吡咯烷(Pyrrolidine)、苯乙胺(Phenethylamine)、3 - 甲基 - 2 - 丁醇(3 - Methyl - 2 - butanol)、2 - 甲基丁基乙醛(2 - Methylbutylaldehide)、丁胺(Butylamine)、丙醛(Propionaldehyde)、2 - 戊醇(2 - Pentanol)、6 - 甲基喹啉(6 - Methylquinoline)、2 - 甲基吡嗪(2 - Methylpyrazine);1 种防腐剂:山梨酸钙(Calcium Sorbate);1 种增味剂:谷氨酸铵(Monoammonium L - glutamate);1 种乳化剂:硬脂酰乳酸钠(Sodium stearoyl lactylate);1 种加工助剂:硅酸镁(Magnesium silicate)。

2010 年 10 月,批准了抗霉菌剂咯菌腈(Fludioxonil),并制定了该物质的标准规范。

2011 年批准了 9 种香料:2,3 - 二乙基 - 5 - 甲基吡嗪(2,3 - Diethyl - 5 - methylpyrazine)、2 - (3 - 苯丙基)吡啶[2 - (3 - Phenylpropyl) pyridine]、5 - 甲基 - 6,7 - 二氢 - 5*H* - 环戊吡嗪(5 - Methyl - 6,7 - dihydro - 5*H* - cyclopentapyrazine)、3 - 甲基 - 2 - 丁烯醛(3 - Methyl - 2 - butenal)、3 - 甲基 - 2 - 丁烯醇(3 - Methyl - 2 - butenol)、1 - 戊烯 - 3 - 醇(1 - Penten - 3 - ol)、吡嗪(Pyrazine)、异喹啉(Isoquinoline)、吡咯(Pyrrol)。

2011 年 5 月 18 日,宣布将禁止使用现有食品添加剂目录中 80 种不再销售的食品添加剂,这些物质为:*N* - 乙酰基葡糖胺(*N* - Acetylglucosamine)、阿拉伯半乳聚糖(Arabino galactan)、紫草红色素(Alkanet colour)、羊角掌胶(Aloe vera extract)、甘薯胡萝卜(Sweet potato carotene)、日本安息香提取物(Japanese stytax benzoin extract)、鞣花酸(Ellagic acid)、鳞虾色素(Krill colour)、低 - *N* - 乙酰氨基葡萄糖(Oligo - *N* - acetylglucosamine)、低葡糖胺(Oligoglucosamine)、可可炭黑(Cacao carbon black)、胃黏液素(Gastric mucin)、儿茶酸(Catechin)、小龙虾色素(Crayfish colour)、芦荟提取物(Aloe extract)、黄柏皮提取物(Phellodendron bark extract)、古塔胶(Gutta hang kang)、绿凝灰岩(Green tuff)、桑树皮提取物(Mulberry bark extract)、龙胆根提取物(Gentian root extract)、酶改性欧亚甘草提取物(Enzymatically modified licorice extract)、酶改性茶叶提取物(Enzymatically modified tea extract)、酶解薏苡提取物(Enzymatically hydrolyzed coix extract)、古巴树脂(Copal resin)、钴(Cobalt)、解聚自然橡胶的树脂(Resin of depolymerized natural rubber)、米糠酶解物(Enzymatically decomposed rice bran)、竹叶色素(Bamboo grass colour)、蔗蜡(Cane wax)、山达树脂(Sandarac resin)、紫草色素(Shikon colour)、牙买加苦木树提取物(Jamaica quassia extract)、煅烧钙(Calcinated calcium)、菌核胶(Sclero gum)、鞘脂类(Sphingolipid)、芝麻酚林(Sesamolin)、田菁胶(Sesbania gum)、香豆果(Sorva)、香豆胶乳(Sorvinha)、L - 山梨醇(L - Sorbose)、丹宁酸(提取物)[Tannin(extract)]、达玛树脂(Dammar resin)、茶叶皂角苷(Tea seed saponin)、托帕匡斯麻风树(Chilte)、卡斯德拉胶(Tunu)、解聚天然橡胶(Depolymerized natural rubber)、电气石(Tourmaline)、胆固醇(Cholesterol)、蕺菜提取物(Dokudami extract)、三酰基甘油脂肪酶(Triacylglycerol lipase)、苦木树提取物(Quassia extract)、尼日尔杜仲胶(Niger gutta)、苦艾提取物(Absinth extract)、蔗果四糖(Nystose)、乳香树脂(Olibanum)、大蒜提取物(Garlic extract)、Paffia 提取物(Paffia extract)、香茶草提取物(Isodonis extract)、Himematsutake 提取物(Himematsutake extract)、甘椒提取物(Pimento extract)、橙皮素(Hesperetin)、胭脂酚

(Powdered annatto)、委内瑞拉树胶(Venezuelan chicle)、胡椒提取物(Pepper extract)、凤仙花提取物(Garden balsam extract)、补骨脂提取物(Hokosshi extract)、巧克力铁线子(Massaranduba chocolate)、二齿铁线子胶(Massaranduba balata)、XIN(Methylthioadenosine)、刚竹属木炭提取物(Mousouchiku charcoal extract)、桑色素(Morin)、褐煤蜡(Montan wax)、植物油烟黑色素(Vegetable oil soot colour)、桉树叶提取物(Eucalyptus leaf extract)、棉短绒纤维素(Linter cellulose)、桑上科产胶树(Leche de vaca)、果聚糖(Levan)、柠檬皮提取物(Lemon peel extract)、山榄胶(Rosidinha)、山嵛菜提取物(Wasabi extract)。

2012 年 7 月 19 日,日本厚生劳动省公布了经过安全性评估和通过安全审查的转基因食品及添加物名单。第 2 部分列出了批准的 7 类 16 种食品添加剂,见表 4-1。

表 4-1 日本厚生劳动省公布通过安全审查的转基因食品及添加物名单

项目	商品名称	特性	申请	开发	完成日期
α-淀粉酶	TS-25	提高生产力	诺维信公司日本公司	诺维信公司(丹麦)	2001-03-30
	BSG-淀粉酶	提高生产性	诺维信公司日本公司	诺维信公司(丹麦)	2001-03-30
	TMG-淀粉酶	提高生产性	诺维信公司日本公司	诺维信公司(丹麦)	2001-03-30
	SP961	提高生产性	诺维信公司日本公司	诺维信公司(丹麦)	2002-02-21
	LE399	提高生产性	诺维信公司日本公司	诺维信公司(丹麦)	2005-10-31
	SPEZYME FRED	提高耐热性	Genencor Kyowa 有限公司	Genencor 国际公司(美国)	2007-04-12
凝乳酶	Maxiren	提高生产性	罗宾公司	帝斯曼集团(DSM)(荷兰)	2001-03-30
	CHY-MAX	凝乳酶生产	NOSAWA 合作公司	CHR. HANSEN A/S(丹麦)	2003-06-30
普鲁兰酶	Optimax	提高生产性	Genencor 国际公司日本分公司	Genencor 国际公司(美国)	2001-03-30
	SP962	提高生产性	诺维信公司日本公司	诺维信公司(丹麦)	2002-02-21
脂肪酶	SP388	提高生产性	诺维信公司日本公司	诺维信公司(丹麦)	2001-03-30
	NOVOZYM677	提高生产性	诺维信公司日本公司	诺维信公司(丹麦)	2003-06-30
核黄素	核黄素(维生素 B_2)	提高生产性	罗氏维生素日本 K. K 诺维信公司日本公司	F. Hoffmann-La Roche(罗氏公司)(瑞士)	2001-03-30
乳糖酶	AMG-E	提高生产性	诺维信公司日本公司	诺维信公司(丹麦)	2002-07-08
α-葡糖基转移酶	6-α-葡糖基转移酶[BR151(pUAQ2)]	提高生产性,变性	EZAKI GLICO 公司	EZAKI GLICO 公司	2012-02-15
	4-α-葡糖基转移酶[BR151(pUAQ1)]	提高生产性	EZAKI GLICO 公司	EZAKI GLICO 公司	2012-04-10

2012年8月29日，日本厚生劳动省发布G/SPS/N/JPN/302号通报批准嘧菌酯（Azoxystrobin）和亚氯酸水（Chlorous acid water）用作食品添加剂，并建立了两种物质的成分规格及使用标准。

2012年12月28日，批准了（3－氨基－3－羧基丙基）二甲基氯化锍[（3－Amino－3－carboxypropyl）dimethylsulfonium chloride]、2－乙基－6－甲基吡嗪（2－Ethyl－6－methylpyrazine）、糖精钙（Calcium saccharin）、三甲胺（Trimethylaminuria）、反式－2－甲基－2－丁烯醛（*trans*－2－Methyl－2－butenal）5种食品添加剂及香料，并建立了这些物质的成分规格及使用标准；还修改了糖精钠（Saccharin sodium）的使用标准。

2013年2月1日，日本厚生劳动省食安输发0201第3号通知，对《食品卫生法实施规则》（省令）和食品、添加剂等规格标准（告示）进行补充修订。根据《食品卫生法》第10条规定，省令附表1中增加"次氯酸水（Chlorous acid water）"。自发布之日起实施。

2013年5月15日，日本厚生劳动省食安输发0515第2号通知，对《食品卫生法实施规则》（省令）和食品、添加剂等规格标准（告示）进行补充修订。根据《食品卫生法》第10条规定，省令附表1中增加乳酸钾（Potassium lactate）和硫酸钾（Potassium sulfate）。自发布之日起实施。告示规定了乳酸钾和硫酸钾的成分规格和使用标准，修订5－甲基喹喔啉（5－Methylquinoxaline）的规格。

2013年8月6日，日本厚生劳动省食安输发0806第2号通知，对《食品卫生法实施规则》（省令）和食品、添加剂等规格标准（告示）进行补充修订。根据《食品卫生法》第10条规定，省令附表1中增加3－乙基吡啶（3－Ethylpyridine）、嘧霉胺（Pyrimethanil），自发布之日起实施。告示规定了3－乙基吡啶和嘧霉胺的成分规格和使用标准。

2013年12月4日，日本厚生劳动省发布食安输发1204第3号通知，对《食品卫生法实施规则》（省令）和食品、添加剂等规格标准（告示）进行补充修订。根据《食品卫生法》第10条规定，省令附表1中增加乙酸钙（Calcium acetate）。告示规定了乙酸钙的成分规格和使用标准；告示规定了异丙醇的成分规格和使用标准。

2014年1月24日，日本厚生劳动省向WTO通报，修订《食品卫生法实施规则》，拟将向日葵卵磷脂作为指定食品添加剂。

2014年3月5日，日本厚生劳动省发布了《关于食品卫生法实施规则（昭和23年厚生省令第23号）以及食品、添加剂等规格标准（昭和34年厚生省告示第370号）的修正》（案），拟将"聚乙烯吡咯烷酮（Polyvinylprrolidone，简称PVP）""advantame（阿斯巴甜的衍生产品，化学结构同纽甜类似，甜度是蔗糖的37000倍）""β－阿朴－8'－胡萝卜醛（β－Apo－8'－carotenal）"以及"向日葵卵磷脂（Sunflower lecithin）"作为指定食品添加剂，并就修正案向公众咨询。

2014年4月10，日本新发布的《食品添加剂使用标准》已列入"向日葵卵磷脂"的使用规定，并将其列入日本指定食品添加剂目录。

第二节　《日本食品添加剂标准》各版的修订

一、《日本食品添加剂标准》的各版概况

《日本食品添加物公定书》（Japanese Standard of Food Additives，简称JSFA）也叫《日本食

品添加剂标准》,是日本食品添加剂的标准文件和日本食品卫生法的技术法规。规定了各种试验方法,并对约400种食品添加剂规定了质量标准。

日本《食品卫生法》在第五章日本食品添加剂标准的第21条规定"对于按照第11条第1项的规定建立了规格和标准的食品添加剂和按照第19条第1项的规定建立了规格和标准的食品添加剂,厚生劳动大臣应制作包含所述标准及规格的食品添加剂公定书。"

日本1960年厚生省正式出版了第一版《日本食品添加物公定书》,收录了198种添加剂的成分与标准。1966年3月由厚生省出版了"第二版食品添加物公定书",把食品添加剂分为化学合成和非化学合成两大类,但只对化学合成的添加剂有严格要求。随后分别在1974、1978、1986、1992、1999和2007年出版了第3版~第8版。1999年4月6日厚生省第116号公告文发布了《日本食品添加物公定书》第7版。第6版至第7版经过6年半的时间。第7版至第8版经过8年的时间。2007年3月30日,厚生劳动省发布《食品添加剂规格标准》第8版[Eighth Edition Japan's Specifications and Standards for Food Additive(Published by The Ministry of Health, Labour and Welfare) March 30, 2007 Announcement on the Gazette (Prime Minister's Office)],在该版本增加了62个天然添加剂新品种,同时废止了30多个已经不再使用的品种。

《食品卫生法》第十三条:食品添加剂公定书的制定,厚生大臣需根据第七条第一项的规定对基准与规格已确定的添加物及第十一条第一项的规定基准已确定的添加物应收录相关内容。根据本法改正后的第二十五条,食品卫生调查会的审议内容又新增加了对食品添加剂公定书的制定及相关内容进行审定的规定。《食品卫生法》第十五条第一项:为了回应厚生大臣的咨询,防止食物中毒,食品添加物公定书的编制,以及其他与食品卫生有关的重要事项进行调查审议,在厚生大臣的监督下,设置食品卫生调查会。

二、公定书第一版发布及5次新增

根据《食品卫生法》的规定,食品卫生调查会设置了公定书部门以应对厚生大臣的咨询,公定书部由29名委员及53名调查员组成,委员及调查员根据承担项目的种类不同,分为第一至第六小组并负责各自草案的起草与审议,厚生省为了配合这种体制而成立了公定书编制班。此外,各小组的小组长组织成立通则小组。所谓通则就是制定、审议检测方法并对各种草案进行统一。设立关西小组以便对关西一方的意见进行调整。经过审议,食品卫生调查会在1959年11月12日向厚生大臣提交了报告。根据该报告,1960年3月15日发布了第一版《食品添加物公定书》。

(一)收录的198种添加剂的成分与标准

第一小组:亚硝酸钾、亚硝酸钠、亚硫酸钾、亚硫酸氢钠、亚硫酸氢钠溶液、亚硫酸钠(含结晶水)、亚硫酸钠(无水)、氯化铵、氯化钙、盐酸、次氯酸钙粉、高氯酸钙、三氧化二铁、次氯酸钠、大苏打、硝酸钾、硝酸钠、氢氧化钠、氢氧化钠溶液、碳酸铵、碳酸钾(无水)、碳酸氢铵、碳酸氢钠、碳酸钠(无水)、硫代硫酸钠、焦亚硫酸钾、硫酸、硫酸铵、硫酸钙、无水硫酸钠。

第二小组:铵明矾、脱水铵明矾、氯化镁、双氧水、高锰酸钾、过硫酸铵、磷酸二氢二钠、酸式焦磷酸钠、草酸、钙溴酸盐、氢氧化钙、滑石粉、碳酸钙、碳酸镁、焦磷酸钾、焦磷酸钠(含结晶水)、焦磷酸钠(无水)、多聚磷酸钾、多聚磷酸钠、明矾、脱水明矾、偏磷酸钾、偏磷酸钠、硫酸亚铁、硫酸铜、硫酸镁、磷酸、磷酸二氢铵、磷酸氢二铵、磷酸二氢钾、磷酸氢二钾、磷酸三钾、磷酸二氢钙、二磷酸氢钙、三磷酸钙、磷酸二氢钠、磷酸氢二钠(含结晶水)、磷酸氢二钠(无水)、磷酸三钠(含结晶水)。

第三小组:过氧化苯甲酰、合成膨松剂、食用红色1号、食用红色2号、食用红色3号、食用红色4号、食用红色5号、食用红色101号、食用红色102号、食用红色103号、食用红色104号、食用红色105号、食用红色106号、食用橙色1号、食用橙色2号、食用黄色1号、食用黄色2号、食用黄色3号、食用黄色4号、食用黄色5号、食用绿色1号、食用绿色2号、食用绿色3号、食用蓝色1号、食用蓝色2号、食用紫色1号、叶绿酸铁钾、叶绿酸铁钠、叶绿酸铁铜、叶绿素铜钾、叶绿素铜钠、叶绿素铜。

第四小组:抗坏血酸钠、苯甲酸、苯甲酸钠、氯胺B、氯胺T、水杨酸、二丁基羟基甲苯、山梨酸、山梨酸钠、脱氢乙酸、脱氢乙酸钠、呋喃西林、硝基呋喃丙烯酰胺、对羟基苯甲酸乙酯、对羟基苯甲酸丁酯、对羟基苯甲酸丙酯、4-(*N*,*N*-二氯胺磺酰基)苯甲酸、胡椒基丁醚、丁羟基茴香醚、原儿茶酸乙酯、没食子酸异戊酯、没食子酸丙酯、甲萘醌。

第五小组:抗坏血酸、海藻酸钠、海藻酸丙二醇、酯胶、骨化醇、柠檬酸铁、柠檬酸铁铵、甘油脂肪酸酯、甘油磷酸钙、胆钙化甾醇、聚乙酸乙烯酯、二苯甲酰硫胺素、二苯甲酰硫胺盐酸盐、蔗糖脂肪酸酯、有机硅树脂、纤维素钠乙醇、山梨醇脂肪酸酯、硫胺素盐酸盐、硫胺素硝酸盐、硫胺素硫酸盐、硫胺素硫氰酸盐、硫胺素萘-1,5二磺酸盐、硫胺素萘-2,6二磺酸盐、维生素B_1酚酞盐、硫胺素二月桂基硫酸盐、烟酸、烟酰胺、乳酸钙、乳酸亚铁、泛酸钙、泛酸钙钠、维生素B_6盐酸盐、邻苯二甲酸二丁酯、丁基邻苯二甲酰基甘醇酸丁酯、DL-蛋氨酸、L-蛋氨酸、甲基橙皮苷、吗啉脂肪酸盐、叶酸、L-赖氨酸盐酸盐、核黄素、核黄素磷酸钠。

第六小组:丙氨酸、烯丙基异硫氰酸酯、乙基香兰素、柠檬酸、柠檬酸钠、甘氨酸、甘油、谷氨酸钠、桂皮醛、琥珀酸、丁二酸钠、甜蜜素、醋酸、冰醋酸、醋酸乙酯、醋酸钠、糖精钠、柠檬醛、酒石酸、酒石酸氢钾、酒石酸钠、对乙氧基苯脲、山梨糖醇、山梨醇溶液、乳酸、香兰素、富马酸、丙二醇、苯甲醇、苯甲醛、消旋薄荷醇、薄荷醇、DL-苹果酸。

(二)5次新增修订

在食品卫生调查会制定了第一版食品添加剂公定书以后,公定书部再次对其进行了修订。根据所承担项目种类的不同,设置了以下第一至第四小组分别对添加剂的成分标准、一般检验方法、试剂、溶液等进行审议。关西小组将会按照关西一方的意见进行调整。此次修订的公定书是在第一版食品添加剂公定书的基础上新增加品种而成的,以下给出了新增加的品种以及时间。

1. 新增1,1960年12月30日,23种

第一小组:固体苏打、液体苏打、苏打水稀释液、臭素化油。

第二小组:5′-肌苷酸钠、β-胡萝卜素、DL-苏氨酸、L-苏氨酸、DL-色氨酸、L-色氨酸、L-组氨酸盐酸盐、L-苯丙氨酸、L-赖氨酸、L-谷氨酸盐、5′-核糖核苷酸二钠。

第三小组:琥珀酸钠、山梨酸钾、乳酸钠、富马酸钠、DL-苹果酸钠。

第四小组:氯化铝(无水)、磷酸二氢钠(无水)、磷酸三钠(无水)。

2. 新增2,1961年1月20日,19种

第二小组:L-天门冬酸钠、L-异亮氨酸、异抗坏血酸、异抗坏血酸钠、酪蛋白、酪蛋白

钠、5－鸟苷酸钠、柠檬酸钙、大豆磷脂、L－缬氨酸、维生素 A 油、维生素 A 粉、脂肪酸维生素 A酯、丙二醇脂肪酸酯、L－赖氨酸 L－天冬氨酸。

第三小组：氯化胆碱、甜蜜素钙、糖精钠。

第四小组：氯化铝（晶体）。

3. 新增 3，1962 年 6 月 30 日，32 种

第一小组：茴香醛、邻氨基苯甲酸甲脂、异丁香酚、异戊酸异戊酸乙酯、异戊酸、十一烷酸内酯、乙基庚酸、丁香酚、己酸、己酸乙酯、甲酸异戊酯、葡萄糖酸－δ－内酯、葡萄糖溶液、肉桂醇、肉桂酸、肉桂酸乙酯、肉桂酸甲酯、乙酸异戊酯、乙酸丁酯、乙酸卞酯、乙酸芳樟酯、水杨酸甲酯、癸醛、椰子醛、胡椒醛、丙酸异戊酯、甲基β－萘酮、桉叶油醇、丁酸、丁酸异戊酯、丁酸乙酯、丁酸丁酯。

4. 新增 4，1962 年 7 月 26 日，23 种

第一小组：乙酰蓖麻醇酸甲酯、丙酮、正己烷。

第二小组：二苯甲酰二硫化硫胺、核黄素丁酸。

第三小组：乙烯脂肪醇、油酸钠、D－木糖、柠檬酸（无水）、葡萄糖酸钙、柠檬酸铁琥珀酸钠、硫酸软骨素钠、羟甲基纤维素钙、纤维素乙醇、羧甲淀粉钠、对羟基苯甲酸异丁酯、对羟基苯甲酸异丙酯、对羟基苯甲酸仲丁酯、丙酸钙、丙酸钠、聚丙烯酸钠。

第四小组：次氯酸钠、氯化铁、硫酸亚铁（干燥）。

5. 新增 5，1964 年 7 月 15 日，39 种

第一小组：乙酰乙酸乙酯、苯乙酮、α－戊基肉桂醛、烯丙基己酸乙酯、甲酸香叶酯、甲酸香茅醇、香叶醇、乙酸香叶酯、乙酸香茅醇、乙酸桂酯、乙酸松油酯、苯乙酸乙酯、乙酸孟酯、环己基丙酸烯丙基酯、香茅醛、香茅醇、松油醇、甲基苯基甲酮、羟基香茅醛、异丁基苯乙酸、苯乙酸乙酯、苄基丙酸、D－冰片、麦芽酚、N－甲基邻氨基苯甲酸甲酯、紫罗兰酮。

第二小组：L－抗坏血酸硬脂酸酯、L－精氨酸 L－谷氨酸、5′－尿苷酸钠、L－谷氨酸、5′－胞苷酸钠、L－茶氨酸。

第三小组：消旋酒石酸、消旋酒石酸钾、消旋酒石酸钠、乳酰化硬脂酸钙、羟丙基淀粉磷酸钠、月桂基三甲基铵－2，4，5－三氯苯酚。

第四小组：离子交换树脂。

6. 新增 6，1965 年 12 月，28 种

经过上述 5 次的补增后，1965 年 12 月又根据公定书委员会的审议结果，又继续增加了以下 28 种添加剂的成分与标准。

第一小组：辛醛、辛酸乙酯、癸酸乙酯、乙酸环己酯、癸醇、羟基香茅醛缩二甲醇、苯乙酸异戊酯、丙酸乙酯、L－紫苏醛、环己酯、芳樟醇。

第三小组：醋酸钠（无水）、食用红色 2 号铝色淀、食用红色 3 号铝色淀、食用黄色 4 号铝色淀、食用黄色 5 号铝色淀、食用绿色 1 号铝色淀、食用绿色 2 号铝色淀、食用绿色 3 号铝色淀、食用蓝色 1 号铝色淀、食用蓝色 2 号铝色淀、食用紫色 2 号铝色淀、2－（2－呋喃）－3－（5 硝基－2－呋喃）丙烯酰胺。

第四小组：活性炭、硅藻土、氢氧化钠（结晶）、炭酸钠（结晶）、白陶土。

以上就是对第一版食品添加剂所做的增补修正，1966 年第二版食品添加剂公定书形成。

三、公定书第二版发布及新增修订

1966年2月23日食品卫生调查会公定书委员会整合成添加剂委员会,并负责处理与食品添加剂公定书有关的事务。

(一)新增1,1969年5月22日

根据整合后的的添加剂委员会的意见,1969年5月22日对第二版食品添加物公定书做了第一次补增。新收录的种类:甘草酸二钠盐、甘草酸三钠盐、L-半胱氨酸盐酸盐、水溶性胭脂树红、聚异丁烯、聚氧乙烷高级脂肪酸、聚丁烯、D-甘露醇、5′-核糖核苷酸钙。并对已收录品种:维生素C硬脂酸酯、硅藻土、D-山梨糖醇、山梨酸钾、白陶土、维生素B_6盐酸盐、丁基羟基茴香醚、L-赖氨酸盐酸盐的标准进行了修订。

(二)重新设定或修订

第二版经过第一次增补以后,下列品种的规格进行了重新设定或改正。

1970年11月20日,蔗糖脂肪酸酯、液体石蜡。

1971年2月26日,次亚硫酸钠、氢氧化钙、碳酸钙、乳酸钙、反丁烯二酸、偏磷酸钾、硫酸钙、DL-苹果酸。

1971年5月1日,DL-α-生育酚。

1972年8月30日,焦油色素及其制剂。

1973年10月1日,L-抗坏血酸硬脂酸酯、L-抗坏血酸钠、L-天冬氨酸钠、乙酰乙酸乙脂、丙酮、对甲氧基苯甲酸、α-戊基肉桂酸、DL-丙氨酸、亚硫酸氢钠、L-精氨酸L-谷氨酸盐、海藻酸钠、邻氨基苯甲酸甲酯、安息香酸钠、氨水、铵明矾、异丁香酚、异戊酸异戊酯、L-异亮氨酸、肌苷酸二钠、5′-鸟苷酸二钠、十一烷酸内酯、乙基香兰素、赤藻糖酸钠、氯化钙、三氯化铁、丁香酚、辛醛、过氧化氢、酪蛋白、酪蛋白钠、活性炭、辛酸乙脂、乙酸烯丙酯、维生素D_2、5′-肌苷酸钠、柠檬酸(结晶)、柠檬酸(无水)、柠檬酸钙、柠檬酸钠、甘氨酸、甘油磷酸钙、甘草酸二钠、甘草酸三钠、葡萄糖酸内酯、葡萄糖酸、葡萄糖酸钙、L-谷氨酸、L-谷氨酸钠、肉桂醛、肉桂酸甲酯、合成膨胀剂、琥珀酸钠、琥珀酸二钠、磷酸胆碱、维生素D_3、硫酸软骨素钠、乙酸异戊酯、乙酸乙酯、乙酸香叶酸、乙酸香茅酯、乙酸桂酯、乙酸松油酯、醋酸钠(结晶)、醋酸钠(无水)、苯乙酸乙脂、乙酸苄酯、乙酸芳樟酯、糖精、糖精钠、水杨酸甲酯、焦磷酸二氢钙、焦磷酸二氢二钠、次氯酸钠、菠萝酯、L-半胱氨酸盐酸盐、5′-胞苷酸钠、柠檬酸、香茅醛、联苯、二丁基羟基甲苯、二苯甲酰硫胺素、二苯酰硫胺盐酸盐、草酸、溴酸钾、*d*-酒石酸、*dl*-酒石酸、*d*-酒石酸氢钾、*dl*-酒石酸氢钾、*d*-酒石酸钠、*dl*-酒石酸钠、硝酸钠、食用红色2号、食用红色2号铝色淀、食用红色3号、食用红色3号铝色淀、食用红色102号、食用红色104号、食用红色105号、食用红色106号、食用黄色4号、食用红色4号铝色淀、食用黄色5号、食用红色5号铝色淀、食用绿色3号、食用绿色3号铝色淀、食用蓝色1号、食用蓝色1号铝色淀、食用蓝色2号、食用蓝色2号铝色淀、焦油色素制剂、蔗糖脂肪酸酯、氢氧化钠、氢氧化钠(结晶)、氢氧化钠溶液、DL-苏氨酸、L-苏氨酸、羟甲基纤维素钙、羟甲基纤维素钠、D-山梨醇液、山梨酸、山梨酸钾、碳酸钾(无水)、碳酸钙、碳酸氢钠、碳酸钠(无水)、碳酸钠(结晶)、碳酸镁、硫胺盐酸盐、硫胺硝酸盐、硫胺素十六烷基硫酸盐、硫胺素硫氰酸盐、硫胺

素萘-1,5二磺酸盐、硫胺素萘-2,6二磺酸盐、维他命B_1二甲基苯甲酸盐、硫胺素二月桂基硫酸盐、L-茶氨酸、癸醛、叶绿素铁钠、脱氢乙酸钠、羟基乙酸淀粉钠、淀粉磷酸钠、叶绿素铜钠、叶绿素铜、DL-色氨酸、L-色氨酸、烟酸、烟酰胺、二氧化碳、乳酸钙、乳酸铁、乳酸钠溶液、壬内醛、香草醛、L-缬氨酸、泛酸钙、泛酸钠、L-组氨酸盐酸盐、维生素A油、粉末维他命A、油性维生素A脂肪酸酯、羟基香茅醛、胡椒醛、胡椒基丁醚、盐酸吡哆醇、焦磷酸钙、焦磷酸钠(结晶)、焦磷酸钠(无水)、L-苯丙氨酸、二丁基羟基甲苯、富马酸二氢钠、2-(2-呋喃)-3-(5硝基-2-呋喃)丙烯酰胺、丙酸钙、己烷、安息香酸、双苯酰硫胺、多聚磷酸钾、多聚磷酸钠、*d*-M冰片、十二水合硫酸铝钾、硫酸铝钾、偏磷酸钾、偏磷酸钠、DL-甲硫氨酸、L-甲硫氨酸、*dl*-薄荷醇、*l*-薄荷醇、污水硫酸铝铵、叶酸、月桂基三甲基铵-2,4,5-三氯苯酚、丁酸异戊酯、丁酸乙酯、丁酸环己烷、L-赖氨酸L-天冬氨酸盐、L-赖氨酸盐酸盐、L-赖氨酸L-谷氨酸盐、芳樟醇、核黄素、核黄素四丁酸酯、核黄素磷酸钠、硫酸铵、硫酸亚铁(干燥)、硫酸亚铁(结晶)、硫酸钠、硫酸镁、*d*-苹果酸、*dl*-苹果酸钠、磷酸、磷酸二氢铵、磷酸氢二铵、磷酸二氢钾、磷酸氢二钾、磷酸钾、磷酸二氢钙、磷酸氢钙、磷酸钙、磷酸二氢钠(结晶)、磷酸二氢钠(无水)、磷酸氢二钠(结晶)、磷酸氢二钠(无水)。

四、公定书第三版发布及新增修订

第二版食品添加剂公定书发布后,对以上种类的添加剂做了修正并收录入册,1974年3月1日第三版食品添加剂公定书公布。

(一)第三版在第二版的基础上删除的品种

1966年7月15日,食用红色4号、食用红色5号、食用橙色1号、食用橙色2号、食用黄色1号、食用黄色2号、食用黄色3号。

1967年1月23日,食用绿色1号及其铝色淀。

1968年7月3日,甘素。

1969年11月5日,环己基氨基磺酸钙、环己基氨基磺酸钠。

1970年5月29日,亚硝酸钾、二氧化氮、食用绿色2号、原儿茶酸乙酯、没食子酸异戊酯。

1971年2月26日,亚硫酸钾、高锰酸钾、香豆素及其诱导体、氯化铵B、氯化铵T、臭素化油、食用红色103号、山梨酸钠、叶绿素铁钾、叶绿素铜钾、对羟基苯甲酸异丁酯、双氯胺酸、硫酸铜。

1972年12月13日,食用紫色1号及其铝色淀、邻苯二甲酸二丁酯、丁基邻苯二甲酰羟乙酸乙酯。

(二)重新设定或修订

第三版食品添加剂公定书公布后,对以下种类添加剂的标准进行了重新设定或修订。

1974年5月18日,糖精、糖精钠。

1976年8月10日,L-天冬氨酸钠、过氧化氢、β-胡萝卜素、硅藻土、硬酯酰乙酸钙、碳酸钙、珍珠岩、富马酸。

1977年9月30日,邻苯基苯酚、邻苯基苯酚钠。

1978 年 3 月 11 日，异戊酸异戊酯、异戊酸乙酯、5′－肌苷酸二钠、甘油脂肪酸酯、琥珀酸二钠、焦磷酸钙、蔗糖脂肪酸酯、山梨醇脂肪酸酯、D－山梨醇、D－山梨醇液、大豆卵磷脂、维生素 A 油、维生素 A 粉末、油性维生素 A 脂肪酸酯、丙二醇脂肪酸酯、硫酸钠、硫酸镁、磷酸二氢钙、磷酸氢钙、磷酸钙、磷酸二氢钠（结晶）、磷酸二氢钠（无水）、磷酸氢二钠（结晶）、磷酸氢二钠（无水）、磷酸钠（结晶）、磷酸钠（无水）。

五、公定书第四版发布及新增修订

1978 年 12 月 15 日第四版食品添加剂公定书公布。第四版食品添加剂公定书公布后，对以下种类的标准进行了重新设定或修订。

（一）第四版在第三版的基础上删除的添加剂品种

1974 年 8 月 27 日，2－（2－呋喃）－3－（5 硝基－2－呋喃）丙烯酰胺。

1975 年 7 月 25 日，氯化铝（结晶）、氯化铝（无水）、水杨酸。

1978 年 8 月 22 日，硫代硫酸钠、月桂基三甲基铵－2，4，5－三氯苯酚。

（二）重新设定或修订

1979 年 5 月 28 日，噻苯咪唑、甲氧基钠、焦磷酸亚铁溶液、焦磷酸铁溶液。

1981 年 6 月 10 日，焦磷酸铁液、乙酸乙酰乙酯、离子交换树脂、酯尿、三氯化铁、盐酸、D－木糖、柠檬酸铁、柠檬酸铁铵、甘油、丙三醇脂肪酸酯、葡萄糖酸内酯、葡萄糖酸溶液、琥珀酸柠檬酸亚铁钠、三氧化二铁、亚硫酸钠、磷酸氢钙、碳酸钙、无水碳酸钠、二氧化碳、乳酸、乳酸铁、维生素 B_6 盐酸盐、丙二醇、己烷、D－甘露醇、无水硫酸铝铵、无水明矾、硫酸钙、硫酸亚铁（干燥）、硫酸亚铁（结晶）、*dl*－苹果酸、*dl*－苹果酸钠、磷酸二氢铵、磷酸氢二钠（结晶）、磷酸氢二钠（无水）。

1982 年 1 月 14 日，氯化钾、氧化镁。

1982 年 8 月 2 日，油脂。

1983 年 8 月 27 日，亚铅盐类（葡萄糖酸亚铅、硫酸亚铅）、己二酸、阿斯巴甜乙二胺四乙酸二钠、乙二胺四乙酸钙二钠、柠檬酸异丙酯、葡萄糖酸亚铁、铜盐类（葡萄糖酸铜、硫酸铜）、二氧化硅、二氧化钛、丙酸。

六、公定书第五版发布及新增修订

1986 年 11 月 20 日第五版食品添加剂公定书发布。第五版食品添加剂公定书公布后，对以下种类添加剂的标准进行了重新设定或修订。

（一）删除的添加剂品种

第五版公定书发布后、第六版公定书发布前，1991 年 3 月 27 日，删除了甘草酸三钠、硫胺素萘－2，6－二磺酸盐、维生素 B_1 二甲基苯甲酸盐、脱氢乙酸。

（二）重新设定或修订

1988 年 7 月 27 日，活性炭、滑石粉、乳酸、磷酸钙。

1991 年 1 月 17 日，L－抗坏血酸棕榈酸酯、柠檬酸二氢钾、柠檬酸钾、L－谷氨酸钾、L－谷氨酸钙、L－谷氨酸镁、食用红色 40 号、食用红色 40 号铝色淀、氢氧化钾、氢氧化钾溶液、二氧化硅颗粒。

七、公定书第六版发布及新增修订

1992 年 8 月 13 日第六版食品添加剂公定书公布。

（一）删除的添加剂品种

第六版公定书发布后、第七版公定书发布前，删除以下种类的添加剂。
1993 年 4 月 28 日，漂白粉、聚氧乙烯高级脂肪酸。
1995 年 4 月 14 日，乙氧乙烯高脂乙醇。

（二）重新设定或修订

第六版食品添加物公定书公布后，对以下种类添加剂的标准进行重新设定。
1992 年 11 月 6 日，抑霉唑。
1995 年 4 月 14 日，聚乙烯吡咯烷酮。
1997 年 4 月 17 日，木糖醇。
1998 年 9 月 18 日，葡萄糖酸钾、葡萄糖酸钠。

八、公定书第七版发布及新增修订

1999 年 4 月 20 日第七版食品添加剂公定书公布。

（一）收录的新设定标准的食品添加剂种类（60 种纯品，3 种药剂）

（1）氨基酸（13 种纯品，3 种制剂）：左旋天冬酰胺、L－天冬氨酸、L－丙氨酸、L－精氨酸、L－谷氨酰胺、L－胱氨酸、L－丝氨酸、L－酪氨酸、L－组氨酸、L－羟脯氨酸、L－脯氨酸、L－赖氨酸、L－亮氨酸、L－丙氨酸溶液、L－脯氨酸溶液、L－赖氨酸溶液。

（2）着色剂（18 种）：姜黄色素、焦糖Ⅰ、焦糖Ⅱ、焦糖Ⅲ、焦糖Ⅳ、叶绿素、胭脂红色素、杜氏盐藻胡萝卜素、辣椒红色素、胡萝卜色素、棕榈油胡萝卜素、甜菜红色素、葡萄果皮色素、黑加仑色素、红曲色素、红花红色素、红花黄色素、万寿菊色素。

（3）增粘剂（13 种）：阿拉伯胶、海藻酸、印度果胶、黄原胶、精制卡拉胶、琼芝属海藻制品、刺梧桐胶、长角豆胶、瓜尔豆胶、结冷胶、达玛树脂、黄芪胶、果胶。

（4）乳化剂（1 种）：皂树提取物。

（5）酸化防止剂（2 种）：$d-\alpha-$维生素 E、维生素 E 混合物。

（6）甜味剂（1 种）：索马甜。

（7）胶基基材（4 种）：加洛巴蜡、小竹树蜡、虫胶、蜜蜡。

（8）酶类（4 种）：胰蛋白酶、木瓜蛋白酶、菠萝蛋白酶、胃蛋白酶。

（9）制造用剂（4 种）：$\beta-$环糊精、植物单宁、微结晶纤维素、粉末纤维素。

（二）重新设定或修订

第七版公定书发布后、第八版公定书发布前，对以下种类添加剂的标准进行了重新设定或修订。

1999 年 7 月 30 日，蔗糖素。

2000 年 4 月 25 日，乙酰磺胺酸钾。

2002 年 6 月 10 日，次氯酸。

2002 年 8 月 1 日，亚铁氰酸盐类（亚铁氰化钾、亚铁氰化钙、亚铁氰化钠）。

2003 年 6 月 26 日，维生素 H、羟丙基甲基纤维素。

2003 年 10 月 16 日，甲基橙皮苷。

2004 年 1 月 20 日，L－抗坏血酸－2－葡糖苷、硬脂酸镁、磷酸三镁。

2004 年 2 月 27 日，焦油色素（食用红色 2 号、食用红色 40 号、食用红色 40 号铝色淀、食用红色 102 号、食用黄色 4 号、食用黄色 5 号、食用黄色 5 号铝色淀）。

2004 年 12 月 24 日，异丁醇、2－乙烷基－3,5－二甲基吡嗪与 2－乙烷基－3,6－二甲基吡嗪的混合物、硬脂酸钙、2,3,5,6－四甲基吡嗪。

2005 年 2 月 24 日，正丙醇。

2005 年 3 月 22 日，一氧化二氮。

2005 年 4 月 28 日，异丙醇。

2005 年 5 月 16 日，乙醛、2－乙基－3－甲基吡嗪、5－甲基喹喔啉。

2005 年 8 月 19 日，戊醇、异戊醇、2,3,5－三甲基吡嗪、羟丙基纤维素。

2005 年 9 月 12 日，丁醇。

2005 年 11 月 28 日，纳他霉素。

2005 年 12 月 26 日，海藻酸铵、海藻酸钾、海藻酸钙。

（三）删除的添加剂品种

在第七版公定书发布后、第八版公定书发布前，删除以下种类的添加剂。

2000 年 6 月 30 日，乙酰蓖麻醇酸甲酯、胆碱磷酸盐、焦磷酸亚铁。

九、公定书第八版发布及新增修订

为了促进食品添加剂在生产、品质管理技术以及分析技术方面不断向前发展，厚生劳动省在 2003 年 8 月成立了食品添加剂公定书调查委员会起草第八版食品添加剂公定书草案。设置调查委员会的目的包括不断完善和充实既存添加剂（即天然添加剂）的成分规格以适应在 1995 年修订的食品卫生法，将随着科学技术的发展而产生的新的试验方法收录入册以及对公定书进行国际化的整合等。

根据以上目标而形成的公定书草案同时涵盖了相关修改内容。对于《食品・添加剂等的规格基准》章节的改正，2005 年 11 月在咨询过药事・食品卫生审议委员会后，在其食品卫生分会的添加剂分部会上进行了审议，并在 2007 年 3 月向厚生劳动省提交了报告。

修改后的第八版食品添加剂公定书包括通则 43 项，一般试验法 43 项，试剂・试液等 11 项，成分规格・保存基准各 507 条，另有生产基准、使用基准及表示基准等，主要修改内容如下所述。

1. 通则中的主要修改事项

（1）浓度单位改为 mol/L、mmol/L。

(2)重新定义“凉处”与“冷水”。

2. 一般试验法中的主要修改事项

(1)气相色谱测定必要时要标明是否使用顶空进样装置。另外,定量法增加了标准加入法。

(2)《吸光度测定法》更改为《紫外可见吸光度测定法》,《原子吸光度测定法》改为《原子吸光光度法》,《沸点及馏分测定法》改为《沸点测定法及蒸馏实验法》。

(3)香料试验法新增加了“香料的气相色谱测定法”。

(4)水分测定法中增加了阴极液与阳极液的配制方法。

(5)修改了红外吸收光谱法的操作步骤与测定方法。

(6)薄层色谱法允许使用成品的薄层板。

(7)微生物定量检测法中,增加了嗜乾菌的培养基,并修改了液体培养阶段的稀释方法。

(8)油脂检测中增加了碘价的测定。

3. 试剂·试液中的主要修改事项

(1)对符合日本工业规格的试剂,要记录其规格批号。

(2)增加或修改了试剂·试液、容量分析用标准液、标准液、标准品、检定过的管式气体流量计以及红外吸收光谱的相关内容。

(3)修改了浸没线温度计的规定。

4. 成分规格·保存基准中的主要修改事项

(1)以下种类新增加了规格要求:红色卷心菜色素、N-乙酰-D-葡萄糖胺、5′-腺苷酸、L-阿拉伯糖、myo-肌醇、槐花提取物、煅烧贝克钙、活性白土、可得然胶、甘草提取物、栀子青色素、栀子红色素、栀子黄色素、α-葡萄糖醛转移酶变甜叶菊、酶改性异栎皮苷、酶改性橙皮苷、酶改性卵磷脂、酵母细胞壁、骨炭、车前子胶、酸性白土、维生素 B_{12}、α-环糊精、γ-环糊精、5′-胞苷酸、鱼精蛋白提取物、甜叶菊提取物、螺旋藻提取物、氯化镁含有物、牛磺酸(提取物)、罗望子胶、塔拉胶、桧木醇(提取物)、葡聚糖、三烯生育酚、d-γ-生育酚、d-δ-生育酚、番茄素、纳豆菌胶、柚皮苷、石蜡、微晶纤维素、囊藻提取物、普鲁兰糖、甜菜碱、雨生红球藻色素、血红素铁、膨润土、ε-聚赖氨酸、微晶纤维素蜡、Macrophomopsis 胶、贻贝色素、紫玉米色素、甲萘醌(提取物)、杨梅提取物、丝兰提取物、罗汉果提取物、紫胶虫色素、羊毛脂、鼠李糖胶、煅烧蛋壳钙、溶菌酶、D-核糖、芸香苷酶解物。

(2)增加了食用红色 104 号与食用红色 105 号的六氯苯纯度试验法。

(3)对涉及试验中使用的有害试剂的处理、标准国际化所做的调整整合以及添加剂在流通环节中状态的确认等方面的确认试验与纯度试验进行了修改。

(4)用于提取天然添加剂的动植物、微生物,要标记其学名,以便确认。

(5)对于具有几种水合物形式的添加剂,要分别记录每种水合物对应的 CAS 号,如无 CAS 号,以[00 无水物]的形式,参考无水物的 CAS 号进行记录。

(6)某些种类的确证实验可采用红外吸收光谱法进行。

(7)确保主成分的化学结构式与化学名称正确。

第五章　日本批准使用的食品添加剂

按照日本对食品添加剂的使用习惯和管理要求,将食品添加剂分为指定食品添加剂、现有食品添加剂(既存食品添加剂)、从植物或动物中提取的天然调味料、通常作为食品也作为食品添加剂的物质四类。“指定食品添加剂”和“作为添加剂使用的普通食品”的叫法并不是官方名称,只是为了使用起来方便简洁时所采用。在日本制造、进口、使用、销售这些名单之外的添加剂,都属于违反《食品卫生法》的行为。目前,日本允许使用食品添加剂的类型和数量见表5－1。

表5－1　日本允许使用食品添加剂的类型和数量

食品添加剂类型	数量	更新/生效日期
指定食品添加剂	436[a]	2013年8月6日
既存食品添加剂	365	2011年5月6日
从植物或动物中提取的天然调味料	612	1996年5月23日
通常作为食品也作为食品添加剂的物质	106	1996年5月23日

[a] 指定食品添加剂中以类别名列出了异硫氰酸酯类(47)、吲哚类及衍生物(57)、酯类(61)、醚类(71)、酮类(129)、脂肪酸类(174)、高级脂族醇类(175)、高级脂族醛类(176)、高级脂族碳水化合物类(177)、硫醚类(236)、硫醇类(237)、萜烃类(247)、酚酯类(323)、酚类(324)、糠醛及其衍生物类(333)、芳香醇类(354)、芳香醛类(355)、内酯类(397),共18类,约3 400多种香料物质(括号内数字为该类物质在指定食品添加剂的列表中的顺序位置)。以上物质不包括有高毒性的物质。

第一节　指定食品添加剂

一、概念

指定食品添加剂(Designated food additives):指已被确定对人体健康无害,被指定为安全的添加剂。“指定食品添加剂”并不是官方名称,只是为了使用起来方便简洁而所采用。据日本《食品卫生法》第10条规定“除了经厚生劳动大臣在听取了药事与食品卫生委员会意见后,指定的不会对人体健康造成危害物质以外的添加剂(不包括天然香料及在食物中作为添加物使用的一般食品)、添加剂制剂以及含添加剂的食品,不得销售或以销售为目的进行的生产、进口、加工、使用、贮藏或陈列。”该条款规定了食品添加剂所包括的范围,引入了肯定列表系统,即只有被批准的食品添加剂才允许使用。

二、指定食品添加剂制度的形成

早在1947年,日本《食品卫生法》对食品添加剂就进行了详细规定,实施主动列表制度,对允许作为添加剂使用的种类和数量进行了限制。即只允许在食品中使用厚生省指定的认为安全的食品添加剂。当时指定的食品添加剂只有60种。1955年6月,在日本发生了震惊世界的"森永奶粉砷中毒"事件。中毒原因是作奶粉稳定剂的磷酸盐含有非常高的三氧化二砷。森永乳业为了提高乳制品的溶解度和降低成本,从1953年开始,作为乳粉稳定剂使用的磷酸盐是用铝矾土炼铝的废渣生产的,由于这些废渣含有相当高的三氧化二砷,直接导致了该公司出售的奶粉中,每百克奶粉混入$2.0\times10^{-6}\sim3.0\times10^{-6}$的5价砷化合物。估计婴儿每天摄入了约3.5mg的三氧化二砷。有12344人中毒,其中130名患脑麻痹而死亡。中毒婴儿长到几岁后,又出现痴呆、畸形、残疾等症。这些食品安全危机成为日本修改有关法律规定的机遇。日本政府以此事为契机,1957年修改了《食品卫生法》,规定只要是化学合成的物品,不在指定名单范围内就不允许添加到食物中。1959年厚生省第370号通告第二节规定了食品和食品添加剂等的规格和标准。1995年之前,主动列表系统仅适用于化学合成的添加剂,并没有将非合成添加剂纳入。1995年,日本对《食品卫生法》进行修订,使该系统涵盖除个别豁免外的所有合成及非合成添加剂。2010年12月,《食品卫生法实施办法(Food Sanitation Act Enforcement Regulations)》第12条附表1列入411种指定食品添加剂。随后,日本每年都多次对包括指定食品添加剂在内的食品添加剂目录进行修订。在对指定食品添加剂目录修订的同时还会对"食品添加剂使用标准"进行修订。

三、最新的指定食品添加剂

指定食品添加剂随着日本政府的不断批准、公布,品种数量会逐渐增加。如在2011年12月27日,公布的品种就增加到423种。到2014年4月10日,公布的品种就达到了439种。日本的指定食品添加剂目录见表5-2。在指定食品添加剂名单中还有一些作为香料的物质,在指定食品添加剂的列表中是以类别名出现,但在该类别名实际上包含了许多种作为香料使用的无毒物质。共有18类,共包括了3414种物质。为了节省篇幅,18类香料的名单在本节并没有展开,读者可访问"http://www.ffcr.or.jp/zaidan/FFCRHOME.nsf/pages/list-desin.add-x"获取最新资料。

指定添加剂分为两类,包括部分已有使用标准的食品添加剂和部分尚未制定使用标准的食品添加剂。在表5-2中带*为有使用标准的品种。这类物质第七章中列出了其功能(例如防腐、抗氧化、着色等)、允许使用的食品范围、在食品中的最大允许量以及使用注意事项。另一类只是列入了指定食品添加剂名单目录,在使用范围和用量上并没有限制。

表5-2 指定食品添加剂品种目录

(截至2014年4月10日,共439种)

序号	英文名	中文名
1	Zinc salts(limited to Zinc gluconate and zinc sulfate)	锌盐(只限于葡糖酸锌和硫酸锌)
2	Chlorous acid water	亚氯酸水
3	Sodium chlorite	亚氯酸钠
4	Nitrous oxide	一氧化氮
5	Adipic acid	己二酸
6	Sodium nitrite	亚硝酸钠
7	L-Ascorbic acid(Vitamin C)	L-抗坏血酸(维生素C)

续表

序号	英文名	中文名
8	Calcium L - ascorbate	L - 抗坏血酸钙
9	L - Ascorbic acid 2 - glucoside	L - 抗坏血酸 2 - 葡萄糖苷
10	L - Ascorbic stearate(Vitamin C stearate)	L - 抗坏血酸硬脂酸酯
11	Sodium L - ascorbate(Vitamin C sodium)	L - 抗坏血酸钠
12	L - Ascorbic palmitate(Vitamim C palmitate)	L - 抗坏血酸棕榈酸酯
13	Monosodium L - aspartate	L - 天冬氨酸一钠
14	Aspartame(α - L - Aspartyl - L - phenylalanine methyl ester)	阿斯巴甜(天冬酰苯丙氨酸甲酯)
15	Acesulfame potassium	乙酰磺胺酸钾
16	Acetylated distarch adipate	乙酰化己二酸双淀粉
17	Acetylated oxidized starch	乙酰氧化淀粉
18	Acetylated distarch phosphate	乙酰化双淀粉磷酸酯
19	Acetaldehyde	乙醛
20	Ethyl acetoacetate	乙酰乙酸乙酯
21	Acetophenone	乙酰苯
22	Acetone	丙酮
23	Azoxystrobin	嘧菌酯
24	Anisaldehyde(*p* - Methoxybenzaldehyde)	茴香醛
25	(3 - Amino - 3 - carboxypropyl) dimethylsulfonium chloride	(3 - 氨基 - 3 - 羧基丙基)二甲基氯化锍
26	Amylalcohol	戊醇
27	α - Amylcinnamaldehyde(α - Amylcinnamic aldehyde)	α - 戊肉桂醛
28	DL - Alanine	DL - 丙氨酸
29	Sodium sulfite	亚硫酸钠
30	L - Arginine L - glutamate	L - 精氨酸 L - 谷氨酸酯
31	Ammonium alginate	海藻酸铵
32	Potassium alginate	海藻酸钾
33	Calcium alginate	海藻酸钙
34	Sodium alginate	海藻酸钠
35	Propylene glycol alginate	海藻酸丙二醇酯
36	Benzoic acid	苯甲酸
37	Sodium benzoate	苯甲酸钠
38	Methyl anthranilate	邻氨基苯甲酸甲酯

续表

序号	英文名	中文名
39	Ammonia	氨水
40	Ionone	紫罗兰酮
41	Ion exchange resin	离子交换树脂
42	Isoamylalcohol	异戊醇
43	Isoeugenol	异丁香酚
44	Isoamyl isovalerate	异戊酸异戊酯
45	Ethyl isovalerate	异戊酸乙酯
46	Isopropyl *p* – hydroxybenzoate	对羟基苯甲酸异丙酯
47	Isothiocyanates (except those generally recognized as highly toxic) ref.	异硫氰酸酯类[a]
48	Allyl Isothiocyanate(Volatile oil of mustard)	芥子油
49	Isovaleraldehyde	异戊醛
50	Isobutanol	异丁醇
51	Isobutyraldehyde(Isobutanal)	异丁醛
52	Isopentylamine	异戊胺
53	Isoquinoline	异喹啉
54	L – Isoleucine	L – 异亮氨酸
55	Disodium 5′ – inosinate(Sodium 5′ – inosinate)	5′ – 肌苷二钠
56	Imazalil	抑霉唑
57	Indoles and its derivatives ref.	吲哚类及衍生物 *[a]
58	Disodium 5′ – Uridylate(Sodium 5′ – Uridylate)	5 – 尿苷酸二钠
59	γ – Undecalactone(Undecalactone)	桃醛(γ – 十一烷酸内酯)
60	Ester gum	酯胶
61	Esters ref.	酯类 *[a]
62	Mixture of 2 – Ethyl – 3,5 – dimethylpyrazine and 2 – Ethyl – 3,6 – dimethylpyrazine	2 – 乙基 – 3,5 – 二甲基吡嗪和 2 – 乙基 – 3,6 – 二甲基吡嗪的混合物
63	Ethylvanillin	乙基香兰素
64	2 – Ethylpyrazine	2 – 乙基吡嗪
65	3 – Ethylpyrazine	3 – 乙基吡嗪
66	2 – Ethyl – 3 – methylpyrazine	2 – 乙基 – 3 – 甲基吡嗪
67	2 – Ethyl – 5 – methylpyrazine	2 – 乙基 – 5 – 甲基吡嗪

续表

序号	英文名	中文名
68	2 – Ethyl – 6 – methylpyrazine	2 – 乙基 – 6 – 甲基吡嗪
69	5 – Ethyl – 2 – methylpyridine	2 – 甲基 – 5 – 乙基吡啶
70	Calcium Disodium Ethylenediaminetetraacetate (Calcium Disodium EDTA)	乙二胺四乙酸二钠钙
71	Disodium Ethylenediaminetetraacetate (Disodium EDTA)	乙二胺四乙酸二钠
72	Ethers ref.	醚类[a]
73	Erythorbic acid (Isoascorbic acid)	异抗坏血酸
74	Sodium erythorbate (Sodium isoascorbate)	异抗坏血酸钠
75	Ergocalciferol (Calciferol or Vitamin D_2)	维生素 D_2
76	Ammonium chloride	氯化铵
77	Potassium chloride	氯化钾
78	Calcium chloride	氯化钙
79	Ferric chloride	氯化铁
80	Magnesium chloride	氯化镁
81	Hydrochloric acid	盐酸
82	Eugenol	丁香酚
83	Octanal (Capryl aldehyde or Octyl aldehyde)	辛醛
84	Ethyl octanoate (Ethyl caprylate)	辛酸乙酯
85	Starch sodium octenyl succinate	淀粉辛烯基琥珀酸钠
86	*o* – Phenylphenol and Sodium *o* – phenylphenate	邻苯基苯酚和邻苯基苯酚钠
87	Sodium oleate	油酸钠
88	Hydrogen peroxide	过氧化氢
89	Benzoyl peroxide	过氧化苯甲酰
90	Sodium caseinate	酪蛋白钠
91	Ammonium persulfate	过硫酸铵
92	Calcium carboxymethylcellulose (Calcium cellulose glycolate)	羧甲基纤维素钙
93	Sodium carboxymethylcellulose (Sodium cellulose glycolate)	羧甲基纤维索钠
94	β – Carotene	β – 胡萝卜素
95	Isoamyl formate	甲酸异戊酯
96	Geranyl formate	甲酸香叶醇
97	Citronellyl formate	甲酸香茅酯
98	Xylitol	木糖醇 *
99	Disodium 5′ – guanylate (Sodium 5′ – guanylate)	5′ – 鸟苷酸二钠

续表

序号	英文名	中文名
100	Citric acid	柠檬酸
101	Isopropanol	异丙醇
102	Monopotassium citrate and Tripotassium citrate	柠檬酸一钾
103	Calcium citrate	柠檬酸钙
104	Sodium ferrous citrate(Sodium iron citrate)	柠檬酸亚铁钠
105	Ferric citrate	柠檬酸铁
106	Ferric ammonium citrate	柠檬酸铁铵
107	Trisodium citrate(Sodium citrate)	柠檬酸三钠
108	Glycine	甘氨酸
109	Glycerol(Glycerin)	丙三醇
110	Glycerol esters of fatty acids	脂肪酸甘油酯
111	Calcium glycerophosphate	甘油磷酸钙
112	Disodium glycyrrhizinate	甘草酸二钠
113	Glucono – delta – lactone(Gluconolactone)	葡萄糖酸 – δ – 内酯(葡萄糖酸内酯)
114	Gluconic acid	葡糖酸
115	Potassium gluconate	葡糖酸钾
116	Calcium gluconate	葡萄糖酸钙
117	Ferrous gluconate(Iron gluconate)	葡糖酸亚铁
118	Sodium gluconate	葡糖酸钠
119	L – Glutamic acid	L – 谷氨酸
120	Monoammonium L – glutamate	L – 谷氨酸一铵
121	Monopotassium L – glutamate	L – 谷氨酸钾
122	Monocalcium di – L – glutamate	二 L – 谷氨酸一钙
123	Monosodium L – glutamate	L – 谷氨酸钠
124	Monomagnesium di – L – glutamate	二 L – 谷氨酸一镁
125	Calcium silicate	硅酸钙
126	Magnesium silicate	硅酸镁
127	Cinnamic acid	肉桂酸
128	Ethyl cinnamate	肉桂酸乙酯
129	Methyl cinnamate	肉桂酸甲酯
130	Ketones ref.	酮类[a]

续表

序号	英文名	中文名
131	Geraniol	香叶醇
132	High test hypochlorite	高效次氯酸盐
133	Succinic acid	琥珀酸
134	Monosodium succinate	琥珀酸一钠
135	Disodium succinate	琥珀酸二钠
136	Cholecalciferol(Vitamin D_3)	维生素 D_3
137	Sodium chondroitin sulfate	硫酸软骨素钠
138	Isoamyl acetate	乙酸异戊酯
139	Ethyl acetate	乙酸乙酯
140	Calcium acetate	乙酸钙
141	Geranyl acetate	乙酸香叶醇
142	Cyclohexyl acetate	乙酸环已酯
143	Citronellyl acetate	香茅醇酯
144	Cinnamyl acetate	乙酸肉桂酯
145	Terpinyl acetate	乙酸松油酯
146	Starch acetate	淀粉乙酸酯
147	Sodium acetate	乙酸钠
148	Polyvinyl acetate	聚乙酸乙烯酯
149	Phenethyl acetate(Phenylethyl acetate)	乙酸苯乙酯
150	Butyl acetate	乙酸丁酯
151	Benzyl acetate	乙酸苯甲酯
152	L – Menthyl acetate	L – 乙酸薄荷酯
153	Linalyl acetate	乙酸芳樟醇
154	Saccharin	糖精
155	Calcium saccharin	糖精钙
156	Sodium saccharin(Soluble saccharin)	糖精钠
157	Methyl salicylate	水杨酸甲酯
158	Calcium oxide	氧化钙
159	Oxidized starch	氧化淀粉
160	Magnesium oxide	氧化镁
161	Iron sesquioxide(Diiron trioxide or Iron oxide red)	三氧化二铁
162	Hypochlorous acid water	次氯酸溶液
163	Sodium hypochlorite(Hypochlorite of soda)	次氯酸钠
164	Sodium hydrosulfite(Hydrosulfite)	亚硫酸氢钠

续表

序号	英文名	中文名
165	2,3 - Diethyl - 5 - methylpyrazine	2,3 - 二乙基 - 5 - 甲基吡嗪
166	Allyl cyclohexylpropionate	环己基丙酸烯丙酯
167	L - Cystein monohydrochloride	L - 盐酸半胱氨酸
168	Disodium 5′ - cytidylate(Sodium 5′ - cytidylate)	胞苷 5′ - 磷酸二钠盐
169	Citral	柠檬醛
170	Citronellal	香茅醛
171	Citronellol	香茅醇
172	1,8 - Cineole(Eucalyptol)	桉叶油醇(1,8 - 桉叶脑)
173	Diphenyl(Biphenyl)	联苯
174	Butylated hydroxytoluene	二丁基羟基甲苯
175	Dibenzoyl thiamine	二苯酰硫胺素
176	Dibenzoyl thiamine hydrochloride	二苯酰盐酸硫胺
177	Fatty acids ref.	脂肪酸类[a]
178	Aliphatic higher alcohols ref.	高级脂族醇类[a]
179	Aliphatic higher aldehydes (except those generally recognized as highly toxic) ref.	高级脂族醛类[a]
180	Aliphatic higher hydrocarbons(except those generally recognized as highly toxic) ref.	高级脂族碳水化合物类[a]
181	2,3 - Dimethylpyrazine	2,3 - 二甲基吡嗪
182	2,5 - Dimethylpyrazine	2,5 - 二甲基吡嗪
183	2,6 - Dimethylpyrazine	2,6 - 二甲基吡嗪
184	2,6 - Dimethylpyridine	2,6 - 二甲基吡啶
185	Oxalic acid	草酸
186	Potassium bromate	溴酸钾
187	DL - Tartaric acid(*dl* - Tartaric acid)	DL - 酒石酸
188	L - Tartaric acid(*d* - Tartaric acid)	L - 酒石酸
189	Potassium DL - bitartrate(Potassium hydrogen DL - tartrate or Potassium hydrogen *dl* - tartrate)	DL - 酒石酸氢钾
190	Potassium L - bitartrate(Potassium hydrogen L - tartrate or Potassium hydrogen *d* - tartrate)	L - 酒石酸氢钾
191	Disodium DL - tartrate(Disodium *dl* - tartrate)	DL - 酒石酸二钠
192	Disodium L - tartrate(Disodium *l* - tartrate)	L - 酒石酸二钠

续表

序号	英文名	中文名
193	Potassium nitrate	硝酸钾
194	Sodium nitrate	硝酸钠
195	Food red No. 2(Amaranth) and its Aluminum lake	苋菜红及苋菜红铝色淀
196	Food red No. 3(Erythrosine) and its Aluminum lake	赤藓红及赤藓红铝色淀
197	Food red No. 40(Allura red AC) and its Aluminum lake	诱惑红及诱惑红铝色淀
198	Food red No. 102(New coccine)	胭脂红
199	Food red No. 104(Phloxine)	荧光桃红
200	Food red No. 105(Rose bengale)	孟加拉红
201	Food red No. 106(Acid red)	酸性红
202	Food yellow No. 4(Tartrazine) and its Aluminum lake	柠檬黄及柠檬黄铝色淀
203	Food yellow No. 5(Sunset yellow FCF) and its Aluminum lake	日落黄及日落黄铝色淀
204	Food green No. 3(Fast green FCF) and its Aluminum lake	坚牢绿 FCF 及坚牢绿铝色淀
205	Food blue No. 1(Brilliant blue FCF) and its Aluminum lake	亮蓝 FCF 及亮监铝色淀
206	Food blue No. 2(Indigo carmine) and its Aluminum lake	靛蓝及靛蓝铝色淀
207	Sucrose esters of fatty acids	脂肪酸蔗糖酯
208	Silicone resin(Polydimethylsiloxane)	硅油树脂
209	Cinnamyl alcohol(Cinnamic alcohols)	肉桂醇
210	Cinnamaldehyde(Cinnamic aldehyde)	肉桂醛
211	Potassium hydroxide(Caustic potash)	氢氧化钾
212	Calcium hydroxide(Slaked lime)	氢氧化钙
213	Sodium hydroxide(Caustic soda)	氢氧化钠
214	Magnesium hydroxide	氢氧化镁
215	Sucralose(Trichlorogalactosucrose)	三氯蔗糖
216	Calcium stearate	硬脂酸钙
217	Magnesium stearate	硬脂酸镁
218	Calcium stearoyl lactylate(Calcium stearyl lactylate)	硬脂酰乳酸钙
219	Sodium stearoyl lactylate	硬脂酰乳酸钠
220	Sorbitan esters of fatty acids	山梨醇酐脂肪酸酯
221	D - Sorbitol(D - Sorbit)	D - 山梨醇
222	Sorbic acid	山梨酸
223	Potassium sorbate	山梨酸钾
224	Calcium sorbate	山梨酸钙

续表

序号	英文名	中文名
225	Ammonium carbonate	碳酸铵
226	Potassium carbonate(anhydrous)	无水碳酸钾
227	Calcium carbonate	碳酸钙
228	Ammonium bicarbonate(Ammonium hydrogen carbonate)	碳酸氢铵
229	Sodium bicarbonate(Bicarbonate soda or Sodium hydrogen carbonate)	碳酸氢钠
230	Sodium carbonate(Crystal: Carbonate soda, Anhydrous: Soda ash)	碳酸钠
231	Magnesium carbonate	碳酸镁
232	Thiabendazole	噻苯咪唑
233	Thiamine hydrochloride(Vitamin B_1 hydrochloride)	硫胺素盐酸盐
234	Thiamine mononitrate(Vitamin B_1 mononitrate)	单硝酸硫胺
235	Thiamine dicetylsufate(Vitamin B_1 dicetylsufate)	硫胺素十六烷基硫酸盐
236	Thiamine thiocyanate(Vitamin B_1 thiocyanate)	硫胺素氰酸盐
237	Thiamine naphthalene - 1,5 - disulfonate(Vitamin B_1 naphthalene - 1,5 - disulfonate)	硫胺素萘 - 1,5 - 二磺酸盐
238	Thiamine dilaurylsulfate(Vitamin B_1 dilaurylsulfate)	硫胺素二月桂基硫酸盐
239	Thioethers(except those generally recognized as highly toxic) ref.	硫醚类(除却有害物质)[a]
240	Thiols(Thioalcohols) (except those generally recognized as highly toxic) ref.	硫醇类(除却有害物质)[a]
241	L - Theanine	L - 茶氨酸
242	Decanal(Decyl aldehyde)	癸醛
243	Decanol(Decyl alcohol)	癸醇
244	Ethyl decanoate(Ethyl caprate)	癸酸乙酯
245	Sodium iron chlorophyllin	叶绿素铁钠
246	5,6,7,8 - Tetrahydroquinoxaline	5,6,7,8 - 四氢喹喔啉
247	2,3,5,6 - Tetramethylpyrazine	2,3,5,6 - 四甲基吡嗪
248	Sodium dehydroacetate	脱氢乙酸钠
249	Terpineol	松油醇
250	Terpene hydrocarbons ref.	萜烃类[a]
251	Sodium carboxymethylstarch	羧甲基淀粉钠
252	Copper salts(limited to Copper gluconate and Cupric sulfate)	铜盐(葡糖酸铜和硫酸铜)
253	Sodium copper chlorophyllin	叶绿素铜钠

续表

序号	英文名	中文名
254	Copper chlorophyll	叶绿素铜
255	DL－α－Tocopherol	DL－α－生育酚
256	*all*－*rac*－α－Tocopheryl acetate	全消旋－α－生育酚乙酸酯
257	*R*,*R*,*R*－α－Tocopheryl acetate	*R*,*R*,*R*－α生育酚乙酸酯
258	DL－Tryptophan	DL－色氨酸
259	L－Tryptophan	L－色氨酸
260	Trimethylamine	三甲胺
261	2,3,5－Trimethylpyrazine	2,3,5－三甲基吡嗪
262	DL－Threonine	DL－苏氨酸
263	L－Threonine	L－苏氨酸
264	Nisin	乳酸链球菌素
265	Natamycin	纳他霉素
266	Sodium methoxide(Sodium methylate)	甲醇钠
267	Nicotinic acid(Niacin)	烟酸
268	Nicotinamide(Niacinamide)	烟碱
269	Sulfur dioxide(Sulfurous acid,Anhydride)	二氧化硫
270	Chlorine dioxide	二氧化氯
271	Silicon dioxide(Silica gel)	二氧化硅
272	Carbon Dioxide(Carbonic acid,gas)	二氧化碳
273	Titanium dioxide	二氧化钛
274	Lactic acid	乳酸
275	Potassium lactate	乳酸钾
276	Calcium lactate	乳酸钙
277	Iron lactate	乳酸铁
278	Sodium lactate	乳酸钠
279	Neotame	纽甜
280	γ－Nonalactone(Nonalactone)	γ－壬内酯
281	Potassium norbixin	降胭脂树素钾
282	Sodium norbixin	降胭脂树素钠
283	Vanillin	香兰素
284	Isobutyl *p*－hydroxybenzoate	对羟基苯甲酸异丁酯
285	Isopropyl citrate	柠檬酸异丙酯

续表

序号	英文名	中文名
286	Ethyl *p* – hydroxybenzoate	对羟基苯甲酸乙酯
287	Butyl *p* – hydroxybenzoate	丁基羟基安息香酸盐
288	Propyl *p* – hydroxybenzoate	对羟基苯甲酸丙酯
289	*p* – Methylacetophenone	对甲基苯乙酮
290	L – Valine	L – 缬氨酸
291	Valeraldehyde	戊醛
292	Calcium pantothenate	泛酸钙
293	Sodium pantothenate	泛酸钠
294	Biotin	生物素(维生素 H)
295	L – Histidine monohydrochloride	L – 盐酸组氨酸
296	Bisbentiamine(Benzoylthiamine disulfide)	双苯酰硫胺
297	Vitamin A(Retinol)	维生素 A (视黄醇)
298	Vitamin A fatty acids esters(Retinol esters of fatty acids esters)	维生素 A 脂肪酸酯
299	Hydroxycitronellal	羟基香茅醇
300	Hydroxycitronellal dimethylacetal	羟基香茅醇二甲基缩醛
301	Hydroxypropyl distarch phosphate	羟丙基磷酸双淀粉
302	Hydroxypropyl cellulose	羟丙基纤维素
303	Hydroxypropyl starch	羟丙基淀粉
304	Hydroxypropyl methylcellulose	羟丙基甲基纤维素
305	Piperidine	六氢吡啶
306	Piperonal(Heliotropine)	胡椒醛 *
307	Piperonyl butoxide	胡椒基丁醚
308	Sunflower lecithin	向日葵卵磷脂
309	Acetic acid, Glacial	冰乙酸
310	Pyrazine	吡嗪
311	Pyridoxine hydrochloride(Vitamin B_6)	盐酸吡哆醇
312	Pyrimethanil	嘧霉胺
313	Potassium pyrosulfite(Potassium hydrogen sulfite or Potassium metabisulfite)	焦亚硫酸钾
314	Sodium pyrosulfite(Sodium metabisulfite, Acid sulfite of soda)	焦亚硫酸钠
315	Pyrrolidine	四氢吡咯
316	Potassium pyrophosphate(Tetrapotassium pyrophosphate)	焦磷酸钾
317	Calcium dihydrogen pyrophosphate(Acid calcium)	焦磷酸二氢钙
318	Disodium dihydrogen pyrophosphate(Acid disodium)	焦磷酸二氢二钠

续表

序号	英文名	中文名
319	Ferric pyrophosphate	焦磷酸铁
320	Sodium pyrophosphate(Tetrasodium pyrophosphate)	焦磷酸钠
321	Pyrrole	吡咯
322	L - Phenylalanine	L - 苯丙氨酸
323	Isoamyl phenylacetate	苯乙酸异戊酯
324	Isobutyl phenylacetate	苯乙酸异丁酯
325	Ethyl phenylacetate	苯乙酸乙酯
326	2 - (3 - Phenylpropyl) pyridine	2 - (3 - 苯基丙基)吡啶
327	Phenethylamine	3 - 苯乙胺
328	Phenol ethers(except those generally recognized as highly toxic)ref.	酚酯类[a]
329	Phenols(except those generally recognized as highly toxic) ref.	酚类(除却有害物质)[a]
330	Ferrocyanides(Potassium ferrocyanide (Potassium hexacyanoferrate (Ⅱ)), Calcium ferrocyanide (Calcium hexacyanoferrate (Ⅱ)), Sodium ferrocyanide (Sodium hexacyanoferrate(Ⅱ)))	亚铁氰化物(亚铁氰化钾,钙亚铁,亚铁氰化钠)
331	Butanol	丁醇
332	Butylamine	丁胺
333	Butyraldehyde	丁醛
334	Butylated hydroxyanisole	丁基羟基茴香醚
335	Fumaric acid	延胡索酸
336	Monosodium fumarate(Sodium fumarate)	富马酸一钠
337	Fludioxonil	咯菌腈
338	Furfurals and its derivatives(except those generally recognized as highly toxic) ref.	糠醛及其衍生物类(除却有害物质)[a]
339	Propanol	丙醇
340	Propionaldehyde	丙醛
341	Propionic acid	丙酸
342	Isoamyl propionate	丙酸异戊酯
343	Ethyl propionate	丙酸乙酯
344	Calcium propionate	丙酸钙
345	Sodium propionate	丙酸钠
346	Benzyl propionate	丙酸苄酯
347	Propylene glycol	丙二醇

续表

序号	英文名	中文名
348	Propylene glycol esters of fatty acids	丙二醇脂肪酸酯
349	Hexanoic acid(Caproic acid)	己酸
350	Allyl hexanoate(Allyl caproate)	己酸烯丙酯
351	Ethyl hexanoate(Ethyl caproate)	己酸乙酯
352	Ethyl heptanoate(Ethyl enanthate)	庚酸乙酯
353	L – Perillaldehyde	L – 紫苏醛
354	Benzyl alcohol	苯甲醇
355	Benzaldehyde	安息香醛
356	2 – Pentanol(*sec* – Amylalcohol)	2 – 戊醇(仲戊醇)
357	*trans* – 2 – Pentenal	反式 – 2 – 戊烯醛
358	1 – Penten – 3 – ol	1 – 戊烯 – 3 – 醇
359	Aromatic alcohols ref.	芳香醇类[a]
360	Aromatic aldehydes (except those generally recognized as highly toxic) ref.	芳香醛类(除却有害物质)[a]
361	Propyl gallate	没食子酸丙酯
362	Sodium polyacrylate	聚丙烯酸钠
363	Polyisobutylene(Butyl rubber)	聚异丁烯
364	Polysorbate 20	吐温 21(聚山梨醇酯 20)
365	Polysorbate 60	吐温 61(聚山梨醇酯 60)
366	Polysorbate 65	吐温 66(聚山梨醇酯 65)
367	Polysorbate 80	吐温 81(聚山梨醇酯 80)
368	Polyvinylpolypyrrolidone	聚乙烯聚吡咯烷酮
369	Polybutene(Polybutylene)	聚丁烯 *
370	Potassium polyphosphate	聚磷酸钾
371	Sodium polyphosphate	聚磷酸钠
372	*d* – Borneol	*d* – 冰片
373	Maltol	麦芽酚
374	D – Mannitol(D – Mannite)	甘露糖醇
375	Potassium metaphosphate	偏磷酸钾
376	Sodium metaphosphate	偏磷酸钠
377	DL – Methionine	DL – 甲硫氨酸
378	L – Methionine	L – 甲硫氨酸

续表

序号	英文名	中文名
379	Methyl *N* – methylanthranilate	*N* – 甲基邻氨基苯甲酸甲酯
380	5 – Methylquinoxaline	5 – 甲基喹喔啉
381	6 – Methylquinoline	6 – 甲基喹啉
382	5 – Methyl – 6,7 – dihydro – 5*H* – cyclopentapyrazine	5 – 甲基 – 6,7 – 二氢 – 5*H* – 环戊吡嗪
383	Methyl Cellulose	甲基纤维素
384	Methyl β – Naphthyl Ketone	甲基 β – 萘酮
385	2 – Methypyrazine	2 – 甲基吡嗪
386	2 – Methylbutanol	2 – 甲基丁醇
387	3 – Methyl – 2 – butanol	3 – 甲基 – 2 – 丁醇
388	2 – Methylbutyraldehyde	2 – 甲基丁醛
389	*trans* – 2 – Methyl – 2 – butenal	反式 – 2 – 甲基 – 2 – 丁烯醛
390	3 – Methyl – 2 – butenal	3 – 甲基 – 2 – 丁烯醛
391	3 – Methyl – 2 – butenol	3 – 甲基 – 2 – 丁烯醇
392	Methyl hesperidin(Soluble Vitamin P)	甲基橙皮苷
393	*dl* – Menthol(*dl* – Peppermint camphor)	DL – 薄荷脑(消旋薄荷醇)
394	*l* – Menthol(Peppermint camphor)	*l* – 薄荷醇
395	Morpholine salts of fatty acids	吗啉脂肪酸盐
396	Folic acid	叶酸
397	Butyric acid	丁酸
398	Isoamyl butyrate	丁酸异戊酯
399	Ethyl butyrate	丁酸乙酯
400	Cyclohexyl butyrate	丁酸环己酯
401	Butyl butyrate	丁酸丁酯
402	Lactones(except those generally recognized as highly toxic) ref.	内酯类(除却有害物质)[a]
403	L – Lysine L – aspartate	L – 赖氨酸 – L – 天冬氨酸盐
404	L – Lysine monohydrochloride	L – 盐酸赖氨酸
405	L – Lysine L – glutamate	L – 赖氨酸 – L – 谷氨酸盐
406	Linalool	沉香醇
407	Calcium 5′ – ribonucleotide	5′ – 核糖核苷酸钙
408	Disodium 5′ – ribonucleotide(Sodium 5′ – ribonucleotide)	5′ – 核糖核苷酸二钠(5′ – 核糖核苷酸钠)

续表

序号	英文名	中文名
409	Riboflavin(Vitamin B_2)	核黄素
410	Riboflavin tetrabutyrate(Vitamin B_2 tetrabutyrate)	四丁酸核黄素
411	Riboflavin 5′ - phosphate sodium (Riboflavin phosphate sodium, Vitamin B_2 phosphate sodium)	核黄素 5′ - 磷酸钠
412	Sulfuric acid	硫酸
413	Aluminum ammonium sulfate (Crystal: Ammonium alum, Desiccated: Burnt ammonium alum)	硫酸铝铵(晶体:铵矾,粉状:烧铵矾)
414	Aluminum potassium sulfate (Crystal: Alum or Potassium alum, Desiccated: Burnt alum)	硫酸铝钾(晶体明矾,无水明矾)
415	Ammonium sulfate	硫酸铵
416	Calcium sulfate	硫酸钙
417	Potassium sulfate	硫酸钾
418	Ferrous sulfate	硫酸亚铁
419	Sodium sulfate	硫酸钠
420	Magnesium sulfate	硫酸镁
421	DL - Malic acid(*dl* - Malic acid)	DL - 苹果酸
422	Sodium DL - malate(Sodium *dl* - malate)	DL - 苹果酸钠
423	Phosphoric acid	磷酸
424	Distarch phosphate	双淀粉磷酸盐
425	Monostarch phosphate	磷酸单淀粉
426	Tripotassium phosphate(Potassium phosphate, Tribasic)	磷酸三钾
427	Tricalcium phosphate(Calcium phosphate, Tribasic)	磷酸三钙
428	Trimagnesium phosphate	磷酸三镁
429	Diammonium hydrogen phosphate (Diammnonium phosphate or Ammnonium phosphate, Dibasic)	磷酸氢二铵
430	Ammonium Dihydrogen Phosphate(Ammonium phosphate, Monobasic or Monoammonium phosphate)	磷酸二氢铵
431	Dipotassium hydrogen phosphate(Dipotassium phosphate or Potassium phosphate, Dibasic)	磷酸氢二钾
432	Potassium dihydrogen phosphate(Monopotassium)	磷酸二氢钾
433	Calcium monohydrogen phosphate(Calcium phosphate)	磷酸氢钙
434	Calcium dihydrogen phosphate(Calcium phosphate)	磷酸二氢钙

续表

序号	英文名	中文名
435	Disodium hydrogen phosphate(Disodium phosphate)	磷酸氢二钠
436	Magnesium monohydrogen phosphate	磷酸氢镁
437	Phosphated distarch phosphate	磷酸酯双淀粉磷酸盐
438	Sodium dihydrogen phosphate(Monosodium phosphate)	磷酸二氢钠
439	Trisodium phosphate(Sodium phosphate, Tribasic)	磷酸三钠

* 表示有使用标准规定。

[a] 表示该物质代表一类香料物质,为节省篇幅,读者可直接访问网站获得这些具体合成香料:http://www.ffcr.or.jp/zaidan/FFCRHOME.nsf/pages/list－desin.add－x

第二节 现有食品添加剂

一、概念

现有食品添加剂(Existing Food Additives)也叫既存食品添加剂,指在食品加工中使用历史长,被认为是安全的天然添加剂。现有食品添加剂均为非化学合成添加剂,大多为天然植物提取物,不包括应用化学反应(除分解以外的)原理获得的物质或用化学手段合成的化合物。该类物质已在市场上销售或使用,不受主动列表系统约束。应注意某些现有食品添加剂也会制定使用标准,如愈创树脂。

二、现有食品添加剂制度的形成

从20世纪90年代中期,日本开始对历史上沿袭下来、长期应用的天然添加剂加强管理。在1995年《食品卫生法》修订之前,食品添加剂主动列表系统仅适用于化学合成的添加剂,已经在市场上销售或使用的非化学合成添加剂不受约束。1995年对《食品卫生法》进行修订,使主动列表系统涵盖除个别豁免外的所有合成及非合成添加剂。厚生省将强制标示评估制度从原有化学合成食品添加剂推广到天然食品添加剂。1995年5月24日,厚生劳动省发布的第101号法令《食品卫生法及营养改善法的局部修订法案》(The Act Amending the Food Sanitation Act and the Nutrition Improvement Act)(Act No. 101,1995)》第2条是现有食品添加剂临时措施的法律基础。作为该修正案的过渡措施,1996年4月16日,日本厚生省以120号公布了一批现有食品添加剂名单,并允许它们在过渡期间继续使用。这个名单中的一些物质的特点与指定食品添加剂相同。名单所列品种不受《食品卫生法》第6条规定的约束,继续允许这些食品添加剂的经销、制造、进口等营销活动。1998年,日本开始对“既存添加剂”的安全性进行研究调查,发现虽然绝大多数天然添加剂是安全的,但也有个别品种有致癌等不良作用。这些添加剂随之从既存添加剂名单中清除。2007年以第282号通告公布了最近的修订版(latest revision:Notification No. 282 of 2007)。此后,厚生劳动省以通告形式不断发布了修订更新的现有食品添加剂目录。

三、最新的现有食品添加剂

由于现有食品添加剂存在的历史原因，至今为止，日本再没有新的添加剂增加到现有食品添加剂目录中。同时，对长期没有使用的物质也会逐渐从目录中删除。日本的现有食品添加剂数量会逐渐减少。在2010年5月18日，厚生劳动省以第1号通告（May18，2010，Food Safety Office 0518 No.1）发布删除其中的80种物质。2007年9月11日，公布的现有食品添加剂为419种，2011年5月6日生效的现有食品添加剂已减少为365种，见表5－3。在现有添加剂中，有食品着色剂、甜味剂、香料、食品稳定和成型的乳化剂、增稠剂，以及保质保鲜的保存剂、防酸剂和保鲜剂等等。此外，还包括具有指定添加剂所不具备的特殊功效的苦味剂和光泽剂，另外橡胶类也是现有添加剂的主力军。金、银、铁，以及作为触媒的镍、钒等金属，硅藻土、电气石等土壤来源的物质，氧气、氮气等气体由于也被作为食品添加剂使用而同样被列入既存添加剂名单之中。

表5－3 现有食品添加剂品种目录

（1996年4月16日发布，修订：2014年1月30日生效，共365种）

编号	英文名	中文名	说明
11	5′－Adenylic acid	5′－腺苷酸	
160	5′－Cytidylic acid	5′－胞苷酸	
207	5′－Deaminase	6′－脱氨（基）酶	
236	Absinth extract	苦艾提取物	一种主要从完整苦艾草中获得的由倍半萜类构成的物质
146	Acid clay	酸性白土	
147	Acid phosphatase	酸性磷酸酶	
3	Actinidine	猕猴桃碱	
56	Activated acid clay	活性酸性黏土	
55	Active carbon	活性炭	一种通过碳化和活化含碳物质获得的物质
5	Acylase	酰基转移酶	
2	Agarase	琼脂水解酶	
4	Agrobacterium succinoglycan	土壤杆菌属产生的琥珀酰聚糖	该物质的主要成分是土壤杆菌属细菌培养液获得的琥珀酰聚糖
23	Alginate lyase	藻酸盐裂解酶	
22	Alginic acid	海藻酸	
10	alpha－Acetolactate decarboxylase	α－乙酰乳酸脱羧酶	
15	alpha－Amylase	α－淀粉酶	
62	alpha－Galactosidase	α－半乳糖苷酶	
105	alpha－Glucosidase	α－葡萄糖苷酶	

续表

编号	英文名	中文名	说明
107	alpha - Glucosyltransferase	α - 葡糖基转移酶	
108	alpha - Glucosyltransferase - treated stevia	α - 葡糖基转移酶处理的甜叶菊	主要由从甜叶菊提取物中获得的 α - 葡萄糖甜菊糖组成的物质
24	Aluminium	铝	
196	Amino acid - sugar reaction product	氨基酸糖反应物	一种通过对氨基酸和单糖混合物加热获得的物质
14	Aminopeptidase	氨基肽酶	
12	Annatto extract	胭脂树橙提取物	一种主要由从胭脂树籽皮提取的红木素和降红木素构成的物质
25	Anthocyanase	花色素酶	
19	Arabino galactan	阿拉伯半乳聚糖	
145	Artemisia sphaerocephala seed gum	沙蒿籽胶	一种主要由圆头沙蒿(*Artemisia sphaerocephala* Krasch)籽皮提取的多糖构成的物质
6	Ascorbate oxidase	抗坏血酸氧化酶	
9	Aspergillus terreus glycoprotein	土曲霉糖蛋白	其主要成份是从土曲霉菌属霉菌培养液提取的糖蛋白组成
1	Aureobasidium cultured solution	短柄霉属培养液	该物质主要成份是由短柄霉酵母培养液提取的 β-1,3-1,6-葡聚糖组成
230	Bacillus natto gum	纳豆芽胞杆菌胶	一种主要由纳豆芽胞杆菌培养液提取的由多聚谷氨酸构成的物质
320	Bees wax	蜂蜡	一种主要由蜂巢中获得的棕榈酸蜂花基酯构成的物质
253	Beet red	甜菜红	一种主要由甜菜根中提取的甜菜苷和异甜菜苷构成的物质
303	Bentonite	膨润土	
16	beta - Amylase	β - 淀粉酶	
63	beta - Galactosidase(Lactase)	β - 半乳糖苷酶(乳糖酶)	
106	beta - Glucosidase	β - 葡萄糖苷酶	
290	Betaine	甜菜碱	
135	Bone carbon black	骨炭黑	一种主要由炭化骨获得的碳构成的物质

续表

编号	英文名	中文名	说明
134	Bone charcoal	骨炭	一种主要由牛骨种获得的炭粉和磷酸钙构成的物质
270	Brazilian licorice extract	巴西甘草提取物	一种主要由巴西甘草根中提取的巴西甘草素构成的物质
277	Bromelain	菠萝蛋白酶	
184	Buckwheat ash extract	荞麦灰提取物	一种从荞麦茎、叶的灰获得的物质
266	Butane	丁烷	
50	Cacao colour	可可色素	一种主要由可可豆提取的花青素聚合体构成的物质
60	Caffeine (extract)	咖啡碱	一种主要由咖啡豆或茶叶中提取的咖啡因构成的物质
163	Calcinated calcium	煅烧钙	一种主要由煅烧海胆壳、贝壳、珊瑚、骨头或蛋壳获得的钙化合物构成的物质
77	Candelilla wax	小烛树蜡	一种主要由小烛树茎提取的三十一烷构成的物质
144	Cane wax	蔗蜡	一种从甘蔗茎提取的主要由棕榈酸蜂花基酯构成的物质
216	Capsicum water - soluble extract	辣椒水溶性提取物	一种主要由从辣椒提取的水溶性物质构成的物质
65	Caramel Ⅰ(plain)	焦糖Ⅰ(普通法)	一种由通过加热处理包括水解淀粉、糖蜜或糖类(不包括焦糖Ⅱ,焦糖Ⅲ和焦糖Ⅳ)的食用级碳水化合物得到的物质
66	Caramel Ⅱ (caustic sulfite process)	焦糖Ⅱ(苛性亚硫酸法)	一种通过加热处理添加亚硫酸盐的包括水解淀粉、糖蜜或糖类(不包括焦糖Ⅳ)的食用级碳水化合物得到的物质
67	Caramel Ⅲ (ammonia process)	焦糖Ⅲ(氨法)	一种通过加热处理添加铵化合物的包括水解淀粉、糖蜜或糖类(不包括焦糖Ⅳ)的食用级碳水化合物得到的物质
68	Caramel Ⅳ (sulfite ammonia process)	焦糖Ⅳ(亚硫酸铵法)	一种通过加热处理添加了亚硫酸盐和氨化合物的包括水解淀粉、糖蜜或糖类的食用级碳水化合物得到的物质

续表

编号	英文名	中文名	说明
71	Carboxypeptidase	羧肽酶	
70	Carnauba wax	巴西棕榈蜡	主要由从棕榈树叶获得的二十六烷基-羟基蜡酸酯物质组成
73	Carob bean gum	角豆胶	通过碾磨、溶解和沉淀角豆籽胚乳获得的一种物质
72	Carob germ colour	角豆色(素)	通过碾磨角豆芽胚获得的一种物质
61	Carrageenan	角叉菜胶	一种主要由沙菜(*Hypneaceae hypnea*)、红翎菜科(*Solieriacea eucheuma*)、GINNAN - SOU(*Gingartinaceae iridaea*), SUGI - NORI(*Gingartinaceae gigartina*),或者 TSUNOMATA(*Gingartinaceae chondrus*)藻类获得的τ-角叉胶、κ-角叉胶、λ-角叉胶构成的物质
238	Carrot carotene	胡萝卜素	其主要构成是从胡萝卜提取的胡萝卜素
293	Carthamus red	红花红	其主要构成是从红花中提取的红花苷
294	Carthamus yellow	红花黄	其主要成分是从红花中提取的红花黄色素
53	Cassia gum	决明胶	其主要成分是从碾磨的决明子(*Cassia tora* LINN.)种子获得的多糖
54	Catalase	过氧化氢酶	
58	Catechin	儿茶酸	
181	Cellulase	纤维素酶	
332	Charcoal	木炭	通过炭化竹子和木头得到的物质
199	Chicle	糖胶树胶	其主要成分是赤铁科常青树分泌物中提取的香树脂醇乙酸乙酯和聚异戊二烯
203	Chilte	托帕匡斯麻风树	其主要成分是托帕匡斯麻风树分泌物中的香樹酯醇乙酸酯和聚异戊二烯
337	Chinese bayberry extract	杨梅提取物	一种从杨梅的果实、树皮或树叶中提取的物质
82	Chitin	甲壳素	
81	Chitinase	甲壳素酶	
84	Chitosan	壳聚糖	
83	Chitosanase	壳聚糖酶	
117	Chlorophyll	叶绿素	
116	Chlorophylline	叶绿酸	

续表

编号	英文名	中文名	说明
217	Cholesterol	胆固醇	其主要成分是从鱼油或羊毛脂中获得的胆固醇
115	Clove extract	丁香提取物	其主要成分是从丁香的芽、叶和花中提取的丁子香酚
133	Cochineal extract	胭脂虫提取物	其主要成分是从胭脂红昆虫中提取的胭脂红酸
232	Coffee bean extract	咖啡豆提取物	其主要成分是从咖啡豆中提取的绿原酸和多酚
214	Copper	铜	
101	Cristobalite	方石英	
183	Crude magnesium chloride (sea water)	粗制氯化镁(海水)	通过分离掉海水中的氯化钾和氯化钠后获得的以氯化镁为主要成分的物质
182	Crude potassium chloride (sea water)	粗制氯化钾(海水)	通过分离出海水中氯化钠后获得的以氯化钾为主要成分的物质
59	Curdlan	可得然胶	其主要成分是从土壤杆菌属或产碱杆菌培养液中获得的β-1,3-葡聚糖
150	Cyanocobalamin	维生素B_{12}	
155	Cyclodextrin	环状糊精	
156	Cyclodextrin glucanotransferase	环状糊精葡聚糖转移酶	
208	Depolymerized natural rubber	解聚天然橡胶	其主要成分是帕拉橡胶树分泌物分解出的聚异戊二烯
211	Dextran	葡聚糖(右旋糖苷)	
210	Dextranase	葡聚糖酶	
119	Diatomaceous earth	硅藻土	
351	D-Ribose	D-核糖	
213	Dunaliella carotene	盐藻胡萝卜素	其主要成分是从杜氏藻属的海藻中提取的β-胡萝卜素
80	D-Xylose	D-木糖	
219	d-α-Tocopherol	d-α-生育酚	
220	d-γ-Tocopherol	d-γ-生育酚	
221	d-δ-Tocopherol	d-δ-生育酚	

续表

编号	英文名	中文名	说明
40	Elemi resin	揽香树脂	其主要成分是从揽香树分泌物中提取的 β - 香树素
129	Enzymatically decomposed apple extract	酶解苹果的提取物	其主要成分是从酶解苹果获得的儿茶酚和绿原酸
130	Enzymatically decomposed lecithin	酶解卵磷脂	其主要成分是从植物卵磷脂或蛋黄卵磷脂中提取的磷脂酸和溶血卵磷脂
141	Enzymatically decomposed rice bran	米糠酶解物	其主要成分是从脱蜡米糠中获得的植酸和缩氨酸
354	Enzymatically decomposed rutin	酶解芸香苷	其主要成分是从芦丁(提取物)中提取的异槲皮苷
92	Enzymatically hydrolyzed guar gum	酶解瓜尔胶	其主要成分是通过碾磨和水解瓜尔种子提取的多糖
128	Enzymatically oil hydrolyzed licorice extract	酶解欧亚甘草提取物	其主要成分是从酶解"欧亚甘草浸液"获得的 3 - 葡糖醛酸甘草次酸
125	Enzymatically modified hesperidin	酶改性橘皮苷	一种通过采用环糊精葡糖苷转移酶将葡萄糖添加到"橘皮苷"中获得的物质
123	Enzymatically modified isoquercitrin	酶改性异槲皮苷	其主要成分是从酶解芸香苷中提取的 α - 葡糖基槲皮黄酮。
127	Enzymatically modified lecithin	酶改性卵磷脂	其主要成分是从"植物卵磷脂"或"蛋黄卵磷脂"中提取的磷脂酰甘油
124	Enzymatically modified naringin	酶改性柚(皮)苷	其主要成分是从柚(皮)苷中获得的 α - 葡糖苷基柚皮苷
126	Enzymatically modified rutin (extract)	酶改性芸香苷	其主要成分是从芸香苷(提取物)中提取的 α - 葡糖基芸香苷
174	Essential oil - removed fennel extract	茴香去油提取物	其主要成分是从茴香子中提取的葡糖芥子醇(glucosyl sinapiralcohol)
39	Esterase	酯酶	
38	Exomaltotetraohydrolase	胞外麦芽四糖水解酶	
263	Ferritin	铁蛋白	
264	Ferulic acid	阿魏酸	
259	Ficin	无花果蛋白酶	
87	Fish scale foil	鱼鳞粉	从鱼皮鳞中提取的一种物质

续表

编号	英文名	中文名	说明
279	Fractionated lecithin	分馏卵磷脂	其主要成分是从植物卵磷脂或蛋黄卵磷脂中提取的鞘磷脂、磷脂酰肌醇、磷脂酰乙醇胺和磷脂酰胆碱
271	Fructosyl transferase	果糖基转移酶	
265	Fukuronori extract	海萝提取物	其主要成分是海萝(*Gloiopeltisfurcata* Postel et Rupr)中提取的多糖
257	Furcellaran	红藻胶	其主要成分是从完整的帚状叉红藻(*Furcellaria fastigiata* Hud)中提取的多糖
306	Gallic acid	没食子酸(鞣酸)	
96	Gardenia blue	栀子蓝	通过将β-半乳糖苷酶加入从栀子果实得到环烯醚萜苷类和蛋白分解物的混合物中得到的物质
97	Gardenia red	栀子红	通过将β-半乳糖苷酶加入从栀子果实得到环烯醚萜苷类的酯化水解物和蛋白分解物的混合物中得到的物质
98	Gardenia yellow	栀子黄	其主要成分是从栀子果实中提取的藏花素和藏花酸
153	Gellan gum	结冷胶	其主要成分是从伊乐藻假单胞杆菌培养液中提取的多糖
120	Gentian root extract	龙胆根提取物	其主要成分是从龙胆根或根茎提取的苦杏苷和龙胆苦苷
162	Ginger extract	姜提取物	其主要成分是从姜的根茎提取的姜烯酮和姜辣素
102	Glucanase	葡聚糖酶	
103	Glucoamylase	葡糖淀粉酶	
104	Glucosamine	葡萄糖胺	
109	Glucose isomerase	葡萄糖异构酶	
110	Glucose oxidase	葡萄糖氧化酶	
111	Glutaminase	谷氨酰胺酶	
89	Gold	金	
52	Granite porphyry	花岗斑岩	

续表

编号	英文名	中文名	说明
269	Grape seed extract	葡萄籽提取物	其主要成分是从美国葡萄或葡萄籽提取的原花青素
267	Grape skin colour	葡萄皮色素	其主要成分是从美国葡萄或葡萄的果皮中提取的花青素
268	Grape skin – derived substance	葡萄皮衍生物	其主要成分是从美国葡萄或葡萄的果皮中提取的多酚类
113	Grapefruit seed extract	柚子籽提取物	其主要成分是从柚子籽中提取的脂肪酸和类黄酮
93	Guaiac resin (Guajac resin)	愈创树脂	其主要成分是从愈创树树干/分枝提取的愈创木康酸、愈创木脂酸和β－树脂
94	Guajac resin (extract)	愈创树脂(提取物)	其主要成分是从愈创树的分泌物中提取的α－和β－愈创木脂酸
91	Guar gum	瓜尔胶	其主要成分是从瓜尔籽中提取的多糖(不包括酶解瓜尔胶)
18	Gum arabic	阿拉伯胶	其主要成分是从阿拉伯树胶树的分泌物中提取的多糖
57	Gum ghatti	达瓦树胶	其主要成分是从达瓦树分泌物中提取的多糖
99	Gutta hang kang	古塔胶	其主要成分是古塔树分泌物中提取的香树脂醇乙酸乙酯和聚异戊二烯
100	Gutta percha	杜仲胶	其主要成分是从杜仲树分泌物中提取的聚异戊二烯
299	Haematococcus algae colour	红球藻色素	其主要成分是从红球藻中提取的虾青素
287	Hego – ginkgo leaf extract	笔筒树和银杏树叶提取物	从笔筒树和银杏树叶中提取的一种物质
302	Helium	氦	
301	Heme iron	血红素铁	
300	Hemicellulase	半纤维素酶	
297	Heptane	庚烷	
289	Hesperidin	橙皮苷	
288	Hesperidinase	橙皮苷酶	
283	Hexane	己烷	

续表

编号	英文名	中文名	说明
121	Higher fatty acid	高级脂肪酸	从水解动物或植物脂肪(油)或其凝固脂肪(油)提取的一种物质
175	Horseradish extract	山葵提取物	其主要成分是从山葵根提取的异硫氰酸盐
249	Hyaluronic acid	透明质酸	
168	Hydrogen	氢	
32	Inositol	肌醇	
31	Inulinase	菊粉酶	
33	Invertase	转化酶	
212	Iron	铁	
26	Isoamylase	异淀粉酶	
28	Isomaltodextranase	异麦芽糖葡聚糖酶	
27	Iso - α - bitter acid	异 - α - 苦味酸	其主要成分是蛇麻草花提取的异薇草酮
29	Itaconic acid	衣康酸	
161	Jamaica quassia extract	牙买加苦木树提取物	其主要成分是从牙买加苦木树的枝条或树皮提取的苦木素和新苦栎素
333	Japan wax	日本蜡	其主要成分是从日本蜡树果实中提取的棕榈酸甘油酯
51	Japanese persimmon colour	日本柿子色素	其主要成分是从日本柿子中提取的类黄酮
154	Jelutong	节路顿胶	其主要成分是节路顿树分泌物中提取的香树脂醇乙酸乙酯和聚异戊二烯
307	Jojoba wax	荷荷巴油	其主要成分是从加州希蒙得木果中提取的icosenyl icosenate
132	Kaoliang colour	高粱色素	其主要成分是从高粱种子中提取的芹菜定和木犀草定
49	Kaolin	高岭土	
69	Karaya gum	刺梧桐树胶	其主要成分是刺梧桐树或丝绵树分泌物中提取的多糖
114	Kooroo colour [Matsudai colour]	薯莨色素	从薯莨科植物薯莨根提取的物质
252	L - Histidine	L - 组氨酸	
342	Lac colour	紫胶色素	其主要成分是从紫胶介壳虫的分泌物中提取的紫胶酸

续表

编号	英文名	中文名	说明
341	Lactoferrin concentrates	乳铁蛋白浓缩物	其主要成分是从哺乳动物的乳汁中提取的乳铁蛋白
340	Lactoperoxidase	乳过氧化物酶	
17	L - Alanine	L - 丙氨酸	
343	Lanolin	羊毛脂	其主要成分是从羊毛表层所分泌的蜡状物质中提取的高级醇和 α - 羟基酸的酯
20	L - Arabinose	L - 阿拉伯糖	
21	L - Arginine	L - 精氨酸	
7	L - Asparagine	L - 天们冬酰胺	
8	L - Aspartic acid	L - 天冬氨酸	
157	L - Cystine	L - 胱氨酸	
358	Leche de vaca	桑上科产胶树	其主要成分是从桑上科产胶树的分泌物中提取的香树素酯
359	Levan	果聚糖	其主要成分是从枯草杆菌培养液中提取的多糖
112	L - Glutamine	L - 谷氨酸酶	
254	L - Hydroxyproline	L - 羟脯氨酸	
75	Licorice extract	欧亚甘草提取物	其主要成分是从中国甘草、新疆甘草或欧亚甘草的根茎提取的甘草酸
76	Licorice oli extract	甘草油提取物	其主要成分是从其主要成分是从中国甘草、新疆甘草或欧亚甘草的根茎提取的类黄铜
13	Linseed gum	亚麻子胶	其主要成分是从亚麻子中提取的多糖
353	Linter cellulose	棉绒纤维素	其主要成分是从棉单纤毛提取的纤维素
349	Lipase	脂肪酶	
350	Lipoxygenase	脂肪氧化酶	
352	Liquid paraffin	液体石蜡	
361	L - Leucine	L - 亮氨酸	
347	L - Lysine	L - 赖氨酸	
362	Logwood colour	苏木色素	其主要成分是从洋苏木心材中提取的苏木素
278	L - Proline	L - 脯氨酸	
345	L - Rhamnose	L - 鼠李糖	
180	L - Serine	L - 丝氨酸	

续表

编号	英文名	中文名	说明
204	L - Tyrosine	L - 酪氨酸	
348	Lysozyme	溶菌酶	
311	Macrophomopsis gum	Macrophomopsis（大拟茎点霉）胶	其主要成分是从大茎点霉属微生物培养液中提取的多糖
316	Maltose phosphorylase	麦芽磷酸化酶	
317	Maltotriohydrolase	麦芽三糖形成酶	
357	Mannentake extract	灵芝提取物	从灵芝的子实体或菌丝体或其培养液提取的物质
315	Marigold colour	万寿菊色素	其主要成分是从万寿菊花提取的叶黄素
314	Massaranduba balata	二齿铁线子胶	其主要成分是从二齿铁线子胶树分泌物提取的香树脂醇乙酸乙酯和聚异戊二烯
313	Massaranduba chocolate	巧克力铁线子	其主要成分是从巧克力铁线子树的分泌物中提取的香树脂醇乙酸乙酯和聚异戊二烯
312	Mastic gum	乳香黄连木树胶	其主要成分是从乳香树分泌物中提取的乳香二烯酮酸
328	Melaleuca oil	白千层属灌木油	其主要成分是从白千层属灌木叶中提取的香精油
326	Menaquinone（extract）	甲基萘醌（提取物）	其主要成分是从节杆菌属细菌培养液提取的甲基萘醌类 - 4
327	Mevalonic acid	甲羟戊酸	
310	Microcrystallin wax	微晶蜡	
250	Microcrystalline cellulose	微晶纤维素	其主要成分是从果肉中提取的微晶纤维素
251	Microfibrillated cellulose	微纤维素化纤维素	其主要成分是通过微纤维素化果肉或棉花提取的纤维素
167	Milt protein	鱼精蛋白	其主要成分是从鱼精子中提取的碱性蛋白
319	Mixed tocopherols	混合生育酚	其主要成分是从植物油提取的 $d-\alpha-$，$d-\beta-$，$d-\gamma-$ 和 $d-\delta-$ 生育酚
292	Monascus colour	红曲色素	其主要成分是从红曲霉培养液提取的黄红曲素和红曲红素
291	Monascus yellow	红曲黄色素	其主要成分是从红曲霉培养液提取的 xanthomonacins
329	Mousouchiku dry distillate	刚竹属干馏物	通过干馏刚竹属竹子的茎杆提取的物质

续表

编号	英文名	中文名	说明
330	Mousouchiku extract	刚竹属提取物	其主要成分是从刚竹属竹子的茎杆皮提取的2,6-二甲氧基-1,4-苯醌
325	Muramidase	溶菌酶	
64	Mustard extract	芥菜提取物	其主要成分是从印度芥菜籽中提取的异硫氰酸烯丙酯
321	Myrrh	没药	从没药树分泌物提取的物质
234	Naringin	柚(皮)苷	
233	Naringinase	柚苷酶	
237	Nickel	镍	
235	Niger gutta	尼日尔古塔胶	其主要成分是从尼日尔古塔树分泌物提取的香树脂醇乙酸乙酯和聚异戊二烯
200	Nitrogen	氮	
318	Non-calcinated calcium	非煅烧钙	其主要成分是通过烘干贝壳、珍珠层、珊瑚、骨头或蛋壳获得的钙盐
44	Oligogalacturonic acid	低聚半乳糖醛酸	
190	Onion colour	洋葱色素	其主要成分是从洋葱头提取的栎精
47	Orange colour	橙色素	其主要成分是从酸橙果实或皮中提取的胡萝卜素和叶黄素组成的物质
46	Oregano extract	牛至提取物	其主要成分是从牛至叶提取香芹酚和麝香草酚
148	Oxygen	氧	
42	Ozokerite	石蜡	
43	Ozone	臭氧	
246	Palladium	钯	
244	Palm oil carotene	棕榈油胡萝卜素	其主要成分是从油棕榈果中提取的胡萝卜素
248	Pancreatin	胰酶	
243	Papain	木瓜蛋白酶	
215	Paprika colour	辣椒红色素	其主要成分是从辣椒提取的辣椒红
247	Paraffin wax	石蜡	
336	Peach gum	桃胶	其主要成分是从桃树分泌物提取的多糖
282	Pecan nut colour	美洲山核桃果色素	其主要成分是从美洲山核桃果的果皮或涩皮提取的类黄酮

续表

编号	英文名	中文名	说明
285	Pectin	果胶	
286	Pectin digests	果胶分解物	其主要成分是从果胶获得的半乳糖醛酸
284	Pectinase	果胶酶	
296	Pepsin	胃蛋白酶	
298	Peptidase	肽酶	
158	Perilla extract	紫苏提取物	其主要成分是从紫苏籽或叶提取的萜类物质
245	Perlite	珍珠岩	
241	Peroxidase	过氧化物酶	
231	Petroleum naphtha	石脑油	
258	Phaffia colour	弗非酵母色素	其主要成分是从法夫酵母属的酵母培养液提取的虾青素
86	Phellodendron bark extract	黄柏树皮提取物	其主要成分是从黄柏树皮提取的黄连素
304	Phosphodiesterase	磷酸二酯酶	
305	Phospholipase	磷脂酶	
260	Phytase	肌醇六磷酸酶	
261	Phytic acid	肌醇六磷酸	其主要成分是从米糠或玉米中提取的六磷酸肌醇酯
262	Phytin (extract)	植酸钙镁(提取物)	其主要成分是从米糠或玉米中提取的六磷酸肌醇酯镁
242	Platinum	铂	
308	Polyphenol oxidase	多酚氧化酶	
195	Powdered bile	胆汁粉	其主要成分是从胆汁中提取的胆酸和脱氧胆酸
280	Powdered cellulose	粉状纤维素	其主要成分是通过分解果肉提取的纤维素，不包括微晶纤维素
281	Powdered rice hulls	稻壳粉	其主要成分是从稻壳中提取的纤维素
170	Powdered stevia	甜叶菊粉	其主要成分是碾磨甜叶菊得到的以甜叶菊苷为主要成分的粉
275	Propane	丙烷	
276	Propoils extract	蜂胶提取物	其主要成分是从蜂巢获得的类黄酮
274	Protease	蛋白酶	

续表

编号	英文名	中文名	说明
143	Psyllium seed gum	车前籽胶	其主要成分是从车前籽种皮提取的多糖
273	Pullulan	普鲁兰多糖（支链淀粉）	
272	Pullulanase	普鲁兰酶（支链淀粉酶）	
323	Purple corn colour	紫玉米色素	其主要成分是从玉米籽中提取的花青素-3-葡糖苷
322	Purple sweet potato colour	紫甘薯色素	其主要成分是从甘薯的块茎根部提取的青花素酰基葡糖苷和芍药素酰基葡糖苷
324	Purple yam colour	紫山芋色素	其主要成分是从山药块茎根提取的青花素酰基葡糖苷
95	Quercetin	栎精	
173	Quicklime	生石灰	
88	Quillaia extract (Quillaja extract)	皂树提取物	其主要成分是从皂树皮提取的皂角苷
339	Rakanka extract	罗汉果提取物	其主要成分是从罗汉果（*Momordica grosvenori* Swingle）提取的罗汉果甜苷
85	Redbark cinchona extract	红金鸡纳树提取物	其主要成分是从红金鸡纳树树皮提取的奎纳定、奎宁和弱金鸡纳碱
360	Rennet	凝乳酶	
139	Resin of depolymerized natural rubber	解聚天然橡胶的树脂	其主要成分由从橡胶双萜、三萜和四萜构成的物质
344	Rhamsan gum	鼠李聚糖胶	其主要成分是从产碱菌属细菌培养液提取的多糖
140	Rice bran oil extract	米糠油提取物	其主要成分是从米糠油中提取的阿魏酸
142	Rice bran wax	米糠蜡	其主要成分是从米糠油中提取的二十四烷酸三十酯
30	Rice straw ash extract	稻草灰提取物	是从稻草秆或叶的灰中获得的一种物质
239	Roasted rice bran extract	烤稻麸提取物	其主要成分是从烤稻麸中提取的带焦糖味并有苦味的物质
240	Roasted soybean extract	烤大豆提取物	其主要成分是从烤大豆提取的带焦糖味并有苦味的物质
365	Rosemary extract	迷迭香提取物	其主要成分是从迷迭香叶或花提取的鼠尾草酸、鼠尾草酚和迷迭香

续表

编号	英文名	中文名	说明
363	Rosidinha	山榄胶	其主要成分是从山榄树分泌物提取的香树脂醇乙酸乙酯和聚异戊二烯
364	Rosin	松香	其主要成分是从松树的分泌物中提取的松香酸
138	Rubber	橡胶	其主要成分是从三叶胶树分泌物提取的聚异戊二烯,不包括解聚天然橡胶
74	Rumput roman extract	毛镐提取物	其主要成分是从毛蒿全草提取的毛蒿素
356	Ruthenium	钌	
355	Rutin (extract)	芸香苷	其主要成分是从小豆草、日本宝塔树的花或芽,或荞麦草中提取的芸香苷
178	Sage extract	鼠尾草提取物	其主要成分是从鼠尾草叶提取的鼠尾草酸和酚双萜
159	Sandalwood red	檀香红	其主要成分是从红檀香树的枝条中提取的紫檀色素
48	Seaweed ash extract	海草灰提取物	其主要成分是从褐藻灰提取的碘化钾
179	Sepiolite	海泡石	
136	Sesame seed oil unsaponified matter	芝麻油非皂化物	其主要成分是从芝麻籽提取的芝麻酚林
137	Sesami straw ash extarct	芝麻秆灰提取物	是从芝麻秆或叶灰提取的物质
149	Shea nut colour	非洲酪脂果色素	从非洲酪脂树果实或子皮提取的物质
151	Shellac	虫胶	其主要成分是从蚧虫分泌物中提取的紫胶酮酸和虫胶酸或紫草茸醇酸的酯
152	Shellac wax	虫胶蜡	其主要成分是从蚧虫分泌物中提取的提取的蜡
90	Silver	银	
118	Smoke flavourings	烟熏食用香精	通过捕获燃烧甘蔗、竹子、玉米秆或木头产生的气体或通过干馏上述物质获得的物质
41	Sodium chloride - decreased brine (saline lake)	低氯化钠卤水(盐湖)	其主要成分是从盐湖水中分离出氯化钠后的碱金属或碱土金属的盐
185	Sorva	索马胶	其主要成分是从香豆果树分泌物中获取的香树脂醇乙酸乙酯和聚异戊二烯

续表

编号	英文名	中文名	说明
186	Sorvinha	香豆胶乳	其主要成分是从香豆树的分泌物中获取的香树脂醇乙酸乙酯和聚异戊二烯
187	Soybean saponin	大豆皂苷	其主要成分是从大豆中获得的皂苷
172	Sphingolipid	鞘脂	其主要成分是从牛脑或米糠中提取的鞘氨醇衍生物
122	Spice extracts	香料提取物	通过萃取或蒸馏下列物质获得的产物:大麻子、阿魏、香旱芹、茴芹、当归、茴香、姜黄、多香果、牛至、柑橘皮、中国胡椒、桂皮、甘菊、芥菜、白豆蔻、咖喱叶、欧亚甘草、香菜、栀子、孜然芹、水芹、丁香、罂粟籽,刺山柑、胡椒、芝麻籽、胡荽、檫木、藏红花、香薄荷、日本胡椒、紫苏、肉桂、葱、欧洲刺柏籽、姜、大茴香、荷兰薄荷、山葵、芹菜、酸模属、百里香、洋葱、罗望子、龙蒿、细香葱、山萝卜、莳萝、辣椒、肉豆蔻、苦艾、黑种草(nigella)、胡罗卜、大蒜、罗勒、欧芹、薄荷、香草、红辣椒、牛漆草、胡芦巴、胡椒薄荷、香蜂草、甘牛至、蘘荷(*Zingiber. mioga* ROSC.)、薰衣草、菩提树、柠檬香草、蜜蜂花、玫瑰、迷迭香、月桂或山嵛菜,不包括姜黄树脂、牛至提取物、橙色素、芥菜提取物、欧亚甘草提取物、欧亚甘草油提取物、栀子黄、丁香提取物、芝麻籽油非皂化物质、紫苏提取物、生姜提取物、茴香分离出的香精油、山葵提取物、鼠尾草提取物、洋葱色素、罗望子色素、罗望子籽胶、丹宁酸(提取物)、红辣椒色素、可溶性辣椒提取物、苦艾酒提取物、胡萝卜素、大蒜提取物、胡椒提取物、迷迭香提取物和山嵛菜提取物
171	Spirulina colour	蓝藻色素	其主要成分是从螺旋藻属海藻类提取藻蓝蛋白
169	Stevia extract	甜叶菊提取物	其主要成分是从甜叶菊叶中提取的甜叶菊苷
255	Sunflower seed extract	葵花籽提取物	其主要成分是从葵花籽中提取的异绿原酸和绿原酸
194	Talc	滑石	
191	Tamarind colour	罗望子色素	其主要成分是从罗望子籽提取的类黄酮
192	Tamarind seed gum	罗望子籽胶	其主要成分是从罗望子籽提取的多糖

续表

编号	英文名	中文名	说明
197	Tannase	鞣酸酶	
198	Tannin(extract)	丹宁(提取物)	其主要成分是从日本柿子、日本五倍子、当归粉、没食子、银合欢树皮提取的丹宁酸
193	Tara gum	他拉胶	其主要成分是从他拉树种子提取的多糖
189	Taurine(extract)	牛黄酸(提取物)	其主要成分是从鱼或哺乳动物的肉或内脏提取的牛黄酸
201	Tea dry distillate	茶干馏物	通过干馏茶树叶得到的物质
202	Tea extract	茶叶提取物	其主要成分是从茶树叶提取的儿茶酚
188	Thaumatin	索马甜	其主要成分是从非洲竹芋的籽中提取的索马甜
209	Theobromine	可可碱	
206	Thujaplicin (extract)	罗汉柏浸提(苧侧素提取物)	其主要成分是从罗汉柏(*Thujopsis dolabrata* SIEB, et ZUCC.)的枝条或根部提取的扁柏醇
334	Timber ash	木料灰	灰化竹子或木材所得到的物质
335	Timber ash extract	木材灰提取物	从木材灰中提取的物质
218	Tocotrienol	生育酚	
222	Tomato colour	番茄色素	其主要成分是从番茄提取的番茄红素
229	Tororoaoi	秋葵根胶	其主要成分是从黄蜀葵的根部提取的多糖
223	Tragacanth gum	刺梧桐树胶(黄芪胶、黄蓍胶)	其主要成分是从黄芪树分泌物提取的多糖
224	Transglucosidase	转葡糖苷酶	
225	Transglutaminase	谷氨酰胺转移酶	
227	Trehalose	海藻糖	
228	Trehalose phosphorylase	海藻糖磷酸化酶	
226	Trypsin	胰蛋白酶	
205	Tunu	卡斯德拉胶	其主要成分是从卡斯德拉胶树(*Castilla failax* COOK)分泌物提取的香樹酯醇乙酸酯和聚异戊二烯
35	Turmeric oleoresin [Curcumin]	姜黄树脂[姜黄素]	其主要成分是从姜黄根茎提取的姜黄素
37	Urease	脲酶	
36	Urushi wax	漆蜡	其主要成分是从日本漆树(*Rhus verniciflua* STOKES)的果实中提取的甘油棕榈酸酯

续表

编号	英文名	中文名	说明
165	Vegetable carbon black	植物炭黑	其主要成分是通过炭化植物获得的炭
166	Vegetable lecithin	植物卵磷脂	其主要成分是从油菜籽或大豆中提取的卵磷脂
164	Vegetable sterol	植物固醇	其主要成分是从油籽中提取的植物甾醇类
295	Venezuelan chicle	委内瑞拉树胶	其主要成分是从委内瑞拉树胶树的分泌物提取的香树脂醇乙酸乙酯和聚异戊二烯
256	Vermiculite	蛭石	
34	Welan gum	维纶胶	其主要成分是从产碱菌属培养液提取的多糖
331	Wood chip	木屑	通过研磨西伯利亚榛子树或圆齿水青冈属树的枝条/树干得到的物质
78	Xanthan gum	黄原胶	主要成分是从黄单胞菌属培养液提取的多糖
79	Xylanase	木聚糖酶	
131	Yeast cell wal	酵母细胞壁	其主要成分是从酵母属的酵母细胞壁提取的多糖
346	Yolk lecithin	蛋黄卵磷脂	其主要成分是从蛋黄中提取的卵磷脂
338	Yucca foam extract	丝兰提取物	其主要成分是从百合科常青灌木丝兰的全株中提取的皂苷
176	Zein	玉米蛋白	其主要成分是从玉米籽中提取的植物蛋白
177	Zeolite	沸石	
45	γ－Oryzanol	γ－谷维素	其主要成分是从米糠或胚芽油提取的由甾醇类和阿魏酸、三萜醇类和阿魏酸两种化合物结合的酯类
309	ε－Polylysine	ε－聚赖氨酸	

注：不包括应用引起化学反应的手段得到的物质，使用化学手段分解成为元素或化合物的除外。

第三节　从植物或动物中提取的天然调味料

一、概念

《食品卫生法》第4条第3段对天然调味料（Natural flavoring agents）已明确定义：“本法典所述的天然调味料是指从动物类或植物类或从两类的混合物获得，以对食品调味为目的的物质。”日本天然调味料一般不受《食品卫生法》和主动列表系统约束，也没有对天然调味料设置规格要求。日本还对以提取物形式制备的添加剂所使用的溶剂品种和残留量做出了明确规定。

二、公布的天然调味料品种

厚生省1996年5月23日出版的环境卫生局总干事第56号公告(the Director - general of Environmental Health Bureau Notice)以附表公布了612种天然调味料名单。2006年12月5日更新发布,这些天然调味料品种目录见表5-4。

表5-4 来源于动植物的天然调味料品种目录

(1996年5月23日发布,2006年12月5日更新,612种)

序号	英文名	中文名
1	Agrimony	龙牙草
2	Ajowan	香旱芹
3	Akayajio	粘地黄
4	Akebia	木通
5	Alfalfa	紫花苜蓿
6	Alkanet	朱草
7	Allspice	多香果
8	Almond	杏仁
9	Aloe	芦荟
10	Amacha	土常山
11	Amachazuru	绞股蓝
12	Amber	琥珀
13	Ambergris	龙涎香
14	Ambrette	黄葵
15	Amigasayuri	草笠状百合
16	Amyris	阿米香树
17	Angelica	当归
18	Angola weed	安哥拉草
19	Angostura	安古斯图拉树皮
20	Anise	茴芹
21	Annatto	胭脂树
22	Anzutake,Chanterelle	鸡油菌
23	Apple	苹果
24	Apple mint	苹果薄荷
25	Apricot	杏

续表

序号	英文名	中文名
26	Areca nut, Betel nut	槟榔果
27	Aritaso	藜
28	Arnica	山金车
29	Artemisia	艾
30	Artichoke	朝鲜蓟
31	Asafetida	阿魏
32	Avens, Herb bennet	水杨梅
33	Avocado	鳄梨
34	Bamboo shoot	竹笋
35	Banana	香蕉
36	Barberry	伏牛花
37	Basikurumon	日本罗布麻叶
38	Basil	罗勒
39	Bay	月桂
40	Beans	豆类
41	Bearberry	熊果
42	Beech	山毛举
43	Bees wax	蜂蜡
44	Benzoin	安息香胶
45	Bergamot	香柠檬
46	Bergamot mint	香柠檬薄荷
47	Betel	蒌叶
48	Betony	石蚕
49	Birch	白桦
50	Biwa, Loquat	枇杷
51	Black caraway, Nigella	黑香菜
52	Black tea	红茶
53	Blackberry	黑莓
54	Blessed thistle	圣蓟
55	Blueberry	蓝莓
56	Boldo	波耳多叶
57	Borage	琉璃苣

续表

序号	英文名	中文名
58	Boronia	澳洲芸香料灌木
59	Bran	糠
60	Breadfruit	面包果
61	Brown sugar	红糖
62	Bryonia	泻根
63	Buchu	南非香叶木
64	Buckbeans	睡菜
65	Buffaloberry	水牛莓
66	Bugle	筋骨草属植物
67	Bunaharitake	天然舞蘑菇、毛榉蘑菇
68	Burdock	牛蒡
69	Burnet	美洲地榆
70	Butter	黄油
71	Butter milk	奶油牛奶
72	Butter oil	乳脂肪
73	Cacao	可可豆
74	Cactus	仙人掌
75	Cade	刺桧
76	Cajeput, Cajuput	白千层
77	Calabash nutmeg	葫芦豆蔻
78	Calamint	风轮菜
79	Calamondin	加利蒙地亚橘
80	Calamus	菖蒲
81	Camellia	山茶花
82	Camomile	甘菊
83	Camphor tree	樟脑树
84	Caper	马槟榔
85	Capsicum	辣椒
86	Caraway	香菜
87	Cardamon	小豆蔻
88	Carissa, karanda	卡利撒
89	Carnation	康乃馨

续表

序号	英文名	中文名
90	Carob, Locust bean	槐豆
91	Carrot	胡萝卜
92	Cascara	鼠李
93	Cascarilla	西印度苦香树
94	Cashew nut	腰果
95	Cassie	金合欢
96	Castoreum	海狸香
97	Catechu	儿茶
98	Catnip	猫薄荷
99	Cedar	香椿
100	Celery	芹菜
101	Centaury	矢车菊
102	Century plant	龙舌兰
103	Cereals	谷物
104	Champac	黄兰
105	Cheese	干酪
106	Cherimoya	番荔枝
107	Cherry	樱桃
108	Cherry laurel	樱桃月桂
109	Cherry tree	樱桃树
110	Chervil	山萝卜
111	Chestnut	栗子
112	Chichitake	乳菇
113	Chicory	菊苣
114	Chigaya	白茅
115	Chinese bayberry	中国月桂
116	Chinese olive	中国橄榄
117	Chinese quince	中国温柏
118	Chirata	印度当药
119	Chive	细香葱
120	Chlorella	小球藻
121	Chokeberry	野樱桃

续表

序号	英文名	中文名
122	Chosengomishi	朝鲜五味子
123	Chrysanthemum	菊花
124	Cinchona	金鸡纳皮
125	Cinnamon	肉桂皮
126	Citronella	香茅
127	Citrus	柑橘
128	Civet	麝猫香
129	Clary sage	香紫苏
130	Clove	丁香
131	Clover	苜蓿
132	Cnidium friut	蛇床果
133	Coca	古柯
134	Coconut	椰子
135	Coffee	咖啡
136	Cola	可乐树
137	Colombo	非洲防己
138	Coltsfoot	款冬
139	Comfrey	聚合草
140	Common nasturtium	旱金莲花
141	Common pomegranate	石榴
142	Common popsissewa	梅笠草
143	Copaiba	柯拜巴脂
144	Coriander	胡荽
145	Corn - mint, Japanese mint	日本薄荷
146	Costmary	艾菊
147	Costus	广木香
148	Crab	螃蟹
149	Cranberry	蔓越橘
150	Cream	奶油
151	Cubeb	荜澄茄
152	Cucumber	黄瓜
153	Cultured lactic acid bacteria solution	乳酸菌培养液

续表

序号	英文名	中文名
154	Cultured Moniliaceae solition	丛梗孢科培养液
155	Cumin	小茴香
156	Currant	红醋栗
157	Curry leaf	咖喱叶
158	Curry powder	咖喱粉
159	Cypress	柏树
160	Damiana	达迷草
161	Dandelion	蒲公英
162	Date palm	枣椰树
163	Davana	印蒿
164	Deertongue	鹿舌
165	Dill	莳萝
166	Dittany	白藓属
167	Dittany of Crete	克利特岛白藓
168	Dog grass, Couch grass	匍匐冰草
169	Dokudami	鱼腥草
170	Dragon's blood	血竭
171	Dried bonito	干鲣
172	Durian	榴莲
173	Ebisugusa	决明子
174	Egg	蛋
175	Egoma	白苏
176	Elder	接骨木
177	Elecampane	土木香
178	Elemi	榄香
179	Eleutherococcus	刺五加
180	Elm	榆树
181	Elm - mushroom	榆树蘑菇
182	Endive	菊苣
183	Engosaku	延胡索
184	Enju, Japanese - pagoda - tree	槐树,日本宝塔树
185	Enokidake	夏茸

续表

序号	英文名	中文名
186	Erigeron	飞蓬
187	Eucalyptus	桉树
188	Eupatorium	泽兰
189	Eyebright	小米草
190	Feijoa, Pineapple guava	费约果
191	Fennel	茴香
192	Fenugreek	胡芦巴
193	Fermented alcoholic beverages	发酵酒精饮料
194	Fermented milk	发酵奶
195	Fermented seasoning solution	发酵调味液
196	Fig.	无花果
197	Fir	冷杉
198	Fish	鱼
199	Flax	亚麻
200	Forget me not, Mouse ears	勿忘我
201	Friut vegetables	果菜类
202	Fujibakama	藤袴
203	Fujimodoki	樱桃丁香
204	Fumitory	延胡索
205	Fusel oil	杂醇油
206	Galanga	高良姜
207	Galbanum	白松香
208	Gambir	棕儿茶
209	Garden rhubarb, Edible rhubarb	食用大黄
210	Gardenia	栀子
211	Garlic	大蒜
212	Genet	香猫
213	Gennoshoko	老鹳草
214	Gentian	龙胆根
215	Geranium	天竺葵
216	Germander	石蚕
217	Getto	月桃

续表

序号	英文名	中文名
218	Giboshi	玉簪
219	Ginger	姜
220	Ginkgo, Gingko	银杏
221	Ginseng	人参
222	Gishigishi, Dock	酸模
223	Golden rod	一枝黄花
224	Goldthread	黄连
225	Gooseberry	醋栗
226	Goshuyu	吴茱萸
227	Grains of paradise	摩洛哥豆蔻
228	Grape	葡萄
229	Grapefruit	柚子
230	Green tea	绿茶
231	Ground ivy	欧亚活血丹
232	Guaiacum	愈疮木
233	Guarana	瓜拉那
234	Guava	番石榴
235	Gumi, Oleaster	野生橄榄
236	Gymnema sylvestre	匙羹藤
237	Hakobe, Common chickweed	普通繁缕
238	Hamabofu	珊瑚菜
239	Hamago	单叶蔓荆
240	Hamanasu, Rugosa rose	玫瑰
241	Hamasuge	香附子
242	Hanasuge	知母
243	Hasukappu	蓝靛果忍冬
244	Hatsutake	青头菌
245	Haw	山楂果
246	Hawthorn	山楂树
247	Hay	干草
248	Hazelnut	榛子
249	Heather	石南花

续表

序号	英文名	中文名
250	Hemp	大麻
251	Henna	指甲花
252	Hiba	丝柏
253	Hibiscus, Roselle	芙蓉、洛神葵
254	Hickory	山胡桃
255	Hikiokoshi	延寿草
256	Himehagi	瓜子金
257	Hinoki	日本扁柏
258	Hiratake	伞菌
259	Hishi, Water chestnut	水栗子
260	Hoarhound	苦薄荷
261	Honey	蜂蜜
262	Honeysuckle	金银花
263	Honoki	厚朴酚
264	Hop	蛇麻草
265	Horsemint	马薄荷
266	Horseradish	山葵
267	Houkitake	扫帚菌
268	Houshou	芳樟
269	Hyacinth	水葫芦
270	Hyssop	牛膝草
271	Iceland moss	冰岛藓
272	Ikariso	淫羊藿
273	Immortelle, Everlasting flower	不雕花
274	Imperatoria	欧前胡
275	Inokozuchi	牛膝
276	Itadori	虎杖
277	Ivy	常春藤
278	Iwaohgi	岩黄耆
279	Jaborandi	毛果芸香
280	Janohige	沿阶草
281	Japanese pepper	日本胡椒

续表

序号	英文名	中文名
282	Japanese persimmon	日本柿子
283	Jasmin	茉莉
284	Jew's mallow	长蒴黄麻
285	Job's tears	薏苡
286	Jojoba	加州希蒙得木
287	Jujube	枣
288	Juniper berry	杜松子
289	Kaininso	鹧鸪菜
290	Kamala	粗糠柴
291	Karasubishaku, Dragon root	半夏
292	Karasuuri	王瓜
293	Katakuri	片栗
294	Kawamidori	藿香
295	Kencur	沙姜
296	Kenponashi, Japanese raisin tree	日本葡萄树
297	Kibanaohgi	马氏锦带花
298	Kidachi aloe	木芦荟
299	Kihada	黄檗
300	Kikaigaratake	
301	Kikurage, Jew's – ear	黑木耳
302	Kikyo, Baloon flower	桔梗
303	Kisasage	梓树
304	Kiwifruit	猕猴桃
305	Knotgrass	软花属植物
306	Kobushi	水羚属植物
307	Koganebana	山茱萸
308	Kohone	日本萍蓬草
309	Koji	日本酒曲
310	Kombu kelp	昆布
311	Kondurango	南美牛奶藤
312	Koutake	香茸
313	Krill	磷虾

续表

序号	英文名	中文名
314	Kuko	枸杞
315	Kurara	苦参
316	Kuromoji	乌樟
317	Kusaboke, Dwarf Japanese quince	日本矮温柏
318	Kusasugikazura	天门冬
319	Kuzu, Thunberg kudzu vine	野葛
320	Labdanum, Ciste	岩蔷薇
321	Laurel	月桂
322	Lavender	薰衣草
323	Leaf vegetables	叶类蔬菜
324	Leek	韭菜
325	Lemon	柠檬
326	Lemongrass	柠檬香草
327	Licorice	欧亚甘草
328	Life – everlasting flower	法国蜡菊
329	Lilac	丁香
330	Lily	百合
331	Lime	酸橙
332	Linaloe	伽罗木
333	Linden	菩提树
334	Lindera root	乌药根
335	Lion's foot	狮足草
336	Liqueur	利口酒
337	Litchi	荔枝
338	Litsea	木姜子属
339	Lobster, Prawn, Shrimp	龙虾、对虾、小虾
340	Longan	龙眼
341	Long – leavedpodocarp	长叶罗汉松
342	Longose	姜花
343	Lotus	莲
344	Lovage	独活草
345	Lungmoss	肺衣草

续表

序号	英文名	中文名
346	Lungwort	疗肺草
347	Maidenhair fern	铁线蕨
348	Maitake	舞茸
349	Maize	玉米
350	Mallow	锦葵
351	Malt	麦芽
352	Mango	芒果
353	Mangosteen	莽吉柿
354	Manna ash	欧洲白蜡树
355	Maple	枫木
356	Marigold	万寿菊
357	Marjoram	牛至属植物
358	Marshmallow	药属葵
359	Massoi	马索厚壳桂
360	Mastic	乳香
361	Matatabi, Silver vine	银蔓
362	Mate tea	马黛茶
363	Matico	狭叶胡椒树
364	Matsuhodo	茯苓
365	Matsuoji	洁丽香菇
366	Matsutake	日本松茸
367	Matusbusa	五味子
368	Meadowsweet	绣线菊草属的草
369	Meat	肉
370	Mehajiki	益母草
371	Melilot	黄香草木犀
372	Melissa, Balm	蜜蜂花
373	Melon	瓜
374	Mesquite	豆科灌木
375	Milfoil	西洋耆草
376	Mikan	柑橘
377	Milk	牛奶

续表

序号	英文名	中文名
378	Milk thistle	乳蓟
379	Mimosa	含羞草
380	Mishimasaiko	柴胡
381	Miso, Soybean paste	味噌、日本豆面酱
382	Mistletoe	槲寄生
383	Mitsumata	黄瑞香
384	Molasses	糖蜜
385	Moutan bark	牡丹皮
386	Mugwort	艾属植物
387	Mulberry	桑椹
388	Mullein	毛蕊花植物
389	Murasaki, Gromwell	紫草
390	Mushroom	蘑菇
391	Musk	麝香
392	Mustard	芥末
393	Myoga	茗荷
394	Myrobalan	樱桃李
395	Myrrh	没药
396	Myrtle	桃金娘科植物
397	Nadesiko	大和抚子
398	Naginatakoju	香薷
399	Nameko	滑菇
400	Nanten	南天竹
401	Naratake	榛蘑
402	Narcissus	水仙
403	Natto	纳豆
404	Nemunoki, Silk tree	合欢树
405	Nettle	荨麻
406	Nezumimochi	日本女贞
407	Nori, Laver	紫菜
408	Nut	坚果
409	Nutmeg, Mace	肉豆蔻

续表

序号	英文名	中文名
410	Oak	橡树
411	Oak moss	橡树苔藓
412	Octopus	章鱼
413	Oil and fats	油脂
414	Okera	苍木
415	Olibanum	乳香
416	Olive	橄榄
417	Ominaeshi	黄花龙芽
418	Onion	洋葱
419	Oolong tea	乌龙茶
420	Opoponax	防风根
421	Orange	橙子
422	Orange flower	橙花
423	Origanum	牛至
424	Orris	鸢尾草
425	Osmanthus	木犀属植物
426	Palmarosa	玫瑰草
427	Pandanus	露兜树
428	Papaw	番木瓜
429	Papaya	番木瓜果
430	Para cress	千日菊
431	Parsley	欧芹
432	Parsnip	欧洲防风草
433	Passion fruit	百香果
434	Patchouli	广藿香
435	Peach	桃
436	Peanut	花生
437	Pear	梨
438	Pellitory	墙草属植物
439	Pennyroyal	薄荷
440	Pepino	人参果
441	Pepper	胡椒

续表

序号	英文名	中文名
442	Peppermint	欧薄荷
443	Peptone	蛋白胨
444	Perilla	紫苏
445	Peru balsam	秘鲁香液
446	Petitgrain	橙叶
447	Pickled products	腌制产品
448	Pine	松树
449	Pineapple	菠萝
450	Pistachio	阿月浑子
451	Plantain	车前草
452	Plum	李子
453	Poplar	白杨
454	Poppy	罂粟
455	Pressed sake cake	酒糟
456	Pressed soy sauce cake	大豆酱油粕
457	prickly ash	美洲花椒
458	Primrose	樱草
459	Proteins	蛋白质类
460	Prunella, Self - heal	夏枯草
461	Purging cassia	腊肠树
462	Quassia	苦木树
463	Quebracho	白坚木
464	Quillaja, Quillaia	皂树
465	Quince	温柏
466	Radish	萝卜
467	Rakanka, Lo ban kuo	罗汉果
468	Ramboutan	红毛丹
469	Raspberry	悬钩子
470	Red beans	红豆
471	Red sandalwood	紫檀
472	Renge	莲花
473	Rengyo	连翘

续表

序号	英文名	中文名
474	Reseda	木犀草
475	Rhatany	拉檀根
476	Rhubarb	大黄
477	Roasted barley	烤大麦
478	Rooibos	路易波士茶
479	Root and tuber vegetables	根茎类蔬菜
480	Rose	玫瑰
481	Rose apple	蒲桃
482	Rosemary	迷迭香
483	Rosewood	红木
484	Rowan tree, European mountain ash	欧洲花楸
485	Royal agaric	伞菌王
486	Rue	芸香
487	Rush	灯芯草
488	Ryofunso	仙草
489	Safflower	红花
490	Saffron	藏红花
491	Sage	鼠尾草
492	Sagiomodaka	—
493	Salsify	婆罗门参
494	Sandalwood	檀香木
495	Sandarac	山达脂
496	Sanshuyu	山茱萸
497	Santa herb	圣药草
498	Sapodilla	人心果
499	Saposhinikovia root	防风
500	Sarashinashoma	单穗升麻
501	Sarsaparilla	洋菝葜
502	Sarunokoshikake	多孔蕈
503	Sasa, Bamboo grass	竹草
504	Sasakusa	淡竹叶
505	Sassafras	檫木

续表

序号	英文名	中文名
506	Sauces	酱汁
507	Savory	香薄荷
508	Schinus molle	加州胡椒木
509	Sea buckthorn	沙棘
510	Sea squirt	海鞘
511	Sea urchin	海胆
512	Seaweed	海藻
513	Sekishou	石菖蒲
514	Sendan	苦楝
515	Senega	美远志
516	Senkyu	川芎
517	Senna	番泻叶
518	Sesame	芝麻
519	Shakuyaku, Chinese peony	中国牡丹
520	Shallot	葱
521	Shellfish	贝类
522	Shimeji	蟹味菇
523	Shiitake	香菇
524	Shoro	松露菌
525	Shukusha	沙压缩
526	Silver weed	银叶花属
527	Simarouba	苦樗属植物
528	Skirret	泽芹
529	Sloe berry	黑刺李
530	Snake	蛇
531	Snakeroot, Serpentary	蛇根草
532	Soy sauce	酱油
533	Soybeans	大豆
534	Spearmint	绿薄荷
535	Spignel	（开芳香性白花的）伞形科植物
536	Spikenard	甘松香
537	Spirits	烈性酒

续表

序号	英文名	中文名
538	Spruce	云杉
539	Squid	鱿鱼
540	St. John's wort	圣约翰麦芽汁
541	Star anise	大茴香
542	Starfruit, Carambora	杨桃
543	Strawberry	草莓
544	Strawberry tree	莓实树
545	Styrax	苏合香
546	Suberihiyu, Pigweed	藜
547	Sugar apple, Sweet sop	番荔枝
548	Sugi, Peacock pine	日本雪松、孔雀松
549	Sundew	茅蒿菜
550	Sunflower	向日葵
551	Suppon, Snapping turtle	麝香鳖
552	Suppontake	鳖茸
553	Tade, Water pepper	辣蓼
554	Tamarind	罗望子
555	Tamogitake	姬菇
556	Tangerine, Mandarin	橘子
557	Tansy	艾菊
558	Tara, Angelica tree	当归树
559	Tarragon	龙蒿
560	Tenma	天麻
561	Tenryocha	甜凉茶
562	Thistle	蓟
563	Thyme	百里香
564	Ti – tree	铁树
565	Tochu	日本七叶树
566	Toki	当归
567	Tolu balsam	吐鲁香脂
568	Tomato	番茄
569	Tonka beans	薰草豆

续表

序号	英文名	中文名
570	Truffle	块菌
571	Tsudganeninjin	
572	Tsukushi, Fern - ally	蕨
573	Tsurudokudami	何首乌
574	Tsuyukusa	鸭跖草
575	Tuberose	晚香玉
576	Turmeric	姜黄
577	Ukogi	五加
578	Ume, Japanese apricot	梅子
579	Usubasaishin	马兜铃
580	Valerian	颉草
581	Vanilla	香草
582	Verbena, Vervain	马鞭草
583	Veronica	婆婆纳
584	Vetiver	香根草
585	Vinegar	醋
586	Violet	紫罗兰
587	Walnut	胡桃
588	Warabi, Eagle fern	鹰蕨
589	Waremoko, Garden burner	地榆
590	Wasabi	日本辣根
591	Watafujiutsugi	密蒙花
592	Watercress	西洋菜
593	Watermelon	西瓜
594	Wax jambu, Mankil	莲雾
595	Whey	乳清
596	Wild cherry	野樱桃
597	Wine lees	葡萄酒糟
598	Winter bloom	冬花
599	Wintergreen	鹿蹄草
600	Woodruff	车叶草
601	Wormseed	土荆芥

续表

序号	英文名	中文名
602	Wormwood	苦艾
603	Yakuchi	益智果
604	Yamabushi take	猴头菇
605	Yeasts	酵母
606	Ylang - ylang	依兰树
607	Yoroigusa	白芷
608	Yucca	丝兰
609	Yukinoshita	虎耳草
610	Yuzu	日本柚子
611	Zdravetz	大根香叶
612	Zedoary	郁金

第四节 通常作为食品也可作为食品添加剂的物质

一、概念

通常作为食品也可作为食品添加剂的物质(Substances which are generally provided as food and which are used as additives)简称“作为添加剂使用的普通食品(Ordinary Food Used as a Food Additive)”。该类物质属于食品类别,一般不受《食品卫生法》限制。这些作为添加剂的普通食品一些是作为着色剂使用(红球甘蓝中的色素等),另一些是作为增稠剂使用(面筋等)或品质改良剂(明胶、蛋白等)使用。这些物质中某些品种也制定了成分规格。

二、公布的通常作为食品也可作为食品添加剂的物质

1996 年 5 月 23 日,厚生省出版的环境卫生局总干事第 56 号公告(the Director - general of Environmental Health Bureau Notice)以附表 3 公布了 106 种通常作为食品也可作为食品添加剂的物质清单。2006 年 12 月 5 日进行了更新。这些通常作为食品也可作为食品添加剂的物质的品种目录见表 5 - 5。

表 5 - 5 通常作为食品也可作为食品添加剂的物质

(1996 年 5 月 23 日发布,2006 年 12 月 5 日更新,106 种)

序号	英文名	中文名
1	Agar	琼脂
2	Amacha extract (Hydrangea leaves extract)	土常山提取物
3	American red raspberry colour	美洲红覆盆子色素
4	Beefsteak plant colour(Perilla colour)	紫苏提取物

续表

序号	英文名	中文名
5	Azuki colour	小豆色素
6	Black berry colour	欧洲黑莓色素
7	Black currant	黑加仑
8	Black huckleberry colour	黑果色素
9	Blueberry colour	蓝莓色素
10	Casein	酪蛋白
11	Cherry colour	樱桃色素
12	Chicory colour	菊苣色素
13	Chlorella extract	绿藻色素
14	Cocoa	可可
15	Collagen	胶原质
16	Com cellulose	玉米纤维素
17	Cowberry colour	越橘色素
18	Cranberry colour	酸果蔓色素
19	Daidai extract	玳玳提取物
20	Dark sweet cherry colour	黑甜樱桃色素
21	Egg white	蛋白
22	Elderberry colour	接骨木果色素
23	Ethanol	乙醇
24	European dewberry colour	欧洲黑莓色素
25	Fermentation - derived cellulose	发酵分离的纤维素
26	Fruit juice	果汁
27	Berry juice	浆果汁
28	Black currant juice	黑加仑子汁
29	Blackberry juice	欧洲黑莓汁
30	Blueberry juice	蓝莓汁
31	Boysenberry juice	博伊森树莓汁
32	Cherry juice	樱桃汁
33	Cowberry juice	越橘汁
34	Cranberry juice	酸果蔓汁
35	Dark sweet cherry juice	黑甜樱桃汁
36	Dewberry juice	黑莓汁

续表

序号	英文名	中文名
37	Elderberry juice	接骨木果汁
38	Gooseberry juice	醋栗汁
39	Grape juice	葡萄汁
40	Huckleberry juice	黑果汁
41	Lemon juice	柠檬汁
42	Loganberry juice	罗甘莓汁
43	Morello cherry juice	莫得洛黑樱桃汁
44	Mulberry juice	桑葚汁
45	Orange juice	桔汁
46	Pineapple juice	菠萝汁
47	Plum juice	李子汁
48	Raspberry juice	覆盆子汁
49	Red currant juice	红醋栗汁
50	Salmonberry juice	美洲大树莓汁
51	Strawberry juice	草莓汁
52	Thimbleberry juice	糙莓汁
53	Uguisukagura juice	蓝靛果汁
54	Whortleberry juice	欧洲越橘汁
55	Gelatin	凝胶
56	Gluten	面筋
57	Gluten decomposites	面筋分解物
58	Gooseberry colour	醋栗色素
59	Grape juice colour	葡萄汁色素
60	Hibiscus colour	芙蓉色素
61	Hop extract	啤酒花提取物
62	Kelp extract	海藻提取物
63	Konjak extract	魔芋提取物
64	Lactic acid bacteria concentrates	乳酸菌浓缩物
65	Laver colour	紫菜色素
66	Loganberry colour	罗甘莓色素
67	Malt extract	麦芽提取物
68	Mannan	甘露糖醇

续表

序号	英文名	中文名
69	Morello cherry colour	莫得洛黑樱桃色素
70	Mugwort extract	艾蒿提取物
71	Mulberry colour	桑葚色素
72	Okra extract	秋葵提取物
73	Olive tea	橄榄茶
74	Paprika	红辣椒
75	Plum colour	李子色素
76	Powdered chlorella	小球藻粉
77	Powdered licorice	甘草粉
78	Raspberry colour	覆盆子色素
79	Red cabbage colour	红甘蓝色素
80	Red currant colour	红醋栗色素
81	Red radish colour	红萝卜色素
82	Red rice colour	红米色素
83	Rennet casein	酶凝干酪素
84	Saffron	藏红花
85	Saffron colour	藏红花色素
86	Salmonberry colour	美洲大树莓色素
87	Seaweed cellulose	海藻纤维素
88	Sepia colour	墨鱼色素
89	Soybean polysaccharides	大豆多聚糖
90	Strawberrycolour	草莓色素
91	Sweetpotato cellulose	甘薯纤维素
92	Tea	茶叶
93	Thimbleberry colour	糙莓色素
94	Turmeric	姜黄
95	Uguisukagura colour	艾蒿色素
96	Vegetable juice	蔬菜汁
97	Beefsteak plant juice	紫苏汁
98	Beet red juice	甜菜红色素
99	Carrot juice	胡萝卜汁
100	Onion juice	洋葱汁

续表

序号	英文名	中文名
101	Red cabbage juice	红甘蓝汁
102	Tomato juice	西红柿汁
103	Wheat extract	小麦提取物
104	Whey salt（Whey mineral）	乳清盐
105	Wheat flour	小麦粉
106	Whortleberry colour	欧洲越桔色素

第六章 日本食品添加剂的管理

日本于1947年由厚生省公布食品卫生法,并对食品中所用化学物有了认定制度。但是日本的添加剂法规到1957年才真正公布和实施。1957年同时出版日本食品添加剂公定书。这是日本食品添加剂的标准文件,文中规定了各种试验方法并对约400种食品添加剂规定了质量标准。随着科技进步和食品工业的发展,此公定书已进行过数次修正,如1991年对天然食品添加剂作了新的规定等。事实上,此公定书涉及的食用香料并不多。

第一节 日本的食品安全管理

一、日本食品安全管理起源

日本在全国范围对食品卫生进行监管是从1878年4月18日内务部向各府县下达第35号《关于如何管理苯胺和其他矿物色素作为添加剂在食品饮料中的使用》的法令开始的。同时,9月份又发布公告,要求制冰经营者在其制造和出售时要接受监督部门检查。但在此之前,各府县就已经自发地制定并已实施了相关管理规则,京都府在1872年开始对进口食品进行检查,神奈川县、堺县、栃木县、兵库县等对食品着色剂进行了管理。1878年5月,京都府制定了《食品色素贩卖规则》,堺县制定了《食品着色剂管理规则》。1878年6月东京警视厅首先制定了《牛奶销售者管理规则》对牛乳的管理,接着神奈川县在8月份制定了《牛奶经营规则》,兵库县制定了《牛奶销售者与购买者管理规则》。

然而,直至1900年2月23日才颁布了第一部与食品卫生相关的法律《食品饮料及其相关产品的监管法律》(1900年2月23日法律第15号)。根据本法第一条"对用于贩卖的食品亦或用于贩卖或用于营业的餐具、厨具以及其他在卫生方面可能对健康存在危害的物品,依照法令规定可被行政厅勒令禁其制造、采购、贩卖、流通或使用,或禁止乃至停止其营业。前者的情况下,行政厅可成为物品所有者或所持者,将其物品进行废弃处理,亦或行政厅可直接废弃该物品,并进行其他必要的处理(以下略)"的规定,行政厅可根据法律的明文规定,禁止违法食品饮料的制造、采购、贩卖、流通以及使用,甚至禁止其营业,可销毁相关产品,也可进行抽样检查。

1900年3月,根据《关于实施食品饮料及相关产品管理法律的省令》(1900年3月27日内务省令第10号)的规定,警视厅总监、北海道厅长官、府县总督在法律有明文规定的情况下,可根据上述15号法律行使属于行政厅的职权,并可将职权委任于警察官署,由警察官对食品进行监管。

至此《食品饮料及其相关产品的监管法律》只是对食品监管做了概括的规定,1900年4月以后,针对具体的对象,如不同食品、食品用具又陆续颁布了不同的内务省令。具体有:

《牛奶经营管理规则》(1900 年 4 月 7 日内务省令第 15 号)、《有毒色素管理规则》(1900 年 4 月17 日内务省令第 17 号)、《清凉饮料管理规则》(1900 年 6 月 5 日内务省令第 30 号)、《冰雪经营管理规则》(1900 年 7 月 3 日内务省令第 37 号)、《食品接触器具管理规则》(1900 年 12 月 17 日内务省令第 50 号)、《人工甜味剂管理规则》(1901 年 10 月 16 日内务省令第 31 号)、《食品防腐剂管理规则》(1903 年 9 月 28 日内务省令第 10 号)、《甲醇(木精)管理规则》(1912 年 5 月 28 日内务省令第 8 号)。这些法令是根据中央卫生会会长的建议,对其进行适宜性与必要性论证后才发布实施的。

此后,1928 年《食品饮料及其相关产品的监管法律》又增加了漂白剂内容,即《食品饮料防腐剂漂白剂管理规则》(1928 年 6 月 15 日内务省令第 22 号),1933 年对《牛乳经营管理规则》做了较大修改。

到昭和初期,已经建立起一系列食品监管国家法令,但尚未涵盖全部种类。因此,很多府县根据 15 号法律的规定,以府县令的形式发布了《料理店饮食店管理规则》、《食品饮料管理规则》,此后又逐步发布了与肉类、水果、山羊乳等食品相关的管理规则。

第二次世界大战以后,1946 年 5 月,对《人工甜味剂管理规则》做了修订,同年 7 月,可溶性糖精与甘素先后被允许可作为食品添加剂使用。另外还发布了《有毒食品饮料等管理令》(1946 年 1 月 30 号帝国令第 25 号),禁止销售含有甲醇的食品。

1947 年 4 月颁布了《关于实施食品饮料及其相关产品及有毒食品饮料等的管理令》(1947 年 4 月 30 日厚生省令第 10 号),对 1900 年颁布的《食品饮料及其相关产品的监管法律》和 1946 年颁布的《有毒食品饮料等管理令》进行了合并,并废止了《关于实施食品饮料及相关产品管理法律的省令》(1900 年 3 月 27 日内务省令第 10 号)。同年 5 月颁布了《食品饮料经营管理规则》(1947 年 5 月 2 日厚生省令第 15 号)。

随着新宪法的施行,与食品卫生相关的综合性法律《食品卫生法》于 1947 年 12 月 24 日颁布。半年后制定了《食品卫生法实施细则》(1948 年 7 月 13 日厚生省令第 23 号)与《基于食品卫生法第七条与第十条的添加剂、器具和容器包装的标准与基准》(1948 年 7 月 13 日厚生省告示第 54 号),与之对应又制定了对标准与基准进行检测需遵循的试验方法《食品卫生检验法》(1948 年 12 月 18 日厚生告示 106 号)。关于乳及乳制品的成分与标准的规定,最初载于第 54 号公告中。昭和 25 年又以省令的方式单独出台《关于乳、乳制品及含乳制品的成分规格的省令》(1950 年 10 月 16 日厚生省令第 58 号),昭和 26 年又进一步修改成《关于乳及乳制品的成分规格的省令》(1951 年 12 月 27 日,厚生省令第 52 号)。与此同时《食品卫生法》和其他的相关法规也进行了修改。1955 年发生了砷混入配方奶粉引起婴儿中毒的事件,此次事件的发生也要求对《食品卫生法》的相关内容进行修改,修改后初步形成了食品添加剂公定书的雏形。

二、发达国家的食品安全监管体制和模式

食品安全管理是一项巨大的系统工程,涉及多行业、多领域、多环节,需要以农业行业为基础建立起分工合理、制度严明、管理协调和发展配套的管理体制,实现“从农场到餐桌”的全供应链、全过程管理与控制。各国都根据各自国情,建立了不同类型的食品安全管理体制。

(1)美国模式,即多部门共同负责的类型。美国负责食品安全管理的机构主要有 3 个,一是食品和药品管理局(FDA),主要负责除肉类和家禽产品外美国国内和进口的食品安全;

二是农业部(USDA),主要负责肉类、家禽及相关产品和蛋类加工产品的监管;三是国家环境保护署(EPA),主要监管饮用水和杀虫剂。此外,美国商业部、财政部和联邦贸易委员会等也不同程度地承担了对食品安全的监管职能。为加强各机构之间的协调与配合,美国还先后成立了“食品传染疾病发生反应协调组”和总统食品安全委员会。

(2)英国模式,即成立专门的独立食品安全监督机构的类型。英国食品安全体系由中央和地方两级政府共同实施和负责,中央政府主要负责立法。为了强化食品安全管理,根据《1999年食品标准法》,英国成立了一个独立的食品安全监督机构——食品标准局,由该局代表英王履行食品安全监管职能。

(3)加拿大模式,即由农业部门负责的类型。1997年3月,加拿大议会通过《食品监督署法》,在农业部之下设立一个专门的食品安全监督机构——加拿大食品监督署,统一负责农业投入品监管、产地检查、动植物和食品及其包装检疫、药残监控、加工设施检查和标签检查等。德国、丹麦也属于这一类型。

(4)欧盟建立了政府或组织间的纵向和横向管理监控体系协调管理食品安全问题。欧盟委员会在相应的常务委员会以及相关科学委员会的科学建议基础上,提出各项立法建议,并向欧盟委员会或欧盟理事会与欧洲议会提交议案,然后,通过包括欧盟委员会、欧盟理事会、欧洲议会、咨询机构和其他相关机构等主要机构参与的决策程序,由欧盟理事会与欧洲议会批准形成法案。为保证食品能够安全地从生产的源头到达消费者,欧盟注重产前、产中以及产后环节中的所有行为主体密切配合。

很多发达国家过去采用多个政府部门监管食品安全的体制。这种体制由于多头监管,部门分割,职能交叉重复,互相推诿,很难实现对日益复杂的食品供应链的全程管理。近年来,发达国家的政府都在下大力气加强食品安全监管工作,并把这项工作作为构建服务型、责任型政府的重要内容。食品安全监管已从过去多头监管向集中统一监管;从过去重视食物链的重点环节监管向加强食物链的全过程监管;从以政府部门监管为主,向重视发挥全社会共同监管等方向发展。

三、日本的食品安全监管体制和模式

日本《食品安全基本法》的出台,表明日本人迅速地接受了欧盟首先倡导的在整个食品链上保证食品安全的理念,也就是要建立这样一种食品安全控制系统,保证食品从生产到消费、从农场到餐桌全过程的安全。日本政府认识到实现降低风险目标的最有效方法是在整个生产、加工和销售链中应用预防原则。为了最大程度地保护消费者,确保生产至消费过程中的食品安全至关重要。这就要求采用一种全面而一体化的农场到餐桌方针,使生产者、加工者、运输者、销售者和消费者在确保食品安全和质量方面都发挥重要的作用。日本内阁府设立食品安全委员会,由该委员会评估食品对健康的影响,并督促各个政府部门采取相关对策。从而结束了日本厚生劳动省和农林水产省在食品安全管理上各自为政的局面,实现了食品安全一元化领导的体制。

日本对食品安全监管采用了食品安全预警、日本食品追溯、日本食品召回三大机制;食品安全监管的战略集中体现在政府对食品稳定、安全供应的保障战略;政府对农产食品的价格支持;提高食品进口门槛的策略;扩大日本的农产食品的国际市场。日本政府提出要采取全面行动,在从农场到餐桌的全部过程中保持食品安全。政府管理系统可以为保持“从农场到餐桌"的食品连续过程中的食品安全提供一个框架。食品安全法规、指令、标准、政策和程序构成了食品控制系统的基础。保证食品安全是一项综合努力,管理要求确定限制范围和责任。为了确保食品安全,每个有关人员必须履行各自的责任。确保国内和从国外进口的食品供应链的每一环节食品安全。由于不断改善食品安全管理体制结构,日本的食品安全管理体制基本上渗透到了生产、加工、流通以及消费各个环节。借助于信息传递的迅速化与网络化,能够及时掌握食品安全风险的发生,也能够及时采取风险对策。

在法律法规建设方面,日本不仅有一套健全的法律,而且注重与时俱进,不断修订、出台新的规则和标准,有效保证了食品的安全。如早在1947年,日本就制定了《食品卫生法》,特别是进入21世纪以来,对《食品卫生法》进行了多次修订。日本食品标准体系上形成了较为完备的标准体系,有国家标准、行业标准和企业标准三个层次。日本的食品标准特点主要表现在:标准种类齐全,标准科学、先进、实用,标准与法律法规结合紧密,执行有力,制定标准的目的明确。日本标准制定注重与国际标准接轨,积极融入到国际标准行列和适应国际市场要求,注重按照国际标准和国外先进标准制定本国标准。日本的标准虽然种类繁多,涉及食品的生产、加工、销售、包装、运输、储存、标签、品质等级、食品添加剂和污染物,最大农兽药残留允许含量要求,还包括食品进出口检验和认证制度、食品取样和分析方法等方面的标准规定,但这些标准都要求较为具体,具有很强的可操作性和可检验性。

第二节　日本食品添加剂管理的法律法规

日本涉及食品添加剂管理规定的有《食品卫生法》《食品卫生法实施规则》《关于修订食品卫生法和营养改善法的101号临时措施法案》等法律文件。

一、食品卫生法

1947年,日本厚生省公布了《食品卫生法》,并对食品中化学品有了认定制度,但食品添加剂方面的法规到1957年才真正公布和实施。日本将食品加工、制造、保存过程中,以添加、混合、浸润或其他方式使用的成分定义为食品添加剂。2004年2月,日本实施新修订的《食品卫生法》对食品添加剂的管理更加严格。规定食品添加剂要扩大使用范围,必须经过新成立的隶属内阁政府的食品安全委员会批准;在标准制定和执行方面,厚生劳动省负责制定食品及食品添加剂的生产、加工、使用、准备、保存等方法标准、产品标准、标识标准,凡不符合这些标准的进口或国内的产品,将被禁止销售;地方政府负责制定食品商业设施要求方面的标准以及食品业管理/操作标准,凡不符合标准的经营者将被吊销执照;在检查制度方面,对于国内供销的食品,在地方政府的领导下,保健所的食品卫生检查员可以对食品及相关设施进行定点检查;对于进口食品,任何食品、食品添加剂、设备、容器/包装物的进口,均应事先向厚生劳动省提交进口通告和有关的资料或证明文件,并接受检查和必要的检验。按照日本食品添加剂使用习惯和管理要求,将食品添加剂划分指定添加剂、即存添加剂、天然香精和一般添加剂四类,后两类一般不受《食品卫生法》限制,但在使用管理中要求标示其基本原料的名称。

《食品卫生法》具体涉及食品添加剂的章节条款如下。

(1)《食品卫生法》在第1章第4条的第2项和第3项规定了食品添加剂和天然香料的定义。"食品添加剂"术语是指被添加、混合、浸润到食品,或在食品生产过程中采用其他方法进入食品,或为食物加工或保存的目的而使用的物质。"天然香料"术语是指从动植物获得的物质或其混合物,其使用以食品加香为目的。

(2)在第2章第5条对食品及食品添加剂的销售原则进行了规定。要求销售中的食品或者添加物的采购,制造、加工、使用、调理、贮藏、运输等过程必须清洁卫生。

第6条规定了禁止销售的食品和食品添加剂原则。销售或为了销售的目的,对以下的食品或添加剂,不得采购、制造、进口、加工、调理、贮藏、使用和陈列。①腐败或变败的物品、未熟的变败的物品;②有毒的或含有有害成分的物品(但对人健康没有损害、卫生部许可的情况除外);③病原菌污染物或怀疑对人健康有害的物质;④不洁、异物的混入,由于添加剂的原因对人健康有损的。

第8条规定从特定的国家或地区采购、制造、进口、加工、调理、贮藏、使用的食品和食品添加剂要进行检查,如对人的健康有损害者不得进行销售。

第10条规定除了厚生劳动省公布添加剂对人类无健康风险以外,添加剂(不包括天然香味剂和已作为食品的使用而作为添加剂的物质)和制剂,以及含有食品含添加剂的食品不得出售、生产、进口、加工、使用、储存,或为营销的目的展示。

第11条规定厚生劳动省大臣应制定供市场使用的食品和食品添加剂的生产方法、加工、使用、烹调或保存的食品或添加剂标准。使用的食品添加剂要符合一定的标准,不符合规格和标准的含添加剂的食品不得进行销售。

第13条规定添加剂的制造要符合综合卫生管理制造过程,并要进行申请许可。

第14条规定申请许可应在3年的有效期内进行更新,如果不更新,在超过有效期后就会失效。

(3)第5章日本食品添加剂标准在第21条规定厚生劳动省负责汇编日本食品添加剂标准,其中包括食品添加剂标准和规范。食品添加剂标准和规范根据第11条第1款的规定,食品添加剂标准根据第19条第1款的规定建立。

二、食品卫生法实施规则

《食品卫生法实施规则》(Ordinance for Enforcement of the Food Sanitation Act)于1948年7月13日以卫生福利部23号发布。该条例不断修订更新,最近的一次修订更新是2008年7月4日以126号发布生效。该条例共有9章,79条。《食品卫生法实施规则》对食品添加剂的标签要求、审批过程、进口申报、产品检验等做出了详细规定。日本对其认可的出口国官方实验室的检验结果虽然视为与日本检疫站出具的结果等同,但对进口食品添加剂成分规格的检验必须按食品卫生法指定的检验方法进行。

《食品卫生法实施规则》的章节具体有:第一章 食品、食品添加剂、设备和容器/包装材料;第二章 标签;第三章 监测和指导计划;第四章 产品检验;第五章 进口通知书;第六章 食品卫生检验设施和食品卫生督察员;第七章 注册的合格评定机构;第八章 业务;第九章 其他规定。并附有17个附表,其中:附表1 指定食品添加剂;附表3 对标签标准有要求的食品或食品添加剂;附表4 食品添加剂标示所不包括的物质;附表8 集体名称的添加剂标注方式。

(一)指定食品添加剂品种

《食品卫生法》第10条规定的食品添加剂必须批准才能使用。《食品卫生法实施规则》

第一章的第12条规定:《食品卫生法》第10条规定的对人体健康无害的指定食品添加剂应以附表1列出。

(二)指定食品添加剂标示

《食品卫生法实施规则》第二章的第21条对食品添加剂的标示提出了具体要求和详细规定。

(1)要标示的食品添加剂以附表1列出。

(2)标示的食品添加剂不包括《食品卫生法实施规则》附表4列出的品种:异硫氰酸酯、吲哚及其衍生物、醚、酯、酮、脂肪酸、脂肪族醇、高脂肪族醛、高脂肪烃、硫醚、硫醇、萜烃、苯酚醚、酚类。

(3)食品添加剂作为抗霉菌剂、抗氧化剂、漂白剂、着色剂、护色剂、防腐剂、甜味剂,或增稠剂/稳定剂/胶凝剂的功能之一使用时,食品添加剂应同时标注物质名称和种类名称。以附表5列出了标记方式。

(4)集体名称的食品添加剂的标注方式。

三、食品卫生法及营养改善法的局部修订法案

从食品添加剂指定制度的宗旨来讲,天然添加剂也应属于被指定的范围。但是天然添加剂一直被作为不需要指定的添加剂开发、销售,而且已经定位于食品加工制造行业。如果一旦被停止使用,即使是暂时性的也会引起相当大的混乱。日本默许天然添加剂的流通,而且《食品卫生法》也作为例外情况处理,承认其存在,所以属于既存添加剂。由于既存添加剂是法律规定的例外,《食品卫生法》的条文中未对其作出任何规定。

厚生劳动省将强制标记评估制度从原有的化学合成食品添加剂推广伸到天然食品添加剂。作为该修正案的过渡措施,厚生劳动省1995年5月24日发布了第101号《食品卫生法及营养改善法的局部修订法案》(The Act Amending the Food Sanitation Act and the Nutrition Improvement Act)(Law No. 101 of 1995),在该法案第2条对既存食品添加剂(Existing Food Additives)进行了定义。即存添加剂也叫现用添加剂,指在食品加工中使用历史长,被认为是安全的天然添加剂。既存食品添加剂不包括应用化学反应原理获得的物质或用化学手段合成的化合物,大多为天然植物提取物。规定截至法律公布之日(1995年5月24日),在市场上销售、制造、进口和使用的添加剂(除化学合成品之外)全部被列入既存添加剂名单目录(附则第2条),即允许使用的既存食品添加剂清单,允许它们在过渡期间继续使用。而《食品卫生法》第10条(食品添加剂的指定制度)的规定不适用于既存添加剂以及含有这些添加剂的制剂或者食品。厚生劳动省2007年4月以通告发布修订的目录(Latest Version: Notice No. 282, August 3, 2007)的现有食品添加剂为489种。

该法修正后,如果发现这些添加剂有安全问题或已知没有实际使用价值,厚生劳动省可命令禁用这些食品添加剂,并从现有食品添加剂目录中删除。将来新开发的天然添加剂也会按照既定程序进行申请,经过药事食品卫生审议会的审议,才能取得作为食品添加剂的使用权。由于其历史特性,该类添加剂中再没有新品种加入到目录中。而对长期没有使用的物质则会从目录中删除,所以既存添加剂的数量也会相应减少。如日本厚生劳动省就分别于2006年12月18日和2010年7月1日宣布撤销现有食品添加剂42种和80种。到2014年1月30日公布的现有食品添加剂就只有365种了。

四、食品和食品添加剂等的规格和标准

食品和食品添加剂等的规格和标准(Specifications and Standards for Food and Food Additives, etc.)(MHLW Notice No. 370, 1959: Latest Revision No. 416, July 31, 2008)覆盖了:(1)食品;(2)食品添加剂;(3)器皿、容器和包装;(4)玩具;(5)清洁剂的所有规格和标准。

五、对食用香料的管理

日本对天然香料也是采用否定表的形式加以管理,仅对合成香料才列出名单,并规定质量规格。但日本有产品标准可查的食品香料品种不足100种(氨基酸、酸味剂除外)。日本国内的食品香料市场有限,许多香料以外销为主。由于世界各国食用香料的法规并不完全一致,对于外销的这部分香料日本执行进口国的法规标准。目前,日本已倾向接受IOFI和JECFA的规定,其食品香料法规已逐步国际化。同时,日本香料协会对日本香料行业的自律、对法规执行情况的监督检查起至关重要的作用。

第三节 日本生产食品添加剂的标准

"食品和食品添加剂等的规格和标准"通告(厚生省1959年11月28日第370号通告,厚生劳动省2010年第336号通告修订)对食品添加剂生产做出了具体规定,见表6-1。

表6-1 关于食品添加剂的生产规定

生产标准
(1)在生产加工所有食品添加剂时,不应使用任何不溶于水的矿物质及类似物质。如酸性白土、高岭土、膨润土、硅藻土、碳酸镁、砂子、二氧化硅或滑石(共8种物质),除非它们在生产加工食品添加剂过程中不可缺少。 (2)除另有规定外,生产添加剂制剂只能使用允许的添加剂、食物和饮用水。 (3)当生产食品添加剂时使用重组DNA技术产生的微生物时,应按厚生劳动省大臣所确定的标准进行。 (4)某些所规定的牛的脊髓不得作为生产食品添加剂的原料。
使用化学合成物生产枧水(kansui)的标准(枧水为一种制作中国面条的碱剂)
(用于生产、加工和提取或用于这些物质结合的化学物的标准)
色素、提取物、天然香料的加工标准: 姜黄树脂和其他6种色素,牛至提取物和其他19种提取物,天然香料
(1)在提取上述色素、提取物、天然香料时只能使用以下几种溶剂:丙酮、丁烷、正丁醇、二丁醇、二氧化碳、环已烷、二氯甲烷、二乙醚、乙醇、乙酸乙酯、甲基乙基酮、食用脂肪和油脂、甘油、正已烷、甲醇、乙酸甲酯、一氧化氮、丙烷、丙醇、异丙醇、丙二醇、1,1,1,2-四氟乙烷、1-1-2三氯乙烷和水。 (2)在上述所列的溶剂中,在最终产品中溶剂残留的限量如下: 甲醇或异丙醇:50μg/g 丙酮:30μg/g 二氯甲烷与1-1-2三氯乙烷之和:30μg/g 正已烷:25μg/g

来源:厚生省1959年第370号通告,厚生劳动省2010年第336号通告修订。

食品添加剂品种目录中所列出的添加剂应当满足该品种特别指定的规格和标准(见第九章)。采用重组 DNA 技术生物体生产的食品添加剂,除满足品种所指定的规格和标准,必须通过了日本厚生劳动省的评估并确定安全,否则不得使用或销售。该要求不仅仅局限于出现在食品添加剂品种目录中的添加剂,所有打算在日本作为食品添加剂销售和使用的物质均需满足此要求。

第四节　食品中食品添加剂的标示要求

随着日本食品中添加剂的标示管辖转移到消费者厅,通告"基于食品卫生法的食品添加剂标示"(Director - General of Environmental Health Bureau Notice, No. 56 published on May 23, 1996)已经废止,在原通告基础上进行少许修订的新通告(CAA Food Labeling Div. Notification No. 377, October 20, 2010)已经发布。

一、标签上的添加剂标示

对于食品中含有列于《the Ordinance for Enforcement of the Food Sanitation Act》附表 3 的食品添加剂,除了作为营养加强剂、加工助剂的添加剂以及带入的物质以外,含有这些食品添加剂的食品在标签上应予标示,以说明食品中含有这样的食品添加剂(物质名称)。这一要求适用于《有关乳及乳制品成分标准的部颁条例》等中所列食品所含的食品添加剂。

加工助剂是指那些在食品生产加工过程中添加的物质,该物质生产过程完成前已被除去;或在加工过程中转化成来源于食品原材料的成分,这样的食品通常含有,并不会显著增加这些成分的含量,或者这样成分在食品中的含量低,不会由于这样的成分而影响食品。

带入是指在食品原材料的生产加工过程中使用的物质。但该物质不会用于该食品的生产加工,其在食品中的含量非常少,不会在食品中发挥技术功能作用。

二、食品添加剂的标示方法

食品中所使用的食品添加剂应标示物质名称(包括缩略语,等),或结合标示物质名称/类别名称,或标示集合名称。

1. 指定食品添加剂的标示

应按《食品卫生法实施规则》中表 1 中列出的物质名称(包括同义词)进行标注。也可按消费者厅通告(Food Labeling Div. Notification No. 377 in 2010)附录 1 中列出的缩略语标示;具有相同的功能,结合使用的其他添加剂可以按照该通告附录 2 所列的简化方式标示。例如:如果乳酸、乳酸钠和乳酸钙结合使用时的标示:乳酸(钠、钙)。

2. 现有食品添加剂的标示

列入现有食品目录中的添加剂(latest revision: MHLW Notification No. 282 of 2007)在标示时应使用该目录中的名称,但也可以按前面提到的消费者厅通告(Food Labeling Div. Notification No. 377 in 2010)附录 1 中商品名称、同义词、缩略语或分类词标示。

3. 从植物或动物中提取的天然调味料

物质的标示应采用来源物质名称,或消费者厅通告(Food Labeling Div. Notification No.

377 in 2010)附录2 中所列的同义词。并应附上“调味料”(Flavoring agent)的字样。在附录2中没有提及的从植物或动物中提取的天然调味料应采用可鉴别的学名标示。

4. 通常作为食品也可作为食品添加剂的物质的标示

应采用前面提到的消费者厅通告(Food Labeling Div. Notification No. 377 in 2010)附录3中的名称(包括商品名)、缩略语进行标示。附录3 未列出的物质应采用可鉴别的学名标示。

5. 物质名称和功能类别名称同时标注

主要用作抗霉菌剂、抗氧化剂、漂白剂、固色剂、香料、防腐剂、甜味剂、增稠剂/稳定剂/胶凝剂的食品添加剂应同时标示物质名称/功能类别名称。但用于着色目的的添加剂,如果在标示名称的文字中含有“色”(color),可以省略类别名称。

6. 标示集合名称

一般广泛使用的多种食品添加剂的名称可采用如下名称标示。

即:酵母食物、胶基、碱水(用于中国面条的碱性制剂)、酶、上光剂、香料、酸味剂、柔软剂(专用于口香糖)、调味剂、豆腐凝结剂(豆腐)、苦味剂、乳化剂、pH 调节剂和膨松剂。

对于调味剂:该物质成分仅由氨基酸组成,应标示“调味剂(氨基酸)”;该物质主要成分由氨基酸组成,应标示“调味剂(氨基酸,等)”;该物质成分仅由有机酸组成,应标示“调味剂(有机酸)”;该物质成分主要由无机酸组成,应标示“调味剂(无机酸,等)”。膨松剂可以标示为泡打粉或发酵粉。香料可以标示复合香料。

三、营养增强剂的标示

添加剂使用是为了增强营养时可以免予标示(配制乳粉除外)。如果增强剂还有除了营养增强以外的使用目的时仍应标示物质名称。

四、标示的注意问题

(1)在添加剂标示中严禁宣称“天然”或任何暗示表达“天然”的文字。

(2)当柑橘类水果和香蕉以零散方式销售时,应在销售地点标出其中使用的抑霉唑、邻苯基苯酚、邻苯基苯酚钠、联苯或噻苯咪唑。

(3)食品添加剂的物质名称、简称或类别名称应按《食品卫生法实施条例》、既存食品添加剂名单,以及厚生省环境健康局干事签发的公告中所列名称标注。只要不会使消费者误解,使用的文字可以是平假名、片假名或汉字字符。

五、标示的免除

当容器或包装的表面积不超过 $30cm^2$ 时可以免予标示。

第五节 食品添加剂对人类健康影响的评价指南

2010 年10 月,日本食品安全委员会发布了《食品添加剂对人类健康影响的评价指南》(Guideline for Assessment of the Effect of Food on Human Health Regarding Food Additives),这是根据《食品安全基本法》对日本食品添加剂安全评价的规定。本节全文翻译如下。

第一章　总　则

第1条　背景

根据《食品安全基本法》第21条1(2004年1月16日内阁批准)的基本条款,日本食品安全委员会(FSCJ)有责任建立评估食品对人体健康影响的指南。根据该项职责,已经建立以下指南:“转基因食品安全评价标准(种子植物)(2004年1月29日)”、“普通肥料对食品的健康影响的评价指南”(2004年3月18日)、“转基因微生物生产的食品添加剂的安全评价标准”(2004年3月25日)、“转基因动物饲料和饲料添加剂的安全评价指南”(2004年5月6日)、“食品中由于抗生素在食用动物使用选择的抗生素耐药菌对人类健康影响的评价指南”(2004年9月30日)、“转基因食品安全评价标准(微生物)”(2008年6月26日)。食品对人类健康影响的评价指南对保证评价的科学有效性和公正性,向申请者明确规定评价所需的资料都是必需的。这些指南还利于向日本国内外的当事人保证评价的透明度。

FSCJ基于以往对人类健康影响的评价结果及日本政府和其他国家政府制定的有关安全评价政策,制定了“用于食品的食品添加剂对人类健康影响的评价指南”。应该注意,必要时还应考虑到国际标准的评价趋势,日本国内外新的科学发现,对该评价指南进行复审。基于复审对指南进行修订。

第2条　定义

1. 食品添加剂

根据《食品卫生法》(1947年的233号法律)第4条2定义的,食品添加剂是一种在食品生产加工过程中,以食品加工或保存为目的,在食品中添加、混合、渗入或者以其他方法使用的物质。

2. 每日允许摄入量(ADI)

根据现有科学知识,消费者一生中每日摄取某种物质而不会出现观察到的健康影响的量。

3. 可耐受最大摄入量(UL)

可能不会有损害作用风险的习惯性摄入的营养素最大限量。

4. 未观察到损害作用的剂量(NOAEL)

某种物质在毒理学试验的几个不同剂量水平中所报告的没有危害作用的最大剂量。

5. 最低有害剂量(LOAEL)

某种物质在毒理学试验的不同剂量水平中所报告的具有危害作用的最小剂量。

6. 基准剂量(BMD)

采用数学模式对毒理学反应率与摄入量相关性计算求得的受试物某种毒理学反应率时的摄入量。

7. 实际安全剂量(VSD)

如果一生中食用的食品中的某种物质为最大残留量(也就是低概率,如1/100 000或1/1 000 000),患癌风险并不高于正常的剂量。该剂量用于基于遗传毒理学物质没有阈值的假设的评价方法。

8. 毒理学指示物(终点)

可观察到或可测量的生物学发生率或作为被评价物质暴露效应指示物的化学物浓度。

9. 安全因子

在确定 ADI 和保证更安全的其他剂量时用于转化 NOAEL 的因子。

10. 作用方式(MOA)

化学物质影响生物体的机制。

11. 证据权重评价(WOE)

基于检查的证据的权重进行的评价。

12. 良好的实验室规范(GLP)

在试验机构的试验设施和设备,及组织机构、工作人员和操作程序中在执行的质量标准。是为保证各种化学物质的安全试验结果可靠而制定的规范。

13. 流行病学

为了建立针对人类健康问题的有效措施,对发病率及分布特征和影响人群各种健康问题发生的这些因素,如饮食、吸烟和饮酒习惯的领域进行的研究。

14. 联合 FAO/WHO 食品添加剂专家委员会(JECFA)

FAO 和 WHO 联合组成的进行食品添加剂、污染物、兽药及其他项目风险评估,根据科学发现向成员国和法典委员会提供建议的委员会。

15. 卫生福利部 1996 年的指南"食品添加剂的指定和食品添加剂使用标准修订的指南"(1996 年 3 月 22 日第 29 号通告)

16. 在国际上广泛使用的食品添加剂和根据 2002 年 7 月的食品卫生与药事理事会的食品卫生理事会达成一致指定,已证明安全的食品添加剂:

(1)JECFA 已经完成国际性安全评估;

(2)在美国、欧盟成员国广泛允许使用和使用必要性在全球已有一致性共识。在私营企业和其他组织还没有提出申请前,日本卫生、劳工和福利部已有政策要求审查该指定的物质。

第 3 条　目的

本"指南"的目的是规定评价影响所要求的资料范围,当在对添加剂进行指定时应基于《食品卫生法》第 10 条规定的添加剂对人类健康应无危害,按照"指南"进行评估,并基于《食品卫生法》第 11 条 1 规定添加剂标准。在根据食品卫生法局部修订法 2 - 2 - 1 的补充条款和营养改进法(1995 年第 101 号法律)将某种具体添加剂名称从现有食品添加剂中删除时,应按照本"指南"进行评价。

第 4 条　对食品用食品添加剂健康影响的评价策略

1. 在 FSCJ 完成该处理后,安全因子是用于确定评估食品添加剂健康影响结果的值。在现阶段,专家委员会应负责决定如何制定安全因子。

2. 对"已在国际上广泛应用并证明安全的食品添加剂"(不包括国际公认的通用香料),其已经通过了由 JECFA 进行的安全性评估,在美国和欧洲已批准长期使用,在核查了最新科学发现后,应按原则进行基于源于 JECFA、美国、欧洲国家的评估报告("基于评估的报告")的评估。

3. 虽然遗传毒性致癌物[1]阈值的存在已成为国际上讨论的主题有相当一段时间了,但并没有达成一致意见。因此,原则上评估应根据没有这样阈值存在的假设进行。在分类检查确定遗传毒性致癌物时必须仔细,结论应以 MOA 和 WOE 为基础得出。

4. 在这一点上,根据前面的段落原则上不会批准评估确定为遗传毒性致癌物的食品添加剂。如果物质是在食品添加剂生产过程中不可避免地出现的杂质(包括自然产生的物质,下同),或如果一个物质的副产物是遗传毒性致癌物,应基于 VSD 的概念进行全面评估,而含量应降低到在技术上可能的最小值。

5. 对用于替代普通食品配料或作为营养强化剂用途或作为"营养宣称的食品"的物质,必须检查其作为营养成分的质量,以及通过其他食品获得同样营养成分的相对摄入量。为了进行评估,还必须检查膳食营养素参考摄入量(DRIs)和其他信息。

6. 如果在检查风险时有足够的信息利用,必要时应检查对孕妇和胎儿、婴儿、儿童与老年人的影响。

7. 必要时,最好开展体外研究和在药物开发或推荐用于食品添加剂研究的其他领域的其他研究(例如,当动物实验中发现代谢物具有有害效应时,应进行使用人类代谢酶活化的体外试验,将结果外推到对人类的影响)。

8. 评估物质与医药产品之间可能存在相互影响时,只有在必要时和在检查这样的风险中有充足知识利用时,才会对相互影响进行检查。应该注意有这样反应的人一般都处于卫生保健专业人士的照料之下。

9. 必须对人类有典型影响的分解产物、混入杂质和代谢物进行检查评估。还应检查食品添加剂的安全性及在食品中的安全性,如果发现不稳定,还应检查产生的主要分解产物的类型和含量。

10. 为了检查摄入一种以上食品添加剂的有害效应,应根据 FSCJ 在 2006 年为确保食品安全编辑的概述"摄入多种食品添加剂的影响的资料和研究汇编"中报告,检查同时摄入的不同食品添加剂的影响,通过完整评估每种食品添加剂以保证实际安全。然而,当无法获得有关使用多种食品添加剂的风险信息时,必须进行评估。

11. 对使用转基因动物进行的试验需要谨慎对待。除了 FSCJ 在极少数情况下在风险评估中用过,JECFA 和其他组织很少使用这些试验。

12. JECFA 认为采用纳米材料或其他新技术生产的食品添加剂可能有不同的毒理学特性,因而现有标准和 ADI 一般并适用于这些物质。当有必要对这些物质进行评估时,应对不同情况进行单独检查。

---

[1] 遗传毒性致癌物直接或通过其代谢产物影响 DNA,从而诱发基因突变或染色体畸变,遗传毒性反应被认为是致癌机制的一部分。其遗传毒性必须在体内证实(如果可能,应确定致癌的靶器官)。

第5条 关于评价需要材料的政策

1. 评估需要资料的范围和说明见第二章的附件1和附件2,并提供如下其他信息。详细试验程序原则上按照OCED和其他组织发布的国际公认试验指南。

(1)当试验的食品添加剂是常见食物成分或试验的食品添加剂在科学上已知是摄入的食物经消化道分解后的常见食物成分时,可以省略部分试验。这样信息的科学有效性应按卫生福利部1996年发布的指南的表2中的项目检查后决定。

(2)在评估"国际上广泛使用并证明安全的食品添加剂"时应考虑人类饮食习惯的长期历史和经验(见第一章,第4条2),对"国际上认为通用"的香料、酶或营养成分评估时应考虑物质的特性(见第二章,第5、6、7条)。

(3)当试验的食品添加剂与已经指定的食品添加剂只是基团部分的差异,或是指定添加剂的一个同分异构物,或是有科学合理的理由省略部分试验,只要能清楚提出这样做的理由就可以省略部分试验。

2. 使用标准和规格标准的修订应按照如下说明进行。

(1)使用标准的修订应按照如下说明进行。

(a)对FSCJ已完成所考虑的有食品健康影响的食品添加剂的评估时,应提交有关申请(增加添加剂使用的食品或改变使用量)的估算每日摄入量。如果对该添加剂有新的毒理学发现,有关发现的资料也要一并提交。

(b)FSCJ还没有对考虑的食品添加剂进行食品健康影响评估的,原则上,应提交用于指定食品添加剂评估所要求的材料。

(2)对规格标准的修订,应证明修订的规格标准的有效性和安全性。

3. 申请者负责提交要求评估的材料,必须保证材料内容可靠。原则上,申请者提交的材料必需:(1)在运行管理恰当的实验设施(如GLP设施)和可靠试验方法下取得的实验结果;(2)材料应科学可靠,例如,评估报告由国际组织编写。如果有材料指明与该食品添加剂的安全性相关,这样的材料无论是否可靠都应提交。

4. 尸体解剖和组织病理学检查应由具有丰富经验的专家进行。

5. 原始资料和用于动物实验的样本应保存至GLP规定的周期结束或需要时保存至评估完成,以方便在需要时提交。

6. 原则上,评估应基于申请方提交的材料。如果认为提交的材料不充分,可以要求申请方提供补充材料。

第6条 特性试验与毒性试验

进行特性试验是为了判断食用物质在人体内吸收、分布、代谢和排泄(ADME)情况。因此,不仅要收集动物试验结果,还要检查试验物质在人体内的ADME情况和可能出现的有害影响。

在检查试验资料时,应从科学角度证实观察到的毒性和体内残留量,以保证是添加剂本身的特性,而不是诸如受试者的营养状况这些其他因素意外影响造成。在决定终点时,为了保证科学合理的评估,应该考虑在体内的特性、试验间和实验动物物种间的差异,对一般情况、体重、食物摄入量、血液学检查、血生化检查、尿液检查、病理学检查和其他试验的发现应进行统计学意义和剂量相关分析。并尽可能地弄清楚出现这些情况的毒理学机制。

第7条 风险特征

1. 确定ADI

(1)由于毒理学试验的综合评估得到多个NOAEL时,ADI应基于最低的NOAEL制定。

(2)原则上,检查毒理学试验结果时应考虑性别差异。对每种性别分别制定NOAELs。

(3)考虑到种间和个体差异,使用100的安全因子(种间差异10,个体差异10)。然而,应注意安全因子取100并不是固定不变的,该系数应根据每种物质的毒理学特性和试验资料并考虑以下问题分别确定。

(a)从人体受试者获得的资料,不需要考虑种间差异。基于个体差异,应使用1~10的安全因子,主要取决于研究的人群。

(b)没有可利用的充足信息和如果评估的食品添加剂有严重毒性❶,安全因子还应额外乘以1~10。

(c)当基于LOAEL制定ADI时,安全因子应额外再乘以1~10。对这种情况也可使用基准剂量。

(4)评估结果的描述用语应按以下模板进行。

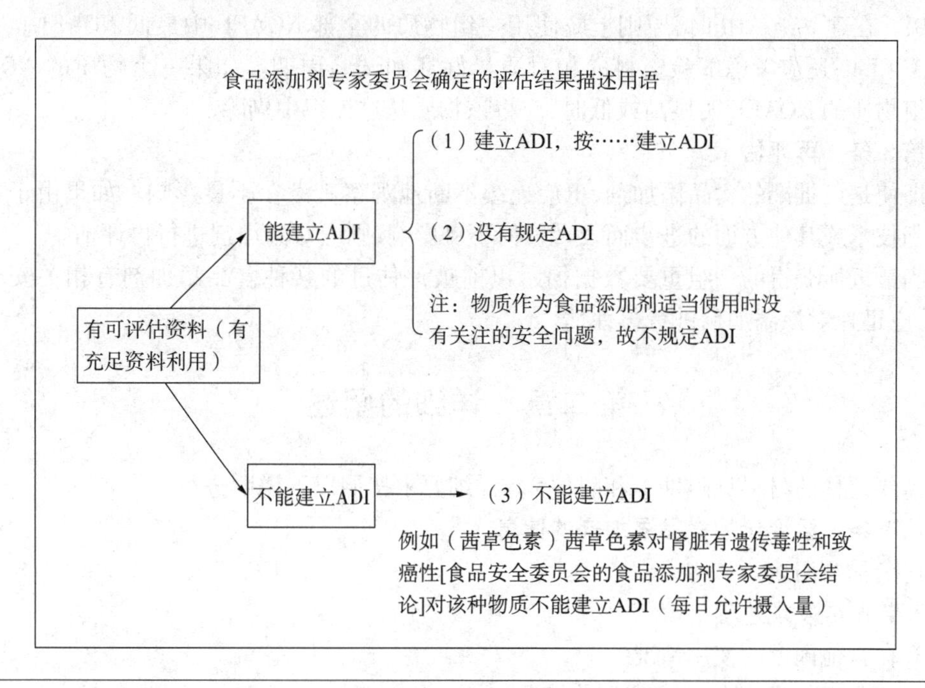

❶ 食品添加剂与污染物的安全性评价原则(IPCS,EHC70)列出了以下两项作为例子:
a)在胚胎发育毒性试验中观察到不可逆的反应;
b)发现有致癌性。

2. NOAEL 的确定

为了确定 NOAEL，应优先研究选择适当剂量。在一项毒理学试验中，设置的最大剂量应以在该剂量水平能识别毒理学效应，设置的最小剂量应以在该剂量水平不能发现毒理学效应。还要设置几组不同的剂量水平，以便观察到不同的剂量反应关系。受试物通过饲料给予时，应注意防止营养障碍。一般受试物与饲料的比例不超过 5%（质量分数）。当受试物以灌胃方式给予时，一般要求最大剂量应为技术上可行的最大剂量或 1000mg/kg 体重。如果在该剂量不能观察到影响，则没有必要再给予更高的剂量。

当采用不同种动物进行不同的试验时，每个试验都会得到不同的 NOAELs。计算 ADI 时，所采用的 NOAEL 应为动物实验中显示毒性的最低剂量。然而，当某一试验设计和结果明显较其他试验合适，这些试验的试验周期不同时，在确定用于计算 ADI 的 NOAEL时，应对采用更长试验周期和更合适设计的试验赋予更大的权重。在使用代谢资料和药物代谢动力学资料，确定用 NOAEL 计算 ADI 时，应采用从与人类最相似的动物种获得的结果。

3. 组 ADI

为了对累计摄入的管理，对无论有结构活性相关或无结构活性相关，只要在毒理学上为相似等级的几种物质（如，能产生另外的生理学/毒理学反应），应对这几种物质设置组 ADI。在建立组 ADI 时，原则上应使用一组物质的全部 NOAEL 中最低 NOAEL。在确定 NOAEL 时还应考虑试验资料的相对质量好坏和试验周期。如果一个物质的 NOAEL 比该组物质的 NOAEL 明显高或低时，应将该物质从这该组中剔除。

第 8 条　再评估

即使是已批准的食品添加剂，也应连续不断地观察其潜在不良影响。如果由于毒理学识别技术或其他方面的进步而发现任何不良影响，则应对添加剂进行再评估。

当最近所获得的一组重要数据揭示以前被评估过的某种食品添加剂有相关安全问题时，应迅速对该添加剂进行再评估。

第二章　详细的阐述

需要评估的材料见附件 1 和附件 2。详细要求按照以下说明进行。

第 1 条　要评价的食品添加剂的信息

1. 名称与用途

2. 起源或发现过程

3. 在其他国家的使用情况

4. 国际组织和其他组织的评估情况

5. 理化特性

化学名（日文和英文通用名称，CAS 编号）、分子结构、相对分子质量、结构式、生产方法、化学特性、稳定性（包括在食品中的稳定性）、规格标准等。

6. 建议的使用标准

（1）在建立使用标准规定使用时，添加剂能使用的食品种类及添加剂能够使用的最量必须以综合检查食品添加剂的安全性及功效为基础，制定这样使用标准的理由必须清楚地解释。在制定标准时，应将通过毒理学试验得到的估计每日摄入量（见第二章，第4条）和ADI这样的信息考虑在内。

（2）在决定不必要建立使用标准时，应明确说明这样决定的理由。

7. 其他（对评估食品的健康影响的有用信息）

第2条　有关安全性研究

1. 特性研究

检测在体内特性的研究应与1996年卫生与福利部发布的特性研究指南一致。应按照以下说明进行。

（1）应采用同位素标记的食品添加剂或物质作为试验物质。使用同位素标记的物质时，应明确描述同位素的类型和位置。

（2）最好采用两个种以上的动物[一种以上啮齿类（典型动物为大鼠）和一种以上非啮齿类动物（典型的动物为狗）]进行试验。

（3）原则上，试验物质应经口给予。在单次剂量给予和重复多次剂量给予后，应对吸收、分布、代谢和排泄进行评估。为了准确计算吸收率或其他目的，必要时可以附加进行以静脉注射给予或其他试验。

（4）必须检查吸收、分布、代谢和排泄的各个过程，并记录相应数据，如血液中的活性成分浓度、尿、粪便和其他排泄物中该物质的含量；在各个器官的连续浓度变化，在生物体内的代谢物，以及对每一步的影响因素。

（5）应采用吸收、分布、代谢和排泄的结果（如血浆中最高浓度，每个器官的连续浓度变化和消除半衰期）确定哪些器官是毒理学靶器官。由于动物种与种之间存在特异性差异，还应检查将这些结果外推到对人体影响的可行性。

（6）对使用外消旋体的试验，如果需要了解其与毒性的联系，最好是检查体内的每种旋光异构体的特性。

（7）原则上，必须检查人体内存在的特殊代谢物，必要时应对这些代谢物进行毒理学试验。

2. 毒性研究

（1）亚慢性毒性试验和慢性毒性试验

（a）应采用一种啮齿类动物（一般是大鼠）和一种非啮齿类动物（一般是狗）进行试验。原则上使用动物数量在性别上雌雄各半。

（b）亚慢性毒性试验的试验期间为28天或90天，慢性毒性试验应为12个月以上，如果进行了90天试验可以省去28天试验。

（c）原则上，试验物质应经口每周7天都给予。受试物经动物饲料或饮水给予，也可以经灌胃给予。

（d）除了对照组，至少应设立3组接受不同水平的剂量。每个剂量组选择的理由应明确说明。应选择适当的组间剂量比值以便获得合适的NOAEL。

（e）采用喂饲方式给予受试物时应注意防止实验动物的营养障碍。一般受试物的量与饲料比例不超过5%（质量分数）。当受试物以灌胃方式给予时，一般要求的最大剂量应为技术上可行的最大剂量或1000mg/kg体重。如果在该剂量不能观察到影响，则没有必要再提高给予剂量。

(f)在给予受试物后较在对照组观察到的自然发生病理变化的频度或严重程度增加，即使是在本底数据范围内，原则上，如果发现剂量与频度或严重程度的关系具有某些生物学意义，应考虑为给予的受试物质引起的效应。

(g)怀疑有神经毒性或免疫毒性[1]时，需要额外进行OECD试验指南或ICH(人用药物注册技术要求国际协调会议)指南所描述的试验。

(h)通过分析不同终点和因素，如功能变化、非肿瘤学的形态学改变、肿瘤学的形态学改变、生殖功能的变化，仔细检查将毒理学试验发现外推到人的程序。

(i)如果使用了一种啮齿类动物进行慢性毒性与致癌性结合试验，可以省略采用另一种啮齿类动物进行的慢性试验与致癌试验。

(j)必要时，需要增加检查子宫暴露情况。

(2)致癌性试验

(a)试验应用两种以上啮齿类(一般使用大鼠、小鼠或仓鼠)进行。原则上使用动物数量在性别上雌雄各半。

(b)原则上，应在一周7天都经口给予。大鼠试验期间在24个月或长些时间之间和30个月或短些时间之间。小鼠试验期间在18个月或长些时间之间和24个月或短些的时间之间。受试物应通过动物饲料或饮水经口给予，如果经口给予困难时也可采用灌胃给予。

(c)除了对照组，至少应设立3个接受不同水平的剂量组。每个剂量组选择的理由应明确说明。应选择适当的组间剂量比值以便获得合适的NOAEL。

(d)采用喂饲方式给予受试物时应注意防止实验动物营养障碍。一般受试物的量与饲料比例不超过5%(质量分数)。当受试物以灌胃方式给予时，一般要求的最大剂量应为技术上可行的最大剂量或1000mg/kg体重。如果在该剂量不能观察到影响，则没有必要再提高给予剂量。

(e)如果致癌性试验为阳性，基因毒性阳性，并确定受试物为有遗传毒性的致癌物，原则上不能建立ADI。如果致癌性为阴性，不能确定受试物为遗传毒性致癌物，能建立ADI。即使被评估食品添加剂不可避免地产生/含有怀疑有遗传毒性的副产物/残留物，按要求检查(见第二章，第4条3、第4条4)后，可以能建立ADI。

(f)如果损伤率相对较低，在评价时对以下任何一项进行显著性检验可决定其致癌性：a)良性瘤样损伤与恶性瘤样损伤的总合；或b)癌前病变损伤、良性瘤样损伤与恶性瘤样损伤的总合。啮齿类动物内分泌系统肿瘤增加，一种类型损伤反复出现时对致癌性，包括癌前损伤的评估特别重要。

---

[1] 在本指南中，“免疫毒性”定义为由生物体无意地以非抗原特异性方式摄入的物质对免疫功能抑制而引起的毒性。

(g)如果发现一般肿瘤发生率不高的部位肿瘤发生增加或罕见的肿瘤发生增加,应将致癌机制也纳入到评估中。

(h)在评估中应考虑影响癌发展的因素(抑制体重增加或生存率降低)。

(i)应特别注意种特异性毒理学发现(如肥大、增生、甲状腺滤泡上皮肿瘤(特别是啮齿类动物)和肾脏病变和肿瘤(特别是雄性大鼠)。

(j)如果使用了一种啮齿类动物进行慢性毒性与致癌性结合试验,可以省略采用另一种啮齿类动物进行的慢性试验与致癌试验。

(k)必要时,需要增加检查子宫暴露情况。

(3)一年重复剂量给予的毒性/致癌结合试验

应按说明(1)和(2)进行。

(4)生殖毒性试验

检查生殖毒性的研究应按照1996年卫生与福利部发布的生殖毒性研究指南进行。还要按照下面说明进行。

(a)试验应采用一种以上啮齿动物(一般使用大鼠)。原则上使用动物数量在性别上雌雄各半。

(b)原则上,应在一周7天都经口给予。受试物应通过动物饲料或饮水经口给予,如果经口给予困难也可经过灌胃给予。

(c)除了对照组,至少设立3个接受不同的给予剂量组。对选择每个剂量水平的理由都要清楚地描述。应选择恰当的剂量比例以便获得适当的NOAEL。

(d)采用喂饲方式给予受试物时应注意防止实验动物营养障碍。一般受试物的量与饲料比例不超过5%(质量分数)。当受试物以灌胃方式给予时,一般要求的最大剂量应为技术上可行的最大剂量或1000mg/kg体重。如果在该剂量不能观察到影响,则没有必要再提高给予剂量。

(e)怀疑有神经毒性或免疫毒性时,需要额外进行OECD试验指南或ICH(人用药物注册技术要求国际协调会议)指南所描述的试验。

(5)胚胎发育毒性试验

检查胚胎发育毒性的研究应按照1996年卫生与福利部发布的致畸试验研究指南及下面解释进行。最短的给予周期是从着床到预计生产日期。受试物应每天给予孕鼠。

(a)应采用两个种以上的动物[一种以上啮齿类动物(一般是大鼠)和一种以上非啮齿类动物(一般是兔)]进行试验。

(b)受试物应经口灌胃给予。

(c)除了对照组,至少设立3个接受不同的给予剂量组。对选择每个剂量水平的理由都要清楚地描述。应选择恰当的剂量比例以便获得适当的NOAEL。

(6)基因毒性试验

检查基因毒性的试验应按照1996年卫生与福利部发布的诱变性试验指南进行。但检查不应仅限于狭义"诱变性"定义,评估应根据有关一般基因毒性试验结果进行。在纳入标准组合的试验(例如,细菌回复突变试验,培养哺乳动物细胞染色体畸变试验,啮齿类动物微核试验)中,培养哺乳动物细胞染色体畸变试验可用小鼠淋巴瘤TK试验(MLA)或体外微核试验代替。为了补充标准组合试验的结果,除了1996年卫生与福利部发布的指南所描述的方法,还可以采用单细胞凝胶电泳("彗星试验")和转基因动物体内突变试验。

如果由于技术限制,标准组合试验中有一项不能进行,应用科学证据支持解释的理由。可以用国际上已确认试验中的一项替代。试验结果应根据以下程序判断。

(a)如果细菌回复突变试验结果阳性,综合判断时应充分考虑使用作为指标的体内基因突变和DNA损伤(彗星试验、转基因动物体内试验)试验结果。

(b)如果培养哺乳动物细胞染色体畸变试验阳性和该作用在啮齿类动物微核试验结果也证实,可以确定该物质为基因毒性阳性。

(c)即使采用培养哺乳动物细胞染色体畸变试验阳性,如果啮齿类动物微核试验(充分证据显示靶器官暴露)阴性,可以确定该物质为基因毒性阴性。

(7)致敏性试验[1]

检查食品添加剂的致敏性应按照1996年卫生与福利部发布的抗原性试验指南进行。还没有很好地建立预测经口摄取化学物质的致敏性,特别是预测速发型致敏性的方法。因此,研究应采用专家批准的致敏和诱导方法。目前,至少要进行以迟发致敏反应作为指标的致敏性研究。这样的研究试验事例包括豚鼠皮肤致敏性试验(如,OECD试验指南406豚鼠最大值试验[GPMT])和小鼠淋巴结反应试验(如,OECD试验指南429局部淋巴结试验[LLNA])。含蛋白的食品添加剂的致敏性评估按照"转基因食品(微生物)的安全性评价标准"(FSCJ决议,2008年6月26日)进行。

(8)普通药理学研究

检查食品添加剂的普通药理学特性的研究应按照1996年卫生与福利部发布的普通药理学试验指南进行。

(9)其他试验

在亚慢性实验和其他试验后怀疑有神经毒性时,必要时应增加按照OECD指南或其他材料的试验。

在亚慢性实验和其他试验后怀疑有免疫毒性时,必要时应增加按照ICH指南或其他材料的恰当免疫功能试验。基于现有发现怀疑对人有免疫毒性时,必要时进行免疫功能试验。

第3条　在人体的发现

可能时应积极使用恰当的临床试验、流行病学资料和有关人体的其他信息。由于通常不容易从动物试验外推到人,当怀疑有致敏反应时,人体的发现特别有价值。

第4条　每日摄入量的评估

1. 根据日本饮食确定每日摄入量。注意避免对摄入量估算太小。原则上,估算的每日摄入量是将各种食物中使用的某种食品添加剂达到规定使用量时的每日摄入量综合计算而成。食物每日摄入量应以国家健康与营养调查提供的食物群摄入量和其他材料为基础适当估算。估算基于采用其他可靠方法收集的资料,如菜篮子调查和产品分析资料。每日摄入量应按体重50kg进行估算。

[1] 也称为"变应原性"。

2. 估算的每日摄入量应与毒理学试验得到的 ADI 比较,应检查这样的比较结果。必要时,应检查食品添加剂的安全性,以免同时摄入的多种食品都含有同一种食品添加剂。可以通过每日摄入量总和与组 ADI 进行比较或通过其他方法得到。

3. 在基于日本食物消费习惯考虑时,只要有其他相关影响,还应检查过量消费营养元素和对电解质平衡的影响。

第 5 条　国际上使用的通用香料评估程序

评估国际上使用的通用香料应按有关国际上使用的通用香料安全性评估程序进行(最新报告,第二次修订)(2003 年 11 月 4 日)。在采用微生物和哺乳动物细胞进行的体外遗传毒性试验后,怀疑对生物体有遗传毒性,资料表明需要进行体内试验时,如果已有体内微核试验结果,就不需要再进行体内染色体畸变试验。

为了评估摄入量,除了采用传统人均摄入量乘以 10(PCTT)的方法,JECFA 计划采用单一暴露技术(SPET)方法,这是一种通过对每组食品中各种食品的添加剂含量比例估算评估总摄入量的方法。未来评估应考虑 SPET 方法的结果。在日本由于添加剂的含量比例的评估并不适用于新添加剂,PCTT 方法仍会作为评估方法继续使用,SPET 方法的适用性将会作为一个专门问题讨论。

第 6 条　酶的评价方法

原则上,酶的安全性评估应按照附件 1 的资料和其他信息进行。当对通过微生物获得酶的生产菌株的安全性并不了解时,必须进行适当试验评价来源微生物的安全性。原则上,致病性和产毒的生产菌株不能用于酶生产。有科学证据证明酶在消化道能被分解为普通食物成分时,不用提交附件 1 所列于有关毒性资料。应提交附件 2 所列的有关毒性资料。

这样的判断应该按照 1996 年卫生与福利部发布的指南的表 2 中的项目进行。

第 7 条　营养元素的评价方法

原则上,对生物学上的必需营养元素和证明摄入某一剂量对人体健康有积极作用的营养元素的安全评估所要求的资料见附件 1。评估还应参考联合 FAO/WHO 营养素风险评估技术工作组的报告(WHO 总部,日内瓦,瑞士,2005 年 5 月 2 ~ 6 日)"建立营养素和相关物质摄取上限的模型"。营养元素的评估应根据以下说明进行。

1. 应根据人类临床试验发现、流行病学研究和病例报告进行评估。评估应该考虑本底因素和研究质量变化,对通过元分析(meta - analysis)得到的结果应赋予高些的权重值。

2. 需要量的范围和人类消耗量经常相对接近于所报道的人类 LOAEL 或 NOAEL。在采纳与营养元素有所不同的不确定因子❶时,应该考虑这一事实,以及特别是机体对营养元素的自我平衡功能。

3. 过量摄取可能对人类健康有严重影响,应将在其他情况下从食品中习惯性摄入量作为本底考虑,必要时还要检查除了平均值以外的习惯摄入量分布。

---

❶ 安全因子用于制定食品摄入标准中的营养元素最大耐受限量。

4. 对日本卫生、劳动与福利部建立的日本膳食营养素参考摄入量中有该营养元素的耐受上限值时,应检查提交的数据和相关本底资料。

附件1　食品添加剂评价要求的材料

(不包括国际上使用的通用香料)

项目		指定	标准修订
需要评估的添加剂信息			
	1. 名称与用途	要求	要求
	2. 来源或发现过程	要求	*
	3. 在其他国家的使用	要求	要求
	4. 国际组织和其他组织的评估	要求	*
	5. 物理化学特性	要求	要求
	6. 使用标准的建议	要求	要求
	7. 其他(对食品的健康影响评估有用的信息)	*	*
有关安全性的研究		要求	*
	1. 在生物体的试验阐述	要求	*
	2. 毒性	要求	*
	(1)亚慢性和慢性毒性试验	要求	*
	(2)致癌性试验	要求	*
	(3)一年重复剂量的毒性/致癌性结合试验	要求	*
	(4)生殖毒性试验	要求	*
	(5)胚胎发育毒性试验	要求	*
	(6)遗传毒性试验	要求	*
	(7)致敏反应潜在试验	要求	*
	(8)普通药理学试验	要求	*
	(9)其他试验	*	*
	3. 在人类的发现	要求	*
	4. 每日允许摄入量等评估	要求	要求

注1:对FSCJ已对申请的食品添加剂使用标准的部分的健康影响进行评估的,要求提交修订标准的资料。对FSCJ还没有对申请的食品添加剂使用标准的部分的健康的影响进行评估的,原则上,应按指定要求提交文件。

注2:标"要求"的资料,无论是否使用都应提交。资料标记星号"*"表示必要时提交(如,当有新发现时)。

注3:如果使用了一种啮齿类动物进行慢性毒性与致癌性结合试验,可以省略采用另一种啮齿类动物进行的慢性试验与致癌试验。

附件 2 评价酶所要求的有关毒性材料

（当有科学证据证明:考虑了 1996 年卫生与福利部发布的指南的表 2 的项目,酶在消化道能被分解为普通食物成分时）

项目	指定	标准修订
大鼠重复 90 天毒性试验	要求	*
遗传毒性试验	要求	*
致敏反应试验	要求	*

注:除非另行说明的,决定需要进行致敏反应评价的试验应参考“转基因食品的安全评估标准(微生物)”(FSCJ 决议,2008 年 6 月 26 日)。

第六节 申请指定食品添加剂、对在用食品添加剂标准修订的指南

厚生劳动省除了批准已接受的添加剂的新用途及最大使用量外,还要考虑批准成为新食品添加剂的申请。厚生劳动省批准食品添加剂的决定部分是建立在平均每天摄入某种物质的概念基础上的。因此在批准一种添加剂之前,厚生劳动省要考虑某种添加剂在各种食品范围内的使用情况。例如,被批准以规定用量作为人造奶油的防腐剂的物质不会被允许作为腌菜的防腐剂。为了使这种特制的添加剂被批准作为腌菜的添加剂,申请人必须向厚生劳动省提交相关的技术资料,以证明添加作用不会导致不可接受的每日摄入量。《食品添加剂的指定和食品添加剂使用标准修订的指南》(简称《指南》)详细介绍了为了获准作为新的食物添加剂或批准已通过的添加剂的新用途所应提交的申请和审核评价指南。

一、《指南》制定的目的

制定该指南是为拟申请根据《食品卫生法》第 6 条规定作为指定食品添加剂使用的物质和申请依据《食品卫生法》第 7 条第 1 款规定作为食品添加剂使用的标准建立提供指南。此外,该准则提供了申请所需要文件的范围和按要求准备文件时所需进行的安全性研究的推荐方法。

二、食品添加剂使用标准的指定和修订原则

食品添加剂必须对消费者健康不造成危害和使用有效。食品添加剂的使用必须对消费者有益。在食品添加剂的指定和修改使用标准过程中,以下要点必须经科学确认。食品添加剂的科学评价由药品事务和食品卫生委员会从公共卫生角度进行。在这些评价中,应该考虑 FAO/WHO 食品法典委员会和日本人群食品的摄入量。

1. 安全

被评价食品添加剂在预期用途下的安全性应该能被证明或确认。

2. 有效

必须能证明或确认食品添加剂的使用是以下(1)到(4)中的一个或者多个目的。然

而,如果目标食品的生产加工过程能够以低成本得到改进和改善,并且食品生产加工过程的这种改进和改善可以通过不使用食品添加剂实现时,再使用食品添加剂都被认为是不合理的。

(1)维持食品的营养质量。在以下(2)和在某食品并不是正常膳食重要构成部分的其他情况下,有目的地减少食物营养质量是合理的。

(2)为特殊膳食人群的加工食品提供必要的原料或成分,但食品添加剂并是为了发挥医药用途,例如预防或者治疗特定的疾病。

(3)为了提高或者保持食品的质量和稳定性或者用以改善食品的感观特性。但是这种改善不能改变食品的本质、成分或者特性以达到欺骗消费者的目的。

(4)在食品的生产、加工、制备、处理、包装、运输、储存过程中提供帮助,在这些活动的任何过程所提供的食品添加剂不能被用于伪劣原料欺诈,或不希望的(包括不卫生)操作或技术。

三、食品添加剂指定和修订已批准使用标准的程序

1. 申请

申请指定一种新的食品添加剂或者申请修改一种已批准食品添加剂的使用标准的申请者应该向厚生劳动省提出申请。申请者应该同时提交所需的规格和使用标准草案、食品添加剂安全性资料。

2. 规格和使用标准草案

(1)申请指定食品添加剂时应提交食品添加剂规格草案。要求标准草案对在使用食品添加剂目标食品、使用量和使用途径进行严格限制。规定食品添加剂的使用、使用量和限制的使用途径。

(2)申请食品添加剂使用标准的修订时,应附有以表格形式对比现有标准和建议标准。

3. 申请的审查程序

申请者提交的资料将由秘书处办公室进行初步审查,当部长认为需要听取药品事务和食品卫生理事会的意见时,厚生劳动省将启动向理事会征求有关申请的意见程序。

在必要时,理事会可以要求申请者进一步提交资料。如果理事会讨论后认为指定和修改申请合理,它会向厚生劳动省提交一份确认报告。厚生劳动省接到理事会的报告后,将按照程序做出决定,包括修改《食品卫生法实施办法》(见图6-1)。

4. 处理时间

从厚生劳动省接到申请到其做出指定或修改使用标准的标准时间周期是1年。然而,这个时间周期不包括对不完整的材料进行补充完善的时间和对理事会的要求进行回复的时间。

四、申请指定和修订已批准使用食品添加剂标准的文件资料

1. 所附文件的范围

(1)申请指定食品添加剂和食品添加剂使用标准修订,所要求提交资料见表6-2。然而,对一些资料可免于提交,但要陈述免于提交的充分理由。

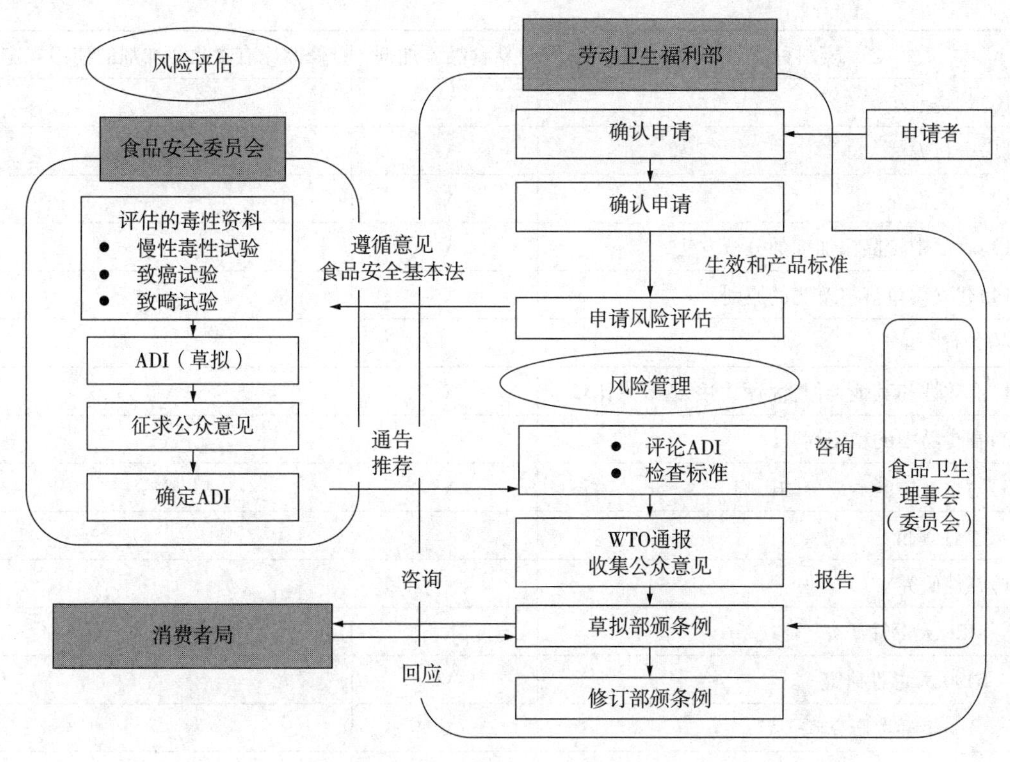

图 6－1　食品添加剂指定流程图

表 6－2　申请指定新食品添加剂和修改原有食品添加剂使用规定所要提交的资料

资料种类	新食品添加剂	修改原有食品添加剂的使用规定
1. 摘要	√	√
2. 来源或研制的过程及其他国家使用规定		
1）来源和研制的详细资料	√	√
2）其他国家使用规定		
3. 理化特征和质量规格	√	
1）名称	√	
2）结构式和理论式	√	
3）分子式和相对分子质量	√	
4）特性	√	
5）性状描述	√	
6）鉴定试验	√	
7）特性特征	√	
8）纯度试验	√	
9）干燥失重	√	

续表

资料种类	新食品添加剂	修改原有食品添加剂的使用规定
10)灼烧残渣	√	
11)分析方法	√	
12)稳定性	√	
13)食品中食品添加剂的分析方法	√	
14)建立质量规格草案的原则	√	
4. 有效性		
1)有效性和其他类似食品添加剂的效果比较	√	√
2)在食品中的稳定性	√	
3)对食品中营养成分的影响	√	
5. 安全性评价		
1)毒性研究		
a)28 天毒性研究	√	
b)90 天毒性研究	√	
c)一年毒性研究	√	
d)生殖毒性研究	√	
e)致畸性研究	√	
f)致癌性	√	
g)慢性和致癌性组合研究		
h)抗原性研究	√	
i)诱变性研究	√	
j)一般药理学研究	√	
2)代谢和药动学研究	√	√
3)每日摄入量研究	√	√
6. 建议的使用规定		

(2)不管提交文件的可靠性如何,在对食品添加剂的质量、安全或有效性有怀疑时,申请人应提交任何需要的资料。

2. 准备文件时一般考虑的问题

(1)准备申请的所需文件,申请人应承担起全部信息可靠性的责任。

(2)基本上,所有文件应当提交日语版本。然而,除了文件摘要(见表 6 - 2)可提交英语版本。

(3)在准备必要的文件时,所进行的研究需要在有足够设施、设备和人员的实验室进行,以保证测试数据的可靠性,而且被认为是充分管理的。

3. 申请指定食品添加剂文件的特别要求

(1)文件小结

①摘要应当简要描述文件类别。②如果在表中列出的任何文件免于提交材料时,应当说明免于提交的理由。

(2)有关起源或开发详情及国外使用情况文件

①起源或发展详细情况。食品添加剂的历史应包括在开发和利用年表中,在其他国家使用也应予以说明。②国外使用情况。应予说明海外情况(包括批准的食品添加剂情况、食品添加剂使用的目标食品、使用标准、规格)。此外,还应予说明国际组织对相同食品添加剂的安全评价、使用标准和规格。

(3)物理特性和规格文件

该文件应按照基于官方编辑的食品添加剂(日本食品添加剂规格和标准)的"一般通告"和"一般试验"节进行试验的结果准备。

①名称:提供通用名和化学名称(国际纯粹化学和应用化学联合会)。

②结构式和理论式:结构式或理论式应参考《日本食品添加剂标准》中对相同结构的物质描述进行描述。

③分子式和相对分子质量:应基于《日本食品添加剂规格和标准》的"一般通告"节的要求进行描述。

④评估:应基于制造工艺,检测错误和稳定性,建立对食品添加剂的评估,以确保食品添加剂的安全稳定的质量和有效。

⑤制造方法:应清楚说明制造方法,因为杂质种类和数量随着食品添加剂制造过程中产生和混合方法不尽相同而变化。

⑥描述:应介绍鉴定和处理食品添加剂的必要信息,这些信息通常包括味道、气味、颜色和形式。

⑦鉴定试验:需要鉴别试验以其特征为基础,鉴别是否该物质就是目标食品添加剂。因此,鉴别试验应以食品添加剂的化学结构特征为基础,具有特异性。

⑧特性:特性以采用物理或化学手段测定的值标示,包括吸收、旋光度、pH、熔点。应描述对食品添加剂质量保证所必需的参数。

⑨纯度试验:应进行纯度检测确定食品添加剂中的杂质含量,并指定食品添加剂的纯度和检测方法。

⑩干燥失重、灼烧失重、水分含量:"干燥失重"试验通常用于测定食品添加剂中能够通过干燥失去的物质。这些物质包括游离水、全部或部分结晶水和挥发性物质。"灼烧失重"试验用于无机物质中通过灼烧容易失去其部分成分或掺入物质。水分测定通常用于测定食品添加剂中的水分。

⑪灼烧残渣:该测试一般用于测定有机化合物中无机杂质总量。在某些情况下,这种测试可用于测量容易通过加热挥发的有机化合物杂质在无机化合物存在的量。

⑫分析方法:试验方法的目的是采用物理、化学或生物手段测定食品添加剂的有效成分。当建立起一个相对分析方法时,在该分析方法中参考标准的规格也应建立。

⑬食品添加剂稳定性:对食品添加剂的稳定性,包括分解产物应进行评估。对分解产品的稳定性也应进行评估。

⑭食品中食品添加剂的分析方法:基本上,对食品中极有可能使用的食品添加剂应建立

分析方法。应该通过化学分析来鉴定添加的食品添加剂的质量和数量。

如果有其他类似用途的添加剂与所分析的食品添加剂一起使用,目标添加剂应从使用的添加剂中分离并进行分析。

⑮建立质量规格草案的原则:a)应规定产品规格以保证其稳定的质量,以确保有关安全性和有效性。b)建立规格对比表,国际组织和其他主要国家的规格应附上。

(4)有效性资料

①应进行有效性研究,以根据其用途确定食品添加剂的预期效果。

②应该与已被批准的广泛使用的食品添加剂的效果进行比较。

③研究食品添加剂在食品中的稳定性。对不稳定的食品添加剂,应当检查分解产物的种类和数量。

④应检查食品添加剂对比食品中主要营养成分的影响。

(5)安全性资料

①毒性的文件

a)为了确保动物毒性试验数据的可靠性,毒性研究应按照适合的良好实验室规范(GLP)进行,这样的标准用于药物的安全性研究。

b)通常,在《指南》第5章提出了每个毒性试验所使用的方法,以帮助对食品添加剂的安全性进行充分的评价。

对所有食品添加剂应用统一的方法并不是合理。允许跟踪科技进步研究新方法用于食品添加剂的安全性评价。如果获得的结果可以被食品添加剂的科学安全性评价采用,检查者也不必一定要采用第5章中规定的方法。基本上也可以接受按照OECD(经济合作与发展组织)准则或美国FDA的指导方针进行的研究。

②代谢和药动学资料

a)通常要求进行代谢和药代动力学研究,以评估计供人食用的食品添加剂在生物体内的吸收、分布、代谢,以及排泄。该文件不仅应包括动物试验研究的发现,还要讨论代谢和药代动力学外推到人类可能产生的有害影响。

b)《指南》第5章介绍了代谢和药代动力学研究的一般方法。进行研究应遵循本章①a)的基本概念进行。

③食品添加剂的每日允许摄入量文件

a)食品添加剂的每日允许摄入量按每天摄入的目标食物和每种食物中使用的食品添加剂的数据进行估计。在确定日本人每天目标食物摄入量时,可从基于国家营养调查或其他相关调查的食物数据获得。

b)在进行安全性评价时,应将食品添加剂每日摄入量与毒性研究确定的每日允许摄入量进行比较。

当一种食物添加剂与其他同类添加剂同时被食用时,其安全性也应进行评估。

如有必要,应该注意在日本人所摄入食物情况下,过量摄入食品添加剂与生物体内电解质平衡的影响。

(6)使用的标准草案文件

①当申请者在全面的评估食品添加剂安全性和效果基础上,确定食品添加剂的使用标准需要严格限制目标食物、使用量时,申请者应该基于上述文件(2)和(5)提出支持使用标准

必要性的证据。应根据其他食品添加剂已经建立的标准制定使用标准。

②当申请人确定食品添加剂没有必要制定使用标准时，申请者应该基于上述文件（2）和（5）提出支持该决定的证据。

4. 申请食品添加剂使用标准修订要特别考虑的问题

申请者应按照《指南》第4章第3节要求具体考虑。文件应该提出支持食品添加剂使用标准修订的必要性的证据，包括增加的目标食物和使用量的变化。

第七节　未批准食品添加剂的处理

针对国外允许使用而在日本国内并没有批准使用的食品添加剂，日本厚生劳动省在2002年7月26日发布了《安全性已得到普遍证实，并在日本之外的国际间广泛使用的日本未批准食品添加剂的管理办法（Handling of the unauthorized food additives, which are evaluated as safe and are widely used internationally）》。

一、管理办法

（一）背景

国际食品贸易正在增加，进口食品在日本总的食品比例中超过60%，日本批准的食品添加剂名单与其他国家存在一定差异，这意味着可能在进口食品中包含有国际上认为安全，而在日本是未经批准的食品添加剂。另一方面，日本专家和其他外国专家根据同样的科学数据评价食品添加剂的安全性，但可能得出不同毒性评价结论和每日允许摄入量（ADI），而对找出两者之间的差异是十分困难的。

（二）新政策

1. 除香料以外的食品添加剂

（1）条件

只要满足以下标准，可以认为该物质作为食品添加剂是安全和必要的，然后会将其作为新食品添加剂候选者处理，进行全面的安全和暴露评价。①它们已被JECFA评价是安全的；②它们在国外，包括美国和欧盟国家已经被广泛使用，其必要性在国际上已经得到认可。

（2）程序

①基于获得的每种食品添加剂的信息，厚生劳动省将草拟一份候选品种名单；②药物和食品卫生理事会将审查并批准该候选品种名单；③候选品种名单获得批准后，根据分别收集到的相关资料对候选品种进行安全、质量、必要性的再评价。

2. 香料

JECFA对香料采用的安全评价方法完全不同于其他食品添加剂，对日本专家而言是完全陌生的。因此，在进行上述程序之前，首先要对评价方法本身进行审查。

二、临时报告

日本厚生劳动省希望根据《安全性已得到普遍证实，并在日本之外的国际间广泛使用的日本未批准食品添加剂的管理办法》的临时报告，新指定在日本没有批准的某些食品添加剂。以下内容是2002年12月17日日本厚生劳动省公布的临时报告大纲。

(1)目标物质。拟指定的目标物要达到以下两个条件。这些标准源自于"拟指定食品添加剂的安全性已经得到普遍证实并在日本之外广泛使用的概念"。这个概念在2002年7月26日的药物和食品卫生理事会下属的食品卫生委员会的会议上被采纳。①目标物的安全性评价已经由JECFA完成，而且其安全性在一定的限量范围得到证实；②目标物已经在美国和欧洲国家广泛应用，而且认为其使用必要性非常重要。

(2)2002年10月9日，厚生劳动省要求相关人员、各国驻东京大使以及食品工业组织，提供满足上述标准的食品添加剂信息，包括安全性和必要性的信息。厚生劳动省从包括日本国内外商业企业的26个组织收到了55种物质的相关信息。这55种物质中不包括生物素(维生素H)、羟丙基甲基纤维素、硬脂酸镁和磷酸三镁，因为药物和食品卫生理事会已经对它们做出了评价意见。

(3)在这55种物质中，有38种满足标准要求(见表6－3)，有17种不能满足要求(见表6－4)。

①在满足条件要求的38种添加剂的详细情况为：a)17种属于MHLW过去调查的26种物质的范畴；b)20种不属于MHLW过去调查的范畴；c)1种由于规则的差异，在美国或欧洲被用作食品成分或其他材料而日本被分类为食品添加剂。

②26种物质之外有8种物质未得到信息(见表6－5)。

③17种物质详细情况为：a)3种未经JECFA安全认定，但在美国和欧洲被同意使用；b)8种经过了JECFA安全认定，但只在美国或只在欧洲被同意使用；c)3种未经JECFA安全认定，但只在美国或只在欧洲被同意使用；d)1种未经JECFA安全认定，在美国也没有使用，仅在欧洲特定地区使用；e)2种因为使用了一个概括性名称而无法辨别。

表6－3　满足条件要求的38种添加剂

名称	主要用途	JECFA评价(年)	JECFA ADI值	美国	欧洲
藻酸铵	乳化剂、稳定剂、增稠剂、胶凝剂	○(1992)	未规定	○(21CFR 184.1133)	○(E403)
藻朊酸钾	乳化剂、稳定剂、增稠剂、胶凝剂	○(1992)	未规定	○(21CFR 184.1610)	○(E402)
藻酸钙	乳化剂、稳定剂、增稠剂、胶凝剂	○(1992)	未规定	○(21CFR 184.1187)	○(E404)
HPC(羟基丙基纤维素)	片剂黏合剂、乳化剂、增稠剂、成膜剂	○(1989)	未规定	○(21CFR 172.870)	○(E463)
β－阿朴－8′－胡萝卜醛	色素	○(1974)	0～5mg/kg	○(21CFR 73.90	○(E160e)

续表

名称	主要用途	JECFA 评价（年）	JECFA ADI 值	美国	欧洲
β－胡萝卜素（源于三孢霉素、三孢子聚集体）	色素、营养强化剂	○（2001）	0～5mg/kg	○（21CFR 73.95,184.1）	○（E160a）
抗坏血酸钙	防腐剂	○（1981）	未规定	○（21CFR 182.3189）	○（E302）
硅铝酸钠	抗凝结剂	○（1985）	未规定	○（21CFR 182.2727）	○（E554）
胭脂红	色素	○（1982）	0～5mg/kg	○（21CFR 73.100）	○（E120）
角黄素（类胡萝卜素）	色素	○（1995）	0～0.03mg/kg	○（21CFR 73.75）	○（E161g）
硅酸钙	抗结剂、助滤剂、增稠剂	○（1985）	未规定	○（21CFR 172.410）	○（E552）
糖精钙	甜味剂	○（1993）	0～5mg/kg	○（21CFR 180.37）	○（E954）
酸性磷酸铝钠	发酵剂	○（1988）	PTWI7mg/kg（以铝计）	○（21CFR 182.1781）	○（E541）
氢氧化镁	酸度调节剂	○（1965）	未规定	○（21CFR 184.1428（c）	○（E528）
硬脂酰－2－乳酸钠	乳化剂、稳定剂	○（1973）	0～20mg/kg	○（21CFR 172.849c9）	○（E481）
乳酸链球菌肽，尼生素	防腐剂	○（1968）	0～33000单位/kg	○（GRN 0064）	○（E234）
PVP（聚乙烯吡咯烷酮）	增稠剂、稳定剂、澄清剂、片剂	○（1986）	0～50mg/kg	○（21CFR 173.55）	○（E1201）
乳酸钾	增味剂、酸、酸度调节剂、防腐剂、抗氧化剂、增效剂	○（1974）	未规定	○（21CFR 184.1634）	○（E326）
硬脂酸钙	抗结剂、乳化剂	○（1985）	未规定	○（21CFR 172.863c）	○（E470a）
聚山梨酸酯 20	乳化剂	○（1973）	0～25mg/kg	○（21CFR 172.515b）	○（E432）

续表

名称	主要用途	JECFA 评价（年）	JECFA ADI 值	美国	欧洲
聚山梨酸酯 60	乳化剂	○（1973）	0～25mg/kg	○（21CFR 172.836c）	○（E435）
聚山梨酸酯 65	乳化剂	○（1973）	0～25mg/kg	○（21CFR 172.838c）	○（E436）
聚山梨酸酯 80	乳化剂	○（1973）	0～25mg/kg	○（21CFR 172.840c）	○（E433）
磷酸二镁	营养强化剂	○（1982）	MTDI 70mg/kg（以磷计）	○（21CFR 184.1434）	○（E343ii）
乙酰化己二酸双淀粉 *	增稠剂、黏合剂、稳定剂	○（1982）	未规定	○（21CFR 172.892）	○（E1422）
磷酸乙酰双淀粉 *	乳化剂、增稠剂、黏合剂	○（1982）	未规定	○（21CFR 172.892）	○（E1414）
乙酰氧化淀粉 *	乳化剂、增稠剂、黏合剂、稳定剂	○（2001）	未规定	○（21CFR 172.892）	○（E1451）
辛烯基琥珀酸淀粉钠 *	增稠剂、黏合剂、稳定剂	○（1982）	未规定	○（21CFR 172.892）	○（E1450）
羟丙基淀粉 *	增稠剂、黏合剂、稳定剂	○（1982）	未规定	○（21CFR 172.892）	○（E1440）
羟丙基磷酸双淀粉 *	增稠剂、黏合剂、稳定剂	○（1982）	未规定	○（21CFR 172.892）	○（E1442）
磷酸盐化磷酸双淀粉 *	增稠剂、黏合剂、稳定剂	○（1982）	未规定	○（21CFR 172.892）	○（E1413）
磷酸单淀粉 *	增稠剂、黏合剂、稳定剂	○（1982）	未规定	○（21CFR 172.892）	○（E1410）
磷酸双淀粉 *	乳化剂、增稠剂、黏合剂	○（1982）	未规定	○（21CFR 172.892）	○（E1412）
氧化淀粉 *	乳化剂、增稠剂、黏合剂	○（1982）	未规定	○（21CFR 172.892）	○（E1404）
乙酸淀粉 *	乳化剂、增稠剂、黏合剂	○（1982）	未规定	○（21CFR 172.892）	○（E1420）

续表

名称	主要用途	JECFA 评价（年）	JECFA ADI 值	美国	欧洲
氧化亚氮	推进剂、气体填充剂	○(1985)	作气体推进剂是可接受的	○(21CFR 184.1545)	○(E942)
游霉素（匹马霉素）	杀霉菌的防腐剂	○(2001)	0～0.3mg/kg	○(21CFR 172.155c)	○(E235)
异丙醇	萃取剂、溶剂	○(1998)	可接受的	○(21CFR 172.515b)	○处理助剂
注:○有相应资料或标准;这些带＊号的改性淀粉在日本被分类为食品。					

表 6－4 不满足条件要求的 17 种添加剂

名称	主要用途	JECFA 评价（年）	JECFA ADI 值	美国	欧洲
dl－α－醋酸生育酚	营养强化剂			○(21CFR 182.8892)	○食品
d－α－醋酸生育酚				○(21CFR 182.8893)	○食品
DL－苹果酸钾	酸度调节剂、增味剂	○(1998)	未规定	×	○(E351)
DL－苹果酸钙	酸度调节剂	○(1979)	未规定	×	○(E352)
TBHQ（特丁基对苯二酚）	防腐剂、抗氧化剂	○(1997)	0～0.7mg/kg	○(21CFR 172.185)	×
偶氮玉红	色素	○(1983)	0～0.7mg/kg	○(21CFR 172.815)	×
亚硫酸盐					
磷脂酸铵盐	乳化剂	○(1974)	0～30mg/kg	×	○(E442)
氧化锌	营养强化剂	评价中		○(21CFR 582.5911)	×
生育酚					
维生素 K_1	营养强化剂			未规定	○(营养强化剂)
二磷酸三钠	稳定剂、乳化剂、营养强化剂	○(2001)	MTDI 70mg/kg	×	○(E450ii)
聚山梨酸酯 40	乳化剂	○(1973)	0～25mg/kg	○(21CFR 175.105)＊	○(E434)
酒石酸	葡萄酒抗沉淀剂	×		×	○(E353)

续表

名称	主要用途	JECFA 评价（年）	JECFA ADI 值	美国	欧洲
碘酸钾	面粉处理剂	○(1965)	不推荐作为面粉处理剂使用	○(21CFR 184.1635)	×
硫酸铝	稳定剂、酯化作用	○(1978)	—	○(21CFR 172.892d)	○(E520)
番茄红素	色素	○(1977)	推迟决定	×	○(E160d)
注：○有相应资料或标准；×没有相应资料；* 聚山梨酸酯 40 在美国被分类为间接食品添加剂，不允许直接用于食品。					

表 6－5　过去调查中 8 种添加剂未获得信息

名称	主要用途	JECFA 评价（年）	JECFA ADI 值	美国	欧洲
乙酸钙	防腐剂、稳定剂、酸度调节剂	○(1973)	无限制	○(21CFR 184.1185)	○(E263)
硅铝酸钙	抗结剂	○(1985)	未规定	○(21CFR 182.2122)	○(E556)
氧化钙	生面团调节剂、碱性、酵母食品	○(1965)	无限制	○(21CFR 184.1210)	○(E529)
山梨酸钙	防腐剂	○(1973)	0～25mg/kg 无限制	○(21CFR 184.3640)	○(E202)
合成硅酸镁	抗结剂	○(1982)	未规定	○(21CFR 184.1847)	○(E553a)
L－谷氨酸一铵	增香剂、代盐剂	○(1987)	未规定	○(21CFR 184.1847)	○(E624)
硫酸钾	代盐剂	○(1985)	未规定	○(21CFR 184.1643)	○(E515)
柠檬酸三乙酯	溶剂、螯合剂	○(1999)	可接受的	○(21CFR 184.1625)	○(E1505)
注：○有相应资料或标准。					

(4)未来的行动。

①MHLW 将开始评价 46 种物质——38 种满足条件，而 8 种未得到信息(见表 6－5)

②进度表。a)46 种物质被分为 4 组(见表 6－6～表 6－9)；b)在专家收集和分析必需数据后，大约在 2003 年 4 月相关委员会将开始评价工作，评价工作首先从 1 组开始，然后顺序进行。

③调味剂另外评价，先由健康科学国立学院的专家对 JECFA 的评价方法进行预评审。

表 6－6 1 组:委员会评价的预咨询物质或同类物质(18 种)

类别	名称	主要用途	JECFA 评价(年)	JECFA ADI	美国	欧洲
聚山梨酸酯组	聚山梨酸酯 20	乳化剂	○(1973)	0～25mg/kg	○(21CFR 172.515b)	○(E432)
	聚山梨酸酯 60	乳化剂	○(1973)	0～25mg/kg	○(21CFR 172.836c)	○(E435)
	聚山梨酸酯 65	乳化剂	○(1973)	0～25mg/kg	○(21CFR 172.838c)	○(E436)
	聚山梨酸酯 80	乳化剂	○(1973)	0～25mg/kg	○(21CFR 172.840c)	○(E433)
硬脂酸盐组	硬脂酸钙	营养强化剂	○(1985)	未规定	○(21CFR172.863c)	○(E470a)
磷酸镁	磷酸二镁	营养强化剂	○(1982)	MTDI 70mg/kg(以磷计)	○(21CFR 184.1434)	○(E343ii)
HPC(羟基丙基纤维素)	HPC(羟基丙基纤维素)	片剂黏合剂、乳化剂、增稠剂	○(1989)	未规定	○(21CFR 172.870)	○(E463)
改性淀粉 *	乙酰化己二酸双淀粉	增稠剂、黏合剂、稳定剂	○(1982)	未规定	○(21CFR 172.892)	○(E1422)
	磷酸乙酰双淀粉	乳化剂、增稠剂、黏合剂	○(1982)	未规定	○(21CFR 172.892)	○(E1414)
	乙酰氧化淀粉	乳化剂、增稠剂、黏合剂、稳定剂	○(2001)	未规定	○(21CFR 172.892)	○(E1451)
	辛烯基琥珀酸淀粉钠	增稠剂、黏合剂、稳定剂	○(1982)	未规定	○(21CFR 172.892)	○(E1450)
	羟丙基淀粉	增稠剂、黏合剂、稳定剂	○(1982)	未规定	○(21CFR 172.892)	○(E1440)
	羟丙基磷酸双淀粉	增稠剂、黏合剂、稳定剂	○(1982)	未规定	○(21CFR 172.892)	○(E1442)
	磷酸盐化磷酸双淀粉	增稠剂、黏合剂、稳定剂	○(1982)	未规定	○(21CFR 172.892)	○(E1413)
	磷酸单淀粉	增稠剂、黏合剂、稳定剂	○(1982)	未规定	○(21CFR 172.892)	○(E1410)

续表

类别	名称	主要用途	JECFA 评价（年）	JECFA ADI	美国	欧洲
改性淀粉*	磷酸双淀粉	乳化剂、增稠剂、黏合剂	○(1982)	未规定	○(21CFR 172.892)	○(E1412)
	氧化淀粉	乳化剂、增稠剂、黏合剂	○(1982)	未规定	○(21CFR 172.892)	○(E1404)
	乙酸淀粉*	乳化剂、增稠剂、黏合剂	○(1982)	未规定	○(21CFR 172.892)	○(E1420)
注:○有相应资料或标准; * 这些改性淀粉被分类为食品,共 11 种物质。						

表 6-7 2 组:审定的同类添加剂(12 种物质)

类别	名称	主要用途	JECFA 评价（年）	JECFA ADI	美国	欧洲
海藻酸盐	藻酸铵	乳化剂、稳定剂、增稠剂、胶凝剂	○(1992)	未规定	○(21CFR 184.1133)	○(E403)
	藻朊酸钾	乳化剂、稳定剂、增稠剂、胶凝剂	○(1992)	未规定	○(21CFR 184.1610)	○(E402)
	藻酸钙	乳化剂、稳定剂、增稠剂、胶凝剂	○(1992)	未规定	○(21CFR 184.1187)	○(E404)
	β-胡萝卜素(源于三泡霉素三孢子聚集体)	色素、营养强化剂	○(2001)	0~5mg/kg	○(21CFR 73.95,184.1)	○(E160a)
	抗坏血酸钙	防腐剂	○(1981)	未规定	○(21CFR 182.3189)	○(E302)
	糖精钙	甜味剂	○(1993)	0~5mg/kg	○(21CFR 180.37)	○(E954)
	氢氧化镁	酸度调节剂	○(1965)	未规定	○(21CFR 184.1428(c)	○(E528)
	硬脂酰-2-乳酸钠	乳化剂、稳定剂	○(1973)	0~20mg/kg	○(21CFR 172.849c9)	○(E481)
	乳酸钾	增味剂、酸、酸度调节剂、防腐剂、抗氧化剂、增效剂	○(1974)	未规定	○(21CFR 184.1634)	○(E326)
	PVP(聚乙烯吡咯烷酮)	增稠剂、稳定剂、澄清剂、片剂	○(1986)	0~50mg/kg	○(21CFR 173.55)	○(E1201)
	山梨酸钙	防腐剂	○(1973)	0~25mg/kg	○(21CFR 184.3640)	○(E202)
	L-谷氨酸一铵	增香剂、代盐剂	○(1987)	未规定	○(21CFR 184.1847)	○(E624)
注:○有相应资料或标准。						

表 6-8 3组:1、2、4组中未列出的物质(14种物质)

类别	名称	主要用途	JECFA 评价(年)	JECFA ADI	美国	欧洲
硅酸盐组	硅铝酸钠	抗结剂	○(1985)	未规定	○(21CFR 182.2727)	○(E554)
	硅酸钙	抗结剂	○(1985)	未规定	○(21CFR 172.410)	○(E553)
	硅铝酸钙	抗结剂	○(1985)	未规定	○(21CFR 182.2122)	○(E556)
	合成硅酸镁	抗结剂	○(1982)	未规定	○(21CFR 184.1847)	○(E553a)
其他	β-阿朴-8′-胡萝卜醛	色素	○(1974)	0~5mg/kg	○(21CFR 73.90	○(E160e)
	胭脂红	色素	○(1982)	0~5mg/kg	○(21CFR 73.100)	○(E120)
	角黄素(类胡萝卜素)	色素	○(1995)	0~0.03mg/kg	○(21CFR 73.75)	○(E161g)
	酸性磷酸铝钠	发酵剂	○(1988)	PTWI 7mg/kg(以铝计)	○(21CFR 182.1781)	○(E541)
	乳酸链球菌肽,尼生素	防腐剂	○(1968)	0~33000单位/kg	○(GRN0064)	○(E234)
	乙酸钙	防腐剂、稳定剂、酸度调节剂	○(1973)	无限制	○(21CFR 184.1185)	○(E263)
	氧化钙	生面团调节剂、碱性、酵母食品	○(1965)	无限制	○(21CFR 184.1210)	○(E529)
	硫酸钾	代盐剂	○(1985)	未规定	○(21CFR 184.1643)	○(E515)
	柠檬酸三乙酯	溶剂、螯合剂	○(1999)	可接受的	○(21CFR 184.1625)	○(E1505)
	异丙醇	萃取剂、溶剂	○(1998)	可接受的	○(21CFR 172.515b)	○处理助剂

注:○有相应资料或标准。

表 6-9 4 组:已经使用的物质(2 种物质)

名称	主要用途	JECFA 评价(年)	JECFA ADI	美国	欧洲
氧化亚氮	推进剂、气体填充剂	○(1985)	作气体推进剂是可接受的	○(21CFR 184.1545)	○(E942)
游霉素(匹马菌素)	杀霉菌的防腐剂	○(2001)	0~0.3mg/kg	○(21CFR 172.155c)	○(E235)
注:○有相应资料或标准。					

第七章 日本食品添加剂的使用规定和标准

第一节 食品添加剂使用的一般规定

(1)除特别规定外,如果一种食品添加制剂含有已经建立了使用标准的添加剂,则针对某添加剂建立的使用标准也被看作是该制剂的使用标准。

(2)当表7-1内列2内的一种食品相对应含有列1内所列的添加剂,而该食品又被用于加工或生产列3中的食品,则认为列3的食品使用了列1内的相应添加剂。

表7-1 食品添加剂使用的一般规定

列1	列2	列3
二氧化硫 焦亚硫酸钾 次硫酸钠 焦亚硫酸钠 亚硫酸钠	AMANATTO(干糖豆)、糖渍樱桃(例如:糖渍无核樱桃、用冰糖上霜或者用糖浆浸)、法式芥末酱、干果(葡萄干除外)、土豆干、食用糖浆、冷冻生蟹、果酒、明胶、Kanpyo(干葫芦条)、KONNYAKU-KO(魔芋粉)、杂酒饮料、天然果汁(限于稀释5倍或以上后饮用的产品)、明虾、炖豆、淀粉糖浆、马铃薯粉、食品糖浆、冷冻生蟹、凝胶、转化糖浆用木薯淀粉	列2所列以外的食品
糖精钠	面粉糊(这里的粉糊是指任何将糖、脂肪/油、奶粉、鸡蛋、小麦粉加到以面粉、淀粉、坚果或其加工的产品、可可、巧克力、咖啡、果泥、果汁为主要成分的原料中,经巴氏消毒,作为面包、糖果糕点的馅料或表面涂抹料)	糖果
山梨酸钾 山梨酸	Miso(发酵豆瓣酱)	Miso-zuke(酱腌制品)
所有食品 添加剂	所有食品	有关乳、乳制品成分规格的部颁条例第2条规定的乳、乳制品(冰淇淋除外),ETC(1951年厚生省令第52号)

第二节 日本食品添加剂使用标准

指定添加剂分为2类,一类有严格的使用条件和限制,对这些添加剂日本专门制定了使用标准,另一类只是列入了指定食品添加剂名单目录,在使用范围和用量上并没有限制。日本针对第一类指定食品添加剂及少数现有食品添加剂制定了《食品添加剂使用标准》,对表7-2中的现有食品添加剂以"◆"标注。日本对该标准进行不定期更新,每年都会进行更新,但在一年的时间里更新的频次各不相同。如仅 2011 年,就分别在 3 月 15 日、7 月 19 日、9 月1 日、12 月 27 日更新了 4 次;2013 年就已分别在 3 月 13 日、5 月 15 日、8 月 6 日、10 月 22 日、12 月 4 日更新了 5 次;2014 年 4 月 10 日又发布了更新版本。本章翻译版本为 2014 年 4 月 10 日发布的版本。该版使用标准见表 7－2。

表 7-2 日本食品添加剂按功能类别的使用标准

添加剂名称	适用食品	最大限量	使用限制
一、酸味剂			
乙酸 冰乙酸 己二酸 柠檬酸 富马酸（反丁烯二酸） 葡萄糖酸 葡萄糖酸 -δ- 内酯 乳酸 DL- 苹果酸 琥珀酸 D- 酒石酸 DL- 酒石酸	所有食品		
二、抗结剂			
亚铁氰化物的钙、钾、钠盐	食盐	单独或结合使用，以无水亚铁氰化钠计 0.020g/kg	
三、消泡剂			
硅酮树脂	所有食品	0.050g/kg	仅限用于消泡
四、防霉剂			
嘧菌酯	柑橘类水果（温州橘除外）	0.010g/kg （最大残留限量）	
二苯胺（联苯、联二苯）	 柚子 柠檬 桔子	最大残留限量： 0.070g/kg 0.070g/kg 0.070g/kg	
咯菌腈	猕猴桃	0.020g/kg	
	柑橘类水果（温州橘除外）	0.010g/kg	
	苹果 杏（种子除外） 樱桃（种子除外） 日本李子（种子除外） 枇杷 油桃（种子除外） 梨 桃子（种子除外） 石榴 温柏	0.0050g/kg	
抑霉唑	 香蕉 柑橘类水果（温州橘除外）	最大残留限量： 0.0020g/kg 0.0050g/kg	
邻苯基苯酚 邻苯基苯酚钠	柑橘类水果	以邻苯基苯酚的最大残留限量计，0.010g/kg	

续表

添加剂名称	适用食品	最大限量	使用限制
嘧霉胺	杏 樱桃 柑橘类水果（温州橘除外） 日本李子（包括李子干） 桃	0.010g/kg（最大残留限量）	
	苹果 梨 温柏	0.014g/kg（最大残留限量）	
噻苯咪唑	 香蕉（整体） 香蕉（果肉） 柑橘类水果	最大残留限量： 0.0030g/kg 0.0004g/kg 0.010g/kg	
五、抗氧化剂			
L- 抗坏血酸 L- 抗坏血酸棕榈酸酯 L- 抗坏血酸硬脂酸酯	所有食品		
丁基羟基茴香醚（BHA）	 黄油 脂肪和油脂 鱼和贝类（干制） 鱼和贝类（盐渍） 鱼和贝类（冷冻） （不包括生鲜食用的冷冻产品） 土豆泥（干燥） 鲸鱼肉（冷冻） （不包括生鲜食用的冷冻产品）	以 BHA 计： 0.2g/kg 0.2g/kg 0.2g/kg 0.2g/kg 1g/kg 浸渍液 0.2g/kg 1g/kg 浸渍液	当 BHA 与 BHT 合用时，两者的总量也不应超过相应的限量
二丁基羟基甲苯（BHT）	 黄油 口香糖 脂肪和油 鱼和贝类（干燥） 鱼和贝类（盐渍） 鱼和贝类（冷冻） （生鲜食用冷冻产品除外） 土豆泥（干燥） 鲸鱼肉（冷冻） （生鲜食用冷冻产品除外）	以 BHA 计： 0.2g/kg 0.75g/kg 0.2g/kg 0.2g/kg 0.2g/kg 1g/kg 浸渍液 0.2g/kg 1g/kg 浸渍液	当 BHA 与 BHT 合用时，两者的总量也不应超过相应的限量
乙二胺四乙酸钙二钠	罐装和瓶装软饮料 其他罐装和瓶装食品	以 EDTA-$CaNa_2$ 计 0.035g/kg 0.25g/kg	
L- 半胱胺酸盐酸盐	面包 果汁		
乙二胺四乙酸二钠	 罐装和瓶装软饮料 其他罐装和瓶装食品	以 EDTA-$CaNa_2$ 计 0.035g/kg 0.25g/kg	在食品制成最终产品前必须用钙进行螯合
异抗坏血酸	鱼肉制品（鱼糜除外） 面包 其他食品		不得用于营养目的的鱼肉制品（鱼糜除外）及面包其他食品亦只限用作抗氧化的目的

续表

添加剂名称	适用食品	最大限量	使用限制
柠檬酸异丙酯	 黄油 脂肪和油	以柠檬酸单异丙酯计 0.10g/kg 0.10g/kg	
愈创树脂	黄油 脂肪和油	1.0g/kg 1.0g/kg	
没食子酸丙酯	黄油 脂肪和油	0.10g/kg 0.20g/kg	
L- 抗坏血酸钠	所有食品		
异抗坏血酸钠	鱼肉制品（鱼糜除外） 面包 其他食品		不得用于营养目的鱼肉制品（鱼糜除外）及面包其他食品亦只限用作抗氧化目的
dl-*α*- 生育酚	所有食品		只限用于抗氧化，但 *β*- 胡萝卜素、维生素 A、维生素 A 脂肪酸酯或液体石蜡的制备除外
六、抗粘剂			
D- 甘露醇	糖果类 口香糖 日式香松（含有颗粒的撒料产品） RAKUGAN（干米糕） 咸烹海味（在酱油中煮沸过的食品，仅由昆布（海带）制得的产品） 象 CHOMIRYO 之类的所有食品（调味品）*	颗粒为 40% 颗粒为 20% 颗粒为 50% 颗粒为 30% 颗粒为 25% （最大残留限量）	* 当与氯化钾和谷氨酸盐配合用于食物调味或增强原有风味时没有特别限制（仅限于 D- 甘露醇在氯化钾、谷氨酸盐及 D- 甘露醇的混合物中比例低于 80 % 的情况）
七、漂白剂			
过氧化氢	所有食品		在制成最终产品前应除去或分解掉
亚氯酸钠	樱桃 柑橘类水果（仅限蜜饯类制品） 款冬 葡萄 桃子		在制成最终产品前应除去或分解
	蛋类（仅限于蛋壳部分） 加工的鲱鱼子（鲱鱼子产品）（干鲱鱼子和冷冻鲱鱼子除外） 生食用蔬菜类	0.5g/kg 浸渍液（以亚氯酸钠计）	

续表

添加剂名称	适用食品	最大限量	使用限制
亚硫酸氢钾溶液 焦亚硫酸钾 亚硫酸氢钠溶液 连二亚硫酸钠（次硫酸钠） 焦亚硫酸钠 亚硫酸钠 二氧化硫	甘纳豆：干糖豆 糖制樱桃 迪戎芥末 干果（不包括葡萄干） 葡萄干 马铃薯干 食用糖浆 冷冻生蟹 明胶 干瓢：干葫芦条 KONNYAKU-KO：魔芋粉 混杂酒精饮料 水怡（淀粉糖浆） 天然果汁（限于稀释5倍或5倍以上稀释倍数的饮品） 对虾 煮豆 糖化木薯淀粉 酒（任何类型的果酒，不包括酒精含量大于1%的用于制酒的水果榨汁及其浓缩物） 其他食品（不包括生产樱桃蜜饯用的樱桃、生产啤酒用的啤酒花、生产果酒用的果汁及乙醇含量大于1%的水果榨汁及其浓缩汁）	二氧化硫残留量应低于: 0.10g/kg 0.30g/kg 0.50g/kg 2.0g/kg 1.5g/kg 0.50g/kg 0.30g/kg 0.10g/kg 0.50g/kg 5.0g/kg 0.90g/kg 0.35g/kg 0.20g/kg 0.15g/kg 0.10g/kg 0.10g/kg 0.25g/kg 0.35g/kg 0.030g/kg	不得用于豆类/干豆、芝麻及蔬菜类 在生产或加工的本小节所列的其他食品(芋丝除外)，使用左列的食品添加剂时的二氧化硫残留量大于0.030g/kg时，残留量应为最大残留限量
八、胶母糖基础剂			
酯胶 聚丁烯 聚异丁烯 聚乙酸乙烯酯 *	口香糖		仅作为胶母糖基础剂 * 聚乙酸乙烯酯也可以作为成膜剂使用，见“成膜剂”部分
九、固色剂			
硫酸亚铁	所有食品		
硝酸钾	肉制品 烟熏鲸鱼肉	NO_2残留量应小于: 0.070g/kg 0.070g/kg	也可以作为发酵调节剂，见“杂项”部分

续表

添加剂名称	适用食品	最大限量	使用限制
硝酸钠	同硝酸钾		
亚硝酸钠	鱼肉火腿 鱼肉香肠 鲑鱼籽（腌制 / 加工鲑鱼籽） 肉制品 SUJIKO（腌制鲑鱼籽） TARAKO 烟熏鲸鱼肉	以亚硝酸盐的最大残留限量计： 0.050g/kg 0.050g/kg 0.0050g/kg 0.070g/kg 0.0050g/kg 0.0050g/kg 0.070g/kg	
十、助色剂			
葡萄糖酸亚铁	佐餐用橄榄	0.15g/kg	也可以作为膳食补充剂使用，参见"膳食补充剂"部分
十一、膳食补充剂			
L- 抗坏血酸 2- 葡萄糖苷	所有食品		
生物素	健康宣称食品		
双苯酰硫胺	所有食品		
碳酸钙 *	所有食品 口香糖 * * 仅使用碳酸钙	以钙计： 1.0% 10%* 上述限量不适用于批准标示为"特殊膳食用"食品	仅在食品生产或加工过程中必不可少时才使用，或为营养目的使用
氯化钙			
柠檬酸钙			
焦磷酸二氢钙			
磷酸二氢钙			
葡萄糖酸钙 **			** 仅作为营养目的
甘油磷酸钙 **			
氢氧化钙			仅在食品生产或加工过程中必不可少时使用，或出于营养目的使用
乳酸钙			
磷酸氢钙	所有食品		仅在食品生产或加工过程中必不可少时才使用，或出于营养目的使用
氧化钙			
泛酸钙			
硫酸钙			仅在食品生产或加工过程中必不可少时才使用，或出于营养目的使用

续表

添加剂名称	适用食品	最大限量	使用限制
胆钙化醇	所有食品		
葡萄糖酸铜	母乳代替食品 健康宣称食品	调配成标准浓度时以铜计为 0.60mg/L。 该食品一日推荐摄入量为 5mg	该限量不适用于经厚生劳动省批准的调制奶粉的添加剂使用
硫酸铜	母乳替代食品	以铜计: 调配成标准浓度时为 0.60mg/L	该限量不适用于经厚生劳动省批准的调制奶粉的添加剂使用
二苯甲酰硫铵素	所有食品		
二苯甲酰硫铵素盐酸盐			
维生素 A 粉末			
钙化醇(维生素 D_2)			
柠檬酸铁铵			
氯化铁			
柠檬酸铁			
焦磷酸铁			
葡萄糖酸铁	孕妇和哺乳妇女用奶粉 母乳替代食品 断乳食品		也可以作为助色剂使用,参见"助色剂"部分
叶酸	所有食品		
L- 组氨酸盐酸盐			
乳酸铁			
L- 异亮氨酸			
L- 赖氨酸 L- 天门冬氨酸			
L- 赖氨酸 L- 谷氨酸			
L- 赖氨酸盐酸盐			
磷酸一氢镁			
DL- 蛋氨酸			
L- 蛋氨酸			
甲基橘皮苷			
烟碱			不得用于鲜鱼/贝类(包括新鲜鲸鱼肉)或肉类
烟酸			

续表

添加剂名称	适用食品	最大限量	使用限制
L–苯丙氨酸	所有食品		
盐酸吡哆醇			
核黄素			
核黄素 5′–磷酸钠			
核黄素四丁酸酯			
柠檬酸亚铁钠			
泛酸钠			
硫胺素十六烷基硫酸盐			
硫胺素十二烷基硫酸盐			
硫胺素盐酸盐			
硫胺素硝酸盐			
硫胺素萘–1，5–二磺酸盐	所有食品		
硫胺素硫氰酸盐			
DL–苏氨酸			
L–苏氨酸			
全消旋–α–生育酚乙酸酯	健康声称食品	以α–生育酚计，该食品一日推荐摄入量为150mg	
R,R,R–α–维生素E–乙酸酯			
磷酸三钙	所有食品	以钙计1.0% 以上限制不适用于特殊营养食品	仅在食品生产或加工过程中必不可少时使用，或作为营养目的使用
DL–色氨酸	所有食品		
L–色氨酸			
L–缬氨酸			
维生素A			
维生素A脂肪酸酯			
维生素A油（油性维生素A）			
葡萄糖酸锌	母乳替代食品 健康声称食品	配制标准浓度时，以锌计6.0mg/L 以锌计，该食品一日推荐摄入量15mg	该添加剂限量标准不适用于须经厚生劳动省批准的调制奶粉
硫酸锌	母乳替代食品	配制标准浓度时，以锌计6.0mg/L	该添加剂限量标准不适用于须经厚生劳动省批准的调制奶粉

续表

添加剂名称	适用食品	最大限量	使用限制
十二、乳化剂			
硬脂酰乳酸钙	面包 奶油蛋糕 糕点（限于以小麦粉为原料烤制或油炸的产品） 湿糕（限于以大米为原料的产品） 通心粉及类似产品 * 混合粉: 生产面包用 生产糕点用（仅限于油炸面粉制品） 生产糕点用（仅限于焙烤面粉制品） 生产软湿糕（仅限于大米制品） 生产松糕、奶油蛋糕和馒头 生产 MANJYU（用小麦面粉蒸制的面包） 面条（不包括方便面和干面条）** 松糕 馒头（以小麦粉为原料蒸制而成） 蒸 MANJYU	以硬脂酰乳酸钙计: 4.0g/kg 5.5g/kg 4.0g/kg 6.0g/kg 4.0g/kg* 5.5g/kg 5.5g/kg 5.0g/kg 10g/kg 8.0g/kg 2.5g/kg 4.5g/kg** 5.5g/kg 5.5g/kg 2.0g/kg	* 如干面条 当硬脂酰乳酸钙和硬脂酰乳酸钠结合使用时，以硬脂酰乳酸钙计总量应低于最大限量 ** 如煮熟面条
脂肪酸甘油酯	所有食品		
卵磷脂			
聚山梨醇酯 20 聚山梨醇酯 60 聚山梨醇酯 65 聚山梨醇酯 80	胶囊和片剂食品，不包括甜食 口香糖 可可和巧克力产品 乳脂替代品 酱油 方便面调料 起酥油 面包糕点 糕点装饰品（糖衣或糖霜） 装饰 冰淇淋 蛋黄酱 加工面包糕点和湿糕用的混合粉 湿糕，未焙烤的蛋糕（包括水果馅饼、奶油蛋糕、珍贵的干酪蛋糕、牛乳布丁和类似产品）	以聚山梨醇酯 80 计 25g/kg 5.0g/kg 5.0g/kg 5.0g/kg 5.0g/kg 5.0g/kg 5.0g/kg 3.0g/kg 3.0g/kg 3.0g/kg 3.0g/kg 3.0g/kg 3.0g/kg 3.0g/kg 3.0g/kg 1.0g/kg 1.0g/kg	如果混合使用聚山梨醇酯 60、65、80，混合使用总量不得超过聚山梨醇酯 80 的最大使用量。以上标准不适于用作特殊膳食的产品。 面粉糊 *：在此列表中，面糊是指糊状的经巴氏加热杀菌的面糊团，主要成分有面粉、淀粉、坚果或其制、可可、巧克力、咖啡、水果或果汁，其他成分有糖、油

续表

添加剂名称	适用食品	最大限量	使用限制
	甜酸乳酪 糖果 可食用的冰包括冰冻果子露 面粉糊 * 汤 盐渍海草 盐渍蔬菜 巧克力饮料 未熟干酪 罐装和瓶装海草 罐装和瓶装蔬菜 其他食品	1.0g/kg 1.0g/kg 0.50g/kg 0.50g/kg 0.50g/kg 0.080g/kg 0.030g/kg 0.030g/kg 0.020g/kg	脂、奶粉、鸡蛋和面粉混合而成，作为面包或糖果的填充物或涂于表面
脂肪酸丙二醇酯	所有食品		
硬脂酰乳酸钠	与硬脂酰乳酸钙相同		
山梨醇酐脂肪酸酯	所有食品		
脂肪酸蔗糖酯			
太阳花卵磷脂			
十三、被膜剂			
吗啉脂肪酸盐	水果外皮 蔬菜外皮		仅作为成膜剂使用 * 聚乙酸乙烯酯也可以用作为口香糖基础剂，见“口香糖基础剂”部分
聚乙酸乙烯酯 *			
油酸钠			
十四、香料			
乙醛	所有食品		仅用于加香
苯乙酮			
高级脂族醇（通常认为高毒性者除外）			
高级脂族醛（通常认为高毒性者除外）			
高级脂族烃（通常认为高毒性者除外）			
环己基丙酸烯丙酯			
己酸烯丙酯			
异硫氰酸丙烯酯			
(3–氨基–3–羧丙基)二甲基氯化锍			
戊醇			
α–戊基肉桂醛			
茴香醛			
芳香醇			

续表

添加剂名称	适用食品	最大限量	使用限制
芳香醛（通常认为高毒性者除外）			
苯甲醛			
乙酸苄酯			
苯甲醇			
丙酸苄酯			
d– 冰片			
丁醇			
乙酸丁酯			
丁酸丁酯			
丁醛			
丁酸			
肉桂酸			
肉桂醛			
乙酸肉桂酯			
肉桂醇			
柠檬醛			
香茅醛			
香茅醇			
乙酸香茅酯			
甲酸香茅酯			
乙酸环己酯			
丁酸环己酯			
癸醛			
正癸醇			
2，3– 二乙基 –5– 甲基吡嗪			
2，3– 二甲基吡嗪			
2，5– 二甲基吡嗪			
2，6– 二甲基吡嗪			
2，6– 二甲基吡啶			
酯类			
醚类			

续表

添加剂名称	适用食品	最大限量	使用限制
乙酸乙酯	酒精 酵母提取物 乙酸乙烯树脂		只限于加香，但下列情况例外： （1）用于制作变性酒精，该变性酒精用于：柿子脱涩、生产结晶果糖、生产香辛料颗粒或片剂、生产蒟蒻粉、用作丁基羟基茴香醚（BHA）和二丁基羟基甲苯（BHT）的溶剂、用作食醋酿造原料 （2）用于酵母提取物（酵母自溶而得到的水溶性成分）中加速酵母自溶 （3）用于乙酸乙烯树脂溶剂 生产酵母提取物时使用的乙酸乙酯必须在制成成品前除去
乙酰乙酸乙酯	所有食品		仅用于加香
丁酸乙酯			
肉桂酸乙酯			
癸酸乙酯			
2-乙烷基-3，5-二甲基吡嗪和2-乙烷基-3，6-二甲基吡嗪混合物			
庚酸乙酯			
己酸乙酯			
异戊酸乙酯			
2-乙烷基-3-甲基吡嗪			
2-乙烷基-5-甲基吡嗪			
2-乙烷基-6-甲基吡嗪			
5-乙烷基-2-甲基吡啶			
辛酸乙酯			
苯乙酸乙酯			

续表

添加剂名称	适用食品	最大限量	使用限制
丙酸乙酯			
2- 吡嗪乙酯			
3- 乙基吡啶			
乙基香兰素			
1，8- 桉叶素			
丁香酚			
脂肪酸			
糠醛及其衍生物（通常认为高毒性者除外）			
香叶醇			
乙酸香叶酯			
甲酸香叶酯			
己酸			
羟基香茅醛			
羟基香茅二甲缩醛			
吲哚及其衍生物			
紫罗兰酮			
乙酸异戊酯			
异戊醇			
丁酸异戊酯			
甲酸异戊酯			
戊酸异戊酯			
苯乙酸异戊酯			
丙酸异戊酯			
异丁醇			
异丁醛			
苯乙酸异丁酯			
异丁子香酚			
异戊胺			
异丙醇			异丙醇参见“杂项”部分
异硫氰酸盐（通常认为高毒性者除外）			
异戊醛			
酮类			
内酯（通常认为高毒性者除外）			
沉香醇			
乙酸芳樟酯			
麦芽酚			
dl- 薄荷醇			

续表

添加剂名称	适用食品	最大限量	使用限制
l–薄荷醇			
l–乙酸薄荷酯			
邻氨基苯甲酸甲酯			
2–甲基丁醇			
3–甲基–2–丁醇			
反式–2–甲基–2–丁烯醛			
3–甲基–2–丁烯醛			
3–甲基–2丁烯醇			
2–甲基丁醛			
肉桂酸甲酯			
5–甲基–6，7–二氢–5*H*–环戊吡嗪			
N–甲基邻氨基苯甲酸甲酯			
甲基β–萘酮			
6–甲基喹啉			
5–甲基喹喔啉			
2–甲基吡嗪			
水杨酸甲酯			
对甲基苯乙酮			
γ–壬内酯			
辛醛			
2–戊醇			
反式–2–戊烯醛			
1–戊烯–3–醇			
l–紫苏醛			
乙酸苯乙酯			
苯酚类（通常认为有高毒性者除外）			
苯酚醚（通常认为有高毒性者除外）			
2–（3–苯丙基）吡啶			
哌啶			
胡椒醛			
丙醇			
丙醛			
丙酸*			*丙酸也可用作为防腐剂，参见“防腐剂”部分
吡嗪			
吡咯			
吡咯烷			

续表

添加剂名称	适用食品	最大限量	使用限制
萜烯烃			
松油醇			
乙酸松油酯			
5,6,7,8- 四氢喹喔啉			
2,3,5,6- 四甲基吡嗪			
硫醚（通常认为有高毒性者除外）			
硫醇（通常认为有高毒性者除外）			
三甲胺			
2，3，5- 三甲基吡嗪			
γ- 十一烷酸内酯			
戊醛			
香兰素			
十五、面粉处理剂			
过硫酸铵	小麦粉	0.30g/kg	
过氧化苯甲酰	小麦粉		必须与明矾、磷酸钙盐类、硫酸钙、碳酸钙、碳酸镁、淀粉中任意一种混合，稀释后使用
二氧化氯	小麦粉		
稀释过氧化苯甲酰	小麦粉	0.30g/kg	
溴酸钾	面包（只限用于以面粉为原料时）	0.030g/kg 小麦粉	制成最终产品前除去或分解掉
十六、食用着色剂			
水溶性胭脂树橙			不得用于鲜鱼/贝类（包括鲸肉）、昆布（海藻）/裙带菜（海草）（两者属海带目）、豆类/干豆、肉类、海苔（紫菜类）（除在紫菜上使用金色时外）、茶叶或蔬菜

续表

添加剂名称	适用食品	最大限量	使用限制
β- 胡萝卜素			不得用于鲜鱼/贝类（包括鲸肉）、昆布（海藻）/裙带菜（海草）（两者属海带目）、豆类/干豆、肉类、海苔（紫菜类）、茶叶或蔬菜
叶绿素铜	以金属罐或塑料容器包装的MITSUMAME中的琼脂果冻（由糖浆与琼脂冻、水果粒和青豆等制成）	以铜计： 0.0004g/kg	*加工后用于储藏的食品，包括干燥食品、盐渍食品、醋渍食品和糖渍食品
	口香糖	0.050g/kg	
	巧克力	0.0010g/kg	
	鱼肉制品（鱼糜除外）	0.030g/kg	
	贮藏蔬菜或水果*	0.10g/kg	
	昆布（海藻）	0.15g/kg	
	湿糕（有甜填料或馅料的面包除外）	0.0064g/kg	
食用蓝色1号（亮蓝-FCF）及其铝色淀			不得用于腌鱼、鲜鱼贝类（包括鲸肉）、长崎蛋糕（一种磅蛋糕）、黄豆粉（烤黄豆面）、昆布（海带类）/裙带菜（海草）（两者都属于海带目）、豆类/干豆、桔子果酱、肉类、腌肉、味噌（发酵豆酱）、面类（包括云吞）、海苔（紫菜类）、酱油、松糕、茶叶、蔬菜类或盐渍鲸鱼肉
食用蓝色2号（靛蓝）及其铝色淀			
食用绿色3号（坚牢绿-FCF）及其铝色淀			
食用红色2号（苋菜红）及其铝色淀			
食用红色3号（赤藓红）及其铝色淀			
食用红色40号（诱惑红）及其铝色淀			
食用红色102号（胭脂红）			
食用红色104号（荧光桃红）			
食用红色105号（孟加拉红）			
食用红色106号（酸性红）			
食用黄色4号（柠檬黄）及其铝色淀			
食用黄色5号（日落黄）及其铝色淀			

续表

添加剂名称	适用食品	最大限量	使用限制
其他非化学合成食品色素			不得用于鲜鱼/贝类（包括鲸肉）、昆布（海藻）/裙带菜（海草）（两者都是海带目）、豆类/干豆、肉类、海苔（紫菜类）（除在紫菜上使用金色时外）、茶叶或蔬菜类
三氧化二铁	香蕉（只限于香蕉茎） 蒟蒻（魔芋）		
焦油色素制剂			同食用蓝色1号
叶绿素铜钠	以金属罐或塑料容器包装的 MITSUMAME 中的琼脂果冻（由糖浆与琼脂冻、水果粒和青豆等制成） 糖果 口香糖 巧克力 鱼肉制品（鱼糜除外） 贮藏蔬菜类或水果类 * 昆布（海藻） 湿糕（有甜填料或馅料的面包除外） 糖浆	以铜计: 0.0004g/kg 0.020g/kg 0.050g/kg 0.0064g/kg 0.040g/kg 0.10g/kg 0.15g/kg 干海带 0.0064g/kg 0.064g/kg	* 处理后用于储藏的食品包括干燥食品、盐渍食品、醋渍食品和糖渍食品
叶绿酸铁钠			不得用于鲜鱼/贝类（包括鲸肉）、昆布（海藻）/裙带菜（海草）（两者都是海带目）、豆类/干豆、肉类、海苔（紫菜类）（在紫菜上使用金色除外）、茶叶、蔬菜类

续表

添加剂名称	适用食品	最大限量	使用限制
二氧化钛			仅用作着色 不得用于腌鱼、鲜鱼/贝类（包括鲸肉）、长崎蛋糕（一种磅蛋糕）、黄豆粉（烤黄豆面）、昆布（海带类）/裙带菜（海草）（两者都属于海带目）、豆类/干豆、桔子果酱、肉类、腌肉、味噌（发酵豆酱）、面类（包括云吞）、海苔（紫菜类）、酱油、松糕、茶叶、蔬菜类或盐渍鲸鱼肉
十七、保湿剂			
硫酸软骨素钠	鱼肉香肠 蛋黄酱 敷料	3.0g/kg 20g/kg 20g/kg	
十八、杀虫剂			
胡椒基丁醚	粮谷	0.024g/kg	
十九、非营养甜味剂			
乙酰磺胺酸钾（安赛蜜）	An（甜豆馅） 糕点 口香糖 食用冰（包括冰冻果子露，风味冰和其他类似食品） 发酵乳 * 面糊 冰淇淋 果酱 健康宣称食品（仅限于片剂） 乳酸菌饮料 * 乳饮料 * 杂酒饮料 * 湿糕 不含酒精饮料 腌渍食品 糖替代品 ** TARE（一种主要用于日本或中国料理用的浓酱汁或浇汁） 葡萄酒 * 其他食品	2.5g/kg 2.5g/kg 5.0g/kg 1.0g/kg 0.50g/kg 1.0g/kg 1.0g/kg 1.0g/kg 6.0g/kg 0.5g/kg 0.5g/kg 0.5g/kg 2.5g/kg 0.50g/kg 1.0g/kg 15g/kg 1.0g/kg 0.50g/kg 0.35g/kg	最大限量不适用于经批准标识为特殊膳食用途的食物 * 指在浓缩产品中的限量，应用时应稀释 ** 用于直接加到饮料，如咖啡和茶中的产品

续表

添加剂名称	适用食品	最大限量	使用限制
阿斯巴甜			
糖精钙	与糖精钠相同		
甘草酸二钠	味噌（发酵黄豆酱） 酱油		
糖精	口香糖	0.050g/kg	
糖精钠	KOZI-ZUKE（保存在以大米发酵的清酒曲中） SU-ZUKE（醋渍食品） TAKUAN-ZUKE（米糠腌制的萝卜）	糖精钠残留量小于： 2.0g/kg	最大限量不适用于经批准标识为特殊膳食用途的食物
	软饮料（粉）	1.5g/kg	
	KASU-ZUKE（酒糟浸渍的食品） MISO-ZUKE（味噌腌制的食品） SHOYU-ZUKE（酱制食品） 鱼/贝类（加工产品，不包括鱼肉糜、TSUKUDANI（用酱油炖煮的食品）、腌渍、罐装或瓶装的食品）	1.2g/kg	
	加工海藻 煮豆 酱油 TSUKUDANI（用酱油炖煮的食品）	0.50g/kg	
	食用冰 鱼肉糜 乳酸菌饮料 乳饮料 软饮料 酱油 糖浆 醋	0.30g/kg （稀释5倍以上供饮用的软饮料或乳酸菌饮料或发酵奶产品的限量为1.5g/kg，稀释3倍以上使用的醋限量为0.90g/kg）	
	甜豆馅 酸奶 面粉糊 冰淇淋 果酱 味噌（发酵黄豆酱） 盐渍食品（保藏或盐渍食品，本列所列食品除外）	0.20g/kg	
	糕点	0.10g/kg	
	上述以外的罐装或瓶装食品	0.20g/kg	

续表

添加剂名称	适用食品	最大限量	使用限制
D- 山梨糖醇	所有食品		
三氯蔗糖	口香糖 糕点 果酱 乳酸菌饮料 * 乳饮料 * 杂酒饮料 * 湿糕 软饮料 * 日本米酒 * 日本米酒（混合）* 糖替代品 ** 酒（任何种类的果酒）* 其他食品	2.6g/kg 1.8g/kg 1.0g/kg 0.40g/kg 0.40g/kg 0.40g/kg 1.8g/kg 0.40g/kg 0.40g/kg 0.40g/kg 12g/kg 0.40g/kg 0.58g/kg	经批准作为特殊饮食用途者除外 * 适用于浓缩产品的稀释物 ** 直接添加到饮料（例如咖啡和茶）中的产品
木糖醇	所有食品		
D- 木糖醇			
二十、防腐剂			
苯甲酸	鱼子酱 人造黄油 软饮料 酱油 糖浆	2.5g/kg 1.0g/kg 0.60g/kg 0.60g/kg 0.60g/kg	当苯甲酸与山梨酸、山梨酸钙或山梨酸钾合用于人造黄油,或制品时，苯甲酸和山梨酸合计总量不超过 1.0g/kg
对羟基苯甲酸丁酯	 水果酱 非酒精饮料 果皮和果蔬皮 酱油 糖浆 醋	以对羟基苯甲酸计: 0.20g/kg 0.10g/kg 0.012g/kg 0.25g/L 0.10g/kg 0.10g/L	
丙酸钙	 面包和蛋糕 干酪	以丙酸计: 2.5g/kg 3.0g/kg	当丙酸钙与山梨酸、山梨酸钾、山梨酸钙合用于奶酪或制品时，丙酸和山梨酸总量不超过 3.0g/kg

续表

添加剂名称	适用食品	最大限量	使用限制
山梨酸钙	日式甜酒酿［大米经清酒曲(Asp.oryzae)发酵制成的一种日本传统饮料，饮用前须稀释三倍或以上］ AN（甜豆馅） 糖渍樱桃 干酪 干制鱼/贝（烟熏墨鱼和章鱼除外） 李子干 发酵乳（用作乳酸菌饮料的原料） 鱼肉制品（鱼糜除外）	以山梨酸计： 0.30g/kg 1.0g/kg 1.0g/kg 3.0g/kg 1.0g/kg 0.50g/kg 0.30g/kg 2.0g/kg	干酪：当与丙酸、丙酸钙或丙酸钠合用时，食品添加剂山梨酸和丙酸的总量不得超过 3.0g/kg
	用于面包和糕点的面糊 用于制作糕点的果汁（包括浓缩水果汁） 用于制作糕点的果酱 汤团 果酱 KASU-ZUKE(酒糟浸渍的食品) 番茄酱 KOJI-ZUKE［清酒曲(Asp.oryzae)渍食品］ 乳酸菌饮料(灭菌饮料除外) 乳酸菌饮料（指作为乳酸菌饮料的成分,灭菌饮料除外） 人造黄油 肉制品 杂酒 味噌（发酵黄豆酱） MISO-ZUKE（味噌渍食品） 盐渍蔬菜 海胆制品 SHOYU-ZUKE（酱制食品） 煮制豆 熏制墨鱼、章鱼 汤（肉汁浓汤除外） SU-ZUKE（醋渍食品） 糖浆 TAKUAN-ZUKE(米糠腌制的萝卜) TARE（日式或中国料理用浓酱汁或浇汁） TSUKUDANI（用酱汁炖煮的食品） TSUYU(一种日本面条的调味汁) 鲸鱼肉制品 酒（各种种类的果酒）	1.0g/kg 1.0g/kg 1.0g/kg 1.0g/kg 1.0g/kg 1.0g/kg 0.5g/kg 1.0g/kg 0.05g/kg 0.30g/kg 1.0g/kg 2.0g/kg 0.20g/kg 1.0g/kg 1.0g/kg 1.0g/kg 2.0g/kg 1.0g/kg 1.0g/kg 1.5g/kg 0.50g/kg 0.50g/kg 1.0g/kg 1.0g/kg 0.50g/kg 1.0g/kg 0.50g/kg 2.0g/kg 0.20g/kg	当山梨酸钾与苯甲酸或苯甲酸钠合用在生产人造黄油中时，苯甲酸和山梨酸合计总量不超过 1.0g/kg 当山梨酸钾用于生产腌渍食品时，制品和作为原料用的山梨酸和山梨酸盐的总量不得超过 1.0g/kg

续表

添加剂名称	适用食品	最大限量	使用限制
对羟基苯甲酸乙酯	等同对羟基苯甲酸丁酯		
对羟基苯甲酸异丁酯			
对羟基苯甲酸异丙酯			
乳酸链球菌素（尼生素）		以包含尼生素 A 的多肽计：	经厚生劳动省许可或认可的用于特殊膳食用途的产品不受此限，包括以下五种产品：药用食品、孕妇和哺乳妇女用的奶粉、婴幼儿配方奶粉、老年食品、特殊保健食品 * 酱油包括各种口味例如东方浓伍斯特酱、干酪酱和番茄酱，但不包括用于蛋糕的水果酱及其类似物 ** 主要指大米布丁和薯粉布丁及其类似物，但不包括东方甜汤圆
	干酪（加工干酪除外） 肉类产品 鲜奶油	0.0125g/kg	
	调味汁 蛋黄酱 酱油 *	0.010g/kg	
	精制面包制品 加工的奶酪	0.00625g/kg	
	味噌（发酵黄豆酱） 加工蛋制品	0.0050g/kg	
	主要以粮谷或淀粉生产的软的、未烘焙的甜蛋糕 **	0.0030g/kg	
山梨酸钾	与山梨酸钙相同		
丙酸	与丙酸钙相同		也可以用作为调味剂，参见“调味剂”部分
对羟苯甲酸丙酯	与对羟基苯甲酸丁酯相同		
苯甲酸钠	 鱼子酱 生产糕点用的果酱和果汁（包括浓缩果汁） 人造黄油 软饮料 酱油 糖浆	以苯甲酸计： 2.5g/kg 1.0g/kg 1.0g/kg 0.60g/kg 0.60g/kg 0.60g/kg	当苯甲酸钠和山梨酸或山梨酸钾共同用在人造黄油时，苯甲酸和山梨酸的总量不超过 1.0g/kg
脱氢乙酸钠	 黄油 干酪 人造黄油	以脱氢乙酸计： 0.50g/kg 0.50g/kg 0.50g/kg	
丙酸钠	与丙酸钙相同		

续表

添加剂名称	适用食品	最大限量	使用限制
山梨酸		以山梨酸计：	
	日式甜酒酿（指大米经清酒曲发酵后的一种日本传统饮料，饮用前须稀释3倍以上）	0.30g/kg 1.0g/kg	
	AN（甜豆馅）	1.0g/kg	
	糖渍樱桃	3.0g/kg	
	奶酪	1.0g/kg	
	鱼/贝干制品（熏墨鱼和章鱼除外）	0.5g/kg	
	李子干	0.3g/kg	
	发酵乳（作为乳酸菌饮料的原料）	2.0g/kg	
	鱼肉制品（鱼糜除外）	1.0g/kg	
	用于面包和糕点的面糊	1.0g/kg	
	汤团	1.0g/kg	
	果酱	1.0g/kg	
	KASU-ZUKE（酒糟浸渍食品）	0.50g/kg	当山梨酸与苯甲酸或苯甲酸钠共同用在人造黄油时，苯甲酸和山梨酸的总量不超过1.0g/kg
	调味番茄酱	1.0g/kg	
	KOJI-ZUKE［青酒曲（Asp. Oryzae）渍食品］	0.050g/kg	
	乳酸菌饮料（灭菌饮料除外）	0.30g/kg	
	乳酸菌饮料（指作为乳酸菌饮料的成分，但灭菌饮料除外）	1.0g/kg	
	人造黄油	2.0g/kg	
	肉制品	0.20g/kg	
	杂酒	1.0g/kg	
	味噌（发酵黄豆酱）	1.0g/kg	
	MISO-ZUKE（味噌渍食品）	1.0g/kg	
	盐渍蔬菜	2.0g/kg	山梨酸用于生产腌渍食品时，制品和作为原料用的山梨酸和山梨酸盐的总量不得超过1.0g/kg
	海胆制品	1.0g/kg	
	SHOYU-ZUKE（酱制食品）	1.0g/kg	
	煮豆	1.5g/kg	
	熏墨鱼和章鱼	0.50g/kg	
	汤（肉浓汤除外）	0.50g/kg	
	SU-ZUKE（醋渍食品）	1.0g/kg	
	糖浆	1.0g/kg	
	TAKUAN-ZUKE（米糠腌制的萝卜）	0.50g/kg	
	TARE（日式或中国料理用浓酱汁或浇汁）		
	TSUKUDANI（酱油炖煮的食品）	1.0g/kg	
	TSUYU（一种日本面条的调味汁）	0.50g/kg	
	鲸鱼肉制品	2.0g/kg	
	酒（各种种类的果酒）	0.20g/kg	

续表

添加剂名称	适用食品	最大限量	使用限制
二十一、品质保持剂			
丙二醇	中国面食的面皮（烧麦、春卷、馄饨、饺子） 熏制墨鱼 生面条 其他食品	1.2% 2.0% 2.0% 0.60%	
二十二、膨松剂			
硫酸铝铵	所有食品		不得用于味噌(发酵黄豆酱）中
硫酸铝钾			
碳酸氢铵			
碳酸铵			
氯化铵			
发酵粉 ◆单一发酵粉 ◆复合发酵粉 ◆氨型发酵粉			
L- 酒石酸氢钾			
DL- 酒石酸氢钾			
碳酸钾			
碳酸氢钠			
二十三、调味剂			
DL- 丙氨酸	所有食品		
L- 精氨酸 L- 谷氨酸			
5′- 核糖核苷酸钙			
5′- 胞苷酸二钠			
5′- 鸟苷酸二钠			
5′- 肌苷酸二钠			
5′- 核糖核苷酸二钠			
琥珀酸二钠			
DL- 酒石酸二钠			
L- 酒石酸二钠			
5′- 尿苷酸二钠			
L- 谷氨酸			
甘氨酸（氨基乙酸）			
L- 谷氨酸铵			
L- 二谷氨酸钙	所有食品	以钙计 1.0%； 经批准标明为特殊食品者除外	

续表

添加剂名称	适用食品	最大限量	使用限制
L- 二谷氨酸镁	所有食品		
柠檬酸一钾			
L- 谷氨酸一钾			
L- 天冬氨酸一钠			
富马酸一钠			
L- 谷氨酸一钠			
琥珀酸一钠			
氯化钾			
葡萄糖酸钾			
乳酸钾			
硫酸钾			
葡萄糖酸钠			
乳酸钠			
DL- 苹果酸钠			
L- 茶氨酸			
柠檬酸三钾			
柠檬酸三钠			
二十四、溶剂或萃取剂			
丙酮	脂肪和油 瓜拉那坚果		只能用于从瓜拉那坚果提取成分生产饮料或者从脂肪、油分馏成份的过程 在制成最终产品前应除去
丙三醇	所有食品		
已烷			只能用于提取脂肪或油，生产可食用脂肪或油 在制成最终产品前应除去
二十五、杀菌剂			
亚氯酸水	去壳米 豆类 / 干豆 蔬菜类（蘑菇除外） 水果 海藻类 新鲜鱼 / 贝类（不包括新鲜鲸鱼肉） 肉类 肉制品 鲸鱼制品 上面所列食品中的保藏产品	浸泡或喷洒溶液 0.4g/kg	在制成最终产品前应除去或分解掉 “保存产品”指通过干燥、腌制和其他处理保藏的食品

续表

添加剂名称	适用食品	最大限量	使用限制
高效次氯酸盐	所有食品		
次氯酸水			在制成最终产品前应分解或除去
次氯酸钠			不得用于芝麻
二十六、增稠剂或稳定剂			
乙酰氨基磺酸钾（Acesulfame Potassium）（可能是原标准编辑错误，该物质不是增稠剂）	所有食品		
乙酰化己二酸双淀粉酯	所有食品		
乙酰化氧化淀粉	所有食品		
海藻酸铵	所有食品		
干酪素	所有食品		
海藻酸钙	所有食品		
羧甲基纤维素钙	所有食品	2.0%	当与下列一种或几种添加剂共同使用时，其总量不得超过2.0%：甲基纤维素、羧甲基纤维素钠、羧甲基淀粉钠
二淀粉磷酸酯	所有食品		
羟丙基二淀粉磷酸酯	所有食品		
羟丙基淀粉	所有食品		
甲基纤维素	所有食品	2.0%	当与下列一种或几种添加剂共同使用时，其总量不得超过2.0%：羧甲基纤维素钙、甲基纤维素、羧甲基淀粉钠
单淀粉磷酸酯	所有食品		
氧化淀粉	所有食品		
磷酸化双淀粉磷酸酯	所有食品		
海藻酸钾	所有食品		
海藻酸丙二醇酯	所有食品	1.0%	
海藻酸钠	所有食品		
辛烯基琥珀酸淀粉钠	所有食品		
淀粉乙酸酯	所有食品		

续表

添加剂名称	适用食品	最大限量	使用限制
羧甲基纤维素钠	所有食品	2.0%	当与下列一种或几种添加剂共同使用时，其总量不得超过2.0%：羧甲基纤维素钙、甲基纤维素、羧甲基淀粉钠
羧甲基淀粉钠	所有食品	2.0%	当与下列一种或几种添加剂共同使用时，其总量不得超过2.0%：羧甲基纤维素钙、甲基纤维素、羧甲基淀粉钠
酪蛋白钠	所有食品		
聚丙烯酸钠	所有食品	0.20%	
二十七、杂项：混合吸收剂、酿造剂、发酵调节剂、过滤助剂、加工助剂、品质改良剂			
活性炭	所有食品		
氨			
磷酸二氢铵			
硫酸铵			
乙酸钙	所有食品		
硅酸钙	所有食品	2.0% 当硅酸钙与二氧化硅共用时，其总量不得超过2.0%	不得用于母乳替代食品或断乳食品
硬脂酸钙	所有食品		
二氧化碳			
磷酸氢二铵			
磷酸氢二钾			
焦磷酸二氢二钠			
磷酸氢二钠			
羟丙基纤维素			
羟丙基甲基纤维素	所有食品		
盐酸	所有食品		应在制成最终产品前中和或除去
离子交换树脂	所有食品		应在制成最终产品前除去
异丙醇 参见“香料”部分	啤酒花 鱼肉 其他食品	啤酒花提取物 20g/kg 鱼蛋白浓缩物 0.25g/kg 其他食品提取物 0.2g/kg	仅限用于提取过程 啤酒花提取物仅限用于生产啤酒或者低麦啤酒过程中添加进麦芽 鱼蛋白提取物是指除去水分和脂肪的鱼肉 以食品提取物(啤酒花提取物和鱼蛋白浓缩物除外)为原料生产的其他食品或者产品

续表

添加剂名称	适用食品	最大限量	使用限制
液体石蜡	面包	残留限量低于 0.10%	只限用于自动分割机切割生面团时及焙烤时的脱模剂
碳酸镁	所有食品		
氯化镁			
磷酸一氢镁			
氧化镁			
硬脂酸镁			仅用于作为健康声称食品的胶囊和片剂
硅酸镁			仅作为脂肪和油的助滤剂使用，应在制成最终产品前除去
硫酸镁	所有食品		
那他霉素（游霉素）	天然干酪（限用于硬或半硬干酪表面）	少于 0.020g/kg	
一氧化二氮	起泡奶油（主要成分为乳脂的食品，或主要成份是乳脂代替品的食品）		
草酸			应在制成最终产品前除去
磷酸	所有食品		
聚乙烯聚吡咯烷酮			仅作为助滤剂使用，应在制成最终产品前除去
磷酸二氢钾	所有食品		
氢氧化钾			应在制成最终产品前中和或除去
偏磷酸钾	所有食品		
硝酸钾	奶酪 日本米酒	生奶中 0.20g/L 生麦芽汁 0.10g/L	
聚磷酸钾	所有食品		
焦磷酸钾			

续表

添加剂名称	适用食品	最大限量	使用限制
二氧化硅			仅作为助滤剂使用 应在制成最终产品前除去
二氧化硅（粉末）	所有食品	2.0% 当二氧化硅（粉末）与硅酸钙共用时，其总量不得超过 2.0%	不得用于母乳替代品或断乳食品
乙酸钠	所有食品		
碳酸钠			
磷酸二氢钠			
氢氧化钠	所有食品		应在制成最终产品前中和或除去
氢氧化钠溶液			
偏磷酸钠	所有食品		
甲醇钠	所有食品		应在制成最终产品前分解，并除去由此产生的甲醇
聚磷酸钠	所有食品		
焦磷酸钠			
硫酸钠			
硫酸	所有食品		应在制成最终产品前中和或除去
磷酸三镁	所有食品		
磷酸三钾			
磷酸三钠			
水不溶性矿物： 酸性黏土 膨润土 硅藻土 高岭土 珍珠岩 沙子 滑石 * 其他类似物质	所有食品 口香糖（当仅使用滑石时）*	最大残留量 0.50% 5.0%*	当表中所列的两种或多种添加剂一起使用时，各种残留量的总和不得超过 0.50% 只能用于在生产或加工食品必不可少时才能使用

第三节 日本有机加工食品添加剂的使用规定

有机加工食品是以在生产或加工过程中保持作为原料的有机农产品(《有机农产品日本农林标准》)。2000 年 1 月 20 日,日本以农林水产省第 60 号公告发布了《有机加工食品日本农林规格》;在 2003 年 11 月 18 日,以农林水产省第 1885 号公告公布了部分修订;又在 2005 年10 月 27 日,以农林水产省第 1606 号公告发布了全部修订的版本。所制定的是有机加工食品的生产方法标准,规定了有机加工食品的生产原则。根据《有机加工食品的日本农林规格》的规定,在规定使用的原材料及加工辅助剂中,以附表 1 列出允许使用的食品添加剂,并要求食品添加剂应以最小限度使用。具体允许使用的食品添加剂品种和应用范围见表 7 – 3。

表 7 – 3 有机加工食品允许使用的添加剂及使用标准

编号	食品添加剂名称	使用标准
1	柠檬酸	只限于作为 pH 调节剂或是用于蔬菜的加工品或果实的加工品
2	柠檬酸钠	只限于使用于香肠及卵白的低温杀菌或乳制品
3	DL – 苹果酸	只限用于农产品的加工产品
4	乳酸	只限于用于蔬菜的加工产品、香肠的肠衣、作为凝固剂用于乳制品或作为 pH 调整剂用于奶酪的腌渍
5	L – 抗坏血酸	只限用于农产品的加工产品
6	L – 抗坏血酸钠	只限用于食肉的加工产品
7	丹宁	只限于作为过滤辅助剂使用于农产品的加工产品
8	硫酸	只限于作为 pH 调节剂用于砂糖类生产中的轧汁的 pH 调节
9	碳酸钠及碳酸氢钠	只限于用于糕饼类、砂糖类、豆类制品或面类、面包类以及作为中和剂使用于乳制品
10	碳酸钾	只限于用于果实的加工产品的干燥或用于谷物类的加工产品、豆类制品、面类 · 面包类或糕饼类
11	碳酸钙	在畜产品的加工产品中使用时,只限用于乳制品作为作色剂使用除外或作为凝固剂使用于奶酪的生产
12	碳酸铵及碳酸氢铵	只限于用于农产品的加工产品
13	碳酸镁	只限于农产品的加工产品
14	氯化钾	只限于用于蔬菜的加工品、果实的加工品、调味料、汤料或肉食的加工品
15	氯化钙	只限于农产品的加工品的凝固剂及作为奶酪生产的凝固剂或用于使用油脂、蔬菜的加工品、果实的加工品、豆类的调制品、乳制品或肉食加工产品
16	氯化镁	只限于作为农产品的加工产品的凝固剂使用或用于豆类制品
17	粗制海水氯化镁	只限于作为农产品的加工产品的凝固剂使用或用于豆类制品

续表

编号	食品添加剂名称	使用标准
18	氢氧化钠	只限于作为 pH 调节剂用于砂糖类的加工,或用于谷物类的加工品
19	氢氧化钾	只限于作为 pH 调节剂用于砂糖类的加工
20	氢氧化钙	只限用于农产品的加工品
21	DL-酒石酸	只限用于农产品的加工品
22	L-酒石酸	只限用于农产品的加工品
23	DL-酒石酸钠	只限于用于糕饼类
24	L-酒石酸钠	只限于用于糕饼类
25	DL-酒石酸氢钾	只限于用于谷物类加工品或糕饼类
26	L-酒石酸氢钾	只限于用于谷物类加工品或糕饼类
27	磷酸氢钙	只限于作为膨胀剂用于粉类
28	硫酸钙	只限于作为凝固剂使用,或用于糕饼类、豆类制品或面包酵母
29	藻朊酸	只限用于农产品的加工品
30	藻朊酸钠	只限用于农产品的加工品
31	琼脂	
32	卡拉胶	在畜产品的加工上使用时只限用于乳制品
33	卡罗伯豆胶	在畜产品的加工上使用时只限用于乳制品或肉食加工品
34	古阿豆胶	在畜产品的加工上使用时只限用于乳制品、肉罐头或卵制品
35	黄蓍胶	
36	阿拉伯胶	只限于用于乳制品、食用油脂或糕饼类
37	黄原胶	用于畜产品的加工品时只限用于乳制品或糕饼类
38	青桐胶、红木胶	用于畜产品的加工品时只限用于乳制品或糕饼类
39	酪朊	只限用于农产品的加工品
40	明胶	只限用于农产品的加工品
41	果胶	用于畜产品的加工品时只限用于乳制品
42	乙醇	用于畜产品的加工品时只限用于肉食加工品
43	混合生育酚	用于畜产品的加工品时只限用于肉食加工品
44	酶处理卵磷脂	只限于未经漂白处理或有机溶媒处理而得到的产物。并且,用于畜产品的加工品时只限用于乳制品、乳源的幼儿食品、油脂制品或蛋黄酱
45	酶分解卵磷脂	只限于未经漂白处理或有机溶媒处理而得到的产物。并且,用于畜产品的加工品时只限用于乳制品、乳源的幼儿食品、油脂制品或蛋黄酱
46	植物卵磷脂	只限于未经漂白处理或有机溶媒处理而得到的产物。并且,用于畜产品的加工品时只限用于乳制品、乳源的幼儿食品、油脂制品或蛋黄酱

续表

编号	食品添加剂名称	使用标准
47	蛋黄卵磷脂	只限于未经漂白处理或有机溶媒处理而得到的产物。并且,用于畜产品的加工品时只限用于乳制品、乳源的幼儿食品、油脂制品或蛋黄酱
48	滑石	只限用于农产品的加工品
49	皂土	只限用于农产品的加工品
50	高磷土	只限用于农产品的加工品
51	硅藻土	只限用于农产品的加工品
52	珍珠岩	只限用于农产品的加工品
53	二氧化硅	只限作为凝胶或胶质溶液用于农产品的加工品
54	活性炭	只限用于农产品的加工品
55	蜂蜡	只限作为分离剂用于农产品的加工品
56	巴西棕榈蜡	只限作为分离剂用于农产品的加工品
57	木灰	只限传统的奶酪制作中使用
58	香料	非化学合成的产品
59	氮气	
60	氧气	
61	二氧化碳	
62	酶	
63	次氯酸钠	只限用于在肉食加工品中对动物肠子的消毒或对蛋的清洗
64	次氯酸钠水	只限用于在肉食加工品中对动物肠子的消毒或对蛋的清洗
65	富马酸制剂	只限用于在肉食加工品中对动物肠子的消毒或对蛋的清洗

第八章　食品添加剂通用检测方法

第一节　通则

除特别规定外，对添加剂符合性判断通常要符合规范、规定、标准的要求，这些要求在本书"第八章　食品添加剂通用检测方法""第九章　日本食品添加剂质量技术规格"中有相对应规定。但是，第九章中对各物质外观的描述仅供参考，不作为判定标准。

在英文文本中，开头用大写字母书写并用引号标记的物质是能够满足第九章需要的食品添加剂。

名称后附有带"(　)"的分子式的物质属于化学纯的物质，原子量根据2005年国际原子量表。相对分子质量取小数点后二位，第三位四舍五入。

一、单位和符号

1. 主要的计量单位，用下列符号表示(见表8-1)。

表8-1　主要计量单位及其表示符号

单位名称	单位符号	单位名称	单位符号
米	m	克	g
厘米	cm	毫克	mg
微米	μm	微克	μg
纳米	nm	牛	N
平方厘米	cm^2	千帕	kPa
升	L	帕	Pa
毫升	mL	摩尔每升	mol/L
微升	μL	毫摩尔每升	mmol/L
千克	kg	每厘米	cm^{-1}

2. 表示质量分数时，用"%"即可；当表示液体100mL中含溶质(g)时，用"%(质量浓度)"符号；当表示体积分数时，则液体100mL中含物质(mL)或气体100mL中含物质(mL)时，用"%(体积分数)"表示；除特别规定外，物质的含量表示为折算为无水物质。

3. 某种食品添加剂的效能按本书第九章所规定的相应食品添加剂的单位表示。

4. 温度的表示用摄氏度法，即在阿拉伯数字右边附“℃”。当具体操作时，测量温度点的可接受误差为 ±5℃，通常不适用于熔点和凝固点的测定。

5. 标准温度指 20℃，常温为 15℃ ~25℃，室温为 1℃ ~30℃，温热为 30℃ ~40℃。除特别规定外，凉处温度为 0℃ ~15℃，冷水为 15℃ 以下，温水为 60℃ ~70℃，热水为约 100℃ 的水。

6. 热溶剂为加热到接近沸点的溶剂，温溶剂为加热到 60℃ ~70℃ 的溶剂。

二、试验

1. 使用其他方法代替规定的方法，该方法的精度超过 JSFA - Ⅷ中规定的方法时，方可使用；但是，当其测定结果有疑问时，最终用 JSFA - Ⅷ中规定的方法进行判断。

2. 除特别规定外，用纯净水作为 JSFA - Ⅷ用水。

3. 为了计量一定体积液体的滴数，需要配备一种可在 20℃ 测定 20 滴纯水质量范围在 0.90g ~1.10g 的装置。

4. 干燥器的干燥剂，除特别规定外，一般用硅胶。

5. “待冷却后”指加热或加温物质温度降至室温。除特殊的规定外，“用水浴加热”指在约 100℃ 的水浴上或水浴中加热。也可用约 100℃ 的蒸汽浴代替水浴。除特殊说明外，“在回流冷凝下加热某物质”指沸腾并回流溶剂。

6. 除特别规定外，减压指压力降至 2.0kPa 以下。

7. 除特别规定外，液体的酸性、碱性或中性，均用石蕊试纸试验的结果。表示详细的酸碱性时用 pH 表示。“微酸性”“弱酸性”“强酸性”“微碱性”“弱碱性”“强碱性”的 pH 见表8 -2。

表 8 -2　液体酸碱性名称及其对应的 pH 范围表

名称	pH 范围
微酸性	5 ~6.5
弱酸性	3 ~5
强酸性	小于或等于 3
微碱性	7.5 ~9
弱碱性	9 ~11
强碱性	大于或等于 11

8. 除特殊规定外，溶质名称后直接衔接“溶液”一词表示这种溶液的溶剂为水。

9. 除另有规定外，当一种液体试剂只是简单用浓度表示如 1mol/L 盐酸、10% 硫酸溶液、50% 甲醇溶液，这表明这种试剂是使用水稀释。

10. 记述溶液的浓度如“1/5”或“1/100”等的含意是指 lg 固体物质或 1mL 液体物质分别溶解于 5mL 或 100mL 溶剂中。还有，混合液写成“10 : 1”或“5 : 3 : 2”意为液体试剂由两种溶剂分别以 10 体积与 1 体积混合，或是 3 种溶剂分别以 5 体积、3 体积与 2 体积混合。

11. 在试验中，规定的值（以下称“规格值”）与由试验测得的值（以下称“实验值”）进行比较判断时，实验值经数值修约处理后比规格值多保留一位数。再与规格值比较后判断。

当规格值记作“$a \sim b$”或“a 至 b”表示该值在 a 以上,b 以下。

12. 称取供定量测定用的试样量叙述中的“约”,表示该量的范围为 ±10%。另外,当没有“约”时,实际测量值应当经数值修约后可满足要求。

13. “正确称量”所表述的意思是指从以下三种精度范围的天平中选择一种称量物质。0 - mg是指选用化学天平,0. 0 - mg 是指选用半微量化学天平,或 0. 00 - mg 指选用微量化学天平。考虑到标准值的小数位数,应从这三类天平中选择使用合适的天平。

14. “精确称取”的含意是称量至指定的数值的质量及其位数。如称取某物质 0. 050g、0. 10g、2. 000g 或 5. 0g,意味着各自的称量范围在 0. 0495g ~ 0. 0504g、0. 095g ~ 0. 104g、1. 9995g ~ 2. 0004g 或 4. 95g ~ 5. 04g。

15. 除另外规定外,“准确量取”的含意解释为:使用单刻度吸管、滴定管或精度相当甚至更优的量器。另外,当提及“定容至 100mL”时,除另有规定外,均用容量瓶配制。

16. 除另有规定外,试验应在常温下进行,并在操作后 30s 以内观察。当温度对试验有特殊影响时,应在标准规定温度下进行试验。描述某操作步骤要求“立刻”通常表示这一操作应在上一步骤完成后的 30s 内进行。

17. 除另有规定外,对于 JSFA - Ⅷ中第九章或其他章节要求的试验应遵循“一般试验法”中对应的实验方法要求,并参照第九章或其他对应章节的规定。

18. 记述为“白色”,表示“白色”或“近似于白色”;记述为“无色”,表示“无色”或“近似于无色”。当样品需检测颜色色调时,除另有规定外,对于固体试样,称取 1g ~ 3g 于表面玻璃皿中,以白色为背景进行观察. 另外,对于液体试样,将试样置于内径约 1. 5cm 无色试样管中,液层厚约 3cm,以白色为背景从上方或侧面进行观察。

19. 对于“气味”的记述,表示“无气味”或“近似于无味”。对于气味的试验,除另有规定外,取约 1g 试样于蒸发皿中,进行试验。

20. 对于溶解性的描述。某物质的溶解性,除特殊规定外,通常是指在(20 ± 5)℃下,将该物质粉末加入到某种溶剂中,每隔 5min 持续充分振摇 30s,30min 后观察其溶解程度,见表 8 - 3。

表 8 - 3 物质溶解性定义表

溶解性描述	溶解 1g 或 1mL 样品所需溶剂体积/mL
极易溶解	少于 1
易溶	1 ~ 10
溶解	10 ~ 30
略溶	30 ~ 100
微溶	100 ~ 1000
极微溶解	1000 ~ 10000
几乎不溶或不溶	10000 或更多

21. 除有其他规定外,一般用滤纸进行过滤。

22. 鉴别试验是用于鉴别添加剂的功能,包括离子反应、官能团的反应、物理常数试验和其他相关试验。

23. 除另有规定外，鉴别试验通常规定取 2mL ~ 5mL 测试溶液放于内径为 1.0cm ~ 1.5cm 试管中测试 8min ~ 15min。

24. 在鉴别试验项目中，当出现"碳酸盐试验阳性"或"钠盐试验阳性"的描述时，表明按照"一般试验法"的"定性试验"进行碳酸盐或钠盐试验时发生了特异反应。

25. 纯度试验是为了鉴别添加剂中是否混入了不纯物质。通常要预先规定不纯物质种类及其含量的限度。

26. 观察物质的澄清度和颜色时，除另有规定外，通常把试样溶于溶剂中，30s ~ 5min 振摇混合后观察。

27. 澄清透明、近似于澄清透明、极微的混浊，微浊或混浊的描述用语作为一般实验法中"浊度试验法"结果判断的描述用语。

28. "无混浊"意为该溶液的澄清度无变化。

29. 纳氏比色管的内径为 20mm、外径为 24mm，从瓶底至瓶塞面的距离为 20cm、无色的具塞平底的玻璃试管，每 5mL 处刻有刻度，直至 50mL 处。另外，各管的刻度高度差在 2mm 以下。

30. 除另有规定外，经干燥或灼热后的恒量，指增加干燥或灼热 1h 后，与前次的干燥或灼热残留物的质量比较，两次连续的称量(前后增加了 1h)差在 0.1% 以下。另外，用化学天平称量差在 0.5mg 以下或用微量化学天平称量差在 0.01mg 以下时，可忽略不计，视为恒量。

31. 定量法是对添加剂的成分含量或效能的测定方法。在第九章中，所规定添加剂含量或效能限值即是由定量法测得。在没有特别给出上限值时，规定值不超过 100.5%。

32. 当"干燥样品"或"灼热样品"被单独提及时，实验所用温度应与第九章中"干燥失量"或"灼热残留物"所采用的温度条件一致。

三、容器

1. 称作密封的容器是指在通常使用条件下或贮存的状态下，不使空气或其他气体进入，能保护其内容物的容器。

2. 避光容器是指可防止光透过的容器或经包装后防止光透过的容器。

第二节 一般试验方法

一、砷限量试验

本试验用于判断样品中砷含量是否超过允许限量的试验方法，结果以三氧化二砷(As_2O_3)计。

如果在第九章中出现"砷不大于 4.0μg/g，以 As_2O_3 计(0.25g，第 1 法，装置 A)"的描述时，表明应采用装置 A 进行试验，称取 0.25g 试样，按第 1 法制备测试溶液，样品中砷的含量应不大于 4.0μg/g。

1. 装置 A

概况如图 8 - 1 所示：

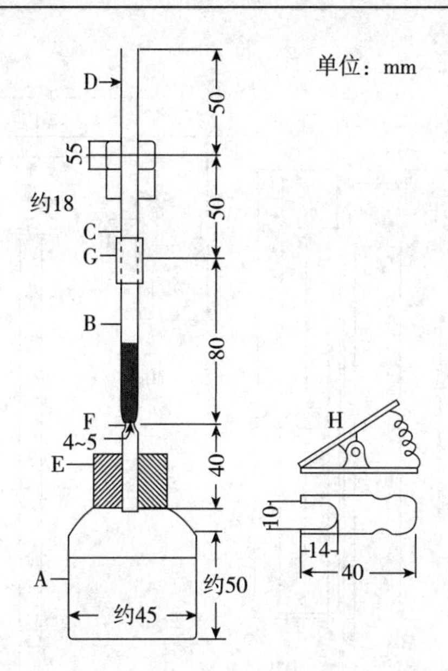

说明：

A——发生瓶（容积约60mL，在40mL处有刻线）；

B——内径约6.5mm的玻璃管；

C和D——连接部分，内径6.5mm，外径约18mm，具磨口的玻璃管，并且内、外缘为同心圈；

E——橡胶塞；

F——在玻璃管B下凹下处，充填玻璃纤维；

G——橡胶管；

H——夹子。

图8-1 砷测定装置A

从F部向玻璃管B中装入约30mm高的玻璃毛，用乙酸铅试液和水等体积的混合液均匀湿润后，从管下端轻微地吸去玻璃纤维和器壁上过量的溶液. 测定前，于玻璃管C和D的连接部中放入溴化汞纸片，用夹子H固定两管。

2. 装置B

组成概况如图8-2所示。

于排气管B中，装入高约30mm的玻璃毛，用乙酸铅试液和水等容积比的混合液均匀湿润后，从下端轻微地吸去过量的溶液。把它垂直插入发生瓶A口部橡胶塞H的中心，排气管B下部小孔E仅仅显露出即可。把玻璃管C垂直固定在B的上部橡胶塞J中，C的排气管下端口部与橡胶塞J下端平齐。

3. 装置C

组成概况如图8-3所示。

4. 测试溶液测试溶液的制备

除有特别规定外，按下述步骤制备。

第1法：按规定的量称取试样，加5mL水，必要时加温溶解，作为测试溶液。

第2法：按规定的量称取试样，加5mL水和1mL硫酸。若样品为无机酸时，不加硫酸，而加10mL亚硫酸。移入小烧杯中，于水浴中加热，蒸发至约剩下2mL，用水稀释至5mL，作为测试溶液。

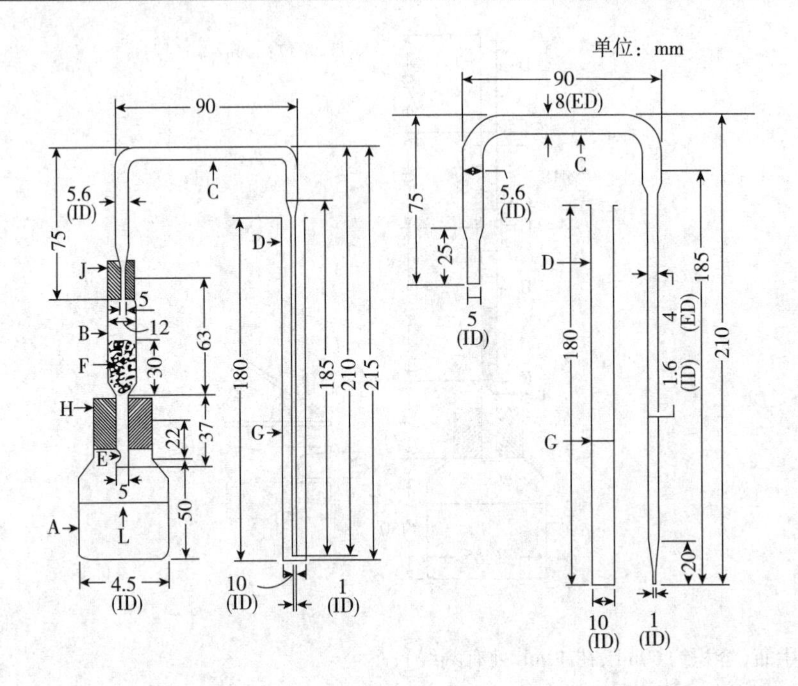

说明：

A——发生瓶（容积约 60mL）；

B——排气管；

C——玻璃管（内径 5. 6mm，末端深度内径为 1mm 的毛细管）；

D——吸收管（内径 10mm）；

E——小孔；

F——玻璃纤维（约 0. 2g）；

G——5mL 标记；

H 和 J——橡胶塞；

L——40mL 标记。

注：ID 为内径，ED 为外径。

图 8－2　砷测定装置 B

第 3 法：按规定的量称取试样，放入铂金、石英或瓷坩埚中，加 10mL 2% 硝酸镁乙醇溶液，点燃乙醇，缓缓加热。于 450℃～550℃灰化，若有碳化物残留时，再加入少量的 2% 硝酸镁乙醇溶液湿润并灼热，于 450℃～550℃灰化。待冷却后，残留物中加 3mL 盐酸，于水浴上加热溶解，作为测试溶液。

第 4 法：按规定的量称取试样，放入铂金、石英或瓷坩埚中，加 10mL10% 硝酸镁乙醇溶液，点燃乙醇，缓缓加热。于 450℃～550℃灰化，若有碳化物残留时，再加少量 10% 硝酸镁乙醇溶液湿润并灼热，于 450℃～550℃灰化。经冷却后，残留物中加 3mL 盐酸，于水浴上加热溶解，作为测试溶液。

5. 步骤

除另有规定外，按下述步骤操作。

（1）使用装置 A 的操作步骤：将测试溶液放入反应瓶中，加 1 滴溴酚蓝试液，用氨水、氨试液或 25% 盐酸溶液中和后，加 5mL50% 盐酸溶液和 5mL 碘化钾试液，放置 2min～3min 后，

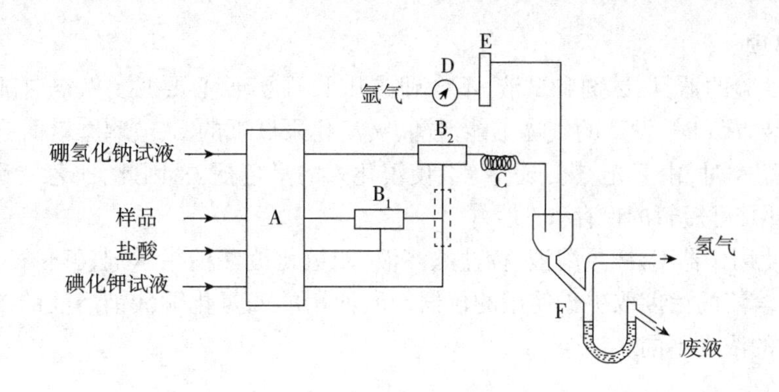

说明：

A——泵；

B_1 和 B_2——混合接头；

C——反应管；

D——压力计；

E——流量计；

F——气-液分离器。

图8-3　砷测定装置C

加5mL酸性氯化亚锡放置10min后，加水至40mL。加入2g无砷锌粒，立即用玻璃管橡胶塞E盖紧反应瓶，连接B、C和D管。把反应瓶浸在25℃水中，水至瓶的肩部，放置1h后，立即观察溴化汞试纸的颜色，测试溶液对应的纸片颜色不应深于下述标准色。

标准色的获得与测试溶液同时进行。吸取1.0mL砷标准液，放入发生瓶中，加5mL盐酸(1/2)和5mL碘化钾试液，以下操作与测试溶液相同，如此获得溴化汞纸片的颜色作为标准色。

(2)使用装置B的操作步骤：将测试溶液放入反应瓶中，按装置A中调酸碱性方法操作至加5mL酸性氯化亚锡试液，于室温放置1h。然后加水至40mL，加无砷锌粒2g。立即盖紧装有B和C相连接的橡胶塞H于反应瓶上，将C的细管部插入预先装有砷吸收液5mL的吸收管D的底部。然后，把发生瓶浸于25℃水中，浸入深度相当其瓶肩部，放置1h后，取下吸收管，必要时加吡啶定容至5mL，观察吸收液的颜色，不应深于下述标准色。

标准色的制备：与测试溶液同时进行。吸取砷标准液2.0mL，放入反应瓶中，加盐酸1mL和碘化钾试液5mL后，放置2min~3min，再加酸性氯化亚锡试液5mL，于室温放置10min，以下与测试溶液操作相同，把获得的吸收液的呈色作为标准色。

(3)使用装置C的操作步骤：在4mL测试溶液中加入盐酸1mL和10%碘化钾溶液1mL，70℃水浴加热4min，加水至20mL。通氩气引入检测样品，适量浓度的盐酸(1mol/L~6mol/L)和四氢化硼酸钠指示剂用泵A以1mL/min~10mL/min的流速持续加入到仪器中，并继续混合以形成砷化氢。如果仪器系统能够持续引入10%碘化钾溶液，引入测试溶液。必要时用水稀释，适量浓度的盐酸(1mol/L~6mol/L)、10%碘化钾溶液以及四氢化硼酸钠指示剂以同样的方式混合，并产生砷化氢。产生的砷化氢从气液分离器F中分离，含有砷化氢的气体被引入带有加热吸收池的原子吸收光谱仪。在193.7nm处测量测试溶液的原子吸光度。测试溶液的吸光度不超过参比溶液。

在试验中使用砷标准溶液制备平行参比溶液，采用与测试溶液同样的方式。

6. 注意事项

(1)用于试验的器具、试剂和试液,不含砷或几乎不含砷,必要时要做空白试验。

(2)使用装置A时,发生的气体不能泄漏,夹溴化汞试纸的C、玻璃磨口面,要紧密连接。

(3)用装置A时,由于光、热、湿气等会使溴化汞的呈色褪去,因此,比色要迅速。如放在避光的干燥器中,可短暂的保存。

(4)如果使用仪器C,样品溶液、稀盐酸溶液、四氢化硼酸钠指示剂、碘化钾溶液、稀盐酸溶液和碘化钾溶液的浓度取决于使用的仪器。所使用的四氢化硼酸钠溶液的浓度与四氢化硼酸钠指示剂的浓度不同。

二、灰分和酸不溶性灰分限量试验

1. 灰分测定

本试验用于测定样品在一定条件下灼热后残留物的量。

步骤 将铂金、石英或者陶瓷制坩埚于500℃~550℃灼热1h,在干燥器中冷却并精确称量。除特殊说明外,将2g~4g样品置于坩埚中,精确称量质量。必要时将坩埚盖全部或一半移开,开始时缓慢地加热坩埚,然后逐渐升高温度,在500℃~550℃灰化不少于4h,直至无任何焦状物质,冷却并精确称量残留物。重复(灰化、冷却、干燥、精确称量)操作直至残留物恒重。

如果仍存在焦状物质,且在上述操作下无法达到恒重时,加入热水于该物质中,用定量滤纸过滤,将滤纸上的不溶物及滤纸一起在500℃~550℃下灼热,直至焦状物质消失。将滤出物加入到残留物中,蒸发至干,在500℃~550℃下灼热,在干燥器中冷却并精确称量。如果仍有焦状物质,加入少量的乙醇湿润,用玻棒搅拌灰分,用少量的乙醇洗涤玻棒,仔细地蒸发乙醇。按照上述操作进行,精确称量。

2. 酸不溶性灰分

本试验用于测定样品中经灼热后不溶于25%稀盐酸溶液的物质的量。

步骤 小心加入25%稀盐酸25mL于"灰分测定"中所获残留物中,沸腾5min,用定量滤纸过滤收集不溶物,用热水洗涤,并连同滤纸一起干燥残留物。在铂金、石英或陶瓷制坩埚中灼热残留物3h,如"灰分测定"同样的操作步骤小心处理残留物并精确称量。如果获得的值大于规定值,灼热至恒重。

三、原子吸收光谱法

原子吸收光谱法是利用光通过原子蒸气层时,基态原子吸收特征波长的光来测定试样中被检元素量/浓度。

1. 仪器

一般由光源部、试样原子化部、分光部和测光部组成。一些仪器带有背景校正系统。光源使用空心阴极灯或放电灯。

试样原子化方式有三种:直接雾化火焰方式、电热方式和无火焰方式。无火焰方式中分为还原气化法和加热气化法。火焰方式由燃烧器和气体流量调节器组成。电热原子化器是由电炉和电源构成。还原气化法由密闭发生器和钢瓶组成,加热气化装置由石英皿和加热装置组成。分光部使用光栅或棱镜,测光部用检测器或指示器。记录系统由显示器和记录装置构成。背景校正系统用于校正测量系统的背景吸收。可以使用几种背景校正方法,包括赛曼(Zeeman)方法、自散射方法以及其他使用连续光源或非共振线的方法。

2. 步骤

除另有规定外,使用以下任何一种方法。

(1)火焰方式:装好规定的光源灯,测光部通电点着光源灯。调节分光器与规定的分析线波长吻合后,设定适当的灯电流值,然后,使用规定的燃气和助燃气,点燃其混合气,调节其流量、压力,把溶剂喷入光焰中,调节零点,按规定配制的测试溶液或标准液或比较液喷入火焰中,测定其吸光度。

(2)电热方式:装好规定的光源灯,测光部通电点着光源灯。调节分光器与规定的分析线波长吻合后,设定适当的灯电流值和狭缝宽度。注入适量的样品溶液于炉体内,引入适量的惰性气体流并穿过炉体。以适当的方式、温度和时间干燥并灰化样品,并将样品中的元素原子化,后测量吸光度。按规定配制的测试溶液或标准液或比较液喷入火焰中,测定其吸光度。

(3)无火焰方式:装好规定的光源灯,测光部通电,点亮光源灯。调节分光器与规定的分折线波长吻合后,设定适当的灯电流值,当采用还原气化法时,把测试溶液、标准液/参比溶液放入密闭容器中,加入适量的还原剂,至元素还原后,让其气化。还有,加热气化法,把试样加热使其气化。这些方法均是产生原子蒸气后测定其吸光度。按规定配制的测试溶液或标准液或参比溶液喷入火焰中,测定其吸光度。

3. 定量法

通常由以下任一方法定量,定量时应考虑干扰和本底的影响问题。

(1)标准曲线法:配制三个以上不同浓度的标准液,分别测定其吸光度,由所得数值绘制标准曲线,然后,测定制备的测试溶液吸光度,该测试溶液浓度应在曲线浓度范围内,从标准曲线上求出被测元素量/浓度。

(2)标准添加法:采用等量的测试溶液三份以上,分别添加被检元素制成标准系列后,再加溶剂定容后,分别测定该系列溶液的吸光度。横坐标为添加标准的被检元素的量/浓度,纵坐标为吸光度,绘制曲线图,延长曲线图上的回归线与横坐标轴相交,由交点与原点距离求出被检元素的量/浓度。但是,该法只适用于当(1)法中标准曲线通过原点直线状况下的试样。

(3)内标法:配制添加一定量第九章中规定的内标元素的已知的、有一定梯度的待测元素系列标准溶液。采用各个元素的分析波长,在相同条件下分别测定这些溶液中被检元素吸光度和内标元素的吸光度,分别求出每个被测元素标准溶液吸光度和内标元素吸光度的比值。以横坐标为被测元素标准溶液的量/浓度,纵坐标为吸光度的比值绘制标准曲线。测试溶液的制备,在测试溶液中加入内标元素的量与预先制备的标准溶液加入量相同,按绘制标准曲线时的相同条件,求出被测元素吸光度与内标元素吸光度之比值,从标准曲线上求出被测元素的量/浓度。

注意:应避免使用干扰测定的试剂、试液。

四、沸点和蒸馏范围试验

除另有规定外,沸点和蒸馏范围的测定按下述的第 1 法或第 2 法进行。

除另有规定外，最低沸点指蒸馏出最初 5 滴馏出液时的温度。最高沸点指的样品被全部蒸馏出来时的温度。蒸馏范围试验是用来测定在第九章规定的蒸馏温度范围能够被蒸馏且收集到的蒸馏液体积量。

当第九章中出现“55.5℃ ~57.0℃（第 1 法）”的描述时，表示按照第 1 法测定沸点和蒸馏范围时，样品沸点为 55.5℃ ~57.0℃。同样，第九章中出现“64℃ ~70℃时馏出物占试样体积比不小于 95%（第 2 法）”的描述时，表示用第 2 法测定沸点和蒸馏范围时试样所蒸馏出来的物质体积比不小于 95%。

1. 第 1 法

本法适用于测定规定温度小于 5℃的液体样品的沸点和蒸馏范围。

(1)装置

如图 8 -4 所示。

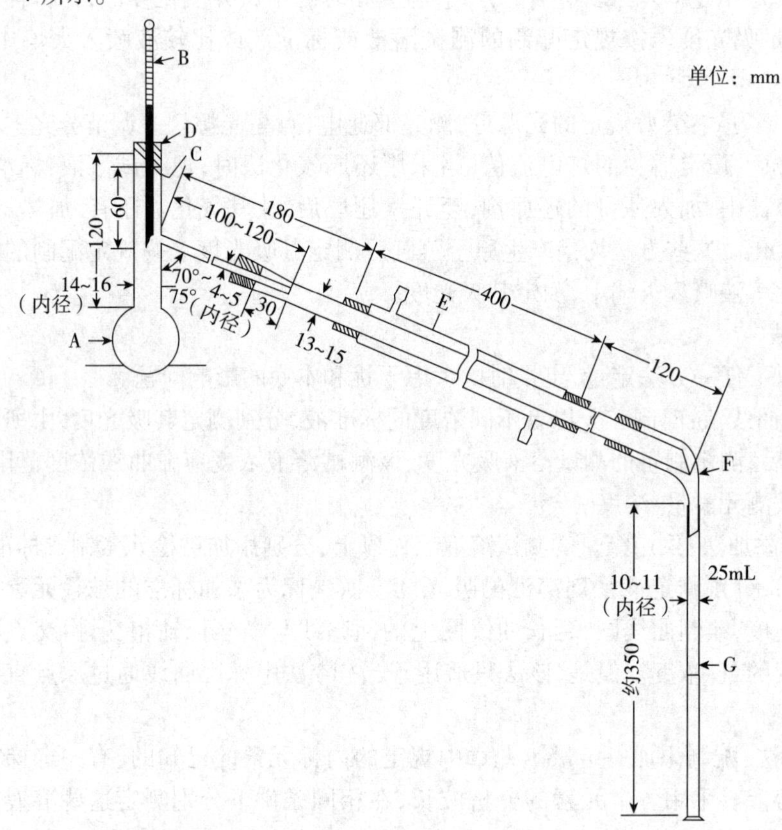

说明：

A——蒸馏瓶（硬质玻璃 50mL ~60mL）；

B——棒状温度计（附浸线）；

C——浸线；

D——塞；

E——冷凝器；

F——接头；

G——刻度量筒（25mL 每格 0.1mL）。

图 8 -4 沸点和蒸馏范围测定装置

玻璃器具要充分干燥,将具有浸线的温度计 B 插入软木塞 D 中,温度计所标的浸入线 C 在 D 的下端。另外,水银球的上端在蒸馏出口的中央部。把冷凝器 E 与蒸馏瓶 A 上的支管相连接,E 的另一端接上弯接头 F,F 的弯曲细端插入接收量筒 G 口中,可使空气稍微地流通。往 A 中加入沸石或毛细管,用适当的热源加热 A,并用足够高的覆盖挡板遮挡 A。如用直接加热,A 应放在石棉板的孔上加热。石棉板厚 6mm,被固定在 150mm × 15mm 的铁丝网上,中央开直径 30mm 圆形孔。

(2)步骤

用刻度为 0.1mL 的量筒量取 25mL 预先测定了液温的试样,放入蒸馏瓶中,量筒不用洗涤照样作接收器,仪器安装好后,冷凝器通水,加热蒸馏瓶,约 10min 开始蒸馏出,除另有规定外,测定温度在 200℃以下,每 min 蒸馏速度为 4mL ~ 5mL,200℃以上的每 min 为 3mL ~ 4mL。馏出液温度降至与最出的试样液温相同时,读取馏分的容积。对于 80℃以下就开始馏出的试液,应预先将试样冷却至 10℃ ~ 15℃,再量取其容积,在蒸馏中还应把量筒的 25mL 以下部分用冰冷却。

气压对温度的校正即 0.36kPa 相当 0.1℃;气压不到 101kPa 时,加校正值,超过 101kPa 时,减校正值。

2. 第 2 法

本法适用于测定规定温度大于 5℃的液体样品的沸点和蒸馏范围。

(1)装置

使用与第 1 法类似的器具。但是,蒸馏瓶的容积为 200mL,瓶口的内径 18mm ~ 24mm,馏出管的内径 5mm ~ 6mm,直接火焰加热时,石棉板中央部开直径为 50mm 的圆孔。另外,接收器为 100mL 的量筒,刻度值为 1mL。

(2)步骤

用刻度值为 1mL 的量筒量取预先测定其液温的试样 100mL,然后,按第 1 法同样的方法操作。

五、钙盐测定

本试验利用乙二胺四乙酸二钠(EDTA)与含钙的盐类反应来测定样品中钙盐含量。第 1 法采用 EDTA 溶液直接滴定;第 2 法采用加入过量 EDTA,乙酸锌反滴定。

步骤 除另有规定外,用下述任一方法定量:

第 1 法:准确吸取测试溶液 10mL,加水 50mL,加 10% 氢氧化钾溶液 10mL 后放置约 1min,再加钙指示剂(NN 指示剂)约 0.1g,用 0.05mol/LEDTA 溶液滴定至红紫色完全消失而呈现蓝色时为终点。

第 2 法:准确吸取 20mL 测试溶液,加入 0.02mol/LEDTA 溶液 25mL。加 50mL 水和 5mL 氨水 - 氯化铵缓冲液(pH 10.7),放置约 1min 后,加铬黑 T - 氯化钠指示剂 0.0025g,用 0.02mol/L 乙酸锌溶液反滴定过量的 EDTA,溶液颜色由蓝色变为紫蓝色时作为滴定终点,同时做空白试验。

六、氯化物限量试验

本试验用于判定样品的氯化物含量是否超过允许限量。

在第九章中如果出现"以 Cl 计含量在 0.041% 以下(0.30g,参比溶液为 0.01mol/L 盐酸 0.35mL)"的描述时,表示称取 0.30g 试样,用 0.01mol/L 盐酸 0.35mL 作为参比溶液,进行测定,样品氯化物(以 Cl 计)含量应不大于 0.041%。

1. 测试溶液与参比溶液的制备

除另有规定外,按以下步骤操作。

称取第九章规定的试样量,置于纳氏比色管中,加约 30mL 水溶解。若溶液显碱性时,加 10% 硝酸调至中性,再加 10% 硝酸 6mL,用水定容至 50mL 作为测试溶液。另取 1 支纳氏管加入特别规定量的 0.01mol/L 盐酸溶液,加入 10% 硝酸溶液 6mL,用水定容至 50mL 作为参比溶液。测试溶液不澄清时,两种溶液在相同条件下过滤。

2. 步骤

除另有规定外,测试溶液和参比液各加 2% 硝酸银溶液 1mL,充分震荡后,避光处放置 5min 后,将两支纳氏管以黑色为背景从侧面和上方观察其浊度,测试溶液的浊度应低于参比溶液浊度。

七、着色物质铝色淀试验

本试验适用于着色物质铝色淀的纯度测定和含量测定。

1. 盐酸和氨不溶物

如果在第九章中出现"不大于 0.5%(着色物质铝色淀试验)"的描述时,表示按以下步骤操作,样品中盐酸和氨不溶物的含量不大于 0.5%。

步骤　预先将坩埚形玻璃滤器(IG4)于 135℃ 干燥 30min,在干燥器中冷却后,精确称量。

精确称取试样约 2g,加 20mL 水混合后,加 20mL 盐酸充分地混匀,再加 30mL 热水充分地振摇。然后,用表面皿盖上容器,水浴上加热 30min 后,放冷,将上清液用前述的坩埚形玻璃过滤器过滤,容器内的不溶物加水约 30mL 移入过滤器。每次用 5mL 水洗容器、玻璃过滤器上的不溶物,洗涤两次。用 1% 的氨水溶液洗至洗液几乎无色后,再用盐酸(1/35)1mL 洗涤,用洗液洗至其洗液不与 2% 硝酸银溶液反应为止。沉淀与玻璃过滤器一起于 135℃ 下干燥 3h,在干燥器中放冷后,精确称量。

2. 碘

如果在第九章中出现"不大于 0.2%(着色物质铝色淀试验)"的描述时,表示按以下步骤操作时,样品中碘化钠的含量不大于 0.2%。

(1)测试溶液

精确称取约 0.06g 试样,加入 10mL 水,不断振摇约 30min 后,用干燥滤纸过滤,滤液作为测试溶液。

(2)标准液

准确吸取碘离子标准储备液各 0.5mL、1.0mL、10mL、50mL,分别置于 100mL 容量瓶中,用水稀释并定容,作为标准液。

(3)步骤

分别吸取测试溶液、标准液和标准储备液各 100μL,分别按"离子色谱"规定条件进行操作。分别测量标准液和标准储备液中碘离子的峰高/峰面积,绘制标准曲线。再测量测试溶液的碘离子的峰高/峰面积,从标准曲线上求出碘离子量,乘以 1.18,获得测试溶液中碘化钠的浓度,再算出试样中碘化钠的含量。另外,操作应避开直射日光,配制的测试溶液应放于避光容器内。配制后应立即进行试验。

(4)仪器条件

检测器:电导检测器;

分离柱填充剂:全多孔的阴离子交换剂;

色谱柱:内径 4.6mm ~ 6mm,长度 5cm ~ 10cm 的不锈钢或塑料柱管;

保护柱:与分离柱相同的内径和填充剂;

流动相:2.5mmol/L 邻苯二甲酸和 2.4mmol/L 三羟基甲基甲胺的水溶液,pH 4.0;

柱温:40℃;

流速:1.5mL/min。

3. 重金属

如果在第九章中出现"以 Zn 计不大于 50μg/g[着色物质铝色淀试验,重金属(1)]"的描述时,表示按步骤(1)的测定,样品的重金属含量(以 Zn 计)应不大于 50μg/g。

(1)样液

称取 2.5g 试样,放入石英或瓷坩埚中,加少量硫酸润湿,缓慢加热尽量在低温下几乎灰化后,放冷。再加 1mL 硫酸,缓慢加热几乎硫酸不冒白烟后,放入高温电炉中,于 450℃ ~ 550℃下灼热至灰分,放冷。向灰分中加入 5mL 盐酸和 1mL 硝酸,充分捣碎结块,水浴上蒸干。再加盐酸 5mL,捣碎结块再于水浴上蒸干,其残留物加 25% 盐酸溶液约 30mL,加热溶解。冷后,用定量滤纸过滤,滤纸上的残留物用约 3mL 25% 盐酸溶液洗涤,洗液与滤液合并,在水浴上蒸发至干。然后,将其残留物加 10mL 25% 盐酸溶液,加热溶解,冷后过滤,容器及滤纸上的残留物用 5mL 25% 盐酸溶液和 5mL 水洗涤。洗液与滤液合并,加水定容至 50mL,作为试样液。

另外,空白测试溶液采用与试样液同样操作步骤进行制备。

1)锌

测试溶液:移取试样液 10mL,加 25% 盐酸溶液 10mL,加水定容至 50mL。

参比溶液:移取空白测试溶液 10mL,加入锌标准液 2.5mL 和 25% 盐酸溶液 10mL,加水定容至 50mL。

步骤　将测试溶液和参比溶液按下述条件依据原子吸收分光光度法进行测定,测试溶液的吸光度应低于参比溶液的吸光度。

仪器条件

光源灯:锌空心阴极灯;助燃气:空气;分析波长:213.9nm;燃气:乙炔。

2)铁

测试溶液:移取试样液 4.0mL,加 25% 盐酸溶液 10mL,加水定容至 50mL。

参比溶液:移取空白测试溶液 4.0mL,加入铁标准液 5mL,加 25% 盐酸溶液 10mL,加水定容至 50mL。

步骤　将测试溶液和参比溶液按下述的操作条件依据原子吸收分光光度法进行测定,测试溶液的吸光度应在参比溶液吸光度以下。

仪器条件

光源灯:铁空心阴极灯;助燃气:空气;分析线波长:248.3nm;燃气:乙炔。

3)其他的重金属

测试溶液:移取20mL试样液放入纳氏比色管中,加10%乙酸铵溶液调pH约4后加水定容至50mL。

参比溶液:取空白测试溶液20mL和铅标准液2.0mL,放入纳氏比色管中,同测试溶液同样操作,作为参比溶液。

步骤 两种待测液各加2滴硫化钠试液充分振摇后,放置5min,测试溶液的颜色不应浓于参比溶液。

4. 钡

如果在第九章中出现"以Ba计不大于500μg/g(着色物质铝色淀试验)"的描述时,表示按以下步骤操作时,样品中钡含量(以Ba计)不大于500μg/g。

测试溶液:精确称取约1g试样,放入铂金坩埚中,加少量硫酸润湿,缓慢加热尽量在低温下几乎灰化后,放冷。再加硫酸1mL,缓慢加热至硫酸几乎不冒白烟后,放入高温电炉内,于450℃~550℃灼热3h,冷后,加无水碳酸钠5g充分混合后,加盖加热熔融后再继续加热10min,放冷加水20mL,于水浴上加热溶解,冷却后,用定量滤纸(5C)过滤,滤纸上的残留物用水洗至其洗液不呈硫酸盐的反应。然后,滤纸上的残留物与滤纸一起放入烧杯中,加30mL 25%盐酸溶液,充分振摇后,煮沸,放冷过滤,滤纸上的残留物用10mL水洗涤,洗液与滤液合并,水浴上蒸发至干,残留物加水5mL溶解,必要时过滤,加0.25mL 25%盐酸溶液,充分振摇后,加水定容至25mL。

参比溶液:另取空白液0.5mL,加入25%盐酸溶液0.25mL,加水定容至25mL。

步骤 按电感耦合等离子体发射光谱步骤中规定的条件分别测定测试溶液和参比溶液。测试溶液的发射强度不超过参比溶液。

5. 砷

如果在第九章中出现"以As计不大于4.0μg/g(着色物质铝色淀试验)"的描述时,表示按以下步骤操作时,样品中砷含量(以As_2O_3计)不大于4.0μg/g。

测试溶液:称取0.25g试样,放入石英或瓷坩埚中,加10mL 2%硝酸镁-乙醇溶液,点燃乙醇让其燃烧后,缓慢地加热在450℃~550℃下灰化,若有碳化物残留时,加少量硝酸湿润,再于450℃~550℃下灼热灰化。经冷却后,残留物中加3mL盐酸,必要时加约10mL水,在水浴上加温溶解。冷却后,加水定容至25mL作为测试溶液。

参比溶液:另取空白测试溶液2.0mL,用水定容至25mL。

步骤 按"砷限量试验"中规定步骤使用装置C的方法所规定条件分别测定测试溶液和参比溶液。测试溶液的吸光度不应超过参比溶液。

6. 其他着色物质色淀

如果在第九章中出现"着色物质铝色淀试验中其他着色物质色淀(1)"的描述时直接按照以下(1)的步骤操作。

步骤 (1)称取含0.10g色素的试样,加60mL乙酸溶液(1/3),加热至沸腾后,放冷。然后,加丙酮定容至100mL,充分混合后,取上清液作为测试溶液。吸取测试溶液20μL,不用参比溶液,点在2号纸层析用滤纸上,用正丁醇-1%氨水溶液-无水乙醇混合液(6:3:2)作为纸色谱的展开剂,展开剂上升至 15cm 时停止展开,风干后,放于白色板上,于自然光下从上方观察,不应出现其他色素斑点。

(2)继续按照(1)进行,用 1% 氨水液代替稀释乙酸溶液(1/3),以 25% 乙醇 - 5% 氨溶液的混合液(1∶1)作展开溶剂,其他的操作同(1)。

(3)称取含 0.050g 色素的试样,其他的操作同(1)。

(4)继续按照(1)进行,用稀释乙酸溶液(1/20)代替稀释乙酸溶液(1/3),其他的操作同(1)。

7. 含量测定

(1)按规定精确称取试样,放入 500mL 广口三角瓶中,加 20mL5% 硫酸溶液,充分振摇后,加 50mL 热水,加热溶解,再加 150mL 热水,加 15g 柠檬酸钠,通入 CO_2 并煮沸溶液,同时用 0.1mol/L 三氯化钛溶液滴定,当试样的固有颜色消失时作为滴定终点。

(2)继续按照(1)进行,用 15g 酒石酸氢钠代替柠檬酸钠,其他操作同(1)。

(3)继续按照(1)进行,用 15g 酒石酸氢钠代替柠檬酸钠,其他操作同(1)。但以 10mL 0.1% 品绿 SF 黄溶液作为指示剂,另作空白试验进行校正。

八、着色物质试验

本试验可用于纯度测定和含量测定。

1. 水不溶物

如果在第九章中出现“不大于 0.20%(着色物质试验)”的描述时,表示按以下步骤操作时,样品中水不溶物含量应不大于 0.20%。

步骤 预先将坩埚型玻璃过滤器(IG4)于 135℃ 下干燥 30min,在干燥器中冷却后,精确称量。精确称取 2.0g 试样,加入 200mL 沸水,充分振摇,放冷后,将不溶物用前述玻璃过滤器过滤,用水洗至洗液无色为止。将不溶物与玻璃滤器一起于 135℃ 下干燥 3h 后,在干燥器冷却,精确称量。

2. 氯化物和硫酸盐

如果在第九章中出现“以总量计不大于 5.0%(着色物质试验)”的描述时,表示按以下步骤操作时,样品中氯化物和硫酸盐含量(以总量计)不大于 5.0%。

测试溶液:精确称取约 0.1g 试样,加水溶解并准确定容至 100mL。

标准液:准确吸取氯化物离子和硫酸根离子的标准储备液 0.2mL、1mL、10mL 和 50mL,分别加水定容至 100mL,作为标准液。

(1)步骤 分别取 20μL 测试溶液、标准液和标准储备液,按以下的操作条件进行离子色谱分离测定,分别测量标准液和标准储备液中氯离子及硫酸根离子的峰高/峰面积,分别绘制标准曲线,再测量测试溶液的氯离子和硫酸根离子的峰高/峰面积,从标准曲线上分别求出各离子的量。氯离子乘以系数 1.65,硫酸根离子乘以系数 1.48,分别求出测试溶液中的氯化钠和硫酸钠的浓度,再算出试样中的各自对应含量。

(2)仪器条件

检测器:电导检测器;

分离柱填充剂:全多孔型阴离子交换剂;

色谱柱:内径 4.6mm ~ 6.0mm,长度 5cm ~ 10cm 不锈钢或塑料色谱柱;

保护柱:与分离柱相同的内径和填充剂;

流动相:2.5mmol/L 邻苯二甲酸和 2.4mmol/L 三羟甲基氨基甲烷的水溶液,pH 4.0;

柱温:40℃;

流速:1.5mL/min。

3. 碘

如果在第九章中出现“不大于 0.4%(着色物质试验)”的描述时,表示按以下步骤操作时,样品中碘化钠含量应不大于 0.4%。

测试溶液:精确称取约 0.03g 试样,加水溶解并准确定容至 100mL。

标准液:准确吸取碘离子标准储备液 0.5mL、1.0mL、10mL、50mL,分别加水准确定容至 100mL。

步骤　分别吸取 100μL 测试溶液、标准液和标准储备液,按“离子色谱”中规定条件进行操作。分别测量标准液和标准原液的碘离子的峰高/峰面积,绘制标准曲线。再测量测试溶液的碘离子峰高/峰面积,从标准曲线上求出碘离子量乘以系数 1.18,求出测试溶液中碘化钠的浓度,再算出试样中碘化钠的含量。另外,本实验应避开直射日光,配制的测试溶液应于避光容器中存放,配制后应立即进行试验。

4. 溴化物

如果在第九章中出现“不大于 1.0%(着色物质试验)”的描述时,表示按以下步骤操作时,样品中溴化物含量不大于 1.0%。

操作过程中应避免阳光直射,在制备测试溶液时,要用避光设备,在制备好试验用样品后应立即操作试验。

测试溶液:精确称量约 0.05g 样品,用水溶解并定容到 10mL。

参比溶液:准确吸取溴离子标准储备液 0.5mL、1.0mL、10mL、50mL,分别加水定容至 100mL。

步骤　分别吸取 100μL 测试溶液、标准液和标准储备液,按“离子色谱”中规定条件进行操作。分别测量标准液和标准原液的溴离子的峰高/峰面积,绘制标准曲线。再测量测试溶液的溴离子峰高/峰面积,从标准曲线上求出溴离子量乘以系数 1.29,求出测试溶液中溴化钠的浓度,再算出试样中溴化钠的含量。另外,本实验应避开直射日光,配制的测试溶液应于避光容器中存放,配制后应立即进行试验。

5. 重金属

如果在第九章中出现“以 Pb 计不大于 20μg/g[着色物质试验,重金属(5)]”的描述时,表示按以下步骤操作时,样品中重金属含量(以 Pb 计)应不大于 20μg/g。

步骤　除另有规定外,称取 2.5g 试样,放入铂金、石英或瓷坩质坩埚中,加少量硫酸湿润,缓慢加热,尽量在低温下几乎灰化后,再加 1mL 硫酸,逐渐加热硫酸蒸气不再发生,放入高温电热炉中,于 450℃ ~550℃灼热至灰分,放冷。将其灰分中加 3mL 盐酸混均,再加 7mL 水振摇;用定量分析滤纸过滤。滤纸上的残留物用 25% 盐酸溶液 5mL 和 5mL 水洗涤,把洗液合并至滤液中作为 A 液。将 A 液加水定容至 50mL 作为试样液。若测定铬和锰时,按以下步骤处理。

首先将滤纸上残留物同滤纸一起,放入铂金坩埚中,在约 450℃下加热灰化,再加 2g 无水碳酸钠,加热让其熔融,冷后,加水 10mL,滴加盐酸使溶液呈酸性,移入烧杯中,再用少量的水洗坩埚,把洗液放入烧杯中。激烈振摇后,与 A 液合并,再加水定容至50mL,作为样液。

空白试验液与试样液同样操作进行制备。

(1)锌

测试溶液:吸取试样液2.5mL,加25%盐酸溶液10mL,并加水定容至50mL。

参比溶液:吸取空白试样液2.5mL,加锌标准液2.5mL、25%盐酸溶液10mL,并用水定容至50mL。

步骤　按下述的仪器条件依据原子吸收分光光度法进行测试时,测试溶液的吸光度应在参比溶液的吸光度以下。

仪器条件　光源灯:锌空心阴极灯;分析线波长:213.9nm;助燃气:空气;燃气:乙炔或氢气。

(2)铬

测试溶液:除另有规定外,吸取5.0mL样液,加25%盐酸溶液5mL,并加水定容至25mL。

参比溶液:另取空白试液10mL,加铬标准液10mL和25%盐酸溶液10mL,加水定容至50mL。

步骤　把测试溶液和参比溶液按下述的操作条件依据原子吸收分光光度法进行测试时,测试溶液的吸光度应低于参比溶液的吸光度。

仪器条件　光源灯:铬空心阴极灯;助燃气:空气;分析线波长:357.9nm;燃气:乙炔。

(3)铁

测试溶液:吸取样液2.0mL,加25%盐酸溶液10mL,加水定容至50mL。

参比溶液:吸取空白试液2.0mL,加铁标准液5.0mL、25%盐酸溶液10mL,加水定容至50mL。

步骤　把测试溶液和参比溶液按下述的操作条件依据原子吸收分光光度法进行测定时,测试溶液的吸光度应低于参比溶液的吸光度。

仪器条件　光源灯:铁空心阴极灯;助燃气:空气;分析线波长:248.3nm;燃气:乙炔。

(4)锰

测试溶液:除另有规定外,吸取试样液4.0mL,加25%盐酸溶液10mL,加水定容至50mL。

参比溶液:吸收空白试液4.0mL,加锰标准液1.0mL、25%盐酸溶液10mL,用水定容至50mL。

步骤　把测试溶液和参比溶液按下述的操作条件依据原子吸收分光光度法进行测定时,测试溶液的吸光度应低于参比溶液的吸光度。

仪器条件　光源灯:锰空心阴极灯;助燃气:空气;分析线波长:279.5nm;燃气:乙炔。

(5)其他重金属

测试溶液:吸取试样液20mL,放入纳氏比色管中,加1滴酚酞试液,滴加氨试液至试样液呈红色,再加25%乙酸溶液2mL,必要时过滤,用水洗滤纸,合并洗涤液,加水定容至50mL。

参比溶液:另外吸取空白试液20mL,放入纳氏比色管中,加铅标准液2.0mL和酚酞试液1滴,按测试溶液的操作制备参比溶液。

步骤　在测试溶液和参比溶液中各加 2 滴硫化钠试液，振摇，放置 5min，测试溶液的颜色不应深于参比溶液。

6. 砷

如果在第九章中出现“以 As_2O_3 计不大于 4.0μg/g(色素物质测定)”的描述时，表示按以下步骤操作时，样品中砷含量(以 As_2O_3 计)应不大于 4.0μg/g。

测试溶液：称取 0.5g 试样，放入石英或瓷坩埚中，加 2% 硝酸镁 - 乙醇溶液 20mL，点燃乙醇让其燃烧后，缓慢地加热在 450℃ ~550℃ 下灰化，若有碳化物残存时，加少量的硝酸润湿，再于 450℃ ~550℃ 下灰化。经冷却后，残留物加盐酸 6mL，必要时加水约 10mL，在水浴上加温溶解。冷却后加水定容至 25mL，作为测试溶液。

参比溶液：移取砷标准溶液 2.0mL，加水定容至 25mL。

步骤　按照“砷限量试验”中规定步骤，使用仪器 C 检测测试溶液和参比溶液，测试溶液的吸光度应不高于参比溶液。

7. 其他着色物质

如果在第九章中，出现“着色剂物质试验，其他色素(1)”的描述时，表示按以下步骤操作。

步骤　(1)准确称取约 0.10g 试样，加水溶解并定容至 100mL 作为测试溶液。吸取 2μL 测试溶液，不用参比溶液，点于 2 号层析用滤纸上，用正丁醇 - 1% 氨水 - 无水乙醇混合液(6:3:2)作为纸色谱展开剂，当展开剂上升至约 15cm 时可停止展开。风干后，放于白色板上，在自然光条件下，从上方观察，应不出现其他色素斑点。

(2)以 25% 乙醇 - 5% 氨溶液混合液(1:1)，作为展开溶剂，其他操作同(1)。

(3)称取 0.30g 试样，加水溶解并定容至 100mL。吸取该液 10mL 用水定容至 100mL 作为测试溶液。以丙酮 - 乙酸异戊酯 - 异戊醇 - 水 - 丙酸混合液(20:13:5:5:2)作为展开剂，其他操作同(1)。展开溶剂上升至约 30cm 时，停止展开。

(4)称取 0.10g 试样，加水溶解并定容至 200mL 作为测试溶液，其他操作同(1)。

8. 副色素

测试溶液：精确称取规定量的样品，用规定的溶剂溶解并定容至 100mL。

标准液：将规定的副色素在真空干燥器中干燥 24h，准确称量每种色素 0.0100g，用各自规定的溶剂溶解并定容至 100mL，作为标准储备液。每种标准液配制四个级别不同浓度，分别移取 1mL、2mL、5mL、10mL 每种标准储备液于 100mL 容量瓶中，用配制标准储备液的溶剂稀释至刻度。

步骤

按照以下给定的液相色谱仪器条件，分别进样 20μL 测试溶液和标准液。分析测定标准溶液中副色素的峰面积，绘制每种副助色素的标准曲线。测定测试溶液中副色素的峰面积。根据标准曲线计算测试溶液中每种色素的含量，并计算样品中副色素的总含量。

仪器条件

检测器：可见光检测器(检测波长参见第九章中规定)；

柱：不锈钢柱，内径 4.6mm × 长度 250mm；

柱填料：ODS 硅胶；

柱温：30℃；

流量:1.0mL/min。

9. 未反应原料和副反应产物

测试溶液:精确称取规定量的试样样品,用规定的溶剂溶解并定容至100mL。

标准液:将未反应原料和副反应产物在真空干燥器中干燥24h,准确称量0.0100g每种物质,用各自的溶剂溶解并定容至100mL,作为标准储备液。每种标准液配制四个级别不同浓度,分别移取1mL、2mL、5mL、10mL每种标准储备液于100mL容量瓶中,用配制标准储备液的溶剂稀释到刻度。

步骤

按照以下给定的液相色谱仪器条件,分别进样20μL测试溶液和标准液。分析测定标准溶液中未反应原料和副反应产物的峰面积,绘制每种物质的标准曲线。测量测试溶液中每种物质的峰面积。根据标准曲线计算测试溶液中每种色素的含量,并计算并计算样品中未反应原料和副反应产物的含量。

仪器条件

检测器:紫外可见光检测器(检测波长参见第九章中规定);

柱:不锈钢柱,内径4.6mm×长度250mm;

柱填料:ODS硅胶;

柱温:30℃;

流量:1.0mL/min

10. 未磺化的初级芳香胺

(1)苯胺

如果在第九章中出现“苯胺不大于0.01%(色素物质测定)”的描述时,表示按以下步骤操作,样品中未磺化的初级芳香胺的质量分数(以苯胺计)不大于0.01%。

测试溶液:称量2.0g样品于100mL分液漏斗中,加入50mL水溶解,加入5mL4%氯化钠溶液和50mL乙酸乙酯,振摇、萃取,收集乙酸乙酯层。向水相中加入50mL乙酸乙酯,振摇、萃取。合并两次乙酸乙酯层,用0.4%氯化钠溶液洗涤乙酸乙酯层,直至溶液的颜色消失。每次用30%稀盐酸10mL萃取洗涤后的乙酸乙酯层,萃取三次。合并盐酸,加水定容至100mL。使用该溶液作为检测溶液。精确移取10mL检测溶液,在冰中冷却10min。加入50%溴化钾溶液1mL和亚硝酸钠溶液(1/30)0.05mL,混合,在冰中保存10min。将混合物转入25mL容量瓶中,加入0.05mol/L的3-羟基-2,7-萘磺酸二钠1mL和10%碳酸钠溶液10mL,加水定容至25mL。将该溶液在黑暗处保存15min。

参比溶液:称取0.010g苯胺,用30%稀盐酸溶液30mL溶解,加水定容至100mL。精确移取2mL该溶液,加入30%稀盐酸溶液30mL,用水定容至100mL。按同测试溶液相同的方式处理参比溶液。

对照溶液:使用以下参比溶液测量测试溶液的吸光度:移取样品溶液10mL于25mL容量瓶中,加入0.05mol/L的3-羟基-2,7-萘磺酸二钠1mL和10%碳酸钠溶液10mL,加水定容至25mL。

使用以下参比溶液测量比较液的吸光度:于30%稀盐酸溶液3mL中加入0.05mol/L的3-羟基-2,7-萘磺酸二钠1mL和10%碳酸钠溶液10mL,加水定容至25mL。

步骤 在510nm处测量每种溶液的吸光度,测试溶液的吸光度不应超过对照溶液。

(2)α－萘胺

如果在第九章中，出现“α－萘胺不大于1.0μg/g(色素物质测定)”的描述时，表示按以下步骤操作时，样品中未磺化的主要芳香胺含量(以α－萘胺计)不大于1.0μg/g。

测试溶液：精确称量约1.0g样品于100mL分液漏斗中，加入50mL水溶解，加入4%氢氧化钠溶液5mL和乙酸乙酯50mL，振摇、萃取，收集乙酸乙酯层。向水相中加入50mL乙酸乙酯，振摇、萃取。合并两次乙酸乙酯层，用0.4%氢氧化钠溶液洗涤，直至溶液的颜色消失。向乙酸乙酯层中加入0.5mL 0.015%稀硫酸溶液。45℃减压蒸干，立即加入等体积比的0.3%磷酸二氢钠溶液和甲醇混合溶液1.0mL。

标准溶液：称量0.01g α－萘胺，用3mL 30%稀盐酸溶液溶解，加水定容至10mL。向1mL该标准储备液中，加入0.0154%乙酸铵溶液定容至100mL。分别移取1mL、2mL、5mL、10mL该溶液于100mL容量瓶中，用以下操作步骤中所使用的流动相定容。

步骤

按照以下给定的液相色谱仪器条件，分别进样100μL测试溶液和标准液。测量标准溶液中α－萘胺的峰面积，绘制标准曲线。计算测试溶液中相同保留时间的α－萘胺的峰面积，使用标准曲线计算α－萘胺的含量。

仪器条件

检测器：紫外可见光检测器(检测波长：304nm)；

柱：不锈钢柱，内径4.6mm×长度150mm；

柱填料：ODS硅胶；

柱温：40℃；

流动相：向500mL甲醇中加入1.54%乙酸铵溶液至1000mL；

流量：1.0mL/min。

(3)ρ－甲酚

如果在第九章中出现“ρ－甲酚不大于10μg/g(色素物质测定)”的描述时，表示按以下步骤操作时，样品中未磺化的主要芳香胺含量(以ρ－甲酚计)不大于10μg/g。

测试溶液：精确称量1.0g样品于100mL分液漏斗中，加入50mL水溶解，加入4%氯化钠溶液5mL和乙酸乙酯50mL，振摇、萃取，收集乙酸乙酯层。向水相中加入乙酸乙酯50mL，摇晃、萃取。合并乙酸乙酯层，用0.4%氯化钠溶液洗涤，直至溶液的颜色消失。向乙酸乙酯层中加入0.015%稀硫酸0.5mL。45℃减压蒸干，立即加入0.3%磷酸二氢钠和甲醇的混合溶液(1∶1，体积分数)1.0mL。

标准溶液：称量0.01g ρ－甲酚，用30mL 30%稀盐酸溶液溶解，加水定容至100mL。向10mL该标准储备液中，加入0.154%乙酸铵溶液定容至100mL。分别移取1mL、2mL、5mL、10mL该溶液于100mL容量瓶中，用以下操作步骤中使用的流动相定容。

步骤

按照以下给定的液相色谱仪器条件，分别进样100μL测试溶液和标准液。测量标准溶液中ρ－甲酚的峰面积，绘制标准曲线。测量测试溶液中相同保留时间的ρ－甲酚的峰面积。使用标准曲线计算ρ－甲酚的含量。

仪器条件

检测器：紫外可见光检测器(检测波长：290nm)；

柱：不锈钢柱，内径4.6mm×长度150mm；

柱填料：ODS硅胶；

柱温：40℃；

流动相：向400mL甲醇中加入0.154%乙酸铵溶液至1000mL；

流量：1.0mL/min。

11. 含量测定

（1）三氯化钛法：

1）按第九章中规定的量准确量取测试溶液，置于500mL广口三角瓶中，加入15g柠檬酸钠，并加水稀释至200mL。通入CO_2并激烈煮沸，同时用0.1mol/L三氯化钛溶液滴定，以试样原有颜色消失作为滴定终点。

2）用酒石酸氢钠15g代替柠檬酸钠，按1）同样操作。

3）用酒石酸氢钠15g代替柠檬酸钠，按1）同样操作。但以10mL 0.1%浅绿－SF溶液作为指示剂，另作空白试验进行校正。

4）用20g酒石酸钠代替柠檬酸钠，按1）同样操作。滴定至试样原有颜色消失，呈橙黄色时为终点。

（2）重量法：预先把坩埚形玻璃过滤器（IG4）于135℃下烘30min，干燥器中放冷后，精确称量，按规定的量准确吸取测试溶液于500mL烧杯中，煮沸后，加25mL 2%盐酸，再煮沸。然后，用5mL水洗烧杯内壁，盖上表面皿，水浴上加热约5h，放冷后，沉淀用前述的玻璃过滤器过滤，容器和沉淀每次用0.5%盐酸10mL洗涤3次，再用约10mL水分两次洗涤。将带有沉淀的玻璃过滤器于135℃下干燥3h，干燥器中放冷后，精确称量。

九、色值试验

本试验通过测量有色食物中有色物质的吸光度来测定其浓度（色值）。色值即吸光度，以浓度为10%溶液在可见光最大吸收波长区域的吸光度表示。一般表示为（$E_{1cm}^{10\%}$）。

步骤

除非有特殊规定，按照以下步骤进行测定。调节测试溶液使吸光度降至0.3～0.7范围内。

除另有规定外，按照下表中对应吸光度称取样品，转移到容量瓶中，用10mL第九章规定的溶剂溶解，定容至100mL。如需要，可采用离心或过滤措施，并将此溶液作为测试溶液。此外，如需要，以下表中所示稀释因子稀释溶液，并将稀释后的溶液作为测试溶液。

除另有规定外，将检测液置于1cm样品池中用特定波长测定，同时以配制测试溶液所用溶剂作为空白溶液。按式（8－1）计算色值（X）。测试溶液配好后需立即进行色值测试，避免放置时间过长褪色对检测结果产生影响。

$$X=(10\times F\times A)/m \qquad (8-1)$$

式中：

A——测试溶液的吸光度；

F——用于调节测试溶液吸光度处于0.3～0.7之间的测试溶液稀释因子；

m——样品量，以g为单位。

如果色值超过表8－4所示最大值，测试前调整稀释因子，见表8－4。

表 8－4　各色值所对应的稀释方法和稀释因子表

色值	测量浓度/%	吸光度	稀释方法	稀释液体积/mL	F
20	0.025	0.5	0.25g→100mL	100	1
50	0.10	0.5	0.1g→100mL	100	1
100	0.05	0.5	0.5g→100mL→10mL→100mL	1000	10
200	0.03	0.6	0.6g→100mL→5mL→100mL	2000	20
400	0.015	0.6	0.3g→100mL→5mL→100mL	2000	20
500	0.01	0.5	0.2g→100mL→5mL→100mL	2000	20
700	0.01	0.7	0.2g→100mL→5mL→100mL	2000	20
800	0.00625	0.5	0.25g→100mL→5mL→200mL	4000	40
900	0.005	0.45	0.2g→100mL→5mL→200mL	4000	40
1000	0.006	0.6	0.3g→100mL→5mL→250mL	5000	50
1500	0.004	0.6	0.4g→100mL→5mL→50mL→5mL→50mL	10000	100
2000	0.003	0.6	0.3g→100m→L5mL→50mL→5mL→50mL	10000	100
2500	0.002	0.5	0.2g→100mL→5mL→50mL→5mL→50mL	10000	100

十、凝固点

除非有特别规定，用以下方法测定凝固点。

1. 装置

装置的构成如图 8－5 所示。

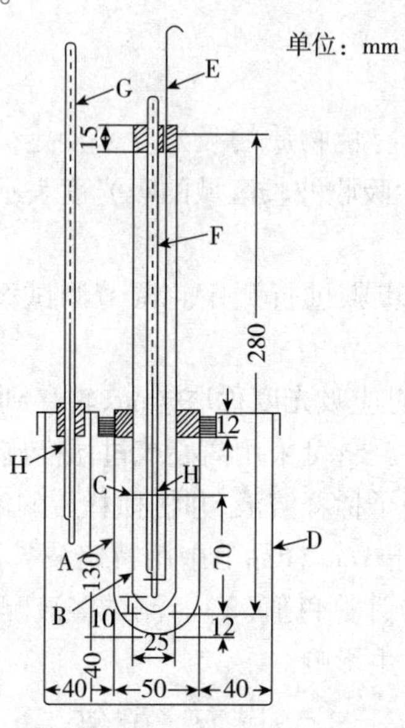

说明：

A——玻璃圆筒（内外壁透明，涂凡士林）；B——试样容器（硬质玻璃试管，确保管两壁透明涂凡士林。但接触试样部分不涂，插入 A 中，用橡胶塞固定）；C——放入试样标线；D——玻璃或塑料制的冷凝器；E——玻璃或不透钢制的混合棒（直径 3mm，下端圈外径 18mm）；F——标有浸入线的棒状温度计；G——辅助温度计；H——浸入线。

图 8－5　凝固点测定装置

2. 步骤

预先把玻璃制或塑料制的冷凝器放入比待测物凝固点低5℃的水中。试样在常温下为液体时，冷凝器中水温比预想的凝固点低10℃～15℃。把试样注入至试样容器的标线的位置。试样为固体时，冷凝器中水温比预想凝固点不超过20℃，用于加温熔融。把试样放入试样容器中，再把试样容器插入玻璃圆筒中，将具浸线的温度计浸至浸入线相当试样的弯月面，试样的温度冷却至比预想的凝固点高5℃时，混合棒以60次/min～80次/min的速率上下搅拌，每30s读取一次温度。让温度保持缓慢下降，当开始析出结晶，温度维持一定或稍微开始上升时，停止搅拌。

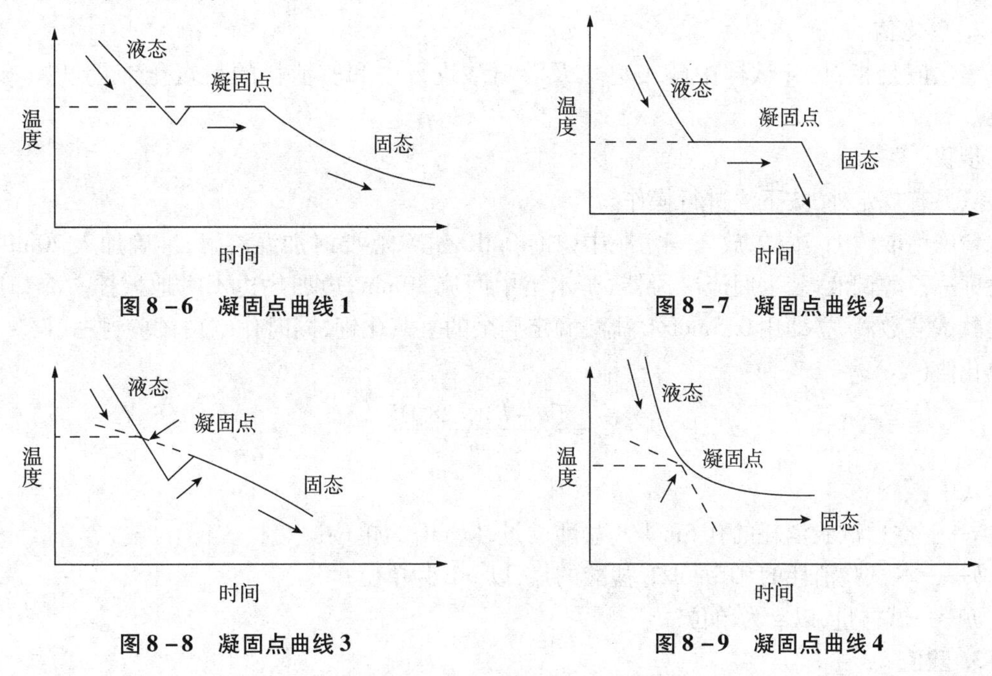

图8-6 凝固点曲线1

图8-7 凝固点曲线2

图8-8 凝固点曲线3

图8-9 凝固点曲线4

通常，如图8-6所示，温度稍有上升后，读取最高温度（由温度计F观察到）作为凝固点。如图8-7所示，当温度不能上升时，但暂时静止某一点温度，读取该点温度作为凝固点。经连续4次以上测定，测得值变化范围在0.2℃之内，取多次测定的平均值作为该物质的凝固点。

当试样中混有大量不纯物时，凝固点的曲线不像图8-6那样，而是像图8-7、图8-8或图8-9。当出现如图8-8和图8-9的现象时，从图上求出液相和固相的延长线的交点作为凝固点。出现图8-7的现象时，以图8-6为准。

注意：如果想冷却至预期状态，在温度接近预想凝固点时，摩擦试样容器的内壁或投入小片固体试样可促进其凝固。

十一、油脂类和相关物质试验

脂肪和相关物质测定用于测定除香料以外的脂肪酸、高级脂肪醇类和脂肪酸酯类等油脂类的酯值、皂化值、酸价、羟基值和碘值。

1. 酯值

所谓酯值是指皂化1g试样中酯类所消耗的氢氧化钾量，以mg为单位。

如果在第九章中出现"125～164（脂类和相关物质试验）"的描述时，表示按以下步骤操作时，样品酯值应为125～164。

步骤

除另有规定外，在测样品的皂化值和酸价后，按式（8－2）求出酯值（X_1）。

$$X_1 = X_2 - X_3 \quad (8-2)$$

式中：

X_2——皂化值；

X_3——酸值。

2. 皂化值

皂化值是指对1g试样中酯类皂化及游离酸进行中和所消耗的氢氧化钾量，以mg为单位。

步骤

除另有规定外，按下法进行操作。

精确称取约1g试样，放入三角瓶中，加40mL乙醇，必要时加温溶解，准确加入20mL氢氧化钾－乙醇试液，装上回流冷凝器，于水浴中回流30min，边加热边不时地振摇。冷却后，加酚酞试液数滴，立即用0.5mol/L盐酸滴定剩余的氢氧化钾，同时作空白试验，按式（8－3）求皂化值（X_2）。

$$X_2 = \frac{(a-b) \times 28.05}{m} \quad (8-3)$$

式中：

a——空白试验消耗的0.5mol/L盐酸的量，以mL为单位；

b——本试验消耗的0.5mol/L盐酸的量，以mL为单位；

m——试样量，以g为单位。

3. 酸值

酸值是指中和1g试样所需消耗的氢氧化钾量，以mg为单位。

如果在第九章中出现"不大于15（油脂和相关物质测定）"的描述时，表示按以下步骤操作时，样品酸值应不大于15。

步骤

除另有规定外，按下法测定。

按表8－5称取对应酸价的试样量，加入50mL乙醇－乙醚（1∶1）混合液，必要时加温溶解。待冷却后，加酚酞试液数滴，用0.1mol/L氢氧化钾－乙醇溶液滴定呈红色并持续30s不变色，记录所消耗的氢氧化钾－乙醇溶液的体积。按式（8－4）求酸值（X_3）。

$$X_3 = \frac{V \times 5.611}{m} \quad (8-4)$$

式中：

V——0.1mol/L氢氧化钾乙醇溶液消耗量，以mL为单位；

m——试样量，以g为单位。

为了保证所用溶剂无干扰，可用酚酞试液为指示剂，用0.1mol/L KOH－乙醇溶液滴定至红色维持30s不褪色。

表 8－5 酸值与对应试样量

酸值	试样量/g
5 以下	10
5～15	5
15～50	3
50～120	1
120 以上	0.5

4. 羟值

羟值指 1g 试样，按下述条件进行乙酰化时，中和与羟基结合的乙酸所需的氢氧化钾的量，单位为 mg。

如果在第九章中出现"155～187(油脂和相关物质测定)，酸价为零"的描述时，表示按以下步骤操作时，将酸价计为零，样品羟值应为 155～187。

步骤

除另有规定外，按下述方法测定。

精确称取约 1g 试样，置于如图 8－10 所示圆底烧瓶中，准确加入 5mL 冰乙酸－吡啶试液，用小漏斗盖住烧瓶口，浸入 95℃～100℃油浴 1h，浸入深度约 1cm。待冷却后，加 1mL 水充分振摇，再加热 10min。待冷却后，用 5mL 乙醇洗漏斗和瓶颈，然后，用 0.5mol/L KOH－乙醇溶液滴定过量的乙酸(以 1mL 酚酞试液为指示剂)，同时作空白试验，按式(8－5)求出羟值(X_4)。

$$X_4 = \frac{(a-b) \times 28.05}{m} + X_3 \quad (8-5)$$

式中：

a——空白试验消耗的 0.5mol/L KOH－乙醇溶液量，以 mL 为单位；

b——试验消耗的 0.5mol/L KOH－乙醇溶液量，以 mL 为单位；

m——试样量，以 g 为单位；

X_3——酸值。

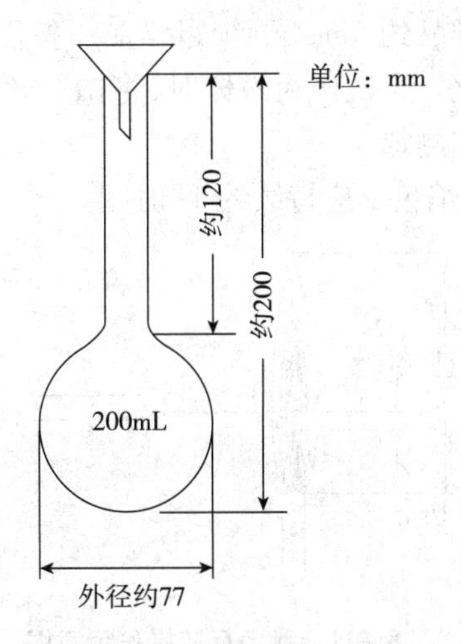

图 8－10 圆底烧瓶示意图

5. 碘值

碘值是指按下述条件试验时,被100g样品所吸附的卤素的量,以碘的质量(g)表示。

步骤

除另有规定外,根据样品预计的碘值,按表8－6精确称量一定量的样品置于小玻璃容器中,将容器放入500mL具塞玻璃瓶中,精确加入环己烷20mL溶解样品,加入维伊斯试剂(Wijs TS)25mL,混合好。将塞塞紧,20℃～30℃避光放置30min,若预计碘值大于或等于100时,放置1h,中间间隔一会摇晃。加入10%碘化钾溶液20mL和水100mL,混匀。然后用0.1mol/L的硫代硫酸钠滴定游离的碘,用1mL淀粉指示剂为指示剂)。做空白试验,通过式(8－6)计算碘值(X_5):

$$X_5 = \frac{(a-b)\times 1.269}{m} \tag{8-6}$$

式中:

a——空白试验消耗的0.1mol/L的硫代硫酸钠溶液量,以mL为单位;

b——为样品试验消耗的0.1mol/L的硫代硫酸钠溶液量,以mL为单位;

m——试样量,以g为单位。

表8－6 碘值与对应试样量

碘值	试样量/g
小于30	1.0
30～50	0.6
50～100	0.3
大于或等于100	0.2

十二、焰色试验

本试验属于元素定性方法,利用某种元素在无色的本生灯上产生各自固有的火焰颜色性质进行定性。

步骤　用直径约0.8mm的铂金丝为试验载体。当试样为固体时,加少量的盐酸使之呈糊状,将铂金丝末端浸入糊状样品约5mm,蘸少量样品。按图8－11所示,保持水平立刻插入无色的火焰中,观察焰色变化。当试样为液体时,将铂金丝末端浸入试样约5mm深,缓慢提出,按与固体试样相同的方法测定。

“焰色反应持续”的描述指焰色反应持续约4s时间。

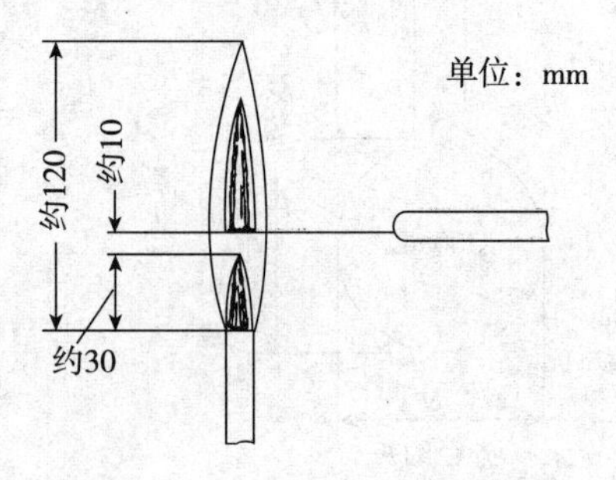

图8－11 颜色反应操作示意图

十三、香料物质试验

1. 醇类含量

醇类含量是样品的醇类物质的量。

步骤

除另有规定外,按以下任一方法进行操作。

(1)第1法

准确吸取试样10mL,放入100mL烧瓶中,加冰乙酸10mL和无水乙酸钠1g,连接上空气冷却器后在加热板上缓慢地煮沸1h。放置15min,待冷却后,加50mL水,边振摇边水浴中加热15min。待冷却后,把内容物移至分液漏斗中,分离出水层。油层用12.5%无水碳酸钠溶液洗至洗液呈碱性,再用10%氯化钠溶液洗液洗至中性后,转移到干燥的容器中,加约2g无水硫酸钠,充分混匀,放置约30min,过滤。按照规定准确称取所制得的乙酰化油层,按香料物质试验中酯化值测定法测定酯化值,该酯化值也被称为乙酰值(X),按式(8-7)计算:

$$X = \frac{(a-b) \times 28.05}{m} \tag{8-7}$$

通过式(8-8)计算乙醇含量(X_1):

$$X_1 = \frac{M_1 \times (a-b) \times 0.5}{[m - 0.02102(a-b)] \times 1000} \times 100\% = \frac{X \times M_1}{561.1 - (0.4204 \times X)} \tag{8-8}$$

式中:

a——空白试验消耗0.5mol/L盐酸的量,以mL为单位;

b——试样试验消耗0.5mol/L盐酸的量,以mL为单位;

M_1——乙醇相对分子质量;

m——乙酰化油质量,以g为单位。

(2)第2法

精确称取第九章规定的试样量,放入200mL具塞烧瓶中,准确吸取冰乙酸-吡啶试液5mL,用2~3滴吡啶湿润磨口塞,轻盖瓶塞于水浴中加热1h。待冷却后,10mL水洗涤塞子和烧瓶内壁,盖塞充分振摇后,冷至常温,用5mL中性乙醇洗磨口部分和烧瓶内壁,用0.5mol/L氢氧化钾-乙醇溶液滴定(指示剂为2~3滴甲酚红-百里酚蓝试液),另做空白试验。乙醇含量按式(8-9)计算:

$$X = \frac{M_1 \times (a-b) \times 0.5}{m \times 1000} \times 100\% \tag{8-9}$$

式中:

M_1——乙醇相对分子质量;

a——空白试验消耗0.5mol/L氢氧化钾-乙醇溶液量,以mL为单位;

b——试样试验消耗0.5mol/L氢氧化钾-乙醇溶液量,以mL为单位;

m——试样量,以g为单位。

2. 醛类和酮类含量

醛类和酮类含量利用醛类或酮类与羟胺(NH_2OH)反应的特性进行测定。

步骤

除另有规定外,按以下任一方法操作。

(1)第1法

精确称取第九章中规定的试样量,准确加入0.5mol/L盐酸羟胺溶液50mL,充分振摇后,按第九章中规定的时间静置,或装上回流冷凝器按规定的时间缓慢水浴煮沸,并冷至室温。然后,用0.5mol/L氢氧化钾-乙醇溶液滴定游离酸。用电位计或观察试液颜色变黄绿色为滴定终点。另外做空白试验校正,按式(8-10)求醛类或酮类含量(X)。

$$X=\frac{M_2\times(a-b)\times 0.5}{m\times 1000}\times 100\% \tag{8-10}$$

式中:

M_2——醛或酮相对分子质量;

a——空白试验消耗0.5mol/L氢氧化钾-乙醇试液量,以mL为单位;

b——试样试验消耗0.5mol/L氢氧化钾-乙醇试液量,以mL为单位;

m——试样量,以g为单位。

(2)第2法

精确称取第九章中规定的试样量,准确加入羟胺试剂溶液75mL,充分振摇后,按第九章中规定的时间静置,或装上回流冷凝器按规定的时间缓慢水浴煮沸,并冷至室温。然后,用0.5mol/L盐酸滴定过量的羟胺。用电位计或观察试液颜色变黄绿色为滴定终点。另外做空白试验,按式(8-10)求其含量;其中a为空白试验消耗0.5mol/L盐酸试液量,以mL为单位;b为试样消耗0.5mol/L盐酸试验量,以mL为单位。

3. 酯化值

酯化值是指皂化1g试样中所含酯类所消耗的氢氧化钾量,以mg为单位。

如果在第九章中出现"不大于3.0(5g,香料物质测定)"的描述时,表示称取试样5g按以下步骤试验,样品的酯值应不大于3.0。

步骤

除另有规定外,按下述方法测定。

精确称取第九章中规定的试样量。放入200mL烧瓶中,加乙醇10mL和酚酞试液3滴,用0.4%氢氧化钾溶液中和。准确加入0.5mol/L氢氧化钾-乙醇试液25mL,装上回流冷凝器于水浴上缓慢地煮沸1h,冷却后,用0.5mol/L盐酸以2~3滴酚酞试液为指示剂滴定过量的氢氧化钾。另做空白试验,按式(8-11)求其酯化值(X_2)。

$$X_2=\frac{(a-b)\times 28.05}{m} \tag{8-11}$$

式中:

a——空白试验消耗0.5mol/L盐酸的量,以mL为单位;

b——试样试验消耗0.5mol/L盐酸的量,以mL为单位;

m——试样量,以g为单位。

4. 酯含量

一元酸酯的含量按香料物质测定中酯化值的测定,结果由式(8-12)计算酯含量(X_3):

$$X_3=\frac{M_3\times(a-b)\times 0.5}{m\times 1000}\times 100=\frac{X_2\times M_3}{561.1}\times 100\% \tag{8-12}$$

式中:

M_3——酯相对分子质量;

a、b——与酯化值计算公式(8－11)中 a、b 相同；

m——试样量,以 g 为单位；

X_2——酯化值。

5. 卤代化合物

本试验利用氯化铜的焰色反应鉴别卤代化合物。

步骤

取孔径约 1mm 的铜网,裁剪成宽 1.5cm、长 5cm 大小,将前端卷起,放入喷灯的无色火焰中烧至无绿色后,放冷。再反复操作数次,放冷。往上滴试样 2 滴燃烧。重复 3 次后,将喷灯无色火焰高度调至 4cm,在火焰外缘灼热铜网。调整该铜网约在 4cm 高度的无色焰外缘燃烧,其火焰不应呈绿色。

6. 皂化值

皂氧化值是指对 1g 试样中所含酯类皂化及游离酸进行中和所消耗的氢氧化钾的量,以 mg 为单位。

步骤

除另有规定外,按下法测定。

精确称取第九章规定的试样量,放入 200mL 烧瓶中,准确加入 0.5mol/L 氢氧化钾－乙醇溶液 25mL,装上回流冷凝器于水浴中缓慢煮沸 1h。冷却后用 0.5mol/L 盐酸滴定过量的碱(指示剂为 1 滴酚酞试液),另做空白试验,由式(8－13)计算样品的皂化值(X_4)。

$$X_4 = \frac{(a - b) \times 28.05}{m} \tag{8-13}$$

式中:

a——空白试验消耗 0.5mol/L 盐酸的量,以 mL 为单位；

b——试样试验消耗 0.5mol/L 盐酸的量,以 mL 为单位；

m——试样量,以 g 为单位。

7. 酸值

酸值是指中和 1g 试样所需的氢氧化钾的量,以 mg 为单位。

如果在第九章中出现"不大于 6.0"的描述时,表示按以下步骤操作时,样品酸值应不大于 6.0。

步骤

除另有规定外,按下法操作。

精确称取约 10g 试样,加约中性乙醇 50mL,必要时加热溶解,加数滴酚酞试液,不时振摇。采用微量滴定管,用 0.1mol/L 氢氧化钾溶液滴定,以溶液呈淡红色并持续 30s 或用电位计滴定终点。酸值(X_5)按式(8－14)计算:

$$X_5 = \frac{V \times 5.611}{m} \tag{8-14}$$

式中:

V——0.1mol/L KOH 消耗量,以 mL 为单位；

m——试样量,以 g 为单位。

8. 苯酚含量

苯酚含量为样品中可溶于氢氧化钾的物质含量。

操作步骤

除另有规定外，按下法操作。

精确吸取 10mL 试样，置于 150mL 的长颈带有刻度的小容量瓶（CASSIA FLASK）中，边充分振摇边分三次加入 1mol/L 氢氧化钾溶液 75mL，再充分振摇 5min。静置 30min 后，缓慢加入 1mol/L 氢氧化钾溶液，使不溶性的油分上升至容量瓶带刻度的长颈部分。放置 1h 后，测定其油量体积，按式（8－15）计算苯酚类物质含量（X_6）。

$$X_6 = 10 \times (10 - V_1) \times 100\% \quad (8-15)$$

式中：

V_1——不溶性油量，以 mL 为单位。

9. 香料成分的气相色谱法测定

（1）仪器

按“通用检测方法”中“气相色谱法”的要求准备仪器。

（2）步骤

除非有其他特别规定，按以下说明进行。如果样品为固体，在试验前用规定的溶剂溶解。

峰面积百分比法适用于在储存过程中不产生任何不挥发性组分，且所有组分能够在色谱上分离的样品。统计在 0～40min 内出现的所有峰，峰面积之和为 100。以目标组分峰面积占所有峰面积之和的百分比作为目标组分含量。当测定用溶剂溶解的固体试样时，应同时测定溶剂，将样品色谱图中去除溶剂峰外其余峰面积之和作为 100。

1）操作条件 1

该操作条件适用于沸点不低于 150℃ 的样品。检测器为火焰离子化检测器或热导检测器；色谱柱为硅玻璃毛细管柱（长 30m～60m，内径 0.25mm～0.53mm，涂有 0.25μm～1μm 厚的用于气相色谱的聚二甲基硅氧烷或聚乙二醇）；色谱柱升温程序为 50℃～230℃ 之间变化。从 50℃ 以 5℃/min 的速度升至 230℃，保持 4min；进样口温度为 225℃～275℃；检测器温度为 250℃～300℃；分流比为 30:1～250:1，调整分流比使所有组分均不超过柱容量；载气为氦气或氮气；调整流量使所有目标峰在进样后 5min～20min 内出现。

2）操作条件 2

该操作条件适用于沸点低于 150℃ 的样品。检测器为火焰离子化检测器或热导检测器；色谱柱为硅玻璃毛细管柱（长 30m～60m，内径 0.25mm～0.53mm，涂有 0.25μm～1μm 厚的用于气相色谱的聚二甲基硅氧烷或聚乙二醇；色谱柱升温程序为 50℃～230℃ 之间变化，50℃ 保持 5min，后以 5℃/min 的速度升至 230℃；进样口温度为 125℃～175℃；检测器温度为 250℃～300℃；分流比为 30:1～250:1，调整分流比使所有组分均不超过柱容量；载气为氦气或氮气，调整流量使所有目标峰在进样后 5min～20min 内出现。

十四、气相色谱法

气相色谱分析将适宜的固定相填充在柱内，以气体（载气）为流动相，使气态混合物分离成各种成分的方法，适用于气体、液体或固体试样的鉴别试验、纯度试验及含量测试。

1. 仪器

通常，由载气供给单元、试样导入单元、有色谱柱柱温箱、检测器、记录仪构成。除此之外，可能还包括用于供给燃气、燃烧支持气、辅助气的气体表量和流量调节器以及顶空进样等装置。载气供给单元用于将载气持续稳定地注入色谱柱。检测器用于检测与载气具有不同性质的组分。一般来说,检测器的种类包括热导、火焰离子化、电子捕获、氮磷、火焰光度检测器等。记录系统是用记录由检测器产生信号强度的装置。

2. 步骤

除另有规定外,按以下方法操作。仪器经预先调试后,按规定条件设定检测器、柱温及载气流速。用微量注射器将样品溶液注入色谱仪中,被分离组分被检测器测得,获得的信号经记录仪转化为色谱图的形式,便于阅读、保存等。按同样的条件处理标准溶液和质控溶液。通过确定试样成分的保留时间即进样后出现组分峰顶点时间与标准物质一致与否来判定该成分,或者当添加标准物质时,保留时间和峰宽都不改变。

测定可应用以下任何一种定量方法,通常用峰高或峰面积来表征各组分。

(1)内标法

配制系列标准溶液,各溶液中应含有第九章中规定量的内标和已知量、纯度的待测物组分。取一定量的各浓度水平标准溶液,注入色谱仪测定,记录待测组分和内标的峰高或峰面积,计算两者比值。分别以比值和待测组分浓度为横、纵坐标绘制标准曲线。一般来说,标准曲线是一条通过原点的直线。然后,按方法的规定,把同量的内标物质加至测试溶液中,按绘制标准曲线所用相同色谱条件记录色谱图,测量测试溶液中待测组分和内标的峰高或峰面积,并计算其比值,用所绘标准曲线进行定量。

(2)绝对校准曲线法

配制含不同待测组分水平的系列标准溶液,取一定量各浓度水平的标准溶液注入气相色谱仪测定,记录色谱图中各待测组分的峰高或峰面积,以峰高或峰面积为纵坐标,待测组分浓度为横坐标绘制标准曲线。一般来说,标准曲线是一条过原点的直线。然后,按第九章方法规定制备样品测定液,与绘制标准曲线一样的色谱条件记录色谱图,测量待测组分峰高或峰面积,用所绘制标准曲线进行定量。

(3)标准加入法

准备至少四个容量瓶。在每个容量瓶中加入一定量制备好的样品溶液。除一个瓶外,向其他瓶中加入适量的包含有待测组分的标准溶液,溶液中待测组分的浓度逐步增加,制备一系列溶液。准确稀释定容所有的溶液,作为测试溶液。准确进样一定量的各种测试溶液以便获得高的重复性,测量所得到的色谱图上每种待测组分的峰面积,计算各测试溶液的待测组分的浓度。以添加浓度为横坐标,峰面积为纵坐标,绘制回归曲线。外推回归曲线,利用回归曲线和横坐标交点与原点之间距离来测定样品中待测组分浓度。在原点与回归曲线与横坐标的交点范围内确定待测溶液中所含待测元素浓度。一般通过重复进样一定体积的标准溶液,计算相对标准偏差(变异系数)来验证待测组分峰面积的重复性。这种方法只适用于校准曲线是通过原点直线的情况。当使用这种方法时,必须严格按照一定的条件。

在以上任何一种方法中,通过合适的方法1)或2)来测量峰高或峰面积。

1)使用峰高的方法:使用两种方法中的任何一种。

a)峰高方法:测量峰顶点和从峰顶点向记录纸上横轴和峰低端两个拐点间的直线引垂线的得到交点的距离。

b)自动峰高方法:使用数据处理单元,测量从检测器上得到的信号并测量峰高。

2)使用峰面积的方法:使用两种方法中的任何一种。

a)半峰宽方法:半峰高处的峰宽乘以峰高。

b)自动积分方法:使用数据处理单元,测量从检测器上得到的信号并测量峰面积。

十五、重金属限量试验

1. 限量试验

重金属限量试验用来判定混入试样中的重金属是否符合允许限量的方法,本试验所称的重金属是指在酸性条件下,能与硫化钠溶液反应显色的金属性物质,其量以铅(Pb)含量表示。

如果在第九章中出现"以 Pb 计不大于 20μg/g(1.0g,第 1 法;参比溶液为铅标准液 2.0mL)"的描述时,表示应称 1.0g 试样,使用铅标准液 2.0mL 作为参比溶液,按第 1 法操作测定时,样品中重金属含量(以 Pb 计)应不大于 20μg/g。

2. 测试溶液和比较液的制备

除另有规定外,按下法操作。

(1)第 1 法

测试溶液:按第九章规定的量称取试样,放入纳氏比色管中,加约 40mL 水溶解,加 5% 乙酸溶液 2mL,并用水定容至 50mL。

参比溶液:按第九章规定的量吸取铅标准液放入另一支纳氏管中,加 5% 乙酸 2mL,并用水定容至 50mL。

(2)第 2 法

测试溶液:按规定的量称取试样放入石英或瓷坩埚中,加盖,小火加热碳化。待冷却后,加硝酸 2mL 和硫酸 5 滴。加热至不冒白烟后,于 450℃ ~550℃灼热灰化,放冷,加盐酸 2mL,于水浴上蒸发至干,残留物中加盐酸 3 滴,加热水 10mL 保持 2min。冷却后,加酚酞试液 1 滴,滴加氨水溶液直至溶液显微红色。将溶液转移至纳氏管中,转移时需用水洗涤,再加 5% 乙酸 2mL,并用水定容至 50mL。

参比溶液:取与样品处理相同材质的坩埚加硝酸 2mL、硫酸 5 滴和盐酸 2mL,加热蒸发至干;残留物加盐酸 3 滴,按样液制备步骤制备溶液,移至另一支纳氏管中。再加入规定量的铅标准液、5% 乙酸 2mL,并用水定容至 50mL。

当供试验的测试溶液不澄清时,测试溶液和参比溶液在相同条件下过滤。

(3)第 3 法

测试溶液:按第九章规定的量称取试样放入石英或瓷坩埚中,加盖,小火并小心加热,燃烧至灰化,冷却后,加王水 1mL,水浴蒸发至干。用盐酸 3 滴湿润残留物,加入沸水 10mL,保持 2min。然后,加入酚酞指示剂 1 滴,滴加氨水颜色直至溶液显微红色,加入 5% 稀盐酸 2mL。如果有必要,将溶液过滤至纳氏管中,用水 10mL 洗涤坩埚,冲洗物并入到纳氏管,加水定容至 50mL。如果没有必要过滤,直接将获得的溶液转移至纳氏管中,加水定容至 50mL。

参比溶液:取与样品处理相同材质的坩埚加王水 1mL,水浴蒸发至干。与测试溶液制备操作步骤一样制备溶液,将获得溶液移至一支纳氏管中,再加入规定量的铅标准液,并用水定容至 50mL。如果需要过滤,合并过滤液和洗涤液于纳氏管中,再加入规定量的铅标准液和水定容至 50mL。

(4)第 4 法

测试溶液:按第九章规定的量称取试样放入铂、石英或瓷坩埚中,加入 10% 硝酸镁 - 乙醇溶液 10mL 混匀。灼热挥发乙醇,逐渐升温炭化。冷却,加入 1mL 硫酸,小心加热,于 500℃ ~600℃灰化。如果存在碳化残留物,加入少量硫酸湿润并燃烧灰化。冷却,用盐酸 3mL 溶解残留物,水浴蒸发至干。用盐酸 3 滴湿润残留物,加入水 10mL,加热溶解。加入酚酞指示剂 1 滴,滴加氨水溶液直至溶液显微红色,用水将溶液转移至纳氏管中。加入 5% 稀乙酸溶液 2mL,并用水定容至 50mL。

参比溶液:取与样品处理相同材质的坩埚加入 10% 硝酸镁 - 乙醇溶液 10mL,灼热挥发乙醇。冷却后,加入硫酸 1mL,与测试溶液制备操作步骤一样制备溶液,将获得的溶液转移至纳氏管中。加入铅标准溶液和 5% 稀乙酸溶液 2mL,并用水定容至 50mL。

当供试验的测试溶液不澄清时,测试溶液和参比溶液在相同的条件下过滤。

3. 操作步骤

除另有规定外,于测试溶液和参比溶液中各加硫化钠试液 2 滴混匀。放置 5min 后,将两支纳氏比色管放于白色背景下,从上方和侧方观察时,测试溶液的呈色不深于参比溶液。

十六、电感耦合等离子体原子发射光谱法

电感耦合等离子体发射光谱法通过测定在 ICP 中被雾化后激发的待测元素的原子谱线发射强度来获得样品中的待测元素的含量。

1. 仪器

仪器由激发源、进样口、发光装置、分光系统、光度测定系统、显示与记录系统组成。激发源由电源、控制系统、可供给及控制可激发元素电能的电路构成,还包括气体源及冷却系统。进样口由喷雾器及喷雾腔构成。发光装置由喷火口及高频感应线圈组成。分光系统由聚光装置及分光镜入衍射光栅构成。光度测定系统由探测器及信号转换系统构成。显示与记录系统由显示及记录装置构成。ICP 有三种分析类型:单元素序列分析、多元素序列分析(此两类分析类型采用长波扫描光谱分析仪)、多元素同时分析(此分析类型采用固定波长多色仪进行分析)。

2. 操作步骤

确定所有元件装置正常。开启激发源及冷却装置。采用真空光谱仪检测真空紫外区的发射线时,要持续注入氩气或氮气以排除发光器件与光谱仪之间的空气。调整氩气或氮气流速到某一特定速率,开启高频开关,产生等离子体。通过调整汞灯谱线调整分光镜波长。引入按第九章规定步骤制备的特定含量的待测溶液,然后测量待测元素在这一特定含量下发射谱线的发射强度。标准溶液与校准溶液的配制也遵循此步骤测定。

通常可采用下列方法中的某一种进行测定。检测过程必须考虑干扰和检测背景的影响。

(1)校准曲线法

准备至少三种不同浓度的待测元素标准溶液,分别测定标准溶液的光谱发射强度,根据测得的值绘制校准曲线。然后检测待测溶液的光谱发射强度,调整待测溶液浓度,使其谱线发射强度处于标准溶液发射强度范围内,然后根据校准曲线计算待测元素含量。

(2)标准加入法

准备至少三份等体积的待测溶液,加入不同适量的已知浓度标准溶液,加入溶剂定容,制成不同浓度的系列标准溶液。测定每一份溶液的发射强度,以待测元素的加入量为横坐标,以发射强度为纵坐标,根据所得值作图。根据所绘图推断回归曲线,利用回归曲线和横

坐标交点与原点之间距离来测定样液中待测元素浓度。这种方法只适用于第 1 法中所述的校准曲线为通过原点的直线的情况。

(3)内标法

制备数份含一定量特定内标元素和不同浓度的已知待测元素的标准溶液。在相同条件下,根据每一元素的分析波长,测定待测元素及内标元素的发射强度,得到待测元素发射强度与内标元素发射强度之间的比值。以待测元素含量(浓度)为横坐标,以发射强度比值为纵坐标,绘制校准曲线。接下来,制备一份待测溶液,加入与标准溶液中等量的内标原色。按前述相同的条件计算测定待测元素发射强度与内标发射强度之间的比值,然后根据校准曲线计算待测溶液中待测元素浓度。

注意:避免使用对测定会产生干扰的试剂、测试溶液及气体。

十七、红外吸收光谱法

红外吸收光谱法利用了物质的化学结构具有对应的红外吸收光谱这一性质。当波数为 $4000cm^{-1} \sim 667cm^{-1}$ 的红外线通过试样时会被吸收,测量各波长吸收量,以波长为横坐标、透光率百分数或吸光度为纵坐标绘制光谱图。

除非有特别说明,样品的光谱和参考标准物质的光谱或有关文献的参考光谱进行比较时,当两个光谱在波长相同时显示出同样的吸收强度,样品才能被确认为该物质。若样品以固态方式测量获得光谱不同于参考标准物质的光谱或参考光谱时,应当重新实验,使用第九章规定的条件下处理得到的样品和参考标准进行重新测量。

在比较样品光谱和参考光谱时,不同仪器间的分辨率差异都应该被考虑进去,这是因为经常使用不同的仪器测定这两个光谱。当波数在 $4000cm^{-1} \sim 2000cm^{-1}$ 时,由于仪器分辨率不同而产生的波数变化最大。当使用傅里叶变换红外光谱时,由于分辨率恒定,无论波数如何,在整个扫描范围内波数的精度是不变的。

1. 仪器和调节

使用红外分光光度计或傅里叶变换红外光谱仪。按照仪器说明调节光谱仪,确认进行测试时的分辨率、透光率重复性和波数重复性。当使用 0.04mm 厚的聚苯乙烯膜测量光谱时,在 $2870cm^{-1}$ 处的最小吸收和 $2850cm^{-1}$ 处的最大吸收之间得到光谱,两者透光率差值应该不小于 18%。在 $1589cm^{-1}$ 处的最小吸收和 $1583cm^{-1}$ 处的最大吸收之间得到光谱,两者透光率差值应该不小于 12%。

通过聚苯乙烯膜的一些特征吸收波数(如下所示)来校准波数尺度。括号里数字表明这些值可接受的范围。

3060.0(±1.5)、2849.5(±1.5)、1942.9(±1.5)、1601.2(±1.0)、1583.0(±1.0)、1154.5(±1.0)、1028.3(±1.0)。

当使用红外分光光度计时,$1601.2cm^{-1}$ 和 $1028.3cm^{-1}$ 可接受的范围均是 ±2.0。当以 $3000cm^{-1} \sim 1000cm^{-1}$ 范围内的几个波数测量聚苯乙烯膜的吸收时,两次测量的透射重复性和波数重复性应当满足以下要求:透射率变化在 0.5% 以内,在 $3000cm^{-1}$ 和 $1000cm^{-1}$ 处的波数变化分别为 $5cm^{-1}$ 以内和 $1cm^{-1}$ 以内。

2. 试样的制备和测量

除非有特别规定,使用干燥的样品来进行测试。根据对应章节中“干燥失重”规定的条件来干燥样品。根据以下给出的适当的测试方法来制备样品，以使样品最强吸收带在5%～80%范围内，窗片使用氯化钠和溴化钾。一般地，对于双光束仪器，参比池或参考物质置于参比光束，其光谱与样品同时测量。对于单光束仪器，将参考物质与样品置于同一光学通道，在同一条件下其光谱测量与样品光谱测量分开。使用什么样的参比取决于制备样品的方法。可能会使用环境的背景吸收。

除非有特别规定，在4000cm^{-1}～600cm^{-1}范围内测量光谱。当分辨率精度、波数尺度和波数固定时，应当在同一操作条件下对光谱进行扫描。

(1)溴化钾压片法(Potassium Bromide Disk Method)

取1mg～2mg固体试样和100mg～200mg干燥过的红外吸收光谱测定用的溴化钾放入玛瑙研钵中，迅速磨碎以避免吸湿，粒度要小，混合完全后，放入成形器中，在不超过0.67kPa的减压状态下，向片面加50kN～100kN(5000～10000kg)/cm^{2}的压力，持续5min～8min成形后，再测定。按照样品压片同样的方式，制备溴化钾参比压片。

(2)溶液法(Solution Method)

按照第九章中指定的方法制备的样品溶液置于液体专用池中，测量光谱。通常，用于制备样品溶液的溶剂也适用于参比。所使用溶剂应当不发生相互反应且不与待测样品发生化学反应，并且不损坏窗板。专用吸收池的一般厚度为0.1mm或0.5mm。

(3)研糊法(Paste Method)

除非有特别规定，将固体试样用玛瑙研体磨碎后，加入1滴～2滴液体石蜡充分混磨成糊状。将糊状物铺在窗板的中心，在糊状物的上部加上另外一块窗板，注意不要混入空气，进行光谱测量。

(4)液漠法(Liquid Film Method)

将1滴～2滴液体试样夹在两片窗板之间，测定其液层。如需增厚液层时，两片窗板边夹铝箔等，空间装入液体试样。

(5)薄膜法(Thin Film Method)

使用按各自篇章中说明制备的薄膜或薄膜样品。

(6)气体试样测定法(Gas Sample Measurement)

将气体试样放入5cm～10cm光路长的气体池，按规定的压力测量光谱。根据需要也有使用1m以上长光路的吸收池。

十八、离子色谱法

离子色谱的原理是将混合物注入装有离子交换剂等固定相的色谱柱中，借助不断流过柱子的流动相，使各组分在离子交换机理的作用分开，达到依次测定的目的。离子色谱法适用于那些可制成溶液或液态的试样，可作为鉴别试验、纯度试验和定量试验的分析方法。

1. 仪器

通常由输送液流动相的泵系统、进样系统、分离柱、检测器和记录仪组成。分离柱通常被存放于恒温箱或其他类似装置中，以保持恒温。泵的作用是使流动相以稳定的流速注入柱子、管路和其他相关设备。检测器利用待测组分与流动相性质差异进行检测。

常用的检测器有电导检测器和紫外检测器。通常对微克甚至更低浓度水平待测组分可产生信号。使用电导检测器时，通常在电导检测器前安装抑制器，可以降低流动相的电导率,增大信噪比。

2. 操作步骤

仪器经预先调试,按第九章设定流动相、色谱柱、检测器、流动相流速泵,注入流动相,使色谱柱在规定的温度下平衡好,用微量注射器或样品定量管将方法中规定制备的待测试溶液注入系统。检测器检测出待测成分,记录色谱图。用同样步骤测定标准溶液。

利用与标准物质保留时间对比来定性分析,也可以利用标准加入法,观察峰是否变宽。

(1)内标法

配制系列标准溶液,各溶液中应含有第九章中规定量的内标和已知量、纯度的待测物组分。取一定量的各浓度水平标准溶液,注入色谱仪测定,记录待测组分和内标的峰高或峰面积,计算两者比值。以比值和待测组分浓度分别为横坐标、纵坐标绘制标准曲线。一般来说,标准曲线是一条通过原点的直线。然后,按方法的规定把同量内标物质加至测试溶液中,按绘制标准曲线所用色谱条件记录色谱图,测量测试溶液中待测组分和内标的峰高或峰面积,并计算其比值,用所绘标准曲线进行定量。

(2)绝对校准曲线法

配制含不同待测组分水平的系列标准溶液,取一定量各浓度水平标准溶液注入气相色谱仪测定,记录色谱图中各待测组分的峰高或峰面积。以峰高或峰面积为纵坐标,待测组分浓度为横坐标绘制校准曲线。一般来说,标准曲线是一条过原点的直线。然后,按第九章方法规定制备样品测定液,与绘制校准曲线一样的色谱条件记录色谱图,测量待测组分峰高或峰面积,用所绘制的校准曲线对待测样本中的物质进行定量。

除有特别的问题,使用其钠盐或钾盐配制阴离子溶液,使用氯化物和硝酸盐配制阳离子溶液。

无论采用哪种测试溶液,以上任何一种方法,都要根据需要和合适情况,选择方法1)或2)来测量峰高或峰面积。

1)使用峰高的方法:可使用两种方法中的任何一种。

峰高方法:测量峰顶点和从峰顶点向记录纸上横轴和峰低端两个拐点间的直线引垂线的得到交点的距离。

自动峰高方法:使用数据处理单元,测量从检测器上得到的信号并测量峰高。

2)使用峰面积的方法:使用两种方法中的任何一种。

半峰宽方法:半峰高处的峰宽乘以峰高。

自动积分方法:使用数据处理单元,测量从检测器上得到的信号并测量峰面积。

十九、铁限量试验

1. 限量试验

铁限量试验用于判定样品铁含量是否符合允许限量。

当第九章中出现“以铁计,不大于10μg/g(1.0g,第1法,参比溶液为1.0mL的铁标准液)”的描述时,表示称取试样1.0g,按第1法操作,用1.0mL铁标准溶液作为参比溶液进行实验,样品中铁含量(以铁计)不应超过10μg/g。

2. 操作步骤

(1)测试溶液和参比溶液的制备　除另有规定外,按第1法和第2法中任一方法进行。

第 1 法：按第九章中规定量称取试样，加入铁限量测试用 pH 4.5 的乙酸－乙酸钠缓冲液 30mL，必要时加温溶解，作为测试溶液。取第九章中规定量的铁标准溶液加入铁限量测试用 pH 4.5 的乙酸－乙酸钠缓冲液 30mL，作为参比溶液。

第 2 法：按第九章中规定量称取试样，加入稀盐酸 10mL，必要时加温溶解。加入酒石酸 0.5g，待其溶解后，加酚酞试剂 1 滴，滴加氨水试液至溶液变成微红色，再加铁限量试验用 pH 4.5的乙酸－乙酸钠缓冲液 20mL 作为测试溶液。按规定的量移取铁标准液，加入稀盐酸 10mL 后，按测试溶液的制备步骤制备参比溶液。

（2）测定步骤

除另有规定外，把测试溶液和参比溶液分别置于纳氏比色管中，加 1% 铁限量试验用抗坏血酸溶液 2mL，混合后放置 30min，加 0.5% α,α'－联吡啶乙醇溶液 1mL，并用水定容至 50mL，放置 30min 后，于白色背景下比较两种溶液颜色，测试溶液的颜色不应深于参比溶液。

二十、铅限量试验（原子吸收分光光度法）

铅试验是利用原子吸收分光光度法来判定样品含铅量是否符合允许限量。

1. 第 1 法

（1）测试溶液和参比溶液的制备

除另有规定外，按以下步骤制备。

按第九章规定称取试样量，放入铂金或石英坩埚中，加少量硫酸湿润，缓慢加热，尽量在低温下几乎灰化后，放置冷却，再加硫酸 1mL，缓慢地加热，于 450℃～550℃下灰化。残留物中加少量的硝酸（1/150）溶解并定容至 10mL，作为测试溶液。

另外，除另有规定外，取铅标准液 1.0mL，加硝酸（1/150）定容至 10mL，作为参比溶液。

（2）试验

除另有规定外，取测试溶液和参比溶液，按下述仪器条件，采用原子吸收分光光度法（火焰原子吸收法）测定。测试溶液的吸光度应低于参比溶液的吸光度。

仪器条件：

光源灯：铅空心阴极灯；助燃气：空气；分析线波长：283.3nm；燃气：乙炔。

2. 第 2 法

测试溶液的制备：除非有其他规定，按下述步骤制备。按第九章规定的量称取试样，置于聚四氟乙烯制备耐腐试管中，加入硝酸 0.5mL 溶解试样。密闭试管，置于 150℃加热 5h，待冷却后，加水定容至 5mL。

测定步骤：除非有其他规定，按下述步骤进行测定。准备至少 3 份等体积的测试溶液，按下述仪器条件，采用原子吸收分光光度法（电热原子吸收光谱法）的“标准加入法”中规定步骤测定。系列标准溶液以适量铅标准液加水稀释而成。测试溶液中加入与系列标准溶液同量的硝酸钯溶液，混合均匀。取硝酸 10mL 用水稀释至 100mL，制成空白溶液，按同样步骤测定，必要时修正。

仪器条件：

光源灯：铅空心阴极灯；分析线波长：283.3nm；干燥温度：110℃；灰化温度：600℃；雾化温度：2100℃。

二十一、液相色谱法

液相色谱的工作原理是将混合物注入装有固定相的色谱柱中,借助泵注入不断流过柱子的流动相使各组分在固定相上因保留能力差异而分离成各种独立成分,达到依次测定的目的。液相色谱法适用于那些液态试样或可以制成溶液的物质,可用于定性鉴别、纯度鉴别、定量分析及其他测试。

1. 仪器

通常由泵系统、样品注入系统、色谱柱、检测器和记录装置构成。必要时,色谱柱被存放于恒温箱中以保持恒定温度。泵的作用是使流动相以稳定流速流过柱子、管路等部件。检测器利用待测组分与流动相的性质差异进行检测,通常包括紫外 - 可见光、示差、荧光等类型,可实现对微克甚至更低浓度水平待测组分的测定。记录装置记录检测器产生的信号。

2. 操作步骤

仪器经预先调试后,按第九章规定设置流动相、色谱柱、检测器、流动相流速等条件,注入流动相,使色谱柱在规定时间内平衡好。用微量注射器或样品定量管按规定方法注入制备好的测试溶液。检测器测定待测组分,记录装置记录色谱图。对未知成分定性是通过判断与标准溶液中待测组分保留时间是否一致,或判断标准加入的保留时间是否变化、峰是否变宽。根据待测组分峰高或峰面积来进行定量,通常采用内标法。当不能获得适宜的内标物质时,也可以采用绝对标准曲线法。

(1)内标法

配制系列标准溶液,各溶液中应含有第九章中规定量的内标和已知量、纯度的待测物组分。取一定量的各浓度水平标准溶液,注入色谱仪测定,记录待测组分和内标的峰高或峰面积,计算两者比值。以比值和待测组分浓度分别为横坐标、纵坐标绘制标准曲线。一般来说,标准曲线是一条通过原点的直线。然后,按方法的规定把同量内标物质加至测试溶液中,按绘制标准曲线所用色谱条件记录色谱图,测量测试溶液中待测组分和内标的峰高或峰面积,并计算其比值,用所绘标准曲线进行定量。

(2)绝对校准曲线法

配制含不同待测组分水平的系列标准溶液,取一定量各浓度水平标准溶液注入气相色谱仪测定,记录色谱图中各待测组分的峰高或峰面积。以峰高或峰面积为纵坐标,待测组分浓度为横坐标绘制标准曲线。一般来说,标准曲线是一条过原点的直线。然后,按第九章方法规定制备样品测定液,与绘制标准曲线一样的色谱条件记录色谱图,测量待测组分峰高或峰面积,用所绘制标准曲线进行定量。

(3)标准加入法

准备至少 4 个容量瓶。在每个容量瓶中加入一定量制备好的样品溶液。除 1 个瓶外,向其他瓶中加入适量的包含有待测组分的标准溶液,溶液中待测组分的浓度逐步增加,制备系列溶液。准确定容所有的溶液,作为测试溶液。准确进样一定量的各种测试溶液以便获得高的重复性,测量所得到的色谱图上每种待测组分的峰面积,计算各测试溶液的待测组分的浓度。以添加浓度为横坐标,峰面积为纵坐标,绘制回归曲线。外推回归曲线,利用回归曲线和横坐标交点与原点之间距离来测定样品中待测组分浓度。在原点与回归曲线与横坐标的交点范围内确定待测溶液中所含待测元素浓度。一般通过重复进样一定体积的标准溶液,计算相对标准偏差(变异系数)来验证待测组分峰面积的重复性。这种方法只适用于校准曲线是通过原点直线的情况。当使用这种方法时,必须严格按照一定的条件。

在以上任何一种方法中,通过合适的方法1)或2)来测量峰高或峰面积。

1)使用峰高的方法:使用两种方法中的任何一种。

峰高方法:测量峰顶点和从峰顶点向记录纸上横轴和峰低端两个拐点间的直线引垂线的得到交点的距离。

自动峰高方法:使用数据处理单元,测量从检测器上得到的信号并测量峰高。

2)使用峰面积的方法:使用两种方法中的任何一种。

半峰宽方法:半峰高处的峰宽乘以峰高。

自动积分方法:使用数据处理单元,测量从检测器上得到的信号并测量峰面积。

二十二、干燥失量

1. 测定条件

干燥失量是测定在规定的条件下样品经干燥所失去水分和挥发性物质的量。

当第九章中出现"不大于0.5%(105℃,3h)"的描述时,表示精确称取1~2g试样,于105℃下干燥3h,干燥失量质量分数不大于0.5%;另外,当第九章中出现"不大于0.5%(0.5g,10mmHg,24h)以下"的描述,表示精确称取0.5g试样,放入以硅胶作干燥剂的干燥器中,减压到10mmHg(1mmHg = 133.322Pa)以下,干燥24h后,干燥失量质量分数不大于0.5%。

2. 操作步骤

将称量瓶按规定的条件干燥约30min,置于干燥器中冷却后,精确称取其质量。当试样有较大结晶或结块时,迅速地粉碎至粒径约2mm大小。除另有规定外,一般称取1g~2g于称量瓶中,铺开厚度不超过5mm,精确称取其质量。

将称量瓶置于干燥箱中,打开瓶盖并斜置于瓶口,按规定条件干燥后,盖上瓶盖,取出瓶子。若瓶子尚热,除另有规定外,置于干燥器中冷却。准确称量,如果样品在规定温度时发生熔融,应在低于其熔融温度5℃~10℃条件下干燥1h~2h后,再按规定测定干燥失量。

二十三、灼热失量

1. 测定条件

灼热失量是测定在规定的条件下样品经灼热所失去水分及杂质的量。

当第九章中出现"18.0% ~24.0%"的描述时,表示精确称取1g~2g试样,于450~550℃灼热3h,灼热失量的质量分数应为18.0% ~24.0%。当出现"不大于10%以下(0.5g、1000℃、30min)"的描述时,表示精确称取约0.5g试样,在1000℃下灼热30min,灼热失量的质量分数不大于10%。当第九章中出现"经干燥的样品"的描述时,表示用于测试的样品应当按照第九章中"干燥失量"规定的条件进行干燥。

2. 操作步骤

预先把铂金、石英或瓷制坩埚,按第九章规定的条件灼热约30min,放入干燥器冷却后,准确称量。

当样品的结晶较大或结块时,迅速地粉碎成约2mm以下颗粒,作为试样。除另有规定外,准确称取1g~2g试样置于坩埚中,在450℃~550℃下灼热3h,放干燥器冷却后,再准确称量。

二十四、熔点测定

熔点指按下述方法可使固体样品完全熔融所需温度或温度范围。为了便于测定,把固体物质分成以下两类。

第1类物质:易粉碎成粉末的物质;

第2类物质:难以磨成粉末的物质如脂肪、脂肪酸、石蜡或蜡状物。

1. 第1类物质的熔点测定

(1)装置:概况如图8-12所示。

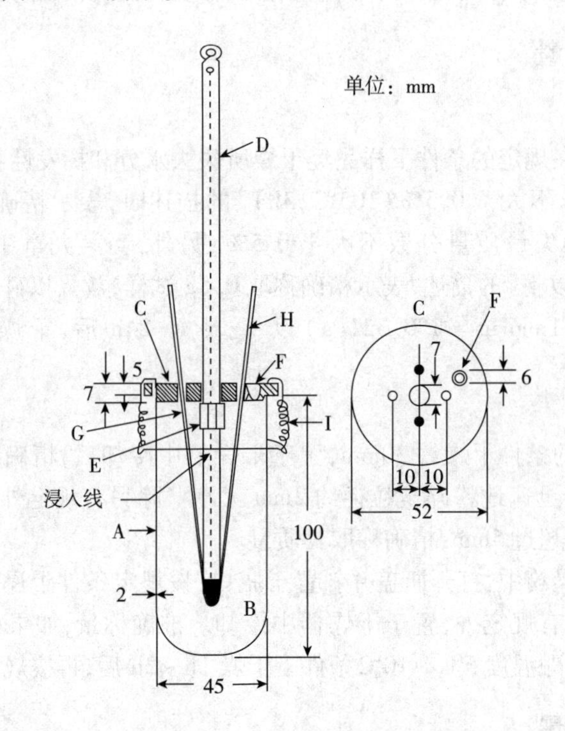

说明:

A——加热容器(硬质玻璃);

B——溶液(使用常温下为黏度$50mm^2/s$~$100mm^2/s$的澄清透明硅油);

C——特氟隆(聚四氟乙烯)盖;

D——标有浸入线的温度计(棒状,50℃以下熔点用1号;50℃~100℃以下用2号;100℃~150℃以下用3号;150℃~200℃以下用4号;200℃~250℃以下用5号;250℃~320℃以下用6号温度计);

E——固定温度计用的弹簧;

F——加减浴液量的小孔;

G——螺旋弹簧;

H——毛细管(内径0.8mm~1.2mm,,长120mm,壁厚0.2mm~0.3mm,一端封闭的硬质玻璃制品);

I——固定特氟隆盖的弹簧。

图8-12 第1类物质熔点测定装置

步骤 除另有规定外，将样品磨成微细的粉末，于干燥器中干燥24h。将试样装入毛细管H中，填充2.5mm～3.5mm厚，填充尽量密实。若第九章中出现“封闭的毛细管”的描述时，需要封闭毛细管的一端，当第九章中出现“真空封闭毛细管”的描述时，则需要在不超过0.67kPa的减压状态下缓慢加热，封闭毛细管的一端开口。

加热样液使之温度缓慢上升至离预期的熔点差约10℃时，将温度计的浸入线调至浴液的弯月面。将放入试样的毛细管插入螺旋弹簧中，使装填试样的部分贴于温度计的水银球中央。以约3℃/min的速度升温，至比预想的熔点低5℃时，继续以1℃/min的速度升温。

当毛细管的内壁与试样接触部分稍有浸润或变形时，视为熔融的开始，试样完全熔融变为透明时作为熔融结束，以熔融结束的温度作为所测熔点。

2. 第2类物质熔点测定

步骤 在尽可能低温下熔融试样，用两端开口的毛细管吸入试样（除两端开口外，均与1.相同），使试样在毛细管中高度约10mm，将其放在10℃下冷却24h或冰水冷却2h后，用橡胶圈将毛细管固定在温度计上，使试样位于水银球中央外侧，然后置于装有水的烧杯中，试样的上端保持在水面下约10mm处，边搅拌边对水升温，直至温度离预期的熔点约差5℃时，再以0.5℃/min的速度继续升温，直到观察到毛细管中试样上升，将此时温度作为样品的熔点。

二十五、甲氧基测定

甲氧基测定用于测定样品中甲氧基团，其原理是样品与氢碘酸加热反应后，用溴氧化甲基碘，通过用硫代硫酸钠滴定酰基碘来测定样品中甲氧基团的含量。

1. 仪器

仪器装置如图8－13所示。

2. 洗涤液和吸收液的配制

洗涤液：称取1g红磷，加100mL水配成悬浊液。

吸收液：称取15g乙酸钾，溶解到150mL乙酸－乙酸酐混合液（9＋1）中，量取该液145mL加溴水5mL配制成吸收液。现用现配。

3. 操作步骤

将洗涤液加至气体洗涤部约至1/2的高度。另外，于吸收管中加入吸收液约20mL，准确称取相当约6.5mg甲氧基（CH_3O:31.03）试样，放入分解烧瓶中，然后加沸石和约6mL氢碘酸。空冷部接在烧瓶的磨口上，并用1滴氢碘酸湿润，再将球面磨口连接部涂上适宜的硅油，组装完成后，由气体导入管通入氮气或二氧化碳，调节器使气体洗涤部中每秒冒两个气泡。将烧瓶浸于油浴中，在20min～30min内将油浴温度加热至150℃，在该温度下加热1h后，去掉油浴，通入气体冷却。冷后，取下塞子，将吸收管中的内容物倒入预先盛有20%乙酸钠溶液10mL的500mL具塞三角瓶中，用水洗数次，并入瓶中，再加水约200mL，边振摇边滴加甲酸直至溴的红色消失，依次加甲酸1mL、碘化钾3g和5%硫酸15mL，盖塞轻微振摇，放置5min。加淀粉溶液指示剂1mL，用0.1mol/L硫代硫酸钠溶液滴定游离的碘。另外，做空白试验进行校正。

二十六、微生物限量试验

微生物限量试验可用于定性和定量评估样品中特定活微生物，包括菌落总数（细菌和真

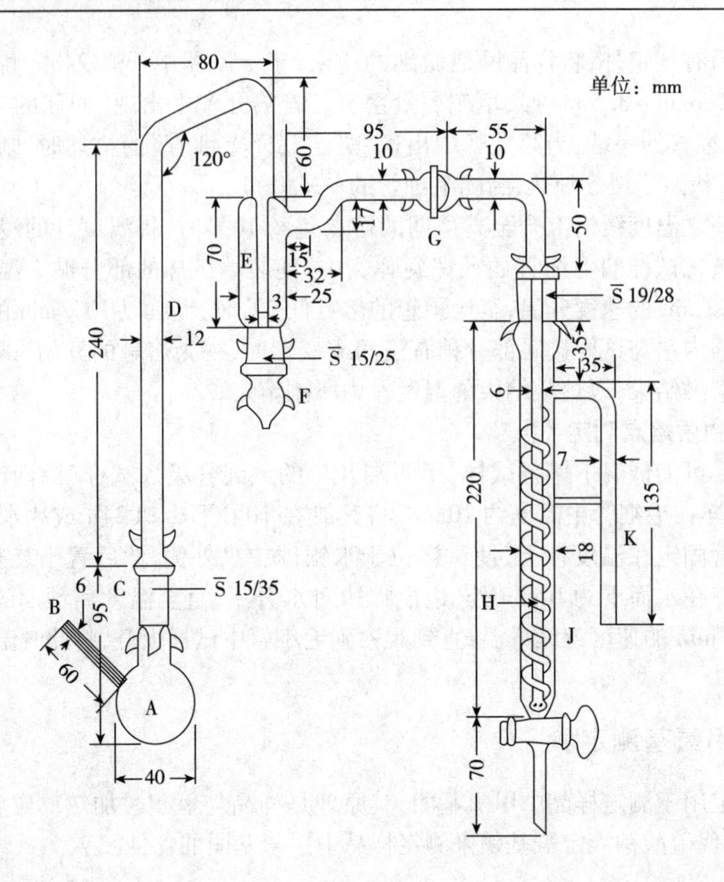

说明：

A——分解烧瓶；

B——气体导入管；

C——磨口连接部；

D——空气冷却部；

E——气体洗涤部；

F——玻璃磨口塞；

G——球面磨口塞；

H——气体导管；

J——吸收管；

K——排气管。

图 8－13　甲氧基测定装置

菌）和埃希氏大肠杆菌的测定。操作时须注意避免外来微生物污染。当样品具有抗菌活性或含有抗菌物质时，必须用稀释、过滤、中和、失活或其他适当手段来清除这种抗菌效能。样品经液体培养基稀释后，应尽快进行测定。本实验应当注意质量控制和防止生物危害事件的发生。

1. 总的嗜氧微生物计数

该方法适用于检测生长在有氧条件下的嗜常温细菌和真菌。嗜冷、嗜热、嗜碱及其他厌氧细菌等微生物的生长要求特定营养成分，即使这些样品中含有大量这类微生物，也可能是阴性结果。

膜过滤法、倒板法、涂布平板法和系列稀释法是目前常用的四种检测方法，其中系列稀释法使用最多。

如果涉及的自动化仪器的方法的灵敏度和准确度优于以上四种方法，也可以使用。不同类型的细菌和真菌（霉菌和酵母菌）的生长需要不同的培养基及培养温度。系列稀释法仅适用于细菌。

（1）测试液的制备

采用磷酸盐缓冲液（pH 7.2）、氯化钠－蛋白胨缓冲液或液体培养基溶解或稀释样品。除另有规定外，一般取10g或10mL样品。根据样品的性质不同，考虑是选用容积还是重量作为样品的度量手段更合适。调整测试溶液pH至6～8。测试试验液需在1h内制备完毕。

1）流质或可溶性固体样品

取10g或10mL样品，用缓冲液或上述液体培养基稀释至100mL，作为测试溶液。若测试溶液中含有不溶性物质，充分振摇使其分布均匀。

2）不溶性固体样品

取10g不溶性固体样品，研磨至细粉末，加入缓冲液或流体介质稀释至100mL。使用该悬浮液作为测试溶液。根据样品性质，可加大缓冲液或流体介质的用量来制备悬浮液。必要时，可用搅拌机均匀分散不溶性微粒。此外，加入适当的表面活性剂[如0.1%（质量浓度）聚山梨醇酯80]有助于样品的溶解。

3）脂肪样品

取10g或10mL固体样品和以脂肪为主要成分的液体样品，加入缓冲液或液态培养基进行稀释，加入聚山梨醇酯20或聚山梨醇酯80这样的表面活性剂使其乳化，定容到100mL。使用乳化过的样品作为测试溶液。必要时，在低于45℃的条件下加热样品，但加热时间不超过30min。

（2）操作步骤

1）膜过滤法

该方法适用于含抗菌物质的样品。推荐使用孔径大小为0.45μm或更小的滤膜，一般直径为50mm的过滤膜较合适，但其他尺寸的膜也可使用。过滤器、过滤设备、介质和实验中需要使用的其他物品均需是无菌的。

通常情况下，要使用20mL试验液。分为每份10mL的两部分，用两个单独的过滤器分别过滤。必要时，测试溶液可稀释后使用。如细菌浓度过高，应稀释待测预处理液，每份过滤液中含10个～100个细菌菌落最为适合。

过滤后，每个过滤器用适当的洗涤液如磷酸盐缓冲液、氯化钠－蛋白胨缓冲液或液态培养基冲洗至少三次。每次洗涤液的体积为100mL，如果过滤器直径远大于或远小于50mm，则根据其直径大小调整洗涤液的体积。

如果含油脂类样品，需要向洗涤液中加入聚山梨醇酯80或其他适当的乳化剂。过滤后，将两个过滤器放置在两个单独平板的琼脂培养基中。细菌的检测使用大豆消化酪素琼脂培养基（胰蛋白胨大豆琼脂培养基）；真菌的检测使用沙氏葡萄糖琼脂、马铃薯葡萄糖琼脂或GP琼脂培养基，琼脂中通常添加抗生素。

适应干燥生长环境的嗜干真菌（适应干燥环境的真菌）往往存活于低水分食品中，检测时可使用M40Y琼脂培养基、氯硝胺－甘油（DG18）琼脂培养基或类似的培养基。

细菌培养温度在30℃～35℃范围，真菌培养温度在20℃～25℃，最少培养5d后计算菌落总数。若菌落总数确定时,培养时间也可视情况短于5d。

2)倒板法

本试验使用9cm~10cm直径的培养皿,使用至少2倍的琼脂培养基稀释,在无菌状态下,将1mL测试溶液或其稀释液置于培养皿中,向每个培养皿中加入15mL~20mL经溶解并保存在45℃条件下的无菌琼脂培养基,混匀。检测细菌可使用大豆消化酪素琼脂培养基;检测真菌可使用沙氏葡萄糖琼脂、马铃薯葡萄糖琼脂或GP琼脂培养基,琼脂中通常添加抗生素。适应干燥生长环境的嗜干真菌往往存活于低水分食品中,进行检测时,可使用M40Y琼脂培养基、氯硝胺-甘油(DG18)琼脂培养基或类似的培养基。

细菌培养温度在30℃~35℃范围,真菌孵育温度在20℃~25℃,最少培养5d后计算菌落总数。经培养后若有大量菌落生长,计数细菌菌落总数时每板不超过300个菌落,计数真菌菌落总数则每板不超过100个菌落。若菌落总数确定时,培养时间可视情况短于5d。

3)涂布平板法

将0.05mL~0.2mL测试溶液置于凝固、表面干燥的琼脂培养基,使用涂布设备均匀涂开。与倒板法同样步骤操作。特别是注意培养皿、琼脂培养基、培养温度和时间以及计算方法的一致性。

4)连续稀释法(使用最多的方法)

取10个试管,分别加入10mL的大豆消化酪素培养基,加入准备好的测试溶液,配制成3种不同的浓度(10倍、100倍、1000倍),每个浓度均平行制备3份,剩下的1份为空白对照。

制备方式如下:向3个试管中加入1mL的测试溶液,稀释10倍,取这种稀释10倍的样液稀释10倍即相当于原液稀释100倍,然后用稀释100倍的样液稀释10倍即相当于原液稀释1000倍。10个试管都置于30℃~35℃下培养至少5天。空白对照组,应观察不到微生物。如果结果不可靠或者结果很难检测,从每只试管中取0.1mL液体置于琼脂培养基或者液体培养基中,在30℃~35℃中培养24h~72h,并观察有无微生物生长。表8-7给出了每克或毫升样品中微生物数量的计算标准。

表8-7 每克或毫升样品中微生物数量的计算标准

添加如下所示样品的试验组中可观察到微生物生长的试管数			稀释培养计数/(mg/mL)	95%置信区间
0.1g/0.1mL	0.01g/0.01mL	1mg/1μL		
0	0	0	<3	0~9.4
0	0	1	3	0.1~9.5
0	1	0	3	0.1~10
0	1	1	6.1	1.2~17
0	2	0	6.2	1.2~17
0	3	0	9.4	3.5~35
1	0	0	3.6	0.2~17
1	0	1	7.2	1.2~17
1	0	2	11	4~35
1	1	0	7.4	1.3~20
1	1	1	11	4~35
1	2	0	11	4~35

续表

添加如下所示样品的试验组中可观察到微生物生长的试管数			稀释培养计数/(mg/mL)	95%置信区间
0.1g/0.1mL	0.01g/0.01mL	1mg/1μL		
1	2	1	15	5~38
1	3	0	16	5~38
2	0	0	9.2	1.5~35
2	0	1	14	4~35
2	0	2	20	5~38
2	1	0	15	4~38
2	1	1	20	5~38
2	1	2	27	9~94
2	2	0	21	5~40
2	2	1	27	9~94
2	2	2	35	9~94
2	3	0	29	9~94
2	3	1	36	9~94
3	0	0	23	5~94
3	0	1	38	9~104
3	0	2	64	16~181
3	1	0	43	9~181
3	1	1	75	17~199
3	1	2	120	30~360
3	1	3	160	30~380
3	2	0	93	18~360
3	2	1	150	30~380
3	2	2	210	30~400
3	2	3	290	90~990
3	3	0	240	40~990
3	3	1	460	90~1980
3	3	2	1100	200~4000
3	3	3	>1100	

(3)培养基效果检验和有无抗菌物质的确认

使用下列菌株或类似菌株进行试验:大肠杆菌(NBRC 3972、ATCC 8)、大肠杆菌(NBRC 739 或 NCIMB 8545)、芽孢杆菌枯草芽孢杆菌(NBRC 3134、ATCC 6633 或 NCIMB 8054)、金黄色葡萄球菌(NBRC 13276、ATCC 6 38 或 NCIMB 9518)、白色念珠菌(NBRC 1594、ATCC 2091 或 ATCC 10231)和黑曲霉(NBRC 9455 或 ATCC 16404)。

上述菌株在以下培养基和培养条件进行培养。检测细菌使用胰蛋白大豆培养基或胰蛋白大豆琼脂培养基,在30℃~35℃下培养18h~24h;测定白色念珠菌使用胰蛋白大豆培养基、沙氏葡萄糖液体培养基或沙氏葡萄糖琼脂培养基,在30℃~35℃下培养2d~3d;测定黑曲霉,使用沙氏葡萄糖琼脂培养基或马铃薯葡萄糖琼脂培养基,在20℃~25℃下培养5d~7d。

以氯化钠蛋白胨缓冲溶液或磷酸盐缓冲溶液稀释上述培养基,用于配制每毫升含50个~200个微生物活菌(黑曲霉含量略低为10个~100个)的测试悬浮液。制备黑曲霉素孢子,可加入0.05%聚山梨酯80。测试悬浮液应在配制后2h之内使用,置于冰箱中可延长使用时间,但也应该在24h内使用。

对于枯草芽孢杆菌和黑曲霉,可以使用稳定的孢子悬浮液。将1mL上述测试悬浮液接种至对应培养基中,在特定温度下培养5d,观察是否可见微生物明显生长及所获的微生物计数回收率结果是否满意,以评价培养基效果。

当带样品的微生物计数实验结果仅为不带样品试验结果的1/5甚至更少,则采用稀释、过滤、中和及灭活等适宜手段消除可能的抑菌作用。将用于稀释培养基的氯化钠-蛋白胨缓冲液或磷酸盐缓冲液作为对照实验样品,用于检验所使用培养基、稀释液和灭菌措施等要素的灭菌效果。

2. 大肠杆菌试验法

本方法用于检测大肠杆菌(*Escherichia coli*)。大肠杆菌作为本方法的目标物,大肠杆菌是评估微生物对配料、中间产物和最终产物污染的重要指标。

(1)测试溶液准备

除另有规定外,按“菌落总数”规定步骤制备测试溶液。当样品需要液体培养基溶解或稀释时,除另有规定,采用乳糖肉汤培养基和煌绿乳糖胆盐肉汤(BGLB)培养基。

(2)步骤

取10mL样品,加入乳糖肉汤培养基和煌绿乳糖胆盐肉汤(BGLB)培养基,定容至100mL,在30℃~35℃条件下培养24h~72h。检查用于培养的培养基。如果出现生长,可以轻微振摇,用铂金接种环取部分培养液,接种到麦康凯琼脂培养基上。在30℃~35℃下培养18h~24h。如果未发现红色的外围有淡红色沉积带的革兰氏阴性杆菌菌落,则可判断大肠杆菌阴性。如果发现了这一菌落,则将其制备出来并转移到伊红美蓝琼脂培养基(EMB)表面,在30℃~35℃条件下培养24h~72h。如果肉眼观察不到金属光泽或光照下无蓝黑色,则判断为阴性样品。对可疑菌落的证实可在44.5℃条件下采用IMViC系列试验(吲哚产生试验、甲基红反应试验、伏普试验和柠檬盐利用试验)进行确认。若试验结果分别为[++--](按上述排列顺序)且生长试验结果阳性时,可判断样品中有大肠杆菌。目前市面上有快速检测大肠杆菌试剂盒,也可以使用。

(3)培养基的效能检验和有无抗菌物质的确认

对于确认试验,选择适当的大肠杆菌菌种(NBRC 3972、ATCC 8或NCIMB 8545)置于乳糖肉汤培养基、大豆消化酪素琼脂培养基或大豆消化酪素液体培养基中于30℃~35℃下孵育18h~24h。用氯化钠-蛋白胨缓冲溶液、磷酸盐缓冲溶液或乳糖肉汤培养基稀释经培养的菌种,以制备成每毫升含1000个活菌的悬浮液。必要时,用0.1mL的1000个活菌/mL大肠杆菌悬浮液来检验培养基的效能和测试是否有抗菌物质存在。如果试验结果可疑,将样品量增大至2.5倍,同时按比例增大培养基和试剂用量,按照同样步骤再次试验。

3. 缓冲液和培养基

采用下列培养基和缓冲液进行试验,也可以使用相似成分、经证明对微生物具有同样选择性和促生长能力的培养基。

(1)磷酸盐缓冲液(pH 7.2)

1)储备液:将磷酸二氢钾 34g 溶于 500mL 水中,加入氢氧化钠试液 175mL 调节 pH 为 7.1~7.3,用水定容至 1000mL。高压灭菌并冷却,阴凉储存。使用前用水稀释 800 倍,121℃下高压灭菌 15min~20min,阴凉条件存放。

2)氯化钠-蛋白胨缓冲溶液(pH7.0)

磷酸二氢钾	3.56g
磷酸氢二钠	18.23g
氯化钠	4.30g
蛋白胨	15.0g
水	1000mL

混合上述组分,在 121℃下高压灭菌 15min~20min。经高压蒸汽灭菌后,缓冲液 pH 为 6.9~7.1。该缓冲溶液中需加 0.1%~1.0%(质量浓度)聚山梨醇酯 20 或聚山梨醇酯 80。

(2)培养基

1)大豆消化酪素琼脂培养基

酪蛋白胨	15.0g
大豆蛋白胨	5.0g
氯化钠	5.0g
琼脂	15.0g
水	1000mL

混合上述组分,在 121℃下高压灭菌 15min~20min。经高压灭菌后,缓冲液 pH 7.1~7.5。

2)大豆消化酪素液体培养基

酪蛋白胨	17.0g
大豆蛋白胨	3.0g
氯化钠	5.0g
磷酸氢二钾	2.5g
葡萄糖	2.5g
水	1000mL

混合以上组分,121℃下高压灭菌 15min~20min。高压蒸汽灭菌后,pH 7.1~7.5。

3)含抗生素的萨布罗葡萄糖琼脂培养基

蛋白胨(肉和奶酪衍生物)	10.0g
葡萄糖	40.0g
琼脂	15.0g
水	1000mL

混合以上组分,121℃下高压灭菌 15min~20min。最后 pH 为 5.4~5.8。使用前每升培养基迅速加入 0.1g 苄青霉素钾盐和 0.1g 四环素或 0.050g 氯霉素,制成灭菌液。

4)沙氏葡萄糖肉汤

蛋白胨(来自肉和酪蛋白)	10.0g
葡萄糖	20.0g
水	1000mL

混合以上组分,121℃下高压灭菌15min~20min。高压蒸汽灭菌后,溶液pH 5.4~5.8。

5)含抗生素的马铃薯葡萄糖琼脂培养基

马铃薯提取物 4.0g
葡萄糖 20.0g
琼脂 15.0g
水 1000mL

混合以上组分,121℃下高压灭菌15min~20min。高压蒸汽灭菌后,溶液pH为5.4~5.8。使用前每升培养基迅速加入苄青霉素钾盐0.10g和四环素0.10g或氯霉素0.050g,制成灭菌液。

6)含抗生素的葡萄糖-蛋白胨琼脂

葡萄糖 20.0g
酵母提取物 2.0g
硫酸镁 0.5g
蛋白胨 5.0g
磷酸二氢钾 1.0g
琼脂 15.0g
水 1000mL

混合以上组分,121℃下高压灭菌15min~20min。高压蒸汽灭菌后,溶液pH为5.6~5.8。使用前每升培养基迅速加入苄青霉素钾盐0.10g和四环素0.10g或氯霉素0.050g,制成灭菌液。

7)M40Y琼脂

麦芽提取物 20.0g
酵母提取物 2.0g
蔗糖 400.0g
琼脂 20.0g
水 1000mL

混合以上组分,加热促进溶解,121℃下高压灭菌15min~20min。

8)二氯喃甘油琼脂(DG18)

蛋白胨 5.0g
葡萄糖 10.0g
磷酸二氢钾 15.0g
硫酸镁 0.5g
氯硝胺 2.0mg
甘油 220.0g
琼脂 15.0g
氯霉素 0.10g
水 1000mL

混合以上组分(除甘油和氯霉素),加热促进溶解,加入溶解在6mL乙醇中的甘油和氯霉素,121℃下高压灭菌15min~20min。高压蒸汽灭菌后,溶液pH 4.5~5.8。

9)乳糖肉汤液体培养基

肉膏	3.0g
明胶蛋白胨	5.0g
奶糖	5.0g
水	1000mL

混合以上组分,于121℃下高压灭菌15min~20min。高压蒸汽灭菌后,溶液pH 6.7~7.1,立即冷却。

10)煌绿乳糖胆汁肉汤(BGLB)培养基

蛋白胨	10.0g
乳糖	10.0g
粉状牛胆汁	20.0g
亮绿	0.0133g
水	1000mL

混合以上组分,于121℃下高压灭菌15min~20min。高压蒸汽灭菌后,溶液pH 7.0~7.4。

11)麦康凯琼脂

明胶蛋白胨	17.0g
酪蛋白胨	1.5g
肉类蛋白胨	1.5g
乳糖	10.0g
脱氧胆酸钠	1.5g
氯化钠	5.0g
琼脂	13.5g
中性红	0.03g
结晶紫	1.0mg
水	1000mL

混合以上组分,煮沸1min,于121℃下高压灭菌15min~20min。高压蒸汽灭菌后,溶液pH 6.9~7.3。

12)伊红美蓝琼脂(EBM)

明胶蛋白胨	10.0g
磷酸氢二钾	2.0g
乳糖	10.0g
琼脂	15.0g
曙红	0.40g
亚甲基蓝	0.065g
水	1000mL

混合以上组分,于121℃下高压灭菌15min~20min。高压蒸汽灭菌后,溶液pH 6.9~7.3。

二十七、氮测定

定氮法的原理是用硫酸分解样品中含氮的有机化合物,生成硫酸铵,通过测定硫酸铵的量来测定样品中氮的含量。

1. 凯氏定氮法(kjeldahl 定氮法)

(1)装置

测定装置概况如图 8－14 所示。其连接部分也可使用磨口设计。

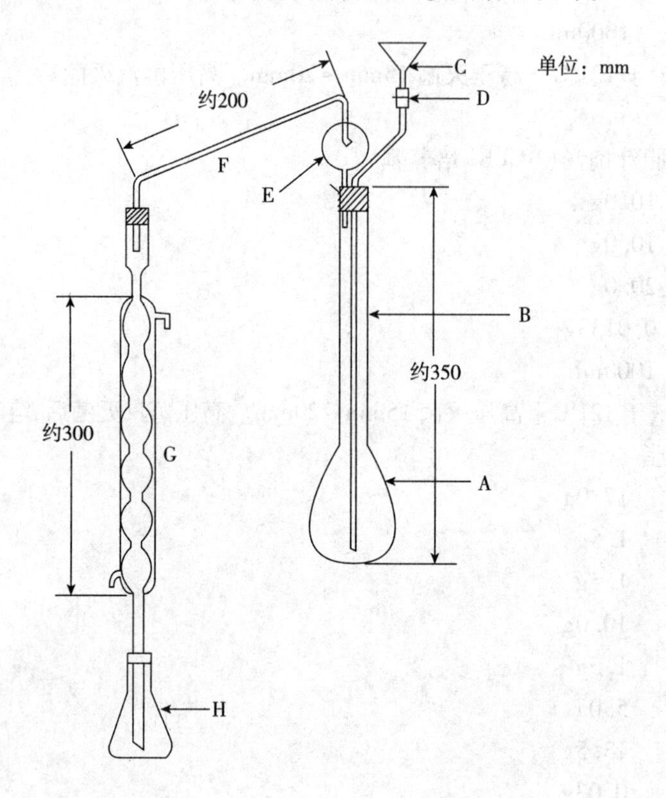

说明：

A——凯氏烧瓶(硬质玻璃、容量约 300mL)；

B——插底玻璃管；

C——用于注入碱液的漏斗；

D——橡胶管(连接 C 和 B,中间可放止液夹)；

E——雾滴捕集器；

F——导管；

G——冷凝器；

H——吸收瓶(容量约 300mL)。

图 8－14 凯氏定氮装置

步骤 除另有规定外,精确称取含氮 20mg～30mg 的试样,放入凯氏烧瓶中,加硫酸钾粉末 5g、硫酸铜 0.5g 和硫酸 20mL。然后,把烧瓶倾斜约 45°缓慢加热至几乎不冒泡,再提高温度,使其沸腾。当内容物变成蓝色透明液时,再加热 1h～2h。冷却后,缓慢加入水 150mL,放冷,加沸石或粒状锌 2 粒～3 粒,按图 8－14 组装整个装置。

准确吸取 0.1mol/L 硫酸 25mL 放入吸收瓶中,使冷凝器的下端浸于液中。然后从漏斗慢慢加入 40% 氢氧化钠溶液 85mL,用少量水洗涤漏斗,用止液夹夹住橡胶管。轻轻振摇凯氏烧瓶使内容物混合后。慢慢加热,待开始沸腾,可提高温度,蒸馏至约 2/3 内容物容积馏出为止。然后，将冷凝器离开的液面，再继续蒸馏一会。用少量的水洗冷凝器的下端。加入溴甲酚绿－甲基红混合溶液 3 滴作为指示剂，用 0.1mol/L 氢氧化钠滴定吸收瓶中过量的酸。同时做空白试验进行校正。

消耗 0.05mol/L 硫酸溶液 1mL 相当于氮 1.401mg。

2. 半微量凯氏法

所用装置如图 8－15 所示，玻璃器具均由硬质玻璃制成，连接部分可采用磨口设计。装置中橡胶部件全部置于 4% 氢氧化钠溶液中煮沸 10min～30min，再放入水中煮沸 30min～60min 后，用水彻底冲洗，备用。

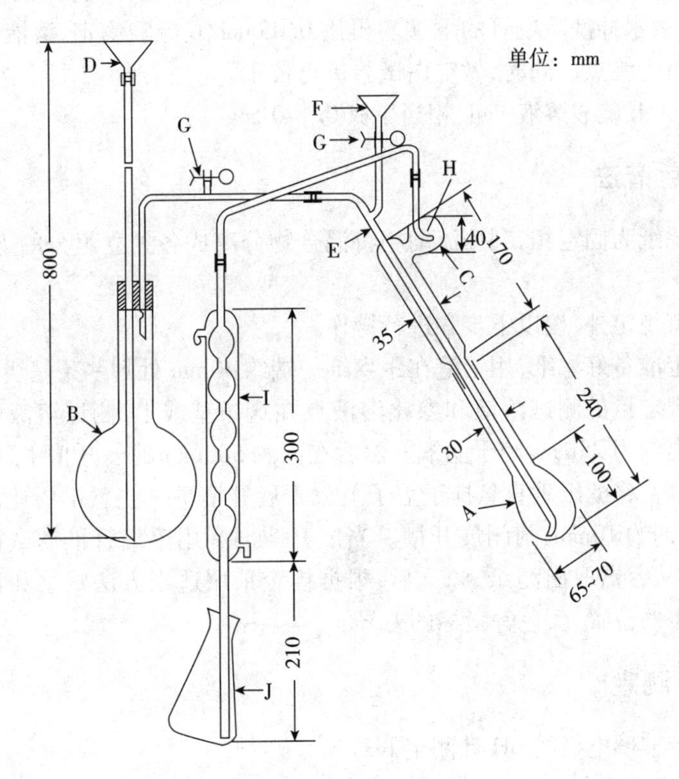

说明：

A——凯氏烧瓶；

B——水蒸气发生器（加入 2 滴～3 滴硫酸的水，放入沸石防暴沸）；

C——缓冲球（防溅球）；

D——加水漏斗；

E——蒸汽输入管；

F——注入碱液的漏斗；

G——橡胶管上附止液夹；

H——小孔直径与管内径几乎相等；

I——冷凝器；

J——吸收瓶。

图 8－15　半微量凯氏法装置（全部为硬质玻璃制）

步骤　除另有规定外，精确称取或用吸量管准确吸取含氮 2mg～3mg 的相应试样量，将其放入凯氏烧瓶中,加硫酸钾－硫酸铜(10＋1)混合粉末1g,用少量水把附着在烧瓶颈部的试样洗入,再沿烧瓶的内壁加入硫酸7mL。

然后,边振摇边沿其内壁小心加1mL过氧化氢,把烧瓶放于石棉网上加热,消化液变成澄清蓝色,确认烧瓶的内壁没有碳化物后,再继续加热1h～2h。必要时,经冷却后可补加少量过氧化氢再加。冷却后,小心加20mL水再放冷。将烧瓶与预先水蒸气洗过的蒸馏装置相连接。用吸收瓶中加4%硼酸溶液15mL和溴甲酚绿－甲基红混合液3滴,加适量的水,把冷凝器下端浸于该液中。开始沿漏斗加40%氢氧化钠溶液30mL,用10mL水洗涤漏斗,立即用止液夹夹住橡胶管,通入水蒸气蒸馏至馏出液80mL～100mL,让冷凝管的下端离开液面再继续蒸馏片刻,用少量水冲洗冷凝管的下端。再用0.05mol/L硫酸滴定,溶液由绿色经微蓝灰色变至微紫红色时为终点。同时,做空白试验进行校正。

消耗0.005mol/L硫酸溶液1mL相当于氮0.1401mg。

二十八、纸色谱法

本试验是以滤纸为固定相,利用流动相将混合物分离成各独立组分的方法,可用于鉴别试验和纯度测定。

步骤　除另有规定外,按以下步骤进行操作。

按第九章规定准备好滤纸,用铅笔在距离纸一端约40mm处划一条基线。用微量吸量管或毛细管分别取规定量的测试溶液和参比溶液点在这条基线上,测试溶液斑点与参比溶液斑点的中心间距离约为25mm,晾干滤纸。然后在高约500mm的展开槽中,加入规定的展开剂,待其蒸气饱和后,将滤纸垂直悬挂于盖子上放于展开槽中。注意不要让滤纸接触到容器壁,使其浸入展开剂约10mm,封闭展开槽。当展开溶剂利用毛细管推动试样沿滤纸上升达到规定的距离时,从容器取出滤纸,晾干后,根据规定采用适当方法观察和比较测试溶液和参比溶液对应色斑的位置、颜色等指标的差异。

二十九、pH测定

本试验利用带玻璃电极的pH计测定pH。

pH是用于描述溶液中氧离子活度的物理量,可用式(8－16)计算。其值在稀溶液中与氢离子浓度的常用对数负值非常一致。

$$\mathrm{pH} = \mathrm{pH_S} + \frac{E - E_S}{2.3026RT/F} \qquad (8-16)$$

式中:

$\mathrm{pH_S}$——pH标准液的pH;

E——试样溶液中,由玻璃电极和参比电极组成电池的电动势(V),电池的组成如下:
玻璃电极｜试样溶液‖参比电极;

E_S——pH标准溶中,由玻璃电极和参比电极组成电池的电动势(V),电池的组成如下:
玻璃电极｜pH标准溶液‖参比电极;

R——气体常数;

T——绝对温度;

F——法拉第常数。

表 8－8 为不同温度下，2. 3026 *RT/F* 的值（单位：V）。

表 8－8 不同温度下的 2. 3026 *RT/F*（V）值

溶液温度/℃	2. 3026*RT/F*	溶液温度/℃	2. 3026*RT/F*	溶液温度/℃	2. 3026*RT/F*	溶液温度/℃	2. 3026*RT/F*
5	0. 05519	20	0. 05817	35	0. 06114	50	0. 06412
10	0. 05618	25	0. 05916	40	0. 06213	55	0. 06511
15	0. 05717	30	0. 06015	45	0. 06313	60	0. 06610

当第九章中出现“pH 6. 0 ~7. 5（1. 0g，20mL 水）”的描述时，表示准确称量 1. 0g 样品，溶于 20mL 水中，所得溶液 pH 6. 0 ~7. 5。

1. pH 标准液的配制

pH 标准液用于测量 pH 的基准，需要严格按要求配制，所用水为蒸馏的精制水，煮沸 15min 以上赶出 CO_2，装上可吸收 CO_2 的吸收管（碱石灰）后冷却。pH 标准液保存在硬质玻璃瓶或聚乙烯瓶中。因长时间保存 pH 可能发生变化，通常情况下，酸性 pH 标准液保存期为 3 个月，碱性 pH 标准液附上 CO_2 吸收管（碱石灰）的保存期为 1 个月。

草酸盐 pH 标准液：将测定 pH 值用四草酸钾研成细粉，置于干燥器中干燥后，精确称取 12. 71g，加水溶解，准确定容至 1000mL。

邻苯二甲酸盐 pH 标准液：将测定 pH 用邻苯二甲酸氢钾研成粉末，置于 110℃下干燥至恒量。精确称取 10. 21g，加水溶解，并准确定容至 1000mL。

磷酸盐 pH 标准液：将测定 pH 用磷酸二氢钾和无水磷酸氢二钠研成粉末，置于 110℃干燥至恒量，精确称取磷酸二氢钾 3. 40g（0. 02mol）和 3. 55g 磷酸氢二钠，共同溶解于水中后，准确定容至 1000mL。

硼酸盐 pH 标准液：将测定 pH 用硼酸钠置于盛有用水湿润的溴化钠的干燥器中，恒量后，精确称取 3. 81g，加水溶解，并准确定容至 1000mL。

碳酸盐 pH 标准液：将测定 pH 用碳酸氢钠置于干燥器中至恒量，再把测定 pH 用碳酸钠置于 300℃ ~500℃干燥至恒量，分别精确称取 2. 1g 和 2. 65g，混合，加水溶解并准确定容至 1000mL。

氢氧化钙 pH 标准液：称取测定 pH 用氢氧化钙 5g 置于烧杯中，加水溶解并稀释至 1000mL，充分混匀，在 23℃ ~27℃下充分饱和后，过滤其上清液，取其澄清液（约 0. 02mol/L）作为标准液。

上述这些 pH 标准液在不同温度下的 pH 如表 8－9 所示，介于表之中间温度 pH 值，该表虽没有标出，可用内插法以表 8－9 中的值求出。

表 8－9 各 pH 标准液在不同温度下的 pH

温度/℃	草酸盐 pH 标准液	邻苯二甲酸盐 pH 标准液	磷酸盐 pH 标准液	硼酸盐 pH 标准液	碳酸盐 pH 标准液	氢氧化钙 pH 标准液
0	1. 67	4. 01	6. 98	9. 46	10. 32	13. 43
5	1. 67	4. 01	6. 95	9. 39	10. 25	13. 21
10	1. 67	4. 00	6. 92	9. 33	10. 18	13. 00
15	1. 67	4. 00	6. 90	9. 27	10. 12	12. 81

续表

温度/℃	草酸盐 pH 标准液	邻苯二甲酸盐 pH 标准液	磷酸盐 pH 标准液	硼酸盐 pH 标准液	碳酸盐 pH 标准液	氢氧化钙 pH 标准液
20	1.68	4.00	6.88	9.22	10.07	12.63
25	1.68	4.01	6.86	9.18	10.02	12.45
30	1.69	4.01	6.85	9.14	9.97	12.30
35	1.69	4.02	6.84	9.10	9.93	12.14
40	1.70	4.03	6.84	9.07		11.99
50	1.71	4.06	6.83	9.01		11.70
60	1.73	4.10	6.84	8.96		11.45

2. pH 计构造

pH 计通常由检测元件和显示单元组成，前者一般包括玻璃电极和参比电极，后者用于显示电位对应的 pH，通常包括零点调节旋钮和温度补偿调节旋钮，有些还有灵敏度调节旋钮。

pH 计按如下步骤操作时，在保证测定后检测元件用水充分洗涤的前提下，采用任一种 pH 标准液，连续 5 次测量所获 pH 的重现性误差不应大于 ±0.05。

3. 步骤

校准：玻璃电极使用前应预先于水中浸泡数小时。pH 计接通电源 5min 以后才能使用。用水充分冲洗检测电极，滤纸轻轻地拭去附着的水。采用单点校准时，旋转温度补偿旋钮与 pH 标准液的温度一致。将检测电极浸入与测试溶液近似的 pH 标准液中至少 2min 以上，旋转零点调节旋钮，使 pH 计显示与当前温度下标准溶液 pH 一致（见表 8-9）。采用两点校准时，旋转温度补偿调节旋钮将温度设定位与溶液温度一致。将电极先浸入适当的 pH 标准溶液（通常使用磷酸盐 pH 标准液）中，旋转零点调节旋钮将显示值调到与标准液 pH 一致，再将电极浸入与试样溶液 pH 接近的标准液中，按以上描述操作，通过调节灵敏度调节旋钮或温度补偿调节旋钮，而不需要考虑 pH 标准溶液的温度。

测量：完成校准后，用水充分冲洗检测电极，用滤纸轻轻地拭去附着的水，再将电极浸入试样液中，读取测定值。

4. 操作时的注意事项

（1）pH 计的构造及操作方法的细节因 pH 计不同而各异。

（2）pH 大于 11 以上时，由于含碱金属离子溶液误差变大，应使用碱误差小的电极，需要进行校正。

（3）测试溶液温度最好与 pH 标准液的温度相同。

三十、定性试验

定性实验以鉴别试验为主。除另有规定外，测试溶液的浓度约为 1%。

1. 乙酸盐

（1）向乙酸盐溶液中加入硫酸并加热，会产生乙酸的气味。

（2）加热乙酸盐与乙醇和少量硫酸的混合组分，会产生乙酸乙酯的气味。

(3)向5%乙酸盐溶液中加入10%氯化铁溶液,可发生中和反应呈棕红色,进一步加热煮沸可产生棕红色沉淀。向溶液中盐酸,沉淀消失,溶液褪色变黄。

2. 铝盐

(1)向5%铝盐溶液中加入10%氯化铵溶液和氨水试液,将形成白色凝胶状沉淀,继续加入氨水试液沉淀不溶解。

(2)向5%铝盐溶液中加入4%氢氧化钠溶液,将形成白色凝胶状沉淀,继续加入4%氢氧化钠溶液,沉淀溶解。

(3)向铝盐溶液中加入氨水试液直至形成轻微沉淀,加入0.1%茜草色素溶液5滴,沉淀将变红色。

3. 铵盐

(1)向铵盐中加入过量4%氢氧化钠溶液并加热,会产生氨的气味,将湿润的石蕊试纸置于上方,会发现试纸由红变蓝。

4. 苯甲酸盐

(1)向5%苯甲酸盐溶液中加入25%稀盐酸溶液,会产生晶状沉淀。取出沉淀,用水彻底清洗并干燥,在121℃~123℃条件下发生熔融。

(2)向5%苯甲酸盐溶液中加入10%氯化铁溶液,会产生黄色或红色沉淀。当加入25%稀盐酸溶液,沉淀变为白色。

5. 碳酸氢盐

(1)向碳酸氢盐中加入25%稀盐酸溶液,会观察到冒气泡现象。所产生气体遇到氢氧化钙溶液立刻生产白色沉淀。

(2)常温下,向5%碳酸氢盐溶液中加入10%硫酸镁溶液,不产生沉淀,但加热煮沸,则产生白色沉淀。

(3)向碳酸氢盐中加入酚酞试液,溶液颜色不发生变化或呈微弱红色,这点与碳酸盐不同。

6. 溴酸盐

(1)用硝酸酸化5%溴酸盐溶液后,滴加2%硝酸银溶液2滴~3滴,将形成晶状沉淀,加热沉淀溶解。再滴加现配的10%硝酸钠溶液1滴,产生淡黄色沉淀。

(2)用硝酸酸化5%溴酸盐溶液,滴加5滴~6滴现配的10%硝酸钠溶液,溶液呈黄色或棕红色。

7. 钙盐

(1)采用火焰显色反应,钙盐在无色火焰中显淡黄色。

(2)向钙盐溶液中加3%草酸铵溶液,将产生白色沉淀。取出白色沉淀,继续试验,发现不溶于5%稀醋酸溶液,继续加入25%稀盐酸溶液,则发生溶解。

8. 碳酸盐

(1)向碳酸盐中加25%盐酸时,冒气泡,将该气体通入氢氧化钙试液中,立刻生成白色沉淀(通常是碳酸氢盐)。

(2)向5%碳酸盐溶液中加10%硫酸镁溶液,产生白色沉淀。沉淀可溶于5%稀醋酸中。

(3)向碳酸盐溶液中加入酚酞试剂,溶液颜色呈深红色,这点与碳酸氢盐不同。

9. 氯化物

(1)向5%氯化物溶液中加入高锰酸钾和硫酸并加热,会产生氯气的气味,将湿润的淀粉碘化钾试纸于上方,试纸变蓝。

(2)向氯化物溶液中加入2%硝酸银溶液,将产生白色沉淀,取出沉淀继续试验,发现其不溶于10%稀硝酸中,但继续加入氨水,沉淀溶解。

10. 亚氯酸盐

(1)将5%亚氯酸盐溶液5mL与25%稀盐酸5mL混合,将产生黄色气体,溶液变成黄褐色。

(2)将0.3%高锰酸钾溶液0.1mL加入5%亚氯酸盐溶液5mL中,加0.5%稀硫酸1mL,混合后红紫色消失。

11. 柠檬酸盐

(1)向20mL吡啶-乙酸酐(3:1)混合溶液中滴加5%柠檬酸盐溶液1滴~2滴,溶液变成红棕色。

(2)向10%柠檬酸盐溶液中加入等体积稀硫酸和2/3体积的0.3%高锰酸钾溶液,加热使溶液呈无色,然后逐滴滴入溴水进行处理,生成白色沉淀。

12. 铜盐

(1)将表面一块抛光的铁片浸入被盐酸酸化的铜盐溶液中,观察片刻,会发现铁片表面产生黄红色的金属沉淀。

(2)向铜盐溶液中滴加少量氨水,将产生亮蓝色沉淀。继续滴加氨水,沉淀溶解,溶液呈暗蓝色。

(3)向铜盐溶液中加入现配的10%亚铁氰化钾溶液,将产生红棕色沉淀,取出沉淀继续试验,发现其不溶于10%稀醋酸,但溶于氨水中,形成暗蓝色沉淀。

13. 铁盐

(1)向呈弱酸性的铁盐溶液中加入现配的10%亚铁氰化钾溶液,有蓝色沉淀生成。该沉淀不溶于25%稀盐酸和10%稀硝酸。

(2)向铁盐溶液中滴加4%氢氧化钠溶液或氨水,将产生棕红色凝胶状沉淀。继续加入硫化钠溶液,产生黑色沉淀。该沉淀可溶于25%稀盐酸中,生成白色乳浊液。

(3)向中性或弱酸性的铁盐溶液中加入8%硫氰酸铵溶液,溶液呈红色,加入盐酸,红色不变。

14. 亚铁盐

(1)将表面一块抛光的铁片浸入被盐酸酸化的亚铁盐溶液中,观察片刻,会发现铁片表面产生黄红色的金属沉淀。

(2)向亚铁盐溶液中加入4%氢氧化钠溶液或氨水生成白色胶状沉淀,振摇颜色迅速变成浅绿色,并最终变成红棕色,随后添加硫化钠溶液生成黑色沉淀。沉淀能溶于25%稀盐酸溶液。

15. 甘油磷酸

(1)冷溶液状态下,向甘油磷酸中加入钼酸铵溶液,不产生沉淀,但长时间煮沸后会生成黄色沉淀。

(2)一份甘油磷酸与一份硫酸氢钾混合后,置于明火中缓慢加热,生成丙烯醛气味的刺鼻性气体。

16. 次氯酸盐

(1)2mL 盐酸加入到 5mL 次氯酸盐溶液中,有冒泡现象,产生气体。

(2)向 5mL 0.1% 次氯酸盐溶液中加入 1mL0.04% 氢氧化钠溶液和 0.2mL 碘化钾溶液,溶液变黄色。继续加入 0.5mL 淀粉溶液,溶液变深蓝色。

(3)当 5mL 25% 次氯酸盐溶液中加入 0.1mL 高锰酸钾溶液(1/300)和 1mL5% 稀硫酸溶液,溶液不变紫红色,这点与亚氯酸盐不同。

17. 乳酸盐

将 5% 乳酸溶液用硫酸酸化,加入 2% 高锰酸钾溶液并加热,生成乙醛气体。

18. 镁盐

将镁盐溶液、10% 氯化铵溶液和碳酸铵溶液混合,不产生沉淀,继续加入 10% 磷酸二氢钠溶液生成白色晶体状沉淀。其沉淀不溶于氨水。

19. 硝酸盐

(1)将相同体积的硝酸盐溶液与硫酸溶液混合,冷却后,加入硫酸亚铁溶液,发现两种液体交界处形成深棕色环。

(2)含硫酸的硝酸盐不能使紫红色的 0.3% 高锰酸盐溶液褪色。这点与硝酸盐性质不同。

20. 亚硝酸盐

(1)向 5% 稀硝酸溶液中加入 5% 稀硫酸,产生特征性气味的棕黄色气体,并伴有紫黑色沉淀生成。

(2)向亚硝酸盐溶液中滴入 2 滴 ~3 滴碘化钾溶液,然后逐滴加入 25% 稀盐酸溶液,溶液变成棕黄色,并生成紫黑色沉淀。加入淀粉溶液,沉淀溶解溶液变成深蓝色。

21. 过氧化氢

(1)向相同体积的过氧化氢和乙酸乙酯混合溶液中,加入 1 滴 ~2 滴 7.5% 甲酸溶液,再加入 5% 稀硫酸酸化,水溶液呈蓝色。迅速摇晃混合溶液,静置,乙酸乙酯层呈蓝色。

(2)向经硫酸酸化的过氧化氢溶液,可使得逐滴加入的 0.3% 高锰酸盐溶液褪色,并有气泡产生。

22. 磷酸盐(正磷酸盐)

(1)向磷酸盐溶液中加入 2% 硝酸银溶液,有黄色沉淀生成,沉淀溶于 10% 稀硝酸和氨水。

(2)加热状态下,向钼酸铵与磷酸盐混合溶液中,加入硝酸酸化的磷酸溶液,生成黄色沉淀,该沉淀溶于 4% 氢氧化钠溶液和氨水。

23. 钾盐

(1)采用火焰显色反应,钙盐在无色火焰中显淡紫色。,如改用黄色火焰,通过钴玻璃观察,火焰呈现紫红色。

(2)向 5% 钾盐溶液中加入现配的 10% 酒石酸氢钠溶液,生成能溶于氨水、4% 氢氧化钠溶液和 12.5% 无水碳酸钠溶液的白色晶状沉淀,用玻璃棒摩擦试管内壁能加速沉淀的生成。

24. 钠盐

(1)采用火焰显色反应,钠盐在无色火焰中呈黄色。

（2）向钠盐溶液中加入5%焦锑酸氢钾溶液，会生成白色晶状沉淀，用玻璃棒摩擦试管内壁能加速沉淀的生成。

25. 琥珀酸盐

调节5mL 5%琥珀酸盐溶液pH至6~7，加入1mL 10%氯化铁溶液，生成棕色沉淀。

26. 硫酸盐

（1）向硫酸盐溶液中加入12%氯化钡溶液，生成不溶于盐酸和10%稀硝酸的白色沉淀。

（2）向中性硫酸盐溶液中加入醋酸盐溶液，生成能溶于10%醋酸铵溶液的白色沉淀。

（3）相同体积的25%稀盐酸与硫酸溶液混合，既不产生白色沉淀，也不生成二氧化硫气体。这点与亚硫酸盐不同。

27. 亚硫酸盐和亚硫酸氢盐

（1）向经醋酸酸化的亚硫酸盐和亚硫酸氢盐混合溶液中逐滴加入碘化钾溶液，溶液盐酸颜色消失。

（2）向经醋酸酸化的亚硫酸盐和亚硫酸氢盐混合溶液中，加入等体积的25%稀盐酸，产生二氧化硫气体，但不形成浑浊液。继续加入硫化钠溶液，溶液迅速变成乳浊液，随即生成黄色沉淀。

28. 酒石酸盐

（1）向5%中性酒石酸溶液中加入2%硝酸银溶液，生成能溶于硝酸的白色沉淀。加热时，沉淀溶于氨水，并最终析出金属银。

（2）向5%酒石酸溶液依次加入2滴25%稀醋酸、1滴硫酸亚铁溶液、2滴~3滴过氧化氢溶液和过量的4%氢氧化钠溶液，溶液颜色由紫红色变为紫色。

（3）向5mL硫酸中依次加入2滴~3滴2%间苯二酚溶液和2滴~3滴10%溴化钾溶液，混匀后水浴5min~10min，溶液变成深蓝色。待溶液冷却后，倒入大量水中，溶液变成红色。

29. 硫氰酸盐

（1）向硫氰酸盐溶液中加入过量的10%硝酸银溶液，产生不溶于10%稀硝酸的白色沉淀。该沉淀能溶于氨水。

（2）向硫氰酸盐溶液中加入10%氯化铁溶液，溶液颜色变红，加入盐酸，红色不褪。

30. 锌盐

（1）向中性或碱性锌盐溶液中加入硫化钠溶液，生成不溶于5%稀醋酸的白色沉淀，加入25%稀盐酸后，沉淀溶解。

（2）向锌盐溶液中加入现配的10%亚铁化氰钾溶液，会产生白色沉淀，该沉淀不溶于25%稀盐酸，但溶于4%氢氧化钠溶液。

三十一、生成气体的定量试验

本实验用于定量测定发泡粉产生的气体量。

1. 装置

装置的概况如图8－16所示。

置换液的制备：称取100g氯化钠溶于300mL水中，加入1g碳酸氢钠，再加入稀盐酸溶液（1/3），至甲基橙试液呈微酸性为止。

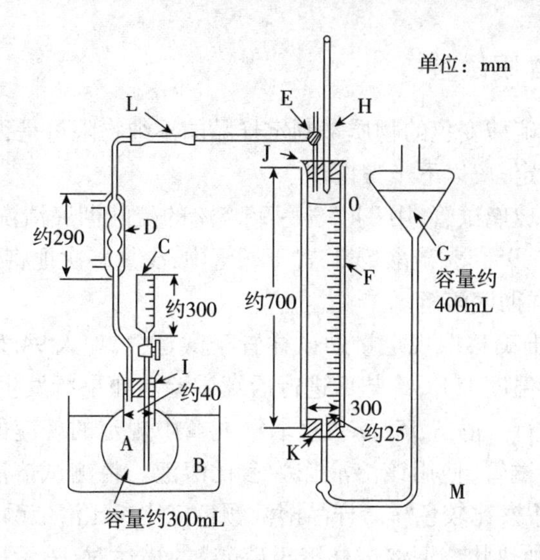

说明：

A——用于发生气体的圆底烧瓶(约300mL)；

B——水浴装置；

C——用于滴加酸的漏斗；

D——冷凝器；

E——三通活塞；

F——附有外套管的气体量管(容积约300mL,分度值1mL)；

G——水准瓶(容积约400mL)；

H——温度计；

I、J、K——橡胶塞；

L、M——橡胶管。

图8-16　所产生气体定量测定装置

2. 步骤

将用传统日本纸(和纸)包裹2.0g试样(当需要用复合型发泡粉时,按规定比例与适量样品混合,作为试样)置于预先加有100mL水的发生气体烧瓶A中。连接装置的各部分,旋开三通活塞E,上下移动水准瓶G,使置换液的液面与气体测量管F的"0"标记处于同一水平。冷凝器D中通上冷却水,旋转三通活塞E使冷凝器D与气体量管F相通,经漏斗C滴加盐酸(1/3)20mL后,立即关闭漏斗活塞。将烧瓶置于75℃水浴加热,不时缓慢摇晃。根据气体量管F气体平面,调低水准瓶G。3min后,当气体量管F的气体替代液面与水准瓶G的液面平衡在同一水平时,读取气体量管F液面所在刻度V(mL),并记录产生气体时温度计的读数t℃,按式(8-17)计算在常规状态下,产生的气体量V_0(mL)。另作空白试验得的空白值v(mL)用于校正。

$$V_0=(V-v)\times\frac{P-p}{760}\times\frac{273}{273+t} \tag{8-17}$$

式中：

P——测定时大气压(kPa)；

p——t℃时水蒸气压(kPa)。

三十二、易炭化物质试验

本试验通过测定遇硫酸变色的物质来判定样品的不纯物限量是否符合要求。

步骤 除非另有规定,按以下步骤操作。

准备一支无色硬质玻璃试管,用94.5%~95.5%的硫酸彻底清洗。除非有规定,当试样为固态时,移取94.5%~95.5%硫酸5mL置于试管中,少量多次地将规定量的试样加入试管中,用玻璃棒搅拌使试样彻底溶解。

当试样为液态时,准确移取规定量的试样置于试管中,加入94.5%~95.5%硫酸5mL,振摇使之充分混合。若温度上升,冷却后进行后续试验。如果所发生反应受温度影响大,保持实验在标准温度下进行。静置15min。移取第九章中规定的相应的液体于与样本用的同样质量和形状的另一只试管,使用该溶液作为参比溶液。将测试溶液与参比溶液置于白色背景下,从上方和侧面观察比较色泽。样品溶液颜色应比参比溶液颜色浅。

当第九章中出现"加热状态下将试样溶于硫酸"的描述时,表示应当将试样与硫酸同置于试管中,按第九章要求条件加热,制备样液,再与参比溶液比色。

三十三、折射率

折射率测定是测定光在空气中速度与在样品中速度的比值的方法。对于单折射物质,当光的波长、试验温度及压力一定时,物质的折射率是固定的,可用于纯度试验。

折射率记为n_D^t,D表示测定使用钠光谱线的D线,t表示测定时的温度,其含意表示对空气的折射率。除另有规定外,使用阿贝式折光仪测定折射率,在第九章规定的温度偏差±0.2℃范围内进行操作。

三十四、灼热残留物

灼热残留物是测定样品加硫酸后经强热后的残余物的质量。

当第九章中出现"不大于0.1%"的描述时,表示1g~2g样品与硫酸在450℃~550℃条件下加热3h,残余物的质量分数不大于0.1%。同样,当第九章第九章中出现"不大于0.02%"的描述时,表示5g样品与硫酸在850℃条件下加热30min,残余物的质量分数不大于0.02%。

当第九章第九章中出现"经干燥的样品"的描述时,表示样品应按照第九章中"干燥失量"的规定进行干燥后再灼热。

步骤 按第九章中规定条件,灼热铂金、石英或瓷制坩埚约30min,置于干燥器中冷却,准确称量。

若样品中含有结晶或较大块时,粉碎至直径小于2mm的颗粒。除另有规定外,准确称取试样1g~2g,用少量硫酸浸湿样品,缓慢升温至样品完全灰化,冷却。加硫酸1mL,继续加热,直至不再产生白雾。将坩埚放入电炉中,于450~550℃下灼热3h。取出坩埚置于干燥器中冷却,精确地称取其质量。当残余物的质量分数超过第九章中规定值时,应当灼热至恒量。

三十五、相对密度(比重)

相对密度(比重)是指物质质量与同体积标准物质质量的比值。本试验法所规定的相对密度($d_t^{t'}$)是指等体积试样与蒸馏水分别在t'℃和t℃时质量的比值。除另有规定外,当仅给出相对密度值时,指的是20℃时,等体积试样与蒸馏水的质量比(d_{20}^{20})。

除另有规定外,相对密度的测定采用第1法、第2法或第4法。当规定的相对密度值用“约”修饰时,可采用第3法。

1. 第1法:相对密度瓶测定法

相对密度瓶通常为容量10mL~100mL的玻璃瓶,附有装温度计的磨口塞和具刻度并带磨口盖的侧管。

精确称量经洗净、干燥的相对密度瓶质量(m),然后取下塞子和盖子,注满比规定温度低1℃~3℃的试样,注意不要残留气泡。塞上塞子,然后缓慢升温。当温度计读数到达规定的温度时,从侧管吸去超过刻度线的试样,盖住侧管,用纸拭干相对密度瓶外壁,精确称取相对密度瓶质量(m)。同一相对密度瓶,将试样换成蒸馏水进行同样操作,记录实验温度(t℃)及质量(m_2)。由式(8-18)求出相对密度($d_t^{t'}$)。

$$d_t^{t'}=\frac{m_1-m}{m_2-m} \qquad (8-18)$$

2. 第2法:斯普伦·奥斯特瓦德相对密度瓶测定法

斯普伦·奥斯特瓦德(Sprengel-Ostwald)相对密度瓶如图8-17所示,通常容量为1mL~10mL,两端为厚壁细管,一端细管A有刻线C。可用附上的铂丝D或铝丝等挂在化学天平上称量。

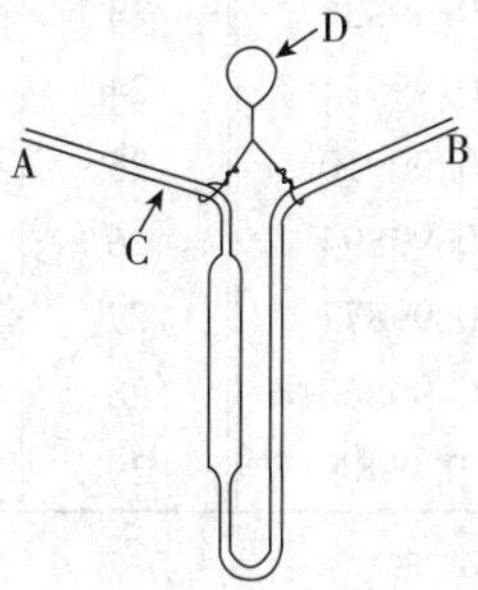

图8-17　斯普伦·奥斯特瓦德相对密度瓶示意图

精确称量预先洗净、干燥的相对密度瓶质量(m)。把无标线细管B浸于比规定温度低3℃~5℃的试样中,于另一细管A上接橡胶管或磨口细管,缓慢吸试样至标线C,注意不要混入气泡,然后于规定温度(t'℃)水浴中保温15min。用滤纸片从细管B处蘸吸试样,使试样液面与标线C一致。从水浴取出相对密度瓶,充分擦去外部水,精确称量(m_1)。同一相对密度瓶,将试样换蒸馏水进行同样的操作,记录实验温度(t℃),相对密度瓶质量(m_2),按式(8-19)求出相对密度($d_t^{t'}$)。

$$d_t^{t'}=\frac{m_1-m}{m_2-m} \qquad (8-19)$$

3. 第3法:液体相对密度计测定法

根据规定的温度和测量精度要求选择相对密度计,使用前用乙醚/乙醇洗净。将试样充分振摇,待气泡消失后,将相对密度计浸入样品中。在规定的温度下相对密度计静止时,读取弯月形液面上端的相对密度值。目前市场的相对密度计种类繁多,实验人员应按照不同类型相对密度计规定方法进行操作。

4. 第4法:振动传导式密度计法

本方法根据参比物的体积来测定液态样品的相对密度,其工作原理是将池中充满样品并使之振荡,根据其固有振动周期(T_S)测定样品密度。当装有样品的池振荡时,其振动频率取决于内盛样品的密度。如果样品池中振荡部分体积固定,振荡周期的平方值与样品密度呈线性关系。

使用本方法测定样品,需要确定样品池的常数 $K_{t'}$($g \cdot cm^{-3} \cdot s^{-2}$)。在规定温度($t'$℃)用两种参比物质(密度分别为 ρ_{S1} 和 ρ_{S2}),实验测得其振荡周期(T_{S1} 和 T_{S2}),根据式(8-20)求 $K_{t'}$。

$$K_t{}' = \frac{\rho_{S1}^{t'} - \rho_{S2}^{t'}}{T_{S1}{}^2 - T_{S2}{}^2} \tag{8-20}$$

通常情况下采用水和干燥空气作为参比物质。t'℃温度下水的密度 α_D^{20},可根据表8-10获得。

表8-10 不同温度时水的密度

温度/℃	密度/(g/cm³)	温度/℃	密度/(g/cm³)	温度/℃	密度/(g/cm³)	温度/℃	密度/(g/cm³)
0	0.99984	10	0.99970	20	0.99820	30	0.99565
1	0.99990	11	0.99961	21	0.99799	31	0.99534
2	0.99994	12	0.99950	22	0.99777	32	0.99503
3	0.99996	13	0.99938	23	0.99754	33	0.99470
4	0.99997	14	0.99924	24	0.99730	34	0.99437
5	0.99996	15	0.99910	25	0.99704	35	0.99403
6	0.99994	16	0.99894	26	0.99678	36	0.99368
7	0.99990	17	0.99877	27	0.99651	37	0.99333
8	0.99985	18	0.99860	28	0.99623	38	0.99297
9	0.99978	19	0.9984	29	0.99594	39	0.99259

而干燥空气的密度根据式(8-21)获得:

$$\rho_{S2}^{t'} = 0.0012932 \times \{273.15/(273.15 + t')\} \times (p/101.325) \tag{8-21}$$

式中:

p——当前空气压强,以kPa为单位。

在求出样品池常数 $K_{t'}$ 后,将样品导入池中,根据同样条件实验,按式(8-22)计算样品密度 $\rho_T^{t'}$。其中 $\rho_{S1}^{t'}$ 为温度 t' 时水的密度,T_T 为样品周期。

$$\rho_T^{t'} = \rho_{S1}^{t'} + K_{t'}(T_T^2 - T_{S1}^2) \tag{8-22}$$

而样品相对水的相对密度 $d_t^{t'}$ 则可用式(8-23)计算。

$$d_t^{t'} = \rho_T^{t'}/\rho_{S1}^{t} \tag{8-23}$$

(1)装置

振动传导式密度计通常由U型样品池,振荡器、用于测定振动周期的检测器和温度控制装置构成。样品池容积约1mL,一端封闭。样品池和其他配套部件如图8-18所示。

(2)步骤

调整样品池、样品和水的温度到规定温度。用水或其他适宜溶剂清洗样品池,并用干燥

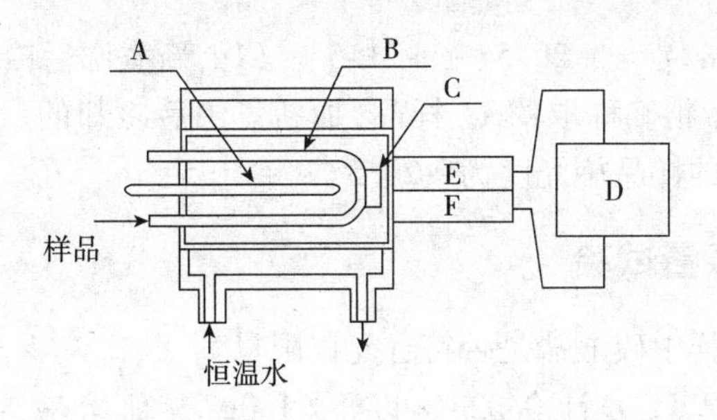

说明：

A——温度计；

B——样品室；

C——振动平板；

D——放大器；

E——检测器；

F——振荡器。

图 8-18 振动传导式密度计示意图

空气流彻底干燥，关闭通气，确认温度保持稳定。测定干燥空气的固有振动周期（T_{S2}），并记录当时测定地点大气压（kPa）。将水导入样品池，测定水的固有振动周期（T_{S1}）。根据水和干燥空气的固有振动周期按式（8-20）计算样品池常数（$K_{t'}$）。

注入样品到样本池，确认温度稳定，测定样品的振动周期 T_T。通过水和样本的固有振动周期、水的密度（$\rho_{si}^{t'}$）和池的常数（$K_{t'}$），并计算样品密度（$\rho_T^{t'}$）。必要时，采用表 8-10 不同温度时水的密度（$\rho_{S1}^{t'}$）计算一定温度下（t℃）相对水的样品相对密度（$d_t^{t'}$）。

向样品池注入水和样品时，应注意避免池中产生气泡。

三十六、旋光度

旋光度是具有光学活性的物质或其溶液使偏振光旋转的角度，可用旋光计测定。根据偏振面分别向右或向左旋转的特性，将旋光度表示为右旋性或左旋性。旋光度以角度符号（°）表示，在度数数字的右上方，在度数数字前加上正号（+）或负号（-）分别表示右旋或左旋。

旋光度符号 α_x^t 中 x 表示特定的单色光（以单色光的波长或名称描述），t 表示测定时温度。除另有规定，当仅用旋光度描述时就是指 α_D^{20}，即在 20℃ 温度下，旋光管长度 100mm，以钠光谱 D 线为测定光源的实验条件下测得的旋光度。

比旋光度 $[\alpha]_x^t$ 可用以式（8-24）计算：

$$[\alpha]_x^t = \frac{100\alpha}{lc} \tag{8-24}$$

式中：

t——测定时的温度；

x——所用光谱的特定单色光波长或名称（用 D 线时记作 D）；

α——偏振光旋转的角度；

l——测定液层厚度，即旋光管长度，mm；

c——1mL 样液中所含试样克数。

当第九章中出现“$[\alpha]_D^{20}$ = +20.5° ~ +21.5°。(1g,新煮沸后冷却水10mL溶解,换算成干物质)”的描述时,表示精确称取约1g样品,加新煮沸后冷却的水溶解并定容至10mL,样液用于测定。以干基计的样品旋光度为+20.5° ~ +21.5°。

三十七、硫酸盐限量试验

本试验用于判定试样中硫酸盐是否符合允许限量。

当第九章中出现“以SO_4计0.024%以下(1.0g,参比溶液为0.005mol/L硫酸溶液0.50mL)”时,表示称取1.0g样品,以0.005mol/L硫酸溶液0.50mL为参比溶液进行试验,样品硫酸盐含量(以SO_4计)不大于0.024%。

1. 测试溶液和参比溶液的制备

除另有规定外,按下述步骤进行操作。

测试溶液:按规定量称取试样,放入纳氏比色管中,加水约30mL溶解。若溶液呈碱性,用25%盐酸中和后。再加25%盐酸溶液1mL,并加水定容至50mL,作为测试溶液。另外,当试样已制成样液时,取试样液放入纳氏比色管中,加25%盐酸溶液1mL,并加水定容至50mL,也可作为测试溶液。

参比溶液:另取一纳氏比色管,加入规定量的0.005mol/L硫酸溶液,加25%盐酸溶液1mL,并加水定容至50mL,作为参比溶液。

如测试溶液不澄清透明时,两种溶液在相同条件下过滤。

2. 步骤

除另有规定外,于测试溶液和参比溶液中,分别加12%氯化钡溶液2mL,充分混合,放置10min后,在黑色背景下从侧方和上方观察和比较两只纳氏比色管的浊度,测试溶液的浊度不应高于参比溶液。

三十八、亚硫酸盐测定

亚硫酸盐测定是通过测定与亚硫酸盐反应的碘的量来计算样品中亚硫酸盐的量。具体做法是将亚硫酸盐与碘反应,用硫代硫酸钠反滴定过量的碘。根据反应的碘量来计算样品中亚硫酸盐的量。

步骤　除另有规定外,按以下步骤测定:

精确称取规定的试样量,置于盛有0.05mol/L碘液50mL的具塞三角瓶中,并使试样溶解。盖上塞子,放置5min后,加盐酸溶液(2/3)2mL,加淀粉溶液为指示剂,用0.1mol/L的硫代硫酸钠滴定过量的碘。

三十九、薄层色谱法

本实验用适宜的固定相制成薄层,混合物在固定相上因与固定相的相互作用和流动相的驱动分离成各种独立组分,可用于鉴别实验和纯度测定。

1. 薄层板的制备

除另有规定外,按下述的步骤制备薄层色谱板,在避开湿气处保存。

取作为固定相的物质于适宜的器具中,加适量的水制成悬浮液,将其涂布在50mm × 200mm或200mm × 200mm厚度均一的平滑玻璃板上,涂布厚度为0.2mm ~ 0.3mm。风干后,再进一步在规定的条件进行干燥。也可使用适宜的塑料板代替玻璃板。

2. 步骤

除另有规定外,按下述步骤操作。

沿距薄层板一端约20mm的位置画一条线,用微量吸管吸取规定量的测试溶液或参比溶液,在至少距两边缘10mm处点样。所点斑点直径约3mm,两点样斑点中心间距不小于10mm。预先向展开槽中加入规定的展开剂,深度约10mm,待展开剂饱和后使用。将风干的薄层板的样品斑点端作为下端置于展开槽中,密闭展开槽。当展开剂从原始线升至规定的距离时,取出薄层板风干。按规定的方法比较测试溶液和参比溶液各自的斑点位置和颜色。

四十、浊度试验

浊度试验是科学、客观地评价样品在规定溶剂中溶解性的试验方法。在第九章中"测定溶液澄清度来判断纯度"规定了用于溶解样品的溶剂。通过观察溶液的溶解性能简单地判断物质的固有性状、鉴定是否含有不纯物等。

当第九章中出现"几乎澄清透明状态(1.0g,20mL水)"的描述时,表示称取本品1g加水20mL溶解后,溶液澄清透明。

1. 步骤

(1)测试溶液的制备:除另有规定外,按第九章中规定步骤制备溶液置入纳氏比色管中,作为测试溶液。

标准液的配制:浊度标准储备液,准确吸取0.1mol/L盐酸14.1mL,加水定容至50mL。该标准储备液每毫升含1mg氯(Cl)。

浊度标准液:准确吸取浊度标准储备液10mL,加水定容至1000mL,该标准液每毫升含0.01mg氯(Cl)。

(2)参比溶液的配制

澄清透明:吸取浊度标准液0.2mL,加水定容至20mL,再加入硝酸溶液(1/3)1mL、2%(质量浓度)可溶性淀粉溶液0.2mL和2%(质量浓度)硝酸银溶液1mL,振摇后,避开直射日光放置15min。

几乎澄清透明:吸取浊度标准液0.5mL,加水定容至20mL,再加入硝酸溶液(1/3)1mL,2%(质量浓度)硝酸银溶液1mL,振摇后,避开直射日光放置15min。

稍微混浊:吸取浊度标准液1.2mL,加水定容至20mL,再加入硝酸溶液(1/3)1mL、2%(质量分数)可溶性淀粉溶液0.2mL和2%(质量浓度)硝酸银溶液1mL。振摇后,避开直射日光放置15min。

略带混浊:吸取浊度标准液6mL,加水定容至20mL,再加入硝酸溶液(1/3)1mL、2%(质量浓度)可溶性淀粉溶液0.2mL和2%(质量浓度)硝酸银溶液1mL,振摇后,避开直射日光放置15min。

混浊:吸取浊度标准原液0.3mL,加水定容至20mL,再加入硝酸溶液(1/3)1mL、2%(质量浓度)可溶性淀粉0.2mL和2%(质量浓度)硝酸银溶液1mL,振摇后,避开直射日光放置15min。

2. 步骤

除另有规定外,按下述步骤操作。等体积的测试溶液和参比溶液分别置于纳氏比色管中，避开直射日光从上方和侧方比较浊度时，以规定的术语为依据，测试溶液的浊度不得高于对应的标准使用液所使用浊度。

四十一、紫外可见分光光度法

本试验是测定样品对特定狭小波长范围的光的吸收值，物质溶液对可见光和紫外光的吸收情况取决于物质的化学结构，通过测定不同波长下物质吸光值绘制出光谱图，可用来鉴定物质。本方法可用于鉴别试验、纯度测定和含量分析等。对某一浓度的溶液通常测定其最大吸收波长（λ_{max}）和最小吸收波长（λ_{min}）来示其吸收特性。

当一束单色光透射穿过溶液时，透射光强度（I）与入射光强度（I_0）的比值称为透光度（$T=\frac{I}{I_0}$）。透光度的负对数即为吸光度（A），计算按式（8－25）如下所示：

$$A=\lg\frac{I}{I_0}=-\lg T \tag{8-25}$$

吸光度（A）与溶液浓度（c）和光在待测溶液中走过的路程（l）成正相关，其公式见式（8－26）：

$$A=kcl（k\text{为常数}） \tag{8-26}$$

当以 l 为 1cm、c 为 1%（质量浓度）溶液为基础计算的吸光度称为比吸光度（$E_{1cm}^{1\%}$）；当以 l 为 1cm，c 为 1mol/L 溶液为基础计算的吸光度称为摩尔吸光系数（E）。在最大吸收波长时的分子吸光系数又称为 E_{max}。

根据第九章规定规定的溶液制备样液和测定吸光度。测量吸光值在 0.2～0.7 范围时样液制备浓度适宜。如果吸光值结果超出这个范围，应对样液进行稀释，使用以下公式计算 $E_{1cm}^{1\%}$ 或 E。

$$E_{1cm}^{1\%}=\frac{a}{c(\%)\times l} \tag{8-27}$$

或

$$E=\frac{a}{c(\text{mol})\times l} \tag{8-28}$$

式中：

l——溶液层的厚度，cm；

a——测定的吸光度；

$c(\%)$——溶液的浓度［%（质量浓度）］；

$c(\text{mol})$——溶液的摩尔浓度，mol/L。

在第九章中，出现“$E_{1cm}^{1\%}$（265nm）：445～485”的描述时，指该试验在 265nm 波长，按照规定的方法测定吸光度，$E_{1cm}^{1\%}$ 为 445～485。

装置和步骤：通常使用光电分光光度计测量吸光度。该设备包括单色光器和光电光度计。一般配有两种光源，钨灯用于可见光范围的测定，氘灯用于紫外光范围的测定。在可见光范围可选用石英或玻璃比色皿，而在紫外光范围选用石英比色皿。除非有特殊规定，比色皿的光程厚度为 1cm。

根据以下步骤进行操作：将光程调至所需范围，将参比溶液置于光路中，调节设备使参比溶液的吸光度为 0。除非另有规定，参比溶液一般为配制样液所用溶剂。然后将样液置于光路中,读取吸光度。

波长和吸光度范围的校正:波长刻度校准通常使用石英汞灯或玻璃汞灯的239.95nm、253.65nm、302.15nm、313.16nm、334.15nm、365.48nm、404.66nm、435.33nm和546.10nm,氘灯的486.00nm、656.10nm。

吸光度刻度校准使用的溶液制备如下:准确称取预先经碾碎并置于100℃～110℃干燥3h～4h的重铬酸钾(标准试剂)0.06g,溶于0.005mol/L硫酸溶液中,准确定容至1000ml。该溶液的$E_{1cm}^{1\%}$在235nm(极小)、257nm(极大)、313nm(极小)、350nm(极大)分别为122.9～126.2(标准值为124.5)、142.4～145.7(标准值为144.0)、47.0～50.3(标准值为48.6)和104.9～108.2(标准值为106.6)。

四十二、黏度测定

黏度测定法是采用黏度计测定样本的运动黏度和(绝对)黏度。单位分别是平方毫米每秒(mm^2/s)和毫帕斯卡秒(mPa·s)。

1. 第1法　毛细管黏度计测定黏度

本方法适用于测定牛顿液体运动黏度。

(1)装置:使用乌贝洛德式黏度计,说明如图8－19所示:

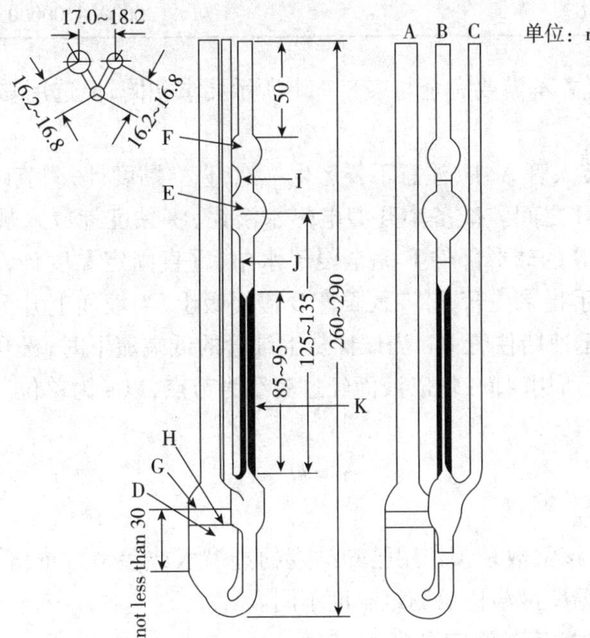

说明:
A、B、C——管部;
D、E、F——球部;
G、H、I、J——刻线;
K——毛细管。

图8－19　乌贝洛德式黏度计

表8－11列出了适用测定不同黏度范围的毛细管内径。

表 8-11 测定不同毛细管内径对应的适用黏度范围

毛细管内径/mm	黏度范围/(mm^2/s)
0.56~0.60	2~10
0.75~0.79	6~30
0.85~0.89	10~50
1.07~1.13	20~100
1.40~1.46	60~300
1.61~1.67	100~500
1.92~1.98	200~1000
2.63~2.71	600~3000
3.01~3.11	1000~5000
3.58~3.66	2000~10000
4.68~4.88	6000~30000
5.33~5.55	10000~50000
6.41~6.67	20000~100000

虽然毛细管的内径并不需要完全与表 8-11 所示要求相同,但选用黏度计应使流下时间在 200s~1000s 之间。

(2)步骤:将试样装入管 A 中,注意不要产生气泡,直立黏度计,调节试样液面,使液面达到球部 D 的刻线 G 和 H 之间。准备小开型电热水浴锅,将黏度计放入规定温度(±0.1℃)的恒温水浴锅,并使管 B 的球形部件 F 完全浸于水中,垂直固定黏度计,静置 20min 使试样温度升至规定温度,用手指堵住管 C,将试样管 B 慢慢吸上,当液面上升至球部 F 的中间时,开放堵住管 C,用手指迅速堵住管 B。当试样从毛细管的低端流下时,松开管 B 的入口,记录试样从刻线 J 到刻线 K 所用时间,均以液面经过刻线为节点,以 s 为单位。根据式(8-29)计算样品黏度 v。

$$v = kt \qquad (8-29)$$

式中:

k——黏度计常数,该常数是预先用已知黏度的蒸馏水或参考标准溶液按样本测定相同方法操作获得的,测定温度可与样品测定温度不同。

2. 第 2 法 旋转式黏度计测定黏度

本方法既适用于牛顿液体也适于非牛顿液体,当转轮从恒定角速度在样品表面旋转时,由于样品的黏性会产生扭力,本方法就是通过测量扭力来测定样品的黏度,扭力用黏度计扭簧扭转的角度表示,样品的黏度则根据扭簧扭转角度产生的刻度读数来计算。

(1)装置:布氏黏度计,构造如图 8-20 所示(本节未对转轮类型和旋转速率进行规定,需要检验人员根据样品类型作出适当选择)。

步骤:按第九章的要求连接转轮 E 和保护罩 F(用于测定低黏度样品的适配器例外)。按规定设置旋转速率调节旋纽 A,将转子 E 缓慢浸入试样中,注意保持标识 D 与液面一致。

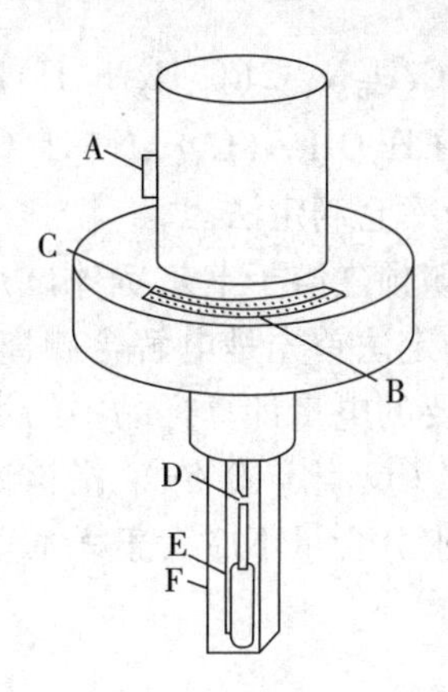

说明：
A——旋转速率调节旋钮；
B——指示器；
C——刻度；
D——浸入标识；
E——转子；
F——保护罩。

图 8－20　布氏黏度计

开启黏度计使转子 E 开始工作，指示器 B 也从零开始变化，当指示器示值稳定或旋转时间达到了规定要求时，停止旋转，记录刻度 C 的值。

表 8－12 列出了用不同转轮速率得出的换算因子，根据所选条件不同，结合换算因子与刻度 C 的读数值求得样品的黏度。

表 8－12　不同转轮旋转速率对应的换算因子

转子	旋转速率(r/min)			
	60	30	12	6
适配器	0.1	0.2	0.5	1.0
1 号	1	2	5	10
2 号	5	10	25	50
3 号	20	40	100	200
4 号	100	200	500	1000

在第九章中，出现“100mPa · s ~ 200mPa · s(2 号，12*r*，30s)”的描述时，指该试验采用 2 号转子，旋转速率是 12r/min，观察 30s 以上的黏度是 100mPa · s ~ 200mPa · s。另外，“30000mPa · s ~ 40000mPa · s(4 号，12r，稳定)”，指该试验采用 4 号转子，旋转速率是 12r/min，读数稳定时的黏度是 30000mPa · s ~ 40000mPa · s。

四十三、水分测定法(卡尔费休法)

水分测定法是指在低级醇类(如甲醇)与有机碱(如吡啶)存在的情况下，利用水与碘和二氧化硫发生定量反应的原理进行测定。反应过程如下式所示。

$$H_2O + I_2 + SO_2 + 3C_5H_5N \rightarrow 2(C_5H_5N^+H)I^- + C_5H_5N \cdot SO_3$$

$$C_5H_5N \cdot SO_3 + CH_3OH \rightarrow (C_5H_5N^+H)O^-SO_2 \cdot OCH_3$$

卡尔费休法包括容量滴定法与库仑滴定法。

容量滴定法中,与水反应所用碘预先溶于卡尔费休试剂中,根据与样品中水反应的碘消耗量计算样品的水分含量。库仑滴定法首先是电解含碘离子的试剂产生碘。再基于碘与水的定量反应,通过测定电解碘所需要的电量计算样品中的水分含量。

当第九章中出现“不大于4.0%(反滴定,0.5g)”指该试验准确称取试样约0.5g,采用容量滴定法的反滴定,测得的样品中水分含量不应大于样本重量的4.0%。

1. 方法一:容量滴定

(1)装置

通常由自动滴定管、滴定瓶,搅拌器和恒压电流滴定系统或恒电流电位滴定系统组成。

由于卡尔费休试液吸湿性很强,滴定装置应有防止从外界吸湿的配置,可使用吸湿剂硅胶或水分测定用的氯化钙来防止受潮。

(2)步骤

有两种测定方法,即在恒压电流滴定和恒电流电位滴定。通常卡尔费休试剂的滴定温度应与标定时的温度一致,并应防止受潮。

恒压电流滴定:所用装置的电路中装有可变电阻,调节电阻器以保持插入待滴定溶液的一对铂电极之间的稳定电压(mV)。随着卡尔费休试剂的逐滴加入,电流(μA)发生变化。在滴定过程中电流会迅速变化,但几秒后又回复原状。而在滴定终点,电流变化持续一定时间(通常持续30s或更长)。当这种电流状态出现时可判定达到滴定终点。

恒电流电位滴定:通过调整电阻来保证一对铂金电极之间的电流保持恒定。测定随着卡尔费休试剂逐滴加入电势(mV)发生的变化。在滴定过程中,电位计指示的电压值会发生剧烈变化,可以从几百mV降到0mV。但几秒后又回复原态。而在滴定终点,非极性电势状态可维持一段时间(通常是10s~30s,甚至更长)。当这种电势状态出现时可判定达到滴定终点。

当反滴定时,采用恒压电流滴定时,由于过量卡尔费休试剂的存在,微安培计指针会超出刻度范围,在达到滴定终点,指针迅速回复到原来位置。同样采用恒电流电位滴定时,由于过量卡尔费休试剂的存在,毫伏计指针会一直保持在原位上。当达到滴定终点时,指针会指向一个稳定电压。

除非另有规定,用卡尔费休试剂测定水分可采用以下任何一个方法,通常,观察反滴定的终点要比观察正常滴定的终点清晰得多。

1)直接滴定　除非另有规定,一般按下述方法操作。

取水分测定用甲醇25mL于干燥滴定瓶中,用卡尔费休试剂滴定至终点。除另有规定外,准确称取的样品的含水量为10mg~50mg,迅速转移到滴定瓶中搅拌溶解。边剧烈搅拌边用卡尔费休试剂滴定到终点。

若样品不溶于溶剂,将其迅速粉碎,准确称取适量样品,迅速置于滴定瓶中,搅拌混合30min,应避免暴露吸潮,边剧烈搅拌边滴定。

若样品干扰卡尔费休法测定,可用蒸发装置并在滴定瓶中通入氮气,通过加热样品的蒸发手段将水分驱赶出。水分含量(X)按式(8-30)计算:

$$X = \frac{V \times f}{m} \times 100\% \qquad (8-30)$$

式中：

V——卡尔费休试剂滴定量，以 mL 为单位；

f——1mL 卡尔费休试剂对应水的量，以 mg 为单位；

m——样品量，以 mg 为单位。

2）反滴定 除非另有规定，按下述方法操作。

取水分测定用甲醇 20mL 于干燥滴定瓶中，用卡尔费休试剂滴定。准确称取的样品的含水量为 10mg ~ 50mg，迅速转移到滴定瓶中，加入稍过量的定量卡尔费休试剂，搅拌 30min，避免暴露空气吸潮。激烈振摇下，用水 - 甲醇标准液滴定至终点。水分含量（X）按式（8 - 31）计算：

$$X = \frac{(V_1 \times f) - (V_2 \times f')}{m} \times 100\% \tag{8-31}$$

式中：

V_1——添加的卡尔费休试剂体积，以 mL 为单位；

f——1mL 卡尔费休试剂对应水的质量，以 mg 为单位；

V_2——消耗的水 - 甲醇标准溶液体积，以 mL 为单位；

f'——1mL 水 - 甲醇标准溶液对应水的质量，以 mg 为单位。

2. 方法二：库伦滴定

（1）装置：通常包括一个产生碘的电解槽、搅拌器、滴定容器和恒电流电位滴定装置组成。产生碘的电解槽由被隔膜隔开的阳极和阴极组成。阳极浸在阳极液中进行水分测定，阴极浸在阴极液进行水分测定。两电极通常由铂金网制成。

由于进行水分测定的阳极和阴极溶液很易吸潮，装置应防止暴露在潮湿的空气中。通常使用适当的干燥剂如硅胶或水分测定用的氯化钙。

（2）水分测定用阳极液和阴极液的制备

在库伦滴定法中，需要使用一对阳极液和阴极液，溶液可采用以下任一方法进行制备。

1）制备第 1 法

水分测定用阳极液：将咪唑 120g 溶于水分测试用甲醇 900mL 中，用冰冷却溶液并保持温度在 30°C 以下，以干燥的二氧化硫气体通入溶液。当溶液重量增加 64g 时，在溶液中加入碘 12g 并使之溶解。边搅拌边逐滴滴入水直到溶液由棕色变为黄色为止，最后加入水分测试用甲醇至 1000mL。

水分测定用阴极液：将盐酸乙醇铵 24g 溶于水分测定用甲醇 100 毫升中。

2）制备第 2 法

a. 水分测定用阳极液：将 1，3 - 二 -（4 - 吡啶）丙烷 40g 和二乙醇胺 30g 溶解于水分测定用甲醇 200mL 中。以干燥二氧化硫气体通入溶液直到溶液重量增加 25g，在溶液中加入碳酸丙烯酯 50mL 和碘 6g 并使其溶解，添加水分测定用甲醇至 500mL，然后，逐滴滴入水直到溶液由棕色变为黄色。

b. 水分测定用阴极液：将水分测定用氯化胆碱 30g 溶解于水分测试用甲醇 100mL 中。

3）制备方法 3

a. 水测定用阳极液：将二乙醇胺 100g 溶于水分测定用甲醇或水分测定用甲醇与水分测定用三氯甲烷混合液（3 + 1）900mL 中。冷却后将干燥二氧化硫气体通入溶液。当溶液重量增加64g时，加入碘20g并使之溶解。边搅拌边逐滴滴入水直到溶液由棕色变成黄色。

b. 水测定用阴极液：将氯化锂25g溶于由水分测定用甲醇和硝基甲烷混合液（4+1）1000mL中。

（3）步骤

取适量体积的水分测定用阳极液于滴定瓶中，将一对铂电极或恒电流电位滴定系统的双铂电极浸入该溶液中。然后，在阳极电解液中插入充满水分测定用的阴极电解液的碘产生系统。

启动电解系统，滴定瓶中内容物应无水。准确称取含水量为1mg～5mg的试样，迅速放入滴定瓶中，搅拌至溶解。边剧烈搅拌边滴定终点。如果样品在阳极电解液中不溶解，迅速粉碎并称取准确的量于滴定瓶中，搅拌5min～30min后，边剧烈搅拌边滴定至终点，期间注意避免暴露吸潮。

测量滴定时电解碘所产生电量（C）[电流（A）×时间（s）]，根据式（8－32）计算样品中水分含量（%）。

若样品干扰卡尔费休反应，可用蒸发装置并在滴定瓶中通入氮气，通过加热样品的蒸发手段将水分驱赶出。

$$水分含量 = \frac{Q}{10.72 \times m} \times 100\% \quad (8-32)$$

式中：

Q——电解碘所产生的电量，以C为单位；

m——样品量，以mg为单位。

第九章　日本食品添加剂质量技术规格

一般要求：本章中所列食品添加剂应满足本章规定的相应食品添加剂的规格和标准。采用 DNA 重组技术的生物体生产的食品添加剂，尽管食品添加剂符合本章中相应的规格和标准，也不能在日本销售和使用，除非其通过日本劳动卫生福利部的安全评价和证明安全，并列入安全目录。该要求不局限于本章的食品添加剂。在日本销售和使用的所有物质都必须符合该要求。

使用注意：在本章编译中，食品添加剂品种规格标准主要翻译自日本《食品添加剂公定书(第八版)》，但对食品添加剂的其他名称、编码等信息进行了补充。本章所涉及的检测方法，既有第八章食品添加剂通用检测方法中的通用方法，也有直接引用本章中其他食品添加剂中的检测方法。检测用试剂配制，部分直接在本章食品添加剂质量技术规格中介绍，另一部分见“附录　试剂、溶液和其他参考物质”。

1. 乙酰磺胺酸钾

(1)其他名称　安赛蜜；安赛蜜钾；A－K 糖；Potassium；6－methyl－4－oxo－4*H*－1,2,3－oxathiazin－3－ide 2,2－dioxide；6－methyl－1,2,3－oxathiazin－4(3*H*)－one 2,2－dioxide potassium salt；Acesulfame K；Acesulfame potassium。

(2)编码　CAS 55589－62－3,33665－90－6；INS 950。

(3)分子式、相对分子质量与结构式　$C_4H_4KNO_4S$；201.2422；

H_3C　O　O　S　O　NK　O

(4)含量　本品干燥后，乙酰磺胺酸钾($C_4H_4KNO_4S$)含量为 99.0%～101.0%。

(5)性状　白色晶体粉末。无臭，有强烈甜味。

(6)鉴别

①取乙酰磺胺酸钾 0.010g 用水 1000mL 溶解。溶液在 225nm～229nm 波长吸收最大。

②乙酰磺胺酸钾对“定性试验”中的所有钾盐试验产生相应反应。

③取乙酰磺胺酸钾 0.2g，加稀乙酸(3→10)2mL 和水 2mL 溶解。滴加数滴亚硝酸钴钠试液，溶液出现黄色沉淀。

(7)纯度

①溶液的颜色和透明度：无色，澄清(1.0g,5.0mL 水)。

②pH：5.5～7.5(1.0g,100mL 水)。

③重金属：以 Pb 计，不超过 10μg/g(2.0g，第 2 法，参比溶液为铅标准溶液 2.0mL)。

④铅：以 Pb 计，不超过 1.0μg/g(10.0g，第 1 法)。

⑤砷:以 As_2O_3 计,不超过 4.0μg/g(0.5g,第 1 法,装置 B)。

⑥氟:以 F 计,不超过 3.0μg/g。

测试溶液　精确称取乙酰磺胺酸钾 2.0g 于烧杯中,加水 10mL,搅拌片刻,缓慢加稀盐酸(1→20)20mL 使之溶解。加热溶液,沸腾 1min,转移至聚乙烯烧杯中,用冰浴迅速冷却。加 10mL 乙二胺四乙酸二钠溶液(1→40)和 15mL 柠檬酸钠溶液(1→4),搅拌均匀。用稀盐酸(1→10)或氢氧化钠溶液(2→5)调节 pH 至 5.4～5.6。将溶液转移至 100mL 容量瓶中,用水定容至 100mL。取约 50mL 至聚乙烯烧杯,作为测试溶液。

参比存备溶液　精确称取 2.210g 经 110℃ 2h 干燥的氟化钠,转移至聚乙烯烧杯,加入 200mL 水,搅拌溶解。转移至 1000mL 的量筒,并定容至 1000mL,再转移至聚乙烯瓶。

参比溶液　即用即配。取对照储备溶液 3mL 至 1000mL 容量瓶中,加水定容。取该溶液 2mL 至聚乙烯烧杯中,加乙二胺四乙酸二钠溶液(1→40)10mL 和柠檬酸钠溶液(1→4)15mL,混合均匀。用稀盐酸(1→10)或氢氧化钠溶液(2→5)调节 pH 至 5.4～5.6。将溶液转移至 100mL 的容量瓶中,加水定容。取约 50mL 溶液至聚乙烯烧杯中,作为参比溶液。

程序　使用连接参比电极和氟离子电极的电位计测量两种溶液的电位,测试溶液的电势不得低于标准溶液的电势。

(8)UV 活性组分(有机杂质)　以乙酰磺胺酸钾计,不超过 20μg/g。

测试溶液　准确取乙酰磺胺酸钾 1g,加水溶解并定容至 100mL。

参比溶液　用水将测试溶液稀释 50000 倍。

程序　分别取测试液和参比容液 20μL 按照以下操作条件进行液相色谱分析。将色谱分离时间延长至测试溶液主峰保留时间的 3 倍。测试溶液除主峰外所有峰的面积之和不得超过参比溶液的主峰面积。

操作条件

检测器:紫外分光光度计(测定波长 227nm)。

色谱柱:4.6mm×25cm 不锈钢柱。

柱填充剂:3μm～5μm 液相色谱用 C_{18} 硅胶柱。

柱温:40℃。

流动相:0.01mol/L 四丁基硫酸氢铵溶液与乙腈的混合液(3∶2)。

流速:1.0mL/min。

在进行以下试验时,色谱柱应能分离乙酰磺胺酸钾和对羟基苯甲酸乙酯:分别称取乙酰磺胺酸钾 0.01g 和对羟基苯甲酸乙酯 0.01g,加水溶解并定容至 1000mL。取 20μL 溶液按照上述条件进行液相色谱分析。

(9)干燥失量　不超过 1.0%(105℃,2h)。

(10)含量测定　准确称取经预先干燥的乙酰磺胺酸钾 0.15g,加乙酸 50mL 溶解,用 0.1mol/L 高氯酸滴定。滴定终点通常用电位计来确定,当以结晶紫－乙酸试液用作指示剂(2 滴)时,滴定终点为溶液颜色由深蓝色变为绿色并保持绿色至少 30s。另外,进行空白试验。

0.1mol/L 高氯酸 1mL＝20.12mg $C_4H_4KNO_4S$

2. 乙醛

(1)其他名称　醋醛;Acetaldehyde;Ethanal;Acetic aldehyde。

(2)编码　CAS 75－07－0;FEMA 2003。

(3)分子式、相对分子质量与结构式　C_2H_4O;44.05;$H_3C—CHO$。

(4)含量　本品乙醛(C_2H_4O)含量应大于99.0%。

(5)性状　无色澄清液体,具有特殊气味。

(6)鉴别　按照“红外吸收光谱法”的液膜法规定的操作测定乙醛的红外吸收光谱,并与参比光谱图(图9－1)对比。两个谱图在相同的波数几乎有同样的吸收强度。

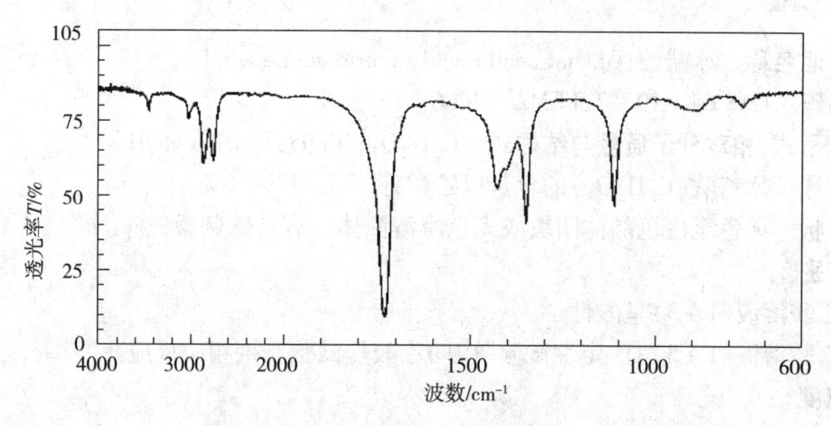

图9－1　乙醛红外吸收光谱图

(7)纯度

①折光率 n_D^{20}:1.330～1.334。

②酸值:不超过5.0(香料物质试验)。

(8)含量测定　按照“香料物质试验”的香料成分的气相色谱测定的峰面积百分比法,采用操作条件2)。用预先在5℃冷却至少30min的微量进样器进样。

(9)储存要求　盛装容器应充满并密封,在低于5℃的惰性气体环境下保存。

3. 乙酸

(1)其他名称　醋酸;Acetic acid。

(2)编码　CAS 55896－93－0。

(3)分子式、相对分子质量与结构式　$C_2H_2O_4$;60.05;$H_3C—COOH$。

(4)含量　本品乙酸($C_2H_2O_4$＝60.05)含量为29.0%～31.0%。

(5)性状　无色澄清液体,有特殊刺激性气味。

(6)鉴别

①乙酸呈酸性。

②乙酸对“定性试验”中所有乙酸盐试验产生相应反应。

(7)纯度

①重金属:以Pb计,不超过10μg/g(3.0g,第1法,参比溶液为铅标准液3.0mL)。

②砷:以As_2O_3计,不超过4μg/g(0.25g,第1法,装置B)。

③易氧化物:取乙酸20mL,加0.1mol/L高锰酸钾0.30mL。溶液的粉红色在30min内不消失。

④蒸发残留物:不超过0.010%。

取乙酸20g,在100℃蒸发、干燥2h,称量。

(8)含量测定 准确称取乙酸约3g,加水15mL,用1mol/L氢氧化钠滴定(指示剂:酚酞试2滴液)。

$$1mol/L\ 氢氧化钠\ 1mL = 60.05mg\ C_2H_2O_4$$

4. 冰乙酸

(1)其他名称 冰醋酸;Glacial acetic acid;Aceric acid glacial。

(2)编码 CAS 64-19-7;FEMA 2006。

(3)分子式、相对分子质量与结构式 $C_2H_2O_4$;60.05;$H_3C—COOH$。

(4)含量 冰乙酸($C_2H_2O_4$)的含量以乙酸计,不小于99.0%。

(5)性状 无色至白色晶体团块或无色澄清液体。有特殊刺激气味。

(6)鉴别

①冰乙酸溶液(1+3)呈酸性。

②冰乙酸溶液(1+3)对"定性试验"中的乙酸盐试验产生相应反应。

(7)纯度

①凝固点:大于14.5℃。

②重金属:以Pb计,不超过10μg/g(2.0g,第1法,参比溶液为铅标准液2.0mL)。

③砷:以As_2O_3。计,不超过4μg/g(0.25g,第1法,装置B)。

④易氧化物:称取冰乙酸2.0g,加水10mL溶解,再加入0.02mol/L高锰酸钾0.10mL。溶液的粉红色在30min内不消失。

⑤蒸发残留物:不大于0.010%。

称取冰乙酸20.0g,蒸发,在100℃干燥2h,称量。

(8)含量测定 准确称取冰乙酸约1g,加水40mL。用1mol/L氢氧化钠滴定(指示剂:2滴酚酞试液)。

$$1mol/L\ 氢氧化钠\ 1mL = 60.05mg\ C_2H_2O_4$$

5. 丙酮

(1)其他名称 二甲基酮;醋酮;2-丙酮;Acetone;Acetone alcohol;2-propanone。

(2)编码 CAS 67-64-1;FEMA 3326。

(3)分子式、相对分子质量与结构式 C_3H_6O;58.08;

O
H3C CH3

(4)含量 本品丙酮(C_3H_6O)含量大于99.0%。

(5)性状 无色、澄清的挥发性液体,有特殊气味。

(6)鉴别 取丙酮溶液(1→200)1mL,加入氢氧化钠溶液(1→25)1mL,热水加温,接着加碘试液3滴。立即产生黄色沉淀。

(7)纯度

①相对密度:0.790~0.795。

②沸点:55.5℃ ~57.0℃(第1法)。

③易氧化物:量取丙酮30mL,加0.02mol/L高锰酸钾0.10mL。溶液的粉红色在15min内不消失。

④酚:取丙酮3.0mL于坩埚内,在约60℃蒸干。加亚硝酸钠的硫酸溶液(1→50)3滴,放置2min ~3min,再仔细加入氢氧化钠溶液(2→25)3mL。溶液不显色。

⑤蒸发残留物:不大于0.0016%(质量浓度)。

取丙酮125mL,小心蒸发,在105℃干燥2h,称残留物质量。

(8)含量测定 准确称取丙酮约1g于已加水20mL的烧瓶中,再加水稀释并定容至1000mL。准确量取此溶液10mL,放入具塞磨口烧瓶中,加氢氧化钠溶液(1→25)25mL,放置5min,然后准确加入0.1mol/L碘溶液25mL,盖上瓶塞并在阴凉处放置10min,加稀硫酸(3→100)30mL,用0.1mol/L硫代硫酸钠滴定(指示剂:淀粉试液)。另外,应以同样方式进行空白试验。

$$0.1\text{mol/L 碘溶液 } 1\text{mL} = 0.9680\text{mg } C_3H_6O$$

6. 苯乙酮

(1)其他名称 甲基苯基甲酮;乙酰苯;Acetophenone;Phenyl methyl ketone;1 - Phenyl - 1 - ethanone。

(2)编码 CAS 98 - 86 - 2;FEMA 2009。

(3)分子式、相对分子质量与结构式 C_8H_9O;120.15;

O CH$_3$

(4)含量 本品苯乙酮(C_8H_9O)含量大于98.0%。

(5)性状 苯乙酮为白色晶体团块,或无色、略带黄色的透明液体。有特殊气味。

(6)鉴别 按照"红外吸收光谱法"的液膜法规定的操作测定苯乙酮的红外吸收光谱,与参比光谱图(图9 - 2)比较,两个光谱图在相同的波数几乎有同样的吸收强度。

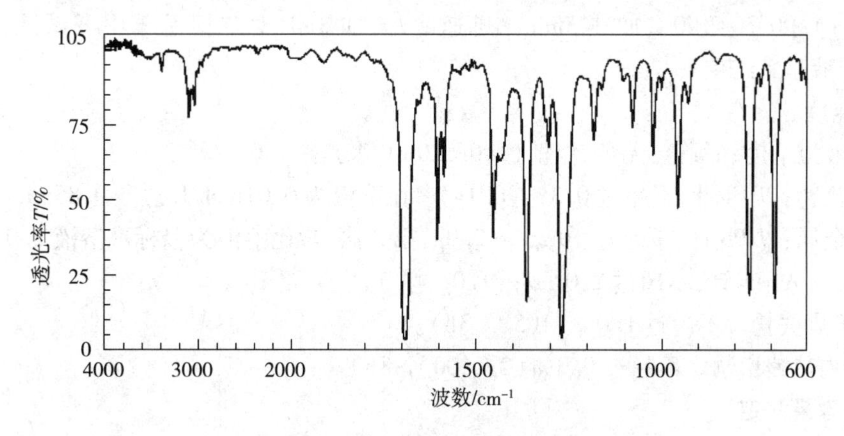

图9 - 2 苯乙酮红外吸收光谱图

(7)纯度

①折光率 n_D^{20}:1.532~1.534。

②凝固点:18℃~20℃。

③溶液澄清度:澄清[1.0mL,60%乙醇(体积)4.0mL]。

④卤代化合物:按“香料物质试验”中的卤代化合物规定进行。

(8)含量测定 准确称取苯乙酮约1g,按照“香料物质试验”中“醛类和酮类含量”的第2法规定进行。本试验中,滴定前加热混合物时间为1h。

$$0.5mol/L 盐酸 1mL = 60.08mg\ C_8H_9O$$

7. *N*-乙酰氨基葡萄糖

(1)其他名称 2-(乙酰基氨基)-2-脱氧-D-葡萄糖;*N*-乙酰-D-氨基葡萄糖;*N*-Acetylglucosamine;*N*-acetyl-D-glucosamine;2-Acetamido-2-deoxy-D-glucopyranose。

(2)编码 CAS 7512-17-6。

(3)分子式、相对分子质量与结构式 $C_8H_{15}NO_6$;221.21;

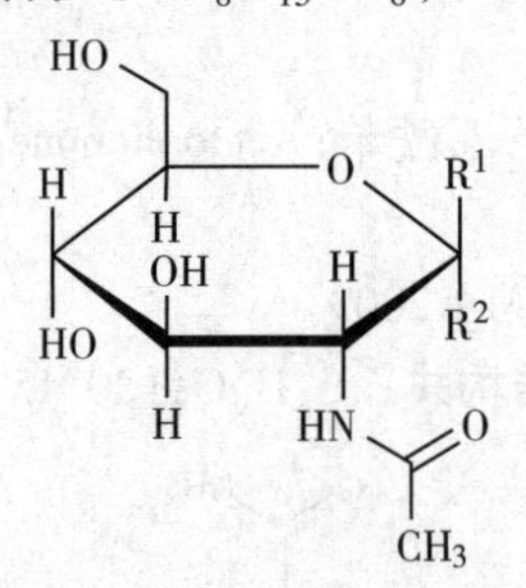

N-乙酰-α-D-葡萄糖胺:$R_1 = H, R_2 = OH$

N-乙酰-β-D-葡萄糖胺:$R_1 = OH, R_2 = H$

(4)定义 由甲壳素通过酶水解及盐酸作用后分离获得。

(5)含量 本品干燥后,*N*-乙酰-D-葡萄糖胺($C_8H_{15}NO_6$)含量为95.0%~101.5%。

(6)性状 白色或近白色的结晶或粉末。无臭,有特殊甜味。

(7)鉴别 向0.5mL *N*-乙酰氨基葡萄糖溶液(1→100)中加入0.1mL硼酸盐缓冲溶液(pH为9.1),90℃~100℃加热3min。迅速冷却,加3mL对二甲基苯甲醛试液,37℃加热20min。溶液呈紫红色。

(8)纯度

①溶液澄清度和颜色:无色、澄清(1.0g,20mL水)。

②氯化物:以Cl计,不超过0.3%(0.1g,参比溶液为0.01mol/L盐酸0.85mL)。

③重金属:以Pb计,不超过10μg/g(2.0g,第2法,参比溶液为铅标准溶液2.0mL)。

④砷:以As_2O_3计,不超过2.0μg/g(1.0g,第3法,装置B)。

(9)干燥失量 不超过1.0%(105℃,3h)。

(10)灼热残留物 不超过0.3%(2g,600℃,8h)。

(11)含量测定

测试溶液 精确称取0.5g经预先干燥的乙酰氨基葡萄糖,用水溶解并定容至50mL,过滤或离心去除不溶物。

参比溶液　精确称取0.2g经预先干燥的含量测定用N－乙酰氨基葡萄糖标准品,加水溶解并定容至20mL。

程序　分别取10μL测试溶液和参比溶液,按下列条件进行液相色谱分析。测量测试溶液和参比溶液的峰面积(A_T和A_S)。按式(9－1)计算N－乙酰－D－葡萄糖胺($C_8H_{15}NO_6$)含量(X)。

$$X = \frac{m}{m_1} \times \frac{A_T}{A_S} \times 100\% \tag{9-1}$$

式中:

m——含量测定用N－乙酰胺基葡萄糖质量,以g为单位;

m_1——样品量,以g单位;

A_T——测量测试溶液的峰面积;

A_S——测量标准溶液的峰面积。

操作条件

检测器:示差折光检测器。

色谱柱:4.6mm×25cm不锈钢柱。

柱填料:5μm液相色谱用氨基键合硅胶。

柱温:室温。

流动相:乙腈与水的混合液(3∶1)。

流速:调节流速至N－乙酰－D－葡萄糖胺的保留时间大约为10min。

8. 酸性黏土

(1)英文名称　Acid clay。

(2)定义　由蒙脱黏土精制得到,主要成分为水合硅酸铝。

(3)性状　灰白至黄褐色粉末或颗粒。

(4)鉴别

①将酸性黏土1.0g和无水碳酸钠3.0g及硼酸0.4g混合,在铂金或镍坩埚中加热直至彻底融化。冷却后加入盐酸至不再出现气泡,再加入盐酸10mL,水浴加热至混合物呈凝胶状,冷却,过滤。滤液应对"定性试验"中所有铝盐试验产生相应反应。

②向盛有100mL水的量筒中加入2.0g细微酸性黏土,放置24h。形成的沉淀不超过15mL。

(5)纯度

①pH:4.0～10.0。

测试溶液　取酸性黏土10.0g,加入水100mL,水浴加热2h,不时振摇,并补充蒸发的水分。冷却后,用直径47mm的膜滤器(0.45μm孔径)减压过滤。用水冲洗漏斗和烧杯上的残留物,过滤后与滤液合并,加水定容至100mL。

②水溶性物质:不超过0.5%。

将纯度1制备的测试溶液50mL蒸干。110℃干燥2h,称量。

③铅:以Pb计,不超过40μg/g。

测试溶液　称取酸性黏土1.0g,加稀盐酸(1→25)20mL和水50mL,充分振摇,微沸

30min。冷却后过滤。多次用水洗残留物,合并洗液和滤液,加水定容至 100mL,为溶液 A。取 25mL 溶液 A,水浴至干。用稀盐酸(1→10)溶解残留物并定容至 20mL。

参比溶液　取铅标准溶液 1.0mL,加入稀盐酸(1→10)至 20mL。

程序　按照“铅限量试验”的第 1 法规定进行。

④砷:以 As_2O_3 计,不超过 4.0μg/g。

测试溶液　取纯度 3 制备的溶液 A 50mL,水浴加热蒸发至 5mL。

装置　使用装置 B。

(6)灼热残留物　不超过 35.0%(110℃,3h,然后 550℃,3h)

9. 活化酸性黏土

(1)英文名称　Activated;Acid clay。

(2)定义　由硫酸处理酸性黏土得到,主要成分为水合硅酸铝。

(3)性状　灰白色至灰色的粉末或颗粒。

(4)鉴别

①将酸性黏土 1.0g 和无水碳酸钠 3.0g 及硼酸 0.4g 混合,在铂金或镍坩埚中加热直至彻底融化。冷却,加入盐酸至不再出现气泡。再加入 10mL 盐酸,水浴加热至混合物呈凝胶状,冷却,过滤。滤液对“定性试验”中所有铝盐试验产生相应反应。

(5)纯度

①pH:2.0~6.0。

测试溶液　取酸性黏土 10.0g,加入水 100mL,水浴加热 2h,不时振摇,并补充蒸发的水分。冷却后,用直径 47mm 膜滤器(0.45μm 孔径)减压过滤。如果滤液浑浊,可采用同样滤器重复过滤。用水冲洗漏斗和烧杯上的残留物,合并滤液和洗液,加水定容至 100mL。使用约 20mL 溶液进行检测。

②水溶性物质:不超过 1.6%。

取纯度①制备的测试溶液 50mL 蒸干,110℃干燥 2h,称量。

③铅:以 Pb 计,不超过 40μg/g。

测试溶液　称取酸性黏土 1.0g,加稀盐酸(1→25)20mL 和水 50mL,充分振摇,微沸 30min。冷却后过滤。多次用水冲洗残留物,合并洗液和滤液,再加水定容至 100mL,作为溶液 A。取 25mL 溶液 A,水浴蒸干,用稀盐酸(1→10)溶解残留物并定容至 20mL。

参比溶液　取铅标准溶液 1.0mL,加稀盐酸(1→10)配至 20mL。

程序　按照“铅限量试验”的第 1 法规定进行。

④砷:以 As_2O_3 计,不超过 4.0μg/g。

测试溶液　取 50mL 纯度③制备的溶液 A,水浴蒸发至 5mL。

程序　使用装置 B。

(6)灼热残留物　不超过 35.0%(110℃,3h,然后 550℃,3h)。

10. 活性炭

(1)英文名称　Activedc carbon;Active carbon。

(2)性状　黑色粉末、颗粒或纤维状物质。无臭,无味。

(3) **鉴别**

如果是粉末状可直接使用;如果是颗粒或纤维状物质,试验前应先碾碎。

①称取活性炭约0.1g,加稀亚甲蓝试液10mL和稀盐酸(1→4)2滴,充分振摇后,用干燥定量分析滤纸(5号C)过滤,滤液应无色。

②称取活性炭约0.5g于试管中,一边向试管口吹气,一边直接加热,其燃烧而不产生火焰。将产生的气体通入氢氧化钙试液中,会产生白色浑浊。

(4) **纯度**

如果是粉末状可直接使用;如果是颗粒或纤维状物质,试验前要充分碾碎。称取预先经110℃～120℃干燥3h的活性炭4.0g,加入已含0.1mL稀硝酸(1→100)的水180mL,加热保持微沸约10min。冷却后,加水配至200mL。用干燥的定量分析滤纸(5号C)过滤,弃去最初滤液约30mL,随后的滤液(溶液A)用于试验1至5。

①氯化物:以Cl计,不超过0.53%。

测试溶液　1.0mL溶液A。

参比溶液　0.01mol/L盐酸0.30mL。

②硫酸盐:以SO_4^{2-}计不超过0.48%。

测试溶液　2.5mL溶液A。

参比溶液　0.005mol/L硫酸0.5mL。

③锌:以Zn计,不超过0.1%。

测试溶液　取2.0mL溶液A,加入已含有稀硝酸(1→100)0.1mL的水200mL。

参比溶液　吸取锌标准溶液4mL,加入已含有稀硝酸(1→100)0.1mL的水200mL。

程序　按以下条件,采用"原子吸收光谱法"对测试溶液液和参比溶液进行分析,测试溶液不能超过参比溶液的吸光度。

操作条件

光源:锌空心阴极灯。

波长:213.9nm。

助燃气:空气。

燃气:乙炔或氢气。

④铅:以Pb计,不超过10μg/g。

测试溶液　取50mL溶液A,水浴蒸干,加稀硝酸(1→150)10mL溶解残留物。

参比溶液　取铅标准液1.0mL,加稀硝酸(1→150)2mL,加水至10mL。

程序　按照"铅限量试验"的第1法对测试溶液和参比溶液进行分析,测试溶液不能超过参比溶液的吸光度。

⑤砷:以As_2O_3计,不超过4μg/g(第2法,装置B)。

取25mL溶液A,水浴蒸干。残留物作为测试样品。

11. 5′-腺苷酸

(1) **其他名称**　5′-腺嘌呤核苷酸;腺苷-5′-单磷酸;5′-Adenylic acid;Adenosine 5′-monophosphoric acid。

(2) **编码**　CAS 61-19-8。

(3)分子式、相对分子质量与结构式 $C_{10}H_{14}N_5O_7P$;347.22;

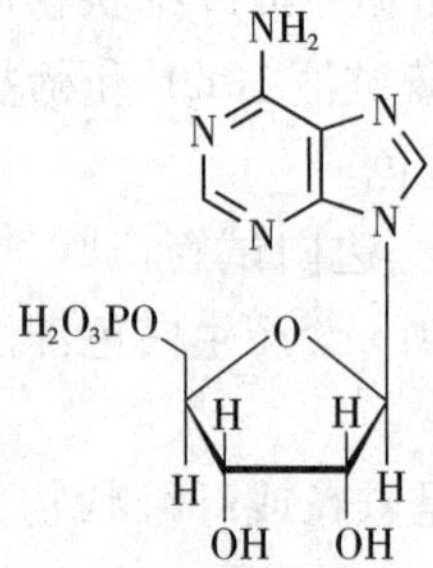

(4)定义 通过酶解从产朊假丝酵母(*Candida utilis*)水提取核酸并分离获得。主要成分为5′-腺苷酸。

(5)含量 以干燥品计,本品5′-腺苷酸($C_{10}H_{14}N_5O_7P$)含量大于98.0%~102.0%。

(6)性状 无色或白色的结晶或白色晶体粉末。

(7)鉴别

①取5′-腺苷酸0.010g,将1000mL稀盐酸(1→1000)溶解。溶液在255nm~259nm波长吸收最大。

②取5′-腺苷酸0.25g,加氢氧化钠试液1mL溶解,加水5mL。在向该溶液中加入氧化镁试液2mL。无沉淀产生。加硝酸7mL,煮沸10min。对"定性试验"中磷酸盐试验(2)产生相应反应。

(8)纯度

①溶液的澄清度和颜色:无色,几乎澄清。

测试溶液 取5′-腺苷酸0.5g,用2mL氢氧化钠试液溶解,加水至10mL。

②重金属:以Pb计,不超过10μg/g。

测试溶液 取5′-腺苷酸2.0g,加入氢氧化钠试液8mL和水30mL溶解,用稀乙酸(1→20)或氨试液中和,再加入稀乙酸(1→20)2mL,加水至50mL。

参比溶液 取2.0mL铅标准溶液,加入稀乙酸(1→20)2mL,加水至50mL。

③砷:以As_2O_3计,不超过4μg/g。

测试溶液 取5′-腺苷酸0.5g,用稀盐酸(1→4)5mL溶解。

④吸光度比值:称取5′-腺苷酸0.010g,用1000mL稀盐酸(1→1000)溶解,溶液在250nm、260nm和280nm的吸光度分别以A_1、A_2和A_3表示,A_1/A_2为0.82~0.88,A_3/A_2为0.19~0.23。

⑤其他核酸降解物

测试溶液 称取5′-腺苷酸0.1g,加入氢氧化钠试液0.5mL,加水至20mL。

程序 取测试溶液1μL进行薄层色谱分析。将正丙醇、氨试液和丙酮的混合液(6:5:2)作为展开剂。不使用参比溶液。采用覆盖荧光硅胶的薄层板作为载体,预先经110℃干燥1h。当展开剂的最前端上升到距离点样点原线约10cm时,停止展开,风干薄层板。暗室中用紫外光(大约250nm)下检测薄层,仅观察到1个点。

(9)干燥失量 不超过6.0%(120℃,4h)。

(10)含量测定 准确称取5′-腺苷酸0.2g,用1mL氢氧化钠试液溶解,加水定容至200mL。准确吸取该溶液2mL,用稀盐酸(1→1000)定容至200mL。在257nm测定该溶液的吸光度，按式(9-2)计算5′-腺苷酸($C_{10}H_{14}N_5O_7P$)含量(X)。

$$X=\frac{0.2\times 2.315\times A}{m}\times 100\% \tag{9-2}$$

式中：

m——干燥的样品量，以g为单位。

12. 己二酸

(1)其他名称　肥酸；1,6-己二酸；Adipic acid；Hexanedioic acid。

(2)编码　CAS 124-04-9；INS 355；FEMA 2011。

(3)分子式、相对分子质量与结构式　$C_6H_{10}O_4$；146.14；

HOOC-CH2CH2CH2CH2-COOH

(4)含量　本品中己二酸($C_6H_{10}O_4$)含量大于99.6%～101.0%。

(5)性状　白色结晶或晶体粉末。无臭，有酸味。

(6)鉴别

①取己二酸溶液(1→20)5mL，加氨试液调节至pH 7，加入2滴～3滴三氯化铁溶液(1→10)。形成褐色沉淀。

②取己二酸0.05g于试管中，加间苯二酚0.05g和硫酸1mL，振摇。130℃加热10min。边冷却边缓慢滴加氢氧化钠溶液(3→10)使其呈碱性。加水至10mL。溶液呈紫红色。

(7)纯度

①熔点：151℃～154℃。

②重金属：以Pb计，不超过10μg/g。

测试溶液　称取己二酸2.0g，加入盐酸2mL和硝酸0.4mL。水浴蒸干，向残留物中加入稀盐酸(1→4)1mL和水15mL，加热溶解。冷却，加1滴酚酞试液，再缓慢滴加氨试液至溶液呈现淡粉红色。加入稀乙酸(1→20)2mL，必要时过滤，加水至50mL。

参比溶液　取铅标准溶液2.0mL，加入稀乙酸(1→20)2mL，加水至50mL。

③砷：以As_2O_3计，不超过4.0μg/g(0.50g，第3法，装置B)。

(8)水分含量　不超过0.20%(1g，直接滴定)

(9)含量测定　准确称取己二酸1.5g，用新鲜煮沸并冷却的水75mL溶解，用0.5mol/L氢氧化钠滴定(指示剂：2滴酚酞试液)。

0.5mol/L氢氧化钠1mL=36.54mg $C_6H_{10}O_4$

13. DL-丙氨酸

(1)其他名称　DL-2-氨基丙酸；DL-α-丝析氨酸；DL-alanine；(2*RS*)-2-aminopropanoic acid；DL-alpha-aminopropionic acid。

(2)编码　CAS 302-72-7；FEMA 3818。

(3)分子式、相对分子质量与结构式　$C_3H_7NO_2$；89.09；

H_3C, COOH, H, NH_2　　H_3C, COOH, H, NH_2

(4)含量 以干燥品计,本品DL－丙氨酸($C_3H_7NO_2$)含量为98.5%～102.0%。

(5)性状 无色至白色晶体粉末,有甜味。

(6)鉴别

采用“红外吸收光谱吸收法”的溴化钾压片法规定的操作测定DL－丙氨酸的红外吸收光谱,与参比光图谱(图9－3)比较,两个谱图在相同的波数几乎有同样的吸收强度。

(7)纯度

①溶液的颜色和澄清度:无色、透明(1.0g,水10mL)。

②pH:5.5～7.0(2.0g,水20mL)。

③氯化物:以Cl计,不超过0.021%(0.50g,参比溶液为0.01mol/L盐酸0.3mL)。

④重金属:以Pb计,不超过20μg/g(1.0g,第1法,参比溶液为铅标准溶液2.0mL)。

⑤砷:以As_2O_3计,不超过4.0μg/g(0.50g,第1法,装置B)。

(8)干燥失量 不超过0.30%(105℃,3h)。

(9)灼热残留物 不超过0.20%。

(10)含量测定 准确称取DL－丙氨酸约0.2g,加甲酸3mL溶解,加乙酸50mL,用0.1mol/L高氯酸滴定。终点判定通常采用电位差计。当采用结晶紫－乙酸试液作为指示剂(1mL),溶液颜色由紫色经蓝色变为绿色为终点。以同样方式进行空白试验,进行必要校正,以干燥品计算。

0.1mol/L高氯酸1mL＝8.909mg $C_3H_7NO_2$

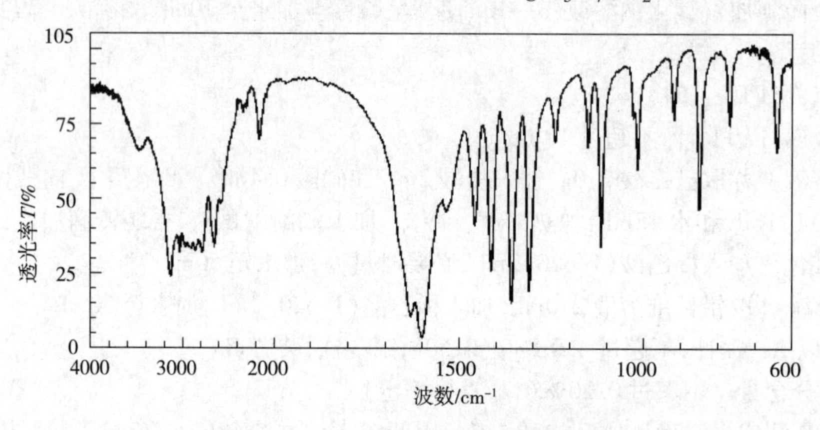

图9－3 DL－丙氨酸红外吸收光谱图

14. L－丙氨酸

(1)其他名称 L－氨基丙酸;L－alanine;(2S)－2－aminopropanoic acid。

(2)编码 CAS 56－41－7;FEMA 3818。

(3)分子式、相对分子质量与结构式 $C_3H_7NO_2$;89.09;

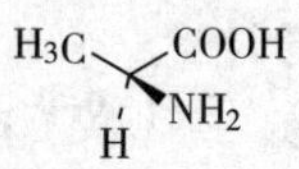

(4)含量 以干燥品计,本品L－丙氨酸($C_3H_7NO_2$)含量为98.0%～102.0%。

(5)性状 无色至白色结晶或晶体粉末。无臭,有甜味。

(6)鉴别

①取 L－丙氨酸的水溶液(1→1000)5mL,加茚三酮溶液(1→50)1mL,水浴加热 3min。溶液显紫蓝色。

②取 L－丙氨酸 0.2g,加稀硫酸(1→20)10mL 溶解,加高锰酸钾 0.1g,加热煮沸。产生乙醛的气味。

(7)纯度

①旋光度$[\alpha]_D^{20}$: +13.5°～+15.5°。

准确称取 L－丙氨酸 10g,加 6mol/L 盐酸溶解并定容至 100mL。测量该溶液的角旋转,以干燥品计算。

②溶液颜色和澄清度:无色、透明(1.0g,水 10mL)。

③pH:5.7～6.7(1.0g,水 20mL)。

④氯化物:以 Cl 计,不超过 0.10%(0.07g,参比溶液为 0.01mol/L 盐酸 0.2mL)。

⑤重金属:以 Pb 计,不超过 20μg/g(1.0g,第 1 法,参比溶液为铅标准溶液 2.0mL)。

⑥砷:以 As_2O_3 计,不超过于 4.0μg/g(0.50g,第 1 法,装置 B)。

(8)干燥失量　不超过 0.30%(105℃,3h)。

(9)灼热残留物　不超过 0.20%。

(10)含量测定　准确称取 L－丙氨酸约 0.2g,按照"L－天冬酰胺"含量测定规定进行。

0.1mol/L 高氯酸 1mL＝8.909mg $C_3H_7NO_2$

15. L－丙氨酸溶液

(1)英文名称　L－alanine solution。

(2)含量　L－丙氨酸溶液的 L－丙氨酸($C_3H_7NO_2$＝89.09)含量低于 15%,为标称含量的 95.0%～110.0%。

(3)性状　无色液体。无臭或有轻微特殊气味,有甜味。

(4)鉴别

①取 L－丙氨酸溶液(1→200)5mL,加茚三酮溶液(1→50)1mL,水浴加热 3min。溶液显紫蓝色。

②取 L－丙氨酸溶液 5g,加稀盐酸(1→2)50mL,混匀。呈右旋特性。

(5)纯度

①重金属:以 L－丙氨酸的 Pb 计,不超过 20μg/g 。

测试溶液　称取相当于 1.0g L－丙氨酸($C_3H_7NO_2$)的 L－丙氨酸溶液,加入大约水 40mL,再加入稀乙酸(1→20)2mL,加水至 50mL。

参比溶液　取铅标准溶液 2.0mL,加入稀乙酸(1→20)2mL,加水至 50mL。

②砷:以 L－丙氨酸($C_3H_7NO_2$)的 As_2O_3 计,不超过于 4.0μg/g。

测试溶液　取相当于 L－丙氨酸($C_3H_7NO_2$)0.5g 的 L－丙氨酸溶液,用 5mL 水溶解,必要时加热。

装置　装置 B。

(6)灼热残留物　以 L－丙氨酸($C_3H_7NO_2$)计,不超过 0.20%。

(7)含量测定　准确称取相当于 L－丙氨酸($C_3H_7NO_2$)0.2g 的 L－丙氨酸溶液,按照

"L－天冬酰胺"含量测定规定进行。

$$0.1mol/L 高氯酸 1mL = 8.909mg\ C_3H_7NO_2$$

16. 海藻酸

(1)其他名称 褐藻酸;藻朊酸;Alginic acid;Kelacid;Norgine;Algin。

(2)编码 CAS 9005－32－7。

(3)含量 本品干燥后,海藻酸含量为91.0%～104.5%。

(4)性状 白色至浅黄色纤维状、颗粒状和粉末状固体。有轻微特殊气味和味道。

(5)鉴别

取海藻酸0.25g,用氢氧化钠试液50mL溶解,作为测试溶液。取测试溶液10mL,加入氯化钙溶液(2.5→100)2mL。形成凝胶状沉淀。另取测试溶液10mL,加入硫酸铵饱和溶液5mL,不形成沉淀。

(6)纯度

①旋光度 $[\alpha]_D^{20}$:－80°～－180°(0.5g,氢氧化钠试液100mL,以干燥品计)。

②pH:2.0～3.4(3%悬浮液)。

③硫酸盐:以SO_4^{2-}计,不超过0.96%。

测试溶液 准确称取海藻酸0.1g于烧瓶中,用氢氧化钠试液20mL溶解,加稀盐酸(1→4)中和。再加盐酸1mL,充分混匀,水浴加热数分钟,冷却,过滤。每次用水10mL清洗烧瓶共3次,清洗液一并过滤。合并滤液,加水至50mL。取该溶液10mL,加水至50mL。

参比溶液 取0.005mol/L硫酸0.40mL,加稀盐酸(1→4)1mL,用水配至50mL。

④磷酸盐:准确称取海藻酸0.1g于烧瓶中,用氢氧化钠试液20mL溶解,用稀盐酸(1→4)中和。振摇均匀,冷却,加入稀硝酸(1→4)5mL和钼酸铵试液20mL,加热。不产生黄色沉淀。

⑤重金属:以Pb计,不超过40μg/g(0.50g,第2法,参比溶液为铅标准溶液2.0mL)。

⑥铅:以Pb计,不超过10μg/g(1.0g,第1法)。

⑦砷:以As_2O_3计,不超过4.0μg/g(0.50g,第3法,装置B)。

(7)干燥失量 不超过15.0%(105℃,4h)。

(8)灼热残留物 不超过10.0%(以干燥品计)。

(9)微生物限量 按照"微生物限量试验"规定进行。菌落总数不超过5000/g,大肠杆菌不得检出。

(10)含量测定

装置 试验装置如图9－4所示,连接处应使用35/25球形磨砂玻璃接头。

程序 准确称取经预先干燥海藻酸0.25g,转移至反应烧瓶D中,加入稀盐酸(1→120)25mL和几粒沸石。连接烧瓶D与冷凝管F。用少许磷酸润湿球形磨砂玻璃接头。通过三向阀门M向装置通气加压,使阀门B中的水银升高约5cm,关闭三向阀门。观察几分钟,确认水银的顶端不会再次下降。以3L/h～6L/h的速率向装置中输送去除了CO_2的空气,使用电加热包E温和加热2min,然后冷却15min。在滴管G中加入盐酸23mL。部分断开吸收管J的顶端,迅速准确加入0.25mol/L氢氧化钠溶液25mL和正丁醇5滴。重新连接吸收管J。以2L/h的速率向装置中输送去除了CO_2的空气。通过滴管G向反应烧瓶D中加入盐酸。打开电加热包E,使反应烧瓶D中的样品沸腾3h。然后停止加热和输气,利用三向阀门M的

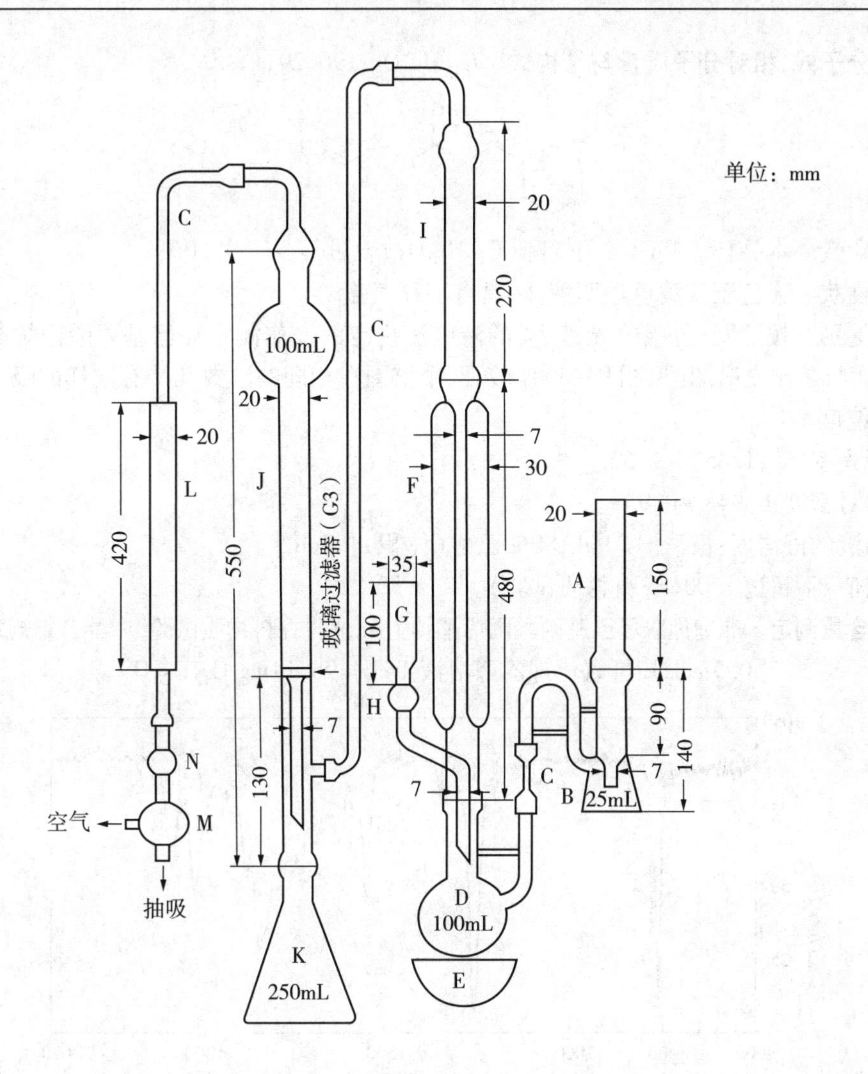

说明：

A——碱石灰管；B——水银泡；C——橡胶连接管；D——反应烧瓶；E——电加热包；F——冷凝管；G——滴管；H——活塞；I——弯管（装填粒径不超过 860μm 的锌粉 25g）；J——吸收管；K——锥形瓶；L——碱石灰管；M——三向阀门；N——流速控制阀。

图 9－4 海藻酸含量测定装置

空气压力将吸收管 J 中的 0.25mol/L 氢氧化钠溶液缓慢转移至锥形瓶 K 中。利用压缩空气分 3 次、每次用水 15mL 冲洗吸收管 J 中的残留物，将洗液转移至烧瓶 K 中。从装置中取下烧瓶 K，加入氯化钡溶液（1→10）10mL，塞上塞子，轻轻摇晃 2min。加入 2 滴酚酞试液。用 0.1mol/L 盐酸滴定。用相同方法做空白试验。

0.1mol/L 盐酸 1mL＝25.00mg 海藻酸

17. 环己基丙酸丙烯酯

（1）其他名称 环己基丙酸－2－丙烯酯；菠萝酯；3－环己基丙酸烯丙酯；A1lyl cyclobexylpropionate；Allyl 3－cyclohexylpropionate。

（2）编码 CAS 2705－87－5；FEMA 2026。

(3)分子式、相对分子质量与结构式 $C_{12}H_{20}O_2$;196.29;

(4)含量 本品环己基丙酸丙烯酯($C_{12}H_{20}O_2$)含量不少于98.0%。

(5)性状 无色至淡黄色透明液体,具有特殊气味。

(6)鉴别 按照“红外吸收光谱法”的液膜法规定的操作测定环己基丙酸丙烯酯的红外吸收光谱,与参比光谱图(见图9-5)比较,两个谱图在相同的波数几乎有同样的吸收强度。

(7)纯度

①折光率n_D^{20}:1.457~1.62。

②相对密度:0.948~0.953。

③溶液的澄清度:澄清[1.0mL,80%乙醇(体积)4.0mL]。

④酸值:不超过1.00(香料物质试验)。

(8)含量测定 准确称取环己基丙酸丙烯酯约1.5g,按“香料物质试验”中酯含量规定进行。

0.5mol/L氢氧化钾乙醇溶液1mL=98.14mg $C_{12}H_{20}O_2$

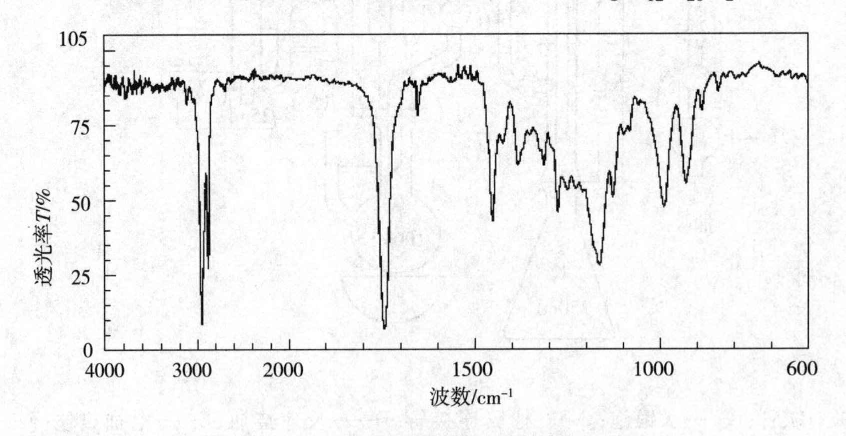

图9-5 环己基丙酸丙烯酯红外吸收光谱图

18. 己酸丙烯酯

(1)其他名称 己酸烯丙酯;Allyl hexanoate;Prop-2-en-1-yl hexanoate。

(2)编码 CAS 123-68-2;FEMA 2032。

(3)分子式、相对分子质量与结构式 $C_9H_{16}O_2$;156.22;

(4)含量 本品己酸丙烯酯($C_9H_{16}O_2$)含量不少于98.0%。

(5)性状 无色至淡黄色透明液体,有菠萝香气。

(6)鉴别 用“红外吸收光谱法”的液膜法规定的操作测定己酸丙烯酯的红外吸收光谱,与参比光谱图(见图9-6)比较,两个谱图在相同的波数几乎有同样的吸收强度。

(7)纯度

①折光率 n_D^{20}:1.422～1.426。

②相对密度:0.887～0.893。

③溶液的澄清度:澄清[1.0mL,70%乙醇(体积分数)7.0mL]。

④酸值:不超过1.0(香料物质试验)。

(8)含量　准确称取己酸丙烯酯约1g,按照“香料物质试验法”中酯含量规定进行。

0.5mol/L 氢氧化钾乙醇溶液 1mL = 78.11mg $C_9H_{16}O_2$

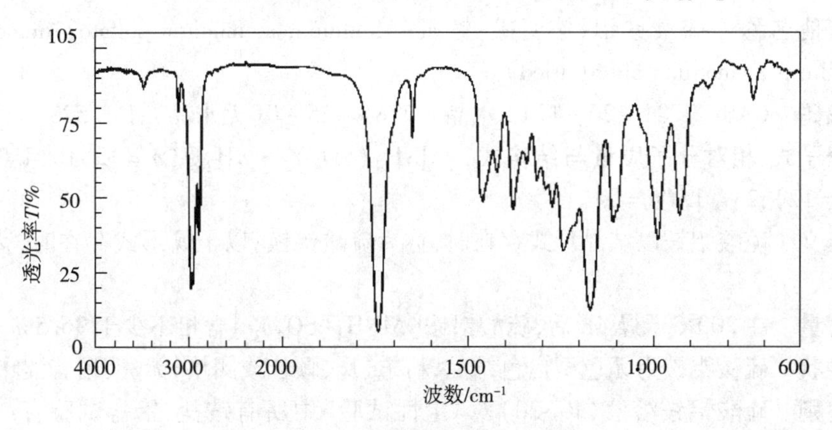

图9-6　己酸丙烯酯红外吸收光谱图

19. 异硫氰酸烯丙酯

(1)其他名称　3-异硫氰基-1-丙烯;烯丙基异硫氰酸酯;挥发性芥子油;A11yl lsothiocyanate;Volatile oil of mustard;Allyl isothiocyanate。

(2)编码　CAS 57-06-7。

(3)分子式、相对分子质量与结构式　C_4H_5NS;99.16;

$H_2C{=}CH{-}CH_2{-}NCS$

(4)含量　本品异硫氰酸烯丙酯(C_4H_5NS)含量不少于97.0%。

(5)性状　无色至淡黄色透明液体。有强烈、刺激性芥末样气味。

(6)鉴别

①取异硫氰酸烯丙酯3mL,在冷却状态下温和加入硫酸4mL,振摇。应产生气体。溶液为透明黄色,逐渐变粘。强烈、刺激性芥末样气味消失。

②取异硫氰酸烯丙酯2mL,加乙醇3mL和氨试液4mL,加热至约50℃,静置。溶液首先为透明,但在约3h内有结晶析出。

(7)纯度

①折光率 n_D^{20}:1.528～1.531 。

②相对密度:1.018～1.023。

③酚类和硫氰酸化合物:取异硫氰酸烯丙酯1.0mL,加乙醇5mL溶解,加三氯化铁溶液(1→10)1滴。无红色或蓝色出现。

(8)含量测定鉴别　准确称取异硫氰酸烯丙酯约3g,加乙醇溶解定容至100mL。准确取此溶液5mL，加入氨试剂5mL，准确加入0.1mol/L硝酸银50mL。装上冷凝管，水浴加热回流1h。冷却，加水配至100mL，用干燥滤纸过滤。舍去初期滤液约10mL，准确量取后面的滤液50mL，加硝酸5mL和硫酸铁铵试液2mL。用0.1mol/L硫氰酸铵滴定过量硝酸银。以同样方式进行空白试验。

$$0.1mol/L\ 硝酸银\ 1mL = 4.958mg\ C_4H_5NS$$

20. 硫酸铝铵

(1)其他名称 硫酸铵铝；铵明矾；铵矾；Aluminum ammonium sulfate；Ammonium alum (crystal)；Burnt ammonium alum(dried)。

(2)编码 CAS 7784-26-1(12水品)，7784-25-0(无水品)；INS 523。

(3)分子式、相对分子质量与结构式 $AlNH_4(SO_4)_2 \cdot nH_2O$($n$=12,10,4,3,2或0)；453.33($n$=12)，237.15($n$=0)。

(4)定义 硫酸铝铵以结晶形式存在时，称为硫酸铝铵；以干燥形式存在时，称为硫酸铝铵(干燥)。

(5)含量 在200℃干燥4h后，硫酸铝铵[$AlNH_4(SO_4)_2$]含量不少于96.5%。

(6)性状 硫酸铝铵为无色至白色结晶、粉末、片、颗粒或团块，无臭，稍有涩味。

(7)鉴别 硫酸铝铵溶液(1→20)对"定性试验"中所有铵盐、铝盐试验有产生相应反应；对"定性试验"中的硫酸盐(1)和(3)试验也产生相应反应。

(8)纯度

①溶液澄清度、颜色和水不溶物：

结晶品：溶液的澄清度和颜色为无色、几乎澄清(1.0g，水10mL)。

干燥品：水不溶物不超过2.0%。

取硫酸铝铵2g，加80℃的水200mL，边搅拌边水浴加热10min。冷却，用玻璃滤器(IG4)过滤，玻璃滤器应预先经105℃干燥30min并冷却、称量。用100mL水洗涤残留物，将残留物与玻璃滤器置105℃干燥2h，称量，得到水不溶物质量。

②重金属：以Pb计，不超过40μg/g(0.50g预先经200℃干燥4h的粉末，第1法，参比溶液为铅标准溶液2.0mL)。

③铁：以Fe计，不超过0.019%(0.052g预先经200℃干燥4h的粉末，第1法，参比溶液为铁标准溶液1.0mL)。

④砷：以As_2O_3计，不超过4.0μg/g(0.5g预先经200℃干燥4h的粉末，第1法，装置B)。

(9)含量测定 准确称取预先经200℃干燥4h的硫酸铝铵(粉末)0.8g，加水100mL，边振摇边水浴加热溶解，过滤。用水洗涤残留物，合并滤液和洗液，加水定容至200mL。准确取此溶液25mL，按照"硫酸铝钾"含量测定规定进行。

$$0.01mol/L\ EDTA\ 1mL = 2.371mg\ AlNH_4(SO_4)_2$$

21. 硫酸铝钾

(1)其他名称 钾铝矾；无水白矾；Aluminum potassium sulfate；Potassium aluminum sulfate：Alum 或 Potassium alum(crystal)；Burnt alum(dried)。

(2)编码 CAS 7784-24-9(12水品)，10043-67-1(无水品)；INS 522。

(3)分子式、相对分子质量与结构式　$AlK(SO_4)_2 \cdot nH_2O$(n=12,10,6,3,2或0);474.39(n=12),258.21(n=0)

(4)定义　硫酸铝钾以结晶形式存在时称为硫酸铝钾,以干燥形式存在时称为硫酸铝钾(干燥)。

(5)含量　本品在200℃干燥4h后,硫酸铝钾[$AlK(SO_4)_2$]含量不少于96.5%。

(6)性状　无色至白色结晶、粉末、鳞片、颗粒或团块。无臭,有涩味。

(7)鉴别　硫酸铝钾溶液(1→20)对"定性试验"中所有铝盐试验、钾盐试验(1)、硫酸盐试验(1)和(3)均有相应反应。

(8)纯度

①溶液澄清度或水不溶物

结晶品:溶液的澄清度和颜色　无色,几乎澄清。按照"20. 硫酸铝铵"纯度①规定进行。

干燥品:水不溶物不超过2.0%。按照"20. 硫酸铝铵"纯度①规定进行。

②重金属:以Pb计,不超过40μg/g(0.50g预先经200℃干燥4h的粉末,第1法,参比溶液为铅标准溶液2.0mL)。

③铁:以Fe计,不超过0.019%(0.054g预先经200℃干燥4h的粉末,第1法,参比溶液为铁标准溶液1.0mL)。

④砷:以As_2O_3计,不超过4.0μg/g(0.5g预先经200℃干燥4h的粉末,第1法,装置B)。

(9)含量测定　准确称取预先经200℃干燥4h的硫酸铝钾(粉末)0.8g,加水100mL,边振摇边在水浴加热溶解,过滤。用水彻底洗涤残留物,合并滤液和洗液,加水定容至200mL。准确取此溶液25mL,准确加0.01mol/L EDTA 50mL,加热至沸腾。冷却后,加乙酸钠溶液(2→15)7mL和无水乙醇85mL,用0.01mol/L乙酸锌滴定过量EDTA(指示剂:二甲酚橙试液3滴)。溶液由橙色变为红色为滴定终点。

$$0.01mol/L\ EDTA\ 1mL = 2.582mg\ AlK(SO_4)_2$$

22. 氨

(1)其他名称　液氨;氨水;Ammonia。

(2)编码　CAS 7664-41-7。

(3)分子式、相对分子质量　NH_3;17.03。

(4)性状　有特殊气味的无色气体。

(5)鉴别

①将蘸盐酸的玻璃棒接近氨时,产生白色烟雾。

②氨可以使水湿润的红色石蕊试纸变蓝。

(6)纯度　将氨饱和于20℃水中作为测试溶液,进行以下试验。

①硫酸盐　取测试溶液5mL,加硝酸银氨试液5mL。边避光充分振摇边在60℃加热5min。溶液应不显褐色。

②易氧化物　取测试溶液3.0mL,加入水7mL。再逐渐加入稀硫酸(1→20)30mL,振摇,加0.02mol/L高锰酸钾溶液0.1mL。溶液粉红色不应消失。

23. 海藻酸铵

(1)其他名称　藻酸铵;Ammonium alginate。

(2)**编码** CAS 9005－34－9;INS 403。

(3)**含量** 本品干燥后,海藻酸铵含量为88.7%～103.6%。

(5)**性状** 为白色至淡黄褐色呈丝状、颗粒状或粉末状。

(6)**鉴别**

①按以下制备测试溶液:取海藻酸铵0.5g,边搅拌边加水50mL,60℃～70℃加热混合物20min,不定期振摇,以使其混合均匀,冷却。

(a)取测试溶液5mL,加氯化钙溶液(3→40)1mL。迅速产生颗粒状沉淀。

(b)取测试溶液1mL,加入饱和硫酸铵溶液1mL。不产生沉淀。

②海藻酸铵对"定性试验"中铵盐试验产生相应反应。

(7)**纯度**

①水不溶物:不超过2.0%(干燥品)。

准确称取海藻酸铵2.0g于2000mL的三角烧瓶中,加入水800mL,加氢氧化钠试液中和后,再加氢氧化钠试液3mL。加入过氧化氢40mL,盖上瓶,频繁搅拌煮沸1h。趁热用配有玻璃纤维滤纸的玻璃过滤器抽滤,玻璃过滤器和玻璃纤维滤纸应预先在105℃干燥1h,干燥器中冷却并准确称量。如果溶液黏度过高致抽滤不畅,可重新煮沸使其黏度降低易于过滤。用热水彻底洗涤玻璃过滤器和玻璃纤维滤纸,在105℃干燥1h,冷却,准确称量。计算干燥品质量的百分比。

②铅:以Pb计,不超过5.0μg/g(2.0g,第1法)。

③砷:以As_2O_3计,不超过4.0μg/g(0.5g,第3法,装置B)。

(8)**干燥失量** 不超过15.0%(105℃,4h)。

(9)**灼热残留物** 不超过7.0%(3g,800℃,15min,以干燥品计)。

(10)**微生物限量** 按照"微生物限量试验"规定进行。菌落总数不得超过5000/g,真菌(酵母菌和霉菌)计数不超过500/g。大肠杆菌阴性。

大肠菌群试验:取海藻酸铵1g,加入乳糖肉汤培养基或BGLB培养基至100mL。根据样品特性,可以使用比规定液体培养基体积大的量来分散样品。必要时,调整至pH 6～8,在30℃～35℃培养24h～72h。观察培养基的生长情况,当有生长出现,可轻微振摇培养瓶。用铂金环挑取菌液在麦康凯琼脂培养基表面划线,30℃～35℃培养18h～24h。如果没有观察到粉红到红色革兰氏阴性杆菌菌落及外围微红色沉淀带,样品为大肠菌群阴性。

如果发现菌落符合以上描述,分别将每个菌落转移接种到EMB琼脂培养基表面,30℃～35℃培养18h～24h。如果没有观察到有金属光泽或深紫红色的典型菌落,样品为大肠菌群阴性。

如果发现有金属光泽或深紫红色的典型菌落,转移接种到装有乳糖肉汤培养基的发酵瓶内,30℃～35℃培养18h～48h。如有气体产生,可推断瓶内菌落属于革兰氏阴性、非产芽孢厌氧杆菌。也可以使用大肠杆菌快速检测试剂盒。

培养基的效能和抗菌物质存在与否的确认:从NBRC 3972,ATCC 8739,NCIMB 8545或其各自相对应菌株中选择出合适的大肠杆菌菌株。使用乳糖肉汤培养基、大豆消化酪素液体培养基或大豆消化酪素琼脂培养基,30℃～35℃培养18h～24h。用氯化钠蛋白胨缓冲液、磷酸缓冲液或乳糖肉汤琼脂培养基稀释培养物,制备成每毫升含有1000个活菌的悬液。将该悬液0.1mL与待试验的培养基混合,检测培养基的效能和确定样品是否存在或缺乏抗菌物质。

(11)含量测定 按照“海藻酸”含量测定规定进行。

0.25mol/L 氢氧化钠 1mL = 27.12mg 海藻酸铵

24. 碳酸氢铵

(1)其他名称 酸式碳酸铵；重碳酸铵；Ammonium bicarbonate；Ammonium hydrogen carbonate。

(2)编码 CAS 1066－33－7；INS 503(ii)。

(3)分子式、相对分子质量 NH_4HCO_3；79.06。

(4)含量 本品含氨(NH_3 = 17.03)20.0%～30.0%。

(5)性状 白色或半透明、有氨味的结晶、晶体粉末或团块。

(6)鉴别 碳酸氢铵对“定性试验”中所有铵盐试验和碳酸氢根试验产生相应反应。

(7)纯度

①溶液澄清度：几乎澄清。按照“碳酸铵”纯度①规定进行。

②氯：以 Cl 计，不超过 0.004%。按照“碳酸铵”纯度②规定进行。

③重金属：以 Pb 计，不超过 10μg/g。按照“25. 碳酸铵”纯度③规定进行。

④砷：以 As_2O_3 计，不超过 4.0μg/g。按照“25. 碳酸铵”纯度④规定进行。

(8)灼热残留物 不超过 0.01%(10g)。

(9)含量测定 按照“25. 碳酸铵”含量测定的规定进行。

0.1mol/L HCl 1mL = 1.703mg NH_3

25. 碳酸铵

(1)其他名称 碳铵；Ammonium carbonate。

(2)编码 CAS 506－87－6；INS 503(i)。

(3)分子式、相对分子质量和结构式 $(NH_4)_2CO_3$；96.09；

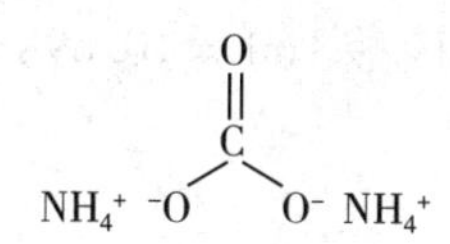

(4)含量 碳酸铵的氨(NH_3 = 17.03)含量不少于 30.0%。

(5)性状 白色或半透明，有氨味的结晶、晶体粉末或团块。

(6)鉴别 碳酸铵对“定性试验”中铵盐试验和碳酸盐试验(1)产生相应反应。向碳酸铵溶液(1→20)中加入硫酸镁，加热。产生沉淀。

(7)纯度

①溶液澄清度：几乎澄清(2.0g，水 20mL)。

②氯：以 Cl 计，不超过 0.004%(2.0g，参比溶液为 0.01mol/L 盐酸 0.2mL)。

③重金属：以 Pb 计，不超过 10μg/g。

测试溶液 准确称取碳酸铵 2.0g，在水浴上升华，向残留物加入稀乙酸(1→20)1mL，水浴蒸干。用稀乙酸(1→20)2mL 溶解残留物，加水至 50mL。

参比溶液 取铅标准溶液 2mL，加入稀乙酸(1→20)2mL，加水至 50mL。

④砷：以 As_2O_3 计，不超过 4.0μg/g(0.50g，第 1 法，装置 B)。

(8)灼热残留物 不超过 0.01%(10g)。

(9)含量测定 准确称取装有约 30mL 水的具塞磨口烧瓶，加入碳酸铵约 2.5g，准确称取带样品的烧瓶重量。转移至 250mL 容量瓶，加水定容至 250mL。准确量取此溶液 25mL，缓慢加入 0.1mol/L 盐酸 50mL。用 0.1mol/L 氢氧化钠滴定过量盐酸(指示剂：4 滴～5 滴溴酚蓝试液)。

0.1mol/L 盐酸 1mL = 1.703mg NH_3

26. 氯化铵

(1)其他名称 盐硇；Ammonium chloride；Amchlor；Ammonium chloratum。

(2)编码 CAS 12125-02-9；INS 510。

(3)分子式、相对分子质量 NH_4Cl；53.94。

(4)含量 本品干燥后，氯化铵(NH_4Cl)含量不少于 99.0%。

(5)性状 白色结晶粉末或晶体团块，有咸味和清凉味。

(6)鉴别 氯化铵对“定性试验”中所有铵盐和氯化物试验均产生相应反应。

(7)纯度

①溶液澄清度：几乎澄清(2.0g，水 20mL)。

②重金属：以 Pb 计，不超过 20μg/g(1.0g，第 1 法，参比溶液：铅标准溶液 2.0mL)。

③砷：以 As_2O_3 计，不超过 4.0μg/g(0.5g，第 1 法，装置 B)。

(8)干燥失量 不超过 2.0%(4h)。

(9)灼热残留物 不超过 0.5%。

(10)含量测定 准确称取经预先干燥的氯化铵约 3g，加水溶解并定容至 250mL。准确量取此液 25mL 于烧瓶中，加入氢氧化钠溶液(2→5)10mL。立即将烧瓶安装到联接吸收器的蒸馏装置上。吸收器内已预先盛有准确量取的 0.1mol/L 硫酸 40mL。加热蒸馏出氨进入吸收液硫酸。再用 0.2mol/L 氢氧化钠滴定过量硫酸(指示剂：3 滴甲基红试液)。

0.1mol/L 硫酸 1mL = 10.698mg NH_4Cl

27. 磷酸二氢铵

(1)其他名称 磷酸一铵；Ammonium dihydrogen phosphate；Ammonium phosphate；Monobasic primary ammonium phosphate；MAP。

(2)编码 CAS 7722-76-1；INS 342(i)。

(3)分子式、相对分子质量 $NH_4H_2PO_4$；115.03。

(4)含量 本品磷酸二氢铵($NH_4H_2PO_4$)含量为 96.0%～102.0%。

(5)性状 磷酸二氢铵为无色或白色结晶或晶体粉末。

(6)鉴别 磷酸二氢铵对“定性试验”中所有铵盐和磷酸盐试验产生相应反应。

(7)纯度

①溶液的澄清度和颜色：无色，几乎澄清。(1.0g，水 20mL)。

②pH：4.1～5.0(1.0g，水 100mL)。

③氯化物：以 Cl 计，不超过 0.035%(0.50g，参比溶液为 0.01mol/L 盐酸 0.5mL)。

④硫酸盐：以 SO_4^{2-} 计，不超过 0.038%（0.50g，参比溶液为 0.005mol/L 硫酸 0.4mL）。

⑤重金属：以 Pb 计，不超过 20μg/g。

测试溶液　称取磷酸二氢铵 1.0g，加稀乙酸（1→20）2.0mL 和水 30mL 溶解，再加水至 50mL。

参比溶液　向铅标准溶液 2.0g 中加入稀乙酸（1→20）2.0mL，加水至 50mL。

⑥砷：以 As_2O_3 计，不超过 4.0μg/g（0.5g，第 1 法，装置 B）。

（8）含量测定　准确称取磷酸二氢铵约 3g，加 30mL 水溶解，加入氯化钠 5g，充分振摇。在保持溶液温度 15℃的条件下，用 1mol/L 氢氧化钠滴定（指示剂：2 滴酚酞试剂）。

1mol/L 氢氧化钠 1mL = 115.0mg $NH_4H_2PO_4$

28. 过硫酸铵

（1）其他名称　高硫酸铵；过氧化硫酸铵；过氧二硫酸铵；Ammonium peroxydisulphate；Ammonium peroxodisulphate；Ammonium persulfate。

（2）编码　CAS 7727－54－0。

（3）分子式、相对分子质量　$(NH_4)_2S_2O_8$；228.20。

（4）含量　本品的过硫酸铵[$(NH_4)_2S_2O_8$]含量不少于 95.0%。

（5）性状　无色结晶或白色晶体粉末。

（6）鉴别

①取过硫酸铵 0.5g，加氢氧化钠溶液（1→25）5mL，加热，生成带氨味的气体。该气体使湿润红色石蕊试纸变蓝。

②向稀硫酸（1→25）5mL 中加硫酸锰溶液（1→100）2 滴～3 滴，硝酸银溶液（1→50）1 滴及过硫酸铵 0.2g，加温。溶液产生粉红色。

（7）纯度

①溶液澄清度和颜色：无色，几乎澄清（1.0g，水 10mL）。

②重金属：以 Pb 计，不超过 30μg/g。

测试溶液　称取过硫酸铵 1.0g，开始温和加热，再加热至微红停止冒白烟。向残留物加盐酸 1mL 和硝酸 5 滴，水浴蒸干。向残留物加稀盐酸（1→4）5mL，再次水浴蒸干。向残留物加稀乙酸（1→20）2mL 和水约 20mL 溶解，再加水至 50mL。

参比溶液　取铅标准液 3.0mL，加稀乙酸（1→20）2mL，再加水至 50mL。

③砷：以 As_2O_3 计，不超过 4.0μg/g。

测试溶液　称取过硫酸铵 0.5g，加水 10mL 溶解，加硫酸 1mL 和亚硫酸 10mL，蒸发浓缩至约 2mL，加水配至 10mL。取此液 5mL 作为测试溶液。

装置　使用装置 B。

（8）灼热残留物　不超过 0.20%。

（9）含量测定　准确称取过硫酸铵约 1.5g，加水溶解并定容至 250mL。准确量取此液 50mL，加 0.05mol/L 硫酸亚铁铵 40mL。加磷酸 5mL，用 0.02mol/L 高锰酸钾滴定过量的硫酸亚铁铵。以同样方式进行空白试验。

0.05mol/L 硫酸亚铁铵 1mL = 11.41mg $(NH_4)_2S_2O_8$

29. 硫酸铵

(1)其他名称 硫铵;Ammonium sulfate;Actamaster。

(2)编码 CAS 7783-20-2;INS 517。

(3)分子式、相对分子质量 $(NH_4)_2SO_4$;132.14。

(4)含量 本品的硫酸铵($(NH_4)_2SO_4$)含量不少于99.0%。

(5)性状 无色结晶或白色团块。

(6)鉴别 硫酸铵对“定性试验”中的所有铵盐和硫酸盐试验产生相应反应。

(7)纯度

①溶液澄清度和颜色:无色,几乎澄清(1.0g,水20mL)。

②重金属:以Pb计,不超过20μg/g(1.0g,第1法,参比溶液为铅标准溶液2.0mL)。

③砷:以As_2O_3计,不超过4.0μg/g(0.5g,第1法,装置B)。

(8)灼热残留物 不超过0.25%。

(9)含量测定 准确称取硫酸铵约1.5g,加水溶解并定容至250mL。准确量取此液25mL,加氢氧化钠溶液(2→5)10mL,立即安装到装有接收器的冷凝蒸馏装置上,该装置连接的接收器内已预先盛有准确量取的0.1mol/L硫酸40mL。加热蒸馏装置,使蒸馏出的氨通入硫酸被吸收,用0.2mol/L氢氧化钠溶液滴定过量硫酸。(指示剂:甲基红试液3滴)。

$$0.1\text{mol/L 硫酸 } 1\text{mL} = 13.21\text{mg } (NH_4)_2SO_4$$

30. 戊醇

(1)其他名称 正戊醇;1-戊醇;丁原醇;Amyl alcohol;1-Amyl alcohol;Pentan-1-ol。

(2)编码 CAS 71-41-0;FEMA 2056。

(3)分子式、相对分子质量与结构式 $C_5H_{12}O$;88.15;

H_3C～～～OH

(4)含量 本品戊醇($C_5H_{12}O$)含量不少于98.0%。

(5)性状 无色至淡黄色透明液体,具有特殊气味。

(6)鉴别 按照“红外吸收光谱法”的液膜法测定戊醇的红外吸收光谱,与参比光谱图(图9-7)比较,两个谱图在相同的波数几乎有同样的吸收强度。

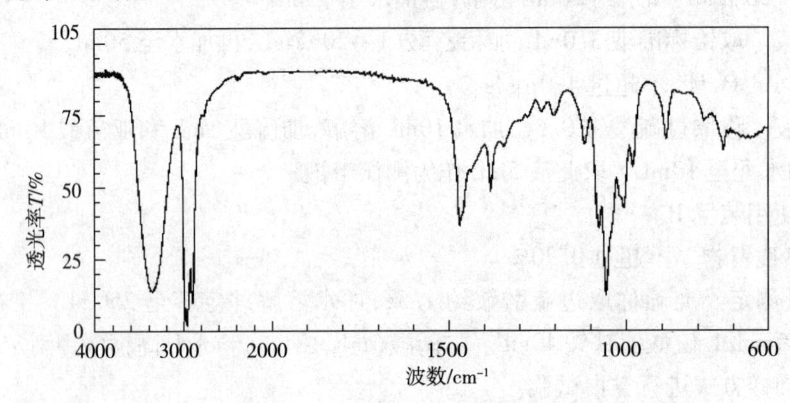

图9-7 戊醇红外吸收光谱图

(7)纯度

①折光率 n_D^{20}:1.407～1.412。

②相对密度 d_{25}^{25}:0.810～0.816。

(8)含量测定　按照"香料物质试验"中气相色谱法的峰面积百分比法规定进行,采用操作条件(2)。

31. α－戊基肉桂醛

(1)其他名称　甲位戊基桂醛;α－amylcinnamaldehyde;α－amylcinnamic aldehyde;Alpha－pentylcinnamaldehyde。

(2)编码　CAS 122－40－7;FEMA 2061。

(3)分子式、相对分子质量与结构式　$C_{14}H_{18}O$;202.29;

CHO　CH₃　　CH₃　CHO

(4)含量　本品α－戊基肉桂醛($C_{14}H_{18}O$)含量不少于98.0%。

(5)性状　无色至淡黄色的透明液体,具有特殊气味。

(6)鉴别　按照"红外吸收光谱法"的液膜法规定操作测定戊醇的红外吸收光谱,与参比光谱图(图9－8)比较,两个谱图在相同的波数几乎有同样的吸收强度。

(7)纯度

①折光率 n_D^{20}:1.554～1.560。

②相对密度 d_{25}^{25}:0.967～0.972。

③澄清度:澄清[1.0mL,80%(体积分数)乙醇5.0mL]。

④酸值:不超过1.0(香料物质试验)。

(8)灼热残留物　不超过0.05%。

(9)含量测定　准确称取α－戊基肉桂醛1.5g,按照"香料物质试验"的醛类和酮类含量第2法规定进行。滴定前加热混合物30min。

$$0.5mol/L\ 盐酸\ 1mL = 101.1mg\ C_{14}H_{18}O$$

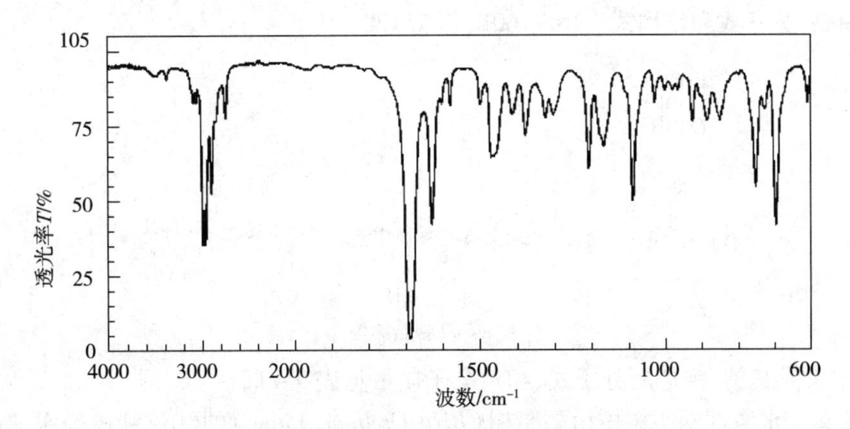

图9－8　α－戊基肉桂醛红外吸收光谱图

32. 茴香醛

(1)其他名称 对甲氧基苯醛;对茴香醛;Anisaldehyde;*p* - methoxybenzaldehyde;4 - methoxybenzaldehyde。

(2)编码 CAS 123 - 11 - 5;FEMA 2670。

(3)分子式、相对分子质量与结构式 $C_8H_8O_2$;136.15;

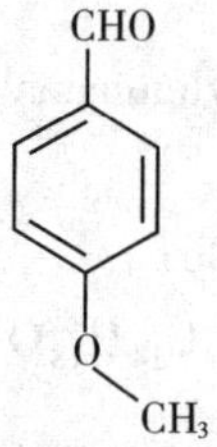

CHO
O
CH_3

(4)含量 本品茴香醛($C_8H_8O_2$)含量不少于97.0%。

(5)性状 无色或淡黄色透明液体,有特殊气味。

(6)鉴别 取茴香醛5滴,加亚硫酸氢钠试液1mL,振摇。混合物形成晶体团块。加水7mL,振摇,晶体团块又溶解为几乎澄清的溶液。

(7)纯度

①折光率 n_D^{20}:1.570~1.574。

②相对密度 d_{25}^{25}:1.122~1.127。

③澄清度:澄清[1.0mL,60%(体积分数)乙醇5.0mL]。

④酸值:不超过6.0(香料物质试验)。

(8)含量测定 准确称取茴香醛约0.8g,按照"香料物质试验"中的醛类和酮类含量第2法的规定进行。本试验中,滴定前放置15min。

$$0.5mol/L 盐酸 1mL = 68.07mg\ C_8H_8O_2$$

33. 水溶性胭脂树橙

(1)其他名称 Annatto;Water - soluble。

(2)编码、分子式和结构式 INS 160b;CI 75120;

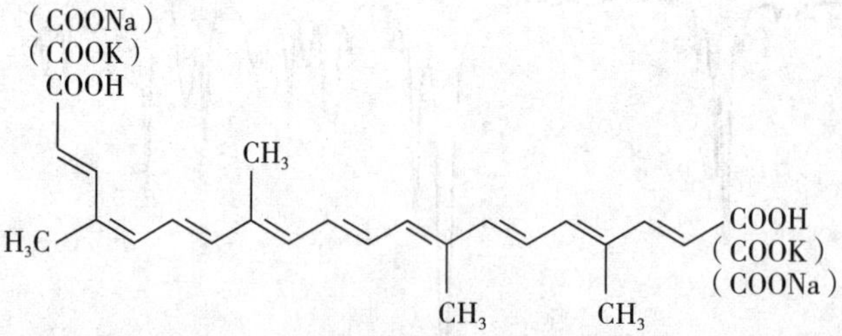

(COONa)
(COOK)
COOH
CH_3
H_3C
COOH
(COOK)
(COONa)
CH_3 CH_3

cis-降胭脂树橙

降红木素及其钠、钾盐的分子式、相对分子质量见表9-1。

(3)定义 水溶性胭脂树橙由胭脂树(*Bixa Orellana* Linné)的红色种皮经水解制取。色素主要成分为降红木素的钾盐或钠盐,见表9-1。

表 9-1　降红木素及其钠、钾盐

中文名	英文名	CAS	分子式	相对分子质量
cis-降红木素	*cis*-Norbixin	542-40-5	$C_{24}H_{28}O_4$	380.5
cis-降红木素二钾盐	*cis*-Norbixin dipotassium salt	33261-80-2	$C_{24}H_{26}K_2O_4$	456.7
cis-降红木素二钠盐	*cis*-Norbixin disodium salt	33261-81-3	$C_{24}H_{26}Na_2O_4$	425

(4)含量　水溶性胭脂树橙的降红木素（$C_{24}H_{28}O_4$ = 380.48）含量应相当于标称含量的100%～125%。

(5)性状　红褐色至褐色粉末、团块、液体或糊状物，稍有特殊气味。

(6)鉴别

①取水溶性胭脂树橙 0.5g，加水 20mL 溶解，加入稀硫酸（1→20）2mL，振摇，过滤。每次用水 20mL 洗涤滤纸上的残留物，共 3 次。

(a)取少量残留物溶，用氢氧化钠溶液（1→2500）溶解。该溶液在 452nm～456nm 和 480nm～484nm 波长附近吸收最大。

(b)取少量残留物用乙醇 10mL 溶解。在滤纸上滴上一滴该溶液，风干。再滴加 5% 硝酸钠溶液 2 滴～3 滴，和 0.5mol/L 硫酸 2 滴～3 滴。滤纸上的黄色消失。

②取水溶性胭脂树橙 1g，加入水 50mL，振摇，过滤。向滤液加入稀盐酸（1→4）2mL。生成红褐色至黄褐色沉淀。

(7)纯度

①游离碱：取水溶性胭脂树橙 10g，加水 100mL，振摇，加 1mol/L 盐酸 8mL，充分搅混，静置 30min。滤液酸碱度应低于 pH 7.0。

②重金属：不超过 10μg/g，以 Pb 计。

测试溶液　取水溶性胭脂树橙 2.0g，必要时水浴蒸干。

参比溶液为铅标准溶液 2.0mL。

程序　按第 2 法规定进行。

③砷：以 As_2O_3 计，不超过 4.0μg/g（着色剂物质试验）。

④吸光度比：按照鉴别①(a)规定进行。分别测定 480nm～484nm 及 452nm～456nm 最大吸收波长的吸光度为 A_1 和 A_2，A_1/A_2 应为 1.11～1.250。

(8)含量测定　准确称取水溶性胭脂树橙 0.1g～1g，用 0.01mol/L 氢氧化钠溶解并定容至 100mL，充分混合。准确吸取此液 1mL，用 0.01mol/L 氢氧化钠定容至 100mL。在 454nm 最大吸收波长测定该溶液的吸光度（A），按式（9-3）计算降红木素（$C_{24}H_{28}O_4$）的含量（X）。

$$X = \frac{A}{3473} \times \frac{100}{m} \times 100\% \qquad (9-3)$$

式中：

A——在 454nm 最大吸收波长测定溶液的吸光度；

m——试样量，g。

34. L-阿拉伯糖

(1)其他名称　L(+)-树胶醛糖；L-arabinose；L-arabinofuranose。

(2)编码 CAS 87－72－9。

(3)分子式、相对分子质量与结构式 $C_5H_{10}O_5$；150.13；

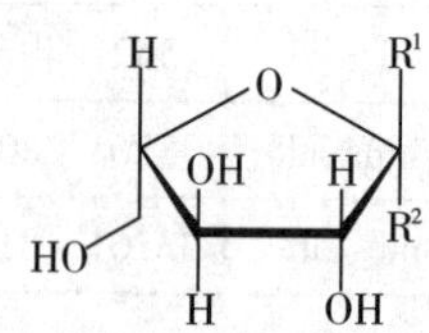

β-L-阿拉伯糖：R^1=H,R^2=OH
α-L-阿拉伯糖：R^1=OH,R^2=H

(4)定义 L－阿拉伯糖是通过阿拉伯胶、达瓦树胶、玉米纤维、甜菜渣的多糖(主要是阿拉伯糖)水解和分离获得。主要成分为L－阿拉伯糖($C_5H_{10}O_5$)。

(5)含量 本品干燥后，L－阿拉伯糖($C_5H_{10}O_5$)含量为95.0%～101.0%。

(6)性状 无色或白色结晶或白色至淡黄色晶体粉末。无臭，有甜味。

(7)鉴别

①将L－阿拉伯糖溶液(1→20)2滴～3滴加入菲林试液5mL中。生成红色沉淀。

②取L－阿拉伯糖1g，加水3mL溶解，加稀盐酸(1→4)和二苯胺的乙醇溶液(1→40)的混合液(5:2)3mL，水浴加热5min。溶液呈黄色至淡橙黄色。

(8)纯度

①旋光度$[\alpha]_D^{20}$：不少于+95°。

准确称取L－阿拉伯糖2g，加水定容至50mL，室温放置24h。测量旋光度。以干燥品计。

②溶液的澄清度：无色，几乎澄清(4.0g，水20mL)。

③游离酸：取L－阿拉伯糖1g，用新鲜沸腾并冷却的水10mL溶解，滴加1滴酚酞试液和1滴0.2mol/L氢氧化钠，产生红色。

④硫酸盐：以SO_4^{2-}计，不超过0.005%(1.0g，参比溶液为0.005mol/L硫酸0.10mL)。

⑤重金属：以Pb计，不超过20μg/g(1.0g，第2法，参比溶液为铅标准溶液2mL)。

⑥铅：以Pb计，不超过10μg/g(1.0g，第1法)。

⑦砷：以As_2O_3计，不超过4.0μg/g(0.5g，第3法，装置B)。

(9)干燥失量 不超过1.0%(105℃，3h)。

(10)灼热残留物 不超过0.2%(5g，600℃，8h)。

(11)含量测定

测试溶液和标准溶液 准确称取经预先干燥的L－阿拉伯糖样品和含量测定用L－阿拉伯糖标准品各2g。分别准确加入水与丙二醇的混合液(4:1)10mL，再加水定容至50mL。

程序 按照以下条件，分别对10μL测试溶液和标准溶液进行液相色谱分析。测量测试溶液和标准溶液的L－阿拉伯糖和丙二醇的峰面积，确定每种溶液的L－阿拉伯糖和丙二醇的峰面积比(Q_T/Q_S)，按式(9－4)计算L－阿拉伯糖($C_5H_{10}O_5$)含量(X)。

$$X=\frac{m}{m_1}\times\frac{Q_T}{Q_S}\times 100\% \tag{9-4}$$

式中：

m——含量测定用阿拉伯糖质量，g；

m_1——样品量，g。

操作条件：

检测器：示差折光检测器。

色谱柱：内径 4mm ~ 8mm，长 20cm ~ 35cm 的不锈钢管。

柱填料：7μm ~ 11μm 液相色谱用强酸性阳离子交换树脂。

柱温：60℃ ~ 70℃。

流动相：水。

流速：调整流速使 L – Arabinose 的保留时间为 10min ~ 15min。

35. L – 精氨酸

(1) 其他名称 2 – 氨基 – 5 – 胍基戊酸；L – arginine；L – 2 – amino – 5 – guanidinovaleric acid。

(2) 编码 CAS 74 – 79 – 3。

(3) 分子式、相对分子质量与结构式 $C_6H_{14}N_4O_2$；174. 20；

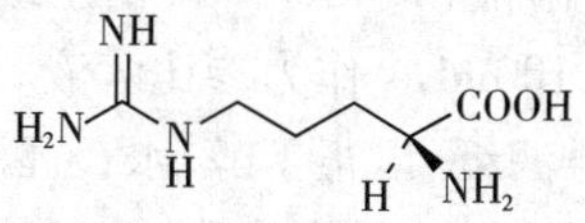

(4) 含量 以干燥品计，本品的 L – 精氨酸（$C_6H_{14}N_4O_2$）含量为 98. 0% ~120. 0%。

(5) 性状 白色结晶或晶体粉末。有特殊气味和味道。

(6) 鉴别

①取 L – 精氨酸溶液（1→1000）5mL，加入茚三酮溶液（1→50）1mL，水浴加热 3min。溶液呈紫蓝色。

②L – 精氨酸呈碱性。

(7) 纯度

①旋光度$[\alpha]_D^{20}$：+25. 0° ~ +27. 9°。

准确称取 L – 精氨酸 8g，用于 6mol/L 盐酸溶解并定容至 100mL。以干燥品计。

②溶液的澄清度 无色，近澄清（1. 0g，水 20mL）。

③pH：10. 5 ~ 12. 5（1. 0g，水 20mL）。

④氯化物：以 Cl 计，不超过 0. 10%（0. 07g，参比溶液为 0. 01mol/L 盐酸 0. 02mL）。

⑤重金属：以 Pb 计，不超过 20μg/g。

测试溶液 准确称取 L – 精氨酸 1. 0g，用水 30mL 溶解，加 1 滴酚酞试剂，用稀盐酸（1→4）中和。加稀乙酸（1→20）2mL，加水定容至 50mL。

参比溶液为铅标准溶液 2. 0mL。

⑥砷：以 As_2O_3 计，不超过 4. 0μg/g（0. 5g，第 1 法，装置 B）。

(8) 干燥失量 不超过 1. 0%（105℃，3h）。

(9) 灼热残留物 不超过 0. 20%。

(10) 含量测定 准确称取 L – 精氨酸 0. 2g，按照“L – 天冬酰胺”含量测定规定进行。

$$0.1\text{mol/L 高氯酸 } 1\text{mL} = 8.710\text{mg } C_6H_{14}N_4O_2$$

36. L－精氨酸 L－谷氨酸盐

(1)其他名称 精氨酸谷氨酸盐；L－arginine L－glutamate；L－arginine L－glutamate Salt；(2*S*)－2－amino－5－guanidinopentanoic acid。

(2)编码 CAS 4320－30－3。

(3)分子式、相对分子质量与结构式 $C_{11}H_{23}N_5O_6$；321.33；

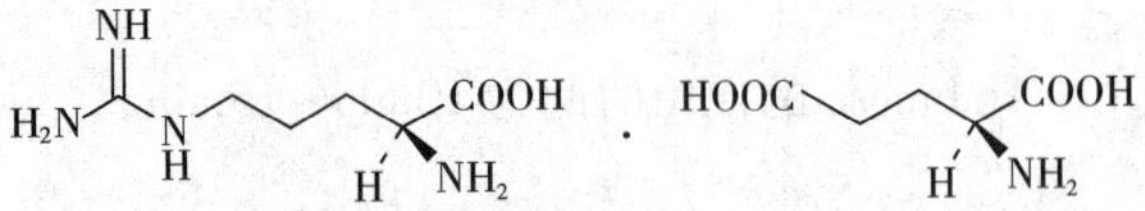

(4)含量 以无水品计，L－精氨酸 L－谷氨酸盐($C_{11}H_{23}N_5O_6$)含量为98.0%～102.0%。

(5)性状 白色粉末。无臭或轻微气味，有特殊气味。

(6)鉴别试验

①向 L－精氨酸 L－谷氨酸盐溶液(1→1000)5mL 中，加入 1mL 茚三酮溶液(1→50)，水浴加热 3min，溶液呈紫色。

②将 L－精氨酸 L－谷氨酸盐溶液(1→500)作为测试溶液。取 L－精氨酸盐酸盐 0.1g 和 L－谷氨酸钠 0.1g，用水溶解至 100mL。作为参比溶液。分别取测试溶液和参比溶液 5μL 进行纸色谱分析。采用色谱用 2 号滤纸，以正丁醇:水:乙酸混合液(5∶2∶1)为展开剂。当展开剂上升到距原线 30cm 时停止展开。滤纸风干后，再 100℃干燥 20min，用茚三酮的丙酮溶液(1→50)喷雾。100℃加热 5min 后显色，在自然光下观察。可观察到与参比溶液斑点相对应的二个斑点。

(7)纯度

①旋光度$[\alpha]_D^{20}$：+28.0°～+30.0°(4g，稀盐酸(1→2)50mL，以无水品计)。

②溶液的颜色和澄清度：无色，近澄清(1.0g，水 20mL)。

③pH：6.0～7.5(1.0g，水 20mL)。

④氯化物：以 Cl 计，不超过 0.0410%(0.30g，参比溶液为 0.01mol/L 盐酸 0.35mL)。

⑤重金属：以 Pb 计，不超过 20μg/g(1.0g，第 1 法，参比溶液为铅标准溶液 2.0mL)。

⑥砷：以 As_2O_3 计，不超过 4.0μg/g(0.5g，第 1 法，装置 B)。

(8)水分含量 不超过 15.4%(0.3g，反向滴定)。

(9)灼热残留物 不超过 0.30%。

(10)含量测定 按照“13. DL－丙氨酸”含量测定规定进行。以无水基计。

$$0.1\text{mol/L 高氯酸 } 1\text{mL} = 10.71\text{mg } C_{11}H_{23}N_5O_6$$

37. L－抗坏血酸

(1)其他名称 维生素 C；L－Ascorbic acid；Vitamin C；Antiscorbic vitamin。

(2)编码 CAS 50－81－7；INS 300。

(3)分子式、相对分子质量与结构式 $C_6H_8O_6$；176.12；

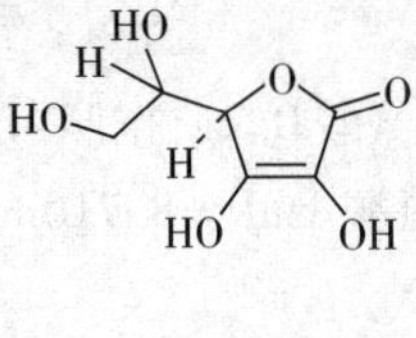

(4)含量　本品干燥后,L－抗坏血酸($C_6H_8O_6$)含量不少于99.0%。

(5)性状　白色或淡黄色结晶或晶体粉末。无臭,有酸味。

(6)鉴别

①取L－抗坏血酸0.5g,用偏磷酸溶液(1→50)100mL溶解。取此溶液5mL,滴加碘试液至溶液显微黄色,加硫酸铜试液(1→1000)和吡咯各1滴,置50℃～60℃水浴加热5min。溶液显蓝色至蓝绿色。

②取L－抗坏血酸溶液(1→100)10mL,加入2,6－二氯酚基靛酚钠试液1至2滴。溶液出现蓝色并立即消失。

(7)纯度

①旋光度$[\alpha]_D^{20}$:+20.5°～+21.5°(1g,新煮沸后冷却的水,10mL,以干燥品计)。

②熔点:187℃～192℃。

③重金属:以Pb计,不超过20μg/g(1.0g,第1法,参比溶液为铅标准溶液2.0mL)。

④砷:以As_2O_3计,不超过4.0μg/g(0.5g,第1法,装置B)。

(8)干燥失量　不超过0.4%(减压,3h)。

(9)灼热残留物　不超过0.10%。

(10)含量测定　准确称取经预先干燥L－抗坏血酸约0.2g,用偏磷酸溶液(1→50)50mL溶解。用0.05mol/L的碘溶液滴定(指示剂:淀粉试液)。

$$0.05mol/L 碘溶液 1mL = 8.806mg\ C_6H_8O_6$$

38. L－抗坏血酸－2－葡萄糖苷

(1)其他名称　L－Ascorbic Acid 2－Glucoside;(5R)－5－[(1S)－1,2－Dihydroxyethyl]－4－hydroxy－2－oxo－2,5－dihydrofuran－3－yl α－D－glucopyranoside。

(2)编码　CAS 129499－78－1。

(3)分子式、相对分子质量与结构式　$C_{12}H_{18}O_{11}$;338.26;

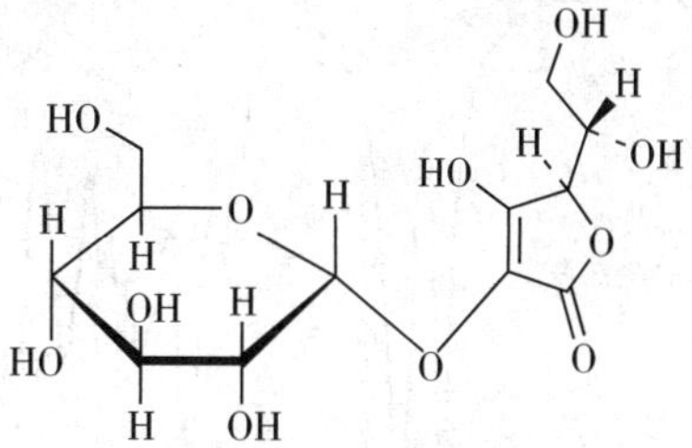

(4)含量　以干燥品计,本品L－抗坏血酸－2－葡萄糖苷($C_{12}H_{18}O_{11}$)含量不少于98.0%。

(5)性状　白色或黄白色粉末或晶体粉末。无臭,有酸味。

(6)鉴别

①按照"红外吸收光谱法"的溴化钾压片法规定的操作测定L－抗坏血酸－2－葡萄糖苷的红外吸收光谱,与参比光谱图(图9－9)比较,两个谱图在相同的波数几乎有同样的吸收强度。

(7)纯度

①旋光度$[\alpha]_D^{20}$:+186.0°～+188.0°(5g,水100mL,以干燥品计)。

②熔点:158℃ ~163℃。

③重金属:以 Pb 计,不超过 10μg/g(2.0g,第 2 法,参比溶液为铅标准溶液 2.0mL)。

④砷:以 As_2O_3 计,不超过 1.0μg/g(2.0g,第 3 法,装置 B)。

(8)干燥失量 不超过 1.0%(105℃,2h)。

(9)灼热残留物 不超过 0.10%。

(10)含量测定 准确称取 0.5g L-抗坏血酸-2-葡萄糖苷试样和定量用 L-抗坏血酸-2-葡萄糖苷,分别溶解于水。向两溶液中分别准确加入 5%(质量浓度)丙三醇溶液 10mL,作为内标溶液,加水定容至 50mL。配制的两种溶液分别作为测试溶液和参比溶液。按照以下条件,分别对 20μL 测试溶液和标准溶液进行液相色谱分析。测量相对应得峰面积,根据峰面积比(Q_T/Q_S),按照式(9-5)计算 L-抗坏血酸-2-葡萄糖苷($C_{12}H_{18}O_{11}$)含量(X)。

$$X = \frac{m}{m_1} \times \frac{Q_T}{Q_S} \times 100(\%) \qquad (9-5)$$

式中:

m——含量测定用 L-抗坏血酸-2-葡萄糖苷干燥品质量,g;

m_1——样品干燥品质量,g。

操作条件

检测器:示差折光检测器。

色谱柱:4mm~8mm 内径,20cm~35cm 长不锈钢管。

柱填料:液相色谱用强酸性阳离子交换树脂。

柱温:35℃。

流动相:水。

流速:调整流速使抗坏血酸-2-葡萄糖苷的保留时间约为 10min。

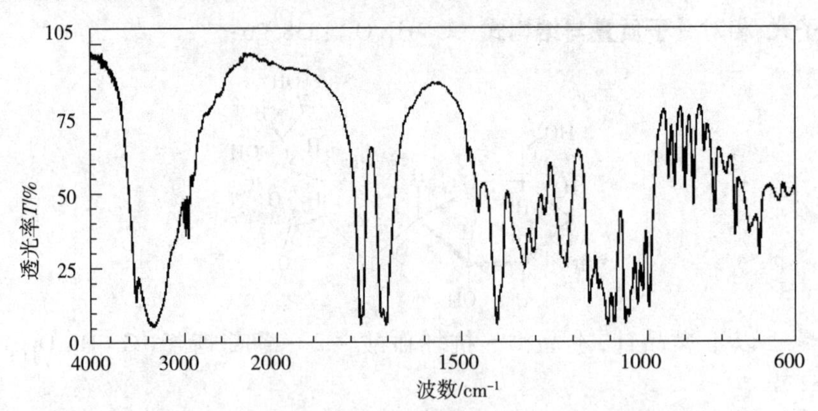

图 9-9 抗坏血酸-2-葡萄糖苷红外吸收光谱图

39. L-抗坏血酸棕榈酸酯

(1)其他名称 维生素 C 棕榈酸酯;抗坏血酸-6-棕榈酸酯;L-Ascorbyl 6-palmitate;L-Ascorbyl Palmitate;Vitamin C Palmitate;(2*S*)-2[(5*R*)-3,4-Dihydroxy-5-oxo-2,5-dihydrofuran-2-yl]-2-hydroxyethyl hexadecanoate。

(2)编码 CAS 137－66－6；INS 304。

(3)分子式、相对分子质量与结构式 $C_{22}H_{38}O_7$；414.53；

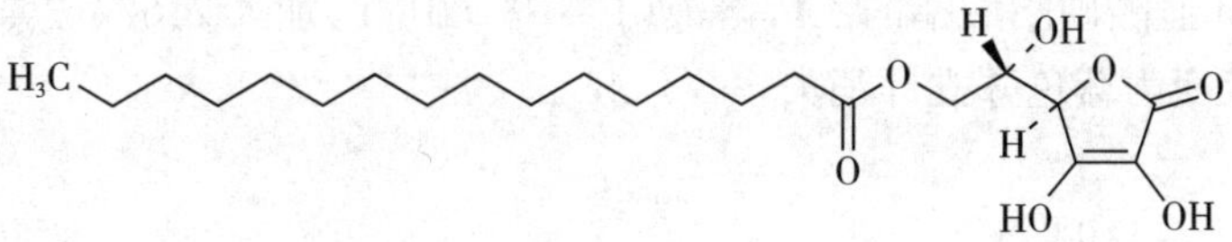

(4)含量 本品L－抗坏血酸棕榈酸酯($C_{22}H_{38}O_7$)含量不少于95.0%。

(5)性状 白色或淡黄色粉末。

(6)鉴别

①取L－抗坏血酸棕榈酸酯0.1g，加十二烷硫酸钠－丙二醇试液100mL，加热溶解。冷却，取该溶液5mL，滴加碘试液至溶液呈淡黄色。滴加硫酸铜溶液(1→1000)和吡咯各1滴，50℃～60℃加热5min。溶液由蓝色变为蓝绿色。

②取L－抗坏血酸棕榈酸酯的乙醇溶液(1→100)10mL，加入2，6－二氯酚基靛酚钠试液1滴～2滴。溶液变为蓝色，并立即消失。

(7)纯度

①旋光度$[\alpha]_D^{20}$：＋21.0°～＋24.0°(1g，甲醇100mL)。

②熔点：107℃～117℃。

③重金属：以Pb计，不超过10μg/g，(2.0g，第2法，参比溶液为铅标准溶液2.0mL)。

④砷：以As_2O_3计，不超过4.0μg/g(0.5g，第3法，装置B)。

(8)灼热残留物 不超过0.10%(2g)。

(9)含量测定 准确称取L－抗坏血酸棕榈酸酯约0.2g，加30mL乙醇，如有必要加热溶解。加入偏磷酸溶液(1→5)15mL和稀硫酸(1→2)10mL。准确加入10mL碘酸钾试液，充分振摇，暗处静置10min。加碘酸钾试液10mL和水100mL，暗处静置5min。用0.1mol/L硫代硫酸钠滴定游离碘(指示剂：淀粉试液10mL)。按照同样方法进行空白试验。

0.1mol/L硫代硫酸钠1mL＝20.73mg $C_{22}H_{38}O_7$

40. L－抗坏血酸硬脂酸酯

(1)其他名称 硬脂酰－L－抗坏血酸酯；L－Ascorbyl Stearate；Vitamin C Stearate；ascorbylestearate。

(2)编码 CAS 25395－66－8；INS 305。

(3)分子式、相对分子质量与结构式 $C_{24}H_{42}O_7$；442.59；

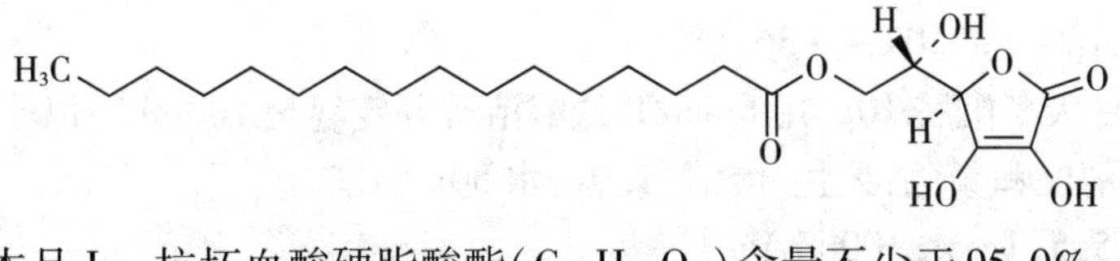

(4)含量 本品L－抗坏血酸硬脂酸酯($C_{22}H_{38}O_7$)含量不少于95.0%。

(5)性状 白色或黄白色粉末。

(6)鉴别

①取L－抗坏血酸硬脂酸酯0.1g，加十二烷硫酸钠－丙二醇试液100mL，加热溶解。冷

却，取该溶液5mL，滴加碘试剂至溶液呈淡黄色。滴加硫酸铜溶液(1→1000)和吡咯各1滴，50℃～60℃加热5min。溶液由蓝色变化为蓝绿色。

②取L－抗坏血酸硬脂酸酯的乙醇溶液(1→100)10mL，加入2，6－二氯酚基靛酚钠试液1滴～2滴。溶液变为蓝色并立即消失。

(7)纯度

①熔点：114℃～119℃。

②重金属：以Pb计，不超过10μg/g(2.0g，第2法，参比溶液为铅标准溶液2.0mL)。

③砷：以As_2O_3计，不超过4.0μg/g(0.5g，第3法，装置B)。

(8)灼热残留物 不超过0.10%

(9)含量测定 准确称取L－抗坏血酸硬脂酸酯约0.2g，加乙醇30mL，必要时加热溶解。加入偏磷酸溶液(1→5)15mL和稀硫酸(1→2)10mL。准确加入碘酸钾试液10mL，充分振摇，暗处静置10min。加10mL碘酸钾试剂TS和100mL水，暗处静置5min。用0.1mol/L硫代硫酸钠滴定游离碘(指示剂：10mL淀粉试液)。按照同样方法进行空白试验。

$$0.1\text{mol/L 硫代硫酸钠 } 1\text{mL} = 22.13\text{mg } C_{24}H_{42}O_7$$

41. L－天冬酰胺

(1)其他名称 2－氨基－3－氨基甲酰丙酸；L－天门冬酰胺；L－Asparagine；2－amino－3－carbamoylpropanoic acid；L－Aspartic Acid 4－Amide；(2*S*)－2－Amino－3－carbamoylpropanoic acid monohydrate。

(2)编码 CAS 70－47－3(无水品)。

(3)分子式、相对分子质量与结构式 $C_4H_8N_2O_3 \cdot H_2O$；150.13；

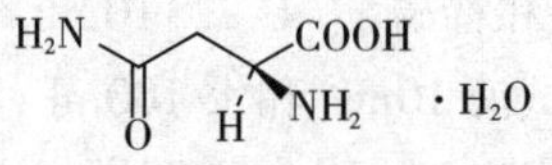

H_2N COOH O H NH_2 ·H_2O

(4)含量 以干燥品计，本品L－天冬酰胺($C_4H_8N_2O_3$)含量为98.0%～102%。

(5)性状 白色结晶或晶体粉末。无臭，有甜味。

(6)鉴别

①取L－天冬酰胺溶液(1→1000)5mL，加茚三酮溶液(1→50)1mL，水浴加热3min。溶液呈紫色。

②取L－天冬酰胺0.1g，加氢氧化钠溶液(1→10)5mL，水浴加热。生成的气体(NH_3)可以使湿润红色石蕊试纸变蓝。

(7)纯度

①旋光度$[\alpha]_D^{20}$：+33.0°～+36.5°。

准确称取L－天冬酰胺10g，用6mol/L盐酸溶解并定容至100mL。以干燥品计算。

②溶液的澄清度和颜色：无色，澄清(1.0g，水50mL)。

③pH：3.5～5.5(1g，水100mL)。

④氯化物：以Cl计，不超过0.10%(0.07g，参比溶液为0.01mol/L盐酸0.20mL)。

⑤重金属：以Pb计，不超过20μg/g(1.0g，第2法，参比溶液为铅标准溶液2.0mL)。

⑥砷：以As_2O_3计，不超过4.0μg/g(0.5g，第3法，装置B)。

(8)干燥失量 11.5%～12.5%(130℃，3h)

(9)**灼热残留物**　不超过0.10%。

(10)**含量测定**　准确称取L－天冬酰胺约0.3g，用甲酸3mL溶解，加乙酸50mL，用0.1mol/L高氯酸滴定。滴定终点通常用电位计来确定。当使用指示剂（结晶紫－乙酸试液1mL）时，观察溶液颜色由紫色经蓝色变为绿色。以相同方式进行空白试验作必要的校正，以干燥品计算。

$$0.1mol/L 高氯酸 1mL = 13.21mg\ C_4H_8N_2O_3$$

42. 阿斯巴甜

(1)**其他名称**　天门冬酰苯丙氨酸甲酯；甜味素；L－天冬氨酰－L－苯丙氨酸甲酯；Aspartame；Methyl L－α－aspartyl－L－phenylalaninate。

(2)**编码**　CAS 22839－47－0；INS 951。

(3)**分子式、相对分子质量与结构式**　$C_{14}H_{18}N_2O_5$；294.30；

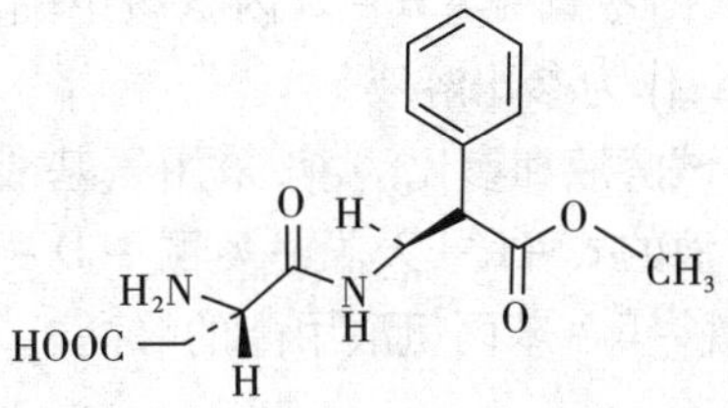

(4)**含量**　以干燥品计，本品阿斯巴甜（$C_{14}H_{18}N_2O_5$）含量为98.0%～102%。

(5)**性状**　白色结晶粉末或颗粒，无臭，有强烈甜味。

(6)**鉴别**

①按照“红外吸收光谱法”的研糊法规定的操作测定阿斯巴甜的红外吸收光谱，在$3300cm^{-1}$、$1737\ cm^{-1}$、$1666\ cm^{-1}$、$1379\ cm^{-1}$、$1227\ cm^{-1}$、$669\ cm^{-1}$具有吸收谱带。

②取阿斯巴甜溶液（1→1000）5mL，加1mL 茚三酮溶液（1→50），水浴加热3min。溶液呈紫蓝色。

(7)**纯度**

①旋光度$[\alpha]_D^{20}$：+14.5°～+16.5°（2g，15mol/L 蚁酸，50mL，以干燥品计）。

②溶液的澄清度和颜色：无色，澄清［0.2g，盐酸（1→60）20mL］。

③pH：4.5～6.0。

测试溶液　称取阿斯巴甜1.0g，加水溶解并定容至125mL。

④重金属：以Pb计，不超过10μg/g（2.0g，第2法，参比溶液为铅标准溶液2.0mL）。

⑤砷：以As_2O_3计不超过4.0μg/g（0.5g，第1法，装置B）。

⑥5－苯甲基－3，6－二氧代－2－哌嗪乙酸：以5－苯甲基－3，6－二氧代－2－哌嗪乙酸计，小于1.5%。

测试溶液　称取阿斯巴甜10mg于具塞试管中，加硅烷化试液1.0mL，加塞，振摇。80℃加热30min，振摇15s，冷却。

参比溶液　取5－苯甲基－3，6－二氧代－2－哌嗪乙酸的甲醇溶液（1→20000）3.0mL于具塞试管中，水浴蒸干。向残留物中加入硅烷化试液1.0mL。然后按测试溶液制备的操作进行。

分析　分别取测试溶液和参比溶液各 3.0μL，按下述条件进行气相色谱分析。测试溶液的 5－苯甲基－3，6－二氧代－2－哌嗪乙酸的峰高应不超过参比溶液的峰高。

操作条件

检测器：氢火焰离子检测器。

色谱柱：3mm～4mm 内径，2m 长度的玻璃或不锈钢管柱。

柱填充剂：液相——相当于载体 3% 的甲基硅酮聚合物；载体——149μm～177μm 气相色谱用硅藻土。

柱温：195℃～205℃，恒温。

载气：氦气或氮气。

流速：调整流速使 5－苯甲基－3，6－二氧代－2－哌嗪乙酸在进样后 7min～9min 流出。

⑦其他光学异构体：不超过 α－L－天门冬氨酰－D－苯丙氨酸甲酯的 0.04%。

测试溶液　称取阿斯巴甜 0.5g，加柠檬酸缓冲液（pH 2.2）溶解并配成 100mL。

参比溶液　量取 α－L－天门冬氨酰－D－苯丙氨酸甲酯溶液（1→50000）10mL，加柠檬酸缓冲液（pH 2.2）配至 100mL，作为参比溶液。

程序　分别量取等量的测试溶液和参比溶液，采用氨基酸自动分析仪，在以下的操作条件进行液相色谱分析。测试溶液的 α－L－天门冬氨酰－D－苯丙氨酸甲酯的峰高，不大于参比溶液的 α－L－天门冬氨酰－D－苯丙氨酸甲酯的峰高。

操作条件

检测器：可见分光光度计（测定波长 570nm）。

柱管：内径 9mm，长 55cm 的玻璃管。

柱填充剂：17μm 气相色谱用凝胶型强酸性阳离子交换树酯。

柱温：55℃。

流动相：柠檬酸缓冲液（pH 为 5.28）。

流速：1mL/min。

反应盘管：内径 0.5mm，长度 29m 聚四氟乙烯管。

反应槽温度：100℃。

茚三酮、乙二醇甲基醚试液的流速为 0.5mL/min。

测试溶液和参比溶液的进样量：50μL～500μL，恒量。

(8)干燥失量　4.5%（105℃，4h）。

(9)灼热残留物　不超过 0.20%（2g）。

(10)含量测定　准确称取阿斯巴甜约 0.3g，加甲酸 3mL 溶解，加乙酸 50mL。立即用 0.1mol/L 高氯酸滴定。终点通常用电位计来确定。当使用 0.5mol/L 萘酚苯甲醇试液作为指示剂时，溶液由褐色变成绿色时判断为终点。另外，按照同样方式进行空白试验，作必要校正，以干燥品计算。

$$0.1mol/L \text{高氯酸} 1mL = 29.43mg\ C_{14}H_{18}N_2O_5$$

43. L－天门冬氨酸

(1)其他名称　L（＋）－氨基琥珀酸；L（＋）－氨基丁二酸；L－aspartic acid；L－alpha－aminosuccinic acid。

(2)编码 CAS 56－84－8。

(3)分子式、相对分子质量与结构式 $C_4H_7NO_4$；133.10；

$$HOOC\diagdown\underset{H}{C}(NH_2)\diagup COOH$$

(4)含量 以干燥品计，L－天门冬氨酸($C_4H_7NO_4$)为98.0%～102%。

(5)性状 白色结晶或晶体粉末，无臭，有酸味。

(6)鉴别

①取L－天门冬氨酸溶液(1→1000)5mL，加入茚三酮溶液(1→50)1mL，水浴加热3min。溶液呈紫蓝色。

②取L－天门冬氨酸的1mol/L盐酸(1→25)5mL，加入亚硝酸钠溶液(1→10)1mL。溶液冒泡，产生无色气体。

(7)纯度

①比旋光度$[\alpha]_D^{20}$：+24.0°～+26.0°

准确称取L－天门冬氨酸8g，用6mol/L盐酸溶解并定容至100mL。测量该溶液以干燥品计算。

②溶液澄清度和颜色：无色，澄清(1.0g，1mol/L盐酸20mL)。

③pH：2.5～3.5(饱和溶液)。

④氯化物：以Cl计，不超过0.10%(0.07g，参比溶液为0.01mol/L盐酸0.20mL)。

⑤重金属：以Pb计，不超过20μg/g(1.0g，第2法，参比溶液为铅标准溶液2.0mL)。

⑥砷：以As_2O_3计，不超过4.0μg/g(0.5g，第3法，装置B)。

(8)干燥失量 0.30%(105℃，3h)。

(9)灼热残留物 不超过0.20%(2g)。

(10)含量测定 准确称取L－天门冬氨酸约0.3g，用6mL甲酸溶解，按照"L－天冬酰胺"含量测定规定进行。

0.1mol/L高氯酸1mL＝13.31mg $C_4H_7NO_4$

44. 豆豉菌胶

(1)其他名称 纳豆芽胞杆菌胶；Bacillus natto gum。

(2)定义 豆豉菌胶从枯草芽孢杆菌(*Bacillus subtilis*)的培养液制得，主要含聚谷氨酸。

(3)含量 本品干燥后，聚谷氨酸含量不少于70.0%。

(4)性状 白色至浅褐色、易吸湿的粉末、团块和颗粒。无或有轻微气味。

(5)鉴别

①取豆豉菌胶溶液(1→200)5mL于具塞试管中，加盐酸5mL，盖紧瓶塞。110℃水解该混合物24h。冷却，加入氢氧化钠溶液(6→25)使其呈弱酸性。取该溶液5mL，加入茚三酮试液1mL，水浴加热5min。溶液呈紫色。

②将豆豉菌胶1g放入50mL水中，搅拌30min。溶液澄清。

③将豆豉菌胶1g放入10高氯酸中，搅拌30min。溶液浑浊或生成沉淀。

(6)纯度

①重金属：以Pb计，不超过20μg/g(1.0g，第4法，参比溶液为铅标准溶液2.0mL)。

②铅:以 Pb 计,不超过 10μg/g(1.0g,第 1 法)。

③砷:以 As_2O_3 计不超过 4.0μg/g(0.5g,第 1 法,装置 B)。

(7)**干燥失量** 不超过 15.0%(减压,40℃,24h)。

(8)**灼热残留物** 不超过 43.0%。

(9)**微生物限量** 按照"微生物限量试验"的规定进行。菌落总数不超过 10000/g。大肠埃希氏菌不得检出。

(10)**含量测定**

测试溶液 准确称取预先干燥的豆豉菌胶 0.1g,用水溶解并配制成 10mL。准确吸取此溶液 5mL 于水解试管中,准确加入高氯酸 5mL,塞紧瓶塞,110℃水解 24h。冷却后,准确吸取反应溶液 1mL,加水定容至 200mL。

标准溶液 准确称取预先干燥的 L-谷氨酸 0.1g,加入稀高氯酸(1→6)1mL 和水 20mL,加水定容至 100mL。准确吸取该溶液 5mL,加水定容至 200mL。

程序 分别吸取测试溶液和标准溶液 20μL,按照以下条件进行液相色谱分析。测量测试溶液和标准溶液的峰面积(A_T 和 A_S),按照式(9-6)计算聚谷氨酸的含量(X)。

$$X = \frac{m}{m_1} \times \frac{A_T}{A_S} \times 0.8775 \times 100\% \qquad (9-6)$$

式中:

m——含量测定用 L-谷氨酸质量,g;

m_1——样品量,g。

操作条件

检测器:可见分光检测器(测定波长:570nm)。

色谱柱:内径 4.6mm、长 6cm 的不锈钢管。

柱填充剂:液相色谱用强酸性阳离子交换树脂。

柱温:55℃的恒温。

化学反应槽温度:135℃的恒温。

流动相:豆豉菌胶缓冲液(pH 3.3)。

反应试剂:豆豉菌胶含量测定用茚三酮试液。

流动相流速:调整流速使谷氨酸的保留时间为 7min。

反应试剂流速:0.35mL/min。

45. 泡打粉(Baking powder)

45-1. 单体泡打粉

(1)**英文名称** Single baking powder

(2)**性状** 白色至灰白色粉末或易碎的粉末聚集团块。

(3)**纯度**

①硝酸不溶物:不超过 2.0%。

称取单体泡打粉 5g,加水 30mL,振摇 3min,用滤纸过滤出不溶物,用充有二氧化碳的水充分洗涤过滤滤纸。在滤纸底部开一小洞,用 40mL 稀硝酸(1→10)将不溶物冲入烧杯中,煮沸 1min。冷却,用定量分析滤纸(5B)过滤,用水洗直至再无酸性。将有残留物的滤纸放入经预先恒重的陶瓷坩埚内。在约550℃灼热至恒重,冷却后称量。

②pH:5.0~8.5。

测试溶液　称取单体泡打粉1.0g,加水50mL,在水浴中加热至不再产生气泡,冷却。

③重金属:取少量单体泡打粉,加热。如果样品碳化按③(a)进行;如果样品不碳化按③(b)进行。

(a)以Pb计,不超过40μg/g(0.5g,第2法,参比溶液为铅标准溶液2.0mL)。

(b)以Pb计,不超过40μg/g。

测试溶液　称取单体泡打粉2.0g,加硝酸5mL,水浴加热15min,冷却后加水5mL,过滤。用水5mL冲洗滤纸上残留物。合并洗液和滤液,加2滴酚酞试液,加氢氧化钠溶液(1→10)至溶液稍显淡粉红色为止。加稀盐酸(1→4)5mL。用氨试液调节为pH 2.5~3.5,加稀乙酸(1→20)8mL,加水至100mL。取此溶液25mL,加水配至50mL。

参比溶液　取铅标准液2.0mL,加2mL稀乙酸(1→20),用水配至50mL。

④砷:称取少量单体泡打粉,加热。如果样品炭化按④(a)进行;如果样品不炭化按④(b)进行。

(a)砷:以As_2O_3计,不超过4.0μg/g(0.5g,第3法,装置B)。

(b)砷:以As_2O_3计,不超过4.0μg/g。

测试溶液　称取单体泡打粉5.0g于100mL烧瓶中,加水10mL,加热至不再起泡为止。用稀盐酸(1→4)或氢氧化钠溶液(1→25)中和。当使用氨溶液或氨试液中和时,调节至pH 2.5~3.5。再加盐酸5mL,水浴加热30min。冷却,加水至25mL。吸取此溶液5mL,加亚硫酸10mL,蒸发浓缩至约2mL为止,加水配至10mL。吸取第二轮配制溶液5mL,作为测试溶液。

装置　使用装置B。

⑤气体发生量:测定产生气体的体积,体积不少于70mL。

45-2. 二元泡打粉(Duplex baking powder)

将两种物质按规定的比例混合制备成的样品,按"45-1. 单体泡打粉"的规定进行。

45-3. 氨类泡打粉(Ammonia type baking powder)

按"45-1. 单体泡打粉"的规定进行。纯度2规定的pH为6.0~9.0。用水代替纯度5中检测气体体积的溶液。

46. 蜂蜡

(1)英文名称　Bees wax。

(2)定义　从蜜蜂(*Apis* spp)的蜂巢中获取,主要含十六酸蜂花酯。

(3)性状　白色至淡黄色或黄色至淡褐色固体,有蜂蜜的特殊气味。

(4)鉴别

取蜂蜡1g,加入异丙醇50mL,以65℃水浴加热溶解。边搅拌边加入温水5mL。形成白色絮状物。

(5)纯度

①熔点:60℃~67℃。

②酸值:5~24。

按照"小烛树蜡"的纯度2规定进行。

③过氧化值：不超过5。

准确称取蜂蜡5g，转移至200mL玻璃磨口具塞锥形瓶中，加入乙酸与氯仿混合液（3∶2）30mL，塞上瓶塞。温水加热，温和震荡溶解。冷却，充入氮气排出烧瓶中的空气。在充入氮气的同时，准确加入碘酸钾试液1mL。停止充入氮气，迅速塞上瓶塞。震荡1min后在暗处放置5min。再加入30mL水，塞上瓶塞，剧烈震荡。用0.01mol/L硫代硫酸钠溶液滴定。按式（9－7）计算过氧化值（X）。以同样方法进行空白试验，并作必要的校正。

$$X = \frac{V}{m} \times 10 \tag{9-7}$$

式中：

V——0.01mol/L硫代硫酸钠消耗量，mL；

m——样品量，g。

④皂化值：77～103（油脂类和相关物质试验）。

⑤重金属：以Pb计，不超过40μg/g，（0.50g，第2法，参比溶液为铅标准溶液2.0mL）。

⑥铅：以Pb计，不超过10μg/g（1.0g，第1法）。

⑦砷：以As_2O_3计，不超过4.0μg/g（0.5g，第3法，装置B）。

⑧脂肪、日本蜡、松香和肥皂 取蜂蜡1g，加入氢氧化钠溶液（1→7）35mL。水浴加热30min，不时振摇，并补充蒸发掉的水。冷却后，过滤溶液，用盐酸酸化滤液。不生成沉淀。

（6）灼热残留物 不超过0.1%。

47. 甜菜红

（1）其他名称及英文名称 甜菜根红；甜菜红苷；Beet red；Beetroot red；Betanin。

（2）定义 本品是从甜菜（*Beta vulgaris* linné）的根部获取，主要由异甜素苷和甜菜苷组合。产品可含葡聚糖或乳糖。

（3）编码 CAS 7659－95－2；INS 162。

（4）色值 甜菜红的色值（$E_{1cm}^{10\%}$）不低于15，在标称值的90%～110%。

（5）性状 紫红色至深紫色粉末、团块、糊状或液体，有轻微特殊气味。

（6）鉴别

①称取相当于色值为15的甜菜红1g，用乙酸盐缓冲溶液（pH 5.4）50mL溶解。溶液呈现紫红色。

②取鉴别1中的溶液5mL，加1mL氢氧化钠溶液。颜色变成黄色。

③甜菜红的乙酸盐缓冲溶液（pH 5.4）溶液，在525nm～540nm吸收最大。

④称取相当于色值为15的甜菜红1g，用水5mL溶解，加入甲醇20mL，混合。3000r/min离心溶液10min，取上层清液作为测试溶液。取8μL测试溶液进行薄层色谱分析，展开剂为正丁醇、水、乙酸的混合液（4∶3∶2）。不需要参比溶液。使用覆有薄层色谱用微晶纤维素的薄层板作为固定相，60℃～80℃干燥20min。当展开剂的最前端上升到距离原点约10cm时，停止展开，风干薄层板。在R_f值0.3～0.5处有一紫色斑点。将展开板放置在充满氨气的容器内至少30min。斑点的紫色变为浅灰色至深褐色。

（7）纯度

①重金属：以Pb计，不超过40μg/g（0.50g，第2法，参比溶液为铅标准溶液2.0mL）。

②铅:以 Pb 计,不超过 10μg/g(1.0g,第 1 法)。

③砷:以 As_2O_3 计,不超过 4.0μg/g(0.5g,第 3 法,装置 B)。

④硝酸盐:以 NO_3 计,每 15 个色值单位不超过 0.27%。

测试溶液 准确称取甜菜红 0.1g,用水溶解并定容至 100mL。

标准溶液 准确量取 0.2mL、1mL、10mL 和 50mL 硝酸根离子标准储备液,分别用水定容至 100mL。

含量测定 分别取 20μL 测试溶液,标准溶液和标准储备液,进行离子色谱分析。测量标准溶液和标准储备溶液的峰高或峰面积值,并作标准曲线。测量测试溶液的峰高或峰面积并根据标准曲线确定测试溶液的浓度。

操作条件

检测器:电导检测器。

色谱柱:内径 4.6mm ~ 6.0mm,长 5cm ~ 10cm 的不锈钢管。

柱填充剂:多孔阴离子交换树脂。

保护柱:在色谱柱之前使用相同内径,与上填料相同的色谱柱作为保护柱。

温度:40℃。

洗脱液:含 2.5mmol/L 邻苯二甲酸和 2.4mmol/L 三羟甲基氨基甲烷的水溶液(pH 4.0)。

流速:1.5mL/min

(8)色值试验 使用下列条件,按照“色值试验”的规定进行。

操作条件

溶剂:乙酸盐缓冲液(pH 5.4)。

波长:最大吸收波长 525nm ~ 540nm。

48. 膨润土

(1)其他名称 斑脱土;皂土;Bentonite;Bentonitum;Soap clay。

(2)定义 将矿物沉积物中开采出的膨润土干燥获得。

(3)编码 CAS 1302 - 78 - 9;INS 558。

(4)性状 白色至淡褐黄色粉末、片状物。湿润后有土壤或黏土气味。

(5)鉴别

①取膨润土 0.5g,加入稀硫酸(1→3)3mL,加热至产生白色烟雾。冷却后,加入水 20mL,过滤。取滤液 5mL,加入氨试液 3mL。形成白色凝胶状沉淀,当加入茜素 S 溶液(1→1000),沉淀变成红色。

②用水洗涤鉴别 1 中滤出的残留物,加亚甲基蓝溶液(1→10000)2mL,再用水洗涤。残留物变为蓝色。

③将膨润土 6.0g 与氧化镁 0.3g 混合。将混合物转移至装有 200mL 水的 500mL 具塞量筒中,摇振 1h。转移 100mL 悬浮液至 100mL 的量筒中,放置 24h。溶液分为两层。上清液不超过 2mL。

(6)纯度

①pH:8.5 ~ 10.5(2% 悬浮液)。

②铅:以 Pb 计,不超过 40μg/g。

测试溶液　取膨润土2.0g，加稀盐酸（1→10）12mL和水8mL，煮沸30min，期间不断补充蒸发的水分，然后蒸发至干。再100℃干燥1h。向残留中加入稀盐酸（1→10）20mL，微沸5min，用滤纸过滤上层悬浮液。再向残留物中加入稀盐酸（1→10）10mL，微沸5min，使用同一滤纸过滤。合并两次的滤液，加水至100mL。将此溶液作为溶液A。将25mL溶液A水浴加热蒸干，然后用稀盐酸（1→10）溶解残留物，配至20mL。

参比溶液　取铅标准溶液1.0mL，用稀盐酸（1→10）稀释至10mL。

程序　按照"铅限量试验"的第1法规定进行。

③砷：以As_2O_3计，不超过4.0μg/g。

取25mL纯度2的溶液A作为测试溶液，使用装置B进行试验。

(7)干燥失量　不超过12.0%（105℃，2h）。

49. 苯甲醛

(1)其他名称及英文名称　安息香醛；Benzaldehyde。

(2)编码　CAS 100-52-7；FEMA 2127。

(3)分子式、相对分子质量与结构式　C_7H_6O；106.12；

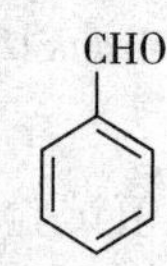

(4)含量　本品苯甲醛（C_7H_6O）含量不少于97.0%。

(5)性状　无色液体，有杏仁气味。

(6)鉴别

按照"红外光吸收谱法"的液膜法规定的操作测定苯甲醛的红外吸收光谱，与参比光谱图（图9-10）比较，两个谱图在相同的波数几乎有同样的吸收强度。

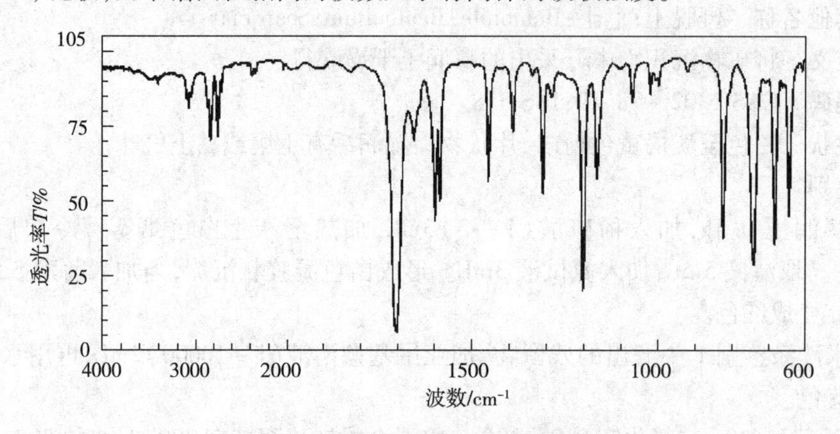

图9-10　苯甲醛红外吸收光谱图

(7)纯度

①折光率n_D^{20}：1.544～1.547。

②相对密度：1.044～1.049。

③酸值：不超过5.0（香料物质试验）。

④卤代化合物：按照“香料物质试验”中的代化合物规定进行。

(8)含量测定 准确称取苯甲醛0.8g，按照“香料物质试验”中醛类或酮类含量第2法测定。本试验时，需在滴定前放置10min。

$$0.5mol/L 高氯酸 1mL = 53.06mg\ C_7H_6O$$

50. 苯甲酸

(1)其他名称 安息香酸；Benzoic acid；Benzenecarboxylic acid。

(2)编码 CAS 65－85－0；INS 210；FEMA 2131。

(3)分子式、相对分子质量与结构式 $C_7H_6O_2$；122.12；

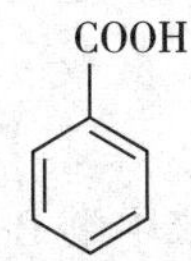

(4)含量 本品干燥后，苯甲酸($C_7H_6O_2$)含量不少于99.5%。

(5)性状 白色鳞片或针状结晶，无臭或略有苯甲醛的气味。

(6)鉴别

取苯甲酸1g，加氢氧化钠溶液(1→25)20mL溶解。溶液对“定性试验”中苯甲酸盐(2)产生反应。

(7)纯度

①熔点：121℃～123℃。

②重金属：以Pb计，不超过10μg/g。

测试溶液 准确称取苯甲酸2.0g，用丙酮25mL溶解，加稀乙酸(1→20)2mL，用水配制成50mL溶液。

参比溶液 取铅标准溶液2.0mL，加入丙酮25mL，加稀乙酸(1→20)2mL，加水配制成50mL。

③砷：以As_2O_3计，不超过4.0μg/g(0.5g，第3法，装置B)。

④易氧化物：预先将1.5mL硫酸加入100mL水中，边煮沸边滴加0.2mol/L高锰酸钾溶液至粉红色持续30s不褪色。称取苯甲酸1.0g，用此溶液溶解。在约70℃用0.2mol/L高锰酸钾溶液滴定至粉红色并持续15s。其用量应小于0.5mL。

⑤氯化物：以Cl计，小于0.014%。

测试溶液 称取苯甲酸0.5g和碳酸钙0.7g，一同放入瓷坩埚内，加少量水混合，100℃干燥，然后在约600℃加热10min。冷却，加稀硝酸(1→10)20mL溶解残留物，过滤。用约15mL水洗涤不溶物，合并洗液和滤液，加水配至50mL。

参比溶液 称取碳酸钙0.7g，加稀硝酸(1→10)20mL溶解，必要时过滤，加0.01mol/L盐酸0.20mL，加水配至50mL。

程序 分别在两种溶液中加硝酸银溶液(1→50)0.5mL，充分振摇，放置5min。测试溶液不应比参比溶液更浑浊。

⑥邻苯二甲酸：不超过50μg/g。

测试溶液 称取苯甲酸1.0g，加甲醇20mL溶解，用稀乙酸(1→100)定容至50mL。

参比溶液 称取邻苯二甲酸0.0100g，用甲醇30mL溶解，用稀乙酸(1→100)定容至

100mL。取此溶液 1.0mL,用稀乙酸(1→100)与甲醇的混合液(3:2)至 100mL。

程序　分别取 20μL 测试溶液和参比溶液,按照下列条件进行液相色谱分析。测试溶液中邻苯二甲酸的峰高不应超过参比溶液。

操作条件

检测器:紫外检测器(检测波长:228nm)。

色谱柱:内径 4.6mm,长 25m 的不锈钢柱。

柱填料:液相色谱用 7μm 十八烷基硅胶。

柱温:40℃。

流动相:稀乙酸(1→100)与甲醇的混合液(7:3)。

流速:1mL/min。

(8)干燥失量　不超过 0.50%(3h)。

(9)含量测定　准确称取预先干燥的苯甲酸 0.25g,用 50%(体积分数)中性乙醇 25mL 溶解,用 0.1mol/L 氢氧化钠溶液滴定(指示剂:酚红试液 3 滴)。

$$0.1mol/L\ 氢氧化钠\ 1mL = 12.21mg\ C_7H_6O_2$$

51. 乙酸苄酯

(1)其他名称　乙酸苯基甲基酯;Benzyl acetate;Phenylmethyl acetate。

(2)编码　CAS 140-11-4;FEMA 2135。

(3)分子式、相对分子质量与结构式　$C_9H_{10}O_2$;150.17;

(4)含量　本品含乙酸苄酯($C_9H_{10}O_2$)不少于 98.0%。

(5)性状　有特殊气味的无色透明液体气。

(6)鉴别

按照"红外吸收光谱法"的液膜法规定的操作测定乙酸苄酯的红外吸收光谱,与参比光谱图(图 9-11)比较,两个谱图在相同的波数几乎有同样的吸收强度。

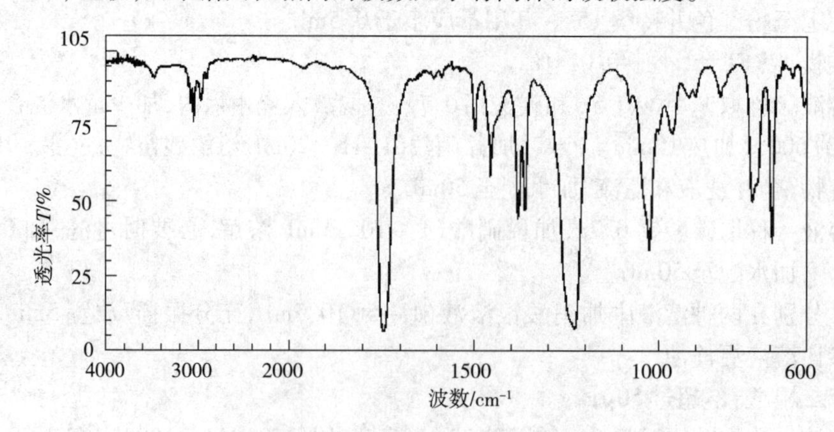

图 9-11　乙酸苄酯红外吸收光谱图

(7)纯度

①折光率 n_D^{20}:1.501~1.504。

②相对密度:1.055~1.059。

③溶液澄清度:澄清[2.0mL,70%(体积分数)乙醇溶液4mL]。

④酸值:不超过1.0(香料物质试验)。

⑤卤代化合物:按照"香料物质试验"的卤代化合物规定进行。

(8)含量测定　准确称取乙酸苄酯0.8g,按照"香料物质试验"中酯含量规定进行。

0.5mol/L 氢氧化钾的乙醇溶液 1mL = 75.09mg $C_9H_{10}O_2$

52. 苯甲醇

(1)其他名称　苄醇;苄基醇;Benzyl alcohol;Phenylmethanol;Bentalol。

(2)编码　CAS 100-51-6;FEMA 2137。

(3)分子式、相对分子质量与结构式　C_7H_8O;108.14;

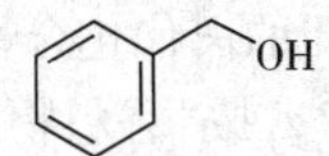

(4)含量　本品苯甲醇(C_7H_8O)含量不少于98.0%。

(5)性状　无色透明液体,有微弱特殊气味。

(6)鉴别

将苯甲醇2滴~3滴加入高锰酸钾溶液(1→20)5mL中,加稀硫酸(1→20)调至酸性。产生苯甲醛的气味。

(7)纯度

①折光率 n_D^{20}:1.538~1.541。

②相对密度:1.045~1.050。

③溶液澄清度:取苯甲醇1.0mL,加水35mL溶解。即使溶液混浊,油层也不会立即分离出。

④游离酸及游离碱:取本品10mL,加中性乙醇10mL溶解,加酚酞试液2滴,无粉红色出现。再向此溶液加入0.1mol/L氢氧化钠0.20mL,振摇。显粉红色。

⑤醛类:准确称取苯甲醇5g,按"香料物质试验"中的醛类或酮类含量第2法规定进行。0.5mol/L盐酸消耗量应小于0.20mL。

⑥卤代化合物:按"香料物质试验"中卤代化合物规定进行。

(8)含量测定　准确称取苯甲醇0.5g,按"香料物质试验"中醇类含量的第2法规定进行。

0.5mol/L 氢氧化钾的乙醇溶液 1mL = 54.07mg C_7H_8O

53. 丙酸苄酯

(1)其他名称　丙酸苯甲酯;苄基丙酸酯;Benzyl propionate;Phenylmethyl propanoate。

(2)编码　CAS 122-63-4;FEMA 2150。

(3)分子式、相对分子质量与结构式　$C_{10}H_{12}O_2$;164.20;

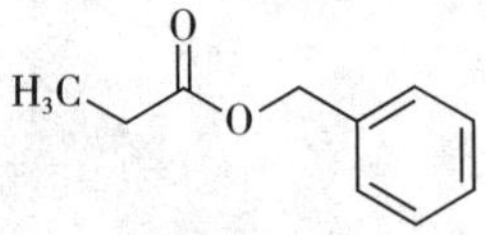

(4)含量 本品丙酸苄酯($C_{10}H_{12}O_2$)含量不少于98.0%。

(5)性状 有微弱特殊气味的无色透明液体。

(6)鉴别

取丙酸苄酯1mL,加入10%氢氧化钾乙醇试液5mL。在温水中加热20min,特殊气味消失。冷却,用稀硫酸(1→20)调至酸性。产生丙酸的气味。

(7)纯度

①折光率 n_D^{20}:1.496~1.500。

②相对密度:1.032~1.036。

③溶液澄清度:澄清[1.0mL,70%(体积分数)乙醇5mL]。

④酸值:不超过1.0(香料物质试验)。

⑤卤代化合物:按照“香料物质试验”的卤代化合物的规定进行。

(8)含量测定 准确称取丙酸苄酯1g,按“香料物质试验”中酯含量规定进行。

0.5mol/L 氢氧化钾的乙醇溶液 1mL = 82.10mg $C_{10}H_{12}O_2$

54. 甜菜碱

(1)其他名称 三甲铵乙内酯;甜菜素;Betaine;2-(*N*,*N*,*N*-Trimethylammonio)acetate;Glycine betaine。

(2)编码 CAS 107-43-7。

(3)分子式、相对分子质量与结构式 $C_5H_{11}NO_2$;117.15;

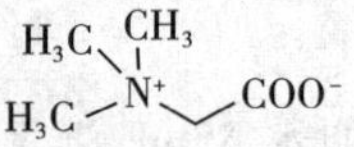

(4)定义 甜菜碱是从甜菜(*Beta vulgaris* Linné)的糖蜜中分离的物质。主要成分为甜菜碱($C_5H_{11}NO_2$)。

(5)含量 本品干燥后,甜菜碱($C_5H_{11}NO_2$)含量为98.0%~102.0%。

(6)性状 白色,易吸湿潮解的结晶,有微弱气味。有甜味及微弱苦味。

(7)鉴别

按照“红外吸收光谱法“的研糊法规定的操作测定经预先干燥的甜菜碱的红外吸收光谱,与参比光谱图(图9-12)比较,两个谱图在相同的波数几乎有同样的吸收强度。

(8)纯度

①溶液颜色和澄清度:无色,澄清(1.0g,水10mL)。

②pH:5.0~7.0(1.0g,水20mL)。

③氯化物:以Cl计,小于0.005%(1.0g,参比溶液为0.01mol/L盐酸0.15mL)。

④硫酸盐:以 SO_4^{2-} 计,不超过0.01%(1g,参比溶液为0.005mol/L硫酸0.20mL)。

⑤重金属:以Pb计,不超过5.0μg/g(4.0g,第1法,参比溶液为铅标准溶液2.0mL)。

⑥砷:以 As_2O_3 计,不超过4.0μg/g(0.50g,第1法,装置B)。

(9)干燥失量　不超过3.0%(105℃,3h)。

(10)灼热残留物　不超过0.10%(500℃,3h)。

(11)含量测定

测试溶液　准确称取经预先干燥的甜菜碱1g,用水溶解并定容至100mL。

标准溶液　分别准确称取经预先干燥的含量测定用甜菜碱0.5g和1.0g,各自用水溶解并定容至100mL。

程序　分别取测试溶液和参比溶液10μL,按下列条件进行液相色谱分析。绘制标准溶液峰面积的标准曲线。利用标准曲线和测试溶液的峰面积,按式(9-8)计算甜菜碱($C_5H_{11}NO_2$)的含量(X)。

$$X = \frac{m}{m_1} \times 100\% \qquad (9-8)$$

式中:

m——测试溶液中甜菜碱质量,g;

m_1——样品量,g。

操作条件

检测器:视差折光检测器。

色谱柱:内径4 mm,长25m的不锈钢柱。

柱填充材料:强酸性阳离子交换树脂。

温度:70℃。

流动相:水。

流速:调整流速使甜菜碱的保留时间约为9min。

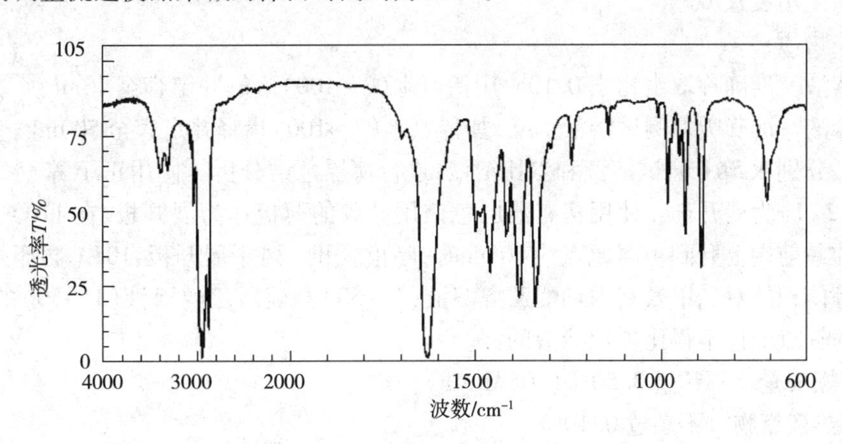

图9-12　甜菜碱红外吸收光谱图

55. 生物素

(1)其他名称　维生素H;维生素B_7;Biotin;Vitamin H;Vitamin B_7;5-[(3a*S*,4*S*,6a*R*)-2-Oxohexahydro-1*H*-thieno[3,4-*d*]imidazol-4-yl]pentanoic acid。

(2)编码　CAS 58-85-5。

(3)分子式、相对分子质量与结构式　$C_{10}H_{16}N_2O_3S$;244.31;

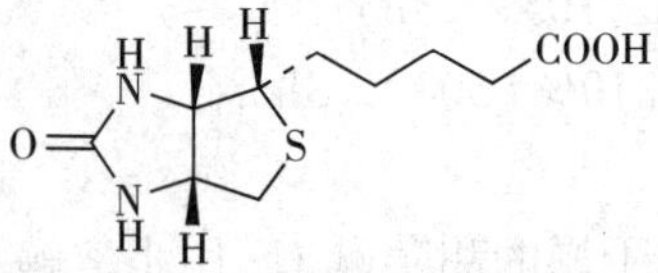

(4) **含量** 本品干燥后，生物素($C_{10}H_{16}N_2O_3S$)含量不少于98.0%。

(5) **性状** 白色结晶或晶体粉末。无臭、无味。

(6) **鉴别**

①取生物素的乙醇溶液(1→10000)5mL，加入对二甲氨基丙烯醛试液1mL和3滴硫酸，振摇。溶液呈橘黄色至红色。

②按照“红外吸收光谱法”的溴化钾压片法规定的操作测定经预先干燥的生物素的红外吸收光谱，在$3315cm^{-1}$、$1708\ cm^{-1}$、$1687\ cm^{-1}$、$1481\ cm^{-1}$、$1320\ cm^{-1}$、$1274\ cm^{-1}$有吸收谱带。

(7) **纯度**

①旋光度$[\alpha]_D^{20}$：+89°～+93°(0.4g，稀氢氧化钠试液，以干燥品计)。

②溶液颜色和澄清度：无色，澄清(1.0g，0.5mol/L 氢氧化钠试液10mL)。

③重金属：以Pb计，不超过10μg/g，(2.0g，第2法，参比溶液为铅标准溶液2.0mL)。

④砷：以As_2O_3计，不超过2.8μg/g。

测试溶液　称取生物素0.70g于凯氏烧瓶中，加入硝酸5mL和硫酸2mL，在凯氏烧瓶口上放一小漏斗，小心加热至有白色烟雾生成。冷却后，分次加入硝酸2mL后加热，共2次。分次加入2mL过氧化氢后加热，共2次～3次，至溶液变成无色或淡黄色。冷却后，加入2mL饱和草酸铵溶液，加热蒸发至再次出现白色烟雾。冷却，加水至5mL。

装置　使用装置B。

⑤相关物质：

测试溶液　准确称取生物素0.10g，用稀氨水(7→100)溶解并定容至10mL。

标准溶液　准确吸取测试溶液1mL，加稀氨水(7→100)稀释并定容至500mL。

程序　分别取5μL测试溶液和参比溶液，进行薄层色谱分析。使用正丁醇、水和乙酸的混合液(5:2:1)为展开剂。使用覆有薄层色谱用硅胶的薄板作为展开板，在110℃干燥1h。当展开剂的最前端上升到距离原点约10cm时，停止展开。风干展开板，105℃再干燥30min。均匀喷涂等体积的对二甲氨基丙烯醛乙醇溶液(1→50)和硫酸乙醇溶液(1→50)的混合液。测试溶液的红点颜色不得比参比溶液的深。

(8) **干燥失量** 不超过0.50%(105℃，4h)。

(9) **灼热残留物** 不超过0.10%。

(10) **含量测定** 准确称取经预先干燥的生物素0.25g，准确加入0.1mol/L 氢氧化钠溶液20mL。用0.1mol/L 盐酸滴定多余的氢氧化钠。使用2滴酚酞作为指示剂。另外，进行空白试验做必要校正。

0.1mol/L 氢氧化钠 1mL = 24.43mg $C_{10}H_{16}N_2O_3S$

56. 双苯酰硫胺

(1) **其他名称** 二苯甲酰二硫化硫胺；双苯联硫胺；Bisbentiamine；Benzoylthiamine disulfide；Beprocin。

(2)编码　CAS 2667－89－2。

(3)分子式、相对分子质量与结构式　$C_{38}H_{42}N_8O_6S_2$；770.92；

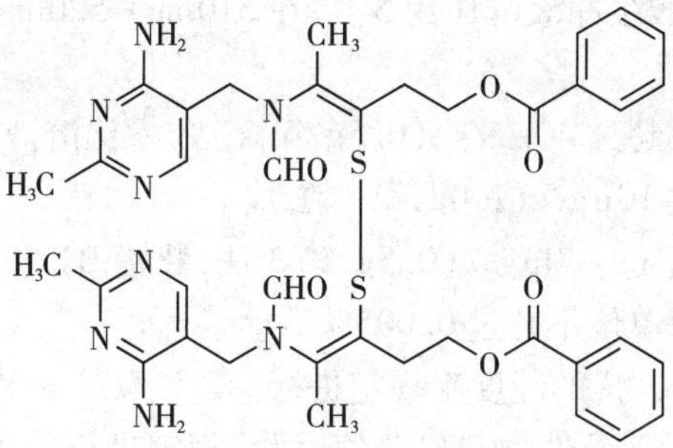

(4)含量　本品干燥后，双苯酰硫胺（$C_{38}H_{42}N_8O_6S_2$）含量为98.0%～102.0%。

(5)性状　白色结晶或晶体粉末。无臭、有轻微苦味。

(6)鉴别

①取双苯酰硫胺50mg，加入甲醇5mL，加温溶解。加入盐酸羟胺溶液（3→20）与氢氧化钠溶液（3→20）的混合液（1∶1）2mL，50℃～60℃水浴加温2min。向此溶液中加入盐酸0.8mL和三氯化铁溶液（1→10）0.5mL，再加水8mL。出现紫红色。

②取双苯酰硫胺5mg，加入甲醇1mL，加温溶解，再加水2mL，半胱氨酸盐酸盐溶液（1→100）2mL和氢氧化钠溶液（1→25）1mL，振摇，放置5min。再加入新配制的铁氰化钾溶液（1→10）1mL和异丁醇5mL，剧烈振摇2min后静置，在紫外线下观察，异丁醇层发出紫蓝色荧光。荧光在酸性溶液中消失，在碱性溶液中复现。

(7)纯度

①熔点：140℃～145℃（分解）。

②溶液的颜色和澄清度：无色，澄清（0.10g，甲醇20mL）。

③重金属：以Pb计，不超过20μg/g（1.0g，第2法，参比溶液为铅标准溶液2.0mL）。

(8)干燥失量　不超过0.50%（24h）。

(9)灼热残留物　不超过0.20%。

(10)含量测定　准确称取经预先干燥的双苯酰硫胺约0.5g，加入乙酸50mL溶解，用0.1mol/L高氯酸滴定（指示剂：结晶紫－乙酸试液1mL），直至溶液由紫色经蓝色变为绿色即为终点。另进行空白试验做必要校正。

0.1mol/L高氯酸1mL＝38.55mg $C_{38}H_{42}N_8O_6S_2$

57. 黑醋栗色素

(1)其他名称　黑加仑色素；Black currant color

(2)定义　黑醋栗色素是从黑醋栗（*Ribes nigrum* Linné）的果实中得到。主要成分为飞燕草素－3－芸香糖苷。本品可含葡聚糖或乳糖。

(3)色值　黑醋栗色素的色值$E_{1cm}^{10\%}$不小于40，为标称量的90%～110%。

(4)性状　有轻微特殊气味的暗红色粉末、黏稠膏剂和液体。

(5)鉴别

①称取相当于色值为40的黑醋栗色素1g，用柠檬酸缓冲溶液（pH 3.0）100mL溶解。溶

液呈红色至紫红色。

②向鉴别1溶液中加入氢氧化钠溶液(1→25)使其呈碱性。颜色变为墨绿色。

③黑醋栗色素的柠檬酸缓冲液(pH为3.0)在510nm~520nm吸收最大。

(6)纯度

①重金属:以Pb计,不超过40μg/g,(0.5g,第2法,参比溶液为铅标准溶液2.0mL)

②铅:以Pb计,不超过10μg/g(1.0g,第1法)。

③砷:以As_2O_3计,不超过4.0μg/g(0.5g,第3法,装置B)。

④二氧化硫:每个色值单位不超过0.005%。

按照"226. 葡萄皮提取物"的纯度4规定进行。

(7)色值试验 采用以下条件,按照"色值试验"规定进行。

操作条件

溶剂:柠檬酸缓冲溶液(pH 3.0)。

波长:最大吸收波长510nm~520nm。

58. 骨炭

(1)英文名称 Bone charcoal。

(2)定义 从碳化、粉碎牛骨(*Bos Taurus* Linné)制得,主要成分为磷酸钙和碳粉。

(3)性状 黑色粉末或颗粒。无臭,无味。

(4)鉴别

①称取骨炭0.1g,如为颗粒样品则需碾碎,加稀甲基蓝试液10mL和稀盐酸(1→4)2滴,充分振摇,用干燥定量分析滤纸(5C)过滤。所得溶液无色。

②称取骨炭0.5g,如为颗粒样品则需粉碎,转移至试管中,用火直接加热,同时通入空气。样品燃烧而无火焰。产生的气体通入氢氧化钙试液,出现白色浑浊。

③取经预先焚烧过的骨炭0.1g,加入稀盐酸(1→7)10mL,加温溶解。边振摇边加入氨试液2.5mL,然后加草酸铵溶液(1→30)5mL。生成白色沉淀。

④取经预先焚烧过的骨炭0.1g,加入稀硝酸5mL,加热溶解。加钼酸铵试液2mL,生成黄色沉淀。

(5)纯度

样品准备 如样品为颗粒状,在称量前应先碾碎。如果为粉末状,可以直接使用。称取预先经110℃~120℃干燥3h的骨炭4.0g,加含稀硝酸(1→100)0.1mL的水180mL,保持微沸加热10min。冷却后,加水200mL,用定量分析滤纸(5C)过滤。弃去首先的滤液30mL,收集后续滤液(溶液A)进行以下试验。

①氯化物:以Cl计,小于0.53%。

测试溶液 采用1.0mL溶液A。

参比溶液 采用0.01mol/L的盐酸0.30mL。

②硫酸盐:以SO_4计,不超过0.48%。

测试溶液 溶液A 2.5mL。

参比溶液 0.005mol/L硫酸。

③铅:以Pb计,不超过10μg/g。

测试溶液 取溶液 A 50mL 水浴蒸干。向残留物中加稀硝酸(1→150)10mL 溶解。

参比溶液 向铅标准溶液 1.0mL 中,加稀硝酸(1→150)至 10mL。

程序 按照“铅限量试验”的第 1 法规定进行。

④砷:以 As_2O_3 计,不超过 4.0μg/g。

取溶液 A 25mL 水浴蒸干,将残留物作为待测样品。按照“砷限量试验”的第 2 法规定进行,使用装置 B。

59. *d* – 龙脑

(1)其他名称 右旋龙脑;龙脑;(+)–冰片;*d* – Borneol;d – Bornyl alcohol;(+)– Borneol;(1*R*,2*S*,4*R*)–1,7,7 – Trimethylbicyclo[2.2.1]heptan – 2 – ol。

(2)编码 CAS 464 – 43 – 7;FEMA 2157。

(3)分子式、相对分子质量与结构式 $C_{10}H_{18}O$;154.25;

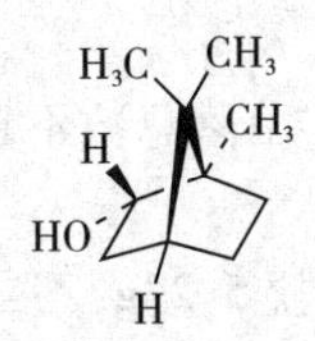

(4)含量 本品 *d* – 龙脑($C_{10}H_{18}O$)含量不少于 95.0%。

(5)性状 白色结晶或晶体粉末、团块,有冰片样香气。

(6)鉴别

①将 *d* – 龙脑与等量百里香酚混和研磨时,变成液体。

②将 *d* – 龙脑 0.1g 置于试管中,试管以 45°角将底部放在本生灯的无色火焰上加热 1min。试管上部有升华现象。

(7)纯度

①旋光度$[\alpha]_D^{20}$:+16.5° ~ +37.0°(2.5g,乙醇 25mL)。

②熔点:205℃ ~210℃。

③重金属:以 Pb 计,不超过 10μg/g(2.0g,第 2 法,参比溶液为铅标准溶液 2.0mL)。

④砷:以 As_2O_3 计,不超过 4.0μg/g(0.5g,第 4 法,装置 B)。

⑤卤代化合物:按照“香料物质试验”的卤代化合物规定进行。

(8)含量测定 准确称取 *d* – 龙脑 1g 于 200mL 具塞烧瓶中,准确加入乙酸酐 – 吡啶试液 5mL。烧瓶上装上回流冷凝管,用 2 滴 ~3 滴吡啶润湿磨砂接口处,水浴加热 3h。冷却后,从回流冷凝管加入水 10mL,清洗烧瓶内壁,并冷却至室温。加水 10mL,塞紧瓶塞,振摇混匀。用中性乙醇 5mL 冲洗接口处和烧瓶内壁,用 0.5mol/L 氢氧化钾溶液滴定(指示剂:10 滴甲酚红 – 百里酚蓝试液)。以同样方法做空白试验。

0.5mol/L 氢氧化钾的乙醇溶液 1mL = 77.12mg$C_{10}H_{18}O$

60. 菠萝蛋白酶

(1)其他名称 菠萝酶;Bromelain;Bromelain pineapple。

(2)编码 CAS 9001 – 00 – 7。

(3)定义 从菠萝(*Ananas comosus* Merrill)的果实和根茎获取的一种蛋白水解酶。产品可能含有乳糖或葡聚糖。

(4)酶活性 菠萝蛋白酶的酶活性相当于500000U/g以上。

(5)性状 白色或浅黄褐粉末。无味或稍有特殊气味。

(6)鉴别

按照“334. 木瓜蛋白酶”的鉴别1规定进行。

(7)纯度

①铅:以Pb计,不超过5.0μg/g(2.0g,第1法)。

②砷:以As_2O_3计,不超过4.0μg/g(0.5g,第3法,装置B)。

③氰化物:称取菠萝蛋白酶5.0g,置于蒸馏烧瓶中,加酒石酸2g和水50mL,必要时加1滴硅酮树脂。连接烧瓶与蒸馏装置,蒸馏装置的冷凝器与已盛有1mol/L氢氧化钠2mL和水10mL的接收器相连。蒸馏至馏出液约20mL,向馏出液中加水至50mL。取此溶液25mL,加硫酸亚铁试液0.5mL,三氯化铁溶液(0.18→100)0.5mL和稀硫酸1mL。溶液不显蓝色。

(8)微生物限量

按照“微生物限量试验”规定进行。菌落总数不超过50000/g。大肠埃希氏菌不得检出。

(9)酶活性测定

测试溶液 称取L-半胱氨酸盐酸盐5.27g,乙二胺四乙酸二钠2.23g和氯化钠23.4g,用水溶解,用1mol/L氢氧化钠试液调节至pH=4.5,加水至1000mL。使用此溶液作为稀释液。

准确称取菠萝蛋白酶0.1g于研钵中,加入稀释液,混合。用稀释液定容至100mL。必要时离心。将上层溶液用稀释液将其稀释成30U/mL~50U/mL的溶液。

程序 准确吸取测试溶液1mL于试管中,在37℃±0.5℃加热5min。准确加入经预先加热至37℃±0.5℃的酪蛋白试液(pH 7.0)5mL,立即振摇,在37℃±0.5℃准确反应10min。准确加入三氯乙酸试液5mL,振摇。在37℃±0.5℃放置40min,用定量分析滤纸(5C)过滤。弃去首先的3mL滤液,取后续滤液,以水作参比溶液,测定275nm波长的吸光值(A_T)。

另外,准确吸取测试溶液1mL,准确加入三氯乙酸试液5mL,充分振摇。加入酪蛋白试液(pH为7.0)5mL,振摇,在37℃±0.5℃静置40min。按照测定吸光值(A_T)的同样方式测量溶液的吸光值(A_0)。

以水作为参比溶液,在275nm波长测定酪氨酸标准溶液和0.1mol/L盐酸的吸光值(A_S和A_{S0})。

按下式计算酶活性。一个酶活性单位是指按照规定程序进行试验,每分钟产生的氨基酸相当于1μg酪氨酸的酶量。菠萝蛋白酶的酶活性(X)按式(9-9)计算,单位为U/g:

$$X=\frac{(A_T-A_0)\times 50}{A_S-A_{S0}}\times\frac{11}{10}\times\frac{1000}{m} \tag{9-9}$$

式中:

m——1mL测试溶液中菠萝蛋白酶量,mg。

61. 正丁醇

(1)其他名称 丁醇;1-丁醇;1-Butanol;Butan-1-ol;Butyl alcohol。

(2)编码 CAS 71-36-3;FEMA 2178。

(3)分子式、相对分子质量与结构式　$C_4H_{10}O$;74.12;

H_3C ⁄⁄⁄ OH

(4)含量　本品正丁醇($C_4H_{10}O$)含量不少于99.5%。

(5)性状　无色、透明液体,有特殊气味。

(6)鉴别

按照"红外吸收光谱法"的液膜法规定的操作测定正丁醇的红外吸收光谱,与参比光谱图(图9-13)比较,两个谱图在相同的波数几乎有同样的吸收强度。

(7)纯度

①折光率 n_D^{20}:1.393~1.404。

②相对密度 d_{25}^{25}:0.807~0.809。

③酸值:不超过2.0(香料物质试验)。

④二丁醚:不超过0.15%。

按以下含量测定中规定的气相色谱进行试验。二丁醚的峰面积应小于所有峰面积总和的0.15%。色谱条件应满足当进样丁基醚的正丁醇溶液(15→10000)1μL,色谱分析能完全分离二丁醚和正丁醇的峰。

(8)含量测定　按照"香料物质试验"的气相色谱法中峰面积百分比法规定进行,采用操作条件(2)。

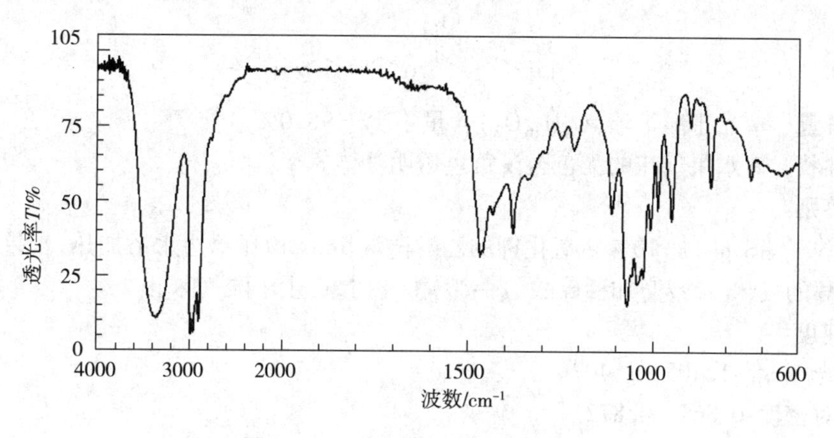

图9-13　正丁醇红外吸收光谱图

62. 乙酸丁酯

(1)其他名称　乙酸正丁酯;Butyl acetate;Acetic acid butyl ester;Acetic acid *N*-butyl ester。

(2)编码　CAS 123-86-4;FEMA 2174。

(3)分子式、相对分子质量与结构式　$C_6H_{12}O_2$;116.16;

H_3C–C(=O)–O–⁄⁄⁄–CH_3

(4)含量　本品乙酸丁酯($C_6H_{12}O_2$)含量不少于98.0%。

(5)性状　无色透明液体,有特殊气味。

(6)鉴别

取乙酸丁酯 1mL,加 10% 氢氧化钾乙醇试液 5mL,水浴加热,特殊气味消失,产生正丁醇的气味。冷却后,加水 10mL 和稀盐酸(1→4)0.5mL。溶液对“定性试验”中乙酸盐(3)产生相应的反应。

(7)纯度

①折光率 n_D^{20}:1.392 ~1.395。

②相对密度:0.880 ~0.884。

③溶液澄清度:澄清[2.0mL,70%(体积分数)乙醇 3.0mL]。

④酸值:不超过 1.0(香料物质试验)。

(8)含量测定 准确称取乙酸丁酯约 0.5g,按照“香料物质试验”中酯含量规定进行。

0.5mol/L 氢氧化钾的乙醇溶液 1mL = 58.08mg $C_6H_{12}O_2$

63. 丁酸丁酯

(1)其他名称 正丁酸正丁酯;正丁基丁酸酯;Butyl Butyrate;1 - Butyl butyrate;Butanoicacidbutylester;*n* - Butyl butyrate。

(2)编码 CAS 109 -21 -7;FEMA 2186。

(3)分子式、相对分子质量与结构式 $C_8H_{16}O_2$;144.21;

O
H_3C O CH_3

(4)含量 本品丁酸丁酯($C_8H_{16}O_2$)含量不少于 98.0%。

(5)性状 有水果气味的无色至浅黄色透明液体。

(6)鉴别

取丁酸丁酯 1mL,加 10% 氢氧化钾的乙醇试液 5mL,边振摇边水浴加热,水果气味消失,产生正丁醇的气味。冷却,加稀硫酸(1→20)酸化时,产生丁酸气味。

(7)纯度

①折光率 n_D^{20}:1.405 ~1.407。

②相对密度:0.867 ~0.872。

③溶液澄清度:澄清[1.0mL,70%(体积分数)乙醇 4.0mL]。

④酸值:不超过 1.0(香料物质试验)。

(8)含量测定 准确称取丁酸丁酯约 0.7g,按招“香料物质试验”的酯含量规定进行。

0.5mol/L 氢氧化钾的乙醇溶液 1mL = 72.11mg $C_8H_{16}O_2$

64. 对羟基苯甲酸丁酯

(1)其他名称 对羟基苯甲酸正丁酯;尼泊金丁酯;4 - 羟基苯甲酸正丁酯;Butyl *p* - Hydroxybenzoate;Butyl 4 - hydroxybenzoate;4 - hydroxy - benzoicacibutylester。

(2)编码 CAS 94 -26 -8。

(3)分子式、相对分子质量与结构式 $C_{11}H_{14}O_3$;194.23;

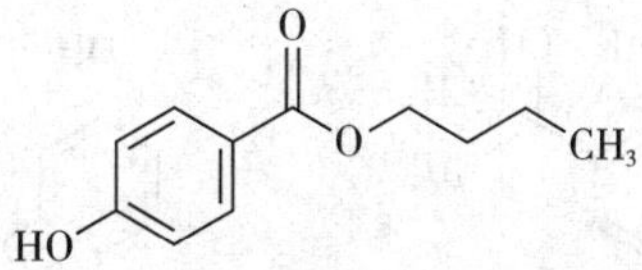

(4)**含量** 本品干燥后,羟基苯甲酸丁酯($C_{11}H_{14}O_3$)含量不少于99.0%。

(5)**性状** 无色结晶或白色晶体粉末。无臭。

(6)**鉴别**

①取对羟基苯甲酸丁酯0.5g,加氢氧化钠溶液(1→25)10mL,煮沸30min后,蒸发至约5mL。冷却,加稀硫酸(1→20)酸化,收集过滤生成的沉淀物。用水充分洗涤,105℃干燥1h。熔点应为213℃~217℃。

②取对羟基苯甲酸丁酯0.05g,加入乙酸2滴及硫酸5滴,加温5min。产生乙酸丁酯的气味。

(7)**纯度**

①熔点:69℃~72℃。

②游离酸:以对羟基苯甲酸计,小于0.55%。

称取对羟基苯甲酸丁酯0.75g,加水15mL,在沸水浴中加热1min,冷却、过滤。该滤液呈酸性或中性。吸取滤液10mL,加0.1mol/L氢氧化钠0.20mL和甲基红试液2滴。溶液显黄色。

③硫酸盐 以SO_4计,不超过0.024%。

样品溶液:称取对羟基苯甲酸丁酯1.0g,加沸水100mL,边充分振摇边加热5min。冷却后,加水配至100mL,过滤。取滤液40mL作为样品溶液。

参比溶液 0.005mol/L硫酸0.20mL。

④重金属:以Pb计,不超过10μg/g。

测试溶液 称取对羟基苯甲酸丁酯2.0g,加丙酮25mL溶解,再加稀乙酸(1→20)2mL,加水配至50mL。

参比溶液 吸取铅标准液2.0mL,加丙酮25mL,稀乙酸(1→20)2mL,加水配至50mL。

⑤砷:以As_2O_3计,不超过4.0μg/g(0.5g,第3法,装置B)。

(8)**干燥失量** 不超过0.50%(5h)。

(9)**灼热残留物** 不超过0.10%

(10)**含量测定** 准确称取经预先干燥的对羟基苯甲酸丁酯2g,准确加入1mol/L氢氧化钠40mL,煮沸30min。冷却后,用0.5mol/L硫酸滴定过量的碱(指示剂:溴百里酚蓝试液5滴)。终点颜色与在磷酸缓冲液(pH 6.5)中加入同样指示剂后产生的颜色相同。以同样方式进行空白试验。

1mol/L氢氧化钠1mL=194.2mg $C_{11}H_{14}O_3$

65. 丁基羟基茴香醚

(1)**其他名称** 叔丁基对羟基茴香醚;叔丁基-4-羟基茴香醚;叔丁基-4-羟基苯甲醚;特丁基-4-羟基茴香醚;Butylated hydroxyanisole;Tert-butyl-4-hydroxyanisole;BHA。

(2)**编码** CAS 25013-16-5;INS 320。

(3)分子式、相对分子质量与结构式 $C_{11}H_{16}O_2$;180.24;

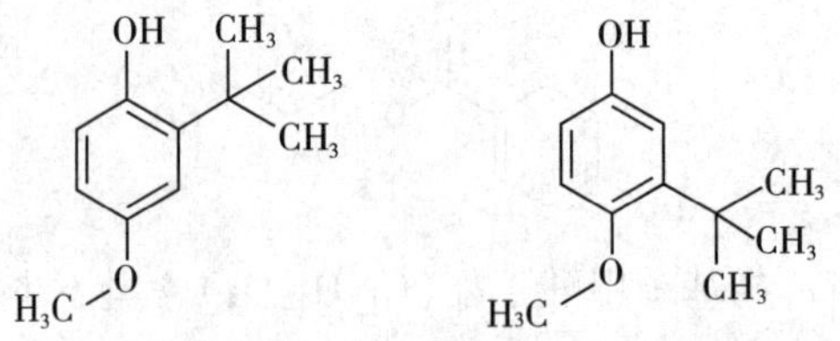

(4)性状 丁基羟基茴香醚为无色或淡褐黄色结晶或团块或白色晶体粉末,稍有特殊气味。该产品实际为2-(1,1-二叔丁基-4-羟基苯甲醚与3-(1,1-二叔丁基-4-羟基苯甲醚的混合物。

(5)鉴别

①取丁基羟基茴香醚的乙醇溶液(1→100)2mL~3mL,加2滴~3滴硼酸钠溶液(1→50)和2,6-二氯醌氯亚胺结晶,振摇,显蓝紫色。

②按照"二丁基羟基甲苯"的鉴别②规定进行。

(6)纯度

①熔点:57℃~65℃。

②溶液颜色和澄清度:无色和澄清(0.5mL,乙醇10mL)。

③硫酸盐:以SO_4计,不超过0.019%。

测试溶液 取丁基羟基茴香醚0.5g,加丙酮35mL溶解,加稀盐酸(1→4)1mL,加水配至50mL。

参比溶液 取0.005mol/L硫酸0.20mL,加丙酮35mL,稀盐酸(1→4)1mL,加水配至50mL。

④重金属:以Pb计,不超过10μg/g(2.0g,第2法,参比溶液为铅标准溶液2.0mL)。

⑤砷:以As_2O_3计,不超过4.0μg/g(0.5g,第3法,装置B)。

⑥对羟苯甲醚:称取丁基羟基茴香醚1.0g,加入乙醚、石油醚的混合物(1:1)20mL溶解,再加水10mL和氢氧化钠溶液(1→25)1mL,充分振摇后,静置,取下层液。向该溶液加入乙醚、石油醚混合物(1:1)20mL,充分振摇,静置,取下层液,加水配至500mL。取该溶液1.0mL于纳氏比色管内,加氢氧化钠溶液(1→25)2mL,加硼酸溶液(3→100)5mL和水配至30mL。加4-氨基安替比林溶液(1→1000)5mL,振摇,加铁氰化钾溶液(1→100)1mL,再次振摇,加水配至50mL,放置15min。该溶液的颜色不得深于用氯化亚钴比色标准贮备液0.6mL加水配至50mL溶液的颜色。

(7)灼热残留物 不超过0.050%。

66. 二丁基羟基甲苯

(1)其他名称 2,6二叔丁基对甲酚;二叔丁基-4-甲基苯酚;Butylated Hydroxytoluene;2,6-Bis(1,1-dimethylethyl)-4-methylphenol;BHT。

(2)编码 CAS 128-37-0;INS 321。

(3)分子式、相对分子质量与结构式 $C_{15}H_{24}O$;220.35;

(4)性状 无色结晶或白色晶体粉末或团块。无味或稍有特殊气味。

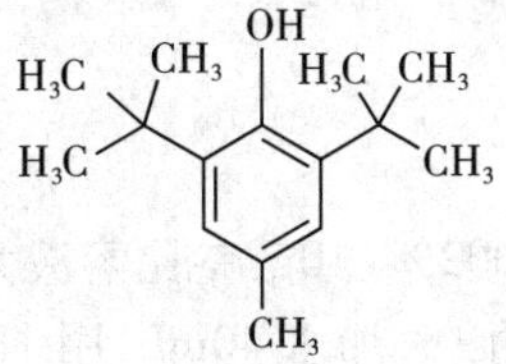

$$
\text{2,6-}(\text{(CH}_3)_3\text{C})_2\text{-4-CH}_3\text{-C}_6\text{H}_2\text{OH}
$$

(5)鉴别

①取二丁基羟基甲苯5mg,加入5－亚硝基－8－羟基喹啉的硫酸溶液(1→100)1滴→2滴。溶解并显黄色,再变成褐红色。

②取二丁基羟基甲苯的乙醇溶液(1→30)1mL,加三氯化铁溶液(1→500)3滴~4滴。不显色。向此溶液加入α,α－联吡啶结晶。显红色。实验前,对三氯化铁溶液进行空白试验,以证实不显色。

(6)纯度

①熔点:69℃~72℃。

②溶液颜色和澄清度:无色和澄清(1.0mL,乙醇10mL)。

③硫酸盐:以SO_4计,不超过0.019%。

测试溶液　称取二丁基羟基甲苯0.5g,加水30mL,水浴加热5min,并不时振摇,冷却,过滤。

参比溶液　用0.005mol/L硫酸0.20mL。

④重金属:以Pb计,不超过10μg/g,(2.0g,第2法,参比溶液为铅标准溶液2.0mL)。

⑤砷:以As_2O_3计,不超过4.0μg/g(0.5g,第3法,装置B)。

⑥对甲酚:以对甲酚计,不超过0.1%。

测试溶液　称取二丁基羟基甲苯1.0g,加水10mL和氨水1mL,水浴中加热3min,并不时振摇。冷却,过滤。用少量水洗涤滤纸上的残留物,合并滤液和洗液,加水配至100mL。

程序　吸取测试溶液3.0mL于纳氏比色管,加磷钼酸的乙醇溶液(1→20)1mL及氨试液0.2mL,振摇。加水配至50mL,放置10min。此溶液的颜色不得深于以测试溶液同样方法,用对甲酚溶液(1→100000)3mL制备的溶液的颜色。

(7)灼热残留物　不超过0.05%。

67. 丁酸

(1)其他名称　酪酸;丙基甲酸;Butyric acid;Tetranoic acid;*N*－ethylacetic acid。

(2)编码　CAS 107－92－6;FEMA 2221。

(3)分子式、相对分子质量与结构式　$C_4H_8O_2$;88.11;

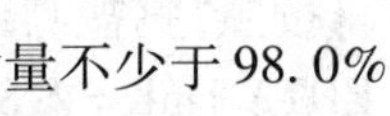

$$H_3C-CH_2-CH_2-COOH$$

(4)含量　本品丁酸($C_4H_8O_2$)含量不少于98.0%。

(5)性状　无色透明液体,有特殊气味。

(6)鉴别

①取丁酸1mL,加水2mL。丁酸溶解,溶液有强酸味。

②取丁酸1mL,加乙醇1mL及硫酸3滴,温水中加温。产生丁酸乙酯的气味。

(7)纯度

①折光率 n_D^{20}:1.398~1.401。

②相对密度:0.958~0.961。

③硫酸盐:以 SO_4 计,不超过0.002%(10g,参比溶液为0.005mol/L 硫酸0.40mL)。

(8)含量测定 准确称取丁酸约1g,加水40mL,用1mol/L 氢氧化钠滴定(指示剂:酚酞试液2滴)。

$$1mol/L 氢氧化钠 1mL = 88.11mg\ C_4H_8O_2$$

68. 煅烧蛋壳钙

(1)英文名称 Calcinated eggshell calcium。

(2)定义 煅烧蛋壳钙❶来自煅烧的蛋壳,主要含氧化钙。

(3)含量 煅烧蛋壳钙在烧灼后应相当于氧化钙(CaO=56.08)含量95.0%以上。

(4)性状 白色至灰白色粉末。

(5)鉴别

①用水润湿煅烧蛋壳钙1g,会产热。加水5mL,生成的悬浊液显碱性。

②向1g 煅烧蛋壳钙中加水20mL和稀乙酸(1→3)10mL溶解,用氨试液中和。该溶液对"定性试验"中钙盐试验产生相应的反应。

(6)纯度

①盐酸不溶物:不超过0.50%。

向0.5g 煅烧蛋壳钙中加水100mL,边振摇边逐滴加入盐酸至样品不再溶解。煮沸5min,冷却,用滤纸(5C)过滤。用水充分洗涤滤纸上的残留物至滤液不再含氯。将带有残留物的滤纸放入坩埚中经灼热后,称取残留物的质量。

②碳酸盐:向煅烧蛋壳钙2.0g 中,加入水50mL,充分振摇,再加入稀盐酸(1→4)25mL。无大量气泡产生。

③重金属:以Pb 计,不超过10μg/g。

测试溶液 将煅烧蛋壳钙2.0g 用稀盐酸(1→4)20mL 溶解,水浴蒸干。向残留物中加水40mL 溶解,必要时过滤,加稀乙酸(1→20)2mL,加水至50mL。

参比溶液 向铅标准溶液2.0mL 中加入2mL 稀乙酸(1→20),加水至50mL。

④砷:以 As_2O_3 计,不超过4.0μg/g。

测试溶液 将煅烧蛋壳钙5g 溶解于稀盐酸(1→4)5mL 中。

装置 使用装置B。

(7)灼热残留物 不超过10.0%(900℃,30min)。

(8)含量测定 准确称取经预先灼热的煅烧蛋壳钙约1.5g,用 稀盐酸(1→4)30mL 溶解,加水定容至250mL。作为测试溶液。按照"钙盐测定"第1法规定进行。

$$0.05mol/L\ EDTA\ 1mL = 2.804mg\ CaO$$

---

❶ 煅烧蛋壳钙是属于"煅烧钙"类的物质。"煅烧钙"在现有食品添加剂目录中被定义为通过煅烧海胆克、贝壳、造礁珊瑚、乳清、骨头或蛋壳而获得的物质,主要由钙组成。

69. 煅烧贝壳钙

(1)英文名称 Calcinated shell calcium。

(2)定义 煅烧贝壳钙[1]来自煅烧的贝壳。主要含氧化钙。

(3)含量 煅烧贝壳钙烧灼后相当于氧化钙(CaO =56.08)含量应在91.0%以上。

(4)性状 白色至灰白色团块、颗粒或粉末。

(5)鉴别

①将煅烧贝壳钙1g悬浮在水5mL中。生成液体显碱性。

②向煅烧贝壳钙1g中,加水20mL和稀乙酸(1→3)10mL,用氨试液中和。该溶液对“定性试验”中钙盐试验产生相应的反应。

(6)纯度

①盐酸不溶物:不超过0.50%。

向煅烧贝壳钙0.5g中,加水100mL,边振摇边逐滴加入盐酸至样品不再溶解。煮沸5min,冷却,用滤纸(5C)过滤。用水充分洗涤滤纸上的残留物至滤液不再含氯。将带有残留物的滤纸放入坩埚中经灼热后,称取残留物的质量。

②碳酸盐:向煅烧贝壳钙2.0g中,加入水50mL,充分振摇,再加入稀盐酸(1→4)25mL。无大量气泡产生。

③重金属:以Pb计,不超过10μg/g。

测试溶液 将煅烧贝壳钙2.0g,用稀盐酸(1→4)20mL溶解,水浴蒸干。向残留物中加水40mL溶解,必要时过滤,加稀乙酸(1→20)2mL,加水至50mL。

参比溶液 向2.0mL铅标准溶液中加入稀乙酸(1→20)2mL,加水至50mL。

④砷:以As_2O_3计,不超过4.0μg/g。

测试溶液 将煅烧贝壳钙5g用稀盐酸(1→4)5mL溶解。

装置 使用装置B。

(7)灼热残留物 不超过10.0%(900℃,30min)。

(8)含量测定 准确称取经预先灼热的煅烧贝壳钙约1.5g,用稀盐酸(1→4)30mL溶解,加水定容至250mL。作为测试溶液。按照“钙盐含量测定”的第1法规定进行。

0.05mol/LEDTA 1mL = 2.804mg CaO

70. 海藻酸钙

(1)其他名称 藻酸钙;褐藻酸钙;Calcium alginate;Alginate calcium salt;Alginic acid calctum Salt。

(2)编码 CAS 9005-35-0;INS 404。

(3)含量 本品干燥后,海藻酸钙含量为89.6%~104.5%。

(4)性状 海藻酸钙为白色至淡黄白色的细丝、颗粒或粉末状的形式。

(5)鉴别

①取海藻酸钙0.25g,边搅拌边加入碳酸钠溶液(1→400)50mL。60℃~70℃加热

---

[1] 煅烧贝壳钙是属于“煅烧钙”类的物质。“煅烧钙”定义见“68. 煅烧蛋壳钙”。

20min,不时搅拌混匀,冷却。使用该溶液作为测试溶液。按照“海藻酸铵”鉴别①规定进行。

②取海藻酸钙1g于550℃~600℃灼热3h。将残留物用水10mL和乙酸(1→3)5mL溶解,必要时过滤。煮沸,冷却,用氨试液中和。该溶液对“定性试验”中钙盐试验产生相应反应。

(6)纯度

①铅:以Pb计,不超过5.0μg/g(2.0g,第1法)。

②砷:以As_2O_3计,不超过4.0μg/g(0.5g,第3法,装置B)。

(7)干燥失量 不超过15.0%(105℃,4h)。

(8)微生物限量 按“23. 海藻酸铵”的微生物限量试验规定进行。

(9)含量测定 按照“16. 海藻酸”的含量测定规定进行。

0.25mol/L氢氧化钠1mL=27.38mg海藻酸钙

71. 碳酸钙

(1)其他名称 沉淀碳酸钙;轻质碳酸钙;Calcium carbonate。

(2)编码 CAS 471-34-1;INS 170。

(3)分子式与相对分子质量 $CaCO_3$;100.09。

(4)含量 本品干燥后,碳酸钙($CaCO_3$)含量为98.0%~102.0%。

(5)性状 细微白色粉末。无臭。

(6)鉴别

取碳酸钙1g,加水10mL和稀乙酸(1→4)7mL。会泡腾和溶解。煮沸溶液和加氨试液中和,该溶液对“定性试验”中的钙盐试验产生相应反应。

(7)纯度

①盐酸不溶物:不超过0.20%

取碳酸钙5.0g,加水10mL,边搅拌边滴加盐酸12mL,加水至200mL。用定量滤纸(5C)过滤,用沸水充分洗涤滤纸上的残留物至滤液不再含有氯。将带有残留物的滤纸灼热灰化,称取残留物质量。

②游离碱:称取碳酸钙3.0g,加新鲜沸腾后冷却的水30mL,振摇3min,过滤溶液。向20mL滤液中加酚酞试液2滴。溶液呈粉红色,当加入0.1mol/L盐酸0.20mL,颜色消失。

③重金属:以Pb计,不超过20μg/g。

测试溶液 取碳酸钙1.0g,用盐酸(1→4)8mL溶解,加水至20mL。边振摇边滴加氨试液至稍有混浊出现,加稀乙酸(1→20)2mL,加水至50mL。

参比溶液 向铅标准溶液2.0mL中加入稀乙酸(1→20)2mL,加水至50mL。

④碱金属及镁:不超过1.0%。取碳酸钙1.0g,慢慢加入稀盐酸(1→10)30mL溶解,煮沸去除二氧化碳。冷却后加氨试液中和,加草酸铵溶液(1→25)60mL,水浴加热1h。冷却后,加水至100mL,充分搅拌,过滤。取滤液50mL,加硫酸0.5mL,蒸干,灼热至恒重,称取残留物的质量。

⑤钡:以Ba计,不超过0.03%。

测试溶液 取碳酸钙1.0g,加稀盐酸(1→4)8mL溶解,加水至20mL。

程序 向测试溶液中加入乙酸钠2g、稀乙酸(1→20)1mL,加铬酸钾溶液(1→20)0.5mL,

放置15min。测试溶液不得比按如下制备的参比溶液混浊：取钡标准液0.30mL，加水至20mL，然后按测试溶液同样操作方式处理。

⑥砷：以 As_2O_3 计，不超过4.0μg/g。

测试溶液　取碳酸钙0.50g，用水1mL润湿，用稀盐酸(1→4)4mL溶解。

装置　装置B。

(8)干燥失量　不超过2.0%(200℃，4h)。

(9)含量测定　准确称取经预先干燥的碳酸钙约1g，慢慢加入稀盐酸(1→4)10mL溶解，加水至100mL。使用该溶液作为测试溶液。按"钙盐测定"的第1法规定进行。

$$0.05mol/L\ EDTA\ 1mL = 5.004mg\ CaCO_3$$

72. 羧甲基纤维素钙

(1)其他名称　Calcium carboxymethylcellulose；Calcium cellulose glycolate。

(2)编码　CAS 9050-04-8。

(3)性状　白色至淡黄色粉末或纤维状物质。无臭。

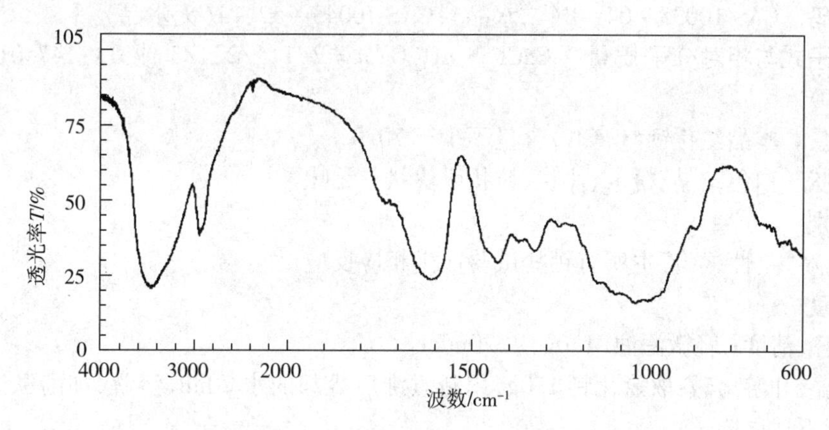

图9-14　羧甲基纤维素钙红外吸收光谱图

(4)鉴别

①按照"红外吸收光谱法"的溴化钾压片法规定的操作测定经预先干燥的羧甲基纤维素钙的红外吸收光谱，与参比光谱图(图9-14)比较，两个谱图在相同的波数几乎有同样的吸收强度。

②取羧甲基纤维素钙1g，550℃～600℃灼热3h。获得的残留物用水10mL和稀乙酸(1→3)5mL，使之溶解，必要时过滤。煮沸溶液，冷却，用氨试液中和。该溶液对"定性试验"中的全部钙盐试验产生相应的反应。

(5)纯度

①游离碱：称取羧甲基纤维素钙1.0g，加新鲜煮沸后冷却的水50mL，充分振摇，加2滴酚酞试液。溶液无粉红色出现。

②氯化物：以Cl计，小于0.35%。

测试溶液　称取羧甲基纤维素钙1.0g，加10mL水，充分搅拌，加氢氧化钠溶液(1→25)2mL。振摇，静置10min，用稀硝酸(1→10)调成至弱酸性。再加入过氧化氢0.5mL，水浴加热 30min。冷却后，加水至 100mL，用干燥滤纸过滤。量取滤液 20mL 作为测试溶液。

参比溶液　采用 0.01mol/L 盐酸 0.20mL。

③硫酸盐：以 SO_4 计，不超过 0.96%。

测试溶液　称取羧甲基纤维素钙 0.10g，加水 10mL，充分搅拌，加氢氧化钠溶液（1→25）2mL。振摇，静置 10min，用稀盐酸（1→10）调至弱酸性。加过氧化氢 0.5mL，水浴加热 30min。冷却后加水至 100mL，用干燥滤纸过滤。取滤液 20mL 作为测试溶液。

参比溶液　用 0.005mol/L 硫酸 0.40mL 制备。

④铅：以 Pb 计，不超过 2.0μg/g(5.0g，第 1 法)。

⑤砷：以 As_2O_3 计，不超过 4.0μg/g(0.50g，第 3 法，装置 B)。

(6)干燥失量　不超过 10.0%(105℃，3h)。

(7)灼热残留物　10.0% ~20.0%(干燥样品，1g)。

73. 氯化钙

(1)其他名称　Calcium chloride。

(2)编码　CAS 10035 - 04 - 8(二水品)；CAS 10043 - 52 - 4(无水品)。

(3)分子式与相对分子质量　$CaCl_2 \cdot nH_2O$(n = 2，1，1/2，1/3 或 0)；147.01(n = 2)，110.98(n = 0)

(4)含量　本品氯化钙($CaCl_2$)含量不少于 70.0%。

(5)性状　白色结晶、粉末、片状、粒状或块状。无味。

(6)鉴别

氯化钙对“定性试验”中所有钙盐试验产生相应反应。

(7)纯度

①溶液澄清度：轻微浑浊(1.0g，水 20mL)。

②游离酸和游离碱：取氯化钙 1.0g，用新煮沸后冷却的水 20mL 溶解，加酚酞试液 2 滴，用此液进行下述试验：

(a)如果溶液是无色，加入 0.02mol/L 氢氧化钠 2.0mL。出现粉红色。

(b)如果溶液是粉红色，加 0.02mol/L 盐酸 2.0mL。颜色消失。

③重金属：以 Pb 计，不超过 20μg/g(1.0g，第 1 法，参比溶液为铅标准溶液 2.0mL)。

④碱金属及镁：不超过 5.0%。

称取氯化钙 1.0g，加水 50mL 溶解，加入氯化铵 0.50g，混合，煮沸 1min，迅速加入草酸溶液(3→50)40mL，剧烈搅拌使生成沉淀，立即加甲基红试液 2 滴，然后逐滴加入氨试液至微碱性，冷却。将该溶液移入 100mL 量筒中，加水至 100mL，静置 4h 至过夜，用干燥滤纸过滤上清液。取滤液 50mL，加硫酸 0.5mL，蒸干，灼热至恒量，称取残留物质量。

⑤砷：As_2O_3 计，不超过 4.0μg/g(0.5g，第 1 法，装置 B)。

(8)含量测定　准确称取氯化钙约 1.5g，加水 50mL 溶解，再加水定容至 100mL。试验中采用此液作为测试溶液。按照“钙盐测定”的第 1 法规定进行。

$$0.05mol/L\ EDTA\ 1mL = 5.549mg\ CaCl_2$$

74. 柠檬酸钙

(1)其他名称　柠檬酸三钙；Calcium citrate；Tricalcium citrate；Tricalcium bis(2 - hydroxypropane－1,2,3－tricarboxylate)。

(2)编码　CAS 813－94－5(无水);INS 333。

(3)分子式、相对分子质量与结构式　$C_{12}H_{10}Ca_3O_{14} \cdot 4H_2O$;570.49;

$$\left[{}^{-}OOC \quad \overset{HO \quad COO^{-}}{} \quad COO^{-} \right]_2 \; 3Ca^{2+} \cdot 4H_2O$$

(4)含量　本品干燥后,柠檬酸钙($C_{12}H_{10}Ca_3O_{14}$＝498.43)含量不少于97.0%。

(5)性状　白色粉末。无味。

(6)鉴别

①将柠檬酸钙置在300℃～400℃灼热1h。残留物对"定性试验"中的全部钙盐试验产生相应的反应。

②取柠檬酸钙0.5g,加水10mL和稀硝酸(1→10)2.5mL。溶液对"定性试验"中柠檬酸盐(2)产生相应的反应。

(7)纯度

①盐酸不溶物:不超过0.060%。

取柠檬酸钙5.0g,加盐酸10mL和50mL水,水浴加热30min加水配至200mL,用定量分析滤纸(5C)过滤。用沸水充分洗涤滤纸上的残留物,将带有残留物的滤纸置300℃～400℃灼热1h,称取残留物质量。

②pH值:5.5～8.0(5%悬浮液)。

③氯化物:以Cl计,小于0.007%。

测试溶液　取柠檬酸钙1.0g,加稀硝酸(1→10)10mL,加热溶解,冷却,加水至50mL。

参比溶液　取0.01mol/L盐酸0.20mL,加稀硝酸(1→10)6mL,加水至50mL。

④硫酸盐:以SO_4计,不超过0.024%。

测试溶液　取柠檬酸钙0.10g,加稀盐酸(1→4)10mL,加热溶解,冷却,加水至50mL。

参比溶液　取0.005mol/L硫酸0.50mL,加稀盐酸(1→4)1mL,加热溶解,冷却,加水至50mL。

⑤重金属:以Pb计,不超过20μg/g,(1.0g,第2法,参比溶液为铅标准溶液2.0mL)。

⑥砷:以As_2O_3计,不超过4.0μg/g。

测试溶液　取柠檬酸钙0.50g,加稀盐酸(1→4)5mL,加热溶解。

装置　使用装置B。

(8)干燥失量　不超过10.0%～14.0%(150℃,4h)

(9)含量测定　准确称取经预先干燥的柠檬酸钙约1g,加稀盐酸(1→4)10mL,加水定容至50mL。按"钙盐测定"第1法规定进行。

$$0.05mol/L\ EDTA\ 1mL = 8.307mg\ C_{12}H_{10}Ca_3O_{14}$$

75. 磷酸二氢钙

(1)其他名称　磷酸一钙;酸性磷酸钙;过磷酸钙;Calcium dihydrogen phosphate;Calcium phosphate, monobasic;Monocalcium phosphate;Primary calcium phosphate;MCP。

(2)编码　CAS 7758－23－8(无水品),CAS 10031－30－8(一水品);INS 341(i)。

(3)分子式、相对分子质量 $Ca(H_2PO_4)_2 \cdot nH_2O$($n=1$ 或0);252.07($n=1$);234.05($n=0$)。

(4)含量 本品干燥后,磷酸二氢钙[$Ca(H_2PO_4)_2$]含量为95.0%~105.0%。

(5)性状 无色至白色的结晶或白色粉末。

(6)鉴别

①用硝酸银溶液(1→50)润湿磷酸二氢钙。显黄色。

②取磷酸二氢钙0.1g,加水20mL,振摇。向过滤的滤液加草酸铵溶液(1→30)5mL。产生白色沉淀。

(7)纯度

①溶液澄清度:非常轻微的浑浊。

测试溶液 称取磷酸二氢钙2.0g,加水18mL及盐酸2mL,水浴加热5min溶解。

②游离酸及其副盐:取磷酸二氢钙1.0g,加水3mL,充分混合。加水100mL,振摇,加甲基橙试液1滴。显红色。加入1mol/L氢氧化钠1.0mL,溶液颜色变为黄色。

③碳酸盐:称取磷酸二氢钙2.0g,加水5mL,煮沸。冷却,加盐酸2mL。无冒泡。

④重金属:以Pb计,不超过20μg/g。

测试溶液 取磷酸二氢钙1.0g,加水5mL及稀盐酸(1→4)5mL,加热溶解,冷却。加氨试液至稍有沉淀出现,逐滴加入少量稀盐酸(1→4)溶解沉淀,必要时用定量滤纸(5 C)过滤。加盐酸-乙酸铵缓冲液(pH 3.5)10mL,加水至50mL。

参比溶液 取铅标准液2.0mL,加入盐酸-乙酸铵缓冲液(pH 3.5)10mL,加水至50mL。

⑤砷:As_2O_3计,不超过4.0μg/g。

测试溶液 取磷酸二氢钙0.25g,加稀盐酸(1→4)5mL溶解。

装置 使用装置B。

(8)干燥失量 不超过17.0%(180℃,3h)

(9)含量测定 准确称取经预先干燥的磷酸二氢钙约0.8g,加稀盐酸(1→4)6mL,加水定容至200mL。按"钙盐测定"的第2法规定进行。

$$0.02mol/L\ EDTA\ 1mL = 4.681mg\ Ca(H_2PO_4)_2$$

76. 焦磷酸二氢钙

(1)其他名称 酸性焦磷酸钙;Calcium dihydrogen pyrophosphate;Acid calcium pyrophosphate;Calcium acid pyrophosphate;Calcium dihyrogen diphosphate。

(2)编码 CAS 14866-19-4。

(3)分子式与相对分子质量 $CaH_2P_2O_7$;216.04。

(4)含量 本品干燥后,焦磷酸二氢钙($CaH_2P_2O_7$)含量不少于90.0%。

(5)性状 白色结晶或粉末。

(6)鉴别

①取焦磷酸二氢钙0.5g,加10mL水,振摇。溶液呈酸性。

②取焦磷酸二氢钙0.2g,加入稀硝酸(1→10)5mL,加温溶解。加钼酸铵试液2mL,加温。生成黄色沉淀。

③取焦磷酸二氢钙0.3g,加水9mL和稀盐酸(1→30)1mL,加温溶解,冷却,过滤。取

滤液，加入草酸铵溶液（1→30）3mL。生成白色沉淀。再加入稀盐酸（1→30）5mL，沉淀溶解。

(7)纯度

①盐酸不溶物：不超过0.40%。

先将玻璃过滤器（IG4）置110℃干燥30min，干燥器冷却，准确称量。称取焦磷酸二氢钙5.0g，加入稀盐酸（1→4）100mL，不时振摇，放置1h。用上述称量的玻璃过滤器过滤收集不溶物，用水30mL洗涤，连同玻璃过滤器在110℃干燥2h，置入干燥器冷却。准确称取带有残留物的玻璃过滤器质量。

②正磷酸盐：称取焦磷酸二氢钙1.0g，滴加硝酸银溶液（1→50）2滴～3滴。无亮黄色出现。

③重金属：以Pb计，不超过20μg/g。

测试溶液　称取焦磷酸二氢钙1.0g，加稀盐酸（1→4）3.5mL和水30mL，煮沸溶解，冷却，过滤。向滤液边振摇边滴加氨试液至少量沉淀形成，滴加少量稀盐酸（1→4）溶解沉淀。必要时用定量分析滤纸（5C）过滤，再加盐酸－乙酸铵缓冲液（pH3.5）10mL，加水至50mL。

参比溶液　吸取铅标准液2.0mL，加入盐酸－乙酸铵缓冲液（pH 3.5）10mL，加水至50mL。

④砷：以As_2O_3计，不超过4.0μg/g。

测试溶液　称取焦磷酸二氢钙0.25g，加稀盐酸（1→4）5mL溶解。

装置　装置B。

(8)干燥失量　不超过5.0%（150℃，4h）。

(9)含量测定　准确称取经预先干燥的焦磷酸二氢钙约0.7g，加稀盐酸（1→4）20mL，煮沸。冷却后，加水定容至200mL，作为测试溶液，按“钙盐测定”的第2法规定进行。

$$0.02mol/LEDTA\ 1mL = 4.321mg\ CaH_2P_2O_7$$

77. 乙二胺四乙酸二钠钙

(1)其他名称　乙二胺四乙酸二钠钙盐；乙二胺四乙酸钙二钠；EDTA二钠钙、Calcium disodium ethylenediaminetetraacetate；Calcium disodium EDTA；Disodium（ethylenediaminetetraacetato）calciate（2－）dihydrate。

(2)编码　CAS 62－33－9（无水品），23411－34－9（二水品）；INS 385。

(3)分子式、相对分子质量与结构式　$C_{10}H_{12}CaN_2Na_2O_8 \cdot 2H_2O$；374.27（无水品），410.30（二水品）；

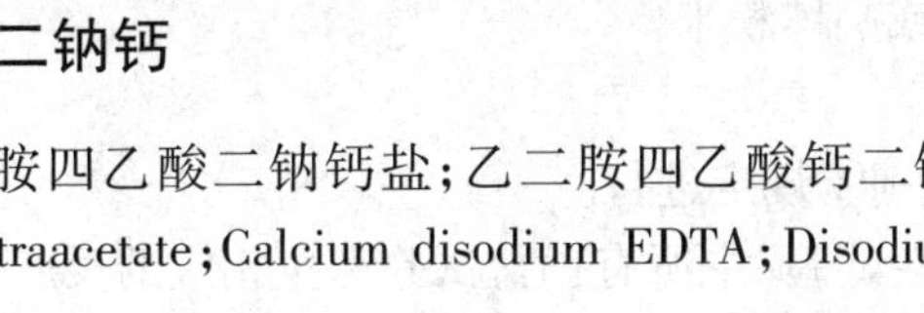

NaOOC　N　N　COONa　Ca^{2+}　O^-　O^-　O　O　$\cdot 2H_2O$

(4)含量　本品以无水品计，乙二胺四乙酸二钠钙（$C_{10}H_{12}CaN_2Na_2O_8$＝374.27）含量为97.0%～102.0%。

(5)性状　白色至灰近白色的晶体粉末或颗粒。无臭，稍有咸味。

(6)鉴别

①乙二胺四乙酸二钠钙溶液(1→20)对"定性试验"中的钙盐试验(2)和所有钠盐试验都产生相应的反应。

②取乙二胺四乙酸二钠钙0.05g于预先加入硫氰酸铵溶液(2→25)2滴和三氯化铁溶液(1→10)2滴的5mL水中,溶液红色消失。

(7)纯度

①pH:6.5~8.0。

测试溶液　取乙二胺四乙酸二钠钙1.0g,加水溶解至15mL。

②重金属:以Pb计,不超过20μg/g,(1.0g,第2法,参比溶液为铅标准溶液2.0mL)。

③砷:以As_2O_3计,不超过4.0μg/g(0.5g,第1法,装置B)。

④镁络合物:取乙二胺四乙酸二钠钙1.0g,加水5mL溶解,加氨-氯化铵缓冲液(pH10.7)5mL,用0.1mol/L乙酸镁滴定(指示剂:铬黑T试液5滴)。消耗量不超过2.0mL。

(8)水分含量　不超过13.0%(0.3g,直接滴定法)。

(9)含量测定　准确称取乙二胺四乙酸二钠钙约1g于250mL容量瓶中,加水溶解并定容至250mL。准确取此液25mL,用稀硝酸(1→10)调节至约pH 2,用0.01mol/L硝酸铋滴定(指示剂:二甲酚橙试液3滴)至溶液显红色。以无水品计。

$$0.1\text{mol/L 硝酸铋 } 1\text{mL} = 3.743\text{mg } C_{10}H_{12}CaN_2Na_2O_8$$

78. 亚铁氰化钙

(1)其他名称　氰亚铁酸钙;十二水合亚铁氰化钙;Calcium ferrocyanide;Calcium hexacyanoferrate(Ⅱ);Calcium hexacyanoferrate(Ⅱ)dodecahydrate。

(2)编码　CAS 13821-08-4(无水品);INS　538。

(3)分子式、相对分子质量　$Ca_2[Fe(CN)_6]\cdot 12H_2O$;508.29。

(4)含量　本品亚铁氰化钙($Ca_2[Fe(CN)_6]\cdot 12H_2O$)含量不少于99.0%。

(5)性状　黄色结晶或晶体粉末。

(6)鉴别

①按照亚铁氰化钾鉴别①规定进行。

②亚铁氰化钙对"定性试验"中所有钙盐试验产生相应的反应。

(7)纯度

①氰化物:按照"359. 亚铁氰化钾"纯度①规定进行。

②铁氰化物:按照亚铁氰化钾纯度②规定进行。

(8)含量测定　准确称取亚铁氰化钙约1g,加水溶解至200mL。向溶液中加入硫酸10mL,用0.02mol/L高锰酸钾滴定。滴定终点为溶液红色能持续30s。

$$0.02\text{mol/L 高锰酸钾 } 1\text{mL} = 50.83\text{mg } Ca_2[Fe(CN)_6]\cdot 12H_2O$$

79. 葡萄糖酸钙

(1)其他名称　葡萄酸钙;D-葡萄糖酸钙;Calcium gluconate;Calcium D-gluconate;Gluconic acid calcium salt;Monocalcium bis(D-gluconate)monohydrate。

(2)编码　CAS 99-28-5(无水品);INS 578。

(3)分子式、相对分子质量与结构式　$C_{12}H_{22}CaO_{14} \cdot H_2O$;448.39;

$[HOCH_2-CH(OH)-CH(OH)-CH(OH)-CH(OH)-CO_2^-]_2 Ca^{2+} \cdot H_2O$

(4)含量　本品干燥后,葡萄糖酸钙($C_{12}H_{22}CaO_{14} \cdot H_2O$)含量为98.0% ~104.0%。

(5)性状　白色晶体粉末或粒状粉末。无臭,无味。

(6)鉴别

①取葡萄糖酸钙溶液(1→40)1mL,加三氯化铁溶液(1→10)1滴。显深黄色。

②取葡萄糖酸钙温水溶液(1→10)5mL,后按“葡萄糖酸－δ－内酯”鉴别②操作。

③葡萄糖酸钙溶液(1→40)对“定性试验”中所有钙盐试验产生相应的反应。

(7)纯度

①溶液澄清度:几乎澄清。

测试溶液　取葡萄糖酸钙1.0g,加水20mL,加温至60℃溶解。

②pH:6.0~8.0。测定如下溶液的pH值:取葡萄糖酸钙1.0g,加水20mL,加温至60℃溶解,冷却。

③氯化物:以Cl计,不超过0.071%(0.30g,参比溶液为0.01mol/L盐酸0.60mL)。

④硫酸盐:以SO_4计,不超过0.048%(0.50g,参比溶液为0.05mol/L硫酸0.50mL)。

⑤重金属:以Pb计,不超过10μg/g(2.0g,第2法,参比溶液为铅标准溶液2.0mL)。

⑥砷:以As_2O_3计,不超过4.0μg/g。

测试溶液　称取葡萄糖酸钙0.50g,加水5mL,加温溶解。加稀硫酸(3→50)5mL和溴试液1mL,水浴加热浓缩至5mL。

装置　使用装置B。

⑦蔗糖或还原糖:按照“219. 葡萄糖酸－δ－内酯”的纯度6规定进行。

(8)干燥失量　不超过0.50%(80℃,2h)。

(9)含量测定　准确称取经预先干燥的葡萄糖酸钙约2.5g,加稀盐酸(1→4)25mL溶解,加水定容至50mL。作为测试溶液,按“钙盐测定”第1法规定进行。

$$0.05mol/L\ EDTA\ 1mL = 22.42mg\ C_{12}H_{22}CaO_{14} \cdot H_2O$$

80. 甘油磷酸钙

(1)其他名称　甘油单磷酸二氢酯钙盐;甘油磷酸酯钙;Calcium glycerophosphate;Glycerophosphoric acid calcium Salt。

(2)编码　CAS 27214－00－2(由2,3－二羟丙基磷酸钙和1,3－二羟异丙酯磷酸钙混合物组成);INS 383。

(3)分子式、相对分子质量与结构式　$C_3H_7CaO_6P$;210.14;

$HOCH_2-CH(OH)-CH_2OPO_3Ca$　　$HOCH_2-CH(OPO_3Ca)-CH_2OH$

(4)含量　以干燥品计,本品甘油磷酸钙($C_3H_7CaO_6P$)含量不少于98.0%。

(5)性状 白色粉末。无臭,稍有苦味。

(6)鉴别

取甘油磷酸钙1g,加5℃或以下的水10mL,充分振摇。使用此溶液作测试溶液。

①煮沸测试溶液,析出白色结晶。

②取测试溶液3mL,加乙酸铅试液2滴~3滴,形成白色凝乳状沉淀。再加入硝酸3mL,沉淀溶解。

③测试溶液对"定性试验"中钙盐、甘油磷酸盐的所有试验产生相应的反应。

(7)纯度

①溶液澄清度:轻微混浊(1.0g,50mL水)。

②乙醇可溶物:不超过1.0%。

称取甘油磷酸钙1.0g,加无水乙醇25mL,振摇,过滤。将滤液水浴蒸干,置残留物于60℃干燥1h,称量。

③游离碱:称取甘油磷酸钙1.0g,加水60mL溶解,加5滴酚酞试液,用0.05mol/L硫酸滴定,滴定液消耗量应小于1.5mL。

④氯化物:以Cl计,不超过0.071%(0.25g,参比溶液为0.01mol/L盐酸0.50mL)。

⑤硫酸盐:以SO_4计,不超过0.048%(0.50g,参比溶液为0.05mol/L硫酸0.50mL)。

⑥磷酸盐:以PO_4计,不超过0.040%。

称取甘油磷酸钙1.0g,加稀硝酸(1→10)10mL溶解,加预冷钼酸铵试液10mL,放置10min。此液的混浊度应比按如下方法配制的参比溶液的小。

参比溶液 称取磷酸二氢钾用0.192g,加水100mL溶解。取此溶液3.0mL,加稀硝酸(1→10)至100mL。取此溶液10mL,加预冷钼酸铵试液10mL,放置10min。

⑦重金属:以Pb计,不超过20μg/g。

测试溶液 称取甘油磷酸钙0.5g,加稀乙酸(1→20)3mL溶解,加水至50mL。

参比溶液 取铅标准液1.0mL,加稀乙酸(1→20)2mL,加水至50mL。

⑧砷:以As_2O_3计,不超过4.0μg/g。

测试溶液 称取甘油磷酸钙1.0g,加水25mL溶解,加硫酸1mL和亚硫酸10mL,蒸发浓缩至约2mL,加水至10mL。取此溶液5mL作为测试溶液。

装置 使用装置B。

(8)干燥失量 不超过13.0%(0.5g,150℃,4h)。

(9)含量测定 准确称取经预先干燥的甘油磷酸钙约1g,加稀盐酸(1→4)10mL溶解,再加水定容至50mL。作为测试溶液。按"钙盐测定"第1法规定进行。

$$0.05mol/L\ EDTA\ 1mL = 10.51mg\ C_3H_7CaO_6P$$

81. 氢氧化钙

(1)其他名称 消石灰;熟石灰;Calcium hydroxide;Bell mine;Calciumhydroxidechemicallime。

(2)编码 CAS 1305-62-0;INS 526。

(3)分子式与相对分子质量 $Ca(OH)_2$;74.09。

(4)含量 以干燥品计,本品氢氧化钙[$Ca(OH)_2$]含量不少于95.0%。

(5)性状 白色粉末。

(6)鉴别

①取氢氧化钙,加3倍~4倍的水,呈泥状和碱性。

②取氢氧化钙1g,加水20mL及稀乙酸(1→3)6mL溶解。溶液对"定性试验"中所有钙盐试验产生相应反应。

(7)纯度

①盐酸不溶物:不超过0.50%。

称取氢氧化钙2.0g,加盐酸10mL及水20mL溶解,煮沸。冷却后,加水至200mL,用定量分析滤纸(5C)过滤,用热水洗涤滤纸上的残留物至洗液无氯化物反应为止。将带有残留物的定量分析滤纸灼热后,称量。

②碳酸盐:称取氢氧化钙2.0g,加水50mL充分振摇,加稀盐酸(1→4)25mL,无明显起泡。

③重金属:以Pb计,不超过40μg/g。

测试溶液　称取氢氧化钙0.5g,加10mL稀盐酸(1→4)溶解,水浴蒸干。将残留物加2.0mL稀乙酸(1→20)及20mL水溶解,必要时过滤,加水至50mL。

参比溶液　用铅标准液2.0mL,加2.0mL稀乙酸(1→20),加水至50mL。

④碱金属和镁:不超过6.0%。

称取氢氧化钙0.5g,加稀盐酸(1→10)30mL溶解,煮沸1min。迅速加入草酸溶液(3→50)40mL,按照"氯化钙"纯度④规定进行。

⑤钡:以Ba计,不超过0.030%。

测试溶液　称取氢氧化钙1.5g,加稀盐酸(1→4)15mL溶解,再加水至30mL,过滤。取滤液20mL作为测试溶液。

程序　向测试溶液中加乙酸钠2g,稀乙酸(1→20)1mL及铬酸钾溶液(1→20)0.5mL,放置15min。该溶液混浊度不得大于按如下方法配制的参比溶液:取钡标准液0.30mL,加水配至20mL,然后与测试溶液同样方式操作。

⑥砷:以As_2O_3计,不超过4.0μg/g。

测试溶液　称取氢氧化钙0.5g,加稀盐酸(1→4)5mL溶解。

装置　使用装置B。

(8)含量测定　准确称取氢氧化钙约2g,加稀盐酸(1→4)30mL溶解,再加水定容至250mL。作为测试溶液,按照"钙盐测定"第1法规定进行。

$$0.05mol/L\ EDTA\ 1mL = 3.705mg\ Ca(OH)_2$$

82. 乳酸钙

(1)其他名称　α-羟基-丙酸钙;Calcium lactate;Lactic acid calcium salt;2-hydroxy-propanoicacicalciumsalt calcium lactate。

(2)编码　CAS 5743-47-5(五水品)、139061-06-6(三水品)、814-80-2(无水品);INS 327。

(3)分子式与相对分子质量　$C_6H_{10}CaO_6 \cdot nH_2O$($n$=5,3,1或0);308.29(五水品),218.22(无水品)。

(4)含量　以干燥品计,本品乳酸钙($C_6H_{10}CaO_6$)含量为97.0%~101.0%。

$$\left[\begin{array}{c} H_3C\diagdown\diagup COO^- \\ | \\ OH \end{array}\right]_2 Ca^{2+}\cdot nH_2O$$

（n=5,3,1或 0）

(5)性状　白色粉末或颗粒。无臭或稍有特殊气味。

(6)鉴别

乳酸钙水溶液(1→20)对“定性试验”中全部钙盐和乳酸试验产生相应反应。

(7)纯度

①溶液澄清度:无色澄清。

测试溶液　称取乳酸钙 1.0g,加水 20mL,水浴加热溶解。

②pH:6.0～8.0。

测试溶液　称取乳酸钙品 1.0g,加水 20mL,水浴加热溶解,冷却。

③重金属:以 Pb 计,不超过 40μg/g。

测试溶液　称取乳酸钙 1.0g,加入稀乙酸(1→20)2mL 和水约 35mL,水浴加热溶解,再加水至 50mL。

参比溶液　取铅标准液 2.0mL,加稀乙酸(1→20)2mL,加水至 50mL。

④碱金属和镁:不超过 1.0%。

称取乳酸钙 1.0g,加水约 40mL 溶解,加氯化铵 0.5g,煮沸。加草酸铵溶液(1→25)约 20mL,水浴加热 1h,冷却,加水至 100mL,过滤。取滤液 50mL,加硫酸 0.5mL,蒸干,在 450℃～550℃灼热至恒重,称取残留物重量。

⑤砷:以 As_2O_3 计,不超过 4.0μg/g。

测试溶液　称取乳酸钙 0.50g,加水 2mL 和盐酸 3mL 溶解。

装置　使用装置 B。

(8)干燥失量　不超过 30.0%(120℃,4h)。

(9)含量测定　准确称取乳酸钙约 2g,加稀盐酸(1→4)20mL 溶解,再加水定容至 100mL。作为测试溶液。按“钙盐测定”的第 1 法规定进行,以干燥品计算。

$$0.05mol/L\ EDTA\ 1mL = 10.91mg\ C_6H_{10}CaO_6$$

83. 磷酸一氢钙

(1)其他名称　磷酸氢钙;Calcium monohydrogen phosphate;Calcium phosphate, dibasic;Dicalcium phosphate;Secondary calcium phosphate;DCP。

(2)编码　CAS 7789-77-7(二水品)、7757-93-9(无水品);INS 341。

(3)分子式与相对分子质量　$CaHPO_4\cdot nH_2O$($n=2,1\frac{1}{2},1,\frac{1}{2}$或 0);172.09(二水品),136.06(无水品)。

(4)含量　本品干燥后,磷酸氢钙($C_6H_{10}CaO_6$)含量为 98.0%～103.0%。

(5)性状　白色结晶或粉末。

(6)鉴别

①将磷酸一氢钙用硝酸银溶液(1→50)润湿。显黄色。

②取磷酸一氢钙 0.1g，加稀乙酸（1→3）5mL，煮沸，冷却，过滤。向滤液中加入草酸铵溶液（1→30）5mL。产生白色沉淀。

（7）纯度

①溶液澄清度：稍有浑浊。

测试溶液　称取磷酸一氢钙 2.0g，加水 16mL 和盐酸 4.0mL，水浴加热 5min 溶解。

②碳酸盐：称取磷酸一氢钙 2.0g，加水 5mL，煮沸，冷却，再加盐酸 2mL，无冒泡出现。

③重金属：以 Pb 计不，超过 20μg/g。

测试溶液　称取磷酸一氢钙 1.0g，加水 5mL，稀盐酸（1→4）5mL，加热溶解。冷却后，加氨试液至稍有沉淀形成，滴加少量稀盐酸（1→4）溶解沉淀，必要时用定量分析滤纸（5 C）过滤。加盐酸 - 乙酸铵缓冲液（pH 3.5）10mL，加水至 50mL。

参比溶液　取铅标准液 2.0mL，加盐酸 - 乙酸铵缓冲液（pH 3.5）10mL，加水至 50mL。

④砷：以 As_2O_3 计，不超过 4.0μg/g。

测试溶液　称取磷酸一氢钙 0.50g，用稀盐酸（1→4）5mL 溶解。

装置　使用装置 B。

（8）干燥失量　不超过 22.0%（200℃，3h）。

（9）含量测定　准确称取经预先干燥的磷酸一氢钙约 0.4g，加稀盐酸（1→4）12mL 溶解，加水定容至 200mL。按“钙盐测定”第 2 法规定进行。

$$0.02mol/L\ EDTA\ 1mL = 2.721mg\ CaHPO_4$$

84. 泛酸钙

（1）其他名称　（R）- *N* -（2，4 - 二羟基 - 3，3 - 二甲基 - 1 - 氧代丁基）- β - 丙氨酸钙；D - 泛酸钙；Calcium pantothenate；Monocalcium bis{3 - [（2*R*）- 2，4 - dihydroxy - 3，3 - dimethylbutanoylamino] propanoate}。

（2）编码　CAS 137 - 08 - 6。

（3）分子式、相对分子质量与结构式　$C_{18}H_{32}CaN_2O_{10}$；476.53；

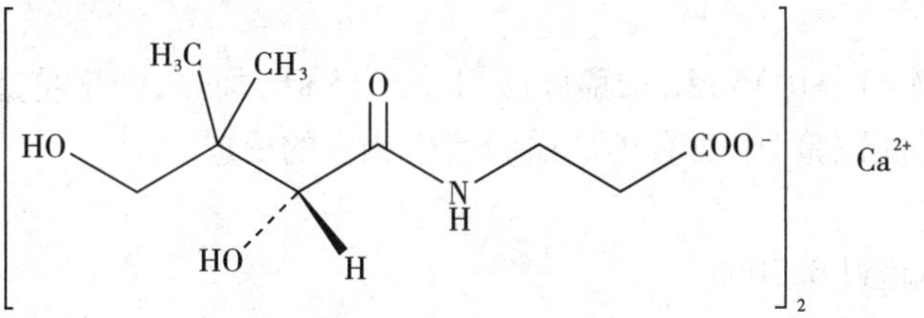

$$\left[HOCH_2C(CH_3)_2CH(OH)C(=O)NHCH_2CH_2COO^- \right]_2 Ca^{2+}$$

（4）含量　以干燥品计，本品氮含量为 5.7% ~6.0%，钙含量为 8.2% ~8.6%。

（5）性状　白色粉末。无臭，稍有苦味。

（6）鉴别

①称取泛酸钙 0.05g，加氢氧化钠溶液（1→25）5mL 溶解，加硫酸铜溶液（1→10）1 滴。显紫蓝色。

②称取泛酸钙 0.05g，加氢氧化钠溶液（1→25）5mL，煮沸 1min。冷却，加稀盐酸（1→4）2mL 和 2 滴三氯化铁溶液（1→10）。显深黄色。

③泛酸钙溶液(1→20)对“定性试验”中所有钙盐试验产生相应的反应。

(7)纯度

①旋光率$[\alpha]_D^{20}$: +25.0°~+28.5°(干燥后的样品,1.25g,水25mL)。

②pH:7.0~9.0。

测试溶液 取泛酸钙2.0g,加水至10mL。

③重金属:以Pb计,不超过20μg/g(1.0g,第1法,参比溶液为铅标准溶液2.0mL)。

④砷:以As_2O_3计,不超过4.0μg/g(0.50g,第1法,装置B)。

⑤生物碱:称取泛酸钙0.050g,加水5mL溶解,加入钼酸铵试液0.5mL和稀磷酸(1→10)0.5mL。无白色浑浊产生。

(8)干燥失量 不超过5.0%(105℃,3h)。

(9)含量测定

①氮:准确称取泛酸钙0.05g,按“氮测定”(2)半微量凯氏法规定进行,以干燥品计算。

②钙:准确称取泛酸钙2.5g,加入稀盐酸(1→4)5mL和水20mL溶解,再加水定容至50mL。对本测试溶液按“钙盐测定”的第1法操作。以干燥品计算。

$$0.05mol/L\ EDTA\ 1mL = 2.004mg\ C_{18}H_{32}CaN_2O_{10}$$

85. 丙酸钙

(1)其他名称 初油酸钙;Calcium propionate;Propanoicacid, calciumsalt;Calcium dipropionate。

(2)编码 CAS 4075-81-4(无水品);INS 282。

(3)分子式、相对分子质量与结构式 $C_6H_{10}CaO_4 \cdot nH_2O$($n$=1或0);204.23(一水品),186.22(无水品);

$$[H_3C\diagdown\!\!\diagup COO^-]_2\ Ca^{2+}\ \cdot nH_2O$$

n=1或0

(4)含量 以干燥品计,本品丙酸钙($C_6H_{10}CaO_4$)含量不少于98.0%。

(5)性状 白色结晶、粉末或颗粒。无臭或稍有特殊气味。

(6)鉴别

①取丙酸钙溶液(1→10)5mL,加稀硫酸(1→10)5mL,加热,产生特殊气味。

②丙酸钙对“定性试验”中所有钙盐试验产生相应的反应。

(7)纯度

①水不溶物:不超过0.30%。

称取丙酸钙10.0g,加水100mL,不时振摇,放置1h。用玻璃过滤器(IG4)过滤不溶物,用水30mL洗涤,180℃干燥4h,称取残留物质量。

②游离酸和游离碱:称取丙酸钙2.0g,用新沸冷却的水20mL溶解,加入2滴酚酞试液和0.1mol/L盐酸0.30mL。溶液应无色。当向该溶液中加入0.1mol/L氢氧化钠0.6mL,溶液显红色。

③重金属:以Pb计,不超过10μg/g(2.0g,第1法,参比溶液为铅标准溶液2.0mL)。

④砷:以As_2O_3计,不超过4.0μg/g(0.50g,第1法,装置B)。

(8)干燥失量 不超过9.5%(120℃,2h)。

(9)含量测定 准确称取经预先干燥的丙酸钙约1g,加水溶解并定容至100mL。准确量取该溶液25mL,加水75mL和氢氧化钠溶液(1→10)15mL,放置约1min,加入0.1g NN指试剂,立即用0.05mol/L EDTA溶液滴定至溶液红色完全消失并变成蓝色。

$$0.05mol/L\ EDTA\ 1mL = 9.311mg\ C_6H_{10}CaO_4$$

86. 5′-核苷酸钙

(1)其他名称 5′-核糖核苷酸钙;Calcium 5′-ribonucleotide。

(2)定义 5′-核苷酸钙是5′-肌苷酸钙、5′-鸟苷酸钙、5′-胞嘧啶核苷酸钙、5′-尿嘧啶核苷酸钙的混合物,或5′-肌苷酸钙、5′-鸟苷酸钙的混合物。

(3)含量 以无水品计,本品5′-核苷酸钙含量为97.0%~102.0%,其中5′-肌苷酸钙和5′-鸟苷酸钙的含量不少于95.0%。

(4)性状 白色至近白色的结晶或粉末。无臭、稍有特殊气味。

(5)鉴别

①取5′-核苷酸钙0.1g,加水200mL,水浴加热溶解,冷却。取此溶液1mL,加入苔黑素乙醇溶液(1→10)0.2mL和硫酸铁铵的盐酸溶液(1→1000)3mL,水浴加热10min。溶液呈绿色。

②取5′-核苷酸钙0.1g,加稀盐酸(1→4)200mL溶解。取此溶液2mL,加锌粉0.1g,按照"5′-核苷酸二钠"中鉴别②规定进行。

③取5′-核苷酸钙0.1g,加水500mL,水浴加热溶解,冷却。取此溶液1mL,加入稀盐酸(1→4)1mL,水浴加热10min,冷却。加入菲林试液0.5mL和饱和碳酸钠溶液2mL。溶液呈蓝色。

④取5′-核苷酸钙0.1g,加水50mL和硝酸5mL,微沸10min。冷却后,用氨水溶液或氨试液中和。溶液对"定性试验"中磷酸盐(2)产生相应反应。

⑤取5′-核苷酸钙0.1g,加水200mL,水浴加热溶解,冷却。溶液对"定性试验"中所有钙盐试验产生相应反应。

(6)纯度

①pH:7.0~8.0。

测试溶液 取5′-核苷酸钙0.1g,加水200mL,水浴加热溶解,冷却。

②重金属:以Pb计,不超过20μg/g。

测试溶液 称取5′-核苷酸钙1.0g于坩埚中,用硫酸铵1g覆盖样品,加水0.5mL,温和加热使之炭化。当不再生成白烟时,加入硫酸3滴和硝酸3滴,逐渐加热使样品灰化。冷却后,加盐酸1mL和硝酸0.2mL,水浴蒸干。重复该操作三次。向残留物中,加稀盐酸(1→4)1mL和水15mL,水浴加热10min。冷却后,加1滴酚酞试液,逐滴加入氨试液直至溶液呈现淡粉红色。加稀乙酸(1→20)2mL,过滤。用少量水洗涤滤纸上残留物,合并滤液与洗液,加水至50mL。

参比溶液 取铅标准溶液2.0mL于坩埚中,按照测试溶液的规定进行。

③砷:以As_2O_3计,不超过4.0μg/g。

测试溶液 称取5′-核苷酸钙0.50g,用稀盐酸(1→4)5mL溶解。

装置 使用装置B。

④水可溶物质：不超过16%。

称取5′-核苷酸钙1.0g，加50mL，放置10min并不定期振摇。用干燥的定量分析滤纸(5C)过滤。取滤液25mL，蒸干。残留物在105℃干燥1h，称量。

(7)水分含量 不超过23.0%(0.15g，反向滴定)。滴定前，加入过量水分测定试液，搅拌20min。

(8)含量测定 按照式(9-10)~式(9-11)中的I_{Ca}、G_{Ca}、P_{Ca}，计算5′-核苷酸钙的含量(X)以及5′-肌苷酸钙($C_{10}H_{11}CaN_4O_8P$)与5′-鸟苷酸钙($C_{10}H_{12}CaN_5O_8P$)的总含量(X_1)。

0.05mol/L EDTA 1mL = 9.311mg $C_6H_{10}CaO_4$

$$X = \frac{I_{Ca} + G_{Ca} + P_{Ca}}{100 - a} \times 100\% \tag{9-10}$$

$$X_1 = \frac{I_{Ca} + G_{Ca}}{100 - a} \times 100\% \tag{9-11}$$

式中：

a——水分含量，%。

①5′-肌苷酸钙：准确称取5′-核苷酸钙0.65g，用稀盐酸(1→100)溶解并定容至500mL。作为测试溶液。按照"5′-核苷酸二钠"中5′-肌苷酸二钠($C_{10}H_{11}N_4Na_2O_8P$)的含量测定操作。将所得的5′-肌苷酸二钠含量(%)乘以系数0.985为5′-肌苷酸钙($C_{10}H_{11}CaN_4O_8P$)的含量I_{Ca}(%)。

②5′-鸟苷酸钙：准确吸取上面①的测试溶液1mL，按照"5′-核苷酸二钠"中②5′-鸟苷酸二钠($C_{10}H_{12}N_5Na_2O_8P$)的含量测定操作。将所得的5′-鸟苷酸二钠的含量(%)乘以系数0.986为5′-鸟苷酸钙($C_{10}H_{12}CaN_5O_8P$)的含量G_{Ca}(%)。

③5′-胞苷酸钙和5′-尿苷酸钙：准确称取5′-核苷酸钙1.5g，用稀盐酸(1→10)10mL溶解，加磷酸二氢钠溶液(3→5)1mL，用氢氧化钠溶液(1→25)调节pH值至7.0，过滤。用水10mL洗涤滤纸上的残留物，合并滤液和洗液，加水定容至50mL。作为测试溶液。按照"5′-核苷酸二钠"中5′-胞苷酸二钠($C_9H_{12}N_3Na_2O_8P$)和5′-尿苷酸二钠($C_9H_{11}N_2Na_2O_9P$)的含量测定操作。将所得的5′-胞苷酸二钠和5′-尿苷酸二钠的含量(%)乘以系数0.984为5′-胞苷酸钙和5′-尿苷酸钙的含量P_{Ca}(%)。

87. 硬脂酸钙

(1)其他名称 十八酸钙；硬脂酸钙盐；Calcium stearate；Stearic acid calcium salt；Dibasic-calciumstearate。

(2)定义 硬脂酸钙主要是硬脂酸和棕榈酸的钙盐的混合物。

(3)含量 以干燥品计，硬脂酸钙的钙含量为6.4%~7.1%。

(4)性状 白色、轻质、蓬松的粉末。无臭或稍有特殊气味。

(5)鉴别

①取硬脂酸钙3.0g，加入稀盐酸(1→2)20mL和乙醚30mL，剧烈振摇3min，静置。分离的水层对"定性试验"中钙盐试验(1)产生相应反应。

②收集鉴别1中的乙醚层，依次用稀盐酸20mL，稀盐酸10mL和水20mL洗涤。水浴蒸

发乙醚。残留物的熔点不低于54℃。

(6)纯度

①重金属:以Pb计,不超过10μg/g。

测试溶液　称取硬脂酸钙1.0g,先温和加热,然后逐步升高到使之灰化的温度。冷却后,加盐酸2mL,水浴蒸干。向残留物中加水20mL和稀乙酸2mL,加热2min,冷却,过滤。用水15mL洗涤残留物,合并滤液与洗液,加水至50mL。

参比溶液　将盐酸2mL在水浴上蒸干,加稀乙酸2mL,铅标准溶液1.0mL,加水至50mL。

②砷:以As_2O_3计,不超过4.0μg/g。

测试溶液　取硬脂酸钙0.50g,加入稀盐酸(1→2)5mL和氯仿20mL,剧烈振摇3min,静置,收集水层。

装置　使用装置B。

程序　按照"砷限量试验"规定进行试验。

③游离脂肪酸:以硬脂酸计,不超过3.0%。

准确称取硬脂酸钙2g至100mL锥形烧瓶中,加丙酮50mL。瓶口接上回流冷凝管,水浴加热10min,冷却。用双层定量分析滤纸(5 C)过滤,用丙酮50mL洗涤烧瓶内部、残留物和滤纸,一并过滤并与滤液合并。加酚酞试液2滴~3滴和水5mL,用0.1mol/L氢氧化钠溶液滴定。使用丙酮100mL和水5mL的混合液进行空白试验。

$$0.1\text{mol/L 氢氧化钠 } 1\text{mL} = 28.45\text{mg } C_{18}H_{36}CaO_2$$

(7)干燥失量　不超过4.05%(105℃,3h)。

(8)含量测定　准确称取硬脂酸钙0.5g于坩埚中。先温和加热,然后用电热炉在700℃灼热3h使之灰化。冷却后,向残留物加盐酸10mL,水浴加热10min。每次用温水10mL共两次,一次用温水5mL将坩埚中的物质转移至烧瓶中。加入氢氧化钠试液直至溶液出现轻微浑浊。然后,加0.05mol/L EDTA 25mL,氨-氯化铵缓冲溶液(pH 10.7),铬黑T试液4滴,甲基橙试液5滴。立即用0.05mol/L氯化镁溶液滴定过量的EDTA。当溶液绿色消失,红色出现时为滴定终点。另外进行空白试验。

$$0.05\text{mol/L EDTA } 1\text{mL} = 2.004\text{mg Ca}$$

88. 硬脂酰乳酸钙

(1)其他名称　乳酰化硬脂酸钙;硬脂酰-2-乳酸钙;十八烷酰乳酸钙;Calcium stearoyl lactylate;Calcium stearoyl-2-lactylate。

(2)定义　硬脂酰乳酸钙是硬脂酰乳酸的钙盐和少量相关的酸类及相关酸类的钙盐的混合物。其主要组分是硬脂酰乳酸的钙盐。

(3)编码　CAS 5793-94-2;INS 482(i)。

(4)性状　白色至微黄色粉末或固体。无臭或有特殊气味。

(5)鉴别

①取硬脂酰乳酸钙1g,置500℃灼热1h,用稀盐酸(1→4)5mL溶解残留物。该溶液对"定性试验"中所有钙盐试验产生相应反应。

②取硬脂酰乳酸钙2g,加稀盐酸(1→4)10mL,充分搅拌,水浴加热,趁热过滤。收集滤

纸上的残留物，加入氢氧化钠溶液（1→25）30mL，在95℃以上的水浴中搅拌加热30min。冷却后，加稀盐酸（1→4）20mL，每次使用30mL乙醚，共提取2次。合并乙醚提取液，用水20mL洗涤，用无水硫酸钠脱水，过滤。水浴加热滤液，蒸发去除乙醚，测定残留物熔点。熔点应为54℃～69℃。

(6)纯度

①酸值：50～86。

测试溶液　准确称取粉末状的硬脂酰乳酸钙0.5g，用乙醇、乙醚的混合液（1∶1）20mL溶解。

程序　按照"油脂类和相关物质试验"中酸值规定进行。滴定终点为粉色持续20s。

②酯值：125～164（油脂类和相关物质试验）。

对酸值采用纯度1中的值。对皂化值，准确称取硬脂酰乳酸钙1g，按照"油脂类和相关物质试验"中皂化值试验的规定进行。在皂化值试验中，注意避免在加入氢氧化钾乙醇试液时，沉淀黏附在烧瓶内壁上，趁热对溶液进行滴定。

③总乳酸：以乳酸（$C_3H_6O_3$）计，32%～38%。

测试溶液　将准确称取硬脂酰乳酸钙0.2g于100mL烧瓶中，加氢氧化钾乙醇试液10mL和水10mL，装上回流冷凝管，水浴加热45min。用水40mL冲洗烧瓶和回流冷凝管，加热溶液使溶液体积缩减为三分之一。加入稀硫酸（1→2）6mL和石油醚25mL，充分振摇，全部转移至分液漏斗中，静置分层。将水层转移至100mL烧瓶中，每次用水20mL共2次洗涤石油醚层，将洗出液一并转移至100mL容量瓶中，加水定容至100mL。准确吸取此溶液1mL，加水定容至100mL。

标准曲线　准确吸取乳酸锂标准溶液5mL、7mL和10mL，分别加水定容至100mL。分别转移1mL溶液至具塞试管中，按与测试溶液相同方法分别测定各管的吸光值，由此绘制标准曲线。

程序　准确吸取测试溶液1mL于具塞试管中，加入硫酸铜溶液（1→8）1滴，混匀。迅速加入硫酸9mL，轻轻盖上瓶塞，90℃水浴准确加热5min，立即用冰水浴冷却至20℃。加p-苯基苯酚试液0.2mL，充分振摇，30℃水浴加热30min。加热过程中，振摇2次～3次。90℃水浴加热90s，立即在冰水浴中冷却至室温，放置30min，在570nm测定溶液的吸光值。用1.0mL水代替测试溶液，按与测试溶液相同方法制备参比溶液。

利用标准曲线和测试溶液的吸光值确定测试溶液中乳酸质量（mg），按式（9-12）计算总乳酸（$C_3H_6O_3$）的含量（X）：

$$X = \frac{m}{m_1 \times 10} \times 100\% \qquad (9-12)$$

式中：

m——测试溶液中的乳酸质量，mg；

m_1——样品量，g。

④重金属：以Pb计，不超过10μg/g（2.0g，第2法，参比溶液为铅标准溶液2.0mL）。

⑤砷：以As_2O_3计，不超过4.0μg/g（0.50g，第3法，装置B）。

(7)灼热残留物　14.3%～17.7%（800℃）。

89. 硫酸钙

(1)其他名称 石膏;食用石膏;Calcium sulfate;Gypsum。

(2)编码 CAS 7778-18-9(二水品);INS 516。

(3)分子式与相对分子质量 $CaSO_4 \cdot 2H_2O$;172.17。

(4)含量 本品硫酸钙($CaSO_4 \cdot 2H_2O$)含量为98.0%~105.0%。

(5)性状 白色结晶粉末。

(6)鉴别

取硫酸钙1g,加水100mL,充分振摇,过滤。滤液对"定性试验"中所有钙盐和硫酸盐试验产生相应的反应。

(7)纯度

①溶液澄清度:几乎澄清。

测试溶液 称取硫酸钙0.20g,加稀盐酸(1→4)10mL,加热溶解。

②游离碱:称取硫酸钙0.5g,加水100mL,振摇后过滤。取滤液10mL,加酚酞试液1滴。无粉红色出现。

③氯化物:以Cl计,不超过0.21%。

测试溶液 取硫酸钙0.20g,加水20mL,充分振摇后过滤。取滤液5mL作为测试溶液。

参比溶液 采用0.01mol/L盐酸0.30mL。

④碳酸盐:取硫酸钙0.5g,加入稀盐酸(1→4)5mL。不起气泡。

⑤重金属:以Pb计,不超过20μg/g。

测试溶液 称取硫酸钙1.0g,加水10mL及盐酸2mL,煮沸溶解,冷却后过滤。将滤液用氨试液中和后,加稀乙酸(1→20)2mL,加水至50mL,必要时过滤。

参比溶液 取2.0mL铅标准液,加稀乙酸(1→20)2mL,加水至50mL。

⑥砷:以As_2O_3计,不超过4.0μg/g(0.50g,第2法,装置B)。

(8)灼热残留物 18.0%~24.0%。

(9)含量测定 准确称取硫酸钙约1g,加稀盐酸(1→4)40mL,水浴加热溶解,冷却。加水定容至100mL。作为测试溶液。按"钙盐测定"的第1法规定进行。

$$0.05mol/L\ EDTA\ 1mL = 8.609mg\ C_{10}H_{12}\ CaSO_4 \cdot 2H_2O$$

90. 小烛树蜡

(1)其他名称 小蜡烛树蜡;Candelilla wax;Euphorbia cerifera(candelilla)wax。

(2)定义 小烛树蜡是从小烛树蜡植物(*Euphorbia antisyphilitica* Zuccarini 或 *Euphorbia cerifera* Alcocer)的茎中获取。主要含三十一碳烷。

(3)编码 CAS 8006-44-8;INS 902;FEMA 3479。

(4)性状 具有光泽的淡黄色至褐色固体。加热时,有芳香气味产生。

(5)鉴别 按照"红外吸收光谱法"的溴化钾压片法规定的操作测定经预先干燥的小烛树蜡的红外吸收光谱,与参比光谱图(图9-15)比较,两个谱图在相同的波数几乎有同样的吸收强度。

(6)纯度

①熔点:68℃~73℃。

②酸值:12～22。准确称取小烛树蜡3g,用乙醇、二甲苯的混合液(5∶3)50mL溶解,作为测试溶液。按照“油脂类和相关物质试验”中酸值的规定进行。冷却后会产生浑浊,应趁热进行滴定。

③皂化值:43～65。按照“96. 巴西棕榈蜡”纯度③规定进行。

④酯值:31～43(油脂类和相关物质试验)。

⑤重金属:以Pb计,不超过40μg/g,(0.50g,第2法,参比溶液为铅标准溶液2.0mL)。

⑥铅:以Pb计,不超过10μg/g(1.0g,第1法)。

⑦砷:以As_2O_3计,不超过4.0μg/g(0.5g,第3法,装置B)。

(7)灼热残留物 不超过0.30%。

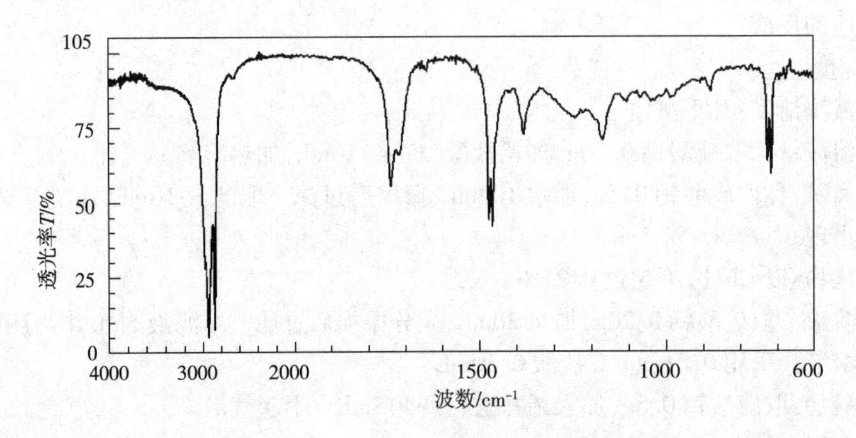

图9-15 小烛树蜡的红外吸收光谱图

91. 焦糖色Ⅰ(普通法)

(1)其他名称 Caramel I(plain);Caustic caramel;Plain caramel。

(2)编码 CAS 8028-89-5;INS 150a。

(3)定义 焦糖色Ⅰ(普通法)是在加或不加酸或碱的条件下,由加热食用碳水化合物,包括淀粉水解物、糖蜜、糖而形成。生产中不使用氨或亚硫酸盐。

(4)性状 深褐色至黑色的粉末、团块、糊状物或液体。无臭或稍有特殊气味。无味道或稍有特殊味道。

(5)鉴别

①焦糖色Ⅰ(普通法)溶液(1→100)呈浅褐色至深褐色。

②将一定量在560nm波长的吸光度约为0.5的焦糖色Ⅰ(普通法)溶液转移至100mL容量瓶中。加0.025mol/L盐酸配至100mL。必要时离心,将上清液作为溶液A。取20mL溶液A,加入弱碱性二乙氨乙基纤维素阴离子交换剂0.20g(0.7meq/g交换容量;使用量应根据纤维素交换容量进行相应调整),充分摇震,离心。收集上清液,作为溶液B。在560nm波长,用1cm光径比色皿,分别测定溶液A和溶液B的吸光值(A_A和A_B),选择0.025mol/L盐酸作为参比溶液。$(A_A-A_B)/A_A$不应超过0.75。

③称取焦糖色Ⅰ(普通法)0.20g～0.30g,用0.025mol/L盐酸溶解并定容至100mL。必要时离心,取上清液作为溶液C。取溶液C 40mL,加入强酸性磷酸化纤维素阳离子交换剂

2.0g(0.85meq/g 交换容量;使用量应根据纤维素交换容量进行相应调整),充分振摇,离心。收集上层,作为溶液 D。在波长 560nm,1cm 光径比色皿,分别测定溶液 A 和溶液 B 的吸光值(A_C和 A_D),选择 0.025mol/L 盐酸作为参比溶液。(A_C—A_D)/A_C不应超过 0.50。

(6)纯度

①重金属:以 Pb 计,不超过 25μg/g(2.0g,第 2 法,参比溶液为铅标准溶液 5.0mL)。

②铅:以 Pb 计,不超过 2.0μg/g(5.0g,第 1 法)。

③砷:以 As_2O_3计,不超过 1.0μg/g(2.0g,第 3 法,装置 B)。

④固形物含量:不少于 55.0%。

准确称取海砂 30.0g 至已称量的表面皿中,准确称取总量(m_S)。准确称取焦糖色Ⅰ(普通法)1.5g ~ 2.0g(m_C)至已称量的表面皿中,用少量水将其混合均匀,水浴蒸干。60℃减压干燥 5h 至恒重,准确称取质量(m_F),按式(9 - 13)计算固形物含量(X):

$$X = \frac{m_F - m_S}{m_C} \times 100\% \qquad (9-13)$$

⑤总硫:不超过 0.3%(以固形物计)。

取氧化镁 1g ~ 3g(或硝酸镁 6.4g ~ 19.2g),绵白糖 1g,硝酸 50mL 于蒸发皿中。加焦糖色Ⅰ(普通法)5g ~ 10g,水浴蒸发至糊状。将蒸发皿放置在一尚未加热的电热炉(常温)中,逐渐加热(不超过 525℃)至驱出所有二氧化氮烟雾。冷却蒸发皿,加稀盐酸(1→2.5)溶解,中和残留物,然后再过量加入稀盐酸(1→2.5)5mL。过滤,加热至沸腾,逐滴加入 10% 氯化钡溶液 5mL。蒸发至 100mL,放置过夜,用定量分析滤纸(5C)过滤,用温水冲洗。将带残留物的滤纸转移至已预先称量的坩埚中,灼热至恒重,准确称取硫酸钡质量。按式(9 - 14)计算总硫量(X_1),并以固形物计。以同样方式进行空白试验。

$$X_1 = \frac{m \times 0.1374}{m_1} \times 100\% \qquad (9-14)$$

式中:

m——硫酸钡质量,g;

m_1——样品量,g。

⑥总氮:不超过 4.0%(以固形物计)。

准确称取焦糖色Ⅰ(普通法)1g,按照"氮测定"中凯氏定氮法规定进行。

⑦4 - 甲基咪唑:不得检出。

测试溶液 准确称取相当于 10g 固形物的焦糖色Ⅰ(普通法)于 150mL 聚丙烯烧杯中,加 3.0mol/L 氢氧化钠 5mL,混匀,调整至 pH 12 或更高。向烧杯中加入色谱用硅藻土 20g,搅拌呈半干状混合物。将混合物填充到色谱用玻璃管中(特氟龙旋塞,内径约 2cm)中,玻璃管底端充填玻璃棉,使填充的混合物约为 25cm 高。用乙酸乙酯冲洗聚丙烯烧杯,将洗涤液倒入玻璃管中。当乙酸乙酯抵达玻璃管底部时,关闭旋塞,静置 5min。打开旋塞,再将乙酸乙酯倒入玻璃管中,直至流出总体积约为 200mL。收集流出液,准确加入内标 1mL。将组分转移至茄形烧瓶中,在 35℃以下蒸发乙酸乙酯。加丙酮溶解残留物,定容至 5mL。

标准溶液 准确称取 4 - 甲基咪唑 0.02g,准确加入内标 20mL,加丙酮溶解并定容至 100mL。

内标 取2-甲基咪唑0.050g,用乙酸乙酯溶解并定容至50mL。

程序 分别取测试溶液和参比溶液5μL,按照以下操作条件进行气相色谱分析。测试溶液中不得出现4-甲基咪唑的峰。

操作条件

检测器:火焰离子检测器。

分离柱:4mm内径,1m长度玻璃管。

柱填充剂

液相:占固定相2%的7.5%聚乙二醇20mol/L氢氧化钾混合物。

载体:气相色谱用150μm~160μm硅藻土。

柱温:180℃。

进样口温度:200℃。

载气:氮气。

流速:50mL/min。

92. 焦糖色Ⅱ(苛性亚硫酸法)

(1)其他名称 Caramel Ⅱ(caustic sulfite process);Caustic sulphite caramel;Caustic sulfite carame。

(2)编码 CAS 8028-89-5;INS 150b。

(3)定义 焦糖色Ⅱ(苛性亚硫酸法)是在有亚硫酸盐化合物存在,加或不加酸或碱的条件下,由加热食用碳水化合物,包括淀粉水解物、糖蜜、糖而形成。不使用氨盐化合物。

(4)性状 深褐色至黑色的粉末、团块、糊状物或液体。无味道或稍有特殊气味。

(5)鉴别

①焦糖色Ⅱ(苛性亚硫酸法)溶液(1→100)呈浅褐色至深褐色。

②按照“91. 焦糖色Ⅰ(普通法)”的鉴别②规定进行。相应值应不小于0.50。

③称取焦糖色Ⅱ(苛性亚硫酸法)0.10g,加水溶解并定容至100mL。必要时离心,取上清液作为溶液A。取溶液A 5mL,加水定容至100mL,作为溶液B。在560nm波长,用1cm光径比色皿,以水作参比溶液,测定溶液A的吸光值(A_A);在280nm波长,用1cm光径比色皿,以水作参比溶液,测定溶液B的吸光值(A_B)。$A_A \times 20/A_B$不应小于50。

(6)纯度

①重金属:以Pb计,不超过25μg/g(2.0g,第2法,参比溶液为铅标准溶液5.0mL)。

②铅:以Pb计,不超过2.0μg/g(5.0g,第1法)。

③砷:以As_2O_3计,不超过1.0μg/g(2.0g,第3法,装置B)。

④固形物含量:不少于65%。按照“91. 焦糖色Ⅰ(普通法)”的纯度④规定进行。

⑤总硫:不超过2.5%(以固形物计)。按照“91. 焦糖色Ⅰ(普通法)”的纯度⑤规定进行。

⑥总氮:不超过4.0%(以固形物计)。准确称取焦糖色Ⅱ(苛性亚硫酸法)1g,按照“氮测定”中的凯氏定氮法规定进行。

⑦二氧化硫:不超过0.2%(以固形物计)。

(a)装置:如图9-16所示。

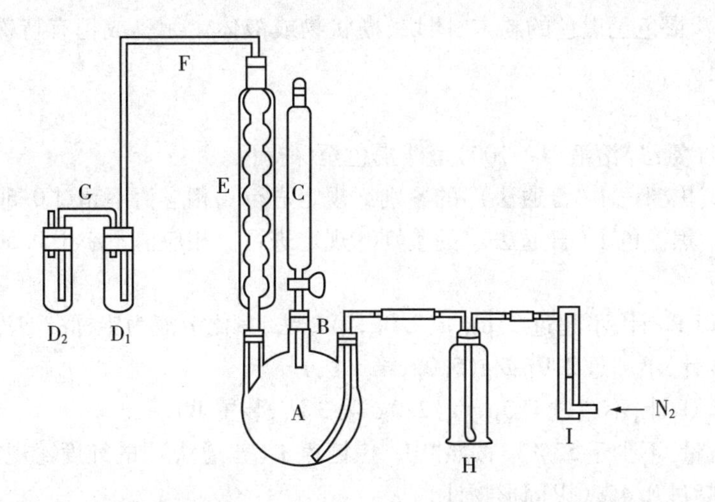

说明：

A——三颈烧瓶（1L）；B——塞子（硅胶）；C——分离器（100mL 容量的圆柱形分离器）；D_1，D_2——接受管（50mL 容量的离心管）；E——球形冷凝管（300mm 长）；F，G——连接管；H——洗气瓶；I——流速计。

图 9－16　焦糖色Ⅱ的二氧化硫测定装置

（b）方法：取水 180mL 和稀磷酸（1→4）25mL 于三颈烧瓶 A 中。分别在接受管 D_1，D_2 中加入过氧化氢试液 20mL。以 200±10mL/min 速度通入氮气（经过碱性邻苯三酚溶液脱氧），加热三颈瓶 A，控制加热罩的温度使液体从冷凝管 E 滴落速度为 80 滴/min～90 滴/min，沸腾约 3min 后冷却。准确称取焦糖色Ⅱ（苛性亚硫酸法）约 10g，迅速移入三颈烧瓶 A 中。保持氮气的流速仍为以上描述的 200mL/min±10mL/min，加热试三颈烧瓶 A 微沸，持续 60min。停止向冷凝管 E 供水，继续加热，直到靠近冷凝管 E 的连接管 F 部分出现水滴，且冷凝管 E 上端温度达 60℃～70℃。移走接收管 D_1，D_2，用少量水冲洗连接管 F 和 G。将吸收的蒸馏物从接收管移至烧杯中，加甲基红试液 2 滴，加 1mol/L 氢氧化钠至溶液呈橘黄色。向此溶液加入 1mol/L 盐酸 4 滴，煮沸，缓慢加入氯化钡溶液（1→6）3mL。水浴加热溶液 1h，冷却，静置过夜。用定量分析滤纸（5C）过滤，用热水冲洗滤纸上的残留物直至洗出液无氯化物反应。将带有残留物与滤纸一起干燥，并灼热至恒重。称取硫酸钡的质量，并按照式（9－15）计算二氧化硫（SO_2）含量（X），以固形物计算。

$$X = \frac{m \times 0.2745}{m_1} \times 100\% \qquad (9-15)$$

式中：

m——硫酸钡质量，g；

m_1——样品量，g。

93. 焦糖色Ⅲ（氨法）

（1）其他名称　Caramel Ⅲ（ammonia process）；Ammonia caramel。

（2）编码　CAS 8028－89－5；INS 150c。

（3）定义　焦糖色Ⅲ（氨法）是在有氨化合物存在，加或不加酸或碱的条件下，由加热食用碳水化合物，包括淀粉水解物、糖蜜、糖而形成。不使用亚硫酸盐化合物。

(4)性状 深褐色至黑色的粉末、团块、糊状物或液体。无臭或稍有特殊气味。无味道或稍有特殊味道。

(5)鉴别

①焦糖色Ⅲ(氨法)溶液(1→100)呈浅褐色至深褐色。

②按照“91. 焦糖色Ⅰ(普通法)”的鉴别②规定进行。相应值不超过0.50。

③按照“91. 焦糖色Ⅰ(普通法)”的鉴别③规定进行。相应值不小于0.50。

(6)纯度

①重金属:以Pb计,不超过25μg/g(2.0g,第2法,参比溶液为铅标准溶液5.0mL)。

②铅:以Pb计,不超过2.0μg/g(5.0g,第1法)。

③砷:以As_2O_3计,不超过1.0μg/g(2.0g,第3法,装置B)。

④固形物含量:不少于53%。按照“91. 焦糖色Ⅰ(普通法)”的纯度④规定进行。

⑤氨氮:不超过0.4%(以固形物计)。

取0.05mol/L硫酸25mL于500mL的接受烧瓶中,将其连接上由凯氏连接球管和冷凝器组成的蒸馏装置,冷凝管的导液管应插入接受烧瓶酸液液面以下。准确称取焦糖色Ⅲ(氨法)2g转移至800mL容积的凯氏消化烧瓶中,并加氧化镁2g,水200mL和几粒沸石。振摇消化烧瓶使之混合均匀,然后迅速接上蒸馏装置。加热消化烧瓶至沸腾,收集蒸馏物约100mL于接受烧瓶中。用水2mL~3mL冲洗连接管的尖端,并将洗液转入接受烧瓶。然后加入甲基红试液4滴~5滴,用0.1mol/L氢氧化钠溶液滴定。消耗的氢氧化钠溶液体积(mL)表示为S。以同样方法进行空白试验,消耗体积表示B。按照式(9-16)计算样品中氨氮含量(X),以固形物含量计算。

$$(X)=\frac{(B-S)\times 0.0014}{m}\times 100\% \qquad (9-16)$$

式中:

m——样品量,g。

⑥总硫:不超过0.3%(以固形物计)。

按照“91. 焦糖色Ⅰ(普通法)”的纯度⑤规定进行。

⑦总氮:不超过6.8%(以固形物计)。

准确称取焦糖色Ⅲ(氨法)0.5g,按照“氮测定”中凯氏定氮法规定进行。

⑧4-甲基咪唑:不超过0.30mg/g(以固形物计)。

测试溶液 按照“91. 焦糖色Ⅰ(普通法)”的纯度⑦的规定制备。

标准溶液 分别准确称取4-甲基咪唑0.02g、0.06g和0.1g,分别准确加入内标20mL,用丙酮溶解并定容至100mL。

内标 取2-甲基咪唑0.050g,加乙酸乙酯溶解并定容至50mL。

程序 按照“91. 焦糖色Ⅰ(普通法)”的纯度⑦的气相色谱法条件,分别对5μL测试溶液和标准溶液进行分析。测定标准溶液中4-甲基咪唑与2-甲基咪唑的峰面积比和各自的含量,绘制标准曲线。根据测试溶液中4-甲基咪唑与2-甲基咪唑峰面积比和标准曲线计算4-甲基咪唑的含量。

⑨2-乙酰基-4-四羟基丁基咪唑:不超过40μg/g(以固形物计)。

(a)装置:使用图9-17的组合装置,所有接口都应为磨口玻璃。

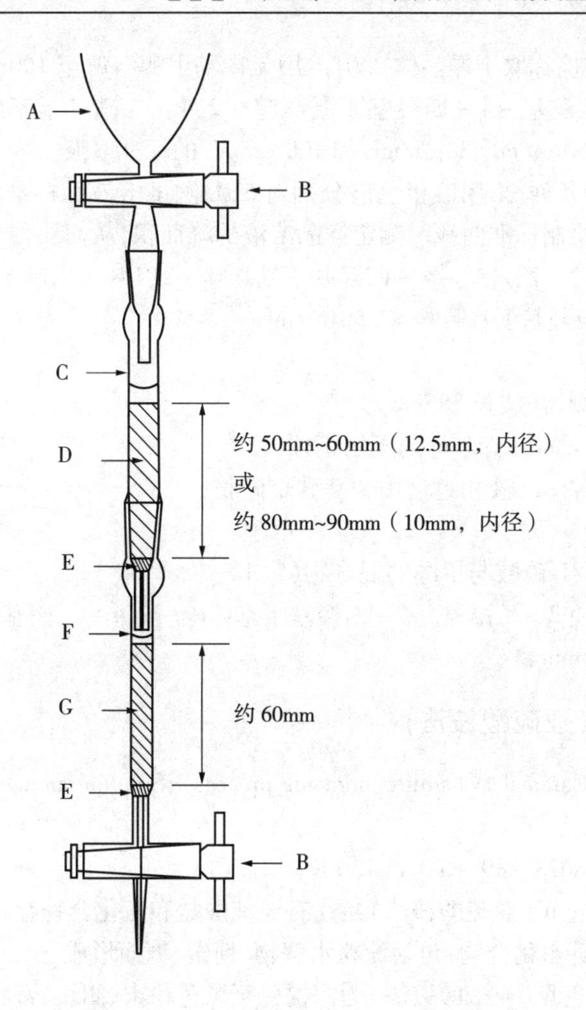

说明：

A——滴液漏斗；B——特氟龙旋塞；C——玻璃柱（内径 12.5mm，包括连接部分共长 150mm；或内径 10mm，包括连接部分长 200mm）；D——弱酸性阳离子交换树脂（细粒）；E——棉塞；F——玻璃柱（内径 10mm，包括连接部分长 175mm）；G——强酸性阳离子交换树脂（细粒）。

图 9－17 2－乙酰基－4－四羟基丁基咪唑测定实验装置

（b）方法

测试溶液　准确称取焦糖色Ⅲ（氨法）0.20g～0.25g，加水 3mL 溶解。作为样品溶液。将样品溶液定量转移至组合柱的玻璃柱 C 中。用水 100mL 冲洗柱。拆下柱，将滴液漏斗连到玻璃柱 F。然后，让 0.5mol/L 盐酸流过 F。弃去最初 10mL 洗出液，收集随后的 35mL 洗出液。在 40℃，2.0kPa 条件下浓缩至干。用无羰基甲醇 250μL 溶解糖浆状残留物，再加入 2,4－二硝基苯基肼盐酸试液 250μL。将该反应混合物转移至色谱进样瓶中，室温下静置 5h。

标准溶液　取盐酸 1mL，加入 2,4－二硝基苯基肼 0.50g，混匀。加乙醇 10mL，水浴加热至 2,4－二硝基苯基肼完全溶解。向热溶液中加入 2－乙酰基－4－四羟基丁基咪唑 0.1g。在数分钟内 2－乙酰基－4－四羟基丁基咪唑－2,4－二硝基苯基肼开始结晶。冷却到室温，当结晶完全后，过滤以得到晶体。用含盐酸的乙醇溶液（乙醇 5mL 加盐酸 1 滴）对晶体进行重结晶，纯化 2－乙酰基－4－四羟基丁基咪唑－2,4－二硝基苯基肼。过滤后将纯化的晶体放入干燥器干燥。准确称取干燥晶体0.01g，用无羰基甲醇溶解至100mL。用无羰基甲醇作稀释剂，配制含2-乙酰基-4-四羟基丁基咪唑-2,4-二硝基苯基肼的浓度为0μg/mL、20μg/mL、40μg/mL、60μg/mL、80μg/mL和100μg/mL的标准溶液。

程序　按照以下条件，采用液相色谱分别对5μL测试溶液和标准溶液进行分析。测定标准溶液的峰面积，绘制标准曲线。测定样品溶液的峰面积，从而获得2-乙酰基-4-四羟基丁基咪唑的含量。2-乙酰基-4-四羟基丁基咪唑-2,4-二硝基苯基肼100μg/mL相当于2-乙酰基-4-四羟基丁基咪唑47.58μg/mL。

操作条件

检测器：紫外检测器（波长385nm）。

色谱柱：内径4.6mm，长25cm的不锈钢柱。

柱填充剂：3μm~5μm液相色谱用辛基硅烷硅胶。

柱温：室温。

流动相：0.01mol/L磷酸与甲醇的混合物（1:1）。

流速：调整流速使2-乙酰基-4-四羟基丁基咪唑-2,4-二硝基苯基肼的保留时间为6.3mL/min±0.1mL/min。

94. 焦糖色Ⅳ（亚硫酸铵法）

（1）其他名称　Caramel Ⅳ(sulfite ammonia process); Sulphite ammonia caramel; Sulfite ammonia caramel。

（2）编码　CAS 8028-89-5；INS 150d。

（3）定义　焦糖色Ⅳ（亚硫酸铵法）是在有亚硫酸盐和氨化合物存在，加或不加酸或碱的条件下，由加热食用碳水化合物，包括淀粉水解物、糖蜜、糖而形成。

（4）性状　焦糖色Ⅳ（亚硫酸铵法）为深褐色至黑色粉末、团块、膏状物或液体，无臭或稍有特殊气味。无味道或稍有特殊味道。

（5）鉴别

①焦糖色Ⅳ（亚硫酸铵法）溶液（1→100）呈浅褐色至深褐色。

②按照"91. 焦糖色Ⅰ（普通法）"的鉴别②规定进行。对应的值不超过0.50。

③按照"92. 焦糖色Ⅱ（苛性亚硫酸法）"的鉴别③规定进行。对应的值不大于50。

（6）纯度

①重金属：以Pb计，不超过25μg/g（2.0g，第2法，参比溶液为铅标准溶液5.0mL）。

②铅：以Pb计，不超过2.0μg/g（5.0g，第1法）。

③砷：以As_2O_3计，不超过1.0μg/g（2.0g，第3法，装置B）。

④固形物含量：不少于40%。按照"91. 焦糖色Ⅰ（普通法）"的纯度④规定进行。

⑤氨氮：不超过2.8%（以固形物计）。按照"93. 焦糖色Ⅲ（氨法）"的纯度⑤规定进行。

⑥总硫：不超过10.0%（以固形物计）。按照"91. 焦糖色Ⅰ（普通法）"的纯度⑥规定进行。

⑦总氮：不超过7.5%（以固形物计）。按照"93. 焦糖色Ⅲ（氨法）"的纯度⑦规定进行。

⑧二氧化硫：不超过0.5%（以固形物计）。按照"92. 焦糖色Ⅱ（苛性亚硫酸法）"的纯度⑦规定进行。

⑨4－甲基咪唑:不超过1.0mg/g(以固形物计)。

按照"93. 焦糖色Ⅲ(氨法)"的纯度⑧规定进行。按以下方法配制标准溶液:准确称取0.02g、0.06g、0.1g和0.2g 4－甲基咪唑,分别加20mL内标,分别用丙酮稀释并定容至100mL。

95. 二氧化碳

(1)其他名称　碳酸气;Carbon dioxide;Carbonic acid gas。

(2)编码　CAS 124－38－9;INS 290。

(3)分子式、相对分子质量　CO_2;44.01。

(4)含量　本品二氧化碳(CO_2)含量不少于99.5%(体积)。

(5)性状　二氧化碳为无色气体。无臭。

(6)鉴别

将二氧化碳通入氢氧化钙试液。形成白色沉淀。收集沉淀物,加入稀乙酸(1→4)。溶解并冒泡。

(7)纯度

纯度试验中称取二氧化碳量以在温度20℃,气压101.3kPa条件下的毫升数(mL)表示。

①游离酸:取新煮沸冷却的水50mL于纳氏比色管中,将气体导管(内径约1 mm)插入纳氏比色管中,使气体导管末端保持在距该纳氏比色管底部2mm内,在15min内通入二氧化碳1000mL,加入甲基橙试液0.1mL。溶液颜色不得深于参比溶液的颜色。参比溶液的配制:取0.01mol/L盐酸1.0mL,加入甲基橙试液0.1mL,再加新煮沸冷却的水50mL。

②磷化氢、硫化氢和还原性有机物:取硝酸银－氨试液25mL和氨试液3mL于纳氏比色管中,在上述避光条件下用按1同样方法通入二氧化碳1000mL。不显褐色。

③一氧化碳:采用气相色谱用量气管或注射器取二氧化碳5mL,按如下条件进行气相色谱分析。在一氧化碳相应位置不得出现一氧化碳的峰。

操作条件

检测器:热导检测器。当注入含0.02%氮气(体积)的氢气或氦气4mL,记录纸上峰高应大于满量程的50%。

色谱柱内径:3mm～4mm,长1m～3m,玻璃或不锈钢柱。

柱填充剂:气相色谱用297μm～500μm的沸石。

柱温:40℃左右,恒温。

载气:氢气或氦气。

流速:30mL/min～80mL/min恒定流速。

(8)含量测定　二氧化碳的采样按本节"纯度"的要求进行。取氢氧化钾溶液(1→3)于适当容量的气体吸量管(gas pipet)内。用容量在100mL以上、预先充满氯化钠溶液(3→10)的量气管(gas burett)准确量取二氧化碳100mL以上。将气体转移至气体吸量管(gas pipet)内,充分振摇。当不再被吸收气体体积恒定时,测量其体积V(mL),按照式(9－17)计算二氧化碳含量(X):

$$X = \frac{V_1 - V}{V_1} \times 100\% \qquad (9-17)$$

式中：

V_1——样品量，mL。

96. 巴西棕榈蜡

(1)其他名称 棕榈蜡；Carnauba wax；Brazil wax。

(2)定义 巴西棕榈蜡从巴西蜡棕[*Copernicia prunifera* H. E. Moore(*Copernicia cerifera* Martius)]的叶子中提取，主要含蜡基羟基蜡酸酯。

(3)编码 CAS 8015-86-9；INS 903。

(4)性状 巴西棕榈蜡为淡黄色至淡褐色硬质易碎固体，表面有裂纹，有芳香气味。

(5)鉴别

①按照"红外吸收光谱法"的溴化钾压片法规定的操作测定巴西棕榈蜡的红外吸收光谱，与参比光谱图(见图9-18)比较，两个谱图在相同的波数几乎有同样的吸收强度。

(6)纯度

①熔点：80℃~86℃。

②酸值：不超过10。

准确称取巴西棕榈蜡1g，用乙醇与二甲苯的混合物(5:3)80mL溶解，作为测试溶液。按照"油脂类和相关物质试验"的酸值试验规定进行。因溶液冷却时变浑浊，将溶液加热时滴定。

③皂化值：78~95。

准确称取巴西棕榈蜡1g，准确加入乙醇与二甲苯的混合物(5:3)50mL和0.5mol/L氢氧化钠的乙醇溶液25mL。冷凝回流1h，并不时振摇。

按照"油脂类和相关物质试验"的皂化价试验的规定进行。

④重金属：以Pb计，不超过20μg/g(1.0g，第2法，参比溶液为铅标准溶液2.0mL)。

⑤铅：以Pb计，不超过10μg/g(1.0g，第1法)。

⑥砷：以As_2O_3计，不超过4.0μg/g(0.5g，第3法，装置B)。

(7)灼热残留物 不超过0.25%。

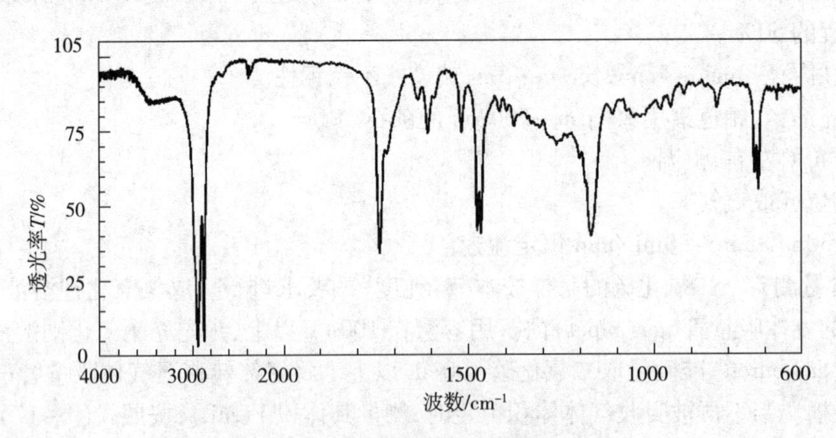

图9-18 巴西棕榈蜡的红外吸收光谱图

97. 刺槐豆胶

(1)其他名称　槐豆胶;角豆胶;长角豆胶;Carob bean gum;Locust bean gum。

(2)定义　刺槐豆胶是通过研磨或溶解,沉淀刺槐树(*Ceratonia siliqua* Linné)的种子胚乳而得到。产品可能含蔗糖、葡萄糖、乳糖、葡聚糖或麦芽糖。

(3)编码　CAS 9000-40-2;INS 410。

(4)性状　刺槐豆胶为白色至淡棕黄色的粉末或颗粒。无臭或稍有气味。

(5)鉴别

①取刺槐豆胶2g,加异丙醇4mL,剧烈搅拌。加水200mL,剧烈搅拌,不断搅拌直至胶质完全分离出。形成轻微黏稠的溶液。取该溶液100mL,水浴加热10min,冷却至室温。溶液较加热前更加黏稠。

②取鉴别①中最终获得的黏稠溶液10mL,加硼酸钠溶液(1→20)2mL,混匀,静置。形成胶体。

(6)纯度

①蛋白质:不超过7.0%。

准确称取刺槐豆胶0.2g,按照“氮测定”中的半微量凯式法规定进行。

0.005mol/L硫酸1mL=0.8754mg蛋白质。

②酸不溶物:不超过4.0%。

按照“加工过的麒麟菜属藻类“中纯度⑤规定进行。

③铅:以Pb计,不超过2.0μg/g(5.0g,第1法)。

④砷:以As_2O_3计,不超过4.0μg/g(0.5g,第3法,装置B)。

⑤淀粉:准确称取刺槐豆胶0.10g,加10mL水,加热。冷却后,加碘试液2滴。溶液不显蓝色。

⑥异丙醇:不超过1.0%。

(a)装置:按“372. 加工过的麒麟菜属海藻”中纯度⑨规定的装置。

(b)方法

测试溶液　准确称取刺槐豆胶2g,转移至茄形烧瓶A中,加水200mL,硅树脂1mL和少量沸石,充分搅拌。准确吸取内标溶液4mL于容量瓶E中,连接装置。用水润湿连接处。以2mL/min~3mL/min的速度蒸馏,注意不要让气泡进入导出管C,收集蒸馏物约90mL。将蒸馏物加水配至100mL。使用叔丁醇溶液(1→1000)作为内标溶液。

标准溶液　准确称取异丙醇0.5g,加水稀释并定容至50mL。取此溶液5mL,加水定容至50mL。取该二级溶液20mL和内标溶液4mL于100mL的容量瓶中,加水至100mL。

程序　分别取测试液和标准溶液2μL,按照以下操作条件进行气相色谱分析。测定测试溶液和标准溶液中的异丙醇与叔丁醇的峰面积比(Q_T和Q_S)。按式(9-18)计算异丙醇的含量(X):

$$X=\frac{m_1}{m}\times\frac{Q_T}{Q_S}\times 4\times 100\% \quad (9-18)$$

式中:

m_1——异丙醇量,g;

m——样品量,g。

操作条件

检测器:火焰离子检测器。

色谱柱:内径3mm,长度2m的玻璃柱。

柱填充剂:气相色谱用180μm~250μm苯乙烯-二乙烯基苯多孔聚合物。

柱温:120℃,恒温。

进样口:200℃,恒温。

载气:氮气或氦气。

流速:调整流速至异丙醇的保留时间为大约10min。

(7)干燥失量 不超过14.0%(105℃,5h)。

(8)灰分 不超过1.2%(800℃,3h~4h)。

(9)微生物限量 按照"微生物限量试验"规定进行。菌落总数不超过10000/g,大肠埃希氏菌不得检出。

98. β-胡萝卜素

(1)其他名称 β-叶红素;β-Carotene。

(2)编码 CAS 7235-40-7;INS 160。

(3)分子式、相对分子质量与结构式 $C_{40}H_{56}$;536.84;

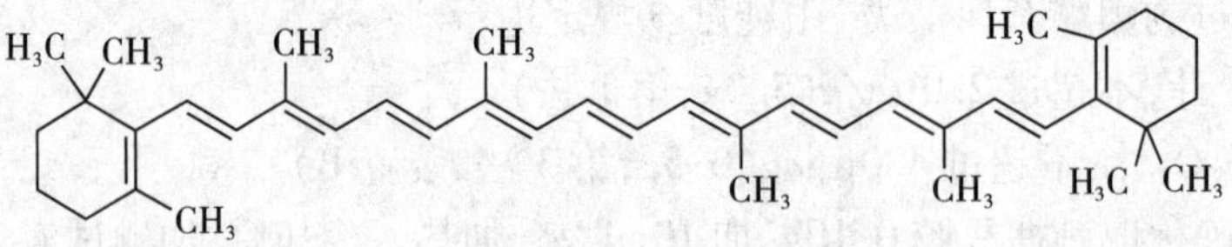

(4)含量 本品干燥后,β-胡萝卜素($C_{40}H_{56}$)含量不少于96.0%。

(5)性状 β-胡萝卜素为紫红色至黑红色结晶或晶体粉末,稍有特殊气味和味道。

(6)鉴别

①β-胡萝卜素的丙酮与环己烷的混合液(1∶1)溶液(1→1000)为橙色。用丙酮将此溶液稀释25倍。取稀释溶液5mL,加5%硝酸钠溶液1mL和0.5mol/L硫酸1mL。溶液的颜色迅速消失。

②取β-胡萝卜素的丙酮与环己烷的混合液(1∶1)溶液(1→250)0.5mL,加环己烷1000mL。溶液在445nm~456nm和482nm~484nm波长吸收最大。

(7)纯度

①熔点:176℃~183℃(在减压密封管中,分解)。

②溶液澄清度:澄清[0.10g,丙酮与环己烷的混合液(1∶1)10mL]。

③重金属:以Pb计,不超过20μg/g(1.0g,第2法,参比溶液为铅标准溶液2.0mL)。

④砷:以As_2O_3计,不超过4.0μg/g(0.50g,第3法,装置B)。

⑤吸光度比:准确称取经预先干燥的β-胡萝卜素约0.04g;加丙酮与环己烷的混合液(1∶1)10mL溶解,用环己烷定容至100mL。准确吸取此液5mL,再用环己烷定容至100mL,作为测试溶液。准确吸取测试溶液10mL,用环己烷定容至100mL,作为稀释测试溶液。分别测定测试溶液在340nm和362nm波长的吸光度(A_1和A_2),分别测定稀释测试溶液在

434nm、455nm 及 483nm 波长的吸光度(A_3、A_4及 A_5)。A_2/A_1应不小于 1.00,$(A_4 \times 10)/A_1$应不小于 15.0,A_4/A_3应在 13.0 ~ 16.0,A_4/A_5应在 1.05 ~ 1.25。

(8)干燥失量　不超过 1.0%(减压,4h)。

(9)灼热残留物　不超过 0.10%。

(10)含量测定　采用 455nm ~ 457nm 的最大吸收波长测定纯度⑦中的稀释测试溶液的吸光度(A),按式(9 - 19)求 β - 胡萝卜素($C_{40}H_{56}$)的含量(X):

$$X = \frac{200}{m} \times \frac{A}{2500} \times 100\% \tag{9-19}$$

式中:

m——样品量,g。

(11)贮存标准　贮存在密封、避光,充入惰性气体的容器中。

99. 胡萝卜素

(1)英文名称　Carrot carotene。

(2)定义　本品从胡萝卜植物(*Daucus carota* Linné)的根中获得,主要成分为胡萝卜素。产品可能食用脂肪类和油类。

(3)含量(色值)　胡萝卜素含量相当于 β - 胡萝卜素($C_{40}H_{56}$ = 536.87)0.80% 以上,为标称量的 95% ~ 115%;或者色值($E^{10\%}_{1cm}$)在 200 以上,为标称量的 95% ~ 115%。

(4)性状　胡萝卜素为棕红色至褐色浑浊油状物质。稍有特殊气味。

(5)鉴别

①称取相当于色值为 200 的胡萝卜素 1g,用丙酮和环己烷的混合液(1:1)10mL 溶解。溶液显橙色。

②将鉴别 1 配制的胡萝卜素溶液用丙酮稀释(1→25)。取稀释溶液 5mL,加 5% 硝酸钠溶液 1mL 和 0.5mol/L 硫酸 1mL。溶液颜色迅速消失。

③胡萝卜素的环己烷溶液在 445nm ~ 460nm 或 465nm ~ 485nm 波长吸收最大,或在 445nm ~ 460nm 和 465nm ~ 485nm 两处都吸收最大。

(6)纯度

①重金属:以 Pb 计,不超过 20μg/g(1.0g,第 2 法,参比溶液为铅标准溶液 2.0mL)。

②铅:以 Pb 计,不超过 10μg/g(1.0g,第 1 法)。

③砷:以 As_2O_3计,不超过 4.0μg/g(0.50g,第 3 法,装置 B)。

(7)含量测定　(色值试验)采用下列条件,按“色值试验”的规定进行。测定色值或除以 250 计算 β - 胡萝卜素的含量。

操作条件

溶剂:环己烷。

波长:最大吸收波长 445nm ~ 460nm。

100. 红花红

(1)其他名称　红花红色素;Carthamus red。

(2)定义　红花红从红花植物(*Carthamus tinctorius* Linné)的花瓣中获得,主要成分红花苷。产品可能含葡聚糖和乳糖。

(3)色值 红花红的色值($E_{1cm}^{10\%}$)不少于500,为标称值的90%~110%。

(4)性状 红花红为暗红色至暗紫色的粉末、团块或糊状物,稍有特殊气味。

(5)鉴别

①准确称取相当于色值为500的红花红0.1g,用二甲替甲酰胺200mL溶解。溶液显红色,在525nm~535nm波长吸收最大。

②准确称取相当于色值为500的红花红0.01g,用水50mL溶解。溶液呈红色。当用氢氧化钠溶液(1→25)调节至碱性时,溶液变为暗黄色,用稀盐酸调至酸性时,溶液变为红色。

③准确称取相当于色值为500的红花红1g,用二甲替甲酰胺10mL溶解,作为测试溶液。对2μL测试溶液进行薄层色谱分析。使用正丁醇、水和乙酸和混合液(4:2:1)作为展开剂。不使用参比溶液。采用覆盖有薄层色谱用硅胶的薄板作为载体,预先经110℃干燥1h。当展开剂的最前端上升到距离原点约10cm时,停止展开,风干薄层板。R_f值为0.4处应由一深红色斑点。用紫外光(255nm附近)照射斑点,有紫红色荧光。

(6)纯度

①重金属:以Pb计,不超过40μg/g(0.5g,第2法,参比溶液为铅标准溶液2.0mL)。

②铅:以Pb计,不超过10μg/g(1.0g,第1法)。

③砷:以As_2O_3计,不超过4.0μg/g(0.50g,第3法,装置B)。

(7)含量测定 (色值试验)采用下列条件,按"色值试验"规定进行。

操作条件

溶剂:二甲替甲酰胺。

波长:最大吸收波长525nm~535nm。

101. 红花黄

(1)其他名称 红花黄色素;Carthamus yellow;Carthamins yellow;Safflower yellow。

(2)定义 本品从红花植物(*Carthamus tinctorius* Linné)的花瓣中获得,主要成分为红花黄色素。产品可能含葡聚糖或乳糖。

(3)色值 红花黄的色值($E_{1cm}^{10\%}$)不少于100,且为标称值的90%~110%。

(4)性状 黄色至深褐色的粉末、团块或糊状物,稍有特殊气味。

(5)鉴别

①准确称取相当于色值为100的红花黄0.1g,用柠檬酸缓冲溶液(pH 5.0)100mL溶解。溶液显黄色,在400nm~408nm波长吸收最大。

②取鉴别1的溶液,加氢氧化钠溶液(1→25)调节至碱性。溶液变为橘黄色。

③准确称取相当于色值为500的红花黄1g,用水1mL溶解,加甲醇10mL。混匀后,以3000r/min离心10min,上清液作为测试溶液。对2μL测试溶液进行薄层色谱分析。将正丁醇、水和乙酸的混合液(4:2:1)作为展开剂。不使用参比溶液。使用覆有薄层色谱用微晶纤维素的薄层板作为展开板,预先经60℃~80℃干燥20min。当展开剂的最前端上升到距离原点约10cm时,停止展开,风干薄层板。R_f值为0.2~0.5处观察到两个或更多黄色斑点。

(6)纯度

①重金属:以Pb计,不超过40μg/g(0.5g,第2法,参比溶液为铅标准溶液2.0mL)。

②铅:以 Pb 计,不超过 10μg/g(1.0g,第 1 法)。

③砷:以 As_2O_3 计,不超过 4.0μg/g(0.50g,第 3 法,装置 B)。

(7)含量测定　(色值试验)采用下列条件,按"色值试验"规定进行。

操作条件

溶剂:柠檬酸缓冲溶液(pH 5.0)。

波长:最大吸收波长 400nm ~408nm。

102. 干酪素

(1)其他名称　酪朊酸;乳酪素;Casein。

(2)编码　CAS 9000 -71 -9。

(3)含量　干酪素干燥后,氮(N =14.01)含量为 13.8% ~16.0% 。

(4)性状　白色至浅黄色的粉末、颗粒或片状物。无臭无味,或稍有特殊气味和味道。

(5)鉴别

①称取干酪素 0.1g,加氢氧化钠溶液(1→10)10mL 溶解,再加稀乙酸(1→2)8mL。生成白色、絮状沉淀。

②称取干酪素 0.1g,加氢氧化钠溶液(1→10)10mL 溶解,加硫酸铜溶液(1→8)1 滴,振摇。生成蓝色沉淀,溶液呈紫色。

③称取干酪素 0.1g,在 450℃ ~550℃ 灼热,冒烟并产生特殊异气味。不冒烟后,停止加热,冷却。向黑色残留物加入稀硝酸(1→10)5mL,加温溶解,过滤。在滤液中加钼酸铵试液 1mL,加温。生成黄色沉淀。

(6)纯度

①溶液颜色和澄清度:无色,微浊。

测试溶液　将干酪素置减压干燥器中干燥 4h 后,研磨成细微粉末。称取 0.1 g,加水 30mL,振摇,放置约 10min。加氢氧化钠溶液(1→250)2mL,在 60℃ 加温 1 h,并不时振摇溶解,冷却,加水至 100mL。

②pH:3.7 ~6.5。

测试溶液　称取干酪素 1.0g,加水 50mL,振摇 10min,过滤。

③重金属:以铅计,不超过 20μg/g(1.0g,第 2 法,参比溶液为铅标准溶液 2.0mL)。

④水溶性物质:不超过 1.0% 。

称取干酪素 1.5g,加水 30mL,振摇 10min,过滤,取滤液 20mL,水浴蒸干,100℃ 干燥至恒量,称量。

⑤脂肪:不超过 1.5% 。

将预先经 100℃ 干燥 30min 后在干燥器冷却的烧瓶准确称量。准确称取干酪素约 2.5g 于另一烧瓶中,加稀盐酸(2→3)15mL,直接温和加热溶解,再水浴加热 20min。冷却后,加乙醇 10mL,将其转入骆立氏管(Rörig tube)(见图 9 -19),加乙醚 25mL,剧烈振摇 1min。加石油醚 25mL,剧烈振摇 30 秒,静置。用滤纸过滤经侧枝管(A)放出的上层液,将滤液收集到预先准备的烧瓶中。再重复抽提 2 次,每次加乙醚 15mL 和石油醚 15mL。将经过滤的上层液合并到上述烧瓶中,水浴馏发乙醚和石油醚。置残留物于 98℃ ~100℃ 干燥 4h,干燥器中冷却,准确称量。

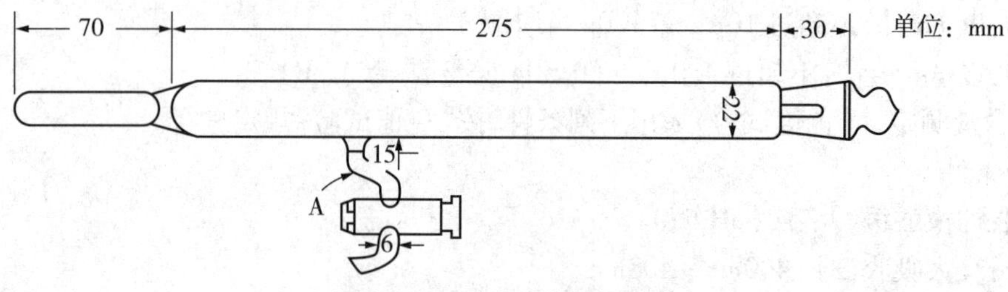

图9－19　骆立氏脂肪浸油管

(7)**干燥失量**　不超过12.0%(100℃,3h)。

(8)**灼热残留物**　不超过2.5%(以干燥品计)。

(9)**含量测定**　准确称取经预先干燥的干酪素约0.15g,按照“氮测定”中的凯氏定氮法规定进行。

$$0.1\text{mol/L 硫酸 } 1\text{mL} = 1.401\text{mg 氮(N)}$$

103. 杨梅提取物

(1)**其他名称**　中国杨梅提取物;Chinese bayberry extract;Myricitrin;5,7－dihydroxy－3－((2*s*,3*r*,4*r*,5*r*,6*s*)－3,4,5－trihydroxy－6－methyl－tetrahydro－pyran－2－yloxy)－2－(3,4,5－trihydroxy－phenyl)－1－benzopyran－4－one。

(2)**编码**　CAS　17912－87－7(杨梅苷,无水)。

(3)**分子式、相对分子质量与结构式**　$C_{21}H_{20}O_{12} \cdot nH_2O$;464.38($C_{21}H_{20}O_{12}$);

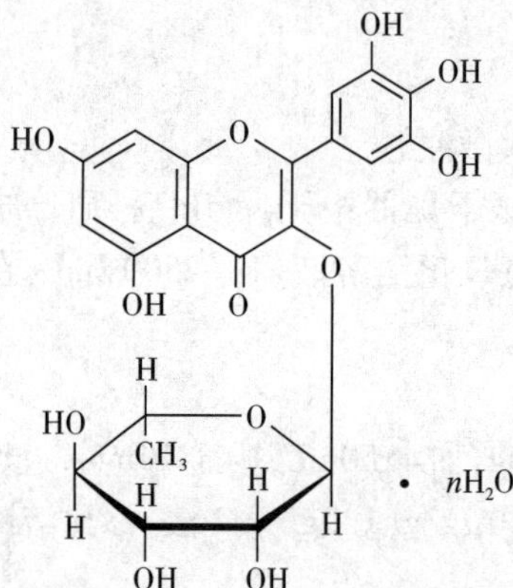

(4)**定义**　杨梅提取物是从杨梅(*Myrica rubra* Siebold et Zuccarini)的果实、树皮和树叶提取获得。主要成分为杨梅苷。

(5)**含量**　以无水品计,杨梅提取物含杨梅苷($C_{21}H_{20}O_{12}$＝464.38)95.0%～105.0%。

(6)**性状**　杨梅提取物为浅黄色粉末或块状物,稍有特殊气味。

(7)**鉴别**

①取杨梅提取物5mg,用乙醇10mL溶解。溶液呈浅黄色至褐色。加三氯化铁－盐酸试液1滴～2滴,颜色变为墨绿色。

②取杨梅提取物5mg,用乙醇5mL溶解,溶液呈浅黄色至褐色。加盐酸2mL和镁粉0.05g,溶液逐渐变成红色。

③取杨梅提取物0.01g,用甲醇1000mL溶解,溶液在257nm和354nm波长吸收最大。

(8)纯度

①重金属:以 Pb 计,不超过 10μg/g(2.0g,第 2 法,参比溶液为铅标准溶液 2.0mL)。

②铅:以 Pb 计,不超过 5.0μg/g(2.0g,第 1 法)。

③砷:以 As_2O_3 计,不超过 2.0μg/g(1.0g,第 3 法,装置 B)。

④甲醇:不超过 50μg/g。

(a)装置 与"槐树提取物"纯度④的装置相同。

(b)方法

测试溶液 准确称取杨梅提取物 5g,移至茄形瓶 A 中,加硼酸 - 氢氧化钠缓冲液 100mL,充分混匀,加几粒沸石。准确吸取内标溶液 2mL 至容量瓶 E,连接装置。用水润湿连接处。以 2mL/min ~ 3mL/min 的速度蒸馏,收集蒸馏物约 45mL。将蒸馏物加水定容至 50mL。使用叔丁醇溶液(1→1000)作为内标溶液。

标准溶液 准确称取甲醇 0.5g,加水定容至 100mL。吸取 5mL 此溶液,加水定容至 100mL。取此二级溶液 2mL 和内标溶液 4mL 于容量瓶中,加水定容至 100mL。

程序 分别取测试溶液和标准溶液 2μL,按照以下操作条件进行气相色谱分析。测定测试溶液和标准溶液中的甲醇与叔丁醇的峰面积比(Q_T和 Q_S)。按式(9 - 20)计算甲醇的含量(X,μg/g):

$$X = \frac{m_1}{m} \times \frac{Q_T}{Q_S} \times 500 \tag{9-20}$$

操作条件

检测器:火焰离子检测器。

色谱柱:内径 3mm,长 2m 的玻璃柱。

柱填充剂:气相色谱用 180μm ~ 250μm 苯乙烯 - 二乙烯基苯多孔聚合物。

柱温:约 120℃,恒温。

进样口:约 200℃,恒温。

进样:不分流进样。

载气:氮气或氦气。

流速:调整流速至甲醇的保留时间为约 2min。

(9)水分含量 不超过 8.0%(0.2g,直接滴定)。

(10)含量测定

测试溶液和标准溶液 准确称取杨梅提取物和含量测定用杨梅苷各 0.05g,各自分别用甲醇溶解定容至 100mL。各取 5mL,加水、乙腈和磷酸的混合液(800 : 200 : 1)分别定容至 50mL。作为测试溶液和标准溶液。

程序 分别取测试溶液和标准溶液 20μL,按照以下操作条件进行液相色谱分析。测定测试溶液和标准溶液中的杨梅苷的峰面积(A_T和 A_S)。按下式计算杨梅苷的含量。分别用直接滴定法测定杨梅苷中的水分。

$$X = \frac{m_1}{m} \times \frac{A_T}{A_S} \times 100\% \tag{9-21}$$

式中:

m_1——含量测定用无水杨梅苷量,g;

m——无水样品量,g。

操作条件

检测器:紫外光谱检测器(测定波长:254nm)。

色谱柱:内径3mm~6mm,长度15cm~25cm的不锈钢柱。

柱填充剂:液相色谱用5μm~10μm十八烷基硅胶。

柱温:40℃。

流动相:水、乙腈和磷酸的混合液(800:200:1)。

流速:调整流速至杨梅苷的保留时间为8min~12min。

104. 叶绿素

(1)其他名称 Chlorophyll。

(2)定义 叶绿素从绿色植物中提取而来,主要成分为叶绿素。本品可能含有可食脂肪类或油脂类。

(3)含量 (色值)叶绿素的色值($E_{1cm}^{10\%}$)不少于600,为标称值的90%~110%。

(4)性状 绿色至墨绿色的粉末、团块、糊状物或液体,有特殊气味。

(5)鉴别

①准确称取相当于色值为600的叶绿素1g,用正己烷100mL溶解。溶液显绿色。加入0.5mL盐酸,混合均匀,溶液变为黄绿色。

②准确称取相当于色值为600的叶绿素1g,用乙酸乙酯100mL溶解。发出红色荧光。

③叶绿素的正己烷溶液在410nm~430nm和660nm~670nm波长吸收最大。

④准确称取相当于色值为600的叶绿素1g,用正己烷30mL溶解,作为测试溶液。取2μL测试溶液进行薄层色谱分析。将正己烷、丙酮和叔丁醇的混合液(10:1:1)作为展开剂。不使用参比溶液。使用覆有薄层色谱用硅胶的薄板作为展开板,预先经110℃干燥1h。当展开剂的最前端上升到距离原点约10cm时,停止展开,风干薄层板。R_f值约为0.3处有一黄绿色斑点(叶绿素b),R_f值约为0.4处有一绿色斑点(叶绿素a),R_f值约为0.65处有一灰色斑点(脱镁叶绿素)。暗室中用紫外光(366nm附近)照射斑点,这些斑点发出红色荧光。另外,还观察到另外两个斑点:R_f值约为0.25处有一黄色斑点(叶黄素)和R_f值约为0.95处有一橘黄色斑点(β-胡萝卜素)。暗室中用紫外光(366nm附近)照射,这些斑点不发出荧光。

(6)纯度

①重金属:以Pb计,不超过40μg/g(0.5g,第2法,参比溶液为铅标准溶液2.0mL)。

②铅:以Pb计,不超过10μg/g(1.0g,第1法)。

③砷:以As_2O_3计,不超过4.0μg/g(0.50g,第3法,装置B)

(7)色值试验 采用下列条件,按"色值试验"规定进行。

操作条件

溶剂:正己烷。

波长:最大吸收波长660nm~670nm。

105. 胆骨化醇

(1)其他名称 维生素D_3;9,10-开环胆甾-5,7,10(19)-三烯-3beta-醇;Cholecalciferol；Vitamin D_3；(3beta，5*Z*，7*E*) -9，10 - secocholesta -5，7，10(19) - trien -3 - ol。

(2)编码　CAS 67 -97 -0。

(3)分子式、相对分子质量与结构式　$C_{27}H_{44}O$；384.64；

(4)性状　白色结晶。无臭。

(5)鉴别

①采用“麦角钙化醇”的鉴别①规定进行。

②采用“麦角钙化醇”的鉴别②规定进行。熔点为133℃ ~135℃。

(6)纯度

①吸光系数 $E_{1cm}^{10\%}$(265nm)：450 ~490。

测试溶液　准确称取维生素 D_3 约0.1g，加乙醇溶解并定容至200mL。准确吸取此溶液2mL，加乙醇定容至100mL。

②旋光率 $[\alpha]_D^{20}$：+103.0° ~ +112.0°(0.1g，乙醇20mL)。

③熔点：84℃ ~88℃。

④7 - 脱氢胆甾醇：称取维生素 D_3 0.010g，加90%乙醇(体积)2mL溶解。称取毛地黄皂苷0.020g，加90%乙醇(体积)2mL溶解。将该溶液加入上液中，放置18h。无沉淀形成。

(7)贮存标准　贮存在密封、避光，充入惰性气体的容器中，冷藏保存。

106.1，8 - 桉叶素

(1)其他名称　桉树脑；桉树醇；桉叶油醇；1，8 - 环氧对孟烷；1，8 - cineole；Eucalyptol；1，8 - Epoxy - p - menthane。

(2)编码　CAS 470 -82 -6；FEMA　2465。

(3)分子式、相对分子质量与结构式　$C_{10}H_8O$；154.25；

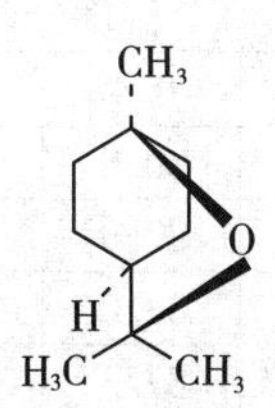

(4)含量　本品1，8 - 桉叶素($C_{10}H_8O$)含量不少于85.0%。

(5)性状　无色至浅黄色透明液体，有桉树叶样气味。

(6)鉴别

按照“红外吸收光谱法”的液膜法规定的操作测定1，8 - 桉叶素的红外吸收光谱，与参比光谱图(见图9-21)比较,两个谱图在相同的波数几乎有同样的吸收强度。

(7)纯度

①折光率 n_D^{20}:1.454~1.462。

②旋光率 $[\alpha]_D^{20}$:-3.0°~+10.0°。

③相对密度:0.915~0.929。

④溶液澄清度:澄清[2.0mL,乙醇70%(体积分数)6.0mL]。

⑤水芹烯:取1,8-桉叶素2.5mL,加石油醚5mL溶解,在加亚硝酸钠溶液(1→20)10mL,缓慢加入乙酸6mL。10min内无结晶析出。

⑥间苯二酚:取1,8-桉叶素1.0mL,加入水5mL,硼酸钠溶液(1→500)4mL,加一小块2,6-二氯醌亚酰亚胺晶体,振摇混合物。溶液不显蓝色或紫蓝色。

(8)含量测定 使用图9-20的装置。装置由试管(内径约15mm,长8cm~16cm)(A),温度计(B),软木塞(C和E)和广口瓶(D)组成。

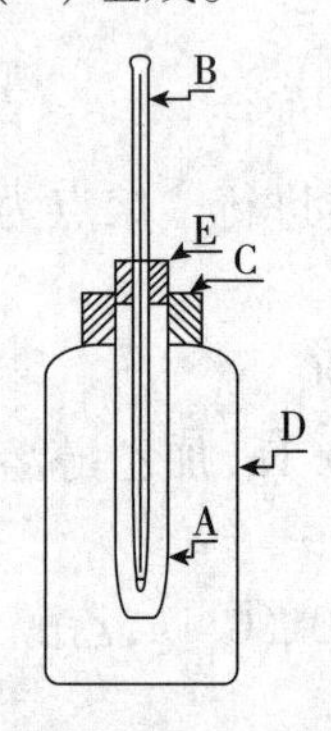

图9-20 1,8-桉叶素含量测定装置

准确称取1,8-桉叶素3.0g于试管A中,加入经预先加温熔化的邻甲酚2.1g,用软木塞E固定温度计B,将温度计的水银球浸入溶液中心偏下的位置。用温度计温和搅混溶液,记录结晶开始析出的温度。加热试管A使结晶完全熔化,将试管置于具有软木塞C的广口瓶D中,使温度慢慢降下来,结晶再析出开始或达到最初记录的温度时,用温度计激烈上下摩擦管壁。温度稍微上升,在一定时间内显示一稳定温度,记录此稳定温度。重复以上操作几次,采用所记录温度中最高温度,从表9-2中查出1,8-桉叶素的含量。

表9-2 温度与1,8-桉叶素的百分含量查阅表

温度/℃	温度分刻度									
	0.0	0.1	0.2	0.3	0.4	0.5	0.6	0.7	0.8	0.9
47	80.0	80.2	80.4	80.6	80.8	81.1	81.3	81.5	81.7	81.9
48	82.1	82.3	82.5	82.7	82.9	83.2	83.4	83.6	83.8	84.0
49	84.2	84.4	84.6	84.8	85.0	85.3	85.5	85.7	85.9	860
50	86.3	86.6	86.8	87.1	87.3	87.6	87.8	88.1	88.3	88.6
51	88.8	89.1	8.93	89.6	89.8	90.1	90.3	90.6	90.8	91.1
52	91.3	91.6	91.8	92.1	92.3	92.6	92.8	93.1	93.3	93 6
53	93.8	94.1	94.3	94.6	94.8	95.1	95.3	95.6	93.8	96.1
54	96.3	96.6	96.9	97.2	97.5	97.8	98.1	98.4	98.7	99.0
55	99.3	99.7	100.0	—	—	—	—	—	—	—

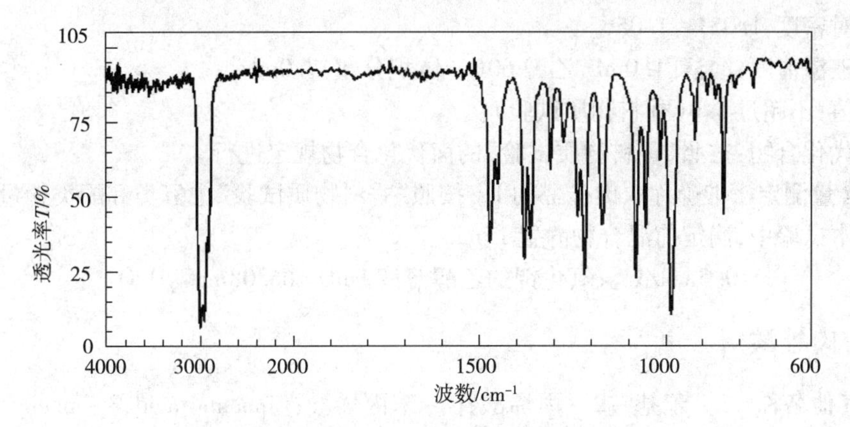

图 9－21　1,8－桉叶素的红外吸收光谱图

107. 肉桂醛

(1)其他名称　3－苯基－2－丙烯醛;Cinnamaldehyde;Cinnamic aldehyde;3－phenyl－2－propen－1－al。

(2)编码　CAS 14371－10－9;FEMA 2286。

(3)分子式、相对分子质量与结构式　C_9H_8O;132.16;

CHO

(4)含量　本品肉桂醛(C_9H_8O)含量不少于98.0%。

(5)性状　无色至浅黄色透明液体,有肉桂样气味。

(6)鉴别

按照"红外吸收光谱法"的液膜法规定的操作测定肉桂醛的红外吸收光谱,与参比光谱图(图9－22)比较,两个谱图在相同的波数几乎有同样的吸收强度。

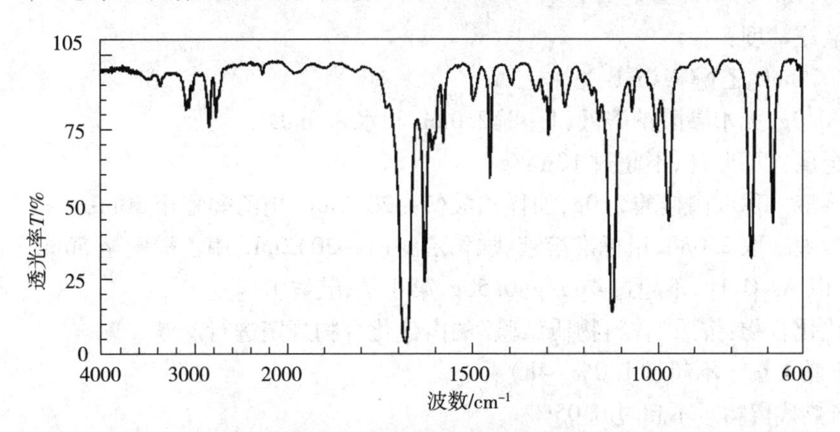

图 9－22　肉桂醛的红外吸收光谱图

(7)纯度

①折光率 n_D^{20}:1.619～1.625。

②相对密度:1.051～1.056。

③溶液澄清度:澄清[1.0mL,乙醇60%(体积分数)7.0mL]。

④酸值:不超过5.0(香料物质试验)。

⑤卤代化合物:按照“香料物质试验”的卤代化合物规定进行。

(8)含量测定 准确称取肉桂醛约1g,按照“香料物质试验”中醛类和酮类含量第1法规定进行。本试验中,滴定前混合物静置15min。

$$0.5mol/L 氢氧化钾的乙醇溶液 1mL = 66.08mg C_9H_8O$$

108. 肉桂酸

(1)其他名称 3－苯基－2－丙烯酸;β－苯丙烯酸;Cinnamic acid;3－phenyl－2－propenoic acid。

(2)编码 CAS 140－10－3;FEMA 2288。

(3)分子式、相对分子质量与结构式 $C_9H_8O_2$;148.16;

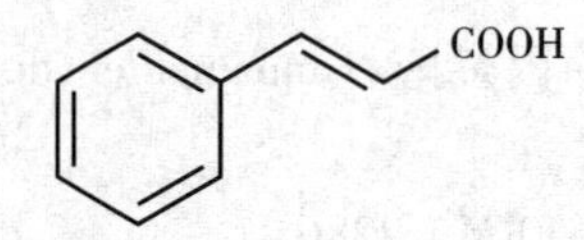

(4)含量 本品干燥后,肉桂酸($C_9H_8O_2$)含量不少于99.0%。

(5)性状 白色晶体粉末,有特殊气味。

(6)鉴别

①称取肉桂酸0.5g,加硫酸1mL,水浴加热溶解。溶液呈黄绿色。进一步加热变成暗红色。

②称取肉桂酸0.1g,加氢氧化钾溶液(1→15)2mL溶解,加高锰酸钾溶液(1→300)5mL,水浴加温。产生苯甲醛的气味。

(7)纯度

①熔点:132℃～135℃。

②溶液澄清度:

澄清(1.0mL,乙醇7.0mL)。

澄清[0.2g,无水碳酸钠溶液(1→8)2.0mL和水8.0mL]。

③重金属:以Pb计,不超过10μg/g。

测试溶液 称取肉桂酸2.0g,加稀乙酸(1→20)2mL,用乙醇配至50mL。

参比溶液 取2.0mL铅标准溶液,加稀乙酸(1→20)2mL,用乙醇配至50mL。

④砷:以As_2O_3计,不超过4μg/g(0.50g,第4法,装置B)。

⑤卤代化合物:按照“香料物质试验”的卤代化合物规定进行。

(8)干燥失量 不超过1.0%(4h)。

(9)灼热残留物 不超过0.05%。

(10)含量测定 准确称取经预先干燥的肉桂酸约0.2g,用中性乙醇10mL和水10mL溶解,用0.1mol/L氢氧化钠滴定(指示剂:3滴酚酞试液)。

$$0.1 mol/L 氢氧化钠 1mL = 14.82mg C_9H_8O_2$$

109. 乙酸肉桂酯

(1)其他名称 乙酸桂酯;3－苯基－2－丙炔乙酯;Cinnamyl acetate;3－phenyl－2－propenyl acetate。

(2)编码 CAS 103－54－8;FEMA 2293。

(3)分子式、相对分子质量与结构式 $C_{11}H_{12}O_2$;176.21;

(4)含量 本品乙酸肉桂酯($C_{11}H_{12}O_2$)含量不少于98.0%。

(5)性状 无色或淡黄色透明液体,有特殊气味。

(6)鉴别

取乙酸肉桂酯1mL,加10%氢氧化钾的乙醇试液5mL,水浴加热回流30min,特征气味消失。冷却后,加水5mL和稀盐酸(1→4)1.2mL。对“定性试验”的乙酸盐试验(3)产生相应反应。

(7)纯度

①折光率 n_D^{20}:1.539～1.543。

②相对密度:1.053～1.057。

③溶液澄清度:澄清[1.0mL,乙醇70%(体积分数)6.0mL]。

④酸值:不超过1.0(香料物质试验)。

(8)含量测定 准确称取乙酸肉桂酯约1.0g,按照“香料物质试验”中酯含量试验规定进行。

0.5mol/L 氢氧化钾的乙醇溶液1mL＝88.11mg$C_{11}H_{12}O_2$

110. 肉桂醇

(1)其他名称 3－苯基－2－丙烯－1－醇;桂皮醇;苯丙烯醇;Cinnamyl alcohol;Cinnamic alcohol;3－phenyl－2－propen－1－ol。

(2)编码 CAS 104－54－1;FEMA 2294。

(3)分子式、相对分子质量与结构式 $C_9H_{10}O$;134.18;

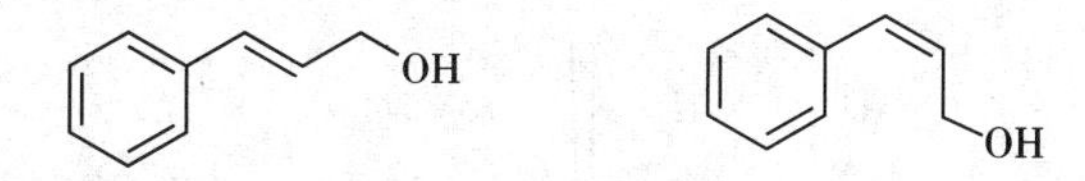

(4)含量 本品肉桂醇($C_9H_{10}O$)含量不少于98.0%。

(5)性状 无色至淡黄色液体或白色至浅黄色晶体团块,有特殊气味。

(6)鉴别

取肉桂醇0.2g,加高锰酸钾溶液(1→20)5mL和稀硫酸(1→25)1mL,产生肉桂醛的气味。

(7)纯度

①凝固点:不超过31℃。

②溶液澄清度：澄清。

测试溶液　称取肉桂醇1.0g，加50%乙醇（体积分数）3.0mL，加温至35℃溶解。

③酸值：不超过1.0（香料物质试验）。

④肉桂醛：以肉桂醛（C_9H_8O＝132.16）计，不超过1.5%。

准确称取肉桂醇约5g，按“香料物质试验”中醛类和酮类含量第1法规定进行。本试验中，滴定前混合物静置15min。

（8）含量测定　按“香料物质试验”中醇类含量第2法规定进行。样品用量为0.5g。

0.5mol/L氢氧化钾的乙醇溶液1mL＝67.09mg $C_9H_{10}O$

111. 柠檬醛

（1）其他名称　3，7－二甲基－2，6－辛二烯醛；Citral；3，7－Dimethyl－；2，6－Octadienal；*cis*，*trans*－Citral。

（2）编码　CAS 5392－40－5；FEMA 2303。

（3）分子式、相对分子质量与结构式　$C_{10}H_{16}O$；152.23；

（4）含量　本品柠檬醛（$C_{10}H_{16}O$）含量不少于96.0%。

（5）性状　该产品实际是3，7－二甲基－2，6－辛二烯醛的顺式和反式同分异构体的混合物。柠檬醛为无色至浅黄色液体，有柠檬样气味。

（6）鉴别

按照“红外吸收光谱法”的液膜法规定的操作测定柠檬醛的红外吸收光谱，与参比光谱图（见图9－23）比较，两个谱图在相同的波数几乎有同样的吸收强度。

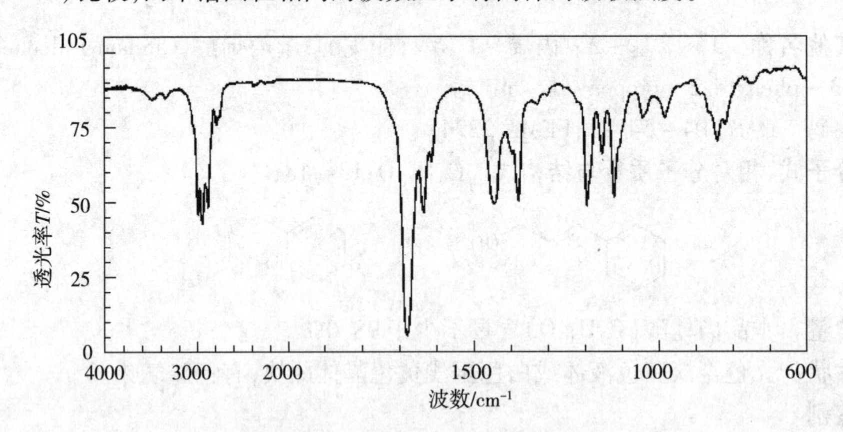

图9－23　柠檬醛的红外吸收光谱图

（7）纯度

①折光率 n_D^{20}：1.486～1.490。

②相对密度:0.880~0.894。

③澄清度:澄清[1.0mL,乙醇60%(体积分数)10mL]。

④酸值:不超过5.0(香料物质试验)。

⑤卤代化合物:按照“香料物质试验”的卤代化合物规定进行。

(8)含量测定 准确称取柠檬醛约1g,按照“香料物质试验”中醛类和酮类第2法规定进行。滴定前混合物静置15min。

$$0.5mol/L\ 盐酸\ 1mL = 76.12mg\ C_{10}H_{16}O$$

112. 柠檬酸

(1)其他名称 2-羟基丙三羧酸;2-Hydroxypropane-1,2,3-tricarboxylic acid;Citric acid。

(2)编码 CAS 5949-29-1(一水品),77-92-9(无水品);INS 330。

(3)分子式、相对分子质量与结构式 $C_6H_8O_7 \cdot nH_2O(n=1,0)$;210.14($n=1$),192.12($n=0$)

HO COOH
HOOC COOH · nH_2O
n=1或0

(4)含量 本品以无水品计,柠檬酸($C_6H_8O_7$)含量不少于99.5%。

(5)定义 柠檬酸有两种形态:晶体形态(一水)称为柠檬酸(晶体);无水形态称为柠檬酸(无水)。

(6)性状 柠檬酸为无色透明的结晶、颗粒、团块或白色粉末。无臭,有很强的酸味。

(7)鉴别

①柠檬酸溶液(1→10)呈酸性。

②柠檬酸对“定性试验”中所有柠檬酸盐试验产生相应反应。

(8)纯度

①硫酸盐:以SO_4^{2-}计,不超过0.048%(0.50g,参比溶液为0.005mol/L硫酸0.50mL)。

②重金属:以Pb计,不超过10μg/g(2.0g,第2法,参比溶液为铅标准溶液2.0mL)。

③钙:称取1.0g柠檬酸,用水10mL溶解,用氨试液中和,加草酸铵溶液(1→30)1mL。不产生浑浊。

④砷:以As_2O_3计,不超过4μg/g(0.50g,第1法,装置B)。

⑤草酸盐:称取柠檬酸1.0g,用水10mL溶解,加氯化钙溶液(2→25)2mL。不产生浑浊。

⑥异柠檬酸:

测试溶液 称取0.5g柠檬酸,105℃加热3h,冷却,用丙酮10mL溶解。

用纸色谱法分析5μL测试溶液,不使用参比溶液。滤纸采用色谱用2号滤纸。当展开剂的最前端上升到距离点样点基线约25cm时,停止展开,风干滤纸。喷上柠檬酸用溴酚蓝试液。仅得到一个斑点。展开剂用正丁醇、甲酸和水的混合液(8:3:2)静置过夜后的上层液。

⑦多环芳烃:

测试溶液 称取柠檬酸25g,加水30mL,在约50℃加温溶解。冷却,每次用紫外吸收光谱测定用正己烷 20mL 萃取,共 3 次。每次 2500r/min ~ 3000r/min 离心约 10min,合并各次的正己烷层,蒸发正己烷至 1mL ~ 2mL。冷却后,加紫外吸收光谱测定用正己烷配至 10mL。

程序　在 260nm ~ 350nm 波长范围测定测试溶液的吸光度。吸光度应小于 0.05。按照同样方法配制参比溶液,仅不使用样品。

⑧易碳化物:称取柠檬酸 0.5g,加硫酸 5mL,在约 90℃ ±1℃ 加热 1h。溶液颜色不得深于配比液 K。

(9)灼热残留物　不超过 0.10%。

(10)水分含量

晶体　不超过 8.8%(0.2g,直接滴定)。

无水　不超过 0.5%(2g,直接滴定)。

(11)含量测定　准确称取柠檬酸约 1.5g,加水溶解并定容至 250mL。准确量取此溶液 25mL,用 0.1mol/L 氢氧化钠滴定(指示剂:酚酞试液 2 滴 ~ 3 滴)。以无水品计。

0.1mol/L 氢氧化钠 1mL = 6.404mg $C_6H_8O_7$

113. 香茅醛

(1)其他名称　3,7 - 二甲基 - 6 - 辛烯醛;Citronellal;3,7 - Dimethyloct - 6 - enal;Rhodinal。

(2)编码　CAS 106 - 23 - 0;FEMA 2307。

(3)分子式、相对分子质量与结构式　$C_{10}H_{18}O$;154.25;

CH_3 CHO H_3C CH_3

(4)含量　本品香茅醛($C_{10}H_{18}O$)含量不少于 85.0%。

(5)性状　香茅醛为无色透明液体,有特殊气味。

(6)鉴别

取香茅醛 1mL,加亚硫酸氢钠试液 2mL 及无水碳酸钠溶液(1→8)2 滴,振摇。混合物形成白色结晶块,并产热。亚硫酸氢钠试液加 10mL,水浴加热并振摇,结晶块溶解。

(7)纯度

①折光率 n_D^{20}:1.446 ~ 1.452。

②相对密度:0.852 ~ 0.859。

③溶液澄清度:澄清[1.0mL,乙醇 70%(体积分数)5.0mL]。

④酸值:不超过 3.0(香料物质试验)。

(8)含量测定　准确称取香茅醛约 1.0g,按"香料物质试验"中醛类和酮类含量第 2 法规定进行。本试验中,滴定前混合物静置 15min。

0.5 mol/L 盐酸 1mL = 77.12mg $C_{10}H_{18}O$

114. 香茅醇

(1)其他名称　香草油;3,7 - 二甲基 - 6 - 辛烯 - 1 - 醇;Citronellol;3,7 - Dimethyl - 6 -

octen－1－ol；2，3－Dihydrogeraniol。

(2)编码　CAS 106－22－9；FEMA 2309。

(3)分子式、相对分子质量与结构式　$C_{10}H_{20}O$；156.27；

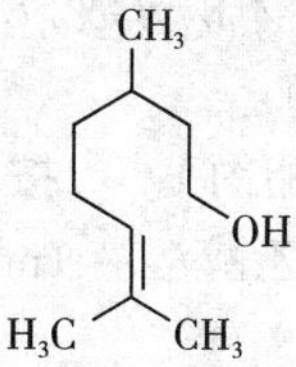

CH_3　OH　H_3C　CH_3

(4)含量　本品香茅醇($C_{10}H_{20}O$)含量不少于94.0%。

(5)性状　香茅醇为无色透明液体，有特殊气味。

(6)鉴别

取香茅醇1mL，加乙酸酐1.0mL及磷酸1滴，置溶液于微热下10min。加水1mL，在温水中振摇5min，冷却。加无水碳酸钠溶液(1→8)调节至弱碱性，产生乙酸香茅酯的香气。

(7)纯度

①折光率n_D^{20}：1.453～1.462。

②相对密度：0.853～0.863。

③溶液澄清度：澄清[2.0mL，乙醇70%(体积分数)4.0mL]。

④酸值：不超过1.0(香料物质试验)。

⑤酯化值：不超过4.0(5g，香料物质试验)。

⑥醛类：准确称取香茅醇5g，按照"香料物质试验"中醛类和酮类含量第2法规定进行。0.5 mol/L盐酸的消耗体积不得超过0.7mL。

(8)含量测定　按"香料物质试验"中醇类含量规定进行。使用乙酰化油1g。

115. 乙酸香茅酯

(1)其他名称　3，7－二甲基－6－辛烯－1－醇乙酸酯；乙酸－3，7－二甲基－6－辛烯酯；Citronellyl Acetate；3，7－Dimethyloct－6－en－1－yl acetate。

(2)编码　CAS 150－84－5；FEMA 2311。

(3)分子式、相对分子质量与结构式　$C_{10}H_{22}O_2$；198.30；

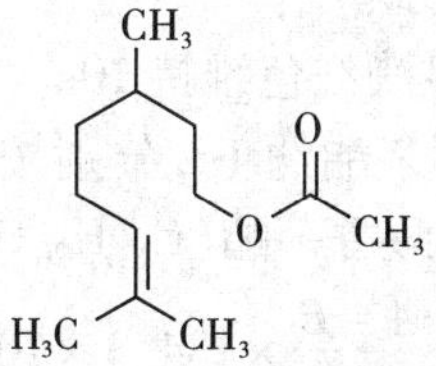

CH_3　O　O　CH_3　H_3C　CH_3

(4)含量　本品香茅醇($C_{10}H_{20}O$)含量不少于95.0%。

(5)性状　无色透明液体，有特殊气味。

(6)鉴别

取乙酸香茅酯1mL，加10%氢氧化钾的乙醇试液5mL，水浴加热10min，特殊气味消失，产生香茅醇香气。冷却后，加水2mL和稀盐酸(1→4)2mL。溶液对"定性试验"中乙酸盐(3)产生相应反应。

(7)纯度

①折光率 n_D^{20}:1.443～1.451。

②相对密度:0.888～0.894。

③澄清度:澄清[1.0mL,乙醇70%(体积分数)7.0mL]。

④酸值:不超过1.0(香料物质试验)。

(8)含量测定 准确称取乙酸香茅酯约1.5g,按“香料物质试验”中酯含量规定进行。

$$0.5mol/L\ 氢氧化钾的乙醇溶液\ 1mL = 99.15mg\ C_{10}H_{22}O_2$$

116. 甲酸香茅酯

(1)其他名称 甲酸香草酯;3,7－二甲基－6－辛烯醇甲酸酯;Citronellyl Formate;3,7－Dimethyloct－6－en－1－yl formate。

(2)编码 CAS 105－85－1;FEMA 2314。

(3)分子式、相对分子质量与结构式 $C_{11}H_{20}O_2$;184.28;

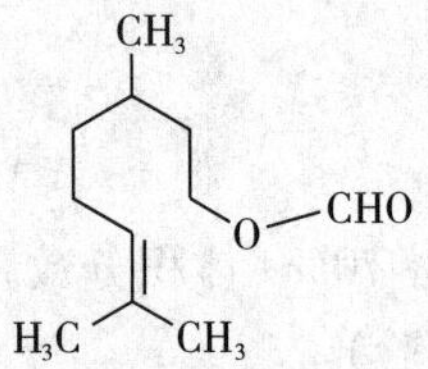

CH_3 O CHO H_3C CH_3

(4)含量 本品甲酸香茅酯($C_{11}H_{20}O_2$)含量不少于86.0%。

(5)性状 无色透明液体,有特殊气味。

(6)鉴别

①取甲酸香茅酯1mL,加10%氢氧化钾的乙醇试液10mL,水浴加热振摇5min,特殊气味消失,产生香茅醇气味。

②按照“甲酸香叶酯”鉴别②操作。

(7)纯度

①折光率 n_D^{20}:1.444～1.450。

②相对密度:0.891～0.900。

③溶液澄清度:澄清[1.0mL,乙醇80%(体积分数)3.0mL]。

④酸值:不超过1.0(香料物质试验)。

在冰水中冷却状态下滴定至所显淡红色维持10s。

(8)含量测定 准确称取甲酸香茅酯约1g,分别按“香料物质试验”中皂化值和酸值试验规定进行。按照式(9－22)计算甲酸香茅酯($C_{11}H_{20}O_2$)的含量(X):

$$X = \frac{A-B}{561.1} \times 184.3 \times 100\% \qquad (9-22)$$

式中:

A——皂化值;

B——酸值。

117. 胭脂虫提取物

(1)其他名称 胭脂虫红;胭脂虫酸;Cochineal extract;Carminic acid;Carmine。

(2)定义 胭脂虫提取物从胭脂虫[*Dactylopius coccus* Costa(*Coccus cacti* Linnaeus)]中获得,主要成分为胭脂红酸。

(3)编码 CAS 1260-17-9;INS 120。

(4)色值 胭脂虫提取物的色值($E_{1cm}^{10\%}$)不低于80,为标称值的95%~115%。

(5)性状 红色至深红色粉末、团块或液体,有轻微特殊气味。

(6)鉴别

①准确称取相当于色值为80的胭脂虫提取物0.5g,用0.1mol/L盐酸1000mL溶解,离心。上层溶液显橙色,在490nm~497nm波长吸收最大。

②准确称取相当于色值为80的胭脂虫提取物1g,水用100mL溶解,溶液呈红色至深褐红色。用氢氧化钠溶液(1→25)调节至碱性,溶液变为紫色至紫红色。

(7)纯度

①重金属:以铅计,不超过40μg/g(0.5g,第2法,参比溶液为铅标准溶液2.0mL)。

②铅:以Pb计,不超过10μg/g(1.0g,第1法)。

③砷:以As_2O_3计,不超过4.0μg/g(0.50g,第3法,装置B)。

④蛋白质:不超过2.2%。

准确称取胭脂虫提取物1g,按照“氮测定”中凯式定氮法规定进行。

0.005mol/L硫酸1mL=0.8754mg蛋白质

(8)色值试验 采用下列条件,按照“色值试验”规定进行。

操作条件

溶剂:0.1mol/L盐酸。

波长:最大吸收波长490nm~497nm。

118. 叶绿素铜

(1)其他名称 叶绿素铜络合物;Copper chlorophyll;Copper complexes of chlorophylls。

(2)描述 叶绿素铜为深蓝至深绿色粉末,片状,团块或黏稠物,有特殊气味。

(3)鉴别

①按“叶绿素铜钠盐”鉴别①(a)规定进行。

②称取叶绿素铜0.010 g,加入乙醚50mL,加入氢氧化钠的甲醇溶液(1→100)2mL,振摇。水浴回流加热30min。冷却,每次用水10mL萃取,共3次~5次。合并萃取液,加磷酸缓冲液(pH 7.5)至200mL,测定此溶液的吸光度。溶液在403nm~407nm和630nm~640nm波长范围有最大吸收峰。当以2个最大吸收峰的吸光度分别作为A_1和A_2时,A_1/A_2的比值应小于4.0。

(4)纯度

①吸光系数$E_{1cm}^{10\%}$(最大吸收波长约为405nm):不超过62.0(以干燥品计)。

此试验应避免在日光直射下进行,使用的装置应能遮光。

准确称取叶绿素铜约0.1g,加乙醚50mL溶解,加氢氧化钠的甲醇溶液(2→100)10mL,振摇。水浴回流加热30min。冷却,每次用水20mL萃取4次,合并萃取液,再加水定容至100mL。过滤溶液,准确量取滤液5.0mL,加磷酸缓冲液(pH7.5)定容至100mL,迅速测定吸光度。

②无机铜盐:以Cu计,不大于0.03%。

测试溶液　称取叶绿素铜约 1.0 g,用丙酮 60mL 溶解。

程序　按照“叶绿素钠铜”的纯度③规定进行。

③砷:以 As_2O_3 计,不超过 4.0μg/g(0.50g,第 3 法,装置 B)。

④叶绿素盐:称取叶绿素铜 1.0g,用乙醚 30mL 溶解,加水 20mL,振摇。静置,用预先水润湿的滤纸过滤水层。滤液应无色。

(5)干燥失量　不超过 3.0%(105℃,2h)。

119. 葡萄糖酸铜

(1)其他名称　Copper gluconate;Monocopper(Ⅱ)bis(D－gluconate);Gluconic acid Copper salt。

(2)编码　CAS 527－09－3。

(3)分子式、相对分子质量与结构式　$C_{12}H_{22}CuO_{14}$;453.84;

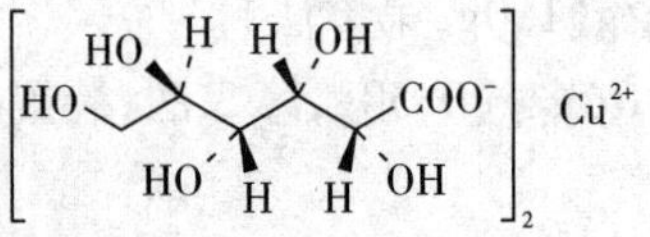

(4)含量　本品葡萄糖酸铜($C_{12}H_{22}CuO_{14}$)含量为 98.0% ~102.0%。

(5)性状　葡萄糖酸铜为淡蓝色粉末。

(6)鉴别

①葡萄糖酸铜对定性试验中铜盐试验(1)和(3)产生相应的反应。

②取葡萄糖酸铜的温水溶液(1→10)5mL,按照“葡萄糖酸－δ－内酯”鉴别②规定进行。

(7)纯度

①溶液澄清度:几乎澄清(1.0g,水 10mL)。

②铅:以 Pb 计,不超过 10μg/g。

测试溶液　称取葡萄糖酸铜 1.0g,加水至 20mL。

参比溶液　取铅标准溶液 1.0mL,加水至 20mL。

程序　按照“铅限量试验”的第 1 法规定进行。

③砷:以 As_2O_3 计,不超过 4.0μg/g(0.50g,第 1 法,装置 B)。

④还原糖:以 D－葡萄糖计,不超过 1.0%。

称取葡萄糖酸铜 1.0g 于 250mL 三角烧瓶中,加水 10mL 溶解,加碱性柠檬酸铜试液 25mL,盖上小烧杯,准确温和煮沸 5min 后,迅速冷却至室温。向此溶液加稀乙酸(1→10)25mL,准确加入 0.05mol/L 碘溶液 10mL,然后加稀盐酸(1→4)10mL 和淀粉试液 3mL,用 0.1mol/L 硫代硫酸钠滴定过量碘。消耗的硫代硫酸钠溶液量应大于 6.3mL。

(8)含量测定　准确称取葡萄糖酸铜 1.5g 于有玻璃塞的烧瓶中,加水约 100mL 溶解,加乙酸 2mL 和碘化钾 5g 溶解,立即盖紧瓶塞,暗处放置 5min。用 0.1mol/L 硫代硫酸钠滴定此溶液至显淡黄色。加硫氰酸铵 2g 溶解,然后加淀粉试液 3mL,再用 0.1mol/L 硫代硫酸钠滴定至乳白色为止。以同样方式进行空白试验作必要校正。

0.1mol/L 硫代硫酸钠 1mL＝45.38mg $C_{12}H_{22}CuO_{14}$

120. 粗制氯化镁(海水)

(1)英文名称　Crude magnesium chloride(Sea water)。

(2)定义　粗制氯化镁是将海水沉淀并除去氯化钾和氯化钠后制得。主要成分为氯化镁。

(3)含量　本品氯化镁($MgCl_2$ = 95.21)含量为 12.0% ~30.0%。

(4)性状　无色至浅黄色液体,有轻微苦味。

(5)鉴别

①向粗制氯化镁中加入氢氧化钠试液。形成白色凝胶状沉淀。继续加入碘试液,沉淀被染成深褐色,在氢氧化钠过量时沉淀不溶解。

②粗制氯化镁对"定性试验"中氯化物(1)产生相应反应。

(6)纯度

①硫酸盐:以 SO_4 计,不超过 4.8% 。

测试溶液　称取粗制氯化镁 0.25g,加水溶解并配至 100mL。取 2.0mL 作为测试溶液。

参比溶液　0.005mol/L 硫酸 0.50mL。

②溴化物:以 Br 计,不超过 2.5%。

测试溶液　称取粗制氯化镁 1.0g,用水溶解并配至 500mL。取此溶液 10mL,用水稀释至 100mL。取此二级溶液 2mL,加水 3mL、酚红试液 2mL 和氯胺 T 试液(1→10000)1mL,迅速混合,静置 2min。加 0.1mol/L 硫代硫酸钠 0.15mL,混匀,加水至 10mL。

参比溶液　称取预先经 110℃干燥 4h 的溴化钾 2.979g,用水溶解并定容至 1000mL。吸取此溶液 1mL,用水稀释至 1000mL。吸取此二级溶液 5mL,加酚红试液 2mL 和氯胺 T 试液(1→10000)1mL,迅速混合,按照测试溶液配制规定进行。

程序　以水作为参比溶液,用 590nm 波长测定上述两种溶液的吸光度。测试溶液的吸光值不应高于参比溶液的吸光值。

③重金属:以 Pb 计,不超过 20μg/g(1.0g,第 2 法,参比溶液为铅标准溶液 2.0mL)。

④锌:以 Zn 计,不超过 70μg/g。

测试溶液　称取粗制氯化镁 4.0g,用水溶解并配至 40mL。

程序　量取测试溶液 30mL,加乙酸 5 滴和亚铁氰化钾溶液(1→20)2mL,振摇,静置 10min。该溶液的浑浊度不应超过按以下方法配制的溶液:取锌标准溶液 14mL,加测试溶液 10mL,用水配至 30mL,加乙酸 5 滴和亚铁氰化钾溶液(1→20)2mL,振摇,静置 10min。

⑤钙:以 Ca 计,不超过 4.0%。

准确量取含量测定中制备的溶液 A 20mL,加水配至 100mL。加酒石酸溶液(1→5)0.2mL,加三乙醇胺溶液(3→10)10mL,加氢氧化钾溶液(1→10)10mL,静置 5min。用 0.01mol/LEDTA 溶液迅速滴定(指示剂:0.1g NN),确定 EDTA 溶液消耗量(b,mL)。滴定终点为溶液的紫红色完全消失并变为蓝色。按照式(9-23)计算钙(Ca)含量(X):

$$X = \frac{b \times 0.4008}{m} \times 100\% \qquad (9-23)$$

式中:

m——样品量,g。

⑥钠:以 Na 计,不超过 4.0%。

测试溶液　称取粗制氯化镁 1.0g，用水溶解并配至 1000mL。取此溶液 10mL，加水配至 200mL。

参比溶液　称取预先经 130℃ 干燥 2h 的氯化钠 2.542g，用水溶解并定容至 1000mL。准确吸取此溶液 2mL，加水定容至 1000mL。

程序　按照以下操作条件，采用"原子吸收光谱法"测定测试溶液和参比溶液吸光度。测试溶液的吸光度不应超过参比溶液。

操作条件

光源：钠空心阴极灯。

分析线（波长）：589.0nm。

载气：空气。

燃气：乙炔。

⑦钾：以 K 计，不超过 6.0%。

测试溶液　使用纯度⑥配制的测试溶液。

参比溶液　称取预先 105℃ 干燥 2h 的氯化钠 1.907g，用水溶解并定容至 1000mL。准确吸取此溶液 3mL，加水定容至 1000mL。

程序　按照以下操作条件，用"原子吸收光谱法"测定测试溶液和参比溶液吸收。测试溶液的吸光度不应超过参比溶液的吸光度。

操作条件

光源：钾空心阴极灯。

分析线（波长）：766.5nm。

载气：空气。

燃气：乙炔。

⑧砷：以 As_2O_3 计，不超过 4.0μg/g（0.50g，第 1 法，装置 B）。

(7) 含量测定　准确称取粗制氯化镁 2g，加水溶解并定容至 200mL，作为溶液 A。吸取溶液 A 5mL，加 50mL 水和氨－氯化铵缓冲溶液（pH10.7）5mL，用 0.01mol/L EDTA 迅速滴定（指示剂：铬黑 T 试液），确定 EDTA 溶液的消耗量（a，mL）。滴定终点为溶液颜色由红色变为蓝色。采用纯度 5 的 EDTA 溶液消耗量（b，mL），按照式（9－24）计算氯化镁（$MgCl_2$）含量（X）：

$$X = \frac{(a - 0.25b) \times 3.803}{m} \times 100\% \tag{9-24}$$

121. 硫酸铜

(1) 其他名称　蓝矾；胆矾；Cupric sulfate；Copper sulphate；Blue vitriol。

(2) 编码　CAS 7758－99－8。

(3) 分子式与相对分子质量　$CuSO_4 \cdot 5H_2O$；249.69。

(4) 含量　本品硫酸铜（$CuSO_4 \cdot 5H_2O$）含量为 98.5%～104.5%。

(5) 性状　蓝色结晶或颗粒，或深蓝色晶体粉末。

(6) 鉴别

硫酸铜对"定性试验"中的所有硫酸盐和铜盐试验产生相应反应。

(7)纯度

①溶液澄清度:几乎澄清。

采用"葡萄糖酸铜"的纯度①规定进行。

②游离酸:称取硫酸铜1.0g,加水20mL溶解,加甲基橙试液2滴。溶液显绿色。

③碱金属及碱土金属:不超过0.30%。

称取硫酸铜6.0g,加水150mL溶解,加硫酸3mL,在约70℃边加热边向溶液通入硫化氢至饱和。冷却后,加水配至280mL,过滤。滤液加水配至300mL。取此溶液100mL,砂浴蒸干,450℃~550℃灼热至恒量,称量。

④铅:以Pb计,不超过10μg/g。按照"119. 葡萄糖酸铜"纯度②规定进行。

⑤砷:以As_2O_3计,不超过4.0μg/g。

测试溶液　称取硫酸铜0.50g,加水5mL溶解,加乙酸2mL及碘化钾1.5g,放置5min,加L-抗坏血酸0.2g并使之溶解。

装置　装置B。

(8)含量测定　准确称取硫酸铜约0.7g,按照"119. 葡萄糖酸铜"的含量测定规定进行。

0.1mol/L硫代硫酸钠1mL=24.97mg $CuSO_4 \cdot 5H_2O$

122. 可得然胶

(1)其他名称　卡德兰胶;凝胶多糖;β-1,3-葡聚糖;Curdlan;Curdian;(3→1)-β-D-glucopyranan。

(2)定义　可得然胶从(*Agrobacterium* biovar 1 或 *Rhizobium radiobacter*)培养液获得,主要成分为β-1,3-葡聚糖。

(3)编码　CAS 54724-00-4。

(4)分子式与结构式　$(C_6H_{10}O_5)_n$;

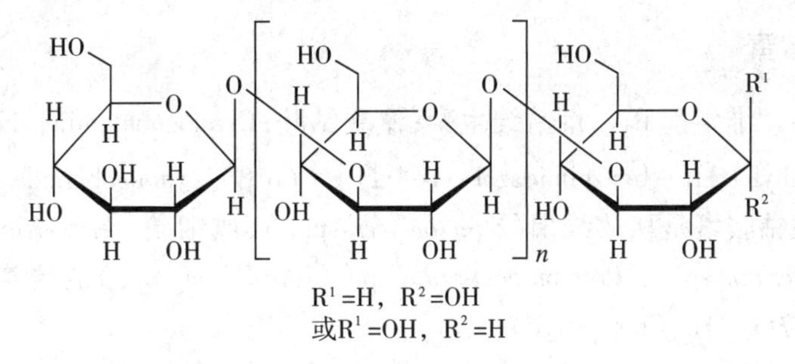

R^1=H, R^2=OH
或R^1=OH, R^2=H

(5)含量　本品β-1,3-葡聚糖含量不少于80.0%。

(6)性状　可得然胶是无色至浅黄褐色粉末,无臭。

(7)鉴别

①取可得然胶0.2g,加水5mL,充分振摇,加氢氧化钠溶液(3→25)1mL,充分振摇。可得然胶溶解。

②将2%可得然胶悬浮液10mL水浴加热10min。形成胶体。

③将2%可得然胶悬浮液10mL,加硫酸5mL,水浴加热30min,冷却。取混合物1mL,加水100mL,用碳酸钡中和。900g离心10min。取上清液1mL,加菲林试剂5mL,水浴加热5min。生成红色沉淀。

(8)纯度

①pH:6.0~7.5(1%悬浊液)。

②铅:以Pb计,不超过0.5μg/g(20g,第1法)。

③砷:以As_2O_3计,不超过4.0μg/g(0.50g,第3法,装置B)。

④总氮:不超过0.3%。

准确称取可得然胶0.5g,按照"氮测定"中半微量凯氏法规定进行。

(9)干燥失量 不超过10.0%(60℃,减压,5h)。

(10)灼热残留物 不超过6.0%。

(11)微生物限量 按照"微生物限量试验"规定进行。菌落总数不超过10000/g,大肠杆菌不得检出。

(12)含量测定

测试溶液 准确称取可得然胶0.1g,用0.1mol/L氢氧化钠溶解,振摇,定容至100mL。准确吸量此溶液5mL,加水定容至100mL。准确称取此二级溶液1mL,加苯酚溶液(1→20)1mL和硫酸5mL,充分振摇,冰浴冷却。

标准溶液 准确称取葡萄糖0.1g,按测试溶液同样方法配制。

程序 分别测定测试溶液和标准溶液相对参比溶液在490nm处的吸光度(A_T和A_S)。参比溶液配制方法如下:用0.1g水代替样品,按照测试溶液的规定配制。按式(9-25)计算可得然胶的含量(X):

$$X=\frac{m_1}{m}\times\frac{A_T}{A_S}\times 0.900\times 100\% \tag{9-25}$$

式中:

m_1——葡萄糖量,g;

m——样品量,g。

123. 氰钴胺素

(1)其他名称 维生素B_{12};氰钴维生素;氰基钴胺;Cyanocobalamin;vitamin B_{12};*Co* α-[α-(5,6-Dimethyl-1*H*-benzoimidazol-1-yl)]-*Co* β-cyanocobamide。

(2)定义 氰钴胺素是从放线菌(*Streptomyces* spp.),或细菌(*Agrobacterium* spp., *Bacillus* spp., *Flavobacterium* spp., *Propionibacterium* spp., *Rhizobium* spp.)的培养液分离获得。其主要成分为氰钴胺($C_{63}H_{88}CoN_{14}O_{14}P$)。

(3)编码 CAS 68-19-9。

(4)分子式、相对分子质量与结构式 $C_{63}H_{88}CoN_{14}O_{14}P$;1355.37;

(5)含量 以干燥品计,本品氰钴胺素($C_{63}H_{88}CoN_{14}O_{14}P$)含量为96.0%~102.0%。

(6)性状 暗红色结晶或粉末。

(7)鉴别

①按照"紫外-可见光谱法"的规定,测定下面含量测定中配制的测试溶液和标准溶液的吸收光谱。测试溶液的光谱与参比标准光谱在相同波长具有同样吸收强度。

②将氰钴胺素1g和硫酸氢钾0.05g混合,灼热融化。冷却后,用玻璃棒捣碎融化物,加水3mL,煮沸溶解。加酚酞试液1滴,然后逐滴加氢氧化钠溶液(1→20)直至溶液变成淡红

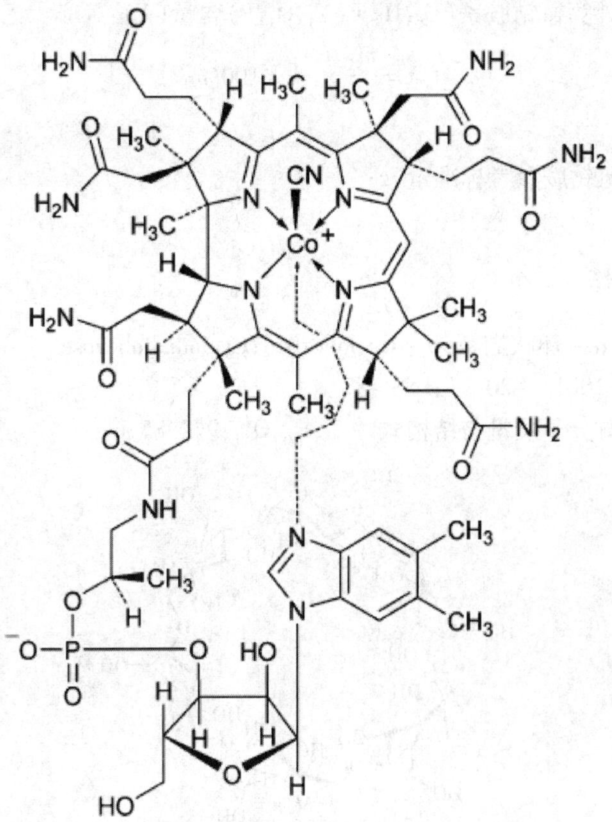

色。向此溶液中加乙酸钠0.5g,稀乙酸(3→50)0.5mL和1-亚硝基-2-萘酚-3,6-二磺酸钠(1→500)0.5mL。溶液立即产生红色至橘红色,加盐酸0.5mL后煮沸1min,颜色不消失。

③取氰钴胺素5mg于50mL蒸馏烧瓶中,加水5mL溶解,加次磷酸2.5mL。在烧瓶上装上短冷凝器,将冷凝器低端浸入试管中的1mL氢氧化钠溶液(1→50)中。温和沸腾10min,蒸馏至获得蒸馏物1mL。向试管的溶液中加入饱和硫酸亚铁铵溶液4滴,轻微振摇。加氟化钠0.03g,加热至沸腾,迅速加入稀硫酸(1→6)至溶液澄清。再加稀硫酸(1→6)3滴~5滴。溶液呈蓝色至蓝绿色。

(8)纯度

①溶液的澄清度和颜色:红色,澄清(0.020g,水10mL)。

②拟氰钴胺素:取氰钴胺素1.0mg,用水20mL溶解,将溶液转移至分液漏斗,加*m*-甲酚、四氯化碳的混合液(1:1)5mL,剧烈振摇1min。静置,然后将下层转移至另外一个分液漏斗。向该溶液中加稀硫酸(1→7)5mL,剧烈振摇,静置。必要时离心。上清液应无色或比按以下条件制备的参比溶液颜色浅:取0.02mol/L高锰酸钾溶液0.6mL,用水配至1000mL。

(9)干燥失量 不超过12.0%(0.050g,不超过0.67kPa,五氧化二磷为干燥剂,100℃,4h)。

(10)含量测定

测试溶液 准确称取氰钴胺素0.02g,用水溶解并定容至1000mL。

标准溶液 准确称取已测定过干燥失量的氰钴胺素标准品0.02g,加水溶解并定容至1000mL。

程序 以水为参比溶液,分别测定测试溶液和标准溶液在361nm波长的吸光值(A_T和

A_S）。按式（9－26）计算氰钴胺素（$C_{63}H_{88}CoN_{14}O_{14}P$）含量（$X$）：

$$X = \frac{m_1}{m} \times \frac{A_T}{A_S} \times 100\% \tag{9-26}$$

式中：

m_1——干燥的氰钴胺参考标准量，g；

m——干燥样品量，g。

124. α－环糊精

（1）其他名称　α－环状糊精；α－Cyclodextrin；Cyclomaltohexose。

（2）编码　CAS 10016－20－3；INS 457。

（3）分子式、相对分子质量与结构式　$C_{36}H_{60}O_{30}$；972.85；

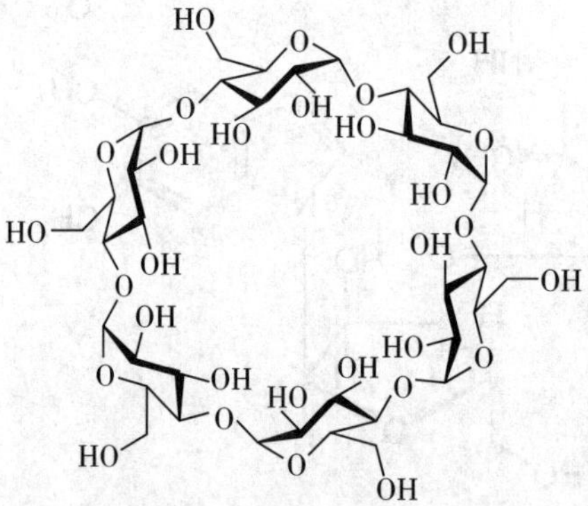

（4）定义　α－环糊精是淀粉经酶处理后得到的非还原性环糊精。其由六个 D－葡萄糖单元围成的环状低聚糖。α－环糊精属于日本现有食品添加剂中的环糊精。

（5）含量　本品干燥后，α－环糊精（$C_{36}H_{60}O_{30}$）含量不少于 98.0%。

（6）性状　白色结晶或晶体粉末。无臭，稍有甜味。

（7）鉴别

取 α－环糊精 0.2g，加碘试液 2mL，水浴加热溶解，室温静置。形成蓝紫色沉淀。

（8）纯度

①旋光率$[\alpha]_D^{20}$：+147°～+152°。

准确称取经预先干燥的 α－环糊精 1g，加水定容至 100mL。在 30min 内测定溶液的角旋转。

②溶液澄清度：无色澄清（0.50g，水 50mL）。

③氯化物：以 Cl 计，不超过 0.018%（0.50g，参比溶液为 0.01mol/L 盐酸 0.25mL）。

④重金属：以 Pb 计，不超过 5.0μg/g（4.0g，第 2 法，参比溶液为铅标准溶液 2.0mL）。

⑤铅：以 Pb 计，不超过 1.0μg/g（10g，第 1 法）。

⑥砷：以 As_2O_3 计，不超过 1.3μg/g（1.5g，第 2 法，装置 B）。

⑦还原性物质：准确称取经预先干燥的 α－环糊精 1.0g，加水 25mL 溶解，加菲林试液 40mL，温和煮沸 3min。冷却后，用玻璃滤器（IG4）小心地过滤上清液，在烧杯中尽量留多的沉淀。用温水洗涤烧杯中的沉淀，用玻璃滤器（IG4）过滤洗液，弃去滤液。重复洗涤和过滤操作，直至洗出滤液无碱性。加硫酸铁试液 20mL 溶解沉淀，用同样玻璃滤器过滤，用水洗涤烧瓶内部和玻璃滤器，合并滤液与洗液。加热至 80℃，用 0.02mol/L 高锰酸钾滴定。高锰酸

钾溶液的消耗量不超过3.2mL。

(9)干燥失量　不超过14.0%(105℃,不超过0.67kPa,4h)。

(10)灼热残留物　不超过0.10%(550℃)。

(11)含量测定

测试溶液　准确称取经预先干燥的α－环糊精0.5g,用热水35mL完全溶解,冷却后,加水定容至50mL。

标准溶液　按以下方法配制3个不同浓度的标准溶液:准确称取经预先干燥的含量测定用α－环糊精0.7g,用45mL热水完全溶解。冷却后,加水定容至50mL(标准溶液1)。分别准确吸取此溶液5mL至10mL和20mL容量瓶中,分别加水至刻度,得到标准溶液2和标准溶液3。

程序　分别取测试溶液和标准溶液10μL,按照以下操作条件进行液相色谱分析。测定标准溶液的α－环糊精峰面积,并建立标准曲线。测定测试溶液的峰面积,根据标准曲线获得测试溶液中α－环糊精的浓度。按照式(9－27)计算α－环糊精($C_{36}H_{60}O_{30}$)的含量(X):

$$X = \frac{m_1}{m} \times 100\% \qquad (9-27)$$

式中:

m_1——测试溶液中α－环糊精量,g;

m——样品量,g。

操作条件

检测器:示差折光检测器。

色谱柱:内径5mm~10mm,长20cm~50cm的不锈钢柱。

柱填充剂:液相色谱用9μm~10μm强酸性阳离子交换树脂。

柱温:50℃~80℃,恒温。

流动相:水。

流速:0.3mL/min~1.0mL/min,恒定流速。

125. β－环糊精

(1)其他名称　β－环状糊精;β－cyclodextrin;Cyclomaltoheptaose。

(2)编码　CAS 7585－39－9;INS 459。

(3)分子式、相对分子质量与结构式　$C_{42}H_{70}O_{35}$;1134.98;

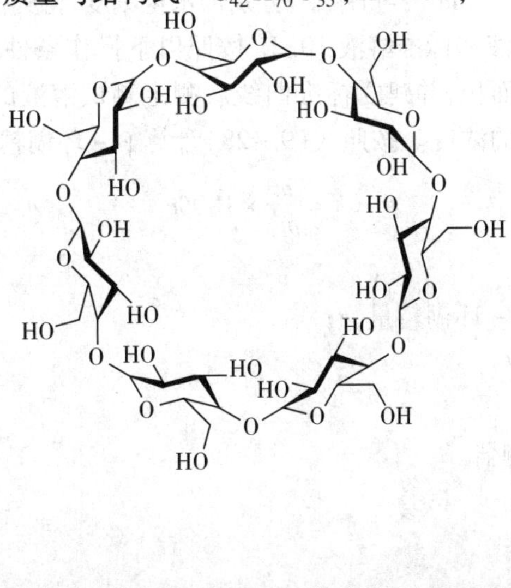

(4)定义 β-环糊精是淀粉经酶处理得到的非还原性的环糊精。其由7个D-葡萄糖单元围成的环状低聚糖。β-环糊精属于日本现有食品添加剂中的环糊精。

(5)含量 本品干燥后β-环糊精($C_{42}H_{70}O_{35}$)含量不少于98.0%。

(6)性状 白色结晶或晶体粉末。无臭,稍有甜味。

(7)鉴别

取β-环糊精0.2g,加入碘试液2mL,水浴加热溶解,室温静置。形成黄褐色沉淀。

(8)纯度

①旋光率$[\alpha]_D^{20}$:+160°~+164°。

准确称取经预先干燥的β-环糊精1.0g,加水定容至100mL。在30min内测量该溶液的角旋转。

②溶液澄清度:无色澄清(0.50g,水50mL)。

③氯化物:以Cl计,不超过0.018%(0.50g,参比溶液为0.01mol/L盐酸0.25mL)。

④重金属:以Pb计,不超过5.0μg/g(4.0g,第2法,参比溶液为铅标准溶液2.0mL)。

⑤铅:以Pb计,不超过1.0μg/g(10g,第1法)。

⑥砷:以As_2O_3计,不超过1.3μg/g(1.5g,第2法,装置B)。

⑦还原性物质:准确称取经预先干燥的β-环糊精1.0g,加水25mL溶解,加菲林试液40mL,温和煮沸3min。冷却后,用玻璃滤器(IG4)过滤上清液,在烧杯中尽量保留多的沉淀。用温水洗涤烧杯中的沉淀,用玻璃滤器(IG4)过滤洗液,弃去过滤液。重复洗涤和过滤操作,直至滤液无碱性。加硫酸铁试液20mL溶解沉淀,用同样玻璃滤器过滤,用水洗涤烧瓶内部和玻璃滤器,合并滤液与洗液。加热至80℃,用0.02mol/L高锰酸钾溶液滴定。高锰酸钾溶液的消耗量不超过3.2mL。

(9)干燥失量 不超过14.0%(105℃,不超过0.67kPa,4h)。

(10)灼热残留物 不超过0.10%(550℃)。

(11)含量测定

测试溶液 准确称取经预先干燥的β-环糊精0.5g,用热水35mL完全溶解,冷却后,加水定容至50mL。

标准溶液 按以下方法配制3个不同浓度的标准溶液:准确称取预先干燥的定量测定用β-环糊精0.7g,用热水45mL完全溶解。冷却后,加水定容至50mL(标准溶液1)。分别准确吸取5mL此溶液至10mL和20mL容量瓶中,分别加水至刻度,得到标准溶液2和标准溶液3。

程序 分别取测试溶液和标准溶液10μL,按照以下操作条件进行液相色谱分析。测定标准溶液的β-环糊精峰面积,并建立标准曲线。测定测试溶液的峰面积,根据标准曲线获得测试溶液中β-环糊精的浓度。按照式(9-28)计算β-环糊精($C_{36}H_{60}O_{30}$)的含量(X):

$$X=\frac{m}{m_1}\times 100\% \qquad (9-28)$$

式中:

m_1——测试溶液中β-环糊精量,g;

m——样品量,g。

操作条件

检测器:示差折光检测器。

色谱柱:内径5mm~10mm,长20cm~50cm的不锈钢柱。

柱填充剂:9μm~10μm液相色谱用强酸性阳离子交换树脂。

柱温:50℃~80℃,恒温。

流动相:水。

流速:0.3mL/min~1.0mL/min,恒定流速。

126. γ-环糊精

(1)其他名称 γ-环状糊精;γ-Cyclodextrin。

(2)编码 CAS 17465-86-0;INS 458。

(3)分子式、相对分子质量与结构式 $C_{48}H_{80}O_{40}$;1297.14;

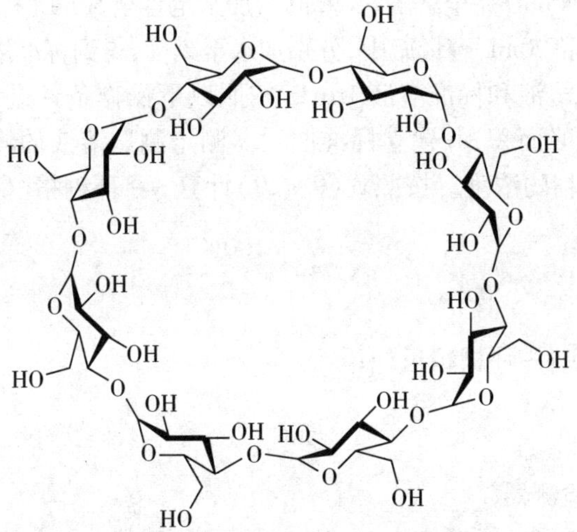

(4)定义 γ-环糊精是淀粉经酶处理得到的非还原性环糊精。其由8个D-葡萄糖单元围成的环状低聚糖。γ-环糊精属于日本现有食品添加剂中的环糊精。

(5)含量 本品干燥后γ-环糊精($C_{48}H_{80}O_{40}$)含量不少于98.0%。

(6)性状 白色结晶或晶体粉末。无臭,稍有甜味。

(7)鉴别

取γ-环糊精0.2g,加入碘试液2mL,水浴加热溶解,室温静置。形成红褐色沉淀。

(8)纯度

①旋光率$[\alpha]_D^{20}$:+172°~+178°。

准确称取经预先干燥的γ-环糊精1.0g,加水定容至100mL。在30min内测量该溶液的角旋转。

②溶液澄清度:无色澄清(0.50g,50mL水)。

③氯化物:以Cl计,不超过0.018%(0.50g,参比溶液为0.01mol/L盐酸0.25mL)。

④重金属:以Pb计,不超过5.0μg/g(4.0g,第2法,参比溶液为铅标准溶液2.0mL)。

⑤铅:以Pb计,不超过1.0μg/g(10g,第1法)。

⑥砷:以As_2O_3计,不超过1.3μg/g(1.5g,第2法,装置B)。

⑦还原性物质:准确称取经预先干燥的γ-环糊精1.0g,加水25mL溶解,加菲林试液40mL,温和煮沸3min。冷却后,用玻璃滤器(IG4)过滤上层溶液,保留尽量多的沉淀。用温

水洗涤烧杯中的沉淀，用玻璃滤器（IG4）过滤洗液，弃去过滤液。重复洗涤和过滤操作，直至滤液无碱性。加硫酸铁试液 20mL 溶解沉淀，用同样的玻璃滤器过滤，用水洗涤烧瓶内部和玻璃滤器，合并滤液与洗液。加热至 80℃，用 0.02mol/L 高锰酸钾溶液滴定。高锰酸钾溶液的消耗量不超过 3.2mL。

（9）干燥失量 不超过 14.0%（105℃，不超过 0.67kPa，4h）。

（10）灼热残留物 不超过 0.10%（550℃）。

（11）含量测定

测试溶液 准确称取预先干燥的 γ－环糊精 0.5g，溶解于 35mL 热水，冷却后，加水配至 50mL。

标准溶液 按以下方法配制 3 个不同浓度的标准溶液：准确称取预先干燥的定量测定用 γ－环糊精 0.7g，用热水 45mL 完全溶解。冷却后，加水定容至 50mL（标准溶液 1）。分别准确吸取此溶液 5mL 至 10mL 和 20mL 容量瓶中，分别加水至刻度，得到标准溶液 2 和标准溶液 3。

程序 分别取测试溶液和标准溶液 10μL，按照以下操作条件进行液相色谱分析。测定标准溶液的 γ－环糊精峰面积，并建立标准曲线。测定测试溶液的峰面积，根据标准曲线获得测试溶液中 γ－环糊精的浓度。按照式（9－29）计算 γ－环糊精（$C_{48}H_{80}O_{40}$）的含量（X）：

$$X = \frac{m}{m_1} \times 100\% \qquad (9-29)$$

式中：

m_1——测试溶液中 γ－环糊精量，g；

m——样品量，g。

操作条件

检测器：示差折光检测器。

色谱柱：内径 5mm～10mm，长 20cm～50cm 的不锈钢柱。

柱填充剂：9μm～10μm 液相色谱用强酸性阳离子交换树脂。

柱温：50℃～80℃，恒温。

流动相：水。

流速：0.3mL/min～1.0mL/min，恒定流速。

127. 乙酸环已酯

（1）其他名称 环已基乙酸酯；Cyclohexyl Acetate；Acetate－Cyclohexano；Acetatedecyclohexyle。

（2）编码 CAS 622－45－7；FEMA 2349。

（3）分子式、相对分子质量与结构式 $C_8H_{14}O_2$；142.20；

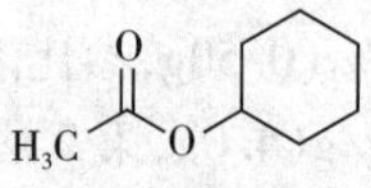

（4）含量 本品乙酸环已酯（$C_8H_{14}O_2$）含量不少于 98.0%。

（5）性状 无色或淡黄色透明液体，有特殊气味。

（6）鉴别

①取乙酸环已酯 2mL 于蒸发皿中，加硝酸 1mL，水浴加热 20min，然后在加热板上蒸干，

注意不要碳化。冷却后,加4mL水和0.5mL氢氧化钠溶液(1→25)溶解,加稀硝酸(1→10)使溶液略显酸性,转移至试管中,加1mL硝酸银溶液(1→50)。形成白色沉淀。加稀硝酸(1→10)至显强酸性。沉淀物溶解。

②取乙酸环己酯1mL,加10%氢氧化钾乙醇溶液5mL,水浴加热回流1h后,特征气味消失。冷却后,加1mL稀盐酸(1→4)和8mL水。溶液对"定性试验"中乙酸盐(3)产生相应反应。

(7)纯度

①折光率 n_D^{20}:1.439～1.442。

②相对密度:0.970～0.973。

③溶液澄清度:澄清[2.0mL,70%乙醇(体积分数)4.0mL]。

④酸值:不超过1.0(香料物质试验)。

(8)含量测定　准确称取乙酸环己酯1g,按"香料物质试验"中酯含量规定进行。

0.5mol/L氢氧化钾的乙醇溶液1mL=71.10mg $C_8H_{14}O_2$

128. 丁酸环己酯

(1)英文名称　Cyclohexanyl butyrate; Cyclohexyl butanoate; Octa-(O-cyanoethyl) sucrose。

(2)编码　CAS 1551-44-6;FEMA 2351。

(3)分子式、相对分子质量与结构式　$C_{10}H_{18}O_2$;170.25;

(4)含量　本品丁酸环己酯($C_{10}H_{18}O_2$)含量不少于98.0%。

(5)性状　无色或淡黄色透明液体,有特殊气味。

(6)鉴别

①取丁酸环己酯1mL,加入10%氢氧化钾乙醇溶液5mL,水浴加热回流1h后,特征气味消失。冷却后,加稀硫酸(1→20)使溶液略显酸性,在温水中振摇,产生丁酸气味。

②取丁酸环己酯0.2mL于蒸发皿中,加硝酸1mL,水浴加热20min,然后在加热板上蒸干,注意不要碳化。冷却后,用水4mL和氢氧化钠溶液(1→25)0.5mL溶解,加稀硝酸(1→10)使溶液略显酸性,转移至试管中,加硝酸银溶液(1→50)1mL。形成白色沉淀。加稀硝酸(1→10)至溶液呈强酸性,沉淀溶解。

(7)纯度

①折光率 n_D^{20}:1.441～1.444。

②相对密度:0.941～0.945。

③溶液澄清度:澄清[2.0mL,70%乙醇(体积分数)5.0mL]。

④酸值:不超过1.0(香料物质试验)。

(8)含量测定　准确称取丁酸环己酯1g,按"香料物质试验"中酯含量规定进行。

0.5mol/L氢氧化钾乙醇溶液1mL=85.12mg $C_{10}H_{18}O_2$

129. L-盐酸半胱氨酸

(1)其他名称　L-半胱氨酸盐酸盐;(R)-2-氨基-3-巯基丙酸盐酸盐;L-Cysteine

monohydrochloride;(2*R*) - 2 - amino - 3 - sulfanylpropanoic acid monohydrochloride monohydrate。

(2)编码 CAS 7048 - 04 - 6;INS 920。

(3)分子式、相对分子质量与结构式 $C_3H_7NO_2S \cdot HCl \cdot nH_2O$;175.64;

HS–CH₂–C(H)(NH₂)–COOH · HCl · H₂O

(4)含量 以干燥品计,本品 L - 盐酸半胱氨酸($C_3H_7NO_2S \cdot HCl$ = 157.62)含量为 98.0% ~102.0%。

(5)性状 L - 盐酸半胱氨酸为无色或白色结晶或白色晶体粉末,有特殊气味和味道。

(6)鉴别

①取 L - 盐酸半胱氨酸溶液(1→1000)5mL,加入吡啶 0.5mL 和茚三酮溶液(1→100)1mL,加热 5min。溶液呈紫色至紫褐色。

②取 L - 盐酸半胱氨酸溶液(1→1000)5mL,加入氢氧化钠溶液(1→20)2mL 和硝普酸钠溶液(1→20)2 滴。溶液呈紫红色。

③取 L - 盐酸半胱氨酸溶液(1→1000)10mL,加入过氧化氢 1mL,水浴加热 10min。溶液对"定性试验"中氯试验(2)产生相应反应。

(7)纯度

①旋光率$[\alpha]_D^{20}$: +5.0° ~ +8.0°(4.0g,盐酸(1→10)50mL,以干燥品计)。

②溶液的颜色和澄清度:无色,几乎澄清(1.0g,水 20mL)。

③重金属:以 Pb 计,不超过 20μg/g(1.0g,第 2 法,参比溶液为铅标准溶液 2.0mL)。

④砷:以 As_2O_3 计,不超过 4.0μg/g。

测试溶液 称取 L - 盐酸半胱氨酸 0.50g 于凯式烧瓶中,加硫酸 5mL 和硝酸 5mL,加热。继续加热过程中,偶尔加入硝酸 2mL ~ 3mL 至溶液变为无色或浅黄色。冷却后,加饱和草酸铵溶液 1.5mL。加热至有白色浓烟出现并浓缩至 2mL ~ 3mL。冷却后,加水配至 10mL。使用此溶液 5mL 作为测试溶液。

参比溶液 取砷标准溶液 2.0mL 至凯式烧瓶中,加硫酸 5mL 和硝酸 5mL,加热。按照测试溶液制备方法操作。

装置 使用装置 B。

⑤胱氨酸

测试溶液 称取 L - 盐酸半胱氨酸 0.20g,用 *N* - 乙基马来酰亚胺(1→50)溶解并配至 100mL。取此溶液 2mL,加 *N* - 乙基马来酰亚胺(1→50)配至 20mL,静置 30min。

程序 取 5μL 测试溶液进行薄层色谱分析。将正丁醇、水和乙酸的混合液(2∶1∶1)作为展开剂。不使用参比溶液。用覆有硅胶薄层板作为载体,预先经 110℃ 干燥 1h。当展开剂的最前端距离起点原线约 15cm 时,停止展开,在 80℃ 干燥 30min。用甲醇和乙酸混合液(97∶3)作为溶剂的茚三酮溶液(1→100)喷雾,在 80℃ 加热 10min 固定颜色,在自然光下观察,仅有一个斑点。

(8)干燥失量 8.0% ~12.0%(不超过 0.7kPa,24h)。

(9)灼热残留物 不超过 0.20%。

(10)含量 准确称取 L - 盐酸半胱氨酸 0.25g,用水 20mL 溶解,加碘酸钾 4g。在向溶液中加稀盐酸(1→4)5mL 和 0.05mol/L 碘溶液 25mL,置黑暗处,在冰水浴中静置 20min。用 0.1mol/L 硫代硫酸钠滴定(指示剂:淀粉试液)过量的碘。以同样方式进行空白试验。

0.05mol/L 碘 1mL = 15.76mg $C_3H_7NO_2S \cdot HCl$

130. L – 胱氨酸

(1)其他名称　3,3′–二硫代二丙氨酸;双巯丙氨酸;L–Cystine;(2*R*,2*R*′)–3,3′–Disulfanylbis[2–amino–3–sulfanylpropanoic acid];3,3′–dithiobis–l–alanin。

(2)编码　CAS 56–89–3;INS 921。

(3)分子式、相对分子质量与结构式　$C_6H_{12}N_2O_4S_2$;240.30;

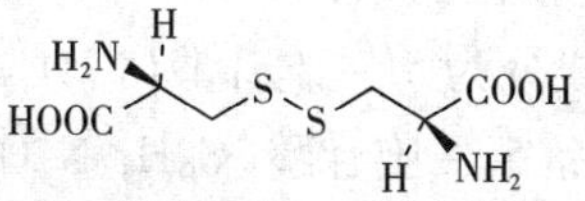

(4)含量　以干燥品计,本品 L–胱氨酸($C_6H_{12}N_2O_4S_2$)含量为 98.0% ~120.0%。

(5)性状　L–胱氨酸为白色结晶或白色晶体粉末。稍有特殊有气味,无味道或稍有味道。

(6)鉴别

①取 L–胱氨酸饱和溶液 5mL,加入茚三酮溶液(1→50)1mL,水浴加热 3min。溶液呈紫色。

②取 L–胱氨酸的 2mol/L 盐酸溶液(1→30)3mL,加锌粉 0.04g,水浴加热 10min。冷却后,必要时过滤,加氢氧化钠溶液(1→20)10mL,振摇,加硝普酸钠溶液(1→20)1 滴。溶液呈紫红色。

(7)纯度

①旋光率$[\alpha]_D^{20}$: –215° ~ –230°。

准确称取 L–胱氨酸 2g,用 1mol/L 盐酸溶解并定容至 100mL,测定溶液的角旋转,以干燥品计算。

②溶液澄清度和颜色:无色澄清(1.0g,1mol/L 盐酸 20mL)。

③pH:5.0 ~6.5(饱和溶液)。

④氯化物:以 Cl 计,不超过 0.1% (0.07g,参比溶液为 0.01mol/L 盐酸 0.20mL)。

⑤重金属:以 Pb 计,不超过 20μg/g(1.0g,第 2 法,参比溶液为铅标准溶液 2.0mL)。

⑥砷:以 As_2O_3 计,不超过 4.0μg/g(0.5g,第 3 法,装置 B)。

(8)干燥失量　不超过 0.30% (105℃,3h)。

(9)含量　准确称取 L–胱氨酸 0.3g,按照“氮测定”中凯式定氮法规定进行,以干燥品计算。在样品分解过程中,用二氧化硒 0.2g 作为分解促进剂,加热 4h。

0.05mol/L 硫酸 1mL = 12.02mg $C_6H_{12}N_2O_4S_2$

131. 5′ – 胞苷酸

(1)其他名称　5′–胞嘧啶核苷酸;胞苷–5′–单磷酸;5′–cytidylic acid;cytidine 5′–monophosphoric acid;5′–CMP。

(2)编码　CAS 63–37–6。

(3)**分子式、相对分子质量与结构式** $C_9H_{14}N_3O_8P$;323.20;

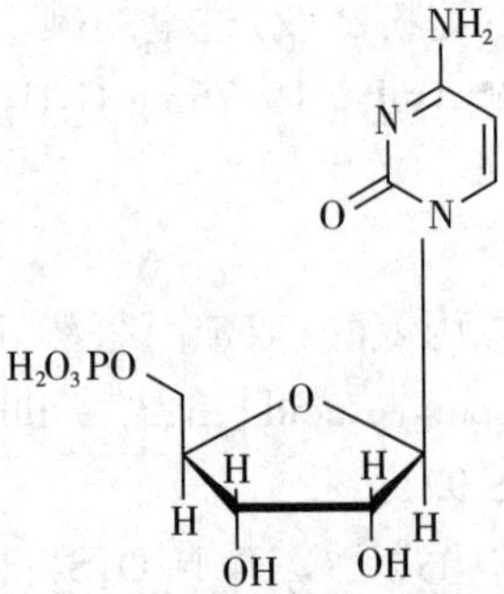

(4)**定义** 5′-胞苷酸是在盐存在的条件下,对含有核酸的酵母(*Candida utilis*)水提取物进行酶水解后分离获得。本品成分为5′-胞苷酸($C_9H_{14}N_3O_8P$)。

(5)**含量** 以干燥品计算,本品5′-胞苷酸($C_9H_{14}N_3O_8P$)含量为98.0%~102.0%。

(6)**性状** 无色或白色结晶或晶体粉末。

(7)**鉴别**

①取5′-胞苷酸0.010g,用稀盐酸(1→1000)1000mL溶解,该溶液在277nm~281nm波长吸收最大。

②取5′-胞苷酸0.25g,用氢氧化钠试液1mL溶解,加水5mL,再加氧化镁试液2mL,不产生沉淀。向该溶液中加硝酸7mL,煮沸10min。该溶液对"定性试验"中磷酸盐试验②产生相应反应。

(8)**纯度**

①溶液颜色和澄清度:无色,几乎澄清。

测试溶液 称取5′-胞苷酸0.5g,用氢氧化钠试液2mL溶解,加水至10mL。

②重金属:以Pb计,不超过10μg/g。

测试溶液 称取5′-胞苷酸2.0g,用氢氧化钠试液8mL和水30mL溶解。用稀乙酸(1→20)或氨试液中和,然后再加入稀乙酸(1→20)2mL,加水配至50mL。

参比溶液 向铅标准溶液2.0mL中加入稀乙酸(1→20)2mL,加水配至50mL。

③砷:As_2O_3计,不超过4.0μg/g。

测试溶液 称取5′-胞苷酸0.5g,用稀盐酸(1→4)5mL溶解。

④吸光率:称取5′-胞苷酸0.010g,用稀盐酸(1→1000)1000mL溶解。将250nm、260nm和280nm的吸光度分别以A_1、A_2和A_3表示,A_1/A_2为0.40~0.52,A_3/A_2为1.85~2.20。

⑤其他核酸降解产物

测试溶液 称取5′-胞苷酸0.1g,加氢氧化钠试液0.5mL,加水至20mL。

程序 对1μL测试溶液进行薄层色谱分析,将正丙醇、氨试液和丙酮的混合液(6:5:2)作为展开剂。不使用参比溶液。用覆有荧光硅胶薄层板作为载体,预先经110℃干燥1h。当展开剂的最前端上升到距离原点约10cm时,停止展开,风干薄层板。暗室中用紫外光(大约250nm)下检测薄层,仅观察到1个点。

(9)**干燥失量** 不超过6.0%(120℃,4h)。

(10)**含量测定** 准确称取5′-胞苷酸0.2g,用氢氧化钠试液1mL溶解,加水定容至200mL。取该溶液2mL,用稀盐酸(1→1000)定容至100mL。在280nm测定该溶液吸光度

(A),使用式(9－30)计算5′－胞苷酸($C_9H_{14}N_3O_8P$)含量(X):

$$X = \frac{0.2 \times 1.224 \times A}{m} \times 100\% \tag{9-30}$$

式中:

m——样品干燥品量,g。

132. 达玛树脂

(1)其他名称　达玛胶;但马胶;Dammar resin;Gum damar。

(2)编码　CAS 9000－16－2。

(3)定义　达玛树脂从重红婆罗双(*Shorea* spp.)、坡垒属(*Hopea* spp.)或贝壳杉(*Agathis* spp.)树的分泌液中获得。主要成分是树脂和多糖。

(4)性状　达玛树脂有两种类型:粗制达玛树脂和精制达玛树脂。粗制达玛树脂为白色至黄色或褐色的不规则形状粉末、薄片或团块。精制达玛树脂为白色至浅黄色粉末、薄片或团块。

(5)鉴别

①取粉末状达玛树脂1g,加水100mL,不溶解。取粉末状达玛树脂1g,加甲苯9mL,几乎全溶解。

②将粉末状达玛树脂用甲苯(1→10)溶解,作为测试溶液。取2μL测试溶液进行薄层色谱分析。将乙醚、庚烷按6∶5比例配成的混合液作为展开剂。不使用参比溶液。用覆有硅胶薄层板作为载体,预先经105℃干燥2h。当展开剂的最前端上升到距离原点约10cm时,停止展开,风干薄层板。用硫酸喷雾,105℃加热10min。在R_f值约为0.7和0.8处可观察到斑点。

(6)纯度

①酸值:20～40。

准确称取粉末状达玛树脂1.0g,按照“油脂类和相关物质试验”中酸值规定进行。

②软化点:86℃～100℃。

(a)装置　使用图9－24中的装置。

(b)程序　在尽可能低的温度下迅速融化达玛树脂。将融化样品填充到水平放置在金属平板上的环(B)中,注意样品在环中不要形成气泡。冷却后,用预先稍加热过的小刀将超出环上面的样品切掉。将环固定支架(C)放置在玻璃容器(G)中,加入预先煮沸并冷却的水,水深90mm以上。然后将钢球(A)和充填了样品的环浸入水中,注意防止钢球与环直接接触,20℃放置15min。将钢球放置在环中样品的中心位置,然后将球和环一并装在环固定支架的相应位置。环顶端应在水下50mm处。装上温度计,则温度计水银泡与环中央在同一水平位置。用本生灯对玻璃容器加热,火焰在容器底部的边缘和中心之间加热。当水温上升至40℃时,以5.0℃/min±0.5℃/min的速度加温。测量软化样品从环上脱落到底板(D)时的温度。取两次或多次测量的温度平均值作为软化点。

③碘价:10～40。

准确称取粉末状达玛树脂1g于玻璃容器内。将该玻璃容器放入500mL具磨口玻璃塞烧瓶中,加甲苯溶解10mL。准确加入韦氏试液25mL,剧烈搅拌。如果溶液不澄清,则继续添加甲苯使溶液变清。按照“油脂类和相关物质试验”中碘价试验规定进行。

④重金属:以Pb计,不超过20μg/g(1.0g,第2法,参比溶液为铅标准溶液2.0mL)。

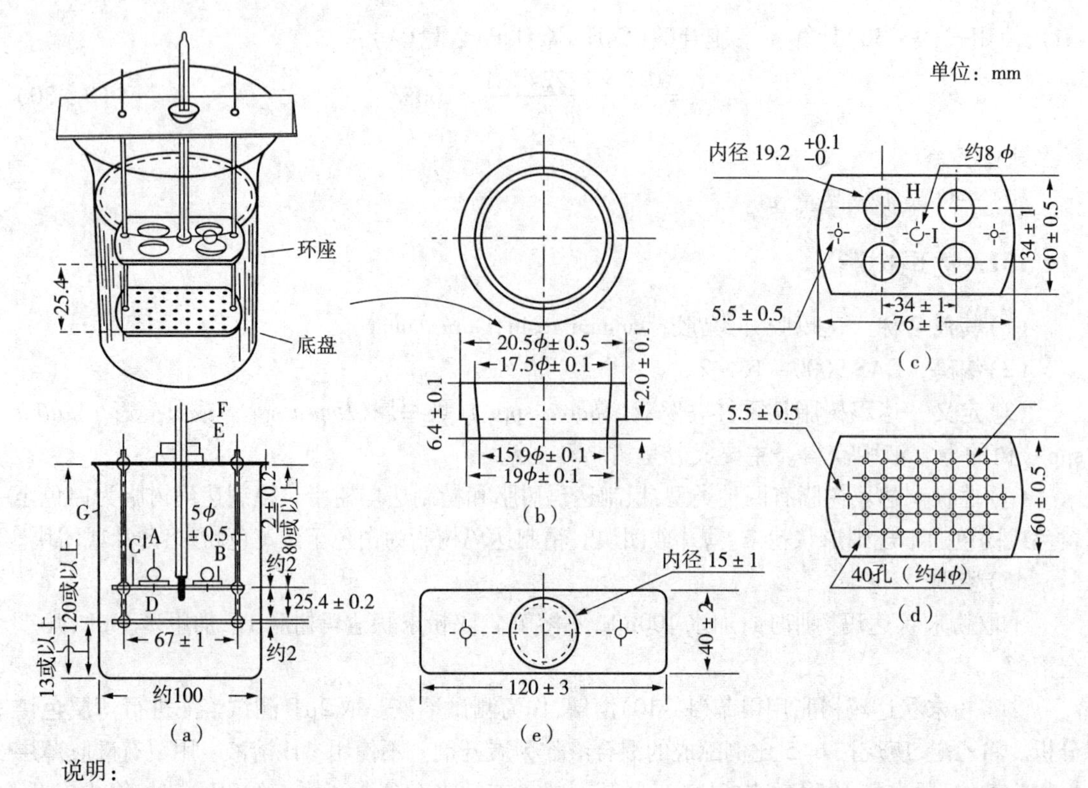

说明：

A——钢球(9.5mm 直径,3.5g);B——环[黄铜材质,(b)];C——环固定支架[金属材质,(c)];D——底板[40 个圆孔(J),(d)];E——固定板(e);F——1 号温度计[将温度计的水银泡与环固定支架(C)下部平面齐平];G——玻璃容器(内部直径不小于 85mm,高度不小于 127mm);H——固定孔;I——插入水银球温度计的孔;J——循环孔(约 4mm 直径)。

图 9-24 软化点测定装置

⑤铅:以 Pb 计,不超过 10μg/g(1.0g,第 1 法)。

⑥砷:以 As_2O_3 计,不超过 4.0μg/g(0.50g,第 3 法,装置 B)。

(7)**干燥失量** 不超过 6.0%(105℃,18h)。

(8)**灰分** 不超过 0.5%。

133. 癸醛

(1)**其他名称** 十碳酸醛;正癸醛;羊蜡醛;Decanal;Decyl aldehyde。

(2)**编码** CAS 112-31-2;FEMA 2362。

(3)**分子式、相对分子质量与结构式** $C_{10}H_{20}O$;156.27。

H_3C—(CH₂)₈—CHO

(4)**含量** 本品癸醛($C_{10}H_{20}O$)含量不少于 93.0%。

(5)**性状** 癸醛为无色至淡黄色的透明液体,有特征气味。

(6)**鉴别** 取癸醛 1mL,加亚硫酸氢钠溶液 3mL,振摇。混合物立即放热并形成晶体团块。

(7)**纯度**

①折光率 n_D^{20}:1.427~1.435。

②相对密度:0.826~0.835。

③溶液澄清度:澄清[2.0mL,70%(体积分数)乙醇6.0mL]。

④酸值:不超过10.0(香料物质试验)。

(8)含量测定鉴别　准确称取癸醛约1g,按照"香料物质试验"中醛类或酮类含量第2法规定进行。本试验中,滴定前混合物静置15min。

$$0.5mol/L 盐酸 1mL = 78.13mg\ C_{10}H_{20}O$$

134. 癸醇

(1)其他名称　正癸醇;壬基甲醇;十碳醇;Decanol;Decan-1-ol;Decyl Alcohol。

(2)编码　CAS 112-30-1;FEMA　2365。

(3)分子式、相对分子质量与结构式　$C_{10}H_{22}O$;158.28;

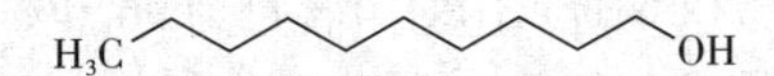

(4)含量　本品癸醇($C_{10}H_{22}O$)含量不少于98.0%。

(5)性状　无色至淡黄色的透明液体,有特殊气味。

(6)鉴别　取癸醇2滴~3滴,加高锰酸钾溶液(1→20)5mL和稀硫酸(1→20)1mL,振摇,产生癸醛的香气。

(7)纯度

①凝固点:不低于5℃。

②折光率n_D^{20}:1.435~1.438。

③相对密度:0.826~0.831。

④溶液澄清度:澄清[2.0mL,70%(体积分数)乙醇4.0mL]

⑤酸值:不超过1.0(香料物质试验)。

(8)含量测定　按"香料物质试验"中醇类含量第1法规定进行,使用乙酰化油约1g。

135. 葡聚糖

(1)其他名称　葡萄聚糖;右旋糖酐;Dextran;Dextraven。

(2)定义　葡聚糖由革兰氏阳性菌肠膜明串珠菌(*Leuconostoc mesenteroides*)或马链球菌(*Streptococcus equinus*)的培养液分离获得。其成分为葡聚糖。

(3)编码　CAS 9004-54-0。

(4)性状　白色至淡黄色粉末或颗粒,无气味。

(5)鉴别

取葡聚糖溶液(1→3000)1mL,加蒽酮试液2mL,呈绿蓝色,并逐渐变成深绿蓝色。加入稀硫酸(1→2)或乙酸1mL,颜色并不改变。

(6)纯度

①重金属:以Pb计,不超过40μg/g(0.50g,第1法,铅标准液2.0mL)。

②铅:以Pb计,不超过10μg/g(1.0g,第1法)。

③砷:以As_2O_3计,不超过4.0μg/g(0.50g,第1法,B装置)。

④总氮:不超过1.0%。

精确称取葡聚糖约0.5g，按"氮测定"中半微量凯氏法规定进行。

(7)干燥失量 不超过10.0%(105℃,6h)。

(8)灼热失重 不超过2.0%。

(9)微生物限量 按照"微生物限量试验"规定进行。菌落总数不超过1000/g，大肠杆菌不得检出。

136. 磷酸氢二铵

(1)其他名称 磷酸氢铵；二盐基磷酸铵；Diammonium hydrogen phosphate；Ammonium phosphate dibasic；Diammonium hydrogenphosphate；DAP。

(2)编码 CAS 7783-28-0；INS 342(ii)。

(3)分子式、相对分子质量 $(NH_4)_2HPO_4$；132.06。

(4)含量 本品磷酸氢二铵($(NH_4)_2HPO_4$)含量为96.0%～102.0%。

(5)性状 无色至白色结晶或白色晶体粉末，有氨气味。

(6)鉴别

磷酸氢二铵对"定性试验"中所有铵盐和磷酸盐试验产生相应反应。

(7)纯度

①溶液颜色和澄清度：无色、几乎澄清(1.0g，水20mL)。

②pH值：7.6～8.4(1.0g，水100mL)。

③氯化物：以Cl计，不超过0.035%(0.50g，参比溶液为0.1mol/L盐酸0.5mL)。

④硫酸盐：以SO_4计，不超过0.038%(0.50g，参比溶液为0.005mol/L硫酸0.40mL)

⑤重金属：以Pb计，不超过20μg/g。

测试溶液 称取磷酸氢二1.0g，加水约25mL溶解，用稀乙酸(1→20)中和，再加稀乙酸(1→20)2mL，加水配至50mL。

参比溶液 铅标准液2.0mL，加稀乙酸(1→20)2mL，加水配至50mL。

⑥砷：以As_2O_3计，小于4.0μg/g(0.50g，第1法，B装置)。

(8)含量测定 准确称取磷酸氢二铵约2g，加水50mL溶解，保持温度在15℃左右，用1 mol/L盐酸滴定(指示剂：甲基橙-二甲苯蓝FF试液3滴～4滴)。

$$1mol/L\ 盐酸\ 1mL = 132.1mg\ (NH_4)_2HPO_4$$

137. 硅藻土

(1)其他名称 Diatomaceous earth。

(2)编号 CAS 61790-53-2。

(3)定义 硅藻土为来源于硅藻的二氧化硅，主要成分为二氧化硅。有3种类型产品：干燥、煅烧和助熔焙烧。分别称为硅藻土(干燥品)、硅藻土(煅烧品)、硅藻土(助熔焙烧品)。

煅烧品由硅藻土经800℃～1200℃煅烧获得；助熔焙烧品是向硅藻土添加少量碱式碳酸盐，在800℃～1200℃烧而成；酸处理助熔焙烧品应按照煅烧品的规定处理。

(4)性状 硅藻土(干燥品)为白色或浅灰色粉末；硅藻土(煅烧品)为淡黄色至浅橙色或分红至淡褐色粉末；硅藻土(助熔焙烧品)为白色或浅红褐色粉末。

(5)鉴别

①取硅藻土0.2g于铂金坩埚中,加氢氟酸5mL溶解,加热。几乎全部蒸发。

②取硅藻土在100倍~200倍显微镜下放大观察,可观察到特有多孔状硅藻骨架。

(6)纯度

①pH值:干燥品和煅烧品为5.0~10.0。助熔焙烧品为8.0~11.0。

称取经预先干燥的硅藻土10g于烧瓶中,加水100mL,温和煮沸2h,用搅拌器搅拌,并不断补充蒸发的水。冷却,采用装有直径47mm(孔径0.45μm)过滤膜的过滤装置抽滤。如果滤液浑浊,反复用过滤装置抽滤。容器和过滤器上的残留物用水清洗,合并洗液和滤液。再加水配至100mL。此溶液为溶液A。采用溶液A进行试验。

②水溶物:不超过0.50%。

取纯度①制备的溶液A 50mL,蒸干,将残留物置105℃干燥2h,称量。

③盐酸可溶物:不超过2.5%。

称取经预先干燥的硅藻土2.0g于烧瓶中,加稀盐酸(1→4)50mL,在50℃加热15min,不时振摇。冷却后过滤混合物。容器和滤纸上残留物用稀盐酸(1→4)3mL清洗。合并洗液和滤液。加稀硫酸(1→20)5mL,蒸干,置450℃~550℃灼热至恒量,称量。

④重金属:以Pb计,不超过50μg/g。

测试溶液　称取硅藻土2.0g于烧杯中,加稀盐酸(1→4)50mL,盖上表面皿,70℃加热15min,不断搅拌。冷却后用定量分析滤纸(5C)过滤。每次用10mL水洗容器上残留物,共3次,用同一滤纸过滤。滤纸上残留物用水15mL洗。合并滤液和洗液,加水至100mL。此溶液作为溶液B。取溶液B 20mL,水浴蒸干,残留物用稀乙酸(1→20)2mL和水20mL溶解,必要时过滤,加水配至50mL。

参比溶液　取铅标准2.0mL,加稀乙酸(1→20)2mL和水20mL溶解,必要时过滤,加水配至50mL。

⑤铅:以Pb计,不超过10μg/g。

测试溶液　取纯度4的溶液B 25mL,水浴蒸干,残留物用稀盐酸(1→10)溶解配成10mL。

参比溶液　吸取1.0mL铅标准溶液,加稀盐酸(1→10)稀释成20mL。

程序　按照"铅限量试验"第1法规定进行。

⑥砷:以As_2O_3计,不超过10μg/g。

测试溶液　取纯度4的溶液B 10mL。

装置　使用装置B。

(7)干燥失量

干燥品 不超过10.0%(105℃,2h)。

煅烧品和助熔焙烧品 不超过3.0%(105℃,2h)。

(8)灼热失量　置硅藻土于105℃干燥2h,使用其作为样本立即进行试验。

干燥品 不超过7.0%(1000℃,30min)。

煅烧品和助熔焙烧品 不超过2.0%(1000℃,30min)。

(9)氢氟酸残留物　不超过25.0%。

预先将铂金坩埚置1000℃灼热30min,干燥器中冷却,准确称量。准确称取硅藻土约

0.2g,转移至预先称量的白金坩埚中。加氢氟酸5mL和稀硫酸(1→2)2滴,水浴蒸发至几乎完全干,冷却。向残留物加入氢氟酸5mL,蒸干,在550℃加热1h。再徐徐升温至1000℃灼热30min,然后置于干燥器中冷却,准确称量。

138. 二苯甲酰硫胺素

(1)其他名称 联苯甲酰硫胺;苯甲硫胺;Dibenzoyl thiamine;Bentiamine。

(2)编码 CAS 299-88-7。

(3)分子式、相对分子质量与结构式 $C_{26}H_{26}N_4O_4S$;490.58;

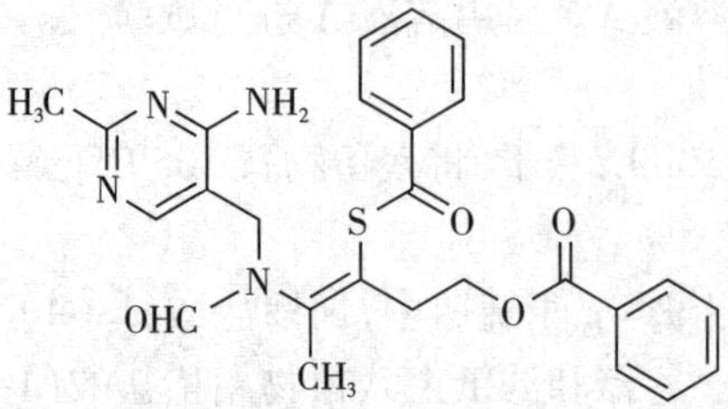

H_3C N NH_2 N S O O N OHC O CH_3

(4)含量 本品干燥后二苯甲酰硫胺素($C_{26}H_{26}N_4O_4S$)含量不少于97.0%。

(5)性状 白色晶体粉末。无臭味。

(6)鉴别

①取二苯甲酰硫胺0.03g,加稀盐酸(1→100)7mL,水浴加热溶解。加入盐酸羟胺溶液(3→20)与氢氧化钠溶液(3→20)的混合液(1:1)2mL,振摇1min,加盐酸0.8mL和三氯化铁溶液(1→10)0.5mL。溶液显紫色。

②取二苯甲酰硫胺5mg,加甲醇1mL,加热溶解。加水2mL,加半胱氨酸盐酸溶液(1→100)2mL及磷酸缓冲液(pH=7)2mL,振摇,静置30min。向此液中加新配制的铁氰化钾溶液(1→10)1mL,氢氧化钠溶液(1→50)5mL及异丁醇5mL,剧烈振摇2min,静置至溶液分成两层。从溶液上面照射紫外线,与照射光成垂直方向的角度观察上层液顶部,能观察到蓝紫色荧光。将溶液调至酸性时荧光消失,调至碱性时荧光又重新出现。

(7)纯度

①熔点:163℃~174℃(分解)。

②氯化物:以Cl计,不超过0.053%。

测试溶液:称取二苯甲酰硫胺0.40g,用甲醇20mL溶解,加硝酸(1→10)6mL,加水至50mL。

参比溶液:取0.01mol/L盐酸0.6mL,加甲醇20mL,稀硝酸(1→10)6mL,加水至50mL。

③重金属:以Pb计,不超过20μg/g(1.0g,第2法,参比溶液为铅标准溶液2mL)。

(8)干燥失量 不超过3.0%(105℃,2h)。

(9)灼热残留物 不超过0.20%。

(10)含量测定

测试溶液 准确称取经预先干燥的二苯甲酰硫胺约0.4g,加甲醇40mL及稀盐酸(1→100)40mL溶解,加水准确配至1000mL。准确量取该溶液5mL,加稀盐酸(1→100)准确配至250mL。

程序 以水作参比溶液,在237nm波长测定测试溶液的吸光度(*A*)。以同样方式进行空白试验，以此吸光度为 A_0，按式(9 - 31)计算二苯酰硫胺素($C_{26}H_{26}N_4O_4S$)含量(X)：

$$X = \frac{(A - A_0) \times 0.4}{m \times 0.452} \times 100\% \tag{9-31}$$

式中：

m——样品量，g。

139. 二苯酰硫胺素盐酸盐

(1)其他名称　Dibenzoyl thiamine hydrochloride。

(2)编码　CAS 23660 - 60 - 7。

(3)分子式、相对分子质量与结构式　$C_{26}H_{26}N_4O_4S \cdot HCl \cdot 3H_2O$；581.08；

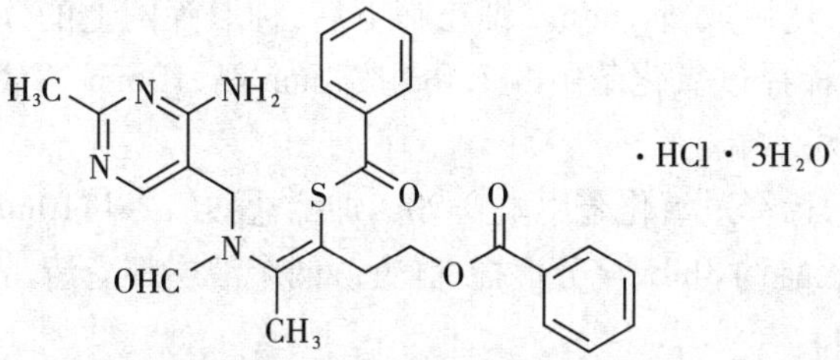

(4)含量　本品干燥后二苯酰硫胺盐酸盐($C_{26}H_{26}N_4O_4S \cdot HCl \cdot 3H_2O$)含量不少于97.0%。

(5)性状　白色晶体粉末。无臭味。

(6)鉴别

①按照“二苯甲酰硫胺素”鉴别①及②规定进行。

②称取二苯酰硫胺盐酸0.1g。加甲醇10mL溶解，加稀硝酸(1 - 10)1mL后，加硝酸银溶液(1→50)1mL。生产白色沉淀。

(7)纯度

①溶液澄清度：几乎澄清(1.0g，10mL水)。

②重金属：以Pb计，不超过20μg/g(1.0g，第2法，参比溶液为铅标准溶液2mL)。

(8)干燥失量　不超过11.0%(硅胶，减压，24h)

(9)灼热残留物　不超过0.20%

(10)含量测定

测试溶液　准确称取经预先干燥的二苯酰硫胺盐酸盐约0.4g，按照“二苯甲酰硫胺素”含量测定的规定进行，按式(9 - 32)计算二苯酰硫胺盐酸盐($C_{26}H_{26}N_4O_4S \cdot HCl \cdot 3H_2O$)含量($X$)：

$$X = \frac{(A - A_0) \times 0.4}{m \times 0.421} \times 100\% \tag{9-32}$$

式中：

m——样品量，g。

140. 稀释过氧化苯甲酰

(1)其他名称　Diluted benzoyl peroxide。

(2)编码 CAS 94-36-0;INS 928。

(3)定义 稀释过氧化苯甲酰是采用以下一种或多种食品添加剂或食品稀释生产的产品。这些稀释物有硫酸铝钾、磷酸的钙盐、硫酸钙、碳酸钙、碳酸镁和淀粉。

(4)含量 稀释过氧化苯甲酰含过氧化苯甲酰($C_{14}H_{10}O_4$ = 242.23)19.0% ~23.0%。

(5)性状 白色粉末。

(6)鉴别

称取稀释过氧化苯甲酰0.2g于试管中,加三氯甲烷7mL,充分振摇,静置后,试管底部出现白色不溶残留物。加入4,4′-二氨基二苯胺试液2.0mL后,溶液及不溶物均显蓝绿色。

(7)纯度

①细度:称取稀释过氧化苯甲酰5g,转移至干燥的53μm孔径标准筛中,上下左右激烈振荡2min,不时敲打底部,然后放置1min。细粉筛下后,称取筛网上的残留物应少于1.0g。

②燃烧蔓延:称取稀释过氧化苯甲酰1.0g,按3mm高,10mm宽放置在玻璃板上,从一端点燃,火焰不会蔓延至另一端。

③盐酸不溶物:称取稀释过氧化苯甲酰0.20g,加稀盐酸(1→4)10mL,充分振摇,逐渐加热,煮沸约1min。冷却,加乙醚约8mL,充分混摇,静置。两个液层都澄清,界面无绒毛状物质出现。

④pH值:6.0~9.0。

测试溶液 称取稀释过氧化苯甲酰3.0g,加水30mL,振摇3min,过滤。

⑤铵盐:称取稀释过氧化苯甲酰0.20g,加氢氧化钠溶液(2→5)3mL,煮沸。产生的气体不会使用水湿润的红色石蕊试纸变蓝色。

⑥重金属:以Pb计,不超过40μg/g。

测试溶液 称取稀释过氧化苯甲酰1.0g,加稀盐酸(1→4)7mL和水10mL,充分混摇,温和煮沸。冷却,加水至50mL。过滤,取滤液25mL,用氨试液调节至pH 4.0~4.5,加稀乙酸(1→20)2mL,加水至50mL。

参比溶液 取铅标准溶液2.0mL,加稀乙酸(1→20)2mL,加水至50mL。

⑦钡:称取稀释过氧化苯甲酰2.0g,加稀硝酸(1→10)15mL,振摇,过滤。水洗,合并洗液和滤液,加水配至40mL。用氨试液调节至pH2.4~2.8,加水配至50mL,加稀硫酸(1→20)1mL,静置10min。溶液无混浊。

⑧砷:以As_2O_3计,不超过4.0μg/g。

称取稀释过氧化苯甲酰0.50g,加稀盐酸(1→4)5mL,温和加热,迅速用冰水冷却,过滤。用水15mL洗涤残留物,合并洗液和滤液,再加水至40mL。取此液20mL作为测试溶液。

装置 使用装置B。

程序 按照“砷限量试验”的规定进行。本试验中,测试溶液不需要用氨水或氨试液的中和。

(8)含量测定 准确称取稀释过氧化苯甲酰约1g,放入具塞磨口烧瓶中,加氯仿、甲醇的混合液(1:1)50mL,振摇。加柠檬酸的甲醇溶液(1→10)0.5mL和碘化钾溶液(1→2)2mL,立即盖上瓶塞,放在暗处15min,期间不时振摇。用0.1mol/L硫代硫酸钠滴定游离碘(指示剂:淀粉试液)。以同样方式进行空白试验进做必要的校正。

0.1mol/L硫代硫酸钠1mL = 12.11mg $C_{14}H_{10}O_4$

141. 联苯

(1)其他名称 苯基苯;联二苯;Biphenyl。

(2)编码 CAS 92-52-4;INS 230。

(3)分子式、相对分子质量与结构式 $C_{12}H_{10}$;154.21;

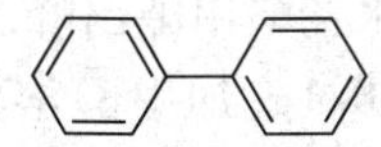

(4)含量 本品联苯($C_{12}H_{10}$)含量为98.0%~102.0%。

(5)性状 无色至白色的结晶、晶体粉末或晶体团块,有特殊气味。

(6)鉴别

①取联苯的乙酸乙酯溶液(1→100)2滴,加乙酸0.5mL及硝酸1mL,70℃加热30min。冷却后,加水5mL及乙酸乙酯10mL,振摇。取乙酸乙酯层5mL,蒸去乙酸乙酯。用乙醇1mL溶解残留物,加入盐酸(1→2)2mL及锌粉0.2g,水浴加热10min。冷却后过滤混合物。向滤液中加入水50mL,再加亚硝酸钠溶液(1→100)1mL,振摇。静置10min,加氨基磺酸铵溶液(1→40)1mL,静置5min。加入将*N*-1-萘基乙二胺二盐酸盐1g用稀盐酸(1→8)100mL溶解的溶液2mL,充分振摇,静置20min。溶液显紫色。

②取联苯的乙酸乙酯溶液(1→100)1mL至试管中,在其表层加入福尔马林-硫酸试液1mL,下层显蓝色至绿蓝色。

(7)纯度

①熔点:69℃~71℃。

②重金属:以Pb计,不超过20μg/g。

测试溶液 称取联苯粉末1.0g于石英或瓷坩埚,加硫酸1mL润湿,以尽可能低的温度,逐渐加热至几乎全部焚化。冷却后,再加硫酸1mL,逐渐加热至几乎不冒白烟,450℃~500℃灼热至残留物全部灰化,冷却。向残留物中加入盐酸1mL及硝酸0.2mL,水浴蒸干。向残留物中加稀盐酸(1→4)1mL及水15mL,加热溶解。冷却,加酚酞试液1滴。逐滴加入氨试液至溶液稍显粉红色后,加稀乙酸(1→20)2mL,加水至50mL。

参比溶液 吸取铅标准液2.0mL,加稀乙酸(1→20)2mL,加水至50mL。

③萘及其衍生物

测试溶液 称取联苯2.5g,用氯仿50mL溶解,加水杨酸甲酯的氯仿溶液(1→50)2.0mL,加氯仿至100mL。

参比溶液 吸取萘的氯仿溶液(1→1000)5mL,加水杨酸甲酯的氯仿溶液(1→50)2.0mL,再加氯仿至100mL。

程序 取等量测试溶液和参比溶液,按以下条件进行气相色谱分析。测试溶液中萘的峰面积与在水杨酸甲酯与联苯之间出现的所有峰的峰面积的总和(A)与水杨酸甲酯峰面积(A_s)之比值(A/A_s)不超过参比溶液中的萘的峰面积(A')与水杨酸甲酯峰面积(A'_s)的比值(A'/A'_s)。

操作条件

检测器:氢焰离子化检测器。

色谱柱:内径3mm~4mm,长2m~3m玻璃或不锈钢柱。

色谱柱填充剂

固定液：相当于载体量10%的聚乙二醇－6000。

载体：177μm～250μm气相色谱用硅藻土。

柱温：160℃－180℃，恒温。

载气：氮气。

流速：调节到使样品注入后5min水杨酸甲酯出峰。

（8）含量测定 准确称取联苯约0.1g，加甲醇溶解定容至1000mL。准确吸取该溶液10mL，加甲醇定容至200mL。以甲醇为参比溶液，在248nm波长测定二级溶液的吸光度（A），按式（9－33）计算联苯（$C_{12}H_{10}$）的含量（X）：

$$X=\frac{A}{1.118}\times\frac{20\times10}{m}\times100\% \tag{9-33}$$

式中：

m——样品量，g。

142. 磷酸氢二钾

（1）其他名称 磷酸二钾；Dipotassium hydrogen phosphate；Potassium phosphate；Dibasic；Dipotassium phosphate。

（2）编码 CAS 7758－11－4；INS 340（ii）。

（3）分子式、相对分子质量 K_2HPO_4；174.18。

（4）含量 本品干燥后，磷酸氢二钾（K_2HPO_4）含量大于98.0%。

（5）性状 磷酸氢二钾为白色结晶、粉末或团块。

（6）鉴别 磷酸氢二钾水溶液（1→20）对“定性试验”中所有钾盐和磷酸盐试验产生相应反应。

（7）纯度

①溶液颜色和澄清度：无色、稍有微浊（1.0g，水20mL）。

②pH：8.7～9.3（1.0g，水100mL）。

③氯化物：以Cl计，不超过0.011%（1.0g，参比溶液为0.01mol/L盐酸0.3mL）。

④硫酸盐：以SO_4计，不超过0.019%（1.0g，参比溶液为0.005mol/L硫酸0.40mL）。

⑤重金属：以Pb计，不超过20μg/g。

测试溶液 称取磷酸氢二钾1.0g，加水30mL溶解，用稀乙酸（1→20）中和，再加稀乙酸（1→20）2mL，加水至50mL。

参比溶液 吸取铅标准液2.0mL，加稀乙酸（1→20）2mL，加水至50mL。

⑥砷：以As_2O_3计，小于4.0μg/g（0.50g，第1法，装置B）。

（8）干燥失量 不超过5.0%（105℃，4h）。

（9）含量测定 准确称取经预先干燥的磷酸氢二钾约3g，加水50mL溶解，保持15℃左右，用1mol/L盐酸滴定（指示剂：甲基橙－靛蓝试液2滴～3滴）。

1mol/L盐酸1mL＝174.2mg K_2HPO_4

143. 5′－胞苷酸二钠

（1）其他名称 胞苷5′－磷酸二钠盐；5′－单磷酸胞苷二钠；Disodium 5′－Cytidylate；Sodium 5′－Cytidylate；Disodium cytidine 5′－monophosphate。

（2）**编码**　CAS 6757－06－8。

（3）**分子式、相对分子质量与结构式**　$C_9H_{12}N_3Na_2O_8P$；367.16；

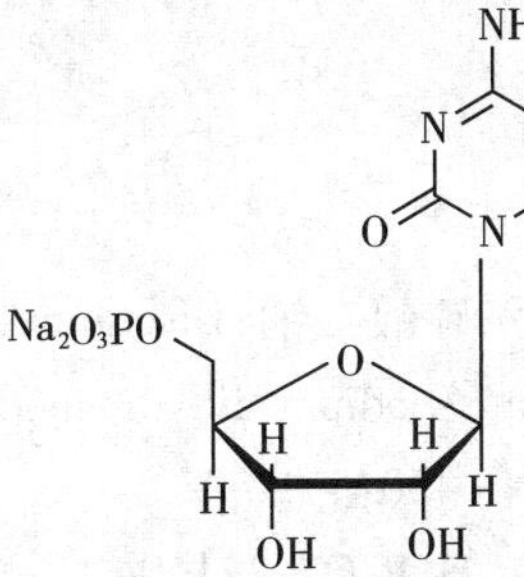

（4）**含量**　以无水品计，本品5′－胞苷酸二钠（$C_9H_{12}N_3Na_2O_8P$）含量为97.0%～102.0%。

（5）**性状**　无色至白色结晶或白色晶体粉末，稍有特殊气味。

（6）**鉴别**

①取5′－胞苷酸二钠溶液（3→10000）3mL，加盐酸1mL及溴试液1mL，水浴加热30min，用空气吹去溴。加入苔黑酚的乙醇溶液（1→10）0.2mL，加硫酸铁铵的盐酸溶液（1→1000）3mL，水浴加热20min。显绿色。

②取5′－胞苷酸二钠溶液（1→20）5mL，加入氧化镁试液2mL，不产生沉淀。然后加入硝酸7mL，煮沸10min，用氢氧化钠溶液（1→25）中和，对"定性试验"中磷酸盐试验（2）产生相应的反应。

③取5′－胞苷酸二钠0.02g，用稀盐硫（1→1000）1000mL溶解。溶液在277nm～281nm波长吸收最大。

④5′－胞苷酸二钠对"定性试验"中所有钠盐试验产生相应反应。

（7）**纯度**

①溶液颜色及澄清度：无色，几乎澄清（0.5g，水10mL）。

②pH：8.0～9.5（1.0g，水20mL）。

③重金属：以Pb计，不超过20μg/g（1.0g，第1法，参比溶液为铅标准溶液2mL）。

④砷：以As_2O_3计，小于4.0μg/g（0.50g，第1法，装置B）。

⑤吸光度比：称取5′－胞苷酸二钠0.020g，加稀盐酸（1→1000）溶解并配制至1000mL。分别在250nm、260nm、及280nm波长测定此溶液的吸光度（A_1、A_2及A_3）。A_1/A_2为0.40～0.52，A_3/A_2为1.85～2.20。

⑥其他核酸分解物

按照"5′－肌苷酸二钠"纯度⑥规定进行。

（8）**水分含量**　小于26.0%（0.15g，反向滴定）。

滴定前，加过量水分测定试液，搅拌20min。

（9）**含量测定**

测试溶液　准确称取5′－胞苷酸二钠约0.5g，加稀盐酸（1→1000）溶解并定容至1000mL。准确吸取该溶液10mL，用稀盐酸（1→1000）定容至250mL。

程序　在280nm波长测定测试溶液的吸光度（A），按式（9－34）计算5′－胞苷酸二钠

($C_9H_{12}N_3Na_2O_8P$)的含量(X):

$$X = \frac{0.5 \times 1.446 \times A}{m} \times 100\% \qquad (9-34)$$

式中:

m——无水样品量,g。

144. 焦磷酸二氢二钠

(1)其他名称 酸式焦磷酸钠;焦磷酸二钠;Disodium dihydrogen pyrophosphate;Acid sodium pyrophosphate;Disodium diphosphate;Sodium dihydrogendiphosphate;SAPP。

(2)编码 CAS 7758-16-9;INS 450(i)。

(3)分子式与相对分子质量 $Na_2H_2P_7O_2$;221.94。

(4)含量 本品干燥后焦磷酸二氢二钠($Na_2H_2P_7O_2$)含量不低于95.0%。

(5)性状 焦磷酸二氢二钠为白色晶体粉末。

(6)鉴别

①取焦磷酸二氢二钠水溶液(1→100)10mL,加硝酸银溶液(1→50)1mL。生成白色沉淀。

②焦磷酸二氢二钠对"定性试验"中所有钠盐试验产生相应的反应。

(7)纯度

①水不溶物:不超过0.80%。

准确称取预先经110℃干燥30min、干燥器内冷却的玻璃过滤器(IG4)。称取焦磷酸二氢二钠5.0g,加水100mL溶解,不时振摇,放置1h。通过玻璃过滤器过滤收集不溶物,用水30mL洗涤,将带有不溶物的玻璃滤器置110℃干燥2h,干燥器内冷却,准确称带残留物的玻璃过滤器重量。

②pH:3.8~4.5(1.0g,水100mL)。

③氯化物:以Cl计,不超过0.057%(0.25g,参比溶液为0.01mol/L盐酸0.40mL)。

④正磷酸盐:称取焦磷酸二氢二钠1.0g,逐滴滴加硝酸银溶液(1→50)2滴~3滴。无明显的黄色出现。

⑤硫酸盐:以SO_4计,不超过0.038%(0.5g,参比溶液为0.005mol/L硫酸0.40mL)。

⑥重金属:以Pb计,不超过20μg/g。

测试溶液 称取焦磷酸二氢二钠1.0g,加稀乙酸(1→20)2mL和水30mL溶解,必要时过滤,再加水至50mL。

参比溶液 用铅标准液2.0mL加稀乙酸(1→20)2mL,加水至50mL。

⑦砷:以As_2O_3计,不超过4.0μg/g(0.25g,第1法,装置B)。

(8)干燥失量 不超过5.0%。(110℃,4h)。

(9)含量测定

测试溶液 准确称取经预先干燥的焦磷酸二氢二钠约0.2g,加入硝酸5mL和水25mL,煮沸30min,并不断补充蒸发的水分,冷却。加水定容至500mL,必要时以干燥滤纸过滤。

程序 准确吸取测试溶液5mL,加入钒酸—钼酸试液20mL,用水定容至100mL。充分振摇,静置30min,以水5mL替代测试溶液配制参比溶液,在400nm波长测定其吸光度。

准确量取磷酸二氢钾标准溶液10mL，加稀硝酸(1→25)20mL，加水定容至250mL。分别准确量取该溶液10mL、15mL和20mL，分别按测试溶液同样方式配制。测定每种溶液的吸光度，绘制标准曲线。

通过测试溶液的吸光度及标准曲线确定5mL测试溶液中磷(P)的量(mg)，按式(9-35)计算焦磷酸二氢二钠($Na_2H_2P_7O_2$)含量(X)：

$$X = \frac{m_1 \times 3.583 \times 100}{m} \times 100\% \tag{9-35}$$

式中：

m_1——5mL测试溶液中磷(P)的量，g；

m——样品量，g。

145. 乙二胺四乙酸二钠

(1)其他名称 EDTA二钠；Disodium ethylenediaminetetraacetate；Disodium EDTA。

(2)编码 CAS 6381-92-6；INS 386。

(3)分子式、相对分子质量与结构式 $C_{10}H_{14}N_2Na_2O_8 \cdot 2H_2O$；372.24；

(4)含量 本品乙二胺四乙酸二钠($C_{10}H_{14}N_2Na_2O_8 \cdot 2H_2O$)含量不低于99.0%。

(5)性状 白色至类白色晶体粉末，无臭。

(6)鉴别

①乙二胺四乙酸二钠水溶液(1→20)对“定性试验”中所有钠盐试验产生相应反应。

②按照“乙二胺四乙酸钠钙”的鉴别②规定进行。

(7)纯度

①pH：4.3~4.7。

称取乙二胺四乙酸二钠1.0g，加水溶解并配制成100mL，测定。

②重金属：以Pb计，不超过20μg/g。

按照“乙二胺四乙酸二钠钙”的纯度②规定进行。

③砷：以As_2O_3计，不超过4.0μg/g。

采用“乙二胺四乙酸二钠钙”的纯度③规定进行。

④氰化物：以CN计，不超过1.0μg/g。

测试溶液 称取乙二胺四乙酸二钠1.0g于圆底烧瓶中，加水100mL溶解，加磷酸10mL，蒸馏。用已加入氢氧化钠溶液(1→50)15mL的100mL量筒作为接收器，将冷凝器前端浸入量筒中的氢氧化钠溶液中，蒸馏至总液量为100mL为止。

参比溶液 吸取氰化物标准液1.0mL，加氢氧化钠溶液(1→50)15mL，加水至1000mL。

程序 分别取测试溶液和参比溶液各20mL至两支具塞试管中，加酚酞试液1滴，用稀乙酸(1→20)中和后，加磷酸缓冲液(pH 6.8)5mL和氯胺T溶液(1→500)1mL，立即盖上试管塞。轻微混合，静置2min~3min，加吡啶-吡唑啉酮试液5mL，充分混匀，20℃~30℃静置

50min。测试溶液的颜色不会深于参比溶液。

(8)含量测定

准确称取乙二胺四乙酸二钠约0.4g,加水20mL溶解,加氨-氯化铵缓冲液(pH 10.7)10mL,用0.05mol氯化锌溶液滴定(指示剂:铬黑T试液2滴),直至溶液颜色由蓝色变为红色。

$$0.05mol/L\ 氯化锌\ 1mL = 18.61mg\ C_{10}H_{14}N_2Na_2O_8 \cdot 2H_2O$$

146. 甘草酸二钠

(1)英文名称 Disodium glycyrrhizinate。

(2)分子式、相对分子质量与结构式 $C_{42}H_{60}Na_2O_{16}$;866.90;

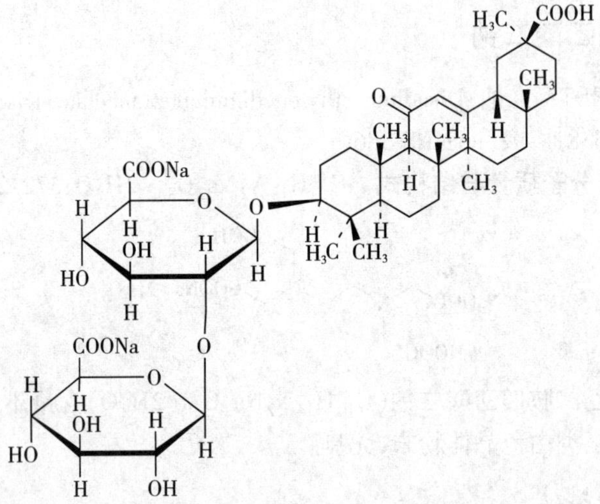

H_3C COOH CH_3 O CH_3 CH_3 H COONa H CH_3 O O H H H OH H HO H H_3C CH_3 H O COONa O H H OH H HO H H OH

(3)含量 以无水品计,本品甘草酸二钠($C_{42}H_{60}Na_2O_{16}$)含量为95.0%~102.0%。

(4)性状 白色至淡黄色粉末,味道极甜。

(5)鉴别

①称取甘草酸二钠0.5g,加稀盐酸(1→10)10mL,温和煮沸10min,冷却,过滤。用水彻底洗涤滤纸上的残留物,105℃干燥1h。取该干燥物的乙醇溶液(1→1000)1mL,加二丁基羟基甲苯的乙醇溶液(1→100)0.5mL和氢氧化钠溶液(1→5)1mL,水浴加热30min挥发掉乙醇。在残留液中生成紫红色至紫色悬浮物。

②取鉴定1的滤液1mL,加间苯二酚0.010g和盐酸5滴,温和煮沸1min,放置5min后,迅速冷却。向此液中加甲苯3mL,振摇。甲苯层显紫红色。

③甘草酸二钠的灼热残留物对"定性试验"中所有钠盐试验产生相应反应。

(6)纯度

①溶液颜色和澄清度:称取甘草酸二钠0.5g,加水5mL溶解。溶液澄清,溶液颜色不应比配比液I深。

②pH:5.5~6.5(1.0g,水20mL)。

③氯化物:以Cl计,不超过0.014%。

测试溶液 称取甘草酸二钠0.5g,加稀硝酸(1→10)6mL和水10mL。温和煮沸10min,过滤。用少量水洗涤滤纸上的残留物2次,合并洗液和滤液。如溶液有颜色,加过氧化氢

1mL,水浴加热10min。冷却后过滤析出物,用少量水洗涤滤纸上残留物2次,合并洗液和滤液,加水至50mL。

参比溶液 吸取0.01mol/L盐酸0.20mL,加稀硝酸(1→10)6mL,加水配至50mL。

④硫酸盐:以SO_4计,不超过0.029%。

测试溶液 称取甘草酸二钠0.5g,加稀盐酸(1→4)5mL和水10mL,温和煮沸10min,过滤。用少量水洗涤滤纸上的残留物2次,合并洗液和滤液,用氨试液中和。如果溶液有颜色,加过氧化氢1mL,水浴加热10min。冷却后,必要时过滤,用少量水洗涤滤纸上的残留物2次,合并洗液和滤液,加水至50mL。

参比溶液 吸取0.005mol/L硫酸0.30mL,加稀盐酸(1→4)1mL,加水至50mL。

⑤重金属:以Pb计,不超过30μg/g(1.0g,第2法,参比溶液为铅标准液3.0mL)。

⑥砷:以As_2O_3计,不超过4.0μg/g。

测试溶液 称取甘草酸二钠2.0g于凯氏烧瓶中,加硫酸10mL和硝酸10mL,加热至冒白烟为止。如果液体仍显褐色,冷却后加硝酸2mL,加热。可重复此操作至液体变成无色至淡黄色为止。冷却后加草酸铵溶液(1→25)15mL,加热至冒白烟为止。冷却后,加水至25mL。取此溶液10mL作为测试溶液。

参比溶液 吸取砷标准液8.0mL于凯氏烧瓶中,加硫酸10mL和硝酸10mL,再按试样同样的操作配制。

装置 使用装置B。

(7)水分含量 不超过13.0%(0.2g,反向滴定)。

(8)灼热残留物 15.0%~18.0%(以无水品计)。

(9)含量测定

测试溶液 准确称取甘草酸二钠约0.10g,加水溶解并定容至1000mL。准确吸取此溶液10mL,加水定容至25mL。

标准溶液 准确称取经预先真空干燥4h的烟酰胺标准品约0.05g,加水溶解并定容至1000mL。准确吸取此溶液10mL,加水定容至25mL。

程序 以水作为参比溶液,在259nm波长测定测试溶液的吸光度(A_T)。以水作为参比溶液,在261nm波长测定标准溶液的吸光度(As),按式(9-36)计算甘草酸二钠($C_{42}H_{60}Na_2O_{16}$)的含量(X):

$$X = \frac{m_1}{m} \times \frac{2A_t}{A_s \times F} \times 100\% \qquad (9-36)$$

式中:

m_1——烟酸胺标准品量,g;

m——无水样品量,g;

F——1.093。

147. 5′-鸟苷酸二钠

(1)其他名称 鸟苷酸钠;鸟苷-5′-单磷酸二钠盐;5′-单磷酸鸟苷二钠;Disodium 5′-Guanylate;Disodium guanylate;5-GMP,2Na。

(2)编码 CAS 5550-12-9;INS 627。

(3)分子式、相对分子质量与结构式 $C_{10}H_{12}N_5Na_2O_8P$;407.18;

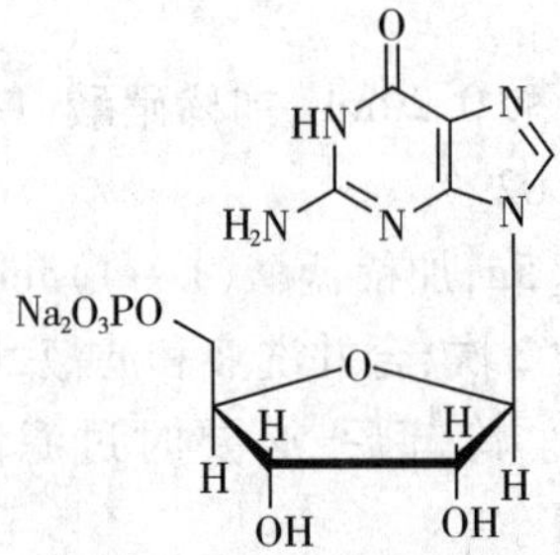

(4)含量 本品干燥后,5′-鸟甘酸二钠($C_{10}H_{12}N_5Na_2O_8P$)含量为97.0%~102.0%。

(5)性状 无色至白色结晶或粉末,有特殊气味。

(6)鉴别

①量取5′-鸟苷酸二钠溶液(3→10000)3mL,加苔黑酚的乙醇溶液(1→10)0.2mL,加硫酸铁铵的盐酸溶液(1→1000)3mL,水浴加热10min。液体显绿色。

②量取5′-鸟苷酸二钠溶液(1→100)5mL,加氧化镁试液2mL,无沉淀生成。然后,加硝酸7mL,煮沸10min,加氧氧化钠溶液(1→25)中和。溶液对"定性试验"中磷酸盐试验(2)产生相应反应。

③称取5′-鸟苷酸二钠0.02g,加稀盐酸(1→1000)1000mL溶解,溶液在254nm~258nm波长有极大吸收。

④5′-鸟苷酸二钠对"定性试验"中所有钠盐试验产生相应反应。

(7)纯度

①溶液的颜色和澄清度:无色,几乎澄清(1.0g,水10mL)。

②pH:7.0~8.5(1.0g,水20mL)。

③重金属:以Pb计,不超过20μg/g(1.0g,第二法,参比溶液为铅标准液2.0mL)。

④砷:以As_2O_3计,不超过4.0μg/g(1.0g,第1法,装置B)。

⑤吸光度比:称取5′-鸟苷酸二钠0.020g,加稀盐酸(1→1000)溶解,配至1000mL。分别在250nm、260nm、280nm波长测定该溶液的吸光度(A_1、A_2、A_3)。A_1/A_2为0.95~1.03;A_3/A_2为0.63~0.71。

⑥其他核酸分解物:按照5′-肌苷酸二钠纯度⑥的规定进行。

(8)干燥失量 不超过25.0%(120℃,4h)。

(9)含量测定 准确称取5′-鸟苷酸二钠约0.5g,加稀盐酸(1→1000)溶解并定容至1000mL。准确量取此溶液10mL,加稀盐酸(1→1000)定容至250mL。使用二级溶液作为测试溶液。在260nm波长测定测试溶液的吸光度(A)。按式(9-37)计算5′-鸟甘酸二钠($C_{10}H_{12}N_5Na_2O_8P$)含量(X):

$$X = \frac{250}{m} \times \frac{A}{289.8} \times 100\% \qquad (9-37)$$

式中:

m——样品干基量,g。

148. 磷酸氢二钠

(1)其他名称 Disodium hydrogen phosphate;Disodium phosphate;Sodium Phosphate,Dibasic;DSP。

(2)编码 CAS 10039-32-4(十二水);7782-85-6(七水);10028-24-7(二水);7558-79-4(无水);INS 339(ii)。

(3)分子式与相对分子质量 $Na_2HPO_4 \cdot nH_2O$(n=12,10,8,7,5,2 或 0);358.14(n=12);141.96(n=0)。

(4)定义 磷酸氢二钠有两种形式:结晶品(n=12,10,8,7,5,2 结晶水)称为磷酸氢二钠(晶体),无水品(n=0)称为磷酸氢二钠(无水)。

(5)含量 本品干燥后,磷酸氢二钠(Na_2HPO_4)含量不低于98.0%。

(6)性状 磷酸氢二钠(晶体)为无色至白色结晶或晶体团块,磷酸氢二钠(无水)为白色粉末。

(7)鉴别 磷酸氢二钠水溶液(1→20)对"定性试验"中所有钠盐和磷酸盐试验产生相应反应。

(8)纯度 对磷酸氢二钠的结晶品,应干燥后进行试验。

①溶液颜色和澄清度:无色、几乎澄清(0.5g,水20mL)。

②pH:9.0~9.6(1.0g,水100mL)。

③氯化物:以Cl计,不超过0.21%(0.10g,参比溶液为0.01mol/L盐酸0.6mL)。

④硫酸盐:以SO_4计,不超过0.038%(0.5g,,参比溶液为0.01mol/L硫酸0.40mL)。

⑤重金属:以Pb计,不超过20μg/g。

测试溶液 称取磷酸氢二钠1.0g,加水约30mL溶解,用稀乙酸(1→20)中和,再加稀乙酸(1→20)2mL,加水配至50mL。

参比溶液 取铅标准液2.0mL,加稀乙酸(1→20)2mL,加水至50mL。

⑥砷:以As_2O_3计,不超过4.0μg/g(0.50g,第1法,装置B)。

(9)干燥失量

结晶品:不超过61.0%(40℃,3h;然后120℃,4h)。

无水品:不超过2.0%(120℃,4h)。

(10)含量测定 称取经预先干燥的磷酸氢二钠约3g,加水50mL溶解,溶液温度保持在15℃左右,用1 mol/L盐酸滴定(指示剂:甲基橙-靛蓝试液3滴~4滴)。

$$1mol/L 盐酸 1mL = 142.0mg\ Na_2HPO_4$$

149. 5′-肌苷酸二钠

(1)其他名称 肌苷酸钠;肌苷-5′-单磷酸二钠盐;5′-单磷酸肌苷二钠;Disodium 5′-Inosinate;Disodium inosinate;Sodium 5′-inosinate;Disodium inosine-5′-monophosphate;5′-IMP,2Na。

(2)编码 CAS 4691-65-0;INS 631。

(3)分子式、相对分子质量与结构式 $C_{10}H_{11}N_4Na_2O_8P$;392.17;

(4)含量 本品以无水品计,5′-肌苷酸二钠($C_{10}H_{11}N_4Na_2O_8P$)含量为97.0%~102.0%。

(5)性状 白色结晶或白色晶体粉末,有特殊气味。

(6)鉴别

①取5′-肌苷酸二钠溶液(3→10000)3mL,加入苔黑酚的乙醇溶液(1→10)0.2mL,再加

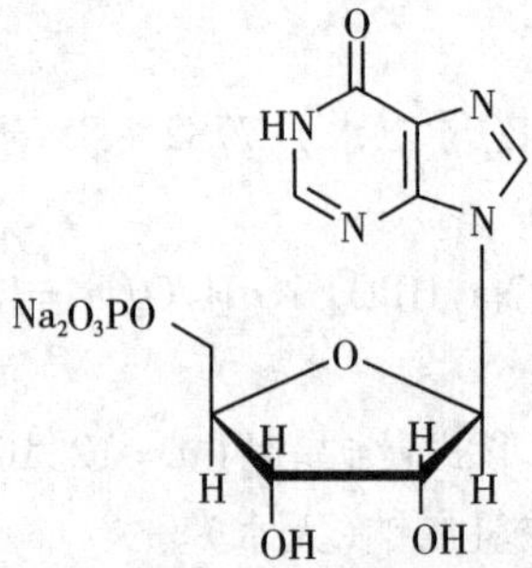

硫酸铁铵的盐酸溶液(1→1000)3mL,水浴加热20min。溶液显绿色。

②取5′-肌苷酸二钠溶液(1→20)5mL,加入氧化镁试液2mL,无沉淀形成。加硝酸7mL,煮沸10min,加氢氧化钠溶液(1→25)中和。溶液对"定性试验"中磷酸盐试验(2)产生相应反应。

③取5′-肌苷酸二钠0.02g,加稀盐酸(1→1000)1000mL。溶液在248nm~252nm波长吸收最大。

④5′-肌苷酸二钠对"定性试验"中所有钠盐试验产生相应反应。

(7)纯度

①溶液颜色和澄清度:无色,几乎澄清(0.5g,水10mL)。

②pH:7.0~8.5(1.0g,水20mL)。

③重金属:以Pb计,不超过20μg/g(1.0g,第1法,参比溶液为铅标准液2.0mL)。

④砷:以As_2O_3计,小于4.0μg/g(0.50g,第1法,装置B)。

⑤吸光度比:称取5′-肌苷酸二钠0.020g,加稀盐酸(1→1000)溶解并配至1000mL。分别在250nm、260nm及280nm波长测定此溶液的吸光度(A_1、A_2及A_3)。A_1/A_2为1.55~1.65,A_3/A_2为0.20~0.30。

⑥其他核酸分解物

测试溶液　称取5′-肌苷酸二钠0.10g,用水20mL溶解。

程序　吸取1μL测试溶液进行薄层色谱分析。将正丙醇、氨试液和丙酮的混合液(6∶5∶2)作为展开剂。不用参比溶液。采用覆盖荧光硅胶的薄层板作为载体,预先经110℃干燥1h。当展开剂的最前端上升到距离原点约10cm时,停止展开,风干薄层板。暗室中用紫外光(大约250nm)下检测薄层,仅观察到1个点。

(8)水分含量　不超过29.0%(0.15g,反向滴定)。

进行滴定前,加过量水分测定试液,搅拌20min。

(9)含量测定　准确称取5′-肌苷酸二钠约0.5g,加稀盐酸(1→1000)溶解并定容至1000mL。准确量取该溶液10mL,加稀盐酸(1→1000)定容至250mL。使用二级溶液为测试溶液。在250nm波长测定测试溶液的吸光度(A),按式(9-38)计算5′-肌苷酸二钠($C_{10}H_{11}N_4Na_2O_8P$)含量(X):

$$X=\frac{250\times A}{m\times 310.0}\times 100\% \qquad (9-38)$$

式中:

m——无水样品量,g。

150. 5′-核苷酸二钠

(1)其他名称 5′-呈味核糖核苷酸二钠;核糖核苷酸钠;Disodium 5′-ribonucleotide;Sodium 5′-ribonucleotide。

(2)定义 5′-核苷酸二钠为5′-肌苷酸二钠、5′-鸟苷酸二钠、5′-胞苷酸二钠及5′-尿苷酸二钠的混合物,或是5′-肌苷酸二钠及5′-鸟苷酸二钠的混合物。

(3)含量 以无水品计,本品的5′-核苷酸二钠含量为97.0%~102.0%,其中95.0%以上成分应由5′-肌苷酸二钠及5′-鸟苷酸二钠组成。

(4)性状 5′-核苷酸二钠为白色至类白色结晶或粉末。无臭,有特殊气味。

(5)鉴别

①取5′-核苷酸二钠溶液(1→2000)1mL,加苔黑酚的乙醇溶液(1→10)0.2mL,加硫酸铁铵的盐酸溶液(1→1000)3mL,水浴加热10min。溶液显绿色。

②取5′-核苷酸二钠溶液(1→1000)1mL,加稀盐酸(1→3)2mL及锌粉0.1g,水浴加热10min,过滤。滤液在冰水中冷却,加亚硝酸钠溶液(3-1000)1mL振摇,放置10min,加氨基磺酸铵溶液(1→200)1mL,充分振摇,放置10min。加入*N*-1-萘乙二胺二盐酸溶液(1→500)1mL。溶液显红紫色。

③取5′-核苷酸二钠溶液(1→5000)1mL,加稀盐酸(1→3)1mL,水浴加热10min,冷却。加福林试液0.5mL及碳酸钠饱和溶液2mL。溶液显蓝色。

④取5′-核苷酸二钠溶液(1→20)5mL,加氧化镁试液2mL,无沉淀生成。加硝酸7mL,煮沸10min,用氢氧化钠溶液(1→25)中和。溶液对"定性试验"中磷酸盐(2)产生相应反应。

⑤5′-核苷酸二钠水溶液(1→10)对"定性试验"中所有钠盐试验产生相应反应。

(6)纯度

①pH:7.0~8.5(1.0g,水20mL)。

②重金属:以Pb计,不超过20μg/g(1.0g,第1法,参比溶液为铅标准液2.0mL)。

③砷:以As_2O_3计,不超过4.0μg/g(0.50g,第1法,装置B)。

(7)水分含量 不超过27.0%(0.15g,反向滴定)。

进行滴定前,加过量水分测定试液,搅拌20min。

(8)含量测定 使用式(9-39)、式(9-40),根据①、②、③规定所测定的值(*I*、*G*、*P*)计算5′-核糖核苷酸二钠的含量,以及5′-肌苷酸二钠($C_{10}H_{11}N_4Na_2O_8P$)及5′-鸟苷酸二钠($C_{10}H_{12}N_5Na_2O_8P$)的含量。

$$X = \frac{I + G + P}{100 - X_2} \times 100\% \qquad (9-39)$$

式中:

X——5′-核苷酸=钠含量,%;

X_2——水分含量,%。

$$X_1 = \frac{I + G}{100 - X_3} \times 100\% \qquad (9-40)$$

式中:

X——5′-肌苷酸二钠($C_{10}H_{11}N_4Na_2O_8P$)及5′-鸟苷酸二钠($C_{10}H_{12}N_5Na_2O_8P$)含量;

X_3——水分含量,%。

①5′-肌苷酸二钠

测试溶液　准确称取5′-核苷酸二钠约0.65g,加水溶解并定容至500mL,作为样品溶液。准确吸取样本溶液1mL,加稀盐酸(1→2)4mL,加水定容至10mL。水浴加热混合40min,冷却。加锌粉0.4g,放置50min,并不时剧烈振摇,加水定容至20mL,过滤。准确吸取滤液10mL,加稀盐酸(1→2)1mL,在冰水冷却中加入亚硝酸钠溶液(3-1000)1mL,充分振摇,放置10min。然后加氨基磺酸铵溶液(1→200)1mL,充分振摇,放置5min。再加N-1-萘乙二胺二盐酸盐溶液(1→500)1mL,充分振摇,放置15min,加水定容至20mL。

标准溶液和标准曲线　准确称取5′-肌苷酸二钠和5′-鸟苷酸二钠各0.03g,分别加稀盐酸(1→1000)溶解并定容至1000mL,测定两种标准溶液的吸光度。在250nm波长测定5′-肌苷酸二钠的吸光度,在260nm波长测定5′-鸟苷酸二钠的吸光度。由各自的吸光度求得摩尔消光系数(E_I和E_G),按式(9-41)、式(9-42)计算5′-肌苷酸二钠($C_{10}H_{11}N_4Na_2O_8P$)的含量(X_4):

$$X_4=\frac{E_I}{12160}\times 100\% \tag{9-41}$$

5′-鸟苷酸二钠($C_{10}H_{12}N_5Na_2O_8P$)的含量(X_5):

$$X_5=\frac{E_G}{11800}\times 100\% \tag{9-42}$$

基于以上测定物质各自的含量,分别准确称取相当于5′-肌苷酸二钠和5′-鸟苷酸二钠各约0.050g的标准物质,合并两者,加水溶解并定容至200mL,作为标准储备液。分别准确吸取标准储备液1mL、2mL及3mL,各加稀盐酸(1→2)4mL,加水定容至10mL。然后,按与测试溶液相同的操作配制标准溶液,采用与测试溶液相同的参比溶液,在515nm波长测定其吸光度,绘制标准曲线。

程序　以水1mL代替样品溶液,按测试溶液同样操作配制的溶液作为参比溶液,在515nm波长测定测试溶液的吸光度。通过标准曲线及测试溶液吸光度,计算样品中的5′-肌苷酸二钠($C_{10}H_{11}N_4Na_2O_8P$)的含量[I(%)]。

②5′-鸟苷酸二钠

测试溶液　准确吸取上面①的样品溶液1mL,加稀盐酸(1→6)4mL,加水定容至10mL。水浴加热30min,冷却。加福林试液2mL及碳酸钠饱和溶液5mL,放置15min,加水定容至50mL。必要时离心。

标准溶液和标准曲线　分别准确吸取上面①标准储备液1mL、2mL及3mL于3个10mL容量瓶中,各加稀盐酸(1→6)4mL,加水定容至刻度。使用这些溶液,按照与测试溶液相同的操作配制标准溶液。

采用与测试溶液相同的参比溶液,在750nm波长测定各自的吸光度,绘制标准曲线。

程序　以水1mL代替样品溶液,按测试溶液同样的操作配制的溶液作为参比溶液,在750nm波长测定测试溶液的吸光度。通过标准曲线及测试溶液吸光度,计算试样中5′-鸟苷酸二钠($C_{10}H_{12}N_5Na_2O_8P$)的含量G(%)。

③5′-胞苷酸二钠及5′-尿苷酸二钠

测试溶液　准确称取5′-核苷酸二钠约1.5g,加水定容至50mL,作为样品溶液。准确吸取样品溶液1mL,加水合肼2mL,水浴加热1h,冷却。加稀盐酸(1→10)将溶液调至弱酸性，用稀盐酸（1→1000）定容至100mL。准确吸取此溶液10mL，用稀盐酸（1→1000）定容至100mL。

程序　以水1mL代替样品溶液，按测试溶液同样操作配制的溶液作为参比溶液，分别在260nm和280nm波长测定测试溶液的吸光度（A_{260}及A_{280}）。另外，准确吸取样品溶液1mL，用稀盐酸（1→1000）定容至100mL。准确吸取该二级溶液10mL，用稀盐酸（1→1000）定容至100mL。在260nm及280nm波长测定最终溶液的吸光度（A'_{260}及A'_{280}）。按式（9－43）计算样品中5′－胞苷酸二钠（$C_9H_{12}N_3Na_2O_8P$）和5′－尿苷酸二钠（$C_9H_{11}N_2Na_2O_9P$）的总含量（P,%）：

$$P = \frac{170.5 \times (A'_{260} - A_{260}) + 68.6 \times (A'_{280} - A_{280})}{m} \times 100\% \quad (9-43)$$

式中：

m——样品量，g。

151. 琥珀酸二钠

（1）其他名称　琥珀酸钠；丁二酸二钠；丁二酸钠；Disodium succinate；Disodium butanedioate。

（2）编码　CAS 150－90－3；INS 364（ii）。

（3）分子式、相对分子质量与结构式　$C_4H_4Na_2O_4 \cdot nH_2O$（$n$＝6 或 0）；270.14（$n$＝6）；162.05（$n$＝0）；

NaOOC－CH₂CH₂－COONa · nH_2O

n=6,0

（4）定义　琥珀酸二钠有两种形式：结晶品（六水品）称为琥珀酸二钠（结晶）；无水品称为琥珀酸二钠（无水）。

（5）含量　本品干燥后琥珀酸二钠（$C_4H_4Na_2O_4$）含量为98.0%～101.0%。

（6）性状　无色至白色结晶，或白色粉末。无臭，有特殊味道。

（7）鉴别　琥珀酸二钠对“定性试验”中所有钠盐和琥珀酸盐试验产生相应反应。

（8）纯度

①pH：7.0～9.0（1.0g，水20mL）。

②硫酸盐：以SO_4计，不超过0.019%。

测试溶液　称取琥珀酸二钠1.0g，加水30mL溶解，加稀盐酸（1→40）中和。

参比溶液　采用0.005mol/L硫酸0.40mL。

③重金属：以Pb计，不超过20μg/g。

测试溶液　称取琥珀酸二钠1.0g，加水20mL溶解，加稀盐酸（1→40）中和，加稀乙酸（1→20）2mL，加水配至50mL。

参比溶液　取铅标准液2.0mL，加稀乙酸（1→20）2mL，加水配至50mL。

④砷：以As_2O_3计，不超过4.0μg/g（0.50g，第1法，装置B）。

⑤易氧化物：称取琥珀酸二钠2.0g，加水20mL和稀硫酸（1→20）30mL溶解。加入0.02mol/L高锰酸钾溶液4.0mL。液体的粉红色在3min内不消失。

（9）干燥失量

结晶品：37.0%～41.0%（120℃，2h）。

无水品:不超过2.0%(120℃,2h)。

(10)**含量测定** 准确称取经预先干燥的琥珀酸二钠约0.15g,加非水滴定用乙酸30mL溶解,用0.1mol/L高氯酸滴定(指示剂:结晶紫-乙酸试液1mL)。终点时溶液的颜色由紫色经蓝色变为绿色。以同样方式进行空白试验,进行必要校正。

0.1mol/L高锰酸钾1mL=8.103mg $C_4H_4Na_2O_4$

152. DL-酒石酸二钠

(1)**其他名称** 酒石酸钠;2,3-二羟基丁二酸钠;Disodium DL-tartrate;Disodium 2,3-Dihydroxybutanedioate。

(2)**编码** CAS 868-18-8;INS 335(ii)。

(3)**分子式、相对分子质量与结构式** $C_4H_4Na_2O_6$;194.05;

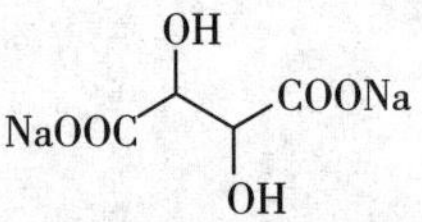

OH
NaOOC COONa
OH

(4)**含量** 本品干燥后,DL-酒石酸二钠($C_4H_4Na_2O_6$)含量不低于98.5%。

(5)**性状** DL-酒石酸二钠为无色结晶或白色结晶粉末。

(6)**鉴别**

①DL-酒石酸二钠溶液(1→10)无旋光性。

②DL-酒石酸二钠对"定性试验"中所有钠盐试验和酒石酸盐试验产生相应反应。

(7)**纯度**

①溶液澄清度:澄清(1.0g,水20mL)。

②pH:7.0~9.0(1.0g,水20mL)。

③硫酸盐:以SO_4计,不超过0.019%(1.0g,参比溶液为0.005mol/L硫酸标准液0.40mL)。

④重金属:以Pb计,不超过10μg/g(2.0g,第2法,参比溶液为铅标准溶液2.0mL)。

⑤砷:以As_2O_3计,不超过4.0μg/g(0.50g,第1法,装置B)。

⑥易氧化物:称取DL-酒石酸二钠2.0g,加水20mL和稀硫酸(1→20)30mL溶解,保持20℃温度,加0.1mol/L高锰酸钾4.0mL。溶液的粉红色在3min内不消失。

(8)**干燥失量** 不超过0.5%(150℃,4h)。

(9)**含量测定** 准确称取经预先干燥的DL-酒石酸二钠约0.2g,加甲酸3mL,加温溶解,加非水滴定用乙酸50mL,用0.1mol/L高氯酸滴定。终点通常用电位计确认。当以结晶紫-乙酸试液1mL作为指示剂时,终点时液体的颜色由紫色经蓝色变为绿色。另外,做空白试验进行校正。

0.1mol/L高锰酸钾1mL=9.703mg $C_4H_4Na_2O_6$

153. L-酒石酸二钠

(1)**其他名称** Disodium L-tartrate;Sodium(+)-tartrate dihydrate;Disodium tartrate;Disodium(2*R*,3*R*)-2,3-dihydroxybutanedioate dihydrate。

(2)**编码** CAS 6106-24-7(二水);INS 335(ii)。

(3)**分子式、相对分子质量与结构式**　$C_4H_4Na_2O_6 \cdot 2H_2O$;230.08;

OH
H
NaOOC　COONa · $2H_2O$
OH
H

(4)**含量**　本品干燥后L－酒石酸二钠($C_4H_4Na_2O_6 \cdot 2H_2O$)含量不低于98.5%。

(5)**性状**　无色结晶或白色晶体粉末。

(6)**鉴别**

①L－酒石酸二钠溶液(1→10)有右旋性。

②L－酒石酸二钠对“定性试验”中所有钠盐和酒石酸盐试验产生相应反应。

(7)**纯度**

①旋光率$[\alpha]_D^{20}$:+25.0°～+27.5°(5g,水50mL)。

②溶液澄清度:澄清。

按照“DL－酒石酸二钠”的纯度①规定进行。

③pH:7.0～9.0。

按照“DL－酒石酸二钠”的纯度②规定进行。

④硫酸盐:以SO_4计,不超过0.019%。

按照“DL－酒石酸二钠”的纯度③规定进行。

⑤重金属:以Pb计,不超过10μg/g。

按照“DL－酒石酸二钠”的纯度④规定进行。

⑥砷:以As_2O_3计,不超过4.0μg/g。

按照“DL－酒石酸二钠”的纯度⑥规定进行。

⑦草酸盐:称取L－酒石酸二钠1.0g,加水10mL溶解,加入氯化钙溶液(2→25)2mL。溶液无混浊。

(8)**干燥失量**　14.0%～17.0%(150℃,3h)。

(9)**含量测定**　按照“DL－酒石酸二钠”含量测定规定进行。

$$0.1mol/L 高锰酸钾 1mL = 9.703mg\ C_4H_4Na_2O_6$$

154. 5′－尿苷酸二钠

(1)**其他名称**　尿苷酸钠;尿苷－5′－单磷酸二钠盐;5′－单磷酸尿苷二钠;Disodium 5′－Uridylate;Disodium uridine 5′－monophosphate;5′－UMP,2Na。

(2)**编码**　CAS 3387－36－8。

(3)**分子式、相对分子质量与结构式**　$C_9H_{11}N_2Na_2O_9P$;368.15;

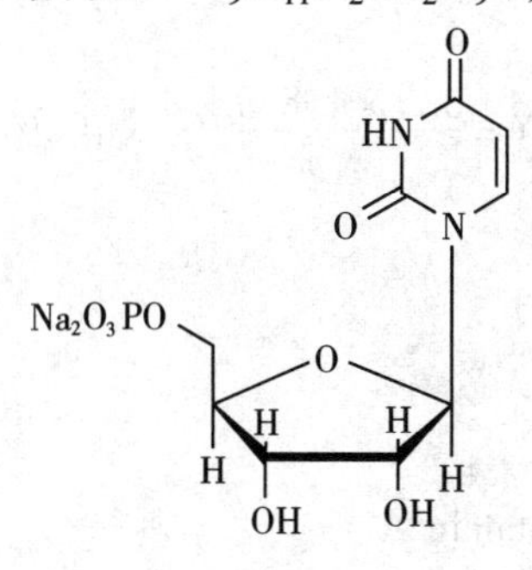

(4)含量 以无水品计,本品5′-尿苷酸二钠($C_9H_{11}N_2Na_2O_9P$)含量为97.0%～102.0%。

(5)性状 5′-尿苷酸二钠为无色至白色结晶或白色晶体粉末。稍有特殊味道。

(6)鉴别

①取5′-尿苷酸二钠溶液(3→10000)3mL,加盐酸1mL和溴试液1mL,水浴加热30min,吹入空气除去溴后,加苔黑酚的乙醇溶液(1→10)0.2mL。再加硫酸铁铵的盐酸溶液(1→1000)3mL,水浴加热20min。溶液显绿色。

②取5′-尿苷酸二钠水溶液(1→20)5mL,加氧化镁试液2mL。无沉淀生成。再加硝酸7mL,煮沸10min,加氧氧化钠溶液(1→25)中和。溶液对"定性试验"中磷酸盐试验(2)产生相应反应。

③称取5′-尿苷酸二钠0.020g,加稀盐酸(1→1000)1000mL溶解。该溶液在260nm～264nm波长范围有最大吸收。

④5′-尿苷酸二钠对"定性试验"中所有钠盐试验产生相应反应。

(7)纯度

①溶液颜色和澄清度:无色,几乎澄清(0.50g,水10mL)。

②pH:7.0～8.5(1.0g,水20mL)。

③重金属:以Pb计,不超过20μg/g(1.0g,第2法,参比溶液为铅标准液2.0mL)。

④砷:以As_2O_3计,不超过4.0μg/g(0.50g,第1法,装置B)。

⑤吸光度比:称取5′-尿苷酸二钠0.020g,加稀盐酸(1→1000)溶解并配至1000mL。分别在250nm、260nm、280nm波长测定该溶液的吸光度(A_1、A_2、A_3),A_1/A_2为0.7～0.78;A_3/A_2为0.34～0.42。

⑥其他核酸分解物:称取5′-尿苷酸二钠0.10g,加水溶解并配至10mL,作为测试溶液。

取1μL测试溶液进行薄层色谱分析。将乙醇、乙二醇单甲醚和稀盐酸(1→10)的混合液(2:2:1)作为展开剂。不使用参比溶液。采用覆盖的薄层色谱用微晶纤维素作为载体,预先经60℃～80℃干燥20min。当展开剂的最前端上升到距离原点约10cm时,停止展开,风干薄层板。暗室中用紫外光(大约250nm)下检测薄层,应仅观察到1个点。

(8)水分含量 不超过26.0%(0.15g,反向滴定)。

滴定前,加过量水分测定试液,搅混20min。

(9)含量测定 准确称取5′-尿苷酸二钠约0.5g,加稀盐酸(1→1000)溶解并定容至1000mL。准确吸取此溶液10mL,加稀盐酸(1→1000)定容至250mL。二级溶液作为测试溶液。在260nm波长测定测试溶液的吸光度(A)。按下式计算5′-尿甘酸二钠($C_9H_{11}N_2Na_2O_9P$)含量(X):

$$X=\frac{0.5\times1.859\times A}{m}\times100\% \tag{9-44}$$

式中:

m——样品量,g。

155. 维生素A粉末

(1)英文名称 Dry formed vitamin A。

(2)定义　维生素 A 粉末是维生素 A 脂肪酸酯或维生素 A 油粉末化的物质。

(3)含量　维生素 A 粉末的维生素 A 含量为标称值的 90% ~120%。

(4)性状　淡黄色至淡红褐色粉末。

(5)鉴别　称取相当于 1500 单位的维生素 A 粉末,用研钵研碎,加温水 10mL,充分搅拌至乳白色乳浊液,加乙醇 10mL 溶解乳浊液。将其转入烧瓶中,加正己烷 20mL,充分振摇,通过静置或离心分层。吸取正己烷层,用水 20mL 充分振摇洗涤,分离去除水层,减压蒸发正己烷。加石油醚 5mL 溶解残留物,按"维生素 A 脂肪酸酯"鉴别①规定进行。

(6)纯度

①变质:维生素 A 粉末无不愉快的气味。

②重金属:以 Pb 计,不超过 20μg/g(1.0g,第二法,参比溶液为铅标准液 2.0mL)。

③砷:以 As_2O_3 计,不超过 4.0μg/g。

测试溶液　称取维生素 A 粉末 2.0g 于凯氏烧瓶中,加硝酸 20mL,温和加热至内容物至流动状。冷却后,加硫酸 5mL,加热至白色烟雾产生为止。如溶液还显褐色,冷却后再加硝酸 5mL,加热。重复此步骤至溶液呈无色至淡黄色。冷却后,加草酸铵溶液(1→25)15mL,再加热至白色烟雾产生。冷却后,加水至 25mL。取此溶液 10mL 作为测试溶液。

标准色溶液　取砷标准液 8mL 于凯氏烧瓶中,按照配制测试溶液的同样方式进行。

装置　使用装置 B。

(7)干燥失量　不超过 5.0%(减压,4h)。

(8)灼热残留物　不超过 5.0%。

(9)含量测定　准确称取维生素 A 粉末约 5g,加少量温水,充分振摇至乳白色乳状液,转移至烧瓶内,按"维生素 A 油"的含量测定规定进行。

(10)保存条件　置维生素 A 粉末于避光密封容器内保存。

156. 盐藻胡萝卜素

(1)英文名称　Dunaliella carotene。

(2)定义　盐藻胡萝卜素是从整体水藻(*Dunaliella bardawil* 或 *Dunaliella salina*)获得。主要成分为 β-胡萝卜素。本品可能含有食用脂肪类或油脂类。

(3)含量　(色值)盐藻胡萝卜素中相当于 β-胡萝卜素($C_{40}H_{56}$=536.88)的含量不少于 10%,为标称值的 95% ~115%,或其色值($E_{1cm}^{10\%}$)不少于 2500,为标称值的 95% ~115%。

(4)性状　盐藻胡萝卜素为深橙色至棕红色的浑浊油状物质,稍有特殊气味。

(5)鉴别

①取相当于色值 2500 的盐藻胡萝卜素 0.05 g,加丙酮和环己烷混合液(1:1)5mL 溶解。溶液显橙色。

②根据标称值计算,配制盐藻胡萝卜素的丙酮和环己烷混合液(1:1)的溶液,浓度相当于 β-胡萝卜素 1mg/mL 或相当于 1 个色值单位/mL。取该溶液 1mL,加丙酮 5mL。向该溶液加入 5% 亚硝酸钠溶液 1mL,0.5mol 硫酸 1mL。溶液颜色立即消失。

③盐藻胡萝卜素的环己烷溶液在 446nm ~457nm 或 472nm ~486nm 波长吸收最大,或同时在 446nm ~457nm 和 472nm ~486nm 波长吸收最大。

(6)纯度

①重金属:以 Pb 计,不大于 20μg/g(1.0 g,第 2 法,参比溶液为铅标准液 2.0mL)。

②铅:以 Pb 计,不大于 10μg/g(1.0 g,第 1 法)。

③砷:以 As_2O_3 计,不大于 4.0μg/g(0.5 g,第 3 法,装置 B)。

(7)含量测定 (色值试验):采用以下条件,按照"色值试验"的规定进行。得到色值或用色值除以 250 得到 β-胡萝卜素的含量。

操作条件

溶剂:环己烷。

波长:最大吸收波长为 446nm~457nm。

157. 槐树提取物

(1)其他名称 日本宝塔树提取物;Enju extract;Japanese pagoda tree extract;5,7-dihydroxy-2-(3,4-dihydroxyphenyl)-4-oxo-4*H*-chromen-7-yl α-L-rhamnopyranosyl-(1→6)-β-D-glucopyranoside trihydrate。

(2)编码 CAS 153-18-4(芦丁,无水)。

(3)分子式、相对分子质量与结构式 $C_{27}H_{30}O_{16}\cdot 3H_2O$;664.56;

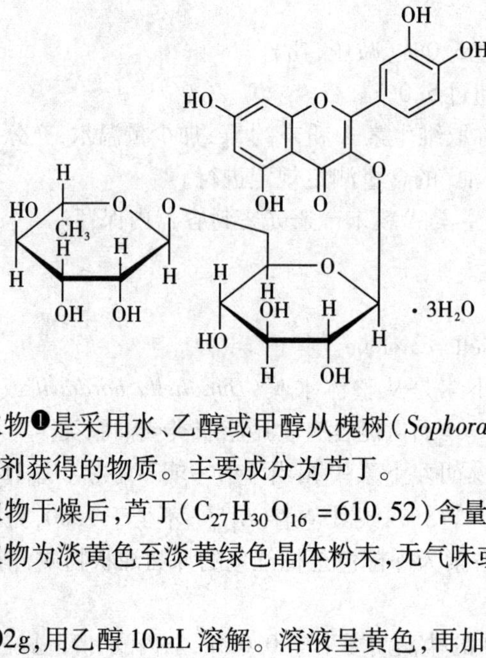

(4)定义 槐树提取物[1]是采用水、乙醇或甲醇从槐树(*Sophora japonica* Linné)植物的花蕾或花中提取,并去除溶剂获得的物质。主要成分为芦丁。

(5)含量 槐树提取物干燥后,芦丁($C_{27}H_{30}O_{16}$=610.52)含量为 95.0%~105.0%。

(6)性状 槐树提取物为淡黄色至淡黄绿色晶体粉末,无气味或稍有特殊气味。

(7)鉴别

①取槐树提取物 0.02g,用乙醇 10mL 溶解。溶液呈黄色,再加入三氯化铁溶液(1→50)1 滴~2 滴,溶液颜色变为褐绿色。

②取槐树提取物 0.02g,加乙醇 5mL,加热溶解。溶液呈黄色,加入盐酸 2mL 和镁粉 0.05g,溶液逐渐变成红色。

③取槐树提取物 0.01g,用乙醇 100mL 溶解。此溶液约在 257nm 和 361nm 波长范围有最大吸收。

---

[1] 槐树提取物是"芦丁(提取物)"类物质中的一种。"芦丁(提取物)"定义见"159. 酶解芦丁"。

(8)纯度

①重金属:以 Pb 计,不超过 20μg/g(1.0g,第 2 法,参比溶液为铅标准溶液 2.0mL)。

②铅:以 Pb 计,不超过 5.0μg/g(2.0g,第 1 法)。

③砷:以 As_2O_3计,不超过 4.0μg/g(0.50g,第 3 法,装置 B)。

④甲醇:不超过 0.015%。

a)装置

使用图 9-25 的装置。

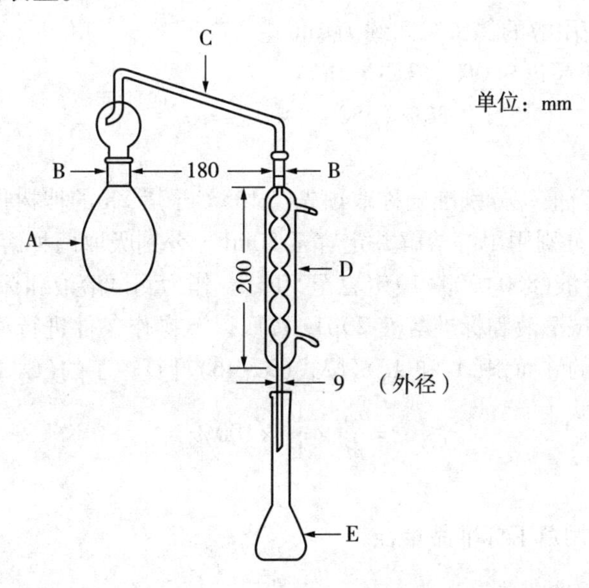

说明:

A—茄形烧瓶(200mL);B—玻璃磨口接头;C—带有雾滴捕集器的输送管;D—冷凝器;E—容量瓶(50mL)。

图 9-25　样品中甲醇提取装置

b)方法

测试溶液　准确称取槐树提取物约 5g 于茄形烧瓶 A 中,加入硼酸-氢氧化钠缓冲液 100mL,充分混匀,再加入沸石 2 粒~3 粒。向容量瓶 E 中准确加入内标液 2mL,组装好装置,用水将磨口接头处润湿。以 2mL/min~3mL/min 的馏出速度蒸馏,直至收集约 45mL 馏出物。将馏出物加水定容至 50mL。以叔丁醇溶液(1→1000)作内标液。

标准溶液　准确称取甲醇约 0.5g,加水定容至 100mL。准确吸取此溶液 5mL,加水定容至 100mL。准确吸取二级溶液 3mL 及内标液 2mL,加水定容至 50mL。

程序　分别取测试溶液和标准溶液 2μL,按照以下操作条件进行气相色谱分析。测定测试溶液和标准溶液中甲醇与叔丁醇的峰面积比(Q_T和 Q_S),按式(9-45)计算甲醇含量(X):

$$X = \frac{m_1}{m} \times \frac{Q_T}{Q_S} \times 0.15 \times 100\% \qquad (9-45)$$

式中:

m——样品量,g。

操作条件

检测器:火焰离子化检测器。

柱:内径 3mm,长 2m 的玻璃管。

柱填充材料:180μm ~250μm 气相色谱用苯乙烯 - 二乙烯苯多孔聚合物。

柱温:约 120℃,恒定温度。

进样口:约 200℃,恒定温度。

进样:非分流进样。

载气:氮气或氦气。

流速:调节流速使甲醇的保留时间约为 2min。

(9)干燥失量 不超过 9.0%(135℃,2h)。

(10)灼热残留物 不超过 0.30%(550℃,4h)。

(11)含量测定

测试溶液及标准溶液 分别准确称取预先经 135℃干燥 2h 的槐树提取物和含量测定用芦丁标准物约 0.05g,分别用甲醇溶解并定容至 50mL。分别吸取两种溶液各 5mL,再各自用水、乙腈和磷酸的混合液(800:200:1)定容至 50mL。作为测试溶液和标准溶液。

程序 分别取测试溶液和标准溶液 20μL,按照以下操作条件进行液相色谱分析。测量测试溶液和标准溶液的峰面积(A_T和 A_S),按式(9-46)计算芦丁的($C_{27}H_{30}O_{16}$)含量(X):

$$X = \frac{m_1}{m} \times \frac{A_T}{A_S} \times 100\% \quad (9-46)$$

式中:

m_1——含量测定用芦丁标准品量,g;

m——样品量,g。

操作条件

检测器:紫外吸收分光光度计(检测波长:254nm)。

柱:内径 3mm ~6mm,长 15cm ~25cm 的不锈钢柱。

柱填充材料:5μm ~10μm 液相色谱用十八烷基硅烷化硅胶。

柱温:40℃。

流动相:水、乙腈和磷酸的混合液(800:200:1)。

流速:调节流速至芦丁的保留时间约为 8min ~12min。

158. 酶解卵磷脂

(1)其他名称 Enzymatically decomposed lecithin。

(2)定义 酶解卵磷脂由植物卵磷脂获得。植物卵磷脂来自油菜类植物如芜菁(*Brassica rapa* Linné)或油菜(*Brassica napus* Linné)的种子,或大豆类植物黄豆,或从来源于蛋黄的卵黄卵磷脂得到。其主要成分为磷脂酸和溶血卵磷脂。两类商业化产品为:酶解植物卵磷脂和酶解卵黄卵磷脂。

(3)性状 白色至褐色粉末、颗粒或团块或为淡黄色至深褐色黏稠液体,有特殊气味。

(4)鉴别

①取酶解卵磷脂 1g 于分解烧瓶中,加硫酸钾粉末 5g,硫酸铜 0.5g,硫酸 20mL。倾斜 45°缓慢加热至溶液不再产生气泡。提高温度,煮沸至内容物变为澄清的蓝色液体。继续加热

1h～2h。冷却后，加入等量的水。取此溶液5mL，加入钼酸铵溶液（1→5）10mL，加热。溶液产生黄色沉淀。

②脂肪酸：取酶解卵磷脂1g，加氢氧化钾的乙醇试液25mL，回流1h，用冰块冷却。产生钾皂状浑浊或沉淀。

（5）纯度

①酸值：不超过65。

测试溶液　对于植物卵磷脂，准确称取样品约2g，用甲苯50mL溶解。对于卵黄卵磷脂，准确称取样品约2g，加入甲醇50mL，在60℃或稍低的温水浴中溶解。

程序　按"油脂类和相关物质"中酸值试验的规定进行。

②丙酮可溶物：不超过60%。

准确称取酶解卵磷脂约2g于50mL带刻度具塞离心管中，植物卵磷脂用甲苯3mL溶解，卵黄卵磷脂用甲醇3mL溶解。如有必要，在60℃或稍低的温水浴中加热。向此溶液中加入丙酮15mL，充分搅拌，置于冰水浴中15min。加入预冷至0℃～5℃的丙酮至50mL，充分搅拌，置冰水浴中15min。溶液以约3000r/min离心10min，将上层溶液转移至烧瓶。向离心管中的残留物加入预冷至0℃～5℃的丙酮至50mL，在冰水中冷却并充分搅拌。以同样方式离心，将上层溶液与前次已转移至烧瓶的上层溶液合并。水浴蒸干后，置残留物于105℃干燥1h，准确称量。

③过氧化值：不超过10。

准确称取酶解卵磷脂约5g于250mL锥形瓶中，加入三氯甲烷与乙酸的混合液（2∶1）35mL，轻轻振摇使分散均匀或溶解。充入纯氮以驱除烧瓶内的空气。在充氮环境下准确加入碘化钾试液1mL。停止充氮，迅速盖紧瓶塞，振摇1min，暗处放置5min。再加入水15mL，盖紧瓶塞，剧烈振摇。用0.01mol/L硫代硫酸钠滴定，淀粉试液作为指示剂。按式（9－47）计算过氧化值（X）。进行空白试验做必要校正。

$$X=\frac{V}{m}\times 10 \tag{9-47}$$

式中：

V——0.01mol/L硫代硫酸钠消耗量，mL；

m——样品量，g。

④重金属：以Pb计，不超过40μg/g（0.5g，第2法，参比溶液为铅标准溶液2.0mL）。

⑤铅：以Pb计，不超过10μg/g（1.0g，第1法）。

⑥砷：以As_2O_3计，不超过4.0μg/g（0.5g，第2法，装置B）。

（6）干燥失量　不超过4.0%（105℃，1h）。

如果样品为粉末，按照"干燥失量"规定进行。如果样本为颗粒、块状或黏稠液体，按以下步骤进行：取样品3g于称量瓶中，同时放入准确称量的海砂约15g和一根准确称量的小玻璃棒。用玻璃棒将固体样品迅速研磨成2mm或更细的颗粒，液体样品则混合均匀。将称量瓶连同玻璃棒一起加热，然后计算减少的重量。

159. 酶解芦丁

（1）其他名称　芸香苷酶解物；酶解芸香苷；Enzymatically decomposed rutin；Rutin hydrolysates。

(2)定义 酶解芦丁由酶处理和纯化芦丁(提取物)[1]获得。其主要成分是异槲皮苷。

(3)含量 本品干燥后,异槲皮苷($C_{21}H_{20}O_{12}$=464.38)的含量为91.0%~103.0%。

(4)性状 酶解芦丁为淡黄色至黄色粉末、团块或膏状物,稍有特殊气味。

(5)鉴别

①取酶解芦丁5mg,用乙醇10mL溶解。溶液呈黄色,加三氯化铁溶液(1→50)1滴~2滴,溶液颜色变为褐绿色。

②取酶解芦丁5mg,用乙醇5mL溶解。溶液呈黄色,当加入盐酸2mL和镁粉0.05g时,溶液颜色逐渐变成红色。

③取酶解芦丁0.01g,用乙醇500mL溶解。此溶液大约在258nm和362nm波长吸收最大。

④取酶解芦丁1.0g,用甲醇20mL溶解。作为测试溶液,必要时测试前过滤。取2μL测试溶液进行薄层色谱分析,采用2μL含量测定用芦丁的甲醇溶液(1→20)作为参比溶液,以正丁醇、乙酸和水的混合液(4:2:1)作为展开剂。薄层板以薄层色谱用硅胶做载体,预先经110℃干燥1h。当展开剂最前端上升到距点样点原线15cm时停止展开,风干。喷雾三氯化铁-盐酸试液,可观察到一个R_f值比含量测定用芦丁主斑点的大的棕色主斑点。

(6)纯度

①重金属:以Pb计,不超过20μg/g(1.0g,第2法,参比溶液为铅标准溶液2.0mL)。

②铅:以Pb计,不超过5.0μg/g(2.0g,第1法)。

③砷:以As_2O_3计,不超过4.0μg/g(0.5g,第3法,装置B)。

(7)干燥失量 不超过50.0%(135℃,2h)。

(8)含量测定

测试溶液 准确称取经预先干燥的酶解芦丁约0.05g,用甲醇溶解并定容至100mL。必要时过滤。准确吸取此溶液4mL,用稀磷酸(1→1 000)定容至100mL。

标准溶液 准确称取经预先在135℃干燥2h的含量测定用酶解芦丁标准品约0.05g,用甲醇溶解并定容至100mL。准确吸取此液4mL,用稀磷酸(1→1000)定容至100mL。

程序 按照“紫外可见分光光度法”在351nm波长测定测试溶液和标准溶液的吸光度(A_T和A_S),以稀磷酸(1→1000)作参比。按式(9-48)计算异槲皮苷($C_{21}H_{20}O_{12}$)的含量(X):

$$X=\frac{m_1\times 0.761}{m}\times\frac{A_T}{A_S}\times 100\% \qquad (9-48)$$

式中:

m_1——含量测定芦丁量,g;

m——样品量,g。

160. 酶改性橘皮苷

(1)英文名称 Enzymatically modified hesperidin。

---

[1] 在日本现有食品添加剂目录中,将“芦丁(提取物)”定义为从小豆科植物赤豆(*Vigna angularis* Ohwi et H. Ohashi)的整株、日本槐(*Sophora japonica* Linné)的花蕾或花、荞麦科植物荞麦(*Fagopyrum esculentum* Moench)的整株获得的物质,主要成分为芦丁。

(2)定义 酶改性橘皮苷是用环式糊精葡萄糖基转移酶将橘皮苷葡萄糖基化而获得。橘皮苷是采用碱性水溶液从柑橘类水果的皮、汁及种子中提取获得。

(3)含量 本品干燥后，相当于总橙皮苷配糖体的含量在30.0%以上。

(4)性状 酶改性橘皮苷为淡黄色至黄褐色粉末，稍有特殊气味。

(5)鉴别

①取酶改性橘皮苷5mg，用水10mL溶解，加入稀三氯化铁试液1滴~2滴。溶液呈褐色。

②取酶改性橘皮苷0.5g，用水、乙腈和乙酸的混合液(80:20:0.01)100mL溶解，作为测试溶液。另外，称取含量测定用单葡萄糖基橘皮苷标准品0.05g，用水、乙腈和乙酸的混合液(80:20:0.01)250mL溶解，作为标准溶液。分别取10μL测试溶液和标准溶液按照以下操作条件进行液相色谱法分析。酶改性橘皮苷与单葡萄糖基橘皮苷在相同位置出峰，最大吸收波长为280nm~286nm。

操作条件

检测器：二极管阵列检测器(测试波长：280nm，200nm~400nm)。

柱：内径3.9mm~4.6mm，长15cm~30cm的不锈钢柱。

柱填充材料：5μm~10μm液相色谱用十八烷基硅胶。

柱温：40℃。

流动相：水:乙腈:乙酸的混合液(80:20:0.01)。

流速：调节流速至单葡萄糖基橘皮苷的保留时间约为15min。

(6)纯度

①溶液的澄清度：澄清(0.5g，水100mL)。

②重金属：以Pb计，不超过20μg/g(1.0g，第2法，参比溶液为铅标准溶液2.0mL)。

③铅：以Pb计，不超过10μg/g(1.0g，第1法)。

④砷：以As_2O_3计，不超过2.0μg/g(1.0g，第3法，装置B)。

(7)干燥失量 不超过6.0%(不超过2.7kPa，120℃，2h)。

(8)含量测定 橘皮苷糖苷总量是葡萄糖化酶处理产生的橘皮苷、单葡萄糖基橘皮苷及α-葡萄糖基残留物的总和。

①橘皮苷和单葡萄糖基橘皮苷

测试溶液 准确称取经预先干燥的酶改性橘皮苷约1g，用水100mL溶解。将此溶液倒入填充丙烯酸酯树脂50mL的玻璃管(内径25mm)，以2.5mL/min或稍低的流速流出，用水250mL冲洗树脂。再用50%(体积分数)乙醇200mL以2.5mL/min或稍低的流速对吸附部分进行洗脱。将收集的洗脱液蒸发至约40mL，加入10000单位的葡萄糖糖化酶，将此混合物在55℃下准确放置30min，95℃加热30min，冷却至室温，加水定容至50mL，此液为溶液A。准确吸取溶液A 3mL，用水、乙腈和乙酸的混合液(80:20:0.01)定容至50mL。

标准溶液 准确称取经预先干燥的含量测定用单葡萄糖基橘皮苷标准品约0.05g，用水、乙腈和乙酸的混合液(80:20:0.01)溶解并定容至250mL。

程序 分别取10μL测试溶液和标准溶液，按以下条件进行液相色谱分析。测量测试溶液中橘皮苷和单葡萄糖基橘皮苷的峰面积(A_{TH}和A_{TM})，测量标准溶液中单葡萄糖基橘皮苷的峰面积(A_s)，按式(9-49)、式(9-50)计算橘皮苷含量(X_1)和单葡萄糖基橘皮苷的含量

(X_2)。橘皮苷和单葡萄糖基橘皮苷的相对保留时间约为1.1。

$$X_1 = \frac{m_1}{m} \times \frac{A_{TH}}{A_S} \times \frac{10}{3} \times 0.790 \times 100\% \quad (9-49)$$

$$X_2 = \frac{m_1}{m} \times \frac{A_{TM}}{A_S} \times \frac{10}{3} \times 100\% \quad (9-50)$$

式中：

m_1——干燥的含量测定用单葡萄糖基橘皮苷量,g;

m——干燥样品量,g。

操作条件

检测器:紫外吸收分光光度计(检测波长:280nm)。

柱:内径3.9mm~4.6mm,长15cm~30cm的不锈钢管。

柱填充材料:5μm~10μm液相色谱用十八烷基硅胶。

柱温:40℃。

流动相:水:乙腈:20乙酸的混合液(80:20:0.01)。

流速:调节流速使单葡萄糖基橘皮苷的保留时间约为15min。

②葡萄糖糖化酶处理的α-葡萄糖基残留物

测试溶液　采用以上①部分制备的溶液A为测试溶液。

空白测试溶液　将1000单位的葡萄糖糖化酶加入约40mL水中,55℃放置30min,95℃加热约30min,然后冷却至室温。加水定容至50mL。

标准溶液　准确称取葡萄糖约1g,用水溶解并定容至100mL。分别准确吸取此溶液5mL、10mL、20mL和30mL于4个100mL容量瓶中,用水稀释至刻度。

程序　吸取测试溶液20μL,准确加入D-葡萄糖测定用固色试液3mL,振摇。将此溶液于37℃放置5min,然后冷却至室温。在505nm波长测定其参比溶液的吸光度。参比溶液按照测试溶液配制,以水20μL替代测试溶液。空白试验按与测试溶液相同的方法测定空白测试溶液的吸光度,进行必要的校正。以与测试溶液相同的方法测定系列标准溶液的吸光度,绘制标准曲线。根据测试溶液的吸光度和标准曲线确定测试溶液中D-葡萄糖的浓度并校正测试溶液的吸光度,然后按下式计算葡萄糖糖化酶处理释放的α-葡萄糖基残留物含量(X):

$$X_3 = \frac{c \times 50}{m \times 1000} \times 0.900 \times 100\% \quad (9-51)$$

式中:

c——测试溶液中D-葡萄糖浓度,mg/mL;

m——干燥样品量,g。

③橙皮素配糖体总含量(干燥物质)

按式(9-52)计算橘皮苷糖苷总含量(X):

$$X = X_1 + X_2 + X_3 \quad (9-52)$$

式中:

X_1——橘皮苷含量,%;

X_2——单葡萄糖基橘皮苷含量,%;

X_3——α-葡萄基残留物含量,%。

161. 酶改性异槲皮苷

(1)其他名称　酶改性异栎皮素;酶改性异栎皮苷;Enzymatically modified isoquercitrin;Isoquercitrin,Enzymatically modifed。

(2)编码　FEMA 4225。

(3)定义　酶改性异槲皮苷是“酶解芦丁”与淀粉或糊精的混合物在环糊精葡萄糖基转移酶的糖基化作用下获得。主要成分是α-葡萄糖基异槲皮素。

(4)含量　本品干燥后,所含α-葡萄糖基异槲皮素应相当于芦丁($C_{27}H_{30}O_{16}$ =610.52)的含量60.0%以上。

(5)性状　黄色至橘黄色粉末、团块或糊状物,稍有特殊气味。

(6)鉴别

①取酶改性异槲皮苷5mg,用水10mL溶解。溶液呈黄色至橘黄色,当再加入三氯化铁溶液(1→50)1滴~2滴时,溶液颜色变为褐黑色。

②取酶改性异槲皮苷5mg,用水5mL溶解,溶液呈黄色至黄橙色,当再加入盐酸2mL和镁粉0.05g时,溶液颜色逐渐渐变成橙色,再变成红色。

③取酶改性异槲皮苷0.1g,用0.5mol/L硫酸溶解至100mL,煮沸2h,冷却。产生黄色沉淀。

④取酶改性异槲皮苷0.01g,用稀磷酸(1→1000)溶解至500mL。此溶液在255nm和350nm波长附近吸收最大。

⑤取酶改性异槲皮苷0.1g,用水20mL溶解,作为测试溶液。取5μL测试溶液进行薄层色谱分析,取2μL含量测定用芦丁的甲醇溶液(1→20)作为参比溶液,以正丁醇、乙酸和水的混合液(4:2:1)作为展开剂。薄层层析板以薄层色谱用硅胶为载体,110℃干燥1h。当溶剂前沿上升到距离原点约15cm时停止展开,风干,喷雾三氯化铁-盐酸试液。可观察到几个棕色斑点:一个点的R_f值比含量测定用芦丁主斑点的大,其他点的R_f值与比含量测定用芦丁主斑点稍小或与之相同。

(7)纯度

①重金属:以Pb计,不超过10μg/g(2.0g,第2法,参比溶液为铅标准溶液2.0mL)。

②铅:以Pb计,不超过5.0μg/g(2.0g,第1法)。

③砷:以As_2O_3计,不超过2.0μg/g(1.0g,第3法,装置B)。

(8)干燥失量　不超过50.0%(135℃干燥2h)。

(9)含量测定

测试溶液　准确称取经预先干燥的酶改性异槲皮苷约0.05g,加水溶解并定容至100mL。必要时过滤。准确吸取此溶液4mL,加稀磷酸(1→1000)稀释并定容至100mL。

标准溶液　准确称取预先经135℃干燥2h的含量测定用芦丁标准品约0.05g,用甲醇溶解并定容至100mL。准确吸取此液4mL,加稀磷酸(1→1000)稀释并定容至100mL。

程序　采用分光光度法,以稀磷酸(1→1000)为参比溶液,在351nm波长测定测试溶液和标准溶液的吸光度(A_T和A_S)。以芦丁($C_{27}H_{30}O_{16}$)计,按式(9-53)计算α-葡萄糖基化异栎皮苷的含量(X):

$$X=\frac{m_1}{m}\times\frac{A_T}{A_S}\times100\% \tag{9-53}$$

式中：

m_1——含量测定用芦丁量，g；

m——样品量，g。

162. 麦角钙化醇

(1)其他名称 维生素 D_2；麦角钙化甾醇；丁二素；钙化醇；骨化醇；Ergocalciferol；Calciferol；Vitamin D_2；Viosterol；(3*S*,5*Z*,7*E*,22*E*) – 9,10 – Secoergosta – 5,7,10(19),22 – tetraen – 3 – ol。

(2)编码 CAS:50 – 14 – 6。

(3)分子式、相对分子质量与结构式 $C_{28}H_{44}O$；396.65；

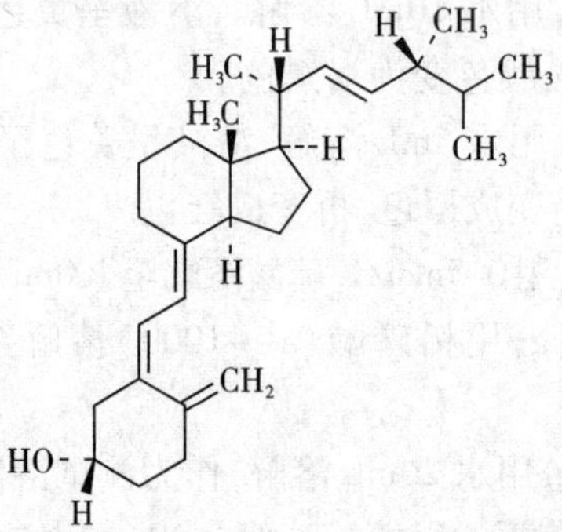

(4)性状 白色结晶，无臭味。

(5)鉴别

①取麦角钙化醇 0.5mg，用 5mL 甲苯溶解，再加乙酸酐 0.3mL 和硫酸 0.1mL，振摇。溶液显红色，然后迅速经紫色、蓝色，最后成为绿色。

②取麦角钙化醇 0.05g，用 1mL 无水吡啶溶解，加入 3,5 – 二硝基氯化苯甲酰 0.05g 与无水吡啶 1mL 配制的溶液，水浴加热回流 10min，冷却至室温。将溶液移入分液漏斗中，用稀盐酸(1→10)15mL 和乙醚 30mL 振摇萃取。每次用 15mL 稀盐酸(1→10)洗涤乙醚萃取物，共三次，然后用 30mL 水洗涤。然后加无水硫酸钠 5g，放置 20min，用脱脂棉过滤，再用少量乙醚洗涤。合并滤液和洗液，减压蒸去乙醚。用丙酮重结晶残留物两次，干燥器中减压干燥 2h。其熔点为 147℃ ~149℃。

(6)纯度

①吸光系数 $E_{1cm}^{1\%}$(265nm)：445 ~485。

准确称取麦角钙化醇约 0.1g，用乙醇溶解并定容至 200mL。准确吸取此液 2mL，加乙醇定容至 100mL，在 265nm 波长测量二级溶液的吸光度。

②比旋光度$[\alpha]_D^{20}$：+102.0° ~ +107.0°(0.3g，乙醇，20mL)。

③熔点：115℃ ~118℃。

④麦角甾醇：称取麦角钙化醇 0.010g，加 90% 乙醇(体积分数)2mL 溶解。加入洋地黄皂苷 0.02g 用 90% 乙醇(体积分数)2mL 配制的溶液，放置 18h，无沉淀形成。

(7)保存条件 麦角钙化醇应置于充有惰性气体的密封容器，避光、低温保存。

163. 异抗坏血酸

(1)其他名称 异维生素 C;赤藻糖酸;Erythorbic acid;Isoascorbic acid;Isovitamin C。

(2)编码 CAS 89-65-6;INS 316;FEMA 2410。

(3)分子式、相对分子质量与结构式 $C_6H_8O_6$;176.12;

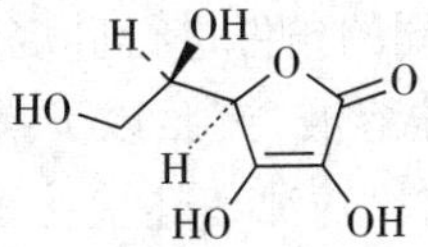

(4)含量 本品干燥后,异抗坏血酸($C_6H_8O_6$)的含量大于99.0%。

(5)性状 异抗坏血酸为白色至黄白色结晶或晶体粉末。无臭味,有酸味。

(6)鉴别

①取异抗坏血酸0.1g,加偏磷酸溶液(1→50)100mL。取此液5mL,逐滴加入碘试液至溶液稍显黄色。加入硫酸铜溶液(1→1000)1滴和吡咯1滴,在50℃~60℃水浴中加热5min。溶液呈蓝色至蓝绿色。

②取异抗坏血酸水溶液(1→100)10mL,加高锰酸钾溶液(1→300)1mL。溶液呈粉红色,然后颜色立刻消失。

(7)纯度

①比旋光度$[\alpha]_D^{20}$:-16.2°~-18.2°(1g,预先干燥,新煮沸冷却的水,10mL)。

②熔点:166℃~172℃(分解)。

③重金属:以Pb计,不超过20μg/g(1.0g,第1法,参比溶液为铅标准液2.0mL)。

④砷:以As_2O_3计,不超过4.0μg/g(0.50g,第1法,装置B)。

(8)干燥失量 不超过0.40%(减压,3h)。

(9)灼热残留物 不超过0.30%。

(10)含量测定 准确称取经预先干燥的异抗坏血酸约0.4g,用偏磷酸溶液(1→50)溶解并定容至100mL。准确量取此液50mL,用0.05mol/L碘溶液滴定(指示剂:淀粉试液)。

0.05mol/L碘溶液1mL=8.806mg $C_6H_8O_6$

164. 酯胶

(1)其他名称 松香甘油酯;甘油松香酯;Ester gum;glycerol ester of rosin。

(2)编码 CAS 8050-31-5;FEMA 4226。

(3)定义 酯胶为松香或其衍生物(如松香聚合物等)的酯化物。根据使用的醇类差别酯胶可分为几种:甘油酯胶,季戊四醇酯胶和甲醇酯胶。

(4)性状 白色至黄白色粉末,呈淡黄至淡褐色的玻璃状团块或澄清的黏稠液体,无臭味或稍有特殊气味。

(5)鉴别

①取酯胶0.1g,加乙酸酐10mL,水浴加热至溶解,冷却后,加硫酸1滴。溶液显紫红色。

②取酯胶1g,加氢氧化钠溶液(1→25)5mL和水5mL,剧烈振摇。溶液出现淡黄色浑浊,并产生持久性泡沫。

③甘油酯胶化合物或季戊四醇酯胶化合物。

测试溶液　称取酯胶约5g于100mL烧瓶中，加入氢氧化钾的正己醇溶液(1→10)40mL，装上冷凝器后回流2h。加入乙醚40mL和水40mL，混匀，转入分液漏斗中。用稀盐酸(1→4)调节至pH1.0～1.5，静置。溶液分为两层后，收集水层(下层)，减压加热除去水分，然后蒸发至干。取残留物约0.1g，加入硅烷化试液1mL，70℃加热20min进行硅烷化。

标准溶液 称取甘油酯胶测定用甘油约0.05g，或季戊四醇酯胶测定用季戊四醇0.05g，加入硅烷化试液1mL，按测试溶液相同的条件进行硅烷化。

程序　取等量的测试溶液和标准溶液，按照以下操作条件进行气相色谱分析。测试溶液主峰的保留时间与标准溶液中硅烷化甘油和硅烷化季戊四醇的主峰保留时间一致。应排除溶剂峰。

操作条件

检测器：火焰离子化检测器。

柱：内径2mm，长2m的玻璃或不锈钢柱。

柱填充材料

液相：相当于载体量5%的甲基硅聚合物。

载体：149μm～177μm气相色谱用硅藻土。

柱温：约150℃，恒温。

载气：氮气。

流速：大约50mL/min。

④甲醇酯胶化合物

测试溶液　取酯胶约5g于100mL烧瓶中，加入氢氧化钾的正己醇溶液(1→10)40mL，装上冷凝器回流2h。减压(15kPa)蒸馏，将馏出物保持在50℃。然后向蒸馏物中加入正己醇5g。

标准溶液　配制甲醇的正己醇溶液(1→10)，作为标准溶液。

程序　取等量测试溶液和标准溶液，按照以下操作条件进行气相色谱分析。测试溶液主峰的保留时间与标准溶液中甲醇峰的保留时间一致，应排除溶剂峰。

操作条件

检测器：火焰离子化检测器。

柱：内径2mm长为2m的玻璃或不锈钢柱。

柱填充材料

液相：相当于载体量5%的甲基硅聚合物。

载体：149μm～177μm气相色谱用硅藻土。

柱温：大约50℃，恒温。

载气：氮气。

流速：大约50mL/min。

(6)纯度

①溶液澄清度：澄清。

测试溶液　称取酯胶10g，加甲苯10mL，70℃～75℃加热溶解，趁热过滤，放置24h。

②酸值：不超过8.0。

甘油酯胶化合物：不超过8.0。

季戊四醇酯胶化合物:不超过 18.0。

甲醇酯胶化合物:不超过 8.0。

测试溶液　准确称取酯胶约 3g,用苯与乙醇的混合液(2:1)50mL 溶解。

程序　按"油脂类及相关物质试验"的酸值规定进行。

③重金属:以 Pb 计,不超过 40μg/g(0.50g,第 2 法,参比溶液为铅标准液 2.0mL)。

④砷:以 As_2O_3 计,不超过 4.0μg/g(0.50g,第 3 法,装置 B)。

(7)灼热残留物　不超过 0.10%。

165. 乙酸乙酯

(1)其他名称　乙酸乙醚;甲基化乙醇;Ethyl acetate;ethyl ethanoate;Acetic ester;Acetic ether。

(2)编码　CAS 141-78-6;FEMA 2414。

(3)分子式、相对分子质量与结构式　$C_4H_8O_2$;88.11;

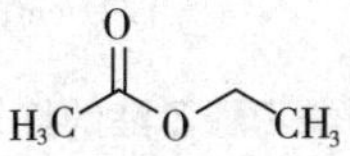

(4)含量　本品乙酸乙酯($C_4H_8O_2$)含量大于 98.0%。

(5)性状　无色透明液体,有水果香味。

(6)鉴别

①取乙酸乙酯 1mL,加氢氧化钠溶液(1→25)25mL,水浴加热 5min,冷却后,用稀盐酸(1→4)中和,再加三氯化铁溶液(1→10)5 滴。溶液显深红色。

②取乙酸乙酯 1mL,加氢氧化钠溶液(1→5)5mL,水浴加热并振摇,水果香气消失。用稀硫酸(1→20)将此液调至酸性,再水浴加热并振摇,产生乙酸气味。

(7)纯度

①折射率 n_D^{20}:1.370~1.375。

②相对密度:0.900~0.904。

③酸值:不超过 0.1(香料物质试验)。

称取乙酸乙酯 20g,按"香料物质试验"中酸值规定进行。

(8)含量测定　取乙醇 10mL 于 100mL 烧瓶中,准确称量加入乙醇的烧瓶重量。再向烧瓶中加入乙酸乙酯约 1g,再次准确称量。加入准确量取的 0.5mol/L 氢氧化钾的乙醇溶液 40mL,78℃~82℃水浴加热,冷凝回流 20min。冷却后,用 0.5mol/L 盐酸滴定过量的碱(指示剂:2 滴~3 滴酚酞试液)。用同样的方法进行空白试验。

0.5 mol/L 氢氧化钾的乙醇溶液 1mL=44.05mg $C_4H_8O_2$

166. 乙酰乙酸乙酯

(1)其他名称　丁酮酸乙酯;乙酰乙酸乙脂;Ethyl acetoacetate。

(2)编码　CAS 141-97-9;FEMA 2415。

(3)分子式、相对分子质量与结构式　$C_6H_{10}O_3$;130.14;

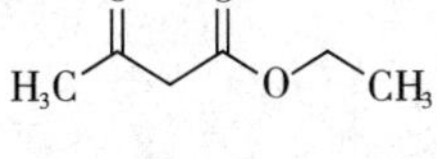

(4)含量 本品乙酰乙酸乙酯($C_6H_{10}O_3$)含量为98.0%~102.0%。

(5)性状 乙酰乙酸乙酯为无色透明液体,有特殊气味。

(6)鉴别 按照“红外吸收光谱法”液膜法规定的操作测定乙酰乙酸乙酯的红外吸收光谱,与参比光谱图(见图9-26)比较,两个谱图在相同的波数几乎有同样的吸收强度。

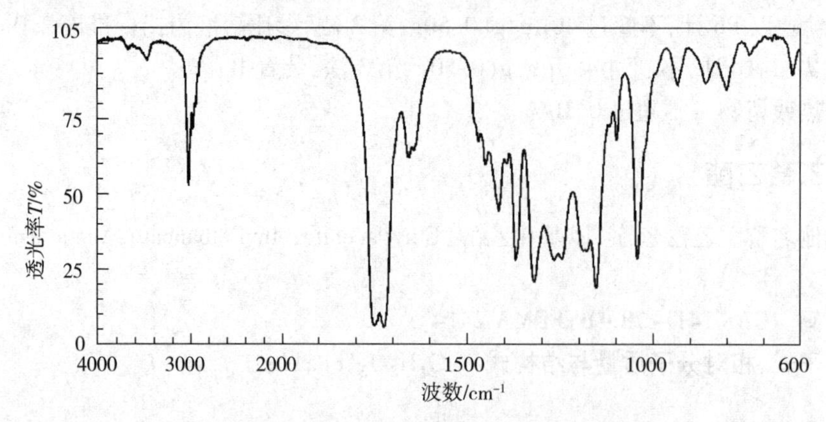

图9-26 乙酰乙酸乙酯的红外吸收光谱图

(7)纯度

①折射率 n_D^{20}:1.418~1.421。

②相对密度:1.027~1.032。

③溶液澄清度:澄清[1.0mL,30%乙醇(体积)3.0mL]。

④游离酸:取乙酰乙酸乙酯15mL,加新煮沸冷却的水15mL,振摇2min,静置。取水层10mL,加酚酞试液2滴和0.1mol/L氢氧化钾3.4mL。溶液呈粉红色。

(8)含量测定 准确称取乙酰乙酸乙酯约0.8g,按“香料物质试验”中醛类和酮类含量的第2法规定操作。本试验中,滴定前使混合液静置15min。

0.5mol/L 盐酸 1mL = 65.07mg $C_6H_{10}O_3$

167. 丁酸乙酯

(1)其他名称 正丁酸乙酯;Ethyl butyrate;Butanoic acid ethyl ester;Butyric acid ethyl ester。

(2)编码 CAS 105-54-4;FEMA 2427。

(3)分子式、相对分子质量与结构式 $C_6H_{12}O_2$;116.16;

H_3C—CH_2—CH_2—C(=O)—O—CH_2—CH_3

(4)含量 本品丁酸乙酯($C_6H_{12}O_2$)含量大于98.0%。

(5)性状 丁酸乙酯为无色至淡黄色透明液体,有水果气味。

(6)鉴别 取丁酸乙酯1mL,加入10%氢氧化钾乙醇试液5mL,水浴中振摇加热。水果气味消失。冷却后,用稀硫酸(1→20)将溶液调至酸性。产生丁酸的气味。

(7)纯度

①折射率 n_D^{20}:1.390~1.394。

②相对密度:0.875~0.882。

③溶液澄清度:澄清[2.0mL,70%(体积分数)乙醇4.0mL]。

④酸值:不超过1.0(香料物质试验)。

(8)含量测定 准确称取丁酸乙酯约0.5g,按"香料物质试验"酯含量的规定操作。

0.5 mol/L 氢氧化钾的乙醇溶液1mL = 58.08mg $C_6H_{12}O_2$

168. 肉桂酸乙酯

(1)其他名称 桂皮酸乙酯;桂酸乙酯;3-苯基丙烯酸乙酯;Ethyl cinnamate;Ethyl 3-phenyl acrylate。

(2)编码 CAS 1003-36-6;FEMA 2430。

(3)分子式、相对分子质量与结构式 $C_{11}H_{12}O_2$;176.21;

O CH₃ O O CH₃

(4)含量 本品肉桂酸乙酯($C_{11}H_{12}O_2$)含量大于99.0%。

(5)性状 肉桂酸乙酯为无色至淡黄色液体,有特殊气味。

(6)鉴别 取肉桂酸乙酯1mL,加入10%氢氧化钾乙醇试液10mL,水浴加热。肉桂酸乙酯溶解,产生白色沉淀,特征气味消失。趁热加水10mL,沉淀溶解。将此溶液用稀硫酸(1→20)调至酸性时,生成白色晶体沉淀。

(7)纯度

①折射率 n_D^{20}:1.559~1.561。

②相对密度:1.049~1.052。

③溶液澄清度:澄清[1.0mL,加70%(体积分数)乙醇5.0mL]。

④酸值:不超过1.0(香料物质试验)。

(8)含量测定 准确称取肉桂酸乙酯约1g,按"香料物质试验"的酯含量规定操作。加热前加水5mL。

0.5mol/L 氢氧化钾的乙醇溶液1mL = 88.11mg $C_{11}H_{12}O_2$

169. 癸酸乙酯

(1)其他名称 羊蜡酸乙酯;正癸酸乙酯;Ethyl decanoate;Ethyl caprate;Ethyl ester of decanoic acid;*N*-Capric acid ethyl ester。

(2)编码 CAS 110-38-3;FEMA 2432。

(3)分子式、相对分子质量与结构式 $C_{12}H_{24}O_2$;200.32;

O H₃C O CH₃

(4)含量 本品癸酸乙酯($C_{12}H_{24}O_2$)含量大于98.0%。

(5)性状 癸酸乙酯为无色透明液体,有白兰地酒香气。

(6)鉴别 按照"红外吸收光谱法"液膜法规定的操作测定癸酸乙酯的红外吸收光谱,与参比光谱图(见图9-27)比较,两个谱图在相同的波数有几乎同样的吸收强度。

(7)纯度

①折射率 n_D^{20}:1.424~1.427。

②相对密度:0.864~0.867。

③澄清度:澄清[1.0mL,80%(体积分数)乙醇4.0mL]。

④酸值:不超过1.0(香料物质试验)。

(8)含量测定 准确称取癸酸乙酯约1.0g,按"香料物质试验"酯含量的规定操作。

0.5mol/L 氢氧化钾的乙醇溶液 1mL = 100.2mg $C_{12}H_{24}O_2$

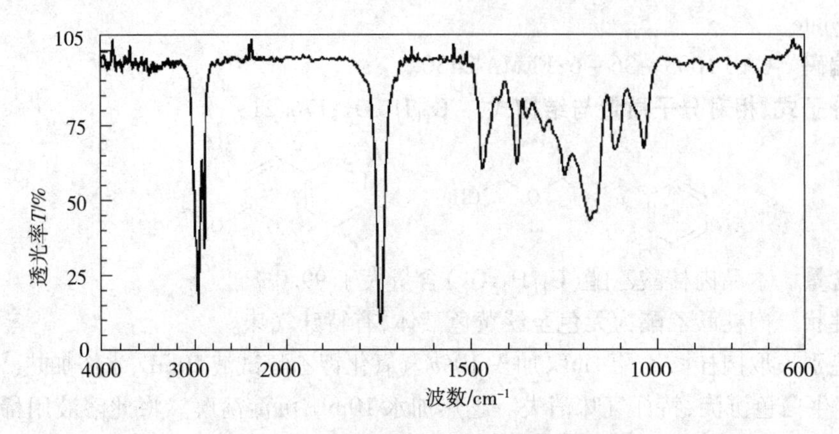

图9-27 癸酸乙酯的红外吸收光谱图

170. 2-乙基-3,5(或6)-二甲基吡嗪

(1)其他名称 2-乙基-3,5(6)-二甲基吡嗪;2-Ethyl-3,(5 or 6)-dimethylpyrazine;2-Ethyl-3,5(6)-dimethylpyrazine;2-Ethyl-3,5(3,6)-dimethylpyrazine mixture。

(2)编码 CAS 55031-15-7;FEMA 3149。

(3)分子式、相对分子质量 $C_8H_{12}N_2$;136.20。

(4)含量 本品含2-乙基-3,5-二甲基吡嗪和2-乙基-3,6-二甲基吡嗪的混合物($C_8H_{12}N_2$)大于95.0%。

(5)性状 2-乙基-3,5(或6)-二甲基吡嗪为无色至浅黄色透明液体,有特殊气味。

(6)鉴别 按照"红外吸收光谱法"的液膜法规定的操作测定2-乙基-3,5(或6)-二甲基吡嗪的红外吸收光谱,与参比光谱图(图9-28)比较,两个谱图在相同的波数几乎有同样的吸收强度。

(7)纯度

①折射率 n_D^{20}:1.496~1.506。

②相对密度:0.950~0.980。

(8)含量测定 按"香料物质试验"的气相色谱含量测定第1法的规定操作。

171. 庚酸乙酯

(1)其他名称 庚酸乙酯;正庚酸乙酯;水芹酸乙酯;Ethyl heptanoate;Ethyl enanthate;Ethyl ester of heptanoic acid。

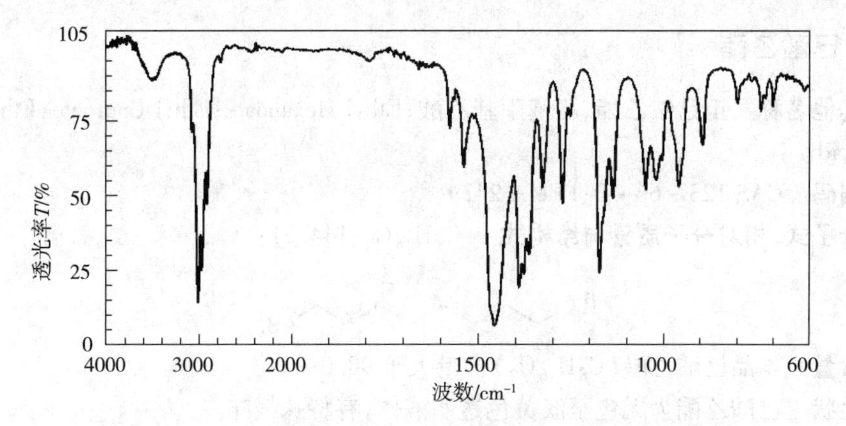

图 9-28　2-乙基-3,5(或6)-二甲基吡嗪的红外吸收光谱图

(2)编码　CAS 106-30-9;FEMA 2437。

(3)分子式、相对分子质量与结构式　$C_9H_{18}O_2$;158.24;

H_3C—$CH_2CH_2CH_2CH_2CH_2$—C(=O)—O—CH_2CH_3

(4)含量　本品庚酸乙酯($C_9H_{18}O_2$)含量大于98.0%。

(5)性状　庚酸乙酯为无色至浅黄色透明液体,有葡萄酒气味。

(6)鉴别　按照"红外吸收光谱法"的液膜法规定的操作测定庚酸乙酯的红外吸收光谱,与参比光谱图(见图9-29)比较,两个谱图在相同的波数几乎有同样的吸收强度。

(7)纯度

①折射率 n_D^{20}:1.411~1.416。

②相对密度:0.869~0.874。

③溶液澄清度:澄清[1.0mL,70%(体积分数)乙醇5.0mL]。

④酸值:不超过1.0(香料物质试验法)。

(8)含量测定　准确称取庚酸乙酯约0.8g,按"香料物质试验"酯含量的规定操作。

0.5mol/L 氢氧化钾的乙醇溶液 1mL = 79.12mg $C_9H_{18}O_2$

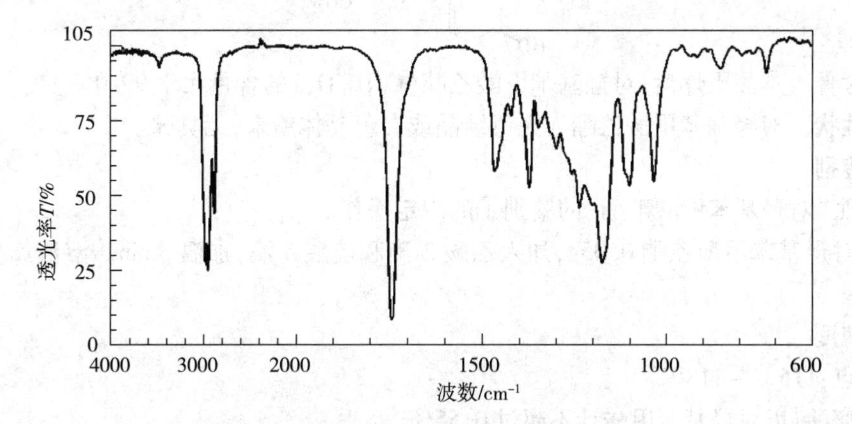

图 9-29　庚酸乙酯的红外吸收光谱图

172. 己酸乙酯

(1)其他名称 正己酸乙酯;乙基丁基乙酸;Ethyl Hexanoate;Ethyl Caproate;Ethyl ester of hexanoic acid。

(2)编码 CAS 123-66-0;FEMA 2439。

(3)分子式、相对分子质量与结构式 $C_8H_{16}O_2$;144.21;

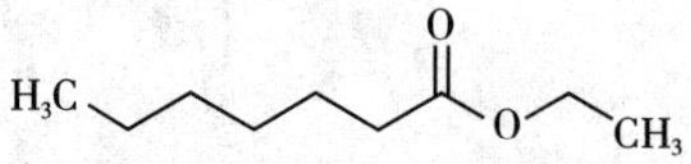

(4)含量 本品己酸乙酯($C_8H_{16}O_2$)含量大于98.0%。

(5)性状 己酸乙酯为无色至淡黄色透明液体,有特殊气味。

(6)鉴别 取己酸乙酯1mL,加入10%氢氧化钾的乙醇试液10mL,水浴中振摇加热,特征气味消失。冷却后,将此溶液用稀硫酸(1→20)调至酸性,产生己酸气味。

(7)纯度

①折射率 n_D^{20}:1.406~1.409。

②相对密度:0.871~0.875。

③溶液澄清度:澄清[1.0mL,70%(体积分数)乙醇4.0mL]。

④酸值:不超过1.0(香料物质试验)。

(8)含量测定 准确称取己酸乙酯约0.7g,按"香料物质试验"酯含量的规定操作。

0.5mol/L氢氧化钾的乙醇溶液1mL=72.11mg $C_8H_{16}O_2$

173. 对羟基苯甲酸乙酯

(1)其他名称 尼泊金乙酯;对羟基安息香酸乙酯;Ethyl p-Hydroxybenzoate;Ethyl 4-hydroxybenzoate;Nipagin A;Ethylparaban;4-Carbethoxyphenol。

(2)编码 CAS 120-47-8;INS 214。

(3)分子式、相对分子质量与结构式 $C_9H_{10}O_3$;166.17;

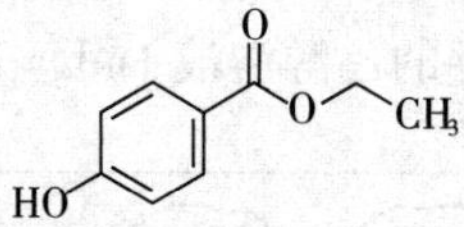

(4)含量 本品干燥后,对羟基苯甲酸乙酯($C_9H_{10}O_3$)的含量大于99.0%。

(5)性状 对羟基苯甲酸乙酯为无色结晶或白色晶体粉末,无臭味。

(6)鉴别

①按照"对羟基苯甲酸丁酯"的鉴别①的规定操作。

②取对羟基苯甲酸乙酯0.05g,加入乙酸2滴和硫酸5滴,加温5min。溶液产生乙酸乙酯的气味。

(7)纯度

①熔点:115℃~118℃。

②游离酸:以对羟基苯甲酸计不超过0.55%。

按照"对羟基苯甲酸丁酯"的纯度②规定操作。

③硫酸盐:以SO_4计,不超过0.024%。

按照"对羟基苯甲酸丁酯"的纯度③规定操作。

④重金属：以 Pb 计不超过 10μg/g。

按照"对羟基苯甲酸丁酯"的纯度④规定操作。

⑤砷：以 As_2O_3 计，不超过 4.0μg/g。

按照"对羟基苯甲酸丁酯"的纯度⑤规定操作。

(8)干燥失量　不超过 0.5%（80℃，2h）。

(9)灼热残留物　不超过 0.05%（5g）。

(10)含量测定　按"对羟基苯甲酸丁酯"含量测定规定操作。

1mol/L 氢氧化钠 1mL = 166.2mg $C_9H_{10}O_3$

174. 异戊酸乙酯

(1)其他名称　3-甲基丁酸乙酯；乙基-3-甲基丁酸酯；异穿心排草酸乙酯；异缬草酸乙酯；Ethyl isovalerate；Isovaleric acid ethyl ester；Ethyl 3-methylbutanoate；3-Methyl butyric ethyl Ester。

(2)编码　CAS 108-64-5；FEMA 2463。

(3)分子式、相对分子质量与结构式　$C_7H_{14}O_2$；130.18；

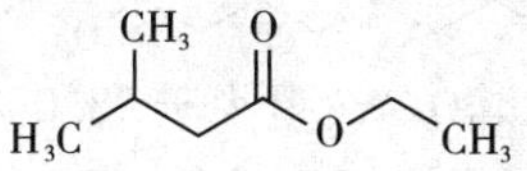

CH3 O
H3C O CH3

(4)含量　本品异戊酸乙酯（$C_7H_{14}O_2$）含量大于 98.0%。

(5)性状　异戊酸乙酯为无色至淡黄色透明液体，有水果香味。

(6)鉴别　取异戊酸乙酯 1mL，加入 10% 氢氧化钾的乙醇试液 5mL，边振摇边水浴加热，水果香味消失。冷却后，用稀硫酸（1→20）将此溶液调成酸性，发出异戊酸的气味。

(7)纯度

①折射率 n_D^{20}：1.393～1.399。

②相对密度：0.865～0.869。

③溶液澄清度：澄清[2.0mL，70%（体积分数）乙醇 6.0mL]。

④酸值：不超过 1.0（按香料物质试验法中酸值试验进行）。

(8)含量测定　准确称取异戊酸乙酯约 0.7g，按"香料物质试验"酯含量的规定操作。

0.5mol/L 氢氧化钾的乙醇溶液 1mL = 65.09mg $C_7H_{14}O_2$

175. 2-乙基-3-甲基吡嗪

(1)其他名称　3-乙基-2-甲基吡嗪；2-乙基-3-甲基哌嗪；2-Ethyl-3-methylpyrazine；3-Ethyl-2-methylpyrazine。

(2)编码　CAS 15707-23-0；FEMA 3155。

(3)分子式、相对分子质量与结构式　$C_7H_{10}N_2$；122.17；

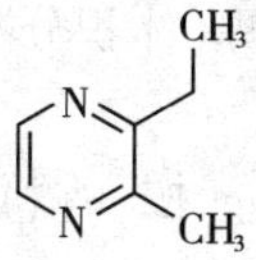

CH3
N
N CH3

(4)含量 本品2-乙基-3-甲基吡嗪($C_7H_{10}N_2$)含量大于98.0%。

(5)性状 2-乙基-3-甲基吡嗪为无色至黄色液体,有特殊气味。

(6)鉴别 按照"红外吸收光谱法"的液膜法规定的操作测定2-乙基-3-甲基吡嗪的红外吸收光谱,与参比光谱图比较,两个谱图在相同的波数几乎有同样的吸收强度。

(7)纯度

①折射率 n_D^{20}:1.502~1.505。

②相对密度 d_{25}^{25}:0.978~0.988。

(8)含量测定 按"香料物质试验"的气相色谱法测定的峰面积百分比法规定操作。使用操作条件(1)。

176. 辛酸乙酯

(1)其他名称 羊脂酸乙酯;正辛酸乙酯;亚羊脂酸乙酯;Ethyl octanoate;Ethyl caprylate;Ethyl octylate。

(2)编码 CAS 106-32-1;FEMA 2449。

(3)分子式、相对分子质量与结构式 $C_{10}H_{20}O_2$;172.26;

H_3C—(CH₂)₆—C(=O)—O—CH₂—CH_3

(4)含量 本品辛酸乙酯($C_{10}H_{20}O_2$)含量大于98.0%。

(5)性状 辛酸乙酯为无色或淡黄色透明液体,具有白兰地酒香气。

(6)鉴别 按照"红外吸收光谱法"的液膜法规定的操作测定辛酸乙酯的红外吸收光谱,与参比光谱图(见图9-30)比较,两个谱图在相同的波数几乎有同样的吸收强度。

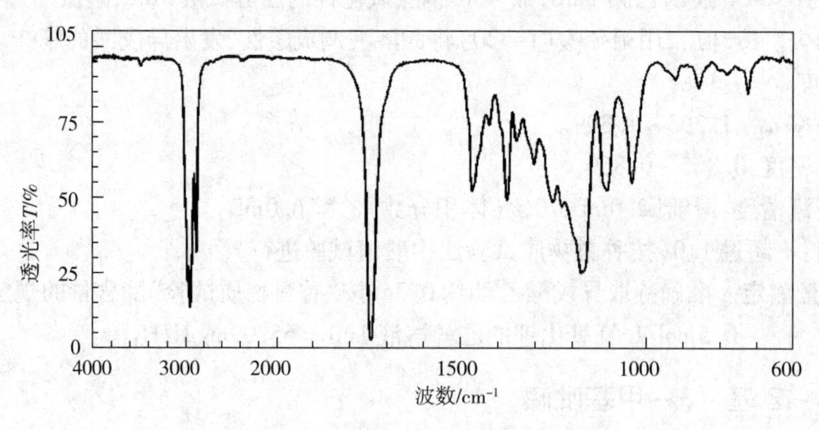

图9-30 辛酸乙酯的红外吸收光谱图

(7)纯度

①折射率 n_D^{20}:1.417~1.419。

②相对密度:0.867~0.871。

③溶液澄清度:澄清[1.0mL,70%乙醇(体积分数)8mL]。

④酸值:不超过1.0(香料物质试验)。

(8)含量测定 准确称取辛酸乙酯约1g,按"香料物质试验"酯含量的规定操作。

0.5 mol/L 氢氧化钾的乙醇溶液 1mL = 86.13mg $C_{10}H_{20}O_2$

177. 苯乙酸乙酯

(1)其他名称 苯基乙酸乙酯;Ethyl Phenylacetate;Ethyl 2 - phenylacetate;Phenylacetic acid ethyl ester;Ethyl benzeneacetate。

(2)编码 CAS 101-97-3;FEMA 2452。

(3)分子式、相对分子质量与结构式 $C_{10}H_{12}O_2$;164.20;

CH_3 O O

(4)含量 本品苯乙酸乙酯($C_{10}H_{12}O_2$)含量大于98.0%。

(5)性状 苯乙酸乙酯为无色透明液体,有特征气味。

(6)鉴别 按照"红外吸收光谱法"的液膜法规定的操作测定苯乙酸乙酯的红外吸收光谱,与参比光谱图(见图9-31)比较,两个谱图在相同的波数几乎有同样的吸收强度。

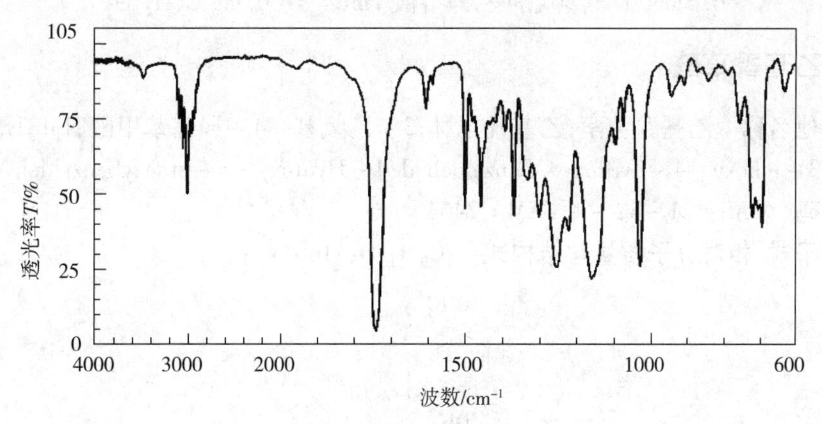

图9-31 苯乙酸乙酯的红外吸收光谱图

(7)纯度

①折射率 n_D^{20}:1.496~1.500。

②相对密度:1.031~1.036。

③溶液澄清度:澄清[1.0mL,70%(体积分数)乙醇3.0mL]。

④酸值:不超过1.0(香料物质试验)。

⑤卤化物:按"香料物质试验"卤代化合物的规定操作。

(8)含量测定 准确称取苯乙酸乙酯约1.5g,按"香料物质试验"酯含量的规定操作。

0.5mol/L 氢氧化钾的乙醇溶液 1mL = 82.10mg $C_{10}H_{12}O_2$

178. 丙酸乙酯

(1)其他名称 正丙酸乙酯;初油酸乙酯;丁基酞酰甘醇酸丁酯;Ethyl propionate;Ethyl 2 - phenylacetate;Ethyl propanoate;Trianoic acid ethyl Ester;Propionic acid ethyl ester。

(2)编码 CAS 105-37-3;FEMA 2456。

(3)分子式、相对分子质量与结构式 $C_5H_{10}O_2$;102.13;

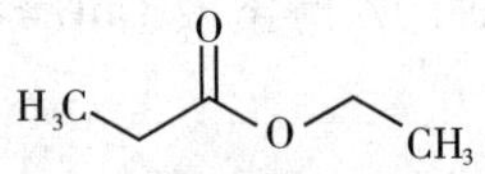

(4)含量 本品丙酸乙酯($C_5H_{10}O_2$)含量大于98.0%。

(5)性状 丙酸乙酯为无色透明液体,有特征气味。

(6)鉴别 取丙酸乙酯1mL,加入10%氢氧化钾的乙醇试液5mL,在温水浴中加热。特征气味消失。冷却后,该溶液用稀硫酸(1→20)调至酸性。产生丙酸的气味。

(7)纯度

①折射率 n_D^{20}:1.383~1.385。

②相对密度:0.890~0.893。

③澄清度:澄清[1.0mL,50%(体积分数)乙醇1.0mL]。

④酸值:不超过1.0(香料物质试验)。

(8)含量测定 准确称取丙酸乙酯约1g,按"香料物质试验"的酯含量规定操作。

0.5mol/L 氢氧化钾乙醇溶液 1mL = 51.07mg $C_5H_{10}O_2$

179. 乙基香草醛

(1)其他名称 乙基香兰素;乙基凡尼林;3-乙氧基-4-羟基苯甲醛;Ethylvanillin;Ethyl Vanillin;3-ethoxy-4-hydroxy-benzaldehyd;4-Hydroxy-3-ethoxybenzaldehyde。

(2)编码 CAS:121-32-4;FEMA 2464。

(3)分子式、相对分子质量与结构式 $C_9H_{10}O_3$;166.17;

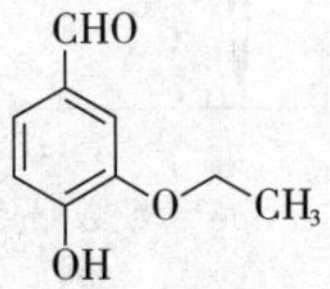

(4)含量 本品乙基香草醛($C_9H_{10}O_3$)含量大于98.0%。

(5)性状 乙基香草醛为白色至淡黄色片状结晶或晶体粉末,有香草香气和味道。

(6)鉴别 按照"红外吸收光谱法"的研糊法规定的操作测定乙基香草醛的红外吸收光谱,与参比光谱图(见图9-32)比较,两个谱图在相同的波数几乎有同样的吸收强度。

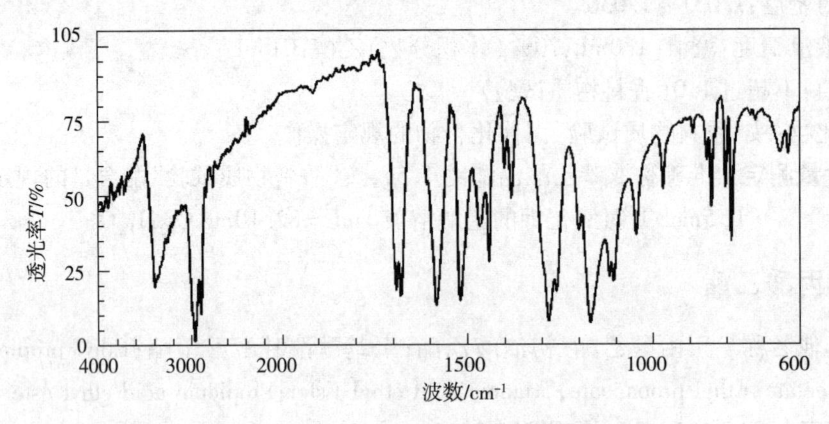

图9-32 乙基香草醛的红外吸收光谱图

(7)纯度

①熔点:76℃ ~78℃。

②溶液澄清度:澄清[1.0g,60%(体积分数)乙醇 10mL]。

③重金属:以 Pb 计,不超过 10μg/g(2.0g,第 2 法,参比溶液为铅标准液 2.0mL 配制)。

④砷:以 As_2O_3 计,不超过 4.0μg/g(0.50g,第 4 法,装置 B)。

(8)干燥失量 不超过 0.5%(4h)。

(9)灼热残留物 不超过 0.05%。

(10)含量测定 准确称取乙基香草醛约 1g,按"香料物质试验"醛类或酮类含量第 2 法的规定操作。本试验中,滴定前混合液静置 15min。

$$0.5mol/L\ 盐酸\ 1mL = 83.09mg\ C_9H_{10}O_3$$

180. 丁香酚

(1)其他名称 丁子香酚;4-烯丙基-2-甲氧基苯酚;2-甲氧基-4-烯丙基酚;Eugenol;4-Allyl-2-methoxyphenol;Eugenic acid。

(2)编码 CAS 97-53-0;FEMA 2467。

(3)分子式、相对分子质量与结构式 $C_{10}H_{12}O_2$;164.20;

OH, O—CH₃, H₂C (structure)

(4)含量 本品丁香酚($C_{10}H_{12}O_2$)含量大于 98.0%(体积分数)。

(5)性状 丁香酚为无色至淡黄棕色透明液体,有丁香香气。

(6)鉴别 按照"红外吸收光谱法"的液膜法规定的操作测定丁香酚的红外吸收光谱,与参比光谱图(见图 9-33)比较,两个谱图在相同的波数几乎有同样的吸收强度。

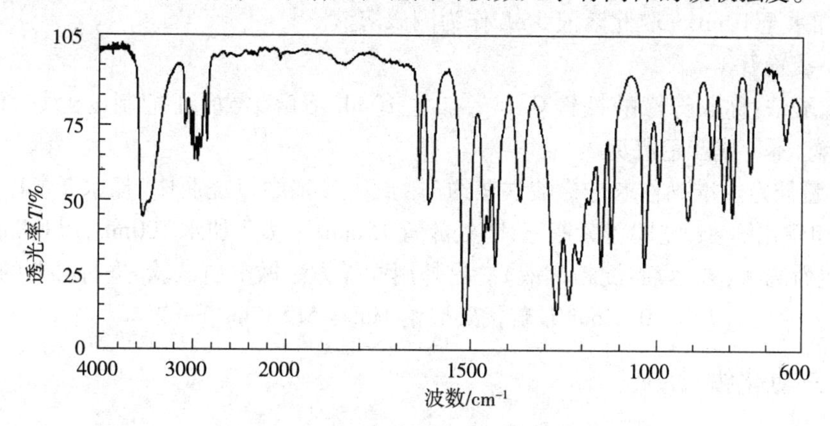

图 9-33 丁香酚的红外吸收光谱图

(7)纯度

①折射率 n_D^{20}:1.539 ~1.542。

②相对密度:1.065 ~1.071。

③溶液澄清度:澄清[2.0mL,70%(体积分数)乙醇 4.0mL]。

(8)**含量测定** 按"香料物质试验"酚类含量中规定操作。本试验中,要以水浴加热30min后,冷却至室温代替原"香料物质试验"中的放置30min。

181. 柠檬酸铁铵

(1)**其他名称** 枸橼酸铁铵;2-羟基-1,2,3-丙三羧酸铁(Ⅲ)铵盐;柠檬酸铁铵(绿色);柠檬酸铁铵(棕色);Ferric ammonium citrate;Ferric ammonium citrate,brown;Ferric ammonium citrate,green;Ammonium ferric citrate。

(2)**编码** CAS 1185-57-5;INS 381。

(3)**含量** 柠檬酸铁铵铁(Fe=55.85)含量为14.5%~21.0%。

(4)**性状** 柠檬酸铁铵为绿色、褐红色、深红色、褐色或褐黄色的透明片状结晶、粉末、颗粒或团块。无臭味或稍有氨味,稍有铁味。

(5)**鉴别**

①取柠檬酸铁铵溶液(1→10)5mL,加氢氧化钠溶液(1→25)5mL,加热。产生氨味,并形成褐红色沉淀。

②向柠檬酸铁铵溶液(1→100)中加入氨试液。产生黑色,不形成沉淀。

③取柠檬酸铁铵溶液(1→10)10mL,加氢氧化钾溶液(1→15)4mL,加热,过滤。取滤液4mL,加稀乙酸(1→4)至弱酸性,冷却。加氯化钙溶液(3→40)2mL,煮沸。生成白色晶体沉淀。

(6)**纯度**

①硫酸盐:以SO_4计,不超过0.48%。按"柠檬酸铁"纯度②规定操作。

②重金属:以Pb计,不超过20μg/g。按"柠檬酸铁"纯度④规定操作。

③砷:以As_2O_3计,不超过4.0μg/g。

测试溶液 称取柠檬酸铁铵约1.0g,加水5mL,硫酸1mL和亚硫酸10mL,蒸发至约2mL,然后加水至10mL。取此溶液5mL作为测试溶液。

装置 装置B。

④柠檬酸铁:称取柠檬酸铁铵0.10g,加水10mL溶解,再加新配制的亚铁氰化钾溶液(1→10)1滴,不生成蓝色沉淀。

(7)**含量测定** 准确称取柠檬酸铁铵约1g,放入具塞磨口烧瓶中,加水25mL溶解,再加盐酸5mL和碘化钾4g,立即盖紧瓶塞,暗处放置15min。然后加水100mL,用0.1mol/L硫代硫酸钠滴定游离碘(指示剂:淀粉试液)。另外用同样方法做空白试验,进行必要的校正。

0.1mol/L硫代硫酸钠1mL=5.585mg Fe

182. 三氯化铁

(1)**其他名称** 氯化铁;氯化高铁;Ferric chloride;Iron trichloride hexahydrate;Iron(Ⅲ) Chloride hexahydrate;Iron(Ⅲ)Chloride,Hydrous;Ferric chloride hexahydrate。

(2)**编码** CAS 10025-77-1。

(3)**分子式、相对分子质量与结构式** $FeCl_3 \cdot 6H_2O$;270.29。

(4)**含量** 本品三氯化铁($FeCl_3 \cdot 6H_2O$)的含量为98.5%~102.0%。

(5)**性状** 三氯化铁吸潮,呈褐黄色结晶或块状。

(6)鉴别 三氯化铁对“定性试验”中铁盐和氯化物的所有试验产生相应反应。

(7)纯度

①溶液澄清度:非常轻微的浑浊。

称取三氯化铁1.0g,加稀盐酸(1→100)10mL,加热溶解。

②游离酸:称取三氯化铁2.0g,加水5mL溶解,将蘸有氨水的玻璃棒靠近时不冒白烟。

③硝酸盐:称取三氯化铁5.0g,加水25mL溶解,煮沸后加氨溶液25mL。冷却后加水配至100mL,过滤。作为样本溶液。取此液5mL,加水5mL,靛蓝试液0.1mL和硫酸10mL。显示的蓝色持续不少于5min。

④硫酸盐:以SO_4计,不超过0.019%。

测试溶液 取以上纯度3的样本溶液20mL,加无水碳酸钠溶液(1→8)3mL,水浴蒸干,再以小火加热至不再冒白烟。冷却后,加水10mL和稀盐酸(1→4)3mL,水浴蒸干,残留物用稀盐酸(1→4)0.3mL溶解,再加水配至50mL。

参比溶液 取0.005mol/L硫酸0.40mL,加稀盐酸(1→4)1mL,加水配至50mL。

⑤重金属:以Pb计,不超过20μg/g。

测试溶液 称取三氯化铁1.0g于瓷蒸发皿中,加王水3mL溶解,水浴蒸至干。残留物用稀盐酸(1→2)5mL溶解,将该溶液移入分液漏斗中,每次用稀盐酸(1→2)5mL洗涤瓷蒸发皿,共2次,合并洗液于分液漏斗中。每次用乙醚40mL洗涤水层,共两次,再用乙醚20mL洗涤1次,弃掉每次的洗液。将盐酸羟胺0.05g溶入水层,水浴加热10min,加酚酞试液1滴,再加氨水至溶液显粉红色为止。冷却后,逐滴加稀盐酸(1→2)至溶液几乎完全无色后,加稀乙酸(1→20)4mL,加水配至50mL。

参比溶液 取铅标准溶液2.0mL于瓷蒸发皿中,加王水3mL,然后按测试溶液的规定操作。

⑥锌:以Zn计,不超过30μg/g。

测试溶液 取以上纯度3的样本溶液20mL于纳氏比色管中,用盐酸中和后,加水至30mL,再加稀盐酸(1→4)3mL和新配制的亚铁氰化钾溶液(1→10)0.2mL。

参比溶液 取锌标准液3.0mL于纳氏比色管中,加水配至30mL,然后按测试溶液的规定操作。

程序 将测试溶液和参比溶液放置15min后,测试溶液不应浑浊于参比溶液。

⑦砷:以As_2O_3计,不超过4.0μg/g。

测试溶液 取三氯化铁0.50g,用水20mL溶解,然后将L-抗坏血酸0.2g溶于此溶液中。

标准色 取砷标准溶液2.0mL,加水20mL,再将L-抗坏血酸0.1g溶于此溶液中。

装置 装置B。

操作程序 进行试验时不需加氨水中和。

⑧游离氯:称取三氯化铁2.0g,加水5mL溶解。加热,将碘化锌淀粉试液润湿的滤纸靠近时,不显蓝色。

(8)含量测定 准确称取三氯化铁约0.6g于具磨砂塞烧瓶中,加水约50mL溶解,加盐酸3mL和碘化钾3g,立即盖紧瓶塞,暗处放置15min。然后用0.1mol/L硫代硫酸钠滴定(指示剂:淀粉试液)。以同样方法进行空白试验,以作必要校正。

0.1mol/L 硫代硫酸钠 1mL = 27.03mg $FeCl_3 \cdot 6H_2O$

183. 柠檬酸铁

(1)其他名称 柠檬酸三铁；柠檬酸铁(Ⅲ)；2-羟基丙烷-1,2,3-三羧酸铁盐；Ferric Citrate；Iron Citrate；Iron(Ⅲ) citrate；Iron(Ⅲ) salt of 2-hydroxypropane-1,2,3-tricarboxylic acid。

(2)编码 CAS 3522-50-7,2338-05-8(一水合物),17217-76-4(三水合物)。

(3)分子式与相对分子质量 $C_6H_5FeO_7$;244.99。

(4)含量 本品铁(Fe=55.85)含量为16.5%~18.5%。

(5)性状 柠檬酸铁为褐色粉末或褐红色透明薄片。

(6)鉴别 柠檬酸铁对"定性试验"中所有铁盐试验和柠檬酸盐试验(2)产生相应反应。

(7)纯度

①溶液澄清度:几乎澄清。

测试溶液 称取柠檬酸铁 1.0g,加水 20mL,水浴加热溶解。

②硫酸盐:以 SO_4 计,不超过 0.48%。

按"柠檬酸亚铁钠"纯度④的规定操作。

③铵盐:取柠檬酸铁 1.0g,加水 10mL 和氢氧化钾溶液(1→15)5mL,煮沸后无氨味。

④重金属:以 Pb 计,不超过 20μg/g。

按"柠檬酸亚铁钠"纯度③的规定操作。

⑤砷:以 As_2O_3 计,不超过 4.0μg/g。

测试溶液 称取规定操作 1.0g,加水 5mL,硫酸 1mL 和亚硫酸 10mL,蒸发浓缩至约 2mL,然后加水配至 10mL。取此溶液 5mL 进行试验。

装置 装置 B。

(8)含量测定 准确称取柠檬酸铁约 1g,加入塞具磨口烧瓶中,加盐酸 5mL 和水 30mL,加热溶解,冷却后加碘化钾 4g,立即盖紧瓶塞。暗处放置 15min。然后加水 100mL,用 0.1mol/L 硫代硫酸钠滴定游离碘(指示剂:淀粉试液)。以同样方法进行空白试验,做必要校正。

0.1mol/L 硫代硫酸钠 1mL = 5.585mg Fe

184. 焦磷酸铁

(1)其他名称 Ferric pyrophosphate；Iron(Ⅲ) diphosphate；Iron pyrophosphate。

(2)编码 CAS 10058-44-3;1332-96-3。

(3)分子式及相对分子质量 $Fe_4(P_2O_7)_3$;745.21。

(4)含量 本品经灼烧后,焦磷酸铁[$Fe_4(P_2O_7)_3$]的含量大于 95.0%。

(5)性状 焦磷酸铁为黄色至黄褐色粉末。无臭味,稍有铁的味道。

(6)鉴别

①称取焦磷酸铁 0.2g,加入氢氧化钠溶液(1→25)10mL,过滤形成红褐色沉淀。滤纸上残留物用稀盐酸(1→4)溶解,最终溶液对"定性试验"的铁盐试验产生相应反应。

②将稀硝酸(1→10)加入鉴别 1 的滤液使之呈弱酸性,再加入硝酸银溶液(1→50)时,形

成白色沉淀。

(7)纯度

①溶液澄清度:稍微浑浊。

称取焦磷酸铁0.10g,加入稀盐酸(1→2)5.0mL溶解,再加水配至20mL。

②氯化物:以Cl计,不超过3.55%。

样品试液 称取焦磷酸铁1.00g,加入稀硝酸(1→2)5mL,水浴加热溶解。加入酚酞试液数滴和氢氧化钠溶液(1→25)50mL,充分振摇,加水配至100mL,放置约10min,用干燥滤纸过滤。取滤液10mL,加水配至100mL。取此溶液2.0mL,用稀硝酸(1→10)调至中性。

参比溶液 使用0.01mol/L盐酸0.20mL。

③硫酸盐:以SO_4计,不超过0.12%。

测试溶液 取纯度②所得滤液40mL,用稀盐酸(1→4)中和。

参比溶液 使用0.005mol/L硫酸1.0mL。

④重金属:以Pb计,不超过20μg/g。

测试溶液 称取焦磷酸铁0.5g于瓷蒸发皿中,加王水3mL溶解,水浴缓慢蒸干。将残留物用稀盐酸(1→2)5mL溶解,然后移入分液漏斗中。每次用稀盐酸(1→2)5mL洗涤瓷蒸发皿共3次,将洗液加入分液漏斗中。加乙醚后振摇洗涤该溶液共5次(2次40mL后,再3次20mL)。每次洗涤后,静置分层,弃去分离的乙醚层。将0.2g盐酸羟胺溶解在该水层中,水浴加热10min。冷却后,加入酚酞试液1滴,再加氨水直至溶液显粉红色。再逐滴滴加稀盐酸(1→2)至溶液几乎无色,再加稀盐酸(1→2)1mL,稀乙酸(1→20)4mL,乙酸钠溶液(2→15)4mL,加水配至50mL。

参比溶液 吸取铅标准溶液1.0mL于瓷蒸发皿中,加王水3mL,然后按配制测试溶液同样操作。此处为滴加稀盐酸(1→2)至溶液几乎无色后,再加入稀盐酸(1→2)0.5mL。

⑤砷:以As_2O_3计,不超过4.0μg/g。

测试溶液 称取焦磷酸铁0.50g,用5mL稀盐酸(1→2)溶解,再加入L-抗坏血酸0.2g使之溶解。

标准色 将稀盐酸(1→2)5mL加入砷标准溶液1.0mL中,再加入L-抗坏血酸0.2g并溶解。

实验装置 装置B。

程序 按“砷限量试验”规定操作。此处省略了用氨水中和测试溶液。

(8)灼烧失量 不超过20.0%(1h)。

(9)含量测定 迅速准确称取经预先灼热的焦磷酸铁约0.3g,用稀盐酸(1→2)20mL溶解,然后转入已加有水20mL的具塞磨口烧瓶中。加入碘化钾3g,立即塞紧瓶塞,暗处放置15min。加水100mL,用0.1mol/L硫代硫酸钠滴定游离碘(指示剂:淀粉试液)。另外,用相同方法进行空白试验。

0.1mol/L硫代硫酸钠1mL = 18.63mg $Fe_4(P_2O_7)_3$

185. 焦磷酸铁溶液

(1)英文名称 Ferric pyrophosphate solution。

(2)含量 焦磷酸铁溶液中焦磷酸铁[$Fe_4(P_2O_7)_3$ = 745.22]含量约2.5%~3.5%。

(3)性状 焦磷酸铁溶液为白色至淡黄色乳状液体。无臭味,稍有铁味。

(4)鉴别

①向焦磷酸铁溶液加入过量氢氧化钠溶液(1→25),过滤生成的红褐色沉淀。将滤纸上的残留物用稀盐酸(1→3)溶解。溶液对"定性试验"中所有铁盐试验产生相应反应。

②将稀硝酸(1→10)加入鉴别1所得的滤液使溶液呈弱酸性,加入硝酸银溶液(1→50),生成白色沉淀。

(5)纯度

①溶液澄清度:稍有浑浊。

测试溶液 称取焦磷酸铁溶液2.0g,将其溶于稀盐酸(1→2)5mL,再加水配至20mL。

②氯化物:以Cl计,不超过0.35%。

样品溶液 称取焦磷酸铁溶液10g,加入酚酞试液数滴和氢氧化钠溶液(1→25)7mL,充分振摇,加水配至100mL,放置约10min,用干燥滤纸过滤。取滤液10mL,加水配至100mL,取此液2.0mL,用稀硝酸(1→10)中和。

参比溶液 使用0.01mol/L盐酸0.20mL。

③硫酸盐:以SO_4计,不超过0.002%。

测试溶液 取纯度②中滤液40mL,用稀盐酸(1→4)进行中和。

参比溶液 使用0.005mol/L硫酸0.20mL。

④重金属:以Pb计,不超过4.0μg/g。

测试溶液 称取焦磷酸铁溶液5g于瓷蒸发皿中,加王水5mL溶解,水浴中缓慢蒸干。残留物用稀盐酸(1→2)5mL溶解,转移至分液漏斗中。每次用稀盐酸(1→2)5mL洗涤瓷蒸发皿共2次,将洗液合并于分液漏斗中。再加乙醚振摇洗涤内容物3次(前两次用40mL,最后一次用20mL)。在每次洗涤后,静置分层,弃去分离的乙醚层。向该水层加入盐酸羟胺0.05g溶解,水浴加热10min,加入酚酞试液1滴,再加入氨水直至溶液显粉红色。冷却后,滴加稀盐酸(1→2)至溶液几乎无色,加稀乙酸(1→20)4mL,再加水配至50mL。

参比溶液 取铅标准溶液2.0mL于瓷蒸发皿中,加王水5mL,然后按配制测试溶液相同操作进行。

⑤砷:以As_2O_3计,不超过0.2μg/g。

测试溶液 将L-抗坏血酸0.2g溶解于焦磷酸铁溶液10g中。

装置 装置B。

标准色 取砷标准溶液2.0mL,加水4mL,加入L-抗坏血酸0.1g溶解,然后按测试溶液相同操作进行。

程序 按"砷限量试验"规定进行,此处省略了用氨水中和测试溶液的操作。

(6)含量测定 准确称取焦磷酸铁溶液约10g,转入已加入水约30mL的具塞磨口烧瓶内,加盐酸10mL溶解。加碘化钾3g,立即塞紧瓶塞,暗处放置15min。然后加水100mL,用0.1mol/L硫代硫酸钠滴定游离碘(指示剂:淀粉试液)。以同样方法进行空白试验。

$$0.1mol/L\ 硫代硫酸钠\ 1mL = 18.63mg\ Fe_4(P_2O_7)_3$$

186. 葡萄糖酸亚铁

(1)英文名称 Ferrous gluconate; Iron gluconate; Monoiron(Ⅱ)bis(D-gluconate)。

(2)编码　CAS 299－29－6(二水品),6047－12－7(无水品);INS 579。

(3)分子式、相对分子质量与结构式　$C_{12}H_{22}FeO_{14} \cdot nH_2O$($n$＝2或0),482.17(二水),446.14(无水);

HO OH H OH HO COO⁻ HO H H OH

$Fe^{2+} \cdot nH_2O$

n=2或0

(4)含量　本品干燥后,葡萄糖酸亚铁($C_{12}H_{22}FeO_{14}$)的含量大于95.0%。

(5)性状　葡萄糖酸亚铁为黄灰至绿黄色粉末或颗粒,稍有特殊气味。

(6)鉴别

①取葡萄糖酸亚铁的温水溶液(1→10)5mL,然后按"葡萄糖酸－δ－内酯"鉴别2规定操作。

②葡萄糖酸亚铁溶液(1→20)对"定性试验"的所有亚铁盐试验有相应反应。

(7)纯度

①重金属:以Pb计,不超过20μg/g。

测试溶液　称取葡萄糖酸亚铁1.0g于坩埚中,加入硫酸2mL润湿,缓慢加热至几乎完全灰化后,冷却。加硫酸1mL,缓慢加热至硫酸烟雾几乎不再产生为止。将残留物置450℃～550℃灼热至灰化。冷却后,加稀盐酸(1→2)5mL溶解残留物,移入分液漏斗中。每次用稀盐酸(1→2)5mL洗涤坩埚共2次,将洗液合并于分液漏斗中。再加乙醚振摇洗涤内容物3次(前2次用40mL,最后1次用20mL)。在每次洗涤后,静置分层,弃掉分离的乙醚层。向该水层中加入盐酸羟胺0.05g溶解,水浴加热10min,加酚酞试液1滴,然后加氨水至显粉红色为止。冷却后,滴加稀盐酸(1→2)至溶液几乎无色,加稀乙酸(1→20)4mL,加水配至50mL。

参比溶液　用铅标准溶液2.0mL代替样品,按测试溶液的配制方法进行。

②铁盐:以Fe^{3+}计,不超过2.0%。

称取葡萄糖酸亚铁5.0g,加水100mL和盐酸10mL溶解,然后加碘化钾3g,振摇。暗处放置5min。用0.1mol/L硫代硫酸钠滴定(指示剂:淀粉试液),其消耗量应不超过18mL。

③砷:以As_2O_3计,不超过4.0μg/g(0.50g,第3法,装置B)。

④草酸盐:称取葡萄糖酸亚铁1.0g,加水10mL和盐酸2mL溶解,转入分液漏斗,分别用乙醚50mL和20mL萃取2次,合并萃取液,加水10mL,水浴蒸发乙醚,然后加乙酸1滴和乙酸钙溶液(1→20)1mL。5min内应不出现混浊。

⑤蔗糖或还原糖:称取葡萄糖酸亚铁0.5g,加水10mL,加热溶解,再加氨试液1mL,通入硫化氢,放置30min,过滤。用水洗涤滤纸上的残留物2次,每次用水2mL。合并洗液和滤液,用盐酸中和,再加稀盐酸(1→4)2mL。浓缩此液至约10mL,冷却后,加无水碳酸钠溶液(1→8)5mL和水20mL,过滤。将滤液加水配至100mL。取此液5mL,加斐林试液2mL,煮沸1min。不应立即生成黄至红色沉淀。

(8)干燥失量　不超过10.0%(105℃,4h)。

(9)含量测定　准确称取经预先干燥的葡萄糖酸亚铁约1.5g,加水75mL和稀硫酸(1→20)15mL溶解,再加锌粉0.25g,放置20min后,先用铺有薄层锌粉的古氏玻璃漏斗(IG4)进行抽滤,然后用稀硫酸(1→20)10mL 和水 10mL 洗涤残留物,合并洗液和滤液。加 2 滴 *o* – 菲咯啉试液,必要时可抽滤。立即用 0.1mol/L 硫酸铈滴定。以同样方法做空白试验,进行必要的校正。

0.1mol/L 硫酸铈 1mL = 44.61mg $C_{12}H_{22}FeO_{14}$

187. 硫酸亚铁

(1)其他名称 硫酸铁(Ⅱ)水合物;绿矾;Ferrous sulfate;Iron(Ⅱ)sulfate hydrate;Green vitriol。

(2)编码 CAS 13463 – 43 – 9(一水品),7720 – 78 – 7(七水品)。

(3)分子式和相对分子质量 $FeSO_4$;151.91。

(4)定义 硫酸亚铁有结晶形式(7 水)及干燥形式(1 水 ~ 1.5 水),分别称为硫酸亚铁(结晶品)及硫酸亚铁(干燥品)。

(5)含量 硫酸亚铁(结晶品)的七水合硫酸亚铁($FeSO_4 \cdot 7H_2O$ = 278.02)含量为 98.0% ~ 104.0%,硫酸亚铁(干燥品)的硫酸亚铁($FeSO_4$ = 151.91)含量大于 85.0%。

(6)性状 硫酸亚铁(结晶品)为带白绿色结晶或晶体粉末,硫酸亚铁(干燥品)为灰白色粉末。

(7)鉴别 硫酸亚铁溶液(1→100)对"定性试验"中所有亚铁盐和硫酸盐试验产生相应反应。

(8)纯度

①pH:酸性,大于 3.4(结晶品 1.0g,水 10mL)。

②重金属:

结晶品:以 Pb 计,不超过 40μg/g。

干燥品:以 Pb 计,不超过 60μg/g。

测试溶液 称取硫酸亚铁(结晶品)0.50g 或硫酸亚铁(干燥品)0.33g 于瓷蒸发皿中,加王水 3mL 溶解,水浴蒸干。残留物用稀盐酸(1→2)5mL 溶解,然后移入分液漏斗中。每次用稀盐酸(1→2)5mL 洗涤瓷蒸发皿共 2 次,将洗液合并于分液漏斗中。再加乙醚振摇洗涤内容物 3 次(前两次用 40mL,最后一次用 20mL)。在每次洗涤后,静置分层,弃掉分离的乙醚层。向该水层中加入盐酸羟胺 0.05g 使之溶解,水浴加热 10min,加酚酞试液 1 滴,然后加氨溶液至显红色。冷却后,滴加稀盐酸(1→2)至几乎无色。再加稀乙酸(1→20)2mL 和水配至 50mL。

参比溶液 取铅标准溶液 2.0mL 于瓷蒸发皿中,加王水 3mL,然后按测试溶液同样的操作进行。

③砷:以 As_2O_3 计,不超过 4.0μg/g(0.50g,第 1 法,装置 B)。

(9)含量测定 准确称取硫酸亚铁约 0.5g,将其用稀硫酸(1→25)25mL 和新煮沸后冷却的水 25mL 的混合液溶解,用 0.02mol/L 高锰酸钾滴定。

结晶品:0.02mol/L 高锰酸钾 1mL = 27.80mg $FeSO_4 \cdot 7H_2O$

干燥品:0.02mol/L 高锰酸钾 1mL = 15.19mg $FeSO_4$

188. 叶酸

(1)其他名称 *N* – [4 – [(2 – 氨基 – 4 – 氧代 – 1,4 – 二氢 – 6 – 蝶啶)甲氨基]苯甲酰

基]-L-谷氨酸;蝶酰谷氨酸;Folic acid;Folacin;Pteroylmonoglutamic acid。

(2)编码 CAS 59-30-3。

(3)分子式、相对分子质量与结构式 $C_{19}H_{19}N_7O_6$;441.40;

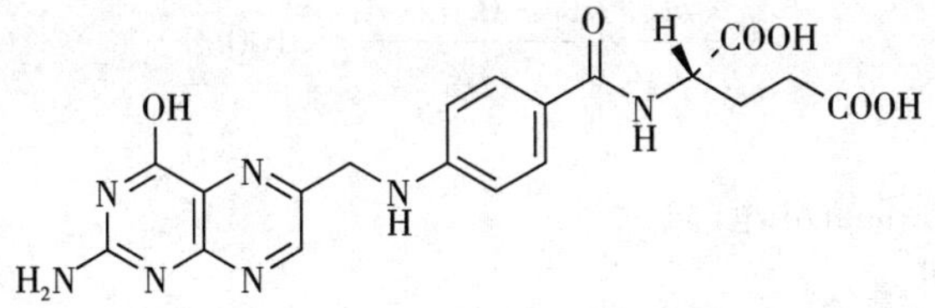

(4)含量 本品叶酸($C_{19}H_{19}N_7O_6$)含量为98.0%~102.0%。

(5)性状 叶酸为黄色至橙黄色晶体粉末,无臭味。

(6)鉴别 取叶酸1.5mg,用氢氧化钠溶液(1→250)溶解并配至100mL。此溶液在255nm~257nm,281nm~285nm及361nm~369nm波长吸收最大。

(7)纯度 游离氨不超过1.0%。

将对氨基苯甲酰谷氨酸标准品预先置干燥器中减压干燥4h,然后准确称取约0.05g,将其用40%乙醇(体积)溶解并定容至100mL。准确吸取此液3mL,加水定容至1000mL。准确吸取此溶液4mL,然后按含量测定(由S_2溶液配制S_3溶液)中S_3溶液的配制方法配制溶液,测定其吸光度(A_S')。按式(9-54)由含量测定中得到的A_S'和A_c计算游离氨的量(X)。

$$X=\frac{X_1}{X_2}\times\frac{A_c}{A_s'}\times 100\% \tag{9-54}$$

式中:

X——游离氨的量,%;

X_1——对氨基苯甲酰谷氨酸;标准品量,g;

X_2——含量测定用干燥样品量,g。

(8)水分 不超过8.5%(0.2g,反向滴定)。

取水分测定用甲醇20mL,水分测定用吡啶5mL。加入一定量的过量水分测定试液,反向滴定前搅拌30min。

(9)灼热残留物 不超过0.50%。

(10)含量测定 准确分别称取叶酸样品及叶酸标准品(用与叶酸样品相同方法预先测定水分含量)0.05g,分别加氢氧化钠溶液(1→250)50mL,充分振摇溶解,再加氢氧化钠溶液(1→250)定容至100mL,分别作为T_1及S_1溶液。

分别准确量取T_1及S_1溶液各30mL,加稀盐酸(1→4)溶液20mL,加水定容至100mL。然后分别准确量取两种溶液各60mL,分别加锌粉0.5g,不时振摇下放置20min。然后分别用干燥滤纸过滤,弃去最初10mL滤液,准确量取随后的滤液10mL,准确加水配至100mL,分别作为T_2溶液及S_2溶液。

准确量取T_2及S_2溶液各4mL,分别加水1mL,稀盐酸(1→4)1mL及亚硝酸钠溶液(1→1000)1mL,混合,放置2min。然后加氨基磺酸铵溶液(1→200)1mL,充分振摇后,再放置2min。然后分别加N-(1-萘基)-N'-二乙基替乙叉二胺草酸盐溶液(1→1000)1mL,振摇,放置10min,加水定容至20mL,分别作为T_3及S_3溶液。

准确量取T_1溶液30mL,加稀盐酸(1→4)20mL,加水定容至100mL。准确取此溶液4mL,

按由 T_2 溶液配制 T_3 溶液方法，配制 C 溶液。另外，取水 4mL，按由 T_2 溶液配制 T_3 溶液方法，配制参比溶液。在 550nm 波长以参比溶液调零，测定 T_3 溶液、S_3 溶液及 C 溶液的吸光度 A_T、A_S 及 A_C，按式（9－55）计算叶酸（$C_{19}H_{19}N_7O_6$）含量（X）。

$$X = \frac{m_1}{m_2} \times \frac{A_T - 0.1 \times A_C}{A_S} \times 100\% \tag{9-55}$$

式中：

m_1——干燥叶酸标准品量，g；

m_2——无水样品量，g。

189. 食用蓝色 1 号

（1）其他名称 亮蓝；Food blue No. 1；Brilliant blue FCF；FD & C Blue 1；Erioglaucine disodium salt；C. I. food blue 2；Disodium 2－(bis{4－[*N*－ethyl－*N*－(3－sulfonatophenylmethyl) amino] phenyl} methyliumyl) benzenesulfonate。

（2）编码 CAS 3844－45－9；INS 133；CI 42090。

（3）分子式、相对分子质量与结构式 $C_{37}H_{34}N_2Na_2O_9S_3$；792.85；

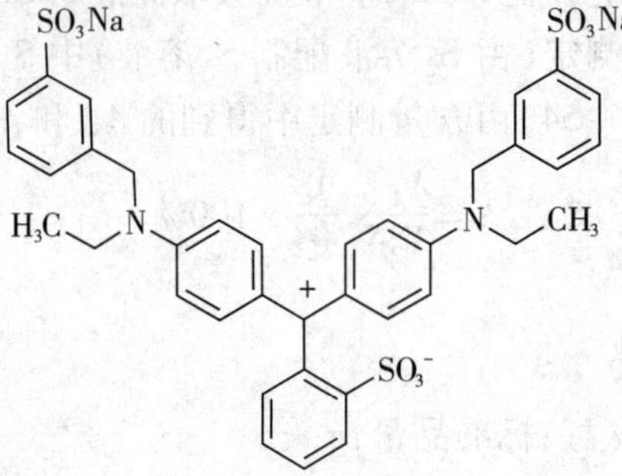

SO_3Na SO_3Na H_3C N N CH_3 + SO_3^-

（4）定义 食用蓝色 1 号主要成分为 2－[双[4－[（*N*－乙基－*N*－（3－磺酸苯甲基）氨基）苯基]甲叉]苯磺酸二钠。

（5）含量 食用蓝色 1 号相当于 2－[双[4－[（*N*－乙基－*N*－（3－磺酸苯甲基）氨基）苯基]甲叉]苯磺酸二钠（$C_{37}H_{34}N_2Na_2O_9S_3$）的含量 85.0% 以上。

（6）性状 食用蓝色 1 号为红紫色粉末或颗粒，无臭味，有金属光泽。

（7）鉴别

①食用蓝色 1 号溶液（1→2000）显蓝色。

②取食用蓝色 1 号溶液（1→1000）5mL，加盐酸 1mL。溶液颜色变为暗黄绿色。

③食用蓝色 1 号的硫酸溶液（1→100）为暗橙色。取此液 2 滴～3 滴加入水 5mL 时，颜色变为绿色。

④取食用蓝色 1 号溶液（1→1000）5mL，加氢氧化钠溶液（1→5）5mL，水浴加热。溶液颜色变为紫红色。

⑤取食用蓝色 1 号 0.1g，用乙酸铵溶液（3→2000）200mL 溶解。取此溶液 1mL，加乙酸铵溶液（3→2000）配至 100mL。此溶液在 628nm～632nm 波长吸收最大。

（8）纯度

①水不溶物：不超过 0.20%（着色物质试验）。

②氯化物和硫酸盐：其总量不超过 4.0%（着色物质试验）。

③重金属：

以 Cr 计，不超过 50μg/g[着色物质试验，重金属(2)]。

以 Mn 计，不超过 50μg/g[着色物质试验，重金属(4)]。

以 Pb 计，不超过 20μg/g[着色物质试验，重金属(5)]。

④砷：以 As_2O_3 计，不超过 4.0μg/g(着色物质试验)。

⑤其他着色物质[着色物质试验，其他着色物质(4)]。

(9)干燥失量　不超过 10.0%(135℃，6h)。

(10)含量测定　准确称取食用蓝色 1 号约 4.8g，用水溶解并定容至 250mL。准确量取此溶液 50mL 作为测试溶液，按照“着色物质试验”含量测定中三氯化钛法(ⅱ)规定进行。

0.1mol/L 三氯化钛 1mL = 39.64mg $C_{37}H_{34}N_2Na_2O_9S_3$

190. 食用蓝色 1 号铝色淀

(1)其他名称　亮蓝铝色淀；Food blue No.1 Aluminum lake；Brilliant blue FCF aluminum lake。

(2)编码　CAS 53026-57-6；INS 133；CI 42090:2。

(3)定义　将食用蓝色 1 号吸附到溶液中与碱反应生成的铝盐上。形成色淀后，经过滤、干燥和碾碎而成。

(4)含量　本品相当于 2-[双[4-[(*N*-乙基-*N*-(3-磺酸苯甲基)氨基)苯基]甲叉]苯磺酸二钠($C_{37}H_{34}N_2Na_2O_9S_3$ = 792.85)的含量 10.0% 以上。

(5)性状　食用蓝色 1 号铝色淀为蓝色细粉，无臭味。

(6)鉴别

①取食用蓝色 1 号铝色淀 0.1g，加稀盐酸(1→4)5mL，不时振摇下水浴加热约 5min。几乎完全溶解为澄清液体，溶液呈绿色至暗绿色。冷却后，用氨试液中和。溶液呈蓝色，并形成蓝色凝胶状沉淀。

②取食用蓝色 1 号铝色淀 0.1g，加硫酸 5mL，不时振摇下水浴加热约 5min。溶液呈暗黄至暗灰褐色。冷却后，取上清液 2 滴 ~ 3 滴，加水 5mL，溶液呈蓝色至蓝绿色。

③取食用蓝色 1 号铝色淀 0.1g，加氢氧化钠溶液(1→10)5mL，不时振摇下水浴加热约 5min。几乎完全溶解为澄清液体，溶液为红紫色至紫红色。冷却后，用稀盐酸(1→4)中和。溶液呈蓝色至红紫色，并形成同样颜色的胶状沉淀。

④取食用蓝色 1 号铝色淀品 0.1g，加稀硫酸(1→20)5mL，充分混合后，加乙酸铵溶液(3→2000)配至 200mL。如果溶液不澄清，则离心分离。取该溶液 1mL ~ 10mL，加乙酸铵溶液(3→2000)配至 100mL，以使测得的吸光度在 0.2 ~ 0.7 之间。此溶液在 628nm ~ 632nm 波长吸收最大。

⑤取食用蓝色 1 号铝色淀 0.1g，加稀盐酸(1→4)10mL，水浴中加热使大部分溶解，加活性炭 0.5g，充分振摇后过滤。取无色滤液用氢氧化钠溶液(1→10)中和，该溶液对“定性试验”中所有铝盐试验产生相应反应。

(7)纯度

①盐酸及氨不溶物：不超过 0.5%(着色物质铝色淀试验)。

②重金属：以 Pb 计，不超过 20μg/g[着色物质铝色淀试验，重金属(3)]。

③钡：以 Ba 计，不超过 500μg/g（着色物质铝色淀试验）。

④砷：以 As_2O_3 计，不超过 4.0μg/g（着色物质铝色淀试验）。

⑤其他色素色淀［“着色物质铝色淀试验”的其他着色物质色淀（3）］。

（8）干燥失量 不超过 30.0%（135℃，6h）。

（9）含量测定 准确称取食用蓝色 1 号铝色淀适量，以使 0.1mol/L 三氯化钛溶液消耗量约 20mL 为参考量，按“着色物质铝色淀试验”含量测定（2）规定操作。

0.1mol/L 三氯化钛 1mL = 39.64mg $C_{37}H_{34}N_2O_9S_3$

191. 食用蓝色 2 号

（1）其他名称 靛蓝；靛蓝二磺酸钠；Food blue No.2；Indigo carmine；indigotine；FD & C blue 2；C. I. Food blue 1；Disodium 2,2′ – bi（3 – oxo – 1*H* – indolin – 2 – ylidene） – 5,5′ – disulfonate。

（2）编码 CAS 860 – 22 – 0；INS 132；CI 73015。

（3）分子式、相对分子质量与结构式 $C_{16}H_8N_2Na_2O_8S_2$；466.35；

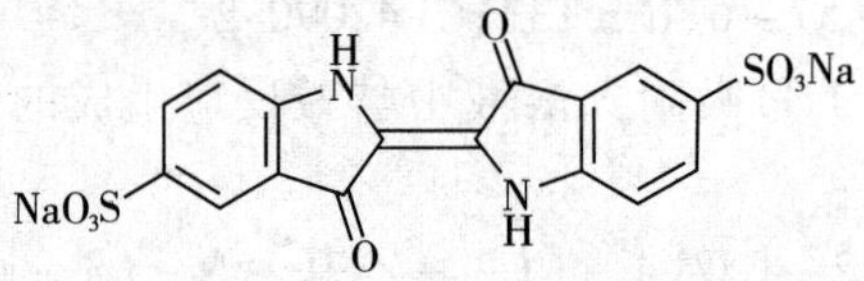

（4）定义 食用蓝色 2 号主要成分为 2,2′ – 二（3 – 氧代 – 1*H* – 吲哚 – 2 – 亚基） – 5,5′ – 二磺酸二钠。

（5）含量 本品相当于 2,2′ – 二（3 – 氧代 – 1*H* – 吲哚 – 2 – 亚基） – 5,5′ – 二磺酸二钠（$C_{16}H_8N_2Na_2O_8S_2$）的含量 85.0% 以上。

（6）性状 食用蓝色 2 号为暗紫蓝至暗紫褐色粉末或颗粒，无臭味。

（7）鉴别

①食用蓝色 2 号溶液（1→2000）呈蓝紫色。

②食用蓝色 2 号的硫酸溶液（1→100）呈深紫色。取此液 2 滴 ~ 3 滴加入水 5mL 中，显蓝紫色。

③取食用蓝色 2 号溶液（1→1000）5mL，加氢氧化钠溶液（1→10）1mL，溶液颜色变为绿黄色。

④取食用蓝色 2 号 0.1g，用乙酸铵溶液（3→2000）100mL 溶解。取此溶液 1mL，加乙酸铵溶液（3→2000）配至 100mL。此溶液在 610nm ~ 614nm 波长吸收最大。

（8）纯度

①水不溶物：不超过 0.20%（着色物质试验）。

②氯化物和硫酸盐：总量不超过 7.0%（着色物质试验）。

③重金属：

以 Fe 计，不超过 500μg/g［着色物质试验，重金属（3）］。

以 Pb 计，不超过 20μg/g［着色物质试验，重金属（5）］。

④砷：以 As_2O_3 计，不超过 4.0μg/g（着色物质试验）。

⑤其他色素［着色物质试验，其他着色物质（1）］。

(9)干燥失量 不超过10.0%(135℃,6h)。

(10)含量测定 准确称取食用蓝色2号约2.7g,用水溶解并定容至500mL。准确取此溶液100mL作为测试溶液。按照“着色物质试验”含量测定的三氯化钛法(ⅱ)规定操作。

0.1mol/L三氯化钛1mL=23.32mg $C_{16}H_8N_2Na_2O_8S_2$

192. 食用蓝色2号铝色淀

(1)其他名称 靛蓝铝色淀;酸性靛蓝铝色淀;Food blue No. 2 aluminum lake;Indigo carmine aluminum lake。

(2)编码 CAS 16521-38-3;INS 132;CI 73015:1。

(3)定义 将食用蓝色2号吸附到溶液中与碱反应生成的铝盐上。形成色淀后,经过滤、干燥和碾碎而成。

(4)含量 食用蓝色2号铝色淀相当于2,2′-二(3-氧代-1*H*-吲哚-2-亚基)-5,5′-二磺酸二钠($C_{16}H_8N_2Na_2O_8S_2$=466.35)的含量10.0%以上。

(5)性状 食用蓝色2号铝色淀为蓝紫色的细粉,无臭味。

(6)鉴别

①取食用蓝色2号铝色淀0.1g,加硫酸5mL,不时振摇下水浴加热约5min。溶液显深蓝紫色。冷却后,取上清液2滴~3滴于5mL水中,显蓝紫色。

②取食用蓝色2号铝色淀0.1g,加氢氧化钠溶液(1→10)5mL,不时振摇下水浴加热约5min。溶解呈几乎澄清的褐黄色溶液。冷却后,用稀盐酸(1→4)中和。溶液呈蓝紫色至浅绿色,并形成同样颜色的胶状沉淀物。

③取食用蓝色2号铝色淀0.1g,加稀硫酸(1→20)5mL,充分振摇后,加乙酸铵溶液(3→2000)配至100mL。若溶液不澄清则进行离心。取该溶液1mL~10mL,加乙酸铵溶液(3→2000)配至100mL,以使测定的吸光度在0.2~0.7之间。此溶液在610nm~614nm处吸收最大。

④取食用蓝色2号铝色淀0.1g,加稀盐酸(1→4)10mL,水浴加热使大部分溶解,加活性炭0.5g,充分振摇后过滤。无色滤液用氢氧化钠溶液(1→10)中和。溶液对“定性试验”中所有铝盐试验产生相应反应。

(7)纯度

①盐酸及氨不溶物:

不超过0.5%(着色物质铝色淀试验)。

②重金属:

以Fe计,不超过250μg/g[着色物质铝色淀试验,重金属(2)]。

以Pb计,不超过20μg/g[着色物质铝色淀试验,重金属(3)]。

此处铁试验中,样品溶液和空白溶液用量均为4.0mL。

③钡:以Ba计,不超过500μg/g(着色物质铝色淀试验)。

④砷:以As_2O_3计,不超过4.0μg/g(着色物质铝色淀试验)。

⑤其他着色物质色淀[“着色物质铝色淀试验”中其他着色物质色淀(4)]。

(8)干燥失量 不超过30.0%(135℃,6h)。

(9)含量测定 准确称取一定量的食用蓝色2号铝色淀,以使0.1mol/L三氯化钛溶液消耗量约为 20mL,按“着色物质铝色淀试验”的含量测定(2)规定操作。

0.1mol/L 三氯化钛 1mL = 23.32mg $C_{16}H_8N_2Na_2O_8S_2$

193. 食用绿色 3 号

(1)其他名称 坚牢绿;坚牢绿 FCF;固绿;Food green No. 3;Fast green FCF;FD & C green 3;C. I. food green 3。

(2)编码 CAS 2353-45-9;INS 143;CI 42053。

(3)分子式、相对分子质量与结构式 $C_{37}H_{34}N_2Na_2O_{10}S_3$;808.85;

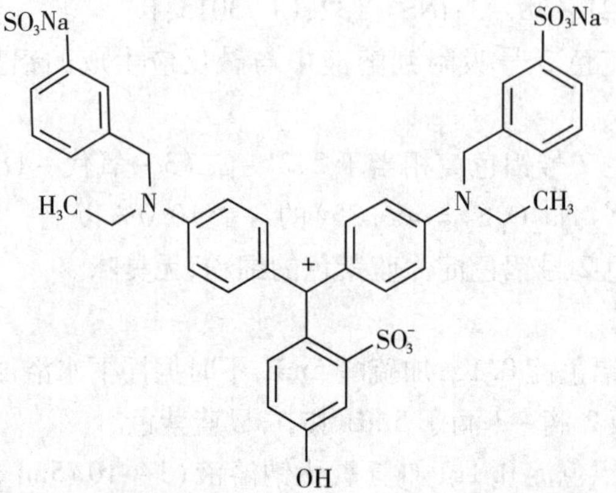

(4)定义 食用绿色 3 号主要成分为 2-双[4-[N-乙基-N-[(3-磺酸苯甲基)氨基]苯基]甲叉]-5-羟基苯磺酸二钠。

(5)含量 食用绿色 3 号相当于 2-双[4-[N-乙基-N-[(3-磺酸苯甲基)氨基]苯基]甲叉]-5-羟基苯磺酸二钠($C_{37}H_{34}N_2Na_2O_{10}S_3$)的含量 85.0% 以上。

(6)性状 食用绿色 3 号为暗绿色粉末或颗粒。无臭味,有金属光泽。

(7)鉴别

①食用绿色 3 号溶液(1→2000)呈绿蓝色。

②取食用绿色 3 号溶液(1→1000)5mL,加盐酸 1mL。溶液颜色变为褐色。

③取食用绿色 3 号溶液(1→1000)5mL,加氢氧化钠溶液(1→10)1mL。溶液颜色变为紫蓝色。

④食用绿色 3 号的硫酸溶液(1→100)显橙色。取此液 2 滴~3 滴加入 5mL 水中,溶液呈绿色。

⑤取食用绿色 3 号 0.1g,用 200mL 乙酸铵溶液(3→2000)溶解。取此溶液 1mL,加乙酸铵溶液(3→2000)配至 100mL。此溶液在 622nm~626nm 波长吸收最大。

(8)纯度

①水不溶物:不超过 0.20%(着色物质试验)。

②氯化物和硫酸盐:总量不超过 5.0%(着色物质试验)。

③重金属:

以 Cr 计,不超过 50μg/g[着色物质试验,重金属(2)]。

以 Mn 计,不超过 50μg/g[着色物质试验,重金属(4)]。

以 Pb 计,不超过 20μg/g[着色物质试验,重金属(5)]。

④砷：以 As_2O_3 计，不超过 4.0μg/g（着色物质试验）。

⑤其他着色物质［“着色物质试验”的其他着色物质（4）］。

（9）干燥失量 不超过 10.0%（135℃，6h）。

（10）含量测定 准确称取食用绿色 3 号约 4.7g，加水溶解并定容至 250mL。准确取此溶液 50mL 作为测试溶液，按“着色物质试验”含量测定中三氯化钛法（ⅱ）规定操作。

0.1mol/L 三氯化钛 1mL = 40.44mg $C_{37}H_{34}N_2Na_2O_{10}S_3$

194. 食用绿色 3 号铝色淀

（1）其他名称 坚牢绿铝色淀；Food green No. 3 aluminum lake；Fast green FCF aluminum lake。

（2）编码 CAS 977011 - 88 - 3；INS 143。

（3）定义 将食用绿色 3 号吸附到溶液中与碱反应生成的铝盐上。形成色淀后，经过滤，干燥和碾碎而成。

（4）含量 食用绿色 3 号铝色淀相当于 2 - 双［4 -［*N* - 乙基 - *N* -［（3 - 磺酸苯甲基）氨基］苯基］甲叉］- 5 - 羟基苯磺酸二钠（$C_{37}H_{34}N_2Na_2O_{10}S_3$ = 808.85）的含量 10.0% 以上。

（5）性状 食用绿色 3 号铝色淀为细微暗蓝绿色粉末，无臭味。

（6）鉴别

①取食用绿色 3 号铝色淀 0.1g，加稀盐酸（1→4）5mL，水浴中不时振摇加热约 5min。溶解成几乎澄明溶液，显暗绿色。冷却后，加氨试液中和。溶液显绿蓝色，并形成同样颜色的胶状沉淀。

②取食用绿色 3 号铝色淀 0.1g，加硫酸 5mL，水浴中不时地振摇加热约 5min。溶液显橙色。冷却后，取上清液 2 滴 ~ 3 滴于 5mL 水中，溶液显绿色。

③取食用绿色 3 号铝色淀 0.1g，加氢氧化钠溶液（1→10）5mL，水浴中不时振摇加热约 5min。溶液几乎澄清，显红紫色。冷却后，加稀盐酸（1→4）中和。溶液显绿蓝色，形成同样颜色的胶状沉淀。

④取食用绿色 3 号铝色淀 0.1g，加稀硫酸（1→20）5mL，充分振摇，加乙酸铵溶液（3→2000）配至 200mL。如果溶液不澄清则离心。取该溶液 1mL ~ 10mL，加乙酸铵溶液（3→2000）配至 100mL 以使测得的吸光度在 0.2 ~ 0.7 之间。此溶液在 622nm ~ 626nm 波长吸收最大。

⑤取食用绿色 3 号铝色淀 0.1g，加稀盐酸（1→4）10mL，在水浴中加热使大部分溶解，加活性炭 0.5g，充分振摇，过滤。取无色滤液，加氢氧化钠溶液（1→10）中和。溶液对“定性试验”中所有铝盐试验产生相应反应。

（7）纯度

①盐酸及氨不溶物：不超过 0.5%（着色物质铝色淀试验）。

②重金属：以 Pb 计，不超过 20μg/g［着色物质铝色淀试验，重金属（3）］。

③钡：以 Ba 计，不超过 500μg/g（着色物质铝色淀试验）。

④砷：以 As_2O_3 计，不超过 4.0μg/g（着色物质铝色淀试验）。

⑤其他着色物质色淀［“着色物质铝色淀试验”的其他着色物质色淀（3）］。

（8）干燥失量 不超过 30.0%（135℃，6h）。

（9）含量测定 准确称取一定量绿色 3 号铝色淀，以使 0.1mol/L 三氯化钛溶液消耗量约 20mL，按“着色物质铝色淀试验”含量测定(2)的规定操作。

0.1mol/L 三氯化钛 1mL = 40.44mg $C_{37}H_{34}N_2Na_2O_{10}S_3$

195. 食用红色 2 号

(1)其他名称 苋菜红；蓝光酸性红；鸡冠花红；Food red No. 2；Amaranth；Naphthylamine red；FD & C red 2；C. I. food red 9。

(2)编码 CAS 915 – 67 – 3；INS 123；CI 16185。

(3)分子式、相对分子质量与结构式 $C_{20}H_{11}N_2Na_3O_{10}S_3$；604.48；

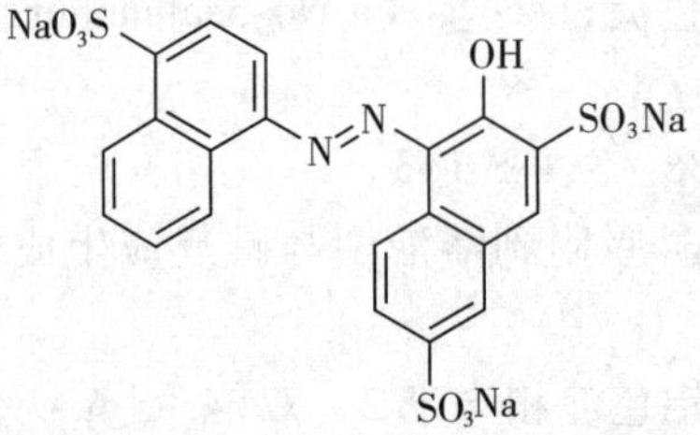

(4)定义 将重氮化的 4 – 氨基 – 1 – 萘磺酸与重氮化 3 – 羟基 – 2,7 – 萘二磺酸耦合，经盐析和精制而获得，成分主要由 3 – 羟基 – 4 – [(4 – 磺酸 – 1 – 萘基)偶氮基]萘 – 2,7 – 二磺酸三钠。

(5)含量 本品相当于 3 – 羟基 – 4((4 – 磺酸基 – 1 – 萘基)偶氮基) – 2,7 – 萘二磺酸三钠盐($C_{20}H_{11}N_2Na_3O_{10}S_3$)的含量 85.0% 以上。

(6)性状 食用红色 2 号为棕红色至暗棕红色粉末或颗粒。无臭味。

(7)鉴别

①食用红色 2 号溶液(1→1000)呈紫红色。

②食用红色 2 号的硫酸溶液(1→100)呈紫色。取此液 2 滴 ~ 3 滴于 5mL 水中。溶液呈红紫色。

③取食用红色 2 号 0.1g，用 100mL 乙酸铵溶液(3→2000)溶解。取此溶液 1mL，加乙酸铵溶液(3→2000)至 100mL。此溶液在 518nm ~ 522nm 波长吸收最大。

(8)纯度

①水不溶物：不超过 0.20%(着色物质试验)。

②氯化物和硫酸盐：其总量不超过 5.0%(着色物质试验)。

③重金属：以 Pb 计，不超过 20μg/g[着色物质试验，重金属(5)]。

④砷：以 As_2O_3 计不超过 4.0μg/g(着色物质试验)。

⑤其他着色物质[“着色物质试验”的其他着色物质(1)]。

⑥未反应原料和副反应产物。

以下总和不超过 0.5%：

4 – 氨基 – 1 – 萘磺酸钠；

7 – 羟基 – 1,3 – 萘二磺酸二钠；

3 – 羟基 – 2,7 – 萘二磺酸二钠；

6 – 羟基 – 2 – 萘磺酸钠；

7 – 羟基 – 1,3,6 – 萘三磺酸三钠。

测试溶液 准确称取食用红色 2 号约 0.1g，用乙酸铵溶液（1.54→1000）溶解并定容至 100mL。

标准溶液 预先将 4 - 氨基 - 1 - 萘磺酸钠，7 - 羟基 - 1，3 - 萘二磺酸二钠，3 - 羟基 - 2，7 - 萘二磺酸二钠，6 - 羟基 - 2 - 萘磺酸钠及 7 - 羟基 - 1，3，6 - 萘三磺酸三钠置真空干燥器中干燥 24h。然后分别各取 0.0100g，用乙酸铵溶液（1.54→1000）溶解，分别定容至 100mL，作为标准储备液。按“着色物质试验”的未反应原料及副反应产物规定操作。

程序 按“着色物质试验”的未反应原料及副反应产物规定测定测试溶液中每种盐的含量，然后计算总量。

操作条件

测试波长：238nm。

流动相：A，乙酸铵溶液（1.54→1000）；B，乙腈。

浓度梯度（A/B）：将 100% A 保持 5min，然后从 100% A 到 70% A 运行线性梯度 50min 以上。

⑦未磺酸化的初级芳香胺

以苯胺计，不超过 0.01%；

以 α - 萘胺计，不超过 1.0μg/g（着色物质试验）。

(9)干燥失量 不超过 10.0%（135℃，6h）。

(10)含量测定 准确称取食用红色 2 号约 1.7g，加水溶解并定容至 250mL。准确量取此溶液 50mL 作为测试溶液，按“着色物质试验”含量测定中三氯化钛法（ⅰ）规定操作。

0.1mol/L 三氯化钛 1mL = 15.11mg $C_{20}H_{11}N_2Na_3O_{10}S_3$

196. 食用红色 2 号铝色淀

(1)其他名称 苋菜红铝色淀；Food red No. 2 aluminum lake；Amaranth aluminum lake。

(2)定义 将食用红色 2 号吸附到溶液中与碱反应生成的铝盐上。形成色淀后，经过滤、干燥和碾碎而成。

(3)含量 食用红色 2 号铝色淀相当于 3 - 羟基 - 4 - [（4 - 磺酸 - 1 - 萘基）偶氮基]萘 - 2，7 - 二磺酸三钠（$C_{20}H_{11}N_2Na_3O_{10}S_3$ = 604.48）的含量 10.0% 以上。

(4)性状 食用红色 2 号铝色淀为红紫色细粉，无臭味。

(5)鉴别

①取食用红色 2 号铝色淀 0.1g，加硫酸 5mL，不时振摇下水浴加热约 5min，呈紫色。冷却后，取上清液 2 滴 ~ 3 滴于 5mL 水中，呈红紫色。

②取食用红色 2 号铝色淀 0.1g，加硫酸（1→20）5mL，充分混合后，加乙酸铵溶液（3→2000）配至 100mL，若溶液不澄明则进行离心。取此溶液 1mL ~ 10mL，加乙酸铵溶液（3→2000）配至 100mL，以使测得的吸光度在 0.1 ~ 0.7 之间。此溶液在 518nm ~ 522nm 波长吸收最大。

③取食用红色 2 号铝色淀 0.1g，加稀盐酸（1→4）10mL，水浴加热使大部分溶解，加活性炭 0.5g，充分振摇后过滤。无色滤液用氢氧化钠溶液（1→10）中和，溶液对“定性试验”中所有铝盐试验产生相应反应。

(6)纯度

①盐酸及氨不溶物：不超过 0.5%（着色物质铝色淀试验）。

②重金属：以 Pb 计，不超过 20μg/g[“着色物质铝色淀试验”的重金属(3)]。

③钡:以 Ba 计,不超过 500μg/g(着色物质铝色淀试验)。

④砷:以 As_2O_3 计,不超过 4.0μg/g(着色物质铝色淀试验)。

⑤其他着色物质色淀[“着色物质铝色淀试验”的其他着色物质色淀(1)]。

(7)干燥失量 不超过 30.0%(135℃,6h)。

(8)含量测定 准确称取食用红色 2 号铝色淀一定量,使 0.1mol/L 三氯化钛溶液消耗量约 20mL,按“着色物质铝色淀试验”含量测定(1)的规定操作。

0.1mol/L 三氯化钛 1mL = 15.11mg $C_{20}H_{11}N_2Na_3O_{10}S_3$

197. 食用红色 3 号

(1)其他名称 赤藓红;樱桃红;四碘荧光素二钠;Food red No. 3;Erythrosine;Erythrosine B;FD & C red 3;C. I. food red 14。

(2)编码 CAS 16423-68-0(无水);INS 127;CI 45430。

(3)分子式、相对分子质量与结构式 $C_{20}H_6I_4Na_2O_5 \cdot H_2O$;897.87;

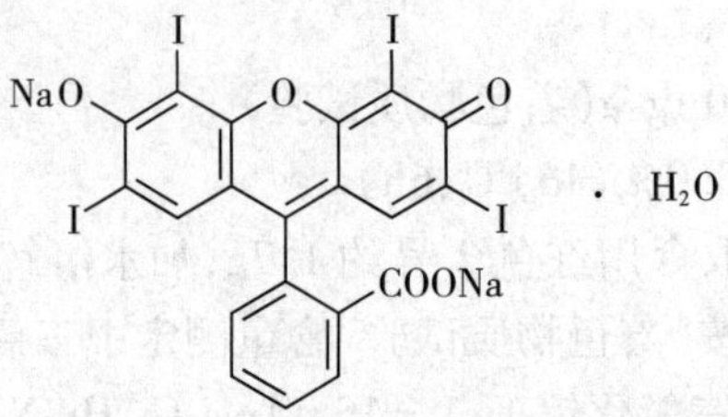

(4)定义 食用红色 3 号主要成分为 2′,4′,5′,7′-四碘荧光素二钠。

(5)含量 食用红色 3 号相当于 2′,4′,5′,7′-四碘荧光素二钠($C_{20}H_6I_4Na_2O_5 \cdot H_2O$)的含量 85.0% 以上。

(6)性状 食用红色 3 号为红色至褐色粉末或颗粒,无臭味。

(7)鉴别

①食用红色 3 号溶液(1→1000)呈红蓝色。

②取食用红色 3 号溶液(1→1000)5mL,加盐酸 1mL。产生红色沉淀。

③食用红色 3 号的硫酸溶液(1→100)显黄棕色。取此液 2 滴~3 滴于 5mL 水中,产生红橙色沉淀。

④取食用红色 3 号 0.1g,用乙酸铵液(3→2000)500mL 溶解。取此溶液 3mL,加乙酸铵溶液(3→2000)配至 200mL。此溶液在 524nm~528nm 波长吸收最大。

(8)纯度

①水不溶物:不超过 0.20%(着色物质试验)。

②pH:6.5~10.0(1.0g,水 100mL)。

③氯化物和硫酸盐:总量不超过 2.0%(着色物质试验)。

④碘化物:不超过 0.4%(着色物质试验)。

⑤重金属:

以 Zn 计,不超过 200μg/g[“着色物质试验”的重金属(1)]。

以 Pb 计,不超过 20μg/g[“着色物质试验”的重金属(5)]。

⑥砷:以 As_2O_3 计不超过 4.0μg/g(着色物质试验)。

⑦其他着色物质［“着色物质试验”的其他着色物质(2)］。

(9)干燥失量 不超过12.0%(135℃,6h)。

(10)含量测定 准确称取食用红色3号约1g,加水溶解并定容至100mL。准确取此溶液50mL作为测试溶液,0按“着色物质试验”含量测定中重量法规定操作。按式(9-56)计算食用红色3号($C_{20}H_6I_4Na_2O_5 \cdot H_2O$)含量($X$)。

$$X = \frac{m_1 \times 2.148}{m_2} \times 100\% \tag{9-56}$$

式中:

m_1——沉淀物量,g;

m_2——试样量,g。

198. 食用红色3号铝色淀

(1)其他名称 赤藓红铝色淀;Food red No. 3 Aluminum lake;Erythrosine aluminum lake。

(2)编码 CAS 12227-78-0;INS 127;CI 45430:1。

(3)定义 将食用红色3号吸附到溶液中与碱反应生成的铝盐上。形成色淀后,经过滤、干燥和碾碎而成。

(4)含量 食用红色3号铝色淀相当于一水2′,4′,5′,7′-四碘-荧光黄二钠($C_{20}H_6I_4Na_2O_5 \cdot H_2O$=897.87)的含量10.0%以上。

(5)性状 食用红色3号铝色淀为红色细粉。无臭味。

(6)鉴别

①取食用红色3号铝色淀0.1g,加硫酸5mL,不时振摇下水浴加热约5min。溶液呈淡橙褐色。冷却后,取上清液2滴~3滴于5mL水中,产生红橙色沉淀。

②取食用红色3号铝色淀0.1g,加氢氧化钠溶液(1→10)5mL,水浴加热溶解,加乙酸铵溶液(3→2000)配至100mL,若溶液不澄明则进行离心。吸取此溶液0.5mL~5mL,加乙酸铵溶液(3→2000)配至100mL,以使测得的吸光度在0.2~0.7之间。此溶液在524nm~528nm波长吸收最大。

③取食用红色3号铝色淀0.1g,加稀盐酸(1→4)10mL,水浴加热使大部分溶解,加活性炭0.5g,充分振摇后过滤。无色滤液用氢氧化钠溶液(1→10)中和,溶液对“定性试验”中所有铝盐试验产生相应反应。

(7)纯度

①盐酸及氨不溶物:不超过0.5%(着色物质铝色淀试验)。

②碘化物:不超过0.2%(着色物质铝色淀试验)。

③重金属:

以Zn计,不超过50μg/g［“着色物质铝色淀试验”的重金属(1)］。

以Pb计,不超过20μg/g［“着色物质铝色淀试验”的重金属(3)］。

④钡:以Ba计不超过500μg/g(着色物质铝色淀试验)。

⑤砷:以As_2O_3计不超过4.0μg/g(着色物质铝色淀试验)。

⑥其他着色物质色淀［“着色物质铝色淀试验”的其他色素色淀(2)］。

(8)干燥失量 不超过30.0%(135℃,6h)。

(9)含量测定

测试溶液　准确称取食用红色3号铝色淀约0.1g于100mL烧杯中,加氢氧化钠溶液(1→250)50mL溶解,然后转移至500mL刻度容量瓶中,用乙酸铵溶液(3→2000)冲洗烧杯,将洗液合并入容量瓶中,加乙酸铵溶液(3→2000)定容至刻度。此溶液作为样品溶液。准确量取样品溶液10mL~20mL,加乙酸铵溶液(3→2000)定容至200mL,以使测得的吸光度在0.2~0.7之间。作为测试溶液。

程序　测定测试溶液在526nm处的吸光度(A),按式(9-57)计算食用红色3号($C_{20}H_8I_4Na_2O_5 \cdot H_2O$)含量($X$)。

$$X = \frac{A \times 0.1}{0.111 \times S \times m} \times 100\% \qquad (9-57)$$

式中:

S——制备测试溶液所用的样品溶液体积,mL。

m——样品量,g。

199. 食用红色40号

(1)其他名称　诱惑红;诱惑红AC;阿洛拉红;食品红17;;Food Red No. 40;Allura Red AC;FD & C Red 40;C. I. Food RED 17;Fancy Red。

(2)编码　CAS 25956-17-6;INS 129;CI 16035。

(3)分子式、相对分子质量与结构式　$C_{18}H_{14}N_2Na_2O_8S_2$;496.42;

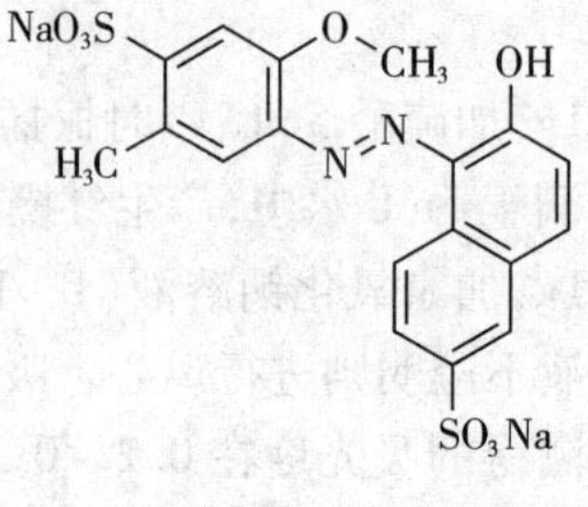

(4)定义　食用红色40号是由4-氨基-5-甲氧基-2-甲基苯磺酸重氮化后,与6-羟基-2-萘磺酸耦合,再经盐析和提纯而得。它的主要成分为6-羟基-5-[(2-甲氧基-5-甲基-4-磺苯基)偶氮]2-萘磺酸二钠盐。

(5)含量　食用红色40号相当于6-羟基-5-[(2-甲氧基-5-甲基-4-磺苯基)偶氮]2-萘磺酸二钠盐($C_{18}H_{14}N_2Na_2O_8S_2$)的含量85.0%以上。

(6)性状　食用红色40号为暗红色粉末或颗粒。无臭味。

(7)鉴别

①食用红色40号溶液(1→1000)呈红色。

②食用红色40号的硫酸溶液(1→100)呈暗紫红色,将此液2滴~3滴加于5mL水中。溶液呈红色。

③将食用红色40号0.1g用100mL乙酸铵溶液(3→2000)溶解,取此液1mL,加乙酸铵溶液(3→2000)配至100mL。此溶液在波长497nm~501nm吸收最大。

(8)纯度

①水不溶物:不超过0.20%(着色物质试验)。

②氯化物和硫酸盐:其总量不超过5.0%(着色物质试验)。

③重金属:以Pb计,不超过20μg/g["着色物质试验"的重金属(5)]。

④铅:以Pb计,不超过10μg/g。

测试溶液 使用按纯度③制备的样品溶液10mL。

参比溶液 取铅标准溶液1.0mL,加入稀盐酸(1→4)至20mL。

程序 按"铅限量试验"第1法规定进行。

⑤砷:以As_2O_3计,不超过4.0μg/g(着色物质试验)。

⑥低磺化副色素:不超过1.0%。

测试溶液 准确称取食用红色40号约0.1g,用于乙酸铵溶液(7.7→1000)溶解并定容至100mL。

标准溶液 分别称取经预先真空干燥24h的克力西丁磺酸偶氮β-萘酚和克力西丁偶氮薛佛氏酸盐各0.0100g。分别用乙酸铵溶液(7.7→1000)溶解并定容至100mL,作为标准储备液,按"着色物质试验"的副色素规定进行。

程序 按"着色物质试验"的副色素规定测定测试溶液中克力西丁磺酸偶氮β-萘酚和克力西丁偶氮薛佛氏酸盐含量,然后计算总含量。

操作条件

检测波长:515nm。

流动相:A,乙酸铵溶液(7.7→1000);B,甲醇。

浓度梯度(A/B):从100%A到0%A的运行线性梯度为50min以上。

⑦较高磺化副色素:不超过1.0%。

测试溶液 使用纯度⑥配制的测试溶液20μL。

标准溶液 分别称取经预先真空干燥24h的克力西丁磺酸偶氮G盐和克力西丁磺酸偶氮R盐0.0100g,分别用乙酸铵溶液(7.7→1000)溶解并定容至100mL,作为标准储备液,按"着色物质试验"的副色素规定进行。

程序 取等量的测试溶液和标准溶液,采取"着色物质试验"的副色素规定,按纯度⑥的操作条件进行液相色谱分析。测定测试溶液中克力西丁磺酸偶氮G盐和克力西丁磺酸偶氮R盐的含量,然后计算总含量。

⑧6-羟基-2-萘磺酸一钠盐 不超过0.3%。

测试溶液 使用(8)纯度⑥的测试溶液20μL。

标准溶液 称取经预先真空干燥24h的6-羟基-2-萘磺酸一钠盐0.0100g,用乙酸铵溶液(7.7→1000)溶解并定容至100mL,作为标准储备液。按"着色物质试验(未反应原料和副反应产物)"规定进行。

程序 按"着色物质试验"的未反应原料和副反应产物规定测定试样溶液中6-羟基-2-萘磺酸钠的含量。

操作条件

检测波长:290nm。

流动相:A,乙酸铵溶液(7.7→1000);B,甲醇溶液。

浓度梯度(A/B):从100%A到0%A的运行线性梯度在50min以上。

⑨4-氨基-5-甲氧基-2-甲基苯磺酸 不超过0.2%。

测试溶液　使用纯度⑥的测试溶液20μL。

标准溶液 称取经真空干燥24h的4－氨基－5－甲氧基－2－甲基苯磺酸0.0100g。用乙酸铵溶液(7.7→1000)溶解并定容至100mL,作为标准储备液。按"着色物质试验"的未反应的原料和副反应产物规定进行。

程序　取等量的测试溶液和标准溶液,采取"着色物质试验"的未反应原料和副反应产物的规定,按纯度⑧的操作条件,进行液相色谱分析。测定测试溶液中4－氨基－5－甲氧基－2－甲基苯磺酸的含量。

⑩6,6′－二氧代(2－萘磺酸)二钠盐 不超过1.0%。

测试溶液:使用纯度⑥的测试溶液20μL。

标准溶液 取经真空干燥24h的6,6′－二氧代(2－萘磺酸)二钠盐0.0100g。用乙酸铵溶液(7.7→1000)溶解并定容至100mL,作为标准储备液。按"着色物质试验(未反应的原料和副反应产物)规定进行。

程序　取等量的测试溶液和标准溶液,采取"着色物质试验"的未反应原料和副反应产物规定,按纯度⑧的操作条件进行液相色谱分析。测定测试溶液中6,6′－二氧代(2－萘磺酸)二钠盐的含量。

⑪未磺化的初级芳香胺

以苯胺计,不超过0.01%(着色物质试验)。

以对－甲酚定计,不超过10μg/g(着色物质试验)。

(9)干燥失量　不超过10.0%(135℃,6h)。

(10)含量测定　准确称取食用红色40号约1.5g,加水溶解并定容至250mL。准确量取此液50mL作为测试溶液,按"着色物质试验"含量测定中三氯化钛法(ⅰ)规定进行。

$$0.1mol/L三氯化钛1mL = 12.41mg\ C_{18}H_{14}N_2Na_2O_8S_2$$

200. 食用红色40号铝色淀

(1)其他名称　诱惑红铝色淀;艳红铝色淀;阿洛拉红铝色淀;Food red No. 40 aluminum lake;Allura red AC aluminum lake;Allura red AC aluminium lake;Fancy red alum lake;FD&C red No. 40 aluminium lake。

(2)编码　CAS 68583－95－9。

(3)定义　将食用红色40号吸附到溶液中与碱反应生成的铝盐上。形成色淀后,经过滤、干燥和碾碎而成。

(4)含量　食用红色40号铝色淀相当于6－羟基－5－[(2－甲氧基－5－甲基－4－磺酸基苯基)偶氮基]－萘－2－磺酸二钠($C_{18}H_{14}N_2Na_2O_8S_2$＝496.42)的含量10.0%以上。

(5)性状　食用红色40号铝色淀为橙红色细粉,无臭味。

(6)鉴别

①取食用红色40号铝色淀0.1g,加硫酸5mL,不时振摇下水浴加热约5min,呈暗紫红色。冷却后,取上清液2滴～3滴加入5mL水中,显红色。

②取食用红色40号铝色淀0.1g,加氨溶液(4→100)60mL,加热至沸,然后浓缩至40mL。冷却后离心,取上清液。往残留物中加水10mL,混匀,再次离心,再次取上清液,合并两次上清液,加乙酸铵溶液(7.7→1,000)至100mL。量取此液1mL～10mL,使吸光度在0.2～0.7

之间，然后加乙酸铵溶液（7.7→1,000）至100mL。此溶液在497nm～501nm波长处吸收最大。

③取食用红色40号铝色淀0.1g，加稀盐酸（1→4）10mL，水浴加热至大部分溶解，加活性炭0.5g，充分振摇后过滤。取无色滤液，加氢氧化钠溶液（1→10）中和后，溶液呈定性试验中的铝盐反应。

（7）纯度

①盐酸及氨不溶物：不超过0.5%（着色物质铝色淀试验）。

②重金属：以Pb计，不超过20μg/g[“着色物质铝色淀试验”的重金属（3）]。

③铅：以Pb计，不超过10μg/g。

测试溶液　使用纯度②中制备的测试溶液10mL。

参比溶液　取铅标准溶液1.0mL，加入盐酸（1→4）配至20mL。

程序　按铅限量试验第1法进行。

④钡：以钡计不超过500μg/g（着色物质铝色淀试验）。

⑤砷：以As_2O_3计，不超过4.0μg/g（着色物质铝色淀试验）。

⑥低磺化副色素：不超过1.0%（以使用产品的食用红色40号含量85.0%计）。

测试溶液　称取本品0.10g，加氨溶液（4→100）60mL，加热至沸，然后浓缩至40mL。冷却后离心，取上清液。往残留物中加甲醇10mL，混匀，再次离心，取上清液。合并两次上清液，加乙酸铵溶液（7.7→1000）至100mL。

程序：按“199. 食用红色素40号”纯度⑥规定进行。

⑦高磺化副色素：不超过1.0%（以使用产品的食用红色40号含量85.0%计）。

测试溶液　使用纯度⑥制备的测试溶液20μL。

程序　按“199. 食用红色素40号”纯度⑦进行。

⑧6－羟基－2－萘磺酸单钠盐：不超过0.3%（以使用产品的食用红色40号含量85.0%计）。

测试溶液　使用纯度⑥制备的测试溶液20μL。

程序　按“199. 食用红色素40号”纯度⑧进行。

⑨4－氨基－5－甲氧基－2－甲基苯磺酸：

不超过0.2%（以使用产品的食用红色40号含量85.0%计）。

测试溶液　以纯度⑥制得的测试溶液20μL作为测试溶液。

程序　按“199. 食用红色素40号”纯度⑨操作进行。

⑩6,6′－二氧代（2－萘磺酸）二钠盐：不超过1.0%（以使用产品的食用红色40号含量85.0%计）。

测试溶液　取纯度⑥制得的测试溶液20μL作为测试溶液。

程序　按“199. 食用红色素40号”纯度⑩操作进行。

⑪未磺化芳族伯胺：以苯胺计不超过0.01%（以使用产品的食用红色40号含量85.0%计）。

称取相当于含焦油色素0.85g样品适量，加入乙酸乙酯70mL，不时振摇下放置1h，用干燥的定量滤纸（5C）过滤，每次用乙酸乙酯10mL冲洗滤纸上残留物，洗涤3次。合并洗液和滤液，每次用稀盐酸（3→10）10mL提取，提取3次，合并盐酸提取物，然后加水准确至50mL，以此液作为样品溶液。按“199. 食用红色素 40 号”纯度⑪规定进行。

(8)干燥失量 不超过 30.0%(135℃,6h)。

(9)含量测定 准确称取本品适量,使 0.1mol/L 三氯化钛的消耗体积约 20mL,然后按“着色物质铝色淀试验”含量测定(1)规定进行。

0.1mol/L 三氯化钛 1mL = 12.41mg $C_{18}H_{14}N_2Na_2O_8S_2$

201. 食用红色 102 号

(1)其他名称 胭脂红;丽春红 4R;酸性红 18;Food red No. 102;New coccine;Ponceau 4R;C. I. food red 7;Trisodium 7 - hydroxy - 8 - [(4 - sulfonatonaphthalen - 1 - yl) - diazenyl] naphthalene - 1,3 - disulfonate sesquihydrate。

(2)编码 CAS 2611 - 82 - 7(无水);INS 124;CI 16255。

(3)分子式、相对分子质量与结构式 $C_{20}H_{11}N_2Na_3O_{10}S_3 \cdot 1^1/_2H_2O$;631.50;

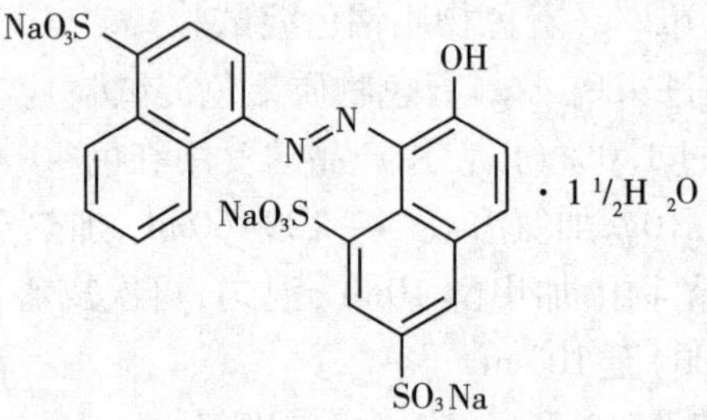

(4)定义 由 4 - 氨基 - 1 - 萘磺酸重氮化,与 7 - 羟基 - 1,3 - 萘二磺酸耦合,再经盐析,精致而得。其主要成分为 7 - 羟基 - 8 - [(4 - 磺基 - 1 - 萘基)偶氮] - 1,3 - 萘二磺酸三钠 · $1^1/_2$水合物。

(5)含量 本品相当于 7 - 羟基 - 8 - [(4 - 磺基 - 1 - 萘基)偶氮] - 1,3 - 萘二磺酸三钠 · $1^1/_2$水合物($C_{20}H_{11}N_2Na_3O_{10}S_3 \cdot 11/2H_2O$)含量 85.0% 以上。

(6)性状 食用红色 102 号为红色至暗红色粉末或颗粒,无臭味。

(7)鉴别

①食用红色 102 号溶液(1→1000)呈红色。

②食用红色 102 号的硫酸溶液(1→100)呈红紫色,取此液 2 滴 ~ 3 滴加到 5mL 水中,呈红黄色。

③取食用红色 102 号 0.1g 溶于稀乙酸(3→2000)100mL 中。取此溶液 1mL,加乙酸铵溶液(3→2000)配至 100mL。此溶液在 506nm ~ 510nm 波长吸收最大。

(8)纯度

①水不溶物:不超过 0.2%(着色物质试验)。

②氯化物和硫酸盐:其总量不超过 8.0%(着色物质试验)。

③重金属:以 Pb 计,不超过 20μg/g[“着色物质试验”的重金属(5)]。

④砷:以 As_2O_3 计,不超过 4.0μg/g(着色物质试验)。

⑤其他色素[“着色物质试验”的其他着色物质(1)]。

⑥未反应的原料和副染料:

以下物质总和不超过 0.5%:

4－氨基－1－萘磺酸单钠盐；

7－羟基－1,3－萘二磺酸二钠盐；

3－羟基－2,7－萘二磺酸二钠盐；

6－羟基－2－萘磺酸单钠盐；

7－羟基－1,3,6－萘三磺酸三钠盐。

测试溶液　准确称取食用红色 102 号约 0.1g，用乙酸铵溶液（1.54→1000）溶解并定容至 100mL。

标准溶液　分别称取经预先在真空干燥器干燥 24h 的 4－氨基－1－萘磺酸单钠盐，7－羟基－1,3－萘二磺酸二钠盐，3－羟基－2,7－萘二磺酸二钠盐，6－羟基－2－萘磺酸单钠盐，及 7－羟基－1,3,6－萘三磺酸三钠盐各 0.0100g，分别用乙酸铵溶液（1.54→1000）溶解并定容至 100mL，作为标准储备液。按"着色物质试验"的未反应原料及副反应产物规定操作。

程序　按"着色物质试验"的未反应原料及副反应产物规定测定每种盐的含量，然后计算总含量。

操作条件

测试波长：238nm。

流动相：A，乙酸铵溶液（1.54→1000）；B，乙腈。

浓度梯度（A/B）：将 100% A 保持 5min，然后从 100% A 到 70% A 的运行线性梯度在 50min 以上。

⑦未磺酸化初级芳香胺

以苯胺计不超过 0.01%。

以 α－萘胺计不超过 1.0μg/g。

（9）干燥失量　不超过 10.0%（135℃，6h）。

（10）含量测定　准确称取食用红色 102 号约 1.7g，加水溶解至 250mL。准确量取此溶液 50mL 作为测试溶液，按"着色物质试验"含量测定中三氯化钛法（ⅰ）规定操作。

$$0.1mol/L\ 三氯化钛\ 1mL = 15.79mg\ C_{20}H_{11}N_2Na_3O_{10}S_3 \cdot 1^1/_2H_2O$$

202. 食用红色 104 号

（1）其他名称　荧光桃红；根皮红；酸性红 92；Food Red No. 104；Phloxine；Cyanosine；Disodium 3,4,5,6－tetrachloro－2－（2,4,5,7－tetrabromo－6－oxido－3－oxo－3*H*－xanthen－9－yl）benzoate。

（2）编码　CAS 18472－87－2；CI 45410。

（3）分子式、相对分子质量与结构式　$C_{20}H_2Br_4Cl_4Na_2O_5$；829.63；

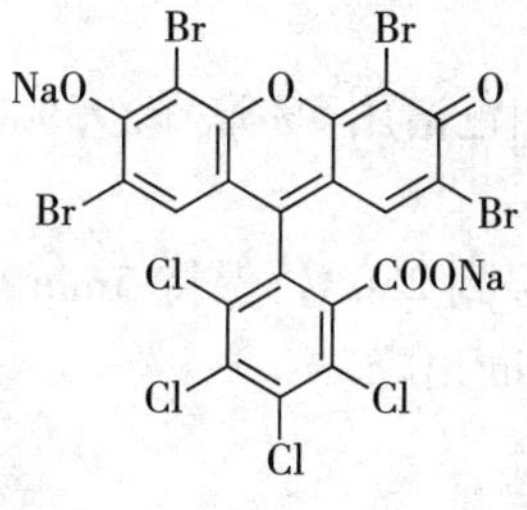

(4)定义 食用红色104号主要成分为3,4,5,6,－四氯－2－(2,4,5,7－四溴－6－氧化－3－氧代－3*H*－氧杂蒽－9－基)苯甲酸二钠。

(5)含量 食用红色104号相当于3,4,5,6,－四氯－2－(2,4,5,7－四溴－6－氧化－3－氧代－3*H*－氧杂蒽－9－基)苯甲酸二钠($C_{20}H_2Br_4Cl_4Na_2O_5$)的含量85.0%以上。

(6)性状 食用红色104号为红色至暗红色粉末或颗粒,无臭味。

(7)鉴别

①食用红色104号溶液(1→1000)呈橙红色,发出绿黄色荧光。

②取食用红色104号溶液(1→1000)5mL,加盐酸1mL。生成淡红色沉淀,荧光消失。

③食用红色104号的硫酸溶液(1→100)呈棕黄色,不发荧光。取此液2滴~3滴于5mL水时,产生淡红色沉淀,不发荧光。

④取食用红色104号0.1g溶于乙酸铵溶液(3→2000)200mL,取此溶液1mL,加乙酸铵溶液(3→2000)配至100mL。此溶液在536nm~540nm波长吸收最大。

(8)纯度

①水不溶物:不超过0.2%(着色物质试验)。

②pH:6.5~10.0(1.0g,水100mL)。

③氯化物和硫酸盐:总量不超过5.0%(着色物质试验)。

④溴化物:不超过1.0%(着色物质试验)。

⑤重金属:

以Zn计,不超过200μg/g[("着色物质试验"的重金属(1)]。

以Pb计,不超过20μg/g["着色物质试验"的重金属(5)]。

⑥砷:以As_2O_3计,不超过4.0μg/g(着色物质试验)。

⑦其他着色物质["着色物质试验"的其他着色物质(2)]。

⑧六氯苯:不超过5.0μg/g。

测试溶液 准确称取食用红色104号约0.02g于50mL离心管中,用30mL水溶解。准确加入10mL正己烷,振摇5min。将正己烷层转入具塞试管中,加入0.5g无水硫酸钠,振摇。以正己烷层作为测试溶液。

标准溶液 准确称取六氯苯约0.01g,用正己烷溶解并定容至100mL。准确吸取此液5mL,用正己烷定容至100mL。准确吸取二级溶液1mL,用正己烷定容至100mL。然后,分别准确吸取最后的配置液1mL、1mL、2mL、3mL及6mL至5个容量瓶中,再分别用正己烷定容至50mL、10mL、10mL、10mL及10mL。

程序 分别取测试溶液和标准液1μL按如下条件进行气相色谱分析。测量标准溶液中六氯苯的峰面积,绘制标准曲线。从标准曲线和试液的六氯苯峰面积求出六氯苯含量。

操作条件

检测器:电子捕获检测器。

柱:内层涂有0.25μm厚的气相色谱用5%联苯/95%二甲基聚硅氧烷的硅酸盐玻璃毛细管(内径0.25mm,长30m)。

柱温:60℃保持1min,然后升温到280℃,保持5min。调整温度使六氯苯的峰与其他组分峰分开,并在进样后10min~15min出峰。

进样口温度:260℃。

检测器温度:300℃。

进样:无分流进样。

载气:氮气。

流速:调整流速至使六氯苯的峰在进样后 10min ~ 15min 出现。

(9)干燥失量　不超过 10.0%(135℃,6h)。

(10)含量测定　准确称取食用红色 104 号约 1g,加水溶解并定容至 100mL。准确量取此溶液 50mL 作为测试溶液。按"着色物质试验"含量测定的重量法规定进行。按式(9-58)计算食用红色 104 号($C_{20}H_2Br_4Cl_4Na_2O_5$)的含量 y(*X*)。

$$X = \frac{m_1 \times 2.112}{m} \times 100\% \qquad (9-58)$$

式中:

m_1——沉淀物量,g;

m——样本量,g。

203. 食用红色 105 号

(1)其他名称　孟加拉玫瑰红;四碘四氯荧光素;Food Red No. 105;Rose Bengal。

(2)编码　CAS 632-69-9;CI 45440。

(3)分子式、相对分子质量与结构式　$C_{20}H_2Cl_4I_4Na_2O_5$;1017.64;

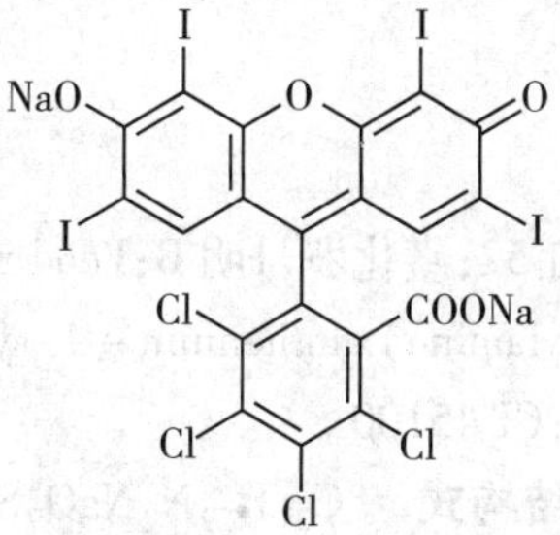

(4)定义　食用红色 105 号主要成分为 3,4,5,6,-四氯-2-(2,4,5,7-四碘-6-氧代-3-氧代-3*H*-氧杂蒽-9-基)苯甲酸二钠。

(5)含量　本品相当于 3,4,5,6,-四氯-2-(2,4,5,7-四碘-6-氧代-3-氧代-3*H*-氧杂蒽-9-基)苯甲酸二钠($C_{20}H_2Cl_4I_4Na_2O_5$)含量 85.0% 以上。

(6)性状　食用红色 105 号为紫红色至红褐色粉末或颗粒,无臭味。

(7)鉴别

①食用红色 105 号溶液(1→1000),呈蓝红色。

②取食用红色 105 号溶液(1→1000)5mL,加盐酸 1mL。生成蓝红色沉淀。

③食用红色 105 号的硫酸溶液(1→100)呈现褐黄色。取此液 2 滴 ~ 3 滴于 5mL 水时,产生蓝红色沉淀。

④取食用红色 105 号 0.1g,溶于稀乙酸(3→2000)200mL,取此液 1mL,加乙酸铵溶液(3→2000)配至 100mL,此溶液在 546nm ~ 550nm 波长吸收最大。

(8)纯度

①水不溶物:不超过 0.20%(着色物质试验)。

②pH:6.5～10.0(1.0g,水 100mL)。

③氯化物和硫酸盐:其总量不超过 5.0%(着色物质试验)。

④碘化物:不超过 0.4%(着色物质试验)。

⑤重金属:

以 Zn 计,不超过 200μg/g[“着色物质试验”的重金属(1)]。

以 Pb 计,不超过 20μg/g[“着色物质试验”的重金属(5)]。

⑥砷:以 As_2O_3 计,不超过 4.0μg/g(着色物质试验)。

⑦其他着色物质[“着色物质试验”的其他着色物质(2)]。

⑧六氯苯:不超过 6.5μg/g。

按食用红色 104 号的纯度⑧规定进行。

(9)干燥失量 不超过 10.0%(135℃,6h)。

(10)含量测定 准确称取食用红色 105 号约 1g,加水溶解并定容至 100mL。准确量取此溶液 50mL 作为测试溶液,按“着色物质试验”含量测定的重量法规定进行。按式(9－59)计算食用红色 105 号($C_{20}H_2Cl_4I_4Na_2O_5$ 的含量 X)。

$$X = \frac{m_1 \times 2.090}{m} \times 100\% \qquad (9-59)$$

式中:

m_1——沉淀物量,g;

m——样本量,g。

204. 食用红色 106 号

(1)其他名称 酸性红;酸性红 52;磺化罗丹明 B;Food red No. 106;Acid red;Sulforhodamine B;Monosodium;6－[3,6－bis(diethylamino)xanthenium－9－yl]benzene－1,3－disulfonate。

(2)编码 CAS 3520－42－1;CI 45100。

(3)分子式、相对分子质量与结构式 $C_{27}H_{29}N_2NaO_7S_2$;580.65;

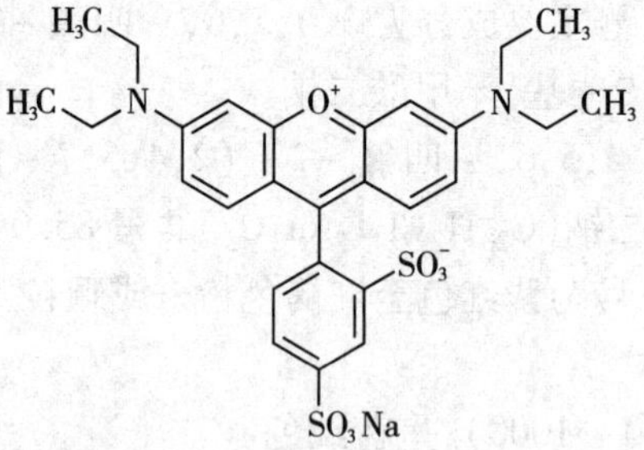

(4)定义 食用红色 106 号的主要成分为 6－[3,6,－二(二乙基氨基)氧蒽－9－基]－1,3－苯二磺酸单钠组成。

(5)含量 食用红色 106 号相当于 6－[3,6,－二(二乙基氨基)氧蒽－9－基]－1,3－苯二磺酸单钠($C_{27}H_{29}N_2NaO_7S_2$)的含量 85.0% 以上。

(6)性状 食用红色 106 号为紫褐色粉末或颗粒,无臭味。

(7)鉴别

①食用红色 106 号溶液(1→1000)呈蓝红色,发出淡黄色荧光。

②取食用红色106号溶液(1→1000)5mL,加盐酸1mL。溶液变为红色,荧光色不变。

③食用红色106号的硫酸溶液(1→100)呈橙黄色,发出黄绿色荧光。取此液2滴~3滴于5mL水中时呈蓝红色,发出淡黄绿色荧光。

④取食用红色106号0.1g,用乙酸铵溶液(3→2000)500mL溶解,取此溶液3mL,加乙酸铵溶液(3→2000)至200mL,此溶液在564nm~568nm波长吸收最大。

(8)纯度

①水不溶物:不超过0.20%(着色物质试验)。

②pH:6.5~10.0(1.0g,水100mL)。

③氯化物和硫酸盐:其总量不超过5.0%(着色物质试验)。

④重金属:

以Cr计,不超过25μg/g[“着色物质试验”的重金属(2)]。

以Mn计,不超过50μg/g[“着色物质试验”的重金属(4)]。

以Pb计,不超过20μg/g[“着色物质试验”的重金属(5)]。

在铬试验中,测试溶液和空白溶液用量均为10.0mL。

⑤砷:以As_2O_3计,不超过4.0μg/g(着色物质试验)。

⑥其他着色物质见“着色物质试验”的其他着色物质(3)。

(9)干燥失量 不超过10.0%(135℃,6h)。

(10)含量测定 准确称取食用红色106号约3g,加水溶解并定容至250mL。准确量取此溶液50mL作为测试溶液,按“着色物质试验”含量测定中的三氯化钛法(ⅳ)规定操作。

0.1mol/L 三氯化钛 1mL = 29.03mg $C_{27}H_{29}N_2NaO_7S_2$

205. 食用黄色4号

(1)其他名称 柠檬黄;酒石黄;Food yellow No. 4;Tartrazine;FD&C yellow No. 5;Trisodium 5 – hydroxy – 1 – (4 – sulfonatophenyl) – 4 – [(4 – sulfonatophenyl) diazenyl] – 1*H* – pyrazole – 3 – carboxylate。

(2)编码 CAS 1934 – 21 – 0;CI 19140;INS 102。

(3)分子式、相对分子质量与结构式 $C_{16}H_9N_4Na_3O_9S_2$;534.37;

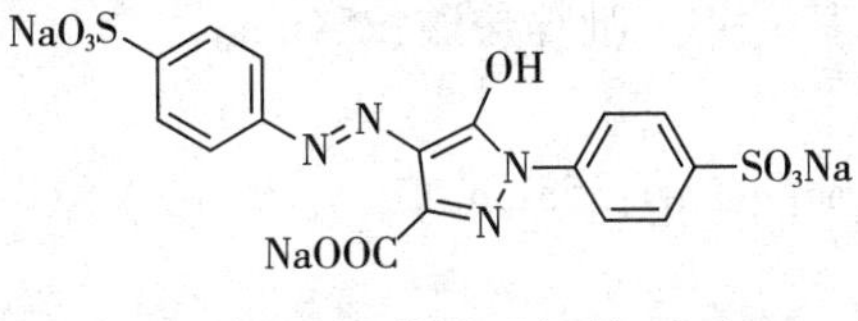

(4)定义 食用黄色4号是由4 – 氨基苯磺酸重氮化后,与5 – 羟基 – 1 – (4 – 磺苯基) – 3 – 吡唑酮 – 羧酸偶合,再经盐析提纯而得。其主要成分为5 – 羟基 – 1 – (4 – 磺酸苯基) – 4 – [(4 – 磺酸苯基)偶氮基] – 1*H* – 吡唑 – 3 – 羧酸三钠盐。

(5)含量 本品相当于5 – 羟基 – 1 – (4 – 磺酸苯基) – 4 – [(4 – 磺酸苯基)偶氮基] – 1*H* – 吡唑 – 3 – 羧酸三钠盐($C_{16}H_9N_4Na_3O_9S_2$)的含量85.0%以上。

(6)性状 食用黄色4号为橙黄色至橙色粉末或颗粒,无臭味。

(7)鉴别

①食用黄色4号溶液(1→1000)呈黄色。

②食用黄色4号的硫酸溶液(1→100)呈黄色,取此液2滴~3滴于5mL水中呈黄色。

③取食用黄色4号0.1g溶于100mL乙酸铵溶液(3→2000)中。取此液1mL,加乙酸铵溶液(3→2000)配至100mL,此溶液在426nm~430nm波长吸收最大。

(8)纯度

①水不溶物:不超过0.20%(着色物质试验)。

②氯化物和硫酸盐:其总量不超过6.0%(着色物质试验)。

③重金属:以Pb计,不超过20μg/g[("着色物质试验"的重金属(5)]。

④砷:以As_2O_3计,不超过4.0μg/g(着色物质试验)。

⑤其他色素见"着色物质试验"的其他着色物质(1)。

⑥未反应的原料及副反应产物:

以下物质的总和不超过0.5%:

4-氨基苯磺酸;

5-羟基-1-(4-磺苯基)-3-吡唑羧酸;

4-肼基苯磺酸;

4,4′-(重氮氨基)二苯磺酸二钠。

测试溶液 准确称取食用黄色2号约0.1g,用乙酸铵溶液(1.54→1000)溶解并定容至100mL。

标准溶液 预先将4-氨基苯磺酸,5-羟基-1-(4-磺苯基)-3-吡唑羧酸,4-肼基苯磺酸及4,4′-(重氮氨基)二苯磺酸二钠置真空干燥器中干燥24h,再分别称取0.0100g。除4,4′-(重氮氨基)二苯磺酸二钠用氢氧化钠溶液(4→1000)溶解并定容为100mL外,其余的各种盐用乙酸铵溶液(1.54→1000)溶解并定容至100mL,作为标准储备液。4-肼基苯磺酸的标准储备液应现用现配。按"着色物质试验"的未反应的原料及副反应产物的规定进行。

程序 按"着色物质试验"的未反应的原料及副反应产物规定测定测试溶液中这些物质的含量,并计算总含量。

操作条件

测试波长:

4-氨基苯磺酸:254nm。

5-羟基-1-(4-磺苯基)-3-吡唑羧酸:254nm。

4-肼基苯磺酸:254nm。

4,4′-(重氮氨基)二苯磺酸二钠:358nm。

流动相:

A:乙酸铵溶液(1.54→1000);B:乙腈。

浓度梯度(A/B):将100% A保持5min,然后从100% A到70% A的线性梯度的运行在50min以上。

⑦未磺化的初级芳香胺

以苯胺计,不超过0.01%(着色物质试验)。

(9)干燥失量 不超过10.0%(135℃,6h)。

(10)含量测定 准确称取食用黄色4号约1.5g,加水溶解并定容至250mL。准确量取此溶液50mL作为测试溶液,按"着色物质试验"的含量测定的三氯化钛法(ⅲ)规定进行。

0.1mol/L 三氯化钛 1mL = 13.36mg $C_{16}H_9N_4Na_3O_9S_2$

206. 食用黄色 4 号铝色淀

(1)其他名称　柠檬黄铝色淀;Food yellow No. 4 Aluminum Lake;Tartrazine Aluminum Lake。

(2)编码　CAS 12225 - 21 - 7;CI 19140:1。

(3)定义　将食用黄色 4 号吸附到溶液中与碱反应生成的铝盐上。形成色淀后,经过滤、干燥和碾碎而成。

(4)含量　本品相当于 5 - 羟基 - 1 - (4 - 苯磺酸) - 4 - [(4 - 苯磺酸)偶氮基] - 1*H* - 吡唑 - 3 - 羧酸三钠盐($C_{16}H_9N_4Na_3O_9S_2$ = 534.37)的含量 10.0% 以上。

(5)性状　食用黄色 4 号为黄色细粉,无臭味。

(6)鉴别

①取食用黄色 4 号 0.1g,加硫酸 5mL,不时振摇下水浴加热约 5min,呈黄色。冷却后,取上清液 2 滴 ~ 3 滴,加入 5mL 水,呈黄色。

②取食用黄色 4 号 0.1g,加稀硫酸(1→20)5mL,充分振摇后,加乙酸铵溶液(3→2000)配至 100mL。若溶液不澄清则进行离心。吸取此溶液 1mL ~ 10mL,使测定的吸光度在 0.2 ~ 0.7 之间,然后加乙酸铵溶液(3→2000)配至 100mL。此溶液在 426nm ~ 430nm 波长吸收最大。

③取食用黄色 4 号 0.1g,加稀盐酸(1→4)10mL,水浴加热直至大部分溶解,加活性炭 0.5g,充分振摇后过滤。取无色滤液,用氢氧化钠溶液(1→10)中和。溶液对"定性试验"中所有的铝盐试验产生相应反应。

(7)纯度

①盐酸及氨不溶物:不超过 0.5%(着色物质铝色淀试验)。

②重金属:以 Pb 计,不超过 20μg/g["着色物质铝色淀试验"重金属(3)]。

③钡:以 Ba 计,不超过 500μg/g(着色物质铝色淀试验)。

④砷:以 As_2O_3 计不超过 4.0μg/g(着色物质铝色淀试验)。

⑤其他色素色淀:见"着色物质铝色淀试验"的着色物质铝色淀(1)。

(8)干燥失量　不超过 30.0%(135℃,6h)。

(9)含量测定　准确称取食用黄色 4 号适量,使 0.1mol/L 三氯化钛溶液消耗量约 20mL,按"着色物质铝色淀试验"的含量测定(3)规定进行。

0.1mol/L 三氯化钛 1mL = 13.36mg $C_{16}H_9N_4Na_3O_9S_2$

207. 食用黄色 5 号

(1)其他名称　日落黄;晚霞黄;Food yellow No. 5;Sunset yellow FCF;FD&C yellow No. 6。

(2)编码　CAS 2783 - 94 - 0;CI 15985;INS 110。

(3)分子式、相对分子质量与结构式　$C_{16}H_{10}N_2Na_2O_7S_2$;452.37;

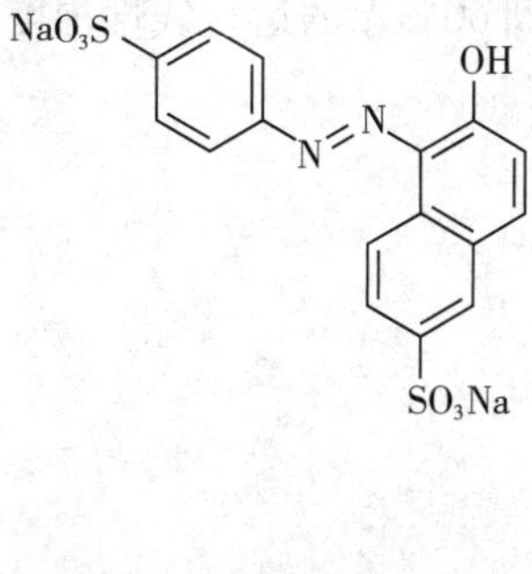

(4)**定义** 食用黄色5号是由4-氨基苯磺酸重氮化后,与从6-羟基-2-萘磺酸重氮化后的化合物偶合,再将该染料盐析提纯获得。其主要成分为6-羟基-5-[(4-磺苯基)偶氮基]萘-2-磺酸二钠盐。

(5)**含量** 食用黄色5号相当于6-羟基-5-[(4-磺苯基)偶氮基]萘-2-磺酸二钠盐($C_{16}H_{10}N_2Na_2O_7S_2$)的含量85.0%以上。

(6)**性状** 食用黄色5号为橙红色粉末或颗粒,无臭味。

(7)**鉴别**

①食用黄色5号溶液(1→1000)显橙色。

②食用黄色5号的硫酸溶液(1→100)呈橙红色,取此液2滴~3滴于5mL水时,显橙黄色。

③将食用黄色5号0.1g溶于100mL乙酸铵溶液(3→2000)。取此溶液1mL,加乙酸铵溶液(3→2000)配至100mL,此溶液在480nm~484nm波长吸收最大。

(8)**纯度**

①水不溶物:不超过0.20%(着色物质试验)。

②氯化物和硫酸盐:其总量不超过5.0%(着色物质试验)。

③重金属:以Pb计,不超过20μg/g["着色物质试验"的重金属(5)]。

④砷:以As_2O_3计,不超过4.0μg/g(着色物质试验)。

⑤副色素:

以下物质的总和不超过5%:

对氨基苯磺酸偶氮G盐色素;

对氨基苯磺酸偶氮R盐色素;

对氨基苯磺酸偶氮β-萘酚盐色素;

及苯胺偶氮薛佛盐色素;

除对氨基苯磺酸偶氮R盐色素外,其他色素不超过2%。

测试溶液 准确称取食用黄色5号约0.1g,用乙酸铵溶液(1.54→1000,pH=8.0)溶解并定容至100mL。

标准溶液 将对氨基苯磺酸偶氮G盐色素,对氨基苯磺酸偶氮R盐色素,对氨基苯磺酸偶氮β-萘酚盐色素,及苯胺偶氮斯哈夫盐色素预先置于真空干燥器中干燥24h,然后分别称取0.0100g。分别用乙酸铵溶液(1.54→1000,pH=8.0)溶解并定容至100mL。作为标准储备液,按"着色物质试验"的副色素规定进行。

程序 按"着色物质试验"的副色素规定测定测试溶液中这些色素含量,计算总量。

操作条件

测试波长:482nm。

流动相:A,乙酸铵溶液(1.54→1,000);B,乙腈。

浓度梯度(A/B):从100%A到60%A的运行线性梯度在50min以上。

⑥未反应的原料及副反应产物:

以下物质总和不超过0.5%:

4-氨基苯磺酸;

7-羟基-1,3萘二磺酸二钠;

3-羟基-2,7-萘二磺酸二钠;

6-羟基-2-萘磺酸单钠；

6,6′-氧代-双(2-萘磺酸)二钠；

4,4′-(重氮氨基)二苯磺磺酸二钠。

测试溶液　准确称取食用黄色5号约0.1g,用乙酸铵溶液(1.54→1000,pH=8.0)溶解并定容至100mL。

标准溶液 将4-氨基苯磺酸,7-羟基-1,3萘二磺酸二钠,3-羟基-2,7-萘二磺酸二钠,6-羟基-2-萘磺酸单钠,6,6′-氧代双(2-萘磺酸)二钠及4,4′-(二重氮氨基)二苯磺磺酸二钠盐置于真空干燥器中干燥24h,然后分别称取0.0100g。将4,4′-(重氮氨基)二苯磺磺酸二钠盐用氢氧化钠溶液(4→1000)溶解定容至100mL,其余几种盐分别用乙酸铵溶液(1.54→1000,pH=8.0)溶解并定容至100mL。作为标准储备液。按"着色物质试验"的未反应原料及副反应产物规定进行。

程序　按"着色物质试验"的未反应原料及反应产物规定测定测试溶液中这些物质的含量,计算总量。

操作条件

测定波长：

4-氨基苯磺酸:232nm。

7-羟基-1,3萘二磺酸二钠:232nm。

3-羟基-2,7-萘二磺酸二钠:232nm。

6-羟基-2-萘磺酸单钠:232nm。

6,6′-氧代-双(2-萘磺酸)二钠:232nm。

4,4′-(重氮氨基)二苯磺磺酸二钠:358nm。

流动相：

A:乙酸铵溶液(1.54→1000);B:乙腈。

浓度梯度(A/B):从100%A到60%A的运行线性梯度在50min以上。

⑦未磺化的初级芳香胺:以苯胺计,不超过0.01%(着色物质试验)。

(9)干燥失量　不超过10.0%(135℃,6h)。

(10)含量测定　准确称取食用黄色5号约1.3g,加水溶解并定容至250mL。准确量取此溶液50mL作为测试溶液,按"着色物质试验"含量测定的三氯化钛法(ⅰ)规定进行。

$$0.1mol/L\ 三氯化钛\ 1mL = 11.31mg\ C_{16}H_{10}N_2Na_2O_7S_2$$

208. 食用黄色5号铝色淀

(1)其他名称　日落黄铝色淀;Food yellow No. 5 aluminum lake;Sunset yellow FCF aluminum lake。

(2)编码　CAS 15790-07-5;CI 15985:1。

(3)定义　将食用黄色5号吸附到溶液中与碱反应生成的铝盐上。形成色淀后,经过滤、干燥和碾碎而成。

(4)含量　食用黄色5号铝色淀相当于6-羟基-5-[(4-磺酸基苯基)偶氮基]萘-2-磺酸二钠($C_{16}H_{12}N_{42}Na_2O_7S_2$=452.37)的含量10.0%以上。

(5)性状　食用黄色5号铝色淀为橙黄色细粉,无臭味。

(6)鉴别

①取食用黄色5号铝色淀0.1g,加硫酸5mL,不时振摇下水浴加热5min,显橙红色。冷却后,取上清液2滴~3滴,加入5mL水中,显橙黄色。

②取食用黄色5号铝色淀0.1g,加稀硫酸(1→20)5mL,充分混合后,加乙酸铵溶液(3→2000)配至100mL,若溶液不澄清可离心。吸取此溶液1mL~10mL,使测定的吸光度在0.2~0.7之间,加乙酸铵溶液(3→2000)配至100mL。此溶液在480nm~484nm波长吸收最大。

③取食用黄色5号铝色淀0.1g,加稀盐酸(1→4)10mL,水浴加热使大部分溶解,加活性炭0.5g,充分振摇后过滤。取无色滤液,用氢氧化钠溶液(1→10)中和,溶液对"定性试验"中所有铝盐试验产生相应反应。

(7)纯度

①盐酸及氨不溶物:不超过0.5%(着色物质铝色淀试验)。

②重金属:以Pb计,不超过20μg/g["着色物质铝色淀试验"的重金属(3)]。

③钡:以Ba计,不超过500μg/g(着色物质铝色淀试验)。

④砷:以As_2O_3计不超过4.0μg/g(着色物质铝色淀试验)。

⑤副色素:

以下物质的总和不超过5%(当使用产品的食用黄色5号含量为85.0%时):

对氨基苯磺酸偶氮G盐色素;

对氨基苯磺酸偶氮R盐色素;

对氨基苯磺酸偶氮β-萘酚色素;

苯胺偶氮薛佛盐色素。

除对氨基苯磺酸偶氮R盐色素外,其余色素不超过2%(当食用黄色5号产品含量为85.0%时)。

测试溶液　准确称取食用黄色5号铝色淀约0.1g,加入稀氨溶液(4→100)60mL,加热煮沸,浓缩至约40mL。冷却,离心,吸取上清液。在残留物中加入10mL水,混匀,再次离心。合并两次上清液,用乙酸铵溶液(7.7→1000)定容至100mL。此溶液作为测试溶液,按"食用黄色5号"纯度⑤规定进行。

(8)干燥失量　不超过30.0%(135℃,6h)。

(9)含量测定　准确称取食用黄色5号铝色淀适量,使0.1mol/L三氯化钛溶液消耗量约20mL,按"着色物质铝色淀试验"含量测定(1)的规定进行。

0.1mol/L三氯化钛1mL=11.31mg $C_{16}H_{10}N_2Na_2O_7S_2$

209. 海萝提取物

(1)英文名称　Fukuronori extract。

(2)定义　海萝提取物从海萝属,海萝藻类(*Fukurofunori* algae,*Gloiopeltis furcata* J. Agardh)的整株获得。其主要成分为多糖。产品可能含有蔗糖、葡萄糖、乳糖、糊精或麦芽糖。

(3)性状　海萝提取物呈白色至褐色粉末或颗粒,稍有或无臭味。

(4)鉴别

①向200mL水中加入海萝提取物4g,置80℃水浴中搅拌直到形成均匀黏稠液体。补充

失去的水,冷却至室温,仍然保持黏稠。

②取鉴别 1 的黏稠溶液 50mL,加入 0.2g 氯化钾,再次加热,充分搅拌,然后冷却至室温,溶液仍然黏稠。

③向 20mL 水中加入海萝提取物 0.1g,加入氯化钡溶液(3→25)3mL 和稀盐酸(2→5)5mL,混合均匀。如果必要,除去产生的沉淀。将混合物煮沸 10min,生成白色结晶沉淀。

(5)纯度

①黏度:不超过 5.0mPa·s(1.5%,75℃)。

②硫酸根:5%~30%。

按"加工过的麒麟菜属海藻"的纯度④规定进行。

③酸不溶物:不超过 2.0%。

按"加工过的麒麟菜属海藻"的纯度⑤规定进行。

④重金属:以 Pb 计,不超过 40μg/g(0.5g,第 2 法,参比溶液为铅标准溶液 2.0mL)。

⑤铅:以 Pb 计,不超过 10μg/g(1.0g,第 1 法)。

⑥砷:以 As_2O_3 计,不超过 4.0μg/g(0.5g,第 3 法,装置 B)。

(6)干燥失量　不超过 12.0%(105℃,5h)。

(7)灰分　5%~30%(以干基计)。

(8)酸不溶性灰分　不超过 1.0%。

(9)微生物限量　按"微生物限量试验"规定进行。菌落总数不超过 10000/g,大肠杆菌阴性。

210. 富马酸

(1)其他名称　延胡索酸;反丁烯二酸;紫堇酸;Fumaric acid;1,2 - Ethenedicarboxylic acid;Trans - 2 - Butenedioic acid。

(2)编码　CAS 110 - 17 - 8;INS 297;FEMA 2488。

(3)分子式、相对分子质量与结构式　$C_4H_4O_4$;116.07;

HOOC–CH=CH–COOH

(4)含量　本品富马酸($C_4H_4O_4$)含量大于 99.0%。

(5)性状　富马酸为白色晶体粉末。无臭味,有特殊酸味。

(6)鉴别

①将富马酸加热,其升华。

②将富马酸置 105℃干燥 3h。其熔点为 287℃~302℃(在密封管中,分解)。

③取富马酸 0.5g,加水 10mL,煮沸溶解,趁热加入溴试液 2 滴~3 滴,溶液颜色消失。

④取富马酸 0.05g 于试管中,加入间苯二酚 2mg~3mg 和硫酸 1mL,振摇,120℃~130℃加热 5min,冷却,加水配至 5mL。在冷却条件下,滴加氢氧化钠溶液(3→10)使呈碱性,再加水配至 10mL。此溶液在紫外光下发出蓝绿色荧光。

(7)纯度

①溶液澄清度和颜色:无色澄清[0.5g,氢氧化钠溶液(1→25)10mL]。

②硫酸盐:以 SO_4 计,不超过 0.010%。

样品溶液　取富马酸 1.0g,加水 30mL,振摇。加入酚酞试液 1 滴,再滴加氨试液至溶液颜色呈浅红色。

参比溶液　0.005mol/L 硫酸 0.20mL。

③重金属：以 Pb 计，不超过 10μg/g。

测试溶液　称取富马酸 2.0g，加水 30mL，振摇，加入酚酞试液 1 滴，再滴加氨试液至溶液呈淡红色。加稀乙酸（1→20）2mL，加水配至 50mL。

参比溶液　取铅标准液 2.0mL，加稀乙酸（1→20）2mL，加水配至 50mL，作为参比溶液。

④砷：以 As_2O_3 计，不超过 4.0μg/g。

测试溶液　称取富马酸 0.50g，加水 10mL，加热溶解，冷却。

装置　采用装置 B。

程序　使用酸性氯化亚锡试液 10mL，无砷锌粒 3g。

(8)灼热残留物　不超过 0.05%（5g）。

(9)含量测定　准确称取富马酸约 1g，加水溶解并定容至 250mL。准确量取此溶液 25mL，用 0.1mol/L 氢氧化钠溶液滴定（指示剂：酚酞试液 2 滴）。

0.1mol/L 氢氧化钠 1mL = 5.804mg $C_4H_4O_4$

211. 栀子蓝

(1)英文名称　Gardenia blue。

(2)编码　CAS 87－49－5；INS 165。

(3)定义　栀子蓝是从植物栀子（*Gardenia augusta* Merrill 或 *Gardenia jasminoides* Ellis）的果实获得。由 β－葡萄糖苷酶作用于从栀子果制得的环烯醚萜苷和蛋白降解产物的混合物制取。产品可能含有糊精和乳糖。

(4)色值　栀子蓝的色值（$E_{1cm}^{10\%}$）应大于 50，为标称量的 90%～110%。

(5)性状　栀子蓝呈暗紫色至蓝色粉末，块状，糊状或液体，稍有特殊气味。

(6)鉴别

①称取相当于色值为 50 的栀子蓝 0.2g，用柠檬酸缓冲液（pH＝7.0）100mL 溶解。呈蓝色至蓝紫色。

②栀子蓝的柠檬酸缓冲液（pH＝7.0）溶液在 570mn～610mn 波长吸收最大。

③称取相当于色值为 50 的栀子蓝 0.2g，加水至 100mL。取此溶液 5mL，加 1 滴～2 滴盐酸，再加入 1 滴～3 滴次氯酸钠试液，溶液立即褪色。

④称取相当于色值为 50 的栀子蓝 0.2g，加水至 100mL。取此溶液 5mL，加入氢氧化钠溶液（1→25）5mL，40℃～43℃加热 20min，颜色没明显变化。

(7)纯度

①重金属：以 Pb 计，不超过 40μg/g（0.5g，第 2 法，参比溶液为铅标准溶液 2.0mL）。

②铅：以 Pb 计，不超过 8.0μg/g（1.25g，第 1 法）。

③砷：以 As_2O_3 计，不超过 4.0μg/g（0.50g，第 3 法，装置 B）。

④甲醇：不超过 0.10%（以色值 50 计）。

测试溶液　准确称取色值为 50 的栀子蓝 1.00g 于 10mL 容量瓶中，用水溶解，准确加入内标液 2mL，再加水至刻度。以此液作为样品溶液。将乙醇 4mL 和水 10mL 注入 500mg 石墨碳滤芯中，弃去流出液。再向滤芯准确注入 1mL 样品溶液，收集滤液到 5mL 容量瓶中。向滤芯以不致使蓝色被洗脱的流速注入水，直到洗脱液总体积达到5mL。

参比溶液　称取0.5g甲醇于100mL容量瓶中，加水至刻度。准确量取此液10mL～100mL容量瓶中，加水至刻度。准确吸取二级溶液2mL于50mL容量瓶中，准确加入2mL内标液，然后加水至刻度。

内标液　称取异丙醇0.5g于100mL容量瓶中，加水至刻度。准确量取此液10mL于100mL容量瓶中，然后加水至刻度。

程序　分别取测试溶液和参比溶液20μL，按照以下操作条件进行气相色谱分析。测试溶液中甲醇与异丙醇的峰面积比不能超过参比溶液。

操作条件

检测器：离子化检测器。

柱：内径为3mm～4mm、长1m～2m的玻璃或不锈钢管。

柱填充材料：180μm～250μm气相色谱用苯乙烯－二乙烯苯多孔聚合物。

柱温：约120℃，恒温。

入口温度：160℃～200℃。

载气：氮气或氦气。

流速：调节流速至甲醇的保留时间大约为2min～4min。

(8)色值试验　按“色值试验”规定进行，操作条件如下：

操作条件

溶剂：柠檬酸盐缓冲液(pH 7.0)。

波长：最大吸收波长570nm～610nm。

212. 栀子红

(1)英文名称　Gardenia Red。

(2)定义　栀子红是从植物栀子(*Gardenia augusta* Merrill 或 *Gardenia jasminoides* Ellis)的果实获得。由β－葡萄糖苷酶作用于从栀子果制得的环烯醚萜苷酯的水解产物和蛋白降解产物的混合物制取。产品可能含有糊精或乳糖。

(3)色值　栀子红的色值($E_{1cm}^{10\%}$)应大于50，为标称量的90%～110%。

(4)性状　栀子红呈暗红色至红色粉末，块状，糊状或液体，有轻微特殊气味。

(5)鉴别

①称取相当于色值为50的栀子红0.2g，用乙酸缓冲液(pH 4.0)100mL溶解。颜色呈红色至紫红色。

②栀子红的乙酸缓冲液(pH 4.0)溶液在520nm～545nm波长吸收最大。

③称取相当于色值为50的栀子红0.2g，加水至100mL。取此溶液5mL，加1滴～2滴盐酸和1滴～3滴次氯酸钠试液，溶液立即褪色。

④称取相当于色值为50的栀子红0.2g，加水至100mL，以此液作为测试溶液。取此溶液5mL，加入5mL氢氧化钠溶液(1→25)将溶液调至碱性。溶液会变浑浊，但颜色没有明显变化。吸取测试溶液5mL，加入1滴～3滴盐酸，溶液会变浑浊，但颜色也没有明显变化。

(6)纯度

①重金属：以Pb计，不超过40μg/g(0.5g，第2法，参比溶液为铅标注溶液2.0mL)。

②铅:以 Pb 计,不超过 8.0μg/g(1.25g,第 1 法)。

③砷:以 As_2O_3 计,不超过 4.0μg/g(0.50g,第 3 法,装置 B)。

(7)色值试验 按"色值试验"规定进行,操作条件如下。

操作条件

溶剂:乙酸盐缓冲液(pH 4.0)。

波长:最大吸收波长 520nm ~ 545nm。

213. 栀子黄

(1)其他名称 藏红花素;Gardenia yellow;Crocine;Gardeniapigment。

(2)编码 CAS 42553 - 65 - 1;INS 164。

(3)定义 栀子黄是从植物栀子(*Gardenia augusta* Merrill 或 *Gardenia jasminoides* Ellis)的果实获得。其主要成分是藏红花素和藏红花酸。产品可能含有糊精或乳糖。

(4)色值 栀子黄的色值($E_{1cm}^{10\%}$)应大于 100,为标称量的 90% ~ 120%。

(5)性状 栀子黄呈黄色至暗红色粉末,块状,糊状或液体,稍有特殊气味。

(6)鉴别

①称取相当于色值为 100 的栀子黄 0.2g,加入 0.02mol/L 氢氧化钠 100mL,呈黄色。

②称取相当于色值为 100 的栀子黄 0.1g,加入 0.02mol/L 氢氧化钠 100mL。50℃水浴中加热 20min,持续振摇使之溶解。所得溶液在 410nm ~ 425nm 波长吸收最大。

③称取相当于色值为 100 的栀子黄 0.1g,如必要水浴蒸干。冷却后加 5mL 硫酸。蓝色出现后,再由紫色变为褐色。

④称取相当于色值为 100 的栀子黄 1g,加入 0.02mol/L 氢氧化钠 100mL,50℃水浴中加热 20min。必要时振摇溶解。以此液作为测试溶液。取 5μL 测试溶液进行薄层色谱分析,将四氢呋喃、乙腈、草酸溶液(1→80)的混合液(8:7:7)作为展开剂。不使用参比溶液。采用覆盖薄层色谱用十八烷基硅胶的薄层板作为载体,预先经 110℃干燥 1h。当展开剂的最前端上升到距离原点约 10cm 时,停止展开,风干薄层板,检查薄层板。R_f 值 0.4 ~ 0.6 处出现黄色斑点。

(7)纯度

①重金属:以 Pb 计,不超过 40μg/g(0.5g,第 2 法,参比溶液为铅标准溶液 2.0mL)。

②铅:以 Pb 计,不超过 8.0μg/g(1.25g,第 1 法)。

③砷:以 As_2O_3 计,不超过 4.0μg/g(0.50g,第 3 法,装置 B)。

④栀子苷:不超过 0.5%(以色值 100 计)。

测试溶液 称取相当于色值为 100 的栀子黄 1.0g,用水和乙腈的混合液(17:3)溶解并定容至 25mL。必要时进行离心,以上清液作为测试溶液。

标准溶液 将含量测定用栀子苷置干燥器中预先干燥 24h,准确称取约 0.01g,用水和乙腈混合液(17:3)溶解并定容至 100mL。分别准确吸取 1mL、5mL 和 10mL 此溶液至 100mL 容量瓶中,分别用水和乙腈混合液(17:3)定容至刻度。

程序 分别取测试溶液和标准溶液 10μL 进行液相色谱分析,操作条件如下所示。测定标准溶液中栀子苷的峰面积,绘制标准曲线。从标准曲线和测试溶液中栀子苷的峰面积确定测试溶液中栀子苷的浓度(μg/mL)。按式(9 - 60)计算色值为 100 的栀子苷含量(X),其数值以%计。

$$X = c \times 0.0025 \tag{9-60}$$

式中：

c——栀子苷的浓度，μg/mL。

操作条件

检测器：紫外分光光度计（检测波长：238nm）。

柱：内径4mm～5mm，长15cm～30cm的不锈钢柱。

柱填充材料：5μm液相色谱用十八烷基硅烷化硅胶。

柱温：40℃。

流动相：水与乙腈的混合液（17∶3）。

流速：调节合适流速使栀子苷的保留时间大约为15min。

（8）色值试验　准确称取相当于色值为100的栀子黄约5g，加入0.02mol/L氢氧化钠溶液50mL，50℃水浴加热20min，必要时振摇溶解。然后加水定容至100mL。准确吸取此液1mL，用50%乙醇（体积）定容至100mL，以此液作为测试溶液。必要时离心，以上清液作为测试溶液。以最大吸收波长410nm～425nm，1cm比色皿测量吸光度（A），以50%（体积分数）乙醇作为参比溶液。按式（9-61）计算色值（Y）。

$$Y = \frac{A \times 1000}{m} \tag{9-61}$$

式中：

m——样品质量，g。

214. 结冷胶

（1）其他名称　冷结树脂；Gellan gum；Gelrite；Phytagel（TM）。

（2）编码　CAS 71010-52-1。

（3）定义　结冷胶主要是从少动鞘氨醇单胞菌（*Sphingomonas elodea*）的培养液中获得，主要由多糖组成。

（4）含量　干燥的结冷胶产品结冷胶含量为85.0%～108.0%。

（5）性状　结冷胶呈白色至褐色粉末，有轻微特殊气味。

（6）鉴别

①当溶于水时，结冷胶为黏稠液体。

②称取1g结冷胶，加入100mL水，搅拌2h。吸取少量溶液至10%氯化钙溶液中，立即形成线性凝胶。

③取鉴别②中所得溶液90mL，加入氯化钠0.50g。搅拌的同时将溶液加热到80℃，维持1min。静置冷却至室温，形成凝胶。

（7）纯度

①总氮：不超过3%。

准确称取约结冷胶1g，按“氮测定”中凯氏定氮法规定进行。

②铅：以Pb计，不超过2.0μg/g（5.0g，第1法）。

③砷：以As_2O_3计，不超过4.0μg/g（0.50g，第3法，装置B）。

④异丙醇:不超过0.075%。

(a)装置　采用“加工过的麒麟菜属海藻”的纯度⑨的装置。

(b)方法

测试溶液　准确称取结冷胶约2g于茄形烧瓶A中,加入水200mL,少许沸石,硅树脂约1mL,搅拌均匀。在容量瓶E中准确加入内标液4mL,接口处用水润湿,组装装置。以2mL/min~3mL/min速度进行蒸馏,控制温度不使气泡进入接受管C中,收集约90mL滤液。向滤液中加水至刻度。用叔丁醇溶液(1→1000)作为内标液。

标准溶液　准确称取约0.5g异丙醇,加水定容至50mL。准确吸取此液5mL,加水定容至50mL。再准吸量取二级溶液3mL及内标液8mL至同一容量瓶中,加水定容至200mL。

程序　分别取测试溶液及标准溶液2.0μL,按照以下操作条件进行气相色谱分析。得到测试溶液和标准溶液中异丙醇和叔丁醇的峰面积比(Q_T和Q_S)后,按式(9-62)计算异丙醇含量(X)。

$$X=\frac{m_1}{m}\times\frac{Q_T}{Q_S}\times 0.3 \tag{9-62}$$

式中:

m_1——异丙醇量,g;

m——样品量,g。

操作条件

检测器:火焰离子化检测器。

柱:内径为3mm、长2m的玻璃管。

柱填充材料:180μm~250μm气相色谱用苯乙烯-二乙烯苯多孔聚合物。

柱温:约120℃,恒温。

注入口温度:约200℃,恒温。

载气:氮气或氦气。

流速:调节流速到异丙醇的保留时间大约为10min。

(8)干燥失量　质量减少不超过15.0%(105℃,2.5h)。

(9)灰分　不超过16.0%(以干基计)。

(10)微生物限量　按“微生物限量试验”规定进行。菌落总数低于10000/g,大肠菌群阴性。

(11)含量测定

称取约色谱用硅藻土1.0g于玻璃滤器(1G3)中,使分布均匀。将装有硅藻土的玻璃滤器于105℃干燥5h,置干燥器中冷却,然后准确称量。准确称取干燥的结冷胶0.2g,加入水50mL,在水浴中加热搅拌溶解,加入预加热至60℃~70℃的异丙醇200mL,混合均匀,静置过夜。用上述装有硅藻土的玻璃滤器过滤。用78%异丙醇(体积)冲洗产生的沉淀至玻璃滤器中,过滤。每次用78%异丙醇(体积)20mL冲洗残留物共3次,再每次用78%异丙醇(体积)10mL冲洗残留物共2次。将装有残留物的玻璃滤器在105℃干燥过夜后准确称量。按式(9-63)计算结冷胶含量X。

$$X=\frac{m_1}{m}\times 100\% \tag{9-63}$$

式中：

m_1——残温量，g；

m——样品量，g。

215. 香叶醇

(1)其他名称 香天竺葵醇；牛儿醇；(2E)-3,7-二甲基-2,6-辛二烯-1-醇；Geraniol；Lemonol。

(2)编码 CAS 106-24-1；FEMA 2507。

(3)分子式、相对分子质量与结构式 $C_{10}H_{18}O$；154.25；

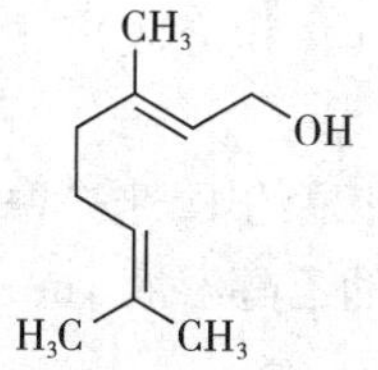

(4)含量 本品香叶醇含量大于85.0%。

(5)性状 香叶醇呈无色至浅黄色透明液体，有特殊气味。

(6)鉴别

取香叶醇1mL，加入乙酸酐1mL和磷酸1滴，保温10min，加入水1mL，在温水中振摇5min。冷却后，用无水碳酸钠溶液(1→8)调至弱碱性，有香叶酯气味产生。

(7)纯度

①折射率n_D^{20}：1.469～1.478。

②相对密度：0.870～0.885。

③溶液澄清度：澄清[1.0mL，70%(体积分数)乙醇3mL]。

④酸值：不超过1.0(香料物质试验)。

⑤酯值：不超过3.0(5.0g，香料物质试验)。

⑥醛：准确称取香叶醇约5g，按“香料物质试验”醛类和酮类含量的第2法规定进行。此试验中，滴定前混合物静置15min。0.5mol/L盐酸消耗量不超过0.65mL。

(8)含量测定 按“香料物质试验”醇类含量第1法的规定进行，乙酰化油用量为1g。

216. 乙酸香叶酯

(1)其他名称 乙酸牻牛儿酯；香叶醇乙酸酯；(2*E*)-3,7-二甲基-2,6-辛二烯-1-醇乙酸酯；Geranyl Acetate；(2*E*)-3,7-Dimethylocta-2,6-dien-1-yl acetate。

(2)编码 CAS 105-87-3；FEMA 2509。

(3)分子式、相对分子质量与结构式：$C_{12}H_{20}O_2$，196.29；

(4)含量 本品乙酸香叶酯($C_{12}H_{20}O_2$)含量不小于90.0%。

(5)性状 乙酸香叶酯呈无色至浅黄色透明液体，有特殊气味。

(6)鉴别

取乙酸香叶酯1mL，加入10%氢氧化钾乙醇试液5mL，水浴加热。特殊气味消失，产生香叶基(geranyl)气味。冷却后加入稀盐酸(1→4)2mL和水2mL，此溶液对定性试验中乙酸

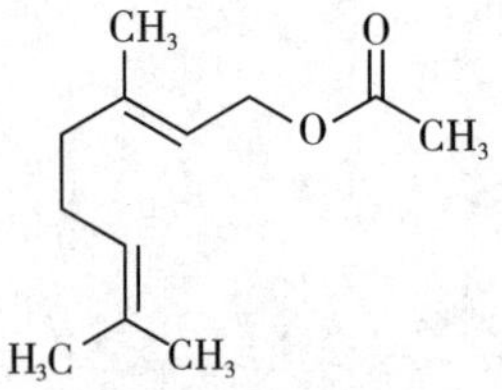

盐(3)产生相应反应。

(7)纯度

①折射率 n_D^{20}:1.457～1.464。

②相对密度:0.903～0.917。

③溶液澄清度:澄清[1.0mL,80%(体积分数)乙醇4mL]。

④酸值:不超过1.0(香料物质试验)。

(8)含量测定 准确称取乙酸香叶酯约1g,按“香料物质试验”酯含量的规定进行。

0.5mol/L氢氧化钾的乙醇溶液1mL＝98.14mg $C_{12}H_{20}O_2$

217. 甲酸香叶酯

(1)其他名称 甲酸叶酯;牻牛儿醇甲酸酯;蚁酸香叶酯;(2*E*)－3,7－二甲基－2,6－辛二烯－1－醇甲酸酯;Geranyl formate;Geraniol formate。

(2)编码 CAS 105－86－2;FEMA 2514。

(3)分子式、相对分子质量与结构式 $C_{11}H_{18}O_2$;182.26;

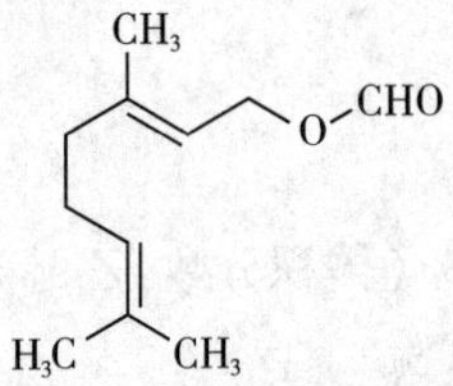

(4)含量 本品甲酸香叶酯($C_{11}H_{18}O_2$)含量不小于85.0%。

(5)性状 甲酸香叶酯呈无色至浅黄色透明液体,有特殊气味。

(6)鉴别

①取甲酸香叶酯1mL加10%氢氧化钾的乙醇试液10mL,不时振摇下水浴加热5min,特殊气味消失,产生香叶醇气味。

②取甲酸香叶酯1mL,加氢氧化钠溶液(1→25)10mL,不时振摇下水浴加热5min,然后静置。取下层水溶液1mL,加入稀盐酸(1→4)1.5mL,再分几次加入镁粉0.02g。冒泡停止后,加入稀硫酸(3→5)3mL和变色酸0.010g,振摇,温水浴加温10min,产生粉红－紫色。

(7)纯度

①折射率 n_D^{20}:1.457～1.466。

②相对密度:0.909～0.917。

③溶液澄清度:澄清[1.0mL,80%(体积分数)乙醇3.0mL]。

④酸值:不超过1.0(香料物质试验)。

本试验中,在冰水冷却下进行滴定,继续滴定至淡粉红色持续10s为止。

(8)含量测定 准确称取甲酸香叶酯约1g,分别“按香料物质试验”中皂化值和酸值的规定进行，按式(9－64)计算甲酸香叶酯($C_{11}H_{18}O_2$)的含量(X)：

$$X = \frac{X_1 - X_2}{561.1} \times 182.3 \times 100\% \qquad (9-64)$$

式中：

X_1——皂化值；

X_2——酸值。

218. 葡萄糖酸

(1)其他名称　1,2,3,4,5－五羟基己酸；D－葡萄糖酸；葡糖酸；D－葡糖酸；五羟基己酸；Gluconic acid；2,3,4,5,6－Pentahydroxycaproic acid；Maltonic acid；Dextronic acid；Glycogenic acid。

(2)编码　CAS 526－95－4；INS 574。

(3)分子式、相对分子质量与结构式　$C_6H_{12}O_7$；196.16；

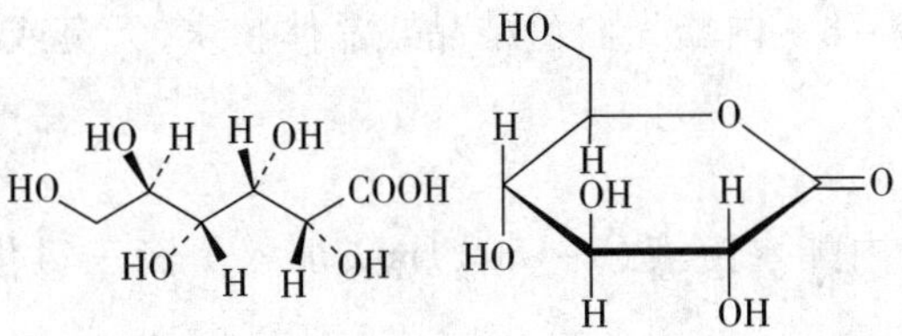

(4)定义　葡萄糖酸是葡萄糖酸和葡萄糖酸－δ－内酯的水溶液。

(5)含量　本品相当于葡萄糖酸($C_6H_{12}O_7$)含量50.0%～52.0%。

(6)性状　葡萄糖酸是一种无色至浅黄色澄明糖浆状液体，无臭或稍有气味，有酸味。

(7)鉴别

①取葡萄糖酸溶液(1→25)1mL，加入1滴氯化铁溶液(1→10)后，显深黄色。

②取葡萄糖酸1mL，加水4mL，然后按"葡萄糖酸－δ－内酯"鉴别2进行。

(8)纯度

①氯化物：以Cl计，不超过0.035%(0.50g，参比溶液为0.01mol/L盐酸0.50mL)。

②硫酸盐：以SO_4计，不超过0.024%(1.0g，参比溶液为0.005mol/L硫酸0.50mL)。

③重金属：以Pb计，不超过20μg/g。

测试溶液　称取葡萄糖酸1.0g，用水30mL溶解，加酚酞试液1滴，再滴加氨试液直到溶液显淡粉红色。再加稀乙酸(1→20)2mL和水至50mL。

参比溶液　吸取铅标准溶液2.0mL，加入稀乙酸(1→20)2mL和水至50mL。

④砷：以As_2O_3计，不超过4.0μg/g(0.50g，第1法，装置B)。

⑤蔗糖或还原糖：称取葡萄糖酸1.0g，按"葡糖酸－δ－内酯"纯度⑥规定进行。

(9)灼热残留物　不超过0.10%(5g)。

(10)含量测定　准确称取葡萄糖酸约1g，加入水30mL和准确量取的0.1mol/L氢氧化钠溶液40mL，振摇，静置20min。用0.05mol/L硫酸滴定(指示剂：酚酞试液3滴)多余的碱。用同样的方法进行空白试验。

0.1mol/L氢氧化钠1mL＝19.62mg $C_6H_{12}O_7$

219. 葡萄糖酸-δ-内酯

(1)其他名称 1,5-葡萄糖酸内酯;D-葡萄糖酸δ-内酯;葡萄糖酸-δ-内酯;葡萄糖酸内酯;D-葡萄糖酸-1,5-内酯;Glucono-α-lactone;δ-Glucuronolactone;Gluconolactone;D-Gluconic acid lactone;D-Glucono-1,5-lactone。

(2)编码 CAS 90-80-2;INS 575。

(3)分子式、相对分子质量与结构式 $C_6H_{10}O_6$;178.14;

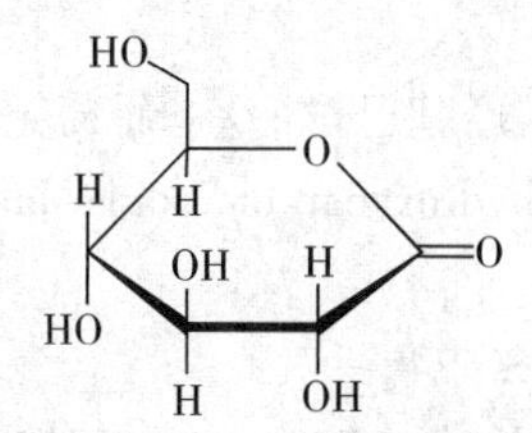

(4)含量 本品干燥后含葡萄糖酸-δ-内酯($C_6H_{10}O_6$)大于99.0%。

(5)性状 葡萄糖酸-δ-内酯为白色结晶或晶体粉末,无臭或稍有气味。味道首先是甜味,然后变为略带酸味。

(6)鉴别

①取葡萄糖酸-δ-内酯水溶液(1→50)1mL,加入1滴三氯化铁溶液(1→10),呈深黄色。

②取葡萄糖酸-δ-内酯水溶液(1→10)5mL,加入乙酸0.7mL和新蒸馏的苯肼1mL,水浴加热30min。冷却后,用玻璃棒摩擦内壁。有晶体析出。滤取结晶,将其溶于10mL沸水中,加入小量活性炭,过滤。冷却后,用玻璃棒摩擦内壁,晶体析出,干燥沉淀的结晶。熔点为192℃~202℃(分解)。

(7)纯度

①溶液澄清度及颜色:无色,几乎澄清(1.0g,10mL水)。

②氯化物:以Cl计,不超过0.035%(0.5g,参比溶液为0.01mol/L盐酸0.5mL)。

③硫酸盐:以SO_4计,不超过0.024%(1.0g,参比溶液为0.005mol/L硫酸0.50mL)。

④重金属:以Pb计,不超过20μg/g。

测试溶液 称取葡萄糖酸-δ-内酯1.0g,用水30mL溶解,加入酚酞试液1滴,然后滴加氨试液至显淡粉红色。加入稀乙酸(1→20)2mL和水至50mL。

参比溶液 吸取2.0mL铅标准溶液,加入稀乙酸(1→20)2mL和水至50mL。

⑤砷:以As_2O_3计,不超过4.0μg/g(0.50g,第1法,装置B)。

⑥蔗糖或还原糖:称取葡萄糖酸-δ-内酯0.5g,加入水10mL和稀盐酸(1→4)2mL,煮沸2min。冷却后,加入无水碳酸钠溶液(1→85mL),静置5min,然后加水至20mL。吸取此溶液5mL,加入斐林试液2mL,煮沸1min。不会立即生成橙黄色至红色沉淀。

(8)干燥失量 不超过1.0%(105℃,2h)。

(9)灼热残留物 不超过0.10%。

(10)含量测定 准确称取经预先干燥的葡萄糖酸-δ-内酯约0.3g,用准确量取的0.1mol/L氢氧化钠30mL溶解,静置20min。用0.05mol/L硫酸滴定多余的碱(指示剂:酚酞试液3滴)。以同样方法进行空白试验。

0.1mol/L 氢氧化钠 1mL = 17.81mg $C_6H_{10}O_6$

220. α - 葡萄糖基转移酶处理的甜叶菊

(1)其他名称　酶改性甜叶菊；葡萄糖基甜叶菊；α - Glucosyltransferase treated stevia；Glucosyl stevia；Enzymatically modified stevia。

(2)定义　α - 葡萄糖基转移酶处理的甜叶菊是以 α - 葡萄糖基转移酶将甜叶菊提取物葡萄糖基化后获得。其主要成分是 α - 葡萄糖基甜菊糖苷。

(3)含量　以干燥品计，本品含 α - 葡萄糖基甜菊糖苷和未反应甜菊糖苷（甜菊糖苷、杜克苷 A、瑞鲍迪苷 A 和瑞鲍迪苷 C）的总和大于 80.0%，其中 α - 葡萄糖基甜菊糖苷含量应大于 65.0%。

(4)性状　α - 葡萄糖基转移酶处理的甜叶菊为白色至浅黄色粉末、薄片或颗粒，无臭味或稍有特殊气味。其有很强的甜味。

(5)鉴别

①将 α - 葡萄糖基转移酶处理的甜叶菊 0.1g 溶于 20mL 水中，此溶液作为测试溶液。分别取测试溶液和标准溶液 10μL 按照"甜叶菊提取物"含量测定描述的液相色谱操作条件进行分析。在甜菊糖苷或莱鲍迪苷 A 的保留时间后可以观察到一个以上的峰。标准溶液配制是将含量测定用甜菊糖苷 5mg 和莱鲍迪甙 A 各 5mg 溶于 10mL 水中。

②向鉴别①的测试溶液中加入 20000 单位葡萄糖糖化酶，55℃放置 45min，然后冷却至室温。取最终溶液 10μL，按照"甜叶菊提取物"含量测定描述的液相色谱操作条件进行分析。在甜菊糖苷或瑞鲍迪甙 A 保留时间后的多个峰的峰面积之和都小于鉴别①所观察到的相应峰的峰面积，甜菊糖苷或瑞鲍迪苷 A 少有一个的峰面积大于鉴别①中所观察到的峰面积。

(6)纯度

①重金属：以 Pb 计，不超过 10μg/g（2.0g，第 2 法，参比溶液为铅标准溶液 2.0mL）。

②砷：以 As_2O_3 计，不超过 2.0μg/g（1.0g，第 3 法，装置 B）。

(7)干燥失量　不超过 6.0%（105℃，2h）。

(8)灼热残留物　不超过 1.0%。

(9)含量测定

①α - 葡糖基化甜菊糖苷和未反应甜菊糖苷总量

α - 葡萄糖基化甜菊糖苷和未反应甜菊糖苷总量以甜菊糖苷和 α - 葡萄糖基化残留物总和计。

甜菊糖苷

测试溶液　准确称取 α - 葡萄糖基转移酶处理的甜叶菊约 1g，用水 50mL 溶解。将此液注入一填充有 50mL 丙烯酸酯树脂或苯乙烯 - 二乙烯苯树脂的玻璃管（内径 25mm）中，控制流速低于 3mL/min，然后用水 250mL 洗树脂。注入 50%（体积分数）乙醇 250mL，控制流速为 3mL/min 或稍低。将收集的洗脱液蒸发至约 100mL，然后准确加入乙酸缓冲液（pH 4.5）40mL 和加水至约 180mL。置此溶液于 55℃保持 5min，然后加入 20000 单位葡萄糖糖化酶，再置 55℃保持 45min。在 95℃加热 30min，然后冷却至室温，加水准确配制成 200mL。

甜菊糖苷标准溶液 准确称取经预先干燥的含量测定用甜菊糖苷标准物质约 0.1g，用水溶解并定容至200mL。

程序　分别取测试溶液和标准溶液10μL，按照“甜叶菊提取物”含量测定规定进行。

α－葡萄糖基残留物

测试溶液　使用配制用于甜菊糖苷测定的测试溶液。

空白测试溶液　准确取乙酸缓冲液（pH 4.5）40mL，准确加水至180mL，然后置55℃保持5min。向此溶液中加入20000单位葡萄糖糖化酶，置55℃保持45min。然后，在95℃加热30min，然后冷却至室温，加水准确配制成200mL。

标准溶液 准确称取葡萄糖约1g，加水溶解并定容至100mL。分别准确移取此液5mL、10mL、20mL和30mL至四个100mL容量瓶中，然后各自用水稀释至刻度。

程序　取测试溶液20μL，准确加入D－葡萄糖测定用固色试液3mL，振摇。在37℃准确放置5min，冷却至室温。在505nm测定最终溶液相对参比溶液的吸光度。参比溶液配置方法：以水20mL代替测试溶液，按照测试溶液的制备方法进行。按对测试溶液同样的方法测定空白测试溶液的吸光度，进行必要的校正。按与测试溶液相同方法测定标准溶液的吸光度，制作标准曲线。

通过标准曲线和校正的测试溶液吸光度确定D－葡萄糖的浓度，按式（9－65）计算α－葡萄糖基化残留物含量（X）。

$$X = \frac{c \times 200}{m \times 1000} \times 0.900 \times 100\% \qquad (9-65)$$

式中：

c——测试溶液中D－葡萄糖浓度，mg/mL；

m——干燥样品量，g。

从甜菊糖苷含量（X，%）和α－葡糖基化残留物的含量（X，%）计算α－葡萄糖基化甜菊糖苷和未反应甜菊糖苷的总量（X_2，%），见式（9－66）。

$$X_2 = X_1 + X \qquad (9-66)$$

式中：

X_2——α－葡萄糖基甜菊糖苷和未反应甜菊糖糖苷的总量，%。

②α－葡萄糖基化甜菊糖苷的含量

准确称取α－葡萄糖基转移酶处理的甜叶菊约1g，用水溶解并定容至200mL。以此液作为测试溶液。分别取测试溶液和按含量测定①配制的甜菊糖苷标准溶液10μL，按照“458. 甜叶菊提取物”含量测定操作测定甜菊糖苷的含量，将所测定的含量作为未反应甜菊糖苷的含量。最后，按式（9－67）计算α－葡萄糖基化甜菊糖苷的含量（X_3，%）。

X_3＝甜菊糖苷含量（%）＋α－葡萄糖基残留物含量（%）＋未反应的甜菊糖苷含量（%）　　(9－67)

221. L－谷氨酸

(1)其他名称　α－氨基戊二酸；谷氨酸；麸氨酸；L－2－氨基戊二酸；(2S)－2－氨基戊二酸；L－Glutamic Acid；Glutamic Acid；L－2－Aminopentanedioic Acid。

(2)编码　CAS 56－86－0；INS 620；FEMA 3285。

(3)分子式、相对分子质量与结构式　$C_5H_9NO_4$；147.13；

HOOC‿‿COOH / H NH₂

(4)**含量**　以干基计,本品 L－谷氨酸($C_5H_9NO_4$)含量应大于 99.0%。

(5)**性状**　L－谷氨酸为无色至白色结晶或白色晶体粉末,稍有特殊气味和酸味。

(6)**鉴别**　取 L－谷氨酸溶液(1→1000)5mL,加茚满三酮溶液(1→1000)1mL,加热 3min,出现紫色。

(7)**纯度**

①比旋光度$[\alpha]_D^{20}$:+31.5°～+32.5°[10g,稀盐酸(1→6),100mL,以干基计]。

②溶液颜色及澄清度:无色,澄清。

测试溶液　取 L－谷氨酸 0.50g,加水 50mL,加温溶解。

③pH:3.0～3.5(饱和溶液)。

④氯化物:以 Cl 计,不超过 0.021%(0.50g,参比溶液为 0.01mol/L 盐酸 0.30mL)。

⑤重金属:以 Pb 计,不超过 10μg/g(2.0g,第 2 法。参比溶液为铅标准液 2.0mL)。

⑥砷:以 As_2O_3 计,不超过 4.0μg/g(0.50g,第 2 法,装置 B)。

(8)**干燥失量**　不超过 0.20%(105℃,3h)。

(9)**灼热残留物**　不超过 0.20%。

(10)**含量测定**　准确称取 L－谷氨酸约 0.2g,将其溶于甲酸 6mL 中,按"DL－丙氨酸"含量测定规定进行。

0.1mol/L 高氯酸 1mL＝14.71mg $C_5H_9NO_4$。

222. L－谷氨酰胺

(1)**其他名称**　L－谷氨酸－5－酰胺;L－谷酰胺;麸氨酰胺;L－氨酰胺;L－谷氨酸酰胺;(2S)－2－氨基－4－酮基戊酸;L－Glutamine;Glutamic Acid Amide;2－Aminoglutaramic Acid;;2,5－Diamino－5－Oxpentanoicacid;Cebrogen;Glutamic Acid 5－Amid。

(2)**编码**　CAS 56－85－9;FEMA 3684。

(3)**分子式、相对分子质量与结构式**　$C_5H_{10}N_2O_3$;146.14;

O / H₂N‿‿COOH / H NH₂

(4)**含量**　以干基计,本品 L－谷氨酰胺($C_5H_{10}N_2O_3$)含量为 98.0%～102.0%。

(5)**性状**　L－谷氨酰胺为白色结晶或晶体粉末。无气味,稍有特异味道。

(6)**鉴别**

①向 L－谷氨酸溶液(1→1000)5mL 中加入茚三酮溶液(1→50)1mL,水浴加热 3min 后,溶液呈紫色。

②按"L－天冬酰胺"鉴别②规定进行。

(7)**纯度**

①比旋光度$[\alpha]_D^{20}$:+6.3°～+7.3°。

准确称取 L－谷氨酰胺约 4g,加水加热溶解。迅速冷却后,加水定容至 100mL。测量此溶液的角旋转,以干基计。

②溶液颜色及澄清度：无色澄清（1.0g，50mL 水）。

③pH：4.5～6.0（1.0g，50mL 水）。

④氯化物：以 Cl 计，不超过 0.1%（0.07g，参比溶液为 0.01mol/L 盐酸 0.20mL）。

⑤重金属：以 Pb 计，不超过 20μg/g（1.0g，第 1 法，参比溶液为铅标准液 2.0mL）。

⑥砷：以 As_2O_3 计，不超过 4.0μg/g（0.50g，第 1 法，装置 B）。

(8)干燥失量 不超过 0.30%（105℃，3h）。

(9)灼热残留物 不超过 0.10%。

(10)含量测定 准确称取 L－谷氨酰胺约 0.3g，按"L－天冬酰胺"含量测定规定进行。

0.1mol/L 高氯酸 1mL＝14.61mg $C_5H_{10}N_2O_3$。

223. 甘油

(1)其他名称 1，2，3－丙三醇；丙三醇；三羟基丙烷；1，2，3－三羟基丙烷；Glycerol；Glycerin；1，2，3－Propeatriol；1，2，3－Trihydroxyopropane。

(2)编码 CAS 56－81－5；INS 422；FEMA 2525。

(3)分子式、相对分子质量与结构式 $C_3H_8O_3$；92.09；

H OH
HO⟋⟍⟋OH

(4)含量 本品甘油（$C_3H_8O_3$）含量大于 95.0%。

(5)性状 甘油为无色黏稠液体。无气味，有甜味。

(6)鉴别

取甘油 2 滴～3 滴，加硫酸氢钾 0.5g，加热。产生丙烯醛样气味。

(7)纯度

①相对密度：1.250～1.264。

②重金属：以 Pb 计，不超过 5.0μg/g（5.0g，第 1 法，参比溶液为铅标准液 2.5mL）。

③砷：以 As_2O_3 计，不超过 4.0μg/g。

测试溶液 称取甘油 10g，加水至 100mL。以此液 5mL 作为测试溶液。

试验装置 采用装置 B。

④氯化物：以 Cl 计，不超过 0.003%。

测试溶液 称取甘油 5.0g，装入配有回流冷凝器的烧瓶中，加入吗啉 15mL，温和加热回流 3h。冷却，用水 10mL 冲洗回流冷凝器，将清洗液流入烧瓶中，用硝酸将溶液调至酸性。将此液转至纳氏试管中，加入硝酸银溶液（1→50）0.5mL，然后加水至 50mL。

程序 测试溶液的浑浊度应小于参比溶液。参比溶液配制：除加热回流操作中以 0.01mol/L 盐酸 0.40mL 替代样品甘油，均按测试溶液制备的规定进行。

⑤还原性物质 取甘油 3.0mL，用水 5mL 溶解，加入氨试液 0.5mL，在 60℃水浴中加热 5min，溶液不显黄色。加入硝酸银溶液（1→10）0.5mL，振摇，暗处放置 5min，此溶液的浑浊度应小于参比溶液。参比溶液配制：用焦性没食子酸的甘油溶液（3→100000）代替甘油，其余按试样配制相同的方法操作。

(8)灼热残留物 不超过 0.01%（10g）。

(9)含量测定 快速准确称取甘油约 0.5g，加水定容至 500mL。准确量取此液 50mL，加入水约200mL,用稀硫酸(3→1000)或氢氧化钠溶液(1→250)调节至pH 7.9±0.1。加入甘油试验用高碘酸钠试液50mL,慢慢搅拌,盖上表面皿,暗处放置30min。然后加水和乙二醇混合液(1:1)10mL,振摇,暗处放置20min。加甲酸钠溶液(1→15)5mL,用0.1mol/L氢氧化钠溶液滴定至pH 7.9±0.2。另外以同样方法进行空白试验。试验所用水均为新煮沸后的冷却水。

$$0.1mol/L 氢氧化钠 1mL = 9.209mg\ C_3H_8O_3$$

224. 肪酸酸甘油酯

(1)其他名称 甘油脂肪酸酯;Glycerol esters of fatty acids。

(2)定义 肪酸酸甘油酯是指脂肪酸和甘油或聚甘油的酯和其衍生物。它们可以分为以下几类:甘油脂肪酸酯、甘油乙酸脂肪酸酯、甘油乳酸脂肪酸酯、甘油柠檬酸脂肪酸酯、甘油琥珀酸脂肪酸酯、甘油二乙酰酒石酸脂肪酸酯、甘油乙酸酯、聚甘油脂肪酸酯和聚甘油缩合蓖麻油酸酯。

(3)性状 肪酸酸甘油酯为无色至褐色粉末、薄片、颗粒,呈粒状或蜡块状,或半流体或液体。无气味或有特殊气味。

(4)鉴别

①取肪酸酸甘油酯约5g(如为甘油乙酸酯取1.5g),加氢氧化钾的乙醇试液50mL,装上回流冷凝器,在水浴中加热1h,蒸发乙醇近干。加稀盐酸(1→10)50mL,充分摇匀,用石油醚和甲乙酮的混合液(7:1)萃取3次分离产生的脂肪酸,每次40mL。将水层搅拌均匀,加氢氧化钠溶液(1→9)调至溶液近中性,然后水浴减压浓缩获取残留物。以残留物的甲醇溶液(1→10)作为测试溶液。用5μL测试溶液进行薄层色谱分析,用甲醇和甘油的混合液(9:1)作为参比溶液,用丙酮和水的混合液(9:1)作为展开剂。采用覆盖薄层色谱用硅胶的薄层板作为载体,预先经110℃干燥1h。当展开剂的最前端距离原点15cm时停止展开,风干薄层板,在110℃加热10min除去溶剂,冷却。喷上百里香酚-硫酸试液,110℃加热20min显色。若是甘油酯时,可观察到与参比溶液斑点相同位置有褐色斑点;若是聚甘油酯时,可观察到与参比溶液相同或下方位置有褐色斑点或褐色带状斑块。

②此试验适用于除甘油乙酸酯以外的酯类。合并鉴别①分离得到的石油醚和甲乙酮层,蒸馏去溶剂。应有油状物或白至黄白色固体残存物。取该残留物0.1g,加乙醚5mL,振摇。应可溶解。

③此试验适用于除脂肪酸甘油酯和聚甘油酯以外的酯类。

测试溶液 取鉴别①所得残留物0.1g,用0.005mol/L硫酸2mL溶解。

标准溶液 分别取以下规定量物质,用0.005mol/L硫酸2mL溶解:乙酸脂肪酸甘油酯和乙酸甘油酯取乙酸0.01g,乳酸脂肪酸甘油酯取乳酸钠0.02g,柠檬酸脂肪酸甘油酯取柠檬酸0.01g,琥珀酸脂肪酸甘油酯取琥珀酸0.01g,二乙酰酒石酸脂肪酸甘油酯取乙酸0.01g和酒石酸0.01g。

程序 分别取测试溶液和相应标准溶液20μL,按照以下操作条件进行液相色谱分析。可以观察到测试溶液峰的保留时间与对应的标准溶液相同。

操作条件

检测器:示差折光检测器。

柱:内径8mm,长30cm的不锈钢管。

柱填充材料：苯乙烯－二乙烯苯强阳离子交换树脂。

柱温：60℃。

流动相：0.005mol/L 硫酸。

流速：0.7mL/min。

④若为聚甘油缩合蓖麻油酸酯，将以上鉴别1中分离出的石油醚/甲乙酮层合并，每次用50mL 水洗涤此液两次，用无水硫酸钠脱水。过滤脱水液体，减压加温去除溶剂。准确称取此残留物约1g，按照“油脂类和相关物质试验”的羟值规定操作。羟值为150～170。使用残留物0.5g 进行酸值测定。

(5)纯度

①酸值：

甘油脂肪酸酯：不超过6.0（油脂类和相关物质试验）。

甘油乙酸脂肪酸酯：不超过6.0（油脂类和相关物质试验）。

甘油乳酸脂肪酸酯：不超过6.0（油脂类和相关物质试验）。

甘油乙酸酯：不超过6.0（油脂类和相关物质试验）。

聚甘油脂肪酸酯：不超过12（油脂类和相关物质试验）。

聚甘油缩合蓖麻油酸酯：不超过12（油脂类和相关物质试验）。

甘油柠檬酸脂肪酸酯：不超过100（油脂类和相关物质试验）。

甘油琥珀酸脂肪酸酯：60～120（油脂类和相关物质试验）。

甘油二乙酰酒石酸脂肪酸酯：60～120（油脂类和相关物质试验）。

②重金属：以Pb 计，不超过10μg/g（2.0g，第2法，参比溶液为铅标准液2.0mL）。

③砷：以 As_2O_3 计，不超过4.0μg/g（0.50g，第3法，装置B）。

④聚环氧乙烷：称取脂肪酸甘油酯1.0g 于200mL 烧瓶中，加入氢氧化钾的乙醇试液25mL，装上具有磨砂玻璃接口的回流冷凝器，不时振摇下水浴煮沸1h。水浴或减压馏挥去乙醇至近干，加稀硫酸（3→100）20mL，加热下充分振摇。加入硫氰酸铵－硝酸钴试液15mL，充分振摇，加入氯仿10mL，再次振摇，静置。氯仿层不会变为蓝色。

(6)灼热残留物 不超过1.5%。

225. 甘氨酸

(1)其他名称 氨基乙酸；乙氨酸；Glycine；Aminoacetic acid；Glycocoll；TG。

(2)编码 CAS 56－40－6；INS 640；FEMA 3287。

(3)分子式、相对分子质量与结构式 $C_2H_5NO_2$；75.07；

$$H_2N\diagup\diagdown COOH$$

(4)含量 以干基计，本品甘氨酸（$C_2H_5NO_2$）含量为98.5%～101.5%。

(5)性状 甘氨酸为白色结晶或晶体粉末。有甜味。

(6)鉴别

①向甘氨酸溶液（1→1000）5mL 中加入茚三酮溶液（1→1000）1mL，加热3min 后，溶液呈紫色。

②向甘氨酸溶液（1→10）5mL 中加入稀盐酸（1→4）5 滴和新配制的亚硝酸钠溶液（1→

10)1mL。产生无色气体。取此液5滴于小试管内,煮沸一会,在水浴上蒸干。冷却后,向残留物中加入5滴~6滴变色酸试液,水浴加热10min。溶液呈深紫色。

(7)纯度

①溶液澄清度和颜色:无色澄清(1.0g,水10mL)。

②pH:5.5~7.0(1.0g,水20mL)。

③氯化物:以Cl计,不超过0.021%(0.5g,参比溶液为0.01mol/L盐酸0.30mL)。

④重金属:以Pb计,不超过20μg/g(1.0g,第4法,参比溶液为铅标准液2.0mL)。

⑤砷:以As_2O_3计,不超过4.0μg/g(0.50g,第1法,装置B)。

(8)干燥失量　不超过0.30%(105℃,3h)。

(9)灼热残留物　不超过0.10%。

(10)含量测定　准确称取甘氨酸约0.15g,按"DL-丙氨酸"含量测定规定进行。

$$0.1mol/L 高氯酸 1mL = 7.507mg\ C_2H_5NO_2$$

226. 葡萄皮提取物

(1)其他名称　葡萄皮色素;葡萄皮红;Grape skin extract;Grape skin color;Enocianina。

(2)编码　CAS 11029-12-2;977010-52-8;INS 163(ⅱ)。

(3)定义　葡萄皮提取物从葡萄(*Vitis labrusca* Linné 或 *Vitis vinifera* Linné)皮获得,主要成分为花青素。产品也可能含有糊精和乳糖。

(4)色值　葡萄皮提取物色值($E_{1cm}^{10\%}$)应大于50,为标称值的90%~120%。

(5)性状　葡萄皮提取物为红色至暗红色粉末、团块、糊状物或液体,并有轻微特殊气味。

(6)鉴别

①称取相当于色值为50的葡萄皮提取物1g,用柠檬酸盐缓冲液(pH 3.0)1000mL溶解。溶液呈红至紫红色。

②将氢氧化钠溶液(1→25)加入鉴别①溶液中使溶液呈碱性。溶液变为深绿色。

③将葡萄皮提取物用柠檬酸盐缓冲液(pH 3.0)解后,在520nm~534nm波长吸收最大。

(7)纯度

①重金属:以Pb计,不超过40μg/g(0.5g,第2法,参比溶液为铅标准液2.0mL)。

②铅:以Pb计,不超过10μg/g(1.0g,第1法)。

③砷:以As_2O_3计,不超过4.0μg/g(0.50g,第3法,装置B)。

④二氧化硫:每个色值单位不超过0.005%。

(a)装置　使用装置见图9-34。采用硬质玻璃制器具,接口处为磨砂玻璃接口。

(b)程序　准确称取葡萄皮提取物1g~3g至500mL带瓦格纳管的蒸馏烧瓶(A)中,加入水100mL,连接好蒸馏装置。将乙酸铅溶液(1→50)25mL放入接收器(量筒F)作为吸收液。

将联接冷凝器的液体捕获部E的下端浸入到吸收液中。将稀磷酸(2→7)25mL加入有活塞的漏斗中,蒸馏至接收器里的液体达到100mL。将冷凝器下端从吸收液中移出,用少量水冲洗末端,并归入接收器F中。向接收器的溶液中加入5mL盐酸,用0.005 mol/L碘滴定(指示剂:淀粉试液)。

$$0.005mol/L 碘试液 = 0.3203mg\ SO_2$$

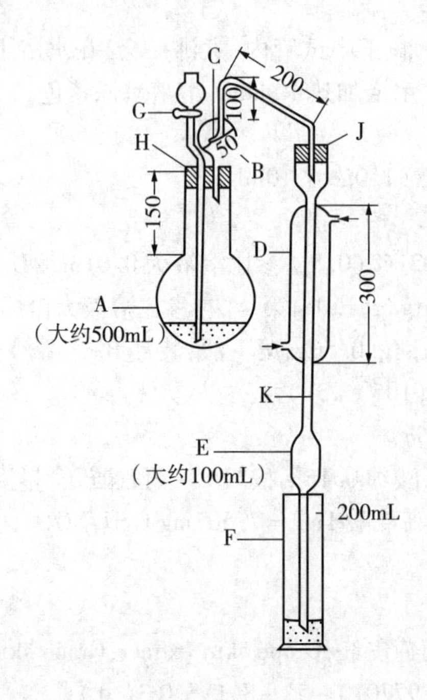

说明：

A——蒸馏烧瓶；B——装有喷雾收集器的瓦格纳管；C——小孔；D——冷凝器；E——液体捕获部；F——量筒；G——带活塞漏斗；H——硅橡胶瓶塞；J——硅橡胶瓶塞；K——硅橡胶管。

图9-34 二氧化硫测定用装置

(8)色值试验 按“色值试验”规定进行，操作条件如下：

操作条件

溶剂：柠檬酸盐酸缓冲液（pH 3.0）。

波长：520nm～534nm为最大吸收波长。

227. 瓜尔豆胶

(1)其他名称 瓜耳树胶；瓜尔胶；古耳胶；Guar gum；Guar flour；Gum Cyamopsis。

(2)编码 CAS 9000-30-0；INS 412。

(3)分子式与相对分子质量 $C_2H_5NO_2$；75.07。

(4)定义 瓜尔豆胶是从瓜尔豆科植物（*Cyamopsis tetragonolobus* Taubert）的种子获得，主要成分为多糖。产品可能含有蔗糖、葡萄糖、乳糖或糊精。

(5)性状 瓜尔豆胶为白色至淡黄棕色粉末或颗粒。稍有或无气味。

(6)鉴别

①按“刺槐豆胶”鉴别①规定试验，形成一种黏性溶液。取此液100mL水浴加热10min，冷却到室温后，溶液的黏度很难改变。

②按“刺槐豆胶”鉴别②规定试验。

(7)纯度

①蛋白质：不超过7.0%。

准确称取瓜尔豆胶约0.15g，按“氮测定”的半微量凯氏法规定进行。

0.005mol/L 硫酸 1mL = 0.8754mg 蛋白质。

②酸溶性物质：不超过7.0%。

按"加工过的麒麟菜属海藻"纯度⑤规定进行。

③铅：以Pb计，不超过2.0μg/g(5.0g，第1法)。

④砷：以As_2O_3计，不超过4.0μg/g(0.50g，第3法，装置B)。

⑤淀粉：按"刺槐豆胶"纯度⑤规定进行。

⑥异丙醇：不超过1.0%。

按"刺槐豆胶"纯度⑥规定进行。

(8)干燥失量 不超过14.0%(105℃，5h)。

(9)灰分 不超过1.5%(800℃，3h~4h)。

(10)微生物限量 按"微生物限量试验"规定进行。菌落总数不超过10000/g，大肠杆菌阴性。

228. 阿拉伯树胶

(1)其他名称 阿拉伯胶；阿拉伯橡胶；Gum arabic；Acacia gum。

(2)编码 CAS 9000-01-5；INS 414；FEMA 2001。

(3)定义 阿拉伯树胶是由阿拉伯树(*Willsenow* 或 *Acacia seyal* Delile)渗出物干燥获得或将干燥渗出物去盐获得。其主要成分为多糖。

(4)性状 阿拉伯树胶为白色至淡黄色粉末或颗粒，或淡黄色至褐色团块。无气味。

(5)鉴别

①取预先碾成粉末的阿拉伯树胶1g，加水2mL。几乎都溶解，溶液呈酸性。

②取阿拉伯树胶溶液(1→50)10mL，加入稀释碱式乙酸铅试液(1→50)0.2mL。立即生成白色纤维状沉淀。

③取阿拉伯树胶5g，用水100mL溶解。如果溶液浑浊，采用0.45μm膜抽吸过滤或离心除去污染物。测定最终溶液的旋光率。来自阿拉伯胶树(*Acacia Senegal*)的溶液为左旋，来自塞伊耳相思树(*Acacia Seyal*)的溶液为右旋。

(6)纯度

①盐酸不溶物：不超过1.0%。

将一玻璃过滤器(1G3)在110℃干燥30min，在干燥器中冷却，准确称量该玻璃滤器重量。准确称取阿拉伯树胶粉5g，将其溶于大约100mL水中，加入稀盐酸(1→4)10mL，缓慢加热并煮沸15min。用以上玻璃过滤器趁热减压过滤。用温水彻底冲洗沉淀，过滤物及玻璃滤器一起经105℃干燥2h。干燥器中冷却后，准确称量。

②铅：以Pb计，不超过2.0μg/g(5.0g，第1法)。

③砷：以As_2O_3计，不超过4.0μg/g(0.50g，按第3法，装置B)。

④丹宁结合胶：取阿拉伯树胶溶液(1→50)10mL，加入三氯化铁溶液(1→10)3滴，无暗绿色出现。

⑤淀粉或糊精：取阿拉伯树胶0.2g，加入水10mL，煮沸。冷却后，加入碘试液1滴。无蓝色或红紫色出现。

(7)干燥失量 不超过17.0%(105℃，6h)。

(8)灰分 不超过4.0%。

(9)酸不溶灰分 不超过0.50%。

(10)微生物限量 按“微生物限量试验”规定进行。菌落总数不超过10000/g，大肠杆菌阴性。

229. 达瓦树胶

(1)其他名称 茄替胶；印度果胶；印度树胶；Gum ghatti；Indian gum；Ghatti gum；Anogeissusgum；Dhavda gum。

(2)编码 CAS 9000－28－6；INS 414；FEMA 2502。

(3)定义 达瓦树胶来自达瓦树胶树(*Anogeissus latifolia* Wallich)的渗出物，其主要成分为多糖。

(4)性状 达瓦树胶为灰色至红灰色粉末或颗粒，或为淡至暗褐色团块。几乎无气味。

(5)鉴别

①取达瓦树胶1g，加水5mL，形成黏性液体。

②取达瓦树胶溶液(1→100)5mL，加入稀释碱式乙酸铅试液(1→5)0.2mL。有少量或无沉淀生成，但再加0.5mL氨试液，则产生乳白色沉淀。

③达瓦树胶溶液(1→50)经色谱分析用硅藻土过滤后具有左旋性。

(6)纯度

①重金属：以Pb计，不超过40μg/g(0.5g，第2法，参比溶液为铅标准溶液2.0mL)。

②铅：以Pb计，不超过10μg/g(1.0g，第1法)。

③砷：以As_2O_3计，不超过4.0μg/g(0.50g，第3法，装置B)。

(7)干燥失量 不超过14.0%(105℃，6h)。

(8)灰分 不超过6.0%。

(9)酸不溶性灰分 不超过1.0%。

(10)微生物限量 按“微生物限量试验”规定进行。菌落总数不超过10000/g，大肠杆菌阴性。

230. 红球藻色素

(1)其他名称 苏木藻色素；Haematococcus algae color。

(2)定义 本品来源于红球藻(*Haematococcus* spp.)的全藻，主要成分为虾青素。产品可能含有可食用脂肪和油类。

(3)色值 红球藻色素的色值($E_{1cm}^{10\%}$)应大于600，为标称值的95%～115%。

(4)性状 红球藻色素呈橙色至暗棕色团块、糊状物或液体，稍有特殊气味。

(5)鉴别

①称取相当于色值为600的红球藻色素0.4g，用丙酮100mL溶解。呈橙黄至橙红色。

②取以上鉴别1溶液0.1mL，加入硫酸5mL，呈蓝绿色至深蓝色。

③红球藻色素的丙酮溶液在460nm～480nm波长吸收最大。

④取相当于色值为600的红球藻色素0.4g，用丙酮10mL溶解，此液作为测试溶液。取5μL测试溶液进行薄层色谱分析，以正己烷和丙酮的混合液(7:3)作为展开剂。不使用参比溶液。采用覆盖薄层色谱用硅胶的薄层板作为载体，预先经110℃干燥1h。当展开溶剂的最

前端距离原点约10cm时,停止展开,风干。在 R_f 值大约为0.4~0.6处可观察到一个红橙色斑点。当向斑点喷5%硝酸钠溶液,随后再喷0.5mol/L的硫酸时,斑点颜色迅速消失。

(6)纯度

①重金属:以Pb计,不超过40μg/g(0.5g,第2法,参比溶液为铅标准溶液2.0mL)。

②铅:以Pb计,不超过8.0μg/g(1.25g,第1法)。

③砷:以 As_2O_3 计,不超过4.0μg/g(0.50g,第3法,装置B)。

(7)色值试验 按"色值试验"规定进行,操作条件如下:

溶剂:丙酮。

波长:最大吸收波长:460nm~480nm。

231. 血红素铁

(1)英文名称 Heme iron。

(2)编码 CAS 14875-96-8。

(3)定义 血红素铁由蛋白酶处理的血红蛋白分离获得。主要成分为血红素铁。

(4)含量 以干基计,血红素铁铁(Fe=55.85)含量为1.0%~2.6%。

(5)性状 血红素铁为褐色至黑褐色粉末或颗粒。无味或略有特殊无味。

(6)鉴别

①取血红素铁0.010g,加稀硫酸(1→20)1mL和硝酸1mL使之溶解,水浴蒸干。残留物用稀盐酸(1→2)10mL溶解,加入硫氰酸铵溶液(2→25)。溶液呈红色。

②将血红素铁5mg用吡啶氢氧化钠试液10mL溶解,加入硫化钠0.1g。溶液呈红色。

③取血红素铁0.010g,加入硝酸5mL,加热。溶液呈黄色。冷却后,用氨溶液调节至碱性。溶液颜色变为橙黄色。

(7)纯度

①重金属:以Pb计,不超过20μg/g(1.0g,第2法,参比溶液为铅标准溶液2.0mL)。

②砷:以 As_2O_3 计,不超过4.0μg/g(0.50g,第3法,装置B)。

(8)干燥失量 不超过5.0%(105℃,5h)。

(9)灼热残留物 不超过12.0%。

(10)含量测定 准确称取血红素铁10g,用稀硫酸(1→20)5mL和硝酸5mL润湿,小心加热至不再冒白烟,后在450℃~550℃灰化。向残留物中加稀盐酸(1→2)10mL,煮沸至不溶物消失,加水20mL,然后过滤。冲洗滤纸上的不溶性残留物,合并洗液与滤液,加水定容至100mL。准确量取最终溶液25mL至具塞烧瓶中,加入碘化钾2g,立即塞紧瓶塞,暗处放置15min。然后加水100mL,用0.1mol/L硫代硫酸钠滴定游离碘(指示剂:淀粉试液)。另外,做空白试验进行必要校正,然后以干基计算。

0.1mol/L 硫代硫酸钠 1mL=5.585mg Fe

232. 己烷

(1)其他名称 正己烷;Hexane;Dipropyl。

(2)编码 CAS 110-54-3。

(3)定义 己烷的主要成分为正己烷(C_6H_{14})。

(4)性状 己烷为澄清无色的挥发性液体，有特殊气味。

(5)纯度

①折射率 n_D^{20}:1.374～1.386。

②相对密度:0.659～0.687。

③馏分:在64℃～70℃蒸馏时，馏分在95%(体积分数)以上("沸点和蒸馏范围试验"第二法)。

④硫化物:取己烷5mL，加硝酸银－氨试液5mL，避光下充分振摇，同时在60℃加热5min。无褐色出现。

⑤苯:以苯计，不超过0.25%(体积分数)。

测试溶液 准确量取己烷50mL，准确加入内标溶液50mL，混匀。内标溶液配制方法:取4－甲基－2－戊酮0.5mL，用紫外光谱测定用己烷稀释并定容至100mL。

参比溶液 准确量取苯0.25mL，加入紫外光谱测定用己烷稀释并定容至100mL。准确量取此液50mL，准确加入内标溶液50mL，混匀。

程序采用气相色谱法按以下条件对测试溶液和参比溶液分析。测试溶液中苯对应的峰高与4－甲基－2－戊酮对应的峰高比(Q_T)应低于参比溶液中苯对应的峰高与4－甲基－2－戊酮对应的峰高比(Q_S)。

操作条件

检测器:火焰离子化检测器。

柱:内径3mm～4mm，长2m～3m的不锈钢管或玻璃管。

柱填充材料

液相:相当于载体量10%的聚乙二醇6000。

载体:177μm～250μm气相色谱用硅藻土。

柱温:50℃～70℃，恒温。

载气:氮气。

流速:调节流速，使样品注入后苯峰大约在5min后出现。

⑥蒸发残留物:不超过0.0013%(质量浓度)。

取己烷150mL，小心蒸发，105℃干燥2h，称量残留物。

⑦易碳化物质:取己烷5mL进行试验，采用"通用检测试剂"的配比液B。

233. 己酸

(1)其他名称 正己酸;羊油酸;次羊脂酸;丁基乙酸;Hexanoic acid;Caproic acid。

(2)编码 CAS 142－62－1;FEMA 2559。

(3)分子式、相对分子质量与结构式 $C_6H_{12}O_2$;116.16;

H_3C～～～～COOH

(4)含量 本品己酸($C_6H_{12}O_2$)含量大于98.0%。

(5)性状 己酸为无色至浅黄色透明液体，有特殊气味。

(6)鉴别

①将己酸2mL用50%乙醇(体积分数)6mL溶解。溶液呈微酸性。

②取己酸 1mL，加入乙醇 1mL 和硫酸 3 滴，温水中加热 5min。有己酸乙酯气味产生。

(7) 纯度

①折射率 n_D^{20}：1.415～1.418。

②相对密度：0.926～0.931。

③碱不溶物：不超过 10%。

取己酸 5.0mL 于 150mL 卡式烧瓶内，边充分振摇边分 3 次共加入碳酸氢钠溶液(1→20) 75mL，再充分振摇 5min。静置 30min，逐渐加水使不溶性油上升到卡式烧瓶的刻度处，放置 1h 后，测定不溶油的体积。

(8) 含量测定　准确称取己酸约 1g，用中性乙醇 10mL 溶解，用 0.5 mol/L 氢氧化钾的乙醇溶液滴定（指示剂：酚酞试液 2 滴）。

0.5mol/L 氢氧化钾的乙醇溶液 1mL = 58.08mg $C_6H_{12}O_2$

234. 高效次氯酸盐

(1) 其他名称　次氯酸盐；High - test hypochlorite；Hypochlorous acid；HClO。

(2) 编码　CAS 7790 - 92 - 3。

(3) 含量　高效次氯酸盐的有效氯含量应大于 60%。

(4) 性状　高效次氯酸盐为白色至近白色粉末或颗粒，有氯气味。

(5) 鉴别

①称取高效次氯酸盐 0.5g，加水 5mL，振摇，将红色石蕊试纸浸入其中。试纸颜色变蓝后再退色。

②称取高效次氯酸盐 0.1g，加入稀乙酸(1→4)2mL。在溶解过程中产生气体。向此溶液中加水 5mL，过滤。对定性试验中所有钙盐试验产生相应反应。

(6) 含量测定　准确称取相当于有效氯 0.7～1.3 的高效次氯酸盐。加水约 50mL，在乳钵中充分研磨后，加水定容至 500mL。充分振摇。准确取此液 50mL，加碘化钾 2g 和稀乙酸(1→2)10mL，立即盖紧塞子，在暗处放置 15min，用 0.1mol/L 硫代硫酸钠滴定游离碘（指示剂：淀粉试液）。以同样方法进行空白试验，做必要的校正。

0.1mol/L 硫代硫酸钠 1mL = 3.545mg Cl

235. L - 组氨酸

(1) 其他名称　组氨酸；(2S) - 2 - 氨基 - 3 - (1*H* - 咪唑 - 4 基) 丙酸；L - Histidine；(s) - 4 - (2 - amino - 2 - carboxyethyl) imidazole。

(2) 编码　CAS 71 - 00 - 1；FEMA 3694。

(3) 分子式、相对分子质量与结构式　$C_6H_9N_3O_2$；155.15；

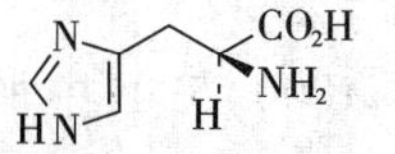

(4) 含量　以干基计，本品 L - 组氨酸($C_6H_9N_3O_2$)含量应为 98.0%～102.0%。

(5) 性状　L - 组氨酸为白色结晶或晶体粉末。无气味，稍有苦味。

(6)鉴别

①向L-组氨酸溶液(1→1000)5mL中加入茚三酮溶液(1→50)1mL,水浴加热3min。溶液呈紫色。

②向L-组氨酸溶液(1→100)5mL中加入溴试液2mL。溶液呈黄色。当温和加热时,溶液先变为无色然后变为红棕色,最后产生黑色沉淀。

(7)纯度

①比旋光度$[\alpha]_D^{20}$:+11.5°~+13.5°。

准确称取L-组氨酸11g,用6mol/L盐酸溶解并定容至100mL。测定该溶液的旋光度,以干基计算。

②溶液颜色和澄清度:无色澄清(1.0g,水40mL)。

③pH:7.0~8.5(1.0g,水50mL)。

④氯化物:以Cl计,不超过0.1%(0.07g,参比溶液为0.01mol/L盐酸0.20mL)。

⑤重金属:以Pb计,不超过20μg/g。

测试溶液　称取L-组氨酸1.0g,用水20mL溶解。加入酚酞试液1滴,用稀盐酸(1→4)中和,再加入稀乙酸(1→20)2mL和加水配至50mL。

参比溶液　采用铅标准溶液2.0mL。

⑥砷:以As_2O_3计,不超过4.0μg/g(0.5g,第1法,装置B)。

(8)干燥失量　不超过0.30%(105℃,3h)。

(9)灼热残留物　不超过0.20%。

(10)含量测定　准确称取L-组氨酸约0.3g,按"L-天冬酰胺"含量测定的规定进行。

$$0.1mol/L 高氯酸 1mL = 15.52mg\ C_6H_9N_3O_2$$

236. L-组氨酸盐酸盐

(1)其他名称　L-组氨酸盐酸盐一水物;(2*S*)-2-氨基-3-(1*H*-咪唑-4基)丙酸盐酸盐一水化物;L-Histidine monohydrochloride;L-histidine hydrochloride monohydrate;(2*S*)-2-Amino-3-(1*H*-imidazol-4-yl)propanoic acid。

(2)编码　CAS 7048-02-4。

(3)分子式、相对分子质量与结构式　$C_6H_9N_3O_2 \cdot HCl \cdot H_2O$;209.63;

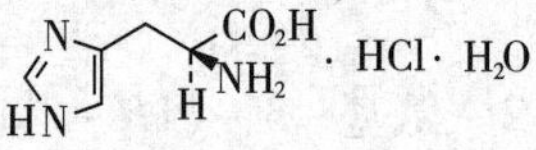

(4)含量　本品干燥后,L-组氨酸盐酸盐($C_6H_9N_3O_2 \cdot HCl \cdot H_2O$)含量为98.0%~101.0%。

(5)性状　L-组氨酸盐酸盐为白色结晶或晶体粉末。无气味,有苦味和微酸味。

(6)鉴别

①向L-组氨酸盐酸盐溶液(1→1000)5mL中加入茚三酮溶液(1→1000)1mL,加热3min,溶液呈紫色。

②向L-组氨酸盐酸盐溶液(1→100)5mL中加入溴试液2mL,溶液呈黄色。当温和加热时,溶液先变为无色然后变为红棕色,最后产生黑色沉淀。

③向L-组氨酸盐酸盐溶液(1→10)中加入氢氧化钠溶液(1→5)至碱性,此溶液为左旋

性。若用盐酸调至酸性时,变为右旋性。

④L－组氨酸盐酸盐对“定性试验”中所有氯化物试验产生相应反应。

(7)纯度

①比旋光度$[\alpha]_D^{20}$: +8.5°～+10.5°[5.5g,稀盐酸(1→2)50mL,以干基计]。

②溶液颜色及澄清度:无色澄清(1.0g,水10mL)。

③pH:3.5～4.5(1.0g,水20mL)。

④重金属:以Pb计,不超过20μg/g(1.0g,第1法,参比溶液为铅标准溶液2.0mL)。

⑤砷:以As_2O_3计,不超过4.0μg/g(0.5g,第1法,装置B)。

(8)干燥失量 不超过0.30%(105℃,3h)。

(9)灼热残留物 不超过0.10%。

(10)含量测定 准确称取经预先干燥的L－组氨酸盐酸盐约0.1g,用甲酸2mL溶解。然后准确加入0.1mol/L高氯酸15mL,水浴加热30min。冷却后,加乙酸至60mL,用0.1mol/L乙酸钠滴定过量高氯酸。通常用电位差计确定终点。当以结晶紫－乙酸试液1mL作为指示剂时,溶液颜色由黄色经黄绿色变为蓝绿色即为终点。以同样方法进行空白试验。

0.1mol/L高氯酸1mL＝10.48mg $C_6H_9N_3O_2 \cdot HCl \cdot H_2O$

237. 盐酸

(1)其他名称 氯氢酸;氯化氢溶液;Hydrochloric acid;Acide chlorhydrique。

(2)编码 CAS 7647－01－0;INS 507。

(3)分子式与相对分子质量 HCl;36.46。

(4)含量 本品盐酸(HCl＝36.46)含量为标称值的90%～120%。

(5)性状 盐酸为无色至浅黄色液体,有刺激性臭味。

(6)鉴别

①盐酸溶液(1→100)为强酸性。

②盐酸对“定性试验”中所有氯化物试验产生相应反应。

(7)纯度

①硫酸盐 以SO_4计,小于0.48%(质量浓度)。

测试溶液 取盐酸1mL,加水至100mL。取此溶液5.0mL,加水20mL,用氨试液中和。

参比溶液 0.005mol/L硫酸0.50mL。

②重金属:以Pb计,小于10μg/mL。

测试溶液 取盐酸2.0mL,加水20mL,用氨试液中和,再加稀乙酸(1→20)2mL和水配至50mL。

参比溶液 取铅标准溶液2.0mL,加入稀乙酸(1→20)2mL和水至50mL。

③铁:以Fe计,小于30μg/mL(1.0mL,第1法,参比溶液为铁标准溶液3.0mL)。

④砷:以As_2O_3计,小于2.0μg/mL(1.0mL,第1法,装置B)。

(8)灼热残留物 小于0.020%(100g)。

(9)含量测定 先在具塞烧瓶中加入水20mL,准确称量,再加盐酸约3mL,再次准确称量。然后加水25mL,用1mol/L氢氧化钠溶液滴定(指示剂:溴百里酚蓝试液3滴～5滴)。

1mol/L氢氧化钠1mL＝36.46mg HCl

238. 过氧化氢

(1)其他名称 双氧水;Hydrogen peroxide;Perhydrol;Perdrogen。

(2)编码 CAS 7722-84-1。

(3)分子式与相对分子质量 H_2O_2;34.01。

(4)含量 本品过氧化氢(H_2O_2=34.01)含量应为35.0%~36.0%。

(5)性状 过氧化氢为无色至浅黄色澄清液体,无臭或稍有气味。

(6)鉴别

①取过氧化氢溶液(1→10)1mL,加入硫酸(1→20)5mL和高锰酸钾溶液(1→300)1mL,有气泡产生,且颜色消失。

②过氧化氢呈定性试验中的过氧化物反应。

(7)纯度

①游离酸:准确取过氧化氢3mL,加入新煮沸后冷却的水50mL和甲基红试液2滴,用0.02mol/L氢氧化钠溶液滴定,消耗量应小于1.0mL。

②磷酸盐:以PO_4计,小于62.5μg/mL。

测试溶液 准确取过氧化氢8mL,加入水10mL和盐酸3mL,水浴逐渐加热蒸发至近干。用温水30mL溶解残留物,冷却后,加水至50mL。准确取此溶液5mL于纳氏试管中。

程序 向测试溶液中加入稀硫酸(1→6)4mL和钼酸铵试液(1→20)1mL,充分振摇,放置3min。加入1-氨基-2-萘酚-4-磺酸试液1mL,振摇,在60℃水浴上加热10min,用流水冷却,呈现的蓝色不应深于参比溶液。参比溶液配制方法:取磷酸盐标准溶液5.0mL于纳氏试管中,按测试溶液相同的方法配制。

③重金属:以Pb计,小于10μg/mL。

测试溶液 准确取过氧化氢2mL,加水10mL,每次少量地转入铂坩埚中。在水浴上温和加热至起泡停止后,加入稀乙酸(1→20)2mL和水配至50mL。

参比溶液 取铅标准溶液2.0mL,加入稀乙酸(1→20)2mL和水至50mL。

④砷:以As_2O_3计,小于4.0μg/mL。

测试溶液 取过氧化氢0.5mL,加水配至10mL,每次少量地转入铂坩埚中,在水浴上逐渐加热至近干后,加少量水溶解残留物。

装置 使用装置B。

⑤蒸发残留物:小于0.030%。

取过氧化氢10mL,加水约20mL,将溶液每次少量地转入铂坩埚中,在水浴上逐渐加热至近干,将残留物在105℃干燥1h后称量。

(8)含量测定 准确称取过氧化氢约1g,加水定容至250mL。准确取此液25mL,加入稀硫酸(1→20)10mL,用0.02 mol/L高锰酸钾滴定。

0.02mol/L高锰酸钾1mL=1.701mg H_2O_2

239. 羟基香茅醛

(1)其他名称 羟基香草醛;7-羟基香茅醛;7-羟基-3,7-二甲基辛醛;Hydroxycitronellal;Citronellal Hydrate;7-Hydroxy-3,7-dimethyl Octanal。

(2)编码 CAS107 - 75 - 5;FEMA 2583。

(3)分子式、相对分子质量与结构式 $C_{10}H_{20}O_2$;172.26;

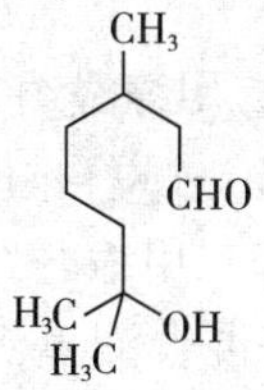

(4)含量 本品羟基香茅醛($C_{10}H_{20}O_2$)含量大于95.0%。

(5)性状 羟基香茅醛为无色至淡黄色透明液体,有山谷百合样香味。

(6)鉴别

取羟基香茅醛1mL,加入亚硫酸氢钠试液5mL,振摇。产热,溶解。当溶液冷却后,形成结晶团块。

(7)纯度

①折射率 n_D^{20}:1.447~1.450。

②相对密度:0.921~0.926。

③溶液澄清度:澄清[2.0mL,50%(体积分数)乙醇3.0mL]。

④酸值:小于5.0(香料物质试验)。

(8)含量测定 准确称取羟基香茅醛约1g,按"香料物质试验"中醛类和酮类含量第2法规定进行。滴定前让混合液静置1h。

$$0.5mol/L 盐酸 1mL = 86.13mg\ C_{10}H_{20}O_2$$

240. 羟基香茅醛二甲缩醛

(1)其他名称 羟基香茅醛缩二甲醇;8,8 - 二甲氧基 - 2,6 - 二甲基 - 2 - 辛醇;Hydroxycitronellal dimethylacetal; Hydroxycitronellal dimethyl acetal; 1,1 - Dimethoxy - 3,7 - dimethyloctan - 7 - ol; 8,8 - Dimethoxy - 2,6 - dimethyloctan - 2 - ol。

(2)编码 CAS 141 - 92 - 4;FEMA 2585。

(3)分子式、相对分子质量与结构式 $C_{12}H_{26}O_3$;218.33;

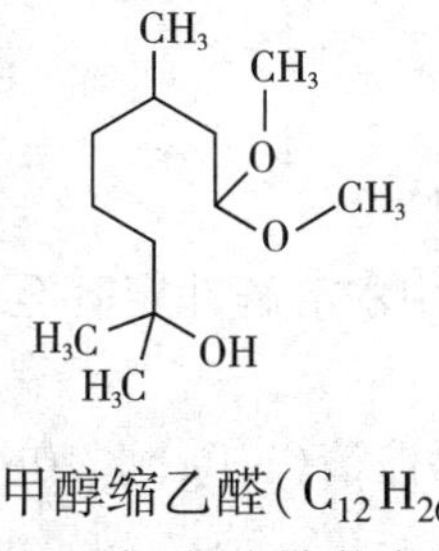

(4)含量 本品含羟基香茅醛二甲醇缩乙醛($C_{12}H_{26}O_3$)大于95.0%。

(5)性状 羟基香茅醛二甲缩醛为无色或稍带黄色的透明液体,稍有山谷百合香味。

(6)鉴别 取羟基香茅醛二甲缩醛1mL,加入乙醇1mL和0.25mol/L硫酸1mL,水浴振摇加热3min,产生羟基香茅醛香气。

(7)纯度

①折射率 n_D^{20}:1.441~1.444。

②相对密度:0.928 ~0.934。

③溶液澄清度:澄清[2.0mL,50%(体积分数)乙醇4.0mL]。

④酸值:小于1.0(香料物质试验)。

⑤羟基香茅醛:准确称取羟基香茅醛二甲缩醛约5g,按“香料物质试验”中醛类和酮类含量第2法规定进行。滴定前让混合液静置1h。1g样本所消耗的0.5mol/L盐酸少于0.60mL。

(8)含量测定 准确称取羟基香茅醛二甲缩醛约1.5g,按“香料物质试验”中醛类和酮类含量第1法规定进行。试验中,滴定前将混合液煮沸5min,按式(9-68)计算羟基香茅醛二甲醇缩乙醛($C_{12}H_{26}O_3$)的含量(X)。

$$X = \frac{(a-b) \times 109.2}{1000} \times 100\% \quad (9-68)$$

式中:

a——每1g样本所消耗的0.5mol/L氢氧化钾的乙醇溶液体积,mL;

b——纯度⑤所得的每1g试样所消耗的0.5 mol/L盐酸体积,mL。

241. L-羟基脯氨酸

(1)其他名称 L-羟脯氨酸;L-4-羟基脯氨酸;4-羟基-2-羧基吡咯啶;4-羟基吡啶烷-2-羧酸;(2*S*,4*R*)-4-羟基吡啶烷-2-羧酸;L-Hydroxyproline;L-Oxyproline;4-L-Hydroxyproline;(2*S*,4*R*)-4-Hydroxypyrrolidine-2-carboxylic acid。

(2)编码 CAS 51-35-4。

(3)分子式、相对分子质量与结构式 $C_5H_9NO_3$;131.13;

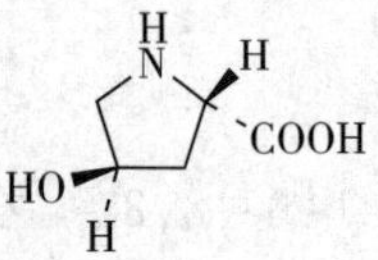

(4)含量 以干基计,本品L-羟基脯氨酸($C_5H_9NO_3$)含量为98.0%~102.0%。

(5)性状 L-羟基脯氨酸为白色结晶或晶体粉末。无气味或有轻微特殊气味。稍有甜味。

(6)鉴别 取L-羟基脯氨酸溶液(1→1000)5mL,加入茚三酮溶液(1→50)1mL,水浴加热3min。溶液显黄色。

(7)纯度

①比旋光度$[\alpha]_D^{20}$:-74.0°~-77.0°

准确称取L-羟基脯氨酸约4g,用水溶解并定容至100mL。测定此溶液的角旋光度,以干基计算。

②溶液颜色及澄清度:无色,几乎澄清(1.0g,水10mL)。

③pH:5.0~6.5(1.0g,水10mL)。

④氯化物:以Cl计,小于0.1%(0.070g,参比溶液为0.01mol/L盐酸0.20mL)。

⑤重金属:以Pb计,小于20μg/g(1.0g,第1法,参比溶液为铅标准液2.0mL)。

⑥砷:以As_2O_3计,小于4.0μg/g(0.50g,第1法,装置B)。

(8)干燥失量 小于0.30%(105℃,3h)。

(9)**灼热残留物** 小于0.20%。

(10)**含量测定** 准确称取L-羟基脯氨酸约0.3g,按“L-天冬酰胺”含量测定规定进行。

$$0.1mol/L 高氯酸 1mL = 13.11mg\ C_5H_9NO_3$$

242. 羟丙基纤维素

(1)**其他名称** 羟丙基纤维;羟丙纤维素;2-羟丙基醚纤维素;Hydroxypropyl Cellulose;2-Hydroxypropyl ether cellulose;Cellulose Hydroxypropyl Ether;Hydroxypropyl Ether of Cellulose。

(2)**编码** CAS 9004-64-2;INS 463。

(3)**定义** 本品为纤维素的羟丙基醚。

(4)**含量** 以干基计,羟丙基纤维素的羟丙氧基($—OC_3H_6OH$ = 75.09)含量应小于80.5%。

(5)**性状** 羟丙基纤维素为白色至黄白色粉末或颗粒。无气味。当加水后,会溶胀,然后生成澄清或稍浑浊黏稠液体。

(6)**鉴别**

①强烈振摇羟丙基纤维素溶液(1→1000),会有气泡产生。

②向羟丙基纤维素溶液(1→500)5mL中加入硫酸铜溶液(1→20)5mL。无沉淀产生。

(7)**纯度**

①pH:5.0-8.0(1.0g,水100mL)。

②1-氯-2-丙醇:小于1.0μg/g。

测试溶液 称取羟丙基纤维素1.0g,准确加入乙醚5mL,盖紧瓶塞。超声10min。离心该混合物,上清液作为测试溶液。

标准溶液 称取羟丙基纤维素0.030g,加乙醚定容至100mL。对此溶液进行一系列稀释。准确取此液1mL,加入乙醚定容至50mL。然后,准确取此稀释液1mL,用乙醚定容至20mL。

程序 分别取测试液和标准溶液1μL按照以下操作条件进行气相色谱分析。测量每种溶液中1-氯-2-丙醇的峰面积,测试溶液的峰面积应比标准溶液的峰面积小。

操作条件

检测器:氢火焰离子化检测器。

检测器温度:230℃。

柱:涂有0.25μm厚的气相色谱用聚乙二醇涂层的硅化玻璃毛细管(内径0.25mm,长30m)。

柱温:40℃,保持2min,然后5℃/min速度升温到80℃,保持8min;再以25℃/min的速度升温到230℃,保持5min。

注入口温度:150℃。

注入方法:无分流进样。

载气:氮气。

流速:调节流速至1-氯-2-丙醇在进样15min后出峰。

③铅 以Pb计,小于2.0μg/g(5.0g,第1法)。

(8)**干燥失量** 小于5.0%(105℃,4h)。

(9)灼热残留物 小于0.50%。

(10)含量测定

①装置 反应烧瓶:5mL带螺口瓶盖密封的锥形底玻璃瓶,瓶颈外径20mm,高50mm,在瓶的30mm高度处容积为2mL。瓶盖由耐热合成树脂制成,带有氟塑料内塞或密封层。确保加热时内容物不会泄漏。

加热器 60mm~80mm厚,具有直径20.6mm深32mm孔的方形铝砧,能保持内面温度波动在±1℃。

②方法

测试溶液 准确称取经预先干燥的羟丙基纤维素0.065g于反应烧瓶中,加入已二酸0.065g,内标液2.0mL及氢碘酸2.0mL盖紧瓶盖,准确称量反应瓶及其内容物的重量。以辛烷的邻二甲苯溶液(1→25)作为内标液。振摇烧瓶30秒。在加热器上150℃加热30min,每5min重复振摇一次,然后再继续加热30min。冷却,再对烧瓶准确称量。确保质量减少小于0.010g,以烧瓶中混合液的上层作为测试溶液。

标准溶液 取已二酸0.065g,内标液2.0mL和氢碘酸2.0mL于另一反应烧瓶中,盖紧瓶盖,准确称量。加入含量测定用异丙基碘50μL,盖紧瓶盖,然后准确称量。振摇烧瓶30min,以烧瓶中混合液的上层作为标准溶液。

程序 分别取测试溶液和标准溶液1μL按照以下操作条件进行气相色谱分析。分别测量测试溶液和标准溶液中异丙基碘与辛烷的峰面积比,Q_T表示测试溶液,Q_S表示标准溶液。用式(9-69)计算羟丙氧基基团含量(X)。

$$X = \frac{m_S}{m} \times \frac{Q_T}{Q_S} \times 44.17 \quad (9-69)$$

式中:

m_S——标准溶液中异丙基碘的含量,g;

m——样品质量,g。

操作条件

检测器:氢火焰离子化检测器。

柱:内径3mm,长30m的玻璃管。

柱填充材料

液相:载体为20%甲基硅酮聚合物。

载体:180μm~250μm气相色谱用硅藻土。

柱温:约100℃,恒温。

载气:氦气。

流速:调节流速至辛烷在进样10min后出峰。

柱选择:选取能对异丙基碘和正辛烷峰较好分辨的柱,达到上述效果的条件是取1μL标准溶液进行色谱分析。

243. 羟丙基甲基纤维素

(1)其他名称 羟基丙酸甲基纤维素;羟基丙基甲基纤维素;纤维素羟丙基甲基醚;羟丙甲纤维素;Hydroxypropyl methylcellulose;Propylene glycol ether of methylcellulose;Hypromellose;

HPMC。

(2)编码　CAS 9004－65－3;INS 464。

(3)定义　羟丙酸甲基纤维素为甲基和羟丙基纤维素的混合醚。

(4)含量　以干基计,羟丙酸甲基纤维素含甲氧基($—OCH_3$＝31.03)19.0%～30.0%,含羟丙氧基($—OC_3H_6OH$＝75.09)3.0%～12.0%。

(5)性状　羟丙酸甲基纤维素为白色至黄白色粉末或颗粒,无臭味或稍有特殊气味。当加水后会溶胀,然后成澄清或微浊的黏性液体。

(6)鉴别

①取羟丙酸甲基纤维素1g,加入热水100mL,搅拌下冷却至室温,以此液作为样品溶液。缓慢将蒽酮试液加入到5mL样品溶液中,两液的交界面由蓝变为蓝绿色。

②取鉴别①所得样品溶液0.1mL,加入稀硫酸(9→10)9mL,振摇。准确水浴加热3min,然后迅速冰水浴冷却。往此溶液中小心加入茚三酮溶液(1→50)0.6mL,振摇,25℃静置,出现红色,然后在100min内颜色变为紫色。

③按照“红外吸收光谱法”的溴化钾压片法规定的操作测定羟丙基甲基纤维素的红外吸收光谱,在$3465cm^{-1}$、$2902cm^{-1}$、$1375cm^{-1}$和$1125cm^{-1}$具有吸收谱带。

(7)纯度

①pH:5.0～8.0(1.0g,热水100mL)。

②氯化物:以Cl计,小于0.28%。

测试溶液　称取羟丙基甲基纤维素1.0g,加入30mL热水,充分振摇,水浴加热10min,趁热倾析过滤。用热水充分洗涤残留物,合并洗液和滤液,冷却。向所得溶液中加水至100mL。取此溶液5mL,加入6mL稀硝酸,加水至50mL。

参比溶液　0.01mol/L盐酸0.40mL。

③重金属:以Pb计,小于10μg/g(2.0g,第2法,参比溶液为铅标准溶液2.0mL)。

④砷:以As_2O_3计,小于2.0μg/g(1.0g,第3法,装置B)。

(8)干燥失量　小于8.0%(105℃,1h)。

(9)灼热残留物　小于1.5%(以干基计)。

(10)含量测定

①装置　反应烧瓶5mL带螺口瓶盖密封的锥形底玻璃瓶,瓶颈外径20mm,高50mm,在瓶的30mm高度处容积为2mL。瓶盖由耐热合成树脂制成,带有氟塑料内塞或密封层。确保加热时内容物不会泄漏。

②方法

测试溶液　准确称取经预先干燥的羟丙基甲基纤维素0.065g于反应烧瓶中,加入已二酸0.065g,内标液2.0mL及氢碘酸2.0mL,盖紧瓶盖,准确称量反应瓶及其内容物的质量。以辛烷的邻二甲苯溶液(1→25)作为内标液,振摇烧瓶30秒。在加热器上150℃加热30min,每5min重复振摇一次,然后再继续加热30min。冷却后,再次准确称量。确保质量减少小于0.010g,以烧瓶中混合液的上层作为测试溶液。

标准溶液　将已二酸0.065g,内标液2.0mL和氢碘酸2.0mL于另一反应烧瓶中,盖紧瓶盖,准确称量。加入含量测定用异丙基碘15μL,盖紧瓶盖,然后准确称量。以相同方式加入定量用甲基碘45μL,再次准确称量。振摇反应烧瓶30s,以烧瓶中混合液的上层液作为标准溶液。

程序　分别取测试溶液和标准溶液 2μL,按下列操作条件进行气相色谱分析。分别测定测试溶液中甲基碘和异丙基碘与辛烷的峰面积比,分别以 Q_{Ta} 和 Q_{Tb} 表示,同时以相同的方法计算标准溶液的峰面积比,分别以 Q_{Sa} 和 Q_{Sb} 表示。用公式(9－70)、(9－71)分别计算甲氧基基团($—CH_3O$)含量 X_1 和羟基丙氧基基团($—C_3H_7O_2$)含量 X_2。

$$X_1 = \frac{m_{Sa}}{m} \times \frac{Q_{Ta}}{Q_{Sa}} \times 21.86 \times 100\% \tag{9-70}$$

$$X_2 = \frac{m_{Sb}}{m} \times \frac{Q_{Tb}}{Q_{Sb}} \times 44.17 \tag{9-71}$$

式中:

m_{Sa}——标准溶液中甲基碘的含量,g;

m——样品质量,g;

m_{Sb}——标准溶液中异丙基碘的含量,g。

操作条件

检测器:氢火焰离子化检测器。

柱:内径 3mm 长 3m 的玻璃柱。

柱填充材料

液相:相当于载体量 20% 的甲基硅氧烷聚合物。

载体:180μm ~ 250μm 气相色谱用硅藻土。

柱温:约 100℃,恒温。

载气:氦气。

流速:调节流速至辛烷在进样 10min 后出峰。

柱选择:选取能对异丙基碘和正辛烷形成较好的可分辨峰的柱,达到上述效果的条件是取 2μL 标准溶液进行色谱分析。

244. 次氯酸水

(1)英文名称　Hypochlorous acid water。

(2)定义　次氯酸水主要是由次氯酸组成的水溶液。其由电解盐酸或食盐溶液而得。有两种类型溶液:强酸性次氯酸水和弱酸性次氯酸水。

强酸性次氯酸水由阳极电解隔膜电解槽中低于 0.2% 的氯化钠溶液时获得(隔膜电解槽指在电解槽中的阳极和阴极由隔膜隔开)。弱酸性次氯酸水由阴极电解无隔膜电解槽中 2% ~6% 盐酸获得(无隔膜电解槽指电解槽的阳极和阴极没有隔膜分开)。

(3)含量

强酸性次氯酸水的有效氯含量为 20mg/kg ~ 60mg/kg。

弱酸性次氯酸水的有效氯含量为 10mg/kg ~ 30mg/kg。

(4)性状　次氯酸水为无色液体,有弱氯味或无氯味。

(5)鉴别

①取次氯酸水 5mL,加入氢氧化钠溶液(1→2500)1mL 和碘化钾试液 0.2mL。溶液呈黄色,再加入淀粉试液 0.5mL,则颜色变为深蓝色。

②量取次氯酸水品 5mL，加入高锰酸钾溶液（1→300）0.1mL，再加入稀硫酸（1→20）1mL，溶液的红紫色不褪。

③取次氯酸水 90mL，加入氢氧化钠溶液（1→5）10mL，溶液在 290nm ~ 294nm 波长吸收最大。

（6）纯度

①pH：

强酸性次氯酸水：小于 2.7。

弱酸性次氯酸水：5.0 ~ 6.5。

②干燥（蒸发）残留物：小于 0.25%。

称量并蒸发 20.0g 次氯酸水。然后 110℃ 干燥 2h，称残留物重量。

（7）含量测定

①强酸性次氯酸水：准确称取次氯酸水约 200g，加入碘化钾 2g 和稀乙酸（1→4）10mL，迅速密闭容器，暗处放置 15min。用 0.01mol/L 硫代硫酸钠滴定游离碘，以淀粉试液作指示剂。另外，以同样方法进行空白试验，做必要的校正。

0.01mol/L 硫代硫酸钠 1mL = 0.3545mg Cl

②弱酸性次氯酸水：准确称取次氯酸水约 200g，加入碘化钾 2g 和稀乙酸（1→4）10mL，迅速密闭容器，暗处放置 15min。用 0.005mol/L 硫代硫酸钠滴定游离碘，淀粉试液为指示剂。以同样的方法进行空白试验，做必要的校正。

0.005mol/L 硫代硫酸钠 1mL = 0.1773mg Cl

245. 抑霉唑

（1）其他名称 伊迈挫；益灭菌唑；恩康唑；1 -［（2 右旋左旋）- 2 -（烯丙氧基）- 2 -（2，4 - 二氯苯基）乙基］- 1*H* - 咪唑；Imazalil；1 -［（2*RS*）- 2 -（Allyloxy）- 2 -（2，4 - dichlorophenyl）ethyl］- 1*H* - imidazole。

（2）编码 CAS 35554 - 44 - 0。

（3）化学式、相对分子质量与结构式 $C_{14}H_{14}Cl_2N_2O$；297.18；

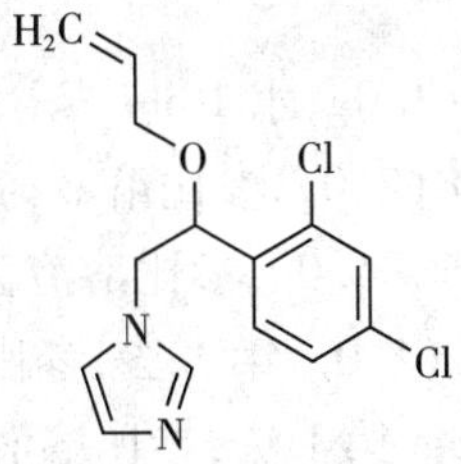

（4）含量 本品抑霉唑（$C_{14}H_{14}Cl_2N_2O$）含量大于 97.5%。

（5）性状 抑霉唑为淡黄色至淡棕色粉末或颗粒，无臭味。

（6）鉴别 将抑霉唑 0.04g 溶于 0.1mol/L 盐酸 10mL 中，加异丙醇配至 100mL。此溶液在 263nm ~ 267nm，270nm ~ 274nm 和 278nm ~ 282nm 波长吸收最大。

（7）纯度

①熔点：49℃ ~ 54℃。

②重金属：以 Pb 计，小于 10μg/g（粉末样品 1.0g，第 2 法，参比溶液为铅标准溶液 1.0mL）。

(8)灼热残留物 小于0.10%。

(9)含量测定 准确称取抑霉唑约0.7g，用甲乙酮和乙酸按7∶3比例混合的混合物溶解。用0.1mol/L高氯酸滴定(指示剂：α-萘酚苯试液)。当溶液由橙色变成绿色时为滴定终点。同时进行空白试验，做必要校正。

0.1mol/L 高氯酸 1mL = 29.72mg $C_{14}H_{14}Cl_2N_2O$

246. 肌醇

(1)其他名称 纤维糖；六羟基环己烷；环六甲烷醇；环己六醇；肌糖；环己糖醇；六羟基环己醇；(1*R*,2*s*,3*S*,4*R*,5*r*,6*S*)-环己烷-1,2,3,4,5,6-六醇；*myo*-Inositol；*myo*-inosit；Myoinositol；Sugar meat；Phaseomannite；(1*R*,2*s*,3*S*,4*R*,5*r*,6*S*)-Cyclohexane-1,2,3,4,5,6-hexol。

(2)编码 CAS 87-89-8。

(3)化学式、相对分子质量与结构式 $C_6H_{12}O_6$；180.16；

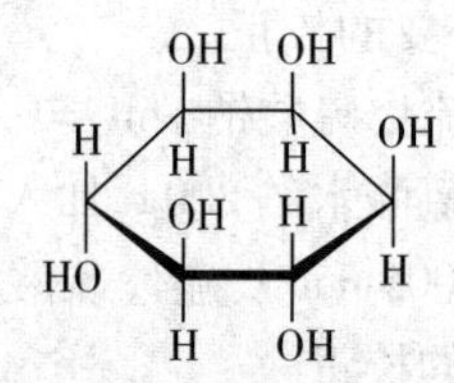

(4)定义 肌醇为环己六醇的同分异构体之一，主要成分是肌醇。可以通过分解稻类植物(*Oryza sativa* Linné)的米糠或玉米植物(*Zea mays* Linné)的种子中的植酸获得。也可以由甜菜汁，甜菜类(*Beta vulgaris* Linné)或糖蜜分离或得。

(5)含量 以干基计，肌醇($C_6H_{12}O_6$)含量大于97.0%。

(6)性状 肌醇为白色结晶或晶体粉末，无臭味，有甜味。

(7)鉴别 按"吸收光谱法"中溴化钾压片法测定肌醇的吸收光谱，光谱显示大约在 $3380cm^{-1}$、$1446cm^{-1}$、$1147cm^{-1}$、$1114cm^{-1}$ 和 $1049cm^{-1}$ 处有吸收带。

(8)纯度

①熔点：223℃～227℃。

②溶液澄清度及颜色：无色澄清(1.0g，水10mL)。

③氯化物：以Cl计，小于0.005%(2.0g，参比溶液为0.01mol/L盐酸0.30mL)。

④硫酸盐：以SO_4计，小于0.006%(4.0g，参比溶液为用0.005mol/L硫酸0.50mL)。

⑤重金属：以Pb计，小于25μg/g(1.0g，第1法，参比溶液为铅标准溶液2.5mL)。

⑥铁：以铁计，小于5.0μg/g(1.0g，第1法，参比溶液为铁标准溶液0.5mL)。

⑦钙：将肌醇1.0g溶于10mL水中，加入1mL草酸铵(1→30)溶液，静置1min。溶液澄清。

⑧砷：以As_2O_3计小于2.0μg/g(1.0g，第1法，装置B)。

⑨还原性物质：将肌醇0.50g溶于水10mL中，加入菲林试液5mL，加热3min，静置30min，不产生黄橙色至红色沉淀。

(9)干燥失量 小于0.50%(105℃，4h)。

(10)灼热残留物 小于0.10%。

(11)含量测定

测试溶液和标准溶液 分别准确称取经预先干燥的肌醇样品和含量测定用肌醇标准品约0.2g。分别准确加入30mL水和丙醇溶液(3→25)5mL,各自加水定容至50mL。分别作为测试溶液和标准溶液。

程序　分别取测试溶液和标准溶液10μL按以下操作条件进行液相色谱分析。测量测试溶液和标准溶液中肌醇对丙醇的峰面积比(Q_T和Q_S),然后按式(9-72)计算肌醇($C_6H_{12}O_6$)的含量(X)。

$$X = \frac{m_1}{m} \times \frac{Q_T}{Q_S} \times 100\% \tag{9-72}$$

式中:

m_1——定量分析肌醇质量,g;

m——样品质量,g。

操作条件

检测器:示差折光仪。

柱:内径8mm、长30cm的不锈钢柱。

柱填充材料:8μm液相色谱用强酸性阳离子交换树脂。

柱温:约65℃,恒温。

流动相:水。

流速:调节流速至肌醇的保留时间大约为9min。

247. 离子交换树脂

(1)英文名称　Ion exchange resins。

(2)定义　离子交换树脂有颗粒、粉末和悬浮物形式,分别称谓离子交换树脂(颗粒),离子交换树脂(粉末)和离子交换树脂(悬浮物)。

247-1. 离子交换树脂(颗粒)

(1)英文名称　Ion exchange resin(granule)。

(2)性状　本品为黑色、褐色、淡红棕色或白色的球状、块状或粒状的物质,几乎无气味。

(3)鉴别　选择采用试验Ⅰ或Ⅱ,以适合于鉴别阳离子交换树脂和阴离子交换树脂。

(Ⅰ)阳离子交换树脂　将离子交换树脂(粒状)5mL和水一起注入内径约1cm的色谱用玻璃管中做成树脂柱。将稀盐酸(1→10)25mL以约5mL/min的流速流出柱,然后用水100mL以相同流速流出柱进行水洗。再用氢氧化钾溶液(1→15)25mL以相同的流速经柱流出,然后再用水75mL以相同流速流出柱进行水洗。向最终的5mL洗出液中,加稀乙酸(1→20)2mL,加亚硝酸钴钠试液3滴。应无黄色浑浊出现。将管中的树脂2mL移入试管中,加稀盐酸(1→10)5mL,充分振摇5min,过滤,用水洗涤滤纸上的树脂,合并洗出液和滤液至约5mL。向此液中加氢氧化钠溶液(1→25)4mL,振摇,加稀乙酸(1→20)2mL,加亚硝酸钴钠试液3滴,应产生黄色沉淀。

(Ⅱ)阴离子交换树脂　将离子交换树脂(粒状)5mL和水一起注入内径约1cm的色谱用玻璃管中做成树脂柱,将稀盐酸(1→10)25mL以约5mL/min的流速流出柱,然后用水100mL

以相同流速流出柱进行水洗。向最终的5mL洗出液中，加稀硝酸(1→10)1mL，再加硝酸银溶液(1→50)3滴。应无白色浑浊出现。取玻璃柱中树脂1mL于试管中，加氢氧化钠溶液(1→25)3mL，充分振摇5min后，过滤。用水洗涤滤纸上的树脂，合并洗液和滤液至约5mL。向此液中加稀硝酸(1→10)3mL，然后加硝酸银溶液(1→50)3滴。产生白色沉淀。

(4)纯度 阳离子交换树脂按以下程序(Ⅰ)和阴离子交换树脂按以下程序(Ⅱ)分别制备样品，在水中充分浸润后，用滤纸吸取附着的水。以制好的树脂作为检测样品。

(Ⅰ)阳离子交换树脂 按以下方法制备样品(H型)：取离子交换树脂(颗粒)30mL，装入内径约3cm的色谱用玻璃管中，使稀盐酸(1→10)1000mL以15mL/min～20mL/min的流速经柱流出。再用水以相同流速经柱流出进行水洗。取洗液10mL，进行氯化物试验，水洗树脂至氯化物量小于相当于0.01mol/L盐酸0.3mL的量。

(Ⅱ)阴离子交换树脂 按以下方法制备样品(OH型)：取离子交换树脂(颗粒)30mL，装入内径约3cm的色谱用玻璃管中，使氢氧化钠溶液(1→25)1000mL以15mL/min～20mL/min的流速经柱流出。再使水以相同的流速经柱流出进行水洗。水洗树脂至洗液用酚酞试液显示中性为止。

①固体成分：大于25%。

称取检测样品10.0g，阳离子交换树脂在100℃干燥12h；阴离子交换树脂在40℃，4kPa真空干燥12h。然后再次称量。

②水溶性物质：小于0.50%。

称取检测样品10.0g，将其装入内径28mm、长10cm的圆筒滤纸里，将装样品的滤纸筒悬于1000mL水中，不时振摇萃取5h。量取此萃取液50mL，小心进行蒸发，然后在110℃干燥3h。称取残留物量。用同样的方法进行空白试验，作必要校正。

③重金属：以Pb计，小于20μg/g(1.0g，第2法，参比溶液为铅标准溶液2.0mL)。

④砷：以As_2O_3计，小于4.0μg/g(0.50g，第3法，装置B)。

(5)总离子交换容量 阳离子交换树脂按以下程序(Ⅰ)，阴离子交换树脂按以下程序(Ⅱ)进行试验。

(Ⅰ)阳离子交换树脂 大于0.50mmol/g。

准确称纯度试验中的测试样品约5g，准确加入0.2mol/L氢氧化钠500mL，不时振摇下放置12h。准确量取上层清液10mL，用0.05mol/L硫酸滴定(指示剂：甲基橙试液3滴)。另外，以同样方法进行空白试验，并按式(9-73)求出总离子交换容量：

$$\begin{array}{l}\text{总离子交换容量}\\(\text{毫克当量/g})\end{array}=\frac{\begin{pmatrix}\text{空白试验中的0.05mol/L}\\\text{硫酸消耗量(mL)}\end{pmatrix}-\begin{pmatrix}\text{本试验中的0.05mol/L}\\\text{硫酸消耗量(mL)}\end{pmatrix}}{\text{试样量(g)}\times\dfrac{\text{固体成分(\%)}}{100}}\times 5 \quad (9-73)$$

(Ⅱ)阴离子交换树脂 大于1.0mmol/g。

准确称取纯度试验中的测试样品约5g，准确加入0.2mol/L盐酸500mL，不时振摇下放置12h。准确量取上层清液10mL，用0.1mol/L氢氧化钠溶液滴定(指示剂：酚酞试液3滴)。另外，以同样方法进行空白试验，并按式(9-74)求出总离子交换容量：

$$\begin{array}{l}\text{总离子交换容量}\\(\text{毫克当量/g})\end{array}=\frac{\begin{pmatrix}\text{空白试验中的0.1mol/L}\\\text{氢氧化钠消耗量(mL)}\end{pmatrix}-\begin{pmatrix}\text{本试验中的0.1mol/L}\\\text{氢氧化钠消耗量(mL)}\end{pmatrix}}{\text{试样量(g)}\times\dfrac{\text{固体成分(\%)}}{100}}\times 5 \quad (9-74)$$

247－2. 离子交换树脂(粉末)

(1)英文名称 Ion exchange resin(powder)。

(2)性状 离子交换树脂(粉末)为黑色、褐色、淡红棕色或白色粉状物质,几乎无气味。

(3)鉴别 选择采用试验(Ⅰ)或(Ⅱ),以适合于鉴别阳离子交换树脂和阴离子交换树脂。

(Ⅰ)阳离子交换树脂 将离子交换树脂(粉末)2g和水一起注入装有滤膜(孔径1μm)的加压过滤器(内径约7.5cm)中形成树脂层。用稀盐酸(1→10)25mL以约5mL/min的流速流出,然后用水100mL以相同流速流出进行水洗。再用氢氧化钾溶液(1→15)25mL以相同的流速流出,然后再用水75mL以相同的流速流出进行水洗。向最终的5mL洗出液中,加稀乙酸(1→20)2mL,然后加亚硝酸钴钠试液3滴,应无黄色浑浊出现。将加压过滤器中的树脂0.5g置入试管中,加稀盐酸(1→10)5mL,充分振摇5min,过滤,水洗滤纸上的树脂,合并洗液和滤液至约5mL。向此液加氢氧化钠溶液(1→25)4mL,振摇,加稀乙酸(1→20)2mL,然后加亚硝酸钴钠试液3滴,产生黄色沉淀。

(Ⅱ)阴离子交换树脂 将离子交换树脂(粉末)2g和水一起注入装有滤膜(孔径1μm)的加压过滤器(内径约7.5cm)中形成树脂层。用稀盐酸(1→10)25mL以约5mL/min的流速流出,然后用水100mL以相同流速流出进行水洗。向最终的5mL洗出液中,加稀硝酸(1→10)1mL,然后加硝酸银溶液(1→50)3滴,应无白色浑浊。将0.5g树脂层置入试管中,加氢氧化钠溶液(1→25)3mL,充分振摇5min,过滤。水洗滤纸上的树脂,合并洗液和滤液至约5mL。向此液中加稀硝酸(1→10)3mL,然后加硝酸银溶液(1→50)3滴,产生白色沉淀。

(4)纯度 阳离子交换树脂以下程序(Ⅰ)和阴离子交换树脂按以下程序(Ⅱ)分别制备样品,在水中充分浸润后,用滤纸吸取附着的水。以制好的树脂作为检测样品。

(Ⅰ)阳离子交换树脂 按以下方法制备样品(H型):称取离子交换树脂(粉末)30g,注入装有滤膜(孔径1μm)的加压过滤器(内径约7.5cm)中,使稀盐酸(1→10)1000mL以15－20mL/min的流速流出。再用水以相同流速进行水洗。取洗液10mL,进行氯化物试验,水洗树脂至氯化物量小于相当于0.01mol/L盐酸0.3mL的量。

(Ⅱ)阴离子交换树脂 按以下方法制备样品(OH型):称取离子交换树脂(粉末)30g,置入装有滤膜(孔径1μm)的加压过滤器(内径约7.5cm)中,使氢氧化钠溶液(1→25)1000mL以15mL/min~20mL/min的流速流出。再用水以相同流速进行水洗。水洗树脂至洗液用酚酞试液显示中性为止。

①固体成分:大于25%。

按"离子交换树脂(颗粒)"的纯度①规定进行。

②水溶性物质:小于0.50%。

称取检测样品10.0g,加水1000mL制成悬浮液,不时搅拌下萃取5h。用装有滤膜(孔径1μm)的加压过滤器(内径约7.5cm)过滤。量取滤液50mL,小心进行蒸发,然后在110℃干燥3h。称取残留物量。

③重金属:以Pb计,小于20μg/g(1.0g,第2法,参比溶液为铅标准溶液2.0mL)。

④砷:以As_2O_3计,小于4.0μg/g(0.50g,第3法,装置B)。

(5)总离子交换容量 阳离子交换树脂按以下程序(Ⅰ),阴离子交换树脂按以下程序(Ⅱ)进行试验。

（Ⅰ）阳离子交换树脂 大于0.5mmol/g。

准确称取纯度试验中的测试样品约5g，准确加入0.2mol/L氢氧化钠溶液500mL，不时振摇下放置12h。用装有滤膜（孔径1μm）的加压过滤器（内径约7.5cm）过滤此悬浮液。准确量取滤液10mL，用0.05mol/L硫酸滴定（指示剂：甲基橙试液3滴）。以同样方法进行空白试验，并按式（9-75）计算总离子交换容量：

$$\text{总离子交换容量（毫克当量/g）}=\frac{\left(\begin{array}{c}\text{空白试验中的0.05mol/L}\\\text{硫酸消耗量（mL）}\end{array}\right)-\left(\begin{array}{c}\text{本试验中的0.05mol/L}\\\text{硫酸消耗量（mL）}\end{array}\right)}{\text{试样量（g）}\times\frac{\text{固体成分（\%）}}{100}}\times 5 \quad (9-75)$$

（Ⅱ）阴离子交换树脂 大于1.0mmol/g。

准确称取纯度试验中的测试样品约5g，加入准确量取的0.2mol/L盐酸500mL，在不时振摇情况下放置12h。置入装有滤膜（孔径1μm）的加压过滤器（内径约7.5cm）过滤此悬浮液。准确量取滤夜10mL，用0.1mol/L氢氧化钠溶液滴定（指示剂：酚酞试液3滴）。以同样的方法进行空白试验，并按式（9-76）计算总离子交换容量：

$$\text{总离子交换容量（毫克当量/g）}=\frac{\left(\begin{array}{c}\text{空白试验中的0.1mol/L}\\\text{氢氧化钠消耗量（mL）}\end{array}\right)-\left(\begin{array}{c}\text{本试验中的0.1mol/L}\\\text{氢氧化钠消耗量（mL）}\end{array}\right)}{\text{试样量（g）}\times\frac{\text{固体成分（\%）}}{100}}\times 5 \quad (9-76)$$

247-3. 离子交换树脂（悬浮液）

（1）英文名称 Ion exchange resin（suspension）。

（2）性状 离子交换树脂（悬浮液）为褐色、淡红棕色或白色悬浮液，几乎无气味。

（3）鉴别 选择采用试验（Ⅰ）或（Ⅱ），以适合于鉴别阳离子交换树脂和阴离子交换树脂。

（Ⅰ）阳离子交换树脂 向离子交换树脂（悬浮液）0.5mL中加水5mL和强酸性阳离子交换树脂1mL，不时振摇反应1h，然后用装有脱脂棉的漏斗过滤。加氯化钠0.3g于滤液中，振摇3min，加甲基红试液1滴，振摇。溶液显红色。

（Ⅱ）阴离子交换树脂 向离子交换树脂（悬浮液）0.5mL中加水5mL和强碱性阴离子交换树脂1mL，不时振摇反应1h，然后用装有脱脂棉的漏斗过滤。加氯化钠0.3g于滤液中，振摇3min，加酚酞试液1滴，振摇。溶液显粉红色。

（4）纯度

①固体成分：大于4%。

称取离子交换树脂（悬浮液）1.0g，105℃干燥5h，再次称量。

②水可性溶物质：小于0.50%（质量浓度）。

取离子交换树脂（悬浮液）100mL，用装有滤膜（孔径0.05μm）的加压过滤器（内径约7.5cm）过滤。取滤液10mL，小心进行蒸发，105℃干燥3h。称量残留物质量。

③重金属：以Pb计，小于20μg/g（1.0g，第2法，参比溶液为铅标准溶液2.0mL）。

④砷：以As_2O_3计，小于4.0μg/g（0.50g，第3法，装置B）。

（5）总离子交换容量 阳离子交换树脂按以下程序（Ⅰ），阴离子交换树脂按以下程序（Ⅱ）进行试验。

（Ⅰ）阳离子交换树脂　大于1.0mmol/g。

准确称取相当于固体成分约0.2g的离子交换树脂（悬浮液）。将其注入预先填充了10mL强酸性阳离子交换树脂的色谱用玻璃管（内径约1cm）中，以约2mL/min的流速流出。然后用水约20mL以相同流速流出。再用水约80mL以15mL/min～20mL/min的流速进行水洗。合并流出液和洗液于烧杯中，加氯化钠约1g。使用pH计，用0.1mol/L氢氧化钠溶液滴定至pH 7.0。以同样方法进行空白试验，作必要的校正，并按式（9－77）计算总离子交换容量：

$$\begin{array}{c}\text{总离子交换容量}\\\text{（毫克当量/g）}\end{array}=\frac{\left(\begin{array}{c}\text{空白试验中的0.1mol/L}\\\text{氢氧化钠消耗量(mL)}\end{array}\right)-\left(\begin{array}{c}\text{本试验中的0.1mol/L}\\\text{氢氧化钠消耗量(mL)}\end{array}\right)}{\text{试样量(g)}\times\frac{\text{固体成分(\%)}}{100}}\times 5 \quad (9-77)$$

（Ⅱ）阴离子交换树脂　大于1.0mmol/g。

准确称取相当于固体成分约0.2g的离子交换树脂（悬浮液），将其注入预先填充了10mL强碱性阴离子交换树脂的色谱用玻璃管（内径约1cm）中，以约2mL/min的流速流出，然后用水约20mL以相同流速流出。再用水约80mL以约15mL/min～20mL/min的流速进行水洗。合并流出液和洗液于烧杯中，加氯化钠约1g。使用pH计，用0.1mol/L盐酸滴定至pH 7.0。以同样的方法进行空白试验，作必要的校正，并按式（9－78）计算总离子交换容量：

$$\begin{array}{c}\text{总离子交换容量}\\\text{（毫克当量/g）}\end{array}=\frac{\left(\begin{array}{c}\text{空白试验中的0.1mol/L}\\\text{盐酸溶液消耗量(mL)}\end{array}\right)-\left(\begin{array}{c}\text{本试验中的0.1mol/L}\\\text{盐酸溶液消耗量(mL)}\end{array}\right)}{\text{试样量(g)}\times\frac{\text{固体成分(\%)}}{100}}\times 5 \quad (9-78)$$

248. 紫罗兰酮

（1）其他名称　紫罗酮；环柠檬烯基丙酮；堇酮；芷香酮；紫罗兰香酮；Ionone；Iraldeine。

（2）编码　CAS 8013－90－9（α－紫罗兰酮与α－紫罗兰酮混合物）；

α－紫罗兰酮　CAS 127－41－3；FEMA 2594。

β－紫罗兰酮　CAS 17283－81－7；FEMA 2595。

（3）化学式、相对分子质量与结构式　$C_{13}H_{20}O$；192.30；

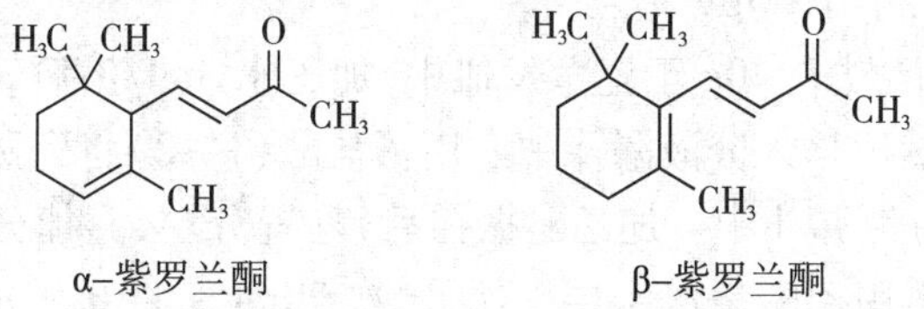

α–紫罗兰酮　　β–紫罗兰酮

（4）含量　紫罗兰酮是α－紫罗兰酮和β－紫罗兰酮的混合物。紫罗兰酮（$C_{13}H_{20}O$）含量大于90.0%。

（5）性状　紫罗兰酮为无色至浅黄色透明液体，有特殊气味。

（6）鉴别　按"红外光谱吸收法"中的液膜法规定进行。紫罗兰酮在约2960cm^{-1}、1696cm^{-1}、1674cm^{-1}、1363cm^{-1}、1255cm^{-1}和982cm^{-1}处有吸收带。

（7）纯度

①折射率 n_D^{20}：1.497～1.522。

②相对密度:0.930～0.948。

③溶液澄清度:澄清[1.0mL,70%(体积分数)乙醇4.0mL]。

(8)含量测定 准确称取紫罗兰酮约1.3g,按“香料物质试验”中醛类或酮类含量第2法规定进行。试验中,滴定前将混合物煮沸1h。

$$0.5\text{mol/L 盐酸 } 1\text{mL} = 96.15\text{mg } C_{13}H_{20}O$$

249. 乳酸铁

(1)英文名称 Iron Lactate。

(2)编码 CAS 5905-52-2。

(3)化学式、相对分子质量与结构式 $C_6H_{10}FeO_6$;233.99;

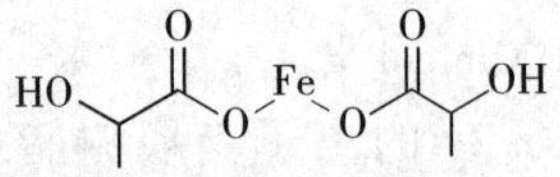

(4)含量 乳酸铁的铁(Fe=55.85)含量为15.5%～20.0%。

(5)性状 乳酸铁为绿白色至黄褐色粉末或块状,有轻微特殊气味。

(6)鉴别

①取乳酸铁0.5g在450℃～550℃灼烧1h,向残留物中加入稀盐酸(1→2)3mL,加热溶解。溶液对“定性试验”中所有铁盐试验产生相应反应。

②乳酸铁对“定性试验”中所有乳酸盐试验产生相应反应。

(7)纯度

①澄清度:几乎澄清

测试溶液 称取乳酸铁1.0g,加水20mL,水浴加热溶解。

②氯化物:以Cl计,小于0.071%(0.10g,参比溶液为0.01mol/L盐酸0.20mL)。

③硫酸盐:以SO_4计,小于0.48%。

测试溶液 称取乳酸铁0.20g,用5mL水溶解,然后加水至10mL。取此液2.0mL作为样品溶液。

参比溶液 0.005mol/L硫酸0.40mL。

④重金属:以Pb计,小于50μg/g。

试样溶液 称取乳酸铁0.40g于瓷蒸发皿中,加王水3mL溶解,水浴蒸干。残留物用稀盐酸(1→2)5mL溶解,然后移入分液漏斗中。用稀盐酸(1→2)将瓷蒸发皿洗涤2次,每次用量5mL,将洗液合并于分液漏斗中。加乙醚振摇后,静置分层,弃掉分离的乙醚层:乙醚洗涤水层2次,每次40mL,再用乙醚洗涤水层1次,每次20mL。将0.05g盐酸羟胺溶于水层中,水浴中加热10min,加入1滴酚酞试液,再滴加氨液至溶液显红色。冷却后,滴加稀盐酸(1→2)至溶液几乎无色,再加稀乙酸(1→20)4mL,振摇后,加水至50mL。

参比溶液 准确吸取铅标准溶液2.0mL于瓷蒸发皿中,加王水3mL,然后按试样溶液配制规定操作。

⑤砷:以As_2O_3计,小于4.0μg/g。

测试溶液 称取本品1.0g,加水25mL溶解,再加入1mL硫酸和10mL亚硫酸,蒸发浓缩至近2mL,加水至10mL,以此液5mL作为测试溶液。

装置 采用装置 B。

⑥易碳化物和丁酸盐

称取本品粉末 0.5g，加入 1mL 硫酸混合，不显色，不产生丁酸气味。

(8)含量测定 准确称取乳酸铁约 1g，缓慢加热碳化，加入硝酸 1mL，蒸发至干，注意不要使溶液飞溅或燃烧。向残留物中加入稀盐酸(1→2)10mL，煮沸至不溶物几乎消失。加水 20mL，过滤，用水冲洗不溶物，合并滤液和洗液，然后加水准确至 100mL。准确量取此液 25mL 至具磨口玻璃塞烧瓶中，加入碘化钾 2g，立即盖紧瓶塞，暗处放置 15min，然后加水 100mL，用 0.1mol/L 硫代硫酸钠滴定游离碘(指示剂：淀粉试液)。以同样方法进行空白试验。

0.1mol/L 硫代硫酸钠 1mL = 5.585mg Fe

250. 三氧化二铁

(1)其他名称 氧化铁红；氧化高铁；铁丹；铁粉；红色氧化铁；Iron sesquioxide；Diiron trioxide；Iron oxide red；Ferric oxide red；Anhydrous ferric oxide。

(2)编码 CAS 1309-37-1；1317-60-8；1332-37-2；INS 172(ⅱ)；CI 77491。

(3)化学式、相对分子质量与结构式 Fe_2O_3，159.69；

```
    Fe
 O//  \
       O
      /
    Fe
      \
       O
```

(4)含量 三氧化二铁含氧化铁(Fe_2O_3)大于 98.0%。

(5)性状 三氧化二铁为红至黄褐色粉末。

(6)鉴别 取三氧化二铁 1g，加入稀盐酸(1→2)3mL，加热溶解。此溶液对“定性试验”中的铁盐试验产生相应反应。

(7)纯度

①水可溶物：小于 0.75%。

称取三氧化二铁 5.0g，加水 200mL，煮沸 5min。冷却后，加水至 250mL，然后过滤。弃去初滤液约 50mL，准确量取随后的滤液 100mL，水浴上蒸干。将残留物在 105℃ ~110℃ 干燥 2h，然后称量。

②重金属：以 Pb 计，小于 40μg/g。

测试溶液 称取三氧化二铁 1.0g 于瓷蒸发皿中，加稀盐酸(1→2)20mL，加热溶解。蒸发至约 1mL，加入王水 6mL，水浴蒸干。残留物用稀盐酸(1→2)5mL 溶解，转移入分液漏斗中。每次用稀盐酸(1→2)5mL 洗涤瓷蒸发皿，共洗涤 2 次。收集洗液于分液漏斗中。加乙醚 40mL，振摇，静置，弃去乙醚层。用 40mL 乙醚洗涤的操作重复 2 次或多次，再用 20mL 乙醚重复 1 次。将 0.05g 盐酸羟胺溶于水层，水浴加热 10min，加酚酞试液 1 滴，然后加氨液至显红色。冷却后，滴加稀盐酸(1→2)至溶液几乎无色，然后加入 4mL 稀乙酸(1→20)，充分振摇，必要时过滤，加水至最终液为 50mL。

参比溶液 取铅标准溶液 4.0mL，加稀盐酸(1→2)20mL，按试样溶液配制方法的规定进行。

③砷:以 As_2O_3 计,小于 2.0μg/g。

测试溶液:称取三氧化二铁 1.0g,加稀盐酸(1→2)30mL 和硝酸 1mL,加热溶解,水浴蒸发至约 5mL,然后加水 15mL,过滤。每次用 5mL 水冲洗滤纸上不溶物,冲洗 3 次,合并滤液和洗液。向此液中加入硫酸 1mL,蒸发至不冒白烟。加入亚硫酸 10mL,蒸发至约 2mL,加水配至 5mL。

装置 装置 B。

(8)含量测定 准确称取三氧化二铁约 0.2g 于碘量瓶中,加入 5mL 盐酸,水浴加热。加水 25mL 和碘酸钾 3g,塞紧塞,暗处放置 15min。加水 100mL,用 0.1mol/L 硫代硫酸钠滴定游离碘。当溶液变为浅黄色接近滴定终点时,加入淀粉试液 3mL。当淀粉试液产生的蓝色消失时,即为滴定终点。用同样的方法进行空白试验,作必要校正。

0.1mol/L 硫代硫酸钠 1mL = 7.984mg Fe_2O_3

251. 乙酸异戊酯

(1)其他名称 3-甲基-1-丁醇乙酸酯;乙酸 3-甲基丁酯;香蕉油;Isoamyl acetate;3-Methyl butyl acetate。

(2)编码 CAS 123-92-2;FEMA 2055。

(3)化学式、相对分子质量与结构式 $C_7H_{14}O_2$,130.18;

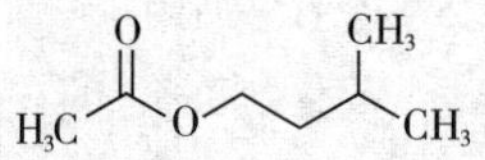

O CH3
H3C O CH3

(4)含量 本品乙酸异戊酯($C_7H_{14}O_2$)含量大于 98.0%。

(5)性状 无色透明液体,有香蕉样气味。

(6)鉴别 取乙酸异戊酯 1mL,加 10% 氢氧化钾乙醇试液 5mL,在水浴中边振摇边加热,香蕉气味消失,产生 3-甲基-1-丁醇的气味。冷却后,加水 10mL 和稀盐酸(1→4)0.5mL,溶液对"乙酸盐定性试验(3)"产生相应反应。

(7)纯度

①折射率 n_D^{20}:1.398~1.404。

②相对密度:0.872~0.878。

③溶液澄清度:澄清[2.0mL,加 70%(体积分数)乙醇 4.0mL]。

④酸值:小于 1.0(香料物质试验)。

(8)含量测定 准确称取乙酸异戊酯 0.5g,按"香料物质试验"中的酯含量规定进行。

0.5mol/L 氢氧化钾乙醇溶液 1mL = 65.09mg $C_7H_{14}O_2$

252. 异戊醇

(1)其他名称 异丁基甲醇;3-甲基-1-丁醇;3-异丁原醇;Isoamyl alcohol;Isopentanol。

(2)编码 CAS 123-51-3;FEMA 2057。

(3)化学式、相对分子质量与结构式 $C_5H_{12}O$;88.15;

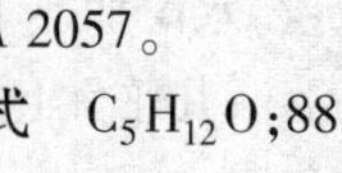

H3C OH
CH3

(4)含量 本品异戊醇($C_5H_{12}O$)含量大于98.0%。

(5)性状 无色至浅黄色透明液体,有特殊气味。

(6)鉴别 按照“红外吸收光谱法”的液膜法规定的操作测定异戊醇的红外吸收光谱,与参比光谱图(见图9-35)比较,两个谱图在相同的波数几乎有同样的吸收强度。

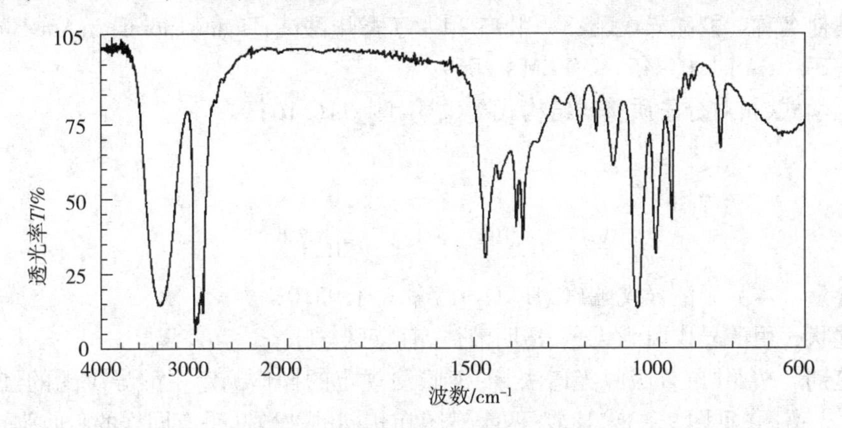

图9-35 异戊醇的红外吸收光谱图

(7)纯度

①折射率 n_D^{20}:1.404~1.410。

②相对密度 d_{25}^{25}:0.806~0.813。

(8)含量测定 按“香料物质试验”的气相色谱含量测定的峰面积百分比法规定进行,使用操作条件2。

253. 丁酸异戊酯

(1)其他名称 酪酸异戊酯;正丁酸异戊酯;丁酸-3-甲基丁酯;Isoamyl butyrate;3-Methyl butyl butanoate。

(2)编码 CAS 106-27-4;FEMA 2060。

(3)化学式、相对分子质量与结构式 $C_9H_{18}O_2$;158.24;

O, CH3, H3C, O, CH3

(4)含量 本品丁酸异戊醇($C_9H_{18}O_2$)含量大于98.0%。

(5)性状 丁酸异戊醇为无色至浅黄色透明液体,有水果香味。

(6)鉴别 取丁酸异戊醇1mL,加入10%氢氧化钾乙醇试液5mL,在水浴中边振摇边加热,水果香味消失,产生3-甲基-1-丁醇气味。冷却后,将此液用稀硫酸(1→20)调成酸性,产生丁酸的气味。

(7)纯度

①折光率 n_D^{20}:1.409~1.413。

②相对密度:0.863~0.867。

③溶液澄清度:澄清[1.0mL,70%(体积分数)乙醇5.0mL]。

④酸值:小于1.0(香料物质试验)。

(8)含量测定 准确称取丁酸异戊醇约0.8g，按“香料物质试验”中酯含量的规定进行。

0.5mol/L 氢氧化钾乙醇溶液 1mL = 79.12mg $C_9H_{18}O_2$

254. 甲酸异戊酯

(1)其他名称 蚁酸异戊酯；3 - 甲基 - 1 - 丁醇甲酸酯；Isoamyl formate；Amyl formate。

(2)编码 CAS 110 - 45 - 2；FEMA 2069。

(3)化学式、相对分子质量与结构式 $C_6H_{12}O_2$；116.16；

CH_3

OHC O CH_3

(4)含量 本品甲酸异戊酯($C_6H_{12}O_2$)含量大于95.0%。

(5)性状 甲酸异戊酯为无色、透明液体，有特殊气味。

(6)鉴别 按照“红外吸收光谱法”的液膜法规定的操作测定甲酸异戊酯的红外吸收光谱，与参比光谱图(见图9 - 36)比较，两个谱图在相同的波数几乎有同样的吸收强度。

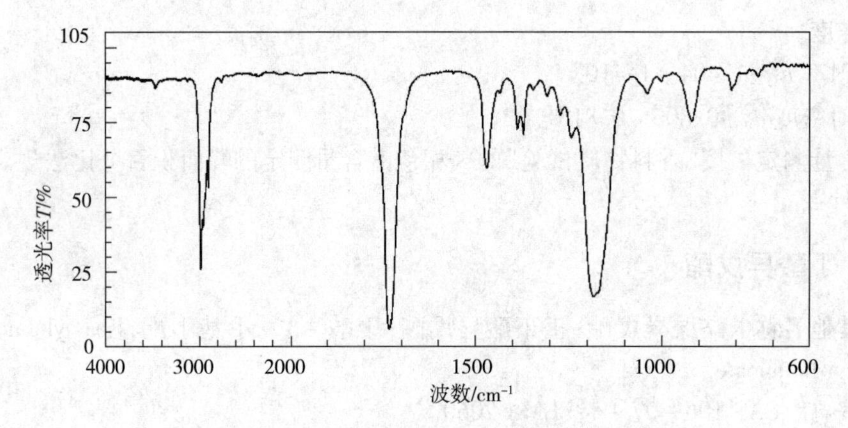

图9 - 36 甲酸异戊酯的红外吸收光谱图

(7)纯度

①折光率 n_D^{20}：1.396 ~ 1.399。

②相对密度：0.880 ~ 0.886。

③溶液澄清度：澄清[2.0mL，70%(体积分数)乙醇4.0mL]。

④酸值：小于1.0(香料物质试验)。

本试验中，滴定要在冰水中冷却进行，滴定至最初显出的淡红色持续10s为止。

(8)含量测定 准确称取甲酸异戊酯约0.5g，按香料物质试验法中的皂化值和酸值试验分别进行测试，按式(9 - 79)计算甲酸异戊酯($C_6H_{12}O_2$)的含量(X)：

$$X = \frac{X_1 - X_2}{561.1} \times 116.2 \qquad (9-79)$$

式中：

X_1——皂化值；

X_2——酸值。

255. 异戊酸异戊酯

(1)其他名称　缬草酸戊酯;草酸戊酯;3 - 甲基丁酸 3 - 甲基丁基酯;Isoamyl Isovalerate;3 - Methyl butyl 3 - methyl butanote;isoamyl Isopentanoate。

(2)编码　CAS 659 - 70 - 1;FEMA 2085;

(3)化学式、相对分子质量与结构式　$C_{10}H_{20}O_2$;172.26;

(4)含量　本品的异戊酸异戊酯($C_{10}H_{20}O_2$)含量大于98.0%。

(5)性状　无色至浅黄色透明液体,有水果香味。

(6)鉴别　取异戊酸异戊酯1mL,加10%氢氧化钾乙醇试液5mL,在水浴中边振摇边加热时,水果香味消失,产生3 - 甲基 - 1 - 丁醇气味。用稀硫酸(1→20)将溶液调成酸性后,产生异戊酸的气味。

(7)纯度

①折射率 n_D^{20}:1.411～1.414。

②相对密度:0.855～0.858。

③溶液澄清度:澄清[1.0mL,70%(体积分数)乙醇8.0mL]。

④酸值:小于1.0(香料物质试验)。

(8)含量测定　准确称取异戊酸异戊酯约1g,按"香料物质试验"中酯含量的规定进行。

0.5mol/L 氢氧化钾的乙醇溶液 1mL = 86.13mg $C_{10}H_{20}O_2$

256. 苯乙酸异戊酯

(1)其他名称　异戊基苯乙酸酯;苯乙酸 - 3 - 甲基丁酯;3 - 甲基丁基 2 - 苯乙酸酯;Isoamyl phenylacetate;Isoamyl alpha - toluate。

(2)编码　CAS 102 - 19 - 2;FEMA 2081。

(3)化学式、相对分子质量与结构式　$C_{13}H_{18}O_2$;206.28;

(4)含量　本品异苯乙酸异戊酯($C_{13}H_{18}O_2$)含量大于98.0%。

(5)性状　无色至浅黄色透明液体,有特殊气味。

(6)鉴别　按照"红外吸收光谱法"的液膜法规定的操作测定异苯乙酸异戊酯的红外吸收光谱,与参比光谱图(见图9 - 37)比较,两个谱图在相同的波数几乎有同样的吸收强度。

(7)纯度

①折射率 n_D^{20}:1.485～1.487。

②相对密度:0.978～0.980。

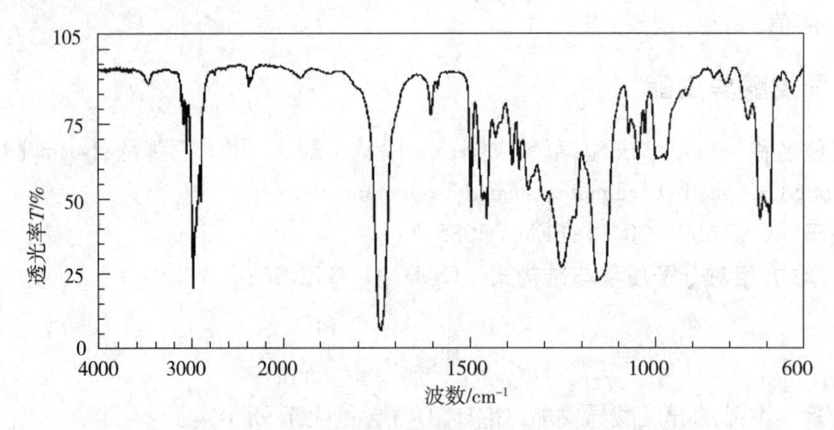

图 9－37 异苯乙酸异戊酯的红外吸收光谱图

③溶液澄清度：澄清[1.0mL，80%（体积分数）乙醇 4.0mL]。

④酸值：小于 1.0（香料物质试验）。

⑤卤化物：按“香料物质试验”中的卤化物规定进行。

（8）含量测定 准确称取异苯乙酸异戊酯约 1.5g，按“香料物质试验”中酯含量的规定进行。

0.5mol/L 氢氧化钾乙醇溶液 1mL＝103.1mg $C_{13}H_{18}O_2$

257. 丙酸异戊酯

（1）其他名称 正丙酸异戊酯；丙酸 3－甲基丁酯；3－甲基丁基丙酸酯；Isoamyl Propionate。

（2）编码 CAS 105－68－0；FEMA 2082。

（3）化学式、相对分子质量与结构式 $C_8H_{16}O_2$；144.21；

（4）含量 本品含丙酸异戊酯（$C_8H_{16}O_2$）大于 98.0%。

（5）性状 无色至浅黄色透明液体，有特殊气味。

（6）鉴别 取丙酸异戊酯 1mL，加 10% 氢氧化钾乙醇试液 5mL，在水浴中边振摇边加热，特殊气味消失，产生 3－甲基－1－丁醇气味。冷却后，用稀硫酸（1→20）调成酸性，则产生丙酸气味。

（7）纯度

①折射率 n_D^{20}：1.404～1.408。

②相对密度：0.868～0.872。

③溶液澄清度：澄清[1.0mL，70%（体积分数）乙醇 4.0mL]。

④酸值：小于 1.0（香料物质试验）。

（8）含量测定 准确称取丙酸异戊酯约 0.7g，按“香料物质试验”中酯含量的规定进行。

0.5mol/L 氢氧化钾乙醇溶液 1mL＝72.11mg $C_8H_{16}O_2$

258. 异丁醇

(1)其他名称　2－甲基－1－丙醇;异丙基甲醇;1－羟基－3－甲基丙烷;2－甲基－1－丙醇 英文名:Isobutanol;Isobutyl alcohol;2－Methylpropan－1－ol;2－Methyl－1－propanol。

(2)编码　CAS 78－83－1;FEMA 2179。

(3)化学式、相对分子质量与结构式　$C_4H_{10}O$,74.12;

CH_3

H_3C　　OH

(4)含量　本品异丁醇($C_4H_{10}O$)含量大于98.0%。

(5)性状　无色透明液体,有特殊气味。

(6)鉴别　按照“红外吸收光谱法”的液膜法规定的操作测定异丁醇的红外吸收光谱,与参比光谱图(见图9－38)比较,两个谱图在相同的波数几乎有同样的吸收强度。

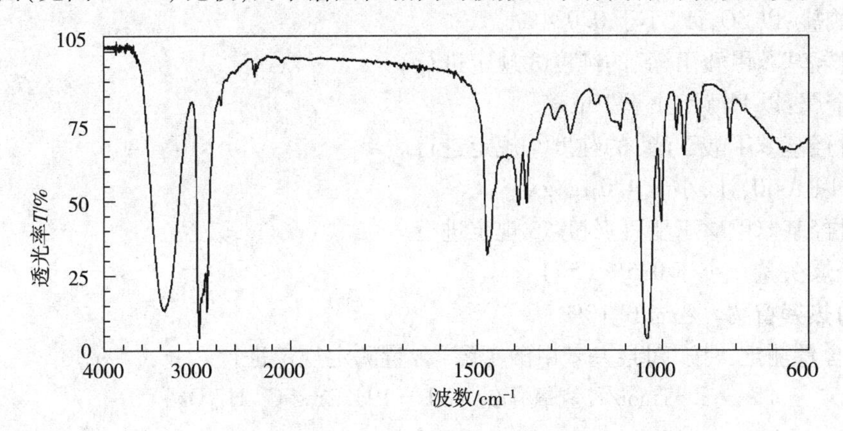

图9－38　异丁醇的红外吸收光谱图

(7)纯度

①折射率n_D^{20}:1.392～1.398。

②相对密度d_{25}^{25}:0.799～0.801。

③酸值:小于2.0(香料物质试验)。

(8)含量测定　按“香料物质试验”的气相色谱含量测定第1法规定进行,使用操作条件(2)。

259. 对羟基苯甲酸异丁酯

(1)其他名称　尼泊金异丁酯;4－羟基苯甲酸－2－甲基丙酯;4－羟基苯甲酸异丁酯;羟苯异丁酯;2－甲基丙基4－羟基苯甲酸酯;Isobutyl *p*－Hydroxybenzoate;2－Methylpropyl 4－hydroxybenzoate;4－Hydroxy－benzoicaci 2－methylpropylester;*p*－hydroxybenzoicacidisobutylester。

(2)编码　CAS 4247－02－3;FEMA 2179。

(3)化学式、相对分子质量与结构式　$C_{11}H_{14}O_3$;194.23;

(4)含量　本品对羟基苯甲酸异丁酯($C_{11}H_{14}O_3$)含量大于99.0%。

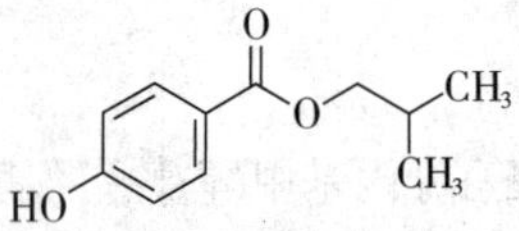

(5)**性状** 对羟基苯甲酸异丁酯为无色晶体或白色晶体粉末,无臭味。

(6)**鉴别**

①按“对羟基苯甲酸丁酯”的鉴别①进行试验。

②称取对羟基苯甲酸异丁酯0.05g,加乙酸2滴和硫酸5滴,加温5min,溶液产生乙酸异丁酯气味。

(7)**纯度**

①熔点:75℃~77℃。

②游离酸:以对羟基苯甲酸计,小于0.55%。

按“对羟基苯甲酸丁酯”的纯度②进行试验。

③硫酸盐:以SO_4计,小于0.024%。

按“对羟基苯甲酸丁酯”的纯度③规定进行。

④重金属:以Pb计,小于10μg/g。

按“对羟基苯甲酸丁酯”的纯度④规定进行。

⑤砷:以As_2O_3计,小于4.0μg/g。

按“对羟基苯甲酸丁酯”的纯度⑤规定进行。

(8)**干燥失量** 小于0.5%(5h)。

(9)**灼热残留物** 小于0.10%。

(10)**含量测定** 按“对羟基苯甲酸丁酯”含量测定规定进行。

$$1mol/L 氢氧化钠 1mL = 194.2mg\ C_{11}H_{14}O_3$$

260. 苯乙酸异丁酯

(1)**其他名称** 苯乙酸-2-甲基丙酯;异丁基苯乙酸酯;α-甲苯甲酸异丁酯;2-甲基丙基2-苯乙酸酯;Isobutyl phenylacetate;Phenylacetic acid isobutyl ester;Eglantine。

(2)**编码** CAS 102-13-6;FEMA 2210。

(3)**化学式、相对分子质量与结构式** $C_{12}H_{16}O_2$;192.25;

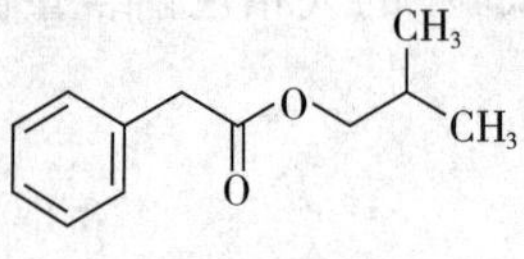

(4)**含量** 本品苯乙酸异丁酯($C_{12}H_{16}O_2$)含量大于98.0%。

(5)**性状** 无色透明液体,有特殊气味。

(6)**鉴别** 按照“红外吸收光谱法”的液膜法规定的操作测定苯乙酸异丁酯的红外吸收光谱,与参比光谱图(见图9-39)比较,两个谱图在相同的波数几乎有同样的吸收强度。

(7)**纯度**

①折射率n_D^{20}:1.486~1.488。

②相对密度:0.987~0.991。

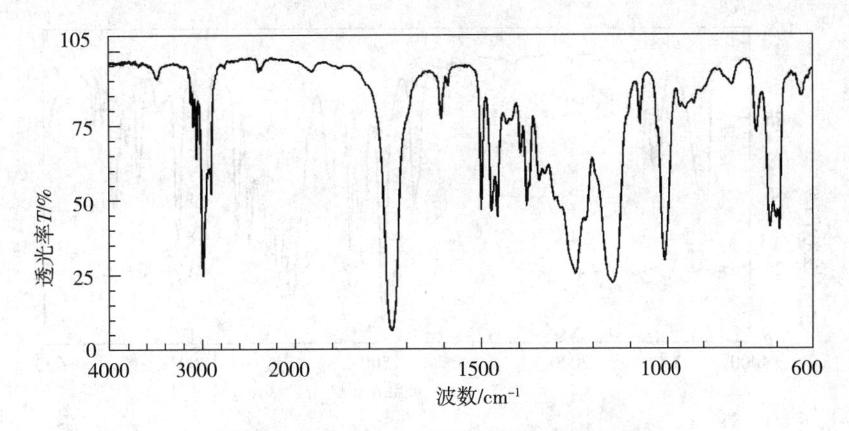

图 9－39　苯乙酸异丁酯的红外吸收光谱图

③溶液澄清度：澄清[1.0mL，70%（体积分数）乙醇 8.0mL]。

④酸值：小于 1.0（香料物质试验）。

⑤卤化物：按“香料物质试验”中卤化物规定进行。

(8)含量测定　准确称取苯乙酸异丁酯约 1.5g，按“香料物质试验”中酯含量规定进行。

0.5mol/L 氢氧化钾的乙醇溶液 1mL＝96.13mg $C_{12}H_{16}O_2$

261. 异丁香油酚

(1)其他名称　异丁香酚；异丁子香酚；4－丙烯基－2－甲氧基苯酚；2－甲氧基－4－(1－丙烯基)－苯酚；对丙烯基邻甲氧基苯酚；Isoeugenol；2－Methoxy－4－propenylphenol；4－Propenyl－2－methoxyphenol。

(2)编码　CAS 97－54－1；FEMA 2468。

(3)化学式、相对分子质量与结构式　$C_{10}H_{12}O_2$；164.20；

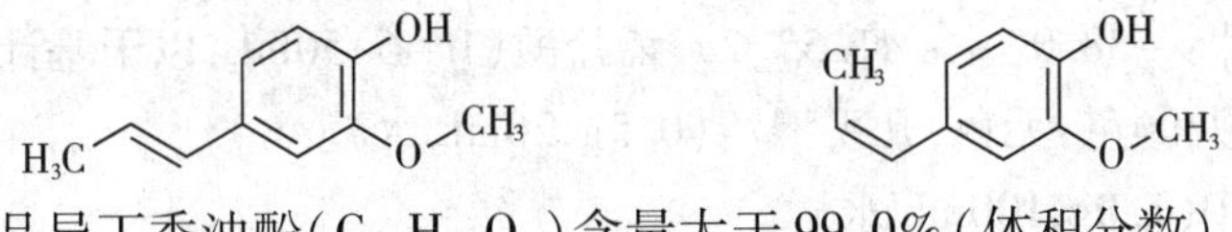

(4)含量　本品异丁香油酚（$C_{10}H_{12}O_2$）含量大于 99.0%（体积分数）。

(5)性状　无色至淡黄棕色透明液体，有特殊气味。

(6)鉴别　按照“红外吸收光谱法”的液膜法规定的操作测定异丁香油酚的红外吸收光谱，与参比光谱图（见图 9－40）比较，两个谱图在相同的波数几乎有同样的吸收强度。

(7)纯度

①折射率 n_D^{20}：1.572～1.577。

②相对密度：1.083～1.090。

③溶液澄清度：澄清[2.0mL，70%（体积分数）乙醇 4.0mL]。

(8)含量测定　按“香料物质试验”中苯酚含量规定进行。但此处将放置 30min 改为水浴中加热 30min，然后冷却至室温。

262. L－异亮氨酸

(1)其他名称　异亮氨酸；L－异白氨酸；L－α－氨基－β－甲基戊酸；L－异闪白氨基

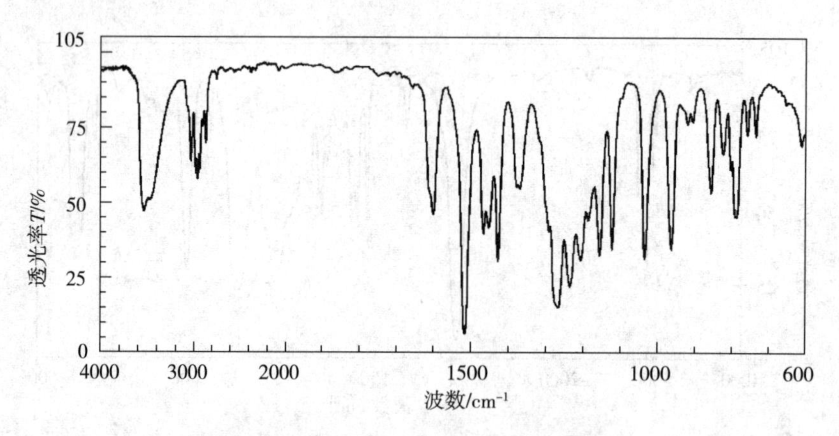

图 9－40 异丁香油酚的红外吸收光谱图

酸；A－氨基－B－甲基戊酸；(2*S*,3*S*)－2－氨基－3－甲基戊酸；L－isoleucine；(2*S*,3*S*)－2－Amino－3－methylpentanoic acid。

(2)编码 CAS 73－32－5。

(3)化学式、相对分子质量与结构式 $C_6H_{13}NO_2$；131.17；

H CH_3
H_3C COOH
H NH_2

(4)含量 以干基计，本品 L－异亮氨酸($C_6H_{13}NO_2$)的含量为 98.0%～102.0%。

(5)性状 白色结晶或晶体粉末。无气味或略有特殊气味，稍有苦味。

(6)鉴别 取 L－异亮氨酸溶液(1→1000)5mL，加入茚三酮溶液(1→1000)1mL，加热3min。呈紫色。

(7)纯度

①旋光度$[\alpha]_D^{20}$：+38.0°～+41.5°[2g，稀盐酸(1→6)50mL，以干基计]。

②溶液澄清度及颜色：无色，几乎澄清(0.5g，20mL 水)。

③pH：5.5～7.0(1.0g，100mL 水)。

④氯化物：以 Cl 计，小于 0.021%(0.50g，0.01mol/L 盐酸 0.30mL)。

⑤重金属：以 Pb 计，小于 20μg/g(1.0g，第 1 法，加热溶解，参比溶液为铅标准液 2.0mL)。

⑥砷：以 As_2O_3 计，小于 4.0μg/g(0.50g，第 2 法，装置 B)。

(8)干燥失量 小于 0.30%(105℃，3h)。

(9)灼热残留物 小于 0.10%。

(10)含量测定 准确称取 L－异亮氨酸约 0.25g，按照"DL－丙氨酸"含量测定规定进行。

$$0.1\text{mol/L 高氯酸 } 1\text{mL} = 13.12\text{mg } C_6H_{13}NO_2$$

263. 异丙醇

(1)其他名称 2－丙醇；二甲基甲醇；Isopropanol；2－Propanol；Isopropyl alcohol。

(2)**编码**　CAS 67-63-0;FEMA 2929。

(3)**化学式、相对分子质量与结构式**　C_3H_8O;60.10;

OH

H_3C　CH_3

(4)**含量**　将本品异丙醇(C_3H_8O)含量大于99.7%。

(5)**性状**　无色透明液体,有特殊气味。

(6)**鉴别**　按照“红外吸收光谱法”的液膜法规定的操作测定异丙醇的红外吸收光谱,与参比光谱图(见图9-41)比较,两个谱图在相同的波数几乎有同样的吸收强度。

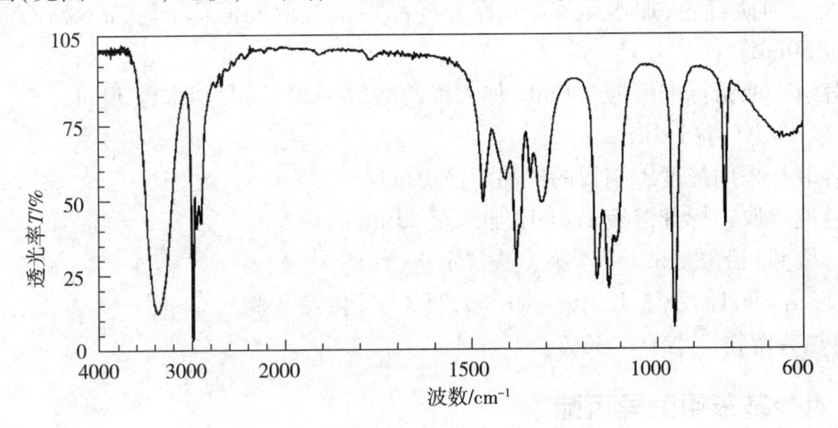

图9-41　异丙醇的红外吸收光谱图

(7)**纯度**

①折射率n_D^{20}:1.374~1.380。

②相对密度:0.784~0.788。

③游离酸:取异丙醇15.0mL,加入50mL新鲜煮沸并冷却的水和2滴酚酞试液,再加入0.01mol/L氢氧化钠0.20mL,溶液呈红色。

(8)**水分**　小于0.20%(10g,直接滴定法)。

(9)**含量测定**　按香料物质试验中的气相色谱含量测定第1法进行试验,使用操作条件2。

264. 柠檬酸异丙酯

(1)**其他名称**　一异丙基柠檬酸盐;Isopropyl citrate;Citric acid isopropyl ester。

(2)**编码**　CAS 39413-05-3;INS 384。

(3)**定义**　柠檬酸异丙酯是柠檬酸异丙酯和脂肪酸甘油酯的混合物。

(4)**性状**　无色至白色油状或蜡状物质。无气味,静置时有结晶析出。

(5)**鉴别**

①称取柠檬酸异丙酯3g,加氢氧化钠溶液(1→25)50mL,回流1h,冷却后,用稀硫酸(1→20)中和。中和后的溶液对“定性试验”中柠檬酸盐(2)产生相应反应。

②称取柠檬酸异丙酯2g,加氢氧化钠溶液(1→25)50mL,回流1h,蒸馏,收集馏出液20mL。将氧化铬8g,水15mL和硫酸2mL加入装备有回流冷凝器的烧瓶中,再从回流冷凝器

逐渐向烧瓶中加入馏出液 5mL,然后回流 30min。冷却,蒸馏,收集馏出液 2mL。向馏出液中加入水 3mL 和硫酸汞试液 10mL,水浴加热 3min。3min 内产生白色至黄色沉淀。

(6)纯度

①重金属:以 Pb 计,小于 30μg/g。

测试溶液 称取柠檬酸异丙酯 2.0g 于坩埚中,加硫酸 2mL 润湿。缓慢加热,至几乎全部灰化。冷却,再加入硫酸 1mL,缓慢加热至不再产生硫酸烟雾。置残留物于 450℃ ~550℃ 灼烧至灰化完全。冷却后,向残留物加入盐酸 2mL 和硝酸 0.4mL,水浴蒸发至干。向残留物加入稀硝酸(1→10)2mL 和水 30mL,加热下溶解。冷却后,加入 1 滴酚酞试液,然后滴加氨试液至溶液变为淡红色,加水至 50mL 作为样品溶液。取此液 25mL,加入稀乙酸(1→20) 2mL 和水至 50mL。

参比溶液 取铅标准溶液 3.0mL,加入稀乙酸(1→20)2mL 和水至 50mL。

②铅:以 Pb 计,小于 10μg/g。

测试溶液 采用纯度①制得的样品溶液 10mL。

参比溶液 取铅标准溶液 1.0mL,加水至 25mL。

程序 按照“铅限量试验”中第 1 法规定进行。

③砷:以 As_2O_3 计,小于 1.3μg/g(1.5g,第 3 法,装置 B 验)。

(7)灼热残留物 小于 0.30%。

265. 对羟基苯甲酸异丙酯

(1)其他名称 尼泊金异丙酯;4 - 羟基苯甲酸异丙酯;羟苯异丙酯;Isopropyl *p* - Hydroxybenzoate;Isopropylparaben;1 - Methylethyl 4 - hydroxybenzoate。

(2)编码 CAS 4191 -73 -5。

(3)化学式、相对分子质量与结构式 $C_{10}H_{12}O_3$;180.20;

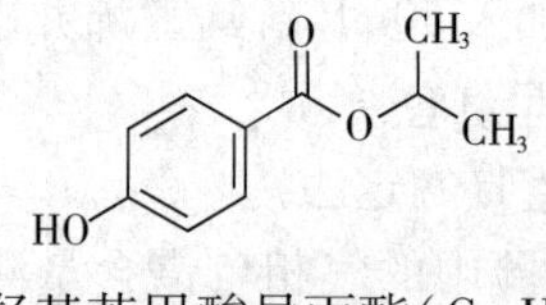

(4)含量 以干基计,本品对羟基苯甲酸异丙酯($C_{10}H_{12}O_3$)含量大于 99.0%。

(5)性状 无色结晶或白色晶体粉末,无气味。

(6)鉴别

①按“对羟基苯甲酸丁酯”的鉴别①规定进行。

②称取对羟基苯甲酸异丙酯 0.05g,加乙酸 2 滴和硫酸 5 滴,加热 5min。产生乙酸异丙酯气味。

(7)纯度

①熔点:84℃ ~86℃。

②游离酸:以对羟基苯甲酸计,小于 0.55%。

按“对羟基苯甲酸丁酯”的鉴别②规定进行。

③硫酸盐:以 SO_4 计,小于 0.024%。

按“对羟基苯甲酸丁酯”的鉴别③规定进行。

④重金属：以 Pb 计，小于 10μg/g。

按“对羟基苯甲酸丁酯”的鉴别④规定进行。

⑤砷：以 As_2O_3 计，小于 4.0μg/g。

按“对羟基苯甲酸丁酯”的纯度⑤规定进行。

(8)干燥失量　小于 0.5%(5h)。

(9)灼热残留物　小于 0.10%。

(10)含量测定　按“对羟基苯甲酸丁酯”含量测定规定进行。

1mol/L 氢氧化钠 1mL = 180.2mg $C_{10}H_{12}O_3$

266. 枧水

(1)其他名称　碱水；Kansui。

(2)定义　枧水含有以下一种或多种食品添加剂：无水碳酸钾、碳酸钠、碳酸氢钠和偏磷酸、磷酸、聚磷酸和焦磷酸的钾或钠盐。❶

枧水有固态枧水、液态枧水以及用面粉稀释的稀释粉末枧水。

266-1. 固态枧水

(1)英文名称　Solid kansui。

(2)性状　无色至白色结晶、粉末或团块或这些状态物质的混合物。

(3)鉴别

①固态枧水的水溶液(1→10)呈碱性。

②固态枧水的水溶液(1→10)对“定性试验”中钾盐试验①或钠盐试验 1 产生相应反应。

③如果固体枧水含碳酸盐或碳酸氢盐，其水溶液(1→10)对“定性试验”中碳酸盐试验 1 产生相应反应。

④如果固体枧水含磷酸盐，其水溶液(1→10)在加稀硝酸(1→10)酸化后，对“定性试验”中磷酸盐试验(2)产生相应反应。

(4)纯度　称取固体枧水 10g，加水溶解配至 200mL，作为溶液 A。

①澄清度：稍有浑浊。

测试溶液　溶液 A　20mL。

②碱金属类氢氧化物：量取溶液 A 40mL，加入氯化钡溶液(3→25)50mL，加水配至 100mL，剧烈振摇后过滤。量取滤液 50mL，加入 3 滴 0.1mol/L 盐酸和 3 滴酚酞试液，溶液不显粉红色。

③氯化物：以 Cl 计小于 0.35%(溶液 A 1.0mL，参比溶液为 0.01mol/L 盐酸 0.50mL)。

④硅酸盐：取溶液 A　10mL，加酚酞试液 1 滴，加入稀盐酸(1→4)至溶液粉红色消失，然后水浴加热 15min。冷却后，若溶液出现粉红色，则加稀盐酸(1→4)至粉红色消失。向此溶液加入亚甲基蓝试液 1 滴和饱和氯化铵溶液 10mL，静置 2h。无有色沉淀或有色浑浊产生。

---

❶ “偏磷酸，磷酸，聚磷酸和焦磷酸的钾或钠盐”指下列 13 种物质：磷酸氢二钾，磷酸二氢二钠，磷酸氢二钠，磷酸二氢钾，偏磷酸钾，多聚磷酸钾，焦磷酸钾，磷酸二氢钠，偏磷酸钠，多聚磷酸钠，焦磷酸钠，磷酸三钾和磷酸三钠。

⑤重金属：以 Pb 计，小于 40μg/g。

测试溶液　取溶液 A 10mL，加稀盐酸（1→4）3mL，水浴蒸干。残留物用稀乙酸（1→20）2mL 和水 20mL 溶解，再加水至 50mL。

参比溶液　准确量取铅标准溶液 2.0mL，加稀乙酸（1→20）2mL 和水配至 50mL。

⑥砷：以 As_2O_3 计，小于 4.0μg/g。

测试溶液　溶液 A 10mL。

装置　使用装置 B。

266-2. 液态枧水

(1)英文名　Liquid kansui。

(2)性状　液态枧水为无色澄清液体。

(3)鉴别　按照“固态枧水”的鉴别①至④规定进行。

(4)纯度

①相对密度：1.20～1.33。

②使用按以下方法配制的溶液 B 进行试验（a）～（e）：根据液态枧水的相对密度，按表 9-3 所示取一定量的液态枧水，加水至 200mL。

（a）碱金属类氢氧化物：量取溶液 B 40mL，按固态枧水纯度②规定进行。

（b）氯化物：以 Cl 计，小于 0.35%。

量取溶液 B 1.0mL，按“固态枧水”纯度③规定进行。

（c）硅酸盐：量取溶液 B 10mL，按“固态枧水”纯度④规定进行。

（d）重金属：以 Pb 计，小于 40μg/g 固体部分。

量取溶液 B 10mL，按“固态枧水”纯度⑤规定进行。

（e）砷：以 As_2O_3 计小于 4.0μg/g 固体部分。

量取溶液 B 10mL，按“固态枧水”纯度⑥规定进行。

表 9-3　液态枧水的相对密度与配制溶液 B 的用量

相对密度	样品量 mL	相对密度	样品量 mL	相对密度	样品量 mL
1.20	39.8	1.25	31.0	1.30	25.4
1.21	37.6	1.26	29.8	1.31	24.4
1.22	35.6	1.27	28.6	1.32	23.6
1.23	34.0	1.28	27.4	1.33	22.8
1.24	32.4	1.29	26.4		

266-3. 稀释粉末状枧水

(1)英文名　Diluted powder kansui。

(2)性状　为白色至淡黄色均匀粉末。

(3)鉴别

①取稀释粉末状枧水 1g，加入碘试液 1 滴，呈紫色。

②取稀释粉末状枧水 10g,加水 50mL,充分振摇,过滤,用滤液按"固态枧水"鉴别①至④规定进行。

(4)纯度

①相对密度:称取稀释粉末状枧水 60g,加水至 200mL,充分振摇,过滤。滤液的相对密度为 1.12 ~ 1.17。

②不溶物:小于 2.0%。

称取稀释粉末状枧水 0.50g,加入氢氧化钠溶液(1→100)100mL,煮沸 15min,静置 30min。无沉淀出现。若有沉淀产生,用定量滤纸(5C)过滤,用水洗至滤液不显碱性,然后将滤渣连同滤纸在 550℃灼烧至恒量。称取残留物质量。

③使用按以下方法配制的溶液 C 进行试验(a)~(c):根据纯度①得到滤液的相对密度,按表 9-4 所示取一定量的从纯度①得到滤液,加水至 100mL。

(a)碱金属类氢氧化物:取溶液 C 40mL,按"固态枧水"纯度②规定进行。

(b)氯化物:水溶性固形物部分,以 Cl 计小于 0.35%。

取溶液 C 1.0mL,按"固态枧水"纯度③规定进行。

(c)硅酸盐:取溶液 C 10mL,按"固态枧水"纯度④规定进行。

表 9-4 由纯度①获得的滤液的相对密度与配制溶液 C 的用量

相对密度	滤液量 mL	相对密度	滤液量 mL	相对密度	滤液量 mL
1.12	34.3	1.14	29.2	1.16	25.4
1.13	31.7	1.15	27.2	1.17	23.7

④重金属:以 Pb 计,小于 30μg/g(1.0g,第 2 法,参比溶液为铅标准溶液 3.0mL)。

⑤砷:以 As_2O_3 计,小于 2.5μg/g(2.0g,第 3 法,装置 B)。

标准色:用砷标准溶液 5mL 配制。

267. 高岭土

(1)其他名称 高岭石;白陶土;瓷土;Kaolin;Kaolinite;China clay;Anhydrol。

(2)编码 CAS 1332-58-7;INS 559。

(3)定义 高岭土由天然水合硅酸铝精制而成。

(4)性状 高岭土为无色或近白色的粉末。

(5)鉴别

①取高岭土 0.2g 与无水碳酸钠和无水碳酸钾的混合物(1:1)1.5g 混合,转入铂或镍坩埚中,加热至完全熔融。冷却后,加水 5mL,静置约 3min,在坩埚底微微加热,使团块状的熔融混合物剥离。将熔融团块与水一起转入烧瓶中,每次加入少量盐酸至无气泡产生为止。再加盐酸 10mL,水浴蒸干。加水 200mL,煮沸,过滤。将凝胶状残留物移至铂蒸发皿中,加入氢氟酸 5mL。残留物溶解。然后加热溶液。几乎完全蒸发。

②从鉴别①所得滤液对"定性试验"中所有铝盐试验产生相应反应。

③取高岭土 8g,加水 5mL,充分混合。其混合物具有可塑性。

(6)纯度

①pH:6.0 ~ 8.0。

称取高岭土10.0g,加水100mL,水浴加热并不时振摇2h。并补充蒸发掉的水分。冷却后,用装有直径为47mm滤膜(孔径为0.45μm)的过滤装置抽滤。如果滤液浑浊,采用同一过滤装置反复抽滤。用水冲洗容器和过滤器上的滤留物,合并洗液和滤液,加水至100mL,以此液作为溶液A。测量溶液A的pH。

②水可溶物:小于0.30%。

取纯度1所得溶液A 50mL,蒸干。置残留物于105℃干燥2h,称量。

③硫酸可溶物:小于2.0%。

称取高岭土1.0g,加稀硫酸(1→15)20mL,振摇15min,过滤。用少量水冲洗容器及滤纸上的残留物,合并滤液和洗液,加水配至20mL。取此液10mL,蒸干,再在550℃灼热至恒量,然后称量。

④重金属:以Pb计,小于10μg/g。

测试溶液　称取高岭土4.0g,加水70mL,盐酸10mL,硝酸5mL,边水浴加热边振摇15min,冷却,过滤。残留物用水冲洗,合并滤液和洗液,然后加水至100mL。取此液50mL,水浴蒸干,残留物用稀乙酸(1→20)2mL和水20mL溶解,必要时进行过滤,然后加水配至50mL。

参比溶液　取铅标准溶液2.0mL,加稀乙酸(1→20)2mL,加水配至50mL。

⑤砷:以As_2O_3计,小于4.0μg/g。

测试溶液　称取高岭土0.50g,加水2.5mL和硫酸0.5mL,然后在电热板上加热至产生白烟。冷却后,加水配至5mL。

试验装置　采用试验装置B。

⑥杂质:称取高岭土5g,加水300mL,振摇,静置30s。倾斜倒掉含细小微粒的大部分溶液,用玻璃棒一端的扁头按压容器底部残留部分时,没有砂石声。

(7)干燥失量　小于15.0%(550℃,恒量)。

268. 刺梧桐胶

(1)其他名称　卡拉亚树胶;Karaya gum;Sterculia gum;Tragacanthindian;Crystalgum。

(2)编码　CAS 9000-36-6;INS 416。

(3)定义　刺梧桐胶由卡拉亚树(*Sterculia urens* Roxburgh)或丝棉树(*Cochlospermum gossypiumde* Candolle)的渗出物获得,其主要成分为多糖。

(4)性状　浅灰至淡棕红色粉末或淡黄至淡棕红色团块,有乙酸气味。

(5)鉴别

①取刺梧桐胶粉末1g,加水50mL,混匀。形成黏稠液体,呈酸性。

②将刺梧桐胶粉末0.4g悬浮于6mL乙醇中,搅拌下加水4mL,粉末会膨胀。

(6)纯度

①盐酸不溶物:小于3.0%。

准确称取刺梧桐胶约5g,加入已添加稀盐酸(10→100)100mL的锥形瓶中溶解。盖上表面皿,缓慢加热至溶解,然后煮沸。加热下用预先在105℃下干燥1h并称量的玻璃滤器(1G3)抽滤。用热水充分冲洗残留物,将残留物连同玻璃过滤器在105℃下干燥1h,然后称量。

②重金属：以 Pb 计，小于 40μg/g(0.50g，第 2 法，参比溶液为铅标准溶液 2.0mL)。

③铅：以 Pb 计，小于 10μg/g(1.0g，第 1 法)。

④砷；以 As_2O_3 计，小于 4.0μg/g(0.50g，第 3 法，装置 B)。

⑤淀粉和糊精：将刺梧桐胶 0.2g 加入水 10mL 中，煮沸。冷却后，加 2 滴碘试液，不显深蓝色或红紫色。

(7)**干燥失量** 小于 20.0%(105℃，5h)。

(8)**灰分** 小于 8.0%。

(9)**酸不溶性灰分** 小于 1.0%。

(10)**微生物限量** 按"微生物限量试验"的规定进行。菌落总数小于 10000/g，大肠菌群阴性。

269. 虫胶红色素

(1)**其他名称** 紫胶红色素；虫胶红；Lac color；Lac dye；Lac red。

(2)**定义** 虫胶红色素由虫胶介壳虫(*Laccifer* spp.)分泌物获得，主要成分为虫胶酸。

(3)**色值** 虫胶红色素的色值($E_{1cm}^{10\%}$)大于 1000，应在标称值的 95% ~115%。

(4)**性状** 红色至暗红色粉末或颗粒，稍有特殊气味。

(5)**鉴别**

①称取相当于色值为 1000 的虫胶红色素 0.05g，用 0.1mol/L 氢氧化钠 500mL 溶解，溶液呈紫红色。

②取鉴别①所得溶液 10mL，加入 0.1mol/L 盐酸 20mL，溶液显橙色并在 485nm ~495nm 波长吸收最大。

③称取相当于色值为 1000 的虫胶红色素 0.1g，用乙醇 10mL 溶解。离心后以上清液作为测试溶液。取 2μL 测试溶液进行纸色谱分析，将正丁醇、水、乙酸按 4:2:1 的比例配制的混合液作为展开剂，不使用对比溶液。用 2 号滤纸进行色谱分析。当展开剂的最前端上升到距离原点约 10cm 时，停止展开，风干。在 R_f 值约 0.4 处可观察到一个黄红至红色斑点，在 R_f 值约 0.2 处可能观察到另外一斑点。当用氨溶液喷雾时，这些斑点会显暗红紫色。

(6)**纯度**

①重金属：以 Pb 计，小于 40μg/g(0.50g，第 2 法，参比溶液为铅标准溶液 2.0mL)。

②铅：以 Pb 计，小于 8.0μg/g(1.25g，第 1 法)。

③砷：以 As_2O_3 计小于 4.0μg/g(0.50g，第 3 法，装置 B)。

(7)**色值试验** 准确称取虫胶红色素适量以使其吸光度在 0.3 ~0.7 范围。用无水碳酸钠溶液(1→200)20mL 溶解，加水定容至 100mL。取此液 5mL，加入 0.1mol/L 盐酸定容至 50mL。以最终液作为测试溶液。若必要进行离心，以上清液进行试验。按"色值测试"规定进行，操作条件如下：

操作条件

参比溶液：0.1mol/L 盐酸。

检测波长：最大吸收波长为 485nm ~495nm。

270. 乳酸

(1)**其他名称** 2 -羟丙酸；丙醇酸；乳酸(L -，D -和 DL -)；Lactic acid；2 -Hydroxypropionic acid;Lactic acid(L - ,D - ,and DL -)。

(2)编码 CAS 50 - 21 - 5;INS 270;FEMA 2611。

(3)定义 本品是乳酸及乳酸缩聚物的混合物。

(4)含量 本品以乳酸($C_3H_6O_3$ =90.08)计含量大于40.0%,相当于标称值的95% ~105%。

(5)性状 乳酸为白色至淡黄色固体或无色至淡黄色澄清液体,无气味,或稍有或无不愉快气味,有酸味。

(6)鉴别

①乳酸溶液(1→10)呈酸性。

②乳酸对"定性试验"的乳酸试验产生相应反应。

(7)纯度 将乳酸溶于水配成40.0%浓度的溶液,必要时水浴加热。以此液作为溶液A。采用溶液A进行以下①~④项试验。

①溶液澄清度:浓缩溶液A使溶液的浓度为80%。称取预先浓缩至80%的溶液A 10g,加入乙醚12mL,混匀。最终溶液澄清,并通过以下试验:

用玻璃过滤器(G3)过滤溶液,每次用乙醚10mL冲洗残留物共3次,再用丙酮10mL洗涤1次,将残留物和过滤器在50℃减压干燥14h。残留物应小于0.07g。(乙醚不溶物:80%乳酸应小于0.7%)。

②柠檬酸、草酸、酒石酸和磷酸:称取溶液A 2.0g,加水8mL和氢氧化钙试液40mL,煮沸2min,不产生浑浊。

③硫酸盐:80%乳酸以SO_4计,应小于0.010%(溶液A 2.0g,参比溶液为0.005mol/L硫酸0.20mL)。

④氰化物:称取溶液A 2.0g,加水至100mL。取此液10mL于纳氏比色管中,加入1滴酚酞试液,再加氢氧化钠溶液(1→10)至粉红色出现。再加入氢氧化钠(1→10)1.5mL和水至20mL,水浴加热10min。冷却后,用稀乙酸(1→20)中和,溶液粉红色消失,另外再加入1滴稀乙酸。加磷酸缓冲液(pH 6.8)10mL和氯胺T试液0.25mL,塞紧瓶塞,缓慢振摇,然后静置3min~5min。加入吡啶-吡唑啉酮试液15mL,加水配至50mL,在约25℃放置30min。该溶液不显蓝色。

⑤重金属:对80%乳酸,以Pb计,小于10μg/g。

测试溶液 称取溶液A 4.0g,加入1滴酚酞试液,滴加氨试液至溶液显淡粉红色为止。再加稀乙酸(1→20)2mL和水配至50mL。

参比溶液 取铅标准溶液2.0mL,加稀乙酸(1→20)2mL,加水配至50mL。

⑥铁:对80%乳酸,以铁计,小于10μg/g(溶液A 2.0g,第1法,参比溶液为铁标准溶液1.0mL)。

⑦砷:对80%乳酸,以As_2O_3计,小于4.0μg/g。

测试溶液 称取溶液A 2.0g,加水至10mL,以此液5mL作为测试溶液。

装置 采用装置B。

⑧挥发性脂肪酸:取溶液A 5.0g,水浴加热。此溶液不会产生丁酸气味。

⑨甲醇:对80%乳酸,以CH_3OH计,小于0.20%(质量浓度)。

测试溶液 称取溶液A 10g,加水8mL,碳酸钙5g,蒸馏。取最初蒸馏液5mL,加水至100mL。

参比溶液 取甲醇1.0mL,加水至100mL。取该溶液1.0mL,加水至100mL。

程序 取测试溶液1.0mL,加稀磷酸(1→20)0.1mL和高锰酸钾溶液(1→300)0.2mL,静置10min,加入0.4mL无水亚硫酸钠溶液(1→5)和硫酸3mL,再加入变色酸试液0.2mL。最终溶液的颜色不得深于按与测试溶液同样操作配制的参比溶液的颜色。

⑩易碳化物 称取5.0g溶液A,将其冷却至15℃,然后缓慢加入到预先冷却为15℃的5mL硫酸液层上,保持在15℃。15min内两液层的界面不产生环带,或界面产生的环带在15min内不显暗灰色。

(8)灼热残留物 小于0.10%。

(9)含量测定 准确称取相当于乳酸1.2g的样本,准确加入1mol/L氢氧化钠溶液20mL,再加水至100mL。水浴加热20min,趁热用1mol/L氢氧化钠滴定过量的碱(指示剂:酚酞试液1滴~2滴)。以同样方法进行空白试验。

$$1mol/L\ 氢氧化钠\ 1mL = 90.08mg\ C_3H_6O_3$$

271. 羊毛脂

(1)其他名称 无水羊毛脂;羊年脂;Lanolin;Lanolin, Anhydrous;Wool grease, Anhydrous;Wool fat。

(2)编码 CAS 8006-54-0;INS 913。

(3)定义 羊毛脂是由羊毛上的蜡状物质获得,主要成分是高级醇和α-羟基酸的酯。

(4)性状 淡黄色至浅棕黄色黏稠膏状物质。稍有特殊气味。

(5)鉴别 仔细取羊毛脂的环己烷溶液(1→50)1mL于2mL硫酸的表面,两种液体的界面变为红棕色,硫酸相发出绿色荧光。

(6)纯度

①熔点:37℃~44℃(按"熔点测定"第2类物质的规定进行)。

②酸值:小于1.0。

测试溶液 准确称取羊毛脂约5g,用乙醇和二甲苯的混合液(1∶1)80mL溶解。

程序 按"油脂类和相关物质"酸值的规定进行,滴定应趁热进行。

③碘值:18~36。

测试溶液 准确称取羊毛脂约0.8g于500mL具塞烧瓶中,用环己烷10mL溶解。

程序 按"油脂类和相关物质"中碘值规定进行。

④重金属:以Pb计,小于20μg/g(1.0g,第2法,参比溶液为铅标准溶液2.0mL)。

⑤砷:以As_2O_3计,小于4.0μg/g(0.50g,第3法,装置B)。

(7)灼热残留物 小于0.10%。

272. 卵磷脂

(1)其他名称 L-α-卵磷脂;Lecithin;Phosphatidylcholine。

(2)编码 CAS 8002-43-5;INS 322。

(3)定义 卵磷脂是从油料种子或动物原料提取获得,主要成分是磷脂。

(4)性状 白色至棕色粉末或颗粒,或为淡黄色至深棕色团块或黏稠液体。稍有特殊气味。

(5) 鉴别

①按“酶解卵磷脂”鉴别①规定进行。

②取卵磷脂0.5g，加稀盐酸(1→2)5mL，水浴加热2h，过滤。以此液作为测试溶液。取10μL进行纸色谱分析，以氯化胆碱溶液(1→200)作为参比溶液，以正丁醇、水、乙酸的混合液(4:2:1)作为展开剂，滤纸采用色谱用2号滤纸。当展开剂的最前端上升到距离原点约25cm时停止展开，风干，喷碘化铋钾试液显色，在自然光下观察。可以观察到与参比溶液相对应的橙红色斑点。

(6) 纯度

①酸值：小于40。

测试溶液　准确称取卵磷脂约2g，溶于50mL石油醚，再加入50mL乙醇。

程序　以此液作为测试溶液，按“油脂肪类和相关物质”的酸值规定进行。

②苯不溶物：小于0.30%。

准确称取卵磷脂约10g，溶于100mL甲苯，将不溶物用坩埚玻璃滤器(1G4)过滤，用苯25mL洗涤数次，将不溶物与玻璃滤器一起置105℃干燥1h，然后在干燥器中冷却，对装有残留物的玻璃滤器准确称量。

③丙酮可溶物：小于40%。

准确称取卵磷脂约2g，放入50mL刻度具磨砂塞玻璃离心管中，加石油醚3mL溶解，加丙酮15mL，充分搅拌，冰水中放置15min。然后按“酶解卵磷脂”的纯度②规定进行。

④过氧化值：小于10。

准确称取卵磷脂约5g，放入250mL具玻璃磨砂塞三角烧瓶中，加入氯仿和乙酸的混合液(2:1)35mL，轻轻振摇，溶解成透明状态。然后“按酶解卵磷脂”纯度验③规定进行。

⑤重金属：以Pb计，小于20μg/g(1.0g，第2法验，参比溶液为铅标准溶液2.0mL)。

⑥砷：以As_2O_3计，小于4.0μg/g(0.50g，第3法，装置B)。

(7) 干燥失量　小于2.0%。

按“酶解卵磷脂”干燥失量的规定进行。

273. L－亮氨酸

(1) 其他名称　氨基异己酸；α－氨基－γ－甲基戊酸；α－氨基异己酸；L－闪白氨基酸；L－2－氨基－4－甲基戊酸；L－白氨酸；(2*S*)－2－氨基－4－甲基戊酸；L－Leucine；2－Amino－4－methylpentanoic acid；2－Amino－4－methyl－Valericaci；4－Methyl－norvalin。

(2) 编码　CAS　61－90－5；FEMA 3297；INS 641。

(3) 分子式、相对分子质量与结构式　$C_6H_{13}NO_2$；131.17；

H_3C　COOH
CH_3 H　NH_2

(4) 含量　以干基计，本品L－亮氨酸($C_6H_{13}NO_2$)含量为98.0%～102.0%。

(5) 性状　白色结晶或晶体粉末，无气味或稍有特殊气味，稍带苦味。

(6) 鉴别

①取L－亮氨酸溶液(1→1000)5mL，加入茚三酮溶液(1→50)1mL，水浴加热3min。呈

蓝紫色。

②将 L－亮氨酸 0.3g 在加热条件下溶于 10mL 水，再加入稀盐酸（1→4）10 滴和硝酸钠溶液（1→10）2mL。形成气泡并产生无色气体。

（7）纯度

①比旋光度$[\alpha]_D^{20}$：+14.5°～+16.5°。

准确称取 L－亮氨酸 4g，用 6mol/L 盐酸溶解并定容至 100mL。测定此溶液的角旋转，以干基计。

②溶液澄清度及颜色：无色澄清（1.0g，50mL 水）。

③pH：5.5～6.5（1.0g，溶于 100mL 水）。

④氯化物：以 Cl 计，小于 0.1%（0.070g，参比溶液为 0.01mol/L 盐酸 0.20mL）。

⑤重金属：以 Pb 计，小于 20μg/g（1.0g，第 2 法。参比溶液为铅标准液 2.0mL）。

⑥以 As_2O_3 计，小于 4.0μg/g（0.5g，第 3 法，装置 B）。

（8）干燥失量 小于 0.30%（105℃，3h）。

（9）灼热残留物 小于 0.10%。

（10）含量测定 准确称取 L－亮氨酸约 0.3g，按"L－天门冬酰胺"含量测定规定进行。

0.1mol/L 高氯酸 1mL = 13.12mg $C_6H_{13}NO_2$

274. 甘草提取物

（1）其他名称 甘草抽提物；甘草流浸膏；光果甘草跟提取物；Licorice extract；Licorice root extract；Glycyrrhize extract；Licorice extract（*Glycyrrhiza* spp.）；Licorice extract（powder）。

（2）编码 CAS 8008－94－4（浸膏），84775－66－6；FEMA 2628（浸膏），2629（粉）。

（3）定义 甘草提取物由豆科甘草（*Glycyrrhiza uralensis* Fischer）、胀果甘草（*Glycyrrhiza inflata* Batalin）、光果甘草（*Glycyrrhiza glabra* Linné）及其他同类植物的根或根径。其主要成分为甘草酸。有两种产品：粗制甘草提取物及提纯甘草提取物。

274－1. 粗制甘草提取物

（1）英文名 Licorice extract，Crude；Crude licorice extract。

（2）含量 以干基计，粗制甘草提取物的甘草酸（$C_{42}H_{62}O_{16}$ = 822.93）含量为 5.0%～50.0%。

（3）性状 粗制甘草提取物为黄色至棕黑色粉末、片状、颗粒、团块，膏状物或液体。

（4）鉴别 取粗制甘草提取物 0.01g～0.10g，用 50% 乙醇 10mL 溶解，作为测试溶液。取薄层色谱用甘草酸 5mg 用 50% 乙醇 10mL 溶解，作为参比溶液。分别取测试溶液和参比溶液 2μL 进行薄层色谱分析，将正丁醇、水、乙酸的混合液（7∶2∶2）作为展开剂。采用覆盖荧光硅胶的薄层板作为载体，预先经 110℃ 干燥 1h。当展开剂的最前端上升到距离原点约 10cm 时，停止展开，风干薄层板。暗室中用紫外光（主要波长 254nm）下进行观察。测试溶液中斑点的色调及 R_f 值与参比溶液中甘草酸的深紫色斑点相对应。

（5）纯度

①不溶物：取经预先干燥的粗制甘草提取物 5.0g 用 50% 乙醇 100mL 溶解，用已知质量的滤纸过滤，用 50% 乙醇冲洗滤纸上的残留物，残留物连同滤纸在 105℃ 下干燥 5h。残留物质量应小于 1.25g。

②pH:2.5~7.0(取固体试样1.0g或预先干燥的膏状物或液体试样,用50%乙醇50mL溶解)。

③重金属:以Pb计,小于10μg/g(取固体试样或预先干燥的膏状物或液体试样2.0g,第2法,参比溶液为铅标准液2.0mL)。

④砷:以As_2O_3计,小于2.0μg/g(取固体试样或预先干燥的膏状物或液体试样1.0g,第3法,装置B)。

(6)干燥失量

①固体试样:小于8.0%(105℃,2h)。

②膏状或液体试样:小于60.0%(105℃,5h)。

(7)灼热残留物 小于15.0%(如果是膏状或液体试样,使用前需干燥)。

(8)含量测定

测试溶液 准确称取粗制甘草提取物0.04g~0.4g,用50%乙醇溶解,并定容至100mL。

标准溶液 准确称取甘草酸参考标准物约0.02g,预先测定水分含量,用50%乙醇溶解并定容至100mL。

程序 分别取测试溶液和标准溶液20μL,按以下操作条件进行液相色谱分析。测量测试溶液和标准溶液中甘草酸的峰面积(A_T和A_S),然后按式(9-80)计算甘草酸($C_{42}H_{62}O_{16}$)含量(X):

$$X=\frac{m_1}{m}\times\frac{A_T}{A_S}\times100\% \tag{9-80}$$

式中:

m_1——无水甘草酸相准物质,g;

m——干燥样品量,g。

操作条件

检测器:紫外吸收分光光度计(检测波长:254nm)。

柱:内径为4mm~6mm,长15cm~30cm的不锈钢管。

柱填充材料:5μm~10μm液相色谱用十八烷基硅胶。

柱温:40℃。

流动相:稀乙酸(1→50)与乙腈混合液(3:2)。

流速:调节流速至甘草酸的保留时间大约为10min。

柱选择:按上述操作条件,对20μL溶液(将甘草酸参考物质5mg和对羟基苯甲酸丙酯1mg用50%乙醇20mL溶解)进行色谱分析,选用能按甘草酸和对羟基苯甲酸丙酯的顺序洗脱,并使它们的峰能完全分离的柱。

274-2. 提纯甘草提取物

(1)英文名 Licorice extract,Purified;Purified licorice extract。

(2)含量 以干基计,提纯甘草提取物的甘草酸($C_{42}H_{62}O_{16}$ = 822.93)含量为50.0%~80.0%。

(3)性状 提纯甘草提取物为白色至黄色结晶或粉末。

(4)鉴别 称取提纯甘草提取物5mg~10mg,按"粗制甘草提取物"鉴别规定进行。

(5)纯度

①pH:2.5~5.0[1.0g,50%(体积分数)乙醇100mL]。

②重金属:以Pb计,小于10μg/g(2.0g,第2法,参比溶液为铅标准液2.0mL)。

③砷:以As_2O_3计,小于2.0μg/g(1.0g,第3法,装置B)。

(6)干燥失量 小于8.0%(105℃,2h)。

(7)灼热残留物 小于15.0%。

(8)含量测定 准确称取提纯甘草提取物0.02g~0.04g,按"粗制甘草提取物"含量测定规定进行。

275. 芳樟醇

(1)其他名称 沉香油醇;伽罗木醇;胡荽醇;芫荽醇;里那醇;(+/-)-甲哪醇;Linalool;(±)-3,7-Dimethyl-octa-1,6-dien-3-ol;2,6-Dimethyl-2,7-octadiene-6-ol;3,7-Dimethyl-1,6-octadien-3-ol。

(2)编码 CAS 78-70-6;FEMA 2635。

(3)分子式、相对分子质量与结构式 $C_{10}H_{18}O$;154.25;

(4)含量 本品芳樟醇($C_{10}H_{18}O$)的含量大于92.0%。

(5)性状 芳樟醇为无色透明液体,有特殊气味。

(6)鉴别 按照"红外吸收光谱法"的液膜法规定的操作测定芳樟醇的红外吸收光谱,与参比光谱图(见图9-42)比较,两个谱图在相同的波数几乎有同样的吸收强度。

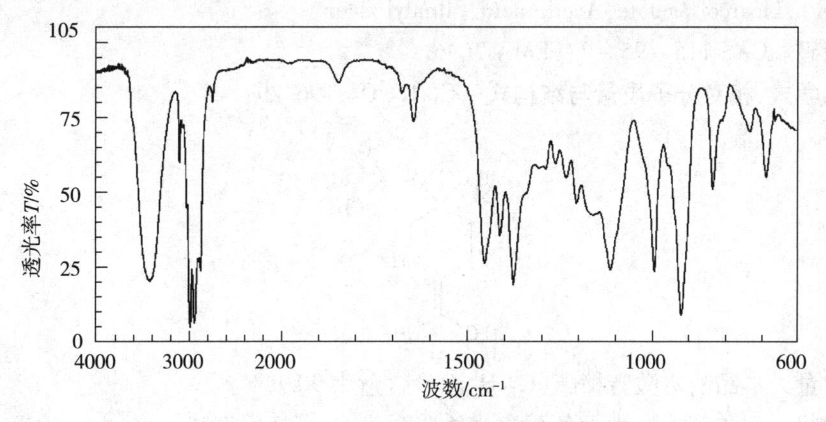

图9-42 芳樟醇的红外吸收光谱图

(7)纯度

①折射率n_D^{20}:1.461~1.465。

②相对密度:0.860~0.876。

③溶液澄清度:澄清[2.0mL,70%(体积分数)乙醇4.0mL]。

④酸值:小于1.0(香料物质试验)。

⑤酯值:小于2.0(5.0g,香料物质试验)。

⑥卤代化合物:按“香料物质试验”规定进行。

(8)含量测定 准确取芳樟醇10mL于烧瓶中,冰水浴10min,加入二甲基苯胺20mL,充分振摇。再加入芳樟醇含量测定用乙酰氯10mL和乙酸酐5mL,在烧瓶口安装磨口空气玻璃冷凝器,充分振摇,冰水浴5min,然后室温放置30min。50℃水浴加热4h,冷却,将内容物转入分液漏斗,每次用冰水75mL洗涤3次。再用稀硫酸(1→20)25mL洗涤油层。重复此洗涤操作程序至洗液用氢氧化钠溶液(1→25)调成碱性时不产生浑浊为止。再每次用无水碳酸钠溶液(1→8)10mL洗涤此层至洗液呈碱性为止。然后重复每次用氯化钠溶液(1→10)25mL洗涤至洗液呈中性后,将油层转入干燥的烧瓶中,加入2g无水硫酸钠,充分振摇,静置30min,用干燥滤纸过滤。准确称取此滤液约1g,按“香料物质试验”酯含量的规定进行。以同样方法进行空白试验,按式(9-81)计算芳樟醇($C_{10}H_{18}O$)的含量X:

$$X = \frac{(a-b)\times 77.12}{[m-(a-b)\times 0.02102]\times 1000}\times 100\% \qquad (9-81)$$

式中:

a——空白试验消耗的0.5mol/L盐酸的体积,mL;

b——试验中消耗的0.5mol/L盐酸的体积,mL;

m——称取的滤液量,g。

276. 乙酸芳樟酯

(1)其他名称 里那醇乙酸酯;乙酸伽罗木酯;3,7-二甲酯-1,6-辛二烯-3-乙酸酯;木酸伽罗木酯;Linalyl Acetate;3,7-Dimethyl-1,6-octadien-3-yl acetate;Bergamol;Lavandex(R);Licareol acetate;Acetic acid-linalyl ester。

(2)编码 CAS 115-95-7;FEMA 2636。

(3)化学式、相对分子质量与结构式 $C_{12}H_{20}O_2$;196.29;

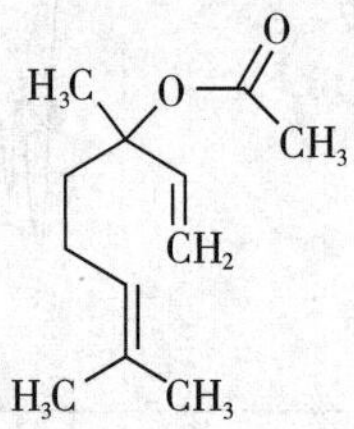

(4)含量 本品的乙酸芳樟酯($C_{12}H_{20}O_2$)含量为90.0%。

(5)性状 乙酸芳樟酯为无色至淡黄色透明液体,有特殊气味。

(6)鉴别 按照“红外吸收光谱法”的液膜法规定的操作测定乙酸芳樟酯的红外吸收光谱,与参比光谱图(见图9-43)比较,两个谱图在相同的波数几乎有同样的吸收强度。

(7)纯度

①折射率n_D^{20}:1.449~1.457。

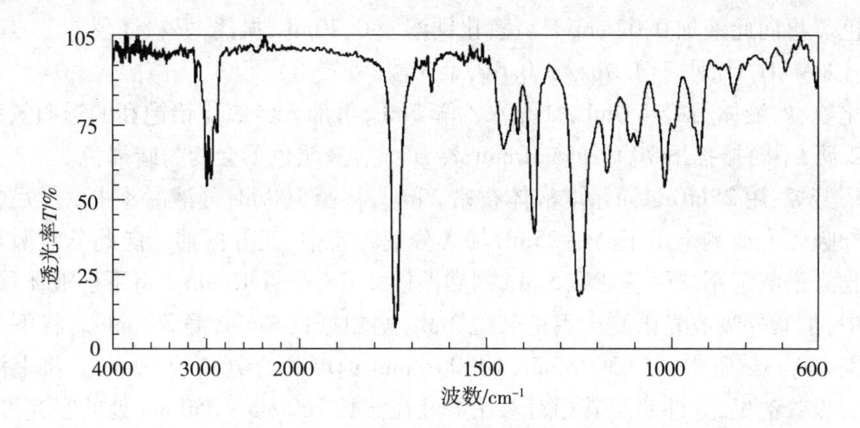

图9－43　乙酸芳樟酯的红外吸收光谱图

②相对密度：0.902～0.917。

③溶液澄清度：澄清［1.0mL，70%（体积分数）乙醇5.0mL］。

④酸值：小于1.0（香料物质试验）。

(8)含量测定　准确称取乙酸芳樟酯约1g，按“香料物质试验”中酯含量规定进行。

0.5mol/L 氢氧化钾的乙醇溶液 1mL＝98.14mg $C_{12}H_{20}O_2$

277. 液体石蜡

(1)其他名称　矿物油；白油；石蜡油；Liquid paraffin；Liquid petrolatum；Mineral hydrocarbons；White(mineral)oil；Paraffin oil。

(2)编码　CAS 8012－95－1，8020－83－5，8042－47－5；INS 905(a)。

(3)定义　液体石蜡为从石油提取的烃类混合物。

(4)性状　液体石蜡为无色、澄明黏稠液体，几乎不发荧光。无气味和味道。

(5)鉴别　按照“红外吸收光谱法”的液膜法规定的操作测定液体石蜡的红外吸收光谱，与参比光谱图（见图9－44）比较，两个谱图在相同的波数几乎有同样的吸收强度。

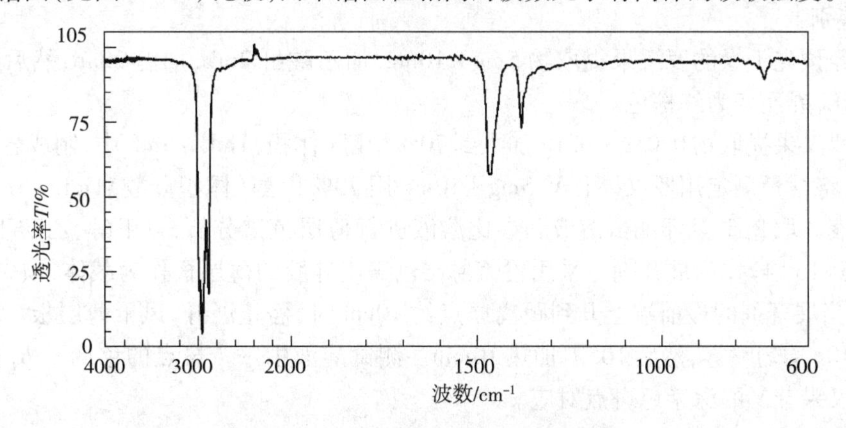

图9－44　液体石蜡的红外吸收光谱图

(6)纯度

①游离酸和游离碱：取液体石蜡10mL，加入约沸水10mL和酚酞试液1滴，剧烈振摇。

不显粉红色。再向此液加0.02mol/L氢氧化钠溶液0.20mL,振摇,显粉红色。

②砷:以As_2O_3计,小于4.0μg/g(0.5g,第3法,装置B)。

③硫化物:取液体石蜡4.0mL,加无水乙醇2mL,再加入经氧化铅饱和的透明氢氧化钠溶液(1→5)2滴,不时振摇下70℃加热10min,冷却。溶液颜色不会变为暗褐色。

④多环芳烃:用25mL量筒量取液体石蜡25mL,移至100mL分液漏斗中。然后仍用原量筒量取紫外吸收光谱测定用正己烷25mL加入分液漏斗中,充分振摇。向此分液漏斗内中加入紫外吸收光谱测定用二甲基亚砜5mL,剧烈振摇2min,静置15min。将下层液体移至50mL分液漏斗中,加紫外吸收光谱测定用正己烷2mL,剧烈振摇2min,静置2min。将下层液体移至10mL具塞离心试管中,以2500r/min~3000r/min速度离心分离约10min。将上清液转入具密封塞的吸收池里,立即测定其相对参比溶液在波长260mm~350mm处的吸光度,吸光度不得超过0.10。参比溶液配制方法:将5mL紫外吸收光谱测定用二甲基亚砜加到25mL紫外吸收光谱用正己烷中,此后按测试溶液同样的操作配制。

⑤易碳化物:取液体石蜡5mL于纳氏比色管中,加入94.5%~94.9%硫酸5mL,水浴加热2min,立即剧烈上下振摇5s。重复此操作4次。液体石蜡层颜色不变。此外,硫酸层的颜色不会深于按以下方法配制的混合溶液的颜色:取氯化铁标准储备液3.0mL、氯化钴标准储备液1.5mL和硫酸铜比色标准储备液0.5mL于一支纳氏比色管中混合。

278. 罗汉果提取物

(1)其他名称 罗汉果浸膏粉;罗汉果抽取物;Luohanguo extract;Lo - Han - Kuo extract;Arhat fruit extract。

(2)定义 罗汉果提取物是从罗汉果植物 *Siraitia grosvenorii C.* Jeffery ex A. M. Lu & Zhi Y. Zhang(*Momordica grosvenori* Swingle)的果实获取,其主要成分是罗汉果苷。

(3)含量 以干基计,罗汉果提取物中罗汉果苷Ⅴ($C_{60}H_{102}O_{29}$ = 1287.43)含量大于20%。

(4)性状 罗汉果提取物为淡黄色至淡褐色粉末,具有甜味。

(5)鉴别

①取经预先干燥的罗汉果提取物5mg~10mg,加乙酸酐2mL,加温2min,然后慢慢加入硫酸0.5mL,界面变为红棕色。

②将罗汉果提取物0.05g~0.1g加入到70%甲醇(体积)1mL~3mL中,制成悬浮测试溶液。另外,将含量测定用罗汉果苷Ⅴ 5mg~10mg用70%甲醇(体积分数)1mL~3mL溶解配成参比溶液。取2μL悬浮测试溶液和参比溶液进行薄层色谱分析,以甲醇、乙酸丁酯、水的混合液(15∶15∶4)作为展开剂。采用覆盖薄层色谱用硅胶的薄层板作为载体,预先经110℃干燥1h。当展开剂的最前端上升到距离原点约10cm时,停止展开,风干薄层板。进行用稀硫酸(1→10)均匀喷雾,然后105℃加热10min。测试溶液中一个斑点的色调及R_f值与参比溶液中罗汉果苷Ⅴ的深紫色斑点对应。

(6)纯度

①重金属:以Pb计,小于10μg/g(1.0g,第2法,参比溶液为铅标准溶液1.0mL)。

②砷:以As_2O_3计,小于1.0μg/g(2.0g,第1法,装置B)。

(7)干燥失量 小于6.0%(105℃,2h)。

(8)灼热残留物　小于2.0%。

(9)含量测定

测试溶液　准确称取经预先干燥的罗汉果提取物0.2g,将其悬浮于70%甲醇(体积)并定容至100mL,然后通过滤膜(孔径0.45μm)过滤。

标准溶液　准确称取经预先干燥的含量测定用罗汉果苷V 5mg,将其溶于70%甲醇(体积)并定容至10mL。

程序　分别取测试溶液和标准溶液各20μL,按照以下操作条件进行液相色谱分析。测量测试溶液和标准溶液中罗汉果苷V的峰面积(A_T和A_S)。按式(9-82)计算罗汉果苷($C_{60}H_{102}O_{29}$)含量(X):

$$X = \frac{m_1}{m} \times \frac{A_T}{A_S} \times 100\% \qquad (9-82)$$

式中:

m_1——含量测定用罗汉果苷标准物质量,g;

m——样品量,g。

操作条件

检测器:紫外吸收分光光度计(检测波长203nm)。

柱:内径4mm~6mm,长15cm~30cm的不锈钢管。

柱填充材料:5μm液相色谱用胺化聚乙烯醇凝胶。

柱温:40℃。

流动相:乙腈和水的混合液(70∶26)。

流速:调节流速至罗汉果苷V的保留时间为15min~20min。

279. L-赖氨酸

(1)其他名称　L-赖氨酸碱;L-松氨酸;L-已氨酸;L-2,6二氨基已酸;L-Lysine;L-Lysine base;(2*S*)-2,6-Diaminocaproic acid。

(2)编码　CAS 56-87-1;FEMA 3847。

(3)化学式、相对分子质量与结构式　$C_6H_{14}N_2O_2$;146.19;

H_2N–(CH₂)₄–CH(NH₂)–COOH

(4)含量　以干基计,本品的L-赖氨酸($C_6H_{14}N_2O_2$)含量为97.0%~103.0%。

(5)性状　L-赖氨酸为白色结晶或晶体粉末,有特殊气味和特殊味道。

(6)鉴别

①取L-赖氨酸溶液(1→1000)5mL,加入茚三酮溶液(1→50)1mL,水浴加热3min。溶液呈紫红色。

②L-赖氨酸溶液呈碱性。

(7)纯度

①比旋光度$[\alpha]_D^{20}$:+23.3°~+29.3°。

准确称取L-赖氨酸约2g,用6mol/L盐酸溶解并定容至100mL。测量此溶液的角旋转,然后以无水基进行计算。

②溶液颜色及澄清度：无色几乎澄清（1.0g，水40mL）。

③氯化物：以Cl计，小于0.1%（0.070g，参比溶液为0.01mol/L盐酸0.20mL）。

④重金属：以Pb计，小于20μg/g（1.0g，第2法，参比溶液为铅标准液2.0mL）。

⑤砷：以As_2O_3计，小于4.0μg/g（0.50g，第2法，装置B）。

(8)水分含量 小于8.0%（0.20g，反向滴定）。

(9)灼热残留物 小于0.20%。

(10)含量测定 准确称取L－赖氨酸约0.2g，按“L－天冬酰胺”含量测定规定进行。

0.1mol/L 高氯酸 1mL = 7.310mg $C_6H_{14}N_2O_2$

280. L－赖氨酸L－天门冬氨酸盐

(1)其他名称 L－赖氨酸－L－天门冬氨酸盐；赖氨酸门冬氨酸；(2*S*)－2,6－二氨基己酸单天冬氨酸；L－Lysine L－aspartate； L－Lysyl－aaparatic acid；L－Lysine L－Aspartate compound；L－LYS L－ASP；(2*S*)－2,6－Diaminohexanoic acid mono[(2*S*)－2－aminobutanedioate]。

(2)编码 CAS 27348－32－9。

(3)化学式、相对分子质量与结构式 $C_{10}H_{21}N_3O_6$；279.29；

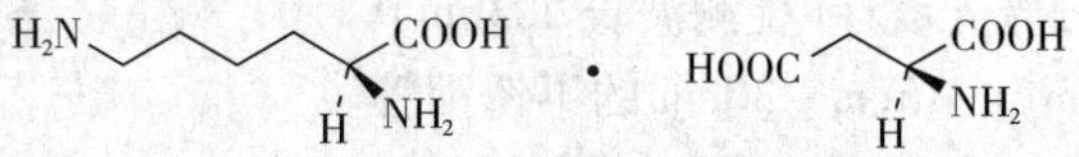

(4)含量 以干基计，本品的L－赖氨酸－L－天门冬氨酸盐（$C_{10}H_{21}N_3O_6$）含量为98.0%～102.0%。

(5)性状 L－赖氨酸－L－天门冬氨酸盐为白色粉末，无气味或稍有特殊气味和特殊味道。

(6)鉴别

①取L－赖氨酸－L－天门冬氨酸盐溶液（1→1000）5mL，加入茚三酮溶液（1→1000）1mL，水浴加热3min。溶液呈紫色。

②以L－赖氨酸－L－天门冬氨酸盐溶液（1→500）作为测试溶液。取L－天门冬氨酸钠0.1g及L－赖氨酸盐酸盐0.1g，加水溶解并定容至100mL，作为参比溶液。分别取测试溶液和参比溶液5μL进行纸色谱分析，以正丁醇、水和乙酸的混合液（5∶2∶1）作为展开剂。使用色谱分析2号滤纸。当展开剂的最前端上升到距离原点约30cm时，停止展开。风干滤纸，再在100℃下干燥20min，然后喷雾茚三酮的丙酮溶液（1→50）。100℃加热5min显色。在自然光下观察。在测试溶液与参比溶液相对应的位置观察到两个主要斑点。

(7)纯度

①比旋光度$[\alpha]_D^{20}$：+24.5°～+26.5°［4.0g，稀盐酸（1→2）50mL，以干基计］。

②溶液颜色及澄清度：无色几乎澄清（1.0g，水20mL）。

③pH：5.0～7.0（1.0g，水20mL）。

④氯化物：以Cl计，小于0.041%（0.30g，参比溶液为0.01mol/L盐酸0.35mL）。

⑤重金属：以Pb计，小于20μg/g（1.0g，第1法，参比溶液为铅标准液2.0mL）。

⑥砷：以As_2O_3计，小于4.0μg/g（0.50g，第1法，装置B）。

(8)干燥失量 小于0.5%（减压下进行，5h）。

(9)灼热残留物 小于0.30%。

(10)含量测定 按“DL－丙氨酸”含量测定规定进行。

$$0.1mol/L 高氯酸 1mL = 9.310mg\ C_{10}H_{21}N_3O_6$$

281. L－赖氨酸 L－谷氨酸盐

(1)其他名称 赖氨酸谷氨酸盐;(2*S*)－2,6－二氨基己酸单谷氨酸;L－Lysine L－Glutamate;L－Lysine L－glutamate Salt;(2*S*)－2,6－Diaminohexanoic acid mono[(2*S*)－2－aminopentanedioate] dihydrate;(2*S*)－2,6－Diaminohexanoic acid mono[(2*S*)－2－aminopentanedioate]。

(2)编码 CAS 5408－52－6。

(3)化学式、相对分子质量与结构式 $C_{11}H_{23}N_3O_6 \cdot nH_2O$($n$=2 或 0);329.35($n$=2),293.32($n$=0)。

H_2N … COOH（H, NH_2） · HOOC … COOH（H, NH_2） · nH_2O n=2或0

(4)含量 以干基计,本品的 L－赖氨酸 L－谷氨酸盐($C_{11}H_{23}N_3O_6$)含量为 98.0% ~ 102.0%。

(5)性状 L－赖氨酸 L－谷氨酸盐为白色粉末。无气味或稍有气味,稍有特殊味道。

(6)鉴别

①取 L－赖氨酸 L－谷氨酸盐溶液(1→1000)5mL,加茚三酮溶液(1→1000)1mL,加热 3min。溶液呈紫色。

②按“L－赖氨酸 L－天门冬酰胺酸”的鉴别②规定进行。将 L－谷氨酸钠 0.1g 和 L－赖氨酸盐酸盐 0.1g 溶于水,配至 100mL 作为参比溶液。

(7)纯度

①比旋光度$[\alpha]_D^{20}$:+27.5° ~ +29.5°[4.0g,稀盐酸(1→2)50mL,以干基计]。

②溶液颜色及澄清度:无色,几乎澄清(1.0g,水 20mL)。

③pH:6.0 ~ 7.5(1.0g,水 20mL)。

④氯化物:以 Cl 计,小于 0.041%(0.30g,参比溶液为 0.01mol/L 盐酸 0.35mL)。

⑤重金属:以 Pb 计,小于 20μg/g(1.0g,第 1 法,参比溶液为铅标准液 2.0mL)。

⑥砷:以 As_2O_3 计,小于 4.0μg/g(0.50g,第 1 法,装置 B)。

(8)干燥失量 小于 11.4%(105℃,5h)。

(9)灼热残留物 小于 0.30%。

(10)含量测定 按“DL－丙氨酸”含量测定规定进行。

$$0.1mol/L 高氯酸 1mL = 9.777mg\ C_{11}H_{23}N_3O_6$$

282. L－赖氨酸盐酸盐

(1)其他名称 2,6－二氨基己酸盐酸盐;赖氨酸盐酸盐;L－盐酸赖氨酸;(2*S*)－2,6－二氨基己酸单盐酸合物;L－Lysine monohydrochloride;Monohydrochloride,L－Lysin;(*S*)－(+)－Lysine hydrochloride;L(+)－2,6－Diaminohexanoic acid hydrochloride;L－Lys HCl。

(2)编码 CAS 657－27－2;FEMA 3847。

(3)化学式、相对分子质量与结构式 $C_6H_{14}N_2O_2 \cdot HCl$;182.65;

(4)含量 以干基计,本品的 L-赖氨酸盐酸盐($C_6H_{14}N_2O_2 \cdot HCl$)含量为98.0%。

(5)性状 L-赖氨酸盐酸盐为白色粉末,无气味或稍有特殊气味,稍有特殊味道。

(6)鉴别

①取 L-赖氨酸盐酸盐溶液(1→1000)5mL,加茚三酮溶液(1→1000)1mL,加热3min,溶液呈紫色。

②L-赖氨酸盐酸盐对"定性试验"中氯化物试验具有相应的反应。

(7)纯度

①比旋光度$[\alpha]_D^{20}$:+19.0°~+21.5°[干燥样品4g,稀盐酸(1→2)50mL]。

②溶液颜色及澄清度:无色几乎澄清(1.0g,水10mL)。

③pH:5.0~6.0(1.0g,水20mL)。

④重金属:以Pb计,小于10μg/g(2.0g,第4法,参比溶液为铅标准液2.0mL)。

⑤砷:以As_2O_3计,小于4.0μg/g(0.50g,第1法,装置B)。

(8)干燥失量 小于1.0%(105℃,3h)。

(9)灼热残留物 小于0.30%。

(10)含量测定 按"L-组氨酸盐酸盐"含量测定规定进行。

0.1mol/L 高氯酸 1mL=9.132mg $C_6H_{14}N_2O_2 \cdot HCl$

283. L-赖氨酸溶液

(1)其他名称 L-赖氨酸碱溶液;L-松氨酸溶液;L-已氨酸溶液;L-Lysine solution。

(2)含量 L-赖氨酸溶液的 L-赖氨酸($C_6H_{14}N_2O_2$=146.19)含量小于80%,为含量标称值的95.0%~110.0%。

(3)性状 L-赖氨酸溶液为黄色液体,有特殊气味和特殊味道。

(4)鉴别

①取稀释 L-赖氨酸溶液(1→200)5mL,加入茚三酮溶液(1→50)1mL,水浴加热3min。溶液显紫红色。

②取 L-赖氨酸溶液5g,加入稀盐酸(1→2)50mL,混匀。具有右旋性。

(5)纯度

①重金属:以Pb计,小于20μg/g L-赖氨酸($C_6H_{14}N_2O_2$)。

测试溶液 称取相当于 L-赖氨酸($C_6H_{14}N_2O_2$)1.0g的 L-赖氨酸溶液,加水约30mL,搅匀。加入1滴酚酞试液,用稀盐酸(1→4)中和,加稀乙酸(1→20)2mL,然后加水至50mL。

参比溶液 取铅标准溶液2.0mL,加入稀乙酸(1→20)2mL,然后加水至50mL。

②砷:以As_2O_3计,小于4.0μg/g L-赖氨酸($C_6H_{14}N_2O_2$)。

测试溶液 取相当于 L-赖氨酸($C_6H_{14}N_2O_2$)0.50g的 L-赖氨酸溶液,加水5mL,若必要加热溶解。

装置 采用装置B。

(6)**灼热残留物** 以L-赖氨酸($C_6H_{14}N_2O_2$)为基础计,小于0.20%。

(7)**含量测定** 准确取相当于L-赖氨酸($C_6H_{14}N_2O_2$)约0.2g的L-赖氨酸溶液,按"L-天门冬酰胺"含量测定的规定进行。

0.1mol/L 高氯酸 1mL = 7.310mg $C_6H_{14}N_2O_2$

284. 溶菌酶

(1)**其他名称** 溶解酵素;脆壁质酶;溶菌酶(鸡蛋清);Lysozyme;Muramidase。

(2)**编码** CAS 12650-88-3;INS 1105。

(3)**定义** 溶菌酶是一种能溶解细菌细胞壁的酶。以鸡蛋清为原料,经碱性水溶液和生理盐水处理后,经树脂纯化而得,也可以经树脂或盐处理后用柱纯化或重结晶。

(4)**酶活性** 溶菌酶的酶活性相当于0.9mg(效价强度)/mg干燥溶菌酶。

(5)**性状** 溶菌酶为无气味的白色粉末。

(6)**鉴别** 溶菌酶的乙酸缓冲液(pH=5.4)溶液(1→10000)在279nm~281nm波长有最大吸收。

(7)**纯度**

①溶液澄清度:将溶菌酶溶液(1→100)5mL调节至pH 3.0,如需要加稀盐酸。此溶液在660mn的透光率大于80.0%。

②pH:大于5.0(3.0g,水200mL)。

③氯化物:以Cl计,小于4.5%。

准确称取溶菌酶约0.5g,用水50mL溶解。向此溶液中加入10%铬酸钾溶液0.1mL,然后用0.1mol/L硝酸银溶液滴定。滴定终点为溶液变为淡红棕色。0.1mol/L硝酸银1mL = 3.545mg Cl。

④铅:以Pb计,小于5.0μg/g(2.0g,第1法)。

⑤砷:以As_2O_3计,小于4.0μg/g(0.50g,第3法,装置B)。

(8)**干燥失量** 小于6.0%(1.0g,硅胶,减压干燥,2h)。

(9)**酶活性测定**

①测试溶液:准确称取经预先干燥的酶活力相当于50mg效价强度的溶菌酶,用磷酸缓冲液(pH 6.2)定容至100mL。准确取此液2mL,再用磷酸盐缓冲液(pH 6.2)定容至100mL。再准确量取二级溶液2mL,再加磷酸盐缓冲液(pH 6.2)定容至50mL。

②标准溶液:将溶菌酶参考标准物质约0.1g置真空干燥器中干燥约2h。准确称取相当于50mg效价强度的参考标准物质,加磷酸盐缓冲液(pH 6.2)溶解并定容至100mL。准确吸取此液2mL,加入磷酸缓冲液(pH 6.2)定容至100mL。再准确吸取二级溶液2mL,加磷酸盐缓冲液(pH 6.2)定容至50mL。

③程序 准确吸取溶菌酶底物溶液3mL,分别放入三支试管中,在35℃保温3min。将标准溶液、测试溶液和磷酸盐缓冲液(pH 6.2)在35℃保温3min。然后向分别向三支试管中准确加入3mL以上已经保温的三种溶液,在35℃反应10min±0.1min。以水作参比,立即在640mn波长测定其吸光度,分别以A_S、A_T和A_0表示标准溶液、样品溶液和缓冲液的吸光度。重复整个操作2次,获得三种溶液吸光度的平均值,按式(9-83)计算干燥溶菌酶活性(mg活力/mg):

$$X = \frac{m_1}{m} \times \frac{A_0 - A_T}{A_0 - A_S} \tag{9-83}$$

式中：

m_1——干燥溶菌酶标准物质量，mg 活力；

m——干燥样品量，mg。

285. 大拟茎点霉胶

(1)英文名称 Macrophomosis gum。

(2)定义 大拟茎点霉胶是从大茎点霉属真菌 *Macrophomopsis*(*Fisicoccum*)培养液中提取的，主要成分是多糖。产品可能含有蔗糖、葡萄糖、乳糖、糊精或麦芽糖。

(3)性状 大拟茎点霉胶为浅黄色至浅棕色粉末，稍有特殊气味。

(4)鉴别

①取热水 100mL，边搅拌边缓慢加入大拟茎点霉胶 0.5g，冷却至室温。产生黏稠液体。

②取热水 100mL，边搅拌边缓慢加入大拟茎点霉胶 0.1g，以 8000r/min 速度均质化 15min。使用此溶液作为测试溶液。冷却后，取该测试溶液 5mL 于试管中，加入异丙醇 1mL，混匀，水浴加热 10min。搅拌均匀，室温静置 2h，形成凝胶。

(5)纯度

①重金属：以 Pb 计，小于 20μg/g(1.0g，第 2 法，参比溶液为铅标准溶液 2.0mL)。

②铅：以 Pb 计，小于 5.0μg/g(2.0g，第 1 法)。

③砷：以 As_2O_3 计，小于 4.0μg/g(0.50g，第 3 法，装置 B)。

④总氮：小于 1.0%(以干基计)。

准确称取大拟茎点霉胶 0.3g，按照"氮测定"的半微量凯氏定氮法规定进行。

⑤异丙醇：不超过 0.50%。

(a)仪器 使用"加工过的麒麟菜属海藻"纯度⑨ 描述的装置。

(b)方法 按照"加工过的麒麟菜属海藻"纯度⑨规定制备测试溶液和内标溶液。

标准溶液 准确称取异丙醇约 0.5g，加水定容至 50mL。准确吸取此溶液 5mL，加水定容至 50mL。准确吸取二级溶液 10mL、内标溶液 4mL，加水定容至 100mL。

程序 采用气相色谱法按以下给定的操作条件，进样 2μL 测试溶液和标准溶液进行分析。测定测试溶液和标准溶液中异丙醇与叔丁醇的峰面积比，分别记作 Q_T 和 Q_S。以式(9-84)计算 2-丙醇含量 X：

$$X = \frac{m_1}{m} \times \frac{Q_T}{Q_S} \times 0.2 \qquad (9-84)$$

式中：

m_1——2-丙醇量，g；

m——样品量，g。

操作条件

检测器：氢火焰离子化检测器。

柱：长 2m 内径为 3mm 的玻璃管。

柱填充材料：180μm ~ 250μm 的气相色谱用苯乙烯-二乙烯苯多孔聚合物。

柱温：约 120℃，恒温。

注入口温度：约 200℃，恒温。

载气:氮气或氦气。

流速:调节流速使异丙醇峰保留时间约为10min。

(6)**干燥失量**　不超过15.0%(105℃,2.5h)。

(7)**灰化**　不超过10.0%(以干基计)。

(8)**微生物限度**　按“微生物限量试验”规定进行。细菌总数不超过10000 /g。取1g样品制备测试溶液检验大肠杆菌应为阴性。

286. 碳酸镁

(1)**其他名称**　菱镁矿;菱苦土;Magnesium carbonate;Magnesite($MgCO_3$);Giobertite。

(2)**编码**　CAS 13717-00-5,546-93-0;INS 504(i)。

(3)**分子式、相对分子质量与结构式**　$MgCO_3$;84.31;

$$^{-}O-C(=O)-O^{-}\quad Mg^{2+}$$

(4)**含量**　本品以氧化镁(MgO=40.30)计,含量为40%~44.0%。

(5)**性状**　碳酸镁为白色膨松粉末或脆块。

(6)**鉴别**　取碳酸镁0.2g,缓慢加入稀盐酸(1→4)3mL。起泡并溶解。向此溶液中加氨试液调成溶液为碱性。溶液对“定性试验”中镁盐试验产生相应反应。

(7)**纯度**

①澄清度:溶液轻微浑浊。

测试溶液　取碳酸镁1.0g,加稀盐酸(2→3)10mL溶解,再加水10mL。

②水可溶物:不超过1%。

取碳酸镁2.0g,加新煮沸并冷却的水100mL,边搅拌边煮沸5min。冷却后过滤。合并洗液与滤液,加水配至100mL。取此液50mL,水浴蒸干,残留物在105℃干燥1h。称其残留物质量。

③重金属:以Pb计,不超过30μg/g。

检测溶液　取碳酸镁1.0g,加稀盐酸(1→4)10mL溶解,水浴蒸干。加水约40mL溶解,必要时过滤,加稀乙酸(1→20)2mL,加水至50mL。

参比溶液　取铅标准液3.0mL,加稀乙酸(1→20)2mL并用水至50mL。

④氧化钙:以CaO计,不超过0.6%。

准确称取碳酸镁0.600g,加水35mL及稀盐酸(1→4)6mL溶解,再加水250mL及酒石酸溶液(1→5)5mL,加入三乙醇胺溶液(3→10)10mL及氢氧化钾溶液(1→2)10mL,放置5min。用0.01mol/L EDTA滴定(指示剂:NN指示剂0.1g),计算氧化钙的含量。溶液颜色由紫红色变成蓝色即为终点。以同样方式做空白试验进行必要校正。

0.01mol/L EDTA 1mL=0.5608mg CaO

⑤砷:以As_2O_3计,不超过4.0μg/g。

检测溶液　取碳酸镁0.50g,用水1.5mL润湿,加稀盐酸(1→4)3.5mL溶解。

仪器　装置B。

(8)**含量测定**

准确称取碳酸镁0.4g,加入水10mL和稀盐酸(1→4)3.5mL溶解,加水定容至500mL。

准确量取此溶液25mL,加入水50mL和氨水－氯化铵缓冲液(pH 10.7)5mL,用0.01 mol/L EDTA作为滴定液(指示剂:0.04g铬黑T——氯化钠指示剂)。以同样方式做空白试验进行必要校正,计算所消耗的EDTA溶液体积(a mL)。参考纯度④滴定所消耗的0.01mol/LEDTA体积(b mL),按式(9－85)计算氧化镁(MgO)含量(X):

$$X=\frac{(a-0.033b)\times 0.8061}{m}\times 100\% \tag{9-85}$$

式中:

m——样品量,g。

287. 氯化镁

(1)其他名称 卤片;二氯化镁;Magnesium chloride;Magnesium dichloride。

(2)编码 CAS 7786－30－3,7791－18－6(六水品);INS 511。

(3)分子式、相对分子质量与结构式 $MgCl_2 \cdot 6H_2O$;203.30;

$$\begin{matrix} H_2O & H_2O & H_2O \\ & Cl-Mg-Cl & \\ H_2O & H_2O & H_2O \end{matrix}$$

(4)含量 本品的氯化镁($MgCl_2 \cdot 6H_2O$)含量应不少于95.0%。

(5)性状 氯化镁为无色至白色结晶、粉末、片状和块状物。

(6)鉴别 氯化镁对“定性试验”中镁盐和氯化物的所有试验产生相应反应。

(7)纯度

①澄清度:轻微混浊(1.0g,水10mL)。

②重金属:以Pb计,小于20μg/g[1.0g,第2法,参比溶液为铅标准液2.0mL]。

③锌:不超过70μg/g。

取氯化镁4.0g,加水溶解至40mL,作为样本溶液。取样本溶液30mL,加入乙酸5滴和亚铁氰化钾溶液(1→20)2mL,摇匀,放置10min。此溶液的浊度不应超过按如下配制溶液的浊度。取锌标准溶液14mL,加样本溶液10mL,加水配至30mL。加乙酸5滴和亚铁氰化钾溶液(1→20)2mL,振摇,放置10min。

④钙:取氯化镁0.50g,加水溶解配至50mL。取此溶液5mL,加草酸铵溶液(1→25)1mL,放置5min。溶液稍有微浊。

⑤砷:以As_2O_3计,不超过4.0μg/g(0.50g,第1法,装置B)。

(8)含量测定

准确称取氯化镁0.6g,加水溶解并定容至100mL,准确取此溶液20mL,加水50mL和氨－氯化铵缓冲液(pH 10.7)5mL。加0.01mol/L EDTA溶液滴定(指示剂为2滴铬黑－T试液)。溶液颜色由红色变为蓝色即为滴定终点。按式(9－86)计算氯化镁($MgCl_2 \cdot 6H_2O$)含量X:

$$X=\frac{(0.01\text{mol/L}\cdot V)\times 1.017}{m}\times 100\% \tag{9-86}$$

式中:

V——EDTA消耗量,L;

m——样品量,g。

288. 氧化镁

(1)其他名称 苦土;轻烧镁石;锻烧镁氧;Magnesium oxide;Magnesia;Calcined magnesite。

(2)编码 CAS 1309-48-4;INS 530。

(3)分子式、相对分子质量与结构式 MgO;40.30;

Mg═O

(4)含量 本品烧灼后,氧化镁(MgO)的含量不少于96.0%。

(5)性状 氧化镁为白色或近白色粉末或颗粒。

(6)鉴别 取氧化镁1.0g,加稀盐酸(1→4)溶解。所得溶液对"定性试验"中镁盐试验产生相应反应。

(7)纯度

①水溶性物质:不超过2.0%。

取氧化镁2.0g,加水100mL,水浴加热5min,立即过滤。冷却,取滤液25mL,水浴蒸干,在105℃干燥1h。称取残留物重量。

②盐酸不溶物:不超过1.0%。

取氧化镁2.0g,加水75mL,边振摇边逐滴加盐酸至悬浮物中,直至不溶性物质不再减少为止,煮沸5min。冷却,用定量滤纸(5C)过滤,用水充分洗涤滤纸上残留物至洗液无氯化物阳性反应为止,将残留物与滤纸共同烧灼。称取残留物重量。

③游离碱:取纯度1的滤液50mL,加甲基红试液2滴,加0.05mol/L硫酸2.0mL。溶液呈红色。

④重金属:以Pb计,不超过20μg/g。

测试溶液 取氧化镁1.0g,加稀盐酸(1→4)25mL溶解。水浴蒸干,在蒸发接近最后时,充分搅拌残留物使其成细粉末状。用水20mL溶解,以同样方式蒸干,再加水20mL溶解。必要时过滤。加稀乙酸(1→20)2mL,加水至50mL。

参比溶液 量取铅标准溶液2.0mL,加稀乙酸(1→20)2mL,用水配至50mL。

⑤氧化钙:小于1.5%。

准确量取以下的含量测定用溶液A 50mL,加水至300mL。加入酒石酸(1→5)0.6mL,然后加入三乙醇胺(3→10)10mL和氢氧化钾溶液(1→2)10mL。放置5min,采用微量滴定管,以0.01mol/L EDTA滴定(指示剂:NN指示剂约0.1g),消耗滴定液的体积为bmL。溶液的红紫色完全消失变成蓝色即为滴定终点。按式(9-87)计算氧化钙(CaO)含量X:

$$X=\frac{b\times 0.5608}{m}\times 100\% \qquad (9-87)$$

式中:

m——样品量,g。

⑥砷:以As_2O_3计,不超过4.0μg/g。

测试溶液 称取氧化镁0.50g,加稀盐酸(1→4)10mL溶解。

装置 使用装置B。

(8)灼热失重 不超过10.0%(1000℃,30min)

(9)含量测定 准确称取经预先灼热的氧化镁0.50g,用水5mL润湿,加盐酸10mL和高氯酸10mL,盖上表面皿,缓慢加热。在开始冒出浓白烟雾后继续加热10min。冷却,加热水50mL及稀盐酸(1→2)5mL,稍微加热,立即用定量滤纸(5C)过滤,将滤液用水定容至500mL。此溶液为溶液A。准确量取溶液A 10mL,加水定容至100mL,加氨-氯化铵缓冲液(pH 10.7)5mL与铬黑T试液2滴,立即用0.01mol/L EDTA滴定至溶液由红色变为蓝色。确定滴定液消耗的体积为amL。由纯度⑤所得消耗体积bmL,按式(9-88)计算氧化镁(MgO)含量X:

$$X = \frac{(a - 0.2b) \times 2.015}{m} \times 100\% \tag{9-88}$$

式中:

m——样品量,g。

289. 硬脂酸镁

(1)其他名称 十八(碳)酸镁;十八酸镁盐;硬质碳酸镁;Magnesium Stearate;Octadecanoic acid magnesium salt;Dolomol;Stearatedemagnesium。

(2)编码 CAS 557-04-0;INS 572。

(3)分子式、相对分子质量与结构式 $Mg[CH_3(CH_2)_{16}COO]_2$;591.24;

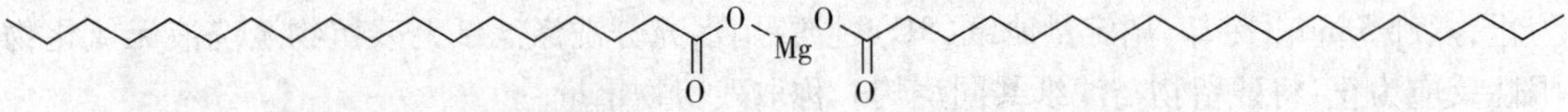

(4)定义 硬脂酸镁是由硬脂酸和棕榈酸的镁盐组成的混合物。

(5)含量 以干基计,硬脂酸镁中的镁(Mg=24.31)含量为4.0%~5.0%。

(6)性状 硬脂酸镁为白色、轻的松散粉末。无气味或微弱特征气味。

(7)鉴别

①取硬脂酸镁5.0g置于圆底烧瓶内,加入无过氧化物的乙醚50mL,稀硝酸20mL和水20mL。在回流冷凝装置下加热直到样品完全溶解。将圆底烧瓶中溶液转移至分液漏斗,振摇,静置。将水层转移到另一烧瓶中。每次用4mL水提取乙醚层两次,合并提取的水层。用15mL无过氧化物的乙醚清洗提取液,加水定容至50mL。振摇后作为测试溶液。此溶液对“定性试验”中镁盐试验产生相应反应。

②按照纯度⑤制备测试溶液和标准溶液。按纯度⑤规定的气相色谱条件同时对上述溶液进行分析。色谱图中检测液的硬脂酸甲酯峰和甲基棕榈峰的保留时间应与标准溶液中相应峰的保留时间一致。

(8)纯度

①酸或碱:取硬脂酸镁1.0g,加入新煮沸冷却的水20mL,边振摇边水浴加热1min,冷却后过滤。取滤液10mL,加入溴麝香草酚蓝试液0.05mL,然后准确加入0.1mol/L盐酸或0.1mol/L的氢氧化钠0.05mL。溶液颜色应发生变化。

②氯化物:以Cl离子计,小于0.10%。

取鉴别①的测试溶液10.0mL。以0.02mol/L盐酸1.40mL作为参比溶液。

③硫酸盐:以SO_4离子计,小于1.0%。

取鉴别①的测试溶液10.0mL,以0.01mol/L硫酸10.2mL作为参比溶液。

④重金属：以铅计，不超过20μg/g。

测试溶液 取硬脂酸镁1.0g，先缓缓加热，然后置于500℃±25℃灼烧。冷却后，滴加盐酸2mL，水浴蒸干。向残留物加水20mL和稀乙酸2mL，加热2min。冷却后，用滤纸过滤。用15mL水冲洗滤纸，合并洗液与滤液，加水定容至50mL。

参比溶液 取盐酸2mL水浴蒸干，加稀乙酸2mL，铅标准溶液2.0mL，加水定容至50mL。

⑤硬脂酸和棕榈酸相对含量比

测试溶液 称取硬脂酸镁0.10g，转移到装有回流冷凝装置的小锥形烧瓶中。加入三氟化硼-甲醇试液5.0mL，振摇，加热约10min溶解。经冷凝器加入庚烷4.0mL，再加热约10min。冷却后，加入饱和氯化钠溶液20mL，振摇，静置分层。在庚烷层通过约0.1g预先用庚烷冲洗的无水硫酸钠后，转移入另一烧瓶。取上液1.0mL于10mL容量瓶中，加庚烷定容至刻度，混匀。

标准溶液 分别称取硬脂酸和棕榈酸0.050g，分别置装有回流冷凝装置的小锥形瓶中。每瓶加入三氟化硼甲醇试液5.0mL，振摇。按测试溶液的操作程序，制备硬脂酸甲酯标准溶液和棕榈酸甲酯标准溶液。

操作程序 分别取测试溶液和标准溶液1μL，按照以下操作条件进行气相色谱分析。分别确定测试溶液中硬脂酸甲酯峰面积（A_A）和棕榈酸甲酯峰面积（A_B）。同时，确定测试溶液中全部脂肪酸酯的峰（所有检测到的峰）的总峰面积（A_T）。主要溶剂峰不计。色谱分析应保持在保留时间为硬脂酸甲酯保留时间的1.5倍，溶剂峰不计。按式（9-89）计算硬脂酸、棕榈酸和硬脂酸总和在硬脂酸镁的脂肪酸部分的百分比（分别为X_1、X_2）：

$$X_1 = \frac{A_A}{A_T} \times 100\% \tag{9-89}$$

$$X_2 = \frac{A_A + A_B}{A_T} \times 100\%$$

硬脂酸甲酯峰面积与硬脂酸甲酯峰和棕榈酸甲酯峰的总面积分别不低于所有脂肪酸酯峰的总面积40%与90%。

操作条件

检测器：氢火焰离子化检测器。

柱：涂布有0.5μm厚的气相色谱用聚乙二醇15000双环氧化物的硅酸盐玻璃毛细管（内径0.32mm，柱长30m）。

柱温：保持70℃ 2min，以5℃/min的速率上升到240℃，然后240℃保持5min。

注入口温度：约220℃，恒温。

进样方式：不分流。

载气：氦气。

流速：调节流速，使硬脂酸甲酯峰保留时间约为32min。

（9）干燥失量 不超过6.0%（105℃，2h）。

（10）含量测定 准确称取硬脂酸镁0.5g，加入无水乙醇与正丁醇的混合液（1∶1）50mL，氨水溶液5mL和氯化铵缓冲溶液（pH 10）3mL。准确加入0.1mol/L EDTA溶液30.0mL，振摇，45℃~50℃加热至溶液变澄清。冷却后，用0.1 mol/L硫酸锌溶液滴定。溶液由蓝色变为紫红色即为滴定终点。使用1滴~2滴铬黑T为指示剂。进行空白试验和作必要的校正。

0.1mol/L EDTA 1mL = 2.431mg Mg

290. 硫酸镁

(1)其他名称 硫酸镁(三水品);硫酸镁(七水品);泻盐;Magnesium sulfate;Magnesium sulfate trihydrate;Magnesium sulfate heptahydrate;Bitter salt。

(2)编码 CAS 10034-99-8(七水品),15320-30-6(三水品);INS 518。

(3)分子式、相对分子质量与结构式 $MgSO_4 \cdot nH_2O$($n=7$ 或 3);246.48($n=7$),174.41($n=3$)。

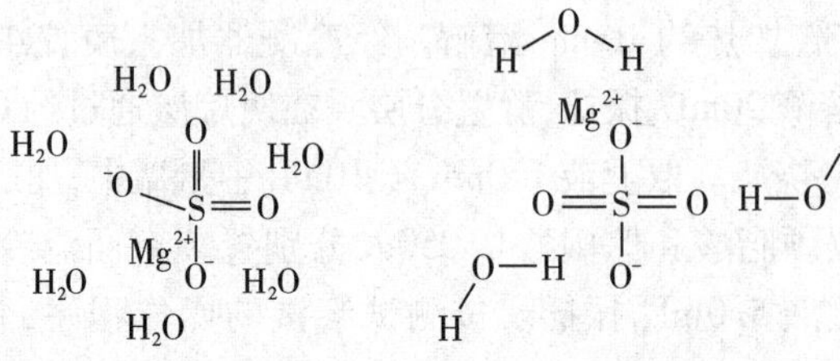

(七水品)　　(三水品)

(4)定义 硫酸镁有结晶品(七水品)及干燥品(三水品),分别称为硫酸镁(结晶)及硫酸镁(干燥)。

(5)含量 本品灼烧后的硫酸镁($MgSO_4$=120.37)含量应大于99.0%。

(6)性状 硫酸镁(结晶)为无色柱状或针状结晶,有咸味及苦味。硫酸镁(干燥)为白色粉末,有咸味及苦味。

(7)鉴别 硫酸镁对"定性试验"中所有镁盐试验及硫酸盐试验产生相应反应。

(8)纯度

①溶液澄清度

结晶品:无色,几乎澄清(1.0g,水10mL)。

干燥品:无色,稍微有轻度混浊(1.0g,水10mL)。

②氯化物:以Cl计,不超过0.014%(1.0g,参比溶液为0.01mol/L盐酸0.40mL)。

③重金属:以Pb计,不超过10μg/g(2.0g,第1法,参比溶液为铅标准液2.0mL)。

④砷:以As_2O_3计,不超过4μg/g(0.50g,第1法,装置B)。

(9)灼烧失量

结晶品:40.0%~52.0%(100℃,2h,然后300℃~400℃,4h);

干燥品:25.0%~35.0%(300~400℃,4h)。

(10)含量测定

准确称取经预先灼烧后的硫酸镁约0.6g,加稀盐酸(1→4)2mL,加水溶解并定容至100mL。准确量取此液25mL,加水50mL及氨-氯化铵缓冲液(pH10.7)5mL,用0.05 mol/L EDTA滴定(指示剂:铬黑T试液5滴)。溶液由红紫色变成蓝色即为滴定终点。进行空白试验做必要校正。

$$0.05\text{mol/L EDTA } 1\text{mL} = 6.018\text{mg } MgSO_4$$

291. DL-苹果酸

(1)其他名称 苹果酸;羟基丁二酸;(2RS)-2-Hydroxybutanedioic acid;Malic acid;*dl*-Malic acid;Apple acid。

(2)编码 CAS 6915－15－7;INS 296;FEMA 2655。

(3)分子式、相对分子质量与结构式 $C_4H_6O_5$;134.09;

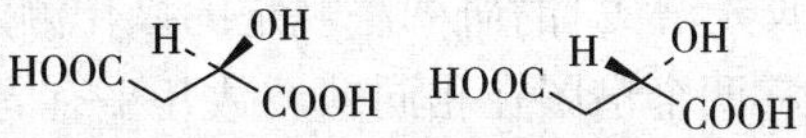

(4)含量 本品的DL－苹果酸($C_4H_6O_5$)含量不低于99.0%。

(5)性状 DL－苹果酸为白色结晶或晶体粉末。无气味或稍有特殊气味,有特殊酸味。

(6)鉴别

①取DL－苹果酸水溶液(1→20)1mL,放入瓷蒸发皿中,加氨试液中和,加对氨基苯磺酸10mg,水浴加热数分钟。加入亚硝酸钠溶液(1→5)5mL,稍加温后,滴加氢氧化钠溶液(1→25)使溶液成碱性时。溶液出现红色。

②取DL－苹果酸水溶液(1→20)1mL放入试管中,加间苯二酚2mg～3mg及硫酸1mL,振摇,在120℃～130℃下加热5min,冷却后,加水配至5mL。将此溶液边滴加氢氧化钠溶液(2→5)边冷却,使溶液成碱性,加水至10mL。在紫外线灯下发出淡蓝色的荧光。

(7)纯度

①熔点:127℃～132℃。

②溶液澄清度:澄清(1.0g,水20mL)。

③氯化物:以Cl计,不超过0.0035% 1.0g,参比溶液为0.01mol/L盐酸0.10mL)。

④重金属:以Pb计,不超过20μg/g。

测试溶液 称取DL－苹果酸1.0g,加水40mL溶解,加1滴酚酞试液,滴加氨试液至溶液显微红色为止。再加稀乙酸(1→20)2mL,加水配至50mL。

参比溶液 取铅标准溶液2.0mL,加稀乙酸(1→20)2mL及水配至50mL。

⑤砷:以AS_2O_3计,不超过4μg/g(0.5g,第1法,装置B)。

⑥易氧化物:取DL－苹果酸0.10g,加水25mL及硫酸(1→20)25mL,溶解,溶液保持在20℃,加0.02mol/L高锰酸钾溶液1.0mL,溶液显红色,且在3min内不消失。

(8)灼热残留物 不超过0.05%(5g)。

(9)含量测定

准确称取DL－苹果酸1.5g,加水溶解并定容至250mL。准确取25mL,用0.1mol/L氢氧化钠滴定(指示剂:酚酞试液2滴)。

$$0.1mol/L\ 氢氧化钠\ 1mL = 6.704mg\ C_4H_6O_5$$

292. 麦芽酚

(1)其他名称 甲基麦芽酚;麦芽醇;3－羟基－2－甲基－γ－吡喃酮;3－羟基－2－甲基－4*H*－吡喃－4－酮;Maltol;Methyl maltol;3－Hydroxy－2－methyl－4*H*－pyran－4－one。

(2)编码 CAS 118－71－8;INS 636;FEMA 2656。

(3)分子式、相对分子质量与结构式 $C_6H_6O_3$;126.11;

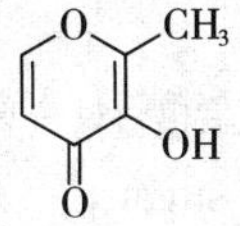

(4)含量 本品的麦芽酚($C_6H_6O_3$)含量不小于99.0%。

(5)性状 麦芽酚为白色或稍带黄色针状结晶或晶体粉末,具有甜香味。

(6)鉴别 按照“红外吸收光谱法”的研糊法规定的操作测定麦芽酚的红外吸收光谱,与参比光谱图(见图9-45)比较,两个谱图在相同的波数几乎有同样的吸收强度。

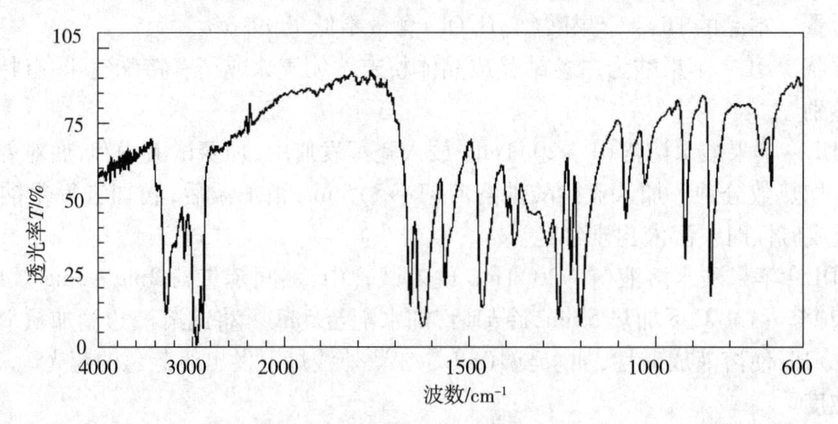

图9-45 麦芽酚的红外吸收光谱图

(7)纯度

①熔点:160℃~163℃。

②溶液澄清度:澄清[0.10g,70%(体积分数)乙醇5mL]。

③重金属:以Pb计,不超过10μg/g(2.0g,第2法,参比溶液为铅标准溶液2.0mL)。

④砷:以As_2O_3计,不超过4μg/g(0.50g,第4法,装置B)。

(8)干燥失量 不超过0.5%(4h)。

(9)灼热残留物 不超过0.05%。

(10)含量测定

测试溶液 准确称取麦芽酚约0.2g,加0.1mol/L盐酸溶解并定容至500mL。准确取此溶液5mL,加入0.1 mol/L盐酸定容至200mL,作为测试溶液。

标准溶液 准确称取含量测定用麦芽酚标准物质约0.2g,加0.1mol/L盐酸溶解并定容至500mL,准确取此溶液5mL,加入0.1 mol/L盐酸定容至200mL。

操作程序 以0.1mol/L盐酸为参比溶液,在274nm波长测定测试溶液及标准溶液的吸光度(A_T和A_S),按式(9-90)计算麦芽酚($C_6H_6O_3$)含量X:

$$X = \frac{m_1}{m} \times \frac{A_T}{A_S} \times 100\% \quad (9-90)$$

式中:

m_1——含量测定用麦芽酚量,g;

m——样品量,g。

293. D-甘露糖醇

(1)其他名称 D-甘露醇;D-甘露蜜醇;D-木蜜醇;D-吡喃甘露糖;甘露醇;木蜜醇;D-Mannitol;Mannitol;D-Mannite;Manna sugar。

(2)编码 CAS 69-65-8;INS 421。

(3)分子式、相对分子质量与结构式　$C_6H_{14}O_6$;182.17;

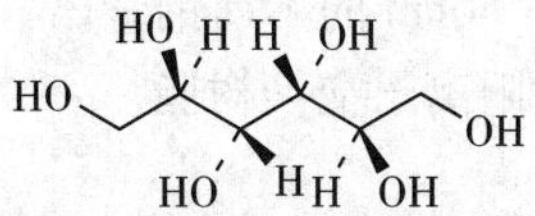

(4)含量　本品干燥后,D-甘露糖醇($C_6H_{14}O_6$)含量为96.0%~101.0%。

(5)性状　D-甘露糖醇为白色结晶或粉末。无气味、有清凉甜味。

(6)鉴别

①取D-甘露糖醇水溶液(1→5)3mL,加入已预先放入三氯化铁溶液(1→10)1mL的试管中,加氢氧化钠溶液(1→25)1.5mL。生成黄色沉淀。剧烈振摇,沉淀溶解,液体呈黄色透明状。即使再加氢氧化钠溶液(1→25)也不产生沉淀。

②取D-甘露糖醇0.5g,加乙酸酐3mL和吡啶1mL,水浴加热并不时振摇至完全溶解继续加热5min,冷却。向此溶液加水20mL,充分混合,放置5min。滤取生成的结晶,水洗,乙醚重结晶。结晶的熔点为120℃~125℃。

(7)纯度

①熔点:165℃~169℃。

②游离酸:取D-甘露糖醇5.0g,加入新煮沸后冷却的水50mL溶解,加酚酞试液1滴及0.01mol/L氢氧化钠溶液0.5mL,振摇。溶液颜色为粉红色。粉红色持续至少30s。

③重金属:以Pb计,不超过10μg/g(2.0g,第1法,参比溶液为铅标准溶液2.0mL)。

④镍:取D-甘露糖醇0.5g,加水5mL溶解,再加丁二酮肟的乙醇溶液(1→100)3滴及氨试液3滴,放置5min。溶液应不变为粉红色。

⑤砷:以As_2O_3计,不超过4.0μg/g(0.50g,第1法,装置B)。

⑥糖类:取D-甘露糖醇0.5g,加水10mL及稀盐酸(1→4)2mL,煮沸2min,冷却。加无水碳酸钠溶液(1→8)5mL,放置5min,加入菲林试液2mL,煮沸1min。不会立刻产生橙黄色至红色的沉淀。

(8)干燥失量　不超过0.30%(105℃,4h)。

(9)灼烧残留物　不超过0.02%(5g)。

(10)含量测定

测试溶液与标准溶液　分别准确称取干燥后的D-甘露糖醇样本及含量测定用D-甘露糖醇标准准物质各约1g,分别加水溶解并定容至50mL。分别作为测试溶液与标准溶液。

操作程序　分别取测试液和对照液10μL按照以下操作条件进行液相色谱分析。测定测试溶液与标准溶液中D-甘露糖醇峰面积(A_T和A_S),按式(9-91)计算D-甘露糖醇($C_6H_{14}O_6$)含量X:

$$X=\frac{m_1}{m}\times\frac{A_T}{A_S}\times 100\% \tag{9-91}$$

式中:

m_1——含量测定用D-甘露糖含量,g;

m——样品量,g。

操作条件

检测器：示差折光检测器。

柱：内径 4mm～8mm，长 20cm～50cm 的不锈钢管。

柱填充剂：9μm～12μm 强酸性阳离子交换树脂。

柱温：40℃～85℃。

流动相：水。

流速：0.5mL/min～1.0mL/min。

294. 万寿菊色素

(1)其他名称 金盏花色素；Marigold color；Marigold pigment。

(2)定义 本品系从万寿菊属植物，孔雀草（*Tagetes patula* Linné），万寿菊（*Tagetes erecta* Linné）及其种间杂交植物的花获得。其主要含有叶黄素。

(3)色值 万寿菊色素的色值（$E_{1cm}^{10\%}$）应不少于 2500，为在标称值的 95%～115%。

(4)性状 万寿菊色素为暗褐色固体或液体，有特殊气味。

(5)鉴别

①称取相当于色值为 2500 的万寿菊色素 0.1g，用乙醇和正己烷的混合液（1∶1）100mL 溶解。溶液呈深黄色。

②万寿菊色素溶解于乙醇和己烷的混合液（1∶1），在 469nm～475nm 和 441nm～447nm 波长吸收最大。此外，也可能在 420nm～426nm 波长吸收最大。

③称取相当于色值为 2500 的万寿菊色素 0.1g，用乙醇和正己烷的混合液（1∶1）10mL 溶解。作为测试溶液。取 5μL 测试溶液进行薄层色谱分析。将甲苯、乙酸乙酯和乙醇的混合液（15∶4∶1）作为展开剂。不使用参比溶液。采用覆盖薄层色谱用硅胶的薄层板作为载体，预先经 110℃干燥 1h。当展开剂的最前端上升到距离原点约 10cm 时，停止展开，风干薄层板。在每个或在 R_f 约为 0.8（叶黄素的脂肪酸酯）和 0.35（叶黄素）观察到一黄色斑点。当用 5% 亚硝酸钠溶液，再用 0.5mol/L 硫酸喷洒斑点后，斑点消失。

(6)纯度

①重金属：以 Pb 计，不超过 40μg/g（0.50g，第 2 法，参比溶液为铅标准溶液 2.0mL）。

②铅：以 Pb 计，不超过 10μg/g（1.0g，第 1 法）。

③砷：以 As_2O_3 计，不超过 4.0μg/g（0.5g，第 3 法，装置 B）。

(7)色值试验 按照“色值试验”规定操作。

操作条件

溶剂：乙醇和正己烷的混合物（1∶1）。

波长：最大吸收波长 441nm～447nm。

295. 甲基萘醌（提取物）

(1)其他名称 四烯甲萘醌；维生素 K_2（提取物）；Menaquinone（Extract）；Menatetrenone；Vitamin K_2（Extract）；2－Methyl－3－[（2*E*，6*E*，10*E*）－3，7，11，15－tetramethylhexadeca－2，6，10，14－tetraenyl]naphthalene－1，4－dione。

(2)编码 CAS 863－61－6。

(3)分子式、相对分子质量与结构式 $C_{31}H_{40}O_2$；444.65；

(4)定义　甲基萘醌(提取物)是从烟草节杆菌(*Arthrobacter nicotianae*)培养液中提取,主要成分为四烯甲萘醌。

(5)含量　以无水品计,本品的四烯甲萘醌($C_{31}H_{40}O_2$)含量为98.0%~102.0%。

(6)性状　甲基萘醌(提取物)为黄色结晶、结晶粉末,蜡状团块或油状液体。

(7)鉴别　预先将甲基萘醌(提取物)放入盛有五氧化二磷作为干燥剂的真空干燥器中,40℃干燥24h。按照"红外吸收光谱法"的溴化钾压片法规定操作测定甲基萘醌的红外吸收光谱,与参比光谱图(见图9-46)比较,两个谱图在相同的波数几乎有同样的吸收强度。

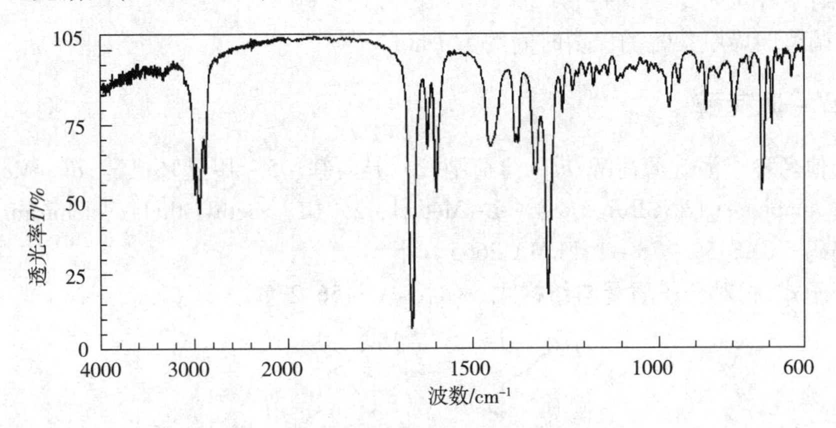

图9-46　甲基萘醌的红外吸收光谱图

(8)纯度

①重金属:以Pb计,不超过20μg/g(1.0g,第2法,参比溶液为铅标准溶液2.0mL)。

②砷:以As_2O_3计,不超过2.0μg/g(1.0g,第3法,装置B)。

③甲萘醌:取甲基萘醌(提取物)2.0g,加入稀释无水乙醇液(1→2)5mL,充分振摇,过滤。取滤液0.5mL,加3-甲基-1-苯基-5-吡唑啉酮的无水乙醇溶液(1→20)1滴和氨水1滴,静置2h。溶液的蓝紫色不消失。

(9)水分　不超过0.50%(0.50g,直接滴定法)。

(10)灼热残留物　不超过0.10%。

(11)含量测定　在全部试验过程中,所有操作需避免光线直接照射,所用仪器装置需避光。在含量测定前,按照甲基萘醌(提取物)的水分测定方法测定四烯甲萘醌的水分含量。

测试溶液及标准溶液　分别准确称取甲基萘醌(提取物)及含量测定用四烯甲萘醌标准物质各0.1g,分别用异丙醇50mL溶解,并各自用无水乙醇定容至100mL。分别准确取上述两种溶液各10mL,各自加无水乙醇定容至100mL。在分别准确量取所得溶液各2mL,各加植物甲萘醌(维生素K_1)的异丙醇溶液(1→20000)4mL。分别作为测试溶液及标准溶液。

操作过程　分别取测试溶液及标准溶液20μL,按照以下操作条件进行液相色谱分析。测定测试溶液及标准溶液中四烯甲萘醌与植物甲萘醌(维生素K_1)的峰面积比率(Q_T与

Q_S),按式(9-92)计算四烯甲萘醌含量 X:

$$X = \frac{m_1}{m} \times \frac{Q_T}{Q_S} \times 100\% \qquad (9-92)$$

式中:

m_1——无水四烯甲萘醌量,g;

m——无水样品质,g。

操作条件

检测器:紫外分光检测器(波长:270 nm)。

柱:内径5mm,长15cm的不锈钢管。

柱填充剂:5μm液相色谱用十八烷基硅胶。

柱温:40℃,恒温。

流动相:甲醇。

流速:调整四烯甲萘醌的保留时间约为7min。

296. *dl*-薄荷醇

(1)其他名称 消旋薄荷醇;*dl*-薄荷脑;2-异丙基-5-甲基环己醇;*dl*-Menthol;*dl*-Peppermint camphor;(1*RS*,2*SR*,5*RS*)-5-Methyl-2-(1-methylethyl)cyclohexan-1-ol。

(2)编码 CAS:89-78-1;FEMA 2665。

(3)分子式、相对分子质量与结构式 $C_{10}H_{20}O$;156.27;

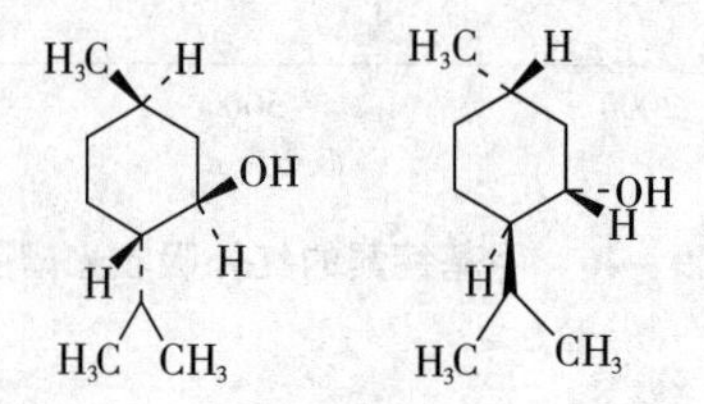

(4)含量 本品的*dl*-薄荷醇($C_{10}H_{20}O$)含量不少于98.0%。

(5)性状 *dl*-薄荷醇为无色棱柱状或针状或白色晶体粉末,有薄荷样的香气。

(6)鉴别

①取*dl*-薄荷醇加等量的樟脑或百里香酚研磨混合,混合物呈液态状。

②取*dl*-薄荷醇1g,加硫酸20mL,振摇。形成淡黄色混浊物。静置24h后,分离出无薄荷醇香气的透明油层。

(7)纯度

①凝固点:27℃~28℃。

②比旋光度$[\alpha]_D^{20}$:-2.0°~+2.0°(2.5g,乙醇25mL)。

③重金属:以Pb计,不超过10μg/g(2.0g,第2法,参比溶液为铅标准溶液2.0mL)。

④砷:以As_2O_3计,不超过4μg/g(0.5g,第4法,装置B)。

⑤百里香酚:取*dl*-薄荷醇0.20g,加到乙酸2mL、硫酸6滴及硝酸2滴的冷却后混合溶液中,无颜色变化。

(8)含量测定 准确称取*dl*-薄荷醇1.0g,按照“香料物质试验”中醇类含量第2法规定进行。

0.5mol/L 氢氧化钾的乙醇溶液 1mL =78.13mg$C_{10}H_{20}O$

297. *l*－薄荷醇

(1)其他名称　*l*－薄荷脑；*l*－孟醇；左旋薄荷醇；(1*R*,2*S*,5*R*)－2－异丙基－5－甲基环己醇；*l*－Menthol；Peppermint camphor；(1*R*,2S,5*R*)－5－Methyl－2－(1－methylethyl) cyclohexan－1－ol。

(2)编码　CAS 2216－51－5；FEMA 2665。

(3)分子式、相对分子质量与结构式　$C_{10}H_{20}O$；156.27；

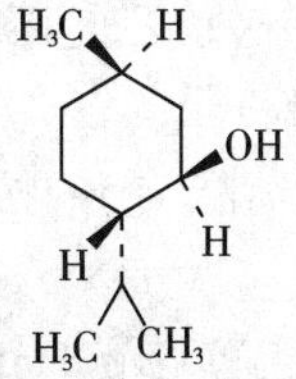

(4)含量　本品 *l*－薄荷醇($C_{10}H_{20}O$)含量不少于98.0%。

(5)性状　*l*－薄荷醇为无色棱柱状或针状或白色晶体粉末，有薄荷样香气和清凉味。

(6)鉴别

①*l*－薄荷醇的乙醇溶液(1→10)具有左旋性。

②按照"*dl*－薄荷醇"的鉴别①和②规定进行。

(7)纯度

①比旋光度$[\alpha]_D^{20}$：－45.0°～－51.0°(2.5g，乙醇25mL)。

②熔点：42℃～44℃。

③重金属：以Pb计，不超过10μg/g(2.0g，第2法，参比溶液为铅标准溶液2.0mL)。

④砷：以As_2O_3计，不超过4μg/g(0.5g，第4法，装置B)。

⑤百里香酚：照"*dl*－薄荷醇"的纯度⑤规定进行。

(8)含量测定　准确称取 *l*－薄荷醇约1.0g，照"香料物质试验"中醇类含量第2法规定进行。

0.5mol/L 氢氧化钾的乙醇溶液 1mL =78.13mg$C_{10}H_{20}O$

298. *l*－乙酸薄荷酯

(1)其他名称　*l*－乙酸孟酯；乙酸－*l*－孟酯；*l*－Menthyl acetate；Acetoxymenthane；(1R,2*S*,5*R*)－5－Methyl－2－(1－methylethyl) cyclohexyl acetate。

(2)编码　CAS 2623－23－6；FEMA 2668。

(3)分子式、相对分子质量与结构式　$C_{12}H_{22}O_2$；198.30；

(4)含量　本品 *l*－乙酸薄荷酯($C_{12}H_{22}O_2$)含量不少于98.0%。

(5)性状　*l*－乙酸薄荷酯为无色或略带黄色透明液体，具有薄荷样香气和清凉味。

(6)鉴别

取 l－乙酸薄荷酯 1mL,加 10% 氢氧化钾试液 5mL,装上回流冷凝装置,水浴加热 1h。清凉味消失,产生薄荷醇的香味。冷却后,加水 2mL 及稀盐酸(1→4)2mL,溶液对“定性试验”中乙酸盐(3)产生相应反应。

(7)纯度

①折射率 n_D^{20}:1.445～1.448。

②比旋光度 α_D^{20}:－70°～－75°。

③相对密度:0.924～0.928。

④澄清度:澄清[1.0mL,70%(体积分数)乙醇溶液 7.0mL]。

⑤酸值:不超过 1.0。(香料物质试验)

(8)含量测定 准确称取 l－乙酸薄荷酯 1.5g,按照“香料物质试验”中酯含量规定进行。本试验中,在滴定前应加热混合液 2h。

0.5mol/L 氢氧化钾的乙醇溶液 1mL＝99.15mg $C_{12}H_{22}O_2$

299. DL－蛋氨酸

(1)其他名称 DL－甲硫氨酸;DL－2－氨基－4－甲硫基丁酸;消旋蛋氨酸;混旋蛋氨酸;DL－Methionine;(2*RS*)－2－Amino－4－(methylsulfanyl)butanoic acid。

(2)编码 CAS 59－51－8;FEMA 3301。

(3)分子式、相对分子质量与结构式 $C_5H_{11}NO_2S$;149.21;

(4)含量 干燥后,本品 DL－蛋氨酸($C_5H_{11}NO_2S$)含量为 98.5%～101.0%。

(5)性状 DL－蛋氨酸为白色薄片状或晶体粉末,有特殊气味,稍带甜味。

(6)鉴别

①按照“红外吸收光谱法”的溴化钾压片法规定的操作测定 DL－蛋氨酸的红外吸收光谱,与参比光谱图(见图 9－47)比较,两个谱图在相同的波数几乎有同样的吸收强度。

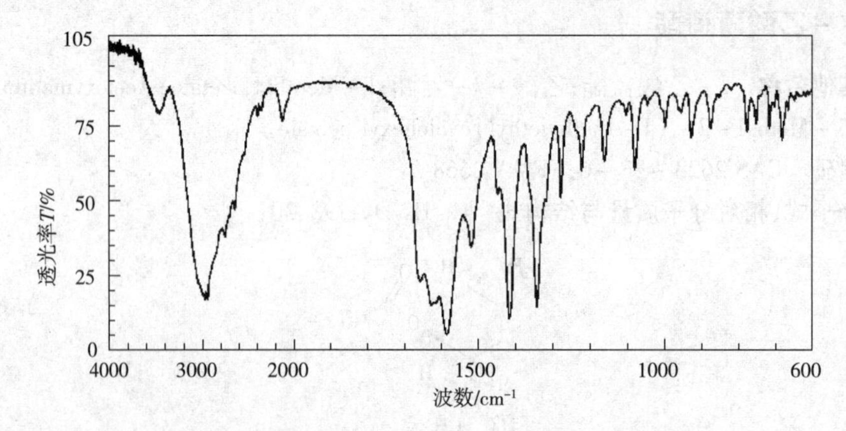

图 9－47 DL－蛋氨酸的红外吸收光谱图

②DL－蛋氨酸溶液(1→100)无旋光性。

(7)纯度

①溶液澄清度及颜色：无色、澄清(0.5g,水20mL)。

②pH:5.6~6.1(1.0g,水100mL)。

③氯化物：以Cl计，不超过0.021%。

测试溶液　取DL－蛋氨酸0.5g,加稀硝酸(1→10)6mL,加水定容至40mL。

参比溶液　取0.01mol/L盐酸0.30mL,加稀硝酸(1→10)6mL,加水定容至40mL。

操作程序　本试验中，使用硝酸银溶液(1→50)10mL。

④重金属：以Pb计，不超过20μg/g(1.0g,第1法，参比溶液为铅标准溶液2.0mL)。

⑤砷：以As_2O_3计，不超过4μg/g。

操作程序　按照"L－半胱氨酸盐酸盐"的纯度④规定进行。

(8)干燥失量　不超过0.5%(105℃,3h)。

(9)灼热残留物　不超过0.10%。

(10)含量测定　准确称取DL－蛋氨酸0.3g,按照"DL－丙氨酸"规定进行。

$$0.1mol/L 高氯酸 1mL = 14.92mg\ C_5H_{11}NO_2S$$

300. L－蛋氨酸

(1)其他名称　L－甲酸氨酸；L－甲硫基丁氨酸；L－2－氨基－4－甲硫基丁酸；L－Methionine;(2*S*)－2－Amino－4－(methylsulfanyl)butanoic acid;Acimethin。

(2)编码　CAS 63－68－3。

(3)分子式、相对分子质量与结构式　$C_5H_{11}NO_2S$;149.21;

(4)含量　干燥后，本品L－蛋氨酸($C_5H_{11}NO_2S$)含量为98.5%~101.0%。

(5)性状　L－蛋氨酸为白色薄片状或晶体粉末，有特殊气味，稍带苦味。

(6)鉴别

①取L－蛋氨酸溶液(1→1000)5mL,加入茚三酮溶液(1→1000)1mL,加热3min。溶液显紫色。

②取L－蛋氨酸0.025g,加无水硫酸铜的饱和硫酸溶液1mL,溶液应显黄色。

③取L－蛋氨酸溶液(1→100)2mL,加氢氧化钠溶液(1→25)2mL,振摇；加硝普钠溶液(1→20)0.3mL,再次振摇。放置1min~2min,加稀盐酸(1→10)4mL,溶液显紫红色。

(7)纯度

①比旋光度α_D^{20}: +21.0°~+25.0°[1.0g,稀盐酸(1→2)50mL,以干基计]。

②溶液澄清度及颜色：无色，澄清(0.5g,水20mL)。

③pH:5.6~6.1(1.0g,水100mL)。

④氯化物：以Cl计，不超过0.021%。

操作过程　按照"DL－蛋氨酸"的纯度③规定进行。

⑤重金属：以Pb计，不超过20μg/g。

操作过程　按照"DL－蛋氨酸"的纯度④规定进行。

⑥砷：以As_2O_3计，不超过4μg/g。

操作过程　按照“L－半胱氨酸盐酸盐”的纯度④规定进行。

(8)干燥失量　不超过0.5%(105℃,3h)。

(9)灼热残留物　不超过0.10%。

(10)含量测定　准确称取L－蛋氨酸0.3g,按照“DL－丙氨酸”含量测定的规定进行。

$$0.1mol/L\ 高氯酸\ 1mL = 14.92mg\ C_5H_{11}NO_2S$$

301. 对甲基苯乙酮

(1)其他名称　4′－甲基苯乙酮;1－(4－甲基苯基)乙酮;*p*－Methylacetophenone;4′－Methyl acetophenone;1－(4－Methylphenyl)ethanone。

(2)编码　CAS 122－00－9;FEMA 2677。

(3)分子式、相对分子质量与结构式　$C_9H_{10}O$;134.18;

O
CH3
H3C

(4)含量　本品的对甲基苯乙酮($C_9H_{10}O$)含量不少于98.0%。

(5)性状　对甲基苯乙酮为无色或淡黄色透明液体,有特殊气味。

(6)鉴别　按照“红外吸收光谱法”的液膜法规定的操作测定对甲基苯乙酮的红外吸收光谱,与参比光谱图(见图9－48)比较,两个谱图在相同的波数几乎有同样的吸收强度。

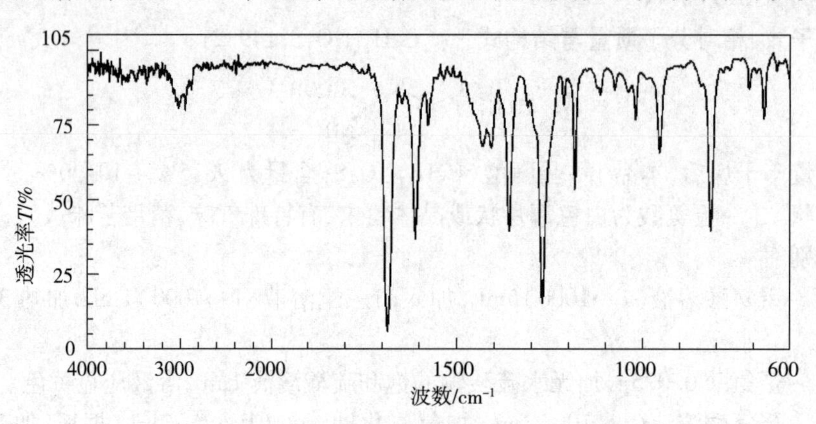

图9－48　对甲基苯乙酮的红外吸收光谱图

(7)纯度

①折光率 n_D^{20}:1.532～1.535。

②相对密度:1.005～1.008。

③溶液澄清度:澄清[1.0mL,70%(体积分数)乙醇3.0mL]。

④卤化物:按照“香料物质试验”的卤化物测定规定进行。

(8)含量测定　准确称取对甲基苯乙酮样品1g,照“香料物质试验”醛类或酮类含量第2法的规定进行。滴定前加热混合液1h。

$$0.5mol/L\ 盐酸\ 1mL = 67.09mg\ C_9H_{10}O$$

302. 邻胺基苯甲酸甲酯

(1)其他名称 氨茴酸甲酯;甲基-2-氨基苯甲酸酯;人造橙花油;Methyl Anthranilate;Methyl 2-aminobenzoate;Artificial neroli oil。

(2)编码 CAS 134-20-3;FEMA 2682。

(3)分子式、相对分子质量与结构式 $C_8H_9NO_2$;151.16;

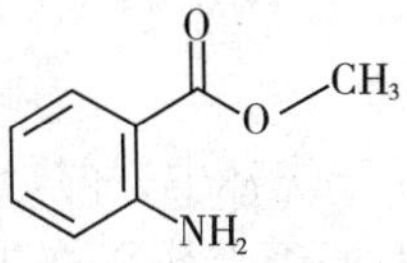

(4)含量 本品邻胺基苯甲酸甲酯($C_8H_9NO_2$)含量不少于98.0%。

(5)性状 邻胺基苯甲酸甲酯为无色至淡黄色团块或无色至淡黄色液体。具有葡萄样气味。液体发出蓝紫色荧光。

(6)鉴别

①取邻胺基苯甲酸甲酯0.1g,加稀盐酸(1→40)10mL溶解,再加新配制的亚硝酸钠溶液(1→10)1mL和以β-萘酚0.1g用氢氧化钠溶液(1→25)5mL溶解的溶液2mL。产生橙红色沉淀。

②取邻胺基苯甲酸甲酯1g,加10%氢氧化钾的乙醇试液5mL,水浴加热5min。趁热加水5mL,冷却后加稀盐酸(1→4)4mL。产生白色至灰白色沉淀。

(7)纯度

①凝固点:不少于22℃。

②折射率 n_D^{20}:1.580~1.585。

③溶液澄清度:澄清。

将邻胺基苯甲酸甲酯加热至30℃熔化后取1.0mL,加60%(体积分数)乙醇5mL溶解。

④酸值:不超过1.0(香料物质试验)。

(8)含量测定 准确称取邻胺基苯甲酸甲酯0.5g,照"香料物质试验"的酯含量测定的规定进行。

$$0.5mol/L\ 氢氧化钾的乙醇溶液\ 1mL = 75.58mg\ C_8H_9NO_2$$

303. 甲基纤维素

(1)其他名称 纤维素甲醚;Methyl cellulose;Methyl ether of cellulose。

(2)编码 CAS 9004-67-5;INS 461。

(3)含量 本品干燥后,甲氧基($—OCH_3$=31.03)含量为25.0%~33.0%。

(4)性状 甲基纤维素为白色至近白色粉末或纤维状物质。无气味。

(5)鉴别 将甲基纤维素1.0g加至约70℃水100mL中,充分搅拌,边冷却边振摇,放置至冷的环境使之成均匀糊状。作为测试溶液。

①取测试溶液约10mL,水浴加热。产生白色混浊或沉淀。冷却后,白色混浊或沉淀再溶解成均匀的糊状物。

②沿已盛有测试溶液2mL的试管壁缓缓加入蒽酮试液1mL。在两溶液接触界面由蓝色

变为绿色。

(6)纯度

①黏度:宣称黏度时进行黏度试验。宣称黏度值不超过 $100mm^2/s$ 时,黏度应为宣称值的80%～120%;宣称黏度值超过 $100mm^2/s$ 时,黏度应为宣称值的70%～140%。

以干基计,准确称取甲基纤维素2.0g,加入85℃水50mL,用搅拌器搅拌10min。加水40mL,在冰水中搅拌40min至样本溶解,加水定容至100mL。必要时可离心分离去除气泡,在20℃±0.15℃测定其黏度。

②氯化物:以Cl计,不超过0.57%。

样本溶液　称取甲基纤维素0.5g于烧杯中,加热水30mL充分搅拌,趁热用保温过滤漏斗过滤。每次用热水15mL洗涤烧杯及滤纸上残留物共三次,合并洗液和滤液。加水定容至100mL。此溶液作为溶液A。取溶液A 5mL作为样本溶液。

参比溶液　使用0.01mol/L盐酸0.40mL。

③硫酸盐:以 SO_4^{2-} 计,不超过0.096%。

样本溶液　准确量取纯度②的溶液A 40mL。

参比溶液　使用0.01mol/L盐酸0.40mL。

④重金属:以Pb计,不超过20μg/g(1.0g,第2法,参比溶液为铅标准溶液2.0mL)。

⑤砷:以 As_2O_3 计,不超过4μg/g(0.5g,第3法,装置B)。

(7)干燥失量　不超过8.0%(105℃,1h)。

(8)灼热残留物　不超过1.5%(以干燥品计)。

(9)含量测定　准确称取经预先干燥的甲基纤维素0.025g,按照"甲氧基测定"的规定进行。按式(9-93)计算甲氧基($—OCH_3$)含量 X:

$$X = \frac{V \times 0.0517}{m} \times 100\% \qquad (9-93)$$

式中:

V——0.01mol/L硫代硫酸钠溶液的消耗量,mL;

m——样品量,g。

304. 肉桂酸甲酯

(1)其他名称　桂皮酸甲酯;3-苯丙烯酸甲酯;Methyl cinnamate;Methyl ester of cinnamic acid;Methyl 3-phenylprop-2-enoate。

(2)编码　CAS 103-26-4;FEMA 2698。

(3)分子式、相对分子质量与结构式　$C_{10}H_{10}O_2$;162.19;

(4)含量　本品肉桂酸甲酯($C_{10}H_{10}O_2$)含量不少于98.0%。

(5)性状　肉桂酸甲酯为白色固体。有松茸菇(*Matsutake*)样气味。

(6)鉴别　取肉桂酸甲酯1.0g,加10%氢氧化钾的乙醇试液10mL,水浴加热。肉桂酸甲酯溶解,生成白色沉淀,特征香味消失。加入水10mL并加温,沉淀溶解。用稀硫酸(1→20)

调至酸性,生成白色结晶沉淀。

(7)纯度

①凝固点:不低于33.8℃。

②澄清度:几乎澄清。

测试溶液　取肉桂酸甲酯1.0g,加70%(体积分数)乙醇3.0mL,在40℃加热溶解。

③酸值:不超过1.0(香料物质试验)。

(8)含量测定　准确称取肉桂酸甲酯样本0.9g,照“香料物质试验”的酯含量测定规定进行。本试验中,加热前需加水5mL。

$$0.5\text{mol/L}\ 氢氧化钾的乙醇溶液\ 1\text{mL} = 81.09\text{mg}\ C_{10}H_{10}O_2$$

305. 甲基橙皮苷

(1)其他名称　甲基橙皮甙;可溶性维生素P;3-甲基-7-[鼠李糖-α-葡萄糖]橙皮甙;Methyl hesperidin;Soluble vitamin P;3-Dihydro-5-hydroxy-2-(3-hydroxy-4-methoxyphenyl)-anosyl)oxy)-monomethyle。

(2)编码　CAS 11013-97-1。

(3)分子式与相对分子质量　$C_{29}H_{36}O_{15}$;624.59。

(4)含量　本品干燥后,甲基橙皮苷含量为97.5%~103.0%。

(5)性状　甲基橙皮苷为黄色至橙黄色粉末。无气味或稍有气味。

(6)鉴别

①取甲基橙皮苷0.01g,加硫酸2mL。溶液显红色。滴加过氧化氢试液1滴~2滴,溶液显深红色。

②取甲基橙皮苷0.1g,加乙醇5mL,氢氧化钠溶液(1→25)1mL,煮沸3min,冷却,过滤。滤液显黄色至橙黄色。再向滤液加入盐酸1mL及镁粉0.01g,静置。溶液出现粉红色。

③取甲基橙皮苷0.1g,加稀盐酸(1→10)10mL,煮沸5min,冷却,过滤。加氢氧化钠溶液(1→5)中和滤液,加入菲林试剂2mL,加热。产生红色沉淀。

(7)纯度

①澄清度:几乎澄清(1.0g,水10mL)。

②硫酸盐:以SO_4计,不超过0.019%(1.0g,参比溶液为0.005mol/L硫酸0.40mL)。

③重金属:以Pb计,不超过20μg/g(1.0g,第2法,参比溶液为2.0mL铅标准溶液)。

(8)干燥失量　不超过3.0%(减压干燥,24h)。

(9)灼热残留物　不超过0.5%。

(10)含量测定　准确称取经预先干燥的甲基橙皮苷0.3g,用水溶解并定容至1000mL。准确量取上述溶液10mL,加水定容至100mL。采用300nm波长测定其吸光度(A),按式(9-94)计算甲基橙皮苷含量X:

$$X = \frac{A \times 0.754}{m} \times 100\% \tag{9-94}$$

式中:

m——样品量,g。

306. *N*－甲基邻氨基苯甲酸甲酯

(1)其他名称 邻甲氨基苯甲酸甲酯；2－(甲氨基)苯甲酸甲酯；*N*－甲基氨茴酸甲酯；Methyl *N*－methylanthranilate；Dimethyl Anthranilate；Methyl 2－(methylamino)benzoate。

(2)编码 CAS 85－91－6；FEMA 2718。

(3)分子式、相对分子质量与结构式 $C_9H_{11}NO_2$；165.19；

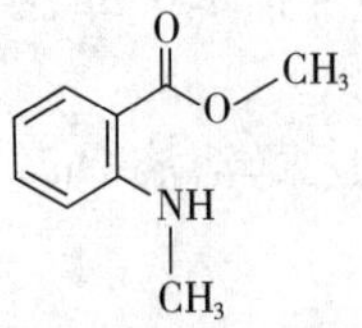

(4)含量 本品*N*－甲基邻氨基苯甲酸甲酯($C_9H_{11}NO_2$)含量为98.0%～101.0%。

(5)性状 *N*－甲基邻氨基苯甲酸甲酯为无色至淡黄色透明结晶团块或液体。有葡萄样香味。液态产品发紫蓝色荧光。

(6)鉴别 取*N*－甲基邻氨基苯甲酸甲酯1mL，加10%氢氧化钾的乙醇试液5mL，回流冷凝加热1h，葡萄香味消失。冷却，加稀盐酸(1→4)酸化。析出结晶。过滤收集结晶，用50%乙醇(体积)重结晶。结晶熔点为164℃～174℃。

(7)纯度

①凝固点：不低于11℃。

②折光率n_D^{20}：1.578～1.581。

③相对密度：1.129～1.135。

④溶液澄清度：澄清(1.0mL，70%(体积分数)乙醇10mL)。

⑤酸值：不超过1.0(香料物质试验)。

(8)含量测定 准确称取*N*－甲基邻氨基苯甲酸甲酯1g，照“香料物质试验”的酯含量测定规定进行。

0.5mol/L氢氧化钾的乙醇溶液1mL ＝82.60mg $C_9H_{11}NO_2$

307. 甲基－β－萘酮

(1)其他名称 甲基乙位萘酮；2－萘乙酮；Methyl－β－naphthyl ketone；Methyl 2－Naphthyl Ketone；2′－Acetonaphthone；1－(Naphthalen－2－yl)ethanone。

(2)编码 CAS 93－08－3；FEMA 2723。

(3)分子式、相对分子质量与结构式 $C_{12}H_{10}O$；170.21；

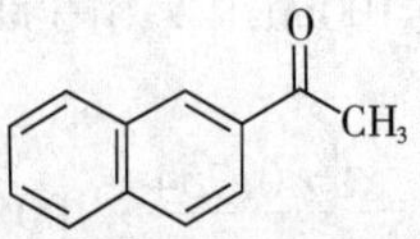

(4)含量 本品甲基β－萘酮($C_{12}H_{10}O$)含量不少于99.0%。

(5)性状 甲基β－萘酮为白色至淡黄色结晶或晶体粉末，有特殊气味。

(6)鉴别 按照“红外吸收光谱法”的溴化钾压片法规定的操作测定乙酰乙酸乙酯的红

外吸收光谱，与参比光谱图（见图9－49）比较，两个谱图在相同的波数几乎有同样的吸收强度。

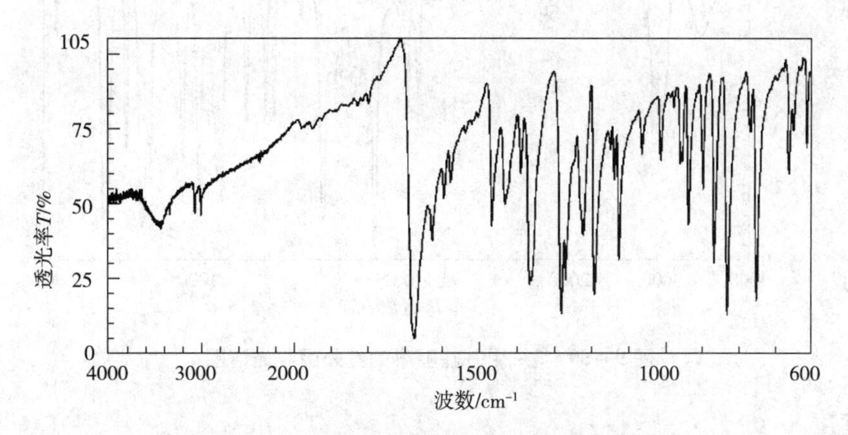

图9－49　甲基β－萘酮的红外吸收光谱图

(7)纯度

①熔点：52℃～54℃。

②溶液澄清度：澄清。

称取甲基β－萘酮0.10g，加70%（体积分数）乙醇10mL，加热至30℃溶解。

③重金属：以Pb计，不超过10μg/g（2.0g，第2法，参比溶液为铅标准溶液2.0mL）。

④砷：以As_2O_3计，不超过4.0μg/g（0.5g，第4法，装置B）。

⑤卤化物：按照"香料物质试验"的卤化物试验规定进行。

(8)干燥失量　不超过0.5%（4h）。

(9)灼热残留物　不超过0.05%。

(10)含量测定　准确称取甲基β－萘酮1.0g，按照"香料物质试验"的醛或酮类含量测定第2法规定进行。本试验中，在滴定前煮沸混合物1h。

$$0.5mol/L 盐酸 1mL = 85.10mg\ C_{12}H_{10}O$$

308.5－甲基喹喔啉

(1)英文名称　5－Methylquinoxaline；5－Methyl－quinoxalin。

(2)编码　CAS 13708－12－8；FEMA 3203。

(3)分子式、相对分子质量与结构式　$C_9H_8N_2$；144.17；

N
N
CH_3

(4)含量　本品5－甲基喹喔啉（$C_9H_8N_2$）含量不少于98.0%。

(5)性状　5－甲基喹喔啉为无色至橙色液体或结晶团块，有特殊气味。

(6)鉴别　按照"红外吸收光谱法"的液膜法规定的操作测定5－甲基喹喔啉的红外吸收光谱，与参比光谱图（见图9－50）比较，两个谱图在相同的波数几乎有同样的吸收强度。

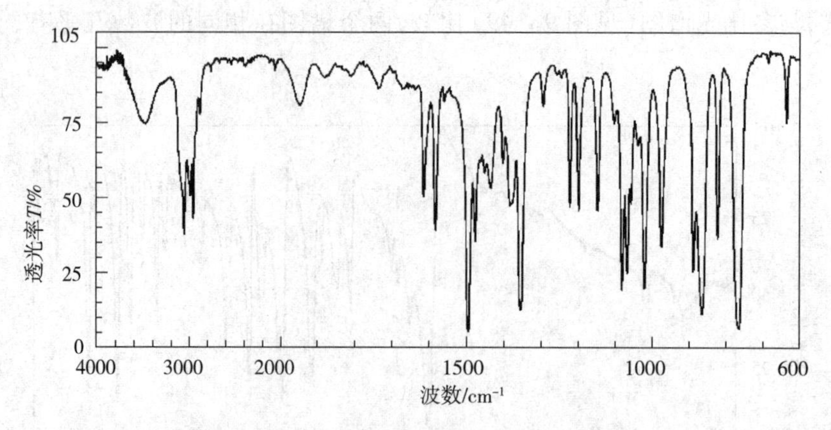

图9-50 5-甲基喹喔啉的红外吸收光谱图

(7)纯度

①折射率 n_D^{20} =1.615~1.625。

②相对密度:1.102~1.128。

(8)含量测定

按照“香料物质试验”的气相色谱法中峰面积百分比法的规定进行。采用操作条件(1)。

309. 水杨酸甲酯

(1)其他名称 甲基-2-羟基苯甲酸酯;柳酸甲酯;2-羟基苯甲酸甲酯;Methyl Salicylate;Methyl 2-hydroxybenzoate;2-Hydroxy-benzoicacimethylester。

(2)编码 CAS 119-36-8;FEMA 2745。

(3)分子式、相对分子质量与结构式 $C_8H_8O_3$;152.15;

(4)含量 本品水杨酸甲酯($C_8H_8O_3$)含量不少于98.0%。

(5)性状 水杨酸甲酯为无色至淡黄色透明液体,有清凉气味。

(6)鉴别 按照“红外吸收光谱法”的液膜法规定的操作测定水杨酸甲酯的红外吸收光谱,与参比光谱图(见图9-51)比较,两个谱图在相同的波数几乎有同样的吸收强度。

(7)纯度

①折射率 n_D^{20} =1.535~1.538。

②相对密度:1.183~1.189。

③溶液澄清度:澄清[1.0mL,70%(体积分数)乙醇8.0mL]。

④酸值:不超过0.5(香料物质试验)。使用酚红试液作为指示剂。

(8)含量测定 准确称取水杨酸甲酯0.9g,按照“香料物质试验”酯含量的规定进行。用酚红试液作为指示剂。

0.5mol/L 氢氧化钾的乙醇溶液 1mL = 76.07mg $C_8H_8O_3$

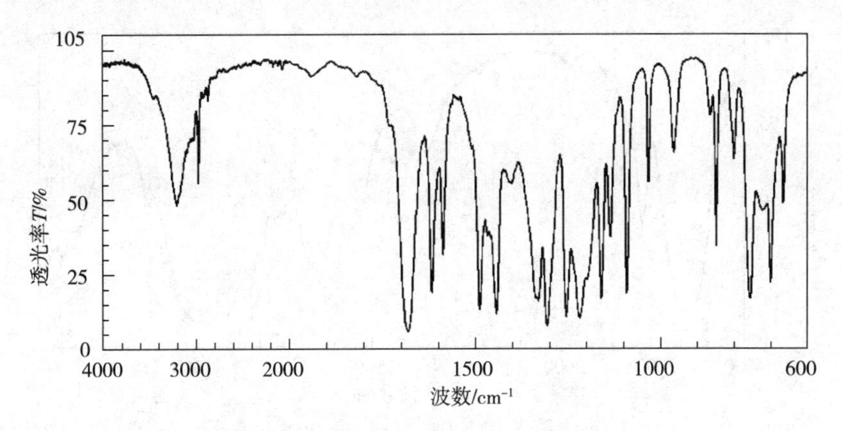

图 9－51 水杨酸甲酯的红外吸收光谱图

310. 微晶纤维素

(1)其他名称 微晶纤维素粉;Microcrystalline cellulose;MCC。

(2)编码 CAS 9004－34－6;INS 460(i)。

(3)分子式与相对分子质量 $(C_6H_{10}O_5)_n$;$(162.06)_n$。

(4)定义 微晶纤维素系从纸浆获得,主要成分为结晶纤维素。产品有两种形式:干燥品和水合品。

(5)性状 干燥微晶纤维素为白色或近白色,无臭,易流动性晶体粉末。水合微晶纤维素为白色或近白色,无气味、湿润、棉花状团块。

(6)鉴别

①样品制备

(a)干燥品:取微晶纤维素20g通过配有真空吸引式筛选机的38μm筛筛分5min,测定其残留百分比。如果滞留在筛上的残留物超过5%,将水270mL加入微晶纤维素30g中;如少于5%,则将水255mL加入微晶纤维素45g中。然后用刮刀缓慢搅拌。

(b)水合品:取相当于干燥品30g的微晶纤维素,加水成300g的混合物,用刮刀缓慢搅拌。

程序 在18000r/min的高速搅拌器中搅拌混匀相应的混合物5min,取混合物100mL至100mL量筒内,静置3h。应为白色不透明,无分散气泡。无分层现象。

②按照"红外吸收光谱法"的溴化钾压片法规定的操作测定微晶纤维素的红外吸收光谱,与参比光谱图(见图9－52)比较,两个谱图在相同的波数几乎有同样的吸收强度。

(7)纯度

①pH:5.0～7.5。

取相当于干燥品的微晶纤维素5.0g,加新煮沸后冷却的水40mL,振摇20min,离心。取上清液,测定pH。

②水溶性物质:不超过0.26%。

准确称取相当于干燥品的微晶纤维素5.0g,加水使成85g,振摇10min,用滤纸(5C)抽吸过滤。将滤液转移至预先干燥并称量的烧杯中,蒸发至干,注意勿烧焦。105℃干燥1h,在干

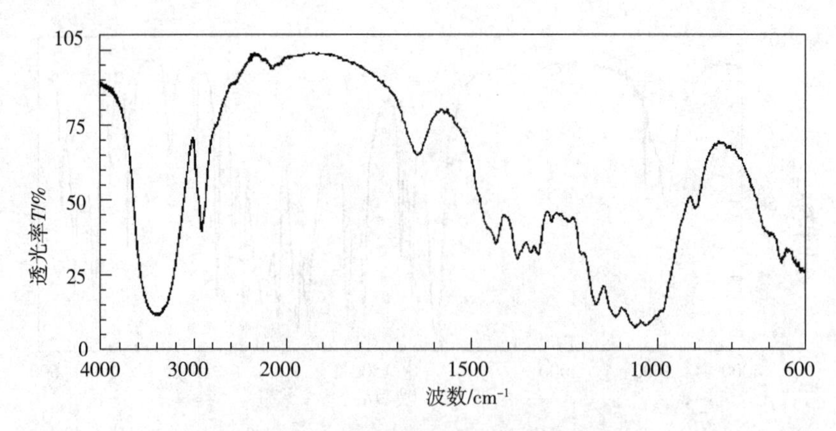

图 9-52 微晶纤维素的红外吸收光谱图

燥器中冷却后,准确称量。另外,做空白试验进行校正。

③重金属:以 Pb 计,不超过 10μg/g(取相当于干燥品 2.0g,第 2 法,参比溶液为铅标准溶液取 2.0mL)。

④砷:以 As_2O_3 计,不超过 4.0μg/g(取相当于干燥品 0.5g,第 3 法,装置 B)。

⑤淀粉:取鉴别①获得的样本液 20mL,滴加碘试液数滴,混匀。溶液无蓝紫色或蓝色出现。

(8)干燥失量

干燥品:不超过 7.0%(105℃,3h)。

水合品:40.0%~70.0%(4g,105℃,3h)。

(9)烧灼残留物 不超过 0.05%(相当于干燥品 2g)。

311. 微晶蜡

(1)其他名称 微晶石蜡;Microcrystalline wax;Microcrystalline paraffin waxes。

(2)编码 CAS 63231-60-7;INS 905c(i)。

(3)定义 微晶蜡是从石油真空蒸馏残留物或重蒸馏物获得的固体碳氢化合物混合物。主要由支链烃和饱和线性烃组成。

(4)性状 微晶蜡为无色或白色至黄色,室温下部分为半透明固体。稍有特殊气味。

(5)鉴别 按照"红外吸收光谱法"的溴化钾压片法规定的操作测定微晶蜡的红外吸收光谱,与参比光谱图(见图 9-53)比较,两个谱图在相同的波数几乎有同样的吸收强度。

(6)纯度

①熔点:70℃~95℃(按照"熔点测定"的第 2 类物质熔点测定规定进行)。

②铅:以 Pb 计,不超过 3.0μg/g(3.3g,第 1 法)。

③砷:以 As_2O_3 计,不超过 2.0μg/g(1.0g,第 3 法,装置 B)。

④多环芳烃:按照"固体石蜡"纯度⑤规定进行。

(7)烧灼残留物 不超过 0.10%。

312. 微纤维化纤维素

(1)其他名称 微纤化纤维素;Microfibrillated cellulose;Cellulose fibrils。

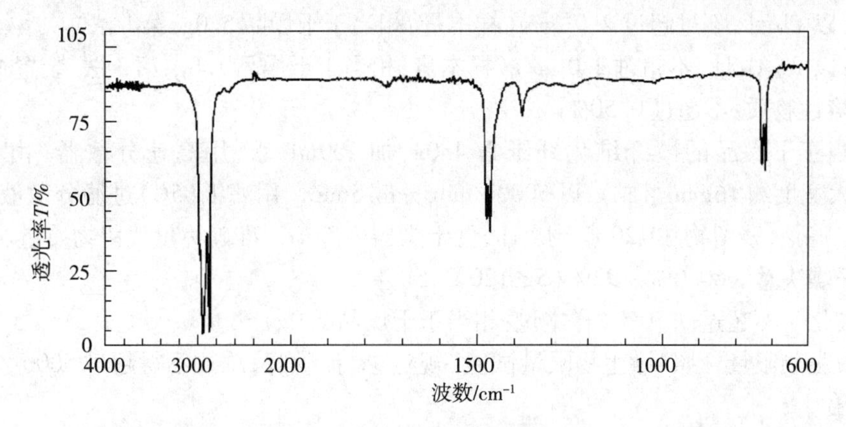

图 9－53　微晶蜡的红外吸收光谱图

(2)定义　微纤维化纤维素是将纸浆或棉花等主要含纤维的物质经微小纤维化制成。

(3)性状　微纤维化纤维素为白色、湿棉花样物质。

(4)鉴别

①将微纤维化纤维素干燥使成薄膜状，将其切成小片或打碎成小片。按照"红外吸收光谱法"的溴化钾压片法规定的操作测定微纤维化纤维素的红外吸收光谱。样品盘制备应使主要吸收谱带透明度在30%～80%。所得光谱图与参比光谱图(见图 9－54)比较，两个谱图在相同的波数具有同样的吸收强度。

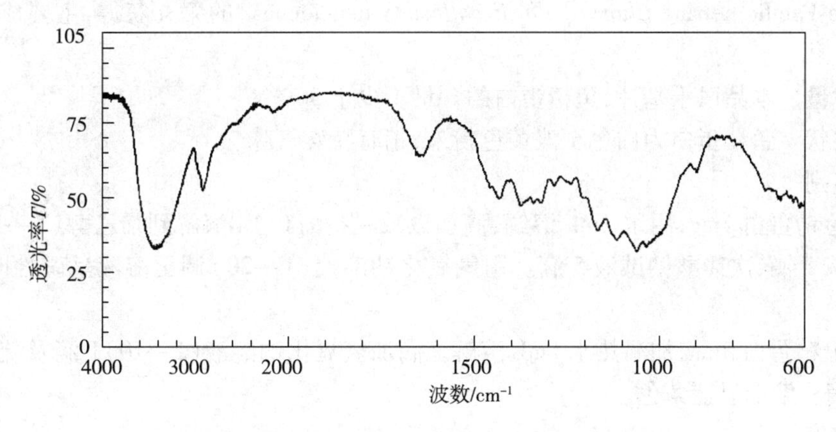

图 9－54　微纤维化纤维素的红外吸收光谱图

②称取相当于干燥品的微纤维化纤维素 5.0g，加水成 100g。用一直径 35mm 的转子叶片均质器和一个容积为 150mL 杯子(上部内径为 59mm，下部内径为 44mm，深度为 75mm)，以 10000r/min～12000r/min 混匀 3min。混合物为白色不透明的分散体，在 3h 以后仍不分层，保持同样状态。

③称取相当于干燥品的微纤维化纤维素 1.0g，加水配成 100g。照鉴别①规定均质化 3min。将所得白色混浊液通过带接收器的 20cm×25μm 标准筛，并轻轻水平振动 10s。蒸干通过标准筛的液体。残留物重量不得超过 0.30g。

(5)纯度

①pH：悬浮液 5.0～8.0(2.0g，水 100mL)。

②铅：以 Pb 计，不过超过 2.0μg/g（样本量：相当于干燥品 5.0g，第 1 法）。

③砷：以 As_2O_3 计，不超过 2.0μg/g（样本量：相当于干燥品 1.0g，第 3 法，装置 B）。

④水溶性物质：不超过 0.50%。

取相当于干燥品的微纤维化纤维素 4.0g，加 200mL 水，用高速分散器（由 4 片长约 14mm，最大宽度约 16mm 组成），以 5000r/min 分散 5min。用滤纸（5C）过滤分散液体。水浴蒸干 50mL 滤液，残留物在 120℃干燥 1h，置干燥器内冷却。准确称量残留物质量。

（6）干燥失量 60.0%～92%（5g，120℃，5h）。

（7）灰化 不超过 0.50%（样本量：相当于干燥品 2.0g）。

（8）微生物限量 照“微生物限量试验”规定进行。细菌总数不得超过 5000 /g，大肠杆菌不得检出。

313. 鱼精蛋白

（1）英文名 Milt protein；Protamine。

（2）编码 CAS 9012－00－4。

（3）定义 鱼精蛋白是从大泷六线鱼（the ainame *Hexagrammos otakii* Jordan et Starks），驼背大马哈鱼［the humpback salmon *Oncorhynchus gorbuscha*（Walbaum）］，马苏大马哈鱼［the chum salmon *Oncorhynchus keta*（Walbaum）］，红大马哈鱼［the sockeye salmon *Oncorhynchus nerka*（Walbaum）］，中西太平洋鲣鱼［the skipjack tuna *Katsuwonus pelamis*（Linnaeus）］，太平洋鲱鱼［the Pacific herring *Clupea pallasii pallasii* Valenciennes］的睾丸获得，主要成分为碱性蛋白。

（4）含量 本品以干基计，鱼精蛋白的含量不少于 50%。

（5）性状 鱼精蛋白为白色至淡黄色粉末，稍有特殊气味。

（6）鉴别

①取鱼精蛋白 1mg，用水 2mL 溶解，滴加以 α－萘酚 0.1g 溶解到稀乙醇（7→10）100mL 配制的溶液 5 滴，次氯酸钠试液 5 滴。用氢氧化钠溶液（1→20）调至溶液呈碱性时，溶液呈明亮的红色。

②取鱼精蛋白 5mg，加温热水 1mL 溶解。滴加氢氧化钠溶液（1→10）1 滴及硫酸铜溶液（1→7）2 滴。溶液呈蓝紫色。

（7）纯度

①溶液澄清度及颜色：无色至淡黄色，浑浊（0.5g，水 50mL，振摇 5min）。

②铅：不超过 5.0μg/g（2.0g，第 1 法）。

③砷：以 As_2O_3 计，不超过 4.0μg/g（0.50g，第 3 法，装置 B）。

（8）干燥失量 不超过 7.0%（100℃，3h）。

（9）灰化 不超过 15.0%。

（10）含量测定 准确称取相当于鱼精蛋白 0.1g～0.15g 样品用于含氮量测定，按照“氮测定”的凯氏定氮法规定进行操作。按式（9－95）计算鱼精蛋白含量 X。

0.05mol/L 硫酸 1mL ＝1.401mg N

$$X = \frac{m_1 \times 3.19}{m \times 1000} \times 100\% \qquad (9-95)$$

式中：

m_1——氮含量，mg；

m——干燥的样品量，g。

314. 混合生育酚

(1)**英文名称**　Mixed tocopherols。

(2)**定义**　混合生育酚从植物脂肪或油脂中获得，主要成分为 $d-\alpha-$生育酚、$d-\beta-$生育酚、$d-\gamma-$生育酚及 $d-\delta-$生育酚。产品可能含有食用脂肪或油脂类。

(3)**含量**　混合生育酚的总生育酚含量不少于34.0%。

(4)**性状**　混合生育酚为微黄色至棕红色，有特殊气味的透明黏稠液体。

(5)**鉴别**　按照"$d-\alpha-$生育酚"鉴别的规定进行。

(6)**纯度**

①比旋光度$[\alpha]_D^{20}$：不小于 +20°。

按照"$d-\alpha-$生育酚"的纯度①规定进行。

②酸值：不超过5.0。

按照"生育酚"的纯度②规定进行。

③重金属：以Pb计，不超过20μg/g(1.0g，第2法，参比溶液为用铅标准溶液2.0mL)。

④砷：以As_2O_3计，不超过4.0μg/g(0.50g，第3法，装置B)。

⑤抗氧化值：不小于40。

测试溶液　准确称取相当于总生育酚0.030g的样本，转移至200mL棕色容量瓶中，用无水乙醇溶解并定容至200mL。取此溶液2mL，置25mL棕色容量瓶中，加入三氯化铁的无水乙醇溶液(1→500)1mL，立即加入α，α′-联吡啶的无水乙醇溶液(1→200)1mL，轻微振摇，用无水乙醇定容至25mL。

参比溶液　取无水乙醇2mL，置25mL棕色容量瓶中，然后按照测试溶液配制进行。

操作　在加入三氯化铁的无水乙醇溶液后准确10min，测定测试溶液及参比溶液在520nm波长相对无水乙醇的吸光度(A和A')。按照式(9-96)计算抗氧化值X：

$$X=\frac{A-A'}{m}\times 2.82\times 2 \tag{9-96}$$

式中：

m——样品量，g。

(7)**含量测定**　按照"$d-\alpha-$生育酚"规定进行。

315. 红曲红色素

(1)**其他名称**　红曲红；Monascus color；Monascorubrin；Monascus red pigments。

(2)**定义**　红曲红色素绒毛红曲(Monascus pilosus)或紫红曲霉(*Monascus purpureus*)的培养液中获得，主要由红曲黄素和红曲红组成。

(3)**色值**　红曲红色素的色值($E_{1cm}^{10\%}$)不少于50，为标称值的90%～110%。

(4)**性状**　红曲红色素为暗红色粉末、膏状或液体，有轻微特殊气味。

(5)鉴别

①称取相当于色值50的红曲红样品1g,用乙醇与水的混合液(1:1)100mL溶解。溶液呈橘红色至暗红色。

②取鉴别①的溶液1mL,加入氨溶液1mL及丙酮1mL,45℃~55℃加热1min。溶液呈橘黄色。静置10min,产生黄绿色荧光。

③取鉴别①的溶液0.1mL,加入硝酸3mL,立即振摇,溶液呈黄色。

④将红曲红色素用乙醇和水的混合液(1:1)溶解,在480nm~520nm波长吸收最大。

(6)纯度

①重金属:以Pb计,不超过40μg/g(0.5g,第2法,参比溶液为铅标准溶液2.0mL)。

②铅:以Pb计,不超过10μg/g(1.0g,第1法)。

③砷:以As_2O_3计,不超过4.0μg/g(0.50g,第3法,装置B)。

④橘青霉素:不超过0.2μg/g(以色值50为基础计)。

测试溶液　以苯乙烯-二乙烯基苯树脂或丙烯酸酯树脂作为吸附填充材料。树脂先用甲醇清洗,再用水清洗,然后填充到内径为1cm的玻璃柱中,填充树脂的高度为10cm。通过核查最初流出的20mL液体中无橘青霉素来检查吸附树脂。准确称取相当于色值50的红曲红色素1g,置玻璃柱中树脂层上面。用甲醇和水的混合液(7:3)以2mL/min~3mL/min的流速通过树脂柱,收集最初20mL流出液。用孔径小于0.5μm的膜过滤器过滤流出液。

标准溶液　准确称取橘青霉素0.0100g,用甲醇溶解并定容至100mL。取该溶液1mL,用甲醇和水的混合液(7:3)稀释并定容至100mL。然后分别准确取1.0mL、5.0mL和10.0mL二级溶液于三个100mL容量瓶中,分别用甲醇和水的混合液(7:3)定容至刻度,作为标准溶液。

程序　分别取测试溶液和标准溶液5μL,按照以下操作条件进行液相色谱分析。此操作应立即进行。测定标准溶液中橘青霉素的峰面积,绘制标准曲线。测定测试溶液中橘青霉素,当由于橘青霉素的峰被其他峰干扰造成谱尾交叠时,应校正峰面积。

操作条件

检测器:荧光检测器(激发波长330nm,荧光波长550nm)。

色谱柱:内径3.9mm~4.6mm,长25cm~30cm的不锈钢柱。

柱填料:十八烷基键合硅胶,5μm。

柱温:室温。

流动相:水、乙腈和三氟乙酸的混合液(100:100:0.1)。

流速:1mL/min。

(7)色值　按照"色值试验"的规定进行。

操作条件

溶剂:水和乙醇的混合液(1:1)。

波长:最大吸收波长480nm~520nm。

316. L-谷氨酸钙

(1)其他名称　谷氨酸钙;二谷氨酸钙;Monocalcium di-L-glutamate;Calcium Diglutamate;Monocalcium bis[monohydrogen(2*S*)-2-aminopentanedioate] tetrahydrate。

(2)编码　CAS 69704－19－4;INS 623。

(3)分子式、相对分子质量与结构式　$C_{10}H_{16}N_2CaO_8 \cdot 4H_2O$;404.38;

$$\left[{}^{-}OOC-CH_2CH_2-C(H)(NH_2)-COOH \right]_2 Ca^{2+} \cdot 4H_2O$$

(4)含量　以无水基计,本品 L－谷氨酸钙($C_{10}H_{16}N_2CaO_8$ =332.32)含量为98.0%～102%。

(5)性状　L－谷氨酸钙为无色至白色的棱柱状结晶或白色晶体,有特殊味道。

(6)鉴别

①取 L－谷氨酸钙溶液(1→1000)5mL,加茚三酮溶液(1→1000)1mL,加热3min。溶液显紫色。

②L－谷氨酸钙对"定性试验"中所有钙盐试验产生相应反应。

(7)纯度

①比旋光度$[\alpha]_D^{20}$:+27.4°～+29.2°[10g,稀盐酸(1→4)100mL,以无水基计]。

②溶液澄清度与颜色:无色,几乎澄清透明(1.0g,水10mL)。

③pH:6.7～7.3(1.0g,水10mL)。

④氯化物:以Cl计,不超过0.10%(0.07g,参比溶液为0.01mol/L盐酸0.20mL)。

⑤重金属:以Pb计,不超过10μg/g(2.0g,第1法,参比溶液为铅标准溶液2.0mL)。

⑥砷:以As_2O_3计,不超过2.5μg/g(0.40g,第1法,装置B)。

(8)水分　不超过19%(0.3g,直接滴定法)。

(9)含量测定　精确称取 L－谷氨酸钙0.2g,加水50mL溶解,加氨－氯化铵缓冲液(pH10.7)2mL,用0.02mol/L EDTA溶液滴定(指示剂:铬黑T试液3滴),终点为溶液由红色变成蓝色。另以同样方式进行空白试验,进行必要的校正。以无水基计算。

$$0.02mol/L\ EDTA\ 1mL = 6.646mg\ C_{10}H_{16}N_2CaO_8$$

317. L－谷氨酸镁

(1)其他名称　谷氨酸镁;L－二谷氨酸镁;Monomagnesium di－L－glutamate;Magnesium diglutamate;Monomagnesium bis[monohydrogen(2*S*)－2－aminopentanedioate] tetrahydrate。

(2)编码　CAS:129160－51－6。

(3)分子式、相对分子质量与结构式　$C_{10}H_{16}N_2MgO_8 \cdot 4H_2O$;388.61;

$$\left[{}^{-}OOC-CH_2CH_2-C(H)(NH_2)-COOH \right]_2 Mg^{2+} \cdot 4H_2O$$

(4)含量　以无水基计,本品 L－谷氨酸镁($C_{10}H_{16}N_2MgO_8$ =316.55)含量为95.0%～105.0%。

(5)性状　L－谷氨酸镁为无色至白色的棱柱状结晶或白色晶体,有特殊味道。

(6)鉴别

①取 L－谷氨酸镁溶液(1→1000)5mL,加茚三酮溶液(1→1000)1mL,加热3min,溶液显

紫色。

②L－谷氨酸镁对“定性试验”中镁盐试验产生相应反应。

(7)纯度

①比旋光度$[\alpha]_D^{20}$：+28.8°～+30.7°[10g，稀盐酸(1→4)100mL，以无水基计]。

②溶液澄清度与颜色：无色，几乎澄清透明(1.0g，水10mL)。

③pH：6.5～7.5(1.0g，水10mL)。

④氯化物：以Cl计，不超过0.10%(0.07g，参比溶液为0.01mol/L盐酸0.20mL)。

⑤重金属：以Pb计，不超过10μg/g(2.0g，第1法，参比溶液为铅标准溶液2.0mL)。

⑥砷：以As_2O_3计，不超过2.5μg/g(0.40g，第1法，装置A操作)。

(8)水分 不超过24%(0.2g，直接滴定法)。

(9)含量测定 准确称取L－谷氨酸镁0.2g，加水50mL溶解，加氨—氯化铵缓冲液(pH 10.7)2mL，用0.02mol/L EDTA溶液滴定(指示剂：铬黑T试液3滴)，终点为溶液由红色变成蓝色。另以同样方式做空白试验，进行必要校正。以无水基计算。

$$0.02mol/L\ EDTA1mL = 6.331mg\ C_{10}H_{16}N_2MgO_8$$

318. 柠檬酸一钾

(1)其他名称 柠檬酸二氢钾；Monopotassium citrate；Potassium dihydrogen citrate；Monopotassium dihydrogen 2－hydroxypropane－1，2，3－tricarboxylate。

(2)编码 CAS 866－83－1；INS 332(i)。

(3)分子式、相对分子质量与结构式 $C_6H_7KO_7$；230.21；

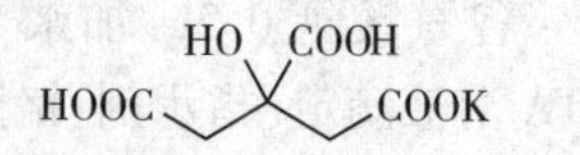

(4)含量 以干基计，本品柠檬酸一钾($C_6H_7KO_7$)含量为99.0%～101.0%。

(5)性状 柠檬酸一钾为无色结晶或晶体粉末。无气味。

(6)鉴别 对“定性试验”中所有钾盐试验和柠檬酸盐试验2产生相应反应。

(7)纯度

①溶液澄清度及颜色：无色，几乎澄清(1.0g，水20mL)。

②pH：3.0～4.2(1.0g，水20mL)。

③硫酸盐：以SO_4计，不超过0.024%(1.0g，参比溶液为0.005mol/L硫酸0.5mL)。

④重金属：以Pb计，不超过10μg/g(2.0g，第2法，参比溶液为铅标准溶液2.0mL)。

⑤砷：以As_2O_3计，不超过4.0μg/g(0.5g，第1法，装置B)。

(8)干燥失量 不超过0.5%(105℃，3h)。

(9)含量测定 准确称取柠檬酸一钾0.4g，加非水滴定用乙酸30mL，加温溶解。冷却，用0.1mol/L高氯酸滴定。通常使用电位计确定滴定终点。当以结晶紫—乙酸试液1mL为指示剂时，溶液由紫色经过蓝色变为绿色即为滴定终点。以同样方式做空白试验，进行必要校正。以干基计算含量。

$$0.1mol/L\ 高氯酸\ 1mL = 23.022mg\ C_6H_7KO_7$$

319. L－谷氨酸钾

(1)其他名称 谷氨酸一钾；L－谷氨酸钾盐；Monopotassium L－glutamate；Monopotassium glutamate；Monopotassium monohydrogen；(2*S*)－2－aminopentanedioate monohydrate。

(2)编码 CAS 6382－01－0。

(3)分子式、相对分子质量与结构式 $C_5H_8NKO_4 \cdot H_2O$；203.23；

KOOC—CH₂CH₂—C(H)(NH₂)—COOH · H_2O

(4)含量 以干基计，本品L－谷氨酸钾($C_5H_8NKO_4 \cdot H_2O$)含量为99.0%～101.0%。

(5)性状 L－谷氨酸钾为无色至白色棱柱状结晶或白色晶体粉末。具有吸湿性和特异味道。

(6)鉴别

①取L－谷氨酸钾溶液(1→1000)5mL，加茚三酮溶液(1→1000)1mL，加热3min，溶液显紫色。

②L－谷氨酸钾对"定性试验"中所有钾盐试验产生相应反应。

(7)纯度

①比旋光度$[\alpha]_D^{20}$：+22.5°～+24.0°[10g，稀盐酸(1→4)100mL，以干基计]。

②溶液澄清度与颜色：无色，澄清(1.0g，水10mL)。

③pH：6.7～7.3(1.0g，水10mL)。

④氯化物：以Cl计，不超过0.10%(0.07g，参比溶液为0.01mol/L盐酸0.20mL)。

⑤重金属：以Pb计，不超过10μg/g(2.0g，第1法，参比溶液为铅标准溶液2.0mL)。

⑥砷：以As_2O_3计，不超过2.5μg/g(0.80g，第1法，装置B)。

(8)干燥失量 不超过0.5%(80℃，5h)。

(9)含量测定 准确称取L－谷氨酸钾0.15g，用甲酸3mL溶解。以0.1mol/L高氯酸滴定。通常使用电位计确定滴定终点。当以结晶紫－乙酸试液1mL作为指示剂，溶液由褐色变为绿色即为滴定终点。以同样方式做空白试验，进行必要的校正。以干基计算含量。

0.1mol/L高氯酸1mL＝10.16mg $C_5H_8NKO_4 \cdot H_2O$

320. L－天冬氨酸钠

(1)其他名称 L－天门冬氨酸钠；氨基－L－丁二酸一钠；L－天冬氨酸一钠；Monosodium L－Aspartate；Monosodium(2*S*)－2－aminobutanedioate monohydrate；Sodium hydrogen L－aspartate。

(2)编码 CAS 3792－50－5。

(3)分子式、相对分子质量与结构式 $C_4H_6NNaO_4 \cdot H_2O$；173.10；

NaOOC—CH₂—C(H)(NH₂)—COOH · H_2O

(4)含量 以干基计，本品L－天冬氨酸钠($C_4H_6NNaO_4 \cdot H_2O$)含量不低于98.0%。

(5)性状 L－天冬氨酸钠为无色至白色棱柱状结晶或白色晶体粉末，有特殊味道。

(6)鉴别

①取L-天冬氨酸钠溶液(1→1000)5mL,加茚三酮溶液(1→1000)1mL,加热3min,溶液显紫色。

②L-天冬氨酸钠对"定性试验"中所有钠盐试验产生相应反应。

(7)纯度

①比旋光度$[\alpha]_D^{20}$:+18.0°~+21.0°[4g,稀盐酸(1→2)50mL,以干基计]。

②溶液澄清度与颜色:无色,澄清(1.0g,水10mL)。

③pH:6.0~7.5(1.0g,水20mL)。

④氯化物:以Cl计,不超过0.041%(0.30g,参比溶液为0.01mol/L盐酸0.35mL)。

⑤重金属:以Pb计,不超过20μg/g(1.0g,第1法,参比溶液为铅标准溶液2.0mL)。

⑥砷:以As_2O_3计,不超过4.0μg/g(0.50g,第1法,装置B)。

(8)干燥失量 不超过0.3%(减压干燥,5h)。

(9)含量测定 准确称取L-天冬氨酸钠0.10g,加甲酸3mL和乙酸100mL,用0.1mol/L高氯酸滴定。按照"天门冬酰胺"含量测定的规定进行。

$$0.1mol/L\ 高氯酸\ 1mL = 8.655mg\ C_4H_6NNaO_4 \cdot H_2O$$

321. 富马酸一钠

(1)其他名称 富马酸单钠;反丁烯二酸一钠;Monosodium fumarate;Sodium fumarate;Sodium hydrogen fumarate;Monosodium fumaric acid;Monosodium monohydrogen(2*E*)-but-2-enedioate。

(2)编码 CAS 5873-57-4。

(3)分子式、相对分子质量与结构式 $C_4H_3NaO_4$;138.05;

HOOC⁄⁀COONa

(4)含量 本品干燥后,富马酸一钠($C_4H_3NaO_4$)含量为98.0%~102.0%。

(5)性状 富马酸一钠为白色晶体粉末。无气味,有特殊酸味。

(6)鉴别

①照"富马酸"鉴别③和④规定进行。

②富马酸一钠对"定性试验"中所有钠盐试验产生相应反应。

(7)纯度

①溶液澄清度及颜色:无色,澄清。

测试溶液 取富马酸一钠0.50g,加水10mL,40℃温热,溶解并振摇10min。

②pH:3.0~4.0(1.0g,水30mL)。

③硫酸盐:以SO_4计,不超过0.010%。按照"富马酸"纯度②规定进行。

④重金属:以Pb计,不超过20μg/g。按照"富马酸"纯度③规定进行。

⑤砷:以As_2O_3计,不超过4.0μg/g。

测试溶液 称取富马酸一钠0.50g,加水10mL,加温溶解,冷却。

装置 使用装置B。采用酸性氯化亚锡试液10mL和无砷锌3g。

(8)干燥失量 不超过0.5%(120℃,4h)。

(9)灼热残留物 50.5%~52.5%(以干燥样品计)。

(10)含量测定 准确称取经预先干燥的富马酸一钠0.3g,加水30mL溶解,用0.1mol/L

氢氧化钠滴定(指示剂:酚酞试液 2 滴)。

0.1mol/L 氢氧化钠 1mL = 13.81mg $C_4H_3NaO_4$

322. L－谷氨酸钠

(1)其他名称 谷氨酸钠;L－2－氨基戊二酸钠一水合物;味精;Monosodium L－glutamate;Monosodium glutamate;Soda glutamate;Monosodium monohydrogen(2*S*)－2－aminopentanedioate;MSG。

(2)编码 CAS 6104－04－3;FEMA 2756;INS 621。

(3)分子式、相对分子质量与结构式 $C_5H_8NNaO_4 \cdot H_2O$;187.13;

NaOOC COOH · H_2O H NH_2

(4)含量 以干基计,本品 L－谷氨酸钠($C_5H_8NNaO_4 \cdot H_2O$)含量不低于 99.0%。

(5)性状 L－谷氨酸钠为无色至白色棱柱状结晶或白色晶体粉末,有特殊味道。

(6)鉴别

①取 L－谷氨酸钠溶液(1→1000)5mL,加茚三酮溶液(1→1000)1mL,加热 3min,溶液显紫色。

②本品对"定性试验"中所有钠盐试验产生相应反应。

(7)纯度

①比旋光度$[\alpha]_D^{20}$:+24.8°～+25.3°[10g,稀盐酸(1→5)100mL,以干燥品计]。

②溶液澄清度与颜色:无色,澄清(1.0g,水 10mL)。

③pH:6.7～7.2(1.0g,水 20mL)。

④氯化物:以 Cl 计,不超过 0.041%(0.30g,参比溶液为 0.01mol/L 盐酸 0.35mL)。

⑤重金属:以 Pb 计,不超过 10μg/g(1.0g,第 1 法,参比溶液为铅标准溶液 2.0mL)。

⑥砷:以 As_2O_3 计,不超过 2.5μg/g(0.80g,第 1 法,装置 B)。

(8)干燥失量 不超过 0.5%(97℃～99℃,5h)。

(9)含量测定 准确称取 L－谷氨酸钠 0.15g,照"DL－丙氨酸"含量测定规定进行。

0.1mol/L 高氯酸 1mL = 9.356mg $C_5H_8NNaO_4 \cdot H_2O$

323. 琥珀酸一钠

(1)其他名称 丁二酸氢钠;琥珀酸氢钠;Monosodium succinate;Monosodium monohydrogen butanedioate;Sodium hydrogen succinate。

(2)编码 CAS 2922－54－5。

(3)分子式、相对分子质量与结构式 $C_4H_5NaO_4$;140.07;

HOOC COONa

(4)含量 本品琥珀酸一钠($C_4H_5NaO_4$)含量为 98.0%～102.0%。

(5)性状 琥珀酸一钠为无色至白色结晶或白色晶体粉末。无气味,有特殊味道。

(6)鉴别 本品对"定性试验"中所有钠盐和琥珀酸盐试验产生相应反应。

(7)纯度

①pH:4.3～5.3(1.0g,水 10mL)。

②硫酸盐：以 SO_4 计，不超过 0.019%（1.0g，参比溶液为 0.005mol/L 硫酸 0.40mL）。

③重金属：以 Pb 计，不超过 20μg/g。

测试溶液　取琥珀酸一钠 1.0g，加水 20mL 溶解，加酚酞试液 1 滴，滴加氨试液至溶液稍显淡粉红色。加稀乙酸（1→20）2mL，加水至 50mL。

参比溶液　取铅标准溶液 2.0mL，加稀乙酸（1→20）2mL，并用水定容至 50mL。

④砷：以 As_2O_3 计，不超过 4.0μg/g（0.50g，第 1 法，装置 B）。

⑤易氧化物：称取琥珀酸一钠 2.0g，加水 25mL 和稀硫酸（1→20）25mL 溶解。加 0.1mol/L 高锰酸钾 4.0mL，溶液的粉红色在 3min 内不消失。

(8) 灼热残留物　49.5% ~51.5%。

(9) 含量测定　准确称取琥珀酸一钠 0.3g，加水 30mL 溶解，用 0.1mol/L 氢氧化钠滴定（指示剂：酚酞试液 2 滴）。

0.1mol/L 氢氧化钠 1mL = 14.01mg $C_4H_5NaO_4$

324. 吗啉脂肪酸盐

(1) 其他名称　吗啉脂肪酸盐；果蜡；Morpholine salts of fatty acids；Morpholine salts of fatty acids；Fruit wax。

(2) 编码　CAS 977034 - 72 - 2。

(3) 性状　吗啉脂肪酸盐为淡黄色至黄褐色蜡状或油状物。

(4) 鉴别

①向吗啉脂肪酸盐样品 2g 中加入稀盐酸（3→5）10mL，水浴加热 10min，不时振摇，冷却。去除油状或固体沉积物，并用氢氧化钠溶液（1→25）使最终溶液碱化。将此溶液用甲醇溶解（1→3），作为测试溶液。此外，配制吗啉的甲醇溶液（1→200），作为标准溶液。

分析　取 1.0μL 检测溶液和标准溶液分别按如下气相色谱操作条件进样测定。测试溶液主峰的保留时间应与标准溶液中相应吗啉的峰一致。

操作条件

检测器：氢火焰离子化检测器。

色谱柱：硅酸盐玻璃毛细管柱（内径 0.25mm，长 30m）涂布 0.25μm 厚 5% 二苯基和 95% 二甲基聚硅氧烷的混合物。

柱温：维持柱温 50℃ 1min，以 10℃/min 升温至 250℃，然后以 5℃/min 升温至 325℃。

载气：氮气。

流速：约 1.2mL/min 的恒定流速。

②称取吗啉脂肪酸盐样本 1g，加乙醇 2mL，加热溶解，加稀硫酸（1→20）5mL，水浴中加热 30min，冷却。有油滴或白色至黄白色固体析出。

分离收集油滴或固体，加乙醚 5mL，振摇，油滴或固体溶解。

(5) 纯度

①重金属：以 Pb 计，不超过 20μg/g（1.0g，第 2 法，参比溶液为铅标准溶液 2.0mL）。

②砷：以 As_2O_3 计，不超过 4.0μg/g。

测试溶液　称取吗啉脂肪酸盐样本 0.50g，加稀硫酸（1→20）5mL，水浴加热 30min，冷却。用乙醚萃取除去沉积的脂肪酸，水浴加热溶液，除去乙醚。

装置　使用装置 B。

(6)烧灼残留物　不超过 1.0%。

325. 柚皮苷

(1)其他名称　柚苷;柑橘苷;柚皮甙;Naringin;5 – Hydroxy – 2 – (4 – hydroxyphenyl) – 4 – oxochroman – 7 – yl;α – L – rhamnopyranosyl – (1→2) – β – D – glucopyranoside。

(2)编码　CAS 10236 – 47 – 2;FEMA 2769。

(3)分子式、相对分子质量与结构式　$C_{27}H_{32}O_{14}$;580.53;

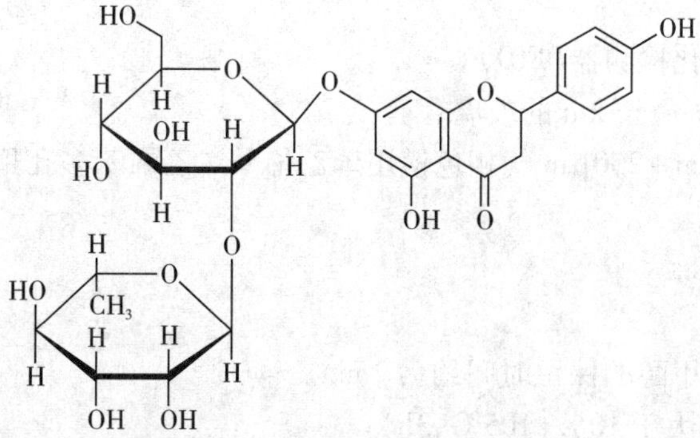

(4)定义　柚皮苷是以葡萄柚(*Citrus paradise* Macfadyen)的果皮、汁液或种子为原料,用水、乙醇或甲醇抽提分离获得。主要成分为柚皮苷($C_{27}H_{32}O_{14}$)。

(5)含量　本品干燥后,柚甙($C_{27}H_{32}O_{14}$ = 580.53)含量为 90% ~ 110%。

(6)性状　柚皮苷为白色或浅黄色晶体。

(7)鉴别

①取柚皮苷 5mg,加 50% 乙醇(体积分数)10mL 溶解,加三氯化铁溶液(1→500)1 滴 ~ 2 滴。溶液显褐色。

②取柚皮苷 5mg,用氢氧化钠试液 5mL 溶解。显黄色至橙色。

③取柚皮苷 0.010g,加水 500mL 溶解。此溶液有苦味,在 280nm ~ 285nm 波长吸收最大。

(8)纯度

①重金属:以 Pb 计,不大于 20μg/g(1.0g,第 2 法,参比溶液为用铅标准溶液 2.0mL)。

②铅:以 Pb 计,不大于 5.0μg/g(1.0g,第 1 法)。

③砷:以 As_2O_3 计,不大于 2.0μg/g(1.0g,第 3 法,装置 B)。

④甲醇:不大于 50μg/g。

(a)设备　采用“槐树提取物”纯度④的设备。

(b)方法

测试溶液　准确称取柚皮苷 5g 于茄形烧瓶中,加水 100mL,少量沸石,硅树脂 3 滴 ~ 4 滴,充分搅拌。准确取内标液 2mL 于容量瓶 E 中,装好装置。用水湿润连接部分。以 2mL/min ~ 3mL/min 的速率蒸馏,调节速率避免气泡进入导管 C,收集馏出液 45 mL。再向馏出液加水定容至 50mL。用叔丁醇溶液(1→1000)作内标液。

标准溶液　准确称取甲醇 0.5g,加水定容至 100mL。准确取此溶液 5mL,加水定容至 100mL。随后,准确取二级溶液 2mL 和内标液 4mL 于 100mL 容量瓶中,加水定容至100mL。

程序　分别取测试溶液和标准溶液 2.0 μL,按以下的操作条件进行气相色谱分析。得到测试溶液和标准溶液的甲醇与叔丁醇的峰面积比值(Q_T和Q_S),按式(9－97)计算甲醇含量X(单位为 μg/g):

$$X = \frac{m_1}{m} \times \frac{Q_T}{Q_S} \times 500 \quad (9-97)$$

式中:

m_1——甲醇量,g;

m——样品量,g。

操作条件

检测器:氢焰离子化检测器(FID)。

色谱柱管:内径3mm、长2m的玻璃管。

柱填充材料:180μm～250μm气相色谱用苯乙烯－二乙烯苯多孔聚合物。

柱温:120℃,恒温。

进样口温度:200℃。

载气:氮气或氦气。

流量:调整流速使甲醇的保留时间约为2min。

(9)干燥失量　不大于10%(105℃,3h)。

(10)含量测定

准确称取预先经105℃干燥3h的柚皮苷0.2g,加50%(体积分数)乙醇溶解并定容至100mL。用0.45μm孔径大小的滤膜过滤此溶液,准确取滤液1mL,加水定容至100mL。以水为参比,在280nm波长测定溶液的吸光度(A),按式(9－98)计算柚皮苷($C_{27}H_{32}O_{14}$)含量X:

$$X = \frac{A}{28.0} \times \frac{10}{m} \times 100\% \quad (9-98)$$

式中:

m——样品量,g。

326. 那他霉素

(1)其他名称　纳塔霉素;纳他霉素;匹马菌素;游霉素;Natamycin;Pimaricin;Delvolan;Delvocid;(1R^*,3S^*,5R^*,7R^*,8E,12R^*,14E,16E,18E,20E,22R^*,24S^*,25R^*,26S^*)－22－(3－Amino－3,6－dideoxy－β－D－mannopyranosyloxy)－1,3,26－trihydroxy－12－methyl－10－oxo－6,11,28－trioxatricyclo[22.3.1.05,7]octacosa－8,14,16,18,20－pentaene－25－carboxylic acid。

(2)编码　CAS 7681－93－8;INS 235。

(3)分子式、相对分子质量与结构式　$C_{33}H_{47}NO_{13}$;665.73;

(4)**含量**　以无水基计,本品那他霉素($C_{33}H_{47}NO_{13}$)含量不少于95.0%。

(5)**性状**　那他霉素为白色至乳白色晶体粉末。

(6)**鉴别**

①取那他霉素1mg,加盐酸1mL,振摇。显蓝色。

②取那他霉素5mg,溶解于乙酸的甲醇溶液(1→1000)1000mL中。此溶液在波长290nm、303nm和318nm波长吸收最大。

③按照"红外吸收光谱法"的溴化钾压片法规定的操作测定那他霉素的红外吸收光谱,与参比光谱图(见图9-55)比较,两个谱图在相同的波数几乎有同样的吸收强度。

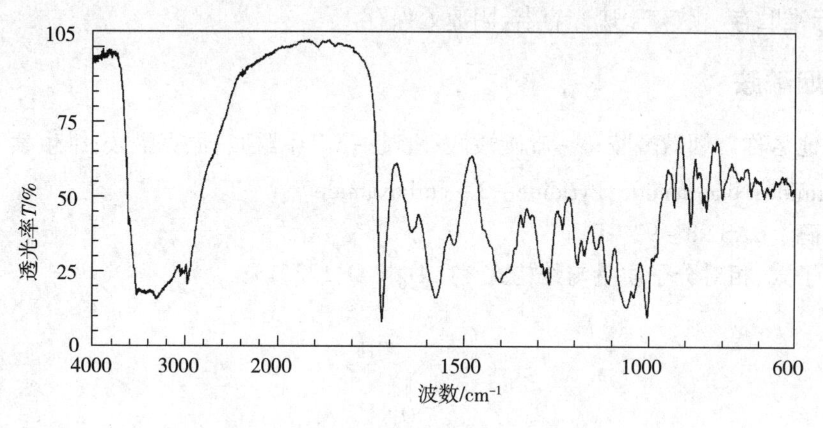

图9-55　那他霉素的红外吸收光谱图

(7)**纯度**

①比旋光度$[\alpha]_D^{20}$:+250°~+295°(1g,乙酸100mL,以无水基计)。

②pH:5.0~7.5(1%悬浊液)。

③铅:以Pb计,不大于2.0 μg/g(5.0 g,第1法)。

(8)**水分**　6.0%~9.0%(0.03g,库仑滴定法)。

(9)**灼热残留物**　不大于0.5%。

(10)**含量测定**　此试验的所有操作过程应避免日光直射,采用的装置也应是能避光的。

测试溶液和标准溶液　首先应采用相同操作测定本品与那他霉素标准品的水分,再分别准确称取那他霉素与那他霉素标准品(如同样本一样预先测定水分含量)各0.02g。各加入四氢呋喃5mL,超声10min,再分别加入甲醇60mL溶解。然后加水25mL,冷却至室温。将两种溶液加水定容至100mL。将其分别作为测试溶液和标准溶液。

程序　分别取测试溶液和标准溶液各 20 μL,按照以下操作条件进行液相色谱分析。测定测试溶液与标准溶液中那他霉素的峰面积(A_T 和 A_S),以无水基计,按式(9－99)计算样本中那他霉素($C_{33}H_{47}NO_{13}$)含量 X:

$$X = \frac{m_1}{m} \times \frac{A_T}{A_S} \times 100\% \tag{9-99}$$

式中:

m_1——无水那他霉素标准品量,mg;

m——无水样品量,mg。

操作条件

检测器:紫外检测器(波长 303nm)。

色谱柱管:内径 4.6mm,长 25cm 的不锈钢管。

填料:5μm～10μm 液相色谱用十八烷基硅烷键合硅胶。

柱温:室温。

流动相:称取乙酸铵 3.0g,氯化铵 1.0g,用水 760mL 溶解,再加四氢呋喃 5.0mL,乙腈 240mL,以此溶液作为流动相。

流速:2mL/min。

(11)标准贮存　贮存于遮光容器,阴凉处保存。

327. 烟酰胺

(1)其他名称　烟碱酰胺;3－吡啶羧酸;吡啶－3－甲酰胺;尼克酰胺;维生素 B_3;维生素 PP;Nicotinamide;Niacinamide;Pyridine－3－carboxamide。

(2)编码　CAS 98－92－0。

(3)分子式、相对分子质量与结构式　$C_6H_6N_2O$;122.13;

(4)含量　以干基计,本品烟酰胺($C_6H_6N_2O$)的含量为 98.5%～101.0%。

(5)性状　烟酰胺为白色晶体粉末。无气味,有苦味。

(6)鉴别

①按照"烟酸"鉴别①的规定进行。

②称取烟酰胺 0.02g,加入氢氧化钠溶液(1→25)5mL,慢慢煮沸。产生氨气味。

(7)纯度

①熔点:128℃～131℃。

②pH:6.0～7.5(1.0g,加水至 20mL)。

③重金属:以 Pb 计,不大于 30μg/g(1.0g,第 1 法,参比溶液为铅标准溶液 3.0mL)。

④易碳化物质:称取烟酰胺 0.2g 进行试验,采用"附录　试剂、溶液和其他参考物质"的配比液 A。

(8)干燥失量　不大于 0.5%(4h)。

(9)灼热残留物　不大于 0.10%。

(10)含量测定

准确称取烟酰胺0.2g，加乙酸30mL溶解，用0.1mol/L高氯酸滴定(指示剂：结晶紫-乙酸试液1mL)，溶液的紫色由蓝变绿即为终点。以同样方式做空白试验，进行必要校正，再以干基计算含量。

$$0.1\text{mol/L 高氯酸 }1\text{mL} = 12.21\text{mg } C_6H_6N_2O$$

328. 烟酸

(1)其他名称 烟碱酸；烟酸碱；3-吡啶甲酸；吡啶-3-羧酸；尼克酸；维生素 B_5；Nicotinic acid；Niacin；3-PICOLINIC ACID；Pyridine-3-carboxylic acid。

(2)编码 CAS 59-67-6；INS 375。

(3)分子式、相对分子质量与结构式 $C_6H_5NO_2$；123.11；

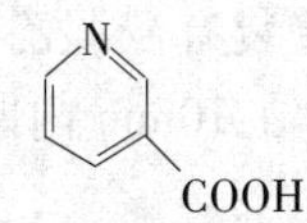

(4)含量 以干燥品计，本品烟酸($C_6H_5NO_2$)含量为99.5%~101.0%。

(5)性状 烟酸为白色结晶或晶体粉末。无气味，稍有酸味。

(6)鉴别

①称取烟酸5mg，加入2,4-二硝基氯苯10mg，混合，加热数秒熔融。冷却，加入氢氧化钾的乙醇试液4mL。显暗紫色。

②取烟酸溶液(1→400)20mL，加氢氧化钠溶液(1→250)中和，加入硫酸铜溶液(1→8)3mL。逐渐形成蓝色沉淀。

(7)纯度

①熔点：234℃~238℃。

②氯化物：以Cl计，不大于0.021%(0.5g，参比溶液为0.01mol/L盐酸0.30mL)。

③硫酸盐：以 SO_4 计，不大于0.019%(0.5g，参比溶液为0.005mol/L硫酸0.20mL)。

④重金属：以Pb计，不大于20μg/g(1.0g，第1验，参比溶液为铅标准溶液2.0mL)。

(8)干燥失量 不大于1.0%(105℃，1h)。

(9)灼热残留物 不大于0.10%。

(10)含量测定 准确称取烟酸约0.3g，用50mL水溶解。用0.1mol/L氢氧化钠滴定(指示剂：酚酞试液5滴)，以干基计算。

$$0.1\text{mol/L 氢氧化钠 }1\text{mL} = 12.31\text{mg } C_6H_5NO_2$$

329. 一氧化二氮

(1)其他名称 氧化亚氮；笑气；Nitrous oxide；Dinitrogen monoxide；Laughing gas。

(2)编码 CAS 10024-97-2；INS 942。

(3)分子式相对分子质量 N_2O，44.01。

(4)定义 一氧化二氮是一种主要成分为一氧化二氮(N_2O)的气体。其贮存在除套筒容器以外的密封抗压金属容器中。

(5)含量 本品一氧化二氮(N_2O)含量不少于97.0%(体积分数)。

(6)性状 一氧化二氮在室温、大气压下为无色气体。无气味。

(7)鉴别

①余火未尽的木片与一氧化二氮接触时会突然燃烧起来。

②分别取一氧化二氮(样本)与一氧化二氮(N_2O)各1mL,按照以下操作条件进行气相色谱分析。样本的主峰与一氧化二氮(N_2O)的保留时间一致。

(8)纯度 本试验中一氧化二氮的量是指在20℃,一个大气压下(101.3kPa)的体积。考虑试验时温度和压力,应采集适量的样本。

①氯化物:取0.1mol/L硝酸银试液2.5mL,加水配至50mL。当一氧化二氮10L通入此液体,并保持5min时,溶液出现白色浑浊。浑浊度不应大于以下溶液:取0.1mol/L硝酸银试液2.5mL,加氯离子标准贮备液1mL,稀硝酸0.15mL,加水至50mL,放置5min。

②砷化氢与磷化氢:在纳氏管中加入二乙基二硫代氨基甲酸银-喹啉试液5mL。在纳氏管中插入气体导管,气体导管一端连接着装有浸湿乙酸铅试液的脱脂棉的玻璃管。气体导管另一端应插至距纳氏管底部2mm处。在10min内向纳氏管导入一氧化二氮10L。二乙基二硫代氨基甲酸银-喹啉试液应不变色。

③一氧化碳:用气相色谱分析用气体测定管或注射器取一氧化二氮5mL,按以下操作条件进行气相色谱分析。在一氧化碳的保留时间处没有峰出现。

操作条件

检测器:热导检测器。当注入含有0.1%(体积分数)一氧化碳的氢气或氦气5mL时,峰约为10cm或更高。

色谱柱:内径3mm,长3m的玻璃管。

柱填充材料:300μm~500μm气相色谱分析用沸石。

柱温:约50℃,恒温。

载气:氦气或氢气。

流量:调整流速使一氧化碳的出峰时间在进样后约20min。

④一氧化氮和二氧化氮:不大于2μL/L总体积。

使用连接二氧化氮检测管的检测管气体测试仪。

(9)含量测定 采集的一氧化二氮应符合规定的纯度要求。

用气相色谱分析用气体测定管或注射器取一氧化二氮1.0mL,按以下操作条件进行气相色谱分析,测定空气的峰面积(A_T)。另外,在气体混合器中导入氮气3.0mL,加入载气配至100mL。混合均匀后为标准混合气体。取该混合气体1.0mL,按样本测定相同条件测定氮气的峰面积(A_S)。按式(9-100)计算一氧化二氮(N_2O)含量X:

$$X = \left(100 - 3 \times \frac{A_T}{A_S}\right) \times 100\% \qquad (9-100)$$

操作条件

检测器:热导检测器。

色谱柱:内径3mm,长3m的玻璃管。

柱填充材料:300μm~500μm气相色谱分析用沸石。

柱温:约50℃,恒温。

载气:氦气或氢气。

流量:调整流速使氮气的出峰约在进样后2min。

330. γ-壬内酯

(1)其他名称 α-戊基-γ-丁内酯;戊基丁内酯;椰子醛;γ-nonalactone;Nonalactone;Nonano-1,4-lactone;Pentyldihydrofuran-2(3*H*)-one。

(2)编码 CAS 104-61-0;FEMA:2781。

(3)分子式、相对分子质量与结构式 $C_9H1_6O_2$;156.22;

H_3C (结构式)

(4)含量 本品γ-壬内酯($C_9H1_6O_2$)含量不少于98.0%。

(5)性状 γ-壬内酯为无色或淡黄色透明液体,有甜椰子样气味。

(6)鉴别 按照"红外吸收光谱法"的液膜法规定的操作测定γ-壬内酯的红外吸收光谱,与参比光谱图(见图9-56)比较,两个谱图在相同的波数几乎有同样的吸收强度。

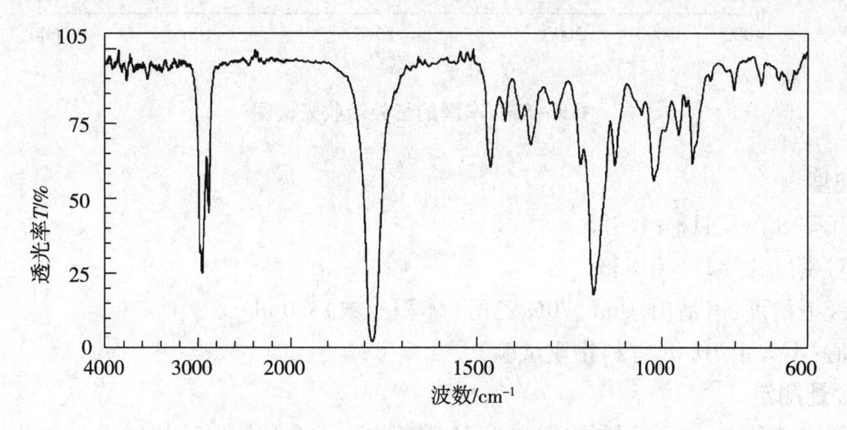

图9-56 γ-壬内酯的红外吸收光谱图

(7)纯度

①折射率 n_D^{20}:1.446~1.450。

②相对密度:0.965~0.970。

③溶液澄清度:澄清[2.0mL,70%(体积分数)乙醇4.0mL]。

④酸值:不大于2.0(香料物质试验)。

(8)含量测定 准确取γ-壬内酯约1g,按"香料物质试验"的酯含量规定进行。

0.5mol/L氢氧化钾的乙醇溶液1mL=78.11mg $C_9H1_6O_2$

331. 辛醛

(1)其他名称 羊脂醛;1-辛醛;正辛醛;Octanal;Caprylic Aldehyde;Octyl aldehyde。

(2)编码 CAS 124-13-0;FEMA 2927。

(3)分子式、相对分子质量与结构式 $C_8H_{16}O$;128.21;

CHO
H_3C

(4)含量 本品辛醛($C_8H_{16}O$)含量不少于92.0%。

(5)性状 辛醛为无色或稍带黄色的透明液体,有特殊气味。

(6)鉴别

按照"红外吸收光谱法"的液膜法规定的操作测定辛醛的红外吸收光谱,与参比光谱图(见图9-57)比较,两个谱图在相同的波数几乎有同样的吸收强度。

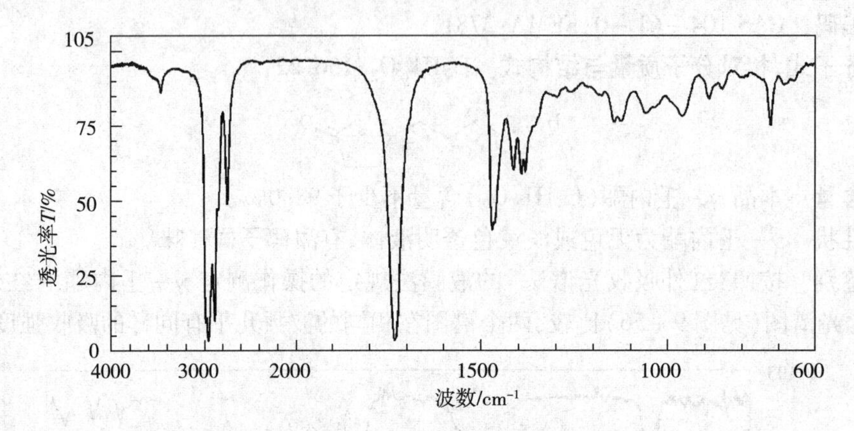

图9-57 辛醛的红外吸收光谱图

(7)纯度

①折光率n_D^{20}:1.417~1.425。

②相对密度:0.821~0.833。

③溶液澄清度:澄清[1.0mL,70%乙醇(体积分数)3.0mL]。

④酸值:不大于10.0(香料物质试验)。

(8)含量测定

准确取辛醛约1g,按"香料物质试验"的醛类或酮类含量第一法规定进行。此试验中,滴定前应放置15min。

0.5mol/L氢氧化钾的乙醇溶液1mL=64.11mg $C_8H_{16}O$

332. 草酸

(1)其他名称 乙二酸;Oxalic acid;Ethanedioic acid dihydrate(二水合乙二酸)。

(2)编码 CAS 6153-56-6。

(3)分子式、相对分子质量与结构式 $C_2H_2O_4 \cdot 2H_2O$;126.07(二水);

$$HOOC—COOH \cdot 2H_2O$$

(4)含量 本品草酸($C_2H_2O_4 \cdot 2H_2O$)含量为99.5%~101.0%。

(5)性状 草酸为无色结晶。无气味。

(6)鉴别

①草酸加热时升华。

②取草酸溶液(1→10)1mL,加硫酸2滴,高锰酸钾溶液(1→300)1mL,加热。溶液粉红色消失。

③加氨水试液将草酸溶液(1→10)调为碱性,加氯化钙溶液(3→40)1mL。出现白色沉淀。

(7)纯度

①溶液颜色和澄清度:无色,几乎澄清。

测试溶液:取草酸 1.0g,加水 20mL,煮沸溶解。

②硫酸盐:以 SO_4 计,不大于 0.077%。

试样溶液　取草酸 1.0g,加水 20mL 及无水碳酸钠溶液(1→8)1mL,水浴蒸干,逐渐加热,在 600℃ ~700℃灼热。向残留物加水 10mL 及硝酸 0.5mL,煮沸,加盐酸 2mL,水浴蒸干。将残留物加水配成 100mL,过滤。取滤液 25mL 作为试样溶液。

参比溶液　取 0.005mol/L 硫酸 0.40mL,加稀盐酸(1→4)1mL,加水配至 50mL。

③重金属:以 Pb 计,不大于 20μg/g。

测试溶液　向草酸的灼热残留物加盐酸 1mL 及硝酸 0.2mL,水浴蒸干。向残留物加稀盐酸(1→4)1mL 及水 30mL,加热溶解,冷却,加酚酞试液 1 滴,滴加氨试液稍带粉红色为止。加稀乙酸(1→20)2mL,必要时过滤,加水配至 50mL。

参比溶液　取铅标准溶液 2.0mL,加稀乙酸(1→20)2mL,加水配至 50mL。

④砷:以 As_2O_3 计,不大于 4.0 μg/g(0.5 g,第 1 法,装置 B)。

(8)灼热残留物　不大于 0.30%(1g)。

(9)含量测定

准确称取草酸约 1g,加水溶解定容至 250mL。准确取此溶液 50mL,加硫酸 3mL,加热至约 80℃。趁热用 0.1mol/L 高锰酸钾滴定。

$$0.1mol/L\ 高锰酸钾\ 1mL = 6.303mg\ C_2H_2O_4 \cdot 2H_2O$$

333. 棕榈油胡萝卜素

(1)英文名称　Palm oil carotene。

(2)定义　棕榈油胡萝卜素从油棕果(*Elaeis guineensis* Jacquin)中获得,主要成分为胡萝卜素。可能含有食用脂肪或油脂。

(3)含量(色值)　棕榈油胡萝卜素中相当于 β-胡萝卜素($C_{40}H_{56}$ =536.87)的含量不少于30%,相当于标称值的95% ~115%,或其色值($E^{10\%}_{1cm}$)不少于7500,为标称值的95% ~115%。

(4)性状　棕榈油胡萝卜素为棕红色至棕色的浑浊油状液体,稍有特殊气味。

(5)鉴别

①取色值相当于 7500 的棕榈油胡萝卜素 0.015g,加丙酮和环己烷混合液(1:1)5mL 溶解。显橙色。

②采用"盐藻胡萝卜素"鉴别②。

③采用"盐藻胡萝卜素"鉴别③。

(6)纯度

①重金属:以 Pb 计,不大于 20μg/g(1.0g,第 2 法,参比溶液为用铅标准溶液 2.0mL)。

②铅:以 Pb 计,不大于 10μg/g(1.0g,第 1 法)。

砷:以 As_2O_3 计,不大于 4.0μg/g(0.5g,第 3 法,装置 B)。

(7)含量测定(色值试验)　按照"盐藻胡萝卜素"含量测定(色值试验)规定进行。

334. 木瓜蛋白酶

(1)英文名称　Papain。

(2)编码 CAS 9001-73-4;INS 1101(ii)。

(3)定义 木瓜蛋白酶是一种来源于木瓜(*Carica papaya* Linné)的水解蛋白酶。产品可能含有乳糖或糊精。

(4)酶活性 木瓜蛋白酶的酶活性相当于不少于300000U/g。

(5)性状 木瓜蛋白酶为白色至浅黄褐色粉末。无气味或稍有特殊气味。

(6)鉴别

①取含20%脱脂奶粉的液体10mL,用稀乙酸(3→50)调节至pH5.5,加木瓜蛋白酶0.01g,37℃保温,液体凝结。

②木瓜蛋白酶溶液(1→500)在270nm~280nm波长吸收最大。

(7)纯度

①铅:以Pb计,不大于5.0μg/g(2.0g,第1法)。

②砷:以As_2O_3计,不大于4.0μg/g(0.5g,第3法,装置B)。

(8)微生物限量 采用"微生物限量试验"。细菌总数不超过50000/g,大肠杆菌阴性。

(9)酶活性测定

样本溶液 称取L-半胱氨酸盐酸盐8.75g,加水约800mL溶解,加乙二胺四乙酸二钠2.23g溶解。此溶液用1mol/L氢氧化钠调节至pH 4.5,加水至1000mL。此溶液作为稀释液。

准确称取木瓜蛋白酶0.50g,加稀释液溶解并定容至100mL。取此溶液1mL,再用稀释液定容至50mL。必要时对此溶液离心。取上清液加稀释液再次稀释,使该溶液酶含量为20u/mL~100u/mL。

程序 准确取酪蛋白试液(pH 8.0)5mL于试管中,37℃±0.5℃保温5min。加试样溶液1mL,立即振摇,在37℃±0.5℃反应10min。再加入三氯乙酸试液5mL,振摇,37℃±0.5℃放置30min,用定量分析滤纸(5C)过滤。弃去最先滤出的滤液3 mL,用275nm波长测定随后滤出液的吸光度(A_T),以水为作为参比溶液。

另外,准确吸取样本溶液1mL,加入三氯乙酸试液5mL,充分振摇。再加入酪蛋白试液(pH 8.0)5mL,充分振摇,37℃±0.5℃放置30min。按上述同样条件测定此溶液的吸光度(A_b)。用275nm波长分别测定酪氨酸标准溶液和0.1mol/L盐酸的吸光度(A_S和A_{S0}),以水为参比溶液。按式(9-101)计算酶活性(X,U/g)。在规定程序操作下,酶每分钟增加相当于1μg酪氨酸吸光度所对应的酶量为一个酶活力单位。

$$X=\frac{(A_T-A_b)\times 50}{A_S\times A_{S0}}\times\frac{11}{10}\times\frac{1000}{m} \tag{9-101}$$

式中:

m——1mL样本溶液所含的木瓜蛋白酶量,mg。

335. 辣椒色素

(1)其他名称 辣椒油树脂;Paprika color;Paprika oleoresin。

(2)定义 辣椒色素来源于辣椒属植物(*Capsicum annuum* Linné)的果实,主要成分为辣椒红色素。产品可能含有食用脂肪或油脂。

(3)色值 辣椒色素的色值($E_{1cm}^{10\%}$)不少于300,为标示值的95%~115%。

(4)性状 辣椒色素为暗红黏稠液体,有特殊气味。

(5)鉴别

①取相当于色值为 300 的辣椒色素 0.1g,加丙酮 100mL 溶解。溶液呈橙黄色。

②取辣椒色素 0.5g,用甲苯 2mL 溶解,再加硫酸 0.2mL。溶液呈深蓝色。

③辣椒色素的丙酮溶液在 450nm~460nm 或 465nm~475nm 波长吸收最大,或在 450nm~460nm 和 465nm~475nm 波长同时吸收最大。

④取相当于色值为 300 的辣椒色素 0.2g,加丙酮 20mL 溶解,作为测试溶液。取测试溶液 5μL,将乙醇和环己烷的混合液(1:1)作为展开剂。不使用参比溶液。采用覆盖薄层色谱用硅胶的薄层板作为载体,预先经 110℃ 干燥 1h。当展开剂的最前端上升到距离原点约 10cm 时,停止展开,风干薄层板。可观察到两个主要的红黄色斑点:其中一个 R_f 值为 0.88~0.96,另一个 R_f 值为 0.75~0.90。在斑点上先喷雾 5% 亚硝酸钠溶液,然后喷雾 0.5mol/L 硫酸,斑点的颜色立即消失。

(6)纯度

①重金属:以 Pb 计,不大于 40μg/g(0.50g,第 2 法,参比溶液为铅标准溶液 2.0mL)。

②铅:以 Pb 计,不大于 10μg/g(1.0g,第 1 法)。

③砷:以 As_2O_3 计,不大于 4.0μg/g(0.5g,第 3 法,装置 B)。

(7)色值试验 采用以下条件,按照"色值试验"规定进行。

操作条件

试剂:丙酮。

波长:在 460nm 波长附近吸收最大。

336. 石蜡

(1)其他名称 固体石蜡;矿蜡;Paraffin wax;Paraffinwaxfume。

(2)编码 CAS 8002-74-2;INS 905c;FEMA 3216。

(3)定义 石蜡是石油在常压和真空蒸馏提取的一种固体碳氢化合物的混合物。主要成分为饱和直链烃。

(4)性状 石蜡在室温下为无色或白色,有些半透明的固体。稍有特殊气味。

(5)鉴别

按照"红外吸收光谱法"的液膜法规定的操作测定石蜡的红外吸收光谱,与参比光谱图(见图 9-58)比较,两个谱图在相同的波数几乎有同样的吸收强度。

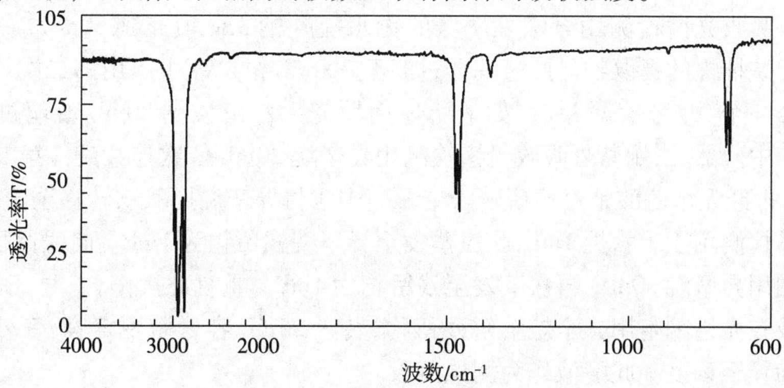

图 9-58 石蜡的红外吸收光谱图

(6)纯度

①熔点:43℃~75℃(按照"熔点测定"的第2类物质熔点测定)。

②铅:以Pb计,不大于3.0μg/g(3.3g,第1法)。

③砷:以As_2O_3计,不大于2.0μg/g(1.0g,第3法,装置B)。

④硫化物:取石蜡4.0g,加无水乙醇2mL,一氧化铅饱和的氢氧化钠透明溶液(1→5)2滴。置混合液于80℃加热10min,偶尔振摇,冷却。溶液的深褐色不会变化。

⑤多环芳香烃:在试验前,对所有试验中用于紫外光谱检测的玻璃器皿用异辛烷冲洗。在紫外光照射下检查是否有荧光污染存在。因某些多环芳香烃类物质非常容易光氧化,故整个操作应在暗光下进行。

测试溶液　称取石蜡150g于500mL烧杯中,加热溶解并使其均匀。取25g±0.2g融化样本于500mL分液漏斗中,加入二甲亚砜试液100mL、异辛烷试液50mL,剧烈振摇2min。取三个300mL分液漏斗,每个分液漏斗放入异辛烷30mL。待500mL分液漏斗中的混合物分层后,静置冷却至蜡状物析出。下层(二甲亚砜试液相)经疏松放置于分液漏斗下部的预先用紫外分光测定用异辛烷冲洗过的玻璃棉或滤纸过滤。滤液用之前准备的已加入异辛烷试液30mL的300mL分液漏斗逐级洗涤。首先,将滤液转入第一个分液漏斗,剧烈振摇1min,静置,将下层液转入下一分液漏斗洗涤。采用第二、三个分液漏斗重复两次同样洗涤。最后将下层液转移至2L分液漏斗中。保留各个分液漏斗的上层液(异辛烷试液相)为后面使用。

将所有异辛烷试液相都转入500mL分液漏斗中,加二甲亚砜试液100mL进行抽提,采用上述相同方式用玻璃棉或滤纸过滤。同样用3个盛有异辛烷试液的分液漏斗洗涤三轮后,收集洗涤的二甲亚砜层于前面同一2L分液漏斗中。第三次用二甲亚砜试液100mL对500mL分液漏斗中异辛烷试液相进行抽提,过滤。以同样方式用异辛烷试液洗涤提取物三次。收集洗涤的二甲亚砜层于前面同一2L分液漏斗中。弃去300mL分液漏斗中的异辛烷层。

在已装有前面提取的二甲亚砜试液相300mL的2L分液漏斗中,加入水480mL和紫外吸收光谱测定用异辛烷80mL,剧烈振摇提取2min(第一次抽提物)。静置,转移下层至第二个2L分液漏斗中,再加入紫外吸收光谱检测用异辛烷80mL,剧烈振摇抽提2min(第二次抽提物)。弃去下层。然后,在前面的2L分液漏斗(装有第一次抽提物)中加入水100mL,剧烈振摇1min,弃去水层。重复该洗涤操作2次以上。此为第一次异辛烷抽提的提取物。向装有抽提上层(第二次抽提物)的第二个2L分液漏斗中加水100mL,剧烈振摇1min。弃去水层。重复这样洗涤操作2次以上。此为第二次异辛烷抽提的提取物。

取用紫外吸收光谱检测用异辛烷洗涤的无水硫酸钠35g填充到30mL玻璃过滤器中。将第一次异辛烷抽提的提取物经此过滤器过滤至300mL锥形瓶中。用第二次异辛烷抽提的提取物洗涤第一个2L分液漏斗后,如上所述用填充无水硫酸钠30mL玻璃过滤器过滤至300mL锥形瓶中。然后,用紫外吸收光谱检测用异辛烷20mL依次连续洗涤第二个和第一个2L分液漏斗,再经无水硫酸钠过滤后转入锥形瓶中。将异辛烷提取物转移至蒸馏瓶中,加入紫外吸收光谱检测用正十六烷1mL,吹氮蒸发至异辛烷残留物为1mL。向残留物中加入紫外吸收光谱检测用异辛烷10mL,再次蒸发至残留物为1mL。重复此操作。

用紫外吸收光谱测定用异辛烷溶解残留物,转入25mL容量瓶中定容,紫外吸收光谱检测用异辛烷稀释至刻度。此溶液作为测试溶液。

参比溶液　不加样本,采用与测试溶液相同方式操作制备参比溶液。

程序　用光程为5cm的吸收池测定测试溶液的吸光率。校正后的吸光率不能超过下列范围。

波长(nm)	吸光度/cm光程
280~289	0.15
290~299	0.12
300~359	0.08
360~400	0.02

⑥易碳化物质试验:称取石蜡5.0g于纳氏管中,80℃水浴加温溶解后,加入94.5%~95.5%硫酸5mL。再次80℃水浴加热1min,从水浴取出,迅速剧烈振摇数秒。重复此操作三次以上。然后80℃水浴中放置30s。比色管中分离的硫磺层颜色不应深于以下混合液。在一纳氏管中加入氯化铁比色标准储备溶液3.0mL,氯化亚钴比色标准储备溶液1.5mL,硫酸铜比色标准储备溶液0.5mL,混匀(见附录　试剂、溶液和其他参考物质的配比液)。

(7)灼热残留物　不大于0.10%。

337. 果胶

(1)其他名称　可溶性果胶;Pectin。

(2)编码　CAS 9000-69-5;INS 440。

(3)定义　果胶由柑橘类水果、苹果和其他植物中提取。主要成分为水溶性多聚糖,包括部分甲酯化多聚半乳糖醛酸。产品可能含有蔗糖、葡萄糖、乳糖和糊精。

(4)性状　果胶为白色至浅褐色粉末或颗粒。无气味或稍有特殊气味。

(5)鉴别

测试溶液:称取果胶0.05g,加异丙醇1mL。然后,边以磁力搅拌器搅拌边加水50mL。用0.5mol/L氢氧化钠调节至pH12,放置15min。再用0.5mol/L盐酸调节溶液至pH7.0,加水定容至100mL,以此溶液为样本溶液。取果胶测定用Tris缓冲液(pH7.0)0.5mL于石英杯中,再加入样本溶液1.0mL,水0.5mL,果胶测定用果胶裂解酶(酶溶液)0.5mL,混匀。

酶空白:取Tris缓冲(pH 7.0)0.5mL于石英杯中,再加入样本溶液1.0mL,水1.0mL,混匀。

样本空白:取Tris缓冲(pH 7.0)0.5mL于石英杯中,再加入水1.5mL,酶溶液0.5mL,混匀。

程序　在235nm波长测定测试溶液、酶空白、样本空白在第0min和第10min的吸光度。按下式计算第0min的吸光度(A_0)和10min的吸光度(A_{10})。吸光度差($A_{10}-A_0$)应不少于0.023。

第0min的吸光度(A_0)=测试溶液在0min的吸光度—(酶空白0min的吸光度+样本空白在0min的吸光度)

第10min的吸光度(A_{10})=测试溶液在10min的吸光度—(酶空白10min的吸光度+样本空白10min的吸光度)

(6)纯度

①酰胺基:不超过羧基总量的25%。

准确称取果胶5g于烧杯中,加盐酸5mL,60%乙醇(体积分数)100mL,搅拌10min,用玻璃过滤器(1G3)过滤。用60%乙醇(体积分数)与盐酸的混合液(20∶1)洗涤残留物6次,每次15mL。再用60%乙醇(体积分数)洗涤玻璃过滤器上残留物至洗液无氯化物反应为止,再用乙醇20mL洗涤,105℃干燥2.5h。冷却后,称量残留物。准确称取相当于1/10残留物的量(M,mg)。加乙醇2mL润湿,加预先煮沸冷却的水100mL,不时搅拌,充分水合。加入酚酞试液5滴,用0.1mol/L氢氧化钠滴定,将消耗的毫升数记为V_1。然后,准确加入0.5mol/L氢氧化钠20mL,充分振摇,放置15min。准确加入0.5mol/L盐酸20mL,充分振摇,至溶液的粉红色消失。用0.1mol/L氢氧化钠滴定,至淡粉红色出现为滴点终点,消耗的毫升数记为V_2。

使用"氮测定"的凯氏定氮法中的设备,蒸馏滴定后的溶液。将溶液转移至500mL分解瓶中。分解瓶上连接雾滴捕集器和回流冷凝器。在吸收瓶中加入0.1mol/L盐酸20mL,新煮沸冷却的水150mL。将回流冷凝器的下部浸入到吸收瓶液面以下。向分解瓶中加入氢氧化钠溶液(1→10)20mL,加热,注意避免气泡形成。蒸馏至收集到蒸馏物80mL~120mL。向蒸馏物中加入几滴甲基红试液,用0.1mol/L氢氧化钠滴定,消耗的毫升数记为V_1。另外以同样方式进行空白试验,消耗毫升数记为V_2。按式(9-102)计算羧基中酰胺基含量X:

$$X = \frac{(V_2 - V_1) \times 3.805 \times 25}{V_1 + V_2 + (V_2 - V_1)} \times 100\% \qquad (9-102)$$

②半乳糖醛酸:不少于65%。

采用纯度①得到的M、V_3、V_4、V_2,按式(9-103)计算含量。半乳糖醛酸含量X:

$$X = \frac{19.41 \times [V_3 + V_4 + (V_2 - V_1)]}{M} \times 100\% \qquad (9-103)$$

③总氮:不大于2.5%。

称取果胶2g,加盐酸5mL,60%乙醇(体积分数)100mL,搅拌10min,用玻璃过滤器(1G3)过滤。用60%乙醇(体积分数)与盐酸的混合液(20∶1)洗涤残留物6次,每次15mL。再用60%乙醇(体积分数)洗涤残留物至洗液无氯化物反应为止,再加乙醇20mL洗涤,105℃干燥2.5h。准确称取干燥残留物0.2g,采用"半微量凯氏法"测定氮含量。

④铅:以Pb计,不大于5.0μg/g(2.0g,第1法)。

⑤二氧化硫:不大于50μg/g(按照"皂树皮提取物"纯度④规定进行)。

⑥砷:以As_2O_3计,不大于4.0μg/g(0.5g,第3法,装置B)。

⑦总不溶物:不大于3.0%。

称取果胶1g于250mL烧杯中,加异丙醇5mL分散样本。在磁力搅拌器搅拌过程中,加入预先经玻璃纤维滤纸过滤的含有0.1%乙二胺四乙酸二钠的0.03mol/L氢氧化钠100mL。搅拌30min,加热至沸腾。如产生气泡过多,则降低温度。预先将70mm玻璃纤维滤器置烘箱经105℃干燥约1h,在干燥器内冷却后,准确称量。用该70mm玻璃纤维滤器真空过滤上述溶液。再用预先经玻璃纤维滤纸过滤的温水洗涤烧杯5次,每次100mL,再将洗液经同一玻璃纤维滤器过滤。置滤器与残留物于105℃干燥约1h,在干燥器内冷却,准确称量。按式(9-104)计算总不溶物含量X:

$$X = \frac{m_2 - m_1}{m} \times 100\% \qquad (9-104)$$

式中:

m_2——滤器与残留物量,g;

m_1——滤器量,g;

m——样品量,g。

⑧异丙醇和甲醇总量:不超过1.0%。

测试溶液　准确称取果胶约0.1g,加稀释内标液(1→25)10mL,盖紧塞子。充分振摇至样本分散成均匀溶液。采用离心超滤装置5000r/min离心30min,取滤液作为测试溶液。

内标溶液　用叔丁醇溶液(1→1000)作为内标液。

标准溶液　准确称取甲醇和异丙醇各0.1g于100mL容量瓶中,加水定容至刻度。准确量取此溶液10mL,加内标溶液4mL,再加水定容至100mL。

程序　分别取测试溶液和标准溶液2.0μL,按以下操作条件进行气相色谱分析。得到测试溶液和标准溶液的异丙醇、甲醇分别与叔丁醇的峰面积比值(Q_{T1}和Q_{T2})和(Q_{S1}和Q_{S2})。按式(9-105)、式(9-106)计算异丙醇含量X_1、甲醇含量X_2:

$$X_1 = \frac{m_1}{m} \times \frac{Q_{T1}}{Q_{S1}} \quad (9-105)$$

$$X_2 = \frac{m_2}{m} \times \frac{Q_{T2}}{Q_{S2}} \quad (9-106)$$

式中:

m_1——异丙醇量,g;

m——样品量,g;

m_2——甲醇量。

操作条件

检测器:氢焰离子化检测器(FID)。

色谱柱管:内径3mm,长2m的玻璃管。

柱填充料:180μm~250μm气相色谱用苯乙烯-二乙烯苯多孔聚合物。

柱温:120℃,恒温。

进样口:200℃。

载气:氮气或氦气。

流量:调整流速使甲醇和异丙醇的保留时间约为2 min和10min。

(7)**干燥失量**　不大于12.0%(105℃,2h)。

(8)**酸不溶灰分**　不大于1.0%。

(9)**微生物限量**　按照"微生物限量试验"的规定进行。细菌总数不超过5000/g,大肠杆菌阴性。

338. 胃蛋白酶

(1)**其他名称**　胃酶;胃蛋白酵素;Pepsin;Aviun pepsin。

(2)**编码**　CAS 9001-75-6。

(3)**定义**　胃蛋白酶是一种来源于动物或鱼类的水解蛋白酶。可能含有乳糖或糊精。

(4)**酶活性**　胃蛋白酶的酶活性相当于110000U/g以上。

(5)**性状**　胃蛋白酶有强吸水性,为白色至浅黄褐色粉末,或浅黄褐色至褐色的糊状物或液体。无气味或稍有特殊气味。

(6)鉴别 胃蛋白酶的乙酸盐缓冲液(pH = 5.4)溶液(1→500 至 1000)在 272nm ~ 278nm 波长吸收最大。

(7)纯度

①铅:以 Pb 计,不大于 5.0μg/g(2.0g,第 1 法)。

②砷:以 As_2O_3 计,不大于 4.0μg/g(0.5g,第 3 法,装置 B)。

(8)微生物限量 按照"微生物限量试验"规定进行。细菌总数不超过 50000/g,大肠杆菌阴性。

(9)酶活性测定

①样本溶液和标准溶液的制备:

样本溶液 确称取酶活性相当于 1250U/g 酶活性的胃蛋白酶样本,用经预先用冰冷却的 0.01mol/L 盐酸定容至 50mL。

标准溶液 预先用冰冷冻过,准确称取酶活性相当于 1250U/g 的含糖胃蛋白酶标准品,用经预先用冰冷却的 0.01mol/L 盐酸定容至 50mL。

②程序:分别准确量取在 37℃ ±0.5℃保温 10min 的酪蛋白试液(pH 2.0)5mL 于两只试管中,分别准确吸取经预先用冰冷却的样本溶液和标准溶液各 1mL 于上述的两支试管中。立即振摇,准确在 37℃ ±0.5℃反应 10min。再分别加入三氯乙酸(7.2→100)5mL,振摇,在 37℃ ±0.5℃放置 30min,再分别用定量分析滤纸(5C)过滤。弃去首先流出的滤液 3mL。分别准确量取之后滤出的样本溶液和标准溶液的滤液 2mL,再分别加 0.55mol/L 碳酸钠 5mL 和稀释斐林试液(1→3)1mL。37℃ ±0.5℃放置 30min。以水作为参比测定 660nm 波长的吸光度。吸光度分别记为 A_T 和 A_S。

另外,分别准确量取样本溶液和标准溶液各 1mL,分别加入三氯乙酸溶液(7.2→100)5mL,振摇。再加入酪蛋白试液(pH 2.0)5mL ,37℃ ±0.5℃放置 30min,分别用定量分析滤纸(5C)过滤。弃去最先流出的滤液 3mL,准确量取之后的滤液 2mL。按照以上相同条件测定吸光度。样品溶液与标准溶液的吸光度分别记为 A_{TB} 和 A_{SB},按式(9 - 107)计算胃蛋白酶的酶活性 X:

$$X = \frac{U_S \times (A_T - A_{TB})}{A_S \times A_{SB}} \times \frac{1}{W} \tag{9-107}$$

式中:

U_S——1mL 标准溶液所含的酶单位,U;

W——1mL 测试溶液所含的胃蛋白酶量,g。

339. L - 紫苏醛

(1)其他名称 紫苏醛;*l* - Perillaldehyde;(4*S*) - 4 - (1 - Methylethenyl) cyclohex - 1 - ene - 1 - carbaldehyde。

(2)编码 CAS 18031 - 40 - 8;FEMA 3557。

(3)分子式、相对分子质量与结构式 $C_{10}H_{14}O$;150.22;

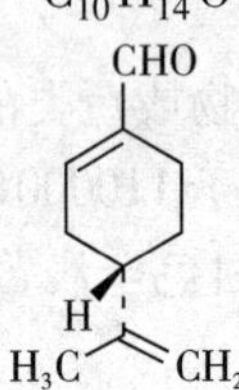

(4)含量 本品 l-紫苏醛($C_{10}H_{14}O$)含量不少于90.0%。

(5)性状 l-紫苏醛为无色或稍带黄色透明液体,有强烈紫苏香气。

(6)鉴别

①取 l-紫苏醛0.5mL,加亚硫酸氢钠试液3mL,振摇。形成白色晶体团块。

②取 l-紫苏醛0.5mL,加羟胺试液10mL,装上回流冷凝器,水浴中加热10min。蒸馏除去大部分乙醇,加水50mL,放在5℃或更低温度时,有结晶沉淀。滤取结晶,用乙醇重结晶。其熔点为100℃~103℃。

(7)纯度

①折射率 n_D^{20}:1.504~1.510。

②旋光度 $[\alpha]_D^{20}$:−110.0°~−150.0°。

③相对密度:0.965~0.975。

④溶液澄清度:澄清[1.0mL,70%(体积分数)乙醇3.0mL]。

⑤酸值:不大于3.0(香料物质试验)。

(8)含量测定

准确称取 l-紫苏醛约1g,按"香料物质试验"的醛类或酮类含量第2法规定进行。在此试验中,滴定前应煮沸混合物30min。

$$0.5mol/L\ 盐酸\ 1mL = 75.11mg\ C_{10}H_{14}O$$

340. 珍珠岩

(1)英文名称 Perlite;pearl rock。

(2)编码 CAS 93763-70-3。

(3)定义 珍珠岩是由矿物性二氧化硅在800℃~1200℃煅烧而成的物质。

(4)性状 珍珠岩为白色或淡灰色的粉末。

(5)鉴别 取珍珠岩0.2g放入铂金坩埚内,加氢氟酸5mL溶解,加热。几乎完全蒸发。

(6)纯度

①pH:5.9~9.0。

称取珍珠岩10g,加水100mL,水浴加热2h,边补充蒸发的水分边不时地振摇。冷却,用装有直径47mm滤膜(孔径0.45μm)的漏斗抽滤过滤。如滤液浑浊,用同一过滤器反复抽滤。用水洗涤容器和滤膜上的残留物,合并洗液和滤液,加水配至100mL,作为溶液A。测定溶液A的pH。

②水溶性物质:不大于0.2%。

取纯度①中溶液A 50mL,蒸干,将残留物在105℃干燥2h,称量。

③盐酸可溶物:不大于2.5%

称取珍珠岩2.0g,加稀盐酸(1→4)50mL,50℃水浴上加热15min,并不时振摇。冷却,过滤。用稀盐酸(1→4)3mL洗涤容器及滤纸上残留物。合并滤液和洗液。加稀硫酸(1→20)5mL,蒸干,在450℃~550℃灼热至恒重,称取残留物质量。

④重金属:以Pb计,不大于50μg/g。

测试溶液:取珍珠岩2.0g,加稀盐酸(1→4)50mL,盖上表面皿,70℃搅拌加热15min。冷却后,用定量分析滤纸(5C)过滤。每次用10mL热水洗涤容器中残留物共3次,用前面同一滤纸过滤。用15mL水洗涤滤纸及附着的残留物。合并滤液和洗液,加水至100mL。作为溶液A。取溶液A 20mL,水浴蒸干,加入稀乙酸(1→20)2mL和水20mL溶解残留物。必要时过滤,加水至50mL。

参比溶液:取铅标准溶液2.0mL,加入稀乙酸(1→20)2.0mL,加水至50mL。

⑤铅:以Pb计,不大于10μg/g。

测试溶液　取纯度4的溶液A 25mL,水浴蒸干,加入稀盐酸(1→10)溶解残留物并定容至10mL。

参比溶液　取铅标准溶液1.0mL,加入稀盐酸(1→10)定容至20mL。

程序　按"铅限量试验"的第1法规定进行。

⑥砷:以As_2O_3计,不大于4.0μg/g。

测试溶液　取纯度4的溶液A 25mL。

装置　装置B。

(7)灼热残留物　不大于3.0%(105℃,2h后,再1000℃,30min)。

(8)氢氟酸不溶物　不大于37.5%。

置铂金坩埚于1000℃灼热30min,干燥器内冷却,准确称量。准确称取珍珠岩约0.2g,放入已恒重并称量铂金坩埚内,准确称量。加入氢氟酸5mL和稀硫酸(1→2)2滴,水浴蒸发至近干,冷却。向残留物内加入氢氟酸5mL,砂浴温和蒸干。在550℃时加热1h,缓慢升温,在1000℃灼热30min,在干燥器内冷却,准确称量残留物。

341. 乙酸苯乙酯

(1)其他名称　苯基乙酸乙酯;Phenethyl acetate;Phenylethyl acetate;2 - Phenylethyl acetate。

(2)编码　CAS 103 - 45 - 7;FEMA 2857。

(3)分子式、相对分子质量与结构式　$C_{10}H_{12}O_2$;164.20;

O
H₃C O

(4)含量　本品乙酸苯乙酯($C_{10}H_{12}O_2$)含量不少于98.5%。

(5)性状　乙酸苯乙酯为无色透明液体,有特殊气味。

(6)鉴别

①取乙酸苯乙酯1mL,加入10%氢氧化钾的乙醇试液,装上回流冷凝器,水浴加热20min。溶液的特殊气味消失。冷却,加水8mL,稀盐酸(1→4)1mL。溶液对"定性试验"中乙酸盐试验(3)产生相应反应。

②取乙酸苯乙酯1mL,加入氢氧化钾0.5g,微沸。产生苯乙烯气味。

(7)纯度

①折射率n_D^{20}:1.497~1.501。

②相对密度:1.033~1.037。

③溶液澄清度:澄清[1.0mL,70%(体积分数)乙醇2.0mL]。

④酸值:不大于2.0(香料物质试验)。

(8)含量测定

准确称取乙酸苯乙酯1g,按"香料物质试验"的酯含量规定进行。

0.5mol/L 氢氧化钾的乙醇溶液 1mL = 82.10mg $C_{10}H_{12}O$

342. L－苯丙氨酸

(1)其他名称 L－2－氨基－3－苯基丙酸；L－苯基丙氨酸；L－Phenylalanine；(2*S*)－2－Amino－3－phenylpropanoic acid；L－α－Amimo－β－Phenyl－propionic acid；L－Beta－Phenylalanine。

(2)编码 CAS 63－91－2；FEMA 3585。

(3)分子式、相对分子质量与结构式 $C_9H_{11}NO_2$；165.19；

COOH
H NH₂

(4)含量 以干基计，L－苯丙氨酸($C_9H_{11}NO_2$)含量为 98.5%～102.0%。

(5)性状 L－苯丙氨酸为白色结晶或晶体粉末，稍有苦味。

(6)鉴别

①取 L－苯丙氨酸溶液(1→1000)5mL，加入茚满三酮溶液(1→1000)1mL，加热 3min。显紫色。

②取 L－苯丙氨酸 0.01g，加入硝酸钾 0.5g 和硫酸 2mL，水浴加热 20min，冷却。再加入盐酸羟胺溶液(1→10)5mL，冰水浴 10min，加氢氧化钠溶液(2→5)9mL，放置。显紫红色。

③取 L－苯丙氨酸溶液(1→100)5mL，加入重铬酸钾溶液(1→100)1mL，煮沸。产生特殊气味。

(7)纯度

①旋光度$[\alpha]_D^{20}$：－33.0°～－35.2°(1g，水 50mL，以干基计)。

②溶液澄清度：几乎澄清(0.20g，水 20mL)。

③pH：5.4～6.0(1.0g，水 100mL)。

④氯化物：以 Cl 计，不大于 0.021%(0.50g，参比溶液为 0.01mol/L 盐酸 0.30mL)。

⑤重金属：以 Pb 计，不大于 20μg/g。

测试溶液 取 L－苯丙氨酸 1.0g，加水 40mL，加热溶解，加稀乙酸(1→20)2mL，再加水配至 50mL。

参比溶液 取铅标准溶液 2.0mL，加入稀乙酸(1→20)2mL，加水配至 50mL。

⑥砷：以 As_2O_3 计，不大于 4.0μg/g。

测试溶液 称取 L－苯丙氨酸 0.25g，加入稀盐酸(1→4)10mL 溶解。

装置 使用装置 B。

(8)干燥失量 不大于 0.30%(105℃，3h)。

(9)灼热残留物 不大于 0.10%。

(10)含量测定

准确称取 L－苯丙氨酸约 0.3g，按照"DL－丙氨酸"的含量测定规定进行。

0.1mol/L 高氯酸 1mL = 16.52mg $C_9H_{11}NO_2$

343. 邻苯基苯酚

(1)其他名称 2－联苯酚；邻羟基联苯；*o*－苯基苯酚；*o*－Phenylphenol；2－Phenylphenol。

(2)**编码** CAS 90-43-7;INS 231。

(3)**分子式、相对分子质量与结构式** $C_{12}H_{10}O$;179.21;

OH

(4)**含量** 本品的邻苯基苯酚($C_{12}H_{10}O$)含量不少于97.0%。

(5)**性状** 邻苯基苯酚为白色、淡黄色或淡粉红色粉末、薄片或团块,有特殊气味。

(6)**鉴别**

①取邻苯基苯酚的乙醇溶液(1→100)1mL,加硼酸钠溶液(1→500)4mL和2,6-二氯喹啉氯亚胺小结晶,振摇。溶液显蓝色至紫靛蓝色。

②在1mL邻苯基苯酚的乙醇溶液(1→100)表面,小心地加上1mL福尔马林-硫酸试液形成一层面。两层交界面显粉红色。

(7)**纯度**

①熔点:57℃~59℃。

②重金属:以Pb计,不大于20μg/g(粉末样品1.0g,第2法,参比溶液为铅标准溶液2.0mL)。

③对苯基苯酚及其他有机杂质:以对苯基苯酚计,不超过0.1%。

测试溶液 称取邻苯基苯酚1.0g,用乙醇5mL和咖啡因的乙醇溶液(1→1000)5mL溶解。

参比溶液 取对苯基苯酚的乙醇溶液(1→5000)5mL,用咖啡因的乙醇溶液(1→1000)5mL溶解。

按以下操作条件对测试溶液和参比溶液进行气相色谱分析。测试溶液:确定对苯基苯酚峰面积和在邻苯基苯酚峰与咖啡因峰之间出现峰的峰面积之和(A)与咖啡因峰面积(A_s)的比值(A/A_s);参比溶液:确定对苯基苯酚峰面积(A')与咖啡因峰面积(A_s')的比值(A'/A_s')。比值(A/A_s)应小于比值(A'/A_s')。

操作条件

检测器:氢焰离子化检测器(FID)。

色谱柱管:内径3mm~4mm,长1m不锈钢管。

柱填充剂

液相:相当于3%载体量的琥珀酸甘二醇聚酯。

载体:177μm~250μm气相色谱用硅藻土。

柱温:195℃~250℃,恒温。

载气:氮气。

流量:调整柱温和载气流量使咖啡因的峰在进样后约12min出现为宜。

(8)**灼热残留物** 不大于0.05%(5 g)。

(9)**含量测定**

准确称取邻苯基苯酚粉末约2g,加氢氧化钠溶液(1→25)25mL,必要时加温溶解。冷却后,加水定容至500mL。

程序 准确量取测试溶液25mL于碘量瓶中,准确加入溴酸钾溶液(1→350)30mL,再加溴化钾溶液(2→25)5mL和甲醇50mL,充分振摇。迅速加稀盐酸(1→2)约10mL,立即盖上瓶塞,轻轻振摇,反应30s。在碘量瓶上部加入碘化钾试液15mL,拔松瓶塞让其流入瓶中,用水仔细冲洗瓶塞及瓶口，充分振摇，放置5min。游离碘用0.1mol/L硫代硫酸钠滴定（指示剂：淀粉试液4mL）。另外，以同样方式进行空白试验，按式（9－108）计算邻苯基苯酚（$C_{12}H_{10}O$）含量X：

$$X=\frac{4.255\times(V_2-V_1)}{m\times50}\times100\% \tag{9-108}$$

式中：

V_2——空白试验中0.1mol/L硫代硫酸钠消耗量，mL；

V_1——测试溶液中0.1mol/L硫代硫酸钠消耗量，mL。

m——样品量，g。

344. 磷酸

（1）其他名称　正磷酸；Phosphoric acid；Orthophosphoric acid。

（2）编码　CAS 7664－38－2；INS 338；FEMA 2900。

（3）分子式与相对分子质量　H_3PO_4；98.00。

（4）含量　本品磷酸（H_3PO_4）含量不少于75.0%。

（5）性状　磷酸为无色透明糖浆状液体，无臭。

（6）鉴别　向稀磷酸（1→20）中加入酚酞试液2滴～3滴，用氢氧化钠溶液（1→25）中和。溶液对"定性试验"中所有磷酸盐试验产生相应反应。

（7）纯度

①相对密度：不少于1.579。

②溶液颜色和澄清度：无色，几乎澄清（4.0mL，乙醇16mL）。

③硫酸盐　以SO_4计，不大于0.14%。

测试溶液　称取磷酸0.20g，加水配至50mL。

参比溶液　取0.005mol/L硫酸0.60mL，加稀盐酸（1→4）1mL，加水至50mL。

④重金属：以Pb计，不大于10μg/g。

取磷酸2.0g，加水10mL，振摇，加酚酞试液2滴，滴加氨试液至溶液显淡粉红色。加乙酸8mL，再加水配至40mL。加入硫化氢试液10mL，放置5min。溶液颜色不得深于按以下方法配制的溶液颜色。向铅标准溶液2.0mL中加入稀乙酸（1→20）2mL，加水至40mL，加硫化钠试液10mL，放置5min。

⑤砷：以As_2O_3计，不大于4.0μg/g（0.50g，第1法，装置B）。

（8）含量测定

准确称取磷酸约1.5g，加水25mL溶解，保持在约15℃，用1mol/L氢氧化钠（指示剂：百里香酚酞试液5滴）滴定至溶液颜色变为淡蓝色。

1mol/L氢氧化钠1mL＝49.00mg H_3PO_4

345. 胡椒醛

（1）其他名称　洋茉莉醛；3，4－二氧亚甲基苯甲醛；Piperonal；Heliotropin；Benzo[d][1，3]dioxole－5－carbaldehyde。

（2）编码　CAS 120－57－0；FEMA 2911。

(3)**分子式、相对分子质量与结构式** $C_8H_6O_3$;150.13;

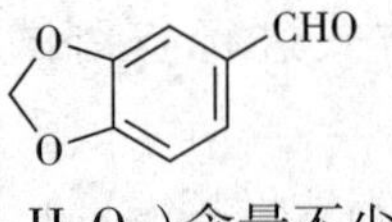

(4)**含量** 本品干燥后,胡椒醛($C_8H_6O_3$)含量不少于99.0%。

(5)**性状** 胡椒醛为白色结晶或团块,有天芥菜样气味。

(6)**鉴别**

①将胡椒醛0.1g用硫酸2mL溶解,再加间苯二酚的乙醇溶液(1→20)2滴。显暗红色。

②将胡椒醛1g加温熔化,加入亚硫酸氢钠试液5mL,边振摇边水浴加热。生成白色晶体团块。

(7)**纯度**

①熔点:36.0℃~37.5℃。

②溶液澄清度:澄清[1.0g,70%(体积分数)乙醇4.0mL]。

③重金属:以Pb计,不大于10μg/g(2.0g,第2法,参比溶液为铅标准溶液2.0mL)。

④砷:以As_2O_3计,不大于4.0μg/g(0.5g,第4法,装置B)。

(8)**干燥失量** 不大于0.5%(4h)。

(9)**灼热残留物** 不大于0.05%。

(10)**含量测定**

准确称取经预先干燥的胡椒醛约1g,按"香料物质试验"的醛类或酮类含量的第2法规定进行。在本试验中,滴定前应放置15min。

0.5mol/L 盐酸 1mL = 75.07mg $C_8H_6O_3$

346. 胡椒基丁醚

(1)**其他名称** 增效醚;3,4-亚甲二氧基-6-(丁氧乙氧乙氧甲基)丙苯;Piperonyl Butoxide;5-{[2-(2-Butoxyethoxy)ethoxy]methyl}-6-propylbenzo[*d*][1,3]dioxole。

(2)**编码** CAS 51-03-6。

(3)**分子式、相对分子质量与结构式** $C_{19}H_3O_5$;338.44;

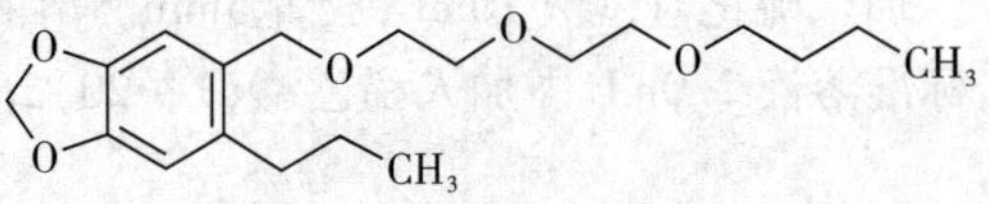

(4)**性状** 胡椒基丁醚为淡黄色至淡褐色透明油状液体,无或稍有气味。

(5)**鉴别**

①取胡椒基丁醚的甲醇溶液(1→1000)0.5mL,加入丹宁酸-乙酸试液20mL,边水浴加热边不时振摇。溶液显蓝色。

②胡椒基丁醚的90%甲醇溶液(体积)(1→100000)在236nm~240nm和288nm~292nm波长吸收最大,在236nm~240nm波长的吸光度和288nm~292nm波长的吸光度之比应为1.22~1.24。

(6)**纯度**

①折射率n_D^{20}:1.497~1.512。

②相对密度:1.05~1.07。

③色调:胡椒基丁醚的色调不得深于用氯化亚钴比色标准贮备液 1.4mL、三氯化铁比色标准贮备液 4.3mL 和硫酸铜比色标准贮备液 0.3mL 混合配制成溶液的色调。

④重金属:取胡椒基丁醚 15mL 于分液漏斗内,加水 15mL 和稀盐酸(1→4)3 滴,剧烈振摇 3min,放置分层。取上层液,加丙酮 5mL,加硫化钠试液 2 滴。此溶液不浑浊,且不会发暗。

⑤氯化物:以 Cl 计,不大于 0.035%。

测试溶液　称取胡椒基丁醚 0.5g 于瓷坩埚内,加入无水碳酸钠溶液(1→8)2mL,水浴加热 1h,不时搅拌,蒸发至近干。加入碳酸钙 1g,缓慢加热至几乎完全炭化后,再于 600℃ 加热至几乎完全灰化,冷却。将稀硝酸(1→10)35mL 缓缓加到残留物中,溶解,过滤。用水 10mL 洗涤不溶物。合并洗液和滤液,加水配至 50mL。

参比溶液　取碳酸钙 1g,加入无水碳酸钠溶液(1→8)2mL,缓缓加入稀硝酸(1→10)35mL 溶解,过滤。用水 10mL 洗涤不溶物,合并洗液和滤液,加 0.01mol/L 盐酸 0.5mL,再加水配至 50mL。

程序　向测试溶液和参比溶液中各加硝酸银溶液(1→50)0.5mL,充分振摇,放置 5min。测试溶液的浑浊度不得大于参比溶液的浑浊度。

⑥蒸馏试验:蒸馏至 194℃ 后的蒸馏残留物应不少于 85%,蒸馏至 203℃ 的蒸馏残留物应不大于 5.0%。

取胡椒基丁醚 25g 于已称量的 100mL 茄形烧瓶中,再准确称量装有样本的茄形瓶。在 0.53kPa 减压蒸馏至 194℃,准确称量茄形瓶中的残留物。在 0.53kPa 减压蒸馏至 203℃,准确称量茄形瓶中的残留物。

347. 聚丁烯

(1)英文名称　Polybutene;Polybutylene。

(2)编码　CAS 9003-29-6。

(3)定义　聚丁烯是以异丁烯为主要成分组成的聚合物。

(4)性状　聚丁烯为无色至微黄色、黏稠液体。无味、无臭或稍有特殊气味。

(5)鉴别

将聚丁烯约 1g 用正己烷 5mL 溶解,按“红外吸收光谱测定法”的液膜法规定进行。聚丁烯约在 $1393cm^{-1}$、$1370cm^{-1}$、$1230cm^{-1}$、$950cm^{-1}$ 和 $920cm^{-1}$ 具有吸收谱带。

(6)纯度

①溶液澄清度:澄清(0.5g,正己烷 5mL)。

②重金属:以 Pb 计,不大于 10μg/g(2.0g,第 2 法,参比溶液为铅标准溶液 2.0mL)。

③砷:以 As_2O_3 计,不大于 4.0g(0.5g,第 3 法,装置 B)。

④氯化物:以 Cl 计,不大于 0.014%。按“聚异丁烯”的纯度④规定进行。采用 0.01mol/L 盐酸 0.20mL。

⑤低相对分子质量聚合物:不大于 0.40%。

准确称取聚丁烯约 10g,加入甲醇 10mL,装上回流冷凝器,水浴加热 1h,不时振摇。静置于荫凉处 1h。将溶液过滤到已预先烘干并准确称量的烧瓶中,在约 50℃ 减压蒸发滤液至干。在真空干燥器内干燥 20h,准确称量残留物。

(7)灼热残留物 不大于0.05%(5g)。

348. 聚异丁烯

(1)其他名称 聚异丁烯的均聚物;Polyisobutylene;Butyl Rubber;Poly(1,1 - dimethylethylene)。

(2)编码 CAS 9003 - 27 - 4。

(3)分子式与结构式 $(C_4H_8)_n$;

$$\left[-CH_2-C(CH_3)_2- \right]_n$$

(4)定义 聚异丁烯是异丁烯的聚合物。可含有高达2%的聚合成分异戊二烯。

(5)性状 聚异丁烯为无色至淡黄色,有弹性的橡胶状半固体或黏稠状物质。无味或稍有特殊气味和味道。

(6)鉴别

将聚异丁烯约1g用正己烷9mL溶解,按"红外吸收光谱法"的液膜法规定进行。聚异丁烯在1393cm^{-1}、1370cm^{-1}、1230cm^{-1}、950cm^{-1}和920cm^{-1}具有吸收谱带。

(7)纯度

①溶液澄清度:有轻微浑浊。

测试溶液 称取聚异丁烯0.5g,加正己烷50mL,在约80℃水浴中加热溶解。

②重金属:以Pb计,不大于10μg/g(2.0g,第2法,参比溶液为铅标准溶液2.0mL)。

③砷:以As_2O_3计,不大于4.0μg/g(0.50g,第3法,装置B)。

④氯化物:以Cl计,不大于0.014%。

测试溶液 称取聚异丁烯0.5g和碳酸钙0.7g,放入瓷坩埚内,加入少量水混合,100℃烘干,在约600℃加热10min。冷却后,加入稀硝酸(1→10)20mL溶解残留物,过滤,用约15mL水洗涤不溶物,合并洗液和滤液,加水至50mL。

参比溶液 称取碳酸钙0.7g,用稀硝酸(1→10)20mL溶解,必要时过滤,加0.01mol/L盐酸0.40mL,再加水至50mL。

程序 分别向测试溶液和参比溶液中加入硝酸银溶液(1→50)0.5mL,充分振摇,放置5min。测试溶液的浑浊度不得大于参比溶液的浑浊度。

⑤总不饱和物:应不大于2.0%。

准确称取经预先切碎的聚异丁烯0.5g于烧瓶中。加入环己烷100 mL。盖上瓶塞,放置过夜溶解。如还有未溶解的残留物,振摇约1h,使之完全溶解。将溶液转入500mL烧瓶中,用少量环己烷洗涤前一烧瓶,洗液合并于500mL烧瓶中。准确加入韦氏试液15mL,充分混匀。如果溶液不澄清,继续加入环己烷直至澄清。烧瓶塞盖上,20℃~30℃避光放置30min,不时振摇。加碘化钾试液(1→10)20mL和水100mL,振摇。用0.1mol/L硫代硫酸钠滴定游离碘(指示剂:淀粉试液)。以同样方式进行空白试验,进行必要的校正。按式(9-109)计算总不饱和物含量X:

$$X = \frac{1.87 \times (V_2 - V_1) \times 0.1}{m} \times 100\% \qquad (9-109)$$

式中：

V_2——空白试验中0.1mol/L硫代硫酸钠消耗量，mL；

V_1——本试验中0.1mol/L硫代硫酸钠消耗量，mL。

m——样品量，g。

⑥低聚合物：不大于1.2%。

准确称取聚异丁烯10g于烧瓶中，加环己烷40mL。装上回流冷凝器，水浴加热1h溶解，边加热边不时振摇。冷却后，加入甲醇40mL，充分振摇，在荫凉处放置1h。将液体过滤到经预先干燥并准确称量的烧瓶中，在约50℃下减压蒸发至干，残余物在真空干燥器内干燥20h，准确称量残留物。

(8)灼热残留物 不大于0.20%。

349. ε－聚赖氨酸

(1)其他名称 聚赖氨酸；ε－Polylysine。

(2)定义 ε－聚赖氨酸是采用离子交换树脂吸附、分离放射菌类白色链霉菌(*Streptomyces albulus*)的培养液获得。其主要成分为ε－聚赖氨酸。产品可能含有糊精。

(3)含量 本品ε－聚赖氨酸含量不少于25%，应为标示值的95%～115%。

(4)性状 ε－聚赖氨酸为淡黄色液体或为强吸水性的粉末。稍有苦味。

(5)鉴别

①取ε－聚赖氨酸溶液(1→1000)1mL，加入碘化铋钾试剂1mL。产生棕红色沉淀。

②取以ε－聚赖氨酸0.1g用磷酸缓冲液(pH＝6.8)100mL溶解后的溶液1mL，加甲基橙试液1mL，产生棕红色沉淀。

③取ε－聚赖氨酸溶液(1→100)1mL，加盐酸1mL，110℃加热24h。冷却后，用氢氧化钠溶液(1→5)调节至pH 6～8。此溶液作为测试溶液。另外，取L－盐酸赖氨酸0.010g，加水10mL溶解，此溶液作为参比溶液。分别取测试溶液和参比溶液2μL进行薄层色谱分析。以正丁醇、水和乙酸的混合液(4∶2∶1)作为展开剂。采用覆盖薄层色谱用硅胶的薄层板作为载体，预先经110℃干燥1h。当展开剂的最前端上升到距离原点约10cm时，停止展开，风干薄层板。

均匀喷雾茚三酮的丙酮溶液(1→50)，90℃加热10min显色。在日光下检查薄层板。测试溶液的斑点色调和R_f值与参比溶液的紫红色斑点应相一致。

(6)纯度

①重金属：以Pb计，不大于10μg/g(样本量：相当于ε－聚赖氨酸2.0g，第2法，参比溶液为铅标准溶液2.0mL)。

②砷：以As_2O_3计，不大于4.0μg/g(样本量：相当于ε－聚赖氨酸0.5g，第3法，装置B)。

(7)灼热残留物 不大于1.0%(样本量：相当于ε－聚赖氨酸0.5g)。

(8)含量测定

测试溶液 准确称取相当于ε－聚赖氨酸0.25g的样本，按操作条件规定用流动相溶解并定容至50mL。取此溶液1mL，取按如下操作配制的内标溶液10mL，然后用流动相定容至50mL。

内标溶液 称取L－苯丙氨酸0.15g，用流动相溶解并定容至100mL。取此溶液5mL，再用流动相定容至100mL。

标准溶液　准确称取预先经105℃干燥3h的含量测定用ε－盐酸聚赖氨酸0.3g,加流动相溶解并定容至100mL。准确量取此溶液25mL,加流动相稀释并定容至100mL(标准贮备液)。分别取标准贮备液6mL、8mL和10mL于3个50mL容量瓶中,每一容量瓶中加内标液10mL,再用流动相定容至50mL。根据ε－聚赖氨酸:ε－盐酸聚赖氨酸的比值0.7785,计算每一标准溶液中ε－聚赖氨酸的浓度。

程序　分别取测试溶液和标准溶液各100μL,按照以下操作条件进行液相色谱分析。根据标准溶液中ε－聚赖氨酸浓度和标准溶液中ε－聚赖氨酸与L－苯丙氨酸的峰面积比绘制标准曲线。确定测试溶液中ε－聚赖氨酸与L－苯丙氨酸的峰面积比,根据标准曲线计算测试溶液中ε－聚赖氨酸的含量。

操作条件

检测器:紫外吸收检测器(波长215nm)。

色谱柱:内径4.6mm、长25cm不锈钢管。

填料:5μm～10μm液相色谱用十八烷基硅烷键合硅胶。

柱温:40℃,恒温。

流动相

使用按如下规定配制的溶液:取磷酸氢二钾1.74g,硫酸钠1.42g,用水800mL溶解,用磷酸调节至pH 3.4,加水定容至1000mL。取此溶液800mL,加乙腈80mL。

流速:调整流速使ε－聚赖氨酸的保留时间约为4min。

350. 聚乙酸乙烯酯

(1)其他名称　多乙酸乙烯酯;乙酸乙烯酯均聚物;Polyvinyl acetate;Poly(1－acetoxyethylene)。

(2)编码　CAS 9003－20－7。

(3)分子式与结构式　$(C_4H_6O_2)_n$;

(4)定义　聚乙酸乙烯酯是乙酸乙烯酯的聚合物。

(5)性状　聚乙酸乙烯酯为无色至淡黄色的颗粒或玻璃状团块。

(6)鉴别

取聚乙酸乙烯酯约1g,用乙酸乙酯5mL溶解,按"红外吸收光谱测定法"的液膜法规定测定聚乙酸乙烯酯的红外吸收光谱。溶液在1725cm^{-1}、1230cm^{-1}、1015cm^{-1}、937cm^{-1}和785cm^{-1}具有吸收谱带。

(7)纯度

①游离酸:以乙酸(CH_3COOH)计,应不大于0.20%。

准确称取聚乙酸乙烯酯约2g,加甲醇50mL,不时振摇溶解。加水10mL,用0.1mol/L氢氧化钠滴定(指示剂:酚酞试液4滴～5滴)。做空白试验进行必要校正。按式(9－110)计

算游离酸(以乙酸计)含量 X:

$$X = \frac{V \times 60}{m \times 10 \times 1000} \times 100\% \qquad (9-110)$$

式中:

V——0.1mol/L 氢氧化钠消耗量。

②重金属:以 Pb 计,不大于 10μg/g(2.0g,第 2 方法,参比溶液为铅标准溶液 2.0mL)。

③砷:以 As_2O_3 计,不大于 4.0μg/g(0.5g,第 3 法,装置 B)。

④残留单体:不大于 5μg/g。

测试溶液　将一定量聚乙酸乙烯酯用粉纸包裹后,再包一层包装薄膜,用木锤砸成小碎粒。准确称取 2.5g,用甲苯溶解并定容至 25mL。

标准溶液　准确称取乙酸乙烯 0.050g,加入甲苯溶解并定容至 50mL,作为溶液 A。分别取溶液 A 1.0mL、0.3mL、0.1mL、0.03mL 和 0.01mL 至各个 100mL 容量瓶中,用甲苯分别稀释并定容,作为标准溶液。

程序　分别取测试溶液和标准溶液 1μL,按以下操作条件进行气相色谱分析。测量各个标准溶液的峰高或峰面积,绘制标准曲线。测量测试溶液的峰高或峰面积,根据标准曲线进行定量。

操作条件

检测器:火焰离子检测器(FID)。

色谱柱:硅酸盐玻璃毛细管柱(内径 0.32mm,长 30cm),内涂层为 5μm 厚的气相色谱用二甲基聚硅氧烷。

柱温:100℃保持 8min,然后以 20℃/min 速率升温,在温度达到 250℃,保持 5min。

进样口温度:150℃。

进样方法:分流法(8:1)。

载气:氦气。

流速:调节流速使乙酸乙烯的出峰约在 7min 左右。

(8)干燥失量　不大于 1.0%(低于 0.7kPa,80℃,3h)。

(9)灼热残留物　不大于 0.05%(5g)。

351. 聚乙烯聚吡咯烷酮

(1)其他名称　交联聚乙烯基吡咯烷酮;交联聚维酮;Polyvinylpolypyrrolidone;PVPP;Cross linked poly[(2-oxopyrrolidin-1-yl)ethylene]。

(2)编码　CAS 25249-54-1;INS 1202。

(3)含量　以无水基计,聚乙烯聚吡咯烷酮含氮(N=14.01)11.0%~12.8%。

(4)性状　聚乙烯聚吡咯烷酮为白色或浅黄白色粉末。无气味。

(5)鉴别　按照"红外吸收光谱法"的液膜法规定的操作测定聚乙烯聚吡咯烷酮的红外吸收光谱,与参比光谱图(见图 9-59)比较,两个谱图在相同的波数几乎有同样的吸收强度。

(6)纯度

①pH:5.0~8.0(1.0g,水 100mL)。

②重金属:以 Pb 计,不大于 10μg/g(2.0g,第 2 法,参比溶液为铅标准溶液 2.0mL)。

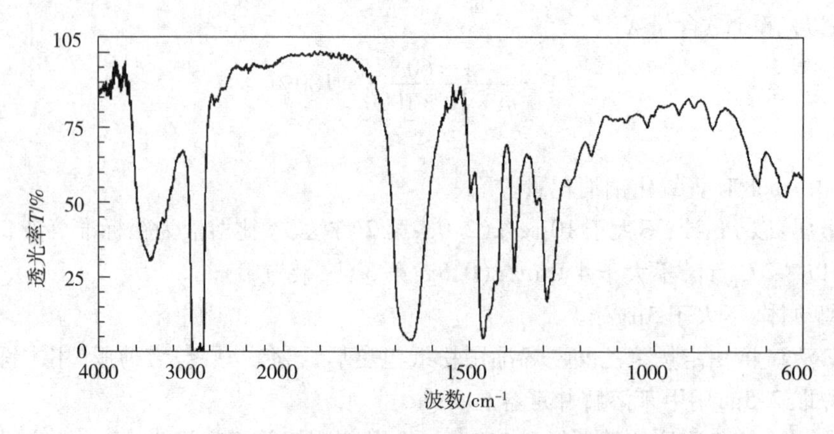

图 9-59 聚乙烯聚吡咯烷酮的红外吸收光谱图

③砷：以 As_2O_3 计，不大于 4.0μg/g(0.5g，第 2 法，装置 B)。

④水可溶物：不大于 1.5%。

准确称取聚乙烯聚吡咯烷酮 25g，转入圆底烧瓶中，加水 225mL，装上回流冷凝器，温和煮沸 20h，同时用搅拌器搅拌。冷却后，将内容物转入 250mL 容量瓶中加水定容，放置 15min。取上层液到离心管，10000×g 离心 1h。将上清液用 0.45μm 孔径的滤膜过滤，准确取滤液 50mL，转入已准确称量过的玻璃蒸发皿中，蒸干后，90℃干燥 3h。置干燥器中冷却，准确称量残留物。

⑤乙烯吡咯烷酮：不大于 0.1%。

准确称取聚乙烯聚吡咯烷酮 4g，加水 30mL，振摇 15min。转入离心管中，再加水 20mL，离心，用坩埚式玻璃过滤器(IG4)过滤上清液。分别用 50mL 水洗涤离心管内和过滤器中的残留物，合并洗液和滤液，加乙酸钠 0.50g。向此溶液中加 0.05mol/L 碘溶液至碘的颜色不再消失为止。再加入 0.05mol/L 碘溶液 3.0mL，放置 10min，用 0.1mol/L 硫代硫酸钠滴定过量的碘。0.05mol/L 碘溶液的消耗量应小于 0.72mL(指示剂：淀粉试液 3mL)。另外，做空白试验进行必要校正。

(7)水分 不大于 6.0%(1g，直接滴定)。

(8)灼热残留物 不大于 0.40%。

(9)含量测定 准确称取聚乙烯聚吡咯烷酮 0.2g，按“氮测定”的凯氏定氮法规定进行，以无水基进行计算。

0.05mol/L 硫酸 1mL = 1.401mg N

352. 海藻酸钾

(1)其他名称 褐藻酸钾；藻朊酸钾；Potassium alginate。

(2)编码 CAS 9005-36-1；INS 402。

(3)含量 本品干燥后，海藻酸钾含量为 89.2%～105.5%。

(4)性状 海藻酸钾为白色至黄白色细丝、颗粒，或粉末形式。

(5)鉴别

①按照“海藻酸铵”鉴别①规定进行。

②称取海藻酸钾 1g，550℃～600℃灼热 3h，加水 10mL 溶解残留物。此溶液对“定性试

验”中所有钾盐试验产生相应反应。

(6)纯度

①水不溶物:不大于2.0%(以干基计)。

按照“海藻酸铵”纯度①规定进行。

②铅:以Pb计,不大于5.0μg/g(2.0g,第1法)。

③砷:以As_2O_3计,不大于4.0μg/g(0.5g,第3法,装置B)。

(7)干燥失量 不大于15.0%(105℃,4h)。

(8)微生物限量 按照“海藻酸铵”的微生物限量试验规定进行。

(9)含量测定 按照“海藻酸”的含量测定规定进行。

0.25mol/L 氢氧化钠1mL = 29.75mg 海藻酸钾

353. DL-酒石酸氢钾

(1)其他名称 Potassium DL-bitartrate;Potassium hydrogen *dl*-Tartrate;Potassium hydrogen DL-Tartrate;Monopotassium monohydrogen 2,3-dihydroxybutanedioate。

(2)分子式、分子量与结构式 $C_4H_5KO_6$;188.18;

OH
COOK
HOOC
OH

(3)含量 干燥后,本品DL-酒石酸氢钾($C_4H_5KO_6$)含量为99.0%~101.0%。

(4)性状 DL-酒石酸氢钾为无色结晶或白色晶体粉末,有清凉感和酸味。

(5)鉴别

①取DL-酒石酸氢钾1g,加氨试液10mL溶解。溶液无旋光性。

②逐渐加热0.5g DL-酒石酸氢钾。碳化并散发出类似蔗糖燃烧的气味。向残余物中加水5mL,搅拌均匀。此溶液呈碱性。加稀盐酸(1→4)中和、过滤,溶液对“定性试验”中所有钾盐试验产生相应反应。

③DL-酒石酸氢钾对“定性试验”中所有酒石酸盐试验产生相应反应。

(6)纯度

①溶液澄清度:无色,几乎澄清(0.5g,氨试液3.0mL)。

②硫酸盐:以SO_4计,不大于0.019%。

测试溶液 取DL-酒石酸氢钾0.50g,加稀盐酸(1→4)2mL和水30mL,加热溶解,再加水配至50mL。

参比溶液 取0.005mol/L硫酸0.20mL,加稀盐酸(1→4)2mL,加水配至50mL。

③铵盐:取DL-酒石酸氢钾0.50g,加氢氧化钠溶液(1→25)5mL,加热。无氨水味产生。

④重金属:以Pb计,不大于20μg/g(1.0g,第2法,参比溶液为铅标准溶液2.0mL)。

⑤砷:以As_2O_3计,不大于4.0μg/g。

测试溶液 取DL-酒石酸氢钾0.50g,加水10mL,加热溶解,冷却。

装置 使用装置B。

⑥易氧化物:取DL-酒石酸氢钾2.0g,加水20mL及稀硫酸(1→20)30mL溶解,保持此液在20℃,加0.02mol/L高锰酸钾4.0mL。溶液粉红色在3min内不会消失。

(7)干燥失量 不大于0.5%(105℃,3h)。

(8)含量测定 准确称取经预先干燥的DL－酒石酸氢钾约0.4g,用沸水20mL溶解。用0.1mol/L氢氧化钠趁热滴定(指示剂:酚酞试液2滴～3滴)。

0.1mol/L氢氧化钠1mL＝18.82mg $C_4H_5KO_6$

354. L－酒石酸氢钾

(1)其他名称 酒石酸氢钾;Potassium L－bitartrate;Potassium acid tartrate;Potassium hydrogen *d*－Tartrate;Potassium hydrogen L－tartrate;Monopotassium monohydrogen(2*R*,3*R*)－2,3－dihydroxybutanedioate。

(2)编码 CAS 868－14－4;INS 336。

(3)分子式、相对分子质量与结构式 $C_4H_5KO_6$;188.18;

H OH
HOOC COOK
H OH

(4)含量 本品干燥后,L－酒石酸氢钾($C_4H_5KO_6$)含量为99.0%～101.0%。

(5)性状 L－酒石酸氢钾为无色结晶或白色晶体粉末,有清凉感和酸味。

(6)鉴别

①取L－酒石酸氢钾1g,加氨试液10mL溶解,溶液有右旋光性。

②按照“DL－酒石酸氢钾”鉴别②和③规定进行。

(7)纯度

①比旋光度$[\alpha]_D^{20}$:＋32.5°～＋35.5°。

准确称取经预先干燥的L－酒石酸氢钾约5g,加氨试液10mL,加水定容至50mL,测定其旋光度。

②溶液颜色和澄清度:无色,几乎澄清。

按照“DL－酒石酸氢钾”纯度①规定进行。

③硫酸盐:以SO_4计,不大于0.019%。

按照“DL－酒石酸氢钾”纯度②规定进行。

④铵盐:按照“DL－酒石酸氢钾”纯度③规定进行。

⑤重金属:以Pb计,不大于20μg/g。按照“DL－酒石酸氢钾”纯度④规定进行。

⑥砷:以As_2O_3计,不大于4.0μg/g。按照“DL－酒石酸氢钾”纯度⑤规定进行。

(8)干燥失量 不大于0.5%(105℃,3h)。

(9)含量测定 采用“DL－酒石酸氢钾”含量测定规定进行。

0.1mol/L氢氧化钠1mL＝18.82mg $C_4H_5KO_6$

355. 溴酸钾

(1)英文名称 Potassium bromate。

(2)编码 CAS 7758－01－2;INS 924a。

(3)分子式与相对分子质量 $KBrO_3$;167.00。

(4)含量 本品干燥后,溴酸钾($KBrO_3$)含量为99.0%～101.0%。

(5)性状　溴酸钾为白色结晶或晶体粉末。

(6)鉴别　溴酸钾对“定性试验”中所有钾盐及溴酸盐试验产生相应反应。

(7)纯度

①游离酸及游离碱：称取溴酸钾5g，加新沸后冷却的水60mL加温溶解，冷却，加酚酞试液3滴。对此溶液按下述方法进行试验。

(a)如果溶液无色，加0.01mol/L氢氧化钠1.2mL。显粉红色。

(b)如果溶液显粉红色，加0.01mol/L盐酸0.40mL，粉红色消失。

②溴化物：称取溴酸钾2.0g，加水40mL溶解，加稀硫酸(3→100)0.25mL，加甲基橙试液1滴，显粉红色。再振摇溶液。粉红色不会立即消失。

③重金属：以Pb计，不大于10μg/g。

测试溶液　称取溴酸钾2.0g，加水10mL加热溶解，加盐酸10mL，水浴蒸发至，加水20mL溶解残留物，加稀乙酸(1→20)2mL，再加水配至50mL。

参比溶液　取铅标准2.0mL，加稀乙酸(1→20)2mL，加水配至50mL。

④砷：以As_2O_3计，不大于4.0μg/g。

测试溶液　称取溴酸钾0.50g，加水5mL，加热溶解，加盐酸5mL，水浴蒸干。残留物用水5mL溶解。

装置　使用装置B。

(8)干燥失量　不大于0.5%(105℃，2h)。

(9)含量测定

准确称取经预先干燥的溴酸钾约0.1g于200mL具塞锥形瓶中，加水50mL，碘化钾1.5g及稀硫酸(1→5)10mL，立即盖严。暗处放置5min，用0.1mol/L硫代硫酸钠滴定游离碘(指示剂：淀粉试液)。另外，做空白试验进行校正。

0.01mol/L硫代硫酸钠1mL = 2.783mg $KBrO_3$

356. 无水碳酸钾

(1)其他名称　钾碱；Potassium carbonate, Anhydrous; Potassium carbonate; Dipotassium carbonate。

(2)编码　CAS 584-08-7；INS 501(i)。

(3)分子式与相对分子质量　K_2CO_3；138.21。

(4)含量　本品干燥后，碳酸钾(K_2CO_3)含量不少于99.0%。

(5)性状　碳酸钾为白色粉末或颗粒。

(6)鉴别　碳酸钾溶液(1→10)对“定性试验”中所有钾盐及碳酸盐试验产生相应反应。

(7)纯度

①溶液颜色和澄清度：无色几乎透明(1.0g，水20mL)。

②氯化物：以Cl计，不大于0.053%。

样本溶液　称取碳酸钾0.20g，加稀硝酸(1→10)3mL，煮沸，冷却。

参比溶液　使用0.01mol/L盐酸0.3mL。

③重金属：以Pb计，不大于20μg/g。

测试溶液　取碳酸钾1.0g，加水2mL及稀盐酸(1→4)6mL溶解，水浴蒸干。向残留物加稀乙酸(1→20)2mL及水约30mL溶解,再加水配至50mL。

参比溶液　用铅标准溶液2.0mL,加稀乙酸(1→20)2mL,再加水配至50mL。

④砷:以As_2O_3计,不大于4.0μg/g。

测试溶液　称取碳酸钾2.0g,加水10mL溶解,缓缓加盐酸2mL,加水配至20mL。取此液5mL作为测试溶液。

装置　使用装置B。

(8)**干燥失量**　不大于5%(180℃,4h)。

(9)**含量测定**　准确称取经预先干燥的碳酸钾约1g,加水25mL溶解,用0.25mol/L硫酸滴定(指示剂:酚蓝试液3滴)。滴定接近终点时,煮沸除去二氧化碳,冷却后继续滴定。

0.25mol/L 硫酸 1mL = 34.55mg K_2CO_3

357. 氯化钾

(1)**英文名称**　Potassium chloride。

(2)**编码**　CAS 7447-40-7;INS 508。

(3)**分子式与相对分子质量**　KCl;74.55。

(4)**含量**　本品干燥后,氯化钾(KCl)含量不少于99.0%。

(5)**性状**　氯化钾为无色结晶或白色粉末。无气味,有咸味。

(6)**鉴别**　氯化钾对"定性试验"中所有钾盐和氯化物试验产生相应反应。

(7)**纯度**

①游离酸和游离碱:称取氯化钾5g,加新煮沸后冷却的水50mL溶解,加酚酞试液3滴后。溶液不会变为浅粉红色。加0.02mol/L氢氧化钠0.30mL。溶液变为粉红色。

②溴化物:不大于0.13%。

测试溶液　称取氯化钾0.75g,加水溶解并定容至500mL。取此液5mL,加稀酚红试液2mL,氯胺T试液(1→10000)1mL,立即混合,放置2min。加入0.1mol/L硫代硫酸钠0.15mL,振摇,加水配至10mL。

参比溶液　准确称取预先经110℃干燥4h的溴化钾2.979g,加水溶解并定容至1000mL。准确吸此溶液1mL,加水定容至1000mL。准确吸取二级溶液5mL,按测试溶液的规定配制。

程序　在590nm波长测定测试溶液和参比溶液的吸光度,测试溶液的吸光度不大于参比溶液的吸光度。

③碘化物:取氯化钾5g,逐滴加入新鲜配制的亚硝酸钠溶液(1→20)0.15mL、稀硫酸1mL、淀粉试液25mL、水25mL配制的混合液将其湿润。5min后,在日光下检查,溶液不显蓝色。

④重金属:以Pb计,不大于10μg/g(2.0g,第1法,参比溶液为铅标准溶液2.0mL)。

⑤钙和镁:称取氯化钾0.20g,加水20mL溶解,加氨试液2mL,草酸铵溶液(1→30)2mL,磷酸氢二钠溶液(1→8)2mL,放置5min。溶液不会浑浊。

⑥钠:称取氯化钾0.20g,加水100mL溶解,按照"焰色试验"规定进行。无持续的黄色。

⑦砷:以As_2O_3计,不大于4.0μg/g(0.5g,第1法,装置B)。

(8)**干燥失量**　不大于1.0%(105℃,2h)。

(9)含量测定

准确称取经预先干燥后的氯化钾约0.25g,放入有磨口瓶塞的长颈烧瓶中,加水50mL溶解,边振摇边准确加入0.1mol/L硝酸银溶液50mL。再继续边振摇边加入硝酸3mL和硝基苯5mL,剧烈振摇。加硫酸铁铵试液2mL,用0.1mol/L硫氰酸铵滴定过量硝酸银。

0.1mol/L硝酸银1mL = 7.455mg KCl

358. 磷酸二氢钾

(1)其他名称 二氢磷酸钾;酸性磷酸钾;磷酸一钾;Potassium dihydrogen phosphate;Monopotassium phosphate;Potassium phosphate,monobasic;Primary potassium phosphate;MKP。

(2)编码 CAS 7778-77-0;INS 340(i)。

(3)分子式与相对分子质量 KH_2PO_4;136.09。

(4)含量 本品干燥后,磷酸二氢钾(KH_2PO_4)含量不少于98.0%。

(5)性状 磷酸二氢钾为无色结晶或白色晶体粉末。

(6)鉴别 磷酸二氢钾溶液(1→20)对"定性试验"中所有钾盐及磷酸盐试验产生相应反应。

(7)纯度

①溶液颜色和澄清度:无色,稍有微浊(1.0g,水20mL)。

②pH:4.4~4.9(1.0g,水100mL)。

③氯化物:以Cl计,不大于0.011%(1.0g,参比溶液为0.01mol/L盐酸0.30mL。

④硫酸盐:以SO_4计,不大于0.019%(1.0g,参比溶液为0.005mol/L硫酸0.40mL)。

⑤重金属:以Pb计,不大于20μg/g。

测试溶液 取磷酸二氢钾1.0g,加稀乙酸(1→20)2mL,水约30mL溶解,再加水至50mL。

参比溶液 取铅标准溶液2.0mL,加稀乙酸(1→20)2mL及水配至50mL。

⑥砷:以As_2O_3计,不大于4.0μg/g(0.5g,第1法,装置B)。

(8)干燥失量 不大于0.5%(105℃,4h)。

(9)含量测定

准确称取经预先干燥的磷酸二氢钾约3g,加水30mL溶解,加氯化钠5g,充分振摇溶解。在15℃左右温度,用1mol/L氢氧化钠滴定(指示剂:百里酚蓝试液3滴~4滴)。

1mol/L氢氧化钠1mL = 136.1mg KH_2PO_4

359. 亚铁氰化钾

(1)其他名称 六氰合铁酸四钾;黄血盐钾;Potassium ferrocyanide;Potassium hexacyanoferrate(Ⅱ)。

(2)CAS 13943-58-3;INS 536。

(3)分子式与相对分子质量 $K_4[Fe(CN)_6]\cdot 3H_2O$;422.39。

(4)含量 本品亚钾氰化钾($K_4[Fe(CN)_6]\cdot 3H_2O$)含量不少于99.0%。

(5)性状 亚铁氰化钾为黄色晶体或晶体粉末。

(6)鉴别

①取亚铁氰化钾溶液(1→100)10mL,加三氯化铁试液1mL,生成深蓝色沉淀。

②亚铁氰化钾对“定性试验”中所有钾盐试验产生相应反应。

(7)纯度

①氰化物:称取硫酸铜0.010g,加水8mL,氨试液2mL,溶解。将滤纸条浸入此溶液后,然后将滤纸暴露于硫化氢中。滤纸变棕色。当在棕色滤纸上滴加亚铁氰化钾溶液(1→100)1滴,不会产生白色环。

②铁氰化物:称取亚铁氰化钾0.010g,加水10mL溶解。取此溶液1滴,加硝酸铅(1→100)1滴,加数滴用联苯胺饱和的2mol/L乙酸。无蓝色出现。

(8)含量测定

准确称取亚铁氰化钾1g,加水200mL溶解。再加入硫酸10mL。用0.02mol高锰酸钾滴定。溶液出现红色能持续30s为到达滴点终点。

$$0.02\text{mol 高锰酸钾 } 1\text{mL} = 42.24\text{mg } K_4[Fe(CN)_6] \cdot 3H_2O$$

360. 葡萄糖酸钾

(1)其他名称 葡糖酸钾盐;D-葡糖酸钾;Potassium gluconate;Monopotassium D-gluconate。

(2)编码 CAS 299-27-4;INS 577。

(3)分子式、相对分子质量与结构式 $C_6H_{11}KO_7$;243.23;

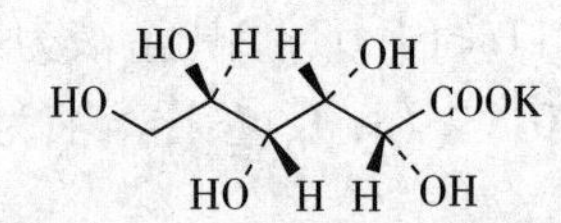

(4)含量 本品干燥后,葡萄糖酸钾($C_6H_{11}KO_7$)含量为97.0%~103.0%。

(5)性状 葡萄糖酸钾为白色或黄白色晶体粉末或颗粒。无气味。

(6)鉴别

①葡萄糖酸钾对“定性试验”中所有钾盐试验产生相应反应。

②取葡萄糖酸钾溶液(1→10)5mL,按照“葡萄糖酸-δ-内酯”的鉴别试验②规定进行。

(7)纯度

①溶液澄清度和颜色:无色,澄清(1.0g,水10mL)。

②pH:7.3~8.5(1.0g,水10mL)。

③重金属:以Pb计,不大于20μg/g(1.0g,第2法,参比溶液为铅标准溶液2.0mL)。

④铅:以Pb计,不大于10μg/g(1.0g,第1法)。

⑤砷:以As_2O_3计,不大于4.0μg/g(0.50g,第1法,装置B)。

⑥还原糖:以D-葡萄糖计,不大于0.50%。称取葡萄糖酸钾1.0g,按照“葡萄糖酸锌”纯度3规定进行。用0.1mol/L硫代硫酸钠滴定过量的碘,消耗体积应不少于8.15mL。

(8)干燥失量 不大于3.0%(105℃,4h)。

(9)含量测定 准确称取经预先干燥的葡萄糖酸钾0.15g,加乙酸75mL溶解,用0.1mol/L高氯酸滴定至溶液红色消失(指示剂:喹哪啶红试液10滴)。以同样方式进行空白试验。

$$0.1\text{mol/L 高氯酸 } 1\text{mL} = 23.43\text{mg } C_6H_{11}KO_7$$

361. 亚硫酸氢钾溶液

(1)英文名称　potassium hydrogen sulfite solution;Potassium bisulfite solution。

(2)含量　亚硫酸氢钾溶液的亚硫酸氢钾($KHSO_3$=120.17)含量不少于25.0%。

(3)性状　亚硫酸氢钾溶液为淡黄色的液体,有二氧化硫气味。

(4)鉴别　稀释亚硫酸氢钾溶液(1→5)对"定性试验"中所有钾盐和亚硫酸盐试验产生相应反应。

(5)纯度

①溶液澄清度:稍有浑浊(3.0g,水20mL)。

②重金属:以Pb计,不大于4.0μg/g。

测试溶液　称取亚硫酸氢钾溶液5.0g,加沸水15mL和盐酸5mL,水浴蒸干。向残留物中加沸水10mL和盐酸2mL,再次水浴蒸干。再向残留物中加入稀乙酸(1→20)2mL,加水至50mL并使之溶解。必要时进行过滤。

参比溶液　取铅标准溶液2.0mL,加稀乙酸(1→20)2mL及水至50mL。

③砷:以As_2O_3计,不大于2.0μg/g。

测试溶液　称取亚硫酸氢钾溶液10g,加水至25mL。量取该液5mL,加入硫酸1mL,水浴加热至不再产生二氧化硫。蒸发浓缩至约2mL,加水至10mL。取5mL作为测试溶液。

装置　使用装置B。

(6)含量测定　准确称取亚硫酸氢钾溶液约0.5g,按"亚硫酸盐测定"规定进行。

$$0.05mol/L\ 碘溶液\ 1mL = 6.009mg\ KH_2PO_3$$

362. 氢氧化钾

(1)其他名称　苛性钾;Potassium hydroxide;Caustic potash。

(2)编码　CAS 1310-58-3;INS 525。

(3)分子式与相对分子质量　KOH;56.11。

(4)含量　本品氢氧化钾(KOH)含量不少于85.0%。

(5)性状　氢氧化钾为白色的不规则团块,如小球状、薄片状、细棒状,或为白色粉末。

(6)鉴别

①氢氧化钾溶液(1→50)呈强碱性。

②氢氧化钾对"定性试验"中所有钾盐试验产生相应反应。

(7)纯度

①溶液颜色和澄清度:无色,几乎澄清。

测试溶液称取氢氧化钾50g,加新煮沸冷却的水溶解,配至250mL,作为样本溶液。取样本溶液5mL,加水20mL,混合,作为测试溶液。

②碳酸钾:按照"碳酸钾"含量测定规定进行,所测得碳酸钾(K_2CO_3)含量不大于2.0%。

③重金属:以Pb计,不大于30μg/g。

测试溶液　取上述纯度①的测试溶液5mL,逐渐加入稀盐酸(1→4)中和后,再加稀乙酸(1→20)2mL,加水配至50mL。

参比溶液　取铅标准溶液3.0mL,加稀乙酸(1→20)2mL,再加水配至50mL。

程序　按"铅限量试验"第1法规定进行。

④铅:以Pb计,不大于10μg/g。

测试溶液　称取氢氧化钾5g,逐渐加入稀盐酸(2→3)中和后,再加稀盐酸(2→3)1mL,加水配至50mL。

参比溶液　取铅标准溶液5.0mL,加稀盐酸(2→3)1mL,再加水配至50mL。

程序　按"铅限量试验"第1法规定进行。

⑤汞:以Hg计,不大于0.10μg/g。

测试溶液　取上述鉴别1的样本溶液10mL,加高锰酸钾溶液(3→50)1mL,加水约30mL,充分振摇。向此液逐渐加入优级纯盐酸中和后,再加稀硫酸(1→2)5mL,冷却。

程序　向测试溶液中加入盐酸羟胺溶液(1→5)直至高锰酸钾的紫色消失和二氧化锰沉淀溶解为止,加水配至100mL。将混合物转移至原子吸收光谱仪的洗气瓶中。再加氯化亚锡试液10mL,立即与原子吸收光谱仪连结,起动隔膜泵循环空气。记录仪上指针急速上升至值稳定时,测定吸光度。此吸光度应不大于按以下方法配制的溶液:取汞标准溶液2mL,加高锰酸钾溶液(3→50)1mL,加水30mL,加入与测试溶液配制中相同量的优级纯盐酸,按测试溶液配制相同的方式进行。

⑥砷:以As_2O_3计,不大于4μg/g。

测试溶液　取上述纯度①的样本溶液2.5mL,加水5mL,再慢慢加入盐酸中和。

装置　使用装置B。

(8)含量测定　准确称取氢氧化钾50g,加新煮沸冷却的水溶解并定容至1000mL。使用该溶液作为样本溶液。

准确量取样本溶液25mL,加新煮沸冷却的水10mL,用1mol/L盐酸滴定(指示剂:溴酚蓝试液1mL)。当溶液滴定至中性后,准确加入1mol/L盐酸1mL,煮沸约5min。冷却后,用0.1mol/L氢氧化钠滴定过量的酸,计算1mol/L盐酸的消耗量(V_1,mL)。

另外,准确量取样本溶液25mL于具塞磨口烧瓶中,加新煮沸冷却的水25mL。向此液中加氯化钡溶液(3→25)10mL,盖上瓶塞,轻轻振摇,用1mol/L盐酸滴定(指示剂:酚酞试液1mL)。记录消耗体积(V_2,mL)。按式(9-111)、式(9-112)计算氢氧化钾含量X_1、碳酸钾含量X_2:

$$X_1 = \frac{0.05611 \times V_2 \times 40}{m} \times 100\% \tag{9-111}$$

$$X_2 = \frac{0.06910 \times (V_1 - V_2) \times 40}{m} \times 100\% \tag{9-112}$$

式中:

m——样品量,g。

363. 氢氧化钾溶液

(1)英文名称　Potassium hydroxide solution。

(2)含量　氢氧化钾溶液的氢氧化钾(KOH)含量应为标示值的95%~120%。

(3)性状　氢氧化钾溶液为无色或稍有颜色的液体。

(4)鉴别

①稀释的氢氧化钾溶液(1→50)具有强碱性。

②氢氧化钾溶液对"定性试验"中所有钾盐试验产生相应反应。

(5)纯度

①溶液颜色和澄清度:无色,几乎澄清。

测试溶液 向氢氧化钾溶液加新煮沸后冷却的水,根据标示含量计算,配制成20%(质量浓度)的氢氧化钾溶液,作为样本溶液。取该溶液5mL,加水20mL混合。

②碳酸钾:以K_2CO_3/KOH计,不大于2.0%。按照"氢氧化钾"的纯度②规定进行。

③重金属:以KOH含Pb量计,不大于30μg/g。按照"氢氧化钾"的纯度③规定进行。

④铅:以KOH含Pb量计,不大于10μg/g。按照"氢氧化钾"的纯度④规定进行。

⑤汞:以KOH含Hg量计,不大于0.10μg/g。按照"氢氧化钾"的纯度⑤规定进行。

⑥砷:以KOH含As_2O_3量计,不大于4.0μg/g。按照"氢氧化钾"的纯度⑥规定进行。

(6)含量测定 准确称取相当于氢氧化钾5g的氢氧化钾溶液,加新煮沸后冷却的水,准确配至100mL,作为样本溶液。准确量取样本溶液25mL,按式(9-113)计算氢氧化钾含量X_1、氢氧化钾(KOH)中碳酸钾含量X_2按式(9-114)计算:

$$X_1 = \frac{0.05611 \times V_2 \times 4}{m} \times 100\% \tag{9-113}$$

$$X_2 = \frac{0.06910 \times (V_1 - V_2) \times 4}{m} \times \frac{100}{X_1} \times 100\% \tag{9-114}$$

式中:

m——样品量,g。

364. 偏磷酸钾

(1)其他名称 多聚磷酸钾;多磷酸钾;克鲁尔钾盐;聚偏磷酸钾;Potassium metaphosphate;Potassium polyphosphates;Potassium polymetaphosphate。

(2)编码 CAS 7990-53-6;INS 452(ii)。

(3)分子式与相对分子质量 KPO_3;可达50万。

(4)含量 本品干燥后,以五氧化二磷(P_2O_5=141.94)计,含量为53.0%~80.0%。

(5)性状 偏磷酸钾为白色纤维状结晶或粉末,或为无色至白色玻璃样鳞片或团块。

(6)鉴别

①取偏磷酸钾0.1g,加乙酸钠0.4g及水10mL溶解,再用稀乙酸(1→20)或氢氧化钠溶液(1→20)调节此溶液至弱酸性,再加蛋白试液5mL,形成白色沉淀。

②偏磷酸钾对"定性试验"中所有钾盐试验产生相应反应。

(7)纯度

①溶液颜色和澄清度:无色,稍有微浊。

测试溶液 称取偏磷酸钾粉末1.0g,加水50mL,水浴加热,剧烈搅拌溶解。再逐渐加入氢氧化钠溶液(1→25)50mL,不时搅拌下水浴加热10min,冷却至35℃~45℃。

②氯化物:以Cl计,不大于0.11%(粉末样本0.10g,参比溶液为0.01mol/L盐酸液0.30mL)。

③正磷酸盐:称取偏磷酸钾粉末 1.0g,加硝酸银溶液(1→50)2 滴 ~3 滴,无亮黄色出现。

④硫酸盐:以 SO_4 计,不大于 0.096%。

测试溶液　称取粉末状偏磷酸钾 0.20g,加水 30mL 及稀盐酸(1→4)2mL,煮沸 1min 使其溶解。冷却,加水配至 50mL。

参比溶液　取 0.005mol/L 硫酸 0.40mL,加稀盐酸(1→4)1mL,加水至 50mL。

⑤重金属:以 Pb 计,不大于 20μg/g。

测试溶液　称取偏磷酸钾 1.0g,加水 30mL 溶解。如难溶时加硝酸 2 滴 ~3 滴。加稀乙酸(1→20)或氨试液中和,再加稀乙酸(1→20)2mL,加水至 50mL。

参比溶液　准确吸取铅标准溶液 2.0mL 加稀乙酸(1→20)2mL,加水至 50mL。

⑥砷:以 As_2O_3 计,不大于 4μg/g(0.5g,第 1 法,装置 B)。

(8)干燥失量　不大于 5.0%(110℃,4h)。

(9)含量测定　采用"聚磷酸钾"含量测定的规定进行。

365. 硝酸钾

(1)其他名称　硝石;钾硝石;Potassium nitrate;Kaliinitras;Nitrate of potash。

(2)编码　CAS 7757-79-1;INS 252。

(3)分子式与相对分子质量　KNO_3;101.10。

(4)含量　本品干燥后,硝酸钾(KNO_3)含量不少于 99.0%。

(5)性状　硝酸钾为无色棱状结晶或白色晶体粉末。无气味,有咸味及清凉感。

(6)鉴别　硝酸钾对"定性试验"中所有钾盐及硝酸盐试验产生相应反应。

(7)纯度

①溶液颜色与澄清度:无色,澄清(1.0g,水 10mL)。

②氯化物:以 Cl 计,不大于 0.021%(0.50g,参比溶液为 0.01mol/L 盐酸 0.30mL)。

③重金属:以 Pb 计,不大于 20μg/g(1.0g,第 1 法,参比溶液为铅标准溶液 2.0mL)。

④砷:以 As_2O_3 计,不大于 4.0μg/g。

测试溶液　称取硝酸钾 0.50g,加水 3mL 溶解,加硫酸 2mL,加热至冒白烟为止。再加少量的水溶解,加热,至冒白烟为止,冷却。加水 5mL 溶解。

装置　使用装置 B。

(8)干燥失量　低于 1.0%(105℃,4h)。

(9)含量测定　准确称取经预先干燥的硝酸钾 0.4g 于 500mL 圆底烧瓶中,加水 300mL 溶解。加德瓦达合金 3g 及氢氧化钠溶液(2→5)15mL。立即装上气液分离器和带接收器的冷凝装置。接收器中准确加入 0.05mol/L 硫酸 50mL。放置 2h,蒸馏至获取约 250mL 蒸馏物。用 0.1mol 氢氧化钠滴定过量的酸(指示剂:甲基红-亚甲基蓝混合试液)。以同样方式进行空白试验。

$$0.05\text{mol/L 硫酸 } 1\text{mL} = 10.11\text{mg } KNO_3$$

366. 三聚磷酸钾

(1)其他名称　三磷酸五钾;磷酸五钾;三聚磷酸五钾;Potassium triphosphate;Potassium tripolyphosphate;Pentapotassium triphosphate;KTPP。

(2)编码　CAS 13845－36－8;INS 451(ii)。

(3)分子式与相对分子质量　$K_5P_3O_{10}$;448.41。

(4)含量　三聚磷酸钾干燥后,相当于五氧化二磷(P_2O_5＝141.94)的含量为43.0%～76.0%。

(5)性状　三聚磷酸钾为白色纤维状晶体或粉末,或为无色至白色玻璃鳞状片或团块。

(6)鉴别

①取三聚磷酸钾0.1g,加乙酸钠0.4g,加水10mL溶解,再用稀乙酸(1→20)将溶液调至弱酸性,加硝酸银溶液(1→50)3mL。产生白色沉淀。

②三聚磷酸钾对"定性试验"中所有钾盐试验产生相应反应。

(7)纯度

①溶液颜色和澄清度:无色,稍有浑浊(1.0g,乙酸钠4.0g,水100mL)。

②氯化物:以Cl计,不大于0.11%(0.10g,参比溶液为0.01mol/L盐酸0.30mL)。

③正磷酸盐:称取三聚磷酸钾1.0g,加硝酸银溶液(1→50)2滴～3滴。无亮黄色产生。

④硫酸盐:以SO_4计,不大于0.096%。

测试溶液　称取三聚磷酸钾0.20g,加水30mL及稀盐酸(1→4)2mL,煮沸1min使之溶解。冷却,加水配至50mL。

参比溶液　取0.005mol/L硫酸0.40mL,加稀盐酸(1→4)1mL,再加水至50mL。

⑤重金属:以Pb计,不大于20μg/g。

测试溶液　称取三聚磷酸钾粉末1.0g,加水30mL,硝酸3滴～4滴,溶解,用稀乙酸(1→20)或氨试液调至中性,再加稀乙酸(1→20)2mL,加水至50mL。

参比溶液　取铅标准溶液2.0mL,加稀乙酸(1→20)2mL,加水配至50mL。

⑥砷:以As_2O_3计,不大于4.0μg/g(0.50g,第1法,装置B)。

(8)干燥失量　不大于5.0%(110℃,4h)。

(9)含量测定

测试溶液　准确称取经预先干燥的三聚磷酸钾0.2g,加硝酸5mL,水25mL溶解,煮沸30min,不时补充丢失的水分,冷却。加水定容至500mL,必要时用干燥滤纸过滤。

程序　准确取测试溶液5mL,加钒酸－钼酸试液20mL,再加水定容至100mL,充分振摇,静置30min。在400nm波长测定测试溶液相对参比溶液的吸光度。取水5mL,按照测试溶液配制相同的操作配制成参比溶液。

另外,准确量取磷酸二氢钾标准溶液10mL,加稀硝酸(1→25)20mL,再加水定容至250mL。分别准确量取此溶液10mL、15mL、20mL,采用与测试溶液相同的操作,分别测定其吸光度,制作标准曲线。

根据标准曲线和测试溶液的吸光度值,计算5mL测试溶液中的含磷(P)量(g),再按式(9－115)计算五氧化二磷(P_2O_5)含量X:

$$X=\frac{m_1\times 2.291\times 100}{m}\times 100\% \tag{9-115}$$

式中:

m_1——5mL测试溶液中的含磷量,g;

m——样品量,g。

367. 焦磷酸四钾

(1)其他名称 焦磷酸钾;Potassium pyrophosphate;Tetrapotassium pyrophosphate;Tetrapotassium diphosphate;Potassium diphosphate。

(2)编码 CAS 7320-34-5;INS 450(V)。

(3)分子式与相对分子质量 $K_4P_2O_7$;330.34。

(4)含量 本品干燥后,焦磷酸四钾($K_4P_2O_7$)含量为98.0%~101.0%。

(5)性状 焦磷酸四钾为无色至白色晶体粉末或团块,或为白色粉末。

(6)鉴别

①称取焦磷酸四钾0.1g,加水10mL和硝酸2滴~3滴溶解,加硝酸银溶液(1→50)1mL。生成白色沉淀。

②焦磷酸四钾对"定性试验"中所有钾盐试验产生相应反应。

(7)纯度

①溶液颜色和澄清度:无色,微浊(0.5g,水20mL)。

②pH:10.0~10.7(1.0g,水100mL)。

③氯化物:以Cl计,不大于0.011%(1.0g,参比溶液为0.01mol/L盐酸0.30mL)。

④正磷酸盐:称取焦磷酸四钾1.0g,加硝酸银溶液(1→50)2滴~3滴。无亮黄色出现。

⑤硫酸盐:以SO_4计,不大于0.019%(1.0g,参比溶液为0.005mol/L硫酸0.40mL)。

⑥重金属:以Pb计,不大于20μg/g。

测试溶液 称取焦磷酸四钾1.0g,加水30mL和硝酸3滴~4滴溶解。用稀乙酸(1→20)或氨试液调至中性,再加稀乙酸(1→20)2mL,加水配至50mL。

参比溶液 取铅标准溶液2.0mL,加稀乙酸(1→20)2mL,加水配至50mL。

⑦砷:以As_2O_3计,不大于4.0μg/g(0.50g,第1法,装置B)。

(8)干燥失量 不大于7.0%(110℃,4h)。

(9)含量测定

准确称取经预先干燥的焦磷酸四钾约3g,加水75mL溶解,保持此溶液温度在15℃左右,用1mol/L盐酸滴定(指示剂:甲基橙-二甲苯蓝FF试液3滴~4滴)。

$$1\text{mol/L 盐酸 } 1\text{mL} = 165.17\text{mg } K_4P_2O_7$$

368. 焦亚硫酸钾

(1)其他名称 偏重亚硫酸钾;偏亚硫酸钾;偏硫代硫酸钾;二亚硫酸钾;Potassium pyrosulfite;Potassium metabisulfite;Potassium disulfite;Dipotassium pyrosulfite;Potassium metabisulphite;Potassium bisulphite。

(2)编码 CAS 16731-55-8;INS 224。

(3)分子式与相对分子质量 $K_2S_2O_5$;222.33。

(4)含量 本品焦亚硫酸钾($K_2S_2O_5$)含量大于93.0%。

(5)性状 焦亚硫酸钾为白色结晶或晶体粉末,有二氧化硫的气味。

(6)鉴别 焦亚硫酸钾对"定性试验"中所有钾盐和亚硫酸盐试验产生相应反应。

(7)纯度

①溶液澄清度:几乎澄清(1.0g,水10mL)。

②重金属:以Pb计,不大于10μg/g。

测试溶液 称取焦亚硫酸钾2.0g,加热水15mL溶解,加盐酸5mL,水浴蒸干。向残留物中加热水10mL和盐酸2mL,再次水浴蒸干。再向该残留物中加入稀乙酸(1→20)2mL,加水至50mL,必要时过滤。

参比溶液 取铅标准溶液2.0mL,加稀乙酸(1→20)2mL,加水至50mL。

③砷:以As_2O_3计,不大于4.0μg/g。

测试溶液 称取焦亚硫酸钾5.0g,加水溶解配至25mL。取此溶液5mL,加硫酸1mL,蒸发浓缩至约2mL,再加水至10mL。取此溶液5mL作为测试溶液。

装置 使用装置B。

(8)含量测定 准确称取焦亚硫酸钾约0.2g,按"亚硫酸盐测定"的规定进行。

$$0.05mol/L\ 碘溶液\ 1mL = 5.558mg\ K_2S_2O_5$$

369. 山梨酸钾

(1)其他名称 2,4-己二烯酸钾;己二烯酸钾;Potassium sorbate;Monopotassium(2*E*,4*E*)-hexa-2,4-dienoate。

(2)编码 CAS 24634-61-5;INS 202。

(3)分子式、相对分子质量与结构式 $C_6H_7KO_2$;150.22;

H_3C-CH=CH-CH=CH-COOK

(4)含量 本品干燥后,山梨酸钾($C_6H_7KO_2$)含量为98.0%~102.0%。

(5)性状 山梨酸钾为白色至淡黄褐色,片状结晶、晶体粉末或颗粒。无气味或稍有气味。

(6)鉴别

①在山梨酸钾溶液(1→100)中,加丙酮1mL,逐滴加入稀盐酸(1→4)使溶液呈弱酸性,加溴试液2滴,振摇。溶液颜色立即消失。

②山梨酸钾对"定性试验"中所有钾盐试验产生相应反应。

(7)纯度

①溶液颜色和澄清度:称取山梨酸钾0.20g,加水5mL溶解。溶液颜色不得深于附录一试剂、溶液和其他参考物质的配比液F。

②游离碱:称取山梨酸钾1.0g,加新煮沸后冷却的水约20mL溶解。加酚酞试液2滴,溶液显粉红色。加0.05mol/L硫酸0.40mL,颜色消失。

③氯化物:以Cl计,不大于0.018%。

测试溶液 称取山梨酸钾1.0g,加水约30mL溶解,边充分振摇边加稀硝酸(1→10)11mL。过滤,水洗,合并洗液和滤液,加水至50mL。

参比溶液 取0.01mol/L盐酸0.5mL,加稀硝酸(1→10)6mL,加水至50mL。

④硫酸盐:以SO_4计,不大于0.038%。

测试溶液 称取山梨酸钾0.5g,加水约30mL溶解,边充分振摇边加稀盐酸(1→4)3mL。过滤,水洗,合并洗液和滤液,加水配至50mL。

参比溶液　取 0.005mol/L 硫酸 0.40mL，加稀盐酸（1→4）1mL，加水至 50mL。

⑤重金属：以 Pb 计，不大于 10μg/g（2.0g，第 2 法，参比溶液为铅标准溶液 2.0mL）。

⑥砷：以 As_2O_3 计，不大于 4.0μg/g（0.50g，第 1 法，装置 B）。

（8）干燥失量　不大于 1.0%（105℃，3h）。

（9）含量测定

准确称取经预先干燥的山梨酸钾约 0.3g，加非水滴定用乙酸 50mL，用 0.1mol/L 高氯酸滴定（指示剂：α－萘酚苯甲醇试液 10 滴）至溶液由褐色变为绿色即为终点。

$$0.1mol/L\ 高氯酸\ 1mL = 15.02mg\ C_6H_7KO_2$$

370. 粉状纤维素

（1）其他名称　纤维素粉；Powdered cellulose。

（2）编码　CAS 9004－34－6；INS 460（ii）。

（3）定义　粉状纤维素由果肉和木浆分解而得。主要成分是纤维素。

（4）性状　粉状纤维素为白色粉末，无气味。

（5）鉴别

①称取粉状纤维素 10g，加水 290mL，在高速（12000r/min 或更高）搅拌器中混合 5min。取该混合物 100mL 于 100mL 量筒中，静置 1h。此悬浊液可分出澄清或白色上清液和下层沉淀。

②按照“红外吸收光谱法”的溴化钾压片法规定操作测定经预先干燥的粉状纤维素的红外吸收光谱，与参比光谱图（见图 9－60）比较，两个谱图在相同的波数几乎有同样的吸收强度。

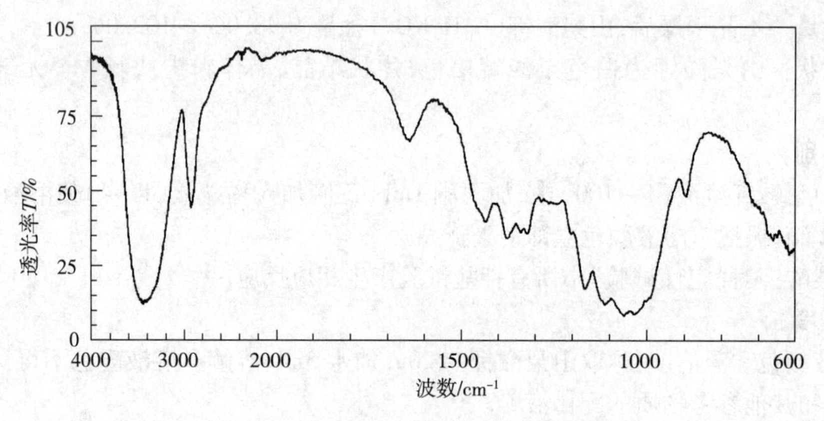

图 9－60　粉状纤维素的红外吸收光谱图

（6）纯度

①pH：5.0～7.5。

准确称取粉状纤维素 10.0g，加水 90mL，放置 1h 过程中不时搅拌，然后离心。测定上清液的 pH。

②水溶性物质：不大于 1.5%。准确称取经预先干燥的粉状纤维素 6g，加新煮沸后冷却的水 90mL。在放置 10min 的过程中不时搅拌。用玻璃过滤器（IG4）过滤，弃去最先滤出的 10mL 滤液。必要时使用同一过滤器再次过滤以得到澄清滤液。取滤液 15mL 于已预先干

燥、称量的蒸发皿中,水浴加热蒸发至干,注意避免烧焦。蒸发皿与残留物在105℃干燥1h,准确称量。另外进行空白试验校正。

③重金属:以Pb计,不大于10μg/g(2.0g,第2法,参比溶液为铅标准溶液2.0mL)。

④砷:以As_2O_3计,不大于4.0μg/g(0.5g,第2法,装置B)。

⑤淀粉:量取鉴别1的溶液20mL,加碘试液几滴,混合。溶液无蓝紫色或蓝色出现。

(7)干燥失量 不大于10.0%(105℃,3h)。

(8)灰分 不大于10.0%(约800℃,2h)。

371. 焦油色素制剂

(1)英文名称 Preparations of tar colors。

(2)鉴别 对表9-5中第1列的焦油色素制剂鉴定,采用9-5表中第2列所对应规定的程序。按照"着色物质试验"中其他着色物质的规定操作,比较各个样本与相应参考标准物质的斑点。

表9-5 焦油色素鉴别

第1栏	第2栏
食用红色2号 食用红色3号 食用红色40号 食用红色102号 食用红色104号 食用红色105号 食用黄色4号 食用黄色5号 食用蓝色2号	测试溶液 相当于试验中浓度为0.1%焦油色素的样本溶液(如果有不溶物,以3000r/min~3500r/min离心去除)。 程序 按照"着色物质试验"的其他着色物质(1)规定进行。如果焦油色素不能很好分离,按照其他着色物质(2)规定进行。
食用红色106号	测试溶液 相当于试验中浓度为0.03%焦油色素的样本溶液(如果有不溶物,以3000r/min~3500r/min离心分离去除)。 程序 按照"着色物质试验"的其他着色物质(1)规定进行。如果焦油色素不能很好分离,按照其他着色物质(2)规定进行。
食用绿色3号 食用蓝色1号	测试溶液 相当于试验中浓度为0.05%焦油色素的样本溶液(如果有不溶物,以3000r/min~3500r/min离心去除)。 程序 按照"着色物质试验"的其他着色物质(1)规定进行。如果焦油色素不能很好分离,按照其他着色物质(2)规定进行。
食用红色2号铝色淀 食用红色40号铝色淀 食用黄色4号铝色淀 食用黄色5号铝色淀 食用绿色3号铝色淀 食用蓝色1号铝色淀	试验样本 称取相当于在试验中为0.5g焦油色素铝色淀的样本于离心管中,加水50mL,充分振摇,3000r/min~3500r/min离心10min。弃去上清液,向残留物中加水50mL,再次离心。重复该程序3次。残留物作为试验样本。 程序 按照"着色物质铝色淀试验"的其他着色物质色淀(1)规定进行。如果焦油色素不能很好分离,按照其他着色物质色淀(2)规定进行。

续表

第1栏	第2栏
食用红色3号铝色淀	试验样本　称取相当于在试验中为0.5g焦油色素铝色淀的样本于离心管中,加水50mL,充分振摇,3000r/min～3500r/min离心10min。弃去上清液,向残留物加水50mL,再次离心。重复该程序3次。残留物作为试验样本。 程序　按照"着色物质铝色淀试验"的其他着色物质色淀(2)规定进行。
食用蓝色2号铝色淀	试验样本　称取相当于在试验中为0.5g焦油色素铝色淀的样本于离心管中,加水50mL,充分振摇,3000r/min～3500rmin离心10min。弃去上清液,向残留物加水50mL,再次离心。重复该程序3次。残留物作为试验样本。 程序　按照"着色物质铝色淀试验"的其他着色物质色淀(4)规定进行。如果焦油色素不能很好分离,按照其他着色物质色淀(2)规定进行。

(3)纯度

①铬

着色物质的含量超过50%:过50%,以Cr计,不大于50μg/g。

着色物质的含量低于50%:过50%,以Cr计,不大于25μg/g。

该试验适用于含有食用红色106号、食用绿色3号和食用蓝色1号的制剂。

样本溶液和空白试验溶液　取按下面纯度②制备得每种样本溶液和空白试验溶液5mL。

程序　按照"着色物质试验"的重金属②规定进行(如果试验中的制剂所含的焦油色素低于50%,每种溶液取10.0mL)。

②重金属:以Pb计,不大于20μg/g。

对不含焦油色素铝色淀的焦油色素制剂,按照"着色物质试验"中重金属(5)的规定进行。对含焦油色素铝色淀的焦油色素制剂,按"着色物质铝色淀试验"中的重金属(3)的规定进行。

③砷:以As_2O_3计,不大于4.0 μg/g。

对不含焦油色素铝色淀的焦油色素制剂,按照"着色物质试验"中砷试验规定进行。如果是含焦油色素铝色淀的焦油色素制剂,按"着色物质铝色淀试验"中的砷试验规定进行。

④锰

着色物质含量超过50%:以Mn计,不大于50μg/g;

着色物质含量低于50%,以Mn计,不大于25μg/g。

该试验适用于含有食用红色106号、食用绿色3号和食用蓝色1号的制剂。

样本溶液和空白试验溶液　取用按上面纯度2制备的每种样本溶液和空白试验溶液4mL。

程序　按照"着色物质试验"的重金属(4)规定进行(如果着色物质的含量不超过50%,每种溶液取8.0mL)。

372. 加工过的麒麟菜属海藻

(1)其他名称　角叉菜胶;半精制卡拉胶;加工红海藻;含纤维素卡拉胶;Processed eucheuma algae;Processed red algae;Semi refined carrageenan;EPS。

(2)编码　INS 407a;E 407a。

(3)定义　加工过的麒麟菜属海藻是卡拉胶的一种。“卡拉胶❶”指从沙菜属(*Hypnea*)、麒麟菜属(*Eucheuma*)、虹藻(*Iridaea*)、杉藻属(*Gigartina*)或角叉菜属(*Chondrus*)的全藻提取物,主要成分为ι-卡拉胶,κ-卡拉胶和λ-卡拉胶。

(4)性状　加工过的麒麟菜属海藻为白色或浅棕色粉末或颗粒,没有或稍有气味。

(5)鉴别

①称取加工过的麒麟菜属海藻4g,加水200mL。在80℃水浴过程中同时搅拌直至形成均匀黏稠液体。补充蒸发掉的水分,冷却至室温。形成黏稠液体或凝胶。

②取水20mL,加入加工过的麒麟菜属海藻0.1g,加稀盐酸(1→5)5mL,煮沸5min,必要时除去沉淀物。向此溶液加入氯化钡溶液(3→25)3mL,形成白色浑浊物或白色结晶沉淀。

(6)纯度

①黏度:不少于5.0mPa·s。

称取以干基计为7.5g的加工过的麒麟菜属海藻,加水450mL,搅拌10min~20min制成悬浊液,再加水至500mL。80℃水浴加热,持续搅拌直至制成均匀黏稠液体,并补充蒸发掉的水分。采用“黏度试验”第2法,测定此溶液在75℃的黏度。黏度计应使用1号转子和适配器,加热至75℃,将转子下沉至适当高度。开始时先用转速30r/min,在转动6圈(12s)后读数。如黏度太低,则更换适合低黏度的适配器;如果黏度太高,则使用2号转子。

②钙:不大于1.5%。

测试溶液　准确称取经预先干燥的加工过的麒麟菜属海藻10g,转入坩埚中。温和加热至炭化,再400℃~500℃灼热约5h。然后向残留物中加水10mL,1mol/L硝酸5mL,使成灰烬,煮沸3min。过滤此溶液,加水定容至50mL。准确量取此溶液1mL,加1mol/L硝酸1mL,再加水定容至100mL。

标准溶液　准确称取预先经180℃干燥1h的碳酸钙2.497g,加稀盐酸(1→4)20mL溶解,再加水定容至1000mL。取此溶液适当体积,加1mol/L硝酸稀释成钙含量为(Ca=40.08)1μg/mL~3μg/mL。

程序　取测试溶液与标准溶液按照下述条件进行火焰原子吸收光谱测定。根据标准溶液制备的标准曲线,计算测试溶液中钙的含量。

操作条件

光源:钙空心阴极灯。

波长:422.7nm。

助燃气:空气。

可燃气:乙炔。

③钠:不大于1.0%。

测试溶液　准确称取经预先干燥的加工过的麒麟菜属海藻1g,转入坩埚中。温和加热至炭化,再经400℃~500℃灰化约5h。向灰分中3mol/L盐酸5mL使其分散,煮沸3min。用少量3mol/L盐酸彻底洗出坩埚中内容物,转入填有玻璃纤维的层析柱(内径12mm,高

---

❶　卡拉胶被规定为现有食品添加剂。

70mm)，并配 50mL 容量瓶为接收器。用 3mol/L 盐酸洗脱，收集洗脱液约 45mL，再加水定容至 50mL。取此溶液 2mL，加 0.02mol/L 盐酸定容至 500mL。

标准溶液　准确称取预先经 130℃ 干燥 2h 的氯化钠 0.2542g，用 0.02mol/L 盐酸溶解并定容至 1000mL。取此溶液适当体积，加 0.02mol/L 盐酸使溶液的钠(Na = 22.99)含量为 1μg/mL ~ 3μg/mL。

程序　取测试溶液与标准溶液按照如下条件进行火焰原子吸收光谱测定。根据标准溶液制备的标准曲线计算测试溶液中的钠含量。

操作条件

光源：钠空心阴极灯。

波长：589.0nm。

助燃气：空气。

燃气：乙炔。

④硫酸盐：15% ~40%(以干基计)。

准确称取加工过的麒麟菜属海藻 1g，转入 100mL 凯氏烧瓶中，加稀盐酸(1→10)50mL，装上回流冷凝器，煮沸 1h。再加 10%(体积分数)过氧化氢溶液 25mL，煮沸 5h。如果需要过滤分离溶液，将滤液转入 500mL 烧杯中，在煮沸过程中慢慢加入氯化钡溶液(3→25)10mL。水浴加热 2h，冷却。用定量分析滤纸(5C)过滤。温水洗涤滤纸上的残留物直至洗出液无氯化物。残留物与滤纸一起干燥后，放入瓷坩埚中，灼热成白色灰烬，所称量的物质为硫酸钡。以干燥品计，按照式(9-116)计算硫酸盐(SO_4)含量 X：

$$X = \frac{m_1 \times 0.4116}{m} \times 100\% \tag{9-116}$$

式中：

m_1——硫酸钡质量，g；

m——样品量，g。

⑤酸不溶物：8% ~18%。

准确称取加工过的麒麟菜属海藻 2g，转入装有 150mL 水和 1.5mL 硫酸的 300mL 烧杯中。用表面皿盖上烧杯，水浴加热 6h。不时用玻棒将烧杯壁上的附着物刮下，再洗脱到水中，补充蒸发消耗掉的水分。准确称取预先经 105℃ 干燥 3h 的色谱分析用硅藻土 0.5g，加入样本溶液中，混合均匀。称取预先经 105℃ 干燥 3h 的玻璃过滤器(IG3)。采用玻璃过滤器抽滤过滤硅藻土与样本溶液的混合物，用温水将残留物洗涤到玻璃过滤器内。将玻璃过滤器与残留物一起置 105℃ 干燥 3h。置干燥器内冷却后，准确称量。按照式(9-117)计算酸不溶物质的含量 X：

$$X = \frac{m_1 - (m_2 - m_3)}{m} \times 100\% \tag{9-117}$$

式中：

m_1——总质量，g；

m_2——硅藻土质量，g；

m_3——玻璃过滤器质量，g；

m——样品量，g。

⑥重金属:以 Pb 计,不大于 40μg/g(0.50g,第 2 法,参比溶液为铅标准溶液 2.0mL)。

⑦铅:以 Pb 计,不大于 5.0 μg/g(2.0 g,第 1 法)。

⑧砷:以 As_2O_3 计,不大于 4.0μg/g(0.5g,第 3 法,装置 B)。

⑨异丙醇和甲醇总量:不超过 0.10%。

(a)装置:使用图 9-61 描述的装置。

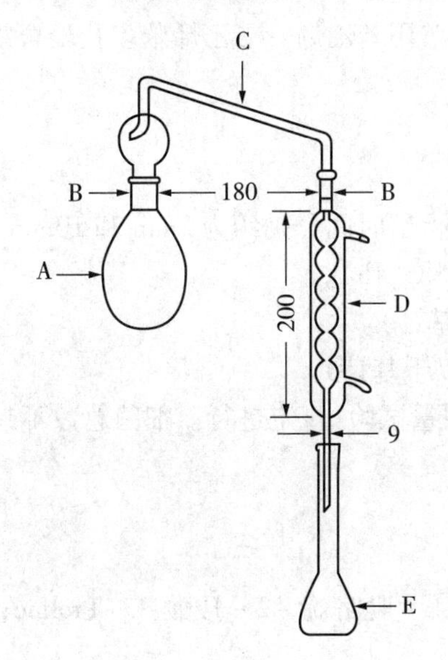

说明:

A——茄形瓶(300mL);B——磨口玻璃连接头;C——配有雾滴分离器的导管;D——冷凝器;E——容量瓶(100mL)。

图 9-61　异丙醇和甲醇总量测定装置

(b)方法

测试溶液　准确称取加工过的麒麟菜属海藻 2g 于茄形瓶(A)中,加水 200mL,加少量沸石,硅树脂 1mL,搅拌均匀。准确量取内标液 4mL,放入容量瓶(E)中,装好装置。用水湿润连接部分。调节至以 2mL/min ~ 3mL/min 的速率蒸馏,避免气泡进入导管(C),收集馏出液 90mL,再加水定容至 100mL。用叔丁醇溶液(1→1000)作为内标液。

标准溶液　准确称取异丙醇和甲醇各 0.5g,加水定容至 50mL。准确取此溶液 5mL,再加水定容至 50mL。取此溶液 2mL,放入容量瓶中,加内标液 4mL,再加水定容至 100mL。

程序　分别取测试溶液和标准溶液 2.0μL,按以下操作条件进行气相色谱分析。得到各种溶液的异丙醇、甲醇分别与叔丁醇的峰面积比值,测试溶液的为 Q_{T1} 和 Q_{T2},标准溶液的为 Q_{S1} 和 Q_{S2}。按式(9-118)、式(9-119)计算异丙醇含量 X_1、甲醇含量 X_2 及两者的总量。

$$X_1 = \frac{m_1}{m} \times \frac{Q_{T1}}{Q_{S1}} \times 0.4 \times 100\% \tag{9-118}$$

$$X_2 = \frac{m_2}{m} \times \frac{Q_{T2}}{Q_{S2}} \times 0.4 \times 100\% \tag{9-119}$$

式中:

m_1——异丙醇量,g;

m——样品量,g;

m_2——甲醇量。

操作条件

检测器:氢焰离子化检测器(FID)。

色谱柱:内径3mm,长2m的玻璃管。

柱填充料:180μm~250μm气相色谱用苯乙烯-二乙烯苯多孔聚合物。

柱温:120℃,恒温。

进样口:200℃,恒温。

载气:氮气或氦气。

流量:调整流速使甲醇和异丙醇的保留时间分别约为2min和10min。

(7)干燥失量 不大于12.0%(105℃,4h)。

(8)灰分 15.0%~35.0%(以干基计)。

(9)酸不溶灰分 不大于2.0%(以干基计)。

(10)微生物限量 按照"微生物限量试验"规定进行。细菌总数不超过10000/g,大肠杆菌阴性。

373. L-脯氨酸

(1)其他名称 L-氢化吡咯甲酸;L-吡咯烷-2-羧酸;L-Proline;(2*S*)-Pyrrolidine-2-carboxylic acid。

(2)编码 CAS 147-85-3;FEMA 3319。

(3)分子式、相对分子质量与结构式 $C_5H_9NO_2$;115.13;

(4)含量 以干基计,本品L-脯氨酸($C_5H_9NO_2$)含量为98.0%~102.0%。

(5)性状 L-脯氨酸为白色结晶或晶体粉末。无气味或稍有特殊气味,并有轻微甜味。

(6)鉴别

①取L-脯氨酸溶液(1→1000)5mL,加入茚三酮溶液(1→50)1mL,水浴加热1min,显黄色。

②取L-脯氨酸溶液(1→500)1mL,加入碳酸钠溶液(1→50)1mL,硝普酸钠溶液(1→100)1mL,乙醛溶液(1→10)1mL。溶液显蓝色。

(7)纯度

①比旋光度$[\alpha]_D^{20}$:-84.0°~-86.0°。

准确称取L-脯氨酸4g,加水溶解并定容至100mL。测定溶液旋光度,以干基计。

②溶液颜色和澄清度:无色、澄清(1.0g,水10mL)。

③pH:5.9~6.9(1.0g,水10mL)。

④氯化物:以Cl计,不大于0.1%(0.07g,参比溶液为0.01mol/L盐酸0.20mL)。

⑤重金属:以Pb计,不大于20μg/g(1.0g,第1法,参比溶液为铅标准溶液2.0mL)。

⑥砷:以As_2O_3计,不大于4.0μg/g(0.50g,第1法,装置B)。

(8)干燥失量 不大于0.30%(105℃,3h)。

(9)灼热残留物 不大于0.10%。

(10)含量测定 准确称取L－脯氨酸0.25g，按照"L－天冬酰胺"含量测定规定进行。

$$0.1mol/L 高氯酸 1mL = 11.51mg\ C_5H_9NO_2$$

374. L－脯氨酸溶液

(1)英文名称 L－Proline solution。

(2)含量 L－脯氨酸溶液中的L－脯氨酸（$C_5H_9NO_2$ = 115.13）含量不大于50%，为标示值的95%～110.0%。

(3)性状 L－脯氨酸溶液为无色液体。无气味或稍有特殊气味，有轻微甜味。

(4)鉴别

①取稀释L－脯氨酸溶液（1→200）5mL，加入茚三酮溶液（1→50）1mL，水浴加热1min。溶液显黄色。

②取L－脯氨酸溶液4g，加水100mL，振摇。溶液具有左旋性。

(5)纯度

①重金属：以Pb计，不大于20μg/g L－脯氨酸（$C_5H_9NO_2$）。

测试溶液 称取相当于L－脯氨酸（$C_5H_9NO_2$）1.0g的L－脯氨酸溶液，加水40mL，稀乙酸（1→20）2mL，再加水配至50mL。

参比溶液 取铅标准溶液2.0mL，加稀乙酸（1→20）2mL，加水配至50mL。

②砷：以As_2O_3计，不大于4.0μg/gL－脯氨酸（$C_5H_9NO_2$）。

测试溶液 称取相当于L－脯氨酸（$C_5H_9NO_2$）0.50g的L－脯氨酸溶液，加水5mL，必要时加热溶解。

装置 使用装置B。

(6)灼热残留物 以L－脯氨酸（$C_5H_9NO_2$）计，不大于0.10%。

(7)含量测定 准确称取相当于L－脯氨酸（$C_5H_9NO_2$）0.25g的L－脯氨酸溶液，按照"L－天门酰胺"含量测定的规定进行。

$$0.1mol/L 高氯酸 1mL = 11.51mg\ C_5H_9NO_2$$

375. 丙醇

(1)其他名称 正丙醇；1－丙醇；Propanol；Propyl alcohol；Propan－1－ol。

(2)编码 CAS 71－23－8；FEMA 2928。

(3)分子式、相对分子质量与结构式 C_3H_8O；60.09；

H_3C⁄⁀OH

(4)含量 本品丙醇（C_3H_8O）含量不少于99.0%。

(5)性状 丙醇为无色澄清液体，有特殊气味。

(6)鉴别

按照"红外吸收光谱法"的液膜法规定的操作测定丙醇的红外吸收光谱，与参比光谱图（见图9－62）比较，两个谱图在相同的波数几乎有同样的吸收强度。

(7)纯度

①折光率n_D^{20}：1.383～1.388。

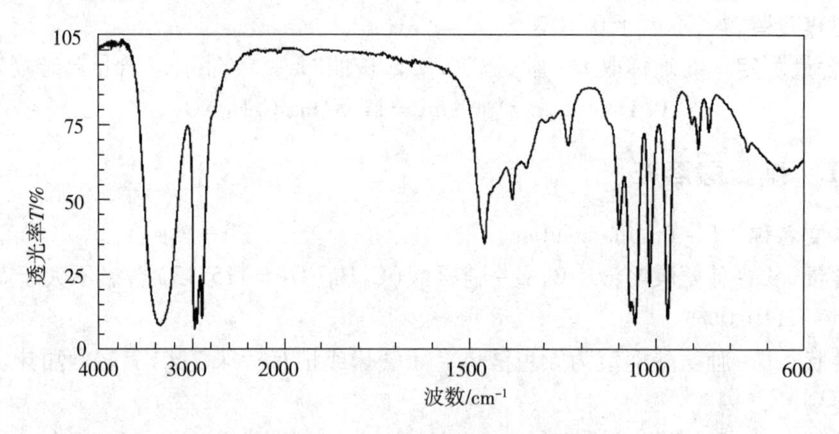

图 9－62　丙醇的红外吸收光谱图

②相对密度：0.800～0.805。

③含量测定

按照“香料物质试验”的香料成分气相色谱法的峰面积百分比的操作条件（2）规定进行。

376. 丙酸

（1）其他名称　甲基乙酸；初油酸；Propionic acid；Acide propionique。

（2）编码　CAS 79－09－4；INS：280；FEMA 2924。

（3）分子式、相对分子质量与结构式　$C_3H_6O_2$；74.08；

（4）含量　本品丙酸（$C_3H_6O_2$）含量不少99.0%。

（5）性状　丙酸为油状澄清液体，有特殊气味。

（6）鉴别　取丙酸1mL，加硫酸3滴和乙醇1mL，加热。有芳香气味产生。

（7）纯度

①相对密度：0.993～0.997。

②蒸馏试验：138.5℃～142.5℃时的馏出物不小于95%（第2法）。

③重金属：以Pb计，不大于10μg/g。

测试溶液　取丙酸2.0mL，加水10mL和氨试液中和后，加入稀乙酸（1→20）2mL，再加水至50mL。

参比溶液　取铅标准溶液2.0mL，加稀乙酸（1→20）2mL，再加水配至50mL。

④砷：以As_2O_3计，不大于4μg/g（0.5mL，第1法，装置B）。

⑤醛类：以丙醛计，不大于0.2%。

取水50mL和亚硫酸氢钠溶液（1→80）10mL于250mL具塞磨口玻璃三角烧瓶内，再加入丙酸10mL，盖上瓶塞，剧烈振摇，放置30min，用0.05mol/L碘溶液滴定，直至溶液颜色变为黄褐色为止。碘消耗量应不大于7mL。以同样方式做空白试验，进行必要校正。

⑥蒸发残留物：不大于0.01%。

取丙酸20g，在140℃蒸发至恒量，称其残留物质量。

(8)含量测定 准确称取丙酸约3g,加入新煮沸后冷却的水40mL溶解,用1mol/L氢氧化钠滴定(指示剂:酚酞试液2滴)。

1mol/L氢氧化钠1mL = 74.08mg $C_3H_6O_2$

377. 丙二醇

(1)其他名称 1,2-丙二醇;1,2-二羟基丙烷;甲基乙二醇;丙烯乙二醇;Propylene glycol;Propane-1,2-diol;1,2-Dihydroxypropane;Propyl glycol;1,2-Propanediol;1,2-Propylene glycol。

(2)编码 CAS 57-55-6;INS 1520;FEMA 2940。

(3)分子式、相对分子质量与结构式 $C_3H_8O_2$;76.09;

OH OH H_3C

(4)含量 本品丙二醇($C_3H_8O_2$)含量大于98.0%。

(5)性状 丙二醇为无色澄清黏稠液体。无气味,稍有苦味和甜味。

(6)鉴别

①取丙二醇1mL,加硫酸氢钾0.5g,加热。产生水果气味。

②取丙二醇2滴~3滴,与三苯基氯甲烷0.7g混合,加入吡啶1mL,装上回流冷凝器,水浴加热1h,冷却。加丙酮20mL,加热溶解。加活性炭0.02g,振摇,过滤。浓缩滤液至约10mL,冷却。过滤收集析出结晶,在干燥器内干燥4h。该晶体熔点为174℃~178℃。

(7)纯度

①相对密度:1.036~1.040。

②蒸馏试验:185℃~189℃的馏出物不小于95%(体积分数)(第2法)。

③游离酸:取水50mL,加酚酞试液1mL,加氢氧化钠溶液(1→2500)直至溶液的粉红色持续30s。向此溶液中加入丙二醇10mL,混合,加0.1mol/L氢氧化钠0.20mL。溶液的粉红色持续时间不少于30s。

④重金属:以Pb计,不大于10μg/g(2.0g,第1法,参比溶液为铅标准溶液2.0mL)。

⑤砷:以As_2O_3计,不大于4.0μg/g(0.50g,第1法,装置B)。

(8)水分 不大于0.20%(10g,直接滴定)。

(9)灼热残留物 不大于0.05%(10g)。

(10)含量测定

准确称取丙二醇约1g,加水定容至250mL。准确量取此溶液10mL,移入具塞磨口玻璃烧瓶内,准确加入偏高碘酸钠溶液试液10mL和稀硫酸(1→2)4mL,充分振摇,放置40min。向此溶液加入碘化钾5g,立即盖紧瓶塞,充分振摇,在暗处放置5min。用0.1mol/L硫代硫酸钠滴定(指示剂:淀粉试液1mL)。以同样方式进行空白试验,按式(9-120)计算丙二醇含量X:

$$X = \frac{(V_1 - V_2) \times 3.805 \times 25}{m \times 1000} \times 100\% \qquad (9-120)$$

式中:

V_1——空白试验中0.1mol/L硫代硫酸钠消耗量,mL;

V_2——测试样本试验中 0.1mol/L 硫代硫酸钠消耗量,mL;

m—样品量,g。

378. 海藻酸丙二醇酯

(1)其他名称 丙二醇海藻酸酯;海藻酸乙二醇丙酯;褐藻酸丙二醇酯;藻酸-1,2-丙二醇酯;藻朊酸丙二醇酯;Propylene glycol alginate;Propan-1,2-diol Alginate;Hydroxypropyl alginate。

(2)编码 CAS 9005-37-2;INS 405。

(3)分子式与相对分子质量 $(C_9H_{14}O_7)_n$;结构单元相对分子质量 234.21(理论量)。

(4)性状 海藻酸丙二醇酯是白色至黄白色的粗或细粉末。几乎无气味。

(5)鉴别 按如下方式制备测试溶液:取海藻酸丙二醇酯 1g,加水 100mL,形成糊状液体。

①取测试溶液 5mL,加乙酸铅试液 5mL,立即凝固成胶体。

②取测试溶液 10mL,加氢氧化钠溶液(1→25)1mL,水浴加热 5min~6min,冷却后加稀硫酸(1→20)1mL。立即凝固成胶体。

③取测试溶液 1mL,加水 4mL,剧烈振摇,持续地产生泡沫。

(6)纯度

①酯化值:不小于 40.0%。

按式(9-121)计算海藻酸丙二醇酯的酯化值 X:

$$X = 100 - \frac{(a+b+c)}{100} \times 100\% \qquad (9-121)$$

按照纯度①(a)、①(b)、②规定分别测定 a、b 和 c。

式中:

a——游离海藻酸的含量,%;

b——海藻酸钠的含量,%;

c——不溶性灰分量,%。

(a)游离海藻酸:准确称取经预先干燥的海藻酸丙二醇酯约 0.5g,加新煮沸放冷的水 200mL 溶解,加酚酞试液 2 滴,用 0.02mol/L 氢氧化钠滴定至粉红色并持续约 20s。游离海藻酸含量 X_1 按照式(9-122)计算含量。以同样方式做空白试验,进行必要的校正。

$$X_1 = \frac{V \times 0.00352}{m} \times 100\% \qquad (9-122)$$

式中:

V——0.02mol/L 氢氧化钠溶液消耗量,mL;

m——样品量,g。

(b)海藻酸钠:准确称取经预先干燥的海藻酸丙二醇酯约 1g,放入瓷或铂金坩埚(直径:20mm~30mm),开始温和加热,然后逐渐提高温度,在 300℃~400℃加热约 2h,至完全炭化。冷却后,用玻璃棒压碎炭化物,连同坩埚一起放入烧杯中,加水约 50mL,加 0.005mol/L 硫酸 20mL。烧杯上盖上表面皿,水浴加热 1h,过滤。如滤液有颜色,需要重新取样,充分炭化,重复以上操作。烧杯、坩埚和滤纸上的残留物用热水充分洗涤,直至洗液不使石蕊试纸变红,合并洗液和滤液,用 0.1mol/L 氢氧化钠滴定过量硫酸(指示剂:甲基红试液 3 滴)。按式

(9-123)计算褐藻酸钠含量 X_2:

$$X_2 = \frac{V_1 \times 0.0198}{m} \times 100\% \tag{9-123}$$

式中:

V_1——0.1mol/L 硫酸消耗量,mL;

m——样品量,g。

②不溶性灰分:不大于1.5%。将由①(b)所得滤纸上的滤渣干燥,灼热至恒量,冷却后准确称量。

③重金属:以 Pb 计,不大于20μg/g(1.0g,第2法,参比溶液为铅标准溶液2.0mL)。

④砷:以 As_2O_3计,不大于4.0μg/g(0.50g,第3法,装置B)。

(7)干燥失量 不大于20%(105℃,4h)。

379. 丙二醇脂肪酸酯

(1)其他名称 脂肪酸丙二醇酯;丙二醇单双酯;丙二醇酯;Propylene glycol esters of fatty acids;Propylene glycol mono-and diesters;Propane-1,2-diol esters of fatty acids;PGMS。

(2)编码 CAS 1323-39-3,977050-70-6;INS 477。

(3)结构式

OR_2 OR_1 H_3C

R_1和 R_2在单酯中代表脂肪酸根和氢;在双酯中代表2个脂肪酸根。

(4)定义 丙二醇脂肪酸酯是脂肪酸与丙二醇的酯,或是脂肪和油与丙二醇的转酯化物。

(5)性状 丙二醇脂肪酸酯为白色至淡黄褐色粉末、薄片、颗粒、蜡状团块,或是淡黄褐色黏稠液体。无气味或稍有特殊气味。

(6)鉴别

①称取丙二醇脂肪酸酯0.1g,加乙醇2mL,加温溶解,加稀硫酸(1→20)5mL,水浴加热30min,冷却。形成油滴或白至黄白色固体。分离出油滴或固体,加乙醚3mL,振摇。这些物质溶解。

②测试溶液:取丙二醇脂肪酸酯约5g,加氢氧化钾的乙醇试液50mL,装上回流冷凝器,水浴加热1h。用甲醇(1→5)稀释混合物,此溶液作为测试溶液。

参比溶液 甲醇和丙二醇的混合液(9:1),甲醇和丙三醇的混合液(9:1)。

程序 分别取测试溶液和参比溶液各5μL进行薄层色谱分析,丙酮与水的混合液(9:1)作为展开剂。采用覆盖薄层色谱用硅胶的薄层板作为载体,预先经110℃干燥1h。当展开剂的最前端上升到距离原点约15cm时,停止展开,风干薄层板,110℃加热10min以除去溶剂,冷却。喷雾百里酚硫酸试液,110℃加热20min显色。薄层板上在参比溶液的丙二醇相对应位置上应出现一个黄色斑点,在与参比溶液的丙三醇相对应位置上应出现一个黄褐色斑点。

(7)纯度

①酸值:不大于8.0(油脂类和相关物质)。

②重金属:以 Pb 计,不大于 20μg/g(1.0g,第 2 法,参比溶液为铅标准溶液 2.0mL)。

③砷:以 As_2O_3计,不大于 4.0μg/g(0.5g,第 3 法,装置 B)。

④聚乙二醇:按照“山梨醇脂肪酸酯”纯度④规定进行。

(8)灼热残留物 不大于 1.5%。

380. 没食子酸丙酯

(1)其他名称 倍酸丙酯;3,4,5-三羟基苯甲酸丙酯;五倍子酸丙酯;Propyl gallate;Propyl 3,4,5-trihydroxybenzoate;PG。

(2)编码 CAS 121-79-9;INS:310。

(3)分子式、相对分子质量与结构式 $C_{10}H_{12}O_5$;212.20;

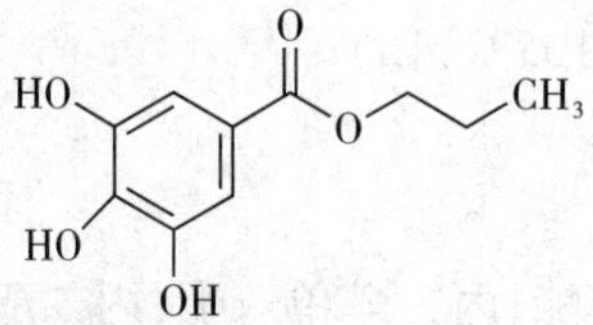

(4)含量 本品干燥后,没食子酸丙酯($C_{10}H_{12}O_5$)含量为 98.0% ~102.0%。

(5)性状 没食子酸丙酯为白色至淡黄褐色的结晶粉末。无气味,稍有苦味。

(6)鉴别

①取没食子酸丙酯 0.5g,加氢氧化钠溶液(1→25)10mL 溶解,蒸馏,取最初的馏出液 4mL。溶液应澄清,加热时产生丙醇气味。

②取没食子酸丙酯的乙醇溶液(1→50)5mL,加入三氯化铁溶液(1→500)1 滴时。溶液显紫色。

(7)纯度

①熔点:146℃ ~150℃(干燥样本)。

②溶液颜色和澄清度:取没食子酸丙酯 0.5g,加乙醇 10mL 溶解。溶液颜色不得深于附录 试剂、溶液和其他参考物质的配比液 C。

③氯化物:以 Cl 计,不大于 0.028%。

样本溶液 称取没食子酸丙酯 1.50g,加水 75mL,在 70℃左右加热 5min,冷却至 20℃左右,过滤。取滤液 25mL 作为样本溶液。

参比溶液 用 0.01mol/L 盐酸 0.40mL 配制。

④硫酸盐:以 SO_4计,不大于 0.048%。

样本溶液 取纯度 3 的滤液 25mL 作为样本溶液。

参比溶液 用 0.005mol/L 硫酸 0.50mL 配制。

⑤重金属:以 Pb 计,不大于 20μg/g。

测试溶液 向进行了没食子酸丙酯灼热残留物试验的残留物中加盐酸 1mL 和硝酸 0.2mL,水浴蒸干。再向残留物加稀盐酸(1→4)1mL 和水 15mL。加热溶解,冷却。加酚酞试液 1 滴,逐滴加入氨试液至溶液显淡粉红色。加水至 50mL。取该溶液 25mL,加稀乙酸(1→20)2mL,必要时过滤,加水至 50mL。

参比溶液 取铅标准溶液 2.0mL,加稀乙酸(1→20)2mL,加水至 50mL。

⑥砷:以 As_2O_3计,不大于 4μg/g(0.50g,第 3 法,装置 B)。

(8)**干燥失量** 不大于1.5%(105℃,2h)。

(9)**灼热残留物** 不大于0.10%。

(10)**含量测定**

首先将玻璃过滤器(IG4)置110℃烘干30min,干燥器内冷却,准确称量。准确称取经预先干燥的没食子酸丙酯约0.2g,加水150mL,煮沸。边剧烈搅拌边加入硝酸铋溶液50mL,再搅拌数分钟,用之前准备的玻璃过滤器过滤出沉淀。用冰冷却的稀硝酸(1→300)清洗2次,每次5mL,再用冰水洗至蓝色石蕊试纸不显红色。110℃干燥3h,干燥器冷却,准确称量。按照式(9-124)计算没食子酸丙酯($C_{10}H_{12}O_5$)含量X:

$$X = \frac{m_1 \times 0.4865}{m} \times 100\% \tag{9-124}$$

式中:

m_1——沉淀物质量,g;

m——样品量,g。

381. 对羟基苯甲酸丙酯

(1)**其他名称** 4-羟基苯甲酸丙;尼泊金丙酯;对羟基安息香酸丙酯;对羟基苯甲酸正丙酯;Propyl *p*-hydroxybenzoate;Propylparaben;Propyl 4-Hydroxybenzoate。

(2)**编码** CAS 94-13-3;INS 216。

(3)**分子式、相对分子质量与结构式** $C_{10}H_{12}O_3$;180.20;

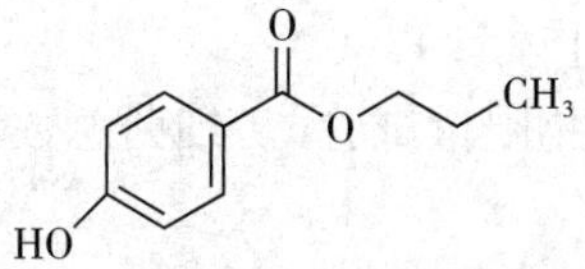

(4)**含量** 本品干燥后,对羟基苯甲酸丙酯($C_{10}H_{12}O_3$)含量大于99.0%。

(5)**性状** 对羟基苯甲酸丙酯为无色结晶或白色晶体粉末。无气味。

(6)**鉴别**

①按照"对羟基苯甲酸丁酯"的鉴别①规定进行。

②取羟基苯甲酸丙酯0.05g,加入乙酸2滴和硫酸5滴,加温5min。产生乙酸丙酯气味。

(7)**纯度**

①熔点:95℃~98℃。

②游离酸:以对羟基苯甲酸计,不大于0.55%。

按照"对羟基苯甲酸丁酯"的纯度②规定进行。

③硫酸盐:以SO_4计,不大于0.024%。

按照"对羟基苯甲酸丁酯"的纯度③规定进行。

④重金属:以Pb计,不大于10μg/g。

按照"对羟基苯甲酸丁酯"的纯度④规定进行。

⑤砷:以As_2O_3计,不大于4.0μg/g。

按照"对羟基苯甲酸丁酯"的纯度⑤规定进行。

(8)**干燥失量** 不大于0.5%(5h)。

(9)**灼热残留物** 不大于0.05%(5g)。

(10)**含量测定** 按照“对羟基苯甲酸丁酯”的含量测定规定进行。

$$1mol/L\ 氢氧化钠\ 1mL = 180.2mg\ C_{10}H_{12}O_3$$

382. 车前籽胶

(1)**英文名称** Psyllium seed gum;Psyllium gum;Isapol huskmucilage。

(2)**编码** CAS 8063-16-9。

(3)**定义** 由棕色车前(*Plantago ovata* Forsskål)的种皮提取,主要成分是多糖。产品可能含有蔗糖、葡萄糖、乳糖、糊精或麦芽糖。

(4)**性状** 车前籽胶为灰白色或浅黄褐色粉末或颗粒。无气味或稍有特殊气味。

(5)**鉴别** 称取车前籽胶2g于400mL烧杯中,加水200mL,在80℃加热搅拌溶解10min。冷却至室温后,溶液成为典型、流动状的部分凝胶或部分溶胶状的物质。

(6)**纯度**

①重金属:以Pb计,不大于40μg/g(0.5g,第2法,参比溶液为铅标准溶液2.0mL)。

②铅:以Pb计,不大于10μg/g(1.0g,第1法)。

③砷:以As_2O_3计,不大于4.0μg/g(0.5g,第3法,装置B)。

④蛋白质:不大于2.0%。

准确称取车前籽胶1g,按照“氮测定”中半微量凯氏法规定进行。

$$0.005mol/L\ 硫酸\ 1mL = 0.8754mg\ 蛋白质$$

(7)**干燥失量** 不大于12.0%(105℃,5h)。

(8)**灰分** 不大于5.0%(以干基计)。

(9)**微生物限量** 按照“微生物限量试验”。细菌总数不超过10000/g,大肠杆菌阴性。

383. 普鲁兰多糖

(1)**其他名称** 支链淀粉;茁霉多糖;出芽短梗孢糖;出芽短梗酶多糖;Pullulan。

(2)**编码** CAS 9057-02-7;INS 1204。

(3)**分子式与结构式** $(C_6H_{10}O_5)n$;

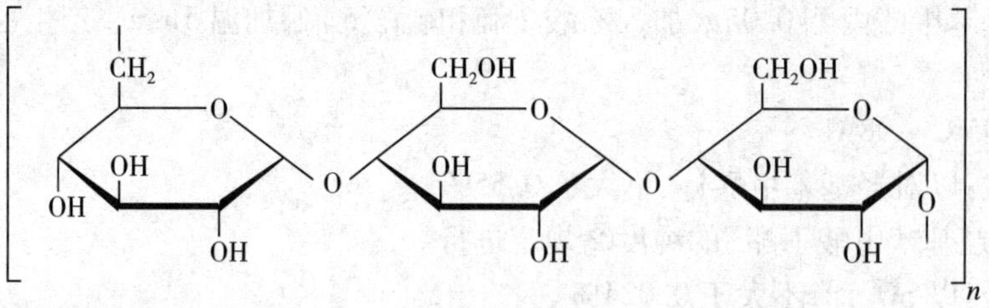

(4)**定义** 普鲁兰多糖是由丝状真菌(*Aureobasidium pullulans*)的培养液分离获得。其主要成分为多糖类的普鲁兰多糖。

(5)**性状** 普鲁兰多糖为白色或浅黄白色粉末。无气味或稍有特殊气味。

(6)**鉴别**

①称取普鲁兰多糖10g,边搅拌边少量多次加入水100mL,形成黏稠溶液。

②取鉴别1制备的溶液10mL,加支链淀粉酶试液0.1mL,混合,静置。液体无黏稠性。

③取普鲁兰多糖溶液(1→50)10mL,加聚乙二醇600 2mL。立即生成白色沉淀。

(7)**纯度**

①运动黏度:$15mm^2/s \sim 180mm^2/s$。准确称取经预先干燥的普鲁兰多糖10.0g,加水溶解,并准确配成100g溶液。在30℃ ±0.1℃下测定溶液的黏度。

②重金属:以Pb计,不大于5.0μg/g(4.0g,第2法,参比溶液为铅标准溶液2.0mL)。

③铅:以Pb计,不大于2.0μg/g(1.0g,第1法)。

④砷:以As_2O_3计,不大于2.0μg/g(1.0g,第3法,装置B)。

⑤总氮:准确称取普鲁兰多糖3 g,按照"氮测定"的半微量凯氏法测定总氮。用硫酸12mL分解样本。蒸馏过程中加入的氢氧化钠溶液量为40mL。

⑥单糖或低聚糖:不大于12.0%。

测试溶液 准确称取经预先干燥的普鲁兰多糖0.800g,加水100mL溶解,作为样本贮备液。取样本贮备液1mL于离心管中,加饱和氯化钾溶液0.1mL,甲醇3mL,剧烈混合,离心。取上清液作为样本溶液。取预先在冰水冷却的蒽酮的稀硫酸(3→4)溶液(1→500)5mL,小心准确地加入样本溶液0.2mL,立即混合。在90℃加温此混合液10min,然后立即冷却。

标准溶液和空白测试溶液 准确取样本贮备液1mL,加水定容至50mL。准确取此溶液0.2mL,另取水0.2mL,按上述测试溶液配制的相同方式进行,获得的溶液分别作为标准溶液和空白测试溶液。

程序 在620nm波长测定测试溶液、标准溶液和空白测试液的吸光度,分别记为A_T、A_S和A_0,以水为参比溶液,按式(9-125)计算单糖和低聚糖含量X:

$$X = \frac{A_T - A_0}{A_S \times A_0} \times 8.2 \times 100\% \qquad (9-125)$$

(8)**干燥失量** 不大于8.0%(90℃,减压,6h)。

(9)**灼热残留物** 不大于5.0%。

(10)**微生物限量** 按照"微生物限量试验"规定进行。细菌总数不超过10000/g,大肠杆菌阴性。

384. 精制卡拉胶

(1)**其他名称** 精制角叉菜胶;精制麒麟菜胶、精制石花菜胶、精制鹿角菜胶、Purified carrageenan;Refined carrageenan。

(2)**编码** CAS 9000-07-1;INS 407。

(3)**定义** 精制卡拉胶是卡拉胶[1]的一种。"卡拉胶"指从沙菜属(*Hypnea*)、麒麟菜属(*Eucheuma*)、虹藻(*Iridaea*)、杉藻属(*Gigartina*)或角叉菜属(*Chondrus*)全藻提取的物质,主要成分为ι-卡拉胶,κ-卡拉胶和λ-卡拉胶。本品可能含有蔗糖、葡萄糖、麦芽糖、乳糖或糊精。

(4)**性状** 精制卡拉胶为白色或浅棕色粉末或颗粒。没有或稍有气味。

(5)**鉴别**

①按照"加工过的麒麟菜属海藻"鉴别①规定进行。

②取水20mL,加精制卡拉胶0.1g,氯化钡溶液(3→25)3mL,稀盐酸(1→5)5mL,充分振

[1] 卡拉胶在日本被定义为现有食品添加剂。

摇，必要时除去沉淀。煮沸溶液5min，形成白色晶体沉淀。

(6)纯度

①黏度：不少于5.0mPa·s。

按照“加工过的麒麟菜属海藻”纯度①规定进行。

②硫酸盐：15%～40%（以干基计）。

准确称取精制卡拉胶8g，加入60%异丙醇400mL分散，轻轻搅拌4h，用定量分析滤纸(5C)过滤。洗涤滤纸上的残留物4次，首先每次用60%异丙醇10mL洗涤2次，再每次用异丙醇10mL洗涤2次。105℃干燥残留物至恒重，以此作为试样。准确称取试样1g于100mL凯氏烧瓶中，加稀盐酸(1→10)50mL，装上回流冷凝器，煮沸1h。再加10%过氧化氢溶液（体积）25mL，煮沸5h。必要时过滤去除沉淀。将滤液转入500mL烧杯中，边煮沸边缓缓加入氯化钡溶液(3→25)10mL。水浴加热2h，冷却，用定量分析滤纸(5C)过滤。用温水洗涤滤纸上的残留物至洗液无氯化物反应为止。将残留物与滤纸一起干燥后，放入瓷坩埚中，灼热。称量装有灰分的瓷坩埚，确定灰分重量（为硫酸钡）。按照式(9－126)计算硫酸盐(SO_4)含量X：

$$X=\frac{m_1\times 0.4116}{m}\times 100\% \tag{9-126}$$

式中：

m_1——硫酸钡质量，g；

m——样品量，g。

③酸不溶物：不大于2.0%。

准确称取按纯度②制备的试样2g，按照“加工过的麒麟菜属海藻”纯度⑤规定进行。

④重金属：以Pb计，不大于40μg/g(0.50g，第2法，参比溶液为铅标准溶液2.0mL)。

⑤铅：以Pb计，不大于5.0μg/g(2.0g，第1法)。

⑥砷：以As_2O_3计，不大于4.0μg/g(0.5g，第3法，装置B)。

⑦异丙醇和甲醇：以异丙醇和甲醇总量计，不超过0.10%。

按照“加工过的麒麟菜属海藻”纯度⑨规定进行。

(7)干燥失量　不大于12.0%(105℃，4h)。

(8)灰分　15.0%～40.0%（称取按纯度②制备的样本2.0g）。

(9)酸不溶灰分　不大于1.0%。

(10)微生物限量　按照“微生物限量试验”规定进行。细菌总数不超过10000/g，大肠杆菌阴性。

385. 紫玉米色素

(1)英文名称　Purple corn color。

(2)定义　紫玉米色素由玉米植物玉蜀黍(*Zea mays* Linné)的种子提取，主要成分为矢车菊素－3－葡萄糖苷。本品可能含有糊精或乳糖。

(3)色值　紫玉米色素的$E_{1cm}^{10\%}$不少于30，应为标示值的90%～120%。

(4)性状　紫玉米色素为暗红色粉末、糊状物或液体。稍有特殊气味。

(5)鉴别

①称取相当于色值为30的紫玉米色素0.1g，加柠檬酸盐缓冲液(pH 3.0)100mL溶解。

溶液呈红色至深紫红色。

②取鉴别1制备的溶液,加入氢氧化钠溶液(1→25)调节至碱性后,溶液呈暗绿色。

③用柠檬酸盐缓冲液(pH 3.0)配制的紫玉米色素溶液在505nm~525nm波长吸收最大。

④取鉴别1制备的紫玉米色素溶液10mL,用柠檬酸盐缓冲液(pH 3.0)稀释至100mL,作为测试溶液。另外,称取氯化矢车菊素-3-葡萄糖苷标准品1mg,加柠檬酸盐缓冲液(pH 3.0)溶解,定容至5mL,作为标准溶液。分别取测试溶液和标准溶液各10μL,按照以下操作条件进行高压液相色谱分析。测试溶液的主峰与氯化矢车菊素-3-葡萄糖苷标准品的保留时间应一致。

操作条件

检测器:可见光检测器(检测波长:515nm)。

色谱柱:内径4mm~5mm、长15cm~30cm的不锈钢管。

柱填料:5 μm液相色谱用十八烷基硅烷键合硅胶。

柱温:40℃。

流动相:4%磷酸溶液与甲醇的混合液(73:27)。

流速:调节流速使氯化矢车菊素-3-葡萄糖苷的保留时间约为10min。

(6)纯度

①重金属:以Pb计,不大于40μg/g(0.50g,第2法,参比溶液为铅标准溶液2.0mL)。

②铅:以Pb计,不大于8.0μg/g(1.25g,第1法)。

③砷:以As_2O_3计,不大于4.0μg/g(0.5g,第3法,装置B)。

④伏马毒素:B_1不大于0.3μg/g(以色值30的样本为基础计)。

测试溶液 取玻璃或聚丙烯柱(内径15mm),填装三甲基胺丙基-键合硅胶2g。先用甲醇,再用甲醇与水的混合液(3:1)润洗柱子。准确称取相当于色值为30的紫玉米色素5g(以色值为30计),加入甲醇与水的混合液(3:1)80mL,振摇。用氢氧化钠溶液(1→10)调节溶液为pH 8~9,再用甲醇与水的混合液(3:1)定容至100mL(样本溶液)。取样本溶液10mL过柱,弃去流出液。先用甲醇与水的混合液(3:1)20mL,再用甲醇10mL洗柱。再向柱中加甲醇与乙酸的混合液(99:1)洗脱,收集流出液。40℃以下减压蒸干,加水与乙腈的混合液(1:1)0.2mL溶解残留物。

标准溶液 准确称取伏马毒素B_1 0.01g,加水与乙腈的混合液(1:1)溶解并定容至100mL。分别准确吸取此溶液10mL、5mL、1mL于三个的200mL容量瓶中,分别用水与乙腈混合液(1:1)定容至200mL。

程序 取测试溶液和标准溶液各0.1mL,分别加入苯二醛试液0.1mL,振摇。在加入苯二醛试液后1min内,准确各取20μL注入液相色谱仪,按照以下操作条件进行液相色谱分析。测定测试溶液与标准溶液中伏马毒素B_1的峰面积,根据绘制的标准曲线计算伏马毒素B_1的含量。

操作条件

检测器:荧光检测器(激发波长:335nm,荧光波长:440nm)。

色谱柱:内径4.6mm、长15cm的不锈钢管。

柱填料:5μm液相色谱用十八烷基硅烷键合硅胶。

柱温:25℃。

流动相:甲醇与磷酸盐缓冲液(pH 3.3)的混合液(7:3)。

流速:调节流速使伏马毒素 B_1 的保留时间约为 17min。

(7)色值试验 采用以下操作条件,按照“色值试验”规定进行。

操作条件

溶剂:柠檬酸盐缓冲液(pH 3.0)。

波长:505nm ~ 525nm 的最大吸收波长。

386. 紫甘薯色素

(1)英文名称 Purple sweet potato color;PSPC。

(2)编码 CAS 39866 - 30 - 2。

(3)定义 紫甘薯色素由紫甘薯植物番薯(*Ipomoea batatas* Poiret)的块状根提取,主要成分为花青素酰基配糖物和芍药素酰基配糖物。产品可能含有糊精或乳糖。

(4)色值 紫甘薯色素的 $E_{1cm}^{10\%}$ 不少于 50,应为标示值的 90% ~ 110%。

(5)性状 紫甘薯色素为暗红色粉末,为糊状物或液体。稍有特殊气味。

(6)鉴别

①称取相当于色值为 50 的紫甘薯色素 1.0g,加柠檬酸盐缓冲液(pH 3.0)100mL 溶解。溶液显红色至深紫红色。

②取鉴别①制备的溶液,用氢氧化钠溶液(1→25)将溶液调节至碱性。溶液显暗绿色。

③紫甘薯色素的柠檬酸盐缓冲液(pH3.0)溶液在 515nm ~ 535nm 波长吸收最大。

(7)纯度

①重金属:以 Pb 计,不大于 40μg/g(0.50g,第 2 法,参比溶液为铅标准溶液 2.0mL)。

②铅:以 Pb 计,不大于 8.0μg/g(1.25g,第 1 法)。

③砷:以 As_2O_3 计,不大于 4.0μg/g(0.5g,第 3 法,装置 B)。

(8)色值试验 采用以下条件,按照“色值试验”规定进行。

操作条件

试剂:柠檬酸盐缓冲液(pH3.0)。

波长:515nm ~ 535nm 的最大吸收波长。

387. 盐酸吡哆醇

(1)其他名称 维生素 B_6;维生素 B_6 盐酸盐;吡哆醇盐酸盐;Pyridoxine hydrochloride;Vitamin B_6;(5 - Hydroxy - 6 - methylpyridine - 3,4 - diyl)dimethanol monohydrochloride。

(2)编码 CAS 58 - 56 - 0。

(3)分子式、相对分子质量与结构式 $C_8H_{11}NO_3 \cdot HCl$;205.64;

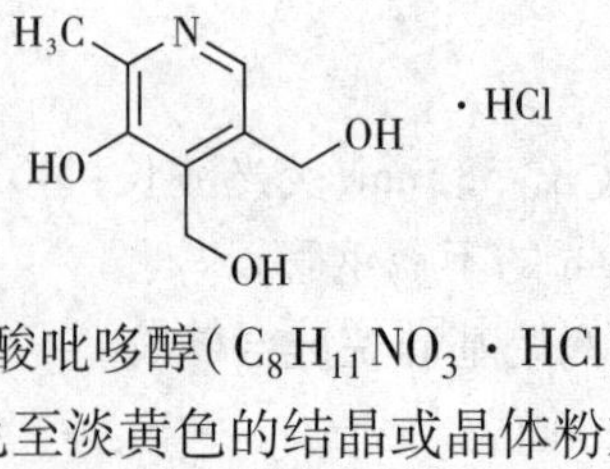

H_3C N · HCl HO OH OH

(4)含量 以干基计,本品盐酸吡哆醇($C_8H_{11}NO_3 \cdot HCl$)含量不少于 98.0%。

(5)性状 盐酸吡哆醇为白色至淡黄色的结晶或晶体粉末。无气味。

(6)鉴别

①取盐酸吡哆醇溶液(1→10000)1mL,加入2,6-二溴醌氯亚胺的乙醇溶液(1→4000)2mL和氨试液1滴。溶液显蓝色。但如在采用盐酸吡哆醇进行同样试验前,预先加入硼酸饱和溶液1mL,再进行此试验,溶液不再显蓝色。

②盐酸吡哆醇对“定性试验”中所有氯化物试验产生相应反应。

(7)纯度

①熔点:203℃~209℃(分解)。

②pH:2.5~3.5(0.50g,水25mL)。

③重金属:以Pb计,不大于30μg/g(1.0g,第1法,参比溶液为铅标准溶液3.0mL)。

(8)干燥失量 不大于0.5%(4h)。

(9)灼热残留物 不大于0.10%。

(10)含量测定

准确称取盐酸吡哆醇约0.4g,加入乙酸5mL和乙酸酐5mL,小火煮沸溶解。冷却后,加乙酸酐30mL,用0.1mol/L高氯酸滴定(指示剂:结晶紫-乙酸试液1mL)至溶液由紫色经蓝色变绿色时为终点。以同样方式做空白试验进行必要校正。再以干基计算。

$$0.1mol/L\text{ 高氯酸 }1mL = 20.56mg\ C_8H_{11}NO_3 \cdot HCl$$

388. 皂树皮提取物

(1)英文名称 Quillaia extract;Quillaja extract;China bark extract。

(2)编码 CAS 107-97-1;INS 999;FEMA 2973。

(3)定义 皂树皮提取物由皂树(*Quillaja saponaria* Molina)的树皮提取,主要成分为皂苷。

(4)含量 干燥皂树皮提取物的部分水解皂苷含量不少于30.0%。

(5)性状 皂树皮提取物为带红色的淡褐色粉末或褐色液体,有特殊刺激性气味。

(6)鉴别

①称取粉末样本1.0g,加等量水,室温下混合。溶解后,形成轻微的悬浊液。

②称取粉末状或经预先干燥的液体样本0.50g,加水20mL溶解,以此溶液为测试溶液。取2μL测试溶液进行薄层色谱分析。将乙酸乙酯、乙醇、水和乙酸的混合液(30:16:8:1)作为展开溶剂。不使用参比溶液。采用覆盖薄层色谱用硅胶的薄层板作为载体,预先经110℃干燥1h。当展开剂的最前端上升到距离原点约15cm时,停止展开,风干薄层板。均匀喷雾*p*-茴香醛-硫酸试液,110℃加热10min后观察。在R_f值0.1~0.5可观察到四个连续的紫褐色斑点。

(7)纯度

①pH:4.5~5.5(粉末状或经预先干燥的液体样本4.0g,水100mL)。

②铅:以Pb计,不大于5.0μg/g(粉末状或经预先干燥的液体样本2.0g,第1法)。

③砷:以As_2O_3计,不大于2.6μg/g(粉末状或经预先干燥的液体样本0.75g,第3法,装置B)。

④二氧化硫:不大于30μg/g。

(a)装置:使用图9-63所示的装置。

(b)程序:准确称取皂树皮提取物100g于1000mL圆底烧瓶(B)中,加甲醇500mL形成悬浮液。装上气体导管(C),导管底端插入烧瓶底部。再将回流冷凝器(D)连接烧瓶(B),在

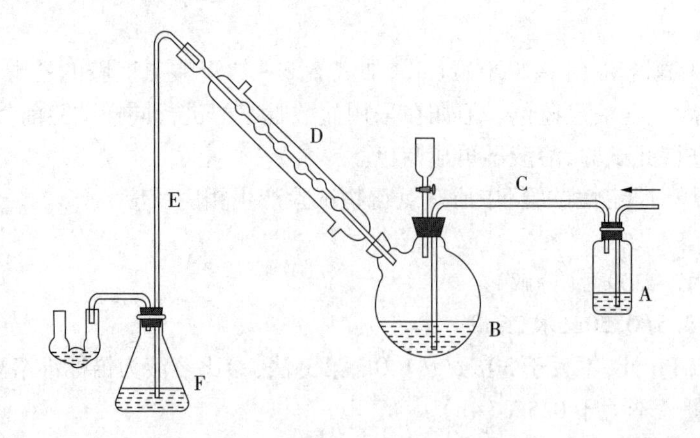

说明：

A——洗气瓶；B——圆底烧瓶；C——气体导管；D——回流冷凝器；E——玻璃连接导管；F——吸收烧瓶。

图9-63 二氧化硫测定装置

吸收烧瓶(F)中加入已预先用甲基红试液确认为中性的过氧化氢试液10mL。通过玻璃导管(E)连接上D和F。将二氧化碳气体或氮气通过气体导管(C)流入，以排走此装置中空气。空气排出后，立即在圆底烧瓶(B)中加入稀盐酸(1→3)30mL，将冷凝器(D)与玻璃连接导管(E)连接好。缓缓加热圆底烧瓶(B)，直到甲醇开始回流，再小火加热2h，然后拆下吸收瓶(F)，冷却。用0.01mol/L氢氧化钠滴定烧瓶(F)中的液体(指示剂：甲基红试液3滴)。

0.01mol/L氢氧化钠1mL＝0.3203mg SO_2

(8)**水分** 粉末状样本不大于6.0%(1.0g，直接滴定)。

(9)**干燥失量** 液体样本50.1%～70.0%(1.0g，105℃，5h)。

(10)**灼热残留物** 不大于10.0%(粉末状或经预先干燥的液体样本1.0 g)。

(11)**含量测定**

测试溶液 准确称取粉末状或经预先干燥的液体样本2g，加水溶解并定容至100mL。准确取此溶液10mL，加入2%氢氧化钠溶液10mL，装上回流冷凝器，水浴加热2h。冷却后，加乙醇25mL溶解，加磷酸0.5mL，加水定容至50mL。

标准溶液 准确称取预先经105℃干燥3h的含量测定用部分水解皂苷标准品0.02g，加50%乙醇(体积分数)溶解并定容至50mL。

程序 取测试溶液和标准溶液各20μL，按照以下操作条件进行液相色谱分析。测定测试溶液中部分水解皂苷的峰面积(A_{T1})和类皂苷的峰面积(A_{T2})(类皂苷的相对保留时间为部分水解皂角苷保留时间的0.95)，标准溶液中部分水解皂苷的峰面积(A_S)，再按式(9-127)计算部分水解皂苷含量X：

$$X=\frac{m_1}{m}\times\frac{(A_{T1}+A_{T2})\times 10}{A_S}\times 100\% \qquad (9-127)$$

式中：

m_1——部分水解。

操作条件

检测器：紫外分光光度计(测定波长：210nm)。

色谱柱：内径4mm～6mm，长15cm～30cm的不锈钢管。

柱填料:5μm~10μm 液相色谱用十八烷基硅烷键合硅胶。

柱温:40℃。

流动相:0.1%磷酸与乙腈的混合液(13:7)。

流速:调整流速使部分水解皂苷的保留时间约为10min。

389. 红甘蓝色素

(1)英文名称　Red cabbage color。

(2)编码　CAS 67254-79-9。

(3)定义　红甘蓝色素是用弱酸性水溶液从甘蓝植物(*Brassica oleracea* Linné)的叶提取。主要成分为花青素酰基配糖物。产品可能含有糊精或乳糖。

(4)色值　红甘蓝色素的 $E_{1cm}^{10\%}$ 不少于50,应为标试值的90%~110%。

(5)性状　红甘蓝色素为暗红色粉末、糊状物或液体。稍有特殊气味。

(6)鉴别

①称取相当于色值为50的红甘蓝色素0.1g,加柠檬酸盐缓冲液(pH 3.0)100mL溶解。溶液显红色至深紫红色。

②取鉴别①配制的溶液,用氢氧化钠溶液(1→25)调节至碱性。溶液由暗绿色转化为浅黄绿色。

③用柠檬酸盐缓冲液(pH 3.0)配制的红甘蓝色素溶液在520nm~540nm波长吸收最大。

(7)纯度

①重金属:以Pb计,不大于40μg/g(0.50g,第2法,参比溶液为铅标准溶液2.0mL)。

②铅:以Pb计,不大于8.0μg/g(1.25g,第1法)。

③砷:以 As_2O_3 计,不大于4.0μg/g(0.5 g,第3法,装置B)。

(8)色值　采用以下操作条件,按照"色值试验"规定进行。

操作条件

试剂:柠檬酸盐缓冲液(pH 3.0)。

波长:520nm~540nm的最大吸收波长。

390. 鼠李聚糖胶

(1)英文名称　Rhamsan gum;Rhamsan。

(2)编码　CAS 96949-21-2。

(3)定义　鼠李聚糖胶由鞘氨醇单胞菌属(*Sphingomonas* sp.)的培养液提取,主要成分为多糖。产品可能含有蔗糖、葡萄糖、乳糖、糊精或麦芽糖。

(4)性状　鼠李聚糖胶为白色或褐色粉末,稍有气味。

(5)鉴别

①称取鼠李聚糖胶0.3g,边剧烈搅拌边缓缓加入100mL水中。形成黏稠状液体。将溶液加热至80℃,黏性几乎仍不发生改变。

②加热鉴别①配制的溶液至80℃后,边剧烈搅拌边缓缓加入刺槐豆胶0.3g,加完后再剧烈搅拌10min。此溶液冷却至10℃,不形成凝胶。

(6)纯度

①重金属:以 Pb 计,不大于 20μg/g(1.0g,第 2 法,参比溶液为铅标准溶液 2.0mL)。

②铅:以 Pb 计,不大于 5.0μg/g(2.0g,第 1 法)。

③砷:以 As_2O_3 计,不大于 4.0μg/g(0.50g,第 3 法,装置 B)。

④总氮:不大于 5.0%(以干基计)。

准确称取鼠李聚糖胶 1g,按照“氮测定”的凯氏定氮法规定进行。

⑤异丙醇:不大于 0.10%。

按照“加工过的麒麟菜属海藻”纯度⑨规定进行。不进行甲醇测定。

(7)干燥失量 不大于 15.0%(105℃,2.5h)。

(8)灰分 不大于 16.0%(以干基计)。

(9)微生物限量 按照“微生物限量试验”规定进行。细菌总数不超过 10000/g,大肠杆菌阴性。测定大肠杆菌的试验样本制备称取鼠李聚糖胶 1g。

391. 核黄素

(1)其他名称 维生素 B_2;Riboflavin;Vitamin B_2;Lactoflavin;Vitamine G;7,8 - Dimethyl - 10 - [(2*S*,3*S*,4*R*) - 2,3,4,5 - tetrahydroxypentyl]benzo[*g*]pteridine - 2,4(3*H*,10*H*) - dione。

(2)编码 CAS 83 - 88 - 5;INS 101(i)。

(3)分子式、相对分子质量与结构式 $C_{17}H_{20}N_4O_6$;376.36;

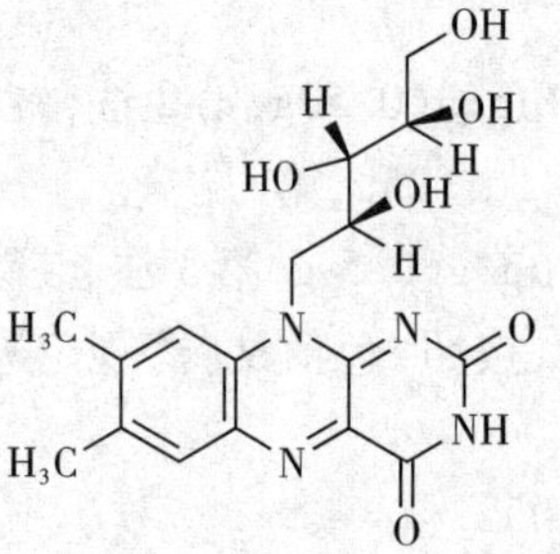

(4)含量 本品干燥后,核黄素($C_{17}H_{20}N_4O_6$)含量为 98.0% ~102.0%。

(5)性状 核黄素为黄色至橙黄色的结晶或晶体粉末,稍有气味,有苦味。

(6)鉴别

核黄素溶液(1→100000)为淡黄绿色,发出强烈黄绿色荧光。此溶液再加稀盐酸(1→4)或氢氧化钠溶液(1→25)时荧光即消失。

(7)纯度

①比旋光度$[\alpha]_D^{20}$:-128.0° ~ -142.0°。

准确称取经预先干燥的核黄素约 0.1g,加氢氧化钾溶液(1→150)4mL 溶解,加新煮沸后冷却的水 10mL,边充分振摇边加乙醇 4mL。再用新煮沸后冷却的水,准确配至 20mL,在 30min 内测定该溶液的旋光度。

②光黄素:称取核黄素 0.025g,加无乙醇 - 三氯甲烷 10mL,振摇 5min,过滤。滤液的颜色不得深于用 1/60mol/L 重铬酸钾 3.0mL 加水配至 1000mL 溶液的颜色。

(8)干燥失量 不大于 1.5%(105℃,2h)。

(9)灼热残留物 不大于 0.30%。

(10)**含量测定**　在试验全程中,所有操作要避免日光直射,采用遮光设备进行试验。

测试溶液　准确称取经预先干燥的核黄素约0.015g,加稀乙酸(1→400)800mL,加温溶解,冷却后加水定容至1000mL。

标准溶液　使用核黄素标准品,按照测试溶液的配制规定进行。

程序　以水为参比溶液,分别测定测试溶液及标准溶液在445nm波长的吸光度(A_T和A_S)。取测试溶液及标准溶液各5mL,分别加连二硫酸钠0.02g,充分振摇至褪色,立即测定吸光度(A_T'和A_S'),按式(9-128)计算核黄素($C_{17}H_{20}N_4O_6$)含量X:

$$X=\frac{m_1}{m}\times\frac{A_T-A_T'}{A_S-A_S'}\times 100\% \qquad (9-128)$$

式中:

m_1——核黄素标准品量,g;

m——样品量,g。

392. 核黄素5′-磷酸酯钠

(1)**其他名称**　维生素B_2磷酸钠;5′-磷酸核黄素钠;Riboflavin 5′-phosphate Sodium;Sodium riboflavin phosphate;Sodium vitamin B_2 phosphate;Monosodium(2*R*,3*S*,4*S*)-5-(7,8-dimethyl-2,4-dioxo-3,4-dihydrobenzo[*g*]pteridin-10(2*H*)-yl)-2,3,4-trihydroxypenthyl monohydrogenphosphate dihydrate;Monosodium;(2*R*,3*S*,4*S*)-5-(7,8-dimethyl-2,4-dioxo-3,4-dihydrobenzo[*g*]pteridin-10(2*H*)-yl)-2,3,4-trihydroxypenthyl monohydrogenphosphate。

(2)**编码**　CAS 130-40-5;INS 101(ii)。

(3)**分子式、相对分子质量与结构式**　:$C_{17}H_{20}N_4NaO_9P_n2H_2O$($n=2$或0);514.36(二水),478.33(无水);

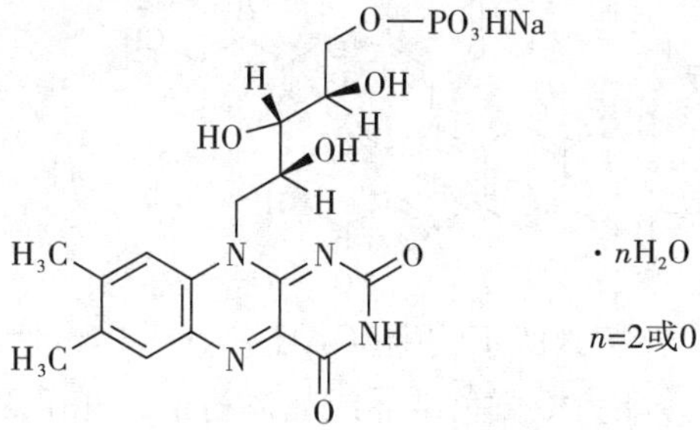

(4)**含量**　以无水基计,本品核黄素5′-磷酸酯钠($C_{17}H_{20}N_4NaO_9P=478.33$)含量不少于95.0%。

(5)**性状**　核黄素5′-磷酸酯钠为黄色至橙色结晶或晶体粉末。几乎无气味,有苦味。

(6)**鉴别**

①按照"核黄素"鉴别的规定进行。

②取核黄素5′-磷酸酯钠0.050g,加硝酸10mL,水浴蒸干,再灼热。向此残留物加稀硝酸(1→50)10mL,煮沸5min。冷却。加氨水调为中性,必要时过滤。此溶液对"定性试验"中所有钠盐和磷酸盐试验产生相应反应。

(7)纯度

①比旋光度$[\alpha]_D^{20}$：+38.0°～+43.0°[0.3g，加稀盐酸(9→20)配至20mL，以干基计]。

②溶液的澄清度：澄清(0.20g，水10mL)。

③砷：以As_2O_3计，不大于4.0μg/g(0.50g，第3法，装置B)。

④光黄素：称取核黄素5′-磷酸酯钠0.035g，按照"核黄素"纯度②规定进行。

(8)水分 不大于10.0%(0.100g，反向滴定)。

在本试验的水分测定中，用甲醇与乙二醇的混合溶液(1∶1)25mL代替甲醇20mL。

(9)含量测定 准确称取核黄素5′-磷酸酯钠约0.02g，按照"核黄素"含量测定规定进行。按式(9-129)计算核黄素5′-磷酸酯钠($C_{17}H_{20}N_4NaO_9P$)含量X：

$$X=\frac{m_1}{m}\times\frac{A_T-A_T'}{A_S-A_S'}\times1.271\times100\% \qquad (9-129)$$

式中：

m_1——核黄素标准品量，g；

m——样品换算成干基后的量，g。

393. 核黄素四丁酸酯

(1)其他名称 核黄素丁酸酯；核黄素四丁酯；四丁酸核黄素酯；Riboflavin tetrabutyrate；Vitamin B_2 tetrabutyrate；(2*R*,3*S*,4*S*)-5-(7,8-Dimethyl-2,4-dioxo-3,4-dihydrobenzo[*g*]pteridin-10(2*H*)-yl)pentane-1,2,3,4-tetrayl tetrabutanoate。

(2)编码 CAS 752-56-7。

(3)分子式、相对分子质量与结构式 $C_{33}H_{44}N_4O_{10}$；656.72；

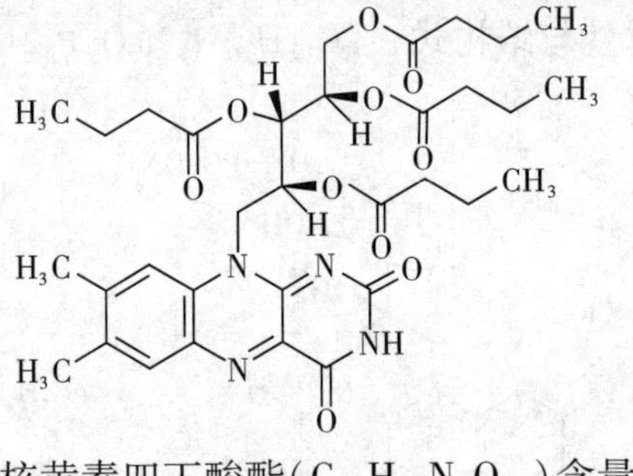

(4)含量 本品干燥后，核黄素四丁酸酯($C_{33}H_{44}N_4O_{10}$)含量为97.0%～102.0%。

(5)性状 核黄素四丁酸酯为橙黄色结晶或晶体粉末。几乎无味，稍有特殊气味。

(6)鉴别

①取核黄素四丁酸酯的乙醇溶液(1→500)5mL，加盐酸羟胺溶液(3→20)与氢氧化钠溶液(3→20)的混合液(1∶1)2mL，充分振摇，加盐酸0.8mL，三氯化铁溶液(1→10)0.5mL及乙醇8mL。此溶液显深红褐色。

②核黄素四丁酸酯的乙醇溶液(1→100000)为淡黄绿色，发出强黄绿色荧光。加入稀盐酸(1→4)或氢氧化钠溶液(1→25)荧光即消失。

(7)纯度

①溶液的澄清度：澄清(0.10g，三氯甲烷10mL)。

②吸光度比：称取核黄素四丁酸酯0.10g，加乙醇溶解配至200mL。取此溶液10mL，加

乙醇配至200mL。此溶液在270nm、350nm及445nm波长有最大吸收。各个最大吸收波长相应吸光度分别为A_1、A_2及A_3，A_1/A_3应为2.47～2.77，A_1/A_2应为3.50～3.90，A_2/A_3应为0.65～0.75。

(8)干燥失量　不大于1.0%(减压，4h)。

(9)灼热残留物　不大于0.5%。

(10)含量测定　在试验全程中，所有操作要避免日光直射，采用遮光设备进行试验。

测试溶液　准确称取经预先干燥的核黄素四丁酸酯约0.04g，加乙醇溶解并定容至500mL。准确量取此溶液10mL加乙醇定容至50mL。

标准溶液　准确称取预先经105℃干燥2h的核黄素标准品约0.05g，加稀乙酸(1→40)160mL，加热溶解，冷却，加水定容至500mL。再准确量取此溶液5mL，加乙醇定容至50mL。

程序　以乙醇为参比溶液，分别测定测试溶液及标准溶液在445nm波长的吸光度(A_T和A_S)，按式(9-130)计算核黄素四丁酸酯($C_{33}H_{44}N_4O_{10}$)含量X：

$$X = \frac{m_1}{m \times 2} \times \frac{A_T \times 1.271}{A_S} \times 100\% \qquad (9-130)$$

式中：

m_1——核黄素标准品量，g；

m——样品量，g。

394. D-核糖

(1)英文名称　D-Ribose；D-Ribofuranose。

(2)编码　CAS 50-69-1。

(3)分子式、相对分子质量与结构式　$C_5H_{10}O_5$；150.13；

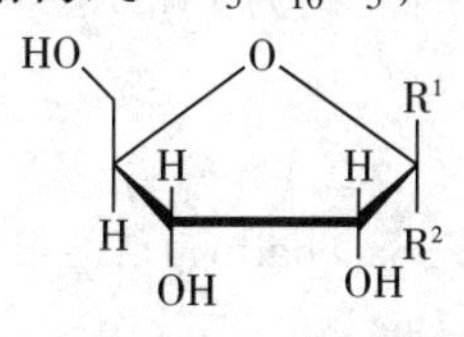

α-D-Ribose: R¹=H, R²=OH
β-D-Ribose: R¹=OH, R²=H

(4)定义　D-核糖是从革兰氏阳性菌的短小芽胞杆菌(*Bacillus pumilus*)或枯草杆菌(*Bacillus subtilis.*)的D-葡萄糖发酵培养液后分离获得。主要成分为D-核糖。

(5)含量　以无水品计，本品D-核糖($C_5H_{10}O_5$)含量为90.0%～102.0%。

(6)性状　D-核糖为白色或浅褐色结晶或粉末。无气味，或稍有特殊气味。

(7)鉴别

①向沸腾的斐林试液5mL中加入D-核糖溶液(1→20)2滴～3滴。形成红色沉淀。

②D-核糖溶液(1→50)具左旋性。

(8)纯度

①重金属：以Pb计，不大于20μg/g(1.0g，第2法，参比溶液为铅标准溶液2.0mL液)。

②铅：以Pb计，不大于10μg/g(1.0g，第1法)。

③砷：以As_2O_3计，不大于4.0μg/g(0.50g，第1法，装置B)。

④其他糖类：按照以下含量测定操作规定，对测试溶液和标准溶液进行液相色谱分析。

在相当于测试溶液中 D－核糖的 2 倍保留时间内，除 D－核糖以外所有溶质的峰面积总和应小于所有峰面积之和的 10.0%。

(9)水分 不大于 5.0%(1g，直接滴定)。

(10)灼热残留物 不大于 1.0%。

(11)含量测定

测试溶液和标准溶液 准确称取 D－核糖样本和含量测定用 D－核糖标准品各 1g，分别加水溶解并定容至 50mL。分别作为测试溶液和标准溶液。

程序 取测试溶液和标准溶液各 10μL，按照以下操作条件进行液相色谱分析。测定测试溶液与标准溶液中 D－核糖的峰面积(A_T和A_S)。按式(9－131)计算 D－核糖($C_5H_{10}O_5$)含量 X：

$$X = \frac{m_1}{m} \times \frac{A_T}{A_S} \times 100\% \tag{9-131}$$

式中：

m_1——无水含量测定用 D－核糖标准用品量，g；

m——无水样品量，g。

操作条件

检测器：差示折光计。

色谱柱：内径 8mm，长 25cm～35cm 的不锈钢管。

柱填料：液相色谱用 6μm 强酸性阴离子交换树脂。

柱温：80℃。

流动相：水。

流速：调整流速使 D－核糖的保留时间约为 14min。

395. 糖精

(1)其他名称 邻苯甲酰磺酰亚胺；Saccharin；1，2－Benzo[*d*]isothiazol－3(2*H*)－one 1，1－dioxide。

(2)编码 CAS 81－07－2；INS 594。

(3)分子式、相对分子质量与结构式 $C_7H_5NO_3S$；183.19；

(4)含量 本品干燥后，糖精($C_7H_5NO_3S$)含量不少于 99.0%。

(5)性状 糖精为无色至白色结晶或白色晶体粉末。无气味或稍有芳香味，味极甜。

(6)鉴别

①取糖精 0.02g 与间苯二酚 0.04g 混合，加硫酸 10 滴，缓缓加热至混合物变成暗绿色。冷却，加水 10mL，氢氧化钠溶液(1→25)10mL。溶液发出绿色荧光。

②取糖精 0.1g，加氢氧化钠溶液(1→25)5mL 溶解，缓缓加热蒸干，熔化残留物，注意不得使其炭化。继续加热直到不产生氨臭味，冷却。加约水 20mL 溶解残留物，用稀盐酸(1→

10)中和,过滤,滤液中滴加三氯化铁溶液(1→10)1滴。溶液显紫色至红紫色。

(7)纯度

①熔点:226℃ ~230℃。

②溶液颜色和澄清度:

无色澄清(1.0g,热水30mL)。

无色澄清(1.0g,乙醇35mL)。

③重金属:以Pb计,不大于10μg/g。称取糖精2.0g,加乙醇40mL溶解。使用本溶液,按照“重金属限量试验”第1法规定进行。参比溶液为铅标准溶液2.0mL。

④砷:以As_2O_3计,不大于4μg/g。

测试溶液 称取糖精5.0g于凯氏烧瓶中,加硝酸10mL和硫酸5mL,加热。如果此溶液仍为深褐色,冷却,再加硝酸1mL,加热。重复此操作,直至此溶液变为无色或淡黄色,继续加热至产生白烟为止。冷却后,加水10mL,草酸铵饱和溶液15mL,再加热至产生白烟。冷却后,加水配至50mL。取5mL该溶液作为测试溶液。

装置 使用装置B。

标准比色液 取砷标准溶液10mL于凯氏烧瓶中,加硝酸10mL和硫酸5mL,按测试溶液制备的同样方式操作。取10mL作为标准比色液。

⑤苯甲酸及水杨酸:称取糖精0.5g,加热水15mL溶解,再加三氯化铁溶液(1→10)3滴。溶液不生成沉淀,也不出现紫色至紫红色。

⑥邻甲基苯磺酰胺:以邻甲基苯磺酰胺计,不大于25μg/g。

测试溶液 称取糖精10g,加氢氧化钠溶液(1→25)70mL溶解,用乙酸乙酯萃取3次,每次30mL。合并所有乙酸乙酯层,用氯化钠溶液(1→4)30mL洗涤,加无水硫酸钠约10g,振摇。将乙酸乙酯层转移至茄型烧瓶中,蒸发除去乙酸乙酯,向残留物中加入咖啡因的乙酸乙酯溶液(1→4000)1.0mL溶解。

参比溶液 取邻甲基苯磺酰胺的乙酸乙酯溶液(1→4000)1.0mL,水浴加热除去乙酸乙酯,在残留物中加咖啡因的乙酸乙酯溶液(1→4000)1.0mL溶解。

程序 按以下条件对测试溶液和参比溶液进行气相色谱分析。测试溶液的甲基苯磺酰胺的峰高(H)和咖啡因的峰高(H_s)之比(H/H_s)不得超过参比溶液邻甲基苯磺酰胺的峰高(H')与咖啡因的峰高(H'_s)之比(H'/H'_s)。

检测条件

检测器:氢焰离子化检测器(FID)。

色谱柱:内径3mm~4mm,长1m的玻璃或不锈钢管。

柱填充剂:

液相,相当于载体量3%聚丁二酸乙二醇酯。

载体:177μm~250μm的气相色谱用硅藻土。

柱温:195℃~205℃,恒温。

载气:氮气。

流速:调节流速使咖啡因约在6min后出峰。

(8)干燥失量 不大于1.0%(105℃,2h)。

(9)含量测定 准确称取经预先干燥的糖精约0.3g,加热水75mL溶解,冷却,用

0.1mol/L 氢氧化钠滴定(指示剂:酚酞试液 3 滴)。

$$0.1\text{mol/L 氢氧化钠 } 1\text{mL} = 18.32\text{mg } C_7H_5NO_3S$$

396. L-丝氨酸

(1)其他名称 L-2-氨基-3-羟基丙酸;L-蚕丝氨基酸;L-β-羟基丙氨酸;L-Serine;(2*S*)-2-Amino-3-hydroxypropanoic acid;2-Amion-3-hydroxypropionicacid。

(2)编码 CAS 56-45-1。

(3)分子式、相对分子质量与结构式 $C_3H_7NO_3$;105.09;

HO⁀COOH / H NH$_2$

(4)含量 以干基计,L-丝氨酸($C_3H_7NO_3$)含量为98.0%~102.0%。

(5)性状 L-丝氨酸为白色结晶或结晶粉末。无气味,稍有淡甜味。

(6)鉴别

①取L-丝氨酸溶液(1→1000)5mL,加入茚三酮溶液(1→50)1mL,水浴加热3min。显蓝紫色。

②取L-丝氨酸溶液(1→20)10mL,加入高碘酸0.2g,加热。产生福尔马林的气味。

(7)纯度

①比旋光度$[\alpha]_D^{20}$:+13.5°~+16.0°。

准确称取L-丝氨酸10g,用2mol/L盐酸溶解并定容至100mL。测定溶液的角旋转,以干基计算。

②溶液的颜色和澄清度:无色,澄清(1.0g,水20mL)。

③pH:5.2~6.2(1.0g,水10mL)。

④氯化物:以Cl计,不大于0.1%(0.07g,参比溶液为0.01mol/L盐酸0.20mL)。

⑤重金属:以Pb计,不大于20μg/g(1.0g,第1法,参比溶液为铅标准溶液2.0mL)。

⑥砷:以As_2O_3计,不大于4.0μg/g(0.50g,第1法,装置B)。

(8)干燥失量 不大于0.30%(105℃,1 h)。

(9)灼热残留物 不大于0.10%。

(10)含量测定 准确称取L-丝氨酸0.2g,按照"L-天冬酰胺素"的含量测定规定进行。

$$0.1\text{mol/L 高氯酸 } 1\text{mL} = 10.51\text{mg } C_3H_7NO_3$$

397. 虫胶

(1)其他名称 紫虫胶;虫胶片;虫漆片;虫胶清漆;紫胶;紫胶树脂;Shellac;Schellack。

(2)定义 虫胶是紫胶虫属(*Laccifer* spp.)虫胶介壳虫的分泌物,主要成分为紫胶酮酸及虫胶酸的酯或紫胶酮酸和jaralic酸的酯。主要有两种类型产品:白虫胶和精制虫胶。这些产品也可分为两种类型:含蜡虫胶(未除蜡质),无蜡虫胶(已除蜡质)。

397-1. 白虫胶

(1)其他名称 脱色紫胶片;漂白紫胶;White shellac。

(2)**编码** CAS 9000-59-3;INS 904。

(3)**性状** 白虫胶为白色或淡黄色小颗粒或小薄片。无气味或稍有特殊气味。

(4)**鉴别**

①称取白虫胶12g,加乙醇60mL溶解,振摇。通常室温下3h内应溶解。称取白虫胶12g,加入甲苯60mL溶解,振摇,室温下放置,3h内不溶解。含蜡质的白虫胶溶解后,溶液会含分散的蜡质细微颗粒。

②称取白虫胶0.05g,置170℃加热板上熔解,再继续加热。因热聚合作用形成胶黏性物质。冷却后,加乙醇1mL,振摇。不溶解。

(5)**纯度**

①酸值:73~89。

测试溶液 准确称取白虫胶1.0g,用中性乙醇50mL溶解。

程序 按照"油脂类及相关物质"的酸值规定进行。在滴定时,确定到达滴定终点可采用电位计或视觉观察粉红色持续30s。

②重金属:以Pb计,不大于10μg/g(2.0g,第2法,参比溶液为铅标准溶液2.0mL)。

③砷:以As_2O_3计,不大于2.0μg/g(1.0g,第3法,装置B)。

④蜡质:

含蜡虫胶:不大于5.5%。

不含蜡虫胶:不大于0.2%。

称取白虫胶10.0g,加碳酸钠溶液(1→60)150mL。盖上表面皿,水浴中振摇溶解。也可以在水浴加热3h。用水冷却1h以上。过滤收集溶液中漂浮的蜡质,用水洗涤蜡质和滤纸。将蜡质和滤纸转移至烧杯中,在65℃蒸发至所有水分挥发。将蜡质和滤纸转移至索氏萃取器的抽提套管中。取适量正己烷于烧杯中,加温溶解蜡质,也转移到抽提套管中。用正己烷抽提2h。蒸发正己烷至干,将残留物置105℃干燥3h,称量。

⑤树脂:称取白虫胶2.0g,加无水乙醇溶解。边振摇边缓缓加入正己烷50mL。将此溶液全部转移至200mL分液漏斗中,每次用50mL水洗涤,共两次。收集上层液过滤,滤液水浴至干。向残留物中加入乙酸酐5mL,如需要,水浴加热促进溶解。取该溶液20mL于试管中,加硫酸1滴。溶液不会出现由紫红色经过紫色变为黄褐色的颜色变化。

(6)**干燥失量** 不大于6.0%(先在40℃干燥4h,再置干燥器中干燥15h)。

(7)**灰分** 不大于1.0%。

397-2. 精制虫胶

(1)**英文名称** Purified shellac。

(2)**性状** 精制虫胶为黄色至深褐色小薄片。无气味或稍有特殊气味。

(3)**鉴别** 按照"白虫胶"鉴别①和②规定进行。

(4)**纯度**

①酸值:60~80。

按照"白虫胶"纯度①规定进行。滴定时采用电位计确定滴定终点。

②重金属:以Pb计,不大于10μg/g(2.0g,第2法,参比溶液为铅标准溶液2.0mL)。

③砷:以As_2O_3计,不大于2.0μg/g(1.0g,第3法,装置B)。

④蜡质

含蜡虫胶:不大于5.5%;

不含蜡虫胶:不大于0.2%。

按照“白虫胶”纯度⑤规定进行。

(5)干燥失量 不大于2.0%(先40℃干燥4h,再放置入干燥器中干燥15h)。

(6)灰分 不大于1.0%。

398. 二氧化硅

(1)英文名称 Silicon dioxide;Silica gel。

(2)编码 CAS 7631-86-9;INS 551。

(3)分子式与相对分子质量 SiO_2;60.08。

(4)含量 本品灼热后,二氧化硅(SiO_2)含量不少于94.0%。

(5)性状 二氧化硅为白色粉末或小颗粒或白色胶状液体。无气味。

(6)鉴别 取二氧化硅0.2g于铂金坩埚内,加入氢氟酸5mL溶解,加热。几乎全部蒸发。

(7)纯度

①水溶性物质:干燥物质,不大于5%。

称取经预先105℃干燥2h的二氧化硅5g于烧瓶中,加水150mL,电磁搅拌器充分搅拌15min。用装有直径47mm滤膜(孔径0.45mm)的漏斗抽滤。如果滤液浑浊,再用同一滤器反复抽滤。用水洗涤容器和滤膜上残留物,合并洗液和滤液,再加水配至250mL。取该溶液50mL,蒸发至干,置残留物于105℃干燥2h,称量。

②重金属:以Pb计,干燥物不大于30μg/g。

测试溶液 称取预先经105℃干燥2h的二氧化硅5g,加稀盐酸(1→4)50mL,水浴加热1h,加热过程中,边振摇边补充蒸发的水分,冷却后过滤。用水洗涤容器及滤纸上的残留物,合并洗液与滤液,再加水配至100mL。将此溶液作为溶液A。取溶液A 20mL,水浴蒸干,加稀乙酸(1→20)2 mL和水20 mL溶解残留物,必要时过滤。再加水至50mL。

参比溶液 取铅标准溶液3.0mL,加稀乙酸(1→20)2mL,加水至50mL。

③砷:以As_2O_3计,干燥物不大于4.0μg/g。

测试溶液 准确量取溶液A 10mL。

装置 使用装置B。

(8)灼热失量 不大于70.0%(胶体为83.0%)(105℃,干燥2h,然后1000℃灼热30min)。

(9)含量测定

预先将铂金坩埚在1000℃灼热30min,干燥器内冷却。准确称取经预先灼热后的二氧化硅约1g于准备的铂金坩埚内,准确称量铂金坩埚与样本总量,m_1(g),加入乙醇4滴和硫酸2滴,再加足量氢氟酸,水浴蒸干。冷却后,向残留物内加入氢氟酸5mL,再次蒸干。550℃加热1h,再逐渐升温至1000℃,灼热30min,干燥器内冷却。准确称量坩埚与残留物的总量,m_2(g),按式(9-132)计算二氧化硅(SiO_2)的含量X:

$$X = \frac{m_1 - m_2}{m} \times 100\% \qquad (9-132)$$

式中：

m——样品量，g。

399. 二氧化硅(微粒)

(1)英文名称 Silicon dioxide(fine)。

(2)编码 CAS 7631-86-9；INS 551。

(3)分子式与相对分子质量 SiO_2；60.08。

(4)含量 本品灼热后，二氧化硅(SiO_2)含量不少于99.0%。

(5)性状 二氧化硅(微粒)为平均粒子直径少于15μm的光滑白色纤细粉末，无气味和无味道。

(6)鉴别 取二氧化硅(微粒)0.2g于铂金坩埚内，加氢氟酸5mL溶解，加热，几乎全部蒸发。

(7)纯度

①水溶性物质：干燥物不大于5%。

取预先经105℃干燥2h的二氧化硅(微粒)2g，加水60mL，电磁搅拌器充分搅拌15min，用装有直径47mm的滤膜(孔径0.45mm)的漏斗抽滤。如滤液浑浊，再用同一过滤器反复抽滤。用水洗涤容器和滤膜上的残留物，合并洗液和滤液，再加水配至100mL。取该溶液50mL，蒸干，残留物置105℃干燥2h，准确称量。

②重金属：以Pb计，不大于20μg/g。

测试溶液 称取预先经105℃干燥2h的二氧化硅(微粒)5.0g，加稀盐酸(1→4)50mL，水浴加热1h，加热中边不时振摇边补充蒸发的水分。冷却，滤纸过滤。用水洗涤容器及滤纸上的残留物，合并洗液和滤液，再加水配至100mL。此溶液作为溶液A。取溶液A 20mL，加入稀乙酸(1→20)2mL，加水配至50mL。

参比溶液 取铅标准溶液2.0mL，加稀乙酸(1→20)2mL，加水配至50mL。

③砷：以As_2O_3计，不大于2μg/g。

测试溶液 取纯度②制备的溶液A 20mL。

装置 使用装置B。

④钠：以Na_2O计，不大于0.20%。

测试溶液 取纯度②制备的溶液A 5mL，加水至100mL。

参比溶液 准确称取经130℃，干燥2h的氯化钠1.886g，加水溶解并定容至1000mL。准确取5.0mL，再加水定容至1000mL。

程序 按照下述条件进行原子吸收测定。测试溶液的原子吸收值不大于参比溶液。

操作条件

光源：钠空心阴极灯。

分析波长：589.0nm。

助燃气：空气。

可燃气：乙炔。

⑤铝：以Al_2O_3计，不超过0.20%。

试验溶液 取纯度2制备的溶液A 20mL，加水至100mL。

参比溶液　准确称取2.33g十二水合硫酸铝钾，加5mL盐酸，加水定容至100mL。取此溶液2.0mL，加水定容至250mL。

程序　按照下述条件进行原子吸收测定。测试溶液的原子吸收值应不大于参比溶液。

操作条件

光源：铝空心阴极灯。

分析波长：309.3nm。

助燃气：氧化亚氮。

可燃气：乙炔

⑥铁：以 Fe_2O_3 计，不大于0.50mg/g。

测试溶液　取纯度②制备的溶液A 20mL，加水至100mL。

参比溶液　准确称取十二水合硫酸铁铵6.04g，加盐酸20mL，加水定容至1000mL。取该溶液5.0mL，加入盐酸10mL，再加水定容至1000mL。

程序　按照下述条件进行原子吸收测定。测试溶液的原子吸收值不大于参比溶液。

操作条件

光源：铁中空阴极灯。

分析波长：248.3nm。

助燃气：空气。

可燃气：乙炔。

(8)干燥失量　不大于7%。

(9)灼热残留物　不大于8.5%（105℃，干燥2h，然后1000℃灼热30min）。

(10)含量测定

预先将铂金坩埚置1000℃灼热30min，干燥器内冷却。准确称取经预先灼热的二氧化硅（微粒）约1g于准备好的铂金坩埚内。准确称量铂金坩埚与试样的质量[m_1(g)]，加乙醇4滴和硫酸2滴，再加足量氢氟酸，水浴蒸干。冷却后，向残留物内加氢氟酸5mL，再次蒸干，在550℃时加热1h，再逐渐升温至1000℃，灼热30min，干燥器内冷却，准确称量铂金坩埚与残留物质量[m_2(g)]，按式(9-133)计算二氧化硅(SiO_2)的含量X：

$$X = \frac{m_1 - m_2}{m} \times 100\% \qquad (9-133)$$

式中：

m——样品量，g。

400. 硅酮树脂

(1)其他名称　二甲聚硅氧烷；聚二甲硅氧烷；硅树脂；Silicone resin；Dimethylpolysiloxane；Polydimethylsiloxane。

(2)性状　硅酮树脂为无色或淡灰色的透明或半透明黏稠液体或膏状物质。几乎无气味。

(3)鉴别　按照“红外吸收光谱法”的液膜法规定的操作测定硅酮树脂的红外吸收光谱，与参比光谱图（见图9-64）比较，两个谱图在相同的波数几乎有同样的吸收强度。

(4)纯度

①萃取硅油的折射率 n_D^{25}：1.400~1.410。

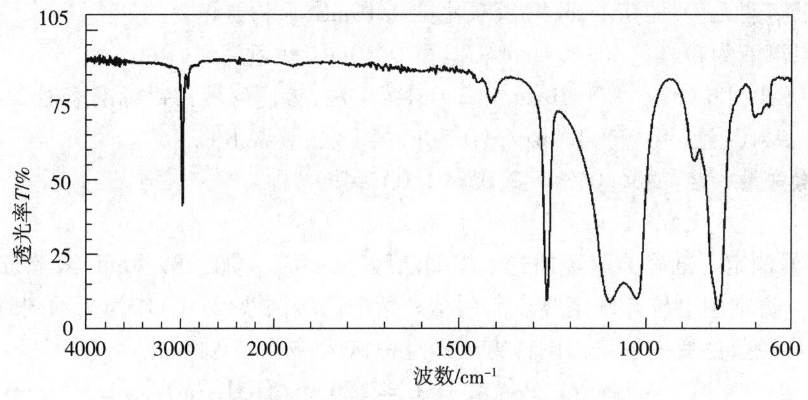

图 9-64 硅酮树脂的红外吸收光谱图

测试溶液 取硅酮树脂 15g,放入索氏萃取器,用四氯化碳 150mL 萃取 3h。水浴蒸发萃取液。

程序 测定测试溶液的折射率。

②萃取硅油的黏度:$100mm^2/s \sim 1100mm^2/s$。

在 25℃测定纯度①制备的测试溶液的黏度。

③相对密度:0.96~1.02。

④二氧化硅:不大于 15%。

将纯度①萃取后的残留物在 100℃干燥 1h,称量。

401. 乙酸钠

(1)其他名称 醋酸钠;Sodium acetate。

(2)编码 CAS 6131-90-4(结晶),27-09-3(无水);INS 262(i);FEMA 3024。

(3)分子式、相对分子质量与结构式 $C_2H_3NaO_2 \cdot nH_2O$(n=3 或 0);136.08(三水合乙酸钠),82.03(无水乙酸钠);

$$H_3C\text{—}COONa \cdot nH_2O$$
$$n=3 \text{ 或 } 0$$

(4)定义 乙酸钠有两种形式:结晶形式(三水)称为乙酸钠(结晶);无水形式称为乙酸钠(无水)。

(5)含量 本品干燥后,乙酸钠($C_2H_3NaO_2$=82.03)含量不少于 98.5%。

(6)性状 乙酸钠(结晶)为无色、透明结晶或白色晶体粉末。乙酸钠(无水)为白色晶体粉末或团块。无臭味。

(7)鉴别

①将乙酸钠逐渐加热。乙酸钠熔融,然后分解,产生丙酮气味。残留物的水溶液为碱性。

②乙酸钠对"定性试验"中所有钠盐试验和乙酸盐试验产生相应反应。

(8)纯度

①溶液颜色和澄清度:无色、澄清(1.0g,水 20mL)。

②游离酸及游离碱:称取 2.0g 乙酸钠(结晶)或,1.2g 乙酸钠(无水),加新煮沸后冷却的水 20mL 溶解。加酚酞试液 2 滴,将溶液保持 10℃,进行以下试验:

(a)如果溶液无色,加0.1mol/L氢氧化钠0.10mL,显粉红色。

(b)如果溶液为粉红色,加0.1mol/L盐酸0.10mL,颜色消失。

③重金属:以Pb计,不大于10μg/g(2.0g,第1法,参比溶液为铅标准溶液2.0mL)。

④砷:以As_2O_3计,不大于4.0μg/g(0.50g,第1法,装置B)。

(9)干燥失量 结晶:36.0%~42.0%(120℃,4h)。

无水:不大于2.0%(120℃,4h)。

(10)含量测定 准确称取经预先干燥的乙酸钠约0.2g,加乙酸40mL溶解,用0.1mol/L高氯酸滴定。通常用电位计确定终点。用结晶紫的乙酸试液(1mL)作为指示剂时,终点判断是液体的紫色经蓝色变绿色。以同样方式做空白试验,进行必要校正。

$$0.1\text{mol/L 高氯酸 } 1\text{mL} = 8.203\text{mg } C_2H_3NaO_2$$

402. 海藻酸钠

(1)其他名称 褐藻酸钠;藻朊钠;Sodium Alginate;Algin;Alginate sodium salt。

(2)编码 CAS 9005-38-3;INS 401;FEMA 2015。

(3)分子式、相对分子质量与结构式 $(C_6H_7O_6Na)_n$;结构单元198.11(理论值),222.0(实际平均值),大分子1万~6万;

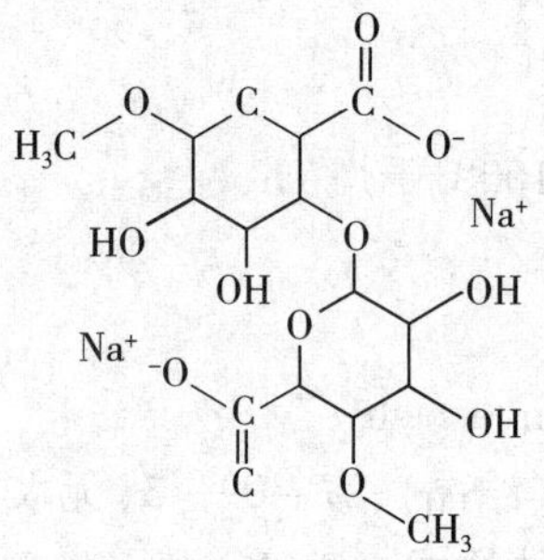

(4)含量 本品干燥后,海藻酸钠含量为90.8%~106.0%。

(5)性状 乙酸钠为白色至黄白色粉末,几乎无气味。

(6)鉴别

①按如下制备测试溶液:取海藻酸钠0.5g,边搅拌边缓慢少量加入水共50mL,60℃~70℃加温混合物20min,不时搅拌,制成均匀溶液,冷却。

(a)取测试溶液5mL,加氯化钙溶液(3→40)1mL,立即生成凝胶状沉淀。

(b)取测试溶液10mL,加稀硫酸(1→20)1mL,立即生成凝胶状沉淀。

(c)取测试溶液1mL,加硫酸铵饱和溶液1mL,不产生沉淀。

②海藻酸钠的灼热残留物对"定性试验"中所有钠盐试验产生相应反应。

(7)纯度

①pH:6.0~8.0。

称取海藻酸钠0.5g,边搅拌边逐渐加入水50mL中,在60℃~70℃加热混合物20min,不时搅拌,制成均匀溶液。冷却,测定pH。

②硫酸盐:以SO_4计,不大于0.96%。

称取海藻酸钠0.10g,加水20mL调成糊状,加盐酸1mL,剧烈振摇,水浴加热数分钟,按照“海藻酸”纯度③规定进行。

③磷酸盐：将海藻酸钠0.10g边搅拌边逐渐加入水20mL中，在60℃～70℃加热混合物20min，不时搅拌，制成均匀溶液。按照“海藻酸”纯度④规定进行。

④重金属：以Pb计，不大于20μg/g（1.0g，第2法，参比溶液为铅标准溶液2.0mL）。

⑤砷：以As_2O_3计，不大于4.0μg/g（0.50g，第3法，装置B）。

（8）干燥失量　不大于15.0%（105℃，4h）。

（9）灼热残留物　33.0%～37.0%（以干基计）。

（10）含量测定　按照“海藻酸”含量测定规定进行。

0.25mol/L氢氧化钠1mL＝27.75mg海藻酸钠

403. L－抗坏血酸钠

（1）其他名称　抗坏血酸钠；维生素C钠；sodium L－ascorbate；Sodium ascorbate；Vitamin C sodium；Monosodium（2*R*）－2［（1*S*）－1，2－dihydroxyethyl］－4－hydroxy－5－oxo－2，5－dihydrofuran－3－olate。

（2）编码　CAS 134－03－2；INS 301。

（3）分子式、相对分子质量与结构式　$C_6H_7NaO_6$；198.11；

（4）含量　本品干燥后，L－抗坏血酸钠（$C_6H_7NaO_6$）含量不少于99.0%。

（5）性状　L－抗坏血酸钠为白色或带黄白色的晶体粉末、颗粒或细颗粒。无气味，略有咸味。

（6）鉴别

①按照“L－抗坏血酸”的鉴别①及②规定进行。

②L－抗坏血酸钠对“定性试验”中所有钠盐试验产生相应反应。

（7）纯度

①旋光度$[\alpha]_D^{20}$：＋103.0°～＋108.0°（1g，加新煮沸放冷的水10mL，以干基计）。

②pH：6.5～8.0（2.0g，水20mL）。

③重金属：以Pb计，不大于20μg/g（1.0g，第2法，参比溶液为铅标准溶液2.0mL）。

④砷：以As_2O_3计，不大于4.0μg/g（0.50g，第1法，装置B）。

（8）干燥失量　不大于0.50%（减压，24h）。

（9）含量测定　准确称取经预先干燥的L－抗坏血酸钠约0.2g，加偏磷酸溶液（1→50）50mL溶解。用0.05mol/L碘溶液滴定（指示剂：淀粉试液）。

0.05mol/L碘溶液1m＝9.905mg $C_6H_7NaO_6$

404. 苯甲酸钠

（1）其他名称　安息香酸钠；Sodium Benzoate；Monosodium benzenecarboxylate。

（2）编码　CAS 532－32－1；INS 211。

（3）分子式、相对分子质量与结构式　$C_7H_5NaO_2$；144.10；

COONa

(4)**含量** 本品干燥后,苯甲酸钠($C_7H_5NaO_2$)含量不少于99.0%。

(5)**性状** 苯甲酸钠为白色晶体粉末或颗粒,无气味。

(6)**鉴别** 苯甲酸钠对“定性试验”中所有钠盐试验及苯甲酸盐试验产生相应反应。

(7)**纯度**

①溶液颜色和澄清度:无色、澄清(1.0g,水5mL)。

②游离酸和游离碱:取苯甲酸钠2.0g,加沸水20mL溶解,加酚酞试液2滴和0.05mol/L硫酸0.20mL。此溶液无色。向此溶液再加0.1mol/L氢氧化钠0.40mL。溶液颜色变成红。

③硫酸盐:以SO_4计,不大于0.30%。

测试溶液 取苯甲酸钠0.20g,加水溶解并配至100mL。取此溶液40mL,边充分振摇边滴加稀盐酸(1→4)2.5mL。过滤,水洗,合并洗液和滤液,加水配至50mL。

参比溶液 取0.005mol/L硫酸0.5mL,加稀盐酸(1→4)1mL,再加水配至50mL。

④重金属:以Pb计,不大于10μg/g。

测试溶液 称取苯甲酸钠2.0g,加水约30mL溶解,边充分振摇边滴加稀盐酸(1→4)3mL。过滤,水洗,合并洗液和滤液。向此溶液中加酚酞试液1滴,滴加氨试液至溶液显淡粉红色。加稀乙酸(1→20)2mL,加水配至50mL。

参比溶液 取铅标准溶液2.0mL,加稀乙酸(1→20)2mL,再水配至50mL。

⑤砷:以As_2O_3计,不大于4.0μg/g。

测试溶液 称取苯甲酸钠0.5g,与氢氧化钙0.20g充分混合,灼热。用稀盐酸(1→4)10mL溶解残留物。

装置 使用装置B。

⑥易氧化物:按照“苯甲酸”纯度④规定进行。

⑦氯化物:以Cl计,不大于0.014%。

测试溶液 称取苯甲酸钠0.5g,置于瓷坩埚中,加稀硝酸(1→10)2.5mL,充分混合。100℃干燥,加碳酸钙0.8g和少量水,混合,再在100℃干燥。再在约600℃加热10min,冷却。加稀硝酸(1→10)20mL溶解残留物,过滤,用水约15mL洗涤不溶物,合并洗液和滤液,加水配至50mL。

参比溶液 称取碳酸钙0.8g,加稀硝酸(1→10)22.5mL溶解,必要时过滤,加0.01mol/L盐酸0.20mL,再加水至50mL。

程序 向测试溶液和参比溶液中各加硝酸银溶液(1→50)0.5mL,充分振摇,放置5min。测试溶液的浑浊度不应超过参比溶液。

⑧邻苯二甲酸盐:以邻苯二甲酸盐计,不大于50μg/g。

测试溶液 称取苯甲酸钠1.0g,加稀乙酸(1→100)与甲醇(7:3)的混合溶液溶解并定容到50mL。

参比溶液 按照“苯甲酸”纯度⑥中的方法配制参比溶液,使用稀乙酸(1→100)与甲醇的混合溶液(7:3)。

程序 按照“苯甲酸”的纯度⑥规定进行。

(8)干燥失量　不大于1.5%(105℃,4h)。

(9)含量测定

准确称取经预先干燥的苯甲酸钠约1.5g于300mL具塞烧瓶中,加水25mL溶解,加乙醚75mL,用0.5mol/L盐酸滴定(指示剂:溴酚蓝试液10滴)。在充分振摇混合水层和乙醚层的过程中进行滴定,当水层显示持续的淡绿色为终点。

$$0.5mol/L 盐酸 1mL = 72.05mg\ C_7H_5NaO_2$$

405. 碳酸氢钠

(1)其他名称　重碳酸钠;酸式碳酸钠;小苏打;焙烧苏打;Sodium bicarbonate;Sodium hydrogen carbonate;Bicarbonate of soda。

(2)编码　CAS 144-55-8;INS 500(ii)。

(3)分子式与相对分子质量　$NaHCO_3$;84.01。

(4)含量　本品干燥后,碳酸氢钠($NaHCO_3$)含量不少于99.0%。

(5)性状　碳酸氢钠为白色晶体粉末或晶体团块。

(6)鉴别　碳酸氢钠对"定性试验"中所有钠盐试验和碳酸氢盐试验产生相应反应。

(7)纯度

①溶液澄清度:澄清(1.0g,水20mL)。

②氯化物:以Cl计,不大于0.021%。

样本溶液称　取碳酸氢钠0.5g,加稀硝酸(1→10)5mL,煮沸,冷却。

参比溶液　使用0.01mol/L盐酸0.30mL。

③碳酸盐:称取碳酸氢钠1.0g,小心加入新煮沸后冷却的水20mL,在15℃或以下温度水平摇动溶解。加入0.1mol/L盐酸2.0mL,再加酚酞试液2滴。不会立即显粉红色。

④铵盐:称取碳酸氢钠1.0g,加热,不会产生氨气味。

⑤重金属:以Pb计,不大于10μg/g。

称取碳酸氢钠2.0g,加水5mL和稀盐酸(1→4)20mL溶解,水浴蒸干。向残留物中加稀乙酸(1→20)2.0mL和水约30mL溶解。再加水配至50mL。

参比溶液　取铅标准溶液2.0mL,加稀乙酸(1→20)2mL,再加水配至50mL。

⑥砷:以As_2O_3计,不大于4.0μg/g。

测试溶液　称取碳酸氢钠0.50g,加水3mL,盐酸2mL溶解。

装置　使用装置B。

(8)干燥失量　不大于0.25%(4h)。

(9)含量测定　准确称取经预先干燥的碳酸氢钠约2g,加水25mL溶解,用0.5mol/L硫酸滴定(指示剂:溴酚蓝试液3滴)。在滴定终点前,再煮沸一次,以除去二氧化碳,冷却,继续滴定。

$$0.5mol/L 硫酸 1mL = 84.01mg\ NaHCO_3$$

406. 碳酸钠

(1)其他名称　纯碱;苏打;碱粉;Sodium carbonate;Carbonic acid disodium salt;SODA;Soda ash(anhydrous);Soda carbonate(crystal)。

(2)编码　CAS 5968-11-6(一水);497-19-8(无水);INS 500(i)。

(3)分子式与相对分子质量 $Na_2CO_3 \cdot nH_2O$(n=1或0);124.00(一水),105.99(无水)。

(4)定义 碳酸钠有结晶品(一结晶水)及无水品,分别称为碳酸钠(结晶)及碳酸钠(无水)。

(5)含量 本品干燥后,碳酸钠(Na_2CO_3)含量不少于99.0%。

(6)性状 碳酸钠(结晶)为白色晶体粉末或无色至白色晶体团块。碳酸钠(无水)为白色粉末或颗粒。

(7)鉴别 对"定性试验"中所有钠盐试验和碳酸盐(1)和(3)试验产生相应反应。

(8)纯度

①碳酸钠(无水)澄清度:无色。有非常轻微的浑浊(1.0g,水20mL)。

②氯化物:以Cl计,不大于0.35%。

样本溶液 称取碳酸钠0.5g,加稀硝酸(1→10)6mL,煮沸,冷却。加水配至100mL,取此液10mL作为样本溶液。

参比溶液 使用0.01mol/L盐酸0.5mL。

③重金属:以Pb计,不大于20μg/g。

测试溶液 称取碳酸钠1.0g,加水10mL,加稀盐酸(1→4)7.5mL溶解,水浴蒸干。向残留物中加稀乙酸(1→20)2mL,水约30mL溶解,再加水至50mL。

参比溶液 取铅标准溶液2.0mL,加稀乙酸(1→20)2mL,再加水至50mL。

④砷:以As_2O_3计,不大于4.0μg/g(0.5g,第1法,装置B)。

(9)干燥失量 不大于17.0%(105℃,4h)。

(10)含量测定 准确称取经预先干燥的碳酸钠约0.6g,加水50mL,用0.5mol/L盐酸滴定(指示剂:溴酚蓝试液3滴)。在滴定至终点前,煮沸排除二氧化碳,冷却,继续滴定。

0.5mol/L盐酸1mL=26.05mg Na_2CO_3

407. 羧甲基纤维素钠

(1)其他名称 纤维素胶;Sodium Carboxymethylcellulose;Sodium cellulose glycolate;Cellulose gum;Cellulose carboxymethyl ether sodium salt;CMC sodium salt。

(2)编码 CAS 9004-32-4;INS 466。

(3)分子式、相对分子质量与结构式 263.19;$C_8H_{16}NaO_8$;

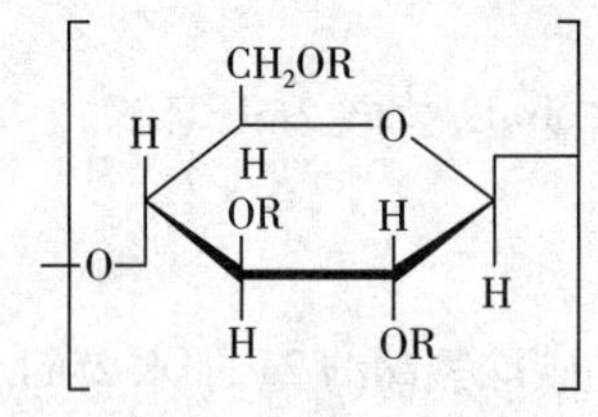

(4)性状 羧甲基纤维素钠为白色至淡黄色粉末,或颗粒状,或纤维状物质。无气味。

(5)鉴别

①按照"红外吸收光谱法"的溴化钾压片法规定操作测定经预先干燥的羧甲基纤维素钠的红外吸收光谱,与参比光谱图(见图9-65)比较,两个谱图在相同的波数几乎有同样的吸收强度。

②称取羧甲基纤维素钠1g,在550℃~600℃灼热3h。产生的残留物对"定性试验"中所

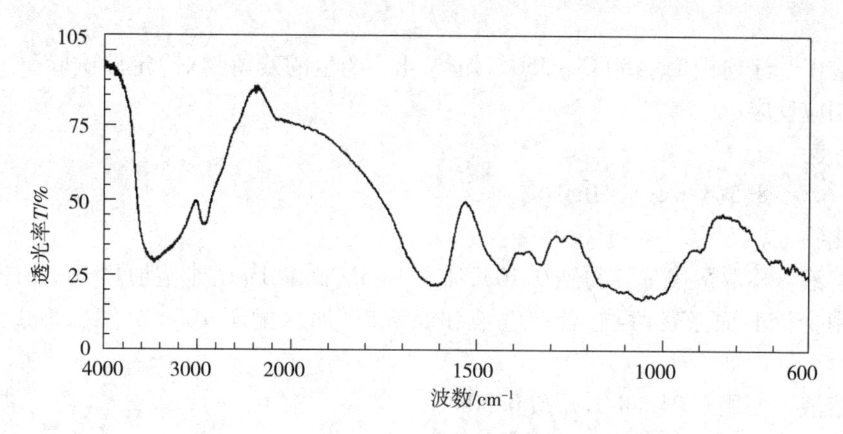

图9－65　羧甲基纤维素钠的红外吸收光谱图

有钠盐试验产生相应反应。

(6)**纯度**

①pH:6.0～8.5。

称取羧甲基纤维素钠0.5g,每次边搅拌边少量地加水至50mL。在60℃～70℃加热20min,不时地搅拌使溶液均匀,冷却。

②氯化物:以Cl计,不大于0.64%。

样本溶液　称取羧甲基纤维素钠0.10g,加水20mL及过氧化氢0.5mL,水浴加热30min。冷却后,加水配至100mL,用干燥滤纸过滤。取滤液25mL作为样本溶液。

参比溶液　用0.01mol/L盐酸0.45mL。

③硫酸盐:以SO_4计,不大于0.96%。

样本溶液　取纯度②的滤液20mL。

参比溶液　使用0.01mol/L硫酸0.40mL。

④铅:以Pb计,不大于2.0μg/g(5.0g,第1法)。

⑤砷:以As_2O_3计,不大于4.0μg/g(0.50g,第3法,装置B)。

(7)**干燥失量**　不大于12.0%(105℃,4h)。

408. 羧甲基淀粉钠

(1)**其他名称**　羧甲淀粉钠;淀粉羧甲基醚钠盐;Sodium carboxymethylstarch;Carboxymethyl starch sodium;Sodium carboxy methyl starch;CMS－Na。

(2)**编码**　CAS 9063－38－1。

(3)**性状**　羧甲基淀粉钠为白色粉末,无气味。

(4)**鉴别**

①取羧甲基淀粉钠溶液(1→1000)5mL,加稀盐酸(1→4)5滴,碘溶液1滴,振摇。溶液显紫红色。

②取羧甲基淀粉钠溶液(1→500)5mL,加铬变酸5mL,水浴加热10min。溶液由紫色变为紫红色。

③取羧甲基淀粉钠溶液(1→500)5mL,加硫酸铜溶液(1→20)5mL,振摇。生成浅蓝色

沉淀。

④取羧甲基淀粉钠1g,450℃～550℃灼热3h。产生的残留物对"定性试验"中所有钠盐试验产生相应反应。

(5)纯度

①pH:6.0～8.5(1.0g,水50mL)。

②氯化物:以Cl计,不大于0.43%。

样本溶液　称取羧甲基淀粉钠0.10g,加水10mL,硝酸1mL,水浴加热10min,冷却,必要时过滤。用少量水洗涤残留物,合并洗液和滤液,再加水配至100mL。取25mL作为样本溶液。

参比溶液　使用0.01mol/L盐酸0.30mL。

③硫酸盐:以SO_4计,不大于0.96%。

样本溶液　称取羧甲基淀粉钠0.10g,加水10mL,盐酸1mL,水浴加热10min,冷却,必要时过滤。用少量水洗涤残留物,合并洗液和滤液,再加水配至50mL。取10mL作为样本溶液。

参比溶液　使用0.005mol/L硫酸0.40mL。

④重金属:以Pb计,不大于20μg/g(1.0g,第2法,参比溶液为铅标准溶液2.0mL)。

⑤砷:以As_2O_3计,不大于4.0μg/g(0.5g,第3法,装置B)。

(6)干燥失量　不大于10.0%(105℃,4h)。

409. 酪蛋白酸钠

(1)其他名称　酪蛋白钠盐;酪朊酸钠;干酪素钠;Sodium caseinate;Casein sodium salt;Nutrose。

(2)编码　CAS 9005-46-3。

(3)含量　酪蛋白酸钠干燥后,氮(N=14.01)含量为14.5%～15.8%。

(4)性状　酪蛋白酸钠为白色至淡黄色粉末、颗粒或鳞片。无气味和味道,或稍有特殊气味和味道。

(5)鉴别

①采用"酪蛋白"的鉴别①、②和③规定进行。

②酪蛋白酸钠的灼热残留物对"定性试验"中所有钠盐试验产生相应反应。

(6)纯度

①溶液颜色和澄清度:无色,稍有浑浊。

按照"酪蛋白"纯度①规定进行。

②pH:6.0～7.5(1.0g,水50mL溶解)。

③重金属:以Pb计,不大于20μg/g(1.0g,第2法,参比溶液为铅标准溶液2.0mL)。

④砷:以As_2O_3计,不大于2μg/g(1.0g,第3法,装置B)。

⑤脂肪:不大于1.5%。

按照"酪蛋白"纯度⑤规定进行。

(7)干燥失量　不大于15.0%(100℃,3h)。

(8)灼热残留物　不大于6.0%(干燥样本)。

(9)含量测定 准确称取经预先干燥的酪蛋白酸钠0.15g,按照"氮测定"的凯氏定氮法规定进行。

0.05mol/L 硫酸 1mL = 1.401mg N

410. 亚氯酸钠

(1)英文名称 Sodium chlorite;Chlorous acid sodium salt;Alcide LD。

(2)编码 CAS 7758-19-2。

(3)分子式与相对分子质量 $NaClO_2$;90.44。

(4)含量 本品亚氯酸钠($NaClO_2$)含量不少于70.0%。

(5)性状 亚氯酸钠为白色粉末。无气味或略有气味。

(6)鉴别

①亚氯酸钠对"定性试验"中所有钠盐试验和亚氯酸盐试验产生相应反应。

②取亚氯酸钠溶液(1→100)2mL,加磷酸盐缓冲液(pH8)100mL,测定该溶液吸光度。此溶液在258nm~262nm波长吸收最大。

(7)纯度

①重金属:以Pb计,不大于10μg/g。

样本溶液 称取亚氯酸钠4.0g,加水20mL,加硝酸1mL,盐酸20mL溶解,水浴蒸干。向残留物中加水配至50mL。

测试溶液 量取样本溶液25mL,加稀氨溶液(1→6)中和,加稀乙酸(1→20)2mL,加水配至50mL。

参比溶液 取铅标准溶液2.0mL,加稀乙酸(1→20)2mL,加水配成50mL。

②砷:以As_2O_3计,不大于1.0μg/g。

测试溶液 取纯度①制备的样本溶液25mL。

装置 使用装置B。

(8)含量测定

准确称取亚氯酸钠约1g,加水溶解并定容至250mL。准确量取该溶液20mL置于碘量瓶中。加稀硫酸(3→100)12mL,水20mL和碘化钾4g。立即盖紧密封盖,置暗处15min,用0.1mol/L硫代硫酸钠滴定(指示剂:淀粉试液)。另外以同样方式做空白试验,进行必要的校正。

0.1mol/L 硫代硫酸钠 1mL = 2.261mg $NaClO_2$

411. 亚氯酸钠溶液

(1)英文名称 Sodium chlorite solution。

(2)含量 本品亚氯酸钠($NaClO_2$ = 90.44)含量为4.0%~25.0%,相当于标称值的95%~100%。

(3)性状 亚氯酸钠溶液为澄清、无色到略显黄色的溶液。无气味或略有气味。

(4)鉴别

①亚氯酸钠溶液对"定性试验"中所有钠盐试验和亚氯酸盐试验产生相应反应。

②亚氯酸钠溶液呈碱性。

③取适量体积的稀释亚氯酸钠溶液(1→100),使调配的溶液吸光度为0.2~0.7,加入磷酸盐缓冲液(pH 8)。溶液在258nm~262nm波长吸收最大。

(5)纯度

①重金属:以次氯酸钠($NaClO_2$)含Pb计,不大于10μg/g。

测试溶液　称取相当于次氯酸钠4.0g的次氯酸钠溶液,加硝酸2mL,盐酸20mL。水浴蒸发浓缩,再加水配至50mL,该溶液作为样本溶液。取样本溶液25mL,加氨水溶液(1→6)中和,加稀乙酸(1→20)2mL,加水配至50mL。

参比溶液　取铅标准溶液2.0mL,加稀乙酸(1→20)2mL,加水配至50mL。

②砷:以As_2O_3计,不大于1.0μg/g次氯酸钠($NaClO_2$)。

测试溶液　取纯度①制备的样本溶液25mL。

装置　使用装置B。

(6)含量测定

准确称取次氯酸钠溶液10g,加水定容至100mL,将此溶液作为样本溶液。准确量取相当于次氯酸钠($NaClO_2$)0.06g的样本溶液,转移至碘量瓶中。加入稀硫酸(3→100)12mL,加水配至约55mL。加入碘化钾4g,立即盖紧密封盖,暗处放置15min,用0.1mol/L硫代硫酸钠滴定(指示剂:淀粉试液)。另外以同样方式做空白试验,进行必要的校正。

0.1mol/L硫代硫酸钠1mL=2.261mg $NaClO_2$

412. 硫酸软骨素钠

(1)其他名称　软骨素硫酸钠;Sodium chondroitin sulfate。

(2)编码　CAS 12678-07-8(鲨鱼软骨),9082-07-9(牛气管),54328-33-5(猪皮),9007-28-7,39455-18-0。

(3)含量　硫酸软骨素钠干燥后氮(N=14.01)的含量为2.5%~3.8%,硫(S=32.07)的含量为5.5%~7.0%。

(4)性状　硫酸软骨素钠为白色或发白的粉末。

(5)鉴别

①取硫酸软骨素钠溶液(1→100)5mL,加入盐酸吖啶黄溶液(1→200)1mL。生成黄褐色沉淀。

②取硫酸软骨素钠溶液(1→100)5mL,加盐酸1mL,水浴加热10min,冷却。再加入氯化钡溶液(3→25)1mL。生成白色沉淀。

③硫酸软骨素钠的灼热残留物对“定性试验”中所有钠盐试验产生相应反应。

(6)纯度

①溶液澄清度:几乎澄清。

测试溶液　取硫酸软骨素钠0.10g,加水20mL,充分振摇溶解。

②pH:5.5~7.5(1.0g,水100mL)。

③氯化物:以Cl计,不大于0.14%。

测试溶液　称取硫酸软骨素钠0.050g,加水10mL溶解,加乙醇15mL和稀硝酸(1→10)6mL,振摇并过滤。用50%乙醇(体积)洗涤残留物,合并洗液和滤液,再加50%乙醇(体积分数)至50mL。

参比溶液 取0.01mol/L盐酸0.20mL,加稀硝酸(1→10)6mL,再加50%(体积分数)乙醇配至50mL。

④无机硫酸盐:以SO_4计,不大于0.24%。

样本溶液 称取硫酸软骨素钠0.10g,加水15mL溶解,加盐酸1mL,充分振摇。加氯化铵溶液(1→5)2mL,充分振摇。再边振摇边少量多次加氨试液5mL。离心,取上清液。向残留物中加水5mL,振摇,离心分离,合并洗液和上清液。再用5mL水重复操作一次,取上清液与以上收集的溶液合并,此溶液加稀盐酸(1→4)中和。

参比溶液 使用0.005mol/L硫酸0.50mL。

程序 按"硫酸盐限量试验"规定进行。

⑤重金属:以Pb计,不大于40μg/g[0.5g(预先干燥),第2法,参比溶液为铅标准溶液2.0mL]。

⑥砷:以As_2O_3计,不大于4.0μg/g(0.50g,第3法,装置B)。

(7)干燥失量 不大于10.0%(105℃,4h)。

(8)灼热残留物 23.0%~31.0%(干燥样本)。

(9)含量测定

①氮:准确称取经预先干燥的硫酸软骨素钠1g,按"氮测定"的凯氏定氮法规定进行。

0.05mol/L硫酸1mL=1.401mg N

②硫:准确称取经预先干燥的硫酸软骨素钠0.5g于凯氏烧瓶中,加水30mL溶解,加氯酸钾5g。然后将硝酸30mL少量多次加入,加热浓缩至约5mL,冷却。用盐酸25mL将上述溶液完全转移到烧杯中,水浴浓缩至约5mL。向该溶液中加水100mL,用氨试液中和,加稀盐酸(1→10)5mL,边煮沸边加入氯化钡溶液(3→25)5mL。用表面皿盖上烧杯,水浴加热2h,不时补充水。冷却后,用定量分析滤纸(5C)过滤。用温水洗涤烧杯和滤纸上的残留物,直至洗液无氯化物反应。残留物与滤纸一起干燥后,450℃~550℃灼热至恒量,准确称量。按照式(9-134)计算硫含量X:

$$X=\frac{m_1\times 0.1374}{m}\times 100\% \qquad (9-134)$$

式中:

m_1——残留物量,g;

m——样品量,g。

413. 叶绿素铜钠盐

(1)其他名称 叶绿酸铜络盐;铜叶绿素钠盐;Sodium copper chlorophyllin;Chlorophyllin copper complex sodium salt。

(2)编码 CAS 28302-36-5,11006-34-1,65963-40-8;INS 141(ii);C. I. 75810。

(3)分子式、相对分子质量与结构式 :$C_{34}H_{32}CuN_4O_5$,640.20;$C_{34}H_{30}CuN_4O_6$,654.18;$C_{34}H_{29}CuN_4Na_{306}$,722.13。

X=CH_3为a化合物;X=CHO为b化合物;M=钾和/(或)钠

(4)性状 叶绿素铜钠盐为蓝黑至绿黑色粉末。无气味或稍有特殊气味。

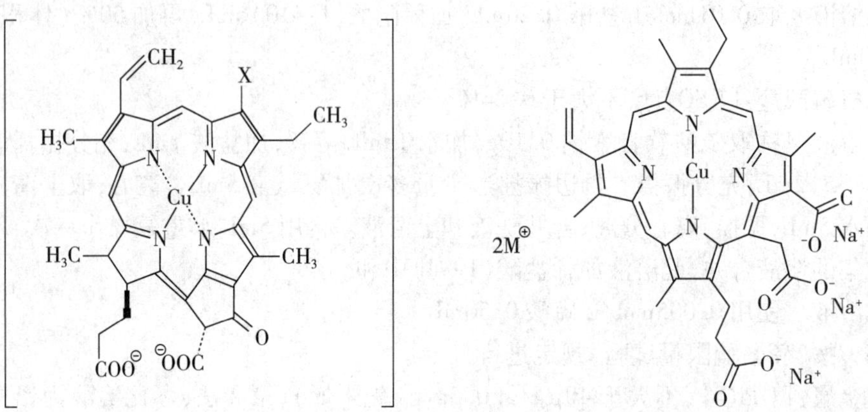

(5)鉴别

①取叶绿素铜钠盐1g于瓷坩埚内,加入硫酸少量润湿,慢慢加热。尽可能在较低温度下完全灰化后,冷却。加硫酸1mL,慢慢加热至几乎不再产生硫酸蒸气,冷却。向残留物内加稀盐酸(1→4)10mL,水浴加热溶解,必要时过滤,加水配至10mL。该溶液作为测试溶液,进行如下试验:

(a)对测试溶液进行"焰色试验"。开始显绿色,接着显黄色。

(b)取测试溶液5mL,加二乙基二硫代氨基甲酸钠溶液(1→1000)0.5mL。生成褐色沉淀。

②取叶绿素铜钠盐溶液(1→1000)1mL,加磷酸缓冲液(pH 7.5)配至100mL,测定该溶液的吸光度。溶液在403nm~407nm和627nm~633nm波长出现最大吸收。当这些最大吸收的吸光度以A_1和A_2表示时,A_1/A_2比值应不大于4.0。

(6)纯度

①吸光系数$E_{1cm}^{1\%}$(最大吸收在405 nm波长附近):不少于508(以干基计)。

此试验应避免光直射,试验使用的装置也应能遮光。

准确称取叶绿素铜钠盐0.1g,加水溶解并定容至100mL。准确吸取此溶液1mL,加磷酸缓冲液(pH 7.5)定容至100mL,迅速测定溶液的吸光度。

②pH:9.5~11.0(1.0g,水100mL)。

③无机铜盐:以Cu计,不大于0.03%。

测试溶液　称取叶绿素铜钠盐1.0g,加水60mL溶解。

程序　取2μL测试溶液进行薄层色谱分析。将正丁醇、水和乙酸的混合液(4:2:1)作为展开剂。不使用参比溶液。采用覆盖硅胶的薄层板作为载体,预先经110℃干燥1h。当展开剂的最前端上升到距离原点约10cm时,停止展开,风干薄层板。喷雾二乙基二硫代氨基甲酸钠溶液(1→1000),应无淡褐色的斑点。

④砷:以As_2O_3计,不大于4.0μg/g(0.50g,第3法,装置B)。

(7)干燥失量　不大于5.0%(105℃,2h)。

414. 脱氢乙酸钠

(1)其他名称　去氢乙酸钠;脱氢醋酸钠;Sodium dehydroacetate;Monosodium 3 - acetyl - 4 - oxido - 6 - methyl - 2*H* - pyran - 2 - one monohydrate。

(2)编码　CAS 4418－26－2；INS 266。

(3)分子式、相对分子质量与结构式　$C_8H_7NaO_4 \cdot H_2O$；208.14；

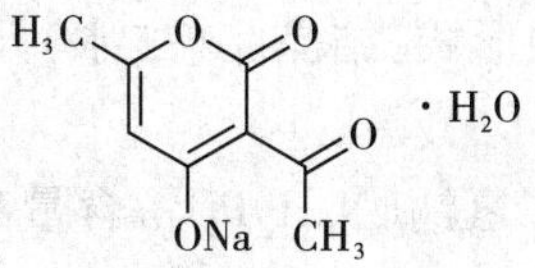

(4)含量　本品以无水基计，脱氢乙酸钠($C_8H_7NaO_4$＝190.13)含量为98.0%～102.0%。

(5)性状　脱氢乙酸钠为白色晶体粉末。无气味或稍有气味。

(6)鉴别

①取脱氢乙酸钠0.1g，加1mL水，水杨醛的乙醇溶液(1→5)3滴～5滴，0.5mL氢氧化钠溶液(1→3)，水浴加热。溶液变成红色。

②取脱氢乙酸钠溶液(1→100)2mL，加入酒石酸钾钠溶液(7→50)3滴和强乙酸铜试液2滴，振摇。形成发白的紫色沉淀。

③脱氢乙酸钠对"定性试验"中所有钠盐试验产生相应反应。

(7)纯度

①溶液颜色：无色(0.5g，水10mL)。

②脱氢乙酸：称取脱氢乙酸钠0.5g，加水10mL溶解，加稀盐酸(1→4)1mL，过滤生成的沉淀，用水充分洗涤，其熔点为109℃～112℃。

③游离碱：称取脱氢乙酸1.0g，加入新煮沸后冷却的水20mL溶解，加入酚酞试液2滴，溶液显粉红色，再加入0.05mol/L硫酸0.30mL，粉红色消失。

④氯化物：以Cl计，不大于0.011%。

测试溶液　称取脱氢乙酸1.0g，加水30mL溶解，边充分振摇边滴加稀硝酸(1→10)9.5mL，过滤，水洗，合并洗液与滤液，再加水配至50mL。

参比溶液　取0.01mol/L盐酸0.30mL，加入稀硝酸(1→10)6mL，再加水配至50mL。

⑤硫酸盐：以SO_4计，不大于0.014%。

测试溶液　称取脱氢乙酸1.0g，加水30mL溶解，边充分振摇边滴加稀盐酸(1→4)3mL。过滤，水洗，合并洗液与滤液，加水配至50mL。

参比溶液：取0.005mol/L硫酸0.30mL，加入稀盐酸(1→4)1mL，加水配至50mL。

⑥重金属：以Pb计，不大于10μg/g(2.0g，第2法，参比溶液为铅标准溶液2.0mL)。

⑦砷：以As_2O_3计，不大于4μg/g(0.50g，第1法，装置B)。

⑧易碳化物质：试验时，取脱氢乙酸0.3g作为试样，与色标准溶液C进行对照。

(8)水分　8.3%～10.0%(0.3g，反向滴定)。

(9)含量测定

准确称取脱氢乙酸0.4g，加非水滴定用乙酸50mL，用0.1mol/L高氯酸滴定(指示剂：α－萘酚苯甲醇试液10滴)至溶液颜色由褐色变为绿色时即为滴定终点。以无水基计算。

$$0.1mol/L 高氯酸 1mL = 19.01mg\ C_8H_7NaO_4$$

415. 磷酸二氢钠

(1)其他名称　Sodium dihydrogen phosphate；Monosodium phosphate；Sodium phosphate，Monobasic；MSP。

(2)**编码** CAS 13472-35-0(二水);7558-80-7(无水);INS 339(i)。

(3)**分子式与分子量** $NaH_2PO_4 \cdot nH_2O$($n=2$ 或 0);156.01($n=2$),19.98($n=0$)。

(4)**定义** 磷酸二氢钠有两种形式:结晶品(二水)及无水品,分别称为磷酸二氢钠(结晶)及磷酸二氢钠(无水)。

(5)**含量** 本品干燥后,磷酸二氢钠(NaH_2PO_4)含量为98.0%~103.0%。

(6)**性状** 磷酸二氢钠(结晶)为无色至白色结晶或白色晶体粉末,磷酸二氢钠(无水)为白色粉末或颗粒。

(7)**鉴别** 磷酸二氢钠溶液(1→20)对"定性试验"中所有钠盐试验和磷酸盐试验产生相应反应。

(8)**纯度** 对结晶品在试验以前样本应进行干燥。

①溶液颜色和澄清度:无色、稍有微浊(2.0g,水20mL)。

②pH:4.3~4.9(1.0g,水100mL)。

③氯化物:以Cl计,不大于0.11%(0.20g,参比溶液为0.01mol/L盐酸0.60mL)。

④硫酸盐:以SO_4计,不大于0.048%(0.50g,参比溶液为0.005mol/L硫酸0.50mL)。

⑤重金属:以Pb计,不大于20μg/g。

测试溶液 称取磷酸二氢钠1.0g,加稀乙酸(1→20)2mL,水30mL溶解,再加水配至50mL。

参比溶液 取铅标准溶液2.0mL,加稀乙酸(1→20)2mL,再加水配至50mL。

⑥砷:以As_2O_3计,不大于4.0μg/g(0.50g,第1法,装置B)。

(9)**干燥失量**

结晶品:22.0%~24.0%(40℃,16h;然后120℃,4h)。

无水品:不大于2.0%(120℃,4h)。

(10)**含量测定** 准确称取经预先干燥的磷酸二氢钠约3g,加水30mL溶解,加氯化钠5g,充分振摇溶解。将此溶液保持在15℃左右,用1mol/L氢氧化钠滴定(指示剂:麝香草酚蓝试液3滴~4滴)。

$$1mol/L\ 氢氧化钠\ 1mL = 120.0mg\ NaH_2PO_4$$

416. 异抗坏血酸钠

(1)**其他名称** Sodium erythorbate, Sodium isoascorbate; Monosodium-(2*R*)-2[(1*R*)-1,2-dihydroxyethyl]-4-hydroxy-5-oxo-2,5-dihydrofuran-3-olate monohydrate。

(2)**编码** CAS 6318-77-7(无水品);INS 316。

(3)**分子式、相对分子质量与结构式** $C_6H_7NaO_6 \cdot H_2O$;216.12;

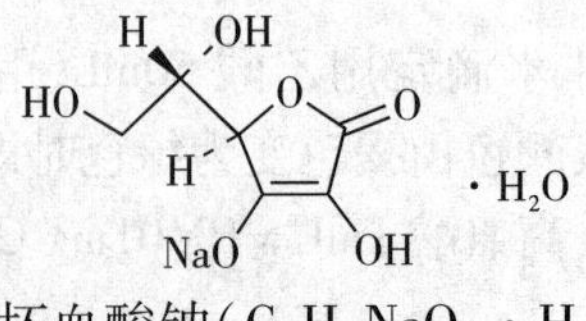

(4)**含量** 本品干燥后,异抗坏血酸钠($C_6H_7NaO_6 \cdot H_2O$)含量不少于98.0%。

(5)**性状** 异抗坏血酸钠为白色或带黄白色结晶粉末、颗粒或细粒,无臭,稍有咸味。

(6)**鉴别**

①按照"异抗坏血酸"鉴别①和②规定进行。

②异抗坏血酸钠对“定性试验”中所有钠盐试验产生相应反应。

(7)纯度

①比旋光度$[\alpha]_D^{20}$:+95.5°~+98.0°(预先干燥品1.0g,水10mL)。

②溶液颜色和澄清度:称取异抗坏血酸钠1.0g,加水10mL溶解。溶液澄清,溶液颜色不应比色标准溶液J深。

③pH:6.0~8.0(1.0g,水20mL)。

④重金属:以Pb计,不大于20μg/g(1.0g,第2法,参比溶液为铅标准溶液2.0mL)。

⑤砷:以As_2O_3计,不大于4.0μg/g(0.50g,第1法,装置B)。

(8)干燥失量 不大于0.25%(减压,24h)。

(9)含量测定 准确称取经预先干燥的异抗坏血酸钠1g,加偏磷酸溶液(1→50)溶解定容至250mL。准确量取此溶液50mL,用0.05mol/L碘溶液滴定(指示剂:淀粉试液)。

0.05mol/L碘溶液1mL=10.81mg $C_6H_7NaO_6 \cdot H_2O$

417. 亚铁氰化钠

(1)其他名称 六氰合铁酸四钠;黄血盐钠;Sodium ferrocyanide;Sodium hexacyanoferrate(Ⅱ);Sodium hexacyanoferrate(Ⅱ)decahydrate。

(2)编码 CAS 13601-19-9;INS 535。

(3)分子式、相对分子质量与结构式 $Na_4[Fe(CN)_6] \cdot 10H_2O$;484.06;

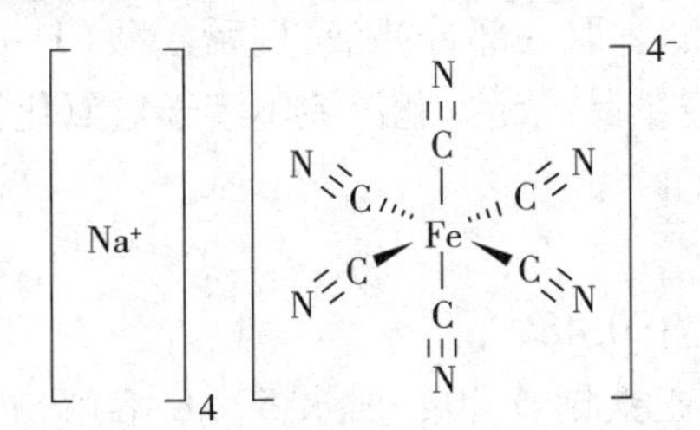

(4)含量 本品亚铁氰化钠($Na_4[Fe(CN)_6] \cdot 10H_2O$)含量不少于99.0%。

(5)性状 亚铁氰化钠为黄色结晶或晶体粉末。

(6)鉴别

①按照“亚铁氰化钾”鉴别①规定进行。

②亚铁氰化钠对“定性试验”中所有钠盐试验产生相应反应。

(7)纯度

①氰化物:按照“亚铁氰化钾”纯度①规定进行。

②铁氰化物:按照“亚铁氰化钾”纯度②规定进行。

(8)含量测定

准确称取亚铁氰化钠1g,加水200mL溶解。再加入硫酸10mL,用0.02mol高锰酸钾滴定。溶液的粉红色能持续30s即到达滴点终点。

0.02mol高锰酸钾1mL=48.41mg $Na_4[Fe(CN)_6] \cdot 10H_2O$

418. 柠檬酸亚铁钠

(1)其他名称 枸橼酸酸亚铁钠;Sodium ferrous citrate,Sodium iron citrate;Ferromia;Feredaim;Fenilene;Iron(Ⅱ)sodium salt of 2 - hydroxypropane - 1,2,3 - tricarboxylic acid。

(2)编码 CAS 50717 - 86 - 7;43160 - 25 - 4。

(3)分子式、相对分子质量与结构式 $C_6H_5FeNaO_7$;267.93;

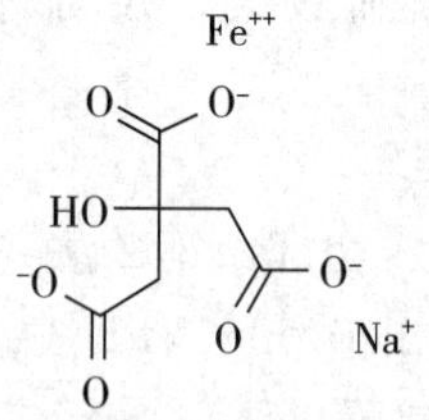

(4)含量 柠檬酸亚铁钠的铁(Fe = 55.85)含量为 10.0% ~11.0%。

(5)性状 柠檬酸亚铁钠为绿白至绿黄色粉末。无臭,有较淡的铁味。

(6)鉴别

①取柠檬酸亚铁钠溶液(1→100)5mL,加稀盐酸(1→4)1mL,新配制的铁氰化钾溶液(1→10)0.5mL 后。溶液显蓝色。

②取柠檬酸亚铁钠溶液(1→100)5mL,加氨水 2mL。溶液显红褐色,但不生成沉淀。

③称取柠檬酸亚铁钠 3g,500℃ ~600℃灼热 3h,残留物对“定性试验”中所有钠盐试验产生相应反应。

④称取柠檬酸亚铁钠 0.5g,加水 5mL,氢氧化钾溶液(1→25)10mL,水浴中加热 10min,加热期间充分搅混,冷却后过滤。取一部分滤液,用稀乙酸(1→2)中和,再加过量的氯化钙溶液(3→40),煮沸。形成白色结晶沉淀。此沉淀不溶于氢氧化钠溶液(1→25),但溶于稀盐酸(1→4)。

(7)纯度

①硫酸盐:以 SO_4 计,不大于 0.48%。

测试溶液 称取柠檬酸亚铁钠 0.40g,加水 50mL 溶解,再加水配至 100mL。取此液 10mL,加稀盐酸(1→4)1mL,盐酸羟胺 0.1g,煮沸 1min,冷却,加水至 50mL。

参比溶液 向 0.005mol/L 硫酸 0.40mL 中加入稀盐酸(1→4)1mL,再加水配至 50mL。

②铁盐:称取柠檬酸亚铁钠 2.0g 于具塞磨口烧瓶中,加盐酸 5mL 和水 30mL 溶解,加碘化钾 4 g,盖上瓶塞,在暗处放置 15min。再加淀粉试液 2mL,充分振摇。此溶液显色,在加入 0.1mol/L 硫代硫酸钠溶液 1.0mL 后,颜色消失。

③重金属:以 Pb 计,不大于 20μg/g。

测试溶液 称取柠檬酸亚铁钠 1.0g 于瓷蒸发皿中,加王水 3mL 溶解。水浴蒸干。向残留物中加稀盐酸(1→2)5mL 溶解,转移至分液漏斗中,每次用稀盐酸(1→2)5mL 洗涤瓷蒸发皿两次,合并洗液到分液漏斗中。每次用乙醚 40mL 洗涤水层共两次,再用乙醚 20mL 洗涤 1 次。弃去洗液,向水层加盐酸羟胺 0.05g,溶解。水浴加热 10min,加酚酞试液 1 滴,加氨溶液至显粉红色。冷却后,滴加稀盐酸(1→2)至颜色几乎消失。加稀乙酸(1→20)4mL,充分振摇,加水 50mL,必要时过滤。

参比溶液 取铅标准溶液 2.0mL,放入瓷蒸发皿中,加硫酸 1mL,然后按测试溶液制备方式操作。

④砷:以 As_2O_3 计,不大于 4.0μg/g。

测试溶液 称取柠檬酸亚铁钠 1.0g,加水 10mL,硫酸 1mL 和亚硫酸 10mL,蒸发浓缩至约 2mL,加水配至 10mL。取此液 5mL 作为测试溶液。

装置 使用装置 B。

标准色液 取砷标准溶液 4.0mL,加水 10mL,硫酸 1mL 和亚硫酸 10mL,再按测试溶液制备同样操作。

⑤酒石酸盐:称取柠檬酸亚铁钠 1.0g,加水 5mL 和氢氧化钾溶液(1→15)10mL,水浴加热 10min,边加热边充分振摇,冷却,过滤。取滤液 5mL,加稀乙酸(1→4)调成弱酸性,再加乙酸 2mL,放置 24h。无白色结晶沉淀形成。

(8)含量测定

准确称取柠檬酸亚铁钠 1g 于具塞磨口烧瓶中,加稀硫酸(1→20)25mL 和硝酸 2mL,煮沸 10min。冷却后,加水 20mL 和碘化钾 4g,立即盖上瓶塞,暗处放置 15min 后,加水 100mL。用 0.1mol/L 硫代硫酸钠滴定(指示剂:淀粉溶液)游离碘。另外以同样方式进行空白试验。

0.1mol/L 硫代硫酸钠 1mL = 5.585mg Fe

419. 葡萄糖酸钠

(1)其他名称 D－葡糖酸单钠盐;D－葡萄糖酸钠;葡糖酸钠;五羟基己酸钠;Sodium gluconate;Monosodium D－gluconate。

(2)编码 CAS 527－07－1;INS 576。

(3)分子式、相对分子质量与结构式 $C_6H_{11}NaO_7$;218.14;

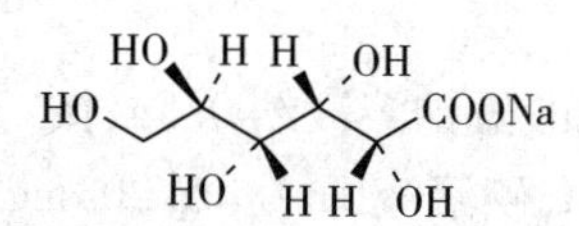

(4)含量 本品干燥后,葡萄糖酸钠($C_6H_{11}NaO_7$)含量为 98.0% ~102.0%。

(5)性状 葡萄糖酸钠为白色到微黄白色的晶体粉末或颗粒。有轻微特殊气味。

(6)鉴别

①葡萄糖酸钠对"定性试验"中所有钠盐试验产生相应反应。

②取葡萄糖酸钠溶液(1→10)5mL,按照"葡萄糖酸－δ－内酯"的鉴别②规定进行。

(7)纯度

①溶液颜色和澄清度:无色,基本澄清(1.0g,水 10mL)。

②pH:6.2 ~7.8(1.0g,水 10mL)。

③重金属:以 Pb 计,不大于 20μg/g(1.0g,第 2 法,参比溶液为铅标准溶液 2.0mL)。

④铅:以 Pb 计,不大于 10μg/g(1.0g,第 1 法)。

⑤砷:以 As_2O_3计,不大于 4.0μg/g(0.50g,第 1 法,装置 B)。

⑥还原糖:以 D－葡萄糖计,不大于 0.50%。

称取葡萄糖酸钠 1.0g,按照"葡萄糖酸锌"纯度③规定进行。过量碘溶液用 0.1mol/L 硫代硫酸钠滴定,消耗体积应不少于 8.15mL。

(8)干燥失量 不大于 0.30%(105℃,2h)。

(9)含量测定 准确称取经预先干燥的葡萄糖酸钠 0.15g,加乙酸 75mL 溶解,0.1mol/L 高氯酸滴定至溶液红色消失(指示剂:喹哪啶红试液 10 滴)。另外以同样方式进行空白试验。

$$0.1mol/L 高氯酸 1mL = 21.81mg\ C_6H_{11}NaO_7$$

420. 亚硫酸氢钠溶液

(1)英文名称 Sodium hydrogen sulfite solution。

(2)含量 本品的亚硫酸氢钠($NaHSO_3$ = 104.06)含量不少于34.0%。

(3)性状 亚硫酸氢钠溶液为淡黄色的液体,有二氧化硫的气味。

(4)鉴别 稀释亚硫酸氢钠溶液(1→5)对“定性试验”中所有钠盐试验和亚硫酸盐试验产生相应反应。

(5)纯度

①溶液澄清度:及轻度混浊(3.0g,水20mL)。

②重金属:以Pb计,不大于4.0μg/g。

测试溶液 称取亚硫酸氢钠溶液5.0g,加沸水15mL和盐酸5mL,水浴蒸干。向残留物中加热水10mL,盐酸2mL,再次水浴蒸干。再向残留物加入稀乙酸(1→20)2mL及水使之溶解,并配至50mL。必要时进行过滤。

参比溶液 取铅标准溶液2.0mL,加稀乙酸(1→20)2mL及水配至50mL。

③砷:以As_2O_3计,不大于2.0μg/g。

测试溶液 称取亚硫酸氢钠溶液10g,加水配至25mL。取该溶液5mL,加入硫酸2mL,水浴加热至再无二氧化硫产生。蒸发浓缩至约2mL,加水配至10mL,取5mL作为测试溶液。

装置 使用装置B。

(6)含量测定 准确称取亚硫酸氢钠溶液约0.5g,按“亚硫酸盐”含量测定规定进行。

$$0.05mol/L 碘溶液 1mL = 5.203mg\ NaHPO_3$$

421. 连二亚硫酸钠

(1)其他名称 低亚硫酸钠;次硫酸氢钠;次亚硫酸钠;保险粉;Sodium Hydrosulfite;Hydrosulfite;Sodium dithionite。

(2)编码 CAS 7775-14-6。

(3)分子式与相对分子质量 $Na_2S_2O_4$;174.11;

Na^+ $^-O-S(=O)-S(=O)-O^-$ Na^+

(4)含量 本品连二亚硫酸钠($Na_2S_2O_4$)含量不少于85.0%。

(5)性状 连二亚硫酸钠为白色至明亮灰白色晶体粉末。无臭或稍有二氧化硫的气味。

(6)鉴别

①取连二亚硫酸钠溶液(1→100)10mL,加硫酸铜溶液(1→20)2mL。溶液呈灰黑色。

②取连二亚硫酸钠溶液(1→100)10mL,加高锰酸钾溶液(1→300)1mL。溶液颜色立即消失。

③连二亚硫酸钠对“定性试验”中所有钠盐试验产生相应反应。

(7)纯度

①澄清度:取福尔马林 10mL,加入水 10mL,用氢氧化钠溶液(1→25)中和。取此溶液 10mL 溶解连二亚硫酸钠 0.5g,放置 5min。

②重金属:以 Pb 计,不大于 10μg/g。

样本溶液　称取连二亚硫酸钠 5.0g,加沸水 30mL 溶解,加盐酸 5mL。水浴蒸干。向残留物中加沸水 15mL,盐酸 5mL,再次水浴蒸干。将残留物用水溶解并配至约 20mL,过滤,加水配至 25mL。

测试溶液　取样本溶液 10mL,加稀乙酸(1→20)2mL,再加水配至 50mL。

参比溶液　取铅标准溶液 2.0mL,加稀乙酸(1→20)2mL,再加水配至 50mL。

③锌:以 Zn 计,不大于 80μg/g。

程序　取上述纯度②制备的样本溶液 5mL,加氨试液 0.1mL,过滤,将滤液转入纳氏比色管。加水配至 20mL,加稀盐酸(1→4)5mL 及新配制的亚铁氰化钾溶液(1→10)0.1mL,放置 15min,此液的浑浊度不应大于按如下配制的参比溶液。

参比溶液　取锌标准溶液 8.0mL,放入纳氏比色管中,加水配至 20mL,加稀盐酸(1→4) 5mL 及新配制的亚铁氰化钾溶液(1→10)0.1mL,放置 15min。

④砷:以 As_2O_3 计,不大于 4.0μg/g。

测试溶液　称取连二亚硫酸钠 5.0g,加水溶解配至 25mL。取该溶液 5mL,加硫酸 1mL,蒸发浓缩至约 2mL,加水配至 10mL。取此溶液 5mL 作为测试溶液。

装置　使用装置 B。

⑤乙二胺四乙酸二钠:称取连二亚硫酸钠 0.5 g,加水 5mL 溶解,加铬酸钾溶液(1→200) 2mL 及三氧化二砷试液 2mL,水浴加热 2min。此溶液不显紫色。

⑥甲酸盐:以 HCHO 计,不大于 0.05%。

程序　称取连二亚硫酸钠 1.0g,加水溶解并配至 1000mL。取该溶液 10mL,加稀盐酸(1→2)5mL,再少量多次地加镁粉约 0.3g。在几乎看不出气泡产生后,盖上表面皿,放置 2h。取该溶液 1mL,加硫酸 2mL 及铬变酸试液 0.5mL,水浴加热 10min,溶液的颜色不得深于按如下配制的参比溶液。

参比溶液　取稀释甲醛标准溶液 1.0mL,加稀盐酸(1→2)5mL,此后按样本处理的同样方式配制。

(8)含量测定

取福尔马林 10mL,加入水 10mL,用氢氧化钠溶液(1→25)中和。加入准确称量的连二亚硫酸钠约 2g,加水溶解并定容至 500mL。准确量取此溶液 25mL,用稀盐酸(1→10)调节 pH 1.1～1.5,用 0.05mol/L 碘溶液滴定连二亚硫酸钠(指示剂:淀粉试液)。

$$0.05mol/L 碘溶液 1mL = 4.353mg\ Na_2S_2O_4$$

422. 氢氧化钠

(1)其他名称　苛性钠;烧碱;Sodium hydroxide;Caustic soda。

(2)编码　CAS 1310－73－2(无水品),12200－64－5(一水品);INS 524。

(3)分子式与相对分子质量　$NaOH \cdot nH_2O$(n=1 或 0);58.01(n=1),40.00(n=0)。

(4)定义　氢氧化钠有两种形式:晶体形式和无水形式,分别称为氢化氧钠(结晶)及氢氧化钠(无水)。氢化氧钠(结晶)是氢氧化钠(NaOH)与一水氢氧化钠($NaOH \cdot H_2O$)的混合物。

(5)含量 氢氧化钠(结晶)所含氢氧化钠(NaOH)为70.0%~75.0%。氢氧化钠(无水)所含氢氧化钠(NaOH)不少于95.0%。

(6)性状 氢氧化钠(结晶)为白色晶体粉末或颗粒。氢氧化钠(无水)为白色的不规则团块,包括小丸、薄片、细棒状或白色粉末。

(7)鉴别

①氢氧化钠溶液(1→50)具有强碱性。

②氢氧化钠对"定性试验"中所有钠盐试验产生相应反应。

(8)纯度

①溶液颜色和澄清度:无色几乎澄清。

测试溶液 称取氢氧化钠50g,加新煮沸后冷却的水溶解,配至250mL,作为样本溶液。取样本溶液5mL,加水20mL混合。

②碳酸钠:采用含量测定所得碳酸钠(Na_2CO_3)的含量不大于2.0%。

③重金属:以Pb计,不大于30μg/g。

测试溶液 准确量取上述纯度①制备的样本溶液5mL,慢慢加稀盐酸(1→4)中和,再加稀乙酸(1→20)2mL,加水配至50mL。

参比溶液 取铅标准溶液3.0mL,加稀乙酸(1→20)2mL,再加水配至50mL。

④汞:以Hg计,不大于0.10μg/g。

测试溶液 准确量取上述纯度①制备的样本溶液10mL,加高锰酸钾溶液(3→50)1mL,加水约30mL,振摇。在此液中慢慢加入优级纯盐酸中和,再加稀硫酸(1→2)5mL,冷却。

参比溶液 取汞标准溶液2.0mL,加高锰酸钾溶液(3→50)1mL,水30mL,然后加入与测试溶液相同量的优级纯盐酸中和,再加入稀硫酸(1→2)5mL,冷却。

程序 在测试溶液中加入盐酸羟胺溶液(1→5)至测试溶液中高锰酸钾的紫色消失,二氧化锰沉淀溶解为止,加水配至100mL,转移到原子吸收光谱仪的样液瓶中。再加氯化亚锡试液10mL,立即与原子吸收光谱仪连结,然后开动隔膜泵,使空气循环,记录器上指针急速上升,显示恒定值时测定吸光度。其吸光度不会大于采用相同操作制备的参比溶液的吸光度。

⑤砷:以As_2O_3计,不大于4.0μg/g。

测试溶液 准确量取上述纯度①制备的样本溶液2.5mL,加水5mL,再慢慢加入盐酸中和。

装置 使用装置B。

(9)含量测定 准确称取氢氧化钠约50g,加新煮沸后冷却的水溶解并定容至1000mL,作为样本溶液。准确取样本溶液25mL,加新煮沸冷却的水10mL,用1mol/L盐酸滴定(指示剂:溴酚蓝试液1mL)至中性后,准确加入1mol/L盐酸1mL,煮沸约5min,冷却。用0.1mol/L氢氧化钠滴定过量的酸,计算1mol/L盐酸的消耗量(V_1 mL)。另外准确量取样本溶液25mL于具塞烧瓶中,加新煮沸后冷却的水25mL。在此溶液中加氯化钡溶液(3→25)10mL,盖上瓶塞,轻轻振摇,用1mol/L盐酸滴定(指示剂:酚酞试液1mL),记录消耗量(V_2 mL),按式(9-135)、式(9-136)氢氧化钠含量X_1、碳酸钠含量X_2:

$$X_1 = \frac{0.04000 \times V_2 \times 40}{m} \times 100\% \quad (9-135)$$

$$X_2 = \frac{0.05299 \times (V_1 - V_2) \times 40}{m} \times 100\% \quad (9-136)$$

式中：

m——样品量，g。

423. 氢氧化钠溶液

(1) 英文名称　Sodium hydroxide solution。

(2) 含量　氢氧化钠溶液的氢氧化钠（NaOH = 40.00）含量为标称的 95% ~ 120%。

(3) 性状　氢氧化钠溶液为几乎无色或稍有颜色的液体。

(4) 鉴别

①稀释的氢氧化钠溶液（1→50）呈强碱性。

②氢氧化钠溶液对“定性试验”中所有钠盐试验产生相应反应。

(5) 纯度

①溶液颜色和澄清度：无色，几乎澄清。

样本溶液　取氢氧化钠溶液，加新煮沸后冷却的水，根据标称含量计算，配制成相当于 20%（质量浓度）的氢氧化钠溶液。

测试溶液　取样本溶液 5mL，加水 20mL 混合。

②碳酸钠：以氢氧化钠（NaOH）的碳酸钠（Na_2CO_3）含量计，不大于 2.0%。

按照“氢氧化钠”的纯度②规定进行。

③重金属：以 NaOH 含 Pb 计，不大于 30μg/g。采用“氢氧化钠”的纯度③。

④汞：以氢氧化钠（NaOH）的含 Hg 计，不大于 0.10μg/g。

按照“氢氧化钠”的纯度④规定进行。

⑤砷：以氢氧化钠（NaOH）的含 As_2O_3 计，不大于 4.0μg/g。

按照“氢氧化钠”的纯度⑤规定进行。

(6) 含量测定　准确称取相当于氢氧化钠（NaOH）5g 的样品，加入新煮沸后冷却的水定容至 100mL，作为样本溶液。准确量取样本溶液 25mL，按照“氢氧化钠”的含量测定规定进行，按式（9 - 137）、式（9 - 138）计算氢氧化钠含量 X_1、氢氧化钠的碳酸钠含量 X_2：

$$X_1 = \frac{0.04000 \times b \times 4}{m} \times 100\% \tag{9-137}$$

$$X_2 = \frac{0.05299 \times (a - b) \times 4}{m} \times \frac{100}{X_1} \times 100\% \tag{9-138}$$

式中：

m——样品量，g。

424. 次氯酸钠

(1) 英文名称　Sodium hypochlorite；Hypochlorite of soda。

(2) 编码　CAS 7681 - 52 - 9。

(3) 分子式与相对分子质量　NaClO；74.44。

(4) 含量　本品的有效氯含量不小于 4.0%。

(5) 性状　次氯酸钠为无色或淡绿黄色液体，有氯气味。

(6) 鉴别

①次氯酸钠对“定性试验”中所有钠盐试验和亚氯酸盐试验产生相应反应。

②取次氯酸钠溶液(1→25)4mL,加磷酸盐缓冲液(pH8)100mL,测定吸光度。该溶液在291nm~294nm波长吸收最大。

③将红色石蕊试纸浸入次氯酸钠。石蕊试纸先显蓝色,然后退色。

(7)含量测定 准确称取次氯酸钠3g,加水50mL,加碘化钾2g,稀乙酸(1→4)10mL,立刻盖紧瓶盖,暗处放置15min,游离碘用0.01mol/L硫代硫酸钠滴定(指示剂:淀粉溶液)。另外以同样方式进行空白试验做必要校正。

0.1mol/L硫代硫酸钠1mL=3.545mg Cl

425. 叶绿酸铁钠盐

(1)其他名称 铁叶绿酸钠;Sodium iron chlorophyllin。

(2)编码 CAS 32627-52-4。

(3)分子式与相对分子质量 $C_{34}H_{32}FeN_4Na_2O_6$;694.77。

(4)性状 叶绿酸铁钠盐为深绿色粉末。无气味或稍有特殊气味。

(5)鉴别

①取叶绿酸铁钠盐1g于瓷坩埚内,加少量硫酸润湿。在尽可能低的温度下逐渐加热至完全灰化,冷却。加入硫酸1mL,逐渐加热至不再产生硫酸蒸气,冷却。向残留物中加入稀盐酸(1→4)10mL,水浴加热溶解。必要时过滤,加水至10mL。用氨试液将此溶液调至弱碱性后,加硫化氢试液10mL,放置30min,过滤。用滤液及滤纸上的残留物进行如下试验:

(a)在滤液中加入稀盐酸(1→4)1mL,用此溶液进行"焰色试验",火焰显黄色。

(b)取滤纸上的残留物,加稀硝酸(1→10)2mL溶解,加水配至5mL。加硫氰酸铵溶液(2→25)2滴~3滴。溶液显红色。

②取叶绿酸铁钠盐溶液(1→1000)1mL,加磷酸缓冲液(pH7.5)至100mL,测定吸光度。此溶液在395nm~400nm和652nm~658nm波长吸收最大。相应的吸光度分别记为A_1和A_2,A_1/A_2应不大于9.5。

(6)纯度

①吸光系数$E_{1cm}^{1\%}$(最大吸收波长在398nm附近):不小于400(以干基计)。

此试验操作要避免日光直射,试验使用的装置应遮光。

准确称取叶绿酸铁钠盐0.1g,加水溶解并定容至100mL。准确量取该溶液1mL,加磷酸缓冲液(pH 7.5)定容至100mL,迅速测定吸光度。

②pH:9.5~11.0(1.0g,水100mL)。

③无机铁盐:以Fe计,不大于0.09%。

测试溶液 称取叶绿酸铁钠盐1.0g,加水60mL溶解。

取2μL测试溶液进行薄层色谱分析。将正丁醇、水和乙酸的混合液(4:2:1)作为展开剂。不使用参比溶液。采用覆盖薄层色谱用硅胶的薄层板作为载体,预先经110℃干燥1h。当展开剂的最前端上升到距离原点约10cm时,停止展开,风干薄层板。喷雾亚铁氰化钠溶液(1→1000),应不出现蓝色斑点。

④砷:以As_2O_3计,不大于4.0μg/g(0.50g,第3法,装置B)。

(7)干燥失量 不大于5.0%(105℃,2h)。

426. 乳酸钠

(1)其他名称 α－羟基丙酸钠;DL－乳酸钠;乳酸钠溶液;Sodium lactate;Monosodium 2－hydroxypropanoate;Sodium－L－2－hydroxy－propionate;Sodium lactate solution。

(2)编码 CAS 72－17－3;INS 325。

(3)分子式、相对分子质量与结构式 $C_3H_5NaO_3$;112.06;

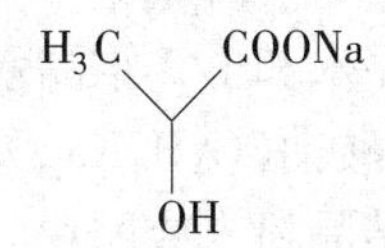

(4)含量 本品乳酸钠($C_3H_5NaO_3$)的含量不小于40.0%,为标称值的95%~110%。

(5)性状 乳酸钠为无色、澄清的糖浆状液体。无气味或稍有特殊气味。

(6)鉴别 乳酸钠对“定性试验”中所有钠盐试验和乳酸盐试验产生相应反应。

(7)纯度

①pH:6.5~7.5。

取乳酸钠1.0mL,加水5mL,振摇。测定溶液的pH。

②硫酸盐:以60%乳酸钠的SO_4计,不大于0.012%(称取相当于0.6g乳酸钠的样品,参比溶液为0.005mol/L硫酸0.25mL)。

③重金属:以60%乳酸钠的Pb计,不大于20μg/g(称取相当于0.6g乳酸钠的样品,第1法,参比溶液为铅标准溶液2.0mL)。

④铁:以60%乳酸钠的Fe计,不大于10μg/g(称取相当于0.6g乳酸钠的样品,第1法,参比溶液为铁标准溶液1.0m)。

⑤砷:以60%乳酸钠的As_2O_3计,不大于4.0μg/g。

测试溶液 称取相当于0.60g乳酸钠的样品,加水配至10mL。取该溶液5mL作为测试溶液。

装置 使用装置B。

⑥挥发性脂肪酸:称取乳酸钠5g,加稀硫酸(1→20)2mL,水浴加热。无丁酸样气味产生。

⑦甲醇:以60%乳酸钠的甲醇(CH_3OH)计,不大于0.2%(质量浓度)。

称取相当于3.0g乳酸钠的样品,加水8mL,蒸馏,取其初馏液约5mL,加水配至100mL。取该溶液1.0mL,按照“乳酸”纯度⑨规定进行。

(8)含量测定 准确量取相当于乳酸钠0.3g的乳酸钠样品,水浴蒸干。向残留物中加入乙酸与乙酸酐的混合液(4:1)60mL,完全溶解,用0.1mol/L高氯酸滴定(指示剂:结晶紫－乙酸试液1mL)至溶液变成蓝色即为终点。再以同样方式做空白试验进行校正。

$$0.1\text{mol/L 高氯酸 } 1\text{mL} = 11.21\text{mg } C_3H_5NaO_3$$

427. DL－苹果酸钠

(1)其他名称 DL－羟基丁二酸二钠;苹果酸钠;Sodium DL－Malate;Sodium *dl*－Malate;DL－Malic acid disodium salt;Sodium Malate;Disodium(2*RS*)－2－hydroxybutanedioate trihydrate(三水品);Disodium(2*RS*)－2－hydroxybutanedioate hemihydrate(半水品)。

（2）**编码** CAS 676－46－0（半水品），22798－10－3（三水品）；INS 350（ii）。

（3）**分子式、相对分子质量与结构式** $C_4H_4Na_2O_5 \cdot nH_2O$（$n=3$ 或 1/2）；232.10（三品水），187.06（半品水）；

$$n=3 \text{ 或 } 1/2$$

（4）**定义** DL－苹果酸钠有3结晶水和1/2结晶水两种形式。

（5）**含量** 本品干燥后，DL－苹果酸钠（$C_4H_4Na_2O_5=178.05$）含量为98.0%～102.0%。

（6）**性状** DL－苹果酸钠为白色结晶粉末或团块。无气味和有咸味。

（7）**鉴别**

①取DL－苹果酸钠溶液（1→20）1mL于瓷蒸发皿中，加对氨基苯磺酸0.010g，后面步骤按照“DL－苯果酸”的鉴别①规定进行。

②按照“DL－苹果酸”鉴别②规定进行。

③DL－苹果酸钠对“定性试验”中所有钠盐试验产生相应反应。

（8）**纯度**

①溶液颜色和澄清度：无色，澄清（1.0g，水10mL）。

②游离碱：以 Na_2CO_3 计，不大于0.2%。

称取DL－苹果酸钠1.0g，加新煮沸后冷却的水20mL溶解，加2滴酚酞试液。溶液显粉红色，加入0.05mol/L硫酸0.40mL溶液颜色消失。

③氯化物：以Cl计，不大于0.011%（1.0g，参比溶液为0.01mol/L盐酸0.30mL）。

④重金属：以Pb计，不大于20μg/g。

测试溶液 称取DL－苹果酸钠1.0g，加水30mL溶解，加稀盐酸（1→100）中和，加稀乙酸（1→20）2mL，再加水配至50mL。

参比溶液 取铅标准溶液2.0mL，加稀乙酸（1→20）2mL，再加水配至50mL。

⑤砷：以 As_2O_3 计，不大于4.0μg/g（0.50g，第1法，装置B）。

⑥易氧化物：称取DL－苹果酸钠0.10g，加水25mL及稀硫酸（1→20）25mL溶解，将此溶液保持在20℃，加0.02mol/L高锰酸钾1.0mL。溶液粉红色在3min内不消褪。

（9）**干燥失量** 三水品：20.5%～23.5%（130℃，4h）。

半水品：不大于7.0%（130℃，4h）。

（10）**含量测定**

准确称取经预先干燥的DL－苹果酸钠约0.15g，加非水滴定用乙酸30mL溶解，用0.1mol/L高氯酸滴定。终点通常用电位计确定。如用指示剂（结晶紫－乙酸试液1mL）判定时，溶液的紫色经蓝色变成绿色为终点。另外，以同样方式进行空白试验进行校正。

$$0.1\text{mol/L 高氯酸 } 1\text{mL} = 8.903\text{mg } C_4H_4Na_2O_5$$

428. 偏磷酸钠

（1）**英文名称** Sodium metaphosphate。

（2）**编码** CAS 10361－03－2。

（3）**分子式、相对分子质量与结构式** NaO_3P；101.9617；

O=P(=O)O⁻ Na⁺

(4)**含量**　本品干燥后，相当于五氧化二磷（P_2O_5 = 141.94）的含量为60.0% ~83.0%。

(5)**性状**　偏磷酸钠为白色纤维结晶或粉末，或无色至白色的玻璃状鳞片或团块。

(6)**鉴别**

①取偏磷酸钠溶液（1→40），加稀乙酸（1→20）或氢氧化钠溶液（1→20）调至弱酸性，加入蛋白试液5mL。生成白色沉淀。

②偏磷酸钠对"定性试验"中所有钠盐试验产生相应反应。

(7)**纯度**

①溶液颜色和澄清度：无色，稍有混浊（1.0g，水20mL）。

②氯化物：以Cl计，不大于0.21%（0.10g，参比溶液为0.01mol/L盐酸0.60mL）。

③正磷酸盐：称取偏磷酸钠粉末1.0g，加硝酸银溶液（1→50）2滴~3滴。应无亮黄色产生。

④硫酸盐：以SO_4计，不大于0.048%。

测试溶液　称取偏磷酸钠粉末0.40g，加水30mL及稀盐酸（1→4）2mL，煮沸1min溶解，冷却，加水配至50mL。

参比溶液　取0.005mol/L硫酸0.40mL，加稀盐酸（1→4）1mL，再加水配至50mL。

⑤重金属：以Pb计，不大于20μg/g。

测试溶液　称取偏磷酸钠粉末1.0g，加水30mL溶解，加稀乙酸（1→20）或氨试液调至中性，再加稀乙酸（1→20）2mL，加水配至50mL。

参比溶液　准确取铅标准溶液2.0mL，加稀乙酸（1→20）2.0mL，再加水配至50mL。

⑥砷：以As_2O_3计，不大于4.0μg/g（偏磷酸钠粉末0.50g，第1法，装置B）。

(8)**干燥失量**　不大于5.0%（110℃，4h）。

(9)**含量测定**　按照"聚磷酸钾"的含量测定规定进行。

429. 甲醇钠

(1)**其他名称**　甲氧基钠；甲氧鈉；Sodium methoxide；Sodium methylate。

(2)**编码**　CAS 124-41-4。

(3)**分子式、相对分子质量与结构式**　CH_3ONa；54.02；

$H_3C—ONa$

(4)**含量**　本品甲醇钠（CH_3ONa）的含量不少于95.0%。

(5)**性状**　甲醇钠为白色细粉末，有吸水性。

(6)**鉴别**

①甲醇钠溶液（1→100）呈碱性。

②取甲醇钠溶液（1→100）1滴，加入稀硫酸（1→20）0.1mL，高锰酸钾溶液（1→300）0.2mL，放置5min。再加入无水亚硫酸钠溶液（1→5）0.2mL，硫酸3mL，铬变酸试液0.2mL。溶液显紫红色至紫色。

③甲醇钠对"定性试验"中所有钠盐试验产生相应反应。

(7)**纯度**

①溶液澄清度：稍有浑浊。

测试溶液　称取甲醇钠5.0g，加入新煮沸后冷却的水溶解，配至100mL。该溶液作为样本液。取样本溶液20mL，加入新煮沸后冷却的水30mL。

②碳酸钠：以碳酸钠（Na_2CO_3）计，含量不大于0.5%。按照含量测定③规定进行。

③氢氧化钠：以氢氧化钠（NaOH）计，含量不大于2.0%。按照含量测定④规定进行。

④重金属：以Pb计，不大于25μg/g。

测试溶液　取纯度1样本溶液16mL，缓缓加入稀盐酸（1→4）调至中性，加稀乙酸（1→20）2mL，加水配至50mL。

参比溶液　准确量取铅标准溶液2.0mL，加稀乙酸（1→20）2mL，加水配至50mL。

⑤砷：以As_2O_3计，不大于4μg/g。

测试溶液　取甲醇钠纯度1的样本溶液10mL，缓缓加入稀盐酸（1→4）调至中性，水浴蒸干。向残留物中加水5mL溶解。

装置　使用装置B。

（8）含量测定

①用卡尔费休用滴定烧瓶迅速准确称取甲醇钠0.5g，立即加入水杨酸－甲醇试液10mL，盖紧瓶盖，溶解，冷却。按照水分含量测定（卡尔费休法）中直接滴定法规定进行。另外，用水杨酸－甲醇试液10mL以同样方式进行空白试验。按式（9－139）以氢氧化钠（NaOH）计，计算氢氧化钠和碳酸钠的总含量（A）。

$$A=\frac{(V_1-V_2)\times m_1\times 2.222}{m\times 1000}\times 100\% \qquad (9-139)$$

式中：

V_1——样本试验中卡尔费休试液消耗量，mL；

V_2——空白试验中卡尔费休试液消耗量，mL；

m_1——相当于1 mL卡尔费休试液的水质量，mg。

②用磨口具塞三角烧瓶迅速准确称取甲醇钠2g，立即缓慢加入新煮沸后冷却的水约50mL溶解。加入氯化钡溶液（3→25）10mL，盖上瓶塞，放置5min后，用1mol/L盐酸滴定（指示剂：酚酞试液2滴）。按式（9－140）以甲醇钠（CH_3ONa）计，计算甲醇钠和氢氧化钠的总含量（B）。

$$B=\frac{0.054\times V_3}{m}\times 100\% \qquad (9-140)$$

式中：

V_3——1mol/L盐酸消耗量，mL；

m——样品量，g。

③将1mol/L盐酸1mL加入上述2的滴定后溶液中，小火缓缓煮沸5min，冷却，用0.1mol/L氢氧化钠滴定过量的酸。按照式（9－141）计算碳酸钠的含量（C）。

$$C=\frac{0.053\times(1-V_4\times 0.1)}{m}\times 100\% \qquad (9-141)$$

式中：

V_4——0.1mol/L氢氧化钠消耗量，mL；

m——样品量，g。

④按照式(9-142)计算氢氧化钠的含量(D)。

$$D(\%) = A - (C \times 0.377) \quad (9-142)$$

⑤按照式(9-143)计算甲醇钠的含量(E)

$$E(\%) = B - (D \times 1.350) \quad (9-143)$$

(9)保存条件 应储存在密闭容器内。

430. 硝酸钠

(1)其他名称 钠硝石;盐硝;Sodium nitrate;Soda nitre。

(2)编码 CAS 7631-99-4;INS 251。

(3)分子式与相对分子质量 $NaNO_3$;84.99。

(4)含量 本品干燥后,硝酸钠($NaNO_3$)含量不少于99.0%。

(5)性状 硝酸钠为无色结晶或白色晶体粉末。无气味,稍有咸味。

(6)鉴别 硝酸钠对"定性试验"中所有钠盐试验及硝酸盐产生相应反应。

(7)纯度

①溶液颜色和澄清度:无色,澄清。

按照"硝酸钾"纯度①规定进行。

②氯化物:以Cl计,不大于0.21%(0.10g,参比溶液为0.01mol/L盐酸0.60mL)。

③重金属:以Pb计,不大于20μg/g。按照"硝酸钾"的纯度③规定进行。

④砷:以As_2O_3计,不大于4μg/g。按照"硝酸钾"的纯度④规定进行。

(8)干燥失量 不大于1.0%(105℃,4h)。

(9)含量测定 按照"硝酸钾"含量测定规定进行。

0.005mol/L 硫酸1mL=8.499mg $NaNO_3$

431. 亚硝酸钠

(1)英文名称 Sodium nitrite。

(2)编码 CAS 7632-00-0;INS 250。

(3)分子式与相对分子质量 $NaNO_2$;69.00。

(4)含量 本品干燥后,亚硝酸钠($NaNO_2$)含量不少于97.0%。

(5)性状 亚硝酸钠为白色或淡黄色晶体粉末、颗粒或棒状团块。

(6)鉴别 亚硝酸钠对"定性试验"中所有钠盐试验和亚硝酸盐试验产生相应反应。

(7)纯度

①溶液澄清度:几乎澄清(1.0g,水20mL)。

②氯化物:以Cl计,不大于0.71%。

测试溶液 称取亚硝酸钠1.0g,加水溶解并配至500mL。取此溶液10mL,加稀乙酸(1→4)3mL,缓缓加热。在气体不再产生后,加入稀硝酸(1→10)6mL,加水配至50mL。

参比溶液 取0.01mol/L盐酸0.40mL,加稀乙酸(1→4)3mL,加稀硝酸(1→10)6mL,再加水配至50mL。

③硫酸盐:以SO_4计,不大于0.24%。

测试溶液 称取亚硝酸钠1.0g,加水溶解,配至100mL。取此溶液10mL,加盐酸1mL,水浴蒸干,加稀盐酸(1→4)1mL 和水 20mL 溶解残留物,再加水配至 50mL。

参比溶液 取 0.005mol/L 硫酸 0.5mL,加盐酸 1mL,水浴蒸干,此后与测试溶液的配制操作相同。

④重金属:以 Pb 计,不大于 20μg/g。

测试溶液 称取亚硝酸钠 1.0g,加水 10mL 溶解,加盐酸 1mL,水浴蒸干,再继续在水浴中加热至不再产生盐酸气味。加稀乙酸(1→20)2mL 和水 20mL 溶解残留物,再加水配成 50mL。

参比溶液 取铅标准溶液 2.0mL,加盐酸 1mL,水浴蒸干,此后与测试溶液配制操作相同。

⑤砷:以 As_2O_3 计,不大于 4μg/g。

测试溶液 称取亚硝酸钠 0.50g,加水 5mL 溶解,加盐酸 2mL,水浴蒸干,加水 5mL 溶解残留物。

装置 使用装置 B。

(8)干燥失量 不大于 3.0%(100℃,5h)。

(9)含量测定 准确称取经预先干燥的亚硝酸钠约 1g,加水准确配至 100mL,作为溶液 A。准确量取 0.02mol/L 高锰酸钾 40mL,转入三角烧瓶中,加水 100mL 和硫酸 5mL。向此溶液中准确加入溶液 A 10mL,移液过程中保持移液管的尖嘴在液面以下。放置 5min,准确加入 0.05mol/L 草酸 25mL,加热至约 80℃,趁热用 0.02mol/L 高锰酸钾滴定过量草酸。

0.02mol/L 高锰酸钾 1mL = 3.450mg $NaNO_2$

432. 油酸钠

(1)其他名称 十八碳烯-[9]-酸钠;Sodium oleate;Monosodium(9*Z*)-octadec-9-enoate;9-Octadecenoic acid sodium salt。

(2)编码 CAS 143-19-1。

(3)分子式、相对分子质量与结构式 $C_{18}H_{33}NaO_2$;304.44;

H_3C—(CH₂)₇—CH=CH—(CH₂)₇—COONa

(4)性状 油酸钠为白色或黄色粉末,或淡褐黄色粗粉或块。有特殊气味和味道。

(5)鉴别

①取油酸钠溶液(2→50)50mL,边搅拌边加稀硫酸(1→20)5mL,用水预先润湿的滤纸过滤,再用水洗涤残留物至洗液对甲基橙试液不显酸性。用干燥滤纸过滤油状残留物,转移此油液 2 滴~3 滴至小试管,加入硫酸约 1mL 于油层上面,在两层面交界处产生褐红色环带。再取油液 1 滴~3 滴,加稀乙酸(1→3)3mL~4mL 溶解,再入加三氧化铬-乙酸溶液(1→9)1 滴,再边振摇边滴加硫酸 10 滴~30 滴。溶液显暗紫色。

②油酸钠的灼热残留物对"定性试验"中所有钠盐试验产生相应反应。

(6)纯度

①溶液澄清度:几乎澄清(0.50g,水 20mL)。

②游离碱:不大于 0.5%。

准确称取碾成粉末的油酸钠 5g,加中性乙醇 100mL,加热溶解。将不溶物趁热过滤,用约40℃的中性乙醇洗涤至洗液无色为止。合并洗液和滤液，冷却后用0.05mol/L硫酸滴定，记录硫酸溶液消耗量（V_1，mL）。再洗涤原滤渣5次，每次用热水10mL洗涤，合并全部洗液，冷却后加入溴酚蓝试液3滴，用0.05mol/L硫酸滴定，记录此消耗量（V_2，mL）。按式（9－144）计算游离碱的量X：

$$X = \frac{0.0040 \times V_1 + 0.0053 \times V_2}{m} \times 100\% \qquad (9-144)$$

式中：

m——样品量，g。

③重金属：以Pb计，不大于40μg/g（0.5g，第2法，参比溶液为铅标准溶液2.0mL）。

④砷：以As_2O_3计，不大于4.0μg/g。

测试溶液　称取油酸钠5.0g，加热水30mL，充分搅拌溶解，滴加稀硫酸（1→20）6mL，析出的脂肪酸用乙醚萃取除掉，剩余溶液加水配至50mL。取此溶液5mL，作为测试溶液进行试验。

装置　使用装置B。

标准色液配制　取砷标准溶液10.0mL，加水30mL，稀硫酸（1→20）6mL，加水配至50mL。取此溶液10mL，按照测试溶液同样方式进行。

（7）灼热残留物　22.0%～25.0%。

433. 泛酸钠

（1）其他名称　本多生酸钠；Sodium pantothenate；Monosodium 3－[（2*R*）－2，4－dihydroxy－3，3－dimethylbutanoylamino] propanoate。

（2）编码　CAS 75033－16－8。

（3）分子式、相对分子质量与结构式　$C_9H_{16}NNaO_5$；241.22；

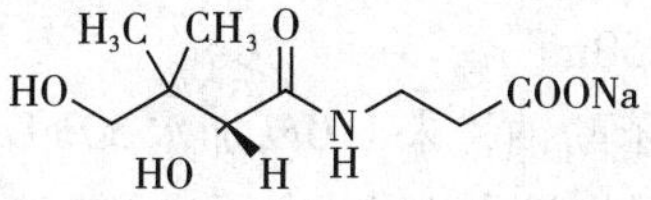

（4）含量　以干基计，本品氮（N＝14.01）含量为5.6%～6.0%，钠（Na＝22.99）含量为9.3%～9.7%。

（5）性状　泛酸钠为白色粉末。无气味，稍有酸味。

（6）鉴别

①按照"泛酸钙"的鉴别①和②规定进行。

②泛酸钠溶液（1→20）对"定性试验"中所有钠盐试验产生相应反应。

（7）纯度

①比旋光度$[\alpha]_D^{20}$：＋25.0°～＋28.5°（预先干燥样本1.25g，水25mL）。

②pH：9.0～10.0。

取泛酸钠2.0g，加水配至10mL。使用此溶液作为pH测定溶液。

③钙：取泛酸钠1.0g，加水10mL溶解，加稀乙酸（1→20）0.5mL和草酸铵溶液（1→25）0.5mL。无沉淀形成。

④重金属：以Pb计，不大于20μg/g（1.0g，第1法，参比溶液为铅标准溶液2.0mL）。

⑤砷:以 As_2O_3计,不大于 4μg/g(0.50g,第 1 法,装置 B)。

⑥生物碱:按照"泛酸钙"的纯度⑤规定进行。

(8)干燥失量 不大于 5.0%(减压,24h)。

(9)含量测定

①氮:准确称取泛酸钠 0.05g,按照"氮测定"中的半微量凯氏法规定,以干基计算。

②钠:准确称取泛酸钠 0.6g,加乙酸 50mL 溶解,用 0.1mol/L 高氯酸滴定(指示剂:结晶紫-乙酸试液 1mL)至溶液颜色由紫色经蓝色变为绿色。另外,以同样方式做空白试验进行必要校正,以干基计算。

0.1mol/L 高氯酸 1mL = 2.299mg Na

434. 邻苯基苯酚钠

(1)其他名称 联苯酚钠;2-苯基苯酚钠盐;2-联苯基酚钠盐;联苯-2-醇钠;Sodium *o*-Phenylphenate;Monosodium 2-phenylphenolate tetrahydrate;SOPP;OPP-Na。

(2)编码 CAS 132-27-4(无水品),6152-33-6(四水品);INS 232。

(3)分子式、相对分子质量与结构式 $C_{12}H_9NaO_2 \cdot 4H_2O$;264.25;

ONa

$\cdot 4H_2O$

(4)含量 以无水品计,本品邻苯基苯酚钠($C_{12}H_9NaO_2$ = 192.19)含量不少于 95.0%。

(5)性状 邻苯基苯酚钠为白色或淡粉红至粉红色粉末、薄片或团块,有特殊气味。

(6)鉴别

①按照"邻苯基苯酚"的鉴别①和②规定进行。

②邻苯基苯酚钠对"定性试验"中所有钠盐试验产生相应反应。

(7)纯度

①pH:11.1~12.2(1.0g,水 50mL)。

②邻苯基苯酚:称取邻苯基苯酚钠粉末 1.0g,加水 50mL 溶解,加稀盐酸(1→4)调至弱酸性,放置 1h。滤取生成的沉淀,用少量水洗涤,在干燥器(硫酸)中干燥 24h。该物质的熔点应为 55℃~58℃。

③氢氧化钠:不大于 1.0%。

准确称取邻苯基苯酚钠粉末 5g,加 50% 乙醇(体积分数)50mL 溶解,用 1mol/L 盐酸滴定(指示剂:溴酚蓝试液 1mL),按式(9-145)计算氢氧化钠(NaOH)含量 X:

$$X = \left(V - \frac{m}{0.264}\right) \times \frac{0.04}{m} \times 100\% \tag{9-145}$$

式中:

V——1mol/L 盐酸消耗量,mL;

m——样品量,g。

④重金属:以 Pb 计,不大于 20μg/g(邻苯基苯酚钠粉末 1.0g,第 2 法,参比溶液为铅标准溶液 2.0mL)。

⑤砷:以 As_2O_3计,不大于 4μg/g。

测试溶液 称取邻苯基苯酚钠粉末 5.0g 于凯氏烧瓶中,加硝酸 10mL,微热加温至瓶中物质成液态为止。冷却后,加硫酸5mL,加热至冒白烟。如瓶内液体仍为褐色,冷却后加硝酸5mL,加热。重复此操作,直至液体变为无色或淡黄色。冷却后,加草酸铵溶液(1→25)15mL,再次加热至冒白烟。冷却后,加水配至25mL。取此溶液5mL作为测试溶液。

装置 使用装置B。

标准比色液 取砷标准溶液10mL于凯氏烧瓶中,加硝酸20mL,再按照与测试溶液配制相同的操作进行。

⑥对苯基苯酚和其他有机杂质:以邻苯基苯酚中对苯基苯酚计,不大于0.1%。

测试溶液 称取邻苯基苯酚钠2.0g,加水100mL溶解,加稀盐酸(1→4)调至弱酸性后,放置1h。滤取生成的沉淀,用少量水洗涤,在干燥器(硫酸)中干燥24h。称取此物1.0g,加乙醇5mL和咖啡碱的乙醇溶液(1→1000)5mL溶解。

程序 按照“邻苯基苯酚”的纯度③规定进行。

(8)水分 25.0%~28.0%(0.1g,直接滴定)。

采用水分测定用甲醇20mL和乙酸10mL代替水分测定用甲醇25mL。

(9)含量测定

准确称取邻苯基苯酚钠粉末3g,加氢氧化钠溶液(1→25)数滴使其溶解,加水配至500mL。此溶液作为测试溶液,按照“邻苯基苯酚”含量测定规定进行。按式(9-146)计算邻苯基苯酚钠($C_{12}H_9NaO_2$)含量X:

$$X=\frac{4.805\times(V_1-V_2)}{m\times50}\times100\% \tag{9-146}$$

式中:

V_1——空白试验中0.1mol/L硫代硫酸钠消耗量,mL;

V_2——样本试验中0.1mol/L硫代硫酸钠消耗量,mL;

m——样品换算为无水品后的量,g。

435. 聚丙烯酸钠

(1)英文名称 Sodium polyacrylate;Poly(sodium 1-carboxylatoethylene);ASAP;PAAS。

(2)编码 CAS 9003-04-7。

(3)分子式、相对分子质量与结构式 $(C_3H_3NaO_2)n$;4500000.00~7000000.00;

$$\left[\begin{array}{c}\diagup\!\!\!\diagdown\!\!\diagup\\ \text{COONa}\end{array}\right]_n$$

(4)性状 聚丙烯酸钠为白色粉末。无气味。

(5)鉴别

①取聚丙烯酸钠溶液(1→500)10mL,加硫酸镁试液1mL,振摇。形成白色沉淀。

②聚丙烯酸钠的灼热残留物对“定性试验”中所有钠盐试验产生相应反应。

(6)纯度

①游离碱:取聚丙烯酸钠0.20g,加水60mL,充分振摇溶解。加氯化钙溶液(3→40)3mL,水浴加热约20min,冷却,过滤。用水洗涤滤纸上的残留物,合并洗液和滤液,再加水配至100mL,将此溶液作为溶液A。取溶液A 50mL,加酚酞试液2滴。溶液不显粉红色。

②硫酸盐：以 SO_4 计，不大于 0.48%。

样本溶液　取纯度 1 制备的溶液 A 20mL。

参比溶液　0.005mol/L 硫酸 0.40mL。

③重金属：以 Pb 计，不大于 20μg/g（1.0g，第 2 法，参比溶液为铅标准溶液 2.0mL）。

④砷：以 As_2O_3 计，不大于 4μg/g（0.50g，第 3 法，装置 B）。

⑤残留单体：不大于 1.0%。

准确称取聚丙烯酸钠 1g 于 300mL 碘量瓶中，加水 100mL，放置约 24h，不时振摇，使之溶解。准确加入溴酸钾－溴化钾试液 10mL，充分振摇，迅速加入盐酸约 10mL，立即盖紧瓶盖，充分振摇，向碘量瓶加碘化钾试液 20mL，在暗处放置 20min。轻提瓶盖，使碘化钾试液流入瓶内，立即塞紧瓶盖，充分振摇，用 0.1mol/L 硫代硫酸钠滴定（指示剂：淀粉试液）。另外，以同样方式进行空白试验，按式（9－147）计算残留单体含量 X：

$$X = \frac{0.0047 \times (V_1 - V_2)}{m} \times 100\% \tag{9-147}$$

式中：

V_1——空白试验中 0.1mol/L 硫代硫酸钠消耗量，mL；

V_2——样本试验中 0.1mol/L 硫代硫酸钠消耗量，mL；

m——样品量，g。

⑥低聚物：不大于 5.0%。

先将玻璃过滤器（IG4）在 105℃ 干燥 30min，在干燥器内放冷，准确称其质量。准确称取聚丙烯酸钠 2g，加水 200mL，不时地振摇使之溶解。边搅拌边加入盐酸 50mL，在约 40℃ 水浴加温 30min 并同时搅拌，再放置 24h。过滤此溶液，向滤液加入酚酞试液 1 滴，再加氢氧化钠溶液（2→5）至滤液颜色呈淡粉红色，再滴加稀盐酸（1→30）至淡粉红色消失。然后加水 200mL，边搅拌边滴加氯化钙溶液（3→40）25mL，在约 40℃ 水浴加温 30min 并同时搅拌。用前面已称量的玻璃过滤器抽滤此溶液，残留物用水洗涤 3 次，每次 10mL，在 105℃ 干燥 3h，在干燥器内冷却，准确称量，按式（9－148）计算低聚物含量 X：

$$X = \frac{m_1 \times 1.032}{m} \times 100\% \tag{9-148}$$

式中：

m_1——残渣量，g；

m——样品量，g。

（7）干燥失量　不大于 10.0%（105℃，4h）。

（8）灼热残留物　不大于 76.0%（以干基计）。

436. 聚磷酸钠

（1）英文名称　六偏磷酸钠；四聚磷酸钠；格兰汉姆盐；Sodium Polyphosphate；Sodium hexametaphosphate；sodium tetrapolyphosphate；Graham's salt。

（2）编码　CAS 68915－31－1，10124－56－8，10361－03－2；INS 452（i）。

(3)结构式❶

$$Na_2O_3PO\begin{bmatrix} Na \\ O \\ PO \\ O \end{bmatrix}_x PO_3Na_2$$

(4)含量 聚磷酸钠干燥后,相当于五氧化二磷(P_2O_5=141.94)含量53.0%~80.0%。

(5)性状 聚磷酸钠为白色粉末或无色至白色玻璃状鳞片或团块。

(6)鉴别

①取聚磷酸钠溶液(1→100)10mL,加稀乙酸(1→20)调至弱酸性,加硝酸银溶液(1→50)1mL。形成白色沉淀。

②聚磷酸钠对"定性试验"中所有钠盐试验产生相应反应。

(7)纯度

①溶液颜色和澄清度:无色,稍有浑浊。

测试溶液 取聚磷酸钠粉末1.0g,加水20mL,加热溶解。

②氯化物:以Cl计,不大于0.21%(聚磷酸钠粉末0.10g,参比溶液为0.01mol/L盐酸0.60mL)。

③正磷酸盐:称取聚磷酸钠粉末1.0g,加硝酸银溶液(1→50)2滴~3滴。无亮黄色产生。

④硫酸盐:以SO_4计,不大于0.048%。

测试溶液 称取聚磷酸钠粉末0.40g,加水30mL及稀盐酸(1→4)2mL,煮沸1min使之溶解,冷却,加水配至50mL。

参比溶液 取0.005mol/L硫酸0.40mL,加稀盐酸(1→4)1mL,再加水配至50mL。

⑤重金属:以Pb计,不大于20μg/g。

测试溶液 称取聚磷酸钠粉末1.0g,加水20mL溶解,加稀乙酸(1→20)或氨试液调至中性,再加稀乙酸(1→20)2mL,加水配至50mL。

参比溶液 取铅标准溶液2.0mL,加稀乙酸(1→20)2mL,并加水配至50mL。

⑥砷:以As_2O_3计,不大于4.0μg/g(聚磷酸钠粉末0.50g,第1法,装置B)。

(8)干燥失量 不大于5.0%(110℃,4h)。

(9)含量测定 按照"聚磷酸钾"的含量测定规定进行。

437. 丙酸钠

(1)英文名称 Sodium propionate;Monosodium propanoate。

(2)编码 CAS 137-40-6;INS 281。

(3)分子式、相对分子质量与结构式 $C_{35}H_5NaNO_2$;96.06;

---

❶ 根据JECFA有关聚磷酸盐(sodium polyphosphates, glassy)的描述,该物质是由正磷酸钠盐熔化后经冷却获得;为几种无定型、水溶性聚磷酸盐组成的一类化合物。分子是以偏磷酸盐为单位组成的直链($NaPO_3$)x(x=2),末端连接Na_2PO_4基团。通常以其Na_2O/P_2O_5的比例或P_2O_5的含量进行鉴别。Na_2O/P_2O_5的比例从四聚磷酸钠的1.3(x≈4)至格兰汉姆盐的1.1,通常称为六偏磷酸钠(x=13~18),而高相对分子质量的聚磷酸钠(x=20~100或更高)比值为1。这些物质溶液的pH变化范围为3~9。

H_3C COONa

(4)含量　本品干燥后，丙酸钠($C_3H_5NaNO_2$)含量不少于99.0%。

(5)性状　丙酸钠为白色结晶、晶体粉末或颗粒。无气味或稍有特殊气味。

(6)鉴别

①按照“丙酸钙”的鉴别①规定进行。

②丙酸钠对“定性试验”中所有钠盐试验产生相应反应。

(7)纯度

①溶液的颜色和澄清度：无色微浊(1.0g，水20mL)。

②游离酸及游离碱：按照“丙酸钙”的纯度②规定进。

③重金属：以Pb计，不大于10μg/g。

按照“丙酸钙”的纯度③规定进。

④砷：以As_2O_3计，不大于4μg/g。

按照“丙酸钙”的纯度④规定进。

(8)干燥失量　不大于5.0%(105℃，1h)。

(9)含量测定　准确称取经预先干燥的丙酸钠约0.25g，加入非水滴定用乙酸40mL溶解，必要时加温，用0.1mol/L高氯酸滴定(指示剂：结晶紫－乙酸试液2滴)。另外，再进行空白试验校正。

0.1mol/L高氯酸1mL＝9.606mg $C_3H_5NaNO_2$

438. 焦磷酸四钠

(1)其他名称　焦磷酸钠；Sodium pyrophosphate；Tetrasodium pyrophosphate；Tetrasodium diphosphate；Pyrophosphoric acid tetrasodium salt；TSPP。

(2)编码　CAS 13472－88－5(十水品)，7722－88－5(无水品)；INS 450(iii)。

(3)分子式与相对分子质量　$Na_4P_2O_7 \cdot nH_2O$(n＝10或0)；446.06(十水品)，265.90(无水品)；

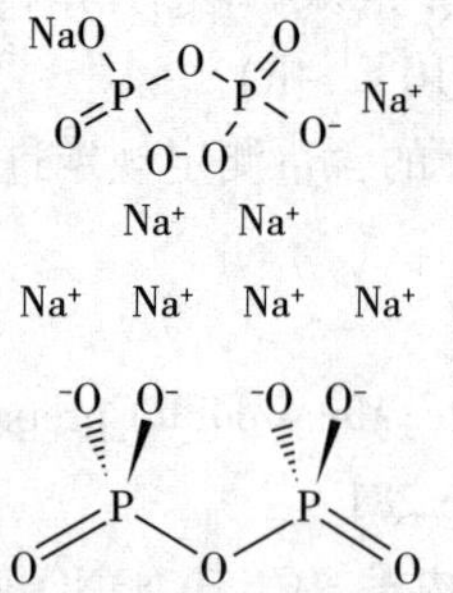

NaO　O　O　Na^+

O　P　P　O^-

O^-　O

Na^+　Na^+

Na^+　Na^+　Na^+　Na^+

^-O　O^-　^-O　O^-

P　P

O　O　O

(4)定义　焦磷酸四钠有两种形态：结晶品(十水品)和无水品，分别称为焦磷酸四钠(结晶)和焦磷酸四钠(无水)。

(5)含量　本品干燥后，焦磷酸四钠($Na_4P_2O_7$＝265.90)含量不少于97.0%。

(6)性状　焦磷酸四钠(结晶)为无色至白色结晶或白色晶体粉末；焦磷酸四钠(无水)为白色粉末或团块。

(7)**鉴别**

①取焦磷酸四钠溶液(1→100)10mL,加入稀乙酸(1→20)调至弱酸性,再加入硝酸银溶液(1→50)1mL。生成白色沉淀。

②焦磷酸四钠对"定性试验"中所有钠盐试验产生相应反应。

(8)**纯度**

①溶液颜色和澄清度:无色,微浊(1.0g,水20mL)。

②pH:9.9~10.7(1.0g,水100mL)。

③氯化物:以Cl计,不大于0.21%(0.10g,参比溶液为0.01mol/L盐酸0.6mL)。

④正磷酸盐:称取焦磷酸四钠1.0g,加入硝酸银溶液(1→50)2滴~3滴。无亮黄色产生。

⑤硫酸盐:以SO_4计,不大于0.038%(0.5g,参比溶液为0.005mol/L硫酸0.40mL)。

⑥重金属:以Pb计,不大于20μg/g。

测试溶液　称取焦磷酸四钠1.0g,加水20mL溶解,用稀乙酸(1→20)调至中性,再加稀乙酸(1→20)2mL,加水配至50mL。

参比溶液　取铅标准溶液2.0mL,加入稀乙酸(1→20)2mL,加水配至50mL。

⑦砷:以As_2O_3计,不大于4.0μg/g(0.50g,第1法,装置B)。

(9)**干燥失量**

结晶品:不大于42.0%(110℃,4h)。

无水品:不大于5.0%(110℃,4h)。

(10)**含量测定**　准确称取经预先干燥的焦磷酸四钠约3g,加水75mL溶解,此溶液保持在15℃左右,用1mol/L盐酸滴定(指示剂:甲基橙-二甲苯蓝FF试液3滴~4滴)。

$$1mol/L\ 盐酸\ 1mL = 133.0mg\ Na_4P_2O_7$$

439. 焦亚硫酸钠

(1)**其他名称**　偏亚硫酸钠;Sodium Pyrosulfite;Sodium Acid Sulfite;Sodium Metabisulfite。

(2)**编码**　CAS 7681-57-4;INS 223。

(3)**分子式、相对分子质量与结构式**　$Na_2S_2O_5$;190.11;

$$2Na^+\left[O_2S-SO_3\right]^{2-}$$

(4)**含量**　本品焦亚硫酸钠($Na_2S_2O_5$)含量不少于93.0%。

(5)**性状**　焦亚硫酸钠为白色粉末,有二氧化硫气味。

(6)**鉴别**　焦亚硫酸钠对"定性试验"中所有钠盐试验和亚硫酸盐试验产生相应反应。

(7)**纯度**

①溶液澄清度:稍有浑浊(0.50g,水10mL)。

②重金属:以Pb计,不大于10μg/g。

测试溶液　称取焦亚硫酸钠2.0g,加热水15mL溶解,加盐酸5mL,水浴蒸干,向残留物中加入热水10mL及盐酸2mL,再次水浴蒸至干。向残留物中加入稀乙酸(1→20)2mL和水

20mL 溶解，加水配至 50mL，必要时过滤。

参比溶液　取铅标准溶液 2.0mL，加稀乙酸（1→20）2mL，再加水配至 50mL。

③砷：以 As_2O_3 计，不大于 4μg/g。

称取焦亚硫酸钠 0.50g，加 10mL 水溶解。加硫酸 1mL，加热板上加热至白烟产生，再加水配至 5mL。

装置　使用装置 B。

（8）含量测定　准确称取焦亚硫酸钠 0.2g，按照"亚硫酸盐测定"规定进行。

0.05mol/L 碘溶液 1mL = 4.753mg $Na_2S_2O_5$

440. 糖精钠

（1）其他名称　邻苯甲酰磺酰亚胺钠；可溶性糖精；Sodium saccharin；Soluble saccharin；2 - Sodio - 1,2 - benzo[d]isothiazol - 3(2h) - one 1,1 - dioxide　dihydrate；2 - Sodio - 1,2 - benzo[d]isothiazol - 3(2h) - one 1,1 - dioxide。

（2）编码　CAS 6155 - 57 - 3（二水品），128 - 44 - 9（无水品）；INS 954；FEMA 2997。

（3）分子式、相对分子质量与结构式　$C_7H_4NNaO_3S \cdot nH_2O$（$n$ = 2 或 0）；241.20（二水品），205.1 7（无水品）；

（4）含量　本品干燥后，糖精钠（$C_7H_4NNaO_3S$）含量为 99.0% ~101.0%。

（5）性状　糖精钠为无色至白色结晶或粉末。味极甜。

（6）鉴别

①取糖精钠溶液（1→10）10mL，加入稀盐酸（1→4）1mL，放置 1h，过滤生成白色结晶沉淀。用水彻底洗涤滤纸上的残留物，105℃干燥 2h，测定熔点。其熔点应在 226℃ ~230℃。

②按照"糖精"的鉴别①规定进行。

③按照"糖精"的鉴别②规定进行。

④糖精钠溶液（1→10）对"定性试验"中所有钠盐试验产生相应反应。

（7）纯度

①溶液颜色和澄清度：

无色，澄清（糖精钠粉末 1.0g，水 1.5mL）。

无色，澄清（糖精钠粉末 1.0g，乙醇 70m）。

②游离酸和游离碱：称取糖精钠 1.0g，加新煮沸后冷却的水 10mL 溶解，加酚酞试液 1 滴。无粉红色出现。再加 0.1mol/L 氢氧化钠 1 滴，溶液呈粉红色。

③重金属：以 Pb 计，不大于 10μg/g（2.0g，第 1 法，参比溶液为铅标准溶液 2.0mL）。

④砷：以 As_2O_3 计，不大于 4.0μg/g（0.50g，第 1 法，装置 B）。

⑤苯甲酸盐和水杨酸盐：称取糖精钠 0.5g，加水 10mL 溶解，加乙酸 5 滴及三氯化铁溶液（1→10）3 滴。溶液不产生沉淀，也不会出现紫色至红紫色。

⑥邻甲基苯磺酰胺：以邻甲基苯磺酰胺计，不大于 25μg/g。

测试溶液 称取糖精钠10g，加水50mL溶解，按照“糖精”的纯度⑥规定进行。

(8)干燥失量 不超过15.0%(120℃，4h)。

(9)含量测定 准确称取经预先干燥的糖精钠约0.3g，加入非水滴定用乙酸20mL溶解，用0.1mol/L高氯酸滴定（指示剂：结晶紫－乙酸试液2滴）至溶液由紫色经蓝色变绿色。另外，以同样方式做空白试验进行校正。

$$0.1mol/L 高氯酸 1mL = 20.52mg\ C_7H_4NNaO_3S$$

441. 淀粉磷酸酯钠

(1)其他名称 磷酸淀粉钠；Sodium starch phosphate。

(2)性状 淀粉磷酸酯钠为白色至近白色粉末，几乎无气味。

(3)鉴别

①称取淀粉磷酸酯钠0.1g，加水10mL溶解成均匀的糊状，必要时边振摇边加热助溶。冷却后取该溶液5滴，加水10mL，振摇，加碘试液1滴。溶液显蓝色至紫红色。

②准确称取经预先干燥的淀粉磷酸酯钠约4g，加水70mL，边搅拌边加热至均匀糊状，在40℃时放置30min。加入淀粉酶试液20mL，再于40℃放置30min，冷却。将该溶液注入填充有约20mL强酸性阳离子交换树脂的柱内（内径1cm），使之流出。流速调节约为2mL/min。在溶液完全流出后，用水150mL冲洗树脂柱，合并该洗液和流出液，加水配至250mL。作为溶液A。

取溶液A 100mL，注入填充有约15mL弱碱性阴离子交换树脂的柱内（内径1cm），使之流出。流速调节约为2mL/min。在溶液完全流出后，用水80mL冲洗树脂柱，合并该洗液和流出液，加水配至200mL，作为溶液B。

取溶液B 20mL于凯氏烧瓶内，温和加热浓缩至约2mL，冷却。加硫酸5mL和过氧化氢3mL，温和加热至冒白烟，冷却。加水50mL，微沸15min。冷却，在冷却过程中加氨水或氨试液调节溶液至中性，加水配至100mL。此溶液作为溶液C。

取溶液C 10mL，加入稀硫酸(3→10)1mL，钼酸铵试液2mL和1－氨基－2－萘酚－4－磺酸试液1mL。该溶液在5min内显蓝绿至蓝色。

③称取淀粉磷酸酯钠1g，在450℃～550℃灼热3h。所得残留物对“定性试验”中所有钠盐试验产生相应反应。

(4)纯度

①pH：6.0～7.5。

称取淀粉磷酸酯钠0.5g，加水50mL，加热制成均匀糊状物，必要时边振摇边加热。冷却后测定pH。

②重金属：以Pb计，不大于30μg/g(1.0g，第2法，参比溶液为铅标准溶液3.0mL)。

③砷：以As_2O_3计，不大于4.0μg/g(0.50g，第3法，装置B)。

④结合磷：0.2%～0.3%。

测试溶液 取鉴别2的溶液C 10mL，加入稀硫酸(3→10)1mL，钼酸铵试液2mL，1－氨基－2－萘酚－4－磺酸试液1mL，加水配至25mL，放置30min。

参比溶液 取稀硫酸(3→10)1mL，钼酸铵试液2mL，1－氨基－2－萘酚－4－磺酸试液1mL于容量瓶中，加水配至25mL。

标准曲线　取磷酸二氢钾标准溶液5.0mL，加水配至1000mL。分别取该溶液5mL、10mL和20mL于三个容量瓶中，各加入稀硫酸(3→10)1mL、钼酸铵试液2mL、1-氨基-2-萘酚-4-磺酸试液1mL，再各加水分别配至25mL，放置30min，在740nm波长分别测定其吸光度，制成标准曲线。

程序　在740nm波长测定测试溶液的吸光度。必要时调整溶液C的取样量，使测试溶液的吸光度在0.2～0.7。采用标准曲线，根据测试溶液吸光度计算结合磷量(mg)，再根据样本量计算出结合磷的百分比(%)。

⑤无机磷：不大于20%。

取鉴别2的溶液A 10mL于凯氏烧瓶中，按照鉴别2中使用溶液B制备溶液C的规定进行。所得到的溶液为溶液D。取溶液D 10mL，加入稀硫酸(3→10)1mL、钼酸铵试液2mL、1-氨基-2-萘酚-4-磺酸试液1mL，再加水配至25mL，放置30min。测定470nm波长的吸光度。必要时，调节溶液D的取样量，使吸光度在0.2～0.7。然后按照纯度4的规定进行，测定总磷量(mg)。根据测得的总磷量(mg)和纯度④中得的结合磷量(mg)，按式(9-149)计算无机磷占总磷的百分比X：

$$X = \frac{m_1 - m_2}{m_1} \times 100\% \qquad (9-149)$$

式中：

m_1——总磷量，mg；

m_2——结合磷量，mg。

(5)干燥失量　15.0%(105℃，4h)。

442. 硫酸钠

(1)其他名称　芒硝；元明粉；Sodium Sulfate；Sodium sulfate decahydrate。

(2)编码　CAS 7727-73-3(十水品)，7757-82-6(无水品)；INS 514。

(3)分子式、相对分子质量与结构式　$Na_2SO_4 \cdot nH_2O$(n=10或0)；322.20(十水品)，142.04(无水品)；

$$\begin{array}{c} Na^+ \quad O^- \quad Na^+ \\ | \\ O{=}S{=}O \\ | \\ O^- \end{array}$$

(4)定义　硫酸钠有两种形态：结晶品(十水)及无水品，分别称为硫酸钠(结晶)及硫酸钠(无水)。

(5)含量　本品干燥后，硫酸钠(Na_2SO_4)含量不少于99.0%。

(6)性状　硫酸钠(结晶)为无色结晶或白色晶体粉末。硫酸钠(无水)为白色粉末。

(7)鉴别　硫酸钠对“定性试验”中所有钠盐试验和硫酸盐试验产生相应反应。

(8)纯度　对硫酸钠(结晶)需要经干燥后进行试验。

①溶液颜色和澄清度：无色，几乎澄清(1.0g，水10mL)。

②氯化物：以Cl计，不大于0.11%(0.10g，参比溶液为0.01mol/L盐酸0.30mL)。

③重金属：以Pb计，不大于10μg/g(2.0g，第1法，参比溶液为铅标准溶液2.0mL)。

④砷：以As_2O_3计，不大于4.0μg/g(0.50g，第1法，装置B)。

(9)干燥失量

结晶:51.0%~57.0%(105℃,4h)。

无水:不大于5.0%(105℃,4h)。

(10)含量测定 准确称取经预先干燥的硫酸钠约0.4g,加水200mL溶解,再加盐酸1mL,煮沸,缓缓加入氯化钡溶液(1→6)30mL。将此溶液在水浴中加热1h,冷却后用定量分析滤纸(5C)过滤。用温水洗涤滤纸上的残留物至洗液中无氯化物。将残留物及滤纸干燥后,灼热至恒重,以硫酸钡($BaSO_4$)计,准确称量。按式(9-150)计算硫酸钠($NaSO_4$)含量X:

$$X=\frac{m_1\times 0.6086}{m}\times 100\% \tag{9-150}$$

式中:

m_1——硫酸钦含量,g;

m——样品量,g。

443. 亚硫酸钠

(1)其他名称 硫养粉;Sodium sulfite;Sodium sulphite;Disodium sulfite;Soda sulfite。

(2)编码 CAS 10102-15-5(七水品);7757-83-7(无水品);INS 221。

(3)分子式、相对分子质量与结构式 $Na_2SO_3\cdot nH_2O$($n=7$ 或 0);252.15(七水品),126.04(无水品);

$$\left[\begin{array}{c}O\\ \|\\ {}^{-}O\overset{}{\frown}S\overset{}{\frown}O^{-}\end{array}\right]^{2-}\left[\,Na^{+}\,\right]_2$$

(4)定义 亚硫酸钠有两种形态:结晶品(七水品)和无水品,分别称为亚硫酸钠(结晶)和亚硫酸钠(无水)。

(5)含量 本品以无水基计,亚硫酸钠(Na_2SO_3)含量不少于95.0%。

(6)性状 亚硫酸钠为无色至白色结晶,或白色粉末。

(7)鉴别 亚硫酸钠对"定性试验"中所有钠盐试验和亚硫酸盐试验产生相应反应。

(8)纯度 如果进行试验的是亚硫酸钠(结晶)时,应称取纯度所规定样本量的2倍。

①溶液颜色和澄清度:无色,几乎澄清(0.5g,水10mL)。

②重金属:以Pb计,不大于10μg/g(以无水基计)。

测试溶液 称取亚硫酸钠2.0g,加沸水15mL溶解,加盐酸5mL,水浴蒸干。向残留物中加沸水10mL和盐酸2mL,再次水浴蒸干。加稀乙酸(1→20)2mL和水将残留物溶解,并加水配至50mL,必要时过滤。

参比溶液 取铅标准溶液2.0mL,加稀乙酸(1→20)2mL,加水配至50mL。

③砷:以As_2O_3计,不大于4.0μg/g(以无水品计)。

测试溶液 称取亚硫酸钠0.50g,加水5mL溶解。加硫酸1mL,加热板加热至白烟产生,加水配至5mL。

装置 使用装置B。

(9)含量测定 准确称取相当于亚硫酸钠(无水品)0.25g的亚硫酸钠样本,按"亚硫酸盐测定”规定进行，按照式(9－151)计算亚硫酸钠含量 X：

$$X=\frac{a\times(50-V)}{m\times10}\times100\% \quad (9-151)$$

式中：

a——12.61(结晶)，6.302(无水)；

V——0.1mol/L 硫代硫酸钠消耗量，mL；

m——样品量，g。

444. 山梨酸

(1)其他名称 2,4－己二烯酸；2－丙烯基丙烯酸；花楸酸；Sorbic acid；(2*E*,4*E*)－Hexa－2,4－dienoic acid。

(2)编码 CAS 110－44－1；INS 200。

(3)分子式、相对分子质量与结构式 $C_6H_8O_2$；112.13；

H_3C–CH=CH–CH=CH–COOH

(4)含量 以无水品计，山梨酸($C_6H_8O_2$)含量不少于99.0%。

(5)性状 山梨酸为无色针状结晶或白色晶体粉末。无气味，或稍有特殊气味。

(6)鉴别

①取山梨酸的丙酮溶液(1→100)1mL，加水1mL，溴试液2滴，振摇。溶液的颜色立即消褪。

②山梨酸的异丙醇溶液(1→400000)在252nm～256 nm波长吸收最大。

(7)纯度

①熔点：132℃～135℃。

②溶液颜色：称取山梨酸0.20g，加丙酮5mL溶解。溶液颜色不得深于附件配比液C的颜色。

③氯化物：以Cl计，不大于0.014%。

样本溶液 称取山梨酸1.50g，加水120mL，煮沸溶解，冷却。加水配至120mL，过滤。取滤液40mL作为样本溶液。

参比溶液 取0.01mol/L盐酸0.20mL。

④硫酸盐：以SO_4计，不大于0.048%。

样本溶液 取纯度3制备的滤液40mL。

参比溶液 取0.005mol/L硫酸0.50mL。

⑤重金属：以Pb计，不大于10μg/g。

测试溶液 向山梨酸的灼热残留物中加盐酸1mL和硝酸0.2mL，水浴蒸干。再向残留物中加稀盐酸(1→4)1mL，水15mL，加热溶解，冷却。加酚酞试液1滴，滴加氨试液至溶液显淡粉红色。加稀乙酸(1→20)2mL，必要时过滤，加水配至50mL。

参比溶液 取铅标准溶液2.0mL，加稀乙酸(1→20)2mL，加水配至50mL。

⑥砷：以As_2O_3计，不大于4.0μg/g(0.50g，第3法，装置B)。

(8)水分含量 不大于0.5%(2g，直接滴定)。

(9)灼热残留物 不大于0.20%。

(10)含量测定 准确称取山梨酸1g，加中性乙醇溶解并定容至100mL。准确取此溶液

25mL,用0.1mol/L氢氧化钠滴定(指示剂:酚酞试液2滴~3滴)。按无水品计算。

0.1mol/L氢氧化钠1mL=11.21mg $C_6H_8O_2$

445. 山梨醇酐脂肪酸酯

(1)其他名称 失水山梨醇脂肪酸酯;斯潘;斯盘;Sorbitan esters of fatty acids;Sorbitan fatty acid ester;Span。

(2)定义 山梨醇酐脂肪酸酯为山梨糖醇酐和脂肪酸形成的酯。

(3)性状 山梨醇酐脂肪酸酯为白色至黄褐色粉末、薄片、颗粒,蜡状团块或白色至黄褐色液体。

(4)鉴别

①称取山梨醇酐脂肪酸酯0.5g,加无水乙醇5mL,加热溶解,加稀硫酸(1→20)5mL。水浴加热30min,冷却。有油滴或白色至黄白色固体析出。加乙醚5mL于分离的油滴或固体中,振摇后溶解。

②取鉴别1所分离出固体或油滴后的残留液2mL,加新配制邻苯二酚溶液(1→10)2mL,振摇,再加硫酸5mL,振摇。溶液显粉红至红褐色。

(5)纯度

①酸值:不大于15(油脂类和相关物质试验)。

②重金属:以Pb计,不大于20μg/g(2.0g,第2法,参比溶液为铅标准溶液2.0mL)。

③砷:以As_2O_3计,不大于4.0μg/g(0.5g,第3法,装置B)。

④聚氧乙烯:称取山梨醇酐脂肪酸酯1.0g,加异辛烷10mL,水20mL溶解。加温并充分振摇,冷却。加硫氰酸铵-硝酸钴试液10mL,充分振摇后,静置。异辛烷层不显蓝色。

(6)灼热残留物 不大于1.5%。

446. D-山梨糖醇

(1)其他名称 山梨醇;D-sorbitol;Srobitol;D-Sorbit。

(2)编码 CAS 50-70-4;INS 420;FEMA 3029。

(3)分子式、相对分子质量与结构式 $C_6H_{14}O_6$;182.17;

HO H H OH
HO OH
HO H H OH

(4)含量 本品干燥后,D-山梨糖醇($C_6H_{14}O_6$)含量不少于90.0%。

(5)性状 D-山梨糖醇为白色粉末或颗粒。无气味,有清凉感和甜味。

(6)鉴别

①取D-山梨糖醇溶液(7→10)1mL,加硫酸亚铁试液2mL,氢氧化钠溶液(1→5)1mL。溶液显蓝绿色,不混浊。

②取D-山梨糖醇溶液(1→100)1mL,加新配制的邻苯二酚溶液(1→10)1mL,充分振摇后,加硫酸2mL,振摇。溶液立即显红色。

(7)纯度

①游离酸:称取D-山梨糖醇5g,加新煮沸后冷却的水50mL溶解,加酚酞试液1滴,

0.01mol/L 氢氧化钠0.5mL,振摇。此溶液显粉红色,持续不少于30s。

②重金属:以Pb计,不大于10μg/g(2.0g,第1法,参比溶液为铅标准溶液2.0mL)。

③镍:称取D－山梨糖醇0.50g,加水5mL溶解,加丁二酮肟的乙醇溶液(1→100)3滴及氨试液3滴,放置5min。溶液不会变为粉红色。

④砷:以As_2O_3计,不大于4.0μg/g(0.5g,第1法,装置B)。

⑤还原糖:以D－葡萄糖计,不大于0.68%。

称取D－山梨糖醇1.0g于烧瓶中,加水25mL溶解。加斐林试液40mL,微沸3min,放置使氧化亚铜沉淀。冷却后,将上层澄清液用玻璃过滤器(IG4)过滤,尽量使沉淀留在烧瓶内。弃去滤出液,立即在烧瓶内加入温水,洗涤沉淀,用玻璃过滤器过滤,弃去洗液。反复洗涤过滤,直至洗液不呈碱性。然后立即加硫酸铁试液20mL,溶解烧瓶内的沉淀,再用玻璃过滤器过滤。水洗烧瓶和玻璃过滤器,合并洗液和滤液。加热至80℃,加0.02mol/L 高锰酸钾2.0mL。溶液的粉红色不立即消失。

⑥糖类:以D－葡萄糖计,不大于4.4%。

称取D－山梨糖醇10g,加水25mL溶解,加稀盐酸(1→4)8mL,装上回流冷凝器,水浴加热3h。冷却,以甲基橙试液作为指示剂,加氢氧化钠溶液(1→25)中和,再加水配至100mL。取此溶液10mL,加水10mL,斐林试液40mL,微沸3min,再按照纯度⑤规定进行。本试验的0.02mol/L 高锰酸钾溶液加入量为13mL。

(8)干燥失量 不大于3.0%(不大于0.7kPa,80℃,3h)。

(9)灼热残留物 不大于0.02%(5 g)。

(10)含量测定

准确称取经预先干燥的D－山梨糖醇样本及含量测定用D－山梨糖醇标准品各1g,各加水定容至50mL,分别作为测试溶液和标准溶液。取测试溶液及标准溶液各10μL,按如下操作条件进行液相色谱法分析,分别测定测试溶液和标准溶液的D－山梨糖醇的峰面积(A_T和A_S),按式(9－152)计算D－山梨醇($C_6H_{14}O_6$)含量X:

$$X = \frac{m_1}{m} \times \frac{A_T}{A_S} \times 100\% \quad (9-152)$$

式中:

m_1——含量测定用D－山梨醇标准品量,g;

m——样品量,g。

操作条件

检测器:示差折光计。

色谱柱管:内径4mm～8mm,长20cm～50cm不锈钢管。

柱填料:5μm～12μm液相色谱用强酸性阳离子交换树脂。

柱温:40℃～85℃。

流动相:水。

流速:恒流,0.5mL/min～1.0mL/min。

447. D－山梨糖醇糖浆

(1)英文名称 D－sorbitol syrup。

(2)含量 本品D－山梨糖醇($C_6H_{14}O_6$=182.17)含量不少于50.0%~70.0%。

(3)性状 D－山梨糖醇糖浆为无色澄清的糖浆状液体。冷冻时可能会析出无色结晶。无气味,有甜味。

(4)鉴别 按照“D－山梨糖醇”的鉴别①及②规定进行。

(5)纯度

①相对密度 d_{25}^{25}:1.285~1.315。

②游离酸:按照“D－山梨糖醇”的纯度①规定进行。

③重金属:以Pb计,不大于10g/g。

按照“D－山梨糖醇”的纯度②规定进行。

④镍:按照“D－山梨糖醇”的纯度③规定进行。

⑤砷:以As_2O_3计,不大于4.0μg/g。

按照“D－山梨糖醇”的纯度④规定进行。

⑥还原糖:以D－葡萄糖计,不大于0.68%。

按照“D－山梨糖醇”的纯度⑤规定进行。

⑦糖类:以D－葡萄糖计,不大于6.8%。

按照“D－山梨糖醇”的纯度⑥规定进行。此处使用0.02mol/L高锰酸钾量为20mL。

(6)灼热残留物 不大于0.02%。

准确称取D－山梨糖醇糖浆5g,加硫酸2滴~3滴,温和加热煮沸。点火燃烧、灰化、冷却。使用所获得的物质,按照“灼热残留物”规定进行。

(7)含量测定 准确称取D－山梨糖醇糖浆1g,按“D－山梨糖醇”的含量测定规定进行。

448. 蓝藻色素

(1)其他名称 Spirulina color;Spirulina blue color。

(2)定义 蓝藻色素由海藻(*Spirulina platensis* Geitler)全株提取获得,主要成分为藻青蛋白。产品可能含有糊精或乳糖。

(3)色值 本品的色值($E_{1cm}^{10\%}$)不少于25,为标称值的90%~110%。

(4)性状 蓝藻色素为蓝色粉末或液体,稍有特殊气味。

(5)鉴别

①称取相当于色值为25的蓝藻色素0.4g,加柠檬酸盐缓冲液(pH 6.0)100mL溶解。溶液显蓝色并发出红色荧光。

②取少量的鉴别①制备的溶液,90℃加热30min,溶液荧光消失。

③取鉴别试验①制备的溶液5mL,少量多次地加入硫酸铵粉末3.3g,溶解,静置。生成蓝色沉淀。

④取鉴别①制备的溶液5mL,加氯化铁试液1mL,静置20min,溶液由蓝绿色转为暗紫色。

⑤取鉴别①制备的溶液5mL,加次氯酸钠试液0.1mL,溶液显淡黄色。

⑥蓝藻色素的柠檬酸盐缓冲液(pH 6.0)在610nm~630nm波长吸收最大。

(6)纯度

①重金属:以Pb计,不大于40μg/g(0.50g,第2法,参比溶液为铅标准溶液2.0mL)。

②铅:以 Pb 计,不大于 8.0μg/g(1.25g,第 1 法)。

③砷:以 As_2O_3 计,不大于 4.0μg/g(0.5g,第 3 法,装置 B)。

(7)色值 按照以下条件进行色值试验。

操作条件

溶剂:柠檬酸盐缓冲液(pH 6.0)。

波长:610nm ~ 630nm 波长吸收最大。

449. 甜叶菊提取物

(1)其他名称 甜菊糖苷;Stevia extract。

(2)定义 甜叶菊提取物由甜叶菊(*Stevia rebaudiana* Bertoni)的叶提取,主要成分为甜菊糖苷。

(3)含量 以干基计,本品甜菊糖苷含量不少于 80.0%。

(4)性状 本品为白色或淡黄色粉末、薄片或颗粒。无气味或稍有特殊气味,味极甜。

(5)鉴别

称取甜叶菊提取物 0.5g,加水 100mL 溶解,作为测试溶液。分别称取含量测定用蛇菊苷标准品和含量测定用莱鲍迪苷 A 标准品各 5mg,加水 10mL 溶解,作为标准溶液。取测试溶液和标准溶液各 10μL,按照以下操作条件进行液相色谱分析。测试溶液的两个主峰应与标准溶液中蛇甜菊苷和莱鲍迪苷 A 相应峰的保留时间相一致,或至少有一个峰与标准溶液中两种物质任意一个相符。

(6)纯度

①重金属:以 Pb 计,不大于 2.0μg/g(5.0g,第 1 法)。

②砷:以 As_2O_3 计,不大于 2.0μg/g(1.0g,第 3 法,装置 B)。

(7)干燥失量 不大于 6.0%(105℃,2h)。

(8)灼热残留物 不大于 1.0%。

(9)含量测定

测试溶液 准确称取甜叶菊提取物 0.06g ~ 0.12g,加入乙腈和水的混合液(4:1)溶解,并定容至 100mL。

标准溶液 准确称取经预先干燥的含量测定用蛇菊苷标准品 0.05g,加入乙腈和水的混合液(4:1)溶解,并定容至 100mL。

程序 取测试溶液和标准溶液各 10μL,按照以下操作条件进行液相色谱分析。测定测试溶液中蛇菊苷、杜克苷 A、莱鲍迪苷 A 和莱鲍迪苷 C 的峰面积和标准溶液中蛇菊苷的峰面积,分别相应表示为 A_a、A_b、A_c、A_d 和 A_s。当假设莱鲍迪苷 A 的保留时间为 1.0min 时,则杜克苷 A 和莱鲍迪苷 C 的相对保留时间分别为 0.25 ~ 0.40、0.63 ~ 0.80。按式(9 - 153) ~ 式(9 - 157)计算甜菊糖苷含量 X_5。对 A_a 和 A_d,如在特定保留时间内观察到两个峰,使用前述峰的峰面积。

$$X_1 = \frac{m_1}{m} \times \frac{A_a}{A_s} \times 100\% \qquad (9-153)$$

$$X_2 = \frac{m_1}{m} \times \frac{A_b \times 0.98}{A_s} \times 100\% \qquad (9-154)$$

$$X_3 = \frac{m_1}{m} \times \frac{A_c \times 1.20}{A_s} \times 100\% \quad (9-155)$$

$$X_4 = \frac{m_1}{m} \times \frac{A_d \times 1.18}{A_s} \times 100\% \quad (9-156)$$

$$X_5 = X_1 + X_2 + X_3 + X_4 \quad (9-157)$$

式中：

X_1——蛇菊苷含量，%；

m_1——含量测定用蛇菊苷标准品量，g；

m——干燥样品量，g；

X_2——杜克苷 A 含量，%；

X_3——莱鲍迪苷 A 含量，g；

X_4——莱鲍迪苷 C 含量，g。

操作条件

检测器：紫外吸收检测器（波长 210nm）。

色谱柱管：内径 4.6mm，长 15cm 的不锈钢管。

载体：5μm 液相色谱用氨基键合硅胶。

柱温：40℃。

流动相：乙腈和水的混合液（4∶1）。

流速：调整流速，使莱鲍迪苷 A 的保留时间约为 21min。

450. 琥珀酸

（1）其他名称　丁二酸；Succinic acid；Butanedioic acid。

（2）编码　CAS 110－15－6；INS 363。

（3）分子式、相对分子质量与结构式　$C_4H_6O_4$；118.09；

HOOC⁄⁀⁄COOH

（4）含量　本品琥珀酸（$C_4H_6O_4$）含量不少于 99.0%。

（5）性状　琥珀酸为无色至白色结晶，或白色晶体粉末。无气味，有特殊酸味。

（6）鉴别　取琥珀酸溶液（1→20）5mL，用氨试液调至约 pH 7。加 2 滴～3 滴三氯化铁溶液（1→10）。生成褐色沉淀。

（7）纯度

①熔点：185℃～190℃。

②重金属：以 Pb 计，不大于 20μg/g。

测试溶液　称取琥珀酸 1.0g，加水 20mL 溶解，加 1 滴酚酞试液，再滴加氨试液至液体稍显粉红色。再加稀乙酸（1→20）2mL，加水配至 50mL。

参比溶液　取 2.0mL 铅标准溶液，加稀乙酸（1→20）2mL，加水配至 50mL。

③砷：以 As_2O_3 计，不大于 4.0μg/g（0.5g，第 1 法，装置 B）。

④易氧化物：称取琥珀酸 1.0g，加水 25mL，稀硫酸（1→20）25mL 溶解，加 0.02mol/L 高锰酸钾 4.0mL。液体粉红色在 3min 内不消失。

（8）灼热残留物　不大于 0.025%（5g）。

(9)含量测定

准确称取琥珀酸 1g,加水溶解并定容至 250mL。准确取此溶液 25mL,用 0.1mol/L 氢氧化钠滴定(指示剂:2 滴~3 滴酚酞试液)。

$$0.1mol/L\ 氢氧化钠\ 1mL = 5.904mg\ C_4H_6O_4$$

451. 三氯蔗糖

(1)其他名称 三氯半乳蔗糖;Sucralose;Trichlorogalactosucrose;1,6 - Dichloro - 1,6 - dideoxy - β - D - fructofuranosyl - 4 - chloro - 4 - deoxy - α - D - galactopyranoside。

(2)编码 CAS 56038 - 13 - 2;INS 955。

(3)分子式、相对分子质量与结构式 $C_{12}H_{19}Cl_3O_8$;397.64;

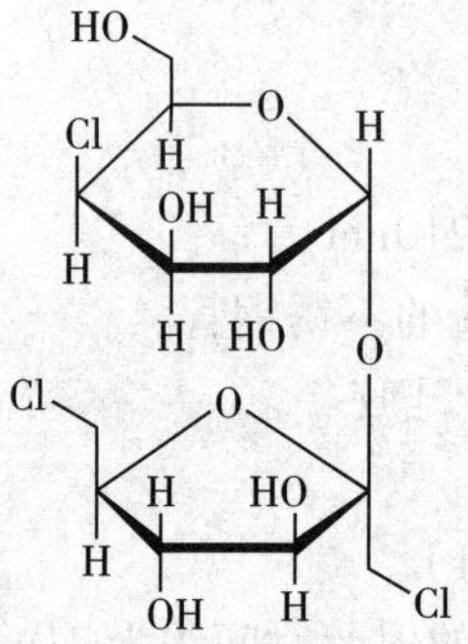

(4)含量 以无水品计,本品三氯蔗糖($C_{12}H_{19}Cl_3O_8$)含量为 98.0% ~102.0%。

(5)性状 三氯蔗糖为白色至灰白色的晶体粉末。无气味,有甜味。

(6)鉴别

按照"红外吸收光谱法"的溴化钾压片法规定操作测定三氯蔗糖的红外吸收光谱,与参比光谱图(见图 9 - 66)比较,两个谱图在相同的波数几乎有同样的吸收强度。

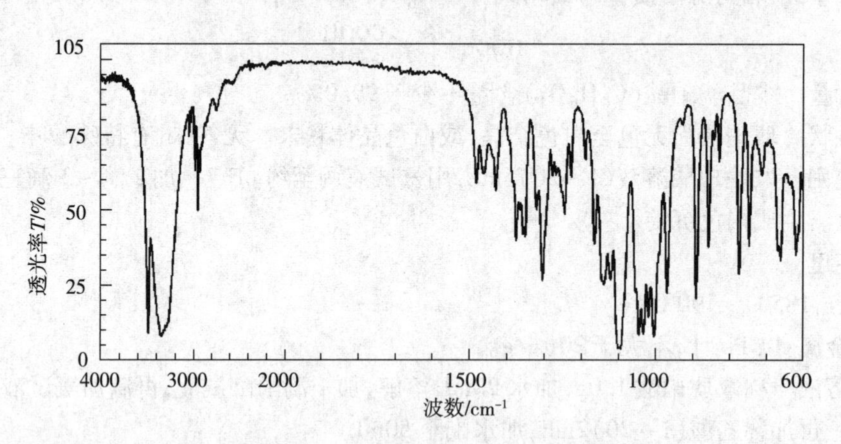

图 9 - 66 三氯蔗糖的红外吸收光谱图

(7)纯度

①比旋光度$[\alpha]_D^{20}$:+84.0° ~ +87.5°(1.0g,水 10mL,以无水品计)。

②铅:以 Pb 计,不大于 1.0μg/g(10.0g,第 1 法)。

③砷：以 As_2O_3 计，不大于 4.0μg/g(0.50g，第 4 法，装置 C)。

④其他氯化二糖：不大于 0.5%。

测试溶液 准确称取三氯蔗糖 1.0g，加甲醇 10mL 溶解。

参比溶液 取测试溶液 0.5mL，加甲醇定容至 100mL。

程序 分别取测试溶液和参比溶液各 5μL 进行薄层色谱分析。以氯化钠溶液(1→20)与乙腈的混合液(7∶3)为展开溶剂。采用覆盖薄层色谱用十八烷基硅烷键合硅胶的薄层板作为载体，预先经 110℃ 干燥 1h。当展开剂的最前端上升到距离原点约 15cm 时，停止展开，风干薄层板。均匀喷雾 15% 硫酸－甲醇试液，再于 125℃ 加热 10min。薄层板上试样的主要斑点应与参比溶液中的相一致。即使能观察到其他斑点，其颜色也不得比参比溶液斑点的颜色深。

⑤氯化单糖：以果糖计，不大于 0.16%。

测试溶液 准确称取三氯蔗糖 2.5g，加甲醇溶解并定容至 10mL。

参比溶液 A 准确称取 D－甘露醇 10.0g，加水溶解并定容至 100mL。

参比溶液 B 准确称取 D－甘露醇 10.0g，果糖 0.040g，加水溶解并定容至 100mL。

程序 取测试溶液、参比溶液 A 和参比溶液 B 各 1μL，点样于覆盖 0.25mm 硅胶的薄层色谱板，风干。重复此操作 4 次。喷雾对氨基苯甲醚－邻苯二甲酸试液，98℃～102℃ 加热约 10min 以固色。测试溶液的斑点颜色应不深于参比溶液 B 的斑点颜色。如果参比溶液 A 出现任何斑点，制备第二块板，重复该程序一次。

⑥三苯基氧化膦：不大于 0.015%。

测试溶液 准确称取三氯蔗糖 0.1g，加乙腈和水的混合液(67∶33)溶解并定容至 10mL。

标准溶液 准确称取三苯基氧化膦 0.100g，加乙腈和水的混合液(67∶33)溶解并定容至 10mL。准确量取此溶液 1mL，加乙腈和水的混合液(67∶33)定容至 100mL。再准确量取此溶液 1mL，加乙腈和水的混合液(67∶33)定容至 100mL。

程序 取测试溶液和标准溶液各 25μL，按照以下操作条件进行液相色谱分析。测定测试溶液与标准溶液中三苯基氧化膦(TPPO)的峰面积(A_T 和 A_S)，再按式(9－158)计算三苯基氧化膦 TPPO($C_{18}H_{15}OP$)的含量 X_1：

$$X_1 = \frac{1}{m \times 1000} \times \frac{A_T}{A_S} \times 100\% \tag{9-158}$$

式中：

m——样品量，g。

操作条件

检测器：紫外检测器(波长 220nm)。

色谱柱管：内径 4.6mm，长 15cm 的不锈钢管。

载体：5μm 液相色谱用十八烷基硅烷键合硅胶。

柱温：40℃。

流动相：乙腈和水的混合液(67∶33)。

流速：1.5mL/min。

⑦甲醇：不大于 0.10%。

测试溶液 准确称取三氯蔗糖 2.0g，加水定容至 10mL，混合。

参比溶液 准确量取甲醇 2.0g，加水定容至 100mL，混合。准确量取此溶液 1mL，加水定容至100mL,混合。

分别取测试溶液和参比溶液各1μL,按以下操作条件进行气相色谱分析。测定测试溶液与标准溶液中甲醇的峰面积(A_T 和 A_S),再按式(9-159)计算甲醇含量 X_2:

$$X_2 = \frac{2.0}{m \times 1000} \times \frac{A_T}{A_S} \times 100\% \qquad (9-159)$$

式中:

m——样品量,g。

操作条件

检测器:氢焰离子化检测器(FID)。

色谱柱管:内径2mm~4mm、长2m的玻璃管。

填料:150μm~180μm气相色谱用苯乙烯-二乙烯苯多孔聚合物。

柱温:140℃~160℃恒温。

进样口:200℃。

载气:氮气或氦气。

流量:调整甲醇的出峰时间为进样后约4min。

(8)灼热残留物 不大于0.7%。

(9)水分 不大于2.0%(1g,直接滴定)。

(10)含量测定

准确称取三氯蔗糖1.0g,加水溶解并定容至100mL。准确量取此溶液10mL,加氢氧化钠溶液(1→10)10mL,装上回流冷凝器,温和加热30min。冷却后,用稀硝酸中和,用0.1mol/L硝酸银滴定。采用银电极作为指示电极,以银-氯化银电极作为参比电极判断终点。另外,以同样方式做空白试验进行校正,以干燥品计算。

$$0.1\text{mol/L 硝酸银 } 1\text{mL} = 13.25\text{mg } C_{12}H_{19}Cl_3O_8$$

452. 蔗糖脂肪酸酯

(1)其他名称 脂肪酸蔗糖酯;蔗糖酯;Sucrose esters of fatty acids;Sucrose fatty acid esters;Sucroesters;Sugar esters;SE。

(2)编码 INS 473。

(3)定义 蔗糖脂肪酸酯分两类:蔗糖脂肪酸酯及乙酸异丁酸蔗糖酯。

(4)性状 蔗糖脂肪酸酯为白色至黄褐色粉末或团块,或为无色至红褐色黏稠树脂状或液体物质。无气味或稍有特殊气味。

(5)鉴别

①称取蔗糖脂肪酸酯1g,加氢氧化钾的乙醇试液25mL,装上回流冷凝器,水浴加热1h。再向该溶液加水50mL,蒸馏至烧瓶中残留液约30mL。冷却后,向残留液中加稀盐酸(1→4)10mL,充分混摇,加氯化钠使之成为饱和溶液,用乙醚萃取2次,每次30mL。收集合并乙醚层。用饱和氯化钠溶液20mL洗涤乙醚层,加无水硫酸钠2g脱水,蒸馏除去乙醚。再吹入空气完全除去乙醚,将残留物在10℃冷却。如果析出油滴或无色至淡黄褐色的固体,则为蔗糖脂肪酸酯,如果液体残留有乙酸和异丁酸气味,则为乙酸异丁酸蔗糖酯。

②取鉴别①中除去乙醚层后的水层2mL于试管中,在水浴加温至乙醚味消失,冷却。沿

管壁慢慢加蒽酮试液1mL。两层界面由蓝色变绿色。

(6)纯度

①酸值:不大于6.0。

测试溶液　准确称取蔗糖脂肪酸酯3g,加异丙醇与水的混合液(2∶1)60mL溶解。

程序　按照“油脂类和相关物质”中酸值试验规定进行。

②铅:以Pb计,不大于2.0μg/g(5.0g,第1法)。

③砷:以As_2O_3计,不大于4.0μg/g(0.5g,第3法,装置B)。

④游离蔗糖:不大于5.0%。

样本溶液　准确称取蔗糖脂肪酸酯2g,加入正丁醇40mL,水浴加温溶解。每次用氯化钠溶液(1→20)20mL提取游离蔗糖,共2次,合并提取液。加稀盐酸(1→4)2mL,水浴加热30min。冷却后,加酚酞试液2滴~3滴,用氢氧化钠溶液(1→25)调至中性,再加水定容至100mL。

程序　准确取样本溶液20mL,加贝特朗试液A 20mL和贝特朗试液B 20mL,微沸3min,放置使氧化亚铜沉淀(上层澄清液显蓝紫色)。用玻璃过滤器(IG4)过滤上层澄清液,用热水洗涤烧瓶内的沉淀,用玻璃过滤器洗液(注意不要让氧化亚铜暴露于空气)。重复洗涤和过滤程序至洗液不显碱性。向烧瓶内加伯特朗试液C 20mL溶解沉淀,用玻璃过滤器过滤溶液,用水洗烧瓶和玻璃过滤器。合并洗液和滤液,用伯特朗试液D滴定。根据伯特朗试液D的消耗量计算铜量,再按伯特朗糖类定量表确定转化糖的量,按式(9-160)计算游离蔗糖含量X:

$$X = \frac{m_1 \times 0.95 \times 5}{m} \times 100\% \tag{9-160}$$

式中:

m_1——转化糖量,g;

m——样品量,g。

⑤二甲亚砜:以二甲亚砜计,不大于2.0μg/g。

此方法不适用于乙酸异丁酸蔗糖酯。

测试溶液　准确称取蔗糖脂肪酸酯5g,加四氢呋喃溶解并定容至25mL。

标准溶液　准确称取二甲亚砜0.1g,加四氢呋喃溶解并定容至100mL。准确量取此溶液1mL,加四氢呋喃溶解并定容至100mL,作为标准贮备液。分别准确量取标准贮备液0.5mL、1mL、2mL和5 mL于四个50mL容量瓶中,分别用四氢呋喃稀释至50mL。

程序　分别取测试溶液和标准溶液3μL按以下操作条件进行气相色谱分析。测定标准溶液中二甲亚砜的峰高或峰面积,制作标准曲线。测定测试溶液中二甲亚砜的峰高或峰面积,根据标准曲线确定其量。

操作条件

检测器:火焰光度检测器(FPD,硫滤光片)。

色谱柱管:内径3mm,长2m的玻璃管。

柱填料:

固定液,相当于载体量10%的聚乙二醇20M和相当于载体量3%的氢氧化钾。

载体,180μm~250μm气相色谱用硅藻土。

柱温:150℃ ~170℃,恒温。

进样口温度:210℃。

载气:氮气。

流速:调整使二甲亚砜在进样后约 3min 出峰。

⑥二甲替甲酰胺:以二甲替甲酰胺计,不大于 1.0μg/g。

测试溶液　准确称取蔗糖脂肪酸酯 2g,加四氢呋喃溶解并定容至 20mL。

标准溶液　准确称取二甲替甲酰胺 0.1g,加四氢呋喃溶解并定容至 100mL。准确量取此溶液 1mL,加四氢呋喃稀释并定容至 100mL,作为标准贮备液。分别准确量取标准贮备液 0.5mL、1mL、2mL 于三个 100mL 容量瓶,各自加四氢呋喃定容至 100mL。

分别取测试溶液和标准溶液 1μL,按以下操作条件进行气相色谱分析,测定标准溶液的峰面积,制作标准曲线。测定测试溶液中二甲替甲酰胺的峰面积,根据标准曲线计算含量。

操作条件

检测器:氮磷检测器。

色谱柱:硅酸盐玻璃毛细管柱(内径 0.32mm,长 30m),涂层为 0.5μm 厚的聚乙二醇。

柱温:40℃保持 2min,以 20℃/min 升至 160℃,保持 2min。

进样口温度:180℃。

进样口:不分流。

载气:氦气。

流量:调整使二甲替甲酰胺在进样后约 6min 出峰。

⑦其他溶剂:不适用于乙酸异丁酸蔗糖酯。

甲乙酮:不大于 10μg/g。

乙酸乙酯、异丙醇和丙二醇:以三种溶剂的总量计,不大于 0.035%。

甲醇:不大于 10μg/g。

异丁醇:不大于 10μg/g。

(a)甲乙酮、乙酸乙酯、异丙醇、丙二醇、甲醇、异丁醇

标准溶液　准确称取甲乙酮、乙酸乙酯、异丙醇、丙二醇、甲醇、异丁醇各 0.2g 于 50mL 容量瓶中,混合,加水溶解并定容至 50mL。以此溶液为标准溶液 A。分别准确量取标准溶液 A 5mL 和 10mL 于两个 20mL 容量瓶中,分别加水稀释定容,分别作为标准溶液 B 和标准溶液 C。

测试溶液　准确在蔗糖脂肪酸酯 1.00g 于小玻璃瓶中,准确加水 5μL。

标准添加的测试溶液　取已预先各加入蔗糖脂肪酸酯 1.00g 的小玻璃瓶三个,分别加入标准溶液 A、B 和 C 各 5μL,制备成标准添加的测试溶液。

程序　取测试溶液和标准添加溶液,按以下操作条件进行顶空进样气相色谱分析。

测定每种溶液中各种溶剂的峰面积。以峰面积为纵坐标,每一种溶剂添加量为横坐标,绘制线性回归图,再根据图中原点和横坐标与回归线的交点之间的距离确定测试溶液中每种溶剂的量。

操作条件

检测器:火焰光度检测器(FID)。

色谱柱:硅酸盐玻璃毛细管柱(内径 0.53mm、长 30m),涂层为 1.5μm 厚的二甲基聚硅氧烷。

柱温:40℃。

进样口温度:110℃。

进样口:不分流。

载气:氮气。

流速:调整流速使异丁醇在顶空进样后约5min出峰。

顶空进样器:小瓶的平衡温度80℃;小瓶的平衡时间40min。

进样量:1.0mL。

(b)丙二醇

测试溶液　准确称取蔗糖脂肪酸酯样本1g,加内标液0.1mL,加吡啶溶解并定容至10mL。准确量取此溶液0.5mL,加六甲基二硅氮烷0.25mL,三甲基氯硅烷0.1mL,剧烈振摇。室温静置30min,离心。取上清液作为测试溶液。

内标液　称取乙二醇0.025g,加吡啶定容至50mL。

标准溶液　准确称取丙二醇0.025g,加吡啶定容至50mL。分别取此溶液40μL、200μL、500μL和1000μL于四个10mL容量瓶中,分别加入内标液0.1mL,各自用吡啶稀释定容。再将这些溶液按照与测试溶液配制相同的方式进行。

程序　分别取测试溶液和标准溶液各1μL,按以下操作条件进行气相色谱分析。制备标准曲线,采用内标法测定丙二醇的含量。

操作条件

检测器:火焰离子化检测器(FID)。

色谱柱:硅酸盐玻璃毛细管柱(内径0.32mm,长30m),涂层为0.25μm厚的二甲基聚硅氧烷。

柱温:60℃保持5min,以20℃/min升至250℃,保持5min。

进样口温度:230℃。

进样口:不分流。

载气:氦气。

流速:调整至进样后约8min丙二醇衍生物出峰。

(7)**水分含量**　不大于4.0%(反向滴定)。

(8)**灼热残留物**　不大于2.0%。

453. 硫酸

(1)**英文名称**　Sulfuric acid。

(2)**编码**　CAS 7664-93-9;INS 513。

(3)**分子式与相对分子质量**　H_2SO_4;98.08。

(4)**含量**　本品硫酸(H_2SO_4)含量不少于94.0%。

(5)**性状**　硫酸为无色或稍带褐色透明或几乎透明的黏性液体。

(6)**鉴别**

①稀硫酸溶液(1→100)具有强酸性。

②稀硫酸溶液(1→100)对“定性试验”中所有硫酸盐试验产生相应反应。

(7)**纯度**

①氯化物:以Cl计,不大于0.005%(2.0g,参比溶液为0.01mol/L盐酸0.30mL)。

②硝酸盐：以 NO_3 计，不大于 10μg/g。

将硫酸 5g 缓缓加入 8mL 水中，加入二甲马钱子碱的硫酸溶液（1→500）1mL，再加硫酸配至 25mL，充分振摇，在 80℃左右加热 10min。此溶液的颜色不得深于按以下配制的溶液：取硝酸盐标准溶液 0.5mL，加水 8mL，缓缓加入硫酸 5mL。再加二甲马钱子碱的硫酸溶液（1→500）1mL，加硫酸配至 25mL，充分振摇，约 80℃加热 10min。

③重金属：以 Pb 计，不大于 20μg/g。

测试溶液　称取硫酸 1.0g 加入 10mL 水中，用氨试液调节至中性，加稀乙酸（1→20）2mL，加水定容至 50mL。

参比溶液　取铅标准溶液 2.0mL，加稀乙酸（1→20）2mL，加水配至 50mL。

④铁：以 Fe 计，不大于 0.010%（0.10g，第 2 法，参比溶液为铁标准溶液 1.0mL）。

⑤砷：以 As_2O_3 计，不大于 4.0μg/g（0.50g，第 1 法，装置 B）。

⑥易氧化物：以 SO_3 计，不大于 40μg/g。

将硫酸 8g 加入处于冷却状态的 10mL 冷水中，加 0.02mol/L 高锰酸钾 0.10mL。此溶液的粉红色在 5min 内不消失。

(8)灼热残留物　不大于 0.02%（10g）。

(9)含量测定　准确称取硫酸约 2g，加入 50mL 水中，冷却，加水定容至 100mL。准确量取此溶液 25mL，用 0.5mol/L 氢氧化钠滴定（指示剂：溴百里酚蓝试液 1 滴～2 滴）。

0.5mol/L 氢氧化钠 1mL = 24.52mg H_2SO_4

454. 滑石粉

(1)其他名称　滑石；一水硅酸镁；水合硅酸镁超细粉；Talc；Talcum；Magnesium silicate hydroxide；Hydrous magnesium silicate；Magnesium hydrogen metasilicate。

(2)编码　CAS 14807－96－6；INS 553(iii)。

(3)分子式与相对分子质量　$H_2O_{12}Mg_3Si_4$ 或 $Mg_3(Si_4O_{10})(OH)_2$ 或 $3MgO \cdot 4SiO_2 \cdot H_2O$；379.27。

(4)定义　滑石粉是精选的天然水合硅酸镁。有时偶尔会含少量硅酸铝。

(5)性状　滑石粉为白色至灰白色，微细晶体粉末。有光滑感，无气味。

(6)鉴别　将滑石粉 0.2g 与无水碳酸钠 0.9g 及无水碳酸钾 1.3g 混合，转入铂金坩埚或镍坩埚中，加热使之完全熔化。冷却后，用热水约 5mL 将内容物转移至烧杯中，加盐酸至不再产生气泡，再加盐酸 10mL，水浴蒸干。冷却后，加水 20mL，煮沸，过滤。有凝胶状物质残留，滤液对“定性试验”的镁盐试验产生相应反应。

(7)纯度

①pH：7.5～9.5。

称取滑石粉 10g，加水 100mL，水浴加热 2h，不时振摇并补加蒸发的水分，冷却。采用装有滤膜（孔径 0.45μm）的过滤器（直径 47mm）抽滤。如滤液混浊，用同一过滤器反复抽滤。用水洗涤容器及滤膜上残留物，合并洗液和滤液，加水配至 100mL。为溶液 A。采用溶液 A 测定 pH。

②水溶性物质：不大于 0.2%。

取纯度①制备的溶液 A 50mL，蒸干，将残留物置 105℃干燥 2h，称量。

③盐酸可溶物：不大于2.0%。

称取滑石粉1.0g，加稀盐酸(1→4)20mL，置50℃保温15min并同时振摇。冷却，过滤。用少量水洗涤容器及滤纸上残留物，合并洗液与滤液，再加水配至20mL。量取此溶液10mL，加稀硫酸(1→20)1mL，蒸干，550℃灼热至恒量，称量残留物。

④重金属：以Pb计，不大于40μg/g。

测试溶液　称取滑石粉2.0g，加稀盐酸(1→4)16mL，水20mL，充分振摇，微沸，冷却，过滤。用水洗残留物，合并洗液与滤液，再加水配至100mL，作为溶液B。取溶液B 25mL，水浴蒸干，加稀乙酸(1→20)2mL，水20mL溶解残留物，必要时过滤，加水配至50mL。

参比溶液　取铅标准溶液2.0mL，加稀乙酸(1→20)2mL，加水配至50mL。

⑤水溶性铁：取纯度①制备的溶液A 20mL，加盐酸调至弱酸性，加新配制的亚铁氰化钾溶液(1→10)1滴。溶液不显蓝色。

⑥铅：以Pb计，不大于10μg/g。

测试溶液　取纯度④制备的溶液B 25mL，水浴蒸干，加稀盐酸(1→10)溶解残留物，配至10mL。

参比溶液　取铅标准溶液1.0mL，加稀盐酸液(1→10)配至20mL。

程序　取测试溶液和参比溶液，按"铅限量试验"第1法规定进行。

⑦砷：以As_2O_3计，不大于4.0μg/g。

测试溶液　称取滑石粉0.50g，加稀硫酸(3→50)5mL，边充分振摇边缓缓加热至沸腾，快速冷却，过滤。先用稀硫酸(3→50)5mL洗涤残留物，再用水10mL洗涤，合并洗液和滤液，水浴蒸发至5mL。

装置　使用装置B。

(8)灼热失量　不大于6.0%(550℃，恒量)。

455. 罗望子胶

(1)其他名称　罗望子多糖胶；塔马林籽胶；酸角种子多糖胶；Tamarind seed gum；Tamarind seed polysaccharide gum；Tamarind gum；TSP。

(2)编码　CAS 977027-77-8，39386-78-2。

(3)定义　罗望子胶是从罗望子树(*Tamarindus indica* Linné)种子中提取的物质，主要成分是多糖。产品可能含有蔗糖、葡萄糖、乳糖、糊精或麦芽糖。

(4)性状　罗望子胶为白色至浅褐色粉末。无气味或稍有特殊气味。

(5)鉴别

①将罗望子胶2g慢慢加入氢氧化钠溶液(1→125)100mL中，剧烈搅拌溶解。取此溶液5mL，加饱和硫酸钠溶液3mL。有白色块状物形成。

②向鉴别①的溶液慢慢加入碘-碘化钾试液数滴。在溶液表面出现深蓝绿色块状物，搅拌后颜色消失。

(6)纯度

①重金属：以Pb计，不大于20μg/g(1.0g，第2法，参比溶液为铅标准溶液2.0mL)。

②铅：以Pb计，不大于10μg/g(1.0g，第1法)。

③砷：以As_2O_3计，不大于4.0μg/g(0.50g，第3法，装置B)。

④蛋白质:不大于3.0%。

准确称取罗望子胶0.5g,按照"氮测定"中半微量凯氏法规定进行。

0.005mol/L硫酸1mL=0.8754mg蛋白质

(7)干燥失量 不大于14.0%(105℃,5h)。

(8)灰分 不大于5.0%(以干燥品计)。

(9)微生物限量 按照"微生物限量试验"的规定进行。细菌总数不超过10000/g,大肠杆菌阴性。

456. 刺云实胶

(1)其他名称 他拉胶;刺云豆胶;塔拉胶;秘鲁豆胶;Tara gum;Caesalpinia spinosa gum;Tragum;Caesalpinia gum。

(2)编码 CAS 39300-88-4;INS 417。

(3)定义 从他拉树(*Caesalpinia spinosa* Kuntze)的种子提取的物质。主要成分是多糖。本品可能含有蔗糖、葡萄糖、乳糖、糊精或麦芽糖。

(4)性状 刺云实胶为白色至浅黄色粉末,几乎无气味。

(5)鉴别

①按照"槐豆胶"鉴别①规定进行。形成黏稠液体。取此液体100mL,水浴加热10min,冷却至室温。此液体比加热前更黏稠。

②按照"槐豆胶"鉴别②规定进行。

(6)纯度

①酸不溶物:不大于5.0%。

按照"加工过的麒麟菜属海藻"的纯度⑤规定进行。

②铅:以Pb计,不大于2.0μg/g(5.0g,第1法)。

③砷:以As_2O_3计,不大于4.0μg/g(0.50g,第3法,装置B)。

④蛋白质:不大于3.5%。

准确称取刺云实胶0.2g,按照"氮测定"中半微量凯氏法规定进行。

0.005mol/L硫酸1mL=0.7984mg蛋白质

⑤淀粉:将刺云实胶0.1g加入10mL水中,加热搅拌溶解。冷却后,加碘试液2滴。溶液不显蓝色。

(7)干燥失量 不大于15.0%(105℃,5h)。

(8)灰分 不大于1.5%(550℃,1h)。

(9)微生物限量 按照"微生物限量试验"规定进行。细菌总数不超过10000/g,大肠杆菌阴性。

457. DL-酒石酸

(1)其他名称 DL-2,3-二羟基丁二酸;(2*R*,3*R*)-2,3-二羟基1,4丁二酸;DL-Tartaric Acid;*dl*-Tartaric Acid;2,3-Dihydroxybutanedioic acid。

(2)编码 CAS 133-37-9。

(3)分子式、相对分子质量与结构式 $C_4H_6O_6$;150.09;

HOOC–CH(OH)–CH(OH)–COOH

(4)含量　本品干燥后，DL－酒石酸($C_4H_6O_6$)含量不少于99.5%。

(5)性状　DL－酒石酸为无色结晶或白色晶体粉末。无气味，有酸味。

(6)鉴别

①DL－酒石酸溶液(1→10)无旋光性。

②DL－酒石酸溶液(1→10)呈酸性。

③DL－酒石酸对“定性试验”中所有酒石酸盐试验产生相应反应。

(7)纯度

①熔点：200℃～206℃(分解)。

②硫酸盐：以SO_4计，不大于0.048%(0.50g，参比溶液为0.005mol/L硫酸0.50mL)。

③重金属：以Pb计，不大于10μg/g。

测试溶液　取DL－酒石酸的灼热残留物，加盐酸1mL及硝酸0.2mL，水浴蒸干。加稀盐酸(1→4)1mL，水30mL溶解残留物，必要时过滤，加酚酞试液1滴，滴加氨试液至溶液呈淡红色。加稀乙酸(1→20)2mL，加水配至50mL。

参比溶液　取铅标准溶液2.0mL，加稀乙酸(1→20)2mL，加水配至50mL。

④砷：以As_2O_3计，不大于4.0μg/g(0.50g，第1法，装置B)。

⑤易氧化物：称取DL－酒石酸1.0g，加水25mL和稀硫酸(1→20)25mL溶解。保持溶液在20℃下，加入0.02mol/L高锰酸钾4.0mL。溶液的粉红色在3min内不消失。

(8)干燥失量　不大于0.50%(3h)。

(9)灼热残留物　不大于0.10%(2.0g)。

(10)含量测定　准确称取经预先干燥的DL－酒石酸约1.5g，加水溶解并定容至250mL。准确量取此溶液25mL，用0.1mol/L氢氧化钠滴定(指示剂：酚酞试液2滴～3滴)。

$$0.1\text{mol/L 氢氧化钠 } 1\text{mL} = 7.504\text{mg } C_4H_6O_6$$

458. L－酒石酸

(1)其他名称　2，3－二羟基丁二酸；L－Tartaric acid；Tartaric acid；*d*－Tartaric acid；L(＋)－Tartaric acid；(2*R*，3*R*)－2，3－Dihydroxybutanedioic acid。

(2)编码　CAS 87－69－4；INS 334；FEMA 3044。

(3)分子式、相对分子质量与结构式　$C_4H_6O_6$；150.09；

(2R,3R) HOOC–CH(OH)–CH(OH)–COOH

(4)含量　本品干燥后，L－酒石酸($C_4H_6O_6$)含量不少于99.5%。

(5)性状　L－酒石酸为无色结晶或白色细微晶体粉末。无气味，有酸味。

(6)鉴别

①L－酒石酸溶液(1→10)呈右旋光性。

②按照“DL－酒石酸”的鉴别②和③规定进行。

(7)纯度

①比旋光度$[\alpha]_D^{20}$：11.5°～13.5°。

准确称取经预先干燥的L－酒石酸10g，加水溶解并定容至50mL，测定此溶液的角旋转。

②硫酸盐：以SO_4计，不大于0.048%。

按照"DL－酒石酸"的纯度②规定进行。

③重金属：以Pb计，不大于10μg/g。

按照"DL－酒石酸"的纯度③规定进行。

④砷：以As_2O_3计，不大于4.0μg/g(0.50g，第1法，装置B)。

⑤草酸盐：称取L－酒石酸1.0g，加水10mL溶解，加氯化钙溶液(2→25)2mL，无混浊产生。

(8)干燥失量 不大于0.50%(3h)。

(9)灼热残留物 不大于0.10%(2.0g)。

(10)含量测定 按照"DL－酒石酸"含量测定规定进行。

0.01mol/L氢氧化钠1mL＝7.504mg $C_4H_6O_6$

459. 牛磺酸(提取物)

(1)其他名称 2－氨基乙磺酸；Taurine(Extract)；2－Aminoethanesulfonic acid。

(2)编码 CAS 107－35－7；FEMA 3813。

(3)分子式、相对分子质量与结构式 $C_2H_7NO_3S$；125.15；

H_2N—CH_2CH_2—SO_3H

(4)定义 牛磺酸(提取物)由鱼、贝或哺乳类动物内脏器官或肉提取获得，主要成分是牛磺酸。

(5)含量 牛磺酸(提取物)干燥后，牛磺酸($C_2H_7NO_3S$)含量不少于98.5%。

(6)性状 牛磺酸(提取物)为白色晶体粉末，无气味。

(7)鉴别

①取牛磺酸(提取物)溶液(1→20)5mL，加稀盐酸5滴，亚硝酸钠溶液(1→10)5滴。溶液产生气泡，散发出无色气体。

②称取牛磺酸(提取物)0.5g，加氢氧化钠试液7.5mL，先缓慢加热，再蒸发至干。然后，在500℃加热2h至分解。向残留物中加水5mL，振摇，过滤。向该混合物中再加硝普钠试液1滴。溶液显紫红色。

(8)纯度

①溶液颜色和澄清度：无色，澄清(0.5g，水20mL)。

②氯化物：以Cl计，不大于0.011%(1.0g，参比溶液为用0.01mol/L盐酸0.30mL)。

③硫酸盐：以SO_4计，不大于0.014%(1.5g，参比溶液为0.005mol/L硫酸0.45mL)。

④铵：以NH_4计，不大于0.020%。

称取牛磺酸(提取物)0.10g于烧瓶中，加水70mL溶解，加氧化镁1g。将烧瓶连接上蒸馏装置，接收瓶内预先放入硼酸溶液(1→200)10mL，将冷凝管的低端头浸入接收瓶的液面下。以5mL/min～7mL/min的速率蒸馏至收集到蒸馏液30mL。将此蒸馏液加水配至50mL。取此溶液30mL于纳氏比色管中，加苯酚－五氰基亚硝酰基铁酸钠试液6.0mL，混合。加次氯酸钠－氢氧化钠试液4mL,加水配至50mL,混合,静置60min。溶液颜色不得深于以铵标准溶液2.0mL代替样本后用同样方式配制的参比溶液颜色。

⑤易碳化物质:将牛磺酸(提取物)0.10g用94.5%～95.5%浓硫酸1mL溶解。溶液不显颜色。

⑥重金属:以Pb计,不大于20μg/g(1.0g,第1法,参比溶液为铅标准溶液2.0mL)。

⑦砷:以As_2O_3计,不大于4.0μg/g(0.50g,第2法,装置B)。

(9)干燥失量　不大于0.20%(105℃,2h)。

(10)灼热残留物　不大于0.50%(1.0g)。

(11)含量测定

准确称取经预先干燥的牛磺酸(提取物)约0.2g,加水50mL溶解,再加福尔马林5mL。用0.1mol/L氢氧化钠滴定(指示剂:酚酞试液3滴)。另外,以同样方式做空白试验,进行必要的校正。

$$0.1mol/L 氢氧化钠 1mL = 12.52mg\ C_2H_7NO_3S$$

460. 萜品醇

(1)其他名称　松油醇;1－甲基－4－(1－甲基乙烯基)环己醇;Terpineol。

(2)编码　CAS 8006－39－1。

α－萜品醇:CAS 10482－56－1;98－55－5;FEMA 3045。

β－萜品醇:CAS 138－87－4;FEMA 3564。

γ－萜品醇:CAS 586－81－2。

(3)分子式、相对分子质量与结构式　$C_{10}H_{18}O$;154.25;

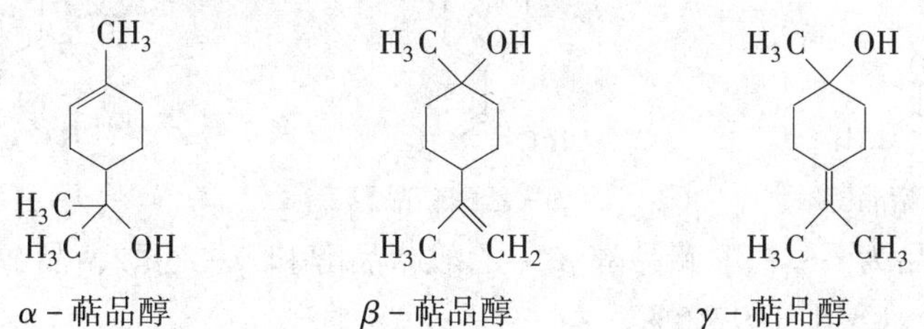

α－萜品醇　β－萜品醇　γ－萜品醇

(4)含量　本品为α－萜品醇、β－萜品醇和γ－萜品醇的混合物,萜品醇($C_{10}H_{18}O$)含量不少于97.0%。

(5)性状　萜品醇为无色或稍带黄色透明液体,有特殊气味。

(6)鉴别　取萜品醇1mL,加入乙酸酐1mL和磷酸1滴,30℃放置10min,加水1mL。边振摇边在热水中加热5min。冷却。加入无水碳酸钠溶液(1→8)8mL。产生乙酸萜品酯的气味。

(7)纯度

①折射率n_D^{20}:1.482～1.484。

②相对密度:0.932～0.938。

③溶液澄清度:澄清[1.0mL,加70%(体积分数)乙醇2.0mL]。

(8)含量测定　准确称取萜品醇5.0g和二甲苯20.0g于烧瓶内,加乙酸酐10mL,无水乙酸钠1g。装上回流冷凝器,微沸回流6h。冷却,加水10mL,水浴加热15min,不时振摇。冷却。将烧瓶内溶液倒入分液漏斗，分离出水层。将油层用无水碳酸钠溶液（1→8）洗涤至洗液显碱性，再用氯化钠溶液（1→10）洗涤至洗液呈中性，转入干燥容器内，加入无水硫酸钠约2g，振摇，放置约30min，过滤。准确称取该滤液5g，按照“香料物质试验”中酯含量的规定进行。在本试验中，滴定前加热4h。另外，以同样方式作空白试验，按式（9－161）计算萜品醇（$C_{10}H_{18}O$）含量X：

$$X=\frac{154.2\times(V_1-V_2)\times0.5}{[m-(V_1-V_2)\times0.02102]\times5/25\times1000}\times100\% \tag{9-161}$$

式中：

V_1——空白试验中0.5mol/L盐酸消耗量，mL；

V_2——样本试验中0.5mol/L盐酸消耗量，mL；

m——滤液量，g。

461. 乙酸萜品醇

（1）其他名称 乙酸松油酯；α，α－4－三甲基－3－环已烯－1－甲醇乙酸酯；Terpinyl acetate；terpinenyl acetate；Menthen－1－YL－8－propionate。

（2）编码 CAS 8007－35－0；FEMA 3047。

α－乙酸萜品醇：CAS 80－26－2。

β－乙酸萜品醇：CAS 20777－47－3；59632－85－8，10198－23－9。

（3）分子式、相对分子质量与结构式 $C_{12}H_{20}O_2$；196.29；

α－乙酸萜品醇　　β－乙酸萜品醇　　γ－乙酸萜品醇

（4）含量 本品为α－乙酸萜品醇、β－乙酸萜品醇和γ－乙酸萜品醇的混合物，乙酸萜品醇（$C_{12}H_{20}O_2$）含量不少于97.0%。

（5）性状 乙酸萜品醇为无色或稍带黄色透明液体，有特殊气味。

（6）鉴别 取乙酸萜品醇0.5mL，加10%氢氧化钾乙醇试液5mL。装上回流冷凝器，水浴加热回流1h。特殊气味消失，产生萜品醇的气味。冷却后，加水6mL和稀盐酸（1→4）2mL。此溶液对“定性试验”中乙酸盐试验3产生相应反应。

（7）纯度

①折射率n_D^{20}：1.464～1.467。

②相对密度：0.956～0.965。

③溶液澄清度：澄清［1.0mL，70%（体积分数）乙醇5.0mL］。

④酸值：不大于1.0（香料物质试验）。

（8）含量测定 准确称取乙酸萜品醇0.7g，按照“香料物质试验”中酯含量规定进行。试验中，使用0.5mol/L氢氧化钾的乙醇溶液20mL，滴定前煮沸混合物2h。

0.5mol/L氢氧化钾的乙醇溶液1mL＝98.14mg $C_{12}H_{20}O_2$

462. 2,3,5,6－四甲基吡嗪

(1)其他名称　川弓嗪;2,3,5,6－Tetramethylpyrazine;Tetrapyrazine。

(2)编码　CAS 1124－11－4;FEMA 3237。

(3)分子式、相对分子质量与结构式　$C_8H_{12}N_2$;136.20;

(4)含量　本品的2,3,5,6－四甲基吡嗪($C_8H_{12}N_2$)含量不少于95.0%。

(5)性状　2,3,5,6－四甲基吡嗪为白色结晶或粉末,有特殊气味。

(6)鉴别

按照“红外吸收光谱法”的研糊法规定的操作测定2,3,5,6－四甲基吡嗪的红外吸收光谱,与参比光谱图(见图9－67)比较,两个谱图在相同的波数几乎有同样的吸收强度。

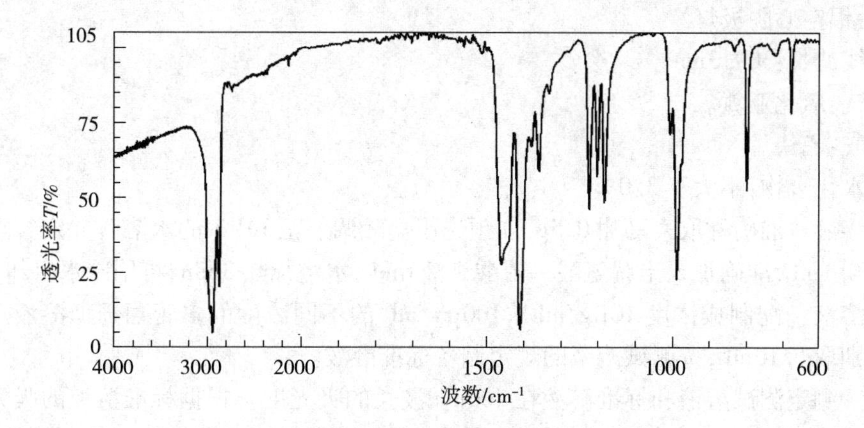

图9－67　2,3,5,6－四甲基吡嗪的红外吸收光谱图

(7)纯度　熔点:85℃～90℃。

(8)含量测定

准确称取2,3,5,6－四甲基吡嗪0.2g,加乙醇溶解并定容至20mL。采用“香料物质试验”的气相色谱法的峰面积百分比法测定,使用操作条件(1)。

463. 索马甜

(1)其他名称　非洲竹芋甜素;Thaumatin;Irradiatedthaumatin;Talin。

(2)编码　CAS 53850－34－3;INS 957;FEMA 3732。

(3)定义　索马甜由非洲竹竽(*Thaumatococcus daniellii* Bentham)种子提取,主要含索马甜。

(4)含量　本品干燥后,索马甜含量不少于94%。

(5)性状　索马甜为淡黄褐色至灰褐色粉末或薄片。无气味,味道极甜。

(6)鉴别

①取索马甜溶液(1→100)2mL,加茚三酮－乙酸试液2mL,硫酸肼溶液(13→25000)

2mL,水浴加热。溶液显蓝紫色。

②索马甜溶液(1→100000)有甜味。

(7)纯度

①吸光系数 $E_{1cm}^{1\%}$(最大吸收波长在278nm附近):11.5~13.0。

准确称取索马甜0.1g,加水溶解并定容至200mL。测定此溶液的吸光度。

②铝:以Al计,不大于100μg/g。

测试溶液　准确称取索马甜2 g,温和加热碳化。冷却后,加少量硫酸,小心加热至不再产生白烟,然后450℃~550℃灼热成灰烬。加0.2mol/L盐酸定容至25mL。

标准溶液　准确量取一定体积的铝标准贮备液,加水配成铝(Al=26.98)浓度在2.0μg/mL~10.0μg/mL的呈阶梯式浓度的多管标准溶液。

程序　按照下述条件规定对测试溶液和标准溶液进行火焰原子吸收光谱测定。根据标准溶液中铝含量绘制标准曲线,确定测试溶液中铝含量。

操作条件

光源:铝空心阴极灯。

分析线波长:309.3nm。

助燃气:氧化亚氮。

可燃气:乙炔。

③碳水化合物:不大于3.0%。

测试溶液　准确称取索马甜0.5g,加预先用盐酸调节至pH 3的水溶解并定容至50mL。取此溶液0.1mL,准确加入半胱氨酸-硫酸试液6mL,水浴加热3min,再用冷水冷却5min。

标准溶液　配制成浓度10μg/mL~100μg/mL的不同浓度的多管葡萄糖溶液。在各管溶液中分别取0.10mL,按测试溶液的规定制备标准溶液。

程序　测定测试溶液和标准溶液在400nm波长的吸光度。根据标准溶液的吸光度绘制标准曲线,确定测试溶液中碳水化合物(D-葡萄糖)的含量。使用不含样本的溶液,按照测试溶液配制的同样方式制备参比溶液。

④铅:以Pb计,不大于10μg/g(1.0g,第1法)。

⑤砷:以 As_2O_3 计,不大于4.0μg/g(1.0g,第3法,装置C,参比溶液为砷标准溶液4.0mL)。

(8)干燥失量　不大于9.0%(105℃,3h)。

(9)灼热残留物　不大于2.0%。

(10)含量测定　准确称取经预先干燥的索马甜约0.15g,按照"氮测定"的凯氏定氮法规定进行。按式(9-162)计算索马甜含量 X:

$$X = \frac{V \times 1.401 \times 6.25}{m \times 1000} \times 100\% \qquad (9-162)$$

式中:

m_1——0.1mol/L氢氧化钠消耗量,mL;

m——样品量,g。

464. L-茶氨酸

(1)其他名称　N-乙基-L-谷氨酰胺;2-氨基-4-(乙基氨基甲酰)丁酸;L-Theanine; *N* – Gamma – ethyl – L – glutamine; (2*S*) – 2 – Amino – 4 – (*N* – ethylcarbamoyl) butanoic acid。

(2)**编码** CAS 3081 – 61 – 6。

(3)**分子式、相对分子质量与结构式** $C_7H_{14}N_2O_3$;174.20;

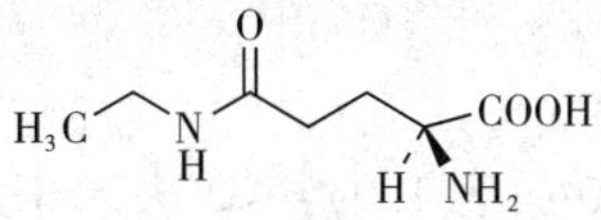

(4)**含量** 以干燥品计,本品 L – 茶氨酸($C_7H_{14}N_2O_3$)含量为 98.0% ~102.0%。

(5)**性状** L – 茶氨酸为白色晶体粉末。无气味,稍有特殊和甜味道。

(6)**鉴别**

①取 L – 茶氨酸溶液(1→1000)5mL,加茚三酮溶液(1→1000)1mL,加热 3min。溶液显紫色。

②将 L – 茶氨酸约 1g 用稀盐酸(1→2)10mL 溶解,装上回流冷凝器,水浴加热回流 6h,加水配至 20mL。取该溶液 5mL 于试管中,加入氢氧化钠 2g。将用水润湿的红色石蕊试纸悬于试管中,盖上试管口,水浴加热 5min。石蕊试纸变为蓝色。

(7)**纯度**

①比旋光度$[\alpha]_D^{20}$: +7.7° ~ +8.5°(2.5g,水 50mL,以干燥品计)。

②溶液颜色和澄清度:无色,几乎澄清(1.0g,水 20 mL)。

③pH:5.0 ~6.0(1.0g,水 100mL)。

④氯化物:以 Cl 计,不大于 0.021%(0.50g,参比溶液为 0.01mol/L 盐酸 0.30mL)。

⑤重金属:以 Pb 计,不大于 10μg/g(2.0g,第 1 法,参比溶液为铅标准溶液 2.0mL)。

⑥砷:以 As_2O_3 计,不大于 4.0μg/g(0.50g,第 1 法,装置 B)。

(8)**干燥失量** 不大于 0.5%(105℃,3h)。

(9)**灼热残留物** 不大于 0.20%。

(10)**含量测定** 准确称取 L – 茶氨酸 0.35g,按照"DL – 丙氨酸"的含量测定规定进行。

0.1mol/L 高氯酸 1mL = 17.42mg $C_7H_{14}N_2O_3$

465. 噻苯哒唑

(1)**其他名称** 噻苯咪唑;噻菌灵;2 –(4 – 噻唑基)苯并咪唑;涕必灵;Thiabendazole;2 –(1,3 – Thiazol – 4 – yl) – 1*H* – benzo[*d*]imidazole;TBZ。

(2)**编码** CAS 148 – 79 – 8;INS 233。

(3)**分子式、相对分子质量与结构式** $C_{10}H_7N_3S$;201.25;

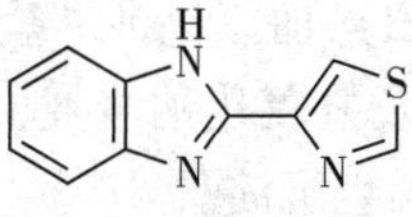

(4)**含量** 本品干燥后,噻苯哒唑($C_{10}H_7N_3S$)含量为 98.0% ~101.0%。

(5)**性状** 噻苯哒唑为白色至近白色粉末,无气味。

(6)**鉴别**

①将噻苯哒唑 5mg 加稀盐酸(1→100)5mL 溶解,加盐酸对苯二胺 3mg,锌粉约 0.1g,放

置2min。有硫化氢气味产生。向此溶液加入硫酸铁铵-硫酸试液0.5mL。溶液显蓝色至蓝紫色。

②取噻苯哒唑5mg,加稀盐酸(1→100)1000mL溶解。此溶液在298nm~306nm及239nm~247nm波长吸收最大,在254nm~262nm波长吸收最小。

(7)纯度

①熔点:296℃~303℃(分解)。

②重金属:以Pb计,不大于20μg/g(1.0g,第2法,参比溶液为铅标准溶液2.0mL)。

(8)干燥失量 不大于0.5%(减压,24h)。

(9)灼热残留物 不大于0.20%。

(10)含量测定 准确称取经预先干燥的噻苯哒唑约0.2g,加非水滴定用乙酸10mL,加温溶解,冷却。加乙酸酐50mL,非水滴定用乙酸汞试液1mL,用0.1mol/L高氯酸滴定(指示剂:结晶紫-乙酸试液1mL)至溶液从紫色经蓝色变为绿色。另外,以同样方式做空白试验,进行必要校正。

$$0.1mol/L 高氯酸 1mL = 20.12mg\ C_{10}H_7N_3S$$

466. 硫胺素双十六烷基硫酸盐

(1)其他名称 维生素B_1双十六烷基硫酸盐;硫胺素鲸蜡基硫酸盐;Thiamine dicetylsulfate;Vitamin B_1 Dicetysulfate;3-(4-Amino-2-methylpyrimidin-5-ylmethyl)-5-(2-hydroxyethyl)-4-methylthiazolium dihexadecylsulfate monohydrate。

(2)分子式、相对分子质量与结构式 $C_{44}H_{84}N_4O_9S_3 \cdot H_2O$;927.37;

(3)含量 本品干燥后,硫胺素双十六烷基硫酸盐($C_{44}H_{84}N_4O_9S_3 \cdot H_2O$)含量为96.0%~102.0%。

(4)性状 硫胺素双十六烷基硫酸盐为无色至白色结晶或为白色晶体粉末。无气味或稍有特殊气味。

(5)鉴别

①取硫胺素双十六烷基硫酸盐0.1g,加氯化钾-盐酸试液20mL,微沸约30min,冷却,过滤。取滤液1mL,加乙酸铅试液1mL及氢氧化钠溶液(1→10)1mL。溶液显黄色。当水浴加温时溶液转变为褐色后,放置生成黑褐色沉淀。

②取鉴别1制备的滤液1mL,加氢氧化钠溶液(1→50)5mL,加新配制的铁氰化钾溶液(1→10)0.5mL,再加异丁醇5mL,剧激烈振摇2min。静置,在紫外线下观察。异丁醇层发出蓝紫色荧光,将溶液调成酸性时荧光消失,而将溶液调碱性时荧光再现。

③取硫胺素双十六烷基硫酸盐1g,加水30mL及盐酸15mL,装上回流冷凝器煮沸回流约

4h,冷却。每次加乙醚15mL,提取2次,合并乙醚提取液,用水洗后,水浴蒸发除去乙醚,置残留物于100℃干燥15min,冷却。测定残留物的熔点。应为46℃~56℃。

(6)纯度

①氯化物:以Cl计,不大于0.056%。

测试溶液　称取硫胺素双十六烷基硫酸盐0.25g,加水30mL,充分振摇,放置10min。加稀硝酸(1→10)6mL溶解,过滤,水洗,合并洗液与滤液,加水配至50mL 。

参比溶液　取0.01mol/L盐酸0.40mL,加稀硝酸(1→10)6mL,加水配至50mL。

②重金属:以Pb计,不大于20μg/g(1.0g,第2法,参比溶液为铅标准溶液2.0mL)。

(7)干燥失量　不大于2.0%(24h)。

(8)灼热残留物　不大于0.30%。

(9)含量测定

测试溶液　准确称取经预先干燥的硫胺素双十六烷基硫酸盐约0.14g,加氯化钾-盐酸试液40mL,水浴加热30min并不时振摇。冷却后,过滤,加水50mL洗涤,合并洗液与滤液,加水定容至100mL。准确量取此溶液2mL,准确加入苯甲酸甲酯的甲醇溶液(1→1000)5mL,再用流动相(与"硫胺素盐酸盐"含量测定用溶液相同)定容至100mL。

标准溶液　准确称取硫胺素盐酸盐标准品(预先按照"硫胺素盐酸盐"相同方法测定水分)0.05g,加氯化钾-盐酸试液40mL溶解,加水定容至100mL。准确量取此液2mL,准确加苯甲酸甲酯的甲醇溶液(1→1000)5mL,加流动相定容至100mL。

程序　取测试溶液及标准溶液,按"硫胺素盐酸盐"含量测定规定进行,按式(9-163)计算硫胺素双十六烷基硫酸盐($C_{44}H_{84}N_4O_9S_3 \cdot H_2O$)的含量$X$:

$$X = \frac{m_1}{m} \times \frac{Q_T}{Q_S} \times 2.750 \times 100\% \tag{9-163}$$

式中:

m_1——换算成无水硫胺素盐酸盐的标准品量,g;

m——样品量,g。

467. 硫酸双十二烷酯硫胺

(1)其他名称　硫胺素双月桂基硫酸盐;硫胺素二月桂基硫酸盐;维生素B_1双月桂基硫酸盐;Thiamine dilaurylsulfate;Vitamin B_1 dilaurylsulfate;3-(4-Amino-2-methylpyrimidin-5-ylmethyl)-5-(2-hydoxyethyl)-4-methylthiazolium didodecylsulfate monohydrate。

(2)编码　CAS 39479-63-5。

(3)分子式、相对分子质量与结构式　$C_{36}H_{68}N_4O_9S_3 \cdot H_2O$;815.16;

H₃C, N, NH₂, S, OH, N, N⁺, CH₃

H_3C～～～～～OSO_3^-

$\cdot H_3C$～～～～～OSO_3H

$\cdot H_2O$

(4)含量 本品干燥后，硫胺素双月桂基硫酸盐($C_{36}H_{68}N_4O_9S_3 \cdot H_2O$)含量为98.0%～102.0%。

(5)性状 硫胺素双月桂基硫酸盐为无色至白色结晶，或白色晶体粉末。无气味或稍有特殊气味。

(6)鉴别

①按照“硫胺素双十六烷基硫酸盐”的鉴别①和②规定进行。

②按照“硫胺素双十六烷基硫酸盐”的鉴别③规定进行。其熔点为20℃～28℃。

(7)纯度

①氯化物：以Cl计，不大于0.057%。

按照“硫胺素双十六烷基硫酸盐”的纯度①规定进行。

②重金属：以Pb计，不大于20μg/g(1.0g，第2法，参比溶液为铅标准溶液2.0mL)。

(8)干燥失量 不大于2.0%(24h)。

(9)灼热残留物 不大于0.30%。

(10)含量测定

测试溶液 准确称取经预先干燥的硫胺素双月桂基硫酸盐约0.12g，加氯化钾－盐酸试液40mL，水浴加热30min并不时振摇。冷却后过滤，用50mL水洗涤，合并洗液与滤液，加水定容至100mL。准确量取此溶液2mL，准确加入苯甲酸甲酯的甲醇溶液(1→1000)5mL，再加入流动相(与“硫胺素盐酸盐”含量测定所用溶液相同)准确配至100mL。

标准溶液 准确称取硫胺素盐酸盐标准品(预先按照“硫胺素盐酸盐”相同的方法测定水分)0.05g，加氯化钾－盐酸试液40mL溶解，加水定容至100mL。准确量取此液2mL，准确添加苯甲酸甲酯的甲醇溶液(1→1000)5mL，加流动相定容至100mL。

程序 取测试溶液及标准溶液，按照“硫胺素盐酸盐”含量测定的规定进行。按式(9－164)计算硫胺素双月桂基硫酸盐($C_{36}H_{68}N_4O_9S_3 \cdot H_2O$)的含量$X$：

$$X = \frac{m_1}{m} \times \frac{Q_T}{Q_S} \times 2.417 \times 100\% \qquad (9-164)$$

式中：

m_1——换算成无水硫胺素盐酸盐的标准品量，g；

m——样品量，g。

468. 硫胺素盐酸盐

(1)其他名称 维生素B_1盐酸盐；盐酸硫胺；Thiamine hydrochloride, Vitamin B_1 hydrochloride; 3－(4－Amino－2－methylpyrimidin－5－ylmethyl)－5－(2－hydoxyethyl)－4－methylthiazolium chloride monohydrochloride。

(2)编码 CAS 67－03－8；FEMA 3322。

(3)分子式、相对分子质量与结构式 $C_{12}H_{17}ClN_4OS \cdot HCl$；337.27；

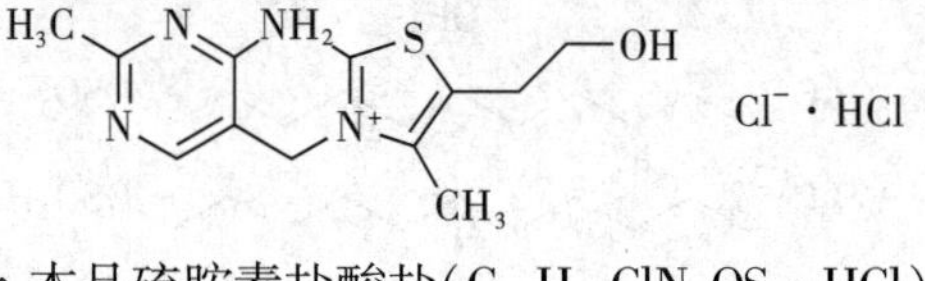

H_3C N NH_2 S OH N N^+ CH_3 $Cl^- \cdot HCl$

(4)含量 以无水品计，本品硫胺素盐酸盐($C_{12}H_{17}ClN_4OS \cdot HCl$)含量为98.0%～102.0%。

(5)性状　硫胺素盐酸盐为白色至黄白色微细结晶或晶体粉末。无气味或稍有特殊气味。

(6)鉴别

①取硫胺素盐酸盐溶液(1→500)1mL,加乙酸铅试液1mL,氢氧化钠溶液(1→10)1mL。溶液显黄色。水浴加温时溶液变为褐色,放置时形成黑褐色沉淀。

②取硫胺素盐酸盐溶液(1→500)5mL,加氢氧化钠溶液(1→25)2.5mL,加新配制的铁氰化钾溶液(1→10)0.5mL,然后加异丁醇5mL,剧烈振摇2min,静置。在紫外线下观察,异丁醇层发出蓝紫色荧光。当溶液调为酸性时荧光消失。将溶液调为碱性时,荧光再现。

③硫胺素盐酸盐对"定性试验"中所有氯化物试验产生相应反应。

(7)纯度

①溶液颜色及澄清度:称取硫胺素盐酸盐1.0g,加水溶解并配至10mL。该溶液应澄清,其颜色不得深于用1/60 mol/L重铬酸钾溶液1.5mL加水配至1000mL溶液的颜色。

②pH:2.7~3.4(1.0g,水100mL)。

③硫酸盐:以SO_4计,不大于0.011%(1.5g,参比溶液为0.005mol/L硫酸0.35mL)。

④重金属:以Pb计,不大于20μg/g(1.0g,第1法,参比溶液为铅标准溶液2.0mL)。

(8)水分含量　不大于5.0%(0.5g,直接滴定)。

(9)灼热残留物　不大于0.20%。

(10)含量测定

测试溶液与标准溶液　分别准确称取硫胺素盐酸盐的样品及硫胺素盐酸盐标准品(预先用与硫胺素盐酸盐水分含量测定相同的方法测定水分)0.1g,用按照下述操作条件规定配制的流动相分别溶解并定容至50mL。取每种溶液各10mL,准确加入苯甲酸甲酯的甲醇溶液(1→50)5mL,另各加流动相定容至50mL。分别作为测试溶液和标准溶液。

程序　取测试溶液和标准溶液各10μL,按照以下操作条件进行液相色谱分析。计算测试溶液和标准溶液中硫胺与苯甲酸甲酯的峰面积比,分别记为Q_T和Q_S,按式(9-165)计算硫胺素盐酸盐($C_{12}H_{17}ClN_4OS \cdot HCl$)的含量$X$:

$$X = \frac{m_1}{m} \times \frac{Q_T}{Q_S} \times 100\% \qquad (9-165)$$

式中:

m_1——换算成无水硫胺素盐酸的标准品量,g;

m——样品量,g。

操作条件

检测器:紫外检测器(测定波长:254nm)。

色谱柱:内径4 mm,长15cm~30cm的不锈钢管。

柱填料:5μm~10μm液相色谱用十八烷基硅烷键合硅胶。

柱温:恒温,约25℃。

流动相:将1-辛烷磺酸钠1.1g用稀乙酸(1→100)1000mL溶解。取此溶液600mL,加甲醇与乙腈混合液(3:2)400mL。

流速:调整使硫胺的保留时间约为12min。

469. 硫胺素硝酸盐

(1)其他名称 硝酸硫胺;维生素 B_1 硝酸盐;Thiamine mononitrate;Vitamin B_1 Mononitrate;3-(4-Amino-2-methylpyrimidin-5-ylmethyl)-5-(2-hydoxyethyl)-4-methylthiazolium nitrate。

(2)编码 CAS 532-43-4。

(3)分子式、相对分子质量与结构式 $C_{12}H_{17}N_5O_4S$;327.36;

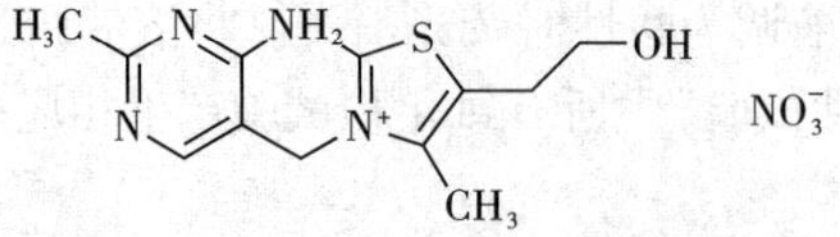

(4)含量 本品干燥后,硫胺素硝酸盐($C_{12}H_{17}N_5O_4S$)含量为98.0%~102.0%。

(5)性状 硫胺素硝酸盐为白色至黄白色结晶或晶体粉末。无臭味或稍有特殊气味。

(6)鉴别

①按照"硫胺素盐酸盐"的鉴别①和②规定进行。

②硫胺素硝酸盐对"定性试验"中所有硝酸盐试验产生相应反应。

(7)纯度

①pH:6.5~8.0(1.0g,水50mL)。

②氯化物:以Cl计,不大于0.057%(0.25g,参比溶液为0.01mol/L盐酸0.40mL)。

③重金属:以Pb计,不大于20μg/g(1.0g,第1法,参比溶液为铅标准溶液2.0mL)。

(8)干燥失量 不大于1.0%(105℃,2h)。

(9)灼热残留物 不大于0.20%。

(10)含量测定

分别准确称取干燥后的硫胺素硝酸盐样品及硫胺素盐酸盐标准品(预先用与硫胺素盐酸盐水分含量测定相同的方法测定水分)各0.1g。按照"硫胺素盐酸盐"含量测定的规定进行,按式(9-166)计算硫胺素硝酸盐($C_{12}H_{17}N_5O_4S$)含量 X:

$$X = \frac{m_1}{m} \times \frac{Q_T}{Q_S} \times 0.9706 \times 100\% \qquad (9-166)$$

式中:

m_1——换算成无水硫胺素盐酸盐标准品量,g;

m——样品量,g。

470. 硫胺素萘-1,5-二磺酸盐

(1)其他名称 维生素 B_1 萘-1,5-二磺酸盐;Thiamine naphthalene-1,5-disulfonate;Vitamin B_1 naphthalene-1,5-disulfonate;3-(4-Amino-2-methylpyrimidin-5-ylmethyl)-5-(2-hydoxyethyl)-4-methylthiazolium naphthalene-1,5-disulfonate monohydrate。

(2)编码 CAS 573-09-1。

(3)分子式、相对分子质量与结构式 $C_{22}H_{24}N_4O_7S_3 \cdot H_2O$;570.66;

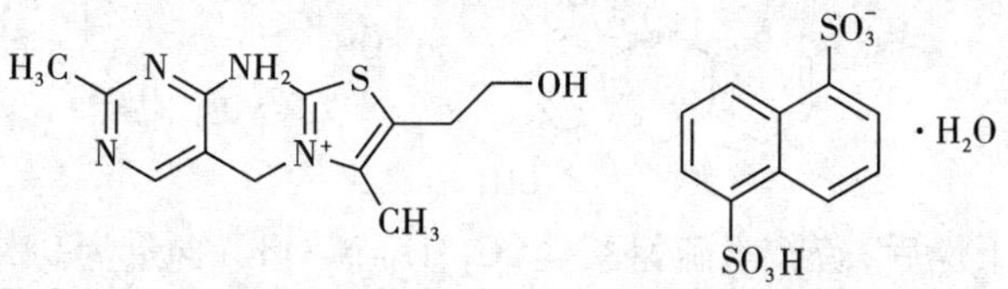

(4)含量　本品干燥后,硫胺素萘-1,5-二磺酸盐($C_{22}H_{24}N_4O_7S_3$ = 552.65)含量为98.0%~102.0%。

(5)性状　硫胺素萘-1,5-二磺酸盐为白色、微细晶体粉末。无气味或稍有特殊气味。

(6)鉴别

①按“硫胺素盐酸盐”的鉴别①和②规定进行。

②取硫胺素萘-1,5-二磺酸盐0.01g,加稀盐酸(1→10000)100mL溶解。取此溶液5mL,加稀盐酸(1→10000)配至100mL。该溶液在225nm~227nm波长吸收最大。

(7)纯度

①氯化物:以Cl计,不大于0.057%。

按照“硫胺素双十六烷基硫酸盐”的纯度①规定进行。

②重金属:以Pb计,不大于20μg/g(1.0g,第2法,参比溶液为铅标准溶液2.0mL)。

(8)干燥失量　不大于5.0%(105℃,2h)。

(9)灼热残留物　不大于0.20%。

(10)含量测定

测试溶液　准确称取经预先干燥的硫胺素萘-1,5-二磺酸盐约0.16g,加稀盐酸(1→1000)30mL,水浴加热溶解。冷却后,加稀盐酸(1→1000)准确配至50mL。准确量取此溶液10mL,加稀盐酸(1→1000)50mL,再加甲醇定容至100mL。准确量取此溶液25mL,准确加入苯甲酸甲酯的甲醇溶液(1→200)5mL,再加水定容至50mL。

标准溶液　准确称取硫胺素盐酸盐标准品(预先按照“硫胺素盐酸盐”相同方法测定水分含量)0.1g,加稀盐酸(1→1000)溶解并定容至50mL。再按照测试溶液相同的操作制备标准溶液。

程序　取测试溶液和标准溶液,按照“硫胺素盐酸盐”含量测定规定进行。按式(9-167)计算硫胺素萘-1,5-二磺酸盐($C_{22}H_{24}N_4O_7S_3$)的含量X:

$$X = \frac{m_1}{m} \times \frac{Q_T}{Q_S} \times 1.639 \times 100\% \qquad (9-167)$$

式中:

m_1——换算成无水硫胺素盐酸盐的标准品量,g;

m——样品量,g。

471. 硫胺素硫氰酸盐

(1)其他名称　维生素B_1硫氰酸盐;Thiamine thiocyanate;Vitamin B_1 rhodanate;3-(4-Amino-2-methylpyrimidin-5-ylmethyl)-5-(2-hydoxyethyl)-4-methylthiazolium thiocyanate monohydrate。

(2)编码　CAS 130131-60-1。

(3)分子式、相对分子质量与结构式　$C_{13}H_{17}N_5OS_2 \cdot H_2O$;341.45;

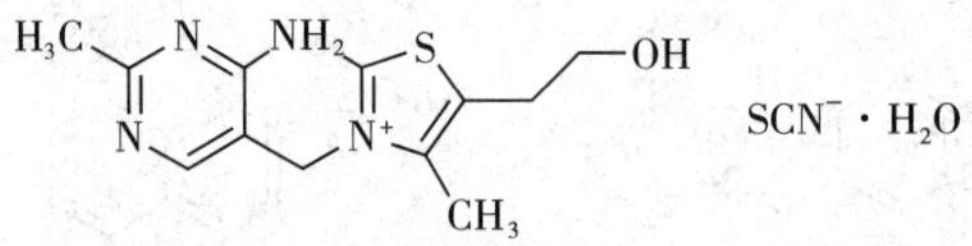

H_3C N NH_2 S OH N N^+ CH_3 $SCN^- \cdot H_2O$

(4)含量 本品干燥后,硫胺素硫氰酸盐($C_{13}H_{17}N_5OS_2$)含量为98.0%~102.0%。

(5)性状 硫胺素硫氰酸盐为白色结晶或晶体粉末。无气味或稍有特殊气味。

(6)鉴别

①按照“硫胺素盐酸盐”的鉴别①及②规定进行。

②硫胺素硫氰酸盐饱和溶液对“定性试验”中所有硫氰酸盐试验产生相应反应。

(7)纯度

①氯化物:以Cl计,不大于0.057%。

称取硫胺素硫氰酸盐0.25g,加水1.5mL,硝酸铵0.3g,氢氧比钠溶液(2→5)0.9mL,边振摇边慢慢滴加过氧化氢3mL。水浴加热30min,不时振摇,冷却,加稀硝酸(2→3)3mL,加水配至50mL。加糊精溶液(1→50)0.1mL及硝酸银溶液(1→50)0.5mL,放置5min。此溶液的混浊度不得大于参比溶液。参比溶液配制:取0.01mol/L盐酸0.40mL,按测试溶液同样方法配制。

②重金属:以Pb计,不大于20μg/g(1.0g,第2法,参比溶液为铅标准溶液2.0mL)。

(8)干燥失量 不大于6.0%(105℃,2h)。

(9)灼热残留物 不大于0.20%。

(10)含量测定

测试溶液 准确称取经预先干燥的硫胺素硫氰酸盐约0.1g,加稀盐酸(1→10000)溶解并定容至200mL。准确量取此溶液2mL,准确加入苯甲酸甲酯的甲醇溶液(1→50)5mL,再加流动相(硫胺素盐酸盐含量测定所用的溶液)定容至50mL。

标准溶液 准确称取硫胺素盐酸盐标准品(预先用于“硫胺素盐酸盐”水分测定同样方法测定水分)0.1g,按照测试溶液相同的方法制备。

程序 取测试溶液和标准溶液,按照“硫胺素盐酸盐”的含量测定规定进行。按式(9-168)计算硫胺素硫氰盐($C_{13}H_{17}N_5OS_2$)含量X:

$$X=\frac{m_1}{m}\times\frac{Q_T}{Q_S}\times 0.9590\times 100\% \qquad (9-168)$$

式中:

m_1——换算成无水硫胺素盐酸盐标准品量,g;

m——样品量,g。

472. DL-苏氨酸

(1)其他名称 2-氨基-3-羟基丁酸;DL-threonine;2-Amino-3-hydroxybutanoic acid。

(2)编码 CAS 80-68-2。

(3)分子式、相对分子质量与结构式 $C_4H_9NO_3$;119.12;

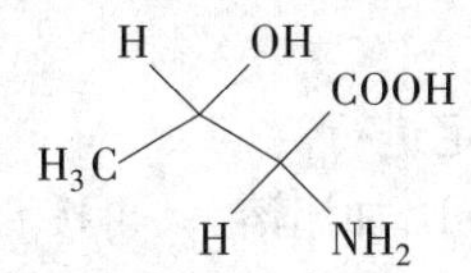

(4)含量 以干基计，本品 DL－苏氨酸（$C_4H_9NO_3$）含量为 98.0%～102.0%。

(5)性状 本品为白色结晶或晶体粉末。无气味或稍有特殊气味，稍有甜味。

(6)鉴别

①取 DL－苏氨酸溶液（1→1000）5mL，加入茚三酮溶液（1→1000）1mL，加热 3min。溶液显紫色。

②取 DL－苏氨酸溶液（1→10）5mL，加入高碘酸钾 0.5g，水浴加热。产生的气体可使用水润湿的红色石蕊试纸变为蓝色。

③DL－苏氨酸溶液（1→25）无旋光性。

(7)纯度

①溶液颜色和澄清度：无色，澄清（1.0g，水 20mL）。

②pH：5.0～6.5（1.0g，水 20mL）。

③氯化物：以 Cl 计，不大于 0.021%（0.5g，参比溶液为 0.01mol/L 盐酸 0.30mL）。

④重金属：以 Pb 计，不大于 20μg/g（1.0g，第 1 法，参比溶液为铅标准溶液 2.0mL）。

⑤砷：以 As_2O_3 计，不大于 4.0μg/g（0.50g，第 1 法，装置 B）。

⑥别苏氨酸

测试溶液 称取 DL－苏氨酸 0.10g，加水溶解，配至成 50mL。

程序 取测试溶液 5μL，将正丁醇、甲基酮、水、氨试液的混合液（5∶3∶1∶1）作为展开溶剂。不用参比溶液。滤纸使用纸色谱分析用 2 号滤纸。当展开剂的最前端上升到距离原点约 30cm 处时停止展开。风干滤纸，再在 100℃ 干燥 20min，喷雾茚三酮－丙酮溶液（1→50），在 100℃ 干燥 5min。在自然光下观察。应只能看到一个斑点。

(8)干燥失量 不大于 0.20%（105℃，3h）。

(9)灼热残留物 不大于 0.10%（2g）。

(10)含量测定 按“DL－丙氨酸”含量测定的规定进行。

$$0.1\text{mol/L 高氯酸 } 1\text{mL} = 11.91\text{mg } C_4H_9NO_3$$

473. L－苏氨酸

(1)其他名称 L－2－氨基－3－羟基丁酸；丁羟氨酸；L－Threonine；(2*S*,3*R*)－2－Amino－3－hydroxybutanoic acid。

(2)编码 CAS 72－19－5。

(3)分子式、相对分子质量与结构式 $C_4H_9NO_3$；119.12；

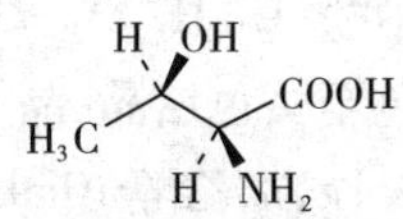

(4)含量 本品干燥后，L－苏氨酸（$C_4H_9NO_3$）含量为 98.0%～102.0%。

(5)性状 L－苏氨酸为白色结晶或晶体粉末。无臭或稍有特殊气味，稍有甜味。

(6)鉴别

①按照“DL－苏氨酸”鉴别①规定进行。

②称取L－苏氨酸0.5g，加水5mL，加温溶解，再按照“DL－苏氨酸”鉴别②规定进行。

(7)纯度

①比旋光度$[\alpha]_{D}^{20}$：－26.0°～－29.0°(3g，水50mL，以干燥品计算)。

②溶液颜色和澄清度：无色，澄清(1.0g，水20mL)。

③pH：5.0～6.5(1.0g，水20mL)。

④氯化物：以Cl计，不大于0.021%。

按照“DL－苏氨酸”的纯度③规定进行。

⑤重金属：以Pb计，不大于20μg/g。

按照“DL－苏氨酸”的纯度④规定进行。

⑥砷：以As_2O_3计，不大于4.0μg/g。

测试溶液　称取L－苏氨酸0.50g，加稀盐酸(1→4)5mL溶解。

装置　采用装置B。

⑦别苏氨酸：按照“DL－苏氨酸”的纯度⑥规定进行。

(8)干燥失量　不大于0.20%(105℃，3h)。

(9)灼热残留物　不大于0.10%。

(10)含量测定　按“DL－丙氨酸”含量测定的规定进行。

$$0.1mol/L 高氯酸 1mL = 11.91mg\ C_4H_9NO_3$$

474. 欧侧柏酚(提取)

(1)其他名称　桧木醇(提取)；桧酚酮(提取)；苧侧素(提取)；2－羟基－4－异丙基－2,4,6－环庚三烯－1－酮；Thujaplicin(extract)；Hinokitiol(extract)；2－Hydroxy－4－(1－methylethyl)cyclohepta－2,4,6－trien－1－one。

(2)编码　CAS 499－44－5。

(3)分子式、相对分子质量与结构式　$C_{10}H_{12}O_2$；164.20；

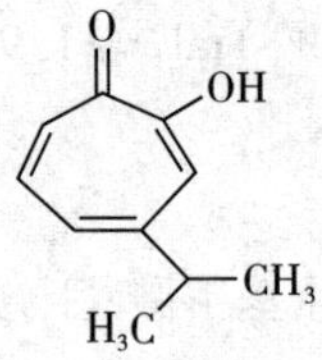

(4)定义　欧侧柏酚(提取)由罗汉柏树(*Thujopsis dolabrata* Siebold et Zuccarin)的树干、枝条或根部中提取，主要成分为欧侧柏酚。

(5)含量　本品干燥后，β－欧侧柏酚($C_{10}H_{12}O_2$＝164.20)含量为98.0%～102%。

(6)性状　欧侧柏酚(提取)为白色至黄色结晶，晶体粉末或块状物，有特殊气味。

(7)鉴别　称取欧侧柏酚(提取)0.1g，加乙醇10mL溶解，再加三氯化铁试液1滴。溶液显暗红色。

(8)纯度

①溶液澄清度：澄清(1.0g，乙醇5.0mL)。

②重金属:以 Pb 计,不大于 20μg/g(1.0g,第 2 法,参比溶液为铅标准溶液 2.0mL)。

③砷:以 As_2O_3 计,不大于 4.0μg/g(0.50g,第 3 法,装置 B)。

(9)干燥失量 不大于 0.5%(1g,1.7kPa~2.0kPa,硅胶,4h)。

(10)灼热残留物 不大于 0.05%(2g)。

(11)含量测定

测试溶液 准确称取经预先干燥的欧侧柏酚(提取)0.2g,加内标液 1mL,加乙醇定容至 100mL。

标准溶液 准确称取经预先干燥的含量测定用 β-欧侧柏酚标准品 0.2g,加内标液 1mL,加乙醇定容至 100mL。内标溶液配制:准确称取二苯醚 1.0g,加无水乙醇溶解并定容至 5mL。

程序 分别取测试溶液和标准溶液 0.5μL,按以下的操作条件进行气相色谱分析。确定测试溶液和标准溶液的 β-欧侧柏酚与二苯醚的峰面积比值(Q_T 和 Q_S),按式(9-169)计算 β-欧侧柏酚($C_{10}H_{12}O_2$)含量 X:

$$X = \frac{m_1}{m} \times \frac{Q_T}{Q_S} \times 100\% \qquad (9-169)$$

式中:

m_1——含量测定用 β-欧侧柏酚标准品量,g;

m——样品量,g。

操作条件

检测器:氢焰离子化检测器。

色谱柱:硅酸盐玻璃毛细管柱(内径 0.25mm,长 30m),内涂以 0.25μm 厚的气相色谱用二甲基聚硅氧烷。

升温程序:以 10℃/min,从 100℃ 升至 250℃。

进样口温度:250℃。

进样方法:分流(10:1)。

载气:氦气。

流速:调节流速使 β-欧侧柏酚在进样后约 7min 出峰。

475. 二氧化钛

(1)其他名称 钛白粉;Titanium dioxide。

(2)编码 CAS 13463-67-7;INS 171。

(3)分子式与相对分子质量 TiO_2;79.87。

(4)含量 本品干燥后,二氧化钛(TiO_2)含量不少于 99.0%。

(5)性状 二氧化钛为白色粉末。无气味,无味道。

(6)鉴别 取二氧化钛 0.5g,加硫酸 5mL,缓慢加热至产生硫酸蒸气。冷却后,逐渐加水配至约 100mL,过滤。取滤液 5mL,加入过氧化氢试液。溶液显黄红至橙红色。

(7)纯度

①水溶性物:不大于 0.25%。

称取二氧化钛品 4.0g,加水 50mL,振摇,放置过夜。再加入氯化铵溶液(1→10)2mL,振摇。如果没有形成二氧化钛沉淀,再另加氯化铵溶液(1→10)2mL,静置。产生沉淀后,加水配至200mL,边振摇边过滤。弃去最初滤液10mL,取滤液100mL,倒入预先称量的铂金坩埚内,蒸干,灼热至恒量,称量残留物。

②盐酸可溶物:不大于0.50%。

称取二氧化钛5g,加入稀盐酸(1→20)100mL,振摇,水浴加热30min,不时振摇,过滤。将残留物用稀盐酸(1→20)洗涤3次,每次10mL,合并洗液和滤液,蒸干,灼热至恒重,称量残留物。

③重金属:以Pb计,不大于10μg/g。

样本溶液　称取二氧化钛10.0g,放入250mL烧杯中,加稀盐酸(1→20)50mL。盖上表面皿,加热至沸腾,然后再微沸15min,离心使不溶物沉淀。过滤上清液。将用过的烧杯和残留物用热水洗涤3次,每次10mL,用同一滤纸过滤。再用10mL~15mL热水冲洗该滤纸,合并所有洗液和滤液,冷却,加水配至100mL。

测试溶液　取样本溶液20mL,加酚酞试液1滴,滴加氨试液至溶液稍显浅粉红色,然后加稀乙酸(1→20)2mL,加水配至50mL。

参比溶液　取铅标准溶液2.0mL,加稀乙酸(1→20)2mL,加水配至50mL。

④砷:以As_2O_3计,不大于1.3μg/g。

测试溶液　取纯度③制备的样本溶液15mL。

装置　使用装置B。

(8)干燥失量　不大于0.50%(105℃,3h)。

(9)灼热残留物　不大于0.50%(干燥品,775℃~825℃)。

(10)含量测定

准确称取经预先干燥的二氧化钛0.15g,放入500mL锥形烧瓶内,加水5mL,充分振摇至形成均匀乳白色液体。加硫酸30mL,硫酸铵12g,首先温和加热,然后剧烈加热至样品完全溶解。冷却后,加水120mL,盐酸40mL,充分振摇,加铝条或铝丝3g。立即将带橡皮塞的U型管一端插入溶液中,另一端插入装有饱和碳酸氢钠溶液的广口瓶内,生成氢气。当铝金属完全溶解时,溶液变为透明紫色液体,放置数分钟,用流水冷却至50℃以下,取下带橡皮塞的U型管。加入饱和硫氰酸钾溶液3mL作为指示剂,用0.1mol/L硫酸铁胺立即滴定至溶液呈淡褐色并持续约30s。按式(9-170)计算二氧化钛(TiO_2)含量X:

$$X=\frac{7.987\times V}{m\times 1000}\times 100\% \tag{9-170}$$

式中:

V——0.1mol/L硫酸铵铁消耗量,mL;

m——样品量,g。

476. *d*-α-生育酚

(1)其他名称　α-维生素E;*d*-α-Tocopherol;α-Vitamin E。

(2)编码　CAS 59-02-9;INS 307a。

(3)分子式、相对分子质量与结构式　$C_{29}H_{50}O_2$;430.71;

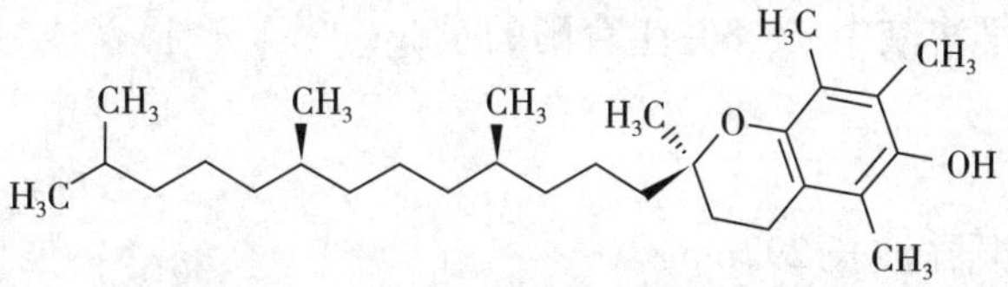

(4)**定义**　$d-\alpha-$生育酚是从含油种子的植物油脂，或混合生育酚（产品主要由从植物油脂获得的$d-\alpha-$、$d-\beta-$、$d-\gamma-$和$d-\delta-$生育酚组成）中分离提取。主要成分为$d-\alpha-$生育酚。产品可能含有食用油脂。

(5)**含量**　本品总生育酚含量应不少于40%，总生育酚中50%以上应为$d-\alpha-$生育酚。

(6)**性状**　$d-\alpha-$生育酚为淡黄色至红褐色的澄清黏稠液体，稍有特殊气味。

(7)**鉴别**　称取$d-\alpha-$生育酚0.05g，加无水乙醇10mL溶解，加硝酸2mL，在约75℃加热15min。溶液显橙色至红色。

(8)**纯度**

①比旋光度$[\alpha]_D^{20}$：不少于+24°。

准确称取相当于总生育酚0.1g的$d-\alpha-$生育酚于分液漏斗中，加乙醚50mL溶解。加入用铁氰化钾2g以氢氧化钠溶液(1→125)20mL溶解配制成的溶液，振摇3min。每次用水50mL洗涤乙醚层，共4次。再加无水硫酸钠2g使乙醚脱水，过滤。将过滤的乙醚蒸干后，立即加入异辛烷5mL溶解残留物，测定旋光度。根据含量测定中得到的总生育酚含量(g/mL)，计算该溶液的比旋光度。

②酸值：不大于5.0。

按照“生育三烯酚”的纯度②规定进行。

③重金属：以Pb计，不大于20μg/g(1.0g，第2法，参比溶液为铅标准溶液2.0mL)。

④砷：以As_2O_3计，不大于4.0μg/g(0.50g，第3法，装置B)。

(9)**含量测定**

测试溶液　准确称取相当于总生育酚0.05g的$d-\alpha-$生育酚于棕色容量瓶中，加正己烷溶解并定容至100mL。

标准溶液　分别准确称取含量测定用标准品$d-\alpha-$生育酚、$d-\beta-$生育酚、$d-\gamma-$生育酚和$d-\delta-$生育酚各0.05g，分别放入四个100mL棕色容量瓶中，各自用正己烷溶解并定容，作为标准贮备液。分别准确量取各标准贮备液适量于另外四个容量瓶中，使在最终稀释溶液中各种生育酚的比例与样本几乎相同。混合四种标准稀释液作为标准溶液。

程序　取测试溶液和标准溶液各20μL，按照以下操作条件进行液相色谱分析。确定测试溶液与标准溶液中$d-\alpha-$生育酚、$d-\beta-$生育酚、$d-\gamma-$生育酚和$d-\delta-$生育酚的峰面积，测试溶液与标准溶液的峰面积分别为$A_{T\alpha}$、$A_{T\beta}$、$A_{T\gamma}$和$A_{T\delta}$；$A_{S\alpha}$、$A_{S\beta}$、$A_{S\gamma}$和$A_{S\delta}$。按式(9-171)计算总生育酚含量(X)，然后确定$d-\alpha-$生育酚占总生育酚的百分比。

$$X=\left(\frac{A_{T\alpha}}{A_{S\alpha}}\times S_{\alpha}+\frac{A_{T\beta}}{A_{S\beta}}\times S_{\beta}+\frac{A_{Tr}}{A_{Sr}}\times S_{r}+\frac{A_{T\delta}}{A_{S\delta}}\times S_{\delta}\right)\times\frac{1}{m}\times 100\% \qquad (9-171)$$

式中：

S_{α}——100mL标准溶液中$d-\alpha-$生育酚的量，g；

S_{β}——100mL标准溶液中$d-\beta-$生育酚的量，g；

S_{γ}——100mL标准溶液中$d-\gamma-$生育酚的量，g；

S_δ——100mL 标准溶液中 *d*－δ－生育酚的量，g；

m——样品量，g。

操作条件

检测器：紫外检测器（波长 292nm）。

色谱柱：内径 3mm～6mm，长 15cm～25cm 的不锈钢管。

载体：5μm～10μm 液相色谱用硅胶。

柱温：恒温，室温。

流动相：正己烷与异丙醇的混合液（200∶1）。

流速：调节流速使 *d*－α－生育酚的保留时间约为 5min。

477. *d*－γ－生育酚

(1)其他名称 γ－维生素 E；d－γ－Tocopherol；γ－Vitamin E。

(2)编码 CAS 54－28－4。

(3)分子式、相对分子质量与结构式 $C_{28}H_{48}O_2$；416.68；

H_3C CH_3 CH_3 CH_3 H_3C H_3C CH_3 O OH

(4)定义 *d*－γ－生育酚是从含油种子的植物油脂，或混合生育酚（产品主要由从植物油脂获得的 *d*－α－、*d*－β－、*d*－γ－和 *d*－δ－生育酚组成）中分离提取。其主要成分为 *d*－γ－生育酚。产品可能含有食用油脂。

(5)含量 本品总生育酚含量应不少于 40%，总生育酚中 70% 以上应为 *d*－γ－生育酚。

(6)性状 *d*－γ－生育酚为淡黄色至红褐色澄清黏稠液体，稍有特殊气味。

(7)鉴别 称取 *d*－γ－生育酚 0.05g，加无水乙醇 10mL 溶解，再加硝酸 2mL，在约 75℃ 加热 15min。溶液显橙色至红色。

(8)纯度

①比旋光度 $[\alpha]_D^{20}$：不少于 +20°。

按照“*d*－α－生育酚”纯度①规定进行。

②酸值：不大于 5.0。

按照“生育三烯酚”纯度②规定进行。

③重金属：以 Pb 计，不大于 20μg/g（1.0g，第 2 法，参比溶液为铅标准溶液 2.0mL）。

④砷：以 As_2O_3 计，不大于 4.0μg/g（0.50g，第 3 法，装置 B）。

(9)含量测定 按照“d－α－生育酚”含量测定规定进行。

478. *d*－δ－生育酚

(1)其他名称 δ－维生素 E；*d*－δ－Tocopherol；δ－Vitamin E。

(2)编码 CAS 119－13－1。

(3)分子式、相对分子质量与结构式 $C_{27}H_{46}O_2$；402.65；

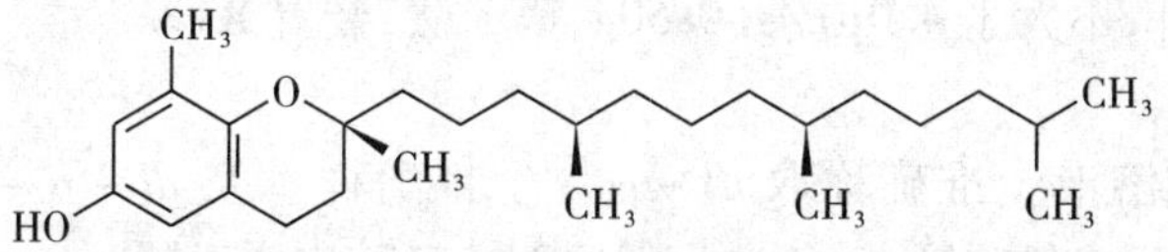

(4)**定义**　d-δ-生育酚是从含油种子的植物油脂，或混合生育酚(产品主要由从植物油脂获得的 d-α-、d-β-、d-γ-和 d-δ-生育酚组成)中分离提取。主要成分为 d-δ-生育酚。产品可能含有食用油脂。

(5)**含量**　本品总生育酚含量应不少于40%，总生育酚中60%以上应为 d-δ-生育酚。

(6)**性状**　d-δ-生育酚为淡黄色至红褐色的澄清黏稠液体，稍有特殊气味。

(7)**鉴别**　称取 d-δ-生育酚0.05g，加无水乙醇10mL溶解，再加入硝酸2mL。在约75℃加热15min。溶液显橙色至红色。

(8)**纯度**

①比旋光度$[\alpha]_D^{20}$：不少于+20°。

按照 d-α-生育酚纯度①规定进行。

②酸值：不大于5.0。

按照"生育三烯酚"纯度②规定进行。

③重金属：以Pb计，不大于20μg/g(1.0g，第2法，参比溶液为铅标准溶液2.0mL)。

④砷：以As_2O_3计，不大于4.0μg/g(0.50g，第3法，装置B)。

(9)**含量测定**　按照"d-α-生育酚"含量测定规定进行。

479. *dl*-α-生育酚

(1)**其他名称**　dl-α-维生素E；dl-α-Tocopherol；2,5,7,8-Tetramethyl-2-(4,8,12-trimethyltridecyl) chroman-6-ol。

(2)**编码**　CAS 10191-41-0；INS 307(c)。

(3)**分子式、相对分子质量与结构式**　$C_{29}H_{50}O_2$；430.71；

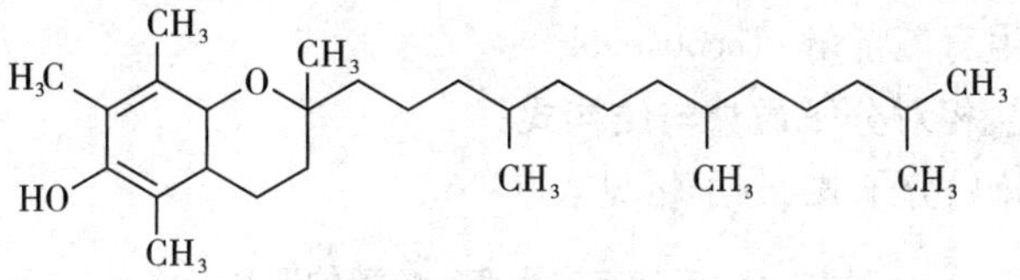

(4)**含量**　本品 dl-α-生育酚($C_{29}H_{50}O_2$)含量不少于96.0%～102.0%。

(5)**性状**　dl-α-生育酚为淡黄色至黄褐色的黏稠液体。无气味。

(6)**鉴别**　按照"d-α-生育酚"的鉴别规定进行。

(7)**纯度**

①比吸光度$E_{1cm}^{1\%}$(292nm)：71.0～76.0。

准确称取 dl-α-生育酚约0.1g，加入无水乙醇溶解并定容至100mL。再准确量取此溶液5mL，加无水乙醇定容至100mL，测定吸光度。

②折射率n_D^{20}：1.503～1.507。

③溶液澄清度：澄清(0.10g，无水乙醇10mL)。

④重金属：以Pb计，不大于20μg/g(1.0g，第2法，参比溶液为铅标准溶液2.0mL)。

⑤砷:以 As_2O_3 计,不大于 4.0μg/g(0.50g,第 3 法,装置 B)。

(8)含量测定

测试溶液和标准溶液　准确称取 *dl* - α - 生育酚样本及 *dl* - α - 生育酚标准品各约 0.05g,分别放入 50mL 棕色容量瓶,各自分别加无水乙醇定容至 50mL。

程序　取测试溶液和标准溶液各 20μL,按照以下操作条件进行液相色谱分析。测定测试溶液与标准溶液中 *dl* - α - 生育酚的峰高(H_T 和 H_S),再按式(9 - 172)计算 *dl* - α - 生育酚($C_{29}H_{50}O_2$)含量 X:

$$X = \frac{m_1}{m} \times \frac{H_T}{H_S} \times 100\% \quad (9-172)$$

式中:

m_1——*dl* - α - 生育酚标准品量,g;

m——样品量,g。

操作条件

检测器:紫外检测器(波长 292nm)。

色谱柱:内径 4.6mm、长 15cm 的不锈钢管。

载体:5μm 液相色谱用十八烷基硅烷键合硅胶。

柱温:恒温,约 35℃。

流动相:甲醇与水的混合液(49:1)。

流速:调节流速使 *dl* - α - 生育酚的保留时间约为 10min。

柱选择:色谱柱应能按顺序解析 *dl* - α - 生育酚及 *dl* - α - 生育酚乙酸盐的峰,当按照上述色谱条件,取在 50mL 无水乙醇中含 *dl* - α - 生育酚及 *dl* - α - 生育酚乙酸盐各 0.05g 的溶液 20μL 进行色谱分析时,分离效率应达 2.6 或更高。按照给定的操作条件对标准溶液进行五次重复试验,峰高的相关标准偏差(RSD)应小于 0.8%。

480. 生育三烯酚

(1)其他名称　生育三烯醇;Tocotrienol。

(2)编码、分子式、相对分子质量与结构式:

生育三烯酚的编码、分子式、分子量见表 9 - 6。

表 9 - 6　天然存在生育三烯酚的四种形式

化合物	CAS	分子式	相对分子质量	结构式上的取代基团		
				R_1	R_2	R_3
α - 生育三烯酚	58864 - 81 - 6	$C_{29}H_{44}O_2$	424.7	$-CH_3$	$-CH_3$	$-CH_3$
β - 生育三烯酚	490 - 23 - 3	$C_{29}H_{42}O_2$	410.6	$-CH_3$	$-H$	$-CH_3$
γ - 生育三烯酚	14101 - 61 - 2	$C_{28}H_{42}O_2$	410.6	$-H$	$-CH_3$	$-CH_3$
δ - 生育三烯酚	25612 - 59 - 3	$C_{27}H_{40}O_2$	396.6	$-H$	$-H$	$-CH_3$

HO　R_1　R_2　R_3　O　CH_3　CH_3　CH_3　CH_3　CH_3

(3)定义　生育三烯酚是从稻米属(*Oryza sativa* Linné)米糠油,或从油棕属(*Elaeis guineesis* Jacquin)棕榈油中分离纯化获得。主要含有生育三烯酚。产品可能含有食用油脂。

(4)含量　本品生育三烯酚含量应占总生育三烯酚类的25%以上。

(5)性状　生育三烯酚为黄色至红褐色的澄清黏稠液体,稍有特殊气味。

(6)鉴别　称取生育三烯酚0.05g,加无水乙醇10mL溶解,再加入硝酸2mL,在75℃左右加热15min。溶液显橙色至红色。

(7)纯度

①相对密度:0.94~0.99。

②酸值:不大于5.0。

测试溶液　准确称取生育三烯酚2.5g,加乙醇与乙醚的混合液(1:1)50mL,再加0.02mol/L氢氧化钾的乙醇溶液至溶液淡粉红色能持续30s(指示剂:酚酞试液)。

程序　向测试溶液中加酚酞试液数滴,用0.02mol/L氢氧化钾的乙醇溶液滴定至溶液从开始显淡粉红色后持续30s。按式(9-173)计算酸值X:

$$X=\frac{V\times 5.611}{m\times 5} \tag{9-173}$$

式中:

V——0.02mol/L氢氧化钾的乙醇溶液消耗量,mL;

m——样品量,g。

③重金属:以Pb计,不大于20μg/g(1.0g,第2法,参比溶液为铅标准溶液2.0mL)。

④砷:以As_2O_3计,不大于2.0μg/g(1.0g,第3法,装置B)。

(8)含量测定

测试溶液　准确称取相当于总生育三烯酚类0.025g的生育三烯酚样本适量于棕色容量瓶中,用正己烷溶解并定容至100mL。

标准溶液　分别准确称取含量测定用标准品d-α-生育酚、d-β-生育酚、d-γ-生育酚和d-δ-生育酚各0.05g于4个100mL棕色容量瓶中,各自加入正己烷溶解并定容,作为标准贮备液。采用标准贮备液配制标准溶液,并使标准溶液中d-α-生育酚、d-β-生育酚、d-γ-生育酚和d-δ-生育酚与样本中相应生育三烯酚类的比例相同(样本中生育三烯酚类近似比例通过预试验得到)。

程序　取测试溶液和标准溶液各20μL,按照以下操作条件进行液相色谱分析。测定测试溶液中各个生育三烯醇的峰面积($A_{T\alpha}$、$A_{T\beta}$、$A_{T\gamma}$和$A_{T\delta}$)和标准溶液中各个生育酚的峰面积($A_{S\alpha}$、$A_{S\beta}$、$A_{S\gamma}$和$A_{S\delta}$)。按下式计算每个生育三烯酚的含量。d-α-生育三烯醇、d-β-生育三烯醇、d-γ-生育三烯醇和d-δ-生育三烯醇,与d-α-生育酚、d-β-生育酚、d-γ-生育酚和d-δ-生育酚的相对保留时间之比为1.1~1.3。

操作条件

检测器:紫外检测器(波长292nm)。

色谱柱:内径3mm~6mm、长15cm~25cm的不锈钢管。

载体:5μm~10μm液相色谱用硅胶。

柱温:40℃。

流动相:正己烷、二氧杂环己烷和异丙醇的混合液(985:10:5)。

流速：调节流速使 $d-\alpha-$生育酚的保留时间为 7min～8min。

按式(9－174)计算总生育三烯醇类含量 X：

$$X=\left(\frac{A_{T\alpha}}{A_{S\alpha}}\times S_{\alpha}+\frac{A_{T\beta}}{A_{S\beta}}\times S_{\beta}+\frac{A_{T\gamma}}{A_{Sr}}\times S_{\gamma}+\frac{A_{T\delta}}{A_{S\delta}}\times S_{\delta}\right)\times\frac{1}{m}\times100\% \qquad (9-174)$$

式中：

S_{α}——100mL 标准溶液中 $d-\alpha-$生育酚的量，g；

S_{β}——100mL 标准溶液中 $d-\beta-$生育酚的量，g；

S_{γ}——100mL 标准溶液中 $d-\gamma-$生育酚的量，g；

S_{δ}——100mL 标准溶液中 $d-\delta-$生育酚的量，g；

m——样品量，g。

481. 番茄色素

(1)其他名称 番茄红素；Tomato color；Tomato red；Lycopene。

(2)编码 CAS 502－65－8；INS 160d(ii)。

(3)分子式、相对分子质量与结构式 $C_{40}H_{56}$；536.87；

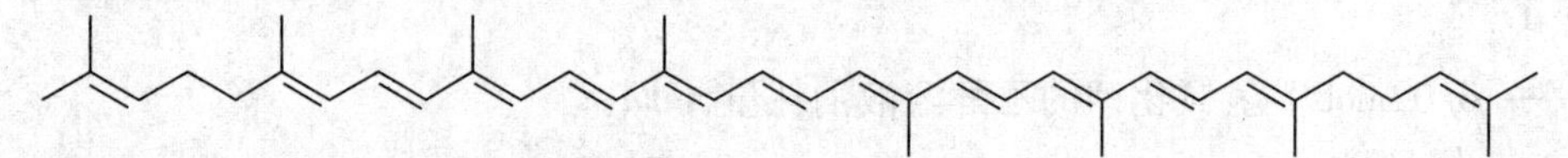

(4)定义 番茄色素来源于番茄植物(*Lycopersicon esculentum* Miller)的果实，主要成分为番茄红素(Lycopene)。产品可能含有食用油脂。

(5)色值 番茄色素的色值($E_{1cm}^{10\%}$)不少于 300，为标称值的 95%～115%。

(6)性状 番茄色素为棕色至暗红色粉末、团块、糊状或液体，稍有特殊气味。

(7)鉴别

①称取相当于色值为 300 的番茄色素 0.1g，加乙酸乙酯 100mL 溶解。溶液显橙色。

②番茄色素的正己烷溶液在 438nm～450nm、465nm～475nm 以及 495nm～505nm 波长吸收最大。

③称取相当于色值为 300 的番茄色素 0.1g，加乙酸乙酯 10mL 溶解，以此溶液作为测试溶液。取 1μL 测试溶液进行薄层色谱分析。将正丙醇、丙酮的混合液(7∶3)作为展开剂。不使用参比溶液。采用覆盖薄层色谱用硅胶的薄层板作为载体，预先经 110℃干燥 1h。当展开剂的最前端上升到距离原点约 10cm 时，停止展开，风干薄层板。在薄层板的 R_f 值 0.7～0.8 处出现一个番茄红素的红黄色斑点。当向斑点先喷雾 5% 亚硝酸钠溶液，随后再喷雾 0.5mol/L 硫酸，斑点颜色立即消失。

(8)纯度

①重金属：以 Pb 计，不大于 40μg/g(0.50g，第 2 法，参比溶液为铅标准溶液 2.0mL)。

②铅：以 Pb 计，不大于 8.0μg/g(1.25g，第 1 法)。

③砷：以 As_2O_3 计，不大于 4.0μg/g(0.50g，第 3 法，装置 B)。

(9)色值试验

测试溶液 称取适量本品番茄色素，加丙酮与环己烷混合液(1∶1)25mL 溶解，再加正己烷定容至 100mL。准确量取该溶液 2mL，加正己烷定容至 100mL。必要时进行离心，取上清液作为测试溶液。

程序　按照“色值试验”的规定,按照以下条件进行色值试验。

操作条件

溶剂:正己烷。

波长:在465nm～475nm波长吸收最大。

482. 黄芪胶

(1)其他名称　黄蓍胶;黄蓍树胶;托辣甘树胶;Tragacanth gum。

(2)编码　CAS 9000－65－1;INS 413。

(3)定义　黄芪胶从豆科植物胶黄芪(*Astragalus gummifer* Labillardière)的分泌物中提取,主要成分多糖。

(4)性状　黄芪胶为白色至发白的粉末,或为白色至浅黄白色半透明无光泽的薄片,无气味。

(5)鉴别

①向粉末状黄芪胶0.1g中加水50mL。形成几乎均匀,稍微浑浊的黏稠液体。

②取玻璃表面皿,加上水和甘油的混合液(1∶1)2滴～3滴,碘试液1滴,加入粉末状黄芪胶0.1g。用小玻棒混合均匀,小心防止气泡形成。放置10min以上使之膨胀。用小玻棒一端取少量膨胀样品放在载玻片上,加水和甘油的混合液(1∶1)1滴。小心盖上盖玻片,避免扣入气泡,在光学显微镜下观察。可见蓝色淀粉颗粒。镜检采用10倍或40倍物镜,10倍目镜。

(6)纯度

①盐酸不溶物:不大于2.0%。

预先将玻璃过滤器(IG3)置110℃烘干30min,在干燥器中冷却后准确称量。准确称取粉末状黄芪胶2g,加甲醇95mL润湿并使之膨胀。加入盐酸60mL和几粒沸石,装上回流冷凝装置,水浴加热回流3h,期间不时振摇。趁热用预先经110℃烘干30min玻璃过滤器(IG3)抽滤过滤溶液。再依次用温水和甲醇40mL洗涤过滤器上残留物。置过滤器与残留物于105℃烘干2h,在干燥器内冷却,准确称量。

②刺梧桐树胶:

准确称取黄芪胶1.0g,加水20mL,加热至生成均匀黏性液体。加入盐酸5mL,煮沸5min。无淡粉红色或红色生成。

③重金属:以Pb计,不大于40μg/g(0.50g,第2法,参比溶液为铅标准溶液2.0mL)。

④铅:以Pb计,不大于10μg/g(1.0 g,第1法)。

⑤砷:以As_2O_3计,不大于4.0μg/g(0.50g,第3法,装置B)。

(7)干燥失量　不大于17.0%(105℃,5h)。

(8)灰分　不大于4.0%。

(9)酸不溶灰分　不大于0.5%。

(10)微生物限量　按照“微生物限量试验”规定进行。细菌总数不超过10000/g,大肠杆菌阴性。

483. 磷酸三钙

(1)其他名称　磷酸钙;三碱式磷酸钙;原磷酸钙;Tricalcium phosphate;Calcium phosphate, tribasic; Tertiary calcium phosphate; Tricalcium diphosphate; TCP。

(2)编码 CAS 7758 - 87 - 4; INS 341(iii); FEMA 3081。

(3)分子式、相对分子质量与结构式 $Ca_3(PO_4)_2$; 310.18;

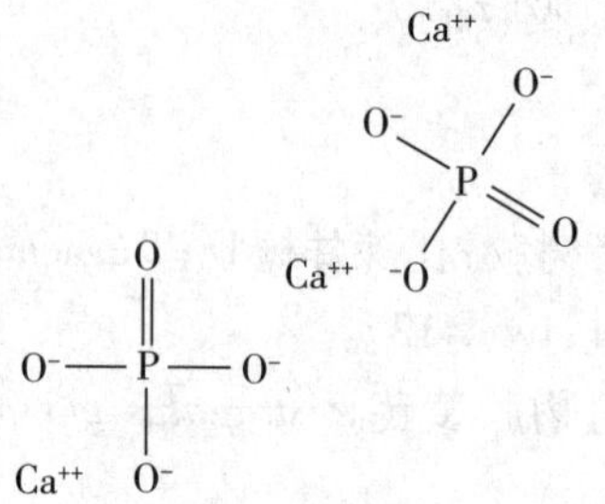

(4)定义 磷酸三钙由磷酸钙混合组成,大致成分为 $10CaO \cdot 3P_2O_5 \cdot H_2O$。

(5)含量 本品干燥后,相当于含磷酸三钙[$Ca_3(PO_4)_2$ = 310.18]98.0% ~103.0%。

(6)性状 磷酸三钙为白色粉末。

(7)鉴别

①加硝酸银溶液(1→50)润湿磷酸三钙。显黄色。

②称取磷酸三钙0.1g,加稀乙酸(1→4)5mL溶解,煮沸,冷却,过滤。向滤液中加草酸铵溶液(1→30)5mL。生成白色沉淀。

(8)纯度

①溶液澄清度:稍有混浊。

测试溶液 准确称取磷酸三钙2.0g,加水15mL和盐酸5mL,水浴加热5min溶解。

②碳酸盐:称取磷酸三钙2.0g,加水5mL,煮沸。冷却后,加盐酸2mL。很少或几乎没有气泡产生。

③重金属:以Pb计,不大于20μg/g。

测试溶液 称取磷酸三钙粉末1.0g,加水5mL和稀盐酸(1→4)7.0mL,加热溶解。冷却后,加氨试液至溶液生成少许沉淀。逐滴加入少量稀盐酸(1→4)溶解沉淀。必要时,用5C定量滤纸过滤。再加盐酸-乙酸铵缓冲液(pH 3.5)10mL,加水配至50mL。

参比溶液 取铅标准溶液2mL,加盐酸-乙酸铵缓冲液(pH 3.5)10mL,加水配至50mL。

④砷:以 As_2O_3 计,不大于4.0μg/g。

测试溶液 称取磷酸三钙0.50g,加稀盐酸(1→4)5mL溶解。

装置 使用装置B。

(9)干燥失量 不大于10.0%(200℃,3h)。

(10)含量测定

准确称取经预先干燥的磷酸三钙0.3g,加稀盐酸(1→4)10mL溶解,再加水定容至200mL。以此为测试溶液,按照"钙盐测定"的第2法规定进行。

$$0.02mol/L\ EDTA\ 1mL = 2.068mg\ Ca_3(PO_4)_2$$

484. 磷酸镁

(1)其他名称 磷酸三镁;磷酸亚镁;Trimagnesium phosphate; Magnesium phosphate, tribasic; Tertiary magnesium phosphate; Trimagnesium diphosphate。

(2)编码　CAS 见表 9-7;INS 343(iii)。

(3)分子式与相对分子质量　$Mg_3(PO_4)_2 \cdot nH_2O(n=8,5,4)$;

磷酸镁及多种晶体化合物形式的编码、分子式和相对分子质量见表 9-7。

表 9-7　磷酸镁及多种晶体化合物形式

中文名	英文名	CAS	分子式 $Mg_3(PO_4)_2 \cdot nH_2O$	相对分子质量
磷酸镁(无水)	Trimagnesium phosphate,anhydrous	9079-62-3	$Mg_3(PO_4)_2$	262.86
磷酸镁(四水)	Trimagnesium phosphate, tetrahydrate	13465-22-0	$H_3PO_4 \cdot 2H2O \cdot 3/2Mg$	334.92
磷酸镁(五水)	Trimagnesium phosphate ,pentahydrate	10233-87-1	$H_3PO_4 \cdot 5/2\ H_2O \cdot 3/2\ Mg$	352.86
磷酸镁(八水)	Trimagnesium phosphate ,octahydrate	13446-23-6	$H_3O_4P \cdot 4H_2O \cdot 3/2Mg$	406.98

(4)定义　磷酸镁以多种晶体化合物形式存在(八水、五水和四水)。

(5)含量　本品灼热后,无水磷酸镁[$Mg_3(PO_4)_2$ = 262.86]的含量不少于 98.0% ~ 101.5%。

(6)性状　磷酸镁为白色晶体粉末。

(7)鉴别

①称取磷酸镁 0.2g,加硝酸 10mL 溶解,加钼酸铵试液几滴。生成黄色沉淀。再加铵试液,黄色沉淀溶解,生成白色沉淀。

②称取磷酸镁 0.1g,加乙酸 0.7mL 和水 20mL 溶解。加三氯化铁试液 1mL,放置 5min,过滤。滤液对"定性试验"中所有镁盐试验产生相应反应。

(8)纯度

①溶液澄清度:稍有混浊。

测试溶液　称取磷酸镁 2.0g,加水 16mL 和盐酸 4.0mL,水浴加热 5min 溶解。

②重金属:以 Pb 计,不大于 30μg/g。

称取磷酸镁 1.33g,加水 20mL,加稀盐酸调至 pH 3 ~4 使其溶解。过滤溶液,加水定容滤液至 40mL。以此溶液制备参比溶液和测试溶液。

参比溶液　准确吸取铅标准溶液 2mL,准确加入上述配制的溶液 10mL,再加水定容至 40mL。

测试溶液　取上述剩余溶液 30mL,加水定容至 40mL。

③砷:以 As_2O_3 计,不大于 4.0μg/g。

测试溶液　称取磷酸镁 0.50g,加稀盐酸 5mL 溶解。

装置　使用装置 B。

④氟化物:以 F 计,不大于 5.0μg/g。

测试溶液　称取磷酸镁 1.0g 于烧杯中,加稀盐酸(1→10)10mL 溶解。加热溶液,煮沸 min,转移至聚乙烯烧杯,立即用冰冷却。加柠檬酸钠溶液(1→4)15mL,乙二胺四乙酸二钠溶液(1→40)10mL,混合。用稀盐酸(1→10)或氢氧化钠溶液(2→5)调节混合液至 pH 5.4 ~ 5.6。转移至 100mL 容量瓶中,加水定容。取此溶液 50mL 于聚乙烯烧杯中作为测试溶液。

参比溶液　称取经预先在 110℃ 干燥 2h 的氟化钠 2.210g 于聚乙烯烧杯中,加水 200mL,搅拌溶解。将此溶液转移至 1000mL 容量瓶中,加水至 1000mL。将此溶液转移到聚乙烯烧杯中作为对照贮备液。准确量取对照贮备液5mL于1000mL容量瓶中,加水定容。准确量取此溶液1mL于聚乙烯烧杯中,加柠檬酸钠溶液(1→4)15mL,乙二胺四乙酸二钠溶液(1→40)10mL,振摇。加稀盐酸(1→10)或氢氧化钠溶液(2→5)调节混合液至pH 5.4~5.6。转移该溶液至100mL容量瓶中,加水定容。取此溶液50mL于聚乙烯烧杯中作为参比溶液。

程序 使用连有参比电极和氟离子电极的电位计,测定测试溶液和参比溶液的电位。测试溶液电位应不低于参比溶液电位。

(9)灼热失量 四水品:15%~23%(1.0g,425℃,3h)。
五水品:20%~27%(1.0g,425℃,3h)。
八水品:30%~37%(1.0g,425℃,3h)。

(10)含量测定

准确称取经预先灼热的磷酸镁0.3g,加水50mL,稀盐酸(2→3)5mL溶解。加0.1mol/L EDTA 40mL,50℃水浴30min。冷却后,加氨水-氯化铵缓冲液(pH 10.7)10mL,用0.1mol/L乙酸锌滴定(指示剂:铬黑T试液5滴)。当溶液的蓝色转为蓝紫色即为滴定终点。另外,以同样方式燥空白试验,进行必要的校正。

$$0.1\text{mol/L EDTA } 1\text{mL} = 8.762\text{mg } Mg_3(PO_4)_2$$

485. 2,3,5-三甲基吡嗪

(1)其他名称 三甲基吡嗪;2,3,5-Trimethylpyrazine。

(2)编码 CAS 14667-55-1;FEMA 3244。

(3)分子式、相对分子质量与结构式 $C_7H_{10}N_2$;122.17;

N CH_3
H_3C N CH_3

(4)含量 本品2,3,5-三甲基吡嗪($C_7H_{10}N_2$)含量不少于98.0%。

(5)性状 2,3,5-三甲基吡嗪为无色至黄色透明液体,有特殊气味。

(6)鉴别 按照"红外吸收光谱法"的液膜法规定的操作测定2,3,5-三甲基吡嗪的红外吸收光谱,与参比光谱图(见图9-68)比较,两个谱图在相同的波数几乎有同样的吸收强度。

(7)纯度

①折射率 n_D^{20}:1.500~1.509。

②相对密度 d_{25}^{25}:0.930~0.990。

(8)含量测定 按照"香料物质试验"的气相色谱法的峰面积百分比法规定进行。使用操作条件(1)。

486. 柠檬酸三钾

(1)其他名称 柠檬酸钾;Tripotassium citrate;Potassium citrate;Tripotassium 2-hydroxypropane-1,2,3-tricarboxylate monohydrate。

(2)编码 CAS 866-84-2(无水品);INS 332(ii)。

(3)分子式、相对分子质量与结构式 $C_6H_5K_3O_7 \cdot H_2O$;324.41;

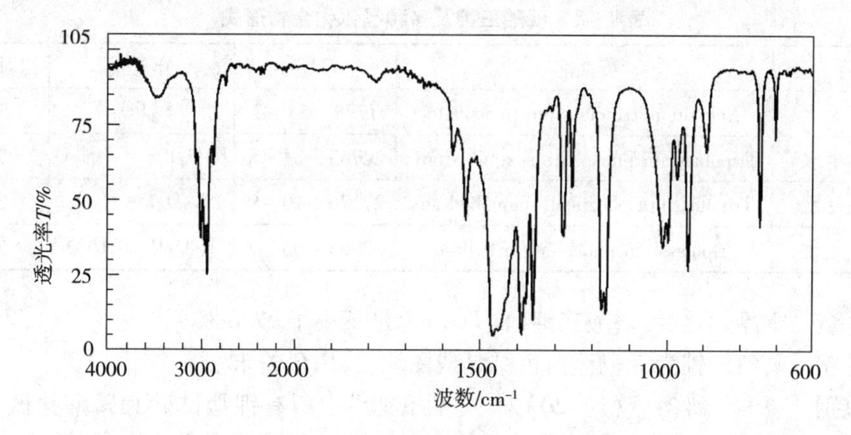

图 9-68　2,3,5-三甲基吡嗪的红外吸收光谱图

HO　COOK
KOOC　COOK · H_2O

(4)含量　以干燥品计,本品柠檬酸三钾($C_6H_5K_3O_7$)含量为99.0%~101.0%。

(5)性状　柠檬酸三钾为无色结晶,或白色晶体粉末。无气味。

(6)鉴别　柠檬酸三钾对“定性试验”中所有钾盐试验和柠檬酸盐试验(2)产生相应反应。

(7)纯度

①溶液颜色和澄清度:无色,几乎澄清(1.0g,水20mL)。

②pH:7.6~9.0(1.0g,水20mL)。

③硫酸盐:以 SO_4 计,不大于0.024%(1.0g,参比溶液为0.005mol/L硫酸0.50mL)。

④重金属:以Pb计,不大于10μg/g(2.0g,第2法,参比溶液为铅标准溶液2.0mL)。

⑤砷:以 As_2O_3 计,不大于4.0μg/g(0.50g,第1法,装置B)。

(8)干燥失量　不大于6.5%(200℃,2h)。

(9)含量测定　准确称取柠檬酸三钾0.2g,加非水滴定用乙酸30mL,加温溶解。冷却,用0.1mol/L高氯酸滴定。一般用电位计判断终点。当采用结晶紫-乙酸试液(1mL)作为指示剂时,溶液由紫色经蓝色变绿时即为终点。另外,以同样方式做空白试验,进行必要校正。以干燥品计算含量。

$$0.1\text{mol/L 高氯酸 } 1\text{mL} = 10.21\text{mg } C_6H_5K_3O_7$$

487. 磷酸三钾

(1)其他名称　磷酸钾;Tripotassium phosphate;Potassium phosphate, tribasic;Tertiary potassium phosphate。

(2)编码　CAS 见表9-8;INS 340(iii)。

(3)分子式与相对分子质量　$K_3PO_4 \cdot nH_2O$(n=3,1.5,1或0);

磷酸三钾及多种晶体化合物形式的编码、分子式和相对分子质量见表9-8。

表 9-8 磷酸三钾及多种晶体化合物形式

中文名	英文名	CAS	分子式	相对分子质量
磷酸三钾(无水)	Anhydrous tripotassium phosphate	7778-53-2	K_3PO_4	212.27
磷酸三钾(半水)	Tripotassium phosphate sesquihydrate	22763-04-8	$K_3O_4P \cdot 1/2\ H_2O$	221.28
磷酸三钾(一水)	Tripotassium phosphate monohydrate	27176-10-9	$K_3O_4P \cdot H_2O$	230.28
磷酸三钾(三水)	Tripotassium phosphate trihydrate	22763-03-7	$K_3O_4P \cdot 3\ H_2O$	266.31

(4)含量 本品灼热后,磷酸三钾(K_3PO_4)含量不小于97.0%。

(5)性状 磷酸三钾为无色至白色结晶或团块,或白色粉末。

(6)鉴别 磷酸三钾溶液(1→20)对“定性试验”中所有钾盐试验和磷酸盐试验产生相应反应。

(7)纯度

①溶液颜色和澄清度:无色,稍有微浊(1.0g,水20mL)。

②pH:11.5~12.5(1.0g,水100mL)。

③氯化物:以Cl计,不大于0.011%(1.0g,参比溶液为0.01mol/L盐酸0.30mL)。

④硫酸盐:以SO_4计,不大于0.019%(1.0g,参比溶液为0.005mol/L硫酸0.40mL)。

⑤重金属:以Pb计,不大于20μg/g。

测试溶液 称取磷酸三钾1.0g,加水30mL溶解,用稀乙酸(1→20)调至中性,再加稀乙酸(1→20)2mL,加水配至50mL。

参比溶液 取铅标准溶液2.0mL,加稀乙酸(1→2)2mL,加水配至50mL。

⑥砷:以As_2O_3计,不大于4.0μg/g(0.50g,第1法,装置B)。

(8)灼热失量 不大于23.0%(120℃,2h,然后300℃~400℃,1h)。

(9)含量测定 准确称取经预先灼热后磷酸三钾2g,加水50mL溶解。将此溶液保持在15℃左右,用1mol/L盐酸滴定(指示剂:甲基橙-二甲苯蓝FF试液3滴~4滴)。

$$1mol/L\ 盐酸\ 1mL = 106.1mg\ K_3PO_4$$

488. 柠檬酸三钠

(1)其他名称 柠檬酸钠;Trisodium citrate;Sodium citrate;Citrosodina。

(2)编码 CAS见表9-9;INS 331(iii);FEMA 3026。

(3)分子式、相对分子质量与结构式 $C_6H_5Na_3O_7 \cdot nH_2O$($n$=2或0)

柠檬酸三钠及晶体化合物形式的编码、分子式和相对分子质量见表9-9。

表 9-9 柠檬酸三钠及晶体化合物形式

中文名	英文名	CAS	分子式	相对分子质量
柠檬酸钠(无水)	Trisodium 2-hydroxypropane-1,2,3-tricarboxylate	68-04-2	$C_6H_5Na_3O_7$	258.07
柠檬酸钠(二水)	Trisodium 2-hydroxypropane-1,2,3-tricarboxylate dihydrate	6132-04-3	$C_6H_5Na_3O_7 \cdot 2H_2O$	294.10

$$\mathrm{NaOOC{-}CH_2{-}C(OH)(COONa){-}CH_2{-}COONa \cdot nH_2O}$$

n=2或0

(4)**定义**　柠檬酸三钠有两种形式:结晶品(二水)和无水品两种,分别称为柠檬酸三钠(结晶)和柠檬酸三钠(无水)。

(5)**含量**　本品干燥后,柠檬酸三钠($C_6H_5Na_3O_7$)含量为99.0%~101.0%。

(6)**性状**　柠檬酸三钠为无色结晶,或白色粉末。无气味,有清凉感和咸味。

(7)**鉴别**　柠檬酸三钠对“定性试验”中所有钠盐试验和柠檬酸盐试验②产生相应反应。

(8)**纯度**

①溶液颜色和澄清度:无色,几乎澄清(1.0g,水20mL)。

②pH:7.6~9.0(1.0g,水20mL)。

③硫酸盐:以SO_4计,不大于0.024%(1.0g,参比溶液为0.005mol/L硫酸0.50m)。

④重金属:以Pb计,不大于20μg/g(1.0g,第2法,参比溶液为铅标准溶液2.0mL)。

⑤砷:以As_2O_3计,不大于4.0μg/g(0.5g,第1法,装置B)。

(9)**干燥失量**　结晶品10.0%~13.0%(180℃,2h)。

无水品不大于1.0%(180℃,2h)。

(10)**含量测定**

准确称取经预先干燥的柠檬酸三钠约0.2g,加非水滴定用乙酸30mL,加温溶解。冷却后,用0.1mol/L高氯酸滴定。一般用电位计判断终点。如用结晶紫-乙酸试液(1mL)作为指示剂时,溶液由紫色经蓝色变绿时即为终点。另外,以同样方式做空白试验,进行必要校正。

0.1mol/L高氯酸1mL=8.602mg $C_6H_5Na_3O_7$

489. 磷酸三钠

(1)**其他名称**　磷酸钠;Trisodium phosphate;Sodium phosphate, tribasic;Tertiary sodium phosphate;TSP。

(2)**编码、分子式与相对分子质量**　INS339(iii);$Na_3PO_4 \cdot nH_2O$(n=12,6或0);

磷酸三钠及晶体化合物形式的编码、分子式和相对分子质量见表9-10。

表9-10　磷酸三钠及晶体化合物形式

中文名	英文名	CAS	分子式	相对分子质量
磷酸三钠(无水)	Trisodium phosphate	7601-54-9	Na_3PO_4	163.94
磷酸三钠(六水)	Trisodium phosphate hexahydrate	15819-50-8	$Na_3PO_4 \cdot 6H_2O$	272.04
磷酸三钠(十二水)	Trisodium phosphate dodecahydrate	10101-89-0	$Na_3PO_4 \cdot 12H_2O$	380.12

(3)**定义**　磷酸三钠有结晶品(十二水和六水)及无水品,分别称为磷酸三钠(结晶)及磷酸三钠(无水)。

(4)**含量**　本品干燥后,磷酸三钠(Na_3PO_4)含量为97.0%~103.0%。

(5)**性状**　磷酸三钠(结晶)为无色至白色结晶或晶体粉末。磷酸三钠(无水)为白色粉末或颗粒。

(6)鉴别 磷酸三钠溶液(1→20)对“定性试验”中所有钠盐试验和磷酸盐试验产生相应反应。

(7)纯度 磷酸三钠(结晶)样本在试验前要进行干燥。

①溶液颜色和澄清度:无色,稍有微浊(0.5g,水 20mL)。

②pH:11.5~12.5(1.0g,水 100mL)。

③氯化物:以 Cl 计,不大于 0.071%(0.30g,参比溶液为 0.01mol/L 盐酸 0.60mL)。

④硫酸盐:以 SO_4 计,不大于 0.058%(0.50g,参比溶液为 0.005mol/L 硫酸 0.60mL)。

⑤重金属:以 Pb 计,不大于 20μg/g。

测试溶液 称取磷酸三钠 1.0g,加水 20mL 溶解,用稀乙酸(1→20)调至中性,再加稀乙酸(1→20)2mL,加水配至 50mL。

参比溶液 取铅标准溶液 2.0mL,加稀乙酸(1→2)2mL,加水配至 50mL。

⑥砷:以 As_2O_3 计,不大于 4.0μg/g(0.50g,第 1 法,装置 B)。

(8)干燥失量 结晶品 不大于 58.0%(120℃,2h,然后 200℃,5h)。

无水品 不大于 5.0%(200℃,5h)。

(9)含量测定 准确称取经预先干燥的磷酸三钠约 2g,加水 50mL 溶解,将此溶液保持在 15℃左右,用 1mol/L 盐酸滴定(指示剂:甲基橙-二甲苯蓝 FF 试液 3 滴~4 滴)。

1mol/L 盐酸 1mL = 81.97mg Na_3PO_4

490. 胰蛋白酶

(1)其他名称 胰酶;胰液酵素;Trypsin;Cocoonase;Parenzyme;Parenzymol;Pseudotrypsin。

(2)编码 CAS 9002-07-7。

(3)分子式与相对分子质量 $C_6H_{15}O_{12}P_3$;372.1。

(4)定义 胰蛋白酶是一种来源于动物胰脏或鱼类或甲壳类内脏的水解蛋白酶。产品可能含有乳糖或糊精。

(5)酶活性 胰蛋白酶的酶活性相当于 600000U/g 以上。

(6)性状 胰蛋白酶为白色至浅黄褐色粉末或颗粒,或为浅褐色至褐色的液体或糊状物。

(7)纯度

①硫酸盐:以 SO_4 计,不大于 48.0%。

测试溶液 称取胰蛋白酶 1g,加水溶解并定容至 1000mL。取此溶液 50mL 作为测试溶液。

参比溶液 使用 0.005mol/L 硫酸 50mL 作为参比溶液。

②铅:以 Pb 计,不大于 5.0μg/g(2.0g,第 1 法)。

③砷:以 As_2O_3 计,不大于 4.0μg/g(0.50g,第 3 法,装置 B)。

(8)微生物限量 按照“微生物限量试验”规定进行。细菌总数不超过 50000/g,大肠杆菌阴性。

(9)酶活性测定

底物溶液 称取 *N*-苯甲酰基-L-精氨酸乙酯盐酸盐 0.0857g,加水溶解并定容至 100mL。取此溶液 10mL,加磷酸盐缓冲液(pH7.6)定容至 100mL。

样本溶液　准确称取相当于5000～6000 酶活性单位的胰蛋白酶样本,加0.001mol/L 盐酸溶解并定容至100mL。

程序　准确取0.01mol/L 盐酸0.20mL,加底物溶液3.0mL,混合。以水作为参比溶液,在25℃ ±0.1℃、253nm 波长,调整吸光度至0.050。准确取测试溶液0.20mL,加底物溶液3.0mL,混合。按照上述条件,在5min 内,每隔30s 测定一次吸光度。以时间(s)与吸光度关系绘制曲线图,在曲线图的线性范围,测定每分钟的吸光度值改变(ΔA)。按式(9－175)计算胰蛋白酶活性 X(U/g)。这里所规定的酶活性单位是指在本节所给定测定条件下,使每分钟吸光度改变0.003 的酶量。

$$X = \frac{\Delta A \times 100}{0.003 \times m \times 0.2} \times 1000 \qquad (9-175)$$

式中:

m——样品量,g。

491. DL－色氨酸

(1)其他名称　DL－2－氨基－3－吲哚基－1－丙酸;DL－氨基吲哚丙酸;DL－Tryptophan;(2*RS*)－2－Amino－3－(1*H*－indol－3－yl)propanoic acid。

(2)编码　CAS 54－12－6。

(3)分子式、相对分子质量与结构式　$C_{11}H_{12}N_2O_2$;204.23;

(4)含量　以干燥品计,本品 DL－色氨酸($C_{11}H_{12}N_2O_2$)含量为98.0%～102.0%。

(5)性状　DL－色氨酸为白色至黄白色结晶或晶体粉末。无气味或稍有气味,略有甜味。

(6)鉴别

①取 DL－色氨酸溶液(1→1000)5mL,加入茚三酮溶液(1→1000)1mL,加热3min。溶液显紫色。

②取 DL－色氨酸0.2g,加水100mL,加温溶解。取此溶液10mL,加入 *p*－二甲氨基苯甲醛试液5mL,稀盐酸(1→4)2mL,水浴加热5min。显紫红至蓝紫色。

③取 DL－色氨酸0.2g,加水100mL,加温溶解。溶液无旋光性。

(7)纯度

①溶液颜色和澄清度:称取 DL－色氨酸0.50g,加氢氧化钠溶液(1→50)10mL 溶解。溶液几乎澄清,溶液颜色不得深于附件一的配比液 C。

②pH:5.5～7.0。

称取 DL－色氨酸0.20g,加水100mL,加温溶解。测定此溶液 pH 。

③氯化物:以 Cl 计,不大于0.021% 。

测试溶液　称取 DL－色氨酸0.50g,加稀硝酸(1→10)6mL 溶解,再加水配至50mL。

参比溶液　使用0.01mol/L 盐酸0.30mL。

④重金属:以 Pb 计,不大于 20 μg/g(1.0 g,第 4 法,参比溶液为铅标准溶液 2.0 mL)。

⑤砷:以 As_2O_3 计,不大于 4.0μg/g。

测试溶液　称取 DL－色氨酸 0.50g,加入稀盐酸(1→20)5mL,加热溶解。

装置　使用装置 B。

(8)干燥失量　不大于 0.30%(105℃,3h)。

(9)灼热残留物　不大于 0.10%。

(10)含量测定　称取 DL－色氨酸 0.3g,按照"DL－丙氨酸"的含量测定规定进行。

0.1mol/L 高氯酸 1mL＝20.42mg $C_{11}H_{12}N_2O_2$

492. L－色氨酸

(1)其他名称　L－2－氨基－3－吲哚基丙酸;L－氨基吲哚丙酸;L－Tryptophan;(2*S*)－2－Amino－3－(1*H*－indol－3－yl)propanoic acid。

(2)编码　CAS 73－22－3。

(3)分子式、相对分子质量与结构式　$C_{11}H_{12}N_2O_2$;204.23;

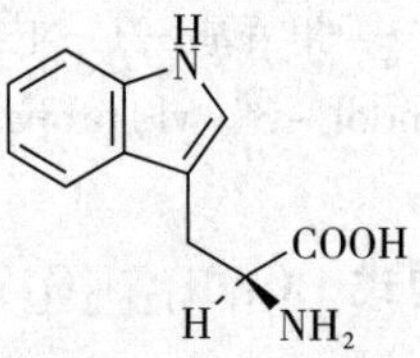

(4)含量　以干燥品计,本品 L－色氨酸($C_{11}H_{12}N_2O_2$)含量为 98.0%～102.0%。

(5)性状　L－色氨酸为白色至黄白色结晶或晶体粉末。无气味或稍有气味,略有甜味。

(6)鉴别

①按照"DL－色氨酸"的鉴别①和②规定进行。

②取 L－色氨酸 1.0g,加水 100mL,加温溶解。溶液具有左旋性。但加入氢氧化钠溶液(1→5)调至碱性时,变为右旋性。

(7)纯度

①比旋光度 $[\alpha]_D^{20}$:－33.0°～－35.0°。

准确称取 L－色氨酸 0.5g,加水约 40mL,加热溶解,冷却后,加水定容至 50mL。测定溶液角旋转。再以干燥品换算。

②溶液颜色和澄清度:称取 L－色氨酸 0.50g,加入氢氧化钠溶液(1→50)10mL 溶解。溶液几乎澄清,溶液颜色不得深于附录的配比液 C。

③pH:5.5～7.0。

称取 L－色氨酸 1.0g,加水 100mL,加温溶解。测定此溶液 pH。

④氯化物:以 Cl 计,不大于 0.021%。

按照"DL－色氨酸"的纯度③规定进行。

⑤重金属:以 Pb 计,不大于 20μg/g。

按照"DL－色氨酸"的纯度④规定进行。

⑥砷:以 As_2O_3 计,不大于 4.0μg/g。

称取 L－色氨酸 0.50g,加入 1mol/L 盐酸 3mL,水 2mL,加热溶解。

装置　使用装置 B。

(8)**干燥失量** 不大于0.30%(105℃,3h)。

(9)**灼热残留物** 不大于0.10%。

(10)**含量测定** 称取L-色氨酸0.3g,按"DL-丙氨酸"的含量测定规定进行。

$$0.1mol/L\ 高氯酸\ 1mL = 20.42mg\ C_{11}H_{12}N_2O_2$$

493. 姜黄油性树脂

(1)**英文名称** Turmeric Oleoresin;Curcumin。

(2)**定义** 姜黄油性树脂[1]来源于姜黄植物(*Curcuma longa* Linné)的根茎,主要成分为姜黄素。本品可能含有食用油脂。

(3)**编码、分子式、相对分子质量与结构式** 姜黄素、去甲氧基姜黄素和双去甲氧基姜黄素的编码、分子式和相对分子质量见表9-11。

表9-11 姜黄产品中的主要姜黄素类化合物

序号	中文名	英文名	CAS	分子式	相对分子质量
Ⅰ	姜黄素	Curcumin	458-37-7	$C_{21}H_{20}O_6$	368.39
Ⅱ	去甲氧基姜黄素	demethoxycurcumin	33171-16-3	$C_{20}H_{18}O_5$	338.39
Ⅲ	双去甲氧基姜黄素	*bis*-demethoxycurcumin	33171-05-0	$C_{19}H_{16}O_4$	308.39

HO OH R1 R2 O O

Ⅰ. $R_1 = R_2 = OCH_3$

Ⅱ. $R_1 = OCH_3, R_2 = H$

Ⅲ. $R_1 = R_2 = H$

姜黄素类化合物的基本结构

(4)**色值** 姜黄油性树脂的色值($E_{1cm}^{10\%}$)不少于1500,为标准值的90%~110%。

---

[1] 根据JECFA对姜黄油性树脂(Turmeric Oleoresin)的定义,姜黄油性树脂是由溶剂[限于丙酮、二氯甲烷、1,2-二氯乙烷、甲醇、乙醇、异丙醇、石油醚(己烷)]提取获得的物质。姜黄油性树脂的特征成分选择取决于在食品中的用途。姜黄油树脂通常含有着色物质,大多数还含有风味物质,但某些油性树脂加工中会去除芳香物质。商品形式有单纯油性树脂和用添加乳化剂和抗氧化剂的载体溶剂稀释的油性树脂配方产品。当姜黄油性树脂的纯化提取物所含着色物质在90%以上,则按照"姜黄素"(Curcumin)的规格。销售的姜黄油性树脂是控制"色值"或"姜黄素"含量,也就是姜黄素类化合物(姜黄素、去甲氧基姜黄素和双去甲氧基姜黄素)的总含量。

JECFA对"姜黄素"(INS 100(i))的定义是从姜黄的地面根茎提取获得。为了获得浓缩的姜黄粉,通过结晶对提取物提纯。产品所含姜黄素类也主要为不同比例的姜黄素及去甲氧基和双去甲氧基衍生物(见表9-11)。还会有少量在姜黄中天然存在的油和树脂。允许使用的提取溶剂也与姜黄油性树脂的相同。

FEMA同时列入"姜黄油性树脂"(CAS 91884-86-5;FEMA 3087)和"姜黄提取物"(CAS 8024-37-1;FEMA 3086)。日本公定书虽然没有明确两者的关系,但却将"Turmeric oleoresin"和"Curcumin"两个英文名同时作为了该产品的名称,表明日本对"姜黄油性树脂"和"姜黄素"没有进行明确细分。

(5)性状 姜黄油性树脂为黄色至深红褐色粉末、团块、膏状物或液体。有特殊气味。

(6)鉴别

①称取相当于色值为1500的姜黄油性树脂0.1g,加乙醇200mL溶解。溶液显黄色并有淡绿色荧光。

②姜黄树脂的乙醇溶液在420nm~430nm波长吸收最大。

③称取相当于色值为1500的姜黄油性树脂1g,加乙醇100mL溶解,加盐酸至溶液颜色为淡橙色。以此溶液作为测试溶液。加硼酸于测试溶液。溶液显橙红色。

④称取相当于色值为1500的姜黄油性树脂1g,加乙醇100mL溶解,3000r/min离心10min。取此溶液的上清液作为测试溶液。取5μL测试溶液进行薄层色谱分析。将乙醇、异戊醇、水、氨水的混合液(4:4:2:1)作为展开溶剂。不使用参比溶液。采用覆盖薄层色谱用硅胶的薄层板作为载体,预先经110℃干燥1h。当展开剂的最前端上升到距离原点约10cm时,停止展开,风干薄层板。在日光和紫外光(约366nm)下观察。在R_f值0.40~0.85处可观察到两个或更多黄色斑点。所有斑点在紫外光下发出黄色荧光。

(7)纯度

①重金属:以Pb计,不大于40μg/g(0.50g,第2法,参比溶液为铅标准溶液2.0mL)。

②铅:以Pb计,不大于10μg/g(1.0g,第1法)。

③砷:以As_2O_3计,不大于4.0μg/g(0.50g,第3法,装置B)。

(8)色值 采用以下条件,按照“色值试验”的规定进行。

操作条件

溶剂:乙醇。

波长:420nm~430nm波长吸收最大。

494. L-酪氨酸

(1)其他名称 L-β-对羟基苯基丙氨酸;L-苯酚氨基丙酸;L-Tyrosine;(2*S*)-2-Amino-3-(4-hydroxyphenyl)propanoic acid。

(2)编码 CAS 60-18-4;FEMA 3736。

(3)分子式、相对分子质量与结构式 $C_9H_{11}NO_3$;181.19;

CO_2H H NH_2 HO

(4)含量 以干燥品计,本品L-酪氨酸($C_9H_{11}NO_3$)含量为98.0%~102.0%。

(5)性状 L-酪氨酸为白色结晶或晶体粉末。无气味,无味或稍有特殊味道。

(6)鉴别

①取L-酪氨酸的饱和溶液5mL,加入茚三酮溶液(1→50)1mL,水浴加热3min。溶液显蓝紫色。

②取L-酪氨酸的饱和溶液5mL,加入三氯化铁溶液(1→20)1mL,加热。溶液显深红色。

(7)纯度

①比旋光度$[\alpha]_D^{20}$:-10.5°~+12.5°。

准确称取L-酪氨酸5g,加1mol/L盐酸溶解并定容至100mL。测定此溶液的角旋转,以干燥品计算。

②溶液颜色和澄清度：无色，几乎澄清（1.0g，1mol/L 盐酸 20mL）。

③pH：5.0～6.5（饱和溶液）。

④氯化物：以 Cl 计，不大于 0.10%（0.070g，参比溶液为 0.01mol/L 盐酸 0.20mL）。

⑤重金属：以 Pb 计，不大于 20μg/g（1.0g，第 2 法，参比溶液为铅标准溶液 2.0mL）。

⑥砷：以 As_2O_3 计，不大于 4.0μg/g（0.50g，第 3 法，装置 B）。

（8）干燥失量　不大于 0.30%（105℃，3h）。

（9）灼热残留物　不大于 0.10%。

（10）含量测定　准确称取 L－酪氨酸 0.3g，采用“L－天门冬酰胺”含量测定规定进行。

$$0.1\text{mol/L 高氯酸 } 1\text{mL} = 18.12\text{mg } C_9H_{11}NO_3$$

495. γ－十一烷酸内酯

（1）其他名称　桃醛；γ－十一内酯；α－庚基－γ－丁内酯；十四醛；γ－Undecalactone；γ－Aldrich；Undecano－1，4－lactone；5－Heptyldihydrofuran－2（3*H*）－one。

（2）编码　CAS 104－67－6，124－25－4；FEMA 3091。

（3）分子式、相对分子质量与结构式　$C_{11}H_{20}O_2$；184.28；

（4）含量　本品 γ－十一烷酸内酯（$C_{11}H_{20}O_2$）含量不小于 98.0%。

（5）性状　γ－十一烷酸内酯为无色至淡黄色透明液体，有桃样香味。

（6）鉴别　按照“红外吸收光谱法”的液膜法规定的操作测定 γ－十一烷酸内酯的红外吸收光谱，与参比光谱图（见图 9－69）比较，两个谱图在相同的波数几乎有同样的吸收强度。

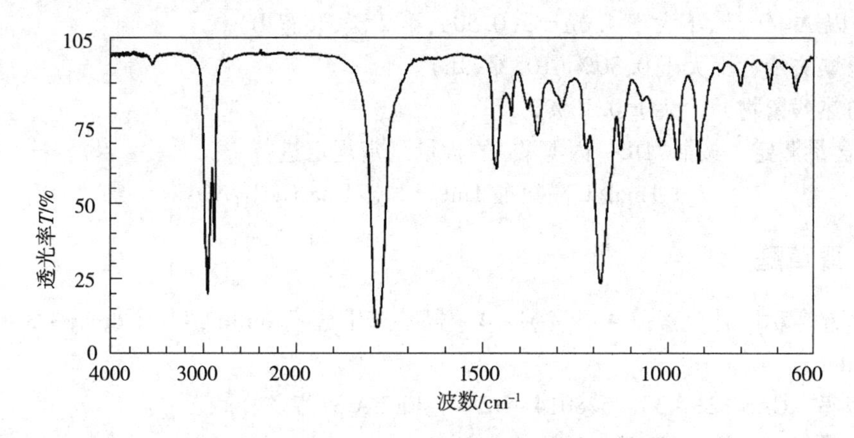

图 9－69　γ－十一烷酸内酯的红外吸收光谱图

（7）纯度

①折射率 n_D^{20}：1.449～1.455。

②相对密度：0.944～0.948。

③溶液澄清度：澄清［1.0mL，60% 乙醇（体积分数）5mL］。

④酸值:不大于 5.0(香料物质试验)。

(8)含量测定 称取 γ-十一烷酸内酯约 1g,按照"香料物质试验"中酯含量试验规定进行。

0.5mol/L 氢氧化钾的乙醇溶液 1mL = 92.14mg $C_{11}H_{20}O_2$

496. L-缬氨酸

(1)其他名称 L-2-氨基-3-甲基丁酸;L-异戊氨酸;L-Valine;(2*S*)-2-Amino-3-methylbutanoic acid。

(2)编码 CAS 72-18-4。

(3)分子式、相对分子质量与结构式 $C_5H_{11}NO_2$;117.15;

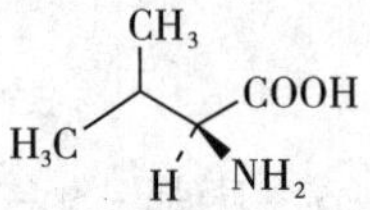

(4)含量 以干燥品计,本品 L-缬氨酸($C_5H_{11}NO_2$)含量为 98.0% ~102.0%。

(5)性状 L-缬氨酸为白色结晶或晶体粉末。无气味或稍有特殊气味,稍有特殊味道。

(6)鉴别 取 L-缬氨酸溶液(1→1000)5mL,加入茚三酮溶液(1→1000)1mL,加热 3min。溶液显紫色。

(7)纯度

①旋光度$[\alpha]_D^{20}$: +26.5° ~ +29.0°(4.0g,稀盐酸(1→2),50mL,以干燥品计)。

②溶液颜色和澄清度:无色澄清(0.50g,水 20mL)。

③pH:5.5 ~7.0(1.0g,水 30mL)。

④氯化物:以 Cl 计,不大于 0.021%(0.50g,参比溶液为 0.01mol/L 盐酸 0.30mL)。

⑤重金属:以 Pb 计,不大于 20μg/g(1.0g,第 1 法,参比溶液为铅标准溶液 2.0mL)。

⑥砷:以 As_2O_3 计,不大于 4.0μg/g(0.50g,第 2 法,装置 B)。

(8)干燥失量 不大于 0.30%(105℃,3h)。

(9)灼热残留物 不大于 0.10%。

(10)含量测定 按照"DL-丙氨酸"的含量测定规定进行。

0.1mol/L 高氯酸 1mL = 11.71mg $C_5H_{11}NO_2$

497. 香草醛

(1)其他名称 香兰素;3-甲氧基-4-羟基苯甲醛;Vanillin;4-Hydroxy-3-methoxybenzaldehyde。

(2)编码 CAS 121-33-5,8014-42-4;FEMA 3107。

(3)分子式、相对分子质量与结构式 $C_8H_8O_3$;152.15;

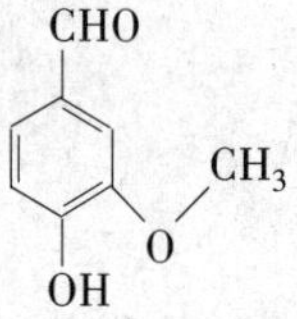

(4)含量 本品香草醛($C_8H_8O_3$)含量不小于 98.0%。

(5)性状 香草醛为白色至淡黄色针状结晶或晶体粉末。有香草样香气和味道。

(6)鉴别

①取香草醛0.5g,加水10mL,加温溶解,加入三氯化铁溶液(1→10)3滴,显蓝紫色。将此溶液在80℃左右加热5min。溶液变成褐色,生成白色至灰白色沉淀。

②取入香草醛1g,加入亚硫酸氢钠试液5mL,温水中加温溶解并不时振摇。再加稀硫酸(1→20)10mL,60℃~70℃加热约5min,放置。析出结晶。

(7)纯度

①熔点:81℃~83℃。

②溶液澄清度:澄清。

称取香草醛1.0g,加水20mL,加热至80℃溶解。

③重金属:以Pb计,不大于10μg/g(2.0g,第2法,参比溶液为铅标准溶液2.0mL)。

④砷:以As_2O_3计,不大于4.0μg/g(0.50g,第4法,装置B)。

(8)干燥失量 不大于0.50%(4h)。

(9)灼热残留物 不大于0.05%。

(10)含量测定 称取香草醛1g,按照"香料物质试验"的醛类或酮类含量试验第2法规定进行。本试验中样本放置时间为15min。

$$0.5mol/L\ 盐酸\ 1mL = 76.07mg\ C_8H_8O_3$$

498. 植物丹宁

(1)其他名称 植物多酚;Vegetable tannin;Plant polyphenol。

(2)定义 植物丹宁[1]是从五倍子或他拉树的豆荚中提取,主要成分为丹宁和丹宁酸。

(3)含量 本品干燥后,植物丹宁含量不少于96.0%。

(4)性状 植物丹宁为黄白色至浅褐色粉末。稍有特殊气味,有强烈涩味。

(5)鉴别

①取植物丹宁溶液(1→20)5mL,加三氯化铁(1→10)溶液2滴。溶液显蓝黑色,在放置过程中生成沉淀。

②取植物丹宁溶液(1→20)5mL三份,分别加入白蛋白试液1滴,明胶试液1滴,或淀粉试液1mL。此三份溶液均产生沉淀。

③称取植物丹宁1g,加水100mL溶解,加稀盐酸(1→2)5mL,在80℃~90℃加热2h,以此作为测试溶液。另外,取没食子酸0.1g用100mL水溶解,以此为参比溶液。取测试溶液和参比溶液各5μL进行薄层色谱分析,将甲酸乙酯、甲苯、水、甲酸的混合液(5:4:1)作为展开溶剂。采用覆盖薄层色谱用荧光硅胶的薄层板作为载体,预先经110℃干燥1h。当展开剂的最前端上升到距离原点约10cm时,停止展开,风干薄层板。在紫外灯(波长:约254nm)下观察。在每种溶液R_f值约为0.35处能观察到一个斑点,并且在紫外灯下产生蓝紫色荧光。

---

[1] 植物单宁属于"单宁(提取物)"范畴的物质之一。

"单宁(提取物)"属于日本的现有食品添加剂范围。该物质是从日本柿子果实(*Diospyros kaki* Thunberg)、栗树涩皮(*Castanea crenata* Siebold et Zuccarini)、罗望子树的种皮(*Tamarindus indica* Linné)、他拉树豆荚(*Caesalpinia spinosa*)、鸦胆子属(*Rhus javanica* Linné)的五倍子及漆树属的其他种属、栎树属(*Quercus Infectoria* Oliver)的五倍子和栎树属的其他种属或银金合欢树树皮中获得。主要成分是单宁和单宁酸。

④称取植物丹宁 0.050g，加水 3mL 溶解，再加氢氧化钙试液 1mL，剧烈振摇。无黄色或红色产生。

(6)纯度

①重金属：以 Pb 计，不大于 40μg/g(0.50g，第 2 法，参比溶液为铅标准溶液 2.0mL)。

②铅：以 Pb 计，不大于 10μg/g(1.0 g，第 1 法)。

③砷：以 As_2O_3计，不大于 4.0μg/g(0.50g，第 2 法，装置 B)。

④胶或糊精：将植物丹宁 3.0g 溶解于 15mL 热水中。溶液澄清或轻微混浊。冷却后过滤该溶液，向 5mL 滤液中加乙醇 5mL。无混浊。

⑤树脂类物质：取由纯度 4 得到的滤液 5mL，加入水 10mL。无混生成。

(7)干燥失量 不大于 7.0%(105℃，2h)。

(8)灼热残留物 不大于 1.0%。

(9)含量测定

测试溶液和参比溶液 称取植物丹宁样本 0.100g 和没食子酸 0.001g，分别用水和甲醇的混合液(4:1)溶解并定容至 100mL。分别作为测试溶液和参比溶液。

程序 取测试溶液和参比溶液各 10μL，按照以下操作条件进行液相色谱分析。在参比溶液进样后 2.2min ~ 2.5min 的保留时间没食子酸出峰。测定测试溶液在进样后 30min 内所出全部峰的总面积，并归一化为 100，将进样后 10min ~ 25min 内所出峰的总面积作为丹宁酸的峰面积。通过两者的总峰面积确定丹宁酸的峰面积百分比，计算植物丹宁含量。

操作条件

检测器：紫外检测器(波长 280nm)。

色谱柱：内径 4mm，长 25cm 的不锈钢管。

填料：7μm 液相色谱用十八烷基硅烷键合硅胶。

柱温：室温。

流动相

A：0.1%(质量浓度)磷酸。

B：含 0.1%(质量浓度)磷酸的甲醇。

浓度梯度(A/B)：在 30min 内，流动相 A 从 80% 线性降为 0%。

流速：1.0mL/min。

499. 维生素 A 脂肪酸酯

(1)其他名称 视黄醇脂肪酸酯；Vitamin A esters of fatty acids；Retinol fatty acids esters。

(2)定义 维生素 A 脂肪酸酯有两种类型：一种为维生素 A 乙酸酯，另一种为以维生素 A 棕榈酸酯为主。

(3)含量 1g 维生素 A 脂肪酸酯应相当于维生素 A 含量 450mg 以上，并相当于标称维生素 A 含量的 90% ~ 120%。维生素 A 300mg 相当于 1 百万国际单位(IU)。

(4)性状 维生素 A 脂肪酸酯为淡黄色至淡微红黄色结晶或油性物质，稍有特殊气味。

(5)鉴别

①称取相当于 1500IU 维生素 A 的维生素 A 脂肪酸酯，加石油醚 5mL 溶解，作为测试溶液。取测试溶液 5μL 进行薄层色谱分析。将环已烷、乙醚的混合液(4:1)作为展开剂。

采用覆盖薄层色谱用荧光硅胶的薄层板作为载体,预先经105℃干燥2h。当展开剂的最前端上升到距离原点约10cm时,停止展开,风干薄层板。在紫外光(主要波长:254nm)下观察。在R_f值0.09、0.45和0.62处分别观到维生素A、维生素A乙酸酯、维生素A棕榈酸酯的斑点。

②取维生素A脂肪酸酯样本0.05g,用维生素A测定用异丙醇溶解,配成维生素A含量为3μg/mL的溶液。此溶液在324nm~328nm波长吸收最大。

(6)纯度

①酸值:不大于2.8。

准确称取维生素A脂肪酸酯样本品2g,按照"油脂类和相关物质试验"的酸值规定进行。

②吸光度比值:

测试溶液　取相当于维生素A 0.060g的维生素A脂肪酸酯样本,用维生素A测定用异丙醇溶解并定容至100mL。准确取此溶液1mL,用维生素A测定用异丙醇定容至200mL。

程序　分别在300nm、310nm、320nm、326nm、330nm、340nm和350nm波长测定测试溶液的吸光度。将326nm波长吸光度以1000表示,计算各个波长吸光度与326nm吸光度的比值。每一吸光度比值与表9-12所列值的偏差应在±0.030内。

表9-12 两种维生素A脂肪酸酯的吸光度比值

波长/nm	吸光度比值	
	维生素A乙酸酯	维生素A棕榈酸酯
300	0.578	0.590
310	0.815	0.825
320	0.948	0.950
326	1.000	1.000
330	0.972	0.981
340	0.786	0.795
350	0.523	0.527

(7)含量测定　在326nm波长测定纯度2制备的测试溶液的吸光度(A),按照式(9-176)计算维生素A含量X(mg):

$$X = \frac{A \times V}{m \times 100} \times 0.570 \qquad (9-176)$$

式中:

V——测试溶液总体积,mL;

m——V mL测试溶液中所含样本量,g。

500. 维生素A油

(1)其他名称　油性维生素A脂肪酸酯;Vitamin A in oil。

(2)编码　CAS 68-26-8。

(3)定义　维生素A油是一种从水产动物新鲜肝脏、幽门垂或其他部位提取的脂肪油;一种脂肪油的维生素A(视黄醇)浓缩物;一种维生素A脂肪酸酯(视黄醇脂肪酸酯);一种用食用油脂溶解前三种物质中任一种制备的产品。

(4)含量 1g 维生素 A 油应相当于维生素 A 30mg 以上，为维生素 A 标称含量的 90% ~ 120%。维生素 A 300mg 相当于 100 万国际单位(IU)。

(5)性状 维生素 A 油为淡黄色至淡红黄色的油性物，稍有特殊气味。

(6)鉴别 按照"维生素 A 脂肪酸酯"的鉴别①和②规定进行。

(7)纯度

①酸值：按照"维生素 A 脂肪酸酯"纯度①规定进行。

②吸光率：如果样本含维生素 A 脂肪酸酯，按照"维生素 A 脂肪酸"的纯度②规定进行。

(8)含量测定

测试溶液 准确称取相当于维生素 A 0.15mg 以上的维生素 A 油样本，其油或脂肪含量小于 1g，转入烧瓶内，加无醛乙醇 30mL 和焦性没食子酸的乙醇溶液(1→10)1mL。加氢氧化钾溶液(9→10)3mL，装上回流冷凝器，水浴加热回流 30min 进行皂化。迅速冷却至常温，加水 30mL，移入分液漏斗 A。先用水 10mL 洗涤烧瓶，再用维生素 A 测定用乙醚 40mL 洗涤，将洗液倒入分液漏斗 A，充分振摇烧瓶，放置。将水层转入分液漏斗 B，用维生素 A 测定用乙醚 30mL 洗涤烧瓶，将洗液倒入分液漏斗 B，振摇萃取。将水层转入烧瓶，乙醚层转入分液漏斗 A，将上述烧瓶中的水转入分液漏斗 B，加维生素 A 测定用乙醚 30mL，振摇萃取。将乙醚层转入分液漏斗 A。向分液漏斗 A 中加水 10mL，轻轻地倒转分液漏斗 2 次 ~ 3 次，静置，弃去分离的水层。再每次用水 50mL 洗涤 3 次，振摇强度要大些。再每次用水 50mL 洗涤至洗液对酚酞试液不显色，再放置 10min。尽可能去除水，将乙醚层移入三角烧瓶，每次用维生素 A 测定用乙醚 10mL 洗涤分液漏斗 2 次，将洗液合并至先前的三角烧瓶内，加入无水硫酸钠 5g，振摇，将乙醚萃取液移入含量测定用茄形烧瓶中。每次用维生素 A 测定用乙醚 10mL 洗涤三角烧瓶内残留的硫酸钠 2 次以上，将洗液合并于茄形烧瓶内。置乙醚萃取液于 45℃ 水浴，采用抽气减压，边振摇边浓缩至约 1mL。立即加入维生素 A 测定用异丙醇溶解，准确稀释至溶液中维生素 A 含量为约 3μg/mL。

程序 在 310nm、325nm 和 334nm 波长测定测试溶液的吸光度(A_1、A_2 和 A_3)，按式(9 - 177) ~ 式(9 - 179)计算维生素 A 含量 X(mg/g)：

$$X = E_{1\mathrm{cm}}^{1\%}(325nm) \times 0.549 \tag{9-177}$$

$$E_{1\mathrm{cm}}^{1\%}(325\mathrm{nm}) = \frac{A_2}{m} \times \frac{V}{100} \times f \tag{9-178}$$

$$f = 6.815 - 2.555 \times \frac{A_1}{A_2} - 4.260 \times \frac{A_3}{A_2} \tag{9-179}$$

式中：

f——校正因子；

V——测试溶液的总体积，mL；

m——测试溶液 V 中样品量，g。

当样品中含有维生素 A 脂肪酸酯时，按照"维生素 A 脂肪酸酯"的含量测定规定。

(9)标准品保存条件 放入避光密封容器内，通入惰性气体保存。

501. 黄原胶

(1)其他名称 黄单胞菌多糖；黄杆菌胶；汉生胶；三仙胶；玉米糖胶；苫胶；Xanthan gum。

(2)编码 CAS 11138－66－2;INS 415。

(3)定义 黄原胶由野油菜黄单孢菌(*Xanthomonas campestris*)的培养液提取,主要含有多糖。产品可能含有葡萄糖、乳糖、糊精或麦芽糖。

(4)含量 本品以干燥后,黄原胶含量为72.0%～108.0%。

(5)性状 黄原胶为白色至褐色粉末,稍有气味。

(6)鉴别 在500mL烧杯中加入水300mL,加热至80℃,加入黄原胶1.5g和槐豆胶1.5g的混合物,同时用磁力搅拌器高速搅拌。在60℃或更高温度下搅拌,直到混合物完全溶解,再在60℃或更高温度下持续搅拌至少30min。放置2h冷却至室温。再在4℃下冷却,生成有弹性的凝胶。除不添加槐豆胶,以同样方式制备成的1%黄原胶溶液则不形成弹性凝胶。

(7)纯度

①总氮:不大于1.5%(约0.2g,半微量凯氏法)。

②铅:以Pb计,不大于2.0μg/g(5.0g,第1法)。

③砷:以As_2O_3计,不大于4.0μg/g(0.50g,第3法,装置B)。

④异丙醇:不大于0.05%。

(a)装置:使用"加工过的麒麟菜属海藻"的纯度⑨描述的设备。

(b)方法

测试溶液 准确称取黄原胶2g于茄形烧瓶(A)中,加水200mL,加少量沸石,硅树脂1mL,搅拌均匀。准确量取内标液4mL于容量瓶(E)中,装好装置。用水湿润连接部分。以2mL/min～3mL/min的速率蒸馏,注意不要让气泡进入配有雾滴分离器的导管(C)中,收集馏出液90mL,再加水配至100mL。用叔丁醇溶液(1→1000)作为内标液。

标准溶液 准确称取异丙醇0.5g,加水定容至50mL。准确取此溶液5mL,再加水定容至50mL。取此溶液2mL和内标液8mL于200mL容量瓶中,加水定容至刻度。

程序 分别取测试溶液和标准溶液2.0μL,按以下操作条件进行气相色谱分析。确定测试溶液和标准溶液的异丙醇与叔丁醇的峰面积比值(Q_T和Q_S)。按式(9－180)计算异丙醇含量X:

$$X=\frac{m_1}{m}\times\frac{Q_T}{Q_S}\times 0.2\times 100\% \tag{9-180}$$

式中:

m_1——异丙醇量,g;

m——样本量,g。

操作条件

检测器:氢焰离子化检测器(FID)。

色谱柱:内径3mm,长2m玻璃管。

柱填料:180μm～250μm气相色谱用苯乙烯－二乙烯苯多孔聚合物。

柱温:120℃,恒温。

进样口:200℃。

载气:氮气或氦气。

流量:调整流速使异丙醇的保留时间约为10min。

(8)干燥失量 不大于15.0%(105℃,2.5h)。

(9)灰分 不大于16.0%(105℃,4h)。

(10)微生物限量 采用"微生物限量试验"。细菌总数不超过10000/g,大肠杆菌阴性。

(11)含量测定

将玻璃过滤器(IG4)置80℃下减压干燥30min,置干燥器中冷却后准确称量。准确称取黄原胶0.5g,加氢氧化钾溶液(1→25)10mL溶解,加水90mL。在此溶液中,加稀盐酸(1→3)15mL,无水乙醇300mL,剧烈搅拌。放置2h后4000r/min离心10min,弃去上清液。再加无水乙醇,重复上述操作,直至上清液不含氯化物。用玻璃过滤器过滤沉淀,无水乙醇洗涤。残留物用丙酮洗涤,80℃减压干燥1.5h,置干燥器中冷却,再准确称量。按照式(9-181)计算黄原胶含量X:

$$X = \frac{m_1}{m} \times 100\% \qquad (9-181)$$

式中:

m_1——残渣量,g;

m——样品量,g。

502. 木糖醇

(1)其他名称 五羟基戊烷;1,2,3,4,5-五羟基戊醇;戊五醇;Xylitol;Xylit;meso-Xylitol。

(2)编码 CAS 87-99-0;INS 967。

(3)分子式、相对分子质量与结构式 $C_5H_{12}O_5$;152.15;

HO — (H, OH) — (HO, H) — (H, OH) — OH

(4)含量 以无水品计,本品木糖醇($C_5H_{12}O_5$)含量为98.5%~101.0%。

(5)性状 木糖醇为白色结晶或晶体粉末。无气味,有清凉感和甜味。

(6)鉴别

①称取木糖醇5g,加盐酸和福尔马林的混合液(1:1)10mL溶解,于50℃加热2h,加入乙醇25mL。出现晶体沉淀。过滤收集结晶,加水10mL,加温溶解。加乙醇50mL形成结晶。过滤收集结晶,再用乙醇重结晶2次,105℃干燥2h。此结晶熔点为195℃~201℃。

②预先将木糖醇置放有五氧化二磷的干燥器内减压干燥24h。按照"红外吸收光谱法"的溴化钾压片法规定的操作测定木糖醇的红外吸收光谱,与参比光谱图(见图9-70)比较,两个谱图在相同的波数几乎有同样的吸收强度。

(7)纯度

①熔点:92℃~96℃。

②溶液澄清度:澄清(1.0g,水2.0mL)。

③pH:5.0~7.0(1.0g,水10mL)。

④重金属:以Pb计,不大于10μg/g(2.0g,第2法,参比溶液为铅标准溶液2.0mL)。

⑤铅:以Pb计,不大于1.0μg/g(10.0g,第1法)。

⑥砷:以As_2O_3计,不大于4.0μg/g(0.50g,第1法,装置B)。

⑦镍:以Ni计,不大于2.0μg/g。

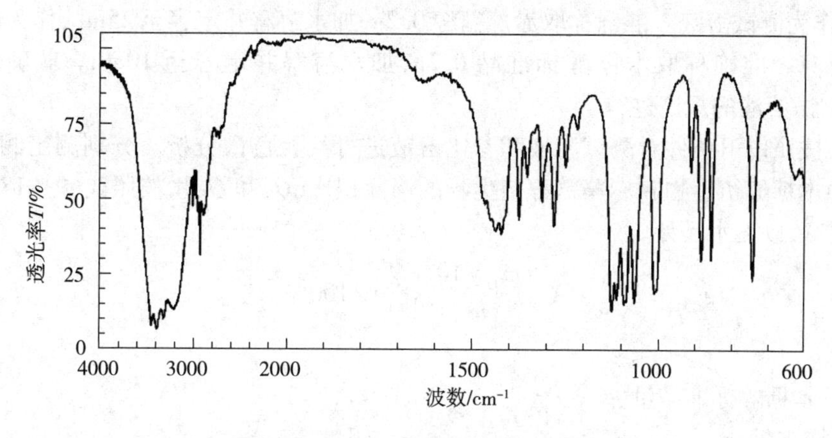

图 9－70 木糖醇的红外吸收光谱图

称取木糖醇 50.0g,加水与稀乙酸的混合液(1∶1)溶解并定容至 500mL。此溶液作为溶液 A。

测试溶液 取溶液 A 100mL 于分液漏斗中,加入 1% 吡咯烷二硫代氨基甲酸铵(质量浓度)2.0mL,甲基异丁基酮 10mL,振摇,收集甲基异丁基酮层。

参比溶液 在 3 个分液漏斗各加入溶液 A 100mL。然后分别向 3 个漏斗中加入镍标准溶液 0.5、1.0 和 1.5mL,再按照测试溶液的规定操作。

程序 取测试溶液和参比溶液,按照下述条件进行火焰原子吸收光谱分析,按照标准添加法测定镍含量。

操作条件

光源:镍空心阴极灯。

分析线波长:232.0nm。

助燃气:空气。

燃气:乙炔。

⑧其他糖醇:不大于 1.0%。

按照含量测定的规定,分别计算 L－阿拉伯胶糖醇、半乳糖醇、D－甘露醇和 D－山梨糖醇的含量(%)。这些糖醇含量总和即为其他糖醇的含量(%)。

参比溶液 准确称取以上各种醇糖标准品各 0.01g,加水溶解并定容至 100mL。

⑨还原性糖:以 D－葡萄糖计,不大于 0.2%。

称取木糖醇 1.0g 于烧瓶中,用水 25mL 溶解。加斐林试液 40mL,温和煮沸 3min,放置使形成氧化亚铜沉淀。用玻璃过滤器(IG4)过滤上清液,弃去滤液。立即向烧瓶内加入温水,洗涤沉淀,用同一玻璃过滤器过滤,弃去滤液。反复洗涤过滤,直至洗液无碱性。立即向装有沉淀的烧瓶内加入硫酸铁试液 20mL,溶解。再用以上同一玻璃过滤器过滤,用水洗涤,合并洗液和滤液。加热至 80℃,加 0.02mol/L 高锰酸钾 0.6mL,溶液的粉红色不会立即消失。

(8)水分含量 不大于 0.50%(1.0g,直接滴定)。

(9)含量测定

测试溶液 准确称取木糖醇 2g,用水溶解并定容至 100mL。准确取此溶液 1mL,加入内标液 1mL,60℃水浴减压蒸干。加无水吡啶 1mL,乙酸酐 1mL。装上回流冷凝装置,水浴加热

1h,冷却。作为测试溶液。准确称取赤藻糖醇0.2g,加水溶解并定容至25mL,作为内标液。

参比溶液　准确称取木糖醇标准品0.2g,加水溶解并定容至10mL。准确取此溶液1mL,按照测试溶液的规定进行。

程序　按照以下条件对测试溶液和参比溶液进行气相色谱分析。分别测定测试溶液和参比溶液中木糖醇衍生物和赤藻糖醇衍生物的峰面积比(Q_T和Q_S),按照式(9-182)计算木糖醇的含量X,以无水品计。

$$X=\frac{m_1\times 10}{m}\times\frac{Q_T}{Q_S}\times 100\% \qquad (9-182)$$

式中:

m_1——木糖醇标准品量,g;

m——样本量,g。

操作条件

检测器:火焰离子检测器(FID)。

色谱柱:硅酸盐玻璃毛细管(内径0.25mm,长30m),内涂以0.25μm厚气相用14%氰丙基苯基-86%二甲基聚硅氧烷。

柱温:180℃维持2min,然后以10℃/min的速率升至220℃,维持15min。

进样口温度:250℃。

注射方法:分流(20∶1)。

载气:氦气。

流速:调整流速使赤藻糖醇衍生物在进样后6min左右出峰。

503. D-木糖

(1)其他名称　D-戊醛糖;五碳醛糖;D-Xylose;D-Xylopyranose;Wood sugar。

(2)编码　CAS 58-86-6;FEMA 3606。

(3)分子式、相对分子质量与结构式　$C_5H_{10}O_5$;150.13;

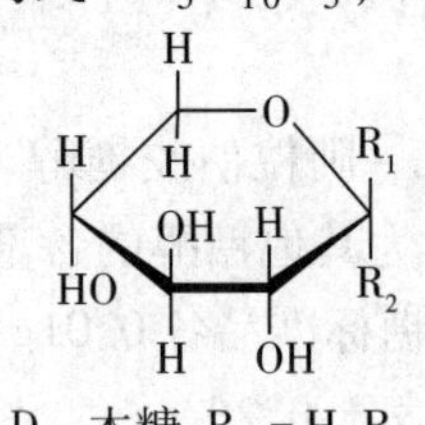

α-D-木糖:$R_1=H, R_2=OH$

β-D-木糖:$R_1=OH, R_2=H$

(4)含量　本品干燥后,D-木糖($C_5H_{10}O_5$)含量为98.0%~101.0%。

(5)性状　D-木糖为无色至白色结晶,或为白色晶体粉末。无气味,有甜味。

(6)鉴别

①滴加D-木糖溶液(1→20)2滴~3滴于5mL煮沸斐林试液中,形成红色沉淀。

②称取D-木糖1g,用新煮沸后冷却的水25mL溶解,此溶液为右旋性。

③称取D-木糖1g,用水3mL,加温溶解,加稀盐酸(1→4)和二苯胺的乙醇溶液(1→40)的混合液(5∶2)3mL,水浴加热5min。溶液显黄色至淡橙色。

④称取D-木糖0.5g,用水20mL溶解,加盐酸苯肼-乙酸钠试液30mL,稀乙酸(1→20)

10 mL,水浴加热约2h,生成沉淀,对水中沉淀重结晶。熔点为160℃ ~163℃。

(7)**纯度**

①溶液颜色和澄清度:无色,几乎澄清(4.0g,水20mL)。

②游离酸:称取D-木糖1.0g,用新煮沸后冷却的水10mL溶解,加1滴酚酞试液,再加0.2mol/L氢氧化钠溶液1滴。溶液显粉红色。

③硫酸盐:以SO_4计,不大于0.005%。

测试溶液 称取D-木糖1.0g,用水30mL溶解。

参比溶液 使用0.005mol/L硫酸0.10mL。

④重金属:以Pb计,不大于10μg/g(2.0g,第1法,参比溶液为铅标准溶液2.0mL)。

⑤砷:以As_2O_3计,不大于4.0μg/g(0.50g,第1法,装置B)。

⑥其他糖类:

测试溶液 称取D-木糖0.5g,用水溶解并配至1000mL。

程序 量取测试溶液0.1mL进行纸色谱层析。用正丁醇、吡啶、水的混合液(6∶4∶3)作为展开溶剂。不使用参比溶液。使用色谱分析用2号滤纸。当展开剂的最前端上升到距离原点约15cm时,停止展开。在前沿位置上作出标记。风干后,再用同样展开溶剂展开,当展开剂上升到标记的前沿时停止展开。再重复一次展开。喷上显色液,100℃ ~125℃干燥5min,在自然光下从上观察。只能观察到一个粉红色斑点。显色液制备:称取苯胺0.93g,邻苯二甲酸酐1.66g,用水饱和的正丁醇100mL溶解。

(8)**干燥失量** 不大于1.0%(105℃,3h)。

(9)**灼热残留物** 不大于0.05%(5g)。

(10)**含量测定**

准确称取经预先干燥的D-木糖1g,加水溶解并定容至500mL。准确量取此溶液10mL于具塞磨口烧瓶中,准确加入偏高碘酸钠溶液(1→400)50mL。加硫酸1mL,水浴加热15min。冷却,加碘化钾2.5g,充分振摇,在荫凉暗处放置15min,用0.1mol/L硫代硫酸钠滴定(指示剂:淀粉试液)。另外,以同样方式做空白试验进行校正。

0.1mol/L硫代硫酸钠1mL=1.877mg $C_5H_{10}O_5$

504. 酵母细胞壁

(1)**英文他名称** Yeast cell wall。

(2)**定义** 酵母细胞壁由啤酒酵母(*Saccharomyces cerevisiae*)获得,主要成分为多糖。

(3)**性状** 酵母细胞壁为灰白色至红褐色粉末或悬浊液,稍有特殊气味。

(4)**鉴别**

①如果酵母细胞壁样本是粉末,取样本1g,加水100mL,用磁力搅拌器搅拌成悬浊液。如果酵母细胞壁样本是悬浊液,直接测定。在200倍~400倍显微镜下观察悬浊液。可见长轴为1μm~12μm的卵形或偏平单细胞或细胞碎片。

②取酵母细胞壁粉末样本或经预先干燥的悬浊液样本1g,加磷酸盐缓冲液(pH 6.8)50mL,用磁力搅拌器高速搅拌,放置30min。该样品膨胀。

(5)**纯度**

①重金属:以Pb计,不大于20μg/g(粉末或经预先干燥的悬浊液1.0g,第2法,参比溶液

为铅标准溶液2.0mL)。

②铅:以Pb计,不大于5.0μg/g(粉末或经预先干燥的悬浊液2.0g,第1法)。

③砷:以As_2O_3计,不大于2.0μg/g(粉末或经预先干燥的悬浊液1.0g,第3法,装置B)。

④总氮:不大于5.6%(以干燥品计,约1.0g,半微量凯氏法)。

⑤淀粉:称取粉末或经预先干燥的悬浊液1.0g,加入碘试液1滴,立刻用显微镜观察。很少或几乎观察不到紫黑色微粒。

(6)干燥失量 粉末:不大于8.0%(120℃,2h)。

悬浊液:不大于92.0%(120℃,2h)。

(7)灰分 不大于10.0%(粉末或经预先干燥的悬浊液1.0g)。

(8)微生物限量 按照“微生物限量试验”规定进行。细菌总数不超过10000/g,大肠杆菌阴性。

505. 丝兰提取物

(1)其他名称 菝葜皂苷;Yucca foam extract。

(2)编码 CAS 126-19-2。

(3)定义 由短叶丝兰(*Yucca brevifolia* Engelmann)或丝兰属(*Yucca schidigera* Roezl ex Ortgies)植物的获得,主要成分为皂苷。

(4)含量 本品干燥后,丝兰皂苷含量不少于3.0%。

(5)性状 丝兰提取物为黄色至褐色粉末,或为棕色液体,有特殊气味。

(6)鉴别

①称取相当于无水品0.6g的丝兰提取物,用甲醇和水的混合液(9∶1)10mL溶解,剧烈振摇,过滤。取测试溶液1μL进行薄层色谱分析。以乙酸乙酯、乙醇、水和乙酸的混合液(40∶16∶8∶1)作为展开溶剂。不用参比溶液。采用覆盖薄层色谱用硅胶作为载体,预先经110℃干燥1h。当展开剂的最前端上升到距离原点约8cm时,停止展开,风干薄层板。均匀喷雾对甲氧基苯甲醛-硫酸试液,110℃干燥10min显色。在R_f值0.4~0.6可看到四个黄绿色至蓝绿色斑点。

②取含量测定的溶液A 3mL,蒸发掉溶剂,用乙酸乙酯0.1mL溶解残留物。作为测试溶液。以含量测定中的溶液B作为参比溶液。取测试溶液和参比溶液各2μL进行薄层色谱分析。用正己烷与乙酸乙酯的混合液(2∶1)作为展开溶剂。采用覆盖薄层色谱用硅胶的薄层板作为载体。预先经110℃干燥1h。当展开剂的最前端上升到距离原点约8cm时,停止展开,风干薄层板。均匀喷雾对甲氧基苯甲醛-硫酸试液,110℃干燥10min。测试溶液中的斑点色调和R_f值应与参比溶液的黄绿色至蓝绿色斑点相一致。

(7)纯度

①pH:3.5~5.0(无水品1.0g,水100mL)。

②重金属:以Pb计,不大于20.0μg/g(无水品1.0g,第2法,参比溶液为铅标准溶液2.0mL)。

③砷:以As_2O_3计,不大于2.0μg/g(无水品1.0g,第3法,装置B)。

(8)水分

液体样品,不大于60.0%(0.1g,直接滴定)。

粉末样品，不大于8.0%（0.1g，直接滴定）。

(9)灼热残留物　不大于5.0%（无水品2g）。

(10)含量测定

测试溶液　准确称取相当于0.2g无水品的丝兰提取物，加水5mL溶解。将此溶液转移到内径15mm的填有20mL苯乙烯－二乙烯基苯吸收树脂的玻璃管内。用水100mL及水和甲醇的混合液（3∶2）100mL以流速低于2mL/min的速度清洗树脂。随后，用甲醇和水的混合液（9∶1）100mL洗脱，并蒸发洗脱液的溶剂。加乙醇溶解残留物并定容至20mL。准确取此溶液10mL，加入2mol/L盐酸10mL，装上回流冷凝器，水浴加热3h。冷却后，每次用乙醚80mL提取两次，合并提取液。用水20mL洗涤乙醚层。加无水硫酸钠20g脱水，蒸发乙醚。用乙酸乙酯溶解残留物并定容至50mL，作为溶液A。取A溶液1mL，加乙酸乙酯定容至10mL，作为测试溶液。

标准溶液和空白溶液　准确称取相当于无水品5mg的含量测定用菝契皂苷元标准品，加乙酸乙酯溶解并定容至5mL。作为溶液B。量取溶液B 1mL，加乙酸乙酯定容至200mL。将此溶液作为标准溶液。用乙酸乙酯作为空白溶液。

程序　量取测试溶液、标准溶液和空白溶液各2mL，分别加入0.5%甲氧基苯甲醛－乙酸乙酯试液1mL，硫酸和乙酸乙酯的混合液（1∶1）1mL，温和振摇后，置60℃水浴准确加热10min。然后，在室温水浴下准确冷却10min，立即测定测试溶液、标准溶液和空白溶液在430nm波长的吸光度（A_T、A_s和A_0），用乙酸乙酯作为参比溶液。按照式（9－183）计算丝兰皂角苷含量X：

$$X=\frac{m_1}{m}\times\frac{A_T-A_0}{A_s-A_0}\times 2.10\times 100\% \qquad (9-183)$$

式中：

m_1——含量测定用菝契皂苷元标准品量，g；

m——干燥样本量，g。

506. 葡萄糖酸锌

(1)英文名称　Zinc gluconate; Monozinc bis(D－gluconate); Gluconic acid zinc salt。

(2)编码　CAS 82139－35－3，4468－02－4（无水品）。

(3)分子式、相对分子质量与结构式　$C_{12}H_{22}O_{14}Zn \cdot nH_2O$；509.75（三水），455.70（无水）；

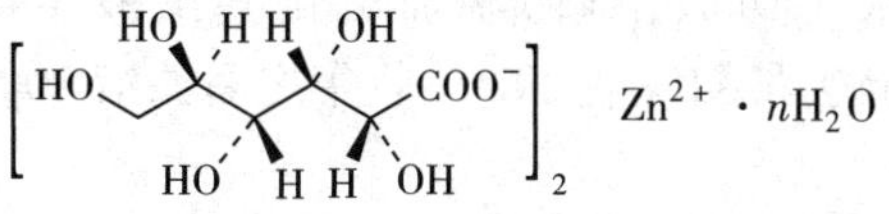

HO　H H　OH
[HO　　　　COO⁻]₂　$Zn^{2+} \cdot nH_2O$
HO　H H　OH

$n=3$或0

(4)含量　以无水品计，本品葡萄糖酸锌（$C_{12}H_{22}O_{14}Zn$）含量为97.0%～102.0%。

(5)性状　葡萄糖酸锌为白色晶体粉末或颗粒。

(6)鉴别

①葡萄糖酸锌溶液（1→20）对"定性试验"中所有锌盐试验产生相应反应。

②取葡萄糖酸锌的温水溶液（1→10）5mL，按照"葡萄糖酸－δ－内酯"的纯度②规定进行。

(7)纯度

①铅：以Pb计，不大于10μg/g。

测试溶液　称取葡萄糖酸锌1.00g,加硝酸1mL,水20mL溶解,再加水定容至100mL。

程序　按照"铅限量试验"的第2法规定进行。

②砷:以As_2O_3计,不大于4.0μg/g(0.50g,第1法,装置B)。

③还原糖:以D-葡萄糖计,不大于1.0%。

称取葡萄糖酸锌1.0g于250mL三角烧瓶中,加水10mL溶解,加碱性柠檬酸铜试液25mL。盖上小烧杯,准确微沸5min,迅速冷却至室温。向该溶液中按顺序加入稀乙酸(1→10)25mL,准确加入0.05mol/L碘溶液10mL,加入稀盐酸(1→4)10mL,加入淀粉试液3mL。用0.1mol/L硫代硫酸钠滴定过量的碘。硫代硫酸钠溶液消耗量不少于6.3mL。

(8)水分　不大于11.6%(0.2g,直接滴定)。

(9)含量测定

准确称取葡萄糖酸锌0.7g,加水100mL,必要时加温溶解。加氨-氯化铵缓冲液(pH=10.7)5mL,用0.05mol/L EDTA滴定(指示剂:铬黑T试液0.1mL)至溶液显蓝色。按无水品计算含量。

$$0.05mol/L\ EDTA\ 1mL = 22.79mg\ C_{12}H_{22}O_{14}Zn$$

507. 硫酸锌

(1)英文名称　Zinc Sulfate;Zinc sulfate heptahydrate。

(2)编码　CAS 7446-20-0(七水品)。

(3)分子式与相对分子质量　$ZnSO_4 \cdot 7H_2O$;287.58。

(4)含量　以无水品计,本品的硫酸锌($ZnSO_4$=161.47)含量不少于98.0%。

(5)性状　硫酸锌为无色结晶或白色晶体粉末,无气味。

(6)鉴别　硫酸锌对"定性试验"中所有锌盐试验及硫酸盐试验产生相应反应。

(7)纯度

①游离酸:称取硫酸锌0.25g,加水5mL溶解,加甲基橙试液1滴,溶液不显红色。

②铅:以Pb计,不大于10μg/g。

测试溶液　称取硫酸锌1.0g,加硝酸1mL和水20mL溶解,再加水定容至100mL。

程序　按照"铅限量试验"第2法规定进行。

③碱金属及碱土金属:不大于0.50%。

称取硫酸锌2.0g,加水150mL溶解,滴加硫化氨试液至沉淀不再产生。加水配至200mL,用干燥滤纸过滤。弃去最初滤液20mL,收集之后滤液100mL,蒸干,置450℃~550℃灼热至恒重,称量残留物。

④砷:以As_2O_3计,不大于4.0μg/g(0.50g,第1法,装置B)。

(8)水分含量　不大于43.5%(0.1 g,直接滴定)。

(9)含量测定

准确称取硫酸锌0.4g,加水100mL,必要时加温溶解。加氨-氯化铵缓冲液(pH=10.7)5mL,用0.05mol/L EDTA滴定(指示剂:铬黑T试液0.1mL)至溶液变为蓝色。按无水品计算含量。

$$0.05mol/L\ EDTA\ 1mL = 8.074mg\ ZnSO_4$$

附录　试剂、溶液和其他参考物质

除非特殊规定，本书中试验所涉及的试剂、试液、滴定液、标准溶液、参比标准、温度计、滤纸、过滤器等材料需要满足下述质量要求。本附录的“十”给出了伯特朗糖类定量表。

符合日本工业标准的试剂均被标注了日本工业标准（JIS）编码，而在这些试剂中，除“特殊等级”和“初级”试剂之外，其他试剂的级别均被用方括号表述。若某试剂已被日本工业标准撤销，则用其最后一版的 JIS 编号和年代予以标注。本附录中还有一些试剂名称与日本工业标准中的名称不一致，为了便于读者使用，在试剂名称后还给出了其在日本工业标准中的名称。

用于存放试剂、试液、滴定液和标准溶液的玻璃容器本身及在碱性条件下，应尽可能溶出物低，且尽可能不含铅和砷。

一、试剂和试液

1. **无水乙醇**（Absolute Ethanol）　见 Ethanol，Absolute。

2. **脱脂棉**（Absorbent Cotton）　日本药典中规定的脱脂棉。

3. **砷吸收液**（Absorbing Solution for Arsine）　称取二乙基二硫代氨基甲酸银 0.5g，用吡啶溶解至 100mL。保存于棕色玻璃瓶中，塞紧瓶塞，阴凉处存放。

4. **乙醛**（Acetaldehyde）　CH_3CHO[K8030]。

5. **乙酸盐缓冲溶液**（Acetate Buffer）　称取无水乙酸钠 82g 用水 140mL 溶解，加乙酸 25mL，加水至 250mL。用乙酸或乙酸钠溶液（2→15）调节 pH 至 5.51 ± 0.03。

6. **乙酸盐缓冲溶液**（Acetate Buffer，pH 4.0）　称取无水乙酸钠 2.95g，用水 900mL 溶解，滴加几滴乙酸调节 pH 至 4.0，再加水至 1000mL。

7. **乙酸盐缓冲溶液**（Acetate Buffer，pH 4.5）

溶液 1：取乙酸 6.0g 用水稀释成 1000mL；

溶液 2：称取乙酸钠 8.2g 用水溶解，配成 1000mL。

混合两种溶液，用溶液 1 或溶液 2 调节混合溶液的 pH 至 4.5。

8. **乙酸盐缓冲溶液**（Acetate Buffer，pH 5.4）

溶液 1：取乙酸 5.78mL 加水稀释成 1000mL；

溶液 2：取无水乙酸钠 8.5g，用水溶解成 1000mL；

将溶液 1 和溶液 2 按 176∶824 的体积比混合，用溶液 1 或溶液 2 调节混合溶液的 pH 至 5.4。

9. **乙酸**（Acetic Acid）　CH_3COOH[K8355]。

10. **稀乙酸**（Acetic Acid，Dilute）　取乙酸 6.0g，加水至 1000mL。

11. **非水滴定用乙酸**（Acetic Acid for Nonaqueous Titration）　取 1000mL 乙酸，加入三氧化铬 5g，放置过夜。过滤，蒸馏过滤液。收集 115℃及以上的馏分，加入乙酸酐 20g，重蒸馏，取 117℃ ~118℃沸程的馏分。

12. **铁限量测定用乙酸 – 乙酸钠缓冲溶液**[Acetic Acid – Sodium Acetate Buffer（pH 4.5）

for Iron Limit Test］ 取乙酸75.4mL和乙酸钠111g,用水溶解至1000mL。

13. 乙酸酐(Acetic Anhydride) $(CH_3CO)_2O$［K8886］。

14. 乙酸酐－吡啶试液(Acetic Anhydride－Pyridine TS) 取乙酸酐25g,用吡啶100mL溶解。现配现用。

15. 丙酮(Acetone) CH_3COCH_3［K8034］。

16. 乙腈(Acetonitrile) CH_3CN［K8032］。

17. 芳樟醇定量分析用乙酰氯(Acetyl Chloride for Linalool Assay) CH_3COCl,取乙酸128mL,置于300mL三口烧瓶中。其中一个颈口插入滴液漏斗,另一个颈口接入冷凝回流器。烧瓶置于冰水浴中冷却。缓慢加入三氯化磷100g,期间保持温度在10℃以下,静置30min后煮沸30min,静置使之分层。将上清液小心移入蒸馏烧瓶中,加入乙酸5mL,按第八章沸点和蒸馏范围试验中的第2法规定准备装置和进行蒸馏,将原方法的接头换成带三个支管的接头管附加器,用来接2个用于收集馏分的锥形瓶,一个用于连接氯化钙管。注意所有玻璃接头应为磨口连接。弃去最初馏分,取45℃以上的馏分,加入新加热熔融的无水乙酸钠5g,再按照同样方法重新蒸馏,收集50℃以上的馏分。现配现用。

18. 2－乙基－4－四羟基丁基咪唑(2－Acetyl－4－tetrahydroxybutylimidazole) $C_9H_{14}N_2O_5$灰白色晶体或晶体粉末,易溶于甲醇和乙醇,难溶于水。

熔点:234℃～236℃。

纯度:将本品10.0mg溶于无羰基甲醇100mL中,按如下操作条件用液相色谱分析该溶液,得到的色谱图中只有2－乙基－4－四羟基丁基咪唑所产生的色谱峰。

操作条件

检测器:紫外检测器(波长:280nm)。

色谱柱:内径4.6mm,长150mm的不锈钢柱。

柱填料:5μm十八烷基硅胶柱。

流动相:0.2%磷酸(质量浓度)与甲醇按45:60的比例配制的混合液。

流速:0.6mL/min。

19. 乙炔(Acetylene) 见Dissolved Acetylene。

20. 定量分析用*N*－乙酰氨基葡萄糖(*N*－Acetylglucosamine for Assay) $C_8H_{15}NO_6$白色粉末或结晶粉末。

鉴别:取*N*－乙酰氨基葡萄糖溶液(1→100)0.5mL,加入硼酸盐缓冲液(pH9.1)0.1mL,90℃～100℃加热3min。迅速冷却,加入二甲氨基苯甲醛试液3.0mL,在37℃加热20min,溶液变为紫红色。

纯度:(1)比旋光度$[\alpha]_D^{20}$:＋39°～＋42°(2%,水,6h);

(2)相关物质:将*N*－乙酰氨基葡萄糖0.1g溶解于10mL水中制成测试溶液;准确吸取测试溶液1.5mL加水定容至100mL,作为参比溶液。分别取测试溶液和参比溶液10μL按照以下操作条件进行液相色谱分析。每针进样后的运行时间为主峰出峰保留时间的2倍,测量峰面积。测试溶液中除主峰以外的所有峰面积总和不应大于参比溶液的主峰峰面积。

操作条件

操作条件见第九章7·*N*－乙酰氨基葡萄糖的测定。

干燥失量:不大于1.0%(105℃,3h)。

21. **酸性硫酸亚铁试液(Acidic Ferrous Sulfate TS)** 见 Ferrous Sulfate,Acidic。

22. **酸性氯化亚锡试液(Acidic Stannous Chloride TS)** 见 Stannous Chloride TS,Acidic。

23. **盐酸吖啶黄(Acriflavine Hydrochloride)** 暗棕红色晶体粉末。盐酸吖啶黄溶液(1→100)为红棕色,在该溶液1mL中加入30mL水,溶液变为黄色,并且释放荧光,继续向其中加入盐酸1mL,荧光消失。向盐酸吖啶黄溶液(1→10)中加入碳酸氢钠溶液(1→20),有气泡产生。

24. **吸附用丙烯酸树脂(Acrylate Resin for Adsorption)** 以多孔树脂为吸附剂。

25. **活性炭(Active Carbon)** 日本药典中规定的药用碳。

26. **己二酸(Adipic Acid)** $HOOC(CH_2)_4COOH$"己二酸"。

27. **琼脂(Agar)** [K8263]。

28. **白蛋白试液(Albumin TS)** 取一个新鲜鸡蛋蛋清,加水100mL,振荡,过滤。现配现用。

29. **无醛乙醇(Aldehyde - free Ethanol)** 见 Ethanol,Aldehyde - free。

30. **茜素红 S(Alizarin Red S)** $C_{14}H_5O_2(OH)_2SO_3Na \cdot H_2O$[K8057]。

31. **茜素 S(Alizarin S)** 见 Alizarin Red S。

32. **茜素黄 GG(Alizarin Yellow GG)** $C_{13}H_8N_3NaO_5$[K8056]。

33. **茜素黄 GG 试液(Alizarin Yellow GG TS)** 称取茜素黄 GG 0.1g,用乙醇100mL溶解,必要时过滤。

34. **茜素黄 GG - 麝香草酚酞试液(Alizarin Yellow GG - Thymolphthalein TS)** 取茜素黄 GG 试液10mL与麝香草酚酞试液20mL混合。

35. **碱性柠檬酸铜试液(Alkaline Cupric Citrate TS)** 见 Cupric Citrate TS,Alkaline。

36. **碱性邻苯三酚溶液(Alkaline Pyrogallol Solution)** 见 Pyrogallol Solution,Alkaline。

37. **氧化铝(Alumina)** 几乎无臭无味的白色粉末,不溶于水和有机溶剂。

颗粒大小:氧化铝可以通过孔径150μm标准筛,但不能通过孔径75μm标准筛。

pH:小于11.0。称取氧化铝50g,加入200mL水,煮沸30min,冷却过滤,测pH值。

吸附度:0.1~0.2。取内径18mm的玻璃管,在其底部塞以玻璃棉。将氧化铝30g装入玻璃管中,轻轻敲打使氧化铝层面高度不变为止。在氧化铝层表面放上一小圆形滤纸,将苯倒在滤纸表面让其慢慢流下,使氧化铝完全湿润。当苯液液面至氧化铝的上面时,立即加入三硝基苯酚 - 苯溶液(1→20)20mL,当溶液达到氧化铝层上部时,再加入苯20mL,让其继续流出。测定氧化铝层高度(L)和吸附苦酸层的高度(l),按以下公式计算吸附度:

$$吸附度 = \frac{L}{l \times 30}$$

38. **铝(Aluminum)** Al[K8069]。

39. **氯化铝(Aluminum Chloride)** 见 Aluminum(Ⅲ)Chloride Hexahydrate。

40. **六水合氯化铝(Ⅲ)[Aluminum(Ⅲ)Chloride Hexahydrate]** $AlCl_3 \cdot 6H_2O$[K8114]。

41. **硫酸铝钾(Aluminum Potassium Sulfate)** 见 Potassium Aluminum Sulfate Dodecahydrate。

42. **液相色谱用胺化聚乙烯醇凝胶(Aminated Polyvinyl Alcohol Gel for Liquid Chromatography)** 使用液相色谱用产品。

43. 4－安基替比林(4－Aminoantipyrine) $C_{11}H_{13}N_3O$[K8048]。

44. 4－氨基苯磺酸(4－Aminobenzensulfonic Acid) $C_6H_7NO_3S$ 白色到带白色粉末。

吸光系数 $E_{1cm}^{1\%}$(最大吸收波长约为248nm):不小于869。称取预先经真空干燥的4－氨基苯磺酸0.0100g,用乙酸铵溶液(3→2000)溶解并定容至100mL。该液作为溶液A。准确吸取溶液A 10mL,用乙酸铵溶液(3→2000)稀释并定容至100mL。取该溶液测定吸光度。

纯度:其他芳香族化合物 准确吸取溶液A 10mL,用乙酸铵溶液(3→2000)定容至100mL。取20μL溶液,按第九章中食用黄色4号(6)纯度规定的条件用液相色谱测定,应该只能检测到一个峰。

45. 液相色谱用氨基键合硅胶(Amino－bonded Silica Gel for Liquid Chromatography) 使用液相色谱用产品。

46. 2－氨基－2－羟甲基－1,3－丙二醇(2－Amino－2－hydroxymethyl－1,3－propanediol) $H_2NC(CH_2OH)_3$[K9704]。

47. 4－氨基－5－甲氧基－2－甲基苯磺酸(4－Amino－5－methoxy－2－methylbenzenesulfonic Acid) $C_8H_{11}NO_4S$ 带白色粉末。

吸光系数 $E_{1cm}^{1\%}$(最大吸收波长度约为250nm):不小于362。称取预先经真空干燥24h的4－氨基－5－甲氧基－2－甲基苯磺酸酸0.0100g,用乙酸铵溶液(3→2000)溶解并定容至100mL。该液作为溶液A。准确吸取溶液A 10mL,用乙酸铵溶液(3→2000)定容至100mL。溶液最大吸收波长为218nm,250nm和291nm。

纯度:其他芳香族化合物准确吸取溶液A 1.0mL,用乙酸铵溶液(7.7→1000)定容至100mL。取溶液20μL,按第九章中食用红色40号中(8)纯度规定条件用液相色谱测定,应仅能测定到一个4－氨基－5－甲氧基－2－甲基苯磺酸酸的对应峰。

48. 1－氨基－2－萘酚－4磺酸(1－Amino－2－naphthol－4－sulfonic Acid) $C_{10}H_5(NH_2)(OH)SO_3H$[K8050]。

49. 1－氨基－2－萘酚－4磺酸试液(1－Amino－2－naphthol－4－sulfonic Acid TS) 称取1－氨基－2－萘酚－4磺酸0.2g,溶于亚硫酸氢钠溶液(3→20)195mL和无水硫酸钠溶液(1→5)5mL中,必要时过滤。密封避光保存。该溶液有效期为10天。

50. 氨－氯化铵缓冲液(Ammonia－Ammonium Chloride Buffer,pH 10.7) 称取氯化铵67.5g,溶于氨溶液570mL中,加入新鲜煮沸的冷却水配制成1000mL。

51. 氨溶液(Ammonia Solution) NH_4OH[K8085,相对密度:约0.90]。

52. 氨溶液试液(Ammonia TS) 取氨溶液400mL,加水配制成1000mL。

53. 乙酸铵(Ammonium Acetate) CH_3COONH_4[K8359]。

54. 乙酸铵缓冲液(Ammonium Acetate Buffer) 称取乙酸铵77g,加入乙酸10mL,加水溶解至1000mL。

55. 乙酸铵缓冲液(Ammonium Acetate Buffer,pH 3.0)

溶液1:取乙酸铵10g用水溶解至100mL。

溶液2:取乙酸31.0g用水稀释至100mL。

混合溶液1和溶液2,并用其中一种溶液调节至pH 3.0。

56. 氨基磺酸盐铵(Ammonium Amidosulfate) $NH_4OSO_2NH_2$[K8588]。

57. 碳酸铵(Ammonium Carbonate) [K8613]。

58. 碳酸铵试液(Ammonium Carbonate TS) 称取碳酸铵 20g,加氨试液 20mL 和少量水溶解至 100mL。

59. 硝酸铈铵(Ammonium Cerium Nitrate) 见 Ammonium Cerium(IV)Nitrate。

60. 硝酸铈铵(Ammonium Cerium(IV)Nitrate) $(NH_4)_2Ce(NO_3)_6$[硝酸铈(IV)铵,K8556]。

61. 硫酸铈铵(Ammonium Cerium(IV)Sulfate) 见 Ammonium Cerium(IV)Sulfate Dihydrate。

62. 硫酸铈铵二水合物(Ammonium Cerium(Ⅳ)Sulfate Dihydrate) $Ce(NH_4)_4(SO_4)_4 \cdot 2H_2O$[四硫酸铈铵二水合物,K8977]。

63. 氯化铵(Ammonium Chloride) NH_4Cl[K8116]。

64. 氯化铵缓冲溶液(Ammonium Chloride Buffer Solution,pH 10) 称取氯化铵 5.4g,加氨溶液 21mL,加水溶解并定容至 100mL。

65. 硫酸亚铁铵六水合物[Ammonium Iron(Ⅱ)Sulfate Hexahydrate] $Fe(NH_4)_2(SO_4)2 \cdot 6H_2O$[K8979]。

66. 十二水合硫酸铁铵[Ammonium Iron(Ⅲ)Sulfate Dodecahydrate] $Fe(NH_4)(SO_4)_2 \cdot 12H_2O$[K8982]。

67. 硫酸铁铵试液[Ammonium Iron(Ⅲ)Sulfate TS] 称取十二水合硫酸铁铵 10g,加稀硝酸溶液(1→3)10mL 和 80mL 水溶解。

68. 偏钒酸铵(Ammonium Metavanadate) 见 Ammonium Vanadate(V)。

69. 钼酸铵(Ammonium Molybdate) 见 Hexaammonium Heptamolybdate Tetrahydrate。

70. 钼酸铵试液(Ammonium Molybdate TS) 称取三氧化钼 6.5g,加水 14mL 和氨溶液 14.5mL 混合溶解,冷却。逐渐加入硝酸 32mL 和水 40mL 搅拌溶解,冷却。逐渐加入由硝酸 32mL 和水 40mL 混合冷却后的溶液。液静置 48h 后,用玻璃纤维过滤器减压过滤。该溶液不能长期储存。按以下试验测试此溶液可否使用:取该溶液 5mL 与磷酸氢二钠溶液(1→8)2mL 混合,立即或稍加热后出现大量黄色沉淀物,证明溶液有效。本溶液避光保存,若贮存过程中有沉淀,则取上清液使用。

71. 钼酸铵 - 硫酸试液(Ammonium Molybdate - Sulfuric Acid TS) 称取钼酸铵 18.8g,加水 300mL 溶解,加硫酸 150mL,用水稀释至 500mL。

72. 硫酸镍铵(Ammonium Nickel Sulfate) $NiSO_4(NH_4)_2SO_4 \cdot 6H_2O$[K8990]见 Ammonium Nickel(II)Sulfate Hexahydrate。

73. 硫酸镍铵六水合物[Ammonium Nickel(Ⅱ)Sulfate Hexahydrate]。

74. 硝酸铵(Ammonium Nitrate) NH_4NO_3[K8545]。

75. 草酸铵(Ammonium Oxalate) 见 Ammonium Oxalate Monohydrate。

76. 一水合草酸铵(Ammonium Oxalate Monohydrate) $H_4NOOCCOONH_4 \cdot H_2O$[K8521]。

77. 过氧二硫酸铵(Ammonium Peroxodisulfate) $(NH_4)_2S_2O_8$[K8252]。

78. 过硫酸铵(Ammonium Persulfate) 见 Ammonium Peroxodisulfate。

79. 吡咯烷二硫代甲酸铵盐(Ammonium Pyrrolidine Dithiocarbamate) $C_5H_{12}N_2S_2$(用于原子吸收光谱法)。

80. 氨基磺酸铵(Ammonium Sulfamate) 见 Ammonium Amidesulfate。

81. 硫酸铵(Ammonium Sulfate)　$(NH_4)_2SO_4$[K8960]。

82. 硫化铵试液(Ammonium Sulfide TS)　$(NH_4)_2S$[硫化铵溶液(无色),K8943]储存于充满、密闭、避光的小瓶中。

83. 酒石酸铵(Ammonium Tartrate)　$H_4NOOCCH(OH)CH(OH)COONH_4$[(+)-酒石酸铵,K8534]。

84. 硫氰酸铵(Ammonium Thiocyanate)　NH_4SCN[K9000]。

85. 硫氰酸铵-硝酸钴试液(Ammonium Thiocyanate-Cobalt Nitrate TS)　称取硫氰酸铵17.4g和硝酸钴2.8,混合,用水溶解至100mL。

86. 偏钒酸铵[Ammonium Vanadate(V)]　NH_4VO_3[K8747]。

87. 异戊醇(Amyl Alcohol,Iso)　见3-Methyl-1-butanol。

88. 淀粉酶(结晶)[Amylase(Crystal)]　枯草芽孢杆菌(*Bacillus subtilis*)液化α-淀粉酶。无味的白色结晶粉末。

准确称取淀粉约1g,105℃干燥4h后测定其干燥失量。准确称取相当于干燥淀粉2.0g的量,转移至纳氏管中,加入磷酸盐缓冲液(pH7)5mL,用水稀释至50mL。水浴加热10min,不定期振摇,再置40℃水浴30min。向该混合物中加入结晶淀粉酶溶液(1→1000)0.5mL,充分摇匀。再置40℃水浴30min后,立即加入氢氧化钠溶液(1→25)1mL,充分摇匀,冷却。滴入酚酞试剂2滴,倒转两次摇匀,溶液应为均匀粉红色。

89. 淀粉酶试液(Amylase TS)　称取结晶淀粉酶0.2g,加入水100mL,摇匀,过滤。现配现用。

90. 无水硫酸铜(Anhydrous Cupric Sulfate)　见Cupric Sulfate,Anhydrous。

91. 无水磷酸氢二钠(Anhydrous Disodium Phosphate)　见Disodium Phosphate,Anhydrous。

92. pH测定用无水磷酸氢二钠(Anhydrous Disodium Phosphate for pH Determination)　见Disodium Phosphate,Anhydrous,for pH Determination。

93. 无水碳酸钾(Anhydrous Potassium Carbonate)　见Potassium Carbonate,Anhydrous。

94. 无水乙酸钠(Anhydrous Sodium Acetate)　见Sodium Acetate,Anhydrous。

95. 无水碳酸钠(Anhydrous Sodium Carbonate)　见Sodium Carbonate,Anhydrous。

96. 无水硫酸钠(Anhydrous Sodium Sulfate)　见Sodium Sulfate,Anhydrous。

97. 无水亚硫酸钠(Anhydrous Sodium Sulfite)　见Sodium Sulfite,Anhydrous。

98. 苯胺(Aniline)　$C_6H_5NH_2$[K8042]。

99. 偶氮苯胺薛佛盐(Aniline Azo Schaeffer's Salt)　$C_{16}H_{11}N_2NaO_4S$ 6-羟基-5-(偶氮苯)-2-萘磺酸钠,橙红色粉末。

吸光系数$E_{1cm}^{1\%}$(最大吸收波长约为483nm):不小于595。称取预先经真空干燥24h的苯胺偶氮盐0.0100g,用乙酸铵溶液(3→2000)溶解并定容至100 mL。作为溶液A。准确取溶液A 10mL,再以乙酸铵溶液(3→2000)稀释定容至100mL。测定该溶液的吸光度。

纯度:其他着色物取溶液A 10mL,以乙酸铵溶液(3→2000)稀释并定容至100mL。依据第九章中食用黄色5号(5)纯度的操作条件及要求,取20μL该溶液用液相色谱分析。应仅能检测到一个峰。

100. 强碱性阴离子交换树脂(Anion-exchange Resin,Strongly Basic)　强碱性的聚苯乙

烯季铵盐。介于黄色与黄棕色之间的粉末。粒度能通过600μm标准筛，几乎不通过425μm标准筛。

称取强碱性阴离子交换树脂50g，在水中浸泡静置30min，随水将树脂注入一玻璃色谱柱（内径约为25mm）制备树脂柱，注入氢氧化钠溶液（1→25）2000mL，使之以30mL/min的速度流过色谱柱。再以水洗涤树脂，直至酚酞试剂测定洗脱液为中性。再进行以下测试：取10mL树脂，随水将树脂装入一玻璃色谱柱（内径约为15mm），注入0.1mol/L的盐酸70mL，控制流过速度约2mL/min。流出液pH 4.0～8.0。

101. 弱碱性阴离子交换树脂（Anion - exchange Resin，Weakly Basic）　弱碱性的聚苯乙烯多胺。黄色至黄褐色。能通过600μm标准筛，但几乎不能通过425μm标准筛。

称取弱碱性阴离子交换树脂约50g，在水中浸泡静置30min，随水将树脂装入一玻璃色谱柱（内径约为25mm），注入氢氧化钠溶液（1→25）2000mL，使之以8mL/min的速度流过色谱柱。然后用清水洗净树脂，直到洗脱液以酚酞试剂测定为中性。并进行以下测试：取10mL树脂，随水将树脂装入玻璃色谱柱（内径约为15mm）中，加入0.1mol/L盐酸70mL，使之以2mL/min的速度流过色谱柱。流出液pH应为4.0～8.0。

102. *p* - 茴香醛（*p* - Anisaldehyde）　见4 - Methoxybenzaldehyde。

103. 0.5% *p* - 茴香醛 - 乙酸乙酯试液（0.5% *p* - Anisaldehydc - Ethyl Acetate TS）　见0.5% 4 - Methoxybenzaldehyde - Ethyl Acetate TS。

104. *p* - 茴香醛 - 硫酸试液（*p* - Anisaldehyde - Sulfuric Acid TS）　见4 - Methoxybenzaldehyde - Sulfuric Acid TS。

105. 对氨基苯甲醚（*p* - Anisidine）　$CH_3OC_6H_4NH_2$白色至浅棕色结晶或结晶粉末。

纯度：熔点57℃～60℃。

106. 对氨基苯甲醚 - 邻苯二甲酸试液（*p* - Anisidine - Phthalic Acid TS）　取对氨基苯甲醚1.23g和邻苯二甲酸1.66g，用甲醇溶解至100mL。贮存在避光、密封瓶中冷藏。

107. 蒽酮（Anthrone）　$C_{14}H_{10}O$[K8082]。

108. 蒽酮试液（Anthrone TS）　称取蒽酮0.05g～0.2g，用100mL硫酸溶解。现配现用。

109. 三氯化锑[Antimony（Ⅲ）Chloride]　$SbCl_3$[K8400]。

110. 三氯化锑（Antimony Trichloride）　见Antimony（Ⅲ）Chloride。

111. 三氯化锑试液（Antimony Trichloride TS）　用无水三氯甲烷清洗三氯化锑表面，直至洗液干净为止。再加入无水三氯甲烷洗涤，直至三氯化锑成饱和溶液。置于密封、避光容器中冷藏。现配现用。

112. 王水（Aqua Regia）　将盐酸3份和硝酸1份混合，现配现用。

113. L - 阿拉伯糖醇（L - Arabitol）　$C_5H_{12}O_5$ 白色结晶或结晶性粉末。

溶液透明性：清澈（1.0g，20mL水）。

熔点：102℃～104℃。

水：小于0.5%（1.0g，直接滴定法）。

灼热残留物：小于0.10%（2g）。

114. 定量分析用L - 阿拉伯糖（L - Arabinose for Assay）　$C_5H_{10}O_5$ 白色晶体或粉末。

纯度：（1）比旋光度$[\alpha]_D^{20}$：103.0°～105.5°（2g，50mL水，干基）。实验前将测试溶液静置24h。

(2)有关物质:将L-阿拉伯糖1.0g溶于25mL水中,制备成测试溶液。准确吸取测试溶液1mL,用水定容至100mL制成参比溶液。分别取测试溶液和参比溶液10μL按照以下操作条件进行液相色谱测定。每针进样后的运行时间为主峰出峰保留时间的2倍,测量峰面积。测试溶液中除主峰以外的所有峰面积总和不应大于参比溶液的主峰峰面积。

操作条件

使用第九章中L-阿拉伯糖的含量测定中规定条件。

115. L-精氨酸盐酸盐(L-Arginine Hydrochloride) $H_2N(HN)CNH(CH_2)_3CH(NH_2)COOH \cdot HCl$[L-精氨酸单盐酸盐,K9046:1972]白色精细晶体。

鉴别:(1)在L-精氨酸盐酸盐溶液(1→10)中加入30%(质量浓度)氢氧化钠溶液5mL,煮沸,有氨气产生。

(2)取L-精氨酸盐酸盐溶液(1→100)1mL,在冰水中冷却,加入10%(质量浓度)氢氧化钠溶液1mL,0.02%(质量浓度)α-萘酚溶液1mL,次氯酸钠(有效氯含量5%)0.3mL,摇匀,溶液变成橙红色。

纯度:比旋光度+22.3°~+23.0°(105℃,3h后测定)。

116. 无砷盐酸(Arsenic-free Hydrochloric Acid) 见Hydrochloric Acid, Arsenic-free。

117. 无砷锌(Arsenic-free Zinc) 见Zinc, Arsenic-free。

118. 三氧化二砷(Arsenic Trioxide) 见Diarsenic Trioxide。

119. 三氧化二砷(标准试剂)[Arsenic Trioxide(Standard Reagent)] 见Diarsenic Trioxide(Standard Reagent)。

120. 三氧化二砷试液(Arsenic Trioxide TS) 称取三氧化二砷1g,加入氢氧化钠溶液(1→40)30mL,加热溶解,冷却后缓慢加入乙酸配制成100mL。

121. L-抗坏血酸(L-Ascorbic Acid) $C_6H_8O_6$"L-抗坏血酸"。

122. 铁限量测定用抗坏血酸(Ascorbic Acid for Iron Limit Test) $C_6H_8O_6$[L-抗坏血酸K9502]。

123. 定量分析用L-抗坏血酸2-葡萄糖苷(L-Ascorbic Acid 2-Glucoside for Assay) $C_{12}H_{18}O_{11}$白色、无臭晶体或带酸味的结晶粉末。

含量:不小于99.9%。

鉴别:(1)取L-抗坏血酸2-葡萄糖苷溶液(1→50)5mL,加入高锰酸钾溶液(1→300)1滴。该溶液的颜色立即消失。取L-抗坏血酸2-葡萄糖苷溶液(1→50)5mL,加入2,6-二氯靛酚钠试液1滴~2滴。该溶液颜色立即消失。

(2)向煮沸的斐林试液5mL中加入L-抗坏血酸2-葡萄糖苷溶液(5→40)2滴~3滴,加热约5min。溶液中有红色沉淀物形成。

(3)按溴化钾压片法测定L-抗坏血酸2-葡萄糖苷的红外吸收光谱。谱图在约3300cm^{-1}、1770cm^{-1}、1700cm^{-1}、1110cm^{-1}和1060cm^{-1}处有特征吸收峰。

纯度:(1)溶液澄清度:澄清透明(1.0g,50mL水)。

(2)游离抗坏血酸和D-葡萄糖试验溶液制备:将L-抗坏血酸2-葡萄糖苷0.5g溶于下述仪器中规定的流动相中,并定容至25mL。

标准溶液制备:取L-抗坏血酸0.50g用流动相溶解并定容至25mL。准确吸取该溶液1.0mL,用流动相稀释并定容至100mL,该溶液作为抗坏血酸标准储备液。每毫升含抗坏血酸0.2mg。称取葡萄糖0.50g,用流动相溶解并定容至25mL。再吸取该溶液1.0mL用流动相稀释并定容至100mL,该溶液为D－葡萄糖标准储备液。得每毫升含D－葡萄糖苷0.2mg。准确吸取抗坏血酸的标准储备液10mL和D－葡萄糖标准储备液10mL于容量瓶中,用流动相定容至100mL,该溶液为抗坏血酸和D－葡萄糖的标准溶液。

分别取测试溶液和标准溶液10μL,按下述操作条件用液相色谱测定,记录各溶液中D－葡萄糖和抗坏血酸的峰面积,测试溶液中两种物质的峰面积应小于标准液中对应的峰面积。

操作条件

检测器:示差折光检测器

色谱柱:内径为4mm～5mm,长15cm～30cm不锈钢柱。

填充材料:5μm～10μm的氨基键合硅胶凝胶。

柱温:40℃。

流动相:将磷酸二氢钾用0.5%(体积分数)磷酸溶解(5.44→1000)配成溶液A。将乙腈于溶液A按3∶2的比例混合。

流量:0.7mL/min。

干燥失量:小于1.0%(105℃,2h)。

含量分析:准确称量1g样品,用水30mL溶解,加入酚酞2滴。滴入0.2mol/L的氢氧化钠溶液直至溶液产生浅红色(维持30s不褪)。

0.2mol/L氢氧化钠1mL＝67.65mg L－抗坏血酸2－葡萄糖苷($C_{12}H_{18}O_{11}$)

124. 阿斯巴甜(Aspartame)　$C_{14}H_{18}N_2O_5$“阿斯巴甜”。

125. L－α－天冬氨酰－D－苯丙氨酸甲酯　(L－α－Aspartyl－D－phenylalanine Methyl Ester)$C_{14}H_{18}N_2O_5$白色结晶性粉末。易溶于水。

熔点:142.0℃～145.0℃。

纯度:其他氨基酸和肽化合物使用L－α－天冬氨酰－D－苯丙氨酸甲酯溶液(1→1000)作为测试液。取测试液2μL用薄层色谱分析。以三氯甲烷/甲醇/水/乙酸(32∶15∶3∶1)作为展开剂,无需使用参比液。薄层板涂以硅胶薄层,110℃干燥1h后备用。当展开剂向上层析到点样处以上约10cm时,停止展开。晾干后80℃干燥30min,在日光下观察结果,应只有一个斑点。

126. 碳酸钡(Barium Carbonate)　$BaCO_3$白色粉末。

含量:不低于99.0%。

纯度:(1)钠小于0.01%。取碳酸钡1.0g用稀盐酸(1→10)溶解并定容至100mL。作为测试溶液。称取碳酸钡1.0g,分别加入钠标准液(0.1mg/mL)1mL、钾标准液(0.1mg/mL)1mL,钙标准液(0.1mg/mL)1mL、锶标准液(5mg/mL),再用稀盐酸(1→10)溶解并定容至100mL,作为参比溶液。按下述操作测定条件测定测试溶液和参比溶液的吸光度。测试溶液的吸光度不能超过参比溶液和测试溶液吸光度之差。

操作条件

光源:钠空心阴极灯。

波长:589.0nm。

载气:空气。

燃气:乙炔。

(2)钾不大于0.01%。按下述操作条件测定测试溶液和按(1)制备的参比溶液的吸光度。测试溶液的吸光度应小于参比溶液与测试溶液的吸光度之差。

操作条件

光源:钾空心阴极灯。

波长:766.5nm。

载气:空气。

燃气:乙炔。

(3)钙不大于0.01%。按下述操作条件测定测试溶液和按(1)制备的参比溶液的吸光度。测试溶液的吸光度应小于参比溶液与测试溶液的吸光度之差。

操作条件

光源:钙空心阴极灯。

波长:422.7nm。

载气:空气。

燃气:乙炔。

(4)锶不大于0.5%。按下述操作条件测定测试溶液和按(1)制备的参比溶液的吸光度。测试溶液的吸光度应小于参比溶液与测试溶液的吸光度之差。

操作条件

光源:锶空心阴极灯。

波长:460.7nm。

载气:空气。

燃气:乙炔。

(5)氢氧化钡不大于0.02%。称取碳酸钡5g,加不含二氧化碳的水50mL,振摇5min,用定量滤纸(5C)过滤。用0.05mol/L盐酸滴定分析(指示剂:溴麝香草酚蓝试液)。

0.05mol/L盐酸溶液1mL =4.284mg氢氧化钡[$Ba(OH)_2$]

测定:准确称取碳酸钡约1g,加水50mL和1mol/L盐酸40mL,煮沸后冷却。用1mol/L氢氧化钠滴定(指示剂:溴麝香草酚蓝试液)。分别进行空白试验进行必要校正。

1moL盐酸溶液1mL =98.67mg碳酸钡($BaCO_3$)

127. 氯化钡(Barium Chloride) 见Barium Chloride Dihydrate。

128. 二水合氯化钡(Barium Chloride Dihydrate) $BaCl_2 \cdot 2H_2O$[K8155]。

129. 氢氧化钡(Barium Hydroxide) 见Barium Hydroxide Octahydrate。

130. 八水氢氧化钡(Barium Hydroxide Octahydrate) $Ba(OH)_2 \cdot 8H_2O$的[K8577]。

131. 氧化钡(Barium Oxide) BaO[干燥剂,K8428:1961]白色或灰白色,易吸湿性粉末。

鉴别:(1)氧化钡的溶液显碱性。

(2)氧化钡溶于水,用盐酸调至酸性后,再加入硫酸,产生白色沉淀。

(3)在火焰颜色试验产生绿色火焰。

132. 碱式硝酸铋(Basic Bismuth Nitrate) 白色细结晶粉末,可使湿蓝色石蕊试纸变成红色。

灼热残留物:79.0%~82.0%。

133. 碱式乙酸铅(Basic Lead Acetate TS) 见Lead Acetate TS,Basic。

134. 苯(Benzene) C_6H_6[K8858]。

135. 联苯胺(Benzidine) $C_{12}H_{12}N_2$介于白色与淡粉红色之间的结晶粉末。暴露空气会逐渐变暗。

鉴别:用乙酸 10mL 溶解联苯胺 0.1g,加入重铬酸钾,产生深绿色沉淀。

纯度:熔点 127℃ ~129℃。

136. 苯甲酸(Benzoic Acid) C_6H_5COOH[K8073]。

137. *N*-苯甲酰基-L-精氨酸乙酯盐酸盐(*N*-Benzoyl-L-arginine Ethyl Ester Hydrochloride) $C_{15}H_{22}N_4O_3 \cdot HCl$ 白色结晶粉末。

熔点:128℃ ~133℃。

纯度:称取 *N*-苯甲酰基-L-精氨酸乙酯盐酸盐 0.10g,用水溶解并定容至 10mL。作为测试溶液。取测试液 10μL 进行薄层色谱分析,以正丁醇/乙酸/水(4:1:1)混合溶液为展开剂。无需使用参比溶液。薄层板上涂以硅胶薄层,110℃干燥 1h 后备用。当展开剂上升到点样处以上约 10cm 时,停止展开。晾干后 80℃干燥 30min,薄层板置碘蒸汽中 30s,应只观察到一个斑点。

138. 苯甲醇(Benzyl Alcohol) $C_6H_5CH_2OH$[K8854]。

139. 5-苄基-3,6-二氧-2-哌嗪乙酸(5-Benzyl-3,6-dioxo-2-piperazineacetic Acid) $C_{13}H_{14}N_2O_4$白色至灰色结晶粉末。略溶于酸性水,易溶于碱性或中性水,溶于二甲基亚砜。

熔点:242℃ ~246℃。

纯度:其他氨基或亚氨基化合物取 5-苄基-3,6-二氧-2-哌嗪乙酸溶液(1→1000)10μL 作为薄层色谱测试溶液。以三氯甲烷/甲醇/水/乙酸(32:15:3:1)混合溶液为展开剂,无需使用参比溶液。在薄层板上涂上硅胶薄层,110℃干燥 1h 后备用。当展开剂上升到点样处以上约 10cm 时,停止展开,在空气中晾干 30min。充满氯气容器制备:将漂白粉约 3g 加入烧杯中,谨慎地加入盐酸 1mL,以产生氯气,密闭 30s。将晾干的薄层板置于充满氯气的烧杯中,封闭烧杯,静置 20min。从烧杯中取出硅胶板,放置 10min,喷洒乙醇,晾干。喷洒淀粉-碘化钾试液,在日光下观察,应只有一个斑点。

140. 贝特朗试液 A(Bertrand's TS A) 称取细硫酸铜晶体 40g,用水溶解稀释至 1000mL。贮存在几乎充满液体的具塞玻璃瓶中。

141. 贝特朗试液 B(Bertrand's TS B) 称取酒石酸钠钾 200g 和氢氧化钠 150g,用水溶解并稀释至 1000mL。贮存在有橡胶塞的瓶中。

142. 贝特朗试液 C(Bertrand's TS C) 称取硫酸铁 50g,用水约 500mL 溶解,缓慢加入硫酸 200mL,摇匀。冷却,滴加贝特朗试液 D 至溶液略带红褐色后,加水至 1000mL。

143. 贝特朗试液 D(Bertrand's TS D) 称取高锰酸钾 5g,用水溶解至 1000mL。

标定:准确称量草酸铵 0.25g,用水 100mL 溶解。加硫酸 2mL 后加热至 60℃ ~70℃,用贝特朗试液 D 滴定。消耗贝特朗试液 D 的体积记为 *a*(mL)。该贝特朗试液 D 1mL 相当于铜(Cu)0.2238/*a*(g)。

144. 定量分析用甜菜碱(Betaine for Assay) 见 Betaine Monohydrate。

145. 一水甜菜碱(Betaine Monohydrate) $C_5H_{11}NO_2 \cdot H_2O$ 易受潮潮解,有轻微气味,甜味中微带苦味的白色晶体。

鉴别：一水甜菜碱经预先干燥，采用红外光谱法测定其吸收光谱，所得谱图与参考谱图进行比较。两光谱图具有相同的波数和在同一波长吸收峰强度相似。

纯度：有关物质称取干燥过的一水甜菜碱约 1g，用水溶解并定容至 100mL。作为测试溶液。准确吸取测试溶液 1mL，用水稀释并定容到 100mL。作为参比溶液。分别取测试溶液和参比溶液 20μL，按照以下操作条件进行液相色谱分析。每针进样后的运行时间为主峰出峰保留时间的 2 倍，测量排除溶剂峰以外的峰面积。测试溶液中除主峰以外的所有峰面积总和不应大于参比溶液的主峰峰面积。

操作条件

检测器：差示折光检测器。

色谱柱：内径 4mm、长 25cm 的不锈钢柱。

填充材料：强酸性阳离子交换树脂。

柱温：70℃。

流动相：水。

流量：调整甜菜碱的保留时间约为 9min。

干燥失量：12.0% ~ 14.6%（105℃，减压，3h）。

146. 联苯（Biphenyl） $C_6H_5C_6H_5$ 使用气相色谱用高品质产品。

147. 2,2′-联吡啶（2,2′-Bipyridyl） $(C_5H_4N)_2$[K8486]。

148：双（3-甲基-1-苯基-5-吡唑啉酮）[Bis（3-methyl-1-phenyl-5-pyrazolone）] $C_2OH_{18}N_4O_2$[K9545]。

149. 硝酸铋（Bismuth Nitrate） 见 Bismuth Nitrate Pentahydrate。

150. 五水合硝酸铋（Bismuth Nitrate Pentahydrate） $Bi(NO_3)_3 \cdot 5H_2O$[K8566]。

151. 硝酸铋试液（Bismuth Nitrate TS） 称取硝酸铋 5g，加入水 25mL 和乙酸 25mL 溶解，再用水定容至 250mL。

152. 双（1-苯基-3-甲基-5-吡唑啉酮）[Bis（1-phenyl-3-methyl-5-pyrazolone）] 见 Bis（3-methyl-1-phenyl-5-pyrazolone）。

153. *N*,*O*-双（三甲基硅基）乙酰胺（*N*,*O*-Bis（trimethylsilyl）acetamide）

$CH_3C[NSI(CH_3)_3]OSI(CH_3)_3$，无色液体。

折射率 n_D^{20}：1.414 ~ 1.418。

相对密度：0.825 ~ 0.835。

沸点：71.0℃ ~ 73.0℃（4.7kPa）。

154. 漂白粉（Bleaching Powder） [K8388：1961]含有氯气味的白色或微白色粉末。

含量：有效氯不低于 30%。

含量分析：按优质次氯酸盐测试的规定进行。储存于阴凉黑暗处。

155. 蓝色石蕊试纸（Blue Litmus Paper） 见 Litmus Paper，Blue。

156. 硼酸盐缓冲液（Borate Buffer，pH 9.1） 将硼酸 4.95g 用水 50mL 溶解，用氢氧化钠溶液（7→100）调节至 pH 9.1，加水定容至 100mL（0.8mol/L）。

157. 硼酸（Boric Acid） H_3BO_3[K8863]。

158. 硼酸-氢氧化钠缓冲液（Boric Acid-Sodium Hydroxide Buffer） 取硼酸 12.36g 和氢氧化钠 4.00g 混合，用水溶解配制成 1000mL。

159. 三氟化硼(Boron Trifluoride) BF_3 一种具有刺激性气味的无色气体。

沸点:-100.3℃。

熔点:-127.1℃。

160:三氟化硼-甲醇试液(Boron Trifluoride-Methanol TS) 取三氟化硼14g用甲醇溶解,配制成100mL溶液。

161. 常规清汤(Bouillon,General) 取肉提取物5g和蛋白胨10g用水溶解,缓慢加热,配成1000mL。经过杀菌后,调节pH至6.4~7.0,冷却。补充蒸发水分后,应过滤,滤液在121℃灭菌30min。

162. 亮绿(Brilliant Green) $C_{27}H_{34}N_2O_4S$ 具有光泽的细小黄色晶体。易溶于水和乙醇。最大吸收波长为623nm。

163. 溴(Bromine) Br_2[K8529]。

164. 溴试液(Bromine TS) 饱和溴溶液。

取一个具塞玻璃瓶,在瓶塞上涂以凡士林。吸取溴溶液2mL~3mL,加入冷水100mL。塞紧瓶塞,振摇。取水相作为试液。避光冷藏。

165. 溴-盐酸试液(Bromine-Hydrochloric Acid TS) 吸取溴-溴化钾试液1mL,加入100mL无砷盐酸。

166. 溴-溴化钾试液(Bromine-Potassium Bromide TS) 称取溴30g和溴化钾30g,混合。用水溶解配成100mL。

167. 溴甲酚绿(Bromocresol Green) $C_{21}H_{14}Br_4O_5S$[K8840]。

168. 溴甲酚绿试液(Bromocresol Green TS) 取溴甲酚绿0.050g,用乙醇100mL溶解。必要时过滤。

169. 溴甲酚绿-甲基红混合试液(Bromocresol Green-Methyl Red Mixture TS) 量取等体积的溴甲酚绿试液和甲基红试液混合。

170. 溴酚蓝(Bromophenol Blue) $C_{19}H_{10}Br_4O_5S$[K8844]。

171. 溴酚蓝试液(Bromophenol Blue TS) 称取溴酚蓝0.1g,溶解在50%乙醇100mL中。必要时过滤。

172. 柠檬酸测定用的溴酚蓝试液(Bromophenol Blue TS for Citric Acid) 取等体积溴酚蓝试液和乙醇混合,用0.01mol/L氢氧化钠调节至pH 7。

173. 溴酚蓝-氢氧化钠试液(Bromophenol Blue-Sodium Hydroxide TS) 称取溴酚蓝0.1g,溶于0.05mol/L氢氧化钠3mL中,摇匀,加水定容至25mL。

174. 溴麝香草酚蓝(Bromothymol Blue) $C_{27}H_{28}Br_2O_5S$[K8842]。

175. 溴麝香草酚蓝试液(Bromothymol Blue TS) 称取溴麝香草酚蓝0.1g,用50%(体积分数)乙醇100mL溶解。必要时过滤。

176. 溴麝香草酚蓝-氢氧化钠试液(Bromothymol Blue-Sodium Hydroxide TS) 称取溴麝香草酚蓝粉末0.2g,加氢氧化钠溶液(4.3→1000)5mL,加少量水。在50℃水浴中搅拌溶解,再加水至100mL。

177. 马钱子碱(Brucine) 见Brucine *n*-Hydrate。

178. 番木鳖碱(Brucine *n*-Hydrate) $C_{23}H_{26}N_2O_4 \cdot nH_2O$[K8832]。

179. 纳豆菌胶测定缓冲液(Buffer for Bacillus Natto Gum,pH 3.3)

取柠檬酸钠 6.19g，氯化钠 5.66g，柠檬酸 19.80g，酒精 130.0m，2，2′－巯基二乙醇 5.0ml，聚氧乙烯月桂醚溶液（1→4）4.0mL 和辛酸 0.1mL，加水至 1000mL。

180. 正丁醇（Butanol） 见 1－Butanol。

181. 叔丁醇（*tert*－Butanol） 见 *t*－Butyl Alcohol。

182. 正丁醇（1－Butanol） $CH_3(CH_2)_2CH_2OH$[K8810]。

183. 2－丁酮（2－Butanone） $CH_3COC_2H_5$[K8900]。

184. 叔丁基醇（*t*－Butyl Alcohol） $(CH_3)_3COH$[K8813]。

185. 异丁醇（Butyl Alcohol，Iso） 见 2－甲基－1－丙醇。

186. 二丁基羟基甲苯（Butylated Hydroxytoluene） $C_{15}H_{24}O$"二丁基羟基甲苯"。

187. 咖啡因（Caffeine） $C_8H_{10}N_4O_2 \cdot H_2O$ 日本药典规定的咖啡因。

188. 乙酸钙（Calcium Acetate） 见 Calcium Acetate Monohydrate 。

189. 一水乙酸钙（Calcium Acetate Monohydrate） $Ca(CH_3COO)_2 \cdot H_2O$[K8364]。

190. 碳酸钙（Calcium Carbonate） $CaCO_3$[K8617]。

191. 氯化钙（Calcium Chloride） 见 Calcium Chloride Dihydrate 。

192. 二水氯化钙（Calcium Chloride Dihydrate） $CaCl_2 \cdot 2H_2O$[K8122]。

193. 水分测定用氯化钙（Calcium Chloride for Water Determination） $CaCl_2$氯化钙（水分测定）[K8125]。

194. 氢氧化钙（Calcium Hydroxide） $Ca(OH)_2$[K8575]。

195. pH 测定用氢氧化钙（Calcium Hydroxide for pH Determination） $Ca(OH)_2$[氢氧化钙，K8575]。

使用 23℃～27℃条件下制备，在 25℃时 pH 12.45 的饱和溶液。

196. 氢氧化钙试液（Calcium Hydroxide TS） 称取氧化钙 10g，加新煮沸冷却的水 40mL，静置片刻。再加新煮沸冷却的水 1000mL，盖紧，振荡，静置片刻。倾倒弃去上清液。对剩余物再加新煮沸冷却的水 1000mL，塞紧，静置 1h，偶尔剧烈振摇。取上清液备用，必要时过滤。

197. 氧化钙（Calcium Oxide） CaO[生石灰，K8410]。

198. 樟脑（Camphor） $C_{10}H_{16}O$ 日本药典规定的 *dl*－樟脑。

199. 二氧化碳（Carbon Dioxide） CO_2"二氧化碳"。

200. 二硫化碳（Carbon Disulfide） CS_2[K8732]。

201. 一氧化碳（Carbon Monoxide） CO 无色气体。将甲酸与硫酸反应后所产生气体通过氢氧化钠试液制得。供使用的一氧化碳保存于耐压金属容器中。

202. 四氯化碳（Carbon Tetrachloride） CCl_4[K8459]。

203. 无羰基甲醇（Carbonyl－free Methanol） 见 Methanol，Carbonyl－free 。

204. 刺槐豆胶（Carob Bean Gum） "卡罗伯豆胶"。

205. 牛奶酪蛋白（Casein，Milk） 见酪蛋白（牛奶）。

206. 酪蛋白（牛奶）（Casein（Milk）） [K8234]。

207. 酪蛋白胨（Casein Peptone） 见 Peptone，Casein。

208. 酪蛋白试液（Casein TS，pH 2.0） 准确称取牛奶酪蛋白 1g，105℃干燥 2h，测定其失量情况。准确称取相当于干燥后的牛奶酪蛋白 1.2g，加入乳酸试液 12mL 和水 150mL。在温水浴中溶解，再冷却。用 1mol/L 的盐酸调节至 pH 2.0，加水定容至 200mL。现配现用。

209. 酪蛋白试液(Casein TS,pH 7.0) 准确称取牛奶酪蛋白 1g,105℃干燥 2h,测定其失量情况。准确称取相当于干燥后的牛奶酪蛋白 0.6g,加入 0.05mol/L 磷酸氢二钠溶液 80mL 和水 80mL。在温水浴中溶解 20min,再冷却。用 1mol/L 的盐酸调节至 pH 7.0。加水定容至 100mL。现配现用。

210. 酪蛋白试液(Casein TS,pH 8.0) 准确称取牛奶酪蛋白 1g,105℃干燥 2h,测定其失量情况。准确称取相当于干燥后牛奶酪蛋白 1.2g,加入 0.05mol/L 磷酸氢二钠溶液 160mL。在温水浴中溶解,再冷却。加入 0.1mol/L 的氢氧化钠调节至 pH 8.0。加水定容至 200mL。现配现用。

211. 邻苯二酚(Catechol) $C_6H_4(OH)_2$[1,2-苯二酚,K8240]。

212. 强酸性阳离子交换树脂(Cation-exchange Resin,Strongly Acidic) 为强酸性聚苯乙烯磺酸钠。浅黄至黄褐色。粒度能通过 600μm 的标准筛,几乎不能通过 420μm 标准筛。

称取强酸性阳离子交换树脂 50g,加水中浸泡 30min,随水将树脂注入玻璃色谱柱(内径约为 25mm)作为树脂柱,注入稀盐酸(1→4)250mL,以 4 mL/min 的速度流过色谱柱。然后用水洗该树脂柱,直至洗液滴加溴甲酚绿指示液后呈绿色至蓝色,进行如下试验。

取 10mL 经上述处理过的树脂,随水将树脂注入玻璃色谱柱(内径约为 15mm)中,加入 0.1mol/L 的氢氧化钠 80mL,以 2mL/min 的速度流过色谱柱。洗出液 pH 应为 5.0~6.5。

213. 强酸性阳离子交换树脂(细粒)[Cation-exchange Resin,Strongly Acidic(Fine)] 为氢离子型强酸性聚苯乙烯磺酸。浅黄色至黄褐色粉末。可通过 150μm 标准筛,几乎不通过 75μm 标准筛。

称取强酸性阳离子交换树脂 50g,加水浸泡 1h,反复清洗 2 次~3 次,直至上层液变清。随水将树脂注入玻璃色谱柱(内径约为 25mm),注入稀盐酸(1→4)250mL,以 4 mL/min 的速度流过色谱柱。然后用水洗该树脂柱,直至洗液滴加溴甲酚绿指示液后呈绿色至蓝色,进行如下试验。

取 10mL 经上述处理的树脂,随水将树脂注入玻璃色谱柱(内径约为 15mm)中,加入 0.1mol/L 氢氧化钠 80mL,以 2mL/min 的速度流过色谱柱。洗脱液 pH 应为 4.0~6.5。

214. 弱酸性阳离子交换树脂(细粒)[Cation-exchange Resin,Weakly Acidic(Fine)] 氢离子型弱酸性甲基丙酸烯羧酸。白色粉末。可通过 150μm 标准筛,几乎不通过 75μm 标准筛。

称取弱酸性阳离子交换树脂 50g,加水浸泡 1h,反复清洗 2 次~3 次,直至上层液变清。随水将树脂注入玻璃色谱柱(内径为 25mm),注入稀盐酸 250mL,以 4 mL/min 的速度流过色谱柱。然后用清水洗该树脂柱,直至洗液滴加溴甲酚绿蓝指示液呈绿色至蓝色,进行如下试验:取 10mL 经上述处理的树脂,随水将树脂注入玻璃色谱柱(内径 15mm)中,加入 0.1mol/L 氢氧化钠 80mL,以 2mL/min 的速度流过色谱柱。洗脱液 pH 应为 4.0~6.5。

215. 超滤离心装置(Centrifugal Ultrafiltration Unit) 内装有截留相对分子质量 3000 的再生纤维素膜的聚丙烯管(直径 3cm,长 11cm~12cm)或其他分离能力相似的装置。

216. 硝酸铈铵(Ceric Ammonium Nitrate) 见 Cerium(Ⅳ)Ammonium Nitrate。

217. 硫酸铈铵(Ceric Ammonium Sulfate) 见 Cerium(Ⅳ)Ammonium Sulfate。

218. 硝酸铈铵(Cerium(Ⅳ)Ammonium Nitrate) $Ce(NH_4)_2(NO_3)_6$[硝酸铈铵盐,K8556]。

219. **硫酸铈铵(Cerium(Ⅳ)Ammonium Sulfate)** 见 Cerium(Ⅳ)Ammonium Sulfate Dihydrate。

220. **二水硫酸铈铵(Cerium(Ⅳ)Ammonium Sulfate Dihydrate)** $Ce(NH_4)_4(SO_4)_4 \cdot 2H_2O$[二水合硫酸铈(Ⅳ)四铵,K8977]。

221. **水合氯醛(Chloral Hydrate)** $CCl_3CHO \cdot H_2O$[K8869:1961]透明,无色或白色晶体,有刺激性气味。

含量:99.5% ~101.0%。准确称取水合氯醛约5g,加入1mol/L氢氧化钠溶液50mL,静置2min。以酚酞试液为指示剂,用0.5mol/L硫酸滴定。

$$1mol/L 氢氧化钠 1mL = 165.4mg\ CCl_3CHO \cdot H_2O$$

222. **氯胺T(Chloramine T)** 见Sodium *p* – Toluenesulfonchloramide Trihydrate。

223. **氯胺T试液(Chloramine T TS)** 称取氯胺T 1.25g,用水溶解至100mL。现配现用。

224. **氯霉素(Chloramphenicol)** $C1_1H_{12}C_{12}N_2O_5$日本药典规定产品。

225. **三氯甲烷(Chloroform)** $CHCl_3$[K8322]。

226. **无水三氯甲烷(Chloroform,Dehydrated)** $CHCl_3$取三氯甲烷20mL,加水20mL,轻轻摇匀后静置3min,分离出混合液中的三氯甲烷层。每次使用水20mL,重复以上操作两次。三氯甲烷层经过干燥滤纸过滤。向滤液中加新烘烤的无水碳酸钾5g,塞紧,避光静置过夜。经干燥滤纸过滤后,再经蒸馏后避光保存。

227. **无乙醇三氯甲烷(Chloroform,Ethanol – free)** 取三氯甲烷20mL,加入水20mL,轻轻摇匀后静置3min,分离出混合液中的三氯甲烷层。每次使用水20mL,重复以上操作两次。三氯甲烷层经过干燥滤纸过滤。向滤液中加新烘烤的无水碳酸钾5g,摇匀5min,静置2h,经干燥的滤纸过滤。

228. **水分测定用三氯甲烷(Chloroform for Water Determination)** 在1000mL三氯甲烷中加入干燥用合成沸石30g,塞紧。静置约8h中偶尔摇动。再静置16h,确认三氯甲烷层清澈透明。防潮存储。1 mL如此制得的样品中水分含量应小于0.1mL。

229. **氯化胆碱(Choline Chloride)** $[(CH_3)_3NCH_2CH_2OH]Cl$[K8130:1981]白色结晶或结晶性粉末,有微弱的特征气味。

含量:98% ~101%。准确称取预先在110℃下干燥3h的氯化胆碱约0.2g,用0.05mol/L的硫酸滴定。

$$0.05mol/L 硫酸 1mL = 0.01396g 氯化胆碱$$

230. **水分测定用氯化胆碱(Choline Chloride for Water Determination)**
$(CH_3)_3NCH_2CH_2(OH)Cl$ 白色结晶性粉末。

熔点:303℃ ~305℃(分解)。

每克样品中水分含量小于1mg。

231. **三氧化二铬(Chromium Oxide)** Cr_2O_3[三氧化二铬(氧化铬),指定化学品Ⅰ类,K1401]。

232. **三氧化二铬(Chromium(Ⅵ)Oxide)** 三氧化铬[K8434:1980]暗红 – 紫红色,易潮解的晶体或团块。

鉴别:在氧化铬(Ⅵ)溶液中加入乙酸铅会产生黄色沉淀。

纯度:(1)澄清度澄清透明(1.0g,10mL水)。

(2)碱土金属小于1.0%。取氧化铬(VI)1.0g于锥形瓶中,加入水17mL,盐酸(1→3)5mL和乙醇5mL,回流冷凝器中回流1h。蒸发掉乙醇,加入热水70mL和氨溶液(2→5)7mL。水浴加热至氨味消失,再继续加热至干。向残留物中加入热水30mL,过滤,收集滤液到一已预先称量的蒸发皿内。分别三次用热水10mL清洗滤纸3次,合并清洗滤液。将蒸发皿置水浴上蒸发除水。向残留物中加入硫酸0.5mL,加热蒸发。灼热后的残留物应小于1mg。

233. 三氧化二铬(Chromium Trioxide) 见Chromium(Ⅵ)Oxide。

234. 变色酸(Chromotropic Acid) 见Disodium Chromotropate Dihydrate 。

235 变色酸试液(Chromotropic Acid TS) 称取二水变色酸二钠0.5g,加稀硫酸(10→15)至50ml,摇匀,离心。取上清液作为变色酸试液。现配现用。

236. 柠檬酸缓冲液(Citrate Buffer)

溶液1:称取柠檬酸21g,用水溶解并配制成1000mL。

溶液2:称取磷酸氢二钠28.4g,用水溶解并配制成1000mL。

将溶液1和溶液2按11:389的体积混合。

237. 柠檬酸缓冲液(Citrate Buffer,pH 2.2) 称取柠檬酸钠1.4g,柠檬酸13g和氯化钠10.9g,混合。用水溶解配制成1000mL。

238. 柠檬酸缓冲液(Citrate Buffer,pH 3.0)

溶液1:称取柠檬酸21g,用水溶解配制成1000mL。

溶液2:称取磷酸氢二钠71.6g,用水溶解配成1000mL。

将混合溶液1和溶液2按159:41的体积混合。

239. 柠檬酸缓冲液(Citrate Buffer,pH 5.0)

溶液1:称取柠檬酸21g,用水溶解配成1000mL。

溶液2:称取磷酸氢二钠71.6g,用水溶解并配成1000mL。

将溶液1和溶液2按97:103的体积混合。

240. 柠檬酸缓冲液(Citrate Buffer,pH 5.28) 称取柠檬酸钠34.3g,溶于400mL水中。加入盐酸7.5mL,苯甲醇5mL,再加水配成1000mL。用稀盐酸(1→4)或氢氧化钠溶液(1→25)调节pH至5.28±0.03。

241. 柠檬酸缓冲液(Citrate Buffer,pH 6.0)

溶液1:称取柠檬酸21g,用水溶解并配制成1000mL。

溶液2:称取磷酸氢二钠71.6g,用水溶解并配制成1000mL。

将溶液1和溶液2按72:128的体积混合。必要时,用溶液1或溶液2调节pH至6.0。

242. 柠檬酸缓冲液(Citrate Buffer,pH 7.0)

溶液1:称取柠檬酸21g,用水溶溶解并配制成1000mL。

溶液2:称取磷酸氢二钠71.6g,用水溶解并配制成1000mL。

将溶液1和溶液2按35:165的体积混合。必要时,用溶液1或溶液2调节pH至7.0。

243. 柠檬酸(Citric Acid) 见Citric Acid Monohydrate。

244. 一水柠檬酸(Citric Acid Monohydrate) $H_3C_6H_5O_7 \cdot H_2O$[K8283]。

245. 橘霉素(Citrinin) $C_{13}H_{14}O_3$ 无味的黄色晶体。易溶于水。

鉴别:以溴化钾压片法测定桔霉素的红外吸收光谱。谱图在约1634cm^{-1}、1492cm^{-1}、1266cm^{-1}、1018cm^{-1}和818cm^{-1}处有特征吸收峰。

纯度:相关物质准确称取桔霉素 0.01g 溶于甲醇并定容至 100mL,作为测试溶液。准确吸取该溶液 1.0mL,用甲醇稀释定容至 100mL,作为参比溶液。分别取测试溶液和参比溶液 5μL,采用液相色谱按下述操作条件进行,测定峰面积。测试溶液中除了主峰和甲醇峰以外的峰面积总合应小于参比溶液中的主峰面积。

操作条件

检测器:荧光检测器(激发波长 30nm,荧光波长 500nm)。

色谱柱:内径为 3.9mm ~4.6mm、长度为 25cm ~30cm 的不锈钢管柱。

柱填料:液相色谱用 5um 十八烷基硅烷键合硅胶。

柱温:30℃

流动相:乙腈∶磷酸∶三氟乙酸按 100∶100∶0.1 的体积混合。

流量:1.0mL/min

246. 氯化钴(Cobalt(Ⅱ)Chloride) 见 Cobalt(Ⅱ)Chloride Hexahydrate。

247. 六水合氯化钴(Cobalt(Ⅱ)Chloride Hexahydrate) $CoCl_2 \cdot 6H_2O$[K8129]。

248. 氯化钴试液(Cobalt Chloride TS) 称取氯化钴 2.0g,加入盐酸 1mL,用水溶解并定容至 100mL。

249. 硝酸钴(Cobalt Nitrate) 见 Cobalt(Ⅱ)Nitrate Hexahydrate。

250. 硝酸钴六水合物(Cobalt(Ⅱ)Nitrate Hexahydrate) $Co(NO_3)_2 \cdot 6H_2O$[K8552]。

251. 氯化钴(Cobaltous Chloride) 见 Cobalt(Ⅱ)Chloride。

252. D-葡萄糖测定用固色试液(Color Fixing TS for D-Glucose Determination) 将苯酚 0.50g、变旋酶 130 单位、葡萄糖氧化酶 9000 单位、过氧化物酶 650 单位和 4-安替比林基磷酸盐缓冲液(pH7.1,0.1g)混合并定容至 1000mL。贮存于 2℃ ~10℃,有效期 1 个月。

253. 乙酸铜(Copper(Ⅱ)Acetate) 见 Copper(Ⅱ)Acetate Monohydrate 。

254. 一水合乙酸铜(Copper(Ⅱ)Acetate Monohydrate) $Cu(CH_3COO)_2 \cdot H_2O$[一水乙酸铜(Ⅱ),K8370]。

255. 浓乙酸铜试液(Copper(Ⅱ)Acetate TS,Strong) 称取乙酸铜 13.3g,溶于乙酸 5mL 和水 195mL 中。

256. 氯化铜(Copper(Ⅱ)Chloride) 见 Copper(Ⅱ)Chloride Dihydrate。

257. 二水合氯化铜(Copper(Ⅱ)Chloride Dihydrate) $CuCl_2 \cdot 2H_2O$[K8145]。

258. 乙二胺四乙酸二钠铜(Copper Disodium Ethylenediaminetetraacetate) 见 Copper Disodium Ethylenediaminetetraacetate Tetrahydrate。

259. 乙二胺四乙酸二钠铜四水合物(Copper Disodium Ethylenediaminetetraacetate Tetrahydrate) $C_{10}H_{12}CuN_2Na_2O_8 \cdot 4H_2O$ 蓝色粉末。

含量:不低于 98.0% 。

pH:7.0 ~9.0。

澄清度:将样品 0.10g 溶于新蒸馏的冷水 10mL 中。呈蓝色透明溶液。

含量分析:准确称取四水乙二胺四乙酸二钠铜 0.45g,溶于水并定容至 1000mL。准确吸取该溶液 10mL,加水和稀硝酸调节 pH 至 1.5。加邻菲罗啉的甲醇溶液(1→20)5mL,以二甲酚橙试液为指示剂,用 0.01mol/L 的硝酸铋溶液滴定,直至溶液由黄色变为红色为滴定终点。

0.01mol/L 硝酸铋溶液 1mL = 4.698mg 乙二胺四乙酸二钠铜四水合物

260. 铜碎片(Copper Fragment)　Cu[K8660]碎铜片。

261. 硫酸铜五水合物(Copper(Ⅱ)Sulfate Pentahydrate)　$CuSO_4 \cdot 5H_2O$[K8983]。

262. *p* - 甲酚定(*p* - Cresidine)　见 2 - Methoxy - 5 - methylaniline。

263. 偶氮甲酚定薛佛盐(Cresidine Azo Schaeffer's Salt)　$C_{18}H_{15}N_2NaO_5S$ 6 - 羟基 - 5 - (2 - 甲氧基 - 5 - 甲基苯) - 2 - 萘磺酸钠。红色粉末。

吸光系数 $E_{1cm}^{1\%}$(最大吸收波长约为500nm):不小于597。称取经真空干燥24h的偶氮甲酚定薛佛盐0.0100g,加入乙酸铵溶液(3→2000)溶解并定容至100mL。作为溶液A。准确吸取溶液A 10mL,用乙酸铵溶液(3→2000)定容至100mL。该溶液的最大吸收波长为498nm～502nm。

纯度:其他着色性物质准确吸取溶液A 1mL,用乙酸铵溶液(7.7→1000)定容至100mL。按照第九章中食用红色40号(6)纯度的操作条件,取该溶液20μL用液相色谱分析。应只能观察到一个偶氮甲酚定薛佛盐的峰。

264. β - 奈酚偶氮甲酚定磺酸(Cresidine Sulfonic Acid Azo β - Naphthol)

$C_{18}H_{15}N_2NaO_5S$ 4 - (2 - 羟基 - 1 - 萘偶氮) - 5 - 甲氧基 - 2 - 甲基苯磺酸钠。红棕色粉末。

比吸光系数 $E_{1cm}^{1\%}$(最大吸收波长约为500nm):不小于644。准确称取预先经真空干燥24h的β - 奈酸偶氮甲酚定磺酸0.0100g,用乙酸铵溶液(3→2000)溶解并定容至100mL。作为溶液A。准确吸取溶液A 10mL,用乙酸铵溶液(3→2000)稀释并定容至100mL。该溶液的最大吸收波长为499nm～503nm。

纯度:其他着色性物质　取溶液A 1mL,加入乙酸铵溶液(7.7→1000)稀释并定容至100mL。按照第九章中食用红色40号(6)纯度规定的操作条件,取该溶液20μL进行液相色谱分析。应只能观察到一个β - 奈酸偶氮甲酚定磺酸的峰。

265. 偶氮甲酚定磺酸G盐(Cresidine Sulfonic Acid Azo G Salt)　$C_{18}H_{13}N_2Na_3O_{11}S_3$ 7 - 羟基 - 8 - (2 - 甲氧基 - 5 - 甲基 - 4 - 磺基苯) - 1,3 - 萘二磺酸三钠。橙红色粉末。

吸光系数 $E_{1cm}^{1\%}$(最大吸收波长接近500nm):不小于461。准确称取预先经真空干燥24h的偶氮甲酚定磺酸G盐0.0100g,用乙酸铵溶液(3→2000)溶解并定容至100mL。作为溶液A。准确吸取溶液A 10mL,用乙酸铵溶液(3→2000)稀释并定容至100mL。该溶液的最大吸收波长为498nm～502nm。

纯度:其他着色性物质　取溶液A 1mL,用乙酸铵溶液(7.7→1000)稀释并定容至100mL。按照第九章中食用红色40号(6)纯度规定的操作条件,取该溶液20μL进行液相色谱分析。应只能观察到一个偶氮甲酚定磺酸G盐的峰。

266. 偶氮甲酚定磺酸R盐(Cresidine Sulfonic Acid Azo R Salt)　$C_{18}H_{13}N_2Na_3O_{11}S_3$ 3 - 羟基 - 4 - 2 - 甲氧基 - 5 - 甲基 - 4 - 偶氮磺基苯) - 2,7 - 萘二磺酸三钠。红棕色粉末。

吸光系数 $E_{1cm}^{1\%}$(最大吸收波长接近500nm):不小于494。准确称取预先经真空干燥24h的偶氮甲酚定磺酸R盐0.0100g,用乙酸铵溶液(3→2000)完全溶解并定容至100mL。作为溶液A。取溶液A 10mL,用乙酸铵溶液(3→2000)稀释并定容至100mL。该溶液的最大吸收波长为513nm～517nm。

纯度:其他着色性物质　取溶液A 1mL,用乙酸铵溶液(7.7→1000)稀释并定容至100mL。按照第九章中食用红色40号(6)纯度规定的操作条件,取该溶液20μL,用液相色谱分析。应只能观察到一个偶氮甲酚定磺酸 R 盐的峰。

267. 间甲酚(*m* - Cresol)　$CH_3C_6H_4OH$[K8305]。

268. 邻甲酚(*o* - Cresol)　$CH_3C_6H_4OH$[K8304]。

269. 对甲酚(*p* - Cresol)　$CH_3C_6H_4OH$[K8306]。

270. 甲酚红(Cresol Red)　$C_{21}H_{18}O_5S$[K8308]。

271. 甲酚红 - 麝香草酚蓝试液(Cresol Red - Thymol Blue TS)　取甲酚红 0.1g 和麝香草酚蓝 0.3g 混合,用乙醇 100mL 溶解,加水至 400mL。必要时过滤。

272. 结晶紫(Crystal Violet)　$C_{25}H_3OClN_3 \cdot 9H_2O$[K8294]。

273. 结晶紫 - 乙酸试液(Crystal Violet - Acetic Acid TS)　称取结晶紫 0.050g,用乙酸 100mL 溶解。

274. Cu - PAN(Cu - PAN)　浅灰橙黄色、浅灰红褐色或淡灰紫色粉末。Cu - PAN 制备,取 1 -(2 - 吡啶偶氮)- 2 萘酚(游离酸)1g 和乙二胺四乙酸二钠铜四水合物 11.1g 混合。

吸光度:称取 Cu - PAN 0.50g,用二恶烷(1→2)溶解并定容至 50mL。准确吸取上述溶液 1mL,用甲醇稀释并定容至 100mL。以水作参比,用紫外可见分光光度计测量该溶液的吸光度,在 470nm 波长吸光度不小于 0.48。

纯度:溶液的澄清度和颜色　将 Cu - PAN 0.5g 溶于稀释二恶烷(1→2)中。溶液为黄棕色的澄清液。

275. Cu - PAN 试液(Cu - PAN TS)　称取 Cu - PAN 1g,用稀释二恶烷(1→2)100mL 溶解。

276. 铜铁试剂(Cupferron)　$C_6H_9N_3O_2$[K8289]。

277. 铜铁试剂试液(Cupferron TS)　称取铜铁试剂 6g,用水溶解至 100mL。现配现用。

278. 乙酸铜(Cupric Acetate)　见 Copper(Ⅱ)Acetate Monohydrate。

279. 碱性柠檬酸铜试液(Cupric Citrate TS, Alkaline)　称取柠檬酸钠 173g 和碳酸钠 117g,加水 100mL,加热溶解。必要时过滤。取硫酸铜 17.3g 用水 700mL 溶解后,再边搅拌边加入上述溶液。冷却后加水至 1000mL。

280. 硫酸铜(Cupric Sulfate)　见[Copper(Ⅱ)Sulfate Pentahydrate]。

281. 无水硫酸铜(Cupric Sulfate, Anhydrous)　$CuSO_4$[硫酸铜,K8984]。

282. 硫酸铜氨试液(Cupric Sulfate - Ammonia TS)　称取硫酸铜 0.4g,用柠檬酸溶液(1→5)与氨溶液按 3∶2 比例混合后的溶液 50mL 溶解。

283. 氯化矢车菊素 - 3 - 葡萄糖苷(Cyanidin 3 - Glucoside Chloride)　$C_{21}H_{21}ClO_{11}$。

鉴别:(1)称取氯化矢车菊素 - 3 - 葡萄糖苷 1mg,加入柠檬酸缓冲液(pH3.0)5mL,溶液由红色变成有暗红橙色。

(2)在上述(1)配制的溶液中,加入氢氧化钠溶液(1→25)使溶液呈碱性。溶液变为深绿色。

(3)氯化矢车菊素 - 3 - 葡萄糖苷在柠檬酸缓冲液(pH 3.0)中的最大吸收波长为 505nm ~ 525nm。

(4)以溴化钾压片法测定氯化矢车菊素 - 3 - 葡萄糖苷的红外吸收光谱。谱图在约 $3378cm^{-1}$、$1640cm^{-1}$、$1322cm^{-1}$、$1070cm^{-1}$ 和 $630cm^{-1}$ 处有特征吸收峰。

纯度:有关物质　将鉴别(1)中配制的溶液作为测试溶液。准确吸取 1mL 测试溶液,用柠檬酸缓冲液（pH 3.0）稀释并定容至100mL。作为参比溶液A。按下述操作条件采用液相色谱测定。每针进样后的运行时间为主峰出峰保留时间的3倍，测量峰面积。测试溶液除了主峰峰面积以外的峰面积总和应小于参比溶液A的主峰面积。

操作条件按第九章中紫玉米色素（4）鉴别规定的条件操作。

检测灵敏度：调整灵敏度，使自动积分仪能测量10μL参比溶液B的主峰峰面积。并调整10μL参比溶液A的主峰高度约占满刻度的20%。参比溶液B的配制为：转却吸取参比溶液A 1mL，用柠檬酸缓冲液（pH 3.0）稀释并定容至20mL。

284. 硫胺素定量分析用溴化氰试液（Cyanogen Bromide TS for Thiamine Assay） 量取冰水100mL，加入溴2mL，剧烈振荡。逐滴加入冰冷的硫氰酸钾溶液（1→10）直至褪色。制备溶液一个月内有效。溴化氰蒸气剧毒，操作时注意避免吸入。

285. 定量分析用α-环糊精（α-Cyclodextrin for Assay） $C_{36}H_{60}O_{30}$无气味的白色晶体或结晶粉末，有轻微甜味。

鉴别：称取测定用α-环糊精0.2g，加入碘测试溶液2mL，水浴加热直到溶解，室温下静置，形成蓝紫色沉淀。

纯度：（1）比旋光度$[\alpha]_D^{20}$：+147°～+152°。准确称取经预先干燥的测试用α-环糊精1g，加水定容到100mL，测定该溶液的比旋度。

（2）相关物质称取测定用α-环糊精1.5g，用水稀释并定容至100mL。作为测试溶液。准确吸取测试溶液1mL，用水稀释并定容至100mL。作为参比溶液。分别取20μL～100μL的测试溶液和参比溶液按下列操作进行液相色谱分析。每针进样后的运行时间为主峰出峰保留时间的2倍，测量峰面积。测试溶液中除了主峰以外的所有峰面积总和不应大于参比溶液的主峰峰面积。

操作条件

按第九章中α-环糊精规定的条件进行。

干燥失量 不超过14.0%（1.0g，105℃，0.67kPa，4h）。

286. 定量分析用β-环糊精（β-Cyclodextrin for Assay） $C_{42}H_{70}O_{35}$白色晶体或白色结晶粉末。无气味，有轻微甜味。

鉴别：取β-环糊精0.2g，加入碘测试溶液2mL，水浴加热溶解，室温下静置，形成黄棕色沉淀。

纯度：（1）比旋度$[\alpha]_D^{20}$：+160°～+164°。准确称取经预先干燥的β-环糊精约1g，加水定容到100mL，测量该溶液的比旋度。

（2）相关物质称取β-环糊精1.5g，用水溶解并定容到100mL。作为测试溶液。准确吸取测试溶液1mL，用水稀释并定容100mL。测试溶液测试溶液作为参比溶液。分别取20μL～100μL的测试溶液和参比溶液按下列操作进行液相色谱分析。每针进样后的运行时间为主峰出峰保留时间的2倍，测量峰面积。测试溶液中除主峰以外的所有峰面积总和不应大于参比溶液的主峰峰面积。

操作条件

按第九章中β-环糊精规定的条件进行。

干燥失量：不超过14.0%（1.0g，105℃，0.67kPa，4h）。

287. 定量分析用γ-环糊精（γ-Cyclodextrin for Assay） $C_{48}H_{80}O_{40}$白色晶体或白色结

晶或结晶性粉末。无气味,有轻微甜味。

鉴别:取 γ-环糊精 0.2g,加入碘测试溶液 2mL,水浴加热溶解,室温下静置,形成黄棕色沉淀。

纯度:(1)比旋光度$[\alpha]_D^{20}$: +172° ~ +178°。准确地称取经预先干燥的 γ-环糊精约 1g,加水溶解并定容到 100mL,测量该溶液的比旋度。

(2)相关物质:称取 γ-环糊精 1.5g,用水溶解并定容至 100mL。作为测试溶液。准确吸取测试溶液 1mL,用水稀释并定容至 100mL。作为参比溶液。分别取 20μL ~ 100μL 的测试溶液和参比溶液按下列操作进行液相色谱分析。每针进样后的运行时间为主峰出峰保留时间的 2 倍,测量峰面积。测试溶液中除主峰以外的所有峰面积总和不应大于参比溶液的主峰峰面积。

操作条件

按第九章中 γ-环糊精规定的条件进行。

干燥失量:不超过 14.0%(1.0g,105℃,0.67kPa,4h)。

288. 环己烷(Cyclohexane) C_6H_{12}[K8464]。

289. 半胱氨酸盐酸盐(Cysteine Hydrochloride) 见 L-Cysteine Hydrochloride Monohydrate。

290. L-半胱氨酸盐酸盐一水合物(L-Cysteine Hydrochloride Monohydrate) $C_3H_7NO_2SHCl \cdot H_2O$[K8470]。

291. L-半胱氨酸盐酸盐(L-Cysteine Monohydrochloride) 见 L-Cysteine Hydrochloride Monohydrate。

292. 半胱氨酸-硫酸测试溶液(Cysteine-Sulfuric Acid TS) 称取 L-半胱氨酸盐酸盐 0.30g,加水 10mL 溶解。吸取该溶液 0.5 mL,加 86%(体积分数)硫酸 25 mL,混合。现配现用。

293. 弱碱性 DEAE-纤维素阴离子交换剂(—O—C_2H_4—N-$(C_2H_5)_2$ 型)(DEAE-Cellulose Anion Exchanger[—O—C_2H_4—N$(C_2H_5)_2$Type),Weakly Basic] 在多孔纤维素上键合二乙胺乙基制备成的弱碱性阴离子交换剂。

294. 无水氯仿(Dehydrated Chloroform) 见 Chloroform,Dehydrated。

295. 无水吡啶(Dehydrated Pyridine) 见 Pyridine,Dehydrated。

296. 德瓦达合金(Devarda's Alloy) [K8653]。

297. 糊精(Dextrin) 见 Dextrin Hydrate。

298. 糊精水合物(Dextrin Hydrate) $(C_6H_{10}O_5)n \cdot nH_2O$ [K8646]。

299. 4,4′-二氨基二苯胺硫酸盐(4,4′-Diaminodiphenylamine Sulfate) $C_{12}H_{13}N_3 \cdot H_2SO_4$ [K8476:1962]无色至灰蓝色,结晶粉末。

熔点:157℃ ~160℃。取 4,4′-二氨基二苯胺硫酸盐 1g,加稀硫酸 10mL 溶解,加热溶解,加入过量氨溶液,加热。冷却后有结晶形成,测定所获得晶体的熔点。

300. 4,4′-二氨基二苯胺试液(4,4′-Diaminodiphenylamine TS) 在 4,4′-二氨基二苯胺硫酸盐中加入少量乙醇碾磨,再加入加入乙醇,水浴回流制成饱和溶液。

301. 磷酸氢二铵(Diammonium Phosphate) $(NH_4)_2HPO_4$[磷酸氢二铵,K9016]。

302. 磷酸氢二铵缓冲液(Diammonium Phosphate Buffer) 称取磷酸氢二铵 150g,溶解于

水 700mL 中,用稀盐酸(1→2)调节 pH 至 5.5,加水配制成 1000mL。

303. 三氧化二砷(Diarsenic Trioxide) As_2O_3[K8044]。

304. 三氧化二砷(标准试剂)[Diarsenic Trioxide(Standard Reagent)] As_2O_3[容量分析用标准物质,氧化砷(Ⅲ),K8005]。

305. 色谱级硅藻土(Diatomaceous Earth for Chromatography) 高品质的白色或灰白色硅藻土。

306. 气相色谱法级硅藻土(Diatomaceous Earth for Gas Chromatography) 气相色谱专用的高品质纯度硅藻土。

307. 2,6-二溴-*N*-氯-*p*-苯醌一亚胺(2,6-Dibromo-*N*-chloro-*p*-benzoquinone Monoimine) $C_6H_2Br_2ClNO$[K8491]。

308. 2,6-二溴苯醌氯亚胺(2,6-Dibromoquinonechloroimide) 见 2,6-Dibromo-*N*chloro-*p*-benzoquinone Monoimine。

309. 二丁醚(Dibutyl Ether) $[CH_3(CH_2)_3]_2O$ 透明液体。

折射率 n_D^{20}:1.398~1.400。

相对密度:0.764~0.770。

沸点:141℃~143℃。

310. 2,6-二氯靛酚钠(2,6-Dichlorophenolindophenol Sodium Salt) 见 2,6-Dichlorophenolindophenol Sodium Salt Dihydrate。

311. 二水 2,6-二氯靛酚钠(2,6-Dichlorophenolindophenol Sodium Salt Dihydrate) $C_{12}H_6Cl_2NNaO_2 \cdot 2H_2O$[二水合 2,6-二氯靛酚钠,K8469]。

312. 2,6-二氯靛酚钠盐试液(2,6-Dichlorophenolindophenol Sodium Salt TS) 称取 2,6-二氯靛酚钠 0.1g,加入水 100mL 溶解。加热并过滤。贮存于棕色瓶,在 3 天内使用。

313. 2,6-二氯苯醌氯亚胺(2,6-Dichloroquinonechloroimide) $C_6H_2C_{13}NO$。

熔点:65℃~67℃。

乙醇溶液澄清度:澄清透明(0.10g,10mL 乙醇)。

灼热残留物:不超过 0.2%。

314. 二乙醇胺(Diethanolamine) $C_4H_{11}NO_2$ 无色,黏稠液体。

熔点:27℃~30℃。

水分:不超过 1mg/1g 二乙醇胺。

315. 盐酸二乙醇胺(Diethanolamine Hydrochloride) $C_4H_{11}NO_2 \cdot HCl$ 浅黄色液体。

折射率 n_D^{20}:1.515~1.519。

相对密度:1.259~1.263。

水分:不超过 1mg/1g 盐酸二乙醇。

316. 聚丁二酸乙二醇酯(Diethylene Glycol Succinate Polyester) 使用为气相色谱用制备的高质量聚丁二酸乙二醇酯。

317. 乙醚(Diethyl Ether) $C_2H_5OC_2H_5$[K8103]。

318. 维生素 A 测定用乙醚(Diethyl Ether for Vitamin A Determination) 重蒸乙醚,弃去 10% 的初始馏分和 10% 蒸馏残留物。用蒸馏水作为参照物,确定馏分吸光度。在 300nm~350nm 吸光度不超过 0.01。

过氧化物：取维生素 A 测定用乙醚 5mL，加入硫酸亚铁试液 5mL 和硫氰酸铵溶液(2→25)5mL。无红色生成。

319. 洋地黄皂苷(Digitonin) $C_{56}H_{92}O_{29}$[K8452]。

320. 1,3－二羟基萘(1,3－Dihydroxynaphthalene) $C_{10}H_6(OH)_2$红褐色晶体灰色或灰褐色粉末。易溶于水，乙醇和乙醚。

熔点 122℃～124℃(分解)。

灵敏度：向 1mL0.01%1,3－二羟基萘稀硫酸溶液中，滴 2 滴 0.1% 酒石酸溶液，90℃加热 1h。溶液由蓝绿色变成绿蓝色。

321. 稀乙酸(Dilute Acetic Acid) 见 Acetic Acid, Dilute。

322. 稀盐酸(Dilute Hydrochloric Acid) 见 Hydrochloric Acid, Dilute。

323. 稀三氯化铁试液(Dilute Iron(Ⅲ)Chloride TS) 见 Iron(Ⅲ)Chloride TS, Dilute。

324. 稀亚甲蓝试液(Dilute Methylene Blue TS) 见 Methylene Blue TS, Dilute。

325. 稀硝酸(Dilute Nitric Acid) 见 Nitric Acid, Dilute。

326. 稀酚红试液(Dilute Phenol Red TS) 见 Phenol Red TS, Dilute。

327. 稀氢氧化钠试液(Dilute Sodium Hydroxide TS) 见 Sodium Hydroxide TS, Dilute。

328. 稀硫酸(Dilute Sulfuric Acid) 见 Sulfuric Acid, Dilute。

329. 1,2－二甲氧基乙烷(1,2－Dimethoxyethane) $C_4H_{10}O_2$无色透明液体 伴有乙醚气味。极易溶于水、乙醇和烃类溶剂。

含量：以 1,2－二甲氧基乙烷($C_4H_{10}O_2$)计不小于 99.0%。

沸点：82℃～83℃。

测定：按下列操作条件采用气相色谱测定 1,2 二甲氧基乙烷，计算主峰面积所占百分比。

操作条件

检测器：火焰离子化检测器。

色谱柱：内径 3mm～4mm，长 2m 的玻璃或不锈钢柱。

柱填料：液相：相当于载体量 10% 的聚乙二醇 20M。载体：177μm～250μm 气相色谱专用硅藻土。

柱温：恒温 70℃～80℃。

载气：氦气。

流量：恒流 50mL/min。

330. 含 5% 甲醇的 1,2－二甲氧基乙烷试液(1,2－Dimethoxyethane Containing 5% Methanol TS) 取甲醇 5mL，加入 1,2－二甲氧基乙烷溶液至 100mL。在冰箱中至少稳定 3 个月以上。

331. 盐酸二甲胺(Dimethylamine Hydrochloride) $(CH_3)_2NH \cdot H_2O \cdot HCl$ 白色，易潮解晶体。极易溶于水，170℃～172℃融化。

332. *p*－二甲氨基苯甲醛(*p*－Dimethylaminobenzaldehyde) 见 4－Dimethylaminobenzaldehyde。

333. 4－二甲氨基苯甲醛(4－Dimethylaminobenzaldehyde) $(CH_3)_2NC_6H_4CHO$[K8496]。

334. *p*－二甲氨基苯甲醛试液(*p*－Dimethylaminobenzaldehyde TS) 称取 4－二甲氨基

苯甲醛 125mg。溶解于冷稀硫酸(13→20)100mL 中,加入氯化铁(Ⅲ)溶液(1→10)0.05mL,在配制 7 天内使用。

335. 对二甲氨基亚苄基硫氧噻唑烷(*p* - Dimethylaminobenzylidenerhodanine) $C_{12}H_{12}N_2OS_2$[K8495]。

336. 对二甲氨基亚苄基硫氧噻唑烷试液(*p* - Dimethylaminobenzylidenerhodanine TS) 称量对二甲氨基亚苄基硫氧噻唑烷 0.02g,用丙酮溶解,并配制成 100mL。

337. 对二甲氨基丙烯醛(*p* - Dimethylaminocinnamaldehyde) 见 4 - Dimethylaminocinnamaldehyde。

338. 4 - 对二甲氨基丙烯醛(4 - Dimethylaminocinnamaldehyde) $C_{11}H_{13}NO$ 橙色晶体或结晶粉末,有特殊气味。

熔点:140℃ ~142℃。

纯度:澄清度将 4 - 对二甲氨基丙烯醛 0.2g 溶解于乙醇 20mL 中。溶液清晰透明。

干燥失量:不大于 0.5%(105℃,2h)。

灼热残留物:不大于 0.10%(1g)。

氮含量:7.8% ~8.1%(实验前于 105 ℃干燥 2h,氮测定)。

339. 对二甲氨基丙烯醛试液(*p* - Dimethylaminocinnamaldehyde TS) 使用前,取乙酸 1mL 加入对二甲氨基丙烯醛乙醇溶液(1→2000)10mL 中。

340. 二甲基苯胺(Dimethylaniline) C_6H_5N [*N*,*N* - 二甲基苯胺,K8493:1980] 具有特殊气味的液体。新鲜蒸馏的为无色,但会逐渐变成红色到红棕色。

冷凝点:不低于 1.9℃。

折射率 n_D^{20}:1.556 ~1.560。

相对密度:0.955 ~0.960。

341. 二甲基甲酰胺(Dimethylformamide) 见 *N*,*N* - Dimethylformamide。

342. *N*,*N* - 二甲基甲酰胺(*N*,*N* - Dimethylformamide) $HCON(CH_3)_2$[K8500]。

343. 丁二酮肟(Dimethylglyoxime) $(CH_3)_2C_2(NOH)_2$[K8498]。

344. 二甲基亚砜(Dimethyl Sulfoxide) $(CH_3)_2SO$ [K9702]。

345. 紫外吸收光谱测定用二甲基亚砜(Dimethyl Sulfoxide for Ultraviolet Absorption Spectrum Measurement) $(CH_3)_2SO$ 无色,透明,具有强吸湿性晶体或具有特殊气味的液体。

冷凝点:18.3℃。

水分含量:不超过 0.1%。

吸光度:使用蒸馏水作为参比物质,用氮气饱和样品后立刻检测其吸光度。在 270nm 处不超过 0.20;在 275nm 处,不超过 0.06;在 280nm 处不超过 0.09;在 300nm 处不超过 0.015;在 260nm ~350nm 内无特征吸收。

346. 二甲基亚砜试液(Dimethyl Sulfoxide TS) 量取二甲基亚砜 300mL 置于 1L 分液漏斗中,加入磷酸 75mL。摇匀混合物,并静置 10min。再加入用于紫外吸收测定用异辛烷 150mL,摇匀混合,静置 10min,取下层,存于密封玻璃瓶中。

347. 3,5 - 二硝基苯甲酰氯(3,5 - Dinitrobenzoyl Chloride) $(NO_2)_2C_6H_3COCl$ [K8477:1961] 微黄色结晶粉末。

熔点:67℃ ~69℃。

灼热残留物:不超过0.10%以上。

348. 2,4-二硝基氯苯(2,4-Dinitrochlorobenzene) $C_6H_3(NO_2)_2Cl$[1-氯-2,4-二硝基苯,K8478]。

349. 2,4-二硝基苯肼(2,4-Dinitrophenylhydrazine) $C_6H_6N_4O_4$[K8480]。

350. 2,4-二硝基苯肼盐酸盐试液(2,4-Dinitrophenylhydrazine Hydrochloride TS) 取盐酸10mL置于100mL锥形瓶中,加入2,4-二硝基苯肼5 g,轻轻摇晃,直至游离态(红色)转化为盐酸盐(黄色)。加乙醇100mL,水浴加热溶解。冷却,在室温下结晶和过滤。用乙醚清洗结晶,室温干燥,并储存于干燥器中。将如此制得的结晶作为2,4二硝基苯肼盐酸盐试剂。储存期间,盐酸盐又会逐渐转化为游离态,可用1,2-二甲氧基乙烷将游离态的洗去。将2,4-二硝基苯肼盐酸盐0.5g溶于含5%甲醇的1,2-二甲氧基乙烷试液15mL中制得该试液,冰箱保存。

351. 二恶烷(Dioxane) 见1,4-Dioxane。

352. 1,4-二氧六环(1,4-Dioxane) $C_4H_8O_2$[K8461]。

353. 联苯(Diphenyl) 见 Biphenyl。

354. 二苯胺(Diphenylamine) $(C_6H_5)_2NH$[K8487]。

355. 二苯胺试液(Diphenylamine TS) 取二苯胺1g,加入硫酸100mL溶解,该溶液无色。

356. 联苯醚(Diphenyl Ether) $C_{13}H_{100}$。

描述:有特征气味的无色晶状物质。

纯度:(1)沸点254℃ ~259 ℃。

(2)熔点25℃ ~28 ℃。

(3)相关物质 称取二苯醚1g用乙酸乙酯溶解制成100mL测试溶液。准确吸取测试溶液1mL,用乙酸乙酯定容到100mL,制成参比溶液。分别取测试溶液和参比溶液0.5μL,按下述操作条件用气相色谱测定。每针进样后的运行时间为主峰出峰保留时间的2倍,测量峰面积。测试中排除溶剂峰。测试溶液中除主峰以外的所有峰面积总和不应大于参比溶液的主峰峰面积。

操作条件

检测器:火焰离子化检测器。

色谱柱:硅酸盐玻璃毛细管柱(内径0.53mm,长12m),内有1.0μm的二甲聚硅氧烷涂层。

柱温:以10℃/min的速率从100℃升到300℃。

进样口温度:300℃。

注射方法:分流进样(10:1)。

载气:氦气。

流量:调整流量使二苯醚在进样后3min左右出峰。

357. 磷酸氢二钾(Dipotassium Phosphate) K_2HPO_4[磷酸氢二钾,K9017]。

358. α,α′-联吡啶(α,α′-Dipyridyl) 见2,2′-联吡啶。

359. 1,3-二(4-吡啶)丙烷(1,3-Di-(4-pyridyl)propane) $C_{13}H_{14}N_2$淡黄色粉末。熔点:61℃ ~62℃水分:小于1mg/gl,3-二(4-吡啶)丙烷。

360. 变色酸二钠盐(Disodium Chromotropate) 见变色酸二钠盐二水合物。

361. 变色酸二钠二水合物(Disodium Chromotropate Dihydrate) $C_{10}H_6Na_2O_8S_2 \cdot 2H_2O$ [K8316]。

362. 4,4′-(重氮胺)二苯磺酸二钠(Disodium 4,4′-(Diazoamino)dibenzenesulfonate) $C_{12}H_9N_3Na_2O_6S_2$白色粉末。

比吸光系数 $E_{1cm}^{1\%}$(最大吸收波长358nm):不小于677。称量经干燥器干燥24h的4,4′-(重氮胺)二苯磺酸二钠0.0100g,用氢氧化钠溶液(4→1000)溶解,定容到100mL。作为溶液A。准确吸取10mL溶液A,加入乙酸铵溶液(4→1000),定容到100mL。该溶液在240nm和358nm处波长有最大吸收。

纯度:其他芳香族化合物精确吸取溶液A 10mL,并加入氢氧化钠溶液定(4→1000)并定容到100mL。按照第九章中食用黄色4号(6)纯度的操作条件,用液相色谱分析20μL该溶液。应只能观察到一个峰。

363. 乙二胺四乙酸二钠(Disodium Ethylenediaminetetraacetate) 见Disodium Ethylenediaminetetraacetate Dihydrate。

364. 二水乙二胺四乙酸二钠(Disodium Ethylenediaminetetraacetate Dihydrate) $C_{10}H_{14}N_2Na_2O_8 \cdot 2H_2O$[K8107]。

365. 乙二胺四乙酸二钠试液(Disodium Ethylenediaminetetraacetate TS) 用水溶解乙二胺四乙酸二钠37.2g,并配制成1000mL。

366. 5′-鸟苷酸二钠(Disodium 5′-Guanylate) $C_{10}H_{12}N_5Na_2O_8P \cdot 4 \sim 7H_2O$“5′-鸟苷酸二钠”。

367. 3-羟基-2,7-萘二磺酸钠(Disodium 3-Hydroxy-2,7-naphthalenedisulfonate) $C_{10}H_6Na_2O_7S_2$ 白色至带白色粉末。

比吸光系数 $E_{1cm}^{1\%}$(最大吸收波长近281nm):不小于126。称量经真空干燥器干燥24h的3-羟基-2,7-萘二磺酸钠0.0100g,用乙酸铵溶液(3→2000)溶解,定容到100mL。作为溶液A。准确吸取10 mL溶液A,用乙酸铵溶液(3→2000)定容到100mL。该溶液在236nm,273nm,281nm和340nm波长处有最大吸收。

纯度:其他芳香族化合物精确吸取10mL溶液A,用乙酸铵溶液(3→2000)定容到100mL。按照第九章中食用红色2号(6)纯度的操作条件,用液相色谱分析20μL该溶液。应只能观察到一个峰。

368. 7-羟基-1,3-萘二钠(Disodium 7-Hydroxy-1,3-naphthalenedisulfonate)

$C_{10}H_6Na_2O_7S_2$ 白色至带白色粉末。

比吸光系数 $E_{1cm}^{1\%}$(最大吸收波长近288nm):不小于150。称量预先经真空干燥器干燥24h的7-羟基-1,3-萘二钠0.0100g,用乙酸铵溶液(3→2000)溶解,定容到100mL。把它作为溶液A。准确吸取10mL溶液A,用乙酸铵溶液(3→2000)定容到100mL。该溶液在237nm,288nm和336nm的波长处有最大吸收。

纯度:其他芳香族化合物精确吸取10mL溶液A,用乙酸铵溶液(3→2000)定容到100mL。按照第九章中食用红色2号(6)纯度的操作条件,用液相色谱分析20μL该溶液。应只能观察到一个峰。

369. 5′-肌苷二钠(Disodium 5′-Inosinate) $C_{10}H_{11}N_4Na_2O_8P \cdot 6 \sim 8H_2O$“5′-肌苷二钠”。

370. 二水钼酸二钠(Disodium Molybdate(Ⅵ)Dihydrate)　$Na_2MoO_4 \cdot 2H_2O$[K8906]。

371. 1-亚硝基-2-萘酚-3,6-二磺酸二钠(Disodium 1-Nitroso-2-naphthol-3,6-disulfonate)　$C_{10}H_5NNa_2O_8S_2$[K 8714]。

372. 6,6′—缩(2-萘磺酸)二钠盐[Disodium 6,6′-Oxybis(2-naphthalenesulfonate)]　$C_{20}H_{12}Na_2O_7S_2$ 白色粉末。

比吸光系数 $E_{cm}^{1\%}$(最大吸收波长近 240nm):不小于 2020。称取预先经真空干燥器干燥 24h 的 6,6′—缩(2-萘磺酸)二钠盐 0.0100g,用乙酸铵溶液(3→2000)溶解,定容到 100mL。把它作为溶液 A。准确吸取溶液 A 10mL,用乙酸铵溶液(3→2000)定容到 100mL。该溶液在 220nm 和 240nm 的波长处有最大吸收。

纯度:其他芳香族化合物精确吸取溶液 A 10mL,用乙酸铵溶液(3→2000)定容到 100mL。按照第九章食用红色 40 号(8)纯度的操作条件,用液相色谱分析 20μL 该溶液。应只能观察到一个 6,6′—缩(2-萘磺酸)二钠盐的峰。

373. 磷酸氢二钠(Disodium Phosphate)　$Na_2HPO_4 \cdot 12H_2O$[十二水合磷酸氢二钠,K9019]。

374. 无水磷酸氢二钠(Disodium Phosphate, Anhydrous)　磷酸氢二钠[磷酸氢二钠,K9020]。

375. pH 测定用无水磷酸氢二钠(Disodium Phosphate, Anhydrous, for pH Determination)　Na_2HPO_4[用于配制 pH 值测定标准溶液的磷酸氢二钠,K9020]。

376. 液化乙炔(Dissolved Acetylene)　C_2H_2[K1902]。

377. 蒸馏水(Distilled Water)　日本药典规定的纯净水。

378. 双硫腙(Dithizone)　$C_{13}H_{12}N_4S$[K8490]。

379. 锌测定用双硫腙试液(Dithizone TS for Zinc)　称取双硫腙 0.01g,加入氯仿 100mL 溶解,储存于具塞有色玻璃瓶中。

380. 碘化铋钾试剂　(Dragendorff Reagent):

溶液 1:称取硝酸铋 0.85g,加入乙酸 10mL 和水 40mL 溶解。

溶液 2:称取碘化钾 8g,加入 20mL 水溶解。

配制方法:使用前分别取溶液 1、溶液 2 各 5mL,乙酸 20mL 和水 100mL 混合配制。

381. 蛋白(Egg White)　取新鲜蛋白。

382. 蛋白试液(Egg White TS)　取蛋白 10g,加入水 40mL,摇匀。

383. 曙红(Eosine)　见 Eosine Y。

384. 曙红 Y(Eosine Y.)　$C_{20}H_6Br_4Na_2O_5$[K8651:1988]红色至微红色的白色块状或粉末状物质。

曙红 Y 溶液在 517nm 处有最大吸收。

干燥失量:不超过 16%(105℃,4h)。

385. 铬黑 T(Eriochrome Black T)　$C_{20}H_{12}N_3NaO_7S$[K8736]。

386. 铬黑 T-氯化钠指示剂(Eriochrome Black T-Sodium Chloride Indicator)　取铬黑 T 0.1g 和氯化钠 10g 混合,研磨成均匀细粉。

387. 铬黑 T 试液(Eriochrome Black T TS)　称取铬黑 T0.5g 和盐酸羟胺 4.5g,溶于 100mL 乙醇中。避光存放。

388. 赤藓糖醇(Erythritol) 见 *meso* – Erythritol。

389. 内消旋赤藓糖醇(*meso* – Erythritol) $C_4H_{10}O_4$ 白色结晶或晶体粉末。

溶液澄清度:澄清透明(1.0g,水 20mL)。

熔点:118℃ ~120℃。

水分:不超过 0.5%(1.0g,直接滴定)。

灼热残留物:不大于 0.10%(2g)。

390. 乙醇(Ethanol) C_2H_5OH 见 Ethanol(95)。

391. 乙醇(99.5)(Ethanol(99.5)) C_2H_5OH[K8101]。

392. 乙醇(95)(Ethanol(95)) C_2H_5OH[K8102]。

393. 无水乙醇(Ethanol,Absolute) 见 Ethanol(99.5)。

394. 无醛乙醇(Ethanol,Aldehyde – free) C_2H_5OH 在乙醇 1000mL 中,加入硫酸 5mL 和水 20mL,蒸馏。取 1000mL 蒸馏物,加入硝酸银 10g 和氢氧化钾 1g,用回流冷凝器煮沸回流 3h。重复蒸馏。

395. 中性乙醇(Ethanol,Neutralized) 量取适量乙醇,加入数滴酚酞试液,加入氢氧化钠溶液(1→1250),直至溶液淡红色出现。现配现用。

396. 无乙醇三氯甲烷(Ethanol – free Chloroform) 见三氯甲烷,无乙醇。

397. 氢氧化钾乙醇试液(Ethanolic Potassium Hydroxide TS) 见 Potassium Hydroxide TS, Ethanolic。

398. 10% 氢氧化钾乙醇试液(Ethanolic 10% Potassium Hydroxide TS) 见 10% Potassium Hydroxide TS,Ethanolic。

399. 乙酸乙酯(Ethyl Acetate) $CH_3COOC_2H_5$[K8361]。

400. 甲酸乙酯(Ethyl Formate) $HCOOC_2H_5$ 无色透明液体,有特殊气味。

含量:以甲酸乙酯($HCOOC_2H_5$)计,含量不低于 97.0%。

折射率 n_D^{20}:1.3595 ~1.3601。

相对密度 d_4^{20}:0.915 ~0.924。

沸点:53℃ ~54℃。

分析:准确称取甲酸乙酯约 5.0g,按香料物质测定中对酯值和酸值规定步骤进行测定,按下面公式计算含量。

$$\text{乙酸甲酯的含量} = \frac{\text{皂化值} - \text{酸值}}{561.1} \times 74.08 \times 100\%$$

401. 甲基乙基酮(Ethyl Methyl Ket) 见 2 – Butanone。

402. 乙二醇(Ethylene Glycol) $HOCH_2CH_2OH$[K8105]。

403. 水分测定用乙二醇(Ethylene Glycol for Water Determination) 重蒸乙二醇,收集 195℃ ~198℃的馏分,水分含量不大于 1.0mg/mL 蒸馏物。

404. 乙二醇单甲醚(Ethylene Glycol Monomethyl Ether) 见 2 – Metoxyethanol。

405. *N* – 乙基丁二酰亚胺(*N* – Ethylmaleimide) $C_4H_2O_2NC_2H_5$ 白色晶体,易溶于乙醇和乙醚。*N* – 乙基丁二酰亚胺溶液(1→1000)在 298nm ~302nm 处有最大吸收。

熔点:44.0℃ ~46.0 ℃。

406. 斐林试液(Fehling's TS)

铜溶液：称取细硫酸铜晶体34.66g，用水溶解配制成500mL。溶液应充满玻璃瓶并密封储存。

碱性酒石酸溶液：称取酒石酸钾173g和氢氧化钠50g，混合。用水溶解混合物，配制成500mL。储存在具有橡胶塞的容器里。

使用前取上述两种溶液等体积混合即可。

407. 硫酸铁铵（Ferric Ammonium Sulfate） 见Iron（Ⅲ）Ammonium Sulfate。

408. 硫酸铁铵试液（Ferric Ammonium Sulfate TS） 称取硫酸铁（Ⅲ）铵14g，加水100mL，摇匀。过滤，加入硫酸10mL。储存在棕色瓶中。

409. 硫酸铁铵-硫酸试液（Ferric Ammonium Sulfate - Sulfuric Acid TS） 称取硫酸铁铵15g，用水90mL溶解。过滤后加入稀硫酸（1→35）10mL。

410. 三氯化铁（Ferric Chloride） 见Iron（Ⅲ）Chloride Hexahydrate。

411. 三氯化铁-盐酸试液（Ferric Chloride - Hydrochloric Acid TS） 见Iron（Ⅲ）Chloride - Hydrochloric Acid TS。

412. 硫酸铁（Ferric Sulfate） 见Iron（Ⅲ）Sulfate。

413. 硫酸铁试液（Ferric Sulfate TS） 称取硫酸铁50g，加入水约500mL，摇匀。加入硫酸200mL，摇动溶解，加水配成1000mL。

414. 硫酸亚铁铵（Ferrous Ammonium Sulfate） 见Ammonium Iron（Ⅱ）Sulfate Hexahydrate。

415. 硫酸亚铁（Ferrous Sulfate） 见Iron（Ⅱ）Sulfate Heptahydrate。

416. 硫酸亚铁试液（Ferrous Sulfate TS） 称取硫酸亚铁8g，用新鲜煮沸后冷却的水100mL溶解。现配现用。

417. 酸性硫酸亚铁试液（Ferrous Sulfate TS，Acidic） 取硫酸7.5mL，加于100mL水中，另加硫酸亚铁80g，加热使之溶解。另取硝酸7.5mL与20mL水混合，加温后加入上述硫酸亚铁液中。将该混合液浓缩至红色蒸气产生，液体从黑色变为红色为止。加入硝酸数滴消除亚铁，重新煮沸。冷却后，加水配成110mL。使用前现配。

418. 硫化亚铁（Ferrous Sulfide） 见Iron（Ⅱ）Sulfide。

419. 薄层色谱用荧光硅胶（Fluorescent Silica Gel for Thin - Layer Chromatography） 见薄层色谱用硅胶（含荧光指示剂）。

420. 福林试液（Folin's TS） 称取钨酸钠20g和钼酸铵钠5g，置于300mL烧瓶中，加入水约140mL，稀磷酸（17→20）10mL和盐酸20mL。装上磨口的回流冷凝装置，煮沸10h。加入硫酸锂30g和水10mL，加入极少量溴直至溶液由深绿色变为黄色。缓慢升温至煮沸15min，不需接冷凝器以排出多余的溴。冷却后加水至200mL，过滤。储存在密封瓶中。

421. 甲醛溶液（Formaldehyde Solution） HCHO[K8872]。

422. 福尔马林（Formalin） 见Formaldehyde Solution。

423. 福尔马林试液（Formalin - Sulfuric Acid TS） 吸取福尔马林0.2mL，与硫酸10mL混合。现配现用。

424. 甲酸（Formic Acid） HCOOH[K8264]。

425. 甲酸缓冲液（Formic Acid Buffer） （pH 2.5）取甲酸4mL，加水90mL。用氨溶液调整pH至2.5，加水至1000mL。

426. 果糖(Fructose) $C_6H_{12}O_6$ 日本药典规定的果糖。

427. 伏马菌素 B_1(Fumonisin B_1) $C_{34}H_{59}NO_{15}$白色至黄白色粉末。

鉴别:以溴化钾直接压片法测定伏马菌素 B_1 的红外吸收光谱。谱图在约 3450cm^{-1}、2934cm^{-1}、1730cm^{-1}、1632 cm^{-1}处有特征吸收峰。

纯度:将伏马菌素 $B_1$0.010g 用水/乙腈混合液(1:1)10mL 溶解,作为测试溶液。取测试溶液 10μL 用薄层色谱法分析。使用甲醇/水(7:3)为展开剂。无需使用参比溶液,在薄层板涂上十八烷基键合硅胶作为固定相,当溶剂展开到距点样点大约 10cm 以上时,停止展开,取出晾干。将香兰素 1g 溶于硫酸/乙醇(4:1)的混合溶液 100mL 中,作为显色剂,喷洒到已干燥的薄层板上,应该只观察到一个斑点。

428. 半乳糖醇(Galactitol) $C_6H_{14}O_6$ 白色结晶或结晶粉末。

溶液澄清度:澄清透明(1.0g,30mL 水)。

熔点:188℃ ~189℃。

水分:不超过 0.5%(1.0g,直接滴定法)。

灼热残留物:不大于 0.10%(2g)。

429. 没食子酸(Gallic Acid) $C_7H_6O_5 \cdot H_2O$[K8898:1961]白色或浅黄色晶体或粉末。

鉴别:向没食子酸溶液(1→50)5mL 中加 氯化铁溶液(1→500)1 滴,产生蓝黑色沉淀。

纯度:鞣酸用水 20mL 溶解没食子酸 1.0g,摇匀,过滤。滴加热 1% 明胶溶液 5 滴 ~6 滴于滤液中,无混浊出现。

干燥失量:不超过 10%(105℃,3h)

430. 明胶(Gelatin) 日本药典规定的明胶。

431. 明胶试液(Gelatin TS) 缓慢加热使明胶 1g 溶于水中,必要时过滤。现配现用。

432. 明胶蛋白胨(Gelatin Peptone) 见 Peptone,Gelatin。

433. 普通肉汁(General Bouillon) 见 Bouillon,General。

434. 栀子苷(Geniposide) $C_{17}H_{24}O_{10}$白色,无味晶体或晶体粉末。

鉴别:准确称量栀子苷约 5mg,用甲醇溶解并定容至 10mL。准确吸取该液 1mL,用甲醇稀释并定容至 10mL。该溶液在 238nm 处有最大吸收。

纯度:(1)比吸光系数 $E_{1cm}^{1\%}$(最大吸收波长在 240nm 附近):249 ~269。精确称量栀子苷约 0.01g,用甲醇溶液(1→2)稀释并定容至 500mL。在最大吸收波长 240nm 测定该溶液的吸光度。

(2)相关物质精确称取栀子苷 0.01g,用水/乙腈(17:3)混合液溶解并定容至 100mL,作为测试溶液。精确吸取测试溶液 2mL,用水/乙腈(17:3)混合液稀释定容至 100mL,作为参比溶液。分别取测试溶液和参比溶液 20μL 按照以下操作条件进行液相色谱分析。每针进样后的运行时间为主峰出峰保留时间的 2 倍,测量峰面积。测试溶液中除主峰以外的所有峰面积总和不应大于参比溶液的主峰峰面积。

操作条件

检测器:紫外分检测器(测定波长:238nm)。

色谱柱:内径 4mm ~5mm、长 15cm ~30cm 的不锈钢柱。

柱填料:5μm,液相色谱分析用十八烷基键合硅胶。

柱温:40℃ 。

流动相:水与乙腈按 17∶3 配制的混合液。

流速:调节流速使栀子苷的保留时间约为 15min。

435. 吉拉德试剂 P(Girard Reagent P) $[C_5H_5NCH_2CONHNH_2]Cl$ 白色至淡黄橙色粉末,有轻微特征性气味。易溶于水,微溶于甲醇,极微溶于乙醇。

含量:1 -(2 - 肼基 -2 - 氧乙基)氯化吡啶的含量不小于 95%。

熔点:200℃ ~203℃。

含量测定:精确称取吉拉尔特试剂 P 约 0.3g,105℃ 干燥至恒量,用水 50mL 水溶解。加入 3 mL 稀硝酸(1→3),用 0.1 mol/L 的硝酸银滴定。用电位计来确定终点。同时进行空白测试,以进行必要校正。

0.1mol/L 硝酸银溶液 1mL = 18.76mg $C_7H_{10}N_3OCl$

436. 葡萄糖淀粉酶(Glucoamylase) 白色至棕色的粉末或浅黄至深棕色液体,无味或有特征性气味。由黑曲霉菌(*Aspergillus niger*)制备获得。一个单位是指在 40℃ 和 pH4.5 条件下,60min 内以淀粉为底物,产生 1mg D - 葡萄糖需要的酶量。

437. 葡萄糖(Glucose) 日本药典中规定的葡萄糖。

438. 葡萄糖氧化酶(Glucose Oxidase) 白色粉末。由青霉菌属霉菌制得。一个单位是指在 25℃ 和 pH7.0 条件下,1min 以 D - 葡萄糖为底物产生 1μmol D - 葡萄糖酸 -1,5 - 内酯需要的酶量。

439. 定量分析用 L - 谷氨酸(L - Glutamic Acid for Assay) $C_5H_9NO_4$ L - 谷氨酸 [K9047]。

440. 甘油(Glycerol) $CH_2(OH)CH(OH)CH_2OH$ [K8295]。

441. 薄层色谱用甘草酸(Glycyrrhizic Acid for Thin - Layer Chromatography) $C_{42}H_{62}O_{16} \cdot nH_2O$。

描述:白色结晶粉末,有特征性甜味。溶于沸水和乙醇,几乎不溶于乙醚。

熔点:213℃ ~218℃(分解)。

纯度:相关物质将薄层色谱用甘草酸 0.010g 用水/甲醇(1∶1)混合液 5mL 中作为测试溶液。准确吸取测试溶液 1mL 用水/甲醇(1∶1)混合液稀释并定容至 100mL,作为参比溶液。分别取 10μL 测试溶液和参比溶液按照天然甘草提取物鉴别规定的条件进行薄层色谱分析。测试溶液中除 R_f 约为 0.3 的主斑点之外,其余斑点的颜色应不深于参比溶液中主斑点颜色。

442. 石墨碳芯(Graphite Carbon Cartridge,500 mg) 内径 10mm ~15mm 的聚乙烯柱内填充石墨碳 0.5g 或具有同等分离能力的物质。

443. 氦气(Helium) He 使用氦气纯度不少于 99.995%。

444. 庚烷(Heptane) C_7H_{16} [K9701]。

445. 四水合七钼酸六铵(Hexaammonium Heptamolybdate Tetrahydrate) $(NH_4)_6Mo_7O_{24} \cdot 4H_2O$ [K8905]。

446. 六氯苯(Hexachlorobenzene) C_6Cl_6 纯度不少于 98%。

熔点:226℃。

447. 紫外吸收光谱测定用十六烷(Hexadecane for Ultraviolet Absorption Spectrum Measurement) $CH_3(CH_2)_{14}CH_3$ 取紫外吸收光谱测定用十六烷 1mL 加入紫外吸收光谱测定用异辛烷,并定容至 25mL,作为测试溶液。紫外吸收光谱测定用异辛烷作为参比溶液,用 5cm 路径长度比色皿测定测试溶液的吸光度。在 280nm ~ 400nm 的吸光度不超过 $0.00cm^{-1}$。如果有必要，使用活性硅胶柱过滤测试溶液或蒸馏测试溶液纯化测试溶液。

448. 六甲基二硅氮烷(Hexamethyldisilazane)　$(CCH_3)_3SiNHSi(CH_3)_3$[1,1,1,3,3,3 - 六甲基二硅氮烷]。

449. 正己烷(Hexane)　C_6H_{14}[K8848]。

450. *n* - 正己烷(*n* - Hexane)　见正己烷。

451. 紫外吸收光谱测定用正己烷(Hexane for Ultraviolet Absorption Spectrum Measurement)　C_6H_{14}测定时使用蒸馏水作为参比，吸光度在 220nm 处不超过 $0.10cm^{-1}$，260nm 处不超过 $0.02cm^{-1}$。在 260nm ~ 350nm 无特征吸收。

452. 正己醇(1 - Hexanol)　$CH_3(CH_2)_5OH$ 无色、澄清液体。

相对密度d_4^{20}：0.818 ~ 0.819。

沸点：157℃。

453. 联胺[Hydrazine(Hydrate)]　见 Hydrazine Monohydrate。

454. 一水合联氨(Hydrazine Monohydrate)　$NH_2NH_2 \cdot H_2O$[K8871:1980]具有特征性气味的无色、易吸湿性液体。

含量：一水合联氨($H_2NNH_2 \cdot H_2O$)的含量不少于 98%。

鉴别：一水合联氨可还原费林试液。

含量测定：精确称量一水合联氨约 1g，加水溶解并定容至 200mL。精确吸取该溶液 10mL 于 300mL 具塞锥形烧瓶中，加入水 20mL、盐酸 30mL，冷却。用 0.05mol/L 碘酸钾滴定。在滴定到达终点前加入 5mL 三氯甲烷，持续搅拌。以三氯甲烷的粉红色消失作为滴定终点。

0.05mol/L 碘酸钾溶液 1mL = 2.503mg 一水合联氨($H_2NNH_2 \cdot H_2O$)

455. 硫酸肼(Hydrazine Sulfate)　见 Hydrazinium Sulfate。

456. 硫酸联氨(Hydrazinium Sulfate)　$N_2H_6SO_4$[K8992]。

457. 4 - 肼基苯磺酸(4 - Hydrazinobenzenesulfonic Acid)　$C_6H_8N_2O_3S$ 白色粉末。

比吸光系数 $E_{1cm}^{1\%}$(最大吸收波长在 253nm 左右)：不少于 749。精确称取预先真空干燥 24h 的 4 - 肼基苯磺酸约 0.0100g，加入乙酸铵溶液(3→2000)溶解并定容至 100mL，作为溶液 A。精确吸取 10mL 溶液 A，加入乙酸铵溶液(3→2000)稀释并定容至 100mL。测量该溶液的吸光度。

纯度：其他芳香族化合物精确移取 10mL 溶液 A，加入乙酸铵溶液(3→2000)溶解并定容至 100mL。取 20μL，按第九章中食用黄色 4 号(6)纯度规定的操作条件进行液相色谱分析，应仅能观察到一个峰。

458. 还原茚三酮(Hydrindantin)　$C_{18}H_{10}O_6$白色粉末，几乎不溶于水，易溶于二噁烷。

纯度：水合茚三酮阳性物质称取还原茚三酮 7mg，用茚三酮 - 乙二醇甲醚试液 10mL 溶解，加热 3min，应无颜色产生。

灵敏度：向还原茚三酮乙二醇甲醚溶液(1→10000)10mL 中加入氨试液 1mL。溶液变红色。

干燥失量：不超过 2.0%(105℃,3h)。

459. 氢碘酸(Hydriodic Acid)　HCI[K8917]。

460. 盐酸(Hydrochloric Acid)　HCl[K8180]。

461. 无砷盐酸(Hydrochloric Acid,Arsenic - free) HCl(砷测定用盐酸)。

462. 稀盐酸(Hydrochloric Acid,Dilute) 取盐酸23.6mL,加水至100mL(10%)。

463. 纯化的盐酸(Hydrochloric Acid,Purified) HCl 取稀盐酸(1→2)1000mL,加入高锰酸钾0.3g,蒸馏。弃去最初蒸馏出的250mL,取随后的馏分500mL。

464. 盐酸 - 乙酸铵缓冲液(PH3.5)(Hydrochloric Acid - Ammonium Acetate Buffer, pH 3.5) 称取乙酸铵25g,用6mol/L盐酸45mL溶解,加水至100mL。

465. 氢氟酸(Hydrofluoric Acid) HF[K8819]。

466. 氢气(Hydrogen) H_2 纯度不少于99.99%。

467. 过氧化氢(Hydrogen Peroxide) H_2O_2[K8230]。

468. 过氧化氢试液(Hydrogen Peroxide TS) 日本药典中规定的双氧水。

469. 硫化氢(Hydrogen Sulfide) H_2S 有特殊气味的无色气体。比空气重,易溶于水。由硫化亚铁与稀硫酸(1→20)或稀盐酸(1→4)反应制得。

470. 硫化氢试液(Hydrogen Sulfide TS) 使用硫化氢饱和溶液,储存于接近充满的避光小瓶,尽可能冷藏。有强烈的硫化氢气味。

471. 2 - 羟基 - 1 - (2 - 羟基 - 4 - 磺基 - 1 - 萘基偶氮) - 3 - 萘甲酸(2 - Hydroxy - 1 - (2 - hydroxy - 4 - sulfo - 1 - naphthylazo) - 3 - naphthoic Acid) $C_{21}H_{14}N_2O_7S$ [K8776]。

472. 5 - 羟基 - 1 - (4 - 磺酸基苯基) - 3 - 甲酸(5 - Hydroxy - 1 - (4 - sulfophenyl) - 3 - pyrazolecarboxylic Acid) $C_{10}H_8N_2O_6S$ 白色粉末。

比吸光系数 $E_{1cm}^{1\%}$(最大吸收波长在261nm左右):不少于494。精确称取预先真空干燥器干燥24h的5 - 羟基 - 1 - (4 - 磺酸基苯基) - 3 - 甲酸约0.0100g,加入乙酸铵溶液(3→2000)溶解并定容至100mL,作为溶液A。精确量取10mL溶液A,加入乙酸铵溶液(3→2000)溶解并定容至100mL。测量该溶液的吸光度。

纯度:其他芳香族化合物精确吸取溶液A 10mL,加入乙酸铵溶液(3→2000)溶解并定容至100mL。取20μL,按第九章中食用黄色4号(6)纯度规定的操作条件进行液相色谱分析,应仅能观察到一个峰。

473. 盐酸羟胺(Hydroxylamine Hydrochloride) 见 Hydroxylammonium Chloride。

474. 羟胺试液(Hydroxylamine TS) 称取盐酸羟胺20g用水40mL溶解,加入乙醇400mL、0.5mol/L氢氧化钾 - 乙醇溶液300mL和溴酚蓝 - 氢氧化钠试液2.5mL,静置30min,过滤。现配现用。

475. 盐酸羟胺(Hydroxylammonium Chloride) $HONH_3Cl$ [K8201]。

476. 次磷酸(Hypophosphorous Acid) H_3PO_2[次磷酸,K 8440]。

477. 水测定用咪唑(Imidazole for Water Determination) $C_3H_4N_2$白色结晶粉末。极易溶于水和甲醇。

熔点:89℃ ~92℃。

比吸光系数 $E_{1cm}^{1\%}$(313nm):不超过0.031(8g,100mL水)。

水分:不大于1mg/mL样品。

478. 靛蓝(Indigo Carmine) $C_{16}H_8N_2Na_2O_8S_2$[K8092]。

479. 靛蓝试液(Indigo Carmine TS) 称取相当于0.18g的靛蓝($C_{16}H_8N_2Na_2O_8S_2$),加水溶解至100mL。有效期2个月。

480. 定量分析用肌醇(*myo* – Inositol for Assay)。

描述:白色无味晶体或结晶粉末,具有甜味。

鉴别:预先经105℃干燥4h,以溴化钾压片法进行红外吸收光谱测定,在$3380cm^{-1}$、$3220cm^{-1}$、$1446cm^{-1}$、$1147cm^{-1}$、$1114cm^{-1}$和$1049cm^{-1}$处具有特征吸收带。

纯度:相关物质将含量测定用肌醇0.2g溶于20mL水中,作为测试溶液。精确吸取测试溶液1mL,用水稀释定容至100mL,作为参比溶液。测试溶液测试溶液分别取测试溶液和参比溶液10μL按照以下操作条件进行液相色谱分析。每针进样后的运行时间为主峰出峰保留时间的2倍,排除溶剂峰,测量峰面积。测试溶液中除主峰以外的所有峰面积总和不应大于参比溶液的主峰峰面积。

操作条件

按第九章中"肌醇"含量测定规定操作。

481. 碘(Iodine) I_2[K8920]。

482. 碘试液(Iodine TS) 称取碘14g,用碘化钾溶液(2→5)100mL溶解,加入25% 1mL稀盐酸溶液(1→4),加水至1000mL。避光保存。

483. 碘–四氯化碳试液(Iodine – Carbon Tetrachloride TS) 称取碘12.5g,加入四氯化碳1000mL,静置过夜溶解。

484. 碘–碘化钾试液(Iodine – Potassium Iodide TS) 称取碘0.5g和碘化钾1.5g溶于25mL水中。

485. 三氯化碘(Iodine Trichloride) ICl_3[K8403]。

486. 硫酸亚铁铵(Iron(Ⅱ)Ammonium Sulfate) 见Ammonium Iron(Ⅱ)Sulfate Hexahydrate。

487. 硫酸铁铵(Iron(Ⅲ)Ammonium Sulfate) 见Ammonium Iron(Ⅲ)Sulfate Dodecahydrate。

488. 三氯化铁(Iron(Ⅲ)Chloride) 见Iron(Ⅲ)Chloride Hexahydrate。

489. 六水合三氯化铁(Iron(Ⅲ)Chloride Hexahydrate) $FeCl_3 \cdot 6H_2O$[K8142]。

490. 三氯化铁试液(Iron(Ⅲ)Chloride TS) 取氯化铁9g,用水溶解至100mL。

491. 稀三氯化铁试液(Iron(Ⅲ)Chloride TS, Dilute) 取氯化铁试液2mL加水至100mL,现配现用。

492. 三氯化铁–盐酸试液(Iron(Ⅲ)Chloride – Hydrochloric Acid TS) 称取氯化铁5g,加入盐酸5mL和水溶解,配制成100mL。

493. 铁屑(Iron Fragment) Fe含量不少于97.7%的铁屑,能被磁铁吸附。

494. 硫酸亚铁(Iron(Ⅱ)Sulfate) 见Iron(Ⅱ)Sulfate Heptahydrate。

495. 七水合硫酸亚铁(Iron(Ⅱ)Sulfate Heptahydrate) $FeSO_4 \cdot 7H_2O$[K8978]。

496. 硫酸铁(Iron(Ⅲ)Sulfate) 见Iron(Ⅲ)Sulfate *n* – Hydrate。

497. 多种水合硫酸铁(Iron(Ⅲ)Sulfate *n* – Hydrate) $Fe_2(SO_4)_3 \cdot nH_2O$[K8981]。

498. 硫化亚铁(Iron(Ⅱ)Sulfide) FeS[用于硫化氢的制备K8948]。

499. 乙酸异戊酯(Isoamyl Acetate) 见3 – Methylbutyl Acetate。

500. 异戊醇(Isoamyl Alcohol) 见3 – Methyl – 1 – butanol。

501. 异丁醇(Isobutyl Alcohol) 见2 – Methyl – 1 – propanol。

502. 异辛烷(Isooctane) 见 2,2,4 - Trimethylpentane。

503. 紫外吸收光谱测量用异辛烷(Isooctane for Ultraviolet Absorption Spectrum Measurement) 见 2,2,4 - Trimethylpentane for Ultraviolet Absorption Spectrum Measurement。

504. 异辛烷试液(Isooctane TS) 将紫外吸收光谱测定用二甲基亚砜 300mL 置于 1L 分液漏斗中,加入磷酸 5mL,振摇,静置 10min。加入紫外光谱测定用异辛烷 150mL,振摇,静置 10min。取上层贮存于塞紧的玻璃瓶中。

505. 异丙醇(Isopropyl Alcohol) 见 2 - Propanol。

506. 维生素 A 测定用异丙醇 见 2 - Propanol for Vitamin A Determination。

507. 含量测定用异丙碘(Isopropyl Iodide for Assay) C_3H_7I 澄清,无色液体。当暴露在光照下,会释放出碘变为棕色。与乙醇,乙醚和石油醚互溶;不溶于水。取 89.0℃ ~ 89.5℃的馏分用于以下实验。

含量:异丙碘的含量不少于 98%。

相对密度d_4^{20}:1.700 ~ 1.710。

纯度:取异丙碘 1μL,采用第九章中羟丙基甲基纤维素含量测定所规定的操作条件进行气相色谱分析。采用自动积分法,测量色谱图上记录的每个峰的峰面积,通过峰百分比方法计算异丙碘的含量。含量应不少于 99.8%。调节检测灵敏度,以便异丙碘的峰高约为满量程的 80%。

含量测定:将乙醇 10mL 置于 100mL 体积的棕色容量瓶中,精确称量包括乙醇在内的容量瓶总质量。向容量瓶中加入含量测定用异丙碘 1mL,再次精确称容量瓶重。加入乙醇并定容至 100mL。精确吸取该溶液 20mL 于另一容量瓶中,准确加入 0.1mol/L 硝酸银溶液 50mL 和硝酸 2mL,塞紧。在暗处放置 2h,偶尔摇晃。暗处放置过夜后,再放置 2h,偶尔摇晃。加水定容至 100mL,用干滤纸过滤。弃去最初的 20mL 滤液,收集后面的 50mL。用 0.1mol/L 的硫氰酸铵溶液滴定过量的硝酸银。以 2mL 硫酸铁铵溶液作为指示剂。做空白测试。

0.1mol/L 硝酸银溶液 1mL = 7.00mg C_3H_7I

508. 乳酸(Lactic Acid) $CH_3CH(OH)COOH$ [K8726]。

509. 乳酸试液(Lactic Acid TS) 称取乳酸 12.0g,用水稀释至 100mL。

510. 乳糖(Lactose) 见 Lactose Monohydrate。

511. 乳糖复发酵培养基(Lactose Broth) 按 0.5% 的比例向普通肉汤中加入一水合乳糖。取混合溶液 1000mL 加入溴酚蓝 - 氢氧化钠试液 12mL。然后以每管 10mL 分装到各支发酵管。使用蒸汽锅炉,每天一次 100℃ 消毒 15min ~ 30min,连续三天。或用高压灭菌锅在 121℃一次高压灭菌 20min,立即用冷水冷却。

512. 一水合乳糖(Lactose Monohydrate) $C_{12}H_{22}O_{11} \cdot H_2O$ 日本药典中规定的乳糖。

513. 乙酸铅(Lead Acetate) 见 Lead(Ⅱ)Acetate Trihydra。

514. 三水合乙酸铅(Lead(Ⅱ)Acetate Trihydrate) $Pb(CH_3COO)_2 \cdot 3H_2O$ [K8374]。

515. 乙酸铅试液(Lead Acetate TS) 称取乙酸铅 11.8g,加水溶解配制成 100mL,加入稀乙酸溶液(1→4)2 滴。储存于塞紧的容器中。

516. 碱性乙酸铅试液(Lead Acetate TS, Basic) 称取乙酸铅 3g 和氧化铅 1g,加入水 0.5mL,研磨。将研磨得到的黄色混合物转移至烧杯中,盖上表面皿,水浴加热。当内容物颜色全部变成白色至微红白色时,分次加入沸水共 9.5mL,重新盖上表面皿,静置。倒出上清液,加水调节相对密度d_{25}^{25}至1.23~1.24,存于塞紧的容器中。

517. 氧化铅(Lead Monoxide) 见 Lead(Ⅱ)Oxide。

518. 硝酸铅(Lead Nitrate) 见 Lead(Ⅱ)Nitrate。

519. 硝酸铅[Lead(Ⅱ)Nitrate] $Pb(NO_3)_2$[K8563]。

520. 氧化铅[Lead(Ⅱ)Oxide] PbO [K8090]。

521. 品绿SF黄(Light Green SF Yellow) $C_{37}H_{34}N_2Na_2O_9S_3$ *N*-[4-[(4-二乙氨基)苯基]苯基亚甲基]-2,5-环已二烯-1-基亚基-*N*-乙基乙铵硫酸盐。暗绿色颗粒或粉末。

鉴别:将氢氧化钠溶液(1→10)1mL加入品绿SF黄溶液(1→1000)5mL中,溶液变为浅绿色。

比吸光系数$E_{1cm}^{1\%}$(最大吸收波长在261nm左右):不少于606。称取约品绿SF黄0.0100g,用乙酸铵(3→2000)溶液溶解并定容至100mL。精确吸取该溶液10mL,用乙酸铵溶液(3→2000)定容至100mL。溶液在631nm~635nm处有最大吸收。

522. 液体石蜡(Liquid Paraffin) 见 Paraffin,Liquid。

523. 乙酸锂(Lithium Acetate) 见 Lithium Acetate Dihydrate。

524. 乙酸锂缓冲液(Lithium Acetate Buffer) 称取乙酸锂40.8 g加水溶解稀释至100 mL。用氢氧化钠溶液(1→25)调节至pH9。

525. 二水合乙酸锂(Lithium Acetate Dihydrate) $CH_3COOLi \cdot 2H_2O$ 无色至白色晶体。易溶于水。

熔点:70℃。

溶液颜色和澄清度:无色,几乎澄清(0.5g,10mL水)。

526. 氯化锂(Lithium Chloride) LiCl [氯化锂,K8162:1992]白色,可溶性晶体或小块。

含量:以干基计,氯化锂含量不少于99.0%。

鉴别:向氯化锂溶液(1→100)5mL中加入硝酸银溶液(1→50)1mL,会产生白色沉淀。加入稀氨溶液溶液(2→5)10mL后,沉淀消失。

干燥失量:不超过2.0%(130℃,42h)。

含量测定:精确称取经预先干燥的氯化锂0.8g,加水溶解并定容至100mL,精确吸取该溶液20mL,加入50mL水,作为测试溶液。向测试溶液中,边搅拌边逐渐加入0.1mol/L硝酸银溶液50mL。然后加入稀硝酸(1→3)9mL和硝基苯3mL。以硫酸铁铵作为指示剂,用0.1mol/L的硫氰酸铵滴定过量的硝酸银。同时进行空白测试。

0.1mol/L 硫氰酸铵 1mL = 4.239 mg 氯化锂

527. 乳酸锂(Lithium Lactate) $LiC_3H_5O_3$无味白色粉末或晶体。

pH:6.0~7.5(1.0g,20mL水)。

灼热残留物:56.5%~58.0%(105℃干燥4h后使用)。

528. 硫酸锂(Lithium Sulfate) 见 Lithium Sulfate Monohydrate。

529. 一水合硫酸锂(Lithium Sulfate Monohydrate) $Li_2SO_4 \cdot H_2O$ [K8994]。

530. 蓝色石蕊试纸(Litmus Paper,Blue) 石蕊试纸,蓝色石蕊试纸[K9071]。

531. 红色石蕊试纸(Litmus Paper,Red) 石蕊试纸,红色石蕊试纸[K9071]。

532. L-赖氨酸盐酸盐(L-Lysine Hydrochloride) 见 L-Lysine Monohydrochloride 。

533. L－赖氨酸盐酸盐(L－Lysine Monohydrochloride)
$H_2N(CH_2)_4CH(NH_2)COOH \cdot HCl$ [L(＋)－赖氨酸盐酸盐,K9053:1993] 白色晶体或结晶粉末。

含量:干燥后样品中L－赖氨酸盐酸盐含量不少于99.0%。

鉴别:(1)L－赖氨酸盐酸盐对定性鉴别试验中描述的氯盐的所有测定都有反应。

(2)以溴化钾压片法测定其红外吸收光谱,在 $2100cm^{-1}$、$1630cm^{-1}$、$1500cm^{-1}$、$1420cm^{-1}$ 和 $1330cm^{-1}$ 有特征吸收。

比旋光度 $[\alpha]_D^{20}$: +20.5°～+21.5°[干燥后,4g,稀盐酸(1→2)50mL]。

干燥失量:不超过0.5%(105℃,3h)。

含量测定:精确称取预先干燥过的L－赖氨酸盐酸盐约0.1g,用甲酸3mL溶解,加入准确量取的0.1mol/L高氯酸溶液20mL,水浴加热30min,冷却。加非水滴定用乙酸配成60mL。用0.1mol/L的乙酸钠滴定过量的高氯酸。用电位计确定终点。结晶紫－乙酸试液1mL作为指示剂,当溶液由黄色经黄绿色变为蓝绿色时为终点。同时做空白测试。

0.1mol/L高氯酸1mL＝9.133mg $C_6H_{14}N_2O_2 \cdot HCl$

534. 氧化镁试液(Magnesia TS) 称取氯化镁5.5g和氯化铵7g,混合,用水65mL溶解。加入氨溶液试液35mL,在塞紧的玻璃瓶中静置几天,过滤。如果溶液不澄清,使用前过滤。

535. 乙酸镁(Magnesium Acetate) 见Magnesium Acetate Tetrahydrate。

536. 四水合乙酸镁(Magnesium Acetate Tetrahydrate) $Mg(CH_3COO)_2 \cdot 4H_2O$ [四水乙酸镁,K8380:1978]无色至白色,吸水性结晶或粉末。

含量:99.0%～101.0%。

鉴别:四水乙酸镁符合镁盐和乙酸盐鉴别的相关规定。

含量测定:精确称量四水乙酸镁约0.5g,加入水100mL溶解。加入铵－氯化铵缓冲液(pH 10.7)2mL,用0.01mol/L EDTA溶液滴定。滴加两滴铬黑T试液为指示剂,当溶液从红色变为蓝色时为终点。

0.01mol/L EDTA溶液1mL＝21.47mg $Mg(CH_3COO)_2 \cdot 4H_2O$

537. 碳酸镁(Magnesium Carbonate) 日本药典中规定的碳酸镁。

538. 氯化镁(Magnesium Chloride) 见Magnesium Chloride Hexahydrate。

539. 六水合氯化镁(Magnesium Chloride Hexahydrate) $MgCl_2 \cdot 6H_2O$ [K8159]。

540. 镁粉(Magnesium Dust) 见Magnesium Powder。

541. 硝酸镁(Magnesium Nitrate) 见Magnesium Nitrate Hexahydrate。

542. 六水合硝酸镁(Magnesium Nitrate Hexahydrate) $Mg(NO_3)_2 \cdot 6H_2O$ [K8567]。

543. 氧化镁(Magnesium Oxide) MgO [K8432]。

544. 镁粉(Magnesium Powder) Mg [K8876]。

545. 硫酸镁(Magnesium Sulfate) 见Magnesium Sulfate Heptahydrate。

546. 七水合硫酸镁(Magnesium Sulfate Heptahydrate) $MgSO_4 \cdot 7H_2O$ [K8995]。

547. 硫酸镁试液(Magnesium Sulfate TS) 称取硫酸镁11g溶于水50mL中并定容至100mL所获溶液的摩尔浓度为0.5mol/L。

548. 定量分析用麦芽酚(Maltol for Assay) 将麦芽酚1g和活性碳1g于烧杯,加入10mL水,95℃加热溶解,趁热过滤。滤液冷却至10℃,过滤收集形成的晶体。重复操作以制备重结晶产物,在减压不超过1.3kPa条件下,将得到的重结晶产物于40℃干燥8h。

549. 硫酸锰(Manganese Sulfate) 见 Manganese(Ⅱ)Sulfate Pentahydrate。

550. 五水合硫酸锰[Manganese(Ⅱ)Sulfate Pentahydrate] $MnSO_4 \cdot 5H_2O$ [K8997]。

551. 硫酸锰试液(Manganese Sulfate TS) 称取硫酸锰90g,加入水约200mL,磷酸175mL,稀硫酸(1→2)350mL溶解,加水至1000mL。

552. D-甘露醇(D-Mannitol) $C_6H_{14}O_6$[K8882]。

523. 定量分析用D-甘露醇(D-Mannitol for Assay) 称取40g D-甘露醇于300mL烧瓶中,加入100mL水,水浴加热溶解,冷却至40℃。将该溶液移入300mL烧杯中,加入D-甘露醇0.02g混合,放置24h。抽滤分离所形成的晶体,用10mL冷水洗涤。在减压状态下,将所得重结晶产物于105℃干燥4h。

554. 肉汁提取物(Meat Extract) 使用牛肉膏或等同物。

555. 肉蛋白胨(Meat Peptone) 见 Peptone,Meat。

556. 2-巯基乙醇(2-Mercaptoethanol) $HSCH_2CH_2OH$ 无色,澄清液体。

相对密度d_4^{20}:1.112~1.117。

557. 定量分析用甲萘醌-4(Menaquinone-4 for Assay) $C_{31}H_{40}O_2$ 黄色粉末或晶体粉末。

熔点:36.0℃~38.0℃。

纯度:(1)澄清度黄色,澄清(0.10g,1mL己烷)。

(2)相关物质以下操作应当避光进行,所用设备应该避光处理。

按如下配制测试溶液。精确称取含量测定用甲萘醌-4 0.1g,用异丙醇50mL溶解,用无水乙醇定容至100mL。准确吸取该溶液10mL,用无水乙醇稀释至100mL。准确吸取所获溶液2mL,加异丙醇4mL,作为测试溶液。准确吸取测试溶液2mL,用异丙醇/乙醇(2:1)混合溶液稀释测试溶液定容至100mL,作为参比溶液。分别取测试溶液和参比溶液20μL,按照以下操作条件进行液相色谱分析。测试溶液除主峰之外所有峰面积之和应不大于参比溶液中主峰面积。

操作条件

按第九章中甲萘醌(提取物)含量测定所规定的条件进行。

558. 乙酸汞(Mercuric Acetate) 见 Mercury(Ⅱ)Acetate 。

559. 非水滴定用乙酸汞试液(Mercuric Acetate TS for Nonaqueous Titration) 称取乙酸汞6g,溶于非水滴定用乙酸中,并定容至100mL。

560. 溴化汞(Mercuric Bromide) 见 Mercury(Ⅱ)Bromide。

561. 溴化汞试纸(Mercuric Bromide Test Paper) 称取溴化汞5g,加入乙醇100mL,缓慢加热溶解。将纸色谱用滤纸剪成3cm×10cm的长条,浸没于溶液中,暗处放置1h,偶尔摇动。从溶液中取出滤纸,水平置于暗处自然干燥后,剪成直径18mm的圆形。置于棕色塞紧的瓶中保存于暗处。避免用手指直接接触。

562. 氯化汞(Mercuric Chloride) 见 Mercury(Ⅱ)Chloride 。

563. 硝酸汞试液(Mercuric Nitrate TS) 称取黄色氧化汞40g,加入硝酸32mL和水15mL溶解。塞紧避光保存。

564. 黄色氧化汞(Mercuric Oxide,Yellow) 见 Mercury(Ⅱ)Oxide,Yellow 。

565. **碘化汞钾试液(Mercuric Potassium Iodide TS)** 称取氯化汞(Ⅱ)1.358g,用水60mL溶解。加入碘化钾溶液(1→2)10mL,加水至100mL。

566. **硫酸汞试液(Mercuric Sulfate TS)** 称取黄色氧化汞5g,加入水40mL,边搅拌边缓慢加入硫酸20mL。再加入水40mL,充分搅拌溶解。

567. **乙酸汞(Ⅱ)(Mercury(Ⅱ)Acetate)** $Hg(CH_3COO)_2$[K8369]。

568. **溴化汞(Ⅱ)(Mercury(Ⅱ)Bromide)** $HgBr_2$[K8513]。

569. **氯化汞(Ⅱ)(Mercury(Ⅱ)Chloride)** $HgCl_2$[K8139]。

570. **黄色氧化汞(Ⅱ)(Mercury(Ⅱ)Oxide, Yellow)** HgO[氧化汞(Ⅱ)(黄色),K8418]。

571. **偏磷酸(Metaphosphoric Acid)** HPO_3[K8890]。

572. **甲醇(Methanol)** CH_3OH[K8891]。

573. **无羰基甲醇(Methanol, Carbonyl - free)** 取吉拉德试剂P 5g和盐酸0.2mL于500mL甲醇中,回流2h。用短韦氏分馏柱蒸馏。储存于塞紧的玻璃瓶中。

574. **水测定用甲醇(Methanol for Water Determination)** CH_3OH 使用含水量不超过0.05%(*m/V*)的甲醇。否则,使用按以下方法制备的甲醇:取甲醇1000mL,加入镁粉5g,连有水吸收管(装有水测定用氯化钙)的回流冷凝管后加热。必要时加入氯化汞0.1g加速反应。直至不再产生气体后,避湿气蒸馏。避湿保存。

575. **35%氢氧化钾甲醇试液(Methanolic 35% Potassium Hydroxide TS)** 见35%氢氧化钾甲醇试液。

576. **5%氢氧化钠甲醇试液(Methanolic 5% Sodium Hydroxide TS)** 见5%氢氧化钠甲醇试液。

577. **4-甲氧苯甲醛(4-Methoxybenzaldehyde)** $C_8H_8O_2$无色至浅黄色澄清液体。与乙醇和二乙醚互溶,极微溶于水。

含量:不少于97.0%。

相对密度d_4^{20}:1.123~1.129。

含量测定:精确称量4-甲氧苯甲醛约0.8g,加入羟胺试液7.5mL,充分搅拌,放置30min加入溴酚蓝试液3滴作指示剂。用0.5mol/L盐酸滴定,直到溶液由蓝色经绿色变为黄绿色。以同样方式进行空白试验。

$$0.5mol/L 盐酸 1mL = 68.08mg\ C_8H_8O_2$$

578. **0.5% 4-甲氧苯甲醛-乙酸乙酯试液** 将4-甲氧苯甲醛0.5mL与乙酸乙酯99.5mL混合。

579. **4-甲氧苯甲醛-硫酸试液** 取乙醇9mL,加入4-甲氧苯甲醛0.5mL以及硫酸0.5mL,充分混合。

580. **2-甲氧基乙醇** $CH_3OCH_2CH_2OH$[K8895]。

581. **2-甲氧基-5-甲基苯胺** $C_8H_{11}NO$ 白色至灰色结晶粉末。微溶于水,溶于甲醇和乙醇。

鉴别:(1)将2-甲氧基-5-甲基苯胺溶解于甲醇/0.01mol/L乙酸铵(1:1)混合溶液中。该溶液最大吸收波长约为290nm。

(2)以溴化钾压片法测定其红外吸收光谱,谱图在$3410cm^{-1}$、$2950cm^{-1}$、$1630cm^{-1}$、

$1520cm^{-1}$、$1230cm^{-1}$、$1030cm^{-1}$以及 $780cm^{-1}$有特征吸收。

582. 1－甲氧基－5－丙醇 $C_5H_{12}O_2$无色透明液体。

相对密度:0.920～0.925。

折射率:1.402～1.405。

水分:不大于0.5%(0.1g,库仑滴定)

583. 苯甲酸甲酯 $C_6H_5COOCH_3$无色透明液体。

折射率 n_D^{20}:1.515～1.520。

相对密度:1.087～1.095。

纯度:将样品0.1mL溶于按第九章中盐酸硫胺含量测定所规定的流动相中,定容至50mL。取10μL该溶液,按盐酸硫胺含量测定规定的操作条件进行液相色谱分析。每针进样后的运行时间为主峰出峰保留时间的2倍,测量每个峰的峰面积,计算苯甲酸甲酯含量,含量应不少于99.0%。

584. 3－甲基丁醇(3－Methyl－1－butanol) $(CH_3)_2CHCH_2CH_2OH$[K8051]。

585. 乙酸异戊酯(3－Methylbutyl Acetate) $CH_3COOC_5H_{11}$[K8358]。

586. 甲乙酮(Methyl Ethyl Ketone) 见2－Butanone。

587. 2－甲基咪唑(2－Methylimidazole) $C_4H_6N_2$白色至淡黄色,易吸湿晶体或结晶粉末,有轻微特殊气味。溶于水、乙醇、乙酸乙酯和丙酮。

含量:2－甲基咪唑($C_4H_6N_2$)不少于98%。

沸点:267℃～268℃。

熔点:142℃～145℃。

测定:精确称取2－甲基咪唑0.2g,溶于非水测定用乙酸50mL中。用0.1mol/L高氯酸滴定,电位计确定滴定终点。采用相同条件进行空白测试,进行必要修正。

0.1mol/L高氯酸1mL＝8.211mg $C_4H_6N_2$。

588. 4－甲基咪唑(4－Methylimidazole) $C_4H_6N_2$淡黄色、吸湿性晶体或结晶粉末,具有轻微的特殊气味。溶于水、乙醇、丙酮以及氯仿。

含量:4－甲基咪唑($C_4H_6N_2$)不少于97%。

沸点:262℃～264℃。

熔点:46℃～48℃。

测定:精确称量4－甲基咪唑0.2g,溶于非水测定用乙酸50mL中。用0.1mol/L高氯酸滴定,电位计确定滴定终点。采用相同条件进行空白测试,进行必要修正。

0.1mol/L高氯酸1mL＝8.211mg $C_4H_6N_2$

589. 定量分析用甲基碘(Methyl Iodide for Assay) CH_3I无色透明液体;暴露于光下,会变成棕色并释放出碘;能与乙醇和乙醚混溶,微溶于水。

取在42.2℃～42.6℃蒸馏获得馏分用于以下测试。

含量:甲基碘不少于98.0%。

相对密度 d_{25}^{25}:2.27～2.28。

纯度:取甲基碘1μL,按羟丙基甲基纤维素测定规定的条件进行气相色谱分析。测量色谱图中每个峰的峰面积,通过峰面积百分比法计算甲基碘的含量。含量应不低于99.8%。调整检测灵敏度,使甲基碘1μL的峰高约为满量程的80%。

测定:按异丙基碘含量测定的同样方法测定。

1mol/L 硝酸银溶液 1mL = 14.19mg CH_3I

590. 甲基异丁基酮(Methyl Isobutyl Ketone) 见 4 - Methyl - 2 - pentanone。

591. 甲基橙(Methyl Orange) $C_{14}H_{14}N_3NaO_3S$ [K8893]。

592. 甲基橙试液(Methyl Orange TS) 取甲基橙 0.1g 用水 100mL 溶解。必要时过滤。

593. 甲基橙 - 靛蓝试液(Methyl Orange - Indigo Carmine TS) 称取甲基橙 0.1g 与靛蓝 0.25g 混合,加水溶解至 100mL。避光保存,配制后 15 天内使用。

594. 甲基橙 - 二甲苯蓝 FF 试液(Methyl Orange - Xylene Cyanol FF TS) 称取甲基橙 1g 与二甲苯蓝 FF 1.4g,混合,溶于 50%(体积分数)乙醇 500mL 中。

595. 4 - 甲基 - 2 - 戊酮(4 - Methyl - 2 - pentanone) $CH_3COCH_2CH(CH_3)_2$ [K8903]。

596. 3 - 甲基 - 1 - 苯基 - 5 - 吡唑啉酮(3 - Methyl - 1 - phenyl - 5 - pyrazolone) $C_{10}H_{10}N_2O$ [K9548]。

597. 异丁醇(2 - Methyl - 1 - propanol) $(CH_3)_2CHCH_2OH$ [K8811]。

598. 甲基红(Methyl Red) $C_{15}H_{15}N_3O_2$ [K8896]。

599. 甲基红试液(Methyl Red TS) 称取甲基红 0.1g 溶于乙醇 100mL 中。必要时过滤。

600. 甲基红 - 亚甲基蓝试液(Methyl Red - Methylene Blue Mixture TS) 将甲基红试液与亚甲基蓝试液等体积混合。

601. 水杨酸甲酯(Methyl Salicylate) $HOC_6H_4COOCH_3$ [K8398:1981]。

无色至浅黄色,具有独特气味的油性物质。

相对密度:1.1821 ~ 1.192。

602. 甲基硅聚合物(Methyl Silicone Polymer) 用于气相色谱分析的高纯度甲基硅聚合物。

603. 甲基黄(Methyl yellow) $C_{14}H_{15}N_3$ [K8494]。

604. 甲基黄试液(Methyl yellow TS) 将甲基黄 0.10g 溶于乙醇 100mL 中,必要时过滤。

605. 亚甲基蓝(Methylene Blue) $C_{16}H_{18}N_3S \cdot Cl \cdot 3H_2O$ [K8897]。

606. 亚甲基蓝试液(Methylene Blue TS) 称取亚甲基蓝 0.1g,溶解于乙醇 100mL 中,必要时过滤。

607. 稀释亚甲基蓝试液(Methylene Blue TS, Dilute) 吸取亚甲基蓝试液 1mL,加水至 100mL。

608. 薄层色谱法用微晶纤维素(Microcrystalline Cellulose for Thin - Layer Chromatography) 薄层色谱分析用的微晶纤维素。

609. 牛奶酪蛋白(Milk Casein) 参见 Casein, Milk。

610. 罗汉果皂苷 V(Mogroside V) ($C_{60}H_{102}O_{29}$)带有甜味的白色至淡黄色粉末。

鉴别:以溴化钾压片法测定预先经 105℃ 干燥 2h 的罗汉果皂苷 V 的红外吸收光谱,谱图在 3430cm^{-1}、2930cm^{-1}、1634cm^{-1}、1383cm^{-1}、1170cm^{-1}、1075cm^{-1}及 1038cm^{-1}有特征吸收带。

纯度:相关物质取罗汉果皂苷 V 5mg 用乙腈/水混合液(74:26)1mL 溶解,作为测试溶液。准确吸取测试溶液 0.5mL 用乙腈/水混合液(74:26)稀释定容至 10mL,作为参比溶液。分别取参比溶液和测试溶液 10μL,按以下操作条件进行液相色谱分析。每针进样后的运行时间为主峰出峰保留时间的2倍,测定中排除溶剂峰,测量峰面积。测试溶液中除主峰以外的所有峰面积总和不应大于参比溶液的主峰峰面积。

操作条件

按照第九章中罗汉果提取物含量测定所规定的条件进行。

611. 钼(Ⅲ)氧化物[Molybdenum(Ⅲ)Oxide] MoO_3[三氧化钼,K8436:1979]。

612. 三氧化钼(Molybdenum Trioxide) 见 Molybdenum(Ⅲ)Oxide。

613. 定量分析用单葡糖基橙皮苷(Monoglucosyl Hesperidin for Assay) 淡黄色至黄棕色结晶粉末,具有轻微特殊气味。

鉴别:(1)取含量测定用单葡糖基橙皮苷5mg用水10mL溶解,加入稀氯化铁(Ⅲ)试液1滴~2滴。溶液变成棕色。

(2)取含量测定用单葡糖基橙皮苷0.01g用水500mL溶解,在波长280nm~286nm有最大吸收值。

干燥失量:不超过6.0%(低于2.7kPa,120℃,2h)。

纯度:相关物质将含量测定用单葡糖基橙皮苷0.01g,用水/乙腈/乙酸混合溶液(80:20:0.01)溶解并定容至200mL,作为测试溶液。准确吸取测试溶液1mL,用水/乙腈/乙酸混合溶液(80:20:0.01)稀释并定容至50mL,作为参比溶液。分别取测试溶液和参比溶液10μL,按以下操作条件进行液相色谱分析。每针进样后的运行时间为主峰出峰保留时间的2倍,排除溶剂峰,测量峰面积。测试溶液中除主峰以外的所有峰面积总和不应大于参比溶液的主峰峰面积。

测试溶液操作条件按第九章中酶解改性橙皮苷含量测定规定的条件进行。

614. 磷酸二氢钾(Monopotassium Phosphate) KH_2PO_4[磷酸二氢钾,K9007]。

615. pH测定用磷酸二氢钾溶液(Monopotassium Phosphate for pH Determination) KH_2PO_4[磷酸二氢钾,pH标准溶液,K9007]。

616. 4-氨基-1-萘磺酸钠(Monosodium 4-Amino-1-naphthalenesulfonate) $C_{10}H_8NNaO_3S \cdot 4H_2O$ 白色至带白色的粉末。

比吸光系数 $E_{1cm}^{1\%}$(最大吸收波长在319nm附近):不小于338。精确称量预先干燥24h的4-氨基-1-萘磺酸钠0.0100g,用乙酸铵溶液(3→2000)溶解定容至100mL,作为溶液A。准确吸取溶液A 10mL,乙酸盐溶液(3→2000)稀释定容至100mL。此溶液最大吸收波长为237nm和319nm。

纯度:其他芳香族化合物精确吸取溶液A 10mL,用乙酸铵溶液(3→2000)稀释定容至100mL。取该溶液20μL,按第九章中食用红色2号(6)纯度规定条件用液相色谱测定,谱图中应仅有一个色谱峰。

617. L-天冬氨酸钠(Monosodium L-Aspartate) $C_4H_6NNaO_4 \cdot H_2O$"L-天冬氨酸钠"。

618. 谷氨酸钠(Monosodium L-Glutamate) 见 Monosodium L-Glutamate Monohydrate。

619. 一水L-谷氨酸钠(Monosodium L-Glutamate Monohydrate) $C_5H_8NNaO_4 \cdot H_2O$"L-谷氨酸钠"。

620. 6-羟基-2-萘磺酸钠(Monosodium 6-Hydroxy-2-naphthalenesulfonate) $C_{10}H_7NaO_4S$ 白色粉末。

比吸光系数 $E_{1cm}^{1\%}$(最大吸收波长约为280nm):不少于200。精确称量预先干燥24h的

6-羟基-2-萘磺酸钠0.0100g,加入乙酸铵溶液(3→2000),溶解定容至100mL,作为溶液A。精确吸取溶液A 10mL,用乙酸盐溶液(3→2000)稀释定容至100mL。此溶液最大吸收波长为280nm和330nm。

纯度:其他芳香族化合物精确吸取溶液A 10mL,用乙酸盐溶液(7.7→1000)稀释定容至100mL。取该溶液20μL,按第九章中食用红色40号(8)纯度规定条件用液相色谱测定,谱图中应仅有一个6-羟基-2-萘磺酸钠色谱峰。

621. 磷酸二氢钠(Monosodium Phosphate)　$NaH_2PO_4 \cdot 2H_2O$ [二水磷酸二氢钠,K9009]。

622. 吗啉(Morpholine)　碱性、无色液体,具有氨气样气味。易溶于水。

折射率 n_D^{20}:1.452~1.457。

相对密度:0.998~1.005。

623. 变旋酶(Mutarotase)　白色,50%甘油悬浮液。由猪肾脏提取。一个单位相当于在25℃和pH7.2条件下,以α-D-葡萄糖为底物,在1min内生成1μmol β-D-葡萄糖的酶量。

624. 定量分析用杨梅苷(Myricitrin for Assay)　$C_{21}H_{20}O_{12} \cdot nH_2O$ 淡灰黄色至淡黄色,几乎无味的粉末。

鉴别:以溴化钾压片法测定其红外吸收光谱,谱图在1660cm^{-1}、1605cm^{-1}、1345cm^{-1}、1200cm^{-1}和970cm^{-1}有特征吸收带。

纯度:(1)比吸光系数 $E_{1cm}^{1\%}$(最大吸收波长约为354nm):不少于340。

精确称取预先在干燥器干燥24h的杨梅苷0.05g,用甲醇溶解并定容至100mL。精确吸取所配制溶液2mL,用甲醇稀释并定容至100mL。采用紫外可见分光光度计测定此溶液的吸光度。

(2)相关物质将含量测定用杨梅苷0.05g溶解于甲醇25mL测试溶液。精确吸取所配制溶液5mL,用水/乙腈/磷酸混合溶液(800:200:1)稀释并定容至50mL,作为参比溶液。测试溶液测试溶液分别取测试溶液和参比溶液20μL按照以下操作条件进行液相色谱分析。每针进样后的运行时间为主峰出峰保留时间的2倍,排除溶剂峰,测量峰面积。测试溶液中除主峰以外的所有峰面积总和不应大于参比溶液的主峰峰面积。

操作条件

按第九章中"103. 梅提取物"含量测定条件进行。

625. 萘(Naphthalene)　$C_{10}H_8$ [K8690:1976]无色叶状或棒状晶体,具有特殊气味。常温下逐渐升华。燃烧时火焰为乌黑色。

冷凝点:不少于79.5℃。

626. α-萘酚(α-Naphthol)　见1-Naphthol。

627. β-萘酚(β-Naphthol)　见2-Naphthol。

628. 1-萘酚(1-Naphthol)　$C_{10}H_7OH$ [K8698]避光保存。

629. 2-萘酚(2-Naphthol)　$C_{10}H_7OH$ [K8699]避光保存。

630. α-萘酚苯甲醇(α-Naphtholbenzein)　见 *p*-Naphtholbenzein。

631. 对萘酚苯甲醇(*p*-Naphtholbenzein)　$C_{27}H_{20}O_3$ [K8693]。

632. α-萘酚苯甲醇试液(α-Naphtholbenzein TS)　称取α-萘酚苯甲醇1g,用非水滴定用乙酸溶解并定容至100mL。

633. 间萘二酚(Naphthoresorcinol) 见1,3-Dihydroxynaphthalen。

634. α-萘胺(α-Naphthylamine) 见1-Naphthylamine。

635. 1-萘胺(1-Naphthylamine) $C_{10}H_9N$[K8692]

636. *N*-1-萘-*N'*-二乙基乙二胺草酸盐(*N*-1-Naphthyl-*N'*-diethyl-ethylenediamine Oxalate) $C_{18}H_{24}N_2O_4$[*N*,*N*-二乙基-*N'*-1-萘二胺草酸盐,K8694:1992]白色结晶性粉末。见光逐渐变色。

含量:不少于98.0%。

鉴别:(1)称取*N*-1-萘-*N'*-二乙基乙二胺草酸盐0.1g,加入水20mL,加热溶解。向该溶液加入稀乙酸溶液(1→3)1mL和氯化钙溶液(1→10)1mL,会生成白色的沉淀。

(2)以溴化钾压片法测定其红外吸收光谱,谱图在$3340cm^{-1}$、$1720cm^{-1}$、$1580cm^{-1}$、$1530cm^{-1}$、$1410cm^{-1}$、$1280cm^{-1}$、$770cm^{-1}$及$720cm^{-1}$有特征吸收带。

熔点:约为167℃。

测定:准确称取本品0.5g,加水100mL,加热溶解。用0.1mol/L氢氧化钠溶液滴定,以电位计确定滴定终点。

0.1mol/L氢氧化钠1mL=33.24mg $C_{18}H_{24}N_2O_4$。

637. *N*-1-盐酸萘乙二胺(*N*-1-Naphthylethylenediamine Dihydrochloride) $C_{12}H_{14}N_2 \cdot 2HCl$[K8197]现用现配。

638. 纳氏试液(Nessler's TS) 取碘化钾10g,用水10mL溶解。边搅拌边缓慢加入氯化汞(Ⅱ)饱和溶液,直至红色沉淀不再溶解,加入氢氧化钾30g溶解其中。随后加入氯化汞(Ⅱ)饱和溶液1mL,加水至200mL。静置,取上清液作为纳氏试液使用。取2mL纳氏试液,加入含有0.05mg氨(NH_3)的50mL水,若溶液立即变成黄棕色,表明所制备的纳氏试液合格。

639. 中和乙醇(Neutralized Ethanol) 见Ethanol,Neutralized。

640. 中性红(Neutral Red) $C_{15}H_{17}N_4Cl$[K8729:1992]深绿色粉末或小块。

鉴别:以溴化钾压片法测定其红外吸收光谱,谱图在$1620cm^{-1}$、$1500cm^{-1}$、$1360cm^{-1}$、$1320cm^{-1}$、$1200cm^{-1}$、$1140cm^{-1}$、$1010cm^{-1}$、$880cm^{-1}$、$830cm^{-1}$及$730cm^{-1}$有最大吸收带。

颜色变化范围:取中性红0.1g,加入水80mL,加热溶解。待溶液冷却至室温,加水稀释至100mL。向10mL三种磷酸盐缓冲液(pH6.8、pH7.4以及pH8.0)中分别加入所配制溶液1.0mL,缓冲溶液分别变为红色、橙色及黄橙色。

641. 茚三酮(Ninhydrin) $C_9H_6O_4$[K8870]。

642. 茚三酮试液(Ninhydrin TS) 取茚三酮1g用水溶解水至1000mL。

643. 纳豆芽孢杆菌胶定量分析用茚三酮试液(Ninhydrin TS for Bacillus Natto Gum Assay)。

溶液1 在氮气保护下,将氨基酸分析用茚三酮39g、硼氢化钠0.081g溶解于1-甲氧基-2-丙醇979mL中,充分混合。

溶液2 在氮气保护下,将乙酸锂204g、乙酸123mL以及1-甲氧基-2-丙醇401mL溶解于水中,并配成1000mL。

取溶液1和溶液2等体积混合。

644. 茚三酮 - 乙酸试液(Ninhydrin - Acetic Acid TS) 称取茚三酮 2g,用水 50mL 溶解,加入乙酸盐缓冲液(取乙酸钠 32.8g 和乙酸 10mL,用水溶解至 100mL)25mL,加水至 100mL。

645. 茚三酮 - 乙二醇甲醚试液(Ninhydrin - Ethylene Glycol Monomethyl Ether TS) 量取乙二醇单甲醚 750mL,加入乙酸盐缓冲液 250mL。在溶液中通入氮气,依次加入茚三酮 20g 和氯化亚锡(Ⅱ)0.38g 并充分溶解。于暗处冷藏静置 24h,避光保存。

646. 茚三酮 - 还原茚三酮试液(Ninhydrin - Hydrindantin TS) 称取茚三酮 2g 溶于二甲基亚砜 75mL 中,加入还原茚三酮 62mg,并充分溶解。向所配制的溶液中加入乙酸锂缓冲液定容至 100mL。

647. 硝酸(Nitric Acid) HNO_3[K8541]。

648. 稀硝酸(Nitric Acid, Dilute) 量取硝酸 10.5mL,加水稀释至 100mL。

649. 2,2′,2″ - 三乙醇胺(2,2′,2″ - Nitrilotriethanol) $(CH_2CH_2OH)_3N$ [K8663]。

650. 硝基苯(Nitrobenzene) $C_6H_5NO_2$[K8723]。

651. 氮气(Nitrogen) N_2日本药典规定的氮气。

652. 硝基甲烷(Nitromethane) CH_3NO_2[K9523]。

653. 5 - 亚硝基 - 8 - 羟基喹啉(5 - Nitroso - 8 - hydroxyquinoline) $C_9H_6N_2O_2$[K8715:1962] 暗灰绿色结晶粉末。

鉴别:将 0.1% 间苯二酚 - 乙醇溶液 0.05mL 置于坩埚中,水浴蒸发至干,冷却。称取 5 - 亚硝基 - 8 - 羟基喹啉 0.10g 溶于硫酸 100mL 中,倾入坩埚中加热。溶液变成紫红色。

分解点:约 245℃。

654. 一氧化二氮(Nitrous Oxide) N_2O 无色,无味气体。在密闭、耐压金属容器中作填充气体使用。

655. NN 指示剂(NN Indicator) 称取 2 - 羟基 - 1 - (2 - 羟基 - 4 - 磺基 - 1 - 萘基偶氮) - 3 - 萘甲酸 0.5g 和硫酸钾 50g,混合并磨碎至完全均匀。

656. 液相色谱用十八烷基硅烷键合硅胶(Octadecylsilanized Silica Gel for Liquid Chromatography) 使用液相色谱分析用产品。

657. 薄层色谱用十八烷基硅烷键合硅胶(Octadecylsilanized Silica Gel for Thin - Layer Chromatography) 使用薄层色谱分析用产品。

658. 辛烷(Octane) C_8H_{18}。

相对密度 d_4^{20}:0.700 ~ 0.705。

纯度:取辛烷 2μL,按羟丙基甲基纤维素含量测定规定条件用气相色谱法分析,测定谱图中每个峰的峰面积,用面积百分比法计算辛烷的含量,应不少于 99.0%。

659. 辛酸(Octanoic Acid) $CH_3(CH_2)_6COOH$ 用于氨基酸分析产品。

描述:无色至浅黄色透明液体。

凝固点:15℃ ~ 17℃。

660. 液相色谱用辛烷硅胶(Octylsilanized Silica Gel for Liquid Chromatography) 用于液相色谱分析的产品。

661. 苔黑素(Orcine) 见 Orcinol。

662. 苔黑酚(Orcinol) $CH_3C_6H_3(OH)_2$无色晶体。在空气中氧化变成红色。易溶于水、乙醇和乙醚。苔黑酚乙醇溶液需现用现配。

熔点:107℃ ~108℃。

663. 锇酸(Osmic Acid) OsO_4白色至黄色晶体。

含量:以锇酸(OsO4)计不少于57.0%。

溶液澄清度:澄清,称取锇酸0.5g,置于一具玻璃塞的磨口试管中,加入水15mL,摇匀,并静置过夜,作为测试溶液。

熔点:40℃ ~43℃。

测定:精确称量锇酸0.2g,加入四氯化碳10mL、水100mL和稀盐酸(2→3)3mL溶解。加入碘化钾1g,冷藏避光静置10min,不时剧烈振摇。用0.1mol硫代硫酸钠滴定,终点由装有铂电极的电位计确定。

0.1mol 硫代硫酸钠1mL=6.355mg 锇酸(OsO_4)

664. 草酸(Oxalic Acid) 见Oxalic Acid Dihydrate。

665. 二水合草酸(Oxalic Acid Dihydrate) $HOOCCOOH \cdot 2H_2O$ [K8519]。

666. 硝酸钯(Palladium Nitrate) $Pd(NO_3)_2$ [K9069:1957]。

667. 硝酸钯试液(Palladium Nitrate TS)

称取硝酸钯0.108g,加入硝酸溶液(1→2)10mL溶解,加水定容至500mL. 准确取20mL用水定容至200mL。

668. 棕榈酸(Palmitic Acid) $C_{16}H_{32}O_2$ [K8756]。

669. 液体石蜡(Paraffin,Liquid) 日本药典规定的轻质液体石蜡。

670. 定量分析用部分水解皂苷(Partially Hydrolyzed Saponin for Assay) 有轻微的气味的白色结晶。

鉴别:以溴化钾压片法测定其红外吸收光谱。所获谱图在3240 cm^{-1}、2920cm^{-1}、1640cm^{-1}、1150cm^{-1}、1080cm^{-1}和1020cm^{-1}有特征吸收带。

纯度:相关物质将测定用部分水解皂苷0.01g溶解在0.1%磷酸-乙腈混合液(65:35)20mL,作为测试溶液。准确吸取测定液4mL用0.1%磷酸-乙腈混合液(65:35)稀释定容至100mL,作为参比溶液。

分别取测试溶液和参比溶液20μL,按照以下操作条件进行液相色谱分析。每针进样后的运行时间为30min。排除溶剂峰,测量峰面积。测试溶液中除主峰以外的所有峰面积总和不应大于参比溶液的主峰峰面积。主峰约在溶剂峰出峰后10min出峰。

操作条件

检测器:紫外检测器(检测波长:210nm)。

色谱柱:内径为4mm~6mm,长度为15cm~30cm的不锈钢柱。

柱填充材料:液相色谱用5μm~10μm十八硅烷键和硅胶。

柱温:40℃。

流动相:0.1%的磷酸-乙腈(65:5)。

流速:调整部分水解皂苷的保留时间约为10min。

干燥失量:不超过2.0%(105℃,3h)。

671. 果胶裂解酶(Pectate Lyase) 来源于曲霉属真菌(*Aspergillus* Sp)的水溶性酶。含有作为酶稳定剂的甘油。

一个单位相当于以多聚半乳糖醛酸为底物,40℃和pH 10.8,1min内在非还原端释放

1μmol 带有 4－脱氧－α－D－乳－4－烯吡喃糖醛酸的糠醛酸聚合物的残基的酶含量。

672. 果胶测定用果胶裂解酶(Pectate Lyase for Pectin Determination)　见 Pectate Lyase Solution for Pectin Determination。

673. 果胶测定用果胶裂解酶溶液(Pectate Lyase Solution for Pectin Determination)　将 120 单位果胶裂解酶溶解在三羟甲基氨基甲烷缓冲溶液(pH7.0)中,配制成 100mL。用于果胶测定。

674. 季戊四醇(Pentaerythritol)　$C_5H_{12}O_4$[K1510]。

675. 蛋白胨(Peptone)　使用蛋白胨进行微生物限量测定。

676. 蛋白胨,酪蛋白(Peptone,Casein)　一种具有特征性、非腐败气味的灰黄色粉末。易溶于水,但不溶于乙醇和乙醚。

干燥失量:不大于 7%(0.5g,105℃,恒重)。

灼热残留物:不大于 15%(0.5g)。

消化程度:

将样品 1g 溶解于 10mL 水中,作为以下试验的样品溶液:

(1)取样品溶液 1mL,加入由乙酸 1mL 与乙醇和水等体积的混合液 10mL 配制成的试液 0.5mL。振摇后,两种溶液交界面处无沉淀和圆形带形成,也没有浑浊。

(2)向样品溶液 1mL 加入饱和硫酸锌溶液 4mL。产生少量的沉淀(蛋白胨)。

(3)过滤步骤(2)所获得溶液,取过滤液 1mL,加入 3mL 水,溴试液 4 滴,溶液变成紫红色。

氮含量:不低于 10%(105℃,恒量,干燥后进行氮含量测定)。

677. 明胶蛋白胨(Peptone,Gelatin)　使用蛋白胨进行微生物限量测定。

678. 肉类蛋白胨(Peptone,Meat)　使用蛋白胨进行微生物限量测定。

679. 大豆蛋白胨(Peptone,Meat)　使用蛋白胨进行微生物限量测定。

680. 高氯酸(Perchloric Acid)　$HClO_4$[K8223]。

681. 高碘酸(Periodic Acid)　见 Periodic Acid Dihydrate 。

682. 二水合高碘酸(Periodic Acid Dihydrate)　$HIO_4 \cdot 2H_2O$[K8284:1978]白色易潮解的晶体。

含量:不低于 98.5%。

鉴别:其他卤素向二水合高碘酸溶液中加入过量的碳酸氢钠,再加入碘化钾溶液,碘会被释放出来。

纯度:(1)其他卤素:以氯计含量不超过 0.010%。取二水高碘酸 1.0g 置于烧杯中,加入水 100mL,过氧化氢 8mL,磷酸 1mL,慢慢煮沸至碘的颜色完全消失。冷却后,用水洗涤烧杯壁,加入过氧化氢 0.5mL,缓慢加热 10min。冷却后,用水稀释至 100mL。量取 20mL 该溶液,加入稀硝酸(1→3)5mL,2% 硝酸银测试溶液(质量浓度)的 1mL,静置 15min。该溶液的颜色不会深于将氯化铁标准储存液 1mL 用水 100mL 稀释后,以相同步骤制备的溶液颜色。

(2)硫酸盐:以 SO_4 计不大于 0.010% 。取二水高碘酸 1.0g,加入水 20mL,10% 碳酸钠溶液(质量浓度)0.2mL 和稀盐酸(2→3)10mL,水浴蒸干。向残留物中加入水 10mL、稀盐酸(2→3)5mL,水浴蒸干。重复操作直至碘颜色完全消失。加入稀盐酸(2→3)0.6mL,并用水定容至 50mL。取上述溶液 25mL,加入乙醇 3 mL,10%(质量浓度)氯化钡溶液 2mL,静置 1h。

该溶液的浑浊度不会大于按以下方式配制的参比溶液。参比溶液配制:取10%碳酸钠溶液(质量浓度)0.1mL与稀盐酸(2→3)8mL混合,水浴蒸干。向残留物中加入稀盐酸(2→3)0.3mL和硫酸根离子标准储备液0.5mL,并用水定容至25mL。加入乙醇3mL和10%氯化钡溶液(质量浓度)2mL。

含量测定:将高碘酸1g用水溶解配成250mL。取上述溶液25mL于碘量瓶中,加入硫酸溶液(1→6)5mL,水30mL和碘化钾3g。立即密封,避光静置15min。以淀粉指示剂,用1mol/L硫代硫酸钠滴定释放出碘。同时做空白试验。

0.1mol/L 硫代硫酸钠 1mL = 8493 mg $HIO_4 \cdot 2H_2O$。

683. 过氧化物酶(Peroxidase) 红褐色粉末。长萝卜中获取。在25℃和pH 7.0条件下,1min内还原过氧化氢产生1μmol水的酶量被定义为一个单位的酶量。

684. 石油醚(Petroleum Benzine) [K8594]。

685. 石油醚(Petroleum Ether) [K8593]。

686. 维生素A测定用石油醚(Petroleum Ether for Vitamin A Determination) 在40.0℃~60.0℃蒸馏石油醚得到的产物。

687. *o*-菲咯啉(*o*-Phenanthroline) 见1,10-Phenanthroline Monohydrate。

688. 1,10-菲咯啉(一水)(1,10-Phenanthroline Monohydrate) $C_{12}H_8N_2 \cdot H_2O$ [K8789]。

689. *o*-菲咯啉试液(*o*-Phenanthroline TS) 取*o*-菲咯啉0.15g溶于新配制的硫酸亚铁溶液(37→2500)10mL。现用现配。

690. 苯酚(Phenol) C_6H_5OH[K8798]。

691. 酚红(Phenol Red) $C_{19}H_{14}O_5S$[K8800]。

692. 酚红试液(Phenol Red TS) 称取酚红0.1 g,溶解于100 mL乙醇中,必要时过滤。

693. 稀释的酚红试液(Phenol Red TS,Dilute)。

溶液1:取酚红0.033g,加入8%氢氧化钠溶液(2→5)1.5mL,加水至100mL。

溶液2:取硫酸铵0.025g用水235mL溶解,加入8%氢氧化钠溶液(2→25)105mL和乙酸溶液(32→25)135mL,混匀。

取1份溶液1和19份溶液2混合。必要时,用氢氧化钠溶液或乙酸调整pH至4.7。

694. 酚酞(Phenolphthalein) $C_{20}H_{14}O_4$[K8799]。

695. 酚酞试液(Phenolphthalein TS) 称取酚酞1g,用乙醇100mL溶解。

696. 苯酚-五氰基亚硝酰基铁酸钠试液(Phenol-Sodium Pentacyanonitrosylferrate(Ⅲ) TS) 取苯酚5g和二水五氰基亚硝酰基铁酸钠0.025g用水溶解至500mL。低温避光储存。

697. L-苯基丙氨酸(L-Phenylalanine) $C_9H_{11}NO_2$"L-苯基丙氨酸"。

698. *p*-苯二胺盐酸盐(*p*-Phenylenediamine Hydrochloride) $C_6H_4(NH_2)_2 \cdot 2HCl$ 白色至浅黄色或白色至淡红色结晶粉末,易溶于水。

溶液澄清度:清澈(1.0g,水10mL)。

摩尔吸光系数:取*p*-苯二胺盐酸0.060g用水100mL溶于。吸取 溶液10mL,加入磷酸盐缓冲溶液(pH 7)至50mL。采用波长237nm~241nm测定该溶液的吸光度,采用磷酸盐缓冲液(pH 7)作为参比。摩尔吸收系数不超于8000。

699. 苯肼(Phenylhydrazine) $C_6H_5NHN_2$[K8795:1980] 具有微弱香气的透明、无色至

淡黄色液体。

凝固点:18℃~20℃。

700. 盐酸苯肼(Phenylhydrazine Hydrochloride) 参见 Phenylhydrazinium Chloride。

701. 盐酸苯肼-乙酸钠试液(Phenylhydrazine Hydrochloride-Sodium Acetate TS) 称取盐酸苯肼0.5g,溶解于10mL(2→15)乙酸钠溶液中,必要时过滤,现用现配。

702. 盐酸苯肼(Phenylhydrazinium Chloride) $C_6H_5NHNH_2 \cdot$[K8203]。

703. 1-苯基-3-甲基-5-吡唑啉酮(1-Phenyl-3-methyl-5-pyrazolone) 见 3-Methyl-1-phenyl-5-pyrazolone。

704. 25% 25%甲基苯硅树脂聚合物(25% Phenyl Methyl Silicone Polymer) 使用气相色谱法用的优质产品。

705. *P*-苯基苯酚(*p*-Phenylphenol) $C_6H_5C_6H_4OH$ 易升华的白色晶体。易溶于乙醇、乙醚和氯仿,微溶于石油醚。

熔点:163℃~167℃。

水分:不超过0.2%。

灼热残留物:不超过0.20%。

706. *p*-苯基苯酚试液(*p*-Phenylphenol TS) 取*p*-苯基苯酚用氢氧化钠溶液(1→25)50mL溶解,必要时过滤,现配现用。

707. 磷酸缓冲液(Phosphate Buffer,pH 3.3) 取磷酸二氢钠12g用水溶解至1000mL,用磷酸调节pH至3.3。

708. 磷酸缓冲液(Phosphate Buffer,pH 6.2)。

溶液1:取磷酸二氢钾9.08 g用水溶解至1000mL。

溶液2:取无水磷酸氢二钠9.08g用水溶解至1000mL;分别取溶液1和溶液2800mL和200mL混合。用选择两种溶液调节pH至6.2。

709. 磷酸缓冲液(Phosphate Buffer,pH 6.8) 取磷酸二氢钠3.40g和无水磷酸氢二钠3.55g混合后,用水溶解至1000mL。

710. 磷酸缓冲液(Phosphate Buffer,pH 7)。

溶液1:取磷酸二氢钾27.218g用水溶解至1000mL。

溶液2:0.2mol/L氢氧化钠溶液。

分别取溶液1和溶液250mL和29.54mL混合,加水至200mL。

711. 磷酸缓冲液(Phosphate Buffer,pH 7.1)。

溶液1:取磷酸氢二钠21.2g用水溶解并定容至1000mL。

溶液2:取磷酸二氢钾8.2g用水溶解并定容至1000mL。

取2体积的溶液1和1体积的溶液2混合,用溶液1或溶液2调节pH为7.1。

712. 磷酸缓冲液(Phosphate Buffer,pH 7.4)。

溶液1:取磷酸二氢钾6.80g用水溶解并定容至500mL。

溶液2:0.2mol/L氢氧化钠溶液。

取溶液150mL和溶液219.75mL混合,加水定容至100mL。

713. 磷酸缓冲液(Phosphate Buffer,pH 7.5)。

溶液1:取磷酸氢二钠53.7g用水溶解并定容至1000mL。

溶液2:取磷酸二氢钾20.4g用水溶解并定容至1000mL。

取21体积的溶液1和4体积的溶液2混合,用溶液1或溶液2调节pH为7.5。

714. 磷酸缓冲液(Phosphate Buffer,pH 7.6)。

溶液1:取磷酸二氢钾4.54g用水溶解并定容至500mL。

溶液2:取无水磷酸氢二钠4.73g用水溶解并定容至500mL。

取13体积的溶液1和87体积的溶液2混合,用溶液1或溶液2调节pH为7.6。

715. 磷酸缓冲液(Phosphate Buffer,pH 8)。

溶液1:取无水磷酸氢二钠23.88g用水溶解并定容至1000mL。

溶液2:取磷酸二氢钾9.07g用水溶解并定容至1000mL。

取50体积的溶液1和7体积的溶液2混合,用溶液1或溶液2调节pH为8。

716. 磷钼酸(Phosphomolybdic Acid)　$H_3(PMo_{12}O_{40})\cdot nH_2O$[Dodecamolybdete(Ⅵ) Phosphate *n*-Hydrate,K9026:1991]黄色晶体或结晶粉末。

纯度:(1)硫酸盐以SO4计不超过0.005%。准确称取钼磷酸3.0g,加稀盐酸溶液(2→3)1.5mL,用水溶解并定容至60mL。作为溶液A。取溶液A 20mL,加入95%乙醇溶液3mL和氯化钡溶液(1→10)2mL,加水稀释至30mL,静置1h。作为测试溶液。参比溶液配制:取溶液A 20mL,加入氯化钡溶液(1→10)2mL,加热至沸,静置1h,用分析定量滤纸(5C)过滤。在滤液中加入95%乙醇溶液3mL,硫酸根离子标准贮备液0.5mL,用水定容至30mL。比较两种溶液,测试溶液不应比参比溶液更浑浊。

(2)钙不大于0.02%。取磷钼酸1.0g用水溶解并定容至100mL,作为测试溶液。取磷钼酸1.0g溶于水50mL,加入钙标准液(0.1mg/mL)1mL,加水定容至100mL,作为参比溶液。用原子吸收光谱仪测定测试溶液和参比溶液的吸光度值。测试溶液的吸光度值不超过测试溶液与参比溶液的吸光度值之差。

操作条件

光源:钙空心阴极灯。

波长:422.7nm。

载气:一氧化二氮。

燃气:乙炔。

717. 磷酸(Phosphoric Acid)　H_3PO_4[K9005]。

718. 五氧化二磷(Phosphorous(Ⅴ)Oxide)　P_2O_5[K8342]。

719. 三氯化磷(Phosphorus Trichloride)　PCl_3[K8404:1962]具有刺激性气味的无色,透明液体。在空气中蒸发。

蒸馏:在75℃~78℃被蒸馏的不小于体积的95%。

720. 磷酸化纤维素阳离子交换剂($-O-PO_3H_2$型)　强酸型[Phosphorylated Cellulose Cation Exchanger($-O-PO_3H_2$ Type),Strongly Acidic]。)使用的强酸型阳离子交换剂是由多孔纤维上键合磷酸基团而制得。

721. 邻苯二甲醛(*o*-Phthalaldehyde)　$C_6H_4(CHO)_2$ 淡黄或黄色晶体。

纯度:相关物质将邻苯二甲醛1g溶解于乙醇10mL,作为测试溶液。准确吸取测试溶液1mL,用乙醇稀释定容至100mL,作为参比溶液。分别取测定液和参比溶液10μL,按以下操作条件进行气相色谱分析。每针进样后的运行时间为主峰出峰保留时间的7倍,测量排除溶剂峰的峰面积。测试溶液中除主峰以外的所有峰面积总和不应大于参比溶液的主峰峰面积。

操作条件

检测器:热导检测器。

色谱柱:内径 3mm、长 2m 的玻璃管。

柱填料:

固定液:固相能承载的 10% 甲基硅酮聚合物。

固定相:气相色谱用 177μm ~ 250μm 硅藻土,经酸和硅烷化处理。

柱温:约 180℃ 的恒温。

载气:氦气。

流速:调整使邻苯二甲醛在大约 50mL/min 的恒定流速下的保留时间在 3min ~ 4min。

722. 苯二甲醛试液(Phthalaldehyde TS) 将邻苯二甲醛 0.040g 溶于甲醇 1mL 中,加入 2% 硼酸钠溶液(1→5)1mL 和 2 - 巯基乙醇 0.05mL,混合。密闭避光存存,在配制 1 周内使用。

723. 邻苯二甲酸(Phthalic Acid) $C_8H_6O_4$ 白色结晶粉末。溶于甲醇,微溶于水和二乙酯醚。

含量:邻苯二甲酸($C_8H_6O_4$)不低于 99.0%。

纯度:其他芳香族化合物取邻苯二甲酸 0.0100g,溶于甲醇 30mL,用乙酸溶液(1→100)稀释并定容至 100mL。吸取上述溶液 10.0mL,用乙酸(1→100)/甲醇混合液(7:3)稀释并定容至 100mL。按第九章中苯甲酸(6)纯度的操作条件进行液相色谱分析,应只观察到一个邻苯二甲酸的峰。

含量测定:准确称量邻苯二甲酸 2g,溶解于中性乙醇 50mL,用 0.1mol/L 氢氧化钠溶液滴定(加几滴酚酞指示剂)。

0.1mol/L 氢氧化钠溶液相 1mL = 8.307mg $C_8H_6O_4$

724. 邻苯二甲酸酐(Phthalic Anhydride) $C_6H_4(CO)_2O$[K8887]。

725. 植物甲萘醌(Phytonadione) $C_{31}H_{46}O_2$:日本药典中规定的植物甲萘醌。

726. 苦味酸(Picric Acid) 见 2,4,6 - Trinitrophenol。

727. 聚乙二醇 20 M(Polyethylene Glycol 20M) 使用气相色谱用优质聚乙烯乙二醇 20M 产品。

728. 聚乙二醇 600(Polyethylene Glycol 600) 平均相对分子质量为 560 ~ 640 的产品。

描述:无色或浅黄色透明液体,或有白色块状物。

鉴别:将聚乙二醇 0.05g 溶于稀盐酸 5mL,加入氯化钡(12→100)溶液 1mL 混合。必要时过滤。加入磷钼酸溶液(1→10)1mL,形成黄绿色沉淀。

纯度:(1)pH:4.0 ~ 7.0(5g,水 100mL,25℃)。

(2)黏度(25℃):$100mm^2/s$ ~ $150mm^2/s$。黏度测定取 200 mL 样品,采用旋转黏度计测定。

(3)凝固点:15℃ ~ 25℃。

(4)酸度:以乙酸计不超过 0.1%。聚乙二醇 10g 溶解于无二氧化碳水 50mL 中,加入酚酞溶液 3 滴,用 0.1mol / L 的氢氧化钠滴定。

0.1mol/L 氢氧化钠溶液 1mL = 0.006005g 乙酸。

(5)水分:不超过0.3%(2g,直接滴定法)。

(6)平均相对分子质量:560~640。取邻苯二甲酸酐42g加入已盛有新蒸馏吡啶300mL的1L棕色具塞瓶中,剧烈振摇溶解,静置至少16h。准确取上述溶液25mL于200mL具塞抗压瓶中,加入准确称量的聚乙二醇600约2.4g,加塞密封。用结实的布包裹瓶,在98℃±2℃的下水浴30min。注意水浴时瓶中溶液高度应低于水面高度。取出后室温冷却,准确加入0.5mol/L氢氧化钠50mL,再加入酚酞吡啶溶液(1→100)5滴,用0.5mol/L氢氧化钠滴定。以溶液变红色且15s不退色判定为滴定终点。空白试验按与测试溶液相同的方式进行。平均相对分子质量M接下式计算:

$$M = m \times 4000/(a - b)$$

式中:

m——样品质量,g;

a——空白试验消耗的0.5mol/L氢氧化钠溶液体积,mL;

b——测试溶液所消耗的0.5mol/L氢氧化钠溶液体积,mL。

729. 聚乙二醇6000(Polyethylene Glycol 6000) 使用气相色谱用的产品。

730. 定量分析用ε-聚赖氨酸盐酸盐(ε-Polylysine Hydrochloride for Assay) 白色至浅黄色粉末。

鉴定:向含ε-聚赖氨酸盐酸盐0.1g的100mL磷酸盐缓冲液中(pH 6.8)中加入甲基橙1mL。有红褐色沉淀物生成。

纯度:相关物质 取ε-聚赖氨酸盐酸盐0.015g溶于第九章中ε-聚赖氨酸含量测定规定的流动相100mL中,作为测试溶液。准确吸取测试溶液2mL,用流动相稀释并定容至100mL,作为参比溶液。分别取测定液和参比溶液100μL按以下操作条件进行用液相色谱分析。每针进样后的运行时间为主峰出峰保留时间的2倍,测量峰面积。测试溶液中除主峰以外的所有峰面积总和不应大于参比溶液的主峰峰面积。

操作条件

使用第九章中ε-聚赖氨酸测定规定的操作条件。

731. 聚氧乙烯(23)月桂醚[Polyoxyethylene(23) Lauryl Ether] 日本药典中规定的聚桂醇。

732. 聚山梨醇酯20(Polysorbate 20) 聚山梨醇酯20主要是由环氧乙烷与无水山梨醇单月桂酸酯聚合反应得到。有轻微特殊气味的浅黄色至黄色液体。

鉴别:(1)取聚山梨醇酯20 0.5g,加水10mL和氢氧化钠试液10mL,煮沸5min。加稀盐酸酸化,会分离出油状物质。

(2)取聚山梨醇酯20 50g,按脂类和相关物质测定中规定条件,用氢氧化钾乙醇试液50mL皂化,完全蒸干乙醇。加入水50mL溶解残留物。用盐酸酸化溶液(甲基橙做指示剂)。用乙醚萃取2次,每次30mL。收集合并乙醚层,用水少量多次洗涤乙醚。每次重复用水20mL清洗,直至水变为中性。水浴蒸干醚。残留物的酸价为275~285。皂化使用乙醇氢氧化钾试液50mL。

酸价:不超过4.0。

皂化值:43~55。

干燥失量:不超过3.0%(5g,105℃,1h)。

灼热残留物：不大于1.0%。取聚山梨醇酯203g，缓慢加热之后，800℃～1200℃灼热至完全碳化。如果有碳化物存在，加热水并用5C号定量滤纸过滤。将带有残留物的滤纸灼热。向残留物中加入滤液，蒸发至干。再次灼热直至无碳化合物。如果此时还有碳化物，加入乙醇15mL，用玻璃棒捣碎炭化物质，点燃乙醇燃烧，再次灼热。置于盛有硅胶的干燥器中冷却后准确称量。

733. 聚山梨醇酯80(Polysorbate 80) 日本药典规定的聚山梨醇酯80。

734. 多孔阴离子离子交换剂(Porous Anion Exchanger) 使用离子色谱用产品。

735. 乙酸钾(Potassium Acetate) [K8363]。

736. 十二水合硫酸铝钾(Potassium Aluminum Sulfate Dodecahydrate) $AlK(SO_4)2 \cdot 12H_2O$ [十二水硫酸铝钾，K8255]。

737. 苄青霉素钾(Potassium Benzylpenicillin) 日本药典规定的苄青霉素钾。

738. 重铬酸钾(Potassium Bichromate) 见 Potassium Dichromate。

739. 重铬酸钾(标准试剂)[Potassium Bichromate(Standard Reagent)] 见 Potassium Dichromate(Standard Reagent)。

740. 溴酸钾(Potassium Bromate) $KBrO_3$[K8530]。

741. 溴酸钾－溴化钾试液(Potassium Bromate－Potassium Bromide TS) 称量溴酸钾1.4g和溴化钾8.1g，混合，加水溶解至100mL。

742. 溴化钾(Potassium Bromide) KBr[K8506]。

743. 红外吸收光谱用溴化钾(Potassium Bromide for Infrared Absorption Spectrophotometry) 按如下方式制备粉末：碾碎溴化钾单晶或溴化钾，取通过74μm标准筛筛出的部分。120℃干燥10h或500℃干燥5h。该粉末压片的红外吸收光谱无特征吸收。

744. 无水碳酸钾(Potassium Carbonate, Anhydrous) K_2CO_3[碳酸钾，K8615]。

745. 氯酸钾(Potassium Chlorate) $KClO_3$[K8207]。

746. 氯化钾(Potassium Chloride) KCl[K8121]。

747. 氯化钾－盐酸试液(Potassium Chloride－Hydrochloric Acid TS) 称量氯化钾250g，加入盐酸8.5mL，水750mL溶解。

748. 铬酸钾(Potassium Chromate) K_2CrO_4[K8312]。

749. 氰化钾(Potassium Cyanide) KCN[K8443]。

750. 重铬酸钾(Potassium Dichromate) $K_2Cr_2O_7$[K8517]。

751. 重铬酸钾(标准试剂)(Potassium Dichromate(Standard Reagent)) $K_2Cr_2O_7$[容量分析用参考物质，K8005]。

752. 铁氰化钾(Potassium Ferricyanide) 见 Potassium Hexacyanoferrate(Ⅲ)。

753. 亚铁氰化钾(Potassium Ferrocyanide) 见 Potassium Hexacyanoferrate(Ⅱ)。

754. 六氰合亚铁酸钾(Potassium Hexacyanoferrate(Ⅱ)) 见 Potassium Hexacyanoferrate(Ⅱ) Trihydrate。

755. 六氰基高铁(Ⅲ)酸钾(Potassium Hexacyanoferrate(Ⅲ)) $K_3[Fe(CN)_6]$[K8801]。

756. 三水合亚铁氰化钾(Ⅱ)(Potassium Hexacyanoferrate(Ⅱ) Trihydrate) $K_4Fe(CN)_6 \cdot 3H_2O$[K8802]。

757. 六烃基锑酸钾(Ⅴ)[Potassium Hexahydroxoantimonate(Ⅴ)] $K[Sb(OH)_6]$

[K8778:1980]白色颗粒或结晶粉末。

鉴别:(1)六烃基锑酸(V)溶液(1→100)火焰反应呈紫色。

(2)取按鉴别(1)配制的溶液20mL,加入10% 氯化钾溶液10mL,在15min内无沉淀生成。

(3)取按鉴别(1)配制的溶液20mL,加入氨溶液溶液数滴和10% 氯化铵10mL。在15min内无沉淀生成。

758. 邻苯二甲酸氢钾(Potassium Hydrogen Phthalate) $C_6H_4C_6H_4$(COOK)(COOH)[K8809]。

759. pH测定用邻苯二甲酸氢钾(Potassium Hydrogen Phthalate for pH Determination) C_6H_4(COOK)(COOH)[配制pH标准溶液用,K8809]。

760. 焦锑酸氢钾(Potassium Hydrogen Pyroantimonate) 见Potassium Hexahydroxoantimonate(V)。

761. 焦锑酸氢钾试液(Potassium Hydrogen Pyroantimonate TS) 称量焦锑酸氢钾2g,加水100mL,煮约5min,迅速冷却。加入氢氧化钾溶液(3→20)10mL,静置24h,过滤。

762. 硫酸氢钾(Potassium Hydrogen Sulfate) $KHSO_4$[K8972]。

763. 氢氧化钾(Potassium Hydroxide) KOH[K8574]。

764. 氢氧化钾乙醇试液(Potassium Hydroxide TS, Ethanolic) 取氢氧化钾35g,用水20mL溶解,加乙醇至1000mL。塞紧瓶塞保存。

765. 10%氢氧化钾乙醇试液(10% Potassium Hydroxide TS, Ethanolic) 取氢氧化钾10g,用乙醇溶解配制成100mL,现配现用。

766. 35%氢氧化钾甲醇试液(35% Potassium Hydroxide TS, Methanolic) 取氢氧化钾5g,用水25mL溶解。加甲醇配制成100mL。塞紧瓶塞保存。

767. 碘酸钾(标准试剂)(Potassium Iodate(Standard Reagent)) KIO_3[容量分析用标准物质,K8005]。

768. 碘酸钾试液(Potassium Iodate TS) 取钾碘酸(标准试剂)7.1g,用水溶解配制成1000mL。避光贮存。

769. 碘化钾(Potassium Iodide) KI[碘化钾,K8913]。

770. 碘化钾试液(Potassium Iodide TS) 取碘化钾16.5g,用水溶解至100mL。避光保存。

771. 碘化钾-淀粉试纸(Potassium Iodide-Starch Paper) 将一张滤纸浸没在新配制的碘化钾-淀粉试液中,置洁净房间干燥。贮存在具塞玻璃瓶中塞,避光保存,防止吸潮。

772. 碘化钾-淀粉试液(Potassium Iodide-Starch TS) 取淀粉0.5g,加入水50mL~60mL,加热溶解。加入钾化碘0.5g,加水溶解稀释至100mL。

773. 硝酸钾(Potassium Nitrate) KNO_3[K8548]。

774. 高碘酸钾(Potassium Periodate) KIO_4[K8249]。

775. 高锰酸钾(Potassium Permanganate) $KMnO_4$[K8247]。

776. 酒石酸钾钠(Potassium Sodium Tartrate) 见Potassium Sodium Tartrate Tetrahydrate。

777. 四水合酒石酸钾钠(Potassium Sodium Tartrate Tetrahydrate) NaOOCCH(OH)CH(OH)COOK·$4H_2O$[四水合酒石酸(+)-钾钠,K8536]。

778. 硫酸钾(Potassium Sulfate)　K_2SO_4[K8962]。

779. pH 测定用四草酸钾(Potassium Tetraoxalate for pH Determination)　见 Potassium Trihydrogen Dioxalate Dihydrate for pH Determination。

780. 硫氰酸钾(Potassium Thiocyanate)　KSCN[K9001]。

781. pH 测定用二水合四草酸钾(Potassium Trihydrogen Dioxalate Dihydrate for pH Determination)　$KH_3(C_2O_4)_2 \cdot 2H_2O$ [K8474]。

782. 土豆提取物(Potato Extract)　用于微生物限量试验的土豆提取制品。

783. 牛胆汁粉(Powdered Cattle Bile)　用于微生物限量试验。

784. 丙醇(Propanol)　见 1 - Propanol。

785. 1 - 丙醇(1 - Propanol)　$CH_3CH_2CH_2OH$[K8838]。

786. 异丙醇(2 - Propanol)　$(CH_3)_2CHOH$[K8839]。

787. 维生素 A 测定用异丙醇(2 - Propanol for Vitamin A Determination)　以重蒸水作为参比,测定异丙醇的吸光度值。在 320nm ~ 350nm 范围,吸光度值不大于 0.01,在 300nm 不大于 0.05。

788. 丙酸(Propionic Acid)　C_2H_5COOH"Propionic Acid"。

789. 异丙醇(Propyl Alcohol, Iso)　见 2 - Propanol。

790. 维生素 A 测定用异丙醇(Propyl Alcohol, Iso, for Vitamin A Determination)　见 2 - Propanol for Vitamin A Determination。

791. 碳酸丙烯酯(Propylene Carbonate)　$C_4H_6O_3$ 无色液体。

沸点:240℃ ~ 242℃。

水分含量:不大于 1mg/g。

792. 氯丙醇(Propylene Chlorohydrin)　$CH_3CH(OH)CH_2Cl$ 无色到浅黄色的液体。溶于水、乙醇、乙酸乙酯。

含量:70% 的氯丙醇和 30% 2 - 氯 - 1 - 异丙醇。

折射率 n_D^{20}:1.4390 ~ 1.4410。

相对密度 $d_4{}^D$:1.111 ~ 1.115。

沸点:126℃ ~ 127℃。

793. 丙二醇(Propylene Glycol)　$CH_3CH(OH)CH_2OH$[K8837]。

794. 支链淀粉酶(Pullulanase)　一种从杆菌、克雷氏杆菌、极端嗜热古菌等获得的能分解支链淀粉的酶(支链淀粉 - 6 葡萄糖水解酶, EC 3.2.1.41)。它能水解 α - 1,6 - 糖苷键产生麦芽三糖。

活力单位:一单位的支链淀粉酶相当于在 pH 5.0 和 30℃, 1min, 使支链淀粉释放 1μmol 麦芽三糖的酶量。

795. 支链淀粉酶试液(Pullulanase TS)　将支链淀粉酶溶于水中,使每 1mL 溶液含 10 个酶活力单位。

796. 纯盐酸(Purified Hydrochloric Acid)　见 Hydrochloric Acid, Purified。

797. 纯水(Purified Water)　日本药典中规定的纯水。

798. 离子色谱用纯水(Purified Water for Ion Chromatography)　电导率不大于 1μS/cm 的重蒸馏纯水。

799. 吡啶(Pyridine)　C_5H_5N[K8777]。

800. 脱水吡啶(Pyridine,Dehydrated)　C_5H_5N 取吡啶 100mL,加入氢氧化钾 10g,溶解后静置 24h,取上清液进行蒸馏。

801. 水分测定用吡啶(Pyridine for Water Determination)　C_5H_5N[K8777]吡啶水分小于 0.1%(质量浓度)。使用的吡啶按以下方法制取:在吡啶中加入氢氧化钾或氯化钡,密闭,静置几天。蒸馏该混合物,注意避免吸潮。储存要注意防止吸潮。

802. 吡啶－吡唑啉酮试液(Pyridine－Pyrazolone TS)　取 1－苯基－3－甲基－5－吡唑啉酮 0.20g,加入约 75℃的水 100mL,振摇溶解,冷却至室温(并不需要完全溶解)。取 1－苯基－3－甲基－5－吡唑啉酮 0.020g 溶于吡啶 20mL 中。将两种溶液充分混合。

803. 吡啶－氢氧化钠试液(Pyridine－Sodium Hydroxide TS)　取氢氧化钠 1.2g 溶于水 200mL 中,加入吡啶 100mL,混匀。

804. 1－(2－吡啶偶氮)－2 萘酚(1－(2－Pyridylazo)－2－naphthol)　$C_{15}H_{11}N_3O$,桔黄色与桔红色粉末。

吸光率:取 1－(2－吡啶偶氮)－2 萘酚 0.025g 用甲醇溶解并定容至 100mL。取该溶液 2.0mL,用甲醇稀释定容至 50mL。按紫外可见分光光度法规定步骤测其吸光值,在 470nm 的吸光率不大于 0.55。

熔点:137℃ ~140℃。

纯度:澄清度和溶液颜色 将 1－(2－吡啶偶氮)－2－萘酚 0.025g 溶于 100mL 甲醇中,溶液澄清,呈橙黄色。

灼热残留物:不大于 1.0%。

灵敏度:取 1－(2－吡啶偶氮)－2－萘酚甲醇溶液(1→4000)0.2mL,加入水 50mL,甲醇 30mL 和乙酸缓冲液 10mL。溶液呈黄色。加入二水氯化铜(Ⅱ)溶液(1→600)1 滴,溶液变成红紫色。再加入乙二胺四乙酸二钠稀溶液(1→10)1 滴,溶液转为黄色。

805. 邻苯三酚(Pyrogallol)　$C_6H_3(OH)_3$[K8780]。

806. 碱性邻苯三酚溶液(Pyrogallol Solution,Alkaline)　取邻苯三酚 4.5g 于洗气瓶中,吹入氮气 2min ~3min 排除空气。将氢氧化钾 65g 用水 85mL 溶解的溶液加入该瓶中,以同样方式通入氮气排除空气。

807. 吡咯(Pyrrole)　C_4H_4NH[K8787:1961]无色透明有特殊气味的液体。在空气中逐渐变成棕色。

鉴别:将吡咯 0.5g 溶于 50%(体积分数)乙醇,加入硝普钠 1mL 和氢氧化钠溶液(1→20)5mL。溶液由黄绿色逐渐变为绿色。加热煮沸,并加乙酸酸化,溶液变成蓝色。

折射率:0.965 ~0.975。

808. 喹哪啶红(Quinaldine Red)　$C_{21}H_{23}IN_2$ 晶体粉末,溶于乙醇。将喹哪啶红溶于甲醇(0.005→1000)溶液 1000mL 中,该溶液在 526nm 处有最大吸收量。在最大吸收波长的吸光度不小于 0.5。

809. 喹哪啶红试液(Quinaldine Red TS)　取喹哪啶红 0.1g,用乙酸 100mL 溶解,现配现用。

810. 喹啉(Quinoline)　C_9H_7O[K8279]。

811. 莱苞迪甙 A(Rebaudioside A)　$C_{44}H_{70}O_{23}$ 白色结晶或晶体粉末。

旋光度$[\alpha]_D^{20}$:$-20° \sim -24°$。取预先经110℃干燥2h的莱苞迪甙A 0.05g,溶于甲醇50mL。测其旋光度。

熔点:239℃~244℃。

812. 重蒸水(Redistilled Water) 用硬质玻璃蒸馏装置再次蒸馏蒸馏水获得。

813. 红色石蕊试纸(Red Litmus Paper) 见Litmus Paper,Red。

814. 红磷P(Red Phosphorus P) [K8595:1961]无嗅暗红色粉末。

含量:磷(P)的含量不小于98.0%。

纯度:游离磷酸以H_3PO_4计含量不小于0.5%。准确称取红磷5g,加入20%氯化钠溶液10mL,充分搅拌。继续加入20%氯化钠溶液50mL,静置1h,过滤。用20%氯化钠溶液洗涤滤纸残留物3次,每次10mL。合并滤液和洗液。以麝香草酚蓝为指示剂,用0.1mol/L的氢氧化钠滴定。

0.1mol/L氢氧化钠溶液1mL=4.900g H_3PO_4。

含量测定:准确称取红磷约0.5g,加入溴饱和硝酸溶液30mL。静置1h,水浴加热,直至溴颜色褪去,冷却。加入氯酸钾1g和盐酸10mL,静置10min,水浴缓慢加热蒸发溶液至5mL。加入水200mL,继续加热数分钟,冷却并过滤,用水洗涤滤纸上的残留物,合并洗涤液和滤液,用水定容至500mL。准确取该溶液25mL,加入柠檬酸0.5g,以溴麝香草酚蓝试剂为指示剂,用氨溶液溶液中和。再在该溶液中边搅拌边加入氧化镁试液10mL。逐滴加入稀氨溶液溶液(1→10)直至不再生成新沉淀。按所得溶液体积的1/10量加入氨溶液溶液,搅拌,静置3h。过滤,用稀氨溶液溶液(1→10)洗涤滤纸。灼热残留物,冷却,准确称量。

$$P = \frac{m_1 \times 0.2783 \times 20}{m} \times 100 - X \times 0.3161$$

式中:

m_1——沉淀($Mg_2P_2O_7$)质量,g;

m——样品质量,g;

X——游离磷酸含量,%。

815. 间苯二酚(Resorcin) 见Resorcinol。

816. 间苯二酚(Resorcinol) $C_6H_4(OH)_2$[K9232]。

817. 定量分析用D-核糖(D-Ribose for Assay) $C_5H_{10}O_5$白色晶体或晶状粉末。

鉴别:向煮沸的菲林试剂5mL中加入10% D-核糖溶液2滴~3滴,会有红色沉淀生成。

纯度:(1)旋光度$[\alpha]_D^{20}$:$-18° \sim -22°$,取D-核糖1g,加入氨溶液0.2mL和少量水溶解并用水定容至50mL,测定该溶液旋光度。

(2)相关物质:取0.5g D-核糖溶于25mL水中,作为测试溶液。准确吸取测试溶液1mL用水稀释定容至100mL,作为参比溶液。分别取测定液和参比溶液10μL,按以下操作条件进行液相色谱分析。每针进样后的运行时间为主峰出峰保留时间的2倍,测量峰面积。测试溶液中除主峰以外的所有峰面积总和不应大于参比溶液的主峰峰面积。

测试溶液测试溶液操作条件

参照第九章中D-核糖含量测定规定的操作条件。

水分含量:不大于1.0%(1.0g,直接滴定)。

818. 定量分析用芦丁(Rutin for Assay) $C_{27}H_{30}O_{16} \cdot 3H_2O$ 淡黄色到淡黄绿色的晶状粉末。

鉴别:以溴化钾压片法测定芦丁的红外吸收光谱,在 $1655cm^{-1}$、$1605cm^{-1}$、$1505cm^{-1}$、$1360cm^{-1}$、$1300cm^{-1}$、$1200cm^{-1}$ 和 $810cm^{-1}$ 等处有特征吸收。

纯度:(1)旋光系数 $E_{1cm}^{1\%}$(最大吸收波长接近 350nm);不小于 290nm。准确称取预先经 135℃干燥 2h 的芦丁约 0.05g,用甲醇溶解并定容至 100mL。取该溶液 2mL 用甲醇稀释定容至 100mL,按紫外 - 可见分光光度法测定其吸光度。

(2)相关物质:将芦丁 0.5g 溶于甲醇 25mL 中,取水 - 乙腈 - 磷酸(800:200:1)混合溶液 5mL 稀释至 50mL,作为测试溶液。取 1mL 测试溶液,加入 5mL 甲醇,用水 - 乙腈 - 磷酸(800:200:1)混合溶液稀释定容至 50mL,作为参比溶液。分别取测定液和参比溶液 20μL,按以下操作条件进行液相色谱分析。每针进样后的运行时间为主峰出峰保留时间的 2 倍,测量峰面积。测试溶液中除主峰以外的所有峰面积总和不应大于参比溶液的主峰峰面积。

操作条件

检测器:紫外检测器(检测波长:254nm)。

色谱柱:内径 3mm ~ 6mm,长 15cm ~ 25cm 的不锈钢柱。

填料:5μm ~ 10μm 液相色谱用十八烷基键合硅胶。

柱温:40℃。

流动相:水/乙腈/磷酸按 800:200:1 配制的混合液。

流速:将芦丁的保留时间调整为 8min ~ 12min 范围。

819. 水杨醛(Salicylaldehyde) HOC_6H_4CHO[K8390]。

820. 水杨酸(Salicylic Acid) HOC_6H_4COOH[K8392]。

821. 水杨酸 - 甲醇试液(Salicylic Acid - Methanol TS) 取水杨酸 10g,用水分测定用甲醇 100mL 溶解。现用现配。

822. 定量分析用知母皂苷元(Sarsasapogenin for Assay) $C_{27}H_{44}O_3$ 白色、无臭的晶状粉末。

鉴别:取知母皂苷元 5g 溶于乙酸乙酯 5mL。取 2mL 用薄层色谱分析。以正己烷/乙酸乙酯混合溶液(2:1)作为展开剂。预先经 110℃,1h 干燥的丝兰萃取物为薄层层析固定相。当展开剂上升距起始线 8cm 处停止展开,取出板晾干。喷洒上 *p* - 茴香醛 - 硫酸试液,置 110℃加热 10min,在 $R_f = 0.55$ 处可观察到黄绿色到蓝绿色的主斑。

纯度:相关物质 取知母皂苷元 0.10g 溶于乙酸乙酯 10mL 中作为测试溶液。取测试溶液 1mL 用乙酸乙酯稀释定容至 50mL,作为参比溶液。各取测试溶液和参比溶液 5μL,按鉴别中规定条件进行薄层色谱分析。测试溶液所获色斑颜色除主色斑外,其他色斑颜色不得深于参比溶液的主色斑。

水分:不大于 8.0%(1.0g,直接滴定)。

823. 海砂(Sea Sand) [K8222]。

824. 氧化硒(Selenium Dioxide) SeO_2[k8706:1994] 白色晶体,加热升华。

灼热残留物 不大于 0.05%。

825. 硅胶(Silica Gel) 日本工业标准的储藏用硅胶干燥剂 A。

826. 气相色谱用硅胶(Silica Gel for Gas Chromatography) 采用气相色谱用硅胶。

827. 液相色谱用硅胶(Silica Gel for Liquid Chromatography) 采用液相色谱用硅胶。

828. 薄层色谱用硅胶(Silica Gel for Thin - Layer Chromatography) 采用薄层色谱的高品质硅胶。

829. 薄层色谱用硅胶(含荧光指示剂)[Silica Gel for Thin - Layer Chromatography(Containing Fluorescent Indicator)] 采用薄层色谱用的添加了荧光指示剂的硅胶。

830. 硅油(Silicone Oil) 无色、无嗅的清澈液体。

运动黏度:$50mm^2/s \sim 100mm^2/s$。

831. 硅树脂(Silicone Resin) 浅灰色,半透明,几乎无嗅味的黏稠液体或膏状物质。

折光率和黏度:将硅树脂15g置于索氏提取器中,用四氯化碳150mL抽取3h。水浴蒸发抽取液后所获得物质的运动黏度为$100mm^2/s \sim 1100mm^2/s$(25℃),折光率为1.400~1.410(25℃)。

相对密度:0.98~1.02。

干燥失量:0.45g~2.25g(100℃,1h)取用于折光率和黏度试验的提取物质测残留物进行试验。

832. 二乙基二硫代氨基甲酸银(Silver Diethyldithiocarbamate) 见Silver *N*,*N* - Diethyldithiocarbamate。

833. *N*,*N* - 二乙基二硫代氨基甲酸银(Silver *N*,*N* - Diethyldithiocarbamate) $C_5H_{10}AgNS$[k9512]。

834. 二乙基二硫代氨基甲酸银 - 喹啉试液(Silver Diethyldithiocarbamate - Quinoline TS) 取预先磨成细粉的二乙基二硫代氨基甲酸银0.05g,用喹啉100mL溶解,再加入二乙基二硫代氨基甲酸银0.2g。现用现配。

835. 硝酸银(Silver Nitrate) $AgNO_3$[K550]。

836. 硝酸银 - 氨试液(Silver Nitrate - Ammonia TS) 取硝酸银1g用水20mL溶解。边搅拌边逐滴加入氨试液,直至沉淀几乎完全消失,过滤。存于塞紧瓶塞,避光容器中保存。

837. 硫酸银(Silver Sulfate) Ag_2SO_4[K8965]。

838. 硅烷化试剂(Silylation TS) 将二甲基甲酰胺2mL添加的N,O - 双(三甲基硅烷基)乙酰胺3mL中溶解,现配现用。

839. 脱脂牛奶(Skimmed Milk) 采用预先去除脂肪的几乎完全脱水原料乳或牛乳生产的粉末。

840. 碱石灰(Soda Lime) [唯一用于吸附二氧化碳,K8603]。

841. 乙酸钠(Sodium Acetate) 见Sodium Acetate Trihydrate。

842. 无水乙酸钠(Sodium Acetate,Anhydrous) CH_3COONa [Sodium Acetate,K8372]。

843. 三水合乙酸钠(Sodium Acetate Trihydrate) $CH_3COONa \cdot 3H_2O$。

844. 硼酸钠(Sodium Borate) 见Sodium Tetraborate Decahydrate。

845. pH测定用硼酸钠(Sodium Borate for pH Determination) 见Sodium Tetraborate Decahydrate for pH Determination。

846. 溴化钠(Sodium Bromide) NaBr[K8514]。

847. 碳酸钠(Sodium Carbonate) 见Sodium Carbonate Decahydrate。

848. 碳酸钠(标准试剂)(Sodium Carbonate(Standard Reagent)) Na_2CO_3[容量分析用

参考物质,K8005]。

849. 无水碳酸钠(Sodium Carbonate,Anhydrous) Na_2CO_3[碳酸钠,K8150]。

850. 十水合碳酸钠(Sodium Carbonate Decahydrate) $Na_2CO_3 \cdot 10H_2O$ [K8624]。

851. pH 测定用碳酸钠(Sodium Carbonate for pH Determination) Na_2CO_3[仅用于 pH 标准液,K8625]。

852. 氯化钠(Sodium Chloride) NaCl[K8150]。

853. 氯化钠(标准试剂)(Sodium Chloride(Standard Reagent)) NaCl [容量分析用标准物质,K8005]。

854. 柠檬酸钠(Sodium Citrate) 见 Trisodium Citrate Dihydrate。

855. 亚硝酸钴钠(Sodium Cobaltinitrite) 见 Sodium Hexanitrocobaltate(Ⅲ)。

856. 亚硝酸钴钠试液(Sodium Cobaltinitrite TS) 取亚硝酸钴钠 30g 用水溶解并定容至 100mL,现用现配。

857. 脱氧胆酸钠(Sodium De(s)oxycholate) $C_{24}H_{39}NaO_4$白色、无味的晶状粉末。

鉴别:干燥脱氧胆酸钠,以"溴化钾压片法"测定其红外吸收光谱,在 $3400cm^{-1}$、$2940cm^{-1}$、$1562cm^{-1}$和 $1408cm^{-1}$等波长处有特征吸收。

纯度:相关物质 取脱氧胆酸钠 0.10g 溶于甲醇 10mL 中,作为试样液。吸取试样液 1mL 用甲醇稀释并定容至 100mL,作为标准液。分别取试样液和标准液 10mL 按"薄层色谱"规定的步骤分析,以涂布薄层色谱用硅胶的薄层板为固定相,以正丁醇/甲醇/乙酸混合溶液(80:40:1)作为展开剂。当展开剂上升距起始线约 10cm 处停止展开,均匀喷洒上硫酸,105℃干燥 10min。试样液中除主色斑外其他色斑应不深于标准溶液的色斑。

858. 二乙基二硫代氨基甲酸钠(Sodium Diethyldithiocarbamate) 见 Sodium *N*,*N* – Diethyldithiocarbamate Trihydrate。

859. *N*,*N* – 二乙基二硫氨甲酸钠(Sodium *N*,*N* – Diethyldithiocarbamate Trihydrate) $(C_2H_5)_2NCS_2Na \cdot 3H_2O$。

860. 连二亚硫酸钠(Sodium Dithionite) $Na_2S_2O_4$[K8737]。

861. 氟化钠(Sodium Fluoride) NaF[K8821]。

862. 甲酸钠(Sodium Formate) HCOONa[K8267]。

863. 六硝基钴酸钠[Sodium Hexanitrocobaltate(Ⅲ)] $Na_3[Co(NO_2)_6]$[K8347]。

864. 碳酸氢钠(Sodium Hydrogen Carbonate) $NaHCO_3$[K8622]。

865. pH 测定用碳酸氢钠(Sodium Hydrogen Carbonate for pH Determination) $NaHCO_3$ [仅作为 pH 标准溶液,K8622]。

866. 硫酸氢钠(Sodium Hydrogen Sulfate) 见 Sodium Hydrogen Sulfate Monohydrate 。

867. 一水硫酸氢钠(Sodium Hydrogen Sulfate Monohydrate) $NaHSO_4 \cdot H_2O$ [K8973:1992]白色晶体或晶状粉末,一水硫酸氢钠的水溶液呈酸性。

含量:98.0% ~102.0 %。

鉴别:在碳酸氢钠溶液(1→10)5mL 中加入氯化钡溶液(1→10)1mL,会有白色沉淀生成。

含量测定:准确称取硫酸氢钠 4g,溶于新煮沸冷却水 50mL 中。用 1mol/L 氢氧化钠溶液滴定(加入溴麝香草酚蓝 1 滴 ~2 滴为指示剂)。

1mol/L 氢氧化钠溶液 1mL = 138.1mg $NaHSO_4$ · H2O

868. 亚硫酸氢钠(Sodium Hydrogen Sulfite) $NaHSO_3$[K8059]。

869. 亚硫酸氢钠试液(Sodium Hydrogen Sulfite TS) 取亚硫酸氢钠 10g,用 30mL 水溶解。现用现配。

870. 酒石酸氢钠(Sodium Hydrogen Tartrate) 见 Sodium Hydrogen Tartrate Monohydrate。

871. 一水合酒石酸氢钠(Sodium Hydrogen Tartrate Monohydrate) HOO(CH(OH)CH(OH)COO Na · H_2O [一水(+)-酒石酸氢钠,K8538]。

872. 连二亚硫酸钠(Sodium Hydrosulfite) 见 Sodium Dithionite。

873. 氢氧化钠(Sodium Hydroxide) NaOH[K8576]。

874. 氢氧化钠试液(Sodium Hydroxide TS) 取氢氧化钠 4.3g,用水溶解至 100mL,存于聚乙烯瓶中。

875. 0.5mol/L 氢氧化钠(0.5mol/L Sodium Hydroxide TS) 见 Sodium Hydroxide TS, 0.5mol/L。

876. 氢氧化钠,0.5mol/L(Sodium Hydroxide TS,0.5 mol/L) 将氢氧化钠 22g,用水溶解至 100mL,存于聚乙烯瓶中。

877. 稀释氢氧化钠试液(Sodium Hydroxide TS,Dilute) 将氢氧化钠 4.3g 用新煮沸后冷却的水溶解配制成 1000mL。现用现配(0.1 mol/L)。

878. 5% 氢氧化钠甲醇试液(5% Sodium Hydroxide TS,Methanolic) 将氢氧化钠 5g 溶于水 5mL,加甲醇至 100mL。静置后取上清液备用。

879. 次氯酸钠(Sodium Hypochlorite) NaClO 使用产品的有效氯不小于 5%。

880. 次氯酸钠试液(Sodium Hypochlorite TS) 使用产品的有效氯含量为 5%。

881. 次氯酸钠-氢氧化钠试液(Sodium Hypochlorite - Sodium Hydroxide TS) 所取次氯酸钠试液量相当于次氯酸钠(NaClO = 74.44)1.05g,加入氢氧化钠 15g,用水稀释至 1000mL,现配现用。

882. 碘化钠(Sodium Iodide) NaI[K8918:1994]白色,易潮解的晶状粉末。

含量:干燥后碘化钠(NaI)含量不小于 99.5%。

鉴别:取碘化钠(1→200)在无色火焰中灼热呈黄色火焰。

干燥失量:不大于 0.5%(110℃,2h)

含量测定:准确称取预先干燥碘化钠约 0.5g,置于 300mL 具塞锥形瓶中,加入水 25mL 溶解,冷却至 5℃以下。再加入盐酸 35mL 和三氯甲烷 5mL,每步添加都应冷却至 5℃以下后进行。用 0.05mol/L 碘化钾溶液滴定,持续摇晃,直至水相中碘的颜色消失。紧塞后充分振摇。逐滴加入 0.05mol/L 碘化钾溶液,每加 1 滴充分振摇,以三氯甲烷层紫色消失作为滴定终点。

0.05mol/L 碘化钾溶液 1mL = 14.99mg 碘化钠

883. 十二烷基硫酸钠(Sodium Lauryl Sulfate) 日本药典中规定的十二烷基硫酸钠。

884. 十二烷基硫酸钠-丙二醇试液(Sodium Lauryl Sulfate - Propylene Glycol TS) 取十二烷基硫酸钠 1g 溶于水 80mL 中,加入丙二醇 20mL,混匀。

885. 过碘酸钠(Sodium Metaperiodate) $NaIO_4$[高碘酸钠,K8256]。

886. 过碘酸钠试液(Sodium Metaperiodate TS) 取过碘酸钠 1.25g 水溶解至 100mL。

887. 钼酸钠(Sodium Molybdate) 见"Disodium Molybdate(Ⅵ)Dihydrate 87。

888. 亚硝酸钠(Sodium Nitrite) $NaNO_2$[K8019]。

889. 硝普酸钠(Sodium Nitroprusside) 见 Sodium Pentacyanonitrosylferrate(Ⅲ)Dihydrate。

890. 硝普酸钠试液(Sodium Nitroprusside TS) 取硝普钠 1g,用水溶解至 20mL,现用现配。

891. 草酸钠(标准试剂)[Sodium Oxalate(Standard Reagent)] NaOCOCOONa [容量分析用标准化物质,K8005]。

892. 二水硝普钠[Sodium Pentacyanonitrosylferrate(Ⅲ)Dihydrate]

$Na_2[Fe(CN)_5NO] \cdot 2H_2O$ [K8722]。

893. 甘氨酸测定用过碘酸钠(Sodium Periodate TS for Glycerol) 将稀释硫酸溶液(3→1000)12mL 与新煮沸后冷却水 38mL 混合。加入过碘酸钠 6g,用新煮沸后冷却的水定容 100mL。必要时过滤。

894. 硫酸钠 见 Sodium Sulfate Decahydrate。

895. 无水硫酸钠(Sodium Sulfate, Anhydrous) Na_2SO_4[硫酸钠,K8987]。

896. 十水硫酸钠(Sodium Sulfate Decahydrate) $Na_2SO_4 \cdot 10H_2O$[K8986]。

897. 硫化钠(Sodium Sulfide) 见 Sodium Sulfide Nonahydrate。

898. 九水硫化钠(Sodium Sulfide Nonahydrate) $Na_2S \cdot 9H_2O$[K8949]。

899. 硫化钠试液(Sodium Sulfide TS) 取硫化钠 5g,用水 10mL 与 30mL 甘油的混合溶液溶解。或取氢氧化钠 5g,用水 30mL 与甘油 90mL 的混合液溶解。取一半体积所配制的溶液,用硫化氢饱和并冷却。将该饱和溶液与前面剩下的另一半溶液混合。装于小瓶中,接近充满,塞紧,避光保存。有效期 3 个月。

900. 无水亚硫酸钠(Sodium Sulfite, Anhydrous) Na_2SO_3[亚硫酸钠,K8061]。

901. 酒石酸钠(Sodium Tartrate) 见 Sodium Tartrate Dihydrate。

902. 二水酒石酸钠(Sodium Tartrate Dihydrate) NaOOCCH(OH)CH(OH)COONa · $2H_2O$[(+)-二水酒石酸钠,K8540]。

903. 十水四硼酸钠(Sodium Tetraborate Decahydrate) $Na_2B_4O_7 \cdot 10H_2O$ 的[K8866]。

904. pH 测定用于十水四硼酸钠 $Na_2B_4O_7 \cdot 10H_2O$ 的[用于 pH 值测定的十水四硼酸钠,K8866]。

905. 硼氢化钠(Sodium Tetrahydroborate) $NaBH_4$(原子吸收光谱法用)。

906. 氨基酸分析用硼氢化钠(Sodium Tetrahydroborate for Amino Acid Analysis) $NaBH_4$,使用氨基酸分析用硼氢化钠。

描述:白色结晶粉末。

907. 硼氢化钠试液(Sodium Tetrahydroborate TS) 溶解硼氢化钠 5g 于 0.1mol/L 氢氧化钠溶液 500mL。

908. 硫代硫酸钠(Sodium Thiosulfate) 见 Sodium Thiosulfate Pentahydrate。

909. 五水硫代硫酸钠(Sodium Thiosulfate Pentahydrate) $Na_2S_2O_3 \cdot 5H_2O$[K8637]。

910. 对甲苯磺酰氯胺钠三水合物(Sodium *p* - Toluenesulfonchloramide Trihydrate) $C_7H_7ClNNaO_2S \cdot 3H_2O$[K8318]。

911. 钨酸钠(Sodium Tungstate) 见 Sodium Tungstate(Ⅵ)Dihydrate。

912. 钨酸钠二水合物(Sodium Tungstate(Ⅵ)Dihydrate)　$Na_2WO_4 \cdot 2H_2O$[K8612]。

913. 0.1%硫酸铁铵盐酸溶液(Solution of Ferric Ammonium Sulfate in Hydrochloric Acid (1in 1000))　现用现配。

914. D-山梨醇(D-Sorbitol)　$C_6H_{14}O_6$"D-山梨醇"。

915. 定量分析用D-山梨醇(D-Sorbitol for Assay)　$C_6H_{14}O_6$称取D-山梨醇80g于500mL锥形瓶中,加90%甲醇,水浴加热,并回流冷凝。冷却,转移至500mL烧杯,加入D-山梨醇40mg作为晶种,混合,静置72h。过滤形成的晶体,用甲醇50mL洗涤。称取重结晶产品40g,加90%甲醇110mL,并重复上述过程,获得2次重结晶产品,将该重结晶产品在80℃减压干燥5h后作为晶种。对2次重结晶产品在80℃减压干燥5h。

916. 大豆蛋白胨(Soybean Peptone)　见Peptone,Soybean。

917. 氯化亚锡(Stannous Chloride)　见Tin(Ⅱ)Chloride。

918. 氯化亚锡试液(Stannous Chloride TS)　称取10g氯化亚锡,加入稀硫酸(3→200)溶解至100mL。

919. 酸性氯化亚锡试液　取氯化亚锡4g,加入无砷盐酸125mL溶解,然后用水稀释至250mL。储存在具玻璃塞的瓶中。有效期1个月。

920. 水溶性胭脂树橙测定用氯化亚锡-盐酸试液(Stannous Chloride-Hydrochloric Acid TS for Watersoluble Annatto)　取氯化亚锡40g,加入盐酸溶解至100mL。塞紧存储。

921. 淀粉(Starch)[K8658]。

922. 淀粉试液(Starch TS)　称取1g淀粉,加入冷水10mL,混匀。一边搅拌一边加入热水200mL,煮沸,直至液体变为半透明。静置冷却,取上清液作为淀粉试液使用。现用现配。

923. 硬脂酸(Stearic Acid)　$C_{18}H_{36}O_2$[K8585]。

924. 定量分析用甜菊糖苷(Stevioside for Assay)　$C_{38}H_{60}O_{18}$白色粉末。

鉴别:取含量测定用甜菊糖苷0.6g溶于水中,加入正丁醇100mL,摇匀,静置。取正丁醇层5mL置于试管中,沿试管内壁加入蒽酮试液5mL。两种溶液交界面转变成蓝色到绿色。

纯度:相关物质 将含量测定用甜菊糖苷0.05g溶于乙腈/水混合物(4:1)50mL中作为测试溶液。准确吸取测试溶液1mL测试溶液,用乙腈/水混合液(4:1)稀释并定容至100mL,作为参比溶液。分别取测试溶液和参比溶液20μL按照以下操作条件进行液相色谱分析。每针进样后的运行时间为主峰出峰保留时间的2倍,测量除溶剂峰以外峰面积。测试溶液中除主峰以外的所有峰面积总和不应大于参比溶液的主峰峰面积。

操作条件

按第九章中甜叶菊苷含量测定的操作条件,调节流动相流速,使甜菊糖苷保留时间约为10min。

干燥失量:不大于5.0%(105℃,2h)。

925. 强乙酸铜试液(Strong Cupric Acetate TS)　见Copper(Ⅱ)Acetate TS,Strong 。

926. 强酸性阳离子交换树脂(Strongly Acidic Cation-exchange Resin)　见Cationexchange Resin,Strongly Acidic。

927. 强酸性阳离子交换树脂(精细)[Strongly Acidic Cation-exchange Resin(Fine)]见Cation-exchange Resin,Strongly Acidic(Fine)。

928. 液相色谱用强酸性阳离子交换树脂(Strongly Acidic Cation-exchange Resin for Liq-

uid Chromatography） 使用液相色谱用强酸性阳离子交换树脂。

929. 强酸性磷酸纤维阳离子交换剂（Strongly Acidic Phosphorylated Cellulose Cation Exchanger） 见 Phosphorylated Cellulose Cation Exchanger（ $-O-PO_3H_2$ Type），Strongly Acidic。

930. 强碱性阳离子交换树脂（Strongly Basic Anion - exchange Resin） 见 Anion - exchange Resin，Strongly Basic。

931. 硝酸锶（Strontium Nitrate） $Sr(NO_3)_2$［K8554］。

932. 气相色谱用苯乙烯-二乙烯基苯多孔聚合物（Styrene - Divinylbenzene Porous Polymer for Gas Chromatography） 使用气相色谱用的产品。

933. 苯乙烯-二乙烯基苯吸附树脂（Styrene - Divinylbenzene Resin for Adsorption） 吸附用多孔树脂。

934. 作为底物溶液用的溶菌酶（Substrate Solution for Lysozyme） 取适量干藤黄细球菌，加入磷酸缓冲溶液（pH6.2）混匀，调节使透光率在640nm波长时为10%，现配现用。

935. 对氨基苯磺酸（Sulfanilic Acid） $NH_2C_6H_4SO_3H$［K8586］。

936. 苯磺酸β-萘酚偶氮染料（Sulfanilic Acid Azo β - Naphthol Color） $C_{16}H_{11}N_2NaO_4S$
4-（2-羟基-1萘酚）苯磺酸钠。橙红色粉末。

吸光系数 $E_{1cm}^{1\%}$（最大吸收波长484nm）：不低于640。称取在真空干燥器干燥24h的苯磺酸β-萘酚0.0100g，用乙酸铵溶液（3→2000）100mL溶解，作为溶液A。取溶液A 10mL，用乙酸铵溶液（3→2000）稀释定容至100mL，测定该溶液的吸光值。

纯度：其他颜色物质 准确吸取溶液A 10mL，用乙酸铵溶液（3→2000）稀释定溶至100mL。取20μL，按第九章中食用黄色5号（5）纯度规定的液相色谱条件进行测定。应仅出现一个色谱峰。

937. 苯磺酸偶氮G盐染料（Sulfanilic Acid Azo G Salt Color） $C_{16}H_9N_2Na_3O_{10}S$
7-羟基-8-（4-磺酸苯基偶氮））-1，3-萘磺酸三钠盐。橙红色粉末。

吸光系数 $E_{1cm}^{1\%}$（最大吸收波长约为475nm）：不低于303。称取在真空干燥器干燥24h的苯磺酸偶氮G盐0.0100g，溶解在乙酸铵溶液（3→2000）100mL中，作为溶液A。取溶液A 10mL，加入乙酸铵溶液（3→2000）稀释并定容至100mL，测定此溶液的吸光值。

纯度：其他颜色物质 准确吸取10mL溶液A，用乙酸铵溶液（3→2000）溶液稀释至100mL。取20μL，按第九章中食用黄色5号的（5）纯度规定的液相色谱条件进行测定。应仅出现一个色谱峰。

938. 苯磺酸偶氮R盐（Sulfanilic Acid Azo R Salt Color） $C_{16}H_9N_2Na_3O_{10}S_3$
3-羟基-4-（4-磺酸苯基偶氮））-2，7-萘磺酸三钠盐。橙红色粉末。

吸光系数 $E_{1cm}^{1\%}$（最大吸收波长近488nm）：不低于432。称取在真空干燥器干燥24h的苯磺酸偶氮R盐0.0100g，溶解在乙酸铵溶液（3→2000）100mL中，作为溶液A。取溶液A 10mL，加入乙酸铵溶液（3→2000）稀释并定容至100mL，测定此溶液的吸光值。

纯度：其他颜色物质 准确吸取溶液A 10mL，加入乙酸铵溶液（3→2000）稀释定容至100mL。取20μL，按第九章中食用黄色5号（5）纯度规定的液相色谱条件进行测定。应仅出现一个色谱峰。

939. 苯磺酸试液（Sulfanilic Acid TS） 称取苯磺酸0.50g，加入稀盐酸20mL，加热溶解，加水至100mL。

940. 二氧化硫(Sulfur Dioxide)　SO_2 有特殊气味的无色气体。将硫酸逐滴加入到浓亚硫酸氢钠溶液中制得。

941. 硫酸(Sulfuric Acid)　H_2SO_4[K8951]。

942. 稀硫酸(Sulfuric Acid, Dilute)　将硫酸 5.7mL 缓慢地加入水 10mL 中,再用水稀释至 100mL。

943. 易碳化物质测定用硫酸(Sulfuric Acid for Readily Carbonizable Substances Determination)　预先按如下步骤测定硫酸的含量,仔细加水使使硫酸浓度为 94.4% ~95.5%。注意不能使用在保存期吸潮而改变浓度的硫酸。

含量测定:准确称取硫酸 2g 置于具塞烧瓶中,加入水 30mL,迅速称量。冷却后,用 1mol/L 氢氧化钠滴定(加入溴麝香草酚蓝 2 滴 ~3 滴作为指示剂)。

1mol/L 氢氧化钠 1mL = 49.04mg 硫酸

944. 15% 硫酸 - 甲醇试液(15% Sulfuric Acid - Methanol TS)　取甲醇 20mL,逐滴加入硫酸 8.2mL,冷却,加甲醇至 100mL。

945. 亚硫酸(Sulfurous Acid)　H_2SO_3[亚硫酸水,K8058]。

946. 鞣酸(Tannic Acid)　$C_{14}H_{10}O_9 \cdot nH_2O$[K8629]。

947. 鞣酸 - 乙酸试液(Tannic Acid - Acetic Acid TS)　称取鞣酸 0.010g,用乙酸 80mL 中溶解,摇匀后加入磷酸 32mL。现配现用。

948. 酒石酸(Tartaric Acid)　见 L - Tartaric Acid。

949. L - 酒石酸(L - Tartaric Acid)　HOOCCH(OH)CH(OH)COOH [L(+) - 酒石酸,K8532]。

950. 4,4' - 四甲基二氨基二苯甲烷 - 柠檬酸试液(Tetrabase - Citric Acid TS)　称取 4,4′- 甲基二氨基二苯甲烷 0.25g 和柠檬酸 1g,混合,用水 500mL 溶解。

951. 四丁基硫酸氢铵(Tetrabutylammonium Hydrogensulfate)　$[(C_4H_9)_4N]HSO_4$ 白色结晶粉末。

含量:四丁基硫酸氢铵 $[(C_4H_9)_4N]HSO_4$ 的含量不小于 98.0%。

澄清度:取四丁基硫酸氢铵 1g 配制的溶液(1→20)几乎完全澄清。

纯度氯:以氯(Cl)计不大于 0.001%。称取四丁基硫酸氢铵 2g 配制成溶液(1→10),加入稀硝酸(1→3)5mL 和硝酸银溶液(1→5)1mL,静置 15min。同时取稀硝酸溶液(1→3)5mL 与硝酸银溶液(1→50)1mL 混合,再加入氯离子标准储备液(1→10)2mL,静置 15min。前者形成的浊度不会大于后者。

含量测定:准确称取四丁基硫酸氢铵 0.7g,用水 100mL 溶解。操作如下:将水加入烧瓶中,煮沸 15min,冷却时烧瓶口连接装有碱石灰管以阻止空气中的二氧化碳进入,用 0.1mol/L 氢氧化钠滴定(指示剂:溴甲酚绿 - 甲基红试液)。

0.1mol/L 氢氧化钠 1mL = 0.03395g $[(C_4H_9)_4N]HSO_4$

952. 四环素(Tetracycline)　$C_{22}H_{24}N_2O_8$ 日本药典规定的四环素盐酸盐。质量(效能)以盐酸四环素质量(效能)表示。$C_{22}H_{24}N_2O_8 \cdot HCl$。

953. 四氢呋喃(Tetrahydrofuran)　C_4H_8O[K9705]。

954. 4,4′ - (对二甲氨基)二苯基甲烷(4,4′ - Tetramethyldiaminodiphenylmethane)

$C_{17}H_{22}N_2$ 白色至青白色,有亮泽的叶状结晶。微溶于水,易溶于乙醚,乙醇和苯。

熔点 90℃ ~91℃。

955. 丝兰萃取物用薄层板(Thin - Layer Plate for Yucca Form Extract) 10cm × 10cm 板，覆盖有 5μm ~7μm 用于薄层色谱硅胶。

956. 2,2′-硫基二乙醇(2,2′-Thiodiethanol) $S(CH_2CH_2OH)_2$ 使用氨基酸测定用的 2,2′-硫基二乙醇产品。

描述:清澈、无色至淡黄色液体。

相对密度:1.178 ~1.188。

水分:小于 0.7%(0.1g 电位滴定)。

957. 定量分析用 β-桧酚酮(β-Thujaplicin for Assay) $C_{10}H_{12}O_2$。

纯度:(1)沸点 140℃ ~141℃(1.3kPa)。

(2)熔点:51℃ ~53℃。

(3)相关物质:取 β-桧酚酮 0.2g 溶于乙醇 100mL 中,作为测试溶液。取测试液 1mL 用乙醇稀释定容至 100mL,作为参比溶液。分别取测试溶液和参比溶液 0.5μL 测试溶液,按第九章中桧酚酮含量测定规定条件进行液相色谱测定。每针进样后的运行时间为主峰出峰保留时间的 2 倍,测量除溶剂峰外的峰面积。测试溶液中除主峰以外的所有峰面积总和不应大于参比溶液的主峰峰面积。

958. 麝香草酚(Thymol) $C_{10}H_{14}O$ 日本药典规定的麝香草酚。

959. 麝香草酚蓝(Thymol Blue) $C_{27}H_{30}O_5S$[K8643]。

960. 麝香草酚蓝试液(Thymol Blue TS) 取麝香草酚蓝 0.1g ,用乙醇 100mL 溶解,必要时过滤。

961. 麝香草酚酞(Thymolphthalein) $C_{28}H_{30}O_4$[K8642]。

962. 麝香草酚酞试液(Thymolphthalein TS) 取麝香草酚酞 0.1g,用乙醇 100mL 溶解,必要时过滤。

963. 麝香草酚 - 硫酸试液 称取麝香草酚 0.5g,加入硫酸 5mL,再加乙醇稀释至 100mL。

964. 无水氯化亚锡(Tin(Ⅱ)Chloride) 见 Tin(Ⅱ)Chloride Dihydrate。

965. 二水合氯化亚锡(Tin(Ⅱ)Chloride Dihydrate) $SnCl_2 \cdot 2H_2O$ [K8136]。

966. 三氯化钛溶液(Titanium Trichloride Solution) [Titaniμm(Ⅲ)Chloride, K8401:1961]暗紫色液体。

含量:三氯化钛不小于 20%。

鉴别:向三氯化钛溶液中加入 10 被体积的水和少量过氧化氢,可观察到溶液颜色褪去。继续加入过氧化氢试液,溶液转变为红棕色。

含量测定:准确称取氯化钛 3g,加入无氧水 250mL 和盐酸(2→3)5mL,以 10% 硫氰酸铵为指示剂,在二氧化碳保护下,用 0.2mol/L 硫酸铁铵滴定。

0.2mol/L 三价硫酸铁铵 1mL = 30.85mg 三氯化钛。

存于密闭的玻璃瓶中,避光保存。

967. *dl*-α-生育酚乙酸酯(*dl*-α-Tocopherol Acetate) 日本药典规定的生育酚乙酸酯。

968. 定量分析用 *d*-α-生育酚乙酸酯(*d*-α-Tocopherol for Assay) $C_{29}H_{50}O_2$ 淡黄色

黏性液体。

鉴别：准确称取测定用 $d-\alpha-$生育酚 5mg，用无水乙醇溶解并定容至 10mL。取该溶液 1mL，用无水乙醇稀释至 10mL，此溶液的最大吸收值在 292nm 附近。

吸光系数 $E_{1cm}^{1\%}$（最大吸收波长约为 292nm）：67～82。准确称取测定用 $d-\alpha-$生育酚乙酸酯 5mg，用无水乙醇溶解并定容至 10mL。准确吸取此溶液 1mL，用无水乙醇稀释并定容至 10mL，测定该溶液的吸光值。

纯度：相关物质　准确称取测定用 $d-\alpha-$生育酚乙酸酯溶 0.05g，用正己烷溶解并定容至测试溶液 100mL，作为测试溶液。准确吸取测试溶液 1.5mL，用正己烷稀释并定容至 100mL，作为参比溶液。分别取测试溶液和参比溶液 20μL，按照以下操作条件进行液相色谱分析。每针进样后的运行时间为主峰出峰保留时间的 2 倍，测量除溶剂峰外的峰面积。测试溶液中除主峰以外的所有峰面积总和不应大于参比溶液的主峰峰面积。

操作条件

检测器：紫外检测器（检测波长：292nm）。

柱：内径 3mm～6mm、长 15cm～25cm 的不锈钢柱。

填料：5μm～10μm 液相色谱用硅胶颗粒。

柱温：室温（恒定）。

流动相：正己烷与异丙醇按 200∶1 配制的混合液。

流速：调节流速，使主峰的保留时间约为 5min。

969. 定量分析用 $d-\beta-$生育酚（$d-\beta-$Tocopherol for Assay）　$C_{28}H_{48}O_2$ 淡黄色黏性液体。

鉴别：准确称取测定用 $d-\beta-$生育酚 5mg，用无水乙醇溶解并定容至 10mL。准确吸取此溶液 1mL，用无水乙醇溶解并定容至 10mL。此溶液在 296nm 附近具有最大吸光度。

吸光系数 $E_{1cm}^{1\%}$（最大吸收波长为 296nm）：77～95。准确称取测定用 $d-\beta-$生育酚 5mg，用无水乙醇溶解并定容至 10mL。准确吸取此溶液 1mL，用无水乙醇溶解并定容至 10mL，测定此溶液的吸收值。

纯度：相关物质　准确称取测定用 $d-\beta-$生育酚酯 0.05g，用正己烷溶解并定容至 100mL，作为测试液。准确吸取测试溶液 1.5mL，用正己烷稀释并定容至 100mL，作为参比溶液。分别取测试溶液和参比溶液 20μL，按照以下操作条件进行液相色谱分析。每针进样后的运行时间为主峰出峰保留时间的 2 倍，测量除溶剂峰外的峰面积。测试溶液中除主峰以外的所有峰面积总和不应大于参比溶液的主峰峰面积。

操作条件

检测器：紫外检测器（检测波长：292nm）。

柱：内径 3mm～6mm、长 15cm～25cm 的不锈钢柱。

填料：5μm～10μm 液相色谱用硅胶颗粒。

柱温：室温（恒定）。

流动相：正己烷与异丙醇按 200∶1 比例配制的混合液。

流速：调节流速使主峰的保留时间约为 10min。

970. 定量分析用 $d-\gamma-$生育酚（$d-\gamma-$Tocopherol for Assay）　$C_{28}H_{48}O_2$，淡黄色黏性液体。

鉴别:准确称取测定用 $d-\gamma-$生育酚酯 5mg,用无水乙醇溶解并定容至 10mL。准确吸取此溶液 1mL,用无水乙醇稀释并定容至 10mL。此溶液在 297nm 附近具有最大吸光度。

吸光系数 $E_{1cm}^{1\%}$(最大吸收波长为 296nm):83~103。准确称取测定用 $d-\gamma-$生育酚酯 5mg,用无水乙醇溶解并定容至 10mL。准确吸取此溶液 1mL,用无水乙醇稀释并定容至 10mL,测定此溶液的吸收值。

纯度:相关物质 准确称取测定用 $d-\gamma-$生育酚酯 0.05g,用正己烷溶解并定容至 100mL,作为测试溶液。准确吸取测试溶液 1.5mL,用正己烷稀释并定容至 100mL,作为参比溶液。分别取测试溶液和参比溶液 20 μL,按照以下操作条件进行液相色谱分析。每针进样后的运行时间为主峰出峰保留时间的 2 倍,测量除溶剂峰外的峰面积。测试溶液中除主峰以外的所有峰面积总和不应大于参比溶液的主峰峰面积。

操作条件

检测器:紫外检测器(检测波长:292nm)。

柱:内径 3mm~6mm,长 15cm~25cm 的不锈钢柱。

填料:5μm~10μm 液相色谱用硅胶颗粒。

柱温:室温(恒定)。

流动相:正己烷与异丙醇按 200:1 比例配制的混合液。

流速:调节流速至主峰保留时间约为 11min。

971. 定量分析用 $d-\delta-$生育酚($d-\delta-$Tocopherol for Assay) $C_{28}H_{46}O_2$,淡黄色黏性液体。

鉴别:准确称取测定用 $d-\delta-$生育酚酯 5mg,用无水溶解于 10mL 乙醇溶解并定容至 10mL。准确吸取此溶液 1mL,用无水乙醇溶解并定容至 10mL。测定该溶液的吸光度。此溶液在 298nm 附近有最大吸光度值 。

吸光系数 $E_{1cm}^{1\%}$(最大吸收波长约为 298nm):83~101。准确称取测定用 $d-\delta-$生育酚酯 5mg,用无水乙醇溶解并定容至 10mL。准确吸取此溶液 1mL,用无水乙醇稀释并定容至 10mL,测定该溶液的吸光值。

纯度:相关物质 准确称取测定用 $d-\delta-$生育酚酯 5mg,用正己烷溶解并定容至 100mL,作为测试溶液。准确吸取测试溶液 1.5mL,用正己烷稀释并定容至 100mL,作为参比溶液。分别取测试溶液和参比溶液 20μL,按照以下操作条件进行液相色谱分析。每针进样后的运行时间为主峰出峰保留时间的 2 倍,测量除溶剂峰外的峰面积。测试溶液中除主峰以外的所有峰面积总和不应大于参比溶液的主峰峰面积。

操作条件

检测器:紫外检测器(检测波长:292nm)。

柱:内径 3mm~6mm,长 15cm~25cm 的不锈钢柱。

填料:5μm~10μm 液相色谱用硅胶颗粒。

柱温:室温(恒定)。

流动相:正己烷与异丙醇按 200:1 比例配制的混合液。

流速:调节流速至主峰保留时间约为 20min。

972. 甲苯(Toluene) $C_6H_5CH_3$[K8680]。

973. 邻甲苯磺酰胺(*o*-Toluenesulfonamide) $C_7H_9NO_2S$ 无色结晶或白色结晶粉末。

熔点:157℃ ~160℃。

纯度:对甲苯磺酰胺 邻甲苯磺酰胺乙酸乙酯溶液(1→5000),按第九章中糖精钠(6)纯度规定的操作条件进行气相色谱分析。邻甲苯磺酰胺应只出现一个色谱峰。

974. 三氯乙酸(Trichloroacetic Acid) CCl_3COOH[K8667]。

975. 三氯乙酸试液(Trichloroacetic Acid TS) 将碳酸钠 18g、1.0mol/L 三氯乙酸 110mL、乙酸 19mL 溶解于水 600mL,用 1mol/L 氢氧化钠调节至 pH 4.0,用水定容至 1000mL。

976. 三乙醇铵(Triethanolamine) 见 2,2′,2″ - Nitrilotriethanol。

977. 三氟乙酸(Trifluoroacetic Acid) CF_3COOH 无色、透明有刺激气味的液体,易溶于水。

含量:三氟乙酸(CF_3COOH)大于 99.0%。

鉴别:(1)三氟乙酸呈酸性。

(2)按照红吸收光谱以液膜法测定。光谱显示在 $3180cm^{-1}$、$1785cm^{-1}$、$1458cm^{-1}$、$1170cm^{-1}$、$811cm^{-1}$和 $687cm^{-1}$有特征吸收带。

纯度:不挥发物 小于 0.02%。称取三氟乙酸 10.0g,蒸发后经 100℃干燥 2h 后,置于干燥器中冷却 30min,对残留物称量。

含量测定:准确称取三氟乙酸 3g,加入水 30mL,以酚酞为指示剂,用 1mol/L 氢氧化钠滴定。

1mol/L 氢氧化钠 1mL = 114.0mg 三氟乙酸

978. 三甲基胺丙基 - 键合硅胶(Trimethylaminopropyl - bonded Silica Gel) 使用作为离子交换吸附剂用三甲基胺丙 - 键合硅胶。

979. 三甲基氯硅烷(Trimethylchlorosilane) $(CH_3)_3SiCl$[三甲基氯硅烷 k9555:1992]无色或近无色液体。在潮湿空气中蒸发。易溶于乙醚,与水和乙醇反应。

鉴别:按照红外吸收光谱的溴化钾压片法,测定其红外吸收。在 $2970cm^{-1}$、$1410cm^{-1}$、$1260cm^{-1}$、$850cm^{-1}$、$760cm^{-1}$和 $700cm^{-1}$处有特征吸收带。

纯度:取三甲基氯硅烷 1μL 用气相色谱进行含量分析。记录每个峰的峰面积,主峰峰面积应不小于所有峰面积之和的 98%。

操作条件

检测器:热导检测器

色谱柱:内径 2mm ~4mm、长度 2cm ~3cm 的玻璃或不锈钢柱。

柱填料:液膜涂料为 25% 甲基苯基聚硅氧烷(用量占固定相担体的 15% ~20%)。固定相担体为 180μm ~250μm 气相色谱用硅藻土。

柱温:70℃ ~80℃恒定温度。

气化器温度:80℃ ~100℃恒定温度。

检测器温度:80℃ ~100℃恒定温度。

载气:氦气。

流速:30mL/min ~40mL/min。

980. 2,2,4 - 三甲基戊烷(2,2,4 - Trimethylpentane) $(CH_3)_2CH(CH_2)_4CH_3$ 无色液体,实际不易溶于水,与三氯甲烷和乙醚互溶。

纯度:用紫外吸收光谱法测定其吸光度值。以水做参比溶液,吸收值在 230nm 不小于

0.050,在 250nm 不小于 0.010nm,在 280nm 不小于 0.005。

981. 紫外吸收光谱法测定用2,2,4 - 三甲基戊烷(2,2,4 - Trimethylpentane for Ultraviolet Absorption Spectrum Measurement) $CH_3C(CH_3)_2CH_2CH(CH_3)CH_3$。

吸光度值:取紫外吸收光谱法测定用2,2,4 - 三甲基戊烷180 mL,加入十六烷1mL,在水浴下氮吹至残留物减少至1mL。用紫外吸收光谱法测定用2,2,4 - 三甲基戊烷溶解并定容至25mL,作为测试液。以2,2,4 - 三甲基戊烷溶液作为参比溶液,置于5cm 比色池中,在280nm ~400nm 处吸收值不大于0.01(吸收值/cm 光径长度)。

982. 2,4,6 - 三硝基酚(2,4,6 - Trinitrophenol) $(NO_2)_3C_6H_2OH$[K8759:1984]浅黄色,无味结晶,缓慢加热时易升华,迅速加热时易剧烈燃烧。

熔点:121℃ ~123℃。

983. 三苯基氯甲烷(Triphenylchloromethane) $(C_6H_5)_3CCl$ [K8674:1978]白色至浅灰色或黄色结晶或结晶粉末。

鉴别:(1)吸取三苯基氯甲烷饱和溶液5mL 至乙酸中,加入1mL 水,白色沉淀形成。

(2)吸取三苯基氯甲烷饱和溶液5mL 至乙酸中,加入盐酸1mL,黄色沉淀形成。

熔点:105℃ ~113℃。

984. 三苯基氧膦(Triphenylphosphine Oxide) $C_{18}H_{15}OP$ 浅棕色粉末。

纯度:(1)熔点:156℃ ~158℃。

(2)澄清度和溶液颜色:浅棕色,清澈(1g,10mL 丙酮)。

(3)相关物质:准确称取预先经真空干燥24h 的三苯基氧化膦0.01g,用甲醇溶解并定容至100mL。取上述溶液1mL,用乙腈 - 水(67:33)混合液定容至100mL,作为测试溶液。准确吸取测试溶液2mL,用乙腈 - 水(67:33)混合液稀释定容至100mL,作为参比溶液。分别取测试溶液和参比溶液20μL,按照第九章中三氯蔗糖(6)纯度规定条件进行液相色谱分析。每针进样后的运行时间为主峰出峰保留时间的2倍,测量峰面积。测试溶液中除主峰以外的所有峰面积总和不应大于参比溶液的主峰峰面积。

985. 果胶测定用 Tris 缓冲液[Tris Buffer(pH 7.0)for Pectin Determination] 称取2 - 氨基 - 羟甲基 - 1,3 - 丙二醇6.055g 和二水氯化钙0.147g,用水750mL 溶解,用1mol/L 盐酸调节至 pH 7.0,加水定容至1000mL。

986. Tris(羟甲基)氨基甲烷(Tris(hydroxymethyl)aminomethane) 见2 - Amino - 2 - hydroxymethyl - 1,3 - propanediol。

987. 柠檬酸钠(Trisodium Citrate) 见 Trisodium Citrate Dihydrate 。

988. 二水合柠檬酸钠(Trisodium Citrate Dihydrate) $Na_3C_6H_5O_7 \cdot 2H_2O$[K8288]。

989. 7 - 羟基 - 1,3,6 - 萘三磺酸三钠(Trisodium 7 - Hydroxy - 1,3,6 - naphthalene trisulfonate) $C_{10}H_5Na_3O_{10}S_3$白色到带白色的粉末。

吸光系数 $E_{1cm}^{1\%}$(最大吸收波长约为288nm):不小于105。称取预先真空干燥24h 的7 - 羟基 - 1,3,6 - 萘三磺酸三钠0.0100g。加入乙酸铵溶液(3→2000)溶解并定容至100mL。作为测试溶液 A。准确吸取测试溶液 A 10mL,加入乙酸铵溶液(3→2000)稀释并定容至100mL。该溶液的最大吸收波长为240nm,288nm 和344nm。

纯度:其他芳香族物质 准确吸取测试溶液 A 10mL 加入乙酸铵溶液(3→2000)稀释并定容至100mL。取该溶液20μL,按第九章中食用红色2号(6)纯度规定的操作条件进行液相色谱分析。应仅出现一个色谱峰。

990. 尿素(Urea) NH_2CONH_2[K8731]。

991. 钒酸－钼酸试液(Vanadic Acid－Molybdic Acid TS) 称取偏钒酸铵1.12g，用热水300mL溶解，再加入硝酸250mL。再取粉末状钼酸铵27g溶于400mL水。将两种溶液混合，冷却后，用水定容至1000mL。储存在棕色试剂瓶中。在配制后3、4天内使用。

992. 香草醛(Vanillin) $C_8H_8O_3$[K9544]。

993. 乙酸乙烯酯(Vinyl Acetate) $CH_3COOCHCH_2$无色液体，溶于甲苯。

折射率 n_D^{20}:1.393～1.397。

994. 水分测定试液(Water Determination TS) 称取碘63g用水分测定用吡啶100mL溶解，冰水中冷却，向溶液中通入干燥二氧化硫气体直至溶液重量增加32.3g，在加入水分测定用甲醇至500mL，静置24h或更长时间，随着时间延长溶液会变质。使用前标定，冷藏保存，注意避光、防潮。

标定：取水分测定用甲醇25mL于干燥滴定瓶中，按水分测定试验的规定，缓慢加入水分测定试液至终点。迅速加入准确称量的水50mg，用水分测定试剂滴定，并注意避免吸潮。水分含量(f以mg为单位)按下式计算，相当于消耗水分测定试剂1mL的水分质量。

$$f=\frac{m}{V}$$

式中：

m——加入水的质量，mg；

V——所消耗水分测定试剂的体积，mL。

995. 弱酸性阳离子交换树脂(精)[Weakly Acidic Cation－exchange Resin(fine)] 见Cationexchange Resin，Weakly Acidic(fine)。

996. 弱酸性阴离子交换树脂(Weakly Basic Anion－exchange Resin) 见Anion－exchange Resin，Weakly Basic。

997. 弱碱性二乙氨基乙基纤维素阴离子交换剂(Weakly Basic Diethylaminoethyl－Cellulose Anion Exchanger) 见二乙氨基乙基纤维素阴离子交换剂，弱碱性。

998. 白糖(White Sugar) 使用日本药典中规定的蔗糖。

999. 韦氏试液(Wijs TS) 将三氯化碘7.9g和碘8.9g分别溶解在少量乙酸后，将两种溶液混合，再用乙酸定容至1000mL。避光且保存在玻璃瓶中。

1000. 二甲苯(Xylene) $C_6H_4(CH_3)_2$[K8271]。

1001. 邻二甲苯(o－Xylene) $C_6H_4(CH_3)_2$无色液体。

折光率 n_D^{20}:1.501～1.506。

相对密度 d_4^{20}:0.875～0.885。

蒸馏试验143℃～146℃不低于体积的95%。

1002. 二甲苯腈蓝FF(Xylene Cyanol FF) [K8272]。

1003. 二甲酚橙试液(Xylenol Orange) 称取二甲酚橙0.1g加水溶解配制成100mL。

1004. 酵母抽提物(Yeast Extract) 有特殊、非腐败气味的微红黄色到棕色粉末。是从酵母(*Saccharomyces*)获得的，经在一定条件下澄清处理，氮吹干燥的蛋白胨样水溶性物质。7.5g酵母可获得1.0g酵提取物。溶解在水中呈黄棕色，弱酸性溶液。不允许添加碳水化合物。

纯度:氯 不大于5%(以 NaCl 计)。

凝固蛋白:加热酵提取溶液(1→20)至沸腾,无沉淀出现。

干燥失量:小于5%(105℃,恒重)。

炽灼残留物:小于15%(0.5g)。

氮含量:7.2% ~9.5%(105℃,干燥恒重,氮测定)。

1005. 黄降汞(Yellow Mercuric Oxide) 见 Mercuric Oxide, Yellow 。

1006. 气相色谱用沸石(Zeolite for Gas Chromatography) 使用天然或合成的气相色谱用沸石。

1007. 锌(Zinc)Zn [K8012]。

1008. 无砷锌(Zinc, Arsenic - free) 见 Zinc for Arsenic Analysis 。

1009. 锌(标准试剂)(Zinc(Standard Reagent)) 锌[容量分析用标准物质 K8005]。

1010. 乙酸锌(Zinc Acetate) 见 Zinc Acetate Dihydrate 。

1011. 二水合乙酸锌(Zinc Acetate Dihydrate) $Zn(CH_3COO)_2 \cdot 2H_2O$[K8356]。

1012. 氯化锌(Zinc Chloride) $ZnCl_2$[K8111]。

1013. 锌粉(Zinc Dust) 见锌粉。

1014. 砷测定用锌(Zinc for Arsenic Analysis) [砷含量测定用锌,K8012] 使用粒径为1000μm ~1410μm 的锌粒。由于多孔锌溶解太快,故不要使用。当反应结束后,仍会有少量锌残留及氢气产生,表明所用锌粒大小合适。

1015. 碘化锌 - 淀粉试液(Zinc Iodide - Starch TS) 取沸水 100mL,加入碘化钠溶液(3→20)5mL 和氯化锌溶液(1→5)10mL。保持沸腾,不断地搅拌,加入由淀粉 5g 与冷水30mL 配制成的均匀悬浮液,继续加热煮沸 2min,冷却,塞紧瓶塞,冷藏保存。

1016. 锌粉(Zinc Powder) Zn[K8013]。

1017. 硫酸锌(Zinc Sulfate) 见 Zinc Sulfate Heptahydrate。

1018. 七水合硫酸锌(Zinc Sulfate Heptahydrate) $ZnSO_4 \cdot 7H_2O$[七水合硫酸锌 K8953]。

二、滴定溶液

1. 0.1mol/L 硫氰酸铵

1000mL 溶液含硫氰酸铵(NH_4SCN,相对分子质量:76.12)7.612g。

称取硫氰酸铵 8g,加水 1000mL 溶解。此溶液可用 0.1mol/L 硫氰酸钾替代。

标定:准确移取 0.1mol/L 硝酸银 30mL 于具磨砂玻璃塞的烧瓶中,加入水 50mL,硝酸2mL 和硫酸铁铵试液 2mL,用制备好的硫氰酸铵溶液滴定,同时摇动,直到红棕色出现。

2. 0.01mol/L 硝酸铋

1000mL 溶液含硝酸铋[$Bi(NO_3)_3 \cdot 5H_2O$,相对分子质量:485.07]4.851g。

称取硝酸铋 4.86g,加入硝酸(1→10)60mL 溶解,加水至 1000mL。

标定 准确移取硝酸铋溶液 25mL,加入水 50mL,用 0.01mol/L EDTA 溶液滴定(指示剂:二甲酚橙试液 1 滴),直至溶液由红色变为黄色。

3. 0.1mol/L 硫酸铈铵

1000mL 溶液含硫酸铈铵[$Ce(NH_4)_4(SO_4)_4 \cdot 2H_2O$,相对分子质量:632.55]63.26g。

称取硫酸铈铵 64g,用 0.5mol/L 硫酸溶解至 1000mL。使用前标定。

标定:准确移取硫酸铈铵溶液 25mL,加水 20mL 和稀硫酸(1→20)20mL,加入碘化钾 1g 溶解,用 0.1mol/L 硫代硫酸钠滴定,当溶液颜色变为浅黄色为接近滴定终点,再加入淀粉试液 3mL 作为指示剂,继续滴定,直到溶液蓝色消失。进行空白试验,做必要校正。

4. 0.01mol/L 硫酸铈铵

1000mL 溶液含硫酸铈铵[$Ce(NH_4)_4(SO_4)_4 \cdot 2H_2O$,相对分子质量:632.55]6.326g。

将 0.1mol/L 硫酸铈铵用 0.5mol/L 硫酸稀释 10 倍。

5. 0.1mol/L 硫酸高铈

1000mL 溶液有硫酸高铈[$Ce(SO_4)_2$,相对分子质量:332.24]33.22g。

称取硫酸高铈 55g 于烧杯中,加入硫酸 31mL 混合。每次谨慎地加水 20mL,重复多次,直至溶解,盖上烧杯,静置过夜。用玻璃滤器过滤后,加水至 1000mL。

标定:准确移取预先 100℃干燥 1h 的三氧化砷(标准试剂)0.2g,加入氢氧化钠溶液(2→25)25mL,振荡,加入水 100mL、稀硫酸(1→3)10mL、邻二氮杂菲试液 2 滴和溶解在 0.05mol/L 硫酸的锇酸溶液(1→400)2 滴,用配制的硫酸高铈溶液滴定至溶液颜色由红色变为浅蓝色。当量浓度因子 X 按下式计算:

$$X = \frac{m \times 1000}{V \times 4.946}$$

式中:

m——三氧化砷质量,g;

V——消耗的 0.1mol/L 硫酸高铈体积,mL。

6. 0.1mol/L EDTA

1000mL 溶液含 EDTA($C_{10}H_{14}N_2Na_2O_8 \cdot 2H_2O$,相对分子质量:372.24)37.22g 。

称取 EDTA 38g,用新鲜煮沸后冷却的水溶解至 1000mL。

标定:准确量取配制的 EDTA 溶液 20mL,加入氨溶液 - 氯化铵缓冲液(pH 10.7)2mL,加水至 100mL,用 0.05mol/L 氯化锌滴定(指示剂:铬黑 T 试液 5 滴)。当量浓度因子 X 按下式计算:

$$X = \frac{V_1}{V_2 \times 2}$$

式中:

V_1——消耗的 0.05mol/L 氯化锌体积,mL;

V_2——0.1mol/L EDTA 体积,mL。

7. 0.05mol/L EDTA

1000mL 溶液含 EDTA($C_{10}H_{14}N_2Na_2O_8 \cdot 2H_2O$ 的,相对分子质量:372.24)18.61g。

称取 EDTA 18.7g,用新鲜煮沸后冷却的水溶解至 1000mL。

标定:准确量取配制的 EDTA 溶液 20mL,加入氨溶液 - 氯化铵缓冲液(pH 10.7)2mL,加水至 100mL。用 0.025mol/L 的氯化锌滴定(指示剂:铬黑 T 试液 5 滴)。当量浓度因子 X 按下式计算:

$$X = \frac{V_1}{V_2 \times 2}$$

式中:

V_1——消耗的0.025mol/L氯化锌体积,mL;

V_2——0.05mol/L EDTA体积,mL。

8. 0.02mol/L EDTA

1000mL溶液含EDTA($C_{10}H_{14}N_2Na_2O_8 \cdot 2H_2O$的,相对分子质量:372.24)7.445g。

称取EDTA 7.5g,按照0.05mol/L EDTA的配制方法配制。

标定:准确量取配制的EDTA溶液25mL,加入氨溶液-氯化铵缓冲液(pH 10.7)2mL,加水至100mL。用0.025mol/L的氯化锌滴定(指示剂:铬黑T试液3滴)。

9. 0.01mol/L EDTA

每1000mL溶液含EDTA($C_{10}H_{14}N_2Na_2O_8 \cdot 2H_2O$的,相对分子质量:372.24)3.722g。

称取EDTA 3.8g,按照0.05mol/L EDTA规定的方法配制。

标定:准确量取制备的EDTA溶液50mL,加入氨溶液-氯化铵缓冲液(pH 10.7)2mL,加水至100mL。用0.025mol/L的氯化锌滴定(指示剂:铬黑T试液3滴)。

10. 0.5mol/L乙醇氢氧化钾

见0.5mol/L氢氧化钾乙醇。

11. 0.1mol/L乙醇氢氧化钾

见0.1mol/L氢氧化钾乙醇。

12. 0.02mol/L乙醇氢氧化钾

见0.02mol/L氢氧化钾乙醇。

13. 0.1mol/L硫酸铁铵

1000mL溶液含硫酸铁铵[$Fe(NH_4)_2(SO_4)_2 \cdot 6H_2O$,相对分子质量:482.19]48.22g。

称取硫酸铁铵49g,用已冷却的硫酸6mL与水300mL混合液溶解,加水至1000mL。

标定准确量取配制的硫酸铁铵溶液25mL于碘量瓶中,加入盐酸5mL,混匀。加入碘化钾2g,塞紧,静置10min。加入水50mL,用0.1mol/L硫代硫酸钠滴定释放出的碘。当溶液颜色变淡黄色时为接近终点,加淀粉试液3mL作为指示剂,继续滴定,直至溶液蓝色消失。以同样的方式进行空白试验,进行必要的校正。避光保存,时常标定。

14. 0.1mol/L硫酸亚铁铵

1000mL溶液含硫酸亚铁铵[$Fe(NH_4)_2(SO_4)_2 \cdot 6H_2O$,相对分子质量:392.14]38.21g。

称取硫酸亚铁铵40g,用已冷却的硫酸6mL与水300mL混合液100mL溶解,加水至1000mL。

标定准确量取配制的硫酸亚铁铵溶液25mL,用0.1mol /L硫酸铈滴定(指示剂:邻菲罗啉试液2滴),直到溶液由红色变成浅蓝色。

15. 15mol/L甲酸

1000mL溶液含甲酸(HCOOH,相对分子质量:46.03)690.4g。

称量甲酸705g,用水溶解至1000mL。

标定准确量取配制的甲酸溶液1mL,加水稀释至50mL,用0.5 mol/L氢氧化钠滴定(指示剂:酚酞试液3滴)。

16. 6mol/L盐酸

1000mL溶液含盐酸(HCl,相对分子质量:36.46)218.8g。

量取盐酸540mL,按1mol/L盐酸的规定配制和标定。

17. 1mol/L 盐酸

1000mL 溶液含盐酸(HCl,相对分子质量:36.46)36.46g。

量取 90mL 盐酸,加水稀释至 1000mL。

标定:准确称取经预先 270℃干燥 1h 的碳酸钠(标准试剂)约 1.5g,溶于水 100mL,量用配制的盐酸溶液滴定(指示剂:溴酚蓝试液 2 滴)。接近终点时,煮沸去除二氧化碳,立即继续滴定。

1mol/L 盐酸溶液 1mL = 52.99mg 碳酸钠(Na_2CO_3)

18. 0.5mol/L 盐酸

1000mL 溶液含盐酸(HCl,相对分子质量:36.46)18.23g。

配制和标定:取盐酸 45.0mL,按 1mol/L 盐酸的规定配制和标定。

19. 0.2mol/L 盐酸

1000mL 溶液含盐酸(HCl,相对分子质量:36.46)7.292g。

1mol/L 盐酸用水稀释至原体积的 5 倍,或取盐酸 18mL,按 1mol/L 盐酸的规定配制。按照 1mol/L 盐酸的规定标定。

20. 0.1mol/L 盐酸

1000mL 溶液含盐酸(HCl,相对分子质量:36.46)3.646g。

1mol/L 盐酸用水稀释至原体积的 10 倍,或取盐酸 9mL 按 1mol/L 盐酸的规定配制。按照 1mol/L 盐酸的规定标定。

21. 0.02mol/L 盐酸溶液

每 1000mL 溶液含盐酸(HCl,相对分子质量:36.46)0.7292g。

0.1mol/L 盐酸用水稀释至原体积的 5 倍,按 1mol/L 盐酸的规定标定。

22. 0.01mol/L 盐酸溶液

1000mL 溶液含盐酸(HCl,相对分子质量:36.46)0.3646g。

0.1mol/L 盐酸用水稀释至原体积的 10 倍,按 1mol/L 盐酸的规定标定。

23. 0.5mol/L 盐酸羟胺溶液

1000mL 溶液含盐酸羟胺($NH_2OH \cdot HCl$,相对分子质量:69.49)34.75g。

称取盐酸羟胺 35g,加水 40mL,加热至约 65℃溶解,冷却。加入溴酚蓝氢氧化钠试液 15mL,用乙醇定容至 1000mL。现用现配。

24. 0.05mol/L 碘溶液

1000mL 溶液含碘(I,相对分子质量:126.90)12.69g。

称取碘 14g,用碘化钾溶液(9→25)100mL 溶解,加入盐酸 3 滴,用水稀释至 1000mL。具塞玻璃瓶保存,时常标定。

标定:准确称取碾磨成粉,经 100℃干燥至恒重的三氧化二砷(标准试剂)约 0.15g,用 1mol/L 氢氧化钠溶液 20mL 溶解,必要时加热。加水约 40mL 和甲基橙试液 2 滴,加稀盐酸(1→4)直至溶液由黄色变为淡粉红色。加入碳酸氢钠 2g,水约 50mL 和淀粉试液 3mL,用碘溶液滴定直至产生稳定的蓝色。

0.05mol/L 的碘溶液 1mL = 4.946mg 三氧化二砷

25. 连二亚硫酸钠测定用 0.05mol/L 碘

1000mL 溶液含碘(I,相对原子质量:126.90)12.69。

将碘化钾 40 g 溶于水 25mL 中，加入碘 13g，再加入盐酸 0.5mL，用水稀释至 1000mL。置于棕色瓶中避光保存。

标定：准确量取配制的碘液 25mL，用 0.1mol/L 硫代硫酸钠滴定（指示剂：淀粉试液）。注意溶液变成淡黄色后再加指示剂。

26. 0.1mol/L 乙酸镁

1000mL 溶液含乙酸镁（$Mg(CH_3COO)_2 \cdot 4H_2O$，相对分子质量：214.46）21.45g。

称取乙酸镁 21.5g，用水溶解并稀释至 1000mL。

标定准确量取配制的乙酸镁溶液 10mL，加入水 50mL，加氨溶液－氯化铵缓冲液（pH 10.7）3mL，用 0.05mol/L 的 EDTA 滴定（指示剂：铬黑 T 试液 3 滴）。

27. 0.05mol/L 氯化镁

1000mL 溶液含氯化镁（$MgCl_2 \cdot 6H_2O$ 的，相对分子质量：203.30）10.17g。

称取氯化镁 10.2g，用新煮沸并冷却的水溶解至 1000mL。

标定：准确量取配制的氯化镁溶液 25mL，加水 50mL，氨溶液－氯化铵缓冲液（pH 10.7）3mL，加入铬黑 T－氯化钠指示剂 0.04g，用 0.05mol/LEDTA 溶液滴定。接近终点，缓慢滴定直到溶液颜色由紫红色变为蓝紫色。

28. 0.05mol/L 草酸

1000mL 溶液含草酸（$C_2H_2O_4 \cdot 2H_2O$，相对分子质量：126.07）6.303g。

称量草酸 6.45g，用水溶解并稀释至 1000mL。存放在具塞玻璃瓶，避光保存。

标定：准确量取配制的草酸溶液 25mL，加入稀硫酸（1→20）200mL，并加热到 70℃左右。用新鲜 0.02mol/L 高锰酸钾标准溶液趁热滴定。

29. 0.1mol/L 高氯酸

1000mL 溶液含高氯酸（$HClO_4$，相对分子质量：100.46）10.05g。

取高氯酸约 8.5mL，置于 1000mL 容量瓶中，加入乙酸 950mL，充分摇匀。按每次 1mL 分次加入乙酸酐 15mL，用乙酸稀释至 1000mL。静置过夜。

标定：准确称取预先经 120℃干燥 1h 的邻苯二甲酸氢钾约 0.4g，加入乙酸 50mL，水浴加热溶解。用配制的高氯酸溶液滴定至溶液由紫色变蓝色（指示剂：结晶紫－乙酸试液 1mL）。当量浓度因子 X 按下式计算：

$$X = \frac{m \times 1000 \times 10}{V \times 204.22}$$

式中：

m——邻苯二甲酸氢钾的质量，g；

V——消耗的 0.1mol/L 高氯酸溶液体积，mL。

30. 1/60mol/L 重铬酸钾

1000mL 溶液含重铬酸钾（$K_2Cr_2O_7$，相对分子质量：294.18）4.903g。

准确称量碾磨成粉，预先经 120℃干燥至恒重的重铬酸钾（标准试剂）4.903g，用水溶解并定容至 1000mL。

31. 1mol/L 氢氧化钾

1000mL 溶液含氢氧化钾（KOH，相对分子质量：56.11）56.11g。

取氢氧化钾约 70g，按 1mol/L 氢氧化钠标准溶液规定步骤制备和标定。

32. 0. 5mol/L 氢氧化钾

1000mL 溶液含氢氧化钾(KOH,相对分子质量:56. 11)28. 05g。

用新煮沸并冷却的水稀释 1mol/L 的氢氧化钾至原来体积的 2 倍,或按照 1mol/L 的氢氧化钾溶液配制规定的步骤,用约 35g 氢氧化钾直接配制。

33. 0. 1mol/L 氢氧化钾

1000mL 溶液含氢氧化钾(KOH,相对分子质量:56. 11)5. 611g。

用新煮沸并冷却的水稀释 1mol/L 的氢氧化钾至原来体积的 10 倍,或按照 1mol/L 的氢氧化钾溶液 配制规定的步骤,用约 7g 氢氧化钾直接制备。

34. 0. 5mol/L 氢氧化钾乙醇

1000mL 溶液含氢氧化钾(KOH,相对分子质量:56. 11)28. 05g。

取氢氧化钾约 35g,溶于水 20mL,加无醛的乙醇至 1000mL。将溶液转移至具磨砂玻璃塞或橡胶塞的瓶中,塞紧。静置 24h,迅速将上清液倒入另一瓶中,用橡胶瓶塞塞紧。避光保存。

标定:准确移取 0. 5mol/L 盐酸 25mL,加入水 50mL,用配制的氢氧化钾－乙醇溶液滴定(指示剂:酚酞试液 2 滴)。

35. 0. 1mol/L 氢氧化钾乙醇

1000mL 溶液含氢氧化钾(KOH,相对分子质量:56. 11)5. 611g。

用约氢氧化钾 7g,按“0. 5mol/L 氢氧化钾－乙醇溶液”规定步骤配制和标定。

36. 0. 02mol/L 氢氧化钾乙醇

1000mL 溶液含氢氧化钾(KOH,相对分子质量:56. 11)1. 122g。

用无醛乙醇稀释 0. 1mol/L 氢氧化钾－乙醇溶液至原来体积的 5 倍。按 0. 5mol/L 氢氧化钾－乙醇溶液规定步骤进行标定。

37. 0. 02mol/L 高锰酸钾

1000mL 溶液含高锰酸钾($KMnO_4$,相对分子质量:158. 03)3. 161g。

称取高锰酸钾约 3. 3g,溶解于水 1000mL,煮沸 15min 左右。保存在具塞烧瓶中静置至少 2 天,用 G4 型玻璃过滤器过滤。避光保存在具塞玻璃塞瓶中,经常标定。

标定:准确称取预先经 110℃干燥至恒重的草酸钠(标准试剂)约 0. 2g,用水约 250mL 溶解。加入硫酸 7mL,加热至 70℃,用配制的高锰酸钾溶液趁热滴定。

0. 02mol/L $KMnO_4$ 溶液 1mL = 6. 700mL $Na_2C_2O_4$

38. 0. 1mol/L 硝酸银

1000mL 溶液含硝酸银($AgNO_3$,相对分子质量:169. 87)16. 99g。

称取硝酸银约 17. 5g,溶解于水 1000mL 中。避光贮存。

标定　准确量取 0. 1mol/L 氯化钠 25mL,加入水 50mL,铬酸钾溶液(1→20)1mL。边混匀边用所配制的硝酸银溶液滴定,直到溶液变成浅红褐色且不褪色。

39. 0. 1mol/L 乙酸钠

1000mL 溶液含乙酸钠($CH_3COONa \cdot 3H_2O$,相对分子质量:136. 08)13. 61g。

称取无水乙酸钠 8. 2g,用乙酸溶解稀释至 1000mL。

标定:准确量取配制的乙酸钠溶液 25mL,加入乙酸 50mL。用 0. 1mol/L 的高氯酸溶液滴定,直到溶液颜色由黄棕色变成黄绿色(指示剂:α－萘酚苯基甲醇 1mL)。同时进行空白试验,并做必要校正。

40. 0. 1mol/L 氯化钠

1000mL 溶液含氯化钠(NaCl,相对分子质量:58. 44)5. 844。

准确称取预先110℃干燥2h 的氯化钠(标准试剂)5. 844g,溶解于水中并定容至1000mL。

41. 1mol/L 氢氧化钠

1000mL 溶液含40. 00 氢氧化钠(NaOH,相对分子质量:40. 00)。

称取氢氧化钠45g,用水约950mL 溶解,加入新鲜饱和溶液氢氧化钡溶液直到没有新沉淀物产生。充分混匀,盖紧瓶塞,静置过夜。收集沉淀后的上清液或过滤液。存储在用橡胶瓶塞塞紧的瓶中,或装在配有二氧化碳(碱石灰)吸收管的瓶中,经常标定。

标定:准确称取碾磨成粉,经预先100℃干燥3h 的邻苯二甲酸氢钾约5g,用新鲜煮沸后冷却的水75mL 溶解,用配制的氢氧化钠溶液滴定(指示剂:酚酞试液2 滴)。

42. 0. 5mol/L 氢氧化钠

1000mL 溶液含氢氧化钠(NaOH,相对分子质量:40. 00)20. 00g。

用氢氧化钠约22g,按1mol/L 的氢氧化钠溶液测定步骤配制、标定和存储。经常标定。

43. 0. 25mol/L 氢氧化钠

1000mL 溶液含氢氧化钠(NaOH,相对分子质量:40. 00)9. 999g。

用新鲜煮沸冷却后的水稀释1mol/L 氢氧化钠溶液至原体积的4 倍。或称取氢氧化钠约11g,按1mol/ L 氢氧化钠溶液规定步骤配制、标定和存储。经常标定。

44. 0. 2mol/L 氢氧化钠

1000mL 溶液含氢氧化钠(NaOH,相对分子质量:40. 00)7. 999g。

用新鲜煮沸冷却后的水稀释1mol/L 氢氧化钠溶液至原体积的5 倍。或称取氢氧化钠约9g,按1mol/ L 氢氧化钠溶液规定步骤配制、标定和存储。经常标定。

45. 0. 1mol/L 氢氧化钠

1000mL 溶液含氢氧化钠(NaOH,相对分子质量:40. 00)4. 000g。

用新鲜煮沸冷却后的水稀释1mol/L 氢氧化钠溶液至原体积的10 倍。或称取氢氧化钠约4. 5g,按1mol/ L 氢氧化钠溶液规定步骤配制、标定和存储。经常标定。

46. 0. 05mol/L 氢氧化钠

1000mL 溶液含氢氧化钠(NaOH,相对分子质量:40. 00)2. 000g。

用新鲜煮沸冷却后的水稀释1mol/L 氢氧化钠溶液至原体积的20 倍。按1mol/ L 氢氧化钠溶液规定步骤标定和存储。经常标定。

47. 0. 02mol/L 氢氧化钠

1000mL 溶液含氢氧化钠(NaOH,相对分子质量:40. 00)0. 7999g。

用新鲜煮沸冷却后的水稀释0. 1mol/L 氢氧化钠溶液至原体积的5 倍。按1mol/ L 氢氧化钠溶液规定步骤标定和存储。经常标定。

48. 0. 01mol/L 氢氧化钠

1000mL 溶液含氢氧化钠(NaOH,相对分子质量:40. 00)0. 400g。

用新鲜煮沸冷却后的水稀释0. 1mol/L 氢氧化钠溶液至原体积的10 倍。按1mol/ L 氢氧化钠溶液规定步骤标定和存储。经常标定。

49. 0. 1mol/L 硫代硫酸钠

1000mL 溶液含硫代硫酸钠($Na_2S_2O_3 \cdot 5H_2O$,相对分子质量:248. 19)24. 82g。

称取硫代硫酸钠约26g和无水碳酸钠0.2g，用新鲜煮沸后冷却的水溶解，稀释成1000mL。经常标定。

标定：用配制的硫代硫酸钠溶液滴定0.05mol/L碘溶液。也可以用配制的硫代硫酸钠溶液滴定1/60mol/L的重铬酸钾溶液，方法如下：

准确量取1/60mol/L的重铬酸钾溶液30mL，置于具有玻璃塞的平底烧瓶中，加入水50mL，碘化钾2g和盐酸5mL。塞紧，静置10min。加入水100mL，用配制的硫代硫酸钠溶液滴定（指示剂：淀粉试液4mL）。

50. 0.01mol/L硫代硫酸钠

1000mL溶液含硫代硫酸钠（$Na_2S_2O_3 \cdot 5H_2O$，相对分子质量：248.19）2.482g。

用新鲜煮沸后冷却的水稀释0.1mol/L硫代硫酸钠溶液至原体积的10倍。使用前，按0.1mol/L硫代硫酸钠溶液配制规定步骤标定。

51. 0.005mol/L硫代硫酸钠

1000mL溶液含硫代硫酸钠（$Na_2S_2O_3 \cdot 5H_2O$，相对分子质量：248.19）1.241g。

用新鲜煮沸后冷却的水稀释0.1mol/L硫代硫酸钠溶液至原体积的20倍。使用前，按0.1mol/L硫代硫酸钠溶液配制规定步骤标定。

52. 0.5mol/L硫酸

1000mL溶液含硫酸（H_2SO_4，相对分子质量：98.08）49.04g。

在缓慢将硫酸30mL加入1000mL水过程中，不断搅拌，并冷却到20℃。

标定：与1mol/L盐酸标定相同。操作如下：

准确量取配制的硫酸溶液20mL，置于500mL烧杯中。加入水250mL和盐酸1mL，加热至沸腾。慢慢加入温氯化钡溶液（3→5），不断搅拌，直到没有新的沉淀物产生。水浴加热1h，定量分析滤纸过滤，收集沉淀。热水洗涤，直至洗涤液的氯化物反应阴性。将沉淀物及滤纸干燥。然后，灼热至恒重。准确称量残留物，以硫酸钡计质量。

53. 0.25mol/L硫酸

1000mL溶液含硫酸（H_2SO_4，相对分子质量：98.08）24.52g。

取硫酸15mL，按0.5mol/L硫酸规定步骤配制、标定。

54. 0.1mol/L硫酸

1000mL包含9.808g硫酸（H_2SO_4，相对分子质量：98.08）。

制备和标定，取6mL硫酸，按0.5mol/L硫酸规定步骤制备、标定。

55. 0.05mol/L硫酸

1000mL溶液含硫酸（H_2SO_4，相对分子质量：98.08）0.4904g。

用水稀释0.5mol/L硫酸至原体积的10倍，或取硫酸约3mL按0.5mol/L硫酸规定步骤配制。按照0.5mol/L硫酸规定步骤标定。

56. 0.005mol/L硫酸

1000mL溶液含硫酸（H_2SO_4，相对分子质量：98.08）0.4904g。

用水稀释0.05mol/L至原体积的10倍，按0.5mol/L硫酸规定步骤标定。

57. 0.1mol/L三氯化钛

1000mL溶液含三氯化钛（$TiCl_3$，相对分子质量：154.24）15.42g。

量取三氯化钛溶液75mL，加入75mL的盐酸，在加入新鲜煮沸后冷却的水至1000mL。

转移至配有滴定管的避光瓶中，通入氢气以驱除空气，静置2天后使用。使用前标定。

标定：称取硫酸亚铁铵3g，转移至500mL广口烧瓶中，持续通入二氧化碳，加入新鲜煮沸后冷却的水50mL溶解。加入稀硫酸溶液(27→100)25mL后，快速准确加入0.02mol/L高锰酸钾40mL，期间中持续通入二氧化碳。

用配制的三氯化钛溶液滴定接近终点时，立即加入硫氰酸铵5g，并继续用三氯化钛溶液滴定至溶液颜色消失。同时进行空白试验，进行必要的校正。当量浓度因子X按下式计算：

$$X = \frac{V_1}{V_2}$$

式中：

V_1——添加的0.02mol高锰酸钾体积，mL；

V_2——消耗的0.1mol/L三氯化钛溶液体积，mL。

58. 0.1mol/L 乙酸锌

1000mL溶液含乙酸锌($Zn(CH_3COO)_2 \cdot 2H_2O$，相对分子质量：219.53)21.95g。

称取乙酸锌约22g，溶于100mL水和稀乙酸(1→20)10mL，加水稀释至1000mL。

标定：准确量取配制的乙酸锌溶液20mL，加入氯化铵缓冲液(pH 10.7)6mL，用水稀释至100mL。测试溶液用0.1mol/L EDTA溶液滴定(指示剂：铬黑T试液3滴)。

59. 0.02mol/L 乙酸锌

1000mL溶液含乙酸锌[$Zn(CH_3COO)_2 \cdot 2H_2O$，相对分子质量：219.53]4.391g。

称取乙酸锌约4.43g，溶于水20mL和稀乙酸(1→20)2mL，加水稀释至1000mL。

标定：准确量取配制的 乙酸锌溶液25mL，加入氯化铵缓冲液(pH10.7)2mL，用水稀释至100mL。测试溶液用0.02mol/L EDTA溶液滴定(指示剂：铬黑T测液3滴)。

60. 0.01mol/L 乙酸锌

1000mL溶液含乙酸锌[$Zn(CH_3COO)_2 \cdot 2H_2O$，相对分子质量：219.53]2.195g。

称取乙酸锌约2g，加水稀释至1000mL。

标定：准确量取配制的乙酸锌溶液25mL，加入氯化铵缓冲液(pH 10.7)2mL，加水稀释至100mL。测试溶液用0.01mol/L EDTA溶液滴定(指示剂：铬黑T试液3滴)。

61. 0.05mol/L 氯化锌

1000mL溶液含氯化锌($ZnCl_2$，相对分子质量：136.32)6.816g。

准确称取锌(标准试剂)约1.6g，转移到烧杯，加入稀盐酸溶液(1→4)30mL。盖上表面皿，静置。待氢气产生反应不剧烈之后，水浴加热。用水洗涤表面皿和烧杯内壁，在水浴上蒸发至干。冷却，加水定容至500mL。

62. 0.025mol/L 氯化锌

1000mL溶液含氯化锌($ZnCl_2$，相对分子质量：136.32)3.408g。

准确称取锌(标准试剂)约1.6g，按0.05mol/L氯化锌规定步骤操作，冷却，并加水定容至1000mL。

63. 0.1mol/L 硫酸锌

1000mL溶液含硫酸锌($ZnSO_4 \cdot 7H_2O$，相对分子质量：287.58)28.76g。

称量硫酸锌28.8g，用水溶解稀释至1000mL。

标定：准确量取配制的硫酸锌溶液25mL，加入氨溶液氯化铵缓冲液(pH 10.7)5mL和铬黑 T－氯化钠指示剂 0.04g，用 0.1mol/L 的 EDTA 滴定至溶液由紫红色变为紫蓝色。

64. 0.01mol/L 硫酸锌

1000mL 溶液含硫酸锌（$ZnSO_4 \cdot 7H_2O$，相对分子质量：287.58）2.876g。

称量硫酸锌 2.9g，加水溶解并稀释至 1000mL。

标定：准确称取铝约 0.5g，加入盐酸 20mL，逐渐加热溶解，缓慢加水定容至 1000mL。准确吸取配制的溶液 10mL，转移到已加入水 90mL 和盐酸的烧杯 3mL，加甲基橙测试溶液 1 滴和 0.02mmol/L EDTA 25mL。逐滴加入氨试液直至溶液颜色由红色变成橙黄色。加入乙酸铵缓冲液 10mL、磷酸二铵缓冲液 10mL，煮沸 5min，迅速冷却。加入二甲酚橙试液 3 滴，混合，逐滴加入配制的 0.01 mol/L 硫酸锌溶液，直到溶液由黄色变成红黄色。

加入氟硅酸钠 2g，煮沸 2min～5min，快速冷却，用 0.01mol/L EDTA 溶液滴定硫酸锌溶液，直到溶液由黄色变成红黄色。按下式计算相当于 0.01mol/L 硫酸锌 1mL 的三氧化二铝（Al_2O_3）的质量（mg/mL），即当量浓度因子 X。

$$X = \frac{m}{V}$$

式中：

m——18.895×铝的质量，g；

V——消耗的 0.01mol/L 硫酸锌体积，mL。

三、标准溶液

1. 铝标准储备溶液

称取铝 1.0g，加入稀盐酸（1→2）60mL，加热溶解。冷却后加水定容至 1000mL。准确量取配制好的溶液 10mL，加入水 30mL 和乙酸铵缓冲液（pH 3.0）5mL，调整 pH 至 3，逐滴加入氨溶液试液。添加 Cu－PAN 试液 0.5mL，一边加热一边用 0.01mol/L 的 EDTA 滴定。直到溶液由红色变为黄色并保持 1min 以上。以同样的方式进行空白试验，并做必要的校正。

0.01mol/L EDTA 溶液 1mL＝0.26982mg Al

2. 铵标准溶液

准确称量氯化铵 2.97g，加水定容至 1000mL。精确量取已制备的溶液 10mL，加水定容至 1000mL，使每毫升该溶液含有 0.01mg 铵（NH_4）。

3. 砷标准储备溶液

准确称取预先经碾磨成粉末状、105℃ 干燥 4h 的三氧化二砷 0.10g，溶于氢氧化钠溶液（1→5）5mL 中。用稀硫酸（1→20）中合，再加入稀硫酸（1→20）10mL，用新煮沸后冷却的水定容至 1000mL。每毫升该溶液含有三氧化二砷（As_2O_3）0.1mg。

4. 砷标准溶液

准确吸取砷标准储备液 10mL，加入稀硫酸（1→20）10mL，用新煮沸后冷却的水定容至 1000mL。每毫升该溶液含三氧化二砷（As_2O_3）1μg。现配现用，并存储玻璃塞瓶中。

5. 钡标准溶液

准确称量氯化钡 17.79g，溶于水，并定容至 1000mL。每毫升该溶液含钡（Ba）1mg。

6. 溴离子标准储备溶液

准确称量经预先 110℃ 干燥 2h 的溴化钠 0.129g，溶于并定容至 1000mL。每毫升该溶液含有溴离子(Br^-)100μg。

7. 钙标准溶液(0.1mg/mL)

准确称取碳酸钙2.50g,加入稀盐酸(1→10)100mL。缓慢加热使其不沸腾,冷却。加水定容至1000mL。取10mL已制备的溶液,加水定容至100mL。

8. 氯离子标准储备溶液

准确称取经预先在500℃~600℃干燥2h的氯化钠(标准试剂)0.165g,溶于水并定容至1000mL。每毫升该溶液含有氯离子(Cl^-)100μg。

9. 铬标准溶液

准确称取铬酸钾0.934g,加氢氧化钠溶液(1→10)1滴,用水溶解并定容至1000mL。准确吸取该溶液10mL,加氢氧化钠溶液(1→10)1滴,用水定容至1000mL。每毫升该溶液含有铬(Cr)2.5μg。

10. 氰化物标准储备溶液

称取氰化钾2.5g溶于水,并定容至1000mL。标定后才能使用。塞紧。避光,阴凉保存。

标定:准确吸取制好的氰化物标准储备溶液100mL,用0.1mol/L硝酸银溶液滴定(指示剂:0.5mL P-二甲氨基边苄叉罗丹明试液),直到溶液变成红色为终点。

0.1mol/L硝酸银溶液1mL=氰(CN)5.204mg

11. 氰化物标准溶液

准确吸取一定量的相当于氰化物(CN)10mg的氰化物标准储备溶液,并加入氢氧化钠溶液(1→25)100mL,用水定容至1000mL。现配现用。每毫升氰化物溶液中含有氰(CN)0.01mg。

12. 甲醛标准溶液稀释

见"甲醛标准溶液,稀释"。

13. 二甲胺盐酸标准溶液

准确称量二甲胺盐酸盐1.116g,溶于水并定容至1000mL。准确吸取该溶液1mL,加入水并定容至1000mL。每毫升溶液含有二甲基甲酰胺(C_3H_7NO)1μg。

14. 甲醛标准溶液,稀释

准确称量福尔马林(相当于37% 甲醛)0.54g,加水定容至1000mL。准确吸取该溶液10mL,加入水并定容至1000mL。每毫升该溶液含有甲醛(HCHO)2μg。现配现用。

15. 碘离子标准储备溶液

准确称量经预先110℃干燥2h的碘化钠0.118g,溶于水并定容至1000mL。每毫升该溶液含有碘离子(I^-)100μg。

16. 铁标准溶液

准确称取硫酸铁铵8.63g,溶解于稀硝酸溶液(1→10)20mL,加水定容至1000mL。精确吸取上述溶液10mL,加入稀硝酸溶液(1→10)20mL,加水稀释定容至1000mL。每毫升该溶液含有铁(Fe)0.01mg。避光保存。

17. 铅标准储备溶液

准确称取硝酸铅0.1599g,溶解于稀硝酸溶液(1→10)10mL,加水定容至1000mL。每毫升此溶液含有铅(Pb)0.1mg。该溶液的配制与保存过程中,均需使用不含可溶性铅盐的玻璃仪器。

18. 铅标准溶液

准确吸取铅标准储备液10mL,加水定容至100mL。每毫升该标准溶液含铅(Pb)10μg。

现用现配。

19. 乳酸锂标准溶液

准确称取经预先105℃干燥4h的乳酸锂0.1066g,溶于水并定容至1000mL。每毫升该标准溶液含有0.1mg乳酸($C_3H_6O_3$)。现配现用。

20. 锰标准溶液

准确称取高锰酸钾0.2877g,溶于水100mL与硫酸1mL中,加入亚硫酸氢钠0.5g,煮沸。冷却,加水定容至200mL。精确吸取该溶液20mL,加水稀释定容至1000mL。每毫升该标准溶液含有锰(Mn)0.01mg。

21. 配比液

根据附表1-1吸取指定体积比色标准储备液和水到试管中,搅拌均匀。使用精度为0.1mL或更小的滴定管或移液管转吸取这些标准溶液。每个比色标准储备溶液(Colorimetric Standard Stock Solutions,CSSS)配制方法如下。

比色标准储备溶液(CSSS)

按照如下规定配制标准储备液,并将其保存于具磨口玻璃塞瓶中。

氯化亚钴CSSS

称取约氯化亚钴65g,溶于稀盐酸(1→40),并定容至1000mL。准确吸取该溶液5mL至250mL具磨口玻璃塞烧瓶中,加入过氧化氢试液5mL和氢氧化钠溶液(1→5)15mL,煮沸10min。冷却,加入碘化钾2g与稀硫酸溶液(1→4)20mL。待沉淀完全溶解后,以淀粉试液为指示剂,用0.1mol/L硫代硫酸钠滴定。每毫升0.1mol/L硫代硫酸钠相当于氯化钴($CoCl_2 \cdot 6H_2O$,相对分子质量:237.93)23.79mg。剩余部分的氯化钴溶液,用稀盐酸(1→40)稀释至每毫升该溶液含氯化钴($CoCl_2 \cdot 6H_2O$)59.5mg。

硫酸铜CSSS

称取硫酸铜约65g,溶解于稀盐酸溶液(1→40)并定容至1000mL。准确吸取该溶液10mL~250mL具磨口玻璃塞烧瓶中,加入水40mL。再加入稀乙酸(1→4)4mL和碘化钾3g。以淀粉试液为指示剂,用0.1mol/L硫代硫酸钠滴定。每毫升0.1mol/L硫代硫酸钠相当于硫酸铜($CuSO_4 \cdot 5H_2O$,相对分子质量:249.69)24.97mg。剩余部分的硫酸铜溶液,加入稀盐酸(1→40)稀释,使每毫升该溶液含硫酸铜($CuSO_4 \cdot 5H_2O$)62.4mg。

氯化铁CSSS

称取约氯化铁55g,溶解于稀盐酸(1→40),并定容至1000mL。准确吸取该溶液10mL至250mL具磨口玻璃塞烧瓶中,加入水15mL和碘化钾3g。塞紧玻璃塞,于暗处静置15min。加入水100mL,以淀粉试液为指示剂,用0.1mol/L硫代硫酸钠滴定。每毫升0.1mol/L硫代硫酸钠相当于氯化铁($FeCl_3 \cdot 6H_2O$,相对分子质量:270.30)27.03mg。剩余部分的氯化铁溶液,加入稀盐酸(1→40)稀释,使每毫升该溶液含氯化铁($FeCl_3 \cdot 6H_2O$)45.0mg。

附表1-1 各种代号配比液的配制

配比液代号	氯化亚钴CSSS mL	氯化铁CSSS mL	硫酸铜CSSS mL	水 mL
A	0.1	0.4	0.1	4.4
B	0.3	0.9	0.3	3.5
C	0.1	0.6	0.1	4.2

续表

配比液代号	氯化亚钴 CSSS mL	氯化铁 CSSS mL	硫酸铜 CSSS mL	水 mL
D	0.3	0.6	0.4	3.7
E	0.4	1.2	0.3	3.1
F	0.3	1.2	0.0	3.5
G	0.5	1.2	0.2	3.1
H	0.2	1.5	0.0	3.3
I	0.4	2.2	0.1	2.3
J	0.4	3.5	0.1	1.0
K	0.5	4.5	0.0	0.0
L	0.8	3.8	0.1	0.3
M	0.1	2.0	0.1	2.8
N	0.0	4.9	0.1	0.0
O	0.1	4.8	0.1	0.0
P	0.2	0.4	0.1	4.3
Q	0.2	0.3	0.1	4.4
R	0.3	0.4	0.2	4.1
S	0.2	0.1	0.0	4.7
T	0.5	0.5	0.4	3.6

22. 汞标准溶液

准确称取氯化汞0.135g,溶解于稀硝酸溶液(1→10)10mL中,加水定容至1000mL。准确吸取该溶液10mL,加入稀硝酸溶液(1→10)10mL,加水稀释定容至1000mL。准确量取稀释溶液10mL,加入稀硝酸(1→10)10mL,加水稀释定容至100mL。每毫升该标准溶液含汞(Hg)0.1μg。现用现配。

23. 磷酸二氢钾标准溶液

准确称取磷酸二氢钾4.394g,加水溶解并定容至1000mL。每毫升该标准溶液含磷(P)1mg。

24. 镍标准溶液

准确称取硫酸镍铵6.73g,加水溶解并定容至1000mL。准确吸取该溶液5mL,加水稀释并定容至1000mL。每毫升该标准溶液含镍(Ni)0.005mg。

25. 硝酸根离子标准储备溶液

见硝酸盐标准溶液。

26. 硝酸盐标准溶液

准确称取硝酸钾1.631g,加水溶解并定容至1000mL。准确吸取该溶液10mL,加水稀释并定容至100mL。每毫升该标准溶液含硝酸盐(NO_3)0.1mg。

27. 磷酸盐标准溶液

准确称取磷酸二氢钾0.1433g,加水溶解并定容至100mL。准确吸取该溶液10mL,加水稀释定容至1000mL。每毫升该标准溶液含磷酸盐(PO_4)0.01mg。

28. 钾标准溶液(0.1mg/mL)

称取氯化钾1.91g,加水溶解并定容至1000mL。吸取10mL该溶液,加水稀释并定容至100mL。

29. 钠标准溶液(0.1mg/mL)

称取氯化钠2.54g,加水溶解并定容至1000mL。吸取10mL该溶液,加水稀释并定容至100mL。

30. 锶标准溶液(5.0mg/mL)

称取硝酸锶2.42g,加水溶解定容至200mL。

31. 硫酸根离子标准储备溶液

准确称取经预先110℃干燥2h的硫酸钠0.148g,加水溶解并定容至1000mL。每毫升该标准溶液含硫酸根离子(SO_4^{2-})100μg。

32. 酪氨酸标准溶液

准确称取经预先105℃干燥3h的酪氨酸标准品0.050g,溶解于0.1mol/L盐酸溶液并定容至50mL。准确吸取该溶液5mL,加入0.1mol/L盐酸溶液稀释并定容至100mL。

33. 水－甲醇标准溶液

量取用于水分测定的甲醇500mL,转移至1000mL容量瓶中,加入水2mL后,加入甲醇定容至1000mL。待卡尔费休试液标定后立在对该溶液进行标定。避光冷藏,防潮保存。

标定:参照"水分测定"的规定步骤,转移25mL用于水分测定的甲醇于滴定烧瓶中,缓慢加入水分测定试液至终点。准确吸取水分测定试液10mL,用水－甲醇标准溶液滴定至终点。通过下式计算水(H_2O)的毫克数(f'),在1mL水－甲醇标准溶液中的含量。

$$f' = \frac{f \times 10}{V}$$

式中:

f——卡尔费休试液1mL相当于水的毫克数;

V——消耗的水－甲醇标准溶液体积,mL。

34. 锌标准溶液

准确称取硫酸锌4.40g,加水溶解并定容至100mL。准确吸取该溶液10mL,加水稀释并定容至1000mL。每毫升该标准溶液含锌(Zn)0.01mg。

四、标准品

(1)本节所列标准品

本节中所列出的标准品,均是在卫生、劳工和福利部门注册,由部长指定厂商所生产的产品。

食用蓝色1号标准品

食用蓝色2号标准品

食用绿色3号标准品

食用红色2号标准品

食用红色3号标准品

食用红色 40 号标准品
食用红色 102 号标准品
食用红色 104 号标准品
食用红色 105 号标准品
食用红色 106 号标准品
食用黄色 4 号标准品
食用黄色 5 号标准品
纳他霉素标准品
木糖醇标准品
(2)对氨基苯甲酰谷氨酸标准品
参见日本药典中相关标准品。
(3)维生素 B_{12} 标准品
参见日本药典中相关标准品。
(4)叶酸标准品
参见日本药典中相关标准品。
(5)甘草酸标准品
参见日本药典中相关标准品。
(6)溶菌酶标准品
参见日本药典中相关标准品。
(7)烟酰胺标准品
参见日本药典中相关标准品。
(8)核黄素标准品
参见日本药典中相关标准品。
(9)含糖胃蛋白酶标准品
参见日本药典中相关标准品。
(10)盐酸硫胺标准品
参见日本药典中相关标准品。
(11) $dl-\alpha-$生育酚标准品
参见日本药典中相关标准品。
(12)酪氨酸标准品
参见日本药典中相关标准品。

五、温度计

除特殊注明外，应使用按日本工业标准校准合格的带有浸入线的棒状温度计或完全浸入式水银棒状温度计。在测量凝固点、沸点、馏程以及熔点(第 1 类物质)时，使用带浸入线的温度计。带浸入线的棒状温度计类型如下表所示。

附表 1－2 带浸入线标准温度计

项目	1 号	2 号	3 号	4 号	5 号	6 号
液体	水银	水银	水银	水银	水银	水银
液上填充气体	N_2或 Ar	N_2或 Ar	N_2或 Ar	N_2或 Ar	N_2或 Ar	N_2或 Ar
温度范围/℃	－17～50	40～100	90～150	140～200	190～250	240～320
最小刻度/℃	0.2	0.2	0.2	0.2	0.2	0.2
长刻度线	每 1℃	每 1℃	每 1℃	每 1℃	每 1℃	每 1℃
刻度数值	每 2℃	每 2℃	每 2℃	每 2℃	每 2℃	每 2℃
总长/mm	280～300	280～300	280～300	280～300	280～300	280～300
测量杆直径/mm	6.0±0.3	6.0±0.3	6.0±0.3	6.0±0.3	6.0±0.3	6.0±0.3
感温泡长度/mm	12～18	12～18	12～18	12～18	12～18	12～18
感温泡底部至最低刻度线距离/mm	75～90	75～90	75～90	75～90	75～90	75～90
温度计顶部至最高刻度线距离/mm	35～65	35～65	35～65	35～65	35～65	35～65
感温泡底部至浸入线距离/mm	58～62	58～62	58～62	58～62	58～62	58～62
温度计顶部形状	环	环	环	环	环	环
测试温度	－15℃ 15℃ 45℃	45℃ 70℃ 95℃	95℃ 120℃ 145℃	145℃ 170℃ 195℃	195℃ 220℃ 245℃	245℃ 280℃ 315℃
允许误差	0.2℃	0.2℃	0.2℃	0.2℃	0.3℃（当测试温度为 195℃ 时，为 0.2℃）	0.4℃（当测试温度为 315℃ 时，为 0.5℃）

注：使用适当类型的温度范围为 0℃～360℃，且最小刻度不大于 1℃的水银温度计作为辅助温度计。

六、滤纸

使用符合如下规格的滤纸。除非另有规定，当术语“滤纸”单独列出，均是指定性分析滤纸。滤纸保存必须与气体和其他污染物隔离。

定性分析滤纸

使用符合日本工业标准（化学分析）规格的定性分析滤纸。

定量分析滤纸

使用符合日本工业标准（化学分析）规格的定量分析滤纸。

色谱分析滤纸

使用符合定量分析以及附表 1－3 相关规定的滤纸。α－纤维素含量、铜量、pH、灰分、过滤时间以及湿纸耐破强度的测试均应根据日本工业标准进行。对水的吸收试验应按附表1－3要求进行。

附表1－3 各种型号滤纸规格

等级	1号	2号	3号	4号
α－纤维素含量/%	≥90	≥95	≥95	≥95
铜量/%	≤1.6	≤1.4	≤1.4	≤1.4
pH	5～8	5～8	5～8	5～8
灰分/%	≤0.02	≤0.12	≤0.12	≤0.12
过滤时间/sc	330±132	240±96	120±48	100±40
湿纸耐破强度/cm	≥13	≥20	≥12	≥15
水吸收/cm	6±1.2	5.5±1.1	7±1.4	7.5±1.5

吸水测试

装置：使用附图1－1所示装置。

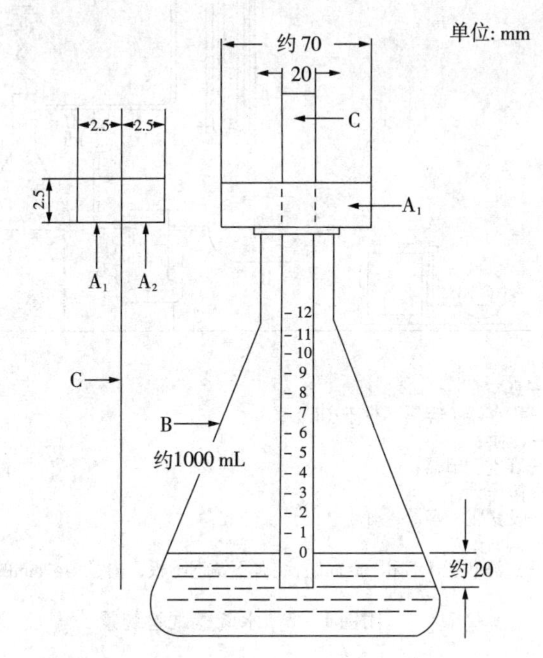

说明：
A_1与A_2——夹紧滤纸的玻璃片；
B——三角烧瓶（容量：约1000mL）；
C——待测滤纸样品。

附图1－1 滤纸的吸水测试装置

操作步骤

量取约300mL蒸馏水倒入锥形瓶B中，在锥形瓶口平行放置2块承载滤纸的玻璃块。在两块玻璃块之间插入用铅笔划有1cm刻度线的滤纸样品。轻轻滑动使滤纸下落，直到滤纸下缘到达水面，然后迅速插入水中，使滤纸上零刻度线与水面平齐，固定滤纸。测量10min

因吸附作用水在滤纸上水吸收的高度。

膜过滤器

使用符合附表 1 – 4 所示规格的膜过滤器。膜厚度的测量可根据日本工业标准中所提供的纸厚度和密度测试方法进行。水流速和泡点试验应当按附表 1 – 4 所示进行：

附表 1 – 4　膜过滤器的规格

孔径/μm	厚度/μm	水流速/[mL/(min · cm²)]	泡点/(N/mm²)
1.0 或 2.0	100 ~ 170	150 ~ 300	5.9×10^{-2} ~ 14.7×10^{-2}
0.45	130 ~ 170	20 ~ 60	16.7×10^{-2} ~ 34.3×10^{-2}
0.10	90 ~ 150	1.0 ~ 5.0	49.0×10^{-2} ~ 294.2×10^{-2}
0.05	70 ~ 150	0.1 ~ 2.0	98.1×10^{-2} ~ 490.3×10^{-2}

水流量试验

装置　如附图 1 – 2 所示：

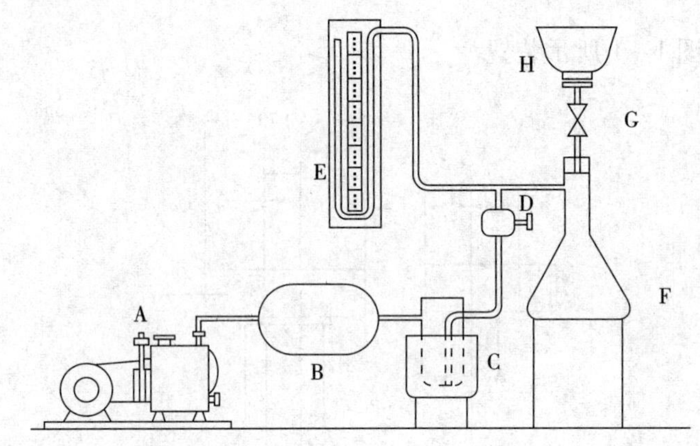

说明：
A——真空泵；
B——积存器（容量不少于10L）；
C——冷阱；
D——真空调节器；
E——微压计；
F——吸滤瓶（容量1~4L）；
G——阀；
H——过滤装置（容积1000mL，装有不锈钢筛板，内径为47mm的过滤漏斗。

附图 1 – 2　水流量试验装置

步骤

关闭阀 G，将真空调节器 D 完全打开，启动真空泵 A 使系统减压。然后，用 D 调节系统内的压力为 69kPa ± 0.7kPa。预先用水润湿过滤器，注意避免空气充入，然后将试样膜过滤器安放在漏斗上，再组装好过滤装置。量取预先用与样品过滤器相同或更小孔径的膜过滤器过滤两次的水 500mL，注入过滤装置。打开阀 G，测定过滤完毕的时间，由下式计算水流量 X[mL/(min · cm²)]：

$$X = \frac{500(\text{mL}) \times 60}{t \times S}$$

式中：

t——过滤时间，s；

S——有效过滤面积，cm^2。

起泡点试验

装置　装置如附图 1－3 和附图 1－4 所示。

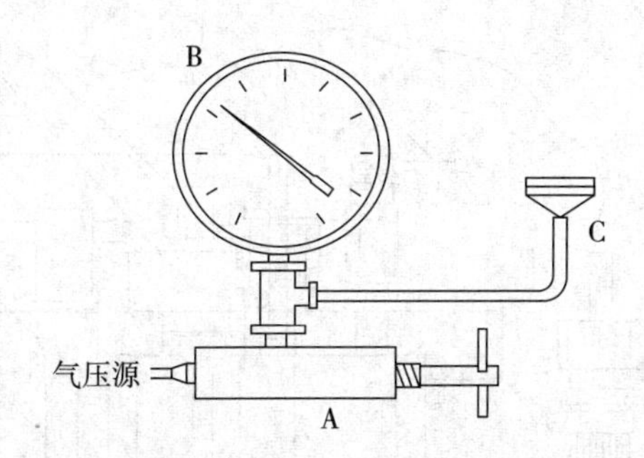

说明：
A——调节器；
B——压力计；
C——过滤漏斗及滤膜夹（有效过滤面积为$9.5cm^2 \pm 0.5cm^2$，如附图1-4所示）。

附图 1－3　起泡点压力试验装置

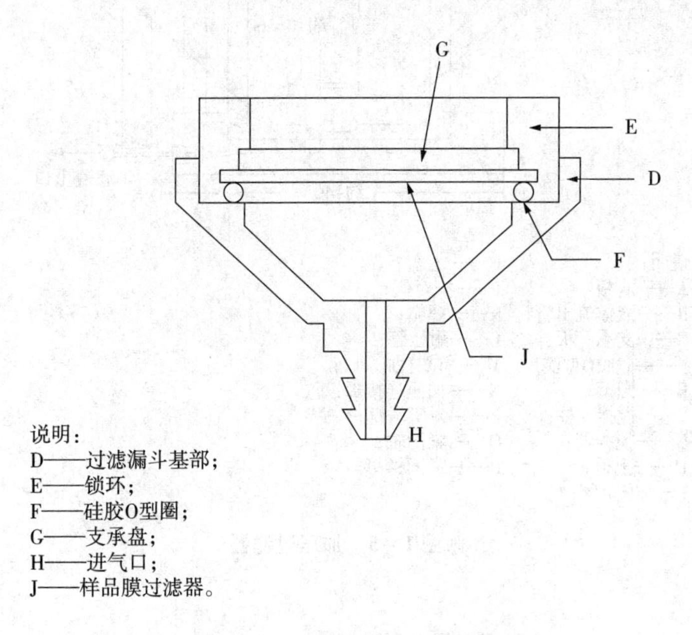

说明：
D——过滤漏斗基部；
E——锁环；
F——硅胶O型圈；
G——支承盘；
H——进气口；
J——样品膜过滤器。

附图 1－4　过滤漏斗及滤膜夹局部

步骤

用水将样品膜过滤器完全润湿，装入漏斗中，加水至支承盘 G 以上 2mm～3mm。然后，使用调节器 A 调节压力到预期起泡点压力以下，以每秒增加 $0.14 \times 10^{-2} N/mm^2$ 压力进行，观察从样品滤膜过滤器中心部开始稳定起泡时压力作为起泡点压力。

七、过滤器

玻璃过滤器　使用符合日本工业标准的化学分析级别的玻璃过滤器。

加压过滤器　按以下方法操作。

装置　大体上，装置如附图 1－5 所示。

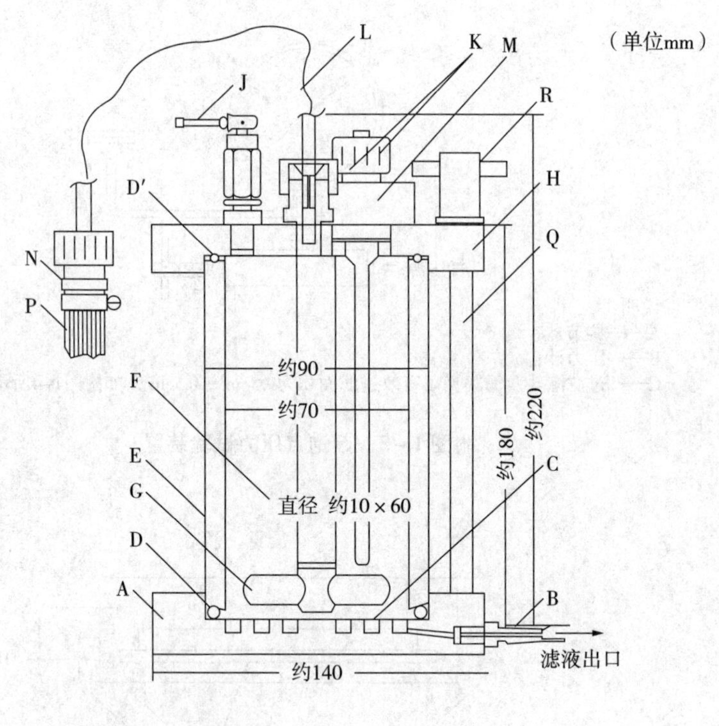

说明：
A——底板；
B——液体流出管；
C——支承筛板；
D，D′——硅胶O型圈
E——圆槽；
F——搅拌支柱；
G——搅拌器；
H——上盖；
J——安全阀；
H——上盖；
J——安全阀；
K——螺帽；
L——耐压管；
M——试样加入口；
N——加压连接部；
P——耐压软管；
Q——紧固轴；
R——紧固螺母。

附图 1－5　加压过滤器

操作

把液体流出管 B 接到底板 A 上，把膜过滤器装在支承筛板 C 上，将硅胶 O 型环 D 附在膜过滤器表面，将圆槽 E 放在 D 上，将硅胶 O 型环 D′盖在装有搅拌装置 F 和 G，安全阀 J 及其他部件的 H 上，然后再放到 E 上。将紧固轴 Q 穿入 H 上，用十字形紧固螺母 R 均匀地拧紧。将压力过滤器装在搅拌器上，然后从试样加入口 M 加入液体试样。用耐压软管 P 和耐压管 L 将加压气源（氮气钢瓶等）和加压过滤器相连接，逐步提高压力至特定的压力后，过滤试样，过滤是在不生成起泡的缓慢搅拌下进行的。

八、筛

使用符合日本工业标准的筛。

九、管式探测气体测量仪

使用符合日本工业标准的管式探测气体测量仪。

十、伯特朗(Bertran)糖类定量表

糖质量/mg	各种糖的铜当量质量/mg					糖质量/mg	各种糖的铜当量质量/mg				
	转化糖	葡萄糖	半乳糖	麦芽糖	乳糖		转化糖	葡萄糖	半乳糖	麦芽糖	乳糖
10	20.6	20.4	19.3	11.2	14.4	36	70.3	70.1	66.8	39.8	50.1
11	22.6	22.4	21.2	12.3	15.8	37	72.2	72.0	68.6	40.9	51.4
12	24.6	24.3	23.0	13.4	17.2	38	74.0	73.8	70.4	41.9	52.7
13	26.5	26.3	24.9	14.5	18.6	39	75.9	75.7	72.1	43.0	54.1
14	28.5	28.3	26.7	15.6	20.0	40	77.7	77.5	73.9	44.1	55.4
15	30.5	30.2	28.6	16.7	21.4	41	79.5	79.3	75.6	45.2	56.7
16	32.5	32.2	30.5	17.8	22.8	42	81.2	81.1	77.4	46.3	58.0
17	34.5	34.2	32.3	18.9	24.2	43	83.0	82.9	79.1	47.4	59.3
18	36.4	36.2	34.2	20.0	25.6	44	84.4	84.7	80.8	48.5	60.6
19	38.4	38.1	36.0	21.1	27.0	45	86.5	86.4	82.5	49.5	61.9
20	40.4	40.1	37.9	22.2	28.4	46	88.3	88.2	84.3	50.6	63.3
21	42.3	42.0	39.7	23.3	29.8	47	90.1	90.0	86.6	51.7	64.6
22	44.2	43.9	41.6	24.4	31.1	48	91.9	91.8	87.7	52.8	65.9
23	46.1	45.8	43.4	25.5	32.5	49	93.6	93.6	89.5	53.9	67.2
24	48.0	47.7	45.2	26.6	33.9	50	95.4	95.4	91.2	55.0	68.5
25	49.8	49.6	47.0	27.7	35.2	51	97.1	97.1	92.9	56.1	69.8
26	51.7	51.5	48.9	28.9	36.6	52	98.8	98.9	94.6	57.1	71.1
27	53.6	53.4	50.7	30.0	38.0	53	100.6	100.6	96.3	58.2	72.4
28	55.5	55.3	52.5	31.1	39.4	54	102.2	102.3	98.0	59.3	73.7
29	57.4	57.2	54.4	32.2	40.7	55	104.0	104.1	99.7	60.3	74.9
30	59.3	59.1	56.2	33.3	42.1	56	105.7	105.8	101.5	61.4	76.2
31	61.1	60.9	58.0	34.4	43.4	57	107.4	107.6	103.2	62.5	77.5
32	63.0	62.8	59.7	35.5	44.8	58	109.2	109.3	104.9	63.5	78.8
33	64.8	64.6	61.5	36.5	46.1	59	110.9	111.1	106.2	64.6	80.1
34	66.7	66.5	63.3	37.6	47.4	60	112.6	112.8	108.3	65.7	81.4
35	68.5	68.3	65.0	38.7	48.7	61	114.3	114.5	110.0	66.8	82.7

续表

糖质量/mg	各种糖的铜当量质量/mg					糖质量/mg	各种糖的铜当量质量/mg				
	转化糖	葡萄糖	半乳糖	麦芽糖	乳糖		转化糖	葡萄糖	半乳糖	麦芽糖	乳糖
62	115.9	116.2	111.6	67.9	83.9	82	148.5	149.3	144.6	89.4	109.2
63	117.6	117.9	113.3	68.9	85.2	83	150.0	150.9	146.2	90.4	110.4
64	119.2	119.6	115.0	70.0	86.5	84	151.6	152.5	147.8	91.5	111.7
65	120.9	121.3	116.6	71.1	87.7	85	153.2	154.0	149.4	92.6	112.9
66	122.6	123.0	118.3	72.2	89.0	86	154.8	155.6	151.1	93.7	114.1
67	124.2	124.7	120.0	73.3	90.3	87	156.4	157.2	152.7	94.8	115.4
68	125.9	126.4	121.7	74.3	91.6	88	157.9	158.3	154.3	95.8	116.6
69	127.5	128.1	123.3	75.4	92.8	89	159.5	160.4	156.0	96.9	117.9
70	129.2	129.8	125.0	76.5	94.1	90	161.1	162.0	157.6	98.0	119.1
71	130.8	131.4	126.6	77.6	95.4	91	162.6	163.6	159.2	99.0	120.3
72	132.4	133.1	128.3	78.6	96.7	92	164.2	165.2	160.8	100.1	121.6
73	134.0	134.7	130.0	79.7	98.0	93	165.7	166.7	162.4	101.1	122.8
74	135.6	136.3	131.5	80.8	99.1	94	167.3	168.3	164.0	102.2	124.0
75	137.2	137.9	133.1	81.8	100.4	95	168.8	169.9	165.6	103.2	125.2
76	138.9	139.6	134.8	82.9	101.7	96	170.3	171.5	167.2	104.2	126.5
77	140.5	141.2	136.4	84.0	102.9	97	171.9	173.1	168.8	105.3	127.7
78	142.1	142.8	138.0	85.1	104.2	98	173.4	174.6	170.4	106.3	128.9
79	143.7	144.5	139.7	86.1	105.4	99	175.0	176.2	172.0	107.4	130.2
80	145.3	146.1	141.3	87.2	106.7	100	176.5	177.8	173.6	108.4	131.4
81	146.9	147.7	142.9	88.3	107.9						

相关网站

http://www.nhfpc.gov.cn/sps/index.shtml

中国卫生与计划生育委员会食品安全标准与监测评估局

http://www.cfsa.net.cn/

中国国家食品安全风险评估中心

http://jckspaqj.aqsiq.gov.cn/

中国国家质检总局进出口食品安全局

http://www.fsc.go.jp/english/index.html

日本食品安全委员会

http://www.mhlw.go.jp/english/

日本厚生劳动省

http://www.maff.go.jp/

日本农林水产省

http://www.caa.go.jp/en/

日本消费者局

http://www.ffcr.or.jp/zaidan/FFCRHOME.nsf/pages/e-foodadditives

日本食品化学研究基金会

http://www.jetro.go.jp/en/reports/regulations/

日本外贸组织

http://www.jsa.or.jp/default_english.asp

日本标准协会

http://monographs.iarc.fr/ENG/Classification/index.php

国际癌症研究中心(IARC)

http://www.codexalimentarius.org/?lang=en

国际食品法典委员会网站

http://www.fao.org/ag/agn/jecfa-additives/index.html?lang=en

FAO 食品添加剂规格综合纲要网站

http://www.who.int/foodsafety/chem/en/

WHO 食品安全网站

参考文献

[1] Teiji Takahashi. Laws and Regulations on Food Safety and Food Quality in Japan. December 2009. http: www. ab. auone - net. jp/ ~ ttt/food%20safety%20in%20Japan. html.
[2] 安洁,杨锐. 日本食品安全技术法规和标准现状研究[J]. 中国标准化月刊, 2007,12.
[3] 边红彪,钟湘志. 日本食品安全监管体系[J]. 中国标准化,2010,9:55 - 57.
[4] 边红彪. 日本食品法律法规体系框架研究[J]. 食品安全质量检测学报, 2011, 2(3): 170 - 173.
[5] 陈荣溢. 从日本进口食品监控计划透视其进口食品管理[J]. 中国检验检疫,2009,11: 41 - 42.
[6] 林雪玲,叶科泰. 日本食品安全法规及食品标签标准浅析[J]. 世界标准化与质量管理. 2006,2(2):59 - 61.
[8] 刘畅. 日本食品安全规制研究[D]. 吉林:吉林大学,2010.
[9] 马淑芳,王靖. 国外食品安全法律制度及其启示[J]. 学术交流,2009,总189(12): 92 - 95.
[10] 施用海. 日趋严格的日本食品安全管理[J]. 对外经贸实务, 2010,2:45 - 47.
[11] 双喜. 日本食品安全管理的体制与制度的变迁[J/OL]. 中国绿色食品网. [2005 - 05 - 10].
[12] 孙冠英. 日本农业标准化管理制度[J]. 中国标准化,2004,8:70 - 75.
[13] 檀心芬. JAS 规格与质量表示制度[J]. 标准化信息,1994,6:14 - 16.
[14] 王贵松. 日本食品安全基本法简介[N]. 中国医药报,2008 - 02 - 23.
[15] 王敏. 日本的食品安全监管[J]. 农业质量标准. 2006,3.
[16] 吴芬,姚晗珺,章强华. 食品安全——企业和政府共同的责任[J]. 上海蔬菜. 2008(6): 6 - 8.
[17] 向前. 日本农产品贸易政策法律与中国的对策[J]. 日本学刊,2007,1.
[18] 余晓花, 汪江连, 冯义勇. 日本食品安全监管现状及对我国的启示[J]. 理论纵横, 2008,03.
[19] 张泓, 刘玉芳. 日本食品添加剂标示规则解析[J]. 渔业现代化,2010,37(3).
[20] 朱允荣. 国外食品安全体系建设经验借鉴[J]. 农村经济,2005,5.
[21] 汤川,宗昭. 日本食品添加剂有关规定的现状[J]. 中国食品添加剂,2004,3:4 - 8.
[22] 钟旭东. 日本甜味剂、着色剂、增稠乳化剂的市场规模及发展趋势[J]. 中国食品工业, 2007,1.
[23] 钟旭东. 浅淡中日天然色素的特性和应用[J]. 中国食品工业,2009,6.
[24] 钟旭东. 浅析日本食品添加剂市场中增稠乳化剂的市场规模和中国市场的比较[J]. 中国食品添加剂,2006,6:143 - 152,101.
[25] 钱伯章. 食品添加剂现状和发展趋势[J]. 精细化工,2004,21 增刊:157 - 160.
[26] 杨光,崔路,王力舟. 日本食品安全管理的法律依据和机构[J]. 中国标准化,2006,8:

25 - 28.

[27] 叶军,朱砚花,丁雪梅. 透视日本进口食品安全监管制度[J]. 世界农业 2009.6.

[28] 张俭波,王竹天,刘秀梅. 国内外食品工业用加工助剂管理的比较研究[J]. 中国食品卫生杂志, 2009,21 (1):8 - 13.

[29] Organization Chart of FSC. http://www.fsc.go.jp/english/aboutus/organizationofthefood-safetycommission_e1.html.

[30] Organization of the Ministry of Health, Labour and Welfare. http://www.mhlw.go.jp/english/org/detail/index.html.

[31] Organization of MAFF. http://www.maff.go.jp/e/pdf/09ep9.pdf.

[32] Organization Chart . http://www.caa.go.jp/en/pdf/110817_orginization.pdf.

[33] Enforcement of the Food Sanitation Act. http://www.jetro.go.jp/en/reports/regulations/.

[34] Specifications and Standards for Food, Food Additives, etc. Under The Food Sanitation Act. http://www.jetro.go.jp/en/reports/regulations/pdf/foodext2010e.pdf.

[35] Food additives. http://www.ffcr.or.jp/zaidan/FFCRHOME.nsf/pages/e - foodadditives.

[36] The guidelines for designation of food additives, and for revision of standards for use of food additives (Excerpt). http://www.ffcr.or.jp/zaidan/FFCRHOME.nsf/pages/PDF/ $ FILE/Guideline.pdf.

[37] Japan's Specifications and Standards for Food Additives(JSFA - VIII).